广西树木志

SYLVA GUANGXIGENSIS

（第一卷）

广西壮族自治区林业科学研究院　编著

中国林业出版社

图书在版编目（CIP）数据

广西树木志. 第 1 卷/广西壮族自治区林业科学研究院编著 . —北京：中国林业出版社，2012. 11
ISBN 978-7-5038-6815-3

Ⅰ. ①广…　Ⅱ. ①广…　Ⅲ. ①树木 – 植物志 – 广西　Ⅳ. ①S717. 267

中国版本图书馆 CIP 数据核字(2012)第 260476 号

中国林业出版社 · 自然保护图书出版中心

策划编辑：李敏
责任编辑：李敏　肖静

出版　中国林业出版社(100009　北京西城区德内大街刘海胡同 7 号)
　　　　http：//lycb. forestry. gov. cn　电话：(010)83280498
　　　　E-mail：lmbj@ 163. com
发行　新华书店北京发行所
印刷　北京中科印刷有限公司
版次　2012 年 12 月第 1 版
印次　2012 年 12 月第 1 次
开本　889mm × 1194mm　1/16
印数　1 ~ 2000 册
印张　41
字数　1180 千字
定价　360. 00 元

《广西树木志》编辑委员会

领导小组

袁铁象　项东云　陈崇征

主　编

梁盛业

副主编

梁瑞龙　黄开勇　黄应钦　李士谔

本卷编著者

桫椤科	梁盛业	黄开勇	
苏铁科	钟　坚	钟业聪	
银杏科	钟　坚	黄开勇	
南洋杉科	梁盛业	黄开勇	
松　科	王宏志	黄应钦	黄开勇
杉　科	梁盛业	黄开勇	梁瑞龙
柏　科	梁盛业	黄开勇	梁瑞龙
罗汉松科	钟　坚	黄开勇	梁瑞龙
三尖杉科	梁盛业	黄开勇	
红豆杉科	梁盛业	黄开勇	梁瑞龙
买麻藤科	梁盛业	黄开勇	梁瑞龙
木兰科	李信贤	林建勇	
八角科	李信贤	李　娟	
五味子科	李信贤	李　娟	
番荔枝科	李信贤	李　娟	
樟　科	黎向东	温远光	黄大勇
莲叶桐科	郑惠贤	刘　建	
肉豆蔻科	李士谔	和太平	
五桠果科	黎向东	温远光	
牛栓藤科	李士谔	和太平	
马桑科	黎向东	温远光	
蔷薇科	黄开响	黄应钦	林建勇
毒鼠子科	李士谔	和太平	
蜡梅科	李士谔	和太平	黄应钦
苏木科	郑惠贤	郝海坤	李　娟
含羞草科	王宏志	黄应钦	郝海坤
蝶形花科	李士谔	和太平	郝海坤
山梅花科	黎向东	温远光	

绣 球 科	郑惠贤	梁瑞龙
虎耳草科	钟业聪	梁瑞龙
鼠 刺 科	钟业聪	黄开勇
安息香科	梁盛业	黄开勇
山 矾 科	梁盛业	黄开勇
山茱萸科	钟业聪	黄开勇
鞘柄木科	钟业聪	李立杰
八角枫科	钟业聪	李 娟
蓝果树科	钟业聪	李 娟
五 加 科	梁盛业	李 娟
忍 冬 科	庄 嘉	李 娟
金缕梅科	梁盛业	李 娟
悬铃木科	钟业聪	李 娟
旌节花科	钟业聪	戴 俊
黄 杨 科	黄应钦	梁瑞龙
交让木科	黄应钦	梁瑞龙

本卷整编人员

梁瑞龙	黄开勇	黄应钦	黄大勇	李 娟	林建勇	郝海坤
戴 俊	刘 建	蓝 肖	李立杰	刘晓蔚	张照远	黄 欣
陈海林	韦 维	梁 萍				

绘(仿、描)图

黄应钦

前　言

　　2003 年 6 月,《中共中央 国务院关于加快林业发展的决定》(中发〔2003〕9 号)指出:加强生态建设,维护生态安全,是 21 世纪人类面临的共同主题,也是我国经济社会可持续发展的重要基础。全面建设小康社会,加快推进社会主义现代化,必须走生产发展、生活富裕、生态良好的文明发展道路,实现经济发展与人口、资源、环境的协调,实现人与自然的和谐相处。森林是陆地生态系统的主体,林业是一项重要的公益事业和基础产业,承担着生态建设和林产品供给的重要任务,做好林业工作意义十分重大。

　　构成森林主体的林木种质资源是开展林业工作的根本,它不但是生物多样性和生态系统多样性的基础,也是林业生产力发展和林业可持续发展的战略性资源,是国家乃至全人类的宝贵财富。随着国民经济发展和人民生活水平的不断提高,对各种木材产品、果品、花卉、药材和工业原材料的要求,越来越趋于优质、高效和多样化。根据国家发展和改革委员会、中华人民共和国财政部、国家林业局联合发布的《全国林木种苗发展规划(2011～2020 年)》,到 2015 年,完成 25 个省(自治区、直辖市)主要造林树种种质资源调查;到 2020 年,完成全国林木种质资源调查工作,大力开展优良种质资源的保护和利用;全面摸清林木种质资源的种类、数量、分布和濒危状况;依次制订各类林业珍稀濒危物种和有重要生态价值、经济价值、科研价值的物种保护利用名录,为国家有计划地开展林木种质资源的收集、保存、利用工作打好基础。因此,调查、评价现有林木种质资源,保存和储备多样化的可供选择开发利用的林木种质资源,显得尤为重要。

　　广西地处我国南部,位于东经 104°26′～112°04′和北纬 20°54′～26°24′之间,南临北部湾,与海南省隔海相望,东连广东,东北接湖南,西北靠贵州,西邻云南,西南与越南社会主义共和国毗邻,是我国西南内陆连接沿海地区的枢纽,在我国全方位开放以及在大西南联合开放开发中占有战略地位和主导作用。广西陆地区域面积 23.67万 km²,占全国国土总面积的 2.5%,居各省(自治区、直辖市)第 9 位,其中林业用地面积 1506.7 万 hm²,占全区国土面积的 63.5%,居全国第 5 位,森林面积逾 1430.0 万 hm²,森林覆盖率达到 60.5%,居全国第 4 位。广西地跨北热带、南亚热带和中亚热带 3 个生物气候带,北回归线横贯中部,气候条件优越,物种资源丰富,目前境内有已发现和命名的野生维管束植物共计297科1820属8563种（含亚种、变种及变型），包括蕨类植物有56科155属833种，裸子植物有8科19属62种，被子植物有233科1646属7668种，其中国家重点保护野生植物88种（国家一级25种，国家二级63种），广西重点保护植物84种。植物种类数量仅次于云南省和四川省，居全国第3位，丰富的生物物种资源构成了丰富的遗传多样性，显示了广西作为全国生物多样性最为丰富地区的重要地位。

《广西树木志》是广西壮族自治区林业科学研究院主持承担的广西壮族自治区林业科学与研究项目"广西树木物种资源的研究"（项目编号：林科字〔1996〕第44号）的重要内容和核心成果。自广西壮族自治区林业厅于1996年立项实施以来，课题组在广西广大林业科技工作者多年努力工作所取得的科研成果基础上，认真组织了广西壮族自治区林业科学研究院、广西大学林学院、广西壮族自治区林业勘测设计院、广西生态工程职业技术学院、南宁良凤江森林公园、广西壮族自治区国有高峰林场等单位的学者、专家参与鉴定标本、编写书稿和提供相关资料。因植物分类学研究的不断深入，致使种系变动较多，故书稿历经数次校核后才最终定稿。

在著作中，裸子植物按郑万钧系统（中国植物志·第七卷）排列，被子植物按哈钦松系统（1958）排列。第一卷共编入木本植物44科249属1237种（含106变种及变型），配图376幅。对分布于广西的木本植物的形态特征、地理分布、环境条件的适应性能、生长特性和利用价值等进行了扼要阐述，力求文字简练、图文并茂。树种的中文名只选用最通用名称，并尊重《中国植物志》各卷、《中国树木志》各卷的用名，尽量与其保持一致，地方名称除极通用的之外，并未一一列举。文后的中文名称索引、拉丁学名索引中页码为黑体的植物种在正文中有详细介绍。因限于人力和经费，所配图幅采用了部分仿绘图，凡仿绘图均标明"仿图"字样，仿图出处均存于底图上。仿绘图主要源于《中国植物志》《中国树木志》《中国高等植物图鉴》和《广西珍稀濒危树种》等资料，在此谨向原著（图）作者及单位深切致谢并致歉意。

本专著的正式出版发行，可为农林业科研、生产和教学活动提供基本资料和参考依据。同时，对于全面了解和掌握广西林木种质资源现状，帮助制订种质资源保护与利用规划，实现林木种质资源的科学有效保护与合理开发，促进林业可持续发展具有深远的意义。

本专著从立项、调查、组织编写、校核直至出版始终得到了广西壮族自治区林业厅和广西壮族自治区林业科学研究院历任领导的亲切关怀和大力支持，并承蒙世界银行资助的"广西综合林业发展和保护"项目提供编校和出版经费，在此一并深表谢忱。

由于水平有限，遗漏、欠妥和错误之处在所难免，敬请学者、专家和广大读者批评指正。

编著者

2012 年 11 月 8 日

目　录

前　言

蕨类植物 PTERIDOPHYTA

1　桫椤科 Cyatheaceae ·· (2)

　桫椤属 Alsophila R. Br. ·· (2)

裸子植物 GYMNOSPERMAE

2　苏铁科 Cycadaceae ·· (8)

　苏铁属 Cycas L. ·· (8)

3　银杏科 Ginkgoaceae ·· (13)

　银杏属 Ginkgo L. ·· (13)

4　南洋杉科 Araucariaceae ·· (14)

　南洋杉属 Araucaria Juss. ·· (14)

5　松科 Pinaceae ··· (17)

　1. 冷杉属 Abies Mill. ··· (17)

　2. 油杉属 Keteleeria Carr. ·· (18)

　3. 黄杉属 Pseudotsuga Carr. ·· (22)

　4. 铁杉属 Tsuga Carr. ··· (24)

　5. 银杉属 Cathaya Chun et Kuang ····································· (25)

　6. 金钱松属 Pseudolarix Gord. ·· (26)

　7. 雪松属 Cedrus Trew ·· (27)

　8. 松属 Pinus L. ··· (28)

6　杉科 Taxodiaceae ·· (38)

　1. 杉木属 Cunninghamia R. Br. ······································ (38)

　2. 台湾杉属 Taiwania Hayata ··· (39)

　3. 柳杉属 Cryptomeria D. Don ·· (41)

　4. 水松属 Glyptostrobus Endl. ·· (42)

　5. 落羽杉属 Taxodium Rich. ·· (44)

　6. 水杉属 Metasequoia Miki ex Hu et Cheng ···························· (45)

7　柏科 Cupressaceae ··· (46)

　1. 罗汉柏属 Thujopsis Sieb. et Zucc. ··································· (47)

　2. 侧柏属 Platycladus Spach ·· (48)

　3. 翠柏属 Calocedrus Kurz ··· (49)

　4. 柏木属 Cupressus L. ·· (49)

　5. 扁柏属 Chamaecyparis Spach ······································· (52)

　6. 福建柏属 Fokienia Henry et Thomas ································· (53)

7. 刺柏属 Juniperus L. ……………………………………………………………… (53)

8 罗汉松科 Podocarpaceae ………………………………………………………… (55)

1. 陆均松属 Dacrydium Sol. ex Forst. …………………………………………… (56)

2. 鸡毛松属 Dacrycarpus（Endl.）de Laub. …………………………………… (56)

3. 竹柏属 Nageia Gaertn. ………………………………………………………… (57)

4. 罗汉松属 Podocarpus L'Her. ex Pers. ………………………………………… (59)

9 三尖杉科 Cephalotaxaceae …………………………………………………… (61)

三尖杉属 Cephalotaxus Sieb. et Zucc. ex Endl. ……………………………… (61)

10 红豆杉科 Taxaceae …………………………………………………………… (64)

1. 白豆杉属 Pseudotaxus Cheng …………………………………………………… (64)

2. 红豆杉属 Taxus L. ……………………………………………………………… (66)

3. 穗花杉属 Amentotaxus Pilg. …………………………………………………… (67)

11 买麻藤科 Gnetaceae ………………………………………………………… (69)

买麻藤属 Gnetum L. ……………………………………………………………… (69)

被子植物 ANGIOSPERMAE

双子叶植物 Dicotyledoneae ……………………………………………………… (76)

12 木兰科 Magnoliaceae ………………………………………………………… (76)

1. 木莲属 Manglietia Bl. …………………………………………………………… (76)

2. 木兰属 Magnolia L. ……………………………………………………………… (83)

3. 单性木兰属 Woonyoungia Law ………………………………………………… (89)

4. 拟单性木兰属 Parakmeria Hu et Cheng ……………………………………… (90)

5. 含笑属 Michelia L. ……………………………………………………………… (91)

6. 合果木属 Paramichelia Hu ……………………………………………………… (100)

7. 观光木属 Tsoongiodendron Chun ……………………………………………… (101)

8. 鹅掌楸属 Liriodendron L. ……………………………………………………… (102)

13 八角科 Illiciaceae …………………………………………………………… (103)

八角属 Illicium L. ………………………………………………………………… (103)

14 五味子科 Schisandraceae …………………………………………………… (108)

1. 南五味子属 Kadsura Kaempf. ex Juss. ……………………………………… (109)

2. 五味子属 Schisandra Michx. …………………………………………………… (112)

15 番荔枝科 Annonaceae ……………………………………………………… (114)

1. 紫玉盘属 Uvaria L. …………………………………………………………… (115)

2. 澄广花属 Orophea Bl. ………………………………………………………… (120)

3. 金钩花属 Pseuduvaria Miq. …………………………………………………… (121)

4. 野独活属 Miliusa Lesch. ex DC. ……………………………………………… (122)

5. 假鹰爪属 Desmos Lour. ……………………………………………………… (123)

6. 蒙蒿子属 Anaxagorea A. St.－Hil. …………………………………………… (124)

7. 银钩花属 Mitrephora（Bl.）Hook. f. et Thoms. ……………………………… (125)

8. 哥纳香属 Goniothalamus（Bl.）Hook. f. et Thoms. ………………………… (125)

9. 木瓣树属 Xylopia L. …………………………………………………………… (126)

　　10. 蕉木属 Oncodostigma Diels ································ (127)

　　11. 暗罗属 Polyalthia Bl. ································ (128)

　　12. 藤春属 Alphonsea Hook. f. et Thoms. ················ (131)

　　13. 依兰属 Cananga (DC.) Hook. f. et Thoms. ············ (132)

　　14. 鹰爪花属 Artabotrys R. Br. ························ (133)

　　15. 瓜馥木属 Fissistigma Griff. ······················· (135)

　　16. 皂帽花属 Dasymaschalon Dalla Torre et Harms ········ (141)

　　17. 番荔枝属 Annona L. ······························ (142)

16　樟科 Lauraceae ································ (144)

　　1. 檫木属 Sassafras Trew ··························· (145)

　　2. 樟属 Cinnamomum Schaeff. ······················ (147)

　　3. 檬果樟属 Caryodaphnopsis Airy Shaw ·············· (161)

　　4. 新樟属 Neocinnamomum H. Liou ·················· (162)

　　5. 厚壳桂属 Cryptocarya R. Br. ····················· (163)

　　6. 新木姜子属 Neolitsea Merr. ····················· (169)

　　7. 单花山胡椒属 Iteadaphne Blume ·················· (180)

　　8. 山胡椒属 Lindera Thunb. ······················· (181)

　　9. 木姜子属 Litsea Lam. ·························· (191)

　　10. 黄肉楠属 Actinodaphne Nees ··················· (206)

　　11. 琼楠属 Beilschmiedia Nees ····················· (209)

　　12. 土楠属 Endiandra R. Br. ······················· (217)

　　13. 油果樟属 Syndiclis Hook. f. ···················· (217)

　　14. 油丹属 Alseodaphne Nees ······················ (218)

　　15. 油梨属(鳄梨属) Persea Mill. ··················· (219)

　　16. 润楠属 Machilus Nees ························· (220)

　　17. 楠属 Phoebe Nees ···························· (239)

17　莲叶桐科 Hernandiaceae ····················· (244)

　　青藤属 Illigera Bl. ······························ (244)

18　肉豆蔻科 Myristicaceae ····················· (247)

　　1. 红光树属 Knema Lour. ························ (247)

　　2. 风吹楠属 Horsfieldia Willd. ···················· (248)

19　五桠果科 Dilleniaceae ······················ (250)

　　1. 五桠果属 Dillenia L. ·························· (251)

　　2. 锡叶藤属 Tetracera L. ························· (252)

20　牛栓藤科 Connaraceae ······················ (252)

　　1. 牛栓藤属 Connarus L. ························· (253)

　　2. 红叶藤属 Rourea Aubl. ························ (254)

　　3. 朱果藤属 Roureopsis Planch. ···················· (255)

21　马桑科 Coriariaceae ························ (256)

　　马桑属 Coriaria L. ······························ (256)

22　蔷薇科 Rosaceae ·························· (257)

　　绣线菊亚科 Spiraeoideae ······················ (257)

1. 绣线菊属 Spiraea L. ……………………………………………………… (258)

2. 绣线梅属 Neillia D. Don ………………………………………………… (260)

3. 小米空木属 Stephanandra Sieb. et Zucc. …………………………………… (262)

苹果亚科 Maloideae ………………………………………………………… (262)

4. 栒子属 Cotoneaster B. Ehrh. …………………………………………… (263)

5. 火棘属 Pyracantha Roem. ………………………………………………… (263)

6. 山楂属 Crataegus L. ……………………………………………………… (265)

7. 红果树属 Stranvaesia Lindl. ……………………………………………… (266)

8. 石楠属 Photinia Lindl. …………………………………………………… (268)

9. 枇杷属 Eriobotrya Lindl. ………………………………………………… (277)

10. 石斑木属 Rhaphiolepis Lindl. …………………………………………… (279)

11. 花楸属 Sorbus L. ………………………………………………………… (281)

12. 木瓜属 Chaenomeles Lindl. ……………………………………………… (286)

13. 梨属 Pyrus L. …………………………………………………………… (288)

14. 苹果属 Malus Mill. ……………………………………………………… (289)

蔷薇亚科 Rosoideae ………………………………………………………… (292)

15. 棣棠花属 Kerria DC. …………………………………………………… (292)

16. 悬钩子属 Rubus L. ……………………………………………………… (293)

17. 蔷薇属 Rosa L. …………………………………………………………… (315)

李亚科 Prunoideae …………………………………………………………… (321)

18. 桂樱属 Laurocerasus Tourn. ex Duh. …………………………………… (322)

19. 稠李属 Padus Mill. ……………………………………………………… (324)

20. 樱属 Cerasus Mill. ……………………………………………………… (326)

21. 李属 Prunus L. …………………………………………………………… (328)

22. 桃属 Amygdalus L. ……………………………………………………… (329)

23. 杏属 Armeniaca Mill. …………………………………………………… (330)

24. 臀果木属 Pygeum Gaertn. ……………………………………………… (331)

23 毒鼠子科 Dichapetalaceae ………………………………………………… (332)

毒鼠子属 Dichapetalum Thou. …………………………………………… (332)

24 蜡梅科 Calycanthaceae …………………………………………………… (333)

蜡梅属 Chimonanthus Lindl. ……………………………………………… (333)

25 苏木科 Caesalpiniaceae …………………………………………………… (335)

1. 云实属 Caesalpinia L. …………………………………………………… (336)

2. 老虎刺属 Pterolobium R. Br. ex Wight et Arn. ………………………… (341)

3. 盾柱木属 Peltophorum (Vogel) Benth. ………………………………… (341)

4. 凤凰木属 Delonix Raf. …………………………………………………… (343)

5. 顶果树属 Acrocarpus Wight ex Arn. …………………………………… (343)

6. 格木属 Erythrophleum Afzel. ex G. Don ………………………………… (344)

7. 肥皂荚属 Gymnocladus Lam. …………………………………………… (345)

8. 皂荚属 Gleditsia L. ……………………………………………………… (345)

9. 决明属 Cassia L. ………………………………………………………… (347)

10. 山扁豆属 Senna Mill. …………………………………………………… (350)

　　11. 翅荚木属 Zenia Chun ……………………………………………………………（352）

　　12. 酸豆属 Tamarindus L. …………………………………………………………（353）

　　13. 油楠属 Sindora Miq. ……………………………………………………………（353）

　　14. 仪花属 Lysidice Hance …………………………………………………………（354）

　　15. 缅茄属 Afzelia Smith ……………………………………………………………（355）

　　16. 无忧花属 Saraca L. ……………………………………………………………（356）

　　17. 紫荆属 Cercis L. …………………………………………………………………（357）

　　18. 羊蹄甲属 Bauhinia L. ……………………………………………………………（358）

26　含羞草科 Mimosaceae ……………………………………………………………（365）

　　1. 金合欢属 Acacia Mill. ……………………………………………………………（366）

　　2. 银合欢属 Leucaena Benth. ………………………………………………………（374）

　　3. 含羞草属 Mimosa L. ……………………………………………………………（375）

　　4. 海红豆属 Adenanthera L. ………………………………………………………（376）

　　5. 榼藤子属 Entada Adans. …………………………………………………………（377）

　　6. 象耳豆属 Enterolobium Mart. …………………………………………………（377）

　　7. 合欢属 Albizia Durazz. …………………………………………………………（378）

　　8. 南洋楹属 Falcataria（I. C. Nielsen）Barneby et J. W. Grimes …………（384）

　　9. 猴耳环属 Pithecellobium Mart. ………………………………………………（385）

　　10. 棋子豆属 Cylindrokelupha Kosterm. …………………………………………（386）

　　11. 朱缨花属 Calliandra Benth. ……………………………………………………（388）

27　蝶形花科 Papilionaceae …………………………………………………………（389）

　　1. 红豆树属 Ormosia Jacks. ………………………………………………………（391）

　　2. 香槐属 Cladrastis Raf. …………………………………………………………（403）

　　3. 槐属 Sophora L. …………………………………………………………………（405）

　　4. 藤槐属 Bowringia Champ. ex Benth. …………………………………………（408）

　　5. 葫芦茶属 Tadehagi Ohashi ……………………………………………………（409）

　　6. 小槐花属 Ohwia H. Ohashi ……………………………………………………（410）

　　7. 长柄山蚂蝗属 Hylodesmum H. Ohashi & R. R. Mill ……………………（410）

　　8. 狸尾豆属 Uraria Desv. …………………………………………………………（411）

　　9. 算珠豆属 Urariopsis Schindl. …………………………………………………（412）

　　10. 山蚂蝗属 Desmodium Desv. ……………………………………………………（412）

　　11. 舞草属 Codariocalyx Hassk. ……………………………………………………（414）

　　12. 排钱树属 Phyllodium Desv. ……………………………………………………（415）

　　13. 假木豆属 Dendrolobium（Wight et Arn.）Benth. …………………………（416）

　　14. 猪屎豆属 Crotalaria L. …………………………………………………………（416）

　　15. 油麻藤属 Mucuna Adans. ………………………………………………………（417）

　　16. 相思子属 Abrus Adans. …………………………………………………………（419）

　　17. 锦鸡儿属 Caragana Fabr. ………………………………………………………（420）

　　18. 田菁属 Sesbania Scop. …………………………………………………………（420）

　　19. 千斤拔属 Flemingia Roxb. ex W. T. Ait. …………………………………（421）

　　20. 木豆属 Cajanus DC. ……………………………………………………………（422）

　　21. 刺桐属 Erythrina L. ……………………………………………………………（422）

22. 密花豆属 Spatholobus Hassk. ……………………………………………… （424）

23. 紫矿属 Butea Boxb. ex Willd. ……………………………………………… （424）

24. 巴豆藤属 Craspedolobium Harms ………………………………………… （425）

25. 刺槐属 Robinia L. …………………………………………………………… （425）

26. 木蓝属 Indigofera L. ………………………………………………………… （426）

27. 干花豆属 Fordia Hemsl. …………………………………………………… （430）

28. 紫藤属 Wisteria Nutt. ……………………………………………………… （431）

29. 崖豆藤属 Millettia Wight et Arn. ………………………………………… （431）

30. 灰毛豆属 Tephrosia Pers. …………………………………………………… （435）

31. 肿荚豆属 Antheroporum Gagnep. …………………………………………… （436）

32. 紫穗槐属 Amorpha L. ……………………………………………………… （436）

33. 鱼藤属 Derris Lour. ………………………………………………………… （437）

34. 猪腰豆属 Afgekia Craib …………………………………………………… （442）

35. 山豆根属 Euchresta Benn. ………………………………………………… （443）

36. 鸡血藤属 Callerya Endl. …………………………………………………… （443）

37. 黄檀属 Dalbergia L. f. ……………………………………………………… （448）

38. 紫檀属 Pterocarpus Jacq. …………………………………………………… （455）

39. 胡枝子属 Lespedeza Michx. ………………………………………………… （456）

40. 杭子梢属 Campylotropis Bunge …………………………………………… （458）

28 山梅花科 Philadelphaceae ……………………………………………… （459）

1. 溲疏属 Deutzia Thunb. ……………………………………………………… （460）

2. 山梅花属 Philadelphus L. …………………………………………………… （460）

29 绣球科 Hydrangeaceae ………………………………………………… （461）

1. 草绣球属 Cardiandra Sieb. et Zucc. ……………………………………… （461）

2. 冠盖藤属 Pileostegia Hook. f. et Thoms. ………………………………… （462）

3. 钻地风属 Schizophragma Sieb. et Zucc. …………………………………… （464）

4. 绣球属 Hydrangea L. ………………………………………………………… （465）

5. 常山属 Dichroa Lour. ………………………………………………………… （471）

30 虎耳草科 Saxifragaceae ……………………………………………… （473）

茶藨子属 Ribes L. …………………………………………………………… （474）

31 鼠刺科 Escalloniaceae ………………………………………………… （474）

1. 鼠刺属 Itea L. ………………………………………………………………… （474）

2. 多香木属 Polyosma Bl. ……………………………………………………… （478）

32 安息香科 Styracaceae ………………………………………………… （479）

1. 安息香属 Styrax L. …………………………………………………………… （479）

2. 赤杨叶属 Alniphyllum Matsum. …………………………………………… （488）

3. 山茉莉属 Huodendron Rehd. ……………………………………………… （490）

4. 银钟花属 Halesia J. Ellis ex L. …………………………………………… （492）

5. 陀螺果属 Melliodendron Hand. – Mazz. ………………………………… （494）

6. 木瓜红属 Rehderodendron Hu ……………………………………………… （495）

7. 白辛树属 Pterostyrax Sieb. et Zucc. ……………………………………… （497）

33 山矾科 Symplocaceae ………………………………………………… （498）

　　　　山矾属 Symplocos Jacq. ……………………………………………………（498）

34　山茱萸科 Cornaceae …………………………………………………………（511）

　　1. 山茱萸属 Cornus L. ………………………………………………………（512）

　　2. 青荚叶属 Helwingia Willd. ………………………………………………（519）

　　3. 桃叶珊瑚属 Aucuba Thunb. ………………………………………………（521）

　　4. 单室茱萸属 Mastixia Blume ……………………………………………（524）

35　鞘柄木科 Toricelliaceae ……………………………………………………（524）

　　　鞘柄木属 Toricellia DC. ……………………………………………………（525）

36　八角枫科 Alangiaceae ………………………………………………………（525）

　　　八角枫属 Alangium Lam. …………………………………………………（525）

37　蓝果树科 Nyssaceae …………………………………………………………（530）

　　1. 喜树属 Camptotheca Decne. ……………………………………………（530）

　　2. 蓝果树属 Nyssa Gronov. ex L. …………………………………………（531）

38　五加科 Araliaceae ……………………………………………………………（533）

　　1. 马蹄参属 Diplopanax Hand. - Mazz. …………………………………（534）

　　2. 大参属 Macropanax Miq. …………………………………………………（535）

　　3. 梁王茶属 Metapanax J. Wen ex Fordin ………………………………（536）

　　4. 刺通草属 Trevesia Vis. ……………………………………………………（536）

　　5. 刺楸属 Kalopanax Miq. ……………………………………………………（537）

　　6. 罗伞属 Brassaiopsis Decne. et Planch. ………………………………（539）

　　7. 常春藤属 Hedera L. ………………………………………………………（542）

　　8. 树参属 Dendropanax Decne. et Planch. ………………………………（542）

　　9. 通脱木属 Tetrapanax K. Koch ……………………………………………（546）

　　10. 鹅掌柴属 Schefflera J. R. et G. Forst. ………………………………（546）

　　11. 五加属 Eleutherococcus Maxim. ………………………………………（552）

　　12. 萸叶五加属 Gamblea C. B. Clarke ……………………………………（553）

　　13. 幌伞枫属 Heteropanax Seem. ……………………………………………（554）

　　14. 羽叶参属 Pentapanax Seem. ……………………………………………（556）

　　15. 楤木属 Aralia L. …………………………………………………………（557）

39　忍冬科 Caprifoliaceae ………………………………………………………（561）

　　1. 接骨木属 Sambucus L. ……………………………………………………（562）

　　2. 荚蒾属 Viburnum L. ………………………………………………………（563）

　　3. 忍冬属 Lonicera L. …………………………………………………………（575）

　　4. 锦带花属 Weigela Thunb. …………………………………………………（582）

　　5. 毛核木属 Symphoricarpos Duhamel ……………………………………（583）

　　6. 双盾木属 Dipelta Maxim. …………………………………………………（584）

　　7. 六道木属 Abelia R. Br. ……………………………………………………（584）

40　金缕梅科 Hamamelidaceae …………………………………………………（586）

　　1. 马蹄荷属 Exbucklandia R. W. Brown …………………………………（587）

　　2. 红花荷属 Rhodoleia Champ. ex Hook. …………………………………（589）

　　3. 壳菜果属 Mytilaria Lec. ……………………………………………………（590）

　　4. 枫香树属 Liquidambar L. …………………………………………………（591）

5. 半枫荷属 Semiliquidambar H. T. Chang ……………………………………（592）

6. 蕈树属 Altingia Nor. ……………………………………………………………（593）

7. 檵木属 Loropetalum R. Brown ………………………………………………（593）

8. 金缕梅属 Hamamelis L. …………………………………………………………（595）

9. 蜡瓣花属 Corylopsis Sieb. et Zucc. ……………………………………………（596）

10. 秀柱花属 Eustigma Gardn. et Champ. ………………………………………（598）

11. 蚊母树属 Distylium Sieb. et Zucc. …………………………………………（599）

12. 水丝梨属 Sycopsis Oliv. ……………………………………………………（600）

13. 假蚊母树属 Distyliopsis Endress ……………………………………………（601）

41 悬铃木科 Platanaceae ………………………………………………………（602）

悬铃木属 Platanus L. ………………………………………………………（602）

42 旌节花科 Stachyuraceae ……………………………………………………（603）

旌节花属 Stachyurus Sieb. et Zucc. ……………………………………………（603）

43 黄杨科 Buxaceae ……………………………………………………………（605）

1. 黄杨属 Buxus L. ………………………………………………………………（605）

2. 野扇花属 Sarcococca Lindl. …………………………………………………（609）

3. 板凳果属 Pachysandra Michx. …………………………………………………（610）

44 交让木科 Daphniphyllaceae ………………………………………………（611）

虎皮楠属 Daphniphyllum Bl. ……………………………………………………（611）

主要参考文献 …………………………………………………………………………（615）

中文名称索引 …………………………………………………………………………（616）

拉丁学名索引 …………………………………………………………………………（630）

蕨类植物 PTERIDOPHYTA

多为草本，稀为木本。孢子体较大，有根、茎、叶的分化，并有维管束，因而有些种类能长得高大而成为"树蕨"。

1 桫椤科 Cyatheaceae

多为树状蕨，树干粗壮而不分枝，下部生长着许多不定根，有少数种类具粗短而平卧的地下根状茎。叶形较大，在树干顶端簇生，二至三回羽裂或呈羽状；叶脉常分离，单一或分叉，或偶有网结；叶柄宿存或早落，被鳞片或有毛。叶痕通常具有 3 列小的维管束；气囊体生于叶柄的两侧，条纹状，排成 1~3 行，新鲜时更为明显。

8 属约 900 种，产于世界热带与亚热带地区。中国有 2 属约 15 种，产于南方各地及沿海岛屿。广西 1 属 6 种。

桫椤属 Alsophila R. Br.

乔木状或灌木状（主茎粗短，不露出地面或稍露出地面，偶有平卧者）。叶柄平滑、粗糙或有皮刺，无毛，乌木色、深禾秆色或红棕色；鳞片坚硬，中部黑棕色，由窄长的厚壁细胞密集组成，边缘由短的薄壁细胞形成淡棕色的特化窄边，顶端常呈一条棕色的刚毛；叶片大，一回羽状至三回羽裂；羽轴上面常被柔毛；叶脉分离（偶有略网结），单一或二叉。孢子囊群圆形，着生于叶脉背面，囊群盖无或有，有则呈鳞片状至外侧开裂的圆球形（成熟时有的种向中肋反折），常有隔丝。

约 230 种，亚洲约 20 种；中国约 12 种，广西 6 种。本属植物都为国家Ⅱ级重点保护野生植物，被誉为"活化石"。

分种检索表

1. 叶柄、叶轴、羽轴深禾秆色及浅棕色，有刺或小疣；裂片侧脉常分叉；有膜质囊群盖（有时极小，鳞片状，常被囊群覆盖）。
  2. 羽轴下面无毛，下部疏生短刺，上面连同小羽轴均疏生棕色卷曲毛 …………………… **1. 桫椤 A. spinulosa**
  2. 羽轴下面禾秆色具疣凸，上半部被灰白色弯曲毛，上面有沟槽，密被红棕色刚毛 ……………
  ………………………………………………………………………………………… **2. 中华桫椤 A. costularis**
1. 叶柄、叶轴、羽轴乌木色或红棕色，无刺；囊群无盖。
  3. 叶脉两边均隆起，中肋斜上，小脉 3~4 对，相邻两侧的基部 1 对小脉（有时下部同侧两条），顶端常联结成三角状网眼，并向叶缘延伸出 1 条小脉（有时再和第 2 对小脉联结）………… **3. 黑桫椤 A. podophylla**
  3. 叶脉分离，单一或很少分叉。
    4. 孢子囊群着生在中脉与叶缘之间，呈"V"字形排列，叶柄乌木色，被棕黑色鳞片，鳞片光亮，平展………
    ………………………………………………………………………………………… **4. 大黑桫椤 A. gigantea**
    4. 孢子囊群着生在小脉中部或分叉上。
      5. 叶柄黑色；叶片三回羽裂，小羽片基部 1 对裂片不分离；羽裂狭长，先端有小圆齿；隔丝长度比孢子囊稍长或近相等 …………………………………………………………… **5. 小黑桫椤 A. metteniana**
      5. 叶柄红褐色；叶片二回至三回羽裂，小羽片基部 1 或 2 对裂片分离，边缘有粗齿；隔丝稍短于孢子囊………………………………………………………………………………… **6. 粗齿桫椤 A. denticulata**

1. 桫椤 树蕨、刺桫椤 图 1
Alsophila spinulosa Wall. ex Hook.

常绿蕨类乔木，茎直立，树干高达 5~6m，胸径 20cm。叶顶生，叶柄长 30~50cm，深禾秆色或微带棕色，具密刺；叶柄基部的鳞片棕色，有光泽；叶片较大，长 1~2m，宽 1m，三回羽状深裂，叶轴深禾秆色，羽片长矩圆形，长 30~60cm，中部宽 13~20cm，羽轴下面无毛，下部疏生短刺，上面连同小羽轴均疏生棕色卷曲毛；小羽片线状披针形，长 8~10cm，宽 1.5~2.0cm；小羽轴下面疏生泡状小鳞片；中肋间隔 3～5mm，裂片较薄，具疏锯齿，侧脉 8～10（～12）对，多为二叉，背面常有灰白色的针状短毛，沿中脉背面疏生泡状小鳞片；羽轴、小羽轴和中脉上面被硬粗毛，下面被灰白色小鳞片。孢子囊群近中肋着生，囊群盖圆形，薄膜质，外侧开裂，成熟时反折覆盖于中肋上面。

产于防城、上思、合浦、浦北、扶绥、宁明、龙州、凭祥、北流、容县、贵港、邕宁、武鸣、马山、金秀、环江、罗城、东兰、天峨、八步、靖西、德保、那坡、融水、永福、龙胜等地。生于海拔 400～900m 的山地沟谷林中。分布于福建、广东、海南、贵州、云南、四川、西藏、台湾等地；尼泊尔、不丹、印度、缅甸、泰国、越南、菲律宾和日本等地也有分布。

树干内的白色髓心，切片晒干入药，有祛风湿、强筋骨和清热止咳的功效。

2. 中华桫椤　毛肋桫椤　图 2：6～9

Alsophila costularis Baker

高达 5m 或更高，直径 1.5～30.0cm。叶柄长 45cm，近基部深红

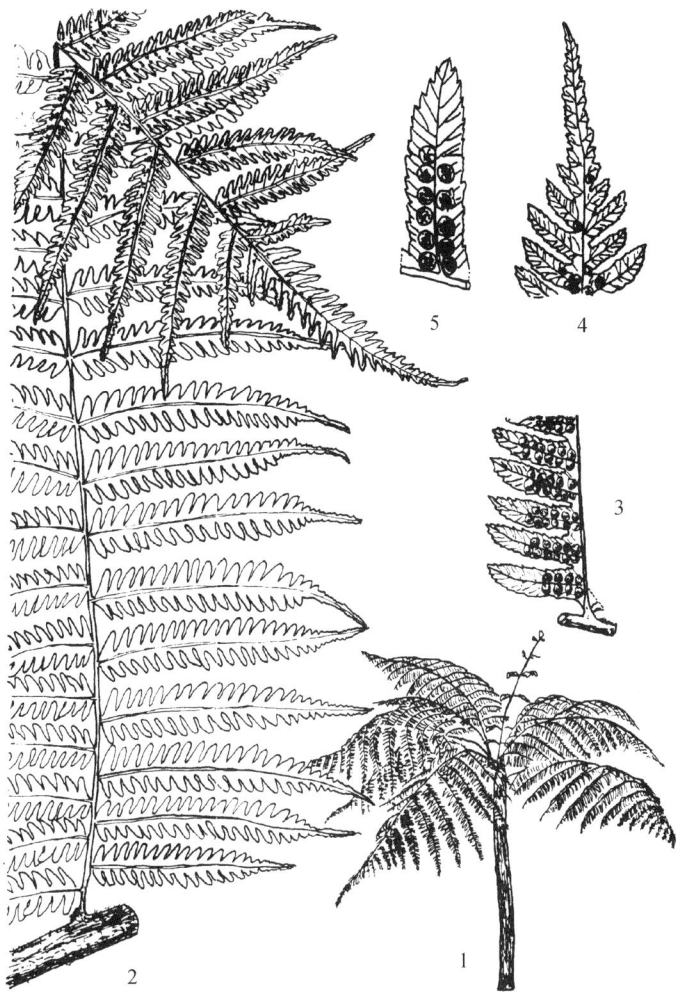

图 1　桫椤 Alsophila spinulosa Wall. ex Hook. 1. 植株上部；2. 叶片；3. 羽片；4. 羽片上部；5. 裂片。(仿《中国树木志》)

色，具刺手的硬皮短刺和疣状凸起，向上色渐淡，上面有宽沟，两侧各有 1 条不连续的气囊线，直达叶轴上部，并被 2 种鳞片，基部的鳞片厚而平直，长达 2cm，宽约 1.5mm，黑棕色，有光泽，坚硬，边缘的薄而早落；叶片长 2m，宽 1m，长圆形；叶轴下部红棕色，下面具星散小疣；三回羽状深裂，叶片阔披针形，长达 60cm，宽达 17cm，有短柄，羽轴上面有沟槽，密被红棕色刚毛，下面禾秆色具疣凸，上半部被灰白色弯曲毛；小羽片多达 30 对，无柄，平展，披针形，先端渐尖或长尾尖，基部阔楔形或近截形，长 6～10cm，宽 1.3～2.0cm，羽状深裂或几达小羽轴，裂片基部合生，小羽轴两面密被卷曲的淡棕色软毛，连同主脉下面疏被薄的勺状淡棕色鳞片；裂片略呈镰刀形，边缘具小圆锯齿，侧脉 10～13 对，二叉，少数三叉或单一。孢子囊群球形，着生于侧脉分枝处，靠近主脉，每裂片 3～6 对，囊群盖膜质，仅于主脉一侧附着在囊托基部，成熟时反折如鳞片状覆盖在上面，隔丝不较孢子囊长。

产于隆林。生于沟谷林中。分布于云南、西藏等地；不丹、印度、越南、缅甸、孟加拉国也有分布。

3. 黑桫椤　结脉黑桫椤　图 3：1～2

Alsophila podophylla Hook.

植株高 1～3m，有短主干或几无主干，顶部生出几片大叶。叶柄红棕色，基部膨大，粗糙或有尖刺，鳞片披针形，褐棕色；叶片较大，长 2～3m，一回、二回深裂以至二回羽状，沿叶轴和羽轴

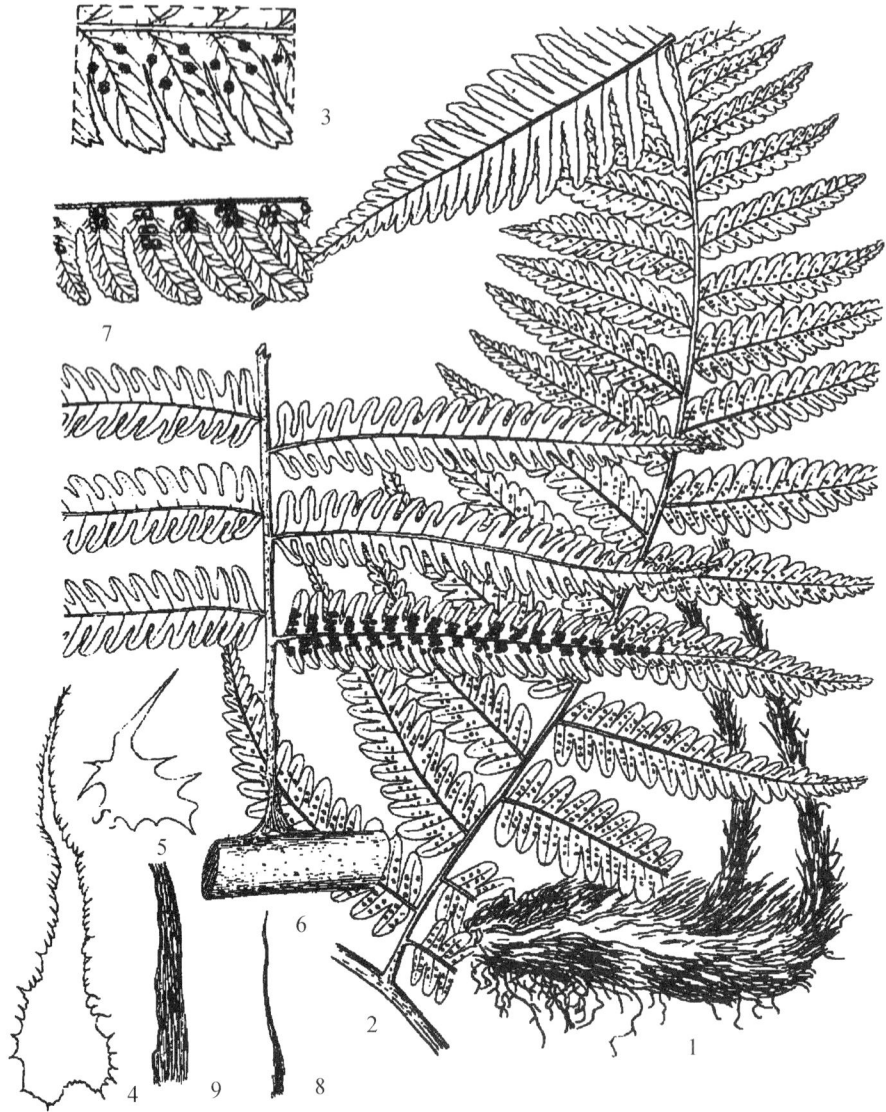

图2　1～5. 粗齿桫椤 Alsophila denticulata Baker 1. 根状茎及叶柄一段；2. 羽片；3. 小羽片一段；4. 鳞片；5. 叶轴上的鳞片。6～9. 中华桫椤 Alsophila costularis Baker 6. 羽片；7. 小羽片；8～9. 叶柄基部的鳞片。(仿《中国植物志》)

上面有棕色鳞片，下面粗糙；羽片互生，斜展，柄长 2.5～3.0cm，长圆状披针形，长 30～50cm，中部宽 10～18cm，顶端渐尖，有浅锯齿；小羽片约 20 对，互生，柄长 1.5mm，小羽轴相距 2.0～2.5cm，条状披针形，基部截形，宽 1.2～1.5cm，顶端尾状渐尖，边缘近全缘或有疏锯齿，或波状圆齿；叶脉两边均隆起，中肋斜上，小脉 3～4 对，相邻两侧的基部 1 对小脉(有时下部同侧两条)顶端常联结成三角状网眼，并向叶缘延伸出 1 条小脉(有时再和第 2 对小脉联结)，叶坚纸质，两面均无毛。孢子囊群圆形，着生于小脉背面近基部处，囊群无盖，隔丝短。

　　产于上思、南宁、横县、博白、平南、金秀、苍梧等地。生于海拔 1600m 以下的沟边密林深处。分布于云南、广东、福建、浙江、台湾；日本南部、越南、老挝、柬埔寨、泰国也有分布。

　　4. 大黑桫椤　大叶黑桫椤　图3：3～4

Alsophila gigantea Wall. ex Hook.

　　乔木状，高 2～5m，有主干，茎粗达 20cm。叶形较大，长达 3m，宽达 1.8cm；叶柄长 1m，乌木色，粗糙，被暗棕色短毛，基部、腹面被棕黑色鳞片；鳞片条形，长 2cm，基部宽 1.5～3.0mm，中部宽 1mm，光亮，平展；叶片三回羽裂，叶轴下部乌木色，粗糙，向上渐呈棕色而光滑；羽片有短柄，长圆形，长 50~60cm 或更长，羽轴上面被褐色毛，下面近光滑；小羽片约 25 对，互生，平展，柄长 2mm，小羽轴相距 2.0~2.5cm，条状披针形，长约 10cm，顶端有浅齿，基部截形，羽裂达 1/2~3/4，小羽轴上面被毛，下面疏被小鳞片；裂片 12~15 对，呈阔三角形，长 5~6mm，边缘有锯齿；叶脉下面可见，小脉 6~7 对，有时多达 8~10 对，单一，分离；叶为厚纸质，两面均无毛。孢子囊群位于中肋与叶缘之间，排列成"V"字形，囊群无盖，隔丝与孢子囊等长。

产于金秀、苍梧、百色、龙州、凭祥、武鸣等地。生于海拔 600~1000m 的溪边林下。分布于云南、广东等地；尼泊尔、孟加拉国、印度、缅甸、泰国、老挝、越南、斯里兰卡等地也有分布。

5. 小黑桫椤 图 4

Alsophila metteniana Hance

高 2m。根状茎短而斜升，密生黑棕色鳞片。叶柄黑色，基部生宿存的鳞片；鳞片线形，长达 2cm，宽 1.5mm，淡棕色，光亮，有不明显的狭边；叶片三回羽裂；羽片长达 40cm；小羽片长 6~9cm，宽 1.6~2.2cm，向顶端渐狭，深羽裂，距小羽轴 2~4mm，基部 1 对裂片不分离；裂羽狭长，先端有小圆齿；叶脉分离，每裂片有小脉 5~6 对，单一，基部下侧有一小脉出自主脉；羽轴红棕色，近光滑，残留疏鳞片；鳞片小，灰色，少数较狭的鳞片先端有黑色的长刚毛；小羽轴的基部生鳞片，鳞片黑棕色，有灰色的边，先端呈弯曲的刚毛状，较小的鳞片灰色，基部稍为泡状，先端长刚毛状。孢子囊群生于小脉中部；囊群盖缺；隔丝多，其长度比孢子囊稍长或近相等。

产于龙胜、融水、三江、八步、罗城、上思。生于山坡林下、溪旁或沟边。分布于台湾、广东、四川、重庆、湖南、江西等地；日本也有分布。

6. 粗齿桫椤 图 2：1~5

Alsophila denticulata Baker

高 1.4m。主干短而横卧。叶簇生；叶柄长 30~90cm，红褐色，稍有疣状凸起，基部生鳞片，向上不光滑；鳞片线形，长 15mm，宽 1.5mm，浅棕色，光亮，边缘有疏长刚毛；叶片

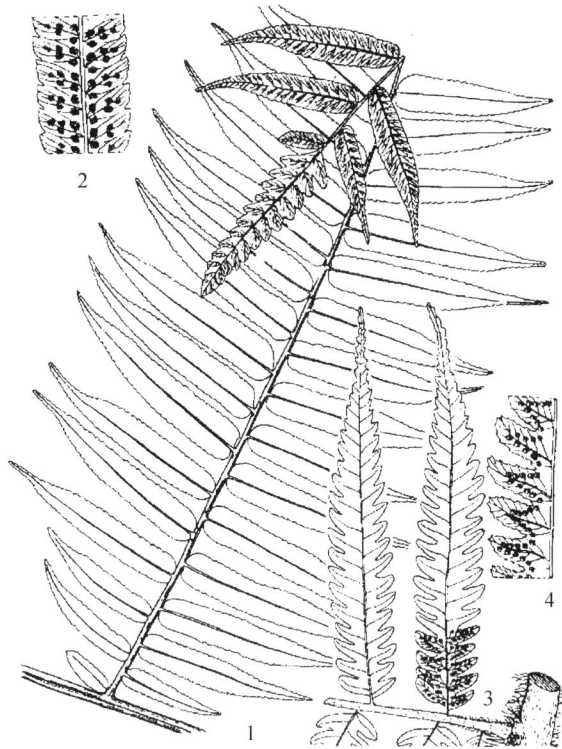

图 3　1~2. 黑桫椤 Alsophila podophylla Hook. 1. 羽片；2. 小羽片（部分）。3~4. 大黑桫椤 Alsophila gigantea Wall. ex Hook. 3. 羽片（部分）；4. 小羽片（部分）。（仿《中国植物志》）

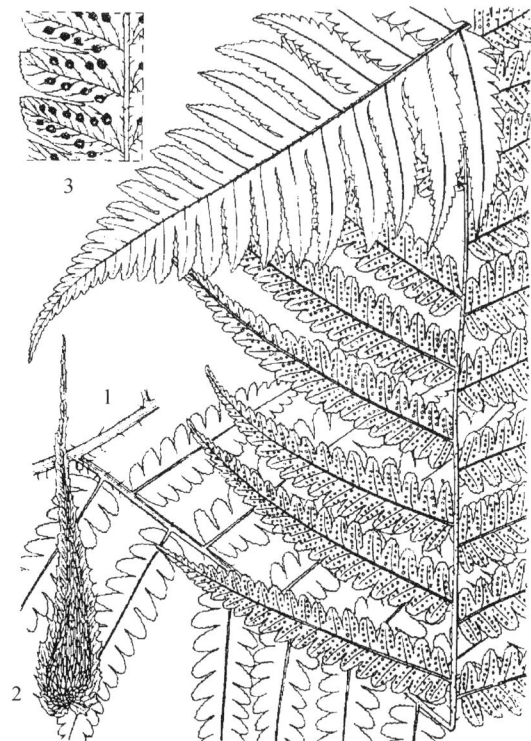

图 4　小黑桫椤 Alsophila metteniana Hance 1. 羽片；2. 根状茎上的鳞片；3. 小羽片的一段。（仿《中国植物志》）

披针形，长 35~50cm，二回羽状至三回羽状；羽片 12~16 对，互生，斜向上，有短柄，长圆形，中部的羽片长 12~40cm，基部 1 对羽片稍缩短；小羽片长 7~8cm，宽 1.6~1.8cm，先端渐尖，无柄，深羽裂近达小羽轴，基部 1 或 2 对裂片分离；裂片斜向上，边缘有粗齿；叶脉分离，每裂片有小脉 5~7 对，单一或很少分叉，基部下侧一小脉出自主脉；羽轴红棕色，有疏的疣状凸起，疏生狭线形的鳞片，较大的鳞片边缘有刚毛；小羽轴及主脉密生鳞片；鳞片顶部深棕色，基部淡棕色且为泡状，边缘有黑棕色刚毛。孢子囊群圆形，生于小脉中部或分叉上；囊群盖缺；隔丝多，稍短于孢子囊。

产于武鸣、上林、那坡、融水、三江等地。生于山谷疏林、常绿阔叶林下及林缘沟边。分布于浙江、台湾、福建、江西、湖南、香港、云南、贵州、四川等地；日本南部也有分布。

裸子植物 GYMNOSPERMAE

乔木，少为灌木，稀为木质藤本。雌球花具胚珠，着生胚珠的鳞片即大孢子叶不形成密闭的子房，因而胚珠裸露，故称裸子植物。胚珠有珠被，顶端有珠孔，胚珠发育成配子体，雌配子体的卵细胞受精后发育成胚，配子体的其他部分发育成胚乳，珠被发育成种皮，整个胚珠发育成种子。叶多为针形、线形或鳞形，又称为针叶树，极少数为扁平的阔叶。茎维管束排列成一环，有形成层，次生木质部几全由管胞组成，很少有导管；韧皮部无伴胞。子叶 1 枚至多数。

现存的裸子植物 12 科 71 属约 800 种，广布于世界各地，主产于北半球；中国 11 科 41 属约 300 种(包括引种栽培)；广西 10 科 31 属 71 种 14 变种 2 变型。大多为林业生产上的重要用材树种，可供作纤维、单宁、松脂、药用等，有较高经济价值。

2　苏铁科 Cycadaceae

常绿木本植物，树干圆柱形，稀为球状或块茎状，一般不分枝，髓部大，木质部及韧皮部较窄。叶螺旋状排列，有鳞叶及营养叶，相互成环着生；鳞叶小，密被褐色绒毛；营养叶大，革质；羽状深裂或叉状二回深裂，簇生于茎顶或块茎上。雌雄异株，雄球花单生于树干顶端，小孢子叶扁平鳞状或盾状，螺旋状排列，下面有多数小孢子囊，小孢子萌生时产生 2 个有多数纤毛的游动精子；大孢子叶上部羽状分裂或近于不分裂，生于树干顶部羽状叶与鳞叶之间，胚珠 2 ~ 10 枚，生于大孢子叶柄的两侧。种子核果状，具 3 层种皮，胚乳丰富。

10 属约 120 种，分布于热带和亚热带地区。中国约 1 属 19 种，分布于云南、广西、四川、贵州、广东、海南、台湾、湖南和福建等地。

苏铁属 Cycas L.

属特征与科同。多为庭园观赏树种；树干含淀粉，可食；嫩叶也可食用；大孢子叶和种子可供药用。广西 13 种和引入 2 种，本志记载 11 种。广西西南部苏铁植物种类丰富，是该类植物的现代分布中心，本属都为国家 I 级重点保护野生植物。

分种检索表

1. 叶二或三回羽状；小叶二叉分枝。
  2. 叶二回羽状 ··· **1. 叉叶苏铁 C. micholitzii**
  2. 叶三回羽状 ··· **2. 德保苏铁 C. debaoensis**
1. 叶一回羽状；小叶单生。
  3. 胚珠密被绒毛；树干有明显螺旋状排列的菱形叶柄残痕；叶轴呈四方状圆形，叶柄略成四方形；羽状裂片边缘明显反卷，上面中央微凹，凹槽内有稍隆起的中脉 ················ **3. 苏铁 C. revoluta**
  3. 胚珠与种子无毛。
    4. 小叶边缘平或微波状。
      5. 大孢子叶上部顶片卵状菱形 ··· **4. 宽叶苏铁 C. balansae**
      5. 大孢子叶上部顶片卵圆形或卵形 ··· **5. 叉孢苏铁 C. segmentifida**
    4. 小叶边缘微卷，稀平。
      6. 树干较高，通常 1 ~ 5m。
        7. 种子表面平滑。
          8. 羽叶长 1 ~ 3m；大孢子叶不育顶片宽卵形或倒卵形，被褐红色绒毛；种子近球形或倒卵状球形
             ··· **6. 四川苏铁 C. szechuanensis**
          8. 羽叶长 1.2 ~ 1.5m；大孢子叶密被褐黄色绒毛，上部的裂片斜方状宽圆形；种子卵圆形 ··········
             ··· **7. 篦齿苏铁 C. pectinata**
        7. 种子表面具不规则皱纹。
          9. 上部顶片宽卵形或斜方状卵形，边缘篦齿状分裂；羽片长 18 ~ 25cm，宽 7 ~ 15mm；种子椭圆形

·· **8. 台湾苏铁 C. taiwaniana**

　　9. 上部的顶片斜方状卵形，边缘羽状分裂；羽片长 15～18cm，宽 6～10mm；叶柄密生刺；种子宽倒
　　　卵形··· **9. 海南苏铁 C. hainanensis**

　6. 树干矮小，常 1m 以下。
　　10. 羽叶长 1.0～1.8m，叶柄两侧具刺；大孢子叶密被黄褐色绒毛，不育顶片近圆形 ····················
　　　··· **10. 贵州苏铁 C. guizhouensis**

　　10. 羽叶长 1.2～2.5m 或更长，幼时被锈色柔毛；叶柄两侧具稀疏的刺或有时无刺；大孢子叶密被红褐
　　　色绒毛，后逐渐脱落，上部的顶片卵状菱形·························· **11. 石山苏铁 C. miquelii**

1. 叉叶苏铁　叉叶凤尾　图 5

Cycas micholitzii Dyer

　　树干圆柱形，直立，偶有分枝，高 20～60cm，径可达 35cm。叶叉状，二回羽状深裂，长达 2.0～5.5m；叶柄粗壮，两侧有宽短尖刺；羽片间距离 1～4cm，叉状分裂，裂片条状披针形，边缘呈波状，长 10～65cm，宽 2～4cm，先端渐尖，基部不对称，幼时被白粉。雄球花纺锤形至圆柱形，梗长 2～5cm，粗 1～3cm；小孢子叶宽楔形，黄色，边缘呈橘黄色，小孢子叶顶端宽平，有急尖头；大孢子叶球径 15～35cm；大孢子叶长 8～12cm，幼时浅黄色，被白色绒毛，成熟后深绿色，宽 3～4cm，边缘具篦齿状裂片，裂片钻形，肥厚，长 1.2～2.0cm，胚珠 2～4 枚，着生于大孢子叶柄的基部两侧，近扁圆球形，幼时稍被白色绒毛。种子卵形，略扁，顶端有喙尖，成熟后假种皮变黄色。种子成熟期 10～11 月。

　　濒危种。产于龙州、宁明、崇左和凭祥等地，南宁、桂林有引种栽培。多生长于石灰岩石地，也能生长于砂岩发育的酸性土上，生于海拔 500m 以下的地区。分布于云南。

2. 德保苏铁

Cycas debaoensis Y. C. Zhong et C. J. Chen

　　树干多单生，偶有丛生。成年开花植株地上茎干高 10～95cm，茎粗 6～40cm。叶基宿存，灰黑色；鳞叶狭长三角形，背面密被黄褐色绒毛。羽叶 3～11 片，最多时可达 15 片；羽叶长 150～360cm，宽 60～150cm；叶柄长 60～190cm，柄上刺 29～67 对，刺长 2～9mm，刺间距 0.6～9.0cm；三回羽状复叶，第一回羽片 12～23（30）对，羽片间距（3.5）7.0～17.5cm，中部的一对较长，向上逐渐变短；二回羽片 5～15 对，在二回叶轴上近对生到互生，通常基部 2～5 个具 1.0～2.5cm 长的小叶柄，（2～）4～6（～8）次二叉分歧；三回羽片 2 对，在小叶柄顶端二叉状排列，2 个三回羽片分歧数目通常不等，近叶轴的常 1～3 次二叉分歧，远叶轴的则常 3～5（～7）次二叉分歧；末回羽片长 6～24cm，宽 0.4～1.5cm，先端长渐尖。小孢子叶球纺锤形，基部柄和小孢子不育部分被浅黄色密绒毛，后渐脱落；小孢子叶楔形，边缘浅波状，稍反卷，先端刺状小突尖；大孢子叶球紧苞型；大孢子叶两面密被棕色绒毛，老时稀疏；不育顶片宽卵形，丝状深裂，侧裂片 17～25

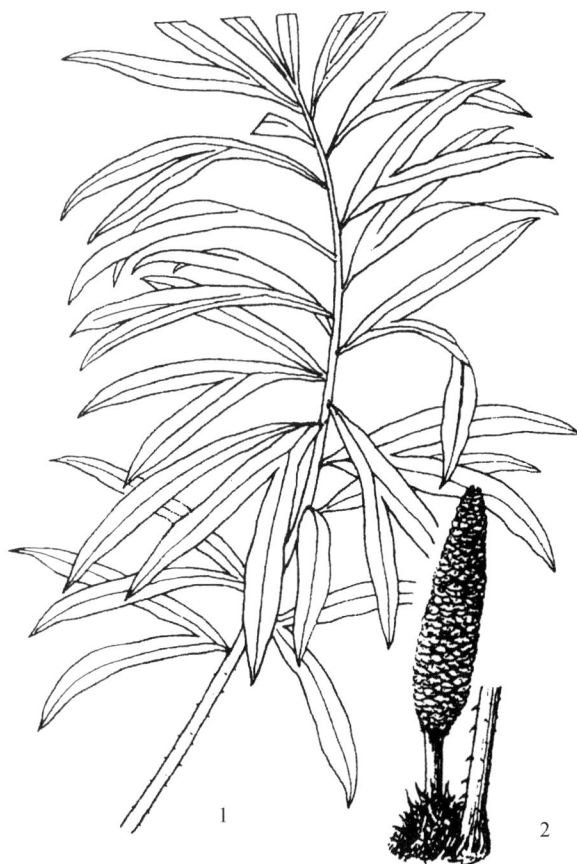

图 5　叉叶苏铁 Cycas micholitzii Dyer 1. 羽状叶；2. 雄花球。（仿《广西珍稀濒危树种》）

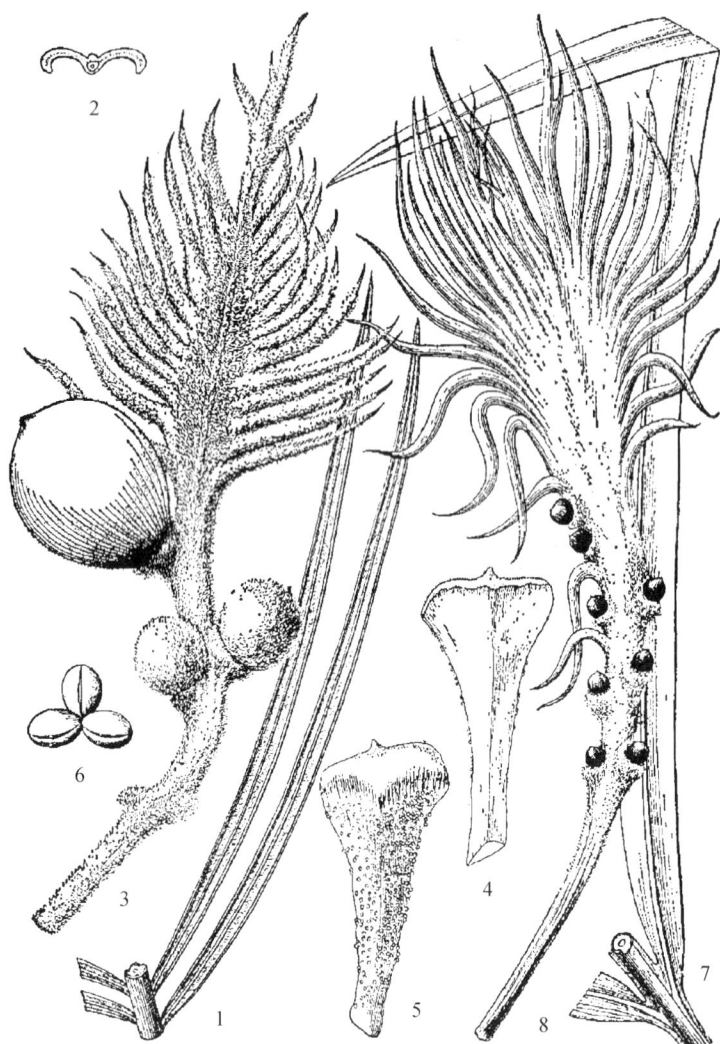

图6 1~6.苏铁 Cycas revoluta Thunb. 1. 羽状叶的一段；2. 羽状裂片的横切片；3. 大孢子叶及种子；4~5. 小孢子叶的背腹面；6. 聚生的花药。7~8. 四川苏铁 Cycas szechuanensis Cheng et L. K. Fu 7. 羽状叶的一段；8. 大孢子叶及胚珠。(仿《中国植物志》)

对，顶裂片长于侧裂片；胚珠数目4(6)枚。种子近球形，顶部具小尖头，外种皮成熟时黄色。

极危种。分布区狭窄，仅见于德保、靖西、那坡等地。生于海拔600~980m的向阳石灰岩稀树灌丛山地。

3. 苏铁 铁树、凤尾草 图6：1~6

Cycas revoluta Thunb.

树干圆柱形，高约2m，稀达8m以上，有时有分枝，树干有明显螺旋状排列的菱形叶柄残痕。一回羽状叶集生于茎的顶部，倒卵状狭披针形，长75~200cm，叶轴呈四方状圆形，叶柄略成四方形，两侧有齿状刺；羽状裂片100对以上，条形，厚革质，长9~18cm，宽4~6cm，边缘明显反卷，上面中央微凹，凹槽内有稍隆起的中脉，下面中脉隆起，两侧有柔毛。雄球花圆柱形，有短柄，小孢子叶窄楔形，顶端平，两角近圆形，有急尖头，下部渐窄；雌球花由多数大孢子叶组成，大孢子叶密生黄褐色绒毛，不育的顶片狭卵形，边缘深条裂，裂片12~18对，条状钻形，胚珠2~6枚，生于大孢子叶柄的两侧，有绒毛。种子红褐色或橘红色，倒卵圆形，稍扁，密生灰黄色短绒毛，后渐脱落。种皮木质，两侧无沟，顶端尖头。花期6~7月；种子成熟期10~11月。

产于桂林，广西各地有栽培。分布于福建、台湾、广东；日本南部、菲律宾和印度尼西亚也有分布。苏铁为优美观赏树种，栽培极为普遍；茎内含淀粉，可供食用；种子含油和丰富的淀粉，微有毒，可食用和药用，有治痢疾、止咳和止血的功效。

4. 宽叶苏铁 大叶苏铁、弯叶苏铁

Cycas balansae Warb.

树干矮小，圆柱状，基部不膨大，直径10~30cm；树皮暗褐色，密被鳞片。一回羽状叶，叶长100~180cm，幼时被柔毛；羽状裂片在叶轴上较稀疏地排成2列，披针状条形，直或稍微弯曲，宽(12~)18~25mm，薄革质，边缘平或稍波状；叶柄两侧有刺。雄球花卵状圆柱形，小孢叶楔形；雌球花由5~15(~20)大孢子叶稀疏排列组成，被淡褐色绒毛，后脱落，大孢子叶的上部顶片卵状菱形，边缘篦齿状深裂，裂片10~12对，条状钻形，胚珠2~4枚着生于叶柄上部，胚珠无毛，种子卵圆形，直径2.0~2.2cm。果熟期10~11月。

易危种。产于龙州、大新、那坡、田阳、巴马等地。生于海拔850m以下的低山、丘陵疏林或

灌木林中。分布于云南省南部、贵州西南部。观赏树种；树干髓心含淀粉，可食用，也可酿酒；叶、花、种子和根有敛血、益肾、降血压的功效，有小毒，用时宜慎。

5. 叉孢苏铁 厚柄苏铁、西林苏铁

Cycas segmentifida D. Y. Wang et C. Y. Deng

树干圆柱形，高达 50cm，直径达 50cm，叶痕宿存，树皮暗褐色，密被鳞片；鳞叶三角状披针形，长 7~9cm，宽 1.5~5.0cm。一回羽状叶，叶长 2.6~3.3m，具 55~96 对羽片，叶柄长 78~140cm，两侧具长达 0.4cm 的刺，刺 33~35 对；羽片长 21~40cm，宽(1.1~)1.4~1.7cm，幼时被淡褐色绒毛，后无毛，先端渐尖，基部宽楔形，边缘平，中脉两面隆起，叶表面常绿色，发亮，下面浅绿色。雄球花狭圆柱形，黄色，小孢子叶楔形，顶端有长 0.2~0.3cm 的小尖头；大孢子叶不育顶片卵圆形，被脱落性棕色绒毛，边缘篦齿状深裂，两侧具 8~19 对侧裂片，裂片钻形，裂片纤细，渐尖，先端芒状，通常二叉或二裂，有时重复分叉，顶裂片钻形至菱状披针形，有 14 枚浅裂片，大孢子叶柄部长 6~9(~18)cm，具黄褐色绒毛，胚珠(2~)4~6 枚，无毛，扁球形，顶端具小尖头；种子球形，成熟时黄色至黄褐色，花期 5~6 月；种子 11~12 月成熟。

濒危种。产于西林、乐业等地。生于低海拔阔叶林下阴处。分布于贵州册亨、望漠和云南富宁等地。

6. 四川苏铁 凤尾草 图 6：7~8

Cycas szechuanensis Cheng et L. K. Fu

树干圆柱形，高 2~5m，直立或弯曲，径 10~40cm。一回羽状叶，叶集生树干顶部，长 1~3m，羽状裂片条形，微弯曲，厚革质，长 16~35cm，宽 1.2~1.8cm，边缘微卷曲，两面中脉隆起，上面深绿色，下面绿色。雌球花由 20 片以上大孢子叶组成，大孢子叶长 15~23cm，不育顶片宽卵形或倒卵形，先端圆，边缘篦齿状分裂，被褐红色绒毛，裂片钻形，长 2~6cm，胚珠 3~4 对，上部的 1~3 枚胚珠的外侧下方常有钻形裂片，胚珠无毛；种子近球形或倒卵状球形，平滑。果熟期 10~11 月。

易危种。产于恭城、贺州、富川、昭平等地。生于海拔 580m 以下的低山、丘陵疏林或灌丛中。分布于湖南、广东、福建、贵州和四川。

7. 篦齿苏铁 凤尾蕉 图 7

Cycas pectinata Buch. - Ham.

树干圆柱形，高达 3m，老树常有分枝。一回羽状叶，叶长 1.2~1.5m；叶柄长 20~30cm，两侧有

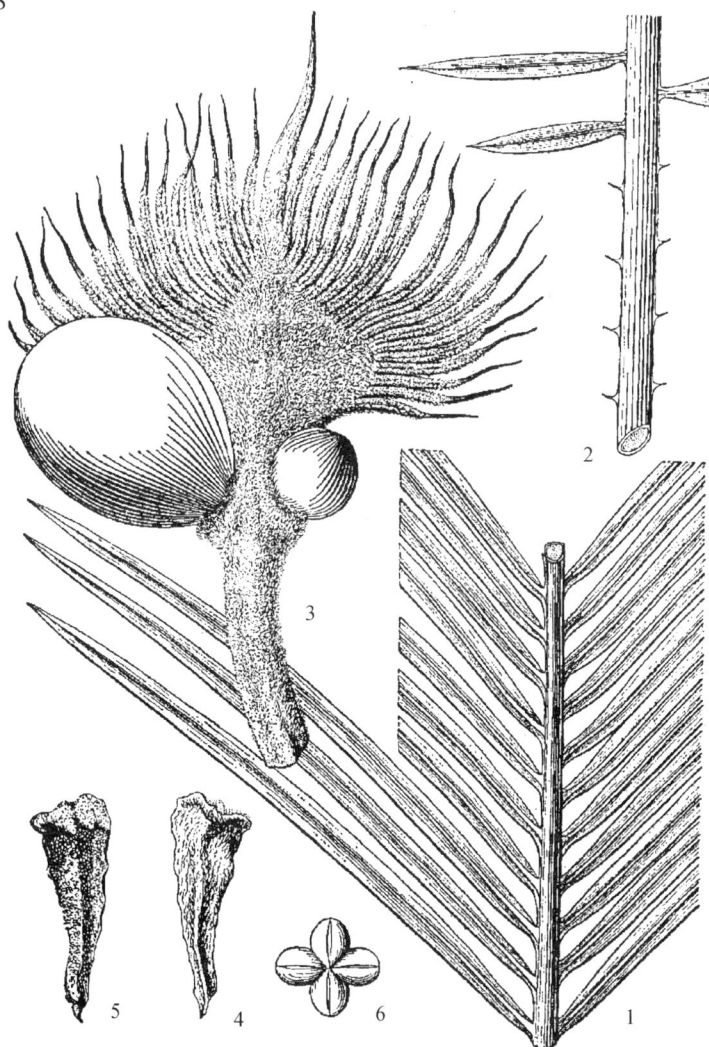

图 7 篦齿苏铁 Cycas pectinata Buch. - Ham. 1. 羽状叶的一段；2. 叶柄上部及羽状叶下部的一段；3. 大孢子叶及种子；4~5. 小孢子叶的背腹面；6. 聚生的花药。(仿《中国植物志》)

疏刺，羽状裂片 80 ~ 120 对，条形或披针状条形，坚硬，厚革质，边缘稍卷曲，上面中脉隆起，叶脉的中央常有一凹槽，羽叶基部的小叶成 2 列等长针刺。雄球花长圆锥形，长约 40cm，直径 10 ~ 15cm，有短柄，小孢子叶楔形，长 3.5 ~ 4.5cm，顶部斜方形，先端具钻形长尖头，密生褐黄色绒毛。雌球花由多数大孢子叶组成，大孢子叶密被褐黄色绒毛，上部的裂片斜方状宽圆形，边缘有 30 多条钻形裂片，无毛，顶生的裂片较长，边缘疏生锯齿或再分裂，胚珠 2 ~ 4 枚，无毛；种子卵圆形，平滑，熟时暗红色。种子成熟期 10 ~ 11 月。

主产于云南南部。广西桂林、南宁有栽培，作庭院观赏树用。印度、尼泊尔、缅甸、泰国、柬埔寨、老挝、越南也有分布。

8. 台湾苏铁　闽南苏铁、广东苏铁、海铁鸥　图 8：1 ~ 4
Cycas taiwaniana Carruth.

树干圆柱形，高 1.0 ~ 3.5m，直径 20 ~ 35cm，稀分枝，有残存叶柄。一回羽状叶，羽状裂片 70 ~ 140 对，条状矩圆形，薄革质，长 18 ~ 25cm，宽 7 ~ 15mm，边缘全缘，微反卷，中脉在两面隆起，上面绿色，下面淡绿色，无毛。雄球花近圆柱形；小孢子叶近楔形，顶端近截形，有刺状尖头，花药 2 ~ 4 个聚生。雌球花由 20 片大孢子叶紧密排列组成，大孢子叶密生锈色绒毛，后脱落；胚珠 4 ~ 6 枚，无毛；上部顶片宽卵形或斜方状卵形，边缘篦齿状分裂，裂片钻形，顶生裂片呈钻形再分裂，无毛。种子椭圆形，熟时红色，表面有不规则皱纹。种子成熟期 11 月。

易危种。产于贺州。生于海拔 480m 以下的杂木林中。分布于台湾、福建、广东、海南等地。

9. 海南苏铁　刺柄苏铁　图 8：5 ~ 6

Cycas hainanensis C. J. Chen

树干圆柱形，高 1.5 ~ 2.5m，直径 8 ~ 25cm，基部膨大。一回羽状叶，叶长 1.0 ~ 1.5m；叶柄长 20 ~ 30cm，两侧密生刺，刺长 3 ~ 4mm；羽状裂片条形，革质，长 15 ~ 18cm，宽 6 ~ 10mm，边缘微反卷，上面深绿色，中脉明显隆起，下面淡绿色，中脉微隆起。雌球花由 20 片以上大孢子叶组成，大孢子叶幼时被褐色绒毛，老时几无毛，上部的顶片斜方状卵形，长 7cm，宽 5cm，边缘羽状分裂，每边有裂片 5 ~ 7 片，钻形，长 2 ~ 3cm，粗 2.5mm，顶生裂片矩圆形，边缘在中下部全缘，在上部具数枚锯齿或再分裂，先端有一长刺，胚珠 2 枚，卵圆形，无毛。种子宽倒卵形，红褐色，表面有不规则的皱纹。种子成熟期 10 月。

主产于海南。南宁有栽培，供庭

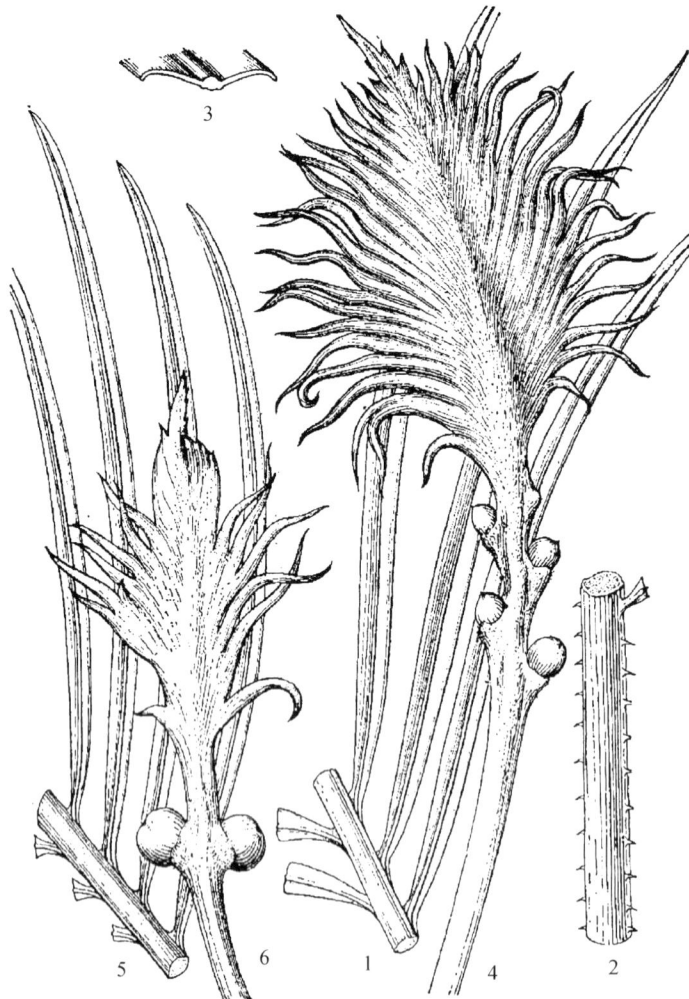

图 8　1 ~ 4. 台湾苏铁 Cycas taiwaniana Carruth. 1. 羽状叶的一段；2. 叶柄上部一段；3. 羽状裂片的横切面；4. 大孢子叶及胚珠。5 ~ 6. 海南苏铁 Cycas hainanensis C. J. Chen 5. 羽状叶的一段；6. 大孢子叶及胚珠。(仿《中国植物志》)

院观赏用。

10. 贵州苏铁　山菠萝

Cycas guizhouensis K. M. Lan et R. F. Zou

树干圆柱形，高 50～100cm，间或分枝。羽叶长 1.0～1.8m，羽叶裂片条形或条状披针形，微弯曲，厚革质，长 8～20cm，宽 8～16mm，无毛，边缘稍卷曲，中脉两面隆起；叶柄两侧具刺。雄球花卵状圆柱形，直立或弯曲下垂，小孢子叶先端具刺状尖头，背面密被锈褐色柔毛。雌球花由 20 片以上大孢子叶密生呈球形，大孢子叶密被黄褐色绒毛，不育顶片近圆形，裂片钻形 18～33 片，顶生裂片菱形，较侧生裂片稍大，边缘具刺齿状或再分裂，胚珠 2～8 枚，着生于大孢子叶柄的两侧，胚珠无毛，近球形，顶端具小尖头。果熟期 10 月。

产于隆林、西林和田林。生于海拔 1100m 以下的南盘江流域的河谷地带灌丛中及林下。分布于云南、贵州等地。

11. 石山苏铁　少刺苏铁

Cycas miquelii Warburg

树干矮小，通常为椭圆体或顶部突然缩小的锥体；通常干高 60cm，粗 20cm；树皮灰白色，基部近光滑。叶一回羽状，25～40 片，叶片长 50～100cm，宽 15～22cm；叶柄近圆柱形，长 10～20cm，每边具 0～8 枚刺；叶片长圆形，平坦；羽状裂片 60～100 对，与叶轴成 90°，裂片常重叠，条形，厚革质，长 13～18cm，宽 1.4～1.8cm，幼时疏生红棕色柔毛，过后变深绿色和无毛，中脉腹面平，背面突起，基部窄，下延，边缘平滑或稍反卷，先端有短尖头，芽苞叶三角形，长 3～4cm，宽 1.0～1.3cm，被棕色绒毛，先端柔软。雄球花卵状纺锤形，高 20～30cm，宽 6～9cm；小孢子叶宽楔形，长 1.5～3.0cm，宽 1.2～1.5cm，密被棕色绒毛，边缘齿不明显，顶部具上弯的短尖；大孢子叶超过 30 片，排列紧密，长 8～14cm，幼时被黄褐色绒毛，后渐无毛；柄长 4.5～7.5cm；不育大孢子叶菱状卵形，长 3～4cm；胚珠生于大孢子叶顶端两侧，每边 2～3 枚。种子 2～4 粒，新鲜时淡黄色，干后变褐色，倒卵形或近球形，长 2.0～2.8cm，宽 1.8～2.5cm，顶部有短尖头；硬质种皮光滑。花期 3～4 月；果期 8～10 月。

濒危种。产于扶绥、龙州、凭祥、宁明、崇左、武鸣、隆安、田阳、平果等地。常生长于低海拔的石灰岩山地或石灰岩缝隙，呈团状或小片状分布。髓心淀粉可食，曾是救荒的粮食，故有"神仙米"之称。

3　银杏科 Ginkgoaceae

落叶乔木，树干笔挺，分枝多，有长、短枝之分。叶扇形，具多数叉状并列细脉，在长枝上螺旋状散生，在短枝上簇生。雌雄异株，单性球花生于短枝顶部的叶腋或苞腋；雄球花下垂，有梗，柔荑花序状，雄蕊多数，螺旋状着生，具 2 个花药，萌发的精细胞具纤毛；雌球花具长梗，顶端常具 2 个盘状珠座，罕为 3～4 个，上面各着生 1 枚直立胚珠。种子核果状，外种皮肉质，中种皮骨质，内种皮膜质；胚乳丰富，具 2 枚子叶，发芽时不出土。

1 属 1 种，为中国特产，孑遗树种。现国内外广为引种栽培。

银杏属 Ginkgo L.

形态特征与科相同。

银杏　白果、公孙树　图 9

Ginkgo biloba L.

落叶大乔木，高达 40m，胸径 4m，树皮灰褐色，纵裂；大枝近轮生，斜上伸展。叶扇形，顶部宽 5～8cm，上边叶缘浅波状，或有时在叶中央深裂为 2，基部楔形，叶柄长 5～8(稀 3～10)cm，

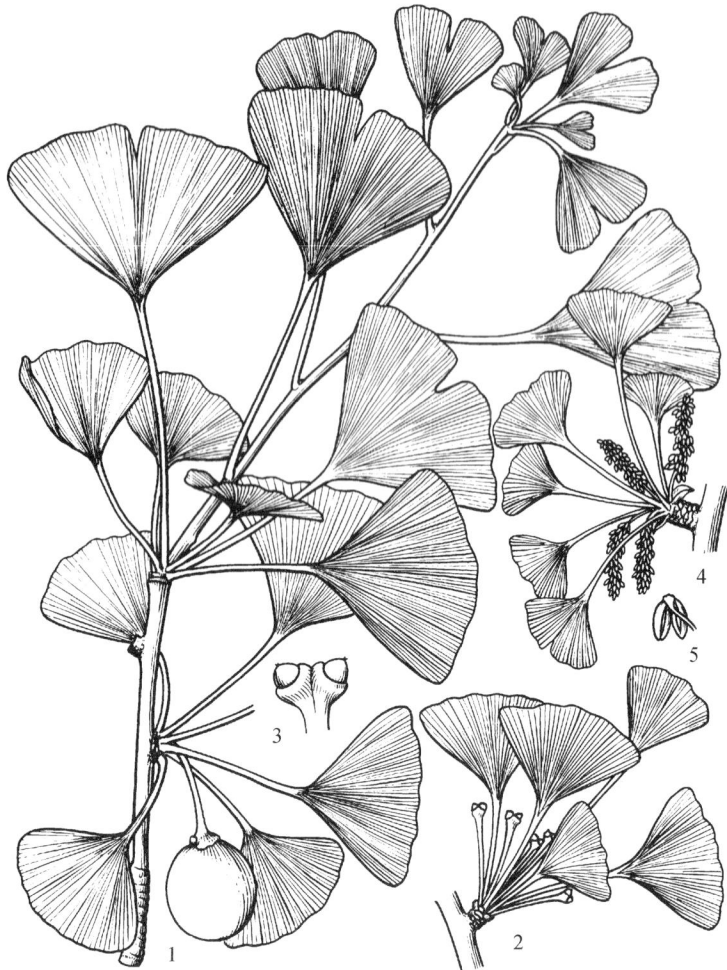

图9 银杏 Ginkgo biloba L. 1. 长短枝主种子；2. 雌球花枝；3. 雌球花上端；4. 雄球花枝；5. 雄蕊。

绿色，秋季落叶时呈黄色。球花小，与叶同时开放；雄球花4~6枚生于短枝顶部叶腋或苞腋，长圆形，下垂，淡黄色；雌球花淡绿色，具长梗。种子椭圆形，倒卵形或近球形，熟时黄色或橘黄色，被白粉，外种皮肉质有臭味，中种皮白色，骨质，具2~3条纵脊，内种皮黄褐色或淡红褐色，膜质；胚乳肉质，味甘略苦。花期3月下旬至5月；种子9~10月成熟。

仅中国浙江天目山有野生，其他地方均为引种栽培，尤其是黄河和长江流域最为常见。日本、朝鲜、韩国及欧美各国相继从中国引种。广西北部有规模栽培，尤以兴安、全州、灵川最为集中，龙胜、临桂、阳朔、象州、罗城、乐业、隆林等地也有少量栽培。喜光，深根性，在排水性较好、肥沃、土层深厚的条件下生长良好，在酸性土、中性土和钙质土上均可生长。在土壤干旱瘠薄及盐分过多的地方生长不良。实生树一般在20年后结实，35~40年进入盛果期，结实期在100年以上。嫁接苗定植后2~3年即结实，5~6年进入盛果期。广西先后选育出华口大白果、海洋皇、桂028、桂047和桂049等地方优良品种。

材质优良，纹理细直，光泽性好，干后不裂不翘，易加工，宜作雕刻、仪器盒、绘图板、风琴键盘、机模、印染机滚筒、X射线散光板、建筑、家具等用。种子（即白果）供食用及药用，有润肺、止咳、利尿的功效；叶可镇咳止喘，清热利湿。也为优美的风景观赏树种。

4　南洋杉科 Araucariaceae

常绿乔木，有树脂；大枝常轮生。叶革质，螺旋状着生或交叉互对生，基部下延。雌雄异株或同株；雄球花圆柱形，雄蕊多数，每雄蕊有4~20个悬垂的花药，排成内外2列，花粉无气囊；雌球花单生枝顶，椭圆形或近球形，苞鳞多数，珠鳞不发育，或与苞鳞合生，仅先端分离，1枚胚珠，倒生。球果大而直立，2~3年成熟；苞鳞木质或厚革质，扁平，发育的苞鳞有种子1粒，种子扁平与苞鳞合生或离生，无翅或两侧有翅或顶端具翅；子叶2或4枚。

全球2属约40种，主产于南半球热带与亚热带地区。中国引种2属4种；广西引入1属3种，作庭院绿化观赏树种。

南洋杉属 Araucaria Juss.

乔木；叶螺旋状着生，同一株树上的叶大小悬殊。球果大而直立，成熟时苞鳞脱落；种子基部与舌状种鳞合生，无翅或两侧有与苞鳞合生的翅；子叶 2 或 4 枚，发育时出土或不出土。

约 18 种，主产于南美洲、大洋洲及太平洋群岛；中国引入 3 种，广西都有。

分种检索表

1. 叶形大，披针形或卵状披针形，有并列细脉；雄球花生于叶腋；球果的苞鳞先端有急尖的三角状尖头，尖头向外反曲，两侧边缘厚；舌状种鳞的先端肥大而外露；种子无翅 ··············· **1. 大叶南洋杉 A. bidwillii**
1. 叶形小，卵形、三角状卵形或三角状锥形，无并列细脉；雄球花生于枝顶；球果的苞鳞两侧有薄翅；种子有翅。
  2. 叶卵形、三角状卵形或三角状锥形，腹背两面扁平或背部具纵脊；球果椭圆状卵形；苞鳞先端具急尖的长尾状尖头，尖头向外反曲 ··············· **2. 南洋杉 A. cunninghamii**
  2. 叶锥形，通常两侧扁，四棱状；球果近球形而较大；苞鳞先端具急尖的三角状尖头，尖头向上弯 ··············
  ··············· **3. 异叶南洋杉 A. heterophylla**

1. 大叶南洋杉 澳洲南洋杉、披针叶南洋杉 图 10

Araucaria bidwillii Hook.

乔木，树皮暗灰褐色，裂成薄条片脱落；大枝平展，树冠塔形，侧生小枝密集，下垂。叶卵状披针形、披针形或三角状披针形，嫩叶较大，长 2.5 ~ 6.5cm，老叶较小，长 0.7 ~ 2.8cm，叶无主脉，并列细脉较多，下面有气孔线。雄球花单生叶腋；球果宽椭圆形或近球形，长 30cm，直径 22cm；苞鳞两侧较厚，不呈翅状，中央有急尖的三角状尖头，尖头向外反曲；种鳞先端肥大外露；种子长椭圆形，无翅。花期 6 月；球果第 3 年秋后成熟。

原产于大洋洲沿海地区。南宁、北海有引种栽培，生长良好，但未见开花。厦门、福州、广州等地也有引种。长江流域及北方盆栽，需要在温室越冬。木材可供建筑等用。

2. 南洋杉 图 11

Araucaria cunninghamii Aiton ex D. Don

乔木，在原产地高达 60 ~ 70m，胸径达 1m 以上，树皮灰褐色或暗灰色，粗，

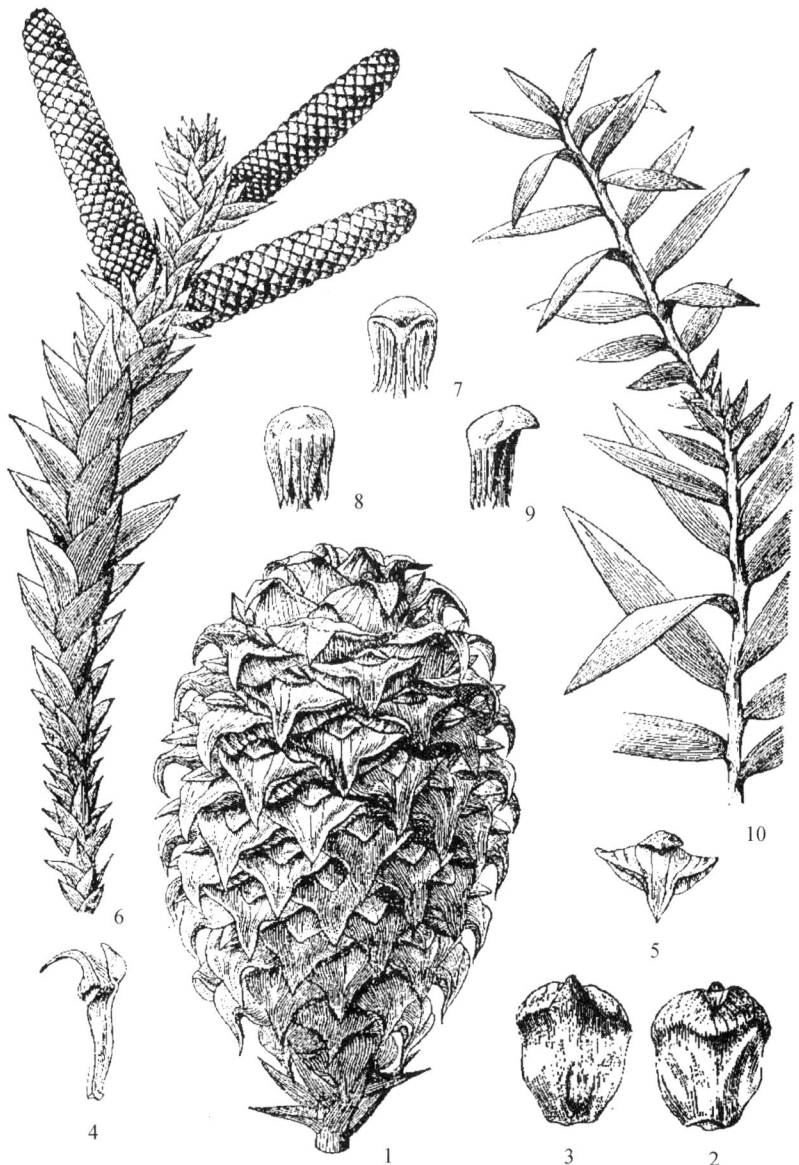

图 10 大叶南洋杉 Araucaria bidwillii Hook. 1. 球果；2 ~ 5. 苞鳞及舌状种鳞的背腹面、侧面及俯视面；6. 雄球花枝；7 ~ 9. 雄蕊的背腹面及侧面；10. 枝叶。(仿《中国植物志》)

横裂；大枝平展或斜伸，幼树冠尖塔形，老则成平顶状，侧生小枝下垂，近羽状排列。幼树及侧枝叶排列疏松，开展，呈钻形、针形、镰形或三角形，长 7~17mm，微具 4 棱或上（腹）面的棱脊不明显，无并列细脉，上面有多数气孔线，下面气孔线不整齐或近于无气孔线，上部渐窄，先端具渐尖或微急尖的尖头；大枝及花果枝的叶呈卵形、三角状卵形或三角形，腹面有白粉。雄球花单生枝顶。球果卵圆形或椭圆形；苞鳞两侧具薄翅，先端具急尖的长尾状尖头，尖头向外反曲；种鳞先端薄；种子椭圆形，两侧具膜质翅。

原产于大洋洲东南沿海地区。南宁、柳州、梧州、钦州、玉林、北海、桂林等地均有引种栽培。福建、广东、海南也有引种；长江以北有盆栽，需要在温室越冬。生长较快，北海见开花结籽，但种子发育不良。世界著名的庭园树之一；木材可供建筑、器具、家具等用。

3. 异叶南洋杉 诺和克南洋杉
Araucaria heterophylla(Salisb.)
Franco

乔木，在原产地高达 50m 以上，胸径达 1.5m 以上；树干通直，树皮暗灰色，裂成薄片状脱落；树冠塔形，大枝平伸；小枝平展或下

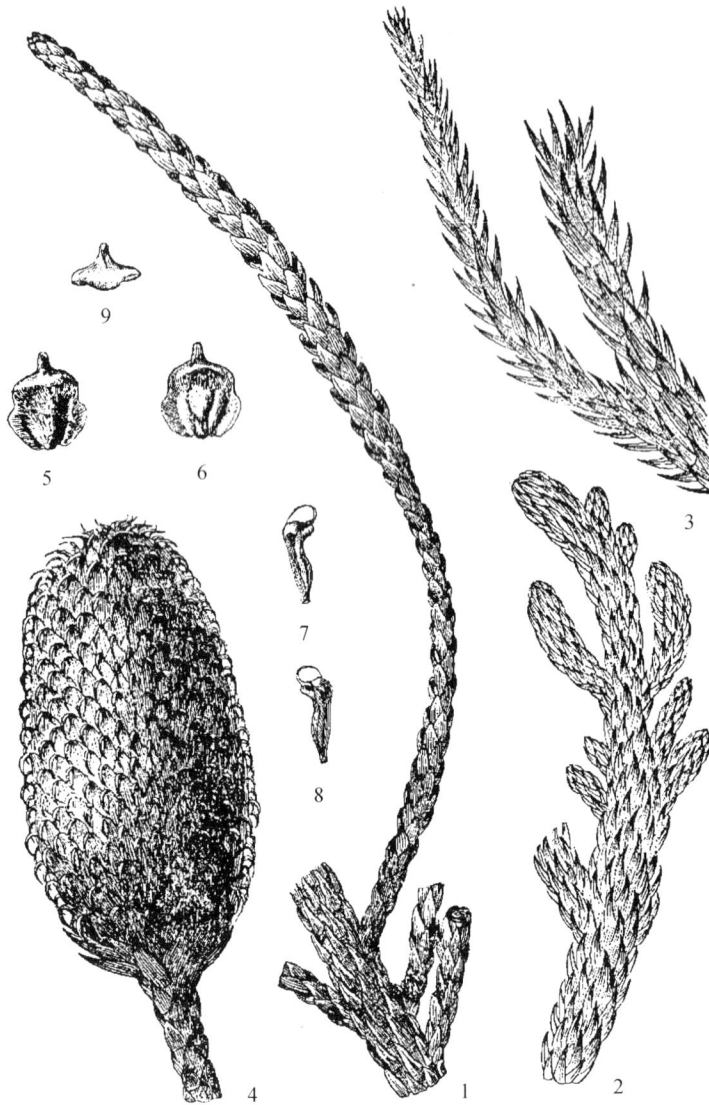

图11 南洋杉 Araucaria cunninghamii Aiton ex D. Don 1~3. 枝叶；4. 球果；5~9. 苞鳞的背腹面，侧面及俯视面。(仿《中国植物志》)

垂，侧枝常成羽状排列，下垂。叶二型，无并列细脉：幼树及侧生小枝的叶排列疏松，开展，钻型，亮绿色，向上弯曲，通常两侧扁，具 3~4 棱，长 6~12mm，上面具多数气孔线，有白粉，下面气孔线较少或几无；大树及花果枝的叶排列较密，微开展，呈宽卵形或三角状卵形，多少弯曲，长 5~9mm，基部宽，先端钝圆，中脉隆起或不明显，上面有多条气孔线，有白粉，下面有疏生的气孔线。雄球花单生枝顶，圆柱形。球果较大，近球形或椭圆状球形，有时径大于长；苞鳞厚，边缘具锐脊，先端有扁平而向上弯曲的三角状尖头；种子椭圆形，稍扁，无翅或两侧具结合生长宽翅。花期 3 月；球果第 3 年秋后成熟。

原产于大洋洲诺和克岛，故又名诺和克南洋杉。梧州、桂林、南宁、凭祥等有引种栽培；广州、福州、厦门等地也有引种，供庭园绿化和观赏用。长江流域以北有盆栽，冬季须置于温室越冬。本种生长较快，优良材用树种。

5 松科 Pinaceae

多为常绿乔木，少数为落叶乔木，稀为灌木，主干多通直，大枝常轮生。叶条形或针形；条形叶扁平，稀呈四棱形，螺旋状散生于长枝或簇生于短枝上；针形叶 2~5 针 1 束，着生于短枝上部，基部包有叶鞘。花单性，雌雄同株；雄球花腋生或单生于枝顶，或多数集生于短枝顶端，有多数螺旋状排列的雄蕊，每雄蕊花药 2 个；雌球花有多数螺旋状排列的珠鳞和苞鳞，每珠鳞具 2 枚倒生胚珠。球果成熟时种鳞张开，稀不张开；发育的种鳞具 2 粒种子。种子上端具膜质翅，稀无翅；胚乳丰富，子叶 2~16 枚，发芽时出土，少不出土。

10 属约 230 种，多产于北半球；中国 10 属，约 100 种，另外引入 50 余种；广西 6 属 20 种 3 变种，引种 2 属 13 种 3 变种。

分属检索表

1. 叶条形或针形，螺旋状排列或在短枝上簇生，不成束。
  2. 叶条形扁平或具 4 棱；仅具长枝，无短枝。
    3. 球果成熟后种鳞自中轴脱落；叶扁平，上面中脉凹下 ·· **1. 冷杉属 Abies**
    3. 球果成熟后种鳞宿存。
      4. 球果顶生。
        5. 球果直立；种子连同种翅几与种鳞等长；叶扁平，上面中脉隆起 ················ **2. 油杉属 Keteleeria**
        5. 球果通常下垂，稀直立；种子连同种翅较种鳞为短，上面中脉凹下，稀平或微隆起。
          6. 球果较大，苞鳞伸于种鳞外，先端 3 裂；叶内具 2 个树脂道 ··············· **3. 黄杉属 Pseudotsuga**
          6. 球果较小，苞鳞不露出，稀微露出，先端不裂或 2 裂；叶内维管束下有 1 个树脂道··············
          ·· **4. 铁杉属 Tsuga**
      4. 球果腋生，初直立，后下垂，苞鳞短，不露出；叶扁平，上面中脉凹下，下面有 2 条白色气孔带 ······
      ··· **5. 银杉属 Cathaya**
  2. 叶条形柔软或针状条形，坚硬；有长枝和短枝；在长枝上螺旋排列，在短枝上成簇状生；球果当年或翌年成熟。
    7. 叶扁平柔软；落叶性；球果当年成熟 ······································· **6. 金钱松属 Pseudolarix**
    7. 叶针状条形，坚硬；常绿性；球果翌年成熟 ································· **7. 雪松属 Cedrus**
1. 叶针形，通常 2~5 针 1 束，生于苞片状鳞叶的腋部，基部苞有叶鞘，球果第 2 年成熟，种鳞宿存··············
··· **8. 松属 Pinus**

1. 冷杉属 Abies Mill.

常绿乔木。小枝常对生，基部有宿存芽鳞；冬芽常被树脂。叶螺旋状排列或基部扭转排 2 列状；叶条形，扁平，直或弯曲，上面中脉凹下，下面中脉隆起，横切面近菱形，有 2 条白色气孔带，树脂道 2 个，稀 4 个，位于维管束鞘两侧，中生或边生，落叶后留有叶痕。雌雄同株，雄球花倒垂，单生于小枝下部叶腋，雄蕊多数，螺旋状着生，花药 2 个，黄色或大红色，花粉有气囊；雌球花直立，1~2 个生于小枝上部的叶腋，由多数覆瓦状珠鳞与苞鳞组成，苞鳞大于珠鳞，每珠鳞有胚珠 2 枚，花后珠鳞发育为种鳞，种鳞木质，熟时或干后脱落；种翅较种鳞短，下端边缘包卷种子；子叶 3~12（多为 4~8）枚，发芽时出土。

约 50 种，分布于北半球高山地带。中国 22 种 3 变种；广西 1 种 1 变种。

分种检索表

1. 苞鳞较窄，上部最宽，中部收缩，较上部窄；种鳞背部无密毛 ··· **1. 资源冷杉 A. beshanzuensis var. ziyuanensis**

1. 苞鳞宽大，中部较上部宽；种鳞背面密生灰白色短毛 ·························· **2. 元宝山冷杉 A. yuanbaoshanensis**

1. 资源冷杉

Abies beshanzuensis var. **ziyuanensis** （L. K. Fu et S. L. Mo） L. K. Fu et Nan Li

常绿乔木，高达 30m，胸径达 90cm。树皮灰黄色，片状开裂；1 年生小枝褐黄色，老枝灰黑色；无毛或叶枕间的凹槽内有短毛。冬芽圆锥形或锥状卵圆形，具树脂，芽鳞淡褐黄色。叶条形，基部扭转，在小枝上面向外向上伸展或不规则两列，下面的叶呈梳状，同一枝上有长短二型，长 2.0 ~ 4.8cm，宽 3.0 ~ 3.5mm，先端有凹缺，上面深绿色，下面有 2 条粉白色气孔带，树脂道 2 个，边生。球果长椭圆状圆柱形，长 10 ~ 11cm，直径 4.2 ~ 4.5cm，成熟时暗绿褐色；中部种鳞扇状四边形，长 2.3 ~ 2.5cm，宽 3.0 ~ 3.3cm，两侧有细齿，下部耳状；苞鳞稍较种鳞为短，长 2.1 ~ 2.3cm，中部较窄缩，上部圆形，宽 9 ~ 10mm，先端露出，反曲，有凸起的短刺尖，中下部约 3mm；种子倒三角状椭圆形，长约 1cm，淡褐色，种翅倒三角形，长 2.1 ~ 2.3cm，淡紫黑灰色。花期 4 ~ 5 月；果熟期 10 ~ 11 月，结实有间隔期。

极危种，国家 I 级重点保护野生植物。产于资源县，生于海拔约 1700m 的常绿落叶阔叶混交林中，为上层林。分布于湖南新宁和城步。木材结构密致，材质较坚韧，可作一般用材。适于在广西东北部的山地发展造林。

2. 元宝山冷杉

Abies yuanbaoshanensis Y. J. Lü et L. K. Fu

常绿乔木，高达 25m，胸径 60cm 以上。树干通直，树皮暗红褐色，不规则块状开裂；大枝平展，1 年生小枝黄褐色或淡褐色，无毛，具树脂。冬芽褐红色，圆锥形。叶条形，在小枝下面列呈 2 列，上面的叶密集，向外向上伸展，中央的叶较短，长短不一，长 1.0 ~ 2.7cm，宽 1.8 ~ 2.5mm，先端钝有凹缺，上面绿色，中脉凹下，下面有 2 条粉白色气孔带，成龄树及果枝的叶排列较密，常呈半圆形辐射状伸展；树脂道 2 个，边生。球果直立，短圆柱形，长 7 ~ 9cm，径 4.5 ~ 5.0cm，成熟时淡褐黄色；种鳞扇状四边形，长约 2cm，宽 2.2cm，鳞背密生灰白色短毛；苞鳞长约种鳞的 4/5，中部宽 7 ~ 9cm，上部宽 6 ~ 7cm，先端有刺尖；种子近菱形，长约 1cm，种翅先端近截平，呈倒三角形，淡黑褐色，长约为种子的 1 倍，宽 9 ~ 11mm。一般隔 3 至 4 年结果 1 次，花期 5 月；果期 10 月。

极危种，国家 I 级重点保护野生植物，广西特有种，现仅见于融水元宝山自然保护区海拔 1700 ~ 2100m 的常绿落叶阔叶混交林中，常为上层林，是中国分布最南的一种冷杉。喜温凉、湿润气候，早期生长较慢，后期生长快。

2. 油杉属 Keteleeria Carr.

常绿大乔木。树皮粗糙，有不规则的纵裂沟纹；主干通直，大枝平展；芽卵形或球形，芽鳞常宿存于基部；叶条形或条状披针形，革质，螺旋状排列，在侧枝上排成 2 列，两面中脉隆起，叶柄短，常扭转，叶脱落留有圆形叶痕。雄球花 4 ~ 8 个簇生于侧枝顶端或叶腋，雄蕊多数，花药 2 个，花粉有气囊；雌球花由多数螺旋状排列的珠鳞与苞鳞组成，单生于侧枝顶端，圆柱形，直立，珠鳞生于苞鳞之上，基部合生，每苞鳞有胚珠 2 枚，花后珠鳞增大成种鳞。球果直立，1 年成熟，种鳞木质，宿存；种子近菱形，种翅宽长，膜质，有光泽，种子富含油脂，子叶 2 ~ 4 枚，发芽时不出土。

约 12 种 1 变种。中国有 5 种 4 变种。主要分布于长江以南的山区，少数可分布至秦岭南坡。广西 4 种 3 变种。本属树种多数对气候和土壤的适应性较广，木材结构细致，硬度适中，干后不裂，耐久用，为优质材，可作为重要造林树种推广。

分种检索表

1. 叶较窄长，长达 7cm，边缘不反卷，先端常有凸出的钝尖头，上面沿中脉两侧各有 2~10 条气孔线；种鳞卵状斜方形，向外反卷，边缘有明显的细锯齿 ·············· **1. 云南油杉 K. evelyniana**
1. 叶较短，长 1.2~5.0cm，边缘多少向下反卷，稀不反卷，上面无气孔线，或沿中脉两侧各有 1~5 条气孔线，中上部近先端有少数气孔线。
 2. 1~2 年生枝条密生锈褐色短柔毛，干后暗褐色；种鳞背面露出部分密生短毛，上部边缘微向外曲 ············ ················ **2. 柔毛油杉 K. pubescens**
 2. 1 年生枝有毛或无毛，种鳞露出部分无毛或近无毛，稀有毛，上部边缘微内曲或向外反曲。
  3. 种鳞卵形或近斜方形，上部边缘外曲，背面露出部分无毛或有短柔毛；种翅中部或下部较宽············ ················ **3. 铁坚油杉 K. davidiana**
  3. 种鳞宽圆形、矩圆形或斜方状圆形，上部边缘常呈弧状或中央微凹，微内曲 ········· **4. 油杉 K. fortunei**

1. 云南油杉 图 12：6~9
Keteleeria evelyniana Mast.

常绿乔木，高达 40m，胸径达 1.5m。1 年生枝粉红色或淡褐红色，具毛，干后淡红色或淡褐红色，2~3 年生枝无毛，呈灰褐色、黄褐色或褐色。叶条形，长 2~7cm，宽 2.0~3.5mm，先端常有微凸起的钝尖头，幼树及萌芽枝上的叶有刺状尖头，下面沿中脉两侧各有 14~19 条气孔线，两面中脉隆起。雌雄同株；雄球花簇生枝梢或叶腋，雌球花直立，单生于短枝顶端。球果圆柱状，直立，长 9~22cm，直径 4.0~6.5cm；中部的种鳞斜方状卵形，长 3~4cm，宽 2.5~3.0cm，上部渐窄，先端反曲，边缘有细缺齿，鳞背露出部分被毛或近无毛；苞鳞长约为种鳞的 1/2，中部窄，下部宽，先端具不明显的 3 裂，中裂明显刺尖状，侧裂近圆形；种翅中下部较宽，上部渐窄。花期 3~4 月；果熟期 10~11 月。

中国特有种，易危种。产于隆林、东兰；分布于云南、贵州、四川等地。较耐

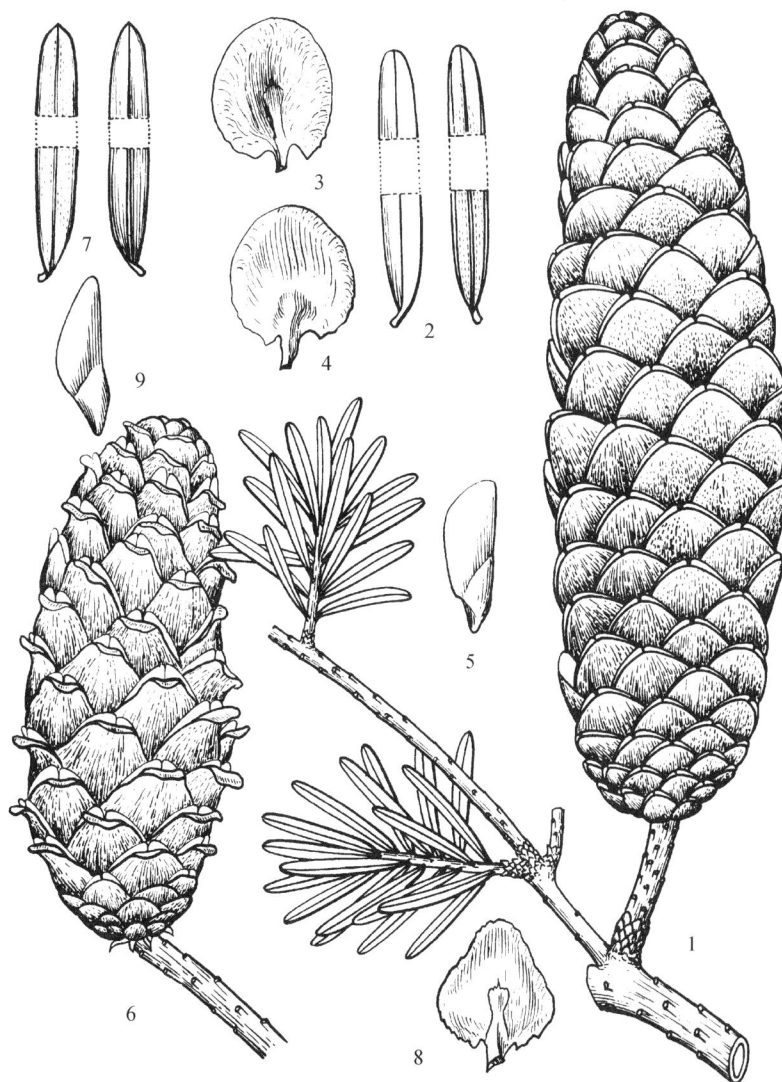

图 12　1~5. 矩鳞油杉 Keteleeria fortunei var. oblonga（W. C. Cheng et L. K. Fu）L. K. Fu et Nan Li 1. 球果枝；2. 叶的正反面；3~4. 种鳞的背面及腹面；5. 种子。**6~9.** 云南油杉 Keteleeria evelyniana Mast. 6. 球果；7. 叶的正反面；8. 种鳞的背面及苞鳞；9. 种子。

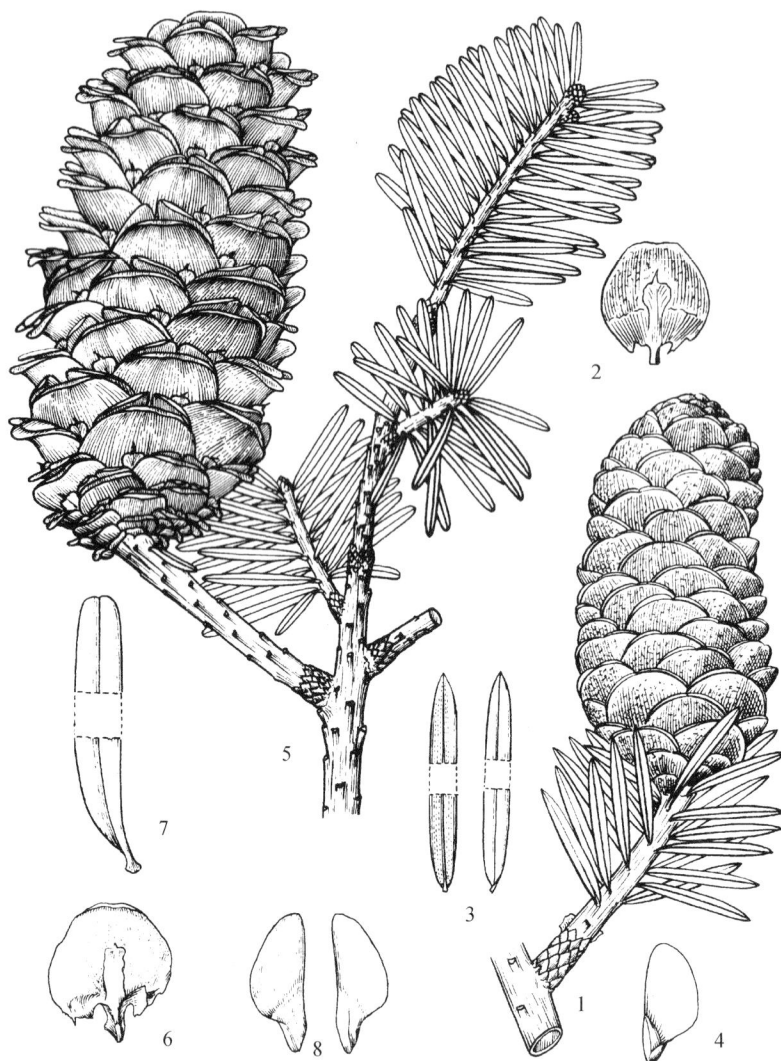

图13 1~4. 柔毛油杉 Keteleeria pubescens Cheng et L. K. Fu 1. 球果枝；2. 种鳞的背面及苞鳞；3. 叶的正反面；4. 种子。5~8. 黄枝油杉 Keteleeria davidiana var. calcarea（C. Y. Cheng et L. K. Fu）Silba 5. 球果枝；6. 种鳞的背面及苞鳞；7. 叶的正反面；8. 种子。(仿《中国植物志》)

干旱，可作为广西西北山原地区的重要造林树种。木材可作建筑、家具等用。

2. 柔毛油杉 图13：1~4

Keteleeria pubescens Cheng et L. K. Fu

常绿乔木，高30m，胸径1.6m。1~2年生枝绿色，密被短柔毛，干后深褐色或暗褐色，毛呈锈褐色。叶条形，长1.5~3.0cm，宽3~4mm，先端尖或渐尖，上面深绿色，中脉隆起，无气孔线，下面淡绿色，沿中脉两侧各有25~35条气孔线。球果成熟前淡绿色，有白粉，短圆柱形或椭圆柱形，长7~11cm，直径3.0~3.5cm；中部的种鳞五角状圆形，长约2cm，宽与长相等或稍宽，上部宽圆，中央微凹，背面露出部分有密生短毛，边缘微向外反曲；苞鳞长约为种鳞的2/3，中部窄，下部稍宽，上部宽圆，近倒卵形，先端3裂；种子具膜质长翅，种翅近中部或中下部较宽，连同种子与种鳞等长。花期2月下旬至3月下旬；果熟期10月中旬至11月中旬。

中国特有种，濒危种，国家Ⅱ级重点保护野生植物。产于资源、兴安、恭城、融水、罗城、宜州海拔600~1000m的山地。分布于贵州、湖南。适宜于广西北部及东北部造林。

3. 铁坚油杉 铁坚杉 图14：6~10

Keteleeria davidiana（Bertr.）Beissn.

常绿乔木，高达50m，胸径达2.5m。大枝平展或斜展，树冠广圆形。1年生枝有毛或无毛，淡黄灰色、淡黄色或淡灰色，2~3年枝灰色或淡褐灰色，常有裂纹或裂成薄片，冬芽卵圆形，先端微尖。叶条形，长2~5cm，宽3~4mm，先端圆钝或微凹，幼树或萌生枝的叶有密毛，较长，先端有刺状尖头，上面光绿色，无气孔线或中上部有极少气孔线，下面淡绿色，中脉两侧各有气孔线10~16条，微被白粉。球果圆柱形，长8~21cm，直径3.5~6.0cm；中部种鳞卵形，或近斜方状卵形，上部圆或窄长而反曲，边缘外曲，有细齿，背面露出部分无毛或疏生短毛；苞鳞上部近圆形，先端3裂，中裂窄，渐尖，侧裂圆而有明显的钝尖头，边缘有细缺齿，苞鳞中部窄短，下部稍宽；种翅中下部或近中部较宽，上部渐窄；种翅长2.0~2.3cm，宽0.85~1.00cm。花期2月下旬至4月；

果熟期 10 月中旬至 11 月中旬。

中国特有种，近危种。产于永福、恭城、乐业、三江、金秀、河池、南丹等地。生于海拔 300～1200m 的地区。分布于甘肃、陕西南部、四川东部、湖北西部及西南部、湖南、贵州、台湾、云南等地。适宜性强，耐干旱，在石灰岩山区及酸性土上均有生长，在石灰岩石缝中生长良好，凭祥市低海拔地引种也生长良好。

3a. 黄枝油杉 图13：5～8

Keteleeria davidiana var. calcarea (C. Y. Cheng et L. K. Fu) Silba

本变种近似铁坚油杉 K. davidiana，其主要区别在于：本种的顶芽呈圆球形，1 年生枝黄色，种鳞斜方状圆形或斜方形，鳞背露出部分有密生短毛。花期 3 月；果熟期 10 至 11 月。

中国特有种，易危种。产于临桂、灵川、恭城、平乐、融安、柳城等地。桂林、南宁等地有人工栽培。分布于贵州、湖南。多生于石灰岩山上，在酸性土上也能生长。为石灰岩山区优良的造林树种。

4. 油杉 图14：1～5

Keteleeria fortunei (Murray) Carr.

乔木，高 30m，胸径 1m。枝条开展，树冠塔形；1 年生枝有毛或无毛，干后橘红色或淡粉红色，2～3 年生时淡黄灰色或淡黄褐色，常不开裂。叶条形，长 1.2～3.0cm，宽 2～4mm，先端圆或钝，基部渐窄，上面光绿色，无气孔线，下面淡绿色，沿中脉两侧有 12～17 条气孔线。幼枝或萌生枝的叶先端有渐尖的刺状尖头。球果圆柱形，长 6～18cm，直径 5.0～6.5cm，微有白粉；中部种鳞宽圆或上部宽圆下部宽楔形，长2.5～3.2cm，宽 2.7～3.3cm，上部宽圆或近平截，稀中央微凹，边缘内曲，鳞背露出部分无毛，苞鳞中部窄，下部稍宽，上部卵圆形，先端 3 裂，中裂窄长，侧裂稍圆，有钝尖头；种翅上部较宽，下部渐窄。种子千粒重 75～100g。花期 2 月下旬至 3 月下旬；果熟期 10 月下旬至 11 月中旬。

中国特有种，近危种。产于恭城、平乐、田阳、博白等地海拔 400m 以下的丘陵地。分布于浙江、福建、广东南部。酸性土或钙质土

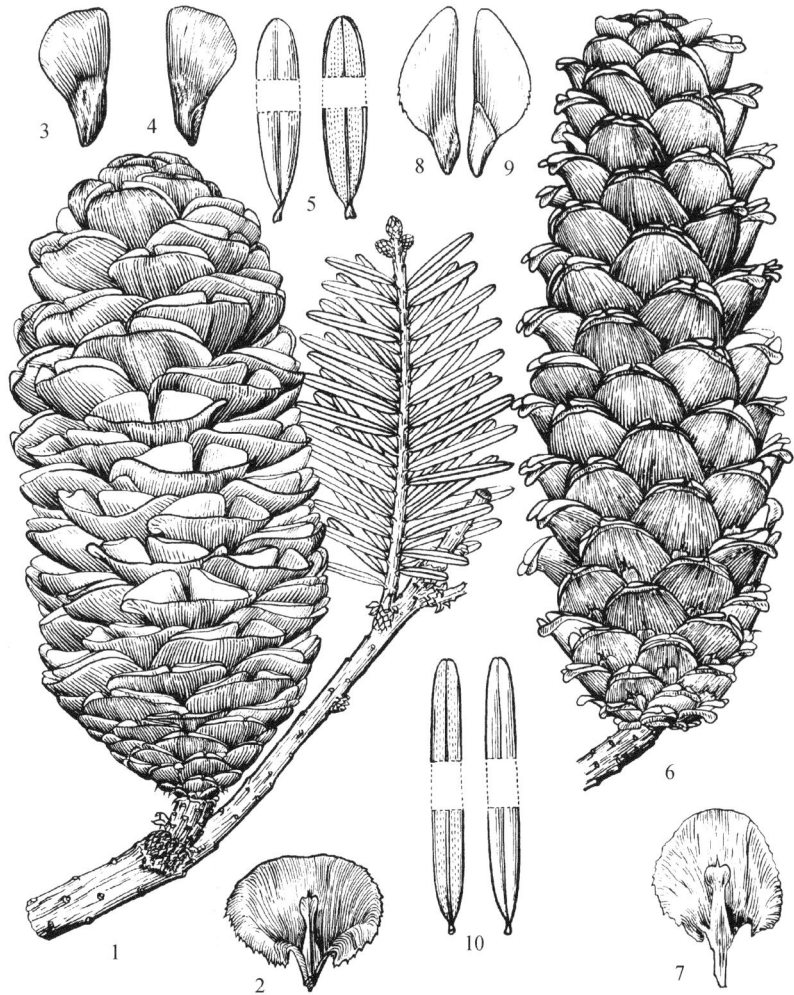

图14 1～5. 油杉 Keteleeria fortunei (Murray) Carr. 1. 球果枝；2. 种鳞的背面及苞鳞；3～4. 种子的背腹面；5. 叶的正反面。**6～10. 铁坚油杉 Keteleeria davidiana** (Bertr.) Beissn. 6. 球果；7. 种鳞的背面及苞鳞；8～9. 种子的背腹面；10. 叶子正反面。(仿《中国植物志》)

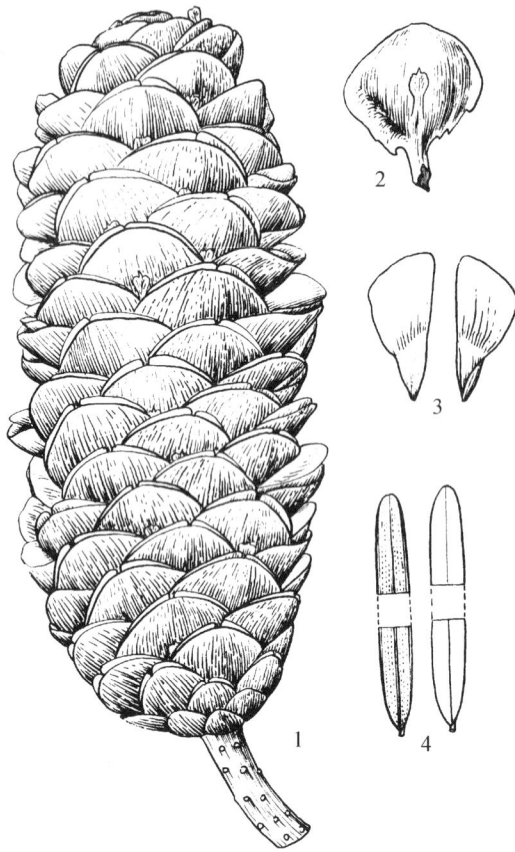

图 15 江南油杉 Keteleeria fortunei var. cyclo-
lepis（Flous）Silba 1. 球果；2. 种鳞的背面及苞鳞；
3. 种子的背腹面；4. 叶的正反面。（仿《中国植物
志》）

上均宜生长，适宜在低山丘陵地发展造林。木材坚
实耐用，供作建筑、家具等用材；树冠优美，可作
园林树用。

4a. 矩鳞油杉 梅朗（壮） 图 12：1~5
Keteleeria fortunei var. **oblonga**（W. C. Cheng
et L. K. Fu）L. K. Fu et Nan Li

本变种的球果中部的种鳞矩圆形或宽矩圆形，
小枝上的毛脱落后，留有较密的乳头状凸起点，苞
鳞较窄，上部及中下部色较深，先端不呈 3 裂，这
是易与其他各种油杉区别的主要特征。花期 3 月中
旬至 3 月下旬；果熟期 10 月下旬至 11 月中旬。

广西特有种，极危种。20 世纪 70 年代中期在
田阳县玉凤乡所柳村最先发现，2009 年又在上思县
叫安乡板细村再次发现。南宁、武鸣、邕宁、博白
等地有栽培。生于海拔 680m 以下的山地疏林中，
是本属中生长较快的一种，推广价值高。

4b. 江南油杉 图 15
Keteleeria fortunei var. **cyclolepis**（Flous）Silba

江南油杉与油杉的区别在于：它的种鳞斜方形
或斜方状圆形，种翅通常中部或中下部较宽，1 年
生枝色较深，呈红褐色、褐色或淡紫褐色。花期 2
月下旬至 3 月下旬；果熟期 10 月下旬至 11 月中旬。

中国特有种。产于隆林、百色、凌云、乐业、
凤山、天峨、南丹、金秀等地海拔 1000m 以下的低
山、丘陵。分布于云南、贵州、广东、湖南、江
西、浙江。本种是油杉属中自然分布和人工栽培较多的一种，生长较快速，适宜在广西推广造林。

3. 黄杉属 Pseudotsuga Carr.

常绿乔木，幼树及小枝树皮平滑，老树皮粗糙纵裂。冬芽卵形或纺锤形，先端尖，无树脂。叶
条形，螺旋状着生，排成 2 列，上面中脉凹下，无气孔线，下面中脉隆起，有 2 条白色或灰绿色气
孔带，树脂道 2 个，边生。雌雄同株，雄球花圆柱形，单生于叶腋；雌球花卵圆形，单生于侧枝顶
端。球果下垂，种鳞木质，蚌壳状，宿存；苞鳞外露，先端 3 裂，中裂片窄长渐尖，两侧裂片较
短，钝尖或钝圆。种子连翅较种鳞短，种翅先端圆或钝尖；子叶 6~12 枚。发芽时出土。

约 18 种，产于东亚及北美。中国 5 种，引入 2 种，零星分布于西南部至西北部。广西 2 种，分
布于西南至西北部。材质优，坚韧细致，有弹性，耐久用，供建筑、家具、农具等用。

分种检索表

1. 叶长 2~3cm；球果中部种鳞近扇形或扇状斜方形，基部两侧有凹陷，鳞背露出部分密生短毛；种翅通常长于种
子 ·· **1. 黄杉 P. sinensis**
1. 叶长 0.7~1.5cm；球果种鳞横椭圆状斜方形，基部两侧无凹陷，鳞背露出部分近无毛；种翅与种子近等长 ······
··· **2. 短叶黄杉 P. brevifolia**

1. 黄杉 黄帝杉、短片花旗松、罗汉松 图16：1~6

Pseudotsuga sinensis Dode

乔木，高50m，胸径1m。1年生枝淡黄色或淡黄灰色，干后褐色；2年生枝灰色；主枝通常无毛，侧枝被褐色短毛。叶条形，排列成2列，长约2cm，宽2mm，先端钝圆，有凹缺，基部宽楔形，上面绿色或淡绿色，下面有2条白粉气孔带。球果卵圆形或椭圆状卵圆形，长4.5~8.0cm，直径3.5cm，近中部宽，两端微窄，成熟前微被白粉；中部种鳞近扇形或扇状斜方形，上部宽圆，基部宽楔形，两侧有凹缺，鳞背面露出部分密生褐色短毛；苞鳞露出部分向后反曲，中裂片窄三角形，侧裂片三角状微圆，较中裂短，边缘常有缺齿。种子三角状卵圆形，微扁，长约9mm，上部密被褐色短毛，种翅较种子长，先端圆，种子连翅稍短于种鳞。花期4月；果熟期10~11月。

中国特有种，易危种，国家Ⅱ级重点保护野生植物。

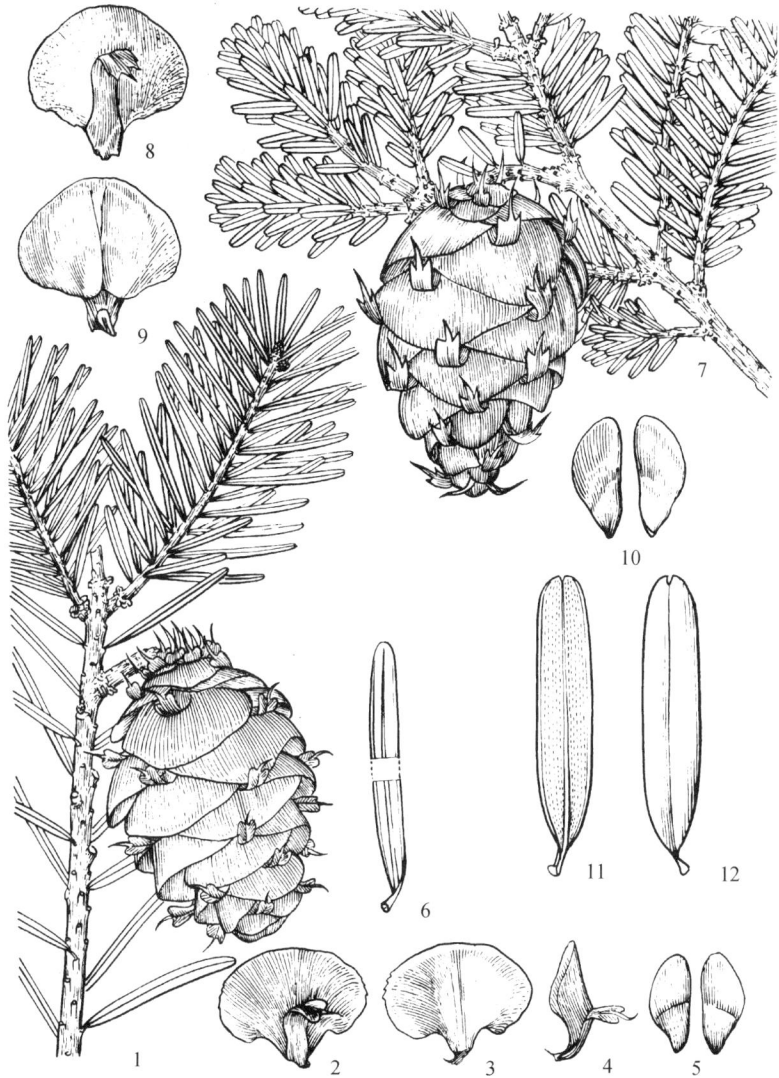

图16 1~6. 黄杉 Pseudotsuga sinensis Dode 1. 球果枝；2. 种鳞的背面及苞鳞；3 种鳞的腹面；4. 种鳞及苞鳞的侧面；5. 种子；6. 叶。7~12. 短叶黄杉 Pseudotsuga brevifolia Cheng et L. K. Fu 7. 球果枝；8. 种鳞的背面及苞鳞；9. 种鳞的腹面；10. 种子；11~12 叶的正反面。(仿《中国植物志》)

产于乐业、田林、隆林、南丹、龙州等地。生于海拔800~1200m的山地。分布于云南、贵州、四川、湖北、湖南等地。喜光，幼树稍耐阴，在疏林地天然更新良好。种子繁殖。优质用材树种，资源稀少，宜保护母树，在产区中山地带发展人工造林。

2. 短叶黄杉 米松京、红松、油松 图16：7~12

Pseudotsuga brevifolia Cheng et L. K. Fu

常绿乔木。1年生枝干后红褐色，密被短毛，尤以凹槽处为多，或主枝的毛较少或几无毛；2~3年生枝灰色或淡褐灰色，无毛或近无毛。叶条形，长0.7~1.5cm(稀2.0cm)，宽2.0~3.2mm，上面绿色，下面中脉微隆起，有2条白色气孔带，气孔带由20~25条(稀达30条)气孔线所组成。球果卵状椭圆形或卵圆形，长3.7~6.5cm，直径3~4cm；种鳞木质，坚硬，拱凸呈蚌壳状，中部种鳞横椭圆状斜方形，上部宽圆，背部密生短毛，露出部分毛渐稀少以至近无毛，基部两侧无凹陷；苞鳞露出部分反伸或斜展，先端3裂，中裂呈渐尖的窄三角形，侧裂三角状，较中裂片稍短，外缘具不规则细锯齿。种子斜三角状卵圆形，长约1cm，种翅与种子近等长。

易危种，国家 II 级重点保护野生植物。产于龙州、大新、靖西、那坡、乐业、凌云、环江等地。生于海拔 460~1250m 的向阳山坡或山顶，散生于石灰岩石山疏林中。分布于贵州。材质优，宜在广西西北部和西南部石灰山地上发展人工造林。

4. 铁杉属 Tsuga Carr.

常绿乔木。小枝叶枕隆起；冬芽球形或卵圆形，无树脂。叶条形，扁平，上面中脉凹下，稀平坦或微隆起，下面有 2 条灰白色或灰绿色气孔带，维管束鞘下方有树脂道 1 个；叶柄短。雌雄同株，雄球花单生于叶腋，有短梗；雌球花单生于侧枝顶端，珠鳞大于苞鳞，稀小。球果较小，长椭圆状卵形，当年成熟，种鳞木质，宿存；苞鳞小，不露出，稀较长而露出。种子连翅较种鳞短，腹面有油点；子叶 3~6 枚，发芽时出土。

约 14 种，分布于东亚和北美。中国 4 种 4 变种，分布于秦岭以南及长江以南各地。广西 2 种，分布于广西东北部和中部。

分种检索表

1. 基部芽鳞具纵脊；叶辐射伸展，两面有气孔线。雌球花苞鳞大于珠鳞；球果直立，苞鳞长，先端露出 ……………………………………………………………………………… 1. 长苞铁杉 T. longibracteata
1. 基部芽鳞无纵脊；叶排成 2 列，仅下面有气孔线。雌球花苞鳞小于珠鳞；球果下垂，苞鳞不露出 ……………………………………………………………………………………… 2. 铁杉 T. chinensis

1. 长苞铁杉　贵州杉、铁油杉　图 17：1~13

Tsuga longibracteata Cheng

乔木，高达 30m，胸径达 1m 以上。1 年生小枝干后淡黄褐色或红褐色，无毛；叶辐射状伸展，条形，长 1.1~2.4cm，宽 1.0~2.5mm，上部微窄或渐窄，先端尖或微钝，两面均有 7~12 条气孔线，微具白粉，通常腹面平，背面中脉隆起，脉脊有凹槽。球果直立，圆柱形，长 2.0~5.8cm，直径 1.2~2.5cm，中部种鳞近斜方形，先端宽圆，中部急缩，基部两边耳形，中上部两侧端凸出，熟时深红褐色，背面露出部分无毛，有浅条槽，熟时深红褐色；苞鳞长匙形，上部宽，边缘有细齿，先端有渐尖或微急尖的短尖头，微露出。种子三角状扁卵圆形，下面有数枚油点，种翅长于种子，先端宽圆，近基部的外侧微增宽。子叶 6 枚。花期 3 月下旬至 4 月中旬；球果 10 月成熟。

中国特有种，易危种。产于灵川、龙胜、资源、兴安、全州、灌阳、金秀、大明山等地。生于海拔 1200~1900m 的山地。分布于贵州、湖南、广东、福建等地。幼龄期较耐阴，成龄树喜光。种子繁殖。树干高大通直，结构细致，硬度中等，耐水湿，可供建筑、造船、板料、家具等用；树皮可供提制栲胶。材质优，生长快，为广西中山山地优良的造林树种。目前母树资源较少，宜保护母树并重点开展人工造林试验。

2. 铁杉　南方铁杉　图 17：14~17

Tsuga chinensis (Franch.) Pritz.

常绿乔木，高达 30m。大枝平展，枝稍下垂；1 年生小枝较细，淡黄色、淡褐色或淡灰黄色，叶枕之间多少被短毛；叶条形，螺旋状排列，基部扭转排成 2 列，通常较短，长 0.8~1.7cm，宽 2~3mm，先端钝圆有凹缺，上面光绿色，无气孔线，腹面中脉隆起无凹槽，背面气孔带初有白粉，后脱落。球果卵圆形或长圆形，成熟时黄褐色；种鳞 13~16 枚，长 1.5~2.5cm，直径 1.2~1.6cm，中部种鳞常呈圆楔形、方楔形或楔状短矩圆形，稀近圆形或近方形，先端钝圆，较厚，边缘较薄，微内曲；苞鳞小，不露出，倒三角状楔形或斜方形，上部边缘有细齿，先端 2 裂。种子下表面具油点，连同种翅长 7~9mm，千粒重 13~16g。花期 3~4 月；球果 10 月成熟。

中国特有种，近危种。产于乐业、环江、金秀、融水、资源、兴安、灌阳等海拔 1600m 左右的山地。分布于浙江、安徽、福建、江西、湖南、广东、贵州、云南等地。喜温凉湿润气候，适生于

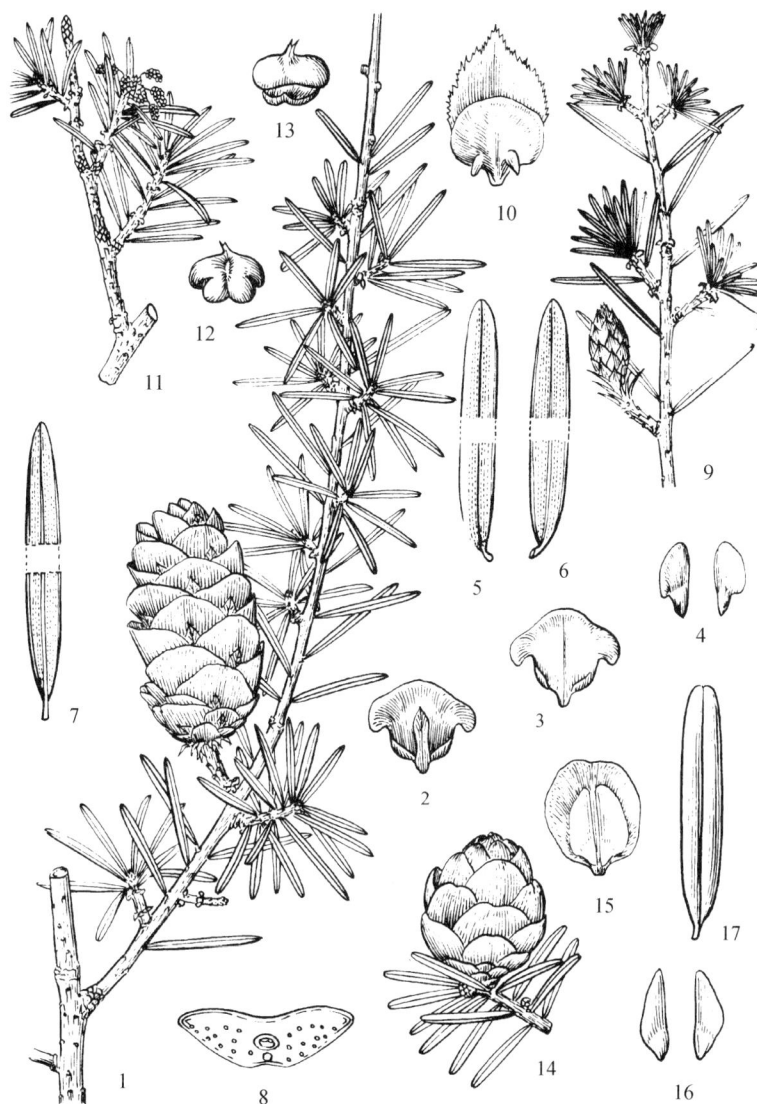

图 17　1~13. 长苞铁杉 **Tsuga longibracteata** Cheng 1. 球果枝；2~3. 种鳞的背腹面及苞鳞；4. 种子；5~7. 叶的正反面；8. 叶的横切面；9. 雌球花枝；10. 苞鳞；11. 雄球花枝；12~13. 雄花。**14~17. 铁杉 Tsuga chinensis**（Franch.）**Pritz.** 14. 球果枝；15. 种鳞的腹面；16. 种子；17. 叶的上面。（仿《中国树木志》）

肥沃酸性土，在石灰岩山区也能生长。幼龄期较耐阴，成龄树喜光。种子繁殖，苗期生长较慢，需搭遮阴篷，一般 3 年生苗方宜出圃造林。宜保护母树，可在中山山地发展人工造林。木材纹理细致美观，坚实耐久。

5. 银杉属 Cathaya Chun et Kuang

　　常绿乔木，叶线形，螺旋状着生，辐射伸展，生于节间上端的较密集，生于其下的较稀疏，背面有 2 条白色气孔带，叶内有 2 个边生树脂道。雌雄同株，球花单生于叶腋；雄球花直立，圆柱形，花粉两侧有气囊；雌球花生于新生枝的基部，卵圆形，珠鳞小于苞鳞。球果当年成熟，卵圆形，无梗，初直立，后下垂，种鳞大于苞鳞；种鳞木质，蚌壳状；苞鳞短，不露出。种子连翅短于种鳞，子叶 3~4 枚，发芽时出土。

　　仅 1 种，中国特有。产于广西、湖南、贵州及四川。

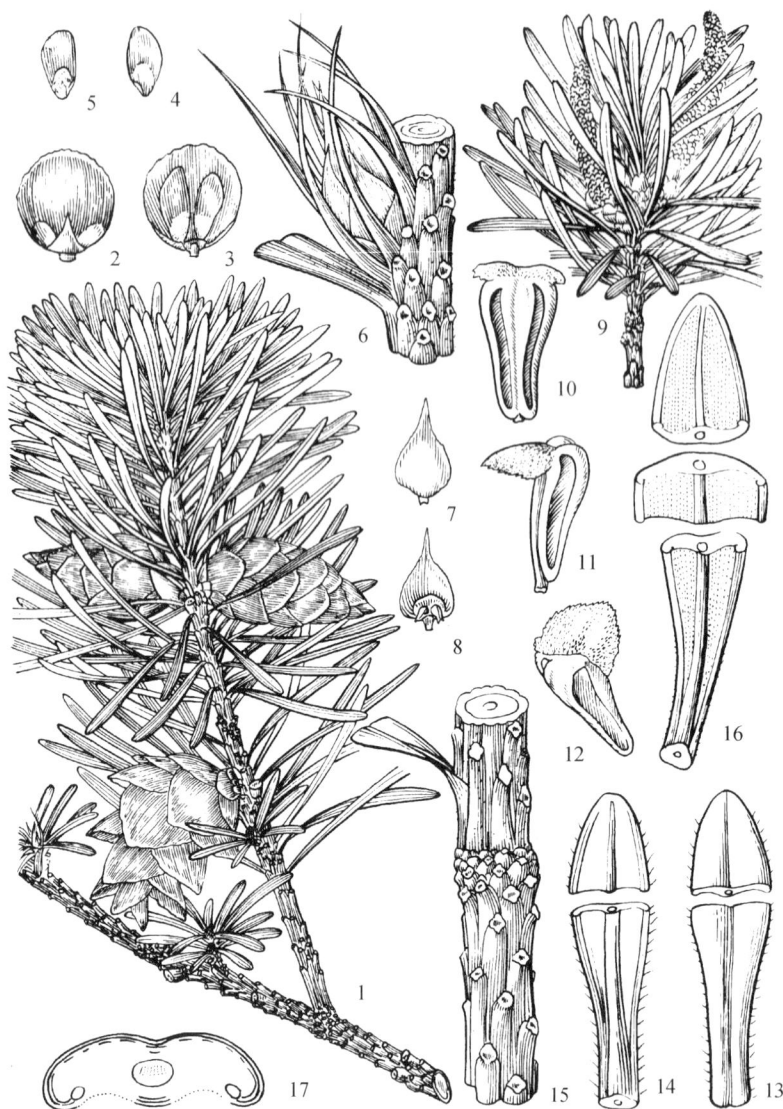

银杉 图18

Cathaya argyrophylla Chun et Kuang

高达30m，胸径达80cm以上。1年生枝黄褐色，密被灰黄色短柔毛，逐渐脱落；2年生枝黄色。叶近条形，长4~6cm，宽0.25~0.30cm，叶边缘微反卷，多呈镰刀状弯曲，下面沿中脉两侧有显著的白色气孔带。雄球花开放前长椭圆状卵圆形，长5~6cm，盛开时穗状圆柱形；雌球花基部无苞片，卵圆形或长椭圆状卵圆形，长8~10mm，直径约3mm。球果成熟前绿色，熟时由栗色变暗褐色，卵圆形、长卵圆形或长椭圆形，长3~5cm，直径1.5~3.0cm，暗褐色，种鳞13~16枚。种子斜倒卵形，微扁，基部尖，橄榄绿带墨绿色，有不规则的浅色斑纹，种翅膜质，黄褐色，呈不对称的长椭圆形或椭圆状倒卵形，翅长1.0~1.5cm，宽4~6mm。千粒重约16g。

中国特有树种，有"活化石"之称，濒危种，国家Ⅰ级重点保护野生植物。产于龙胜花坪和金秀海拔950~1460m

图18 银杉 Cathaya argyrophylla Chun et Kuang 1. 球果枝；2. 种鳞的背面及苞鳞；3. 种鳞的腹面；4~5. 种子的背腹面；6. 雌球花枝；7~8. 苞鳞的背腹面、珠鳞及胚珠；9. 雄球花枝；10~12. 雄蕊；13~14. 幼叶的上下面；15. 枝；16. 叶的下面；17. 叶的横切面。（仿《植物学报》）

的山地。四川金佛山、柏枝山和武隆县白马山，贵州道真县沙河林区和桐梓县白菁林区，湖南新宁县盖富山等地有分布。现存约有3000株。种子繁殖。近年引种至海拔200m的台地，生长良好。材质中等，树形美观。

6. 金钱松属 Pseudolarix Gord.

落叶乔木。大枝不规则轮生；有长枝和短枝，长枝基部有宿存的芽鳞，短枝矩状；顶芽外部的芽鳞有短尖头，长枝上腋芽的芽鳞无尖头，间或最外层的芽鳞有短尖头。叶条形，柔软，上面中脉不明显，下面中脉明显，每边有5~14条气孔线。在长枝上螺旋状排列，散生，叶枕下延，微隆起；在短枝上簇生状，辐射平展呈圆盘形；叶脱落后有密集成环节状的叶枕。雌雄同株，球花着生于短枝顶端；雄球花穗状，多数簇生，有细梗，雄蕊多数，螺旋状着生；雌球花单生，具短梗，有多数螺旋状着生的珠鳞与苞鳞。球果当年成熟，直立，有短梗；种鳞木质，卵状披针形，先端有凹缺，木质，熟时由中轴脱落；苞鳞小，不露出。种子卵圆形，上部有宽大的翅，子叶4~6枚，发芽时出土。

仅 1 种，中国特有种。分布于长江中下游以南，为优良的用材和观赏树种。

金钱松 图 19

Pseudolarix amabilis (Nelson) Rehd.

落叶乔木，高达 40m，胸径 1.5m。树干通直，树皮粗糙，灰褐色，裂成不规则的鳞片状块片；枝平展，树冠宽塔形；1 年生长枝淡红褐色或淡红黄色，无毛，有光泽，2~3 年生枝淡黄灰色或淡褐灰色。叶条形，镰状或直，上部稍宽，长 2.0~5.5cm，宽 0.15~0.4cm，先端锐尖或尖，气孔带较中脉带宽或近于等宽，秋后金黄色。雄球花黄色，下垂，有短梗；雌球花紫红色，直立，椭圆形。球果卵圆形或倒卵圆形，长 6.0~7.5cm，直径 4~5cm，成熟前绿色或淡黄绿色，熟时淡红褐色或褐色；中部种鳞卵状披针形，基部宽约 1.7cm，两侧耳状，先端钝有凹缺。种子卵圆形，白色，长约 0.6cm，种翅三角状披针形，淡黄色或淡褐黄色，上面有光泽，连同种子几乎与种鳞等长。千粒重 35.7~45.0g。花期 4~5 月；球果 10 月至 11 月上旬成熟。

图 19 金钱松 Pseudolarix amabilis (Nelson) Rehd. 1. 长、短枝及叶；2. 叶的下面；3. 雄球花枝；4~6. 雄蕊；7. 雌球花枝；8. 球果枝；9. 种鳞的背面及苞鳞；10. 种鳞的腹面；11~12. 种子。(仿《中国植物志》)

国家 I 级重点保护野生植物。分布于江苏、浙江、安徽、福建、江西、湖南、湖北、四川等地。桂林、兴安、南宁等地有引种。喜光，幼龄期稍耐阴。种子繁殖，也可扦插育苗。种子富含油脂，忌日晒。材质优良，生长较快速，树形美观，为优良的观赏树种。

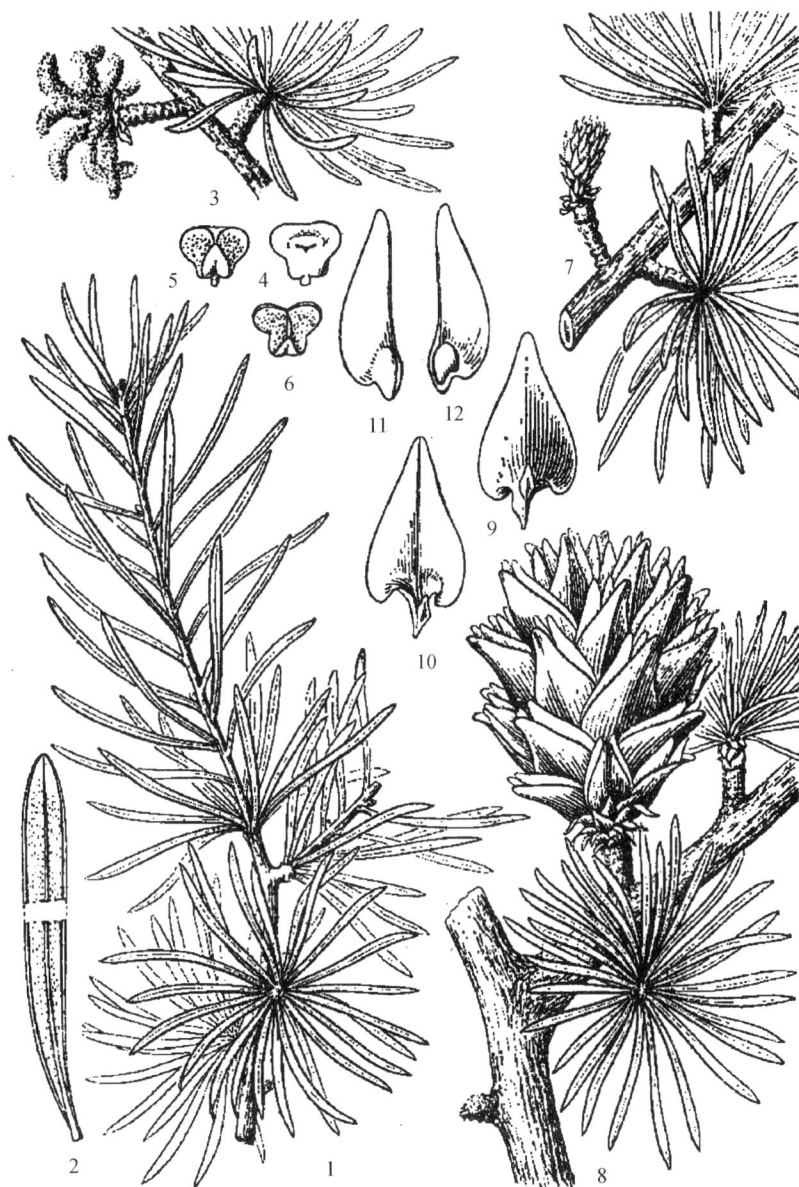

7. 雪松属 Cedrus Trew

常绿乔木。有长枝和短枝。冬芽小，卵圆形。叶针状，坚硬，常具 3 条棱，在长枝上螺旋状着生，辐射伸展，在短枝上簇生。雌、雄球花直立，单生于短枝顶端。球果 2 年(稀 3 年)成熟，直立；种鳞木质，宽大，扇状三角形，熟时自中轴脱落；球果仅中部种鳞具种子，种翅宽大，膜质。子叶 6~10 枚，发芽时出土。

本属 4 种，分布于非洲北部、西亚至喜马拉雅山。中国 1 种，引种栽培 1 种。广西栽培 1 种。

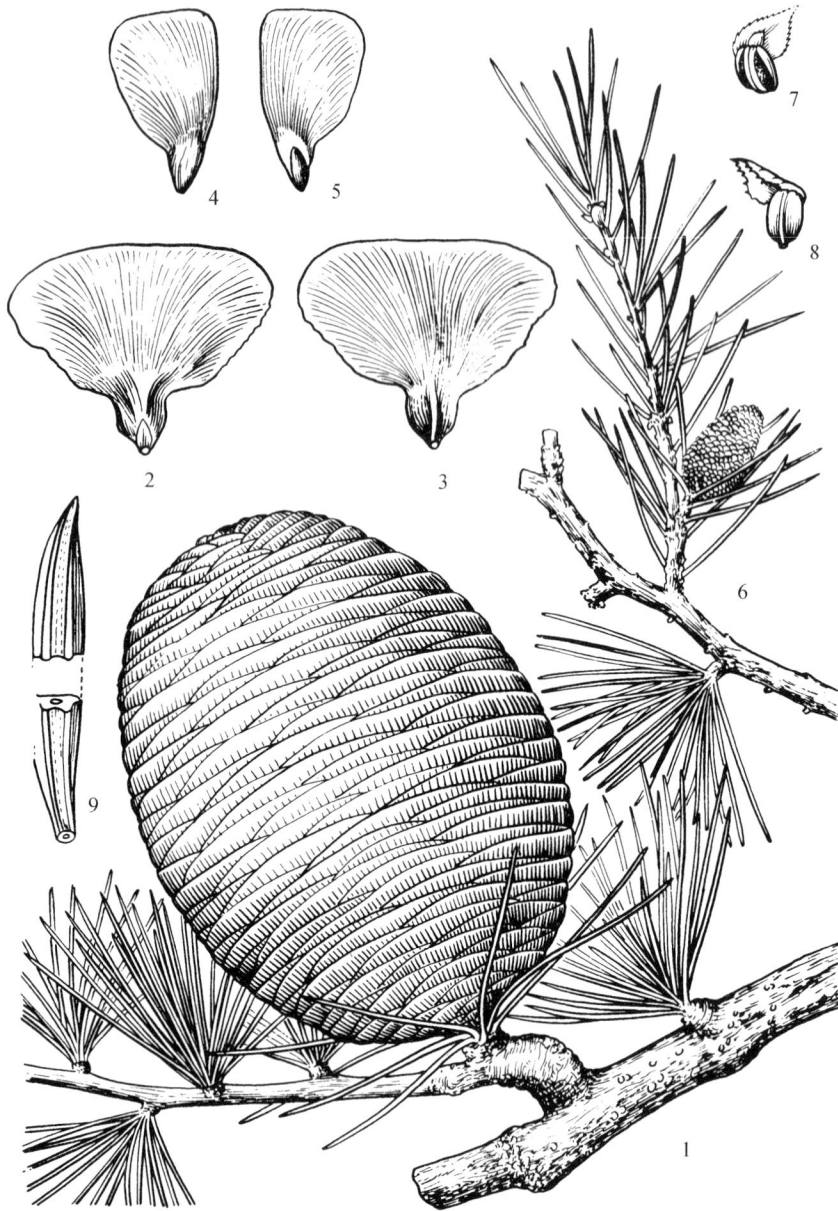

雪松　图 20

Cedrus deodara
(Roxb.) G. Don

常绿乔木，高达 50m，胸径达 3m。树皮深灰色，裂成不规则的鳞状块片；树冠塔形，大枝平展，微斜展或微下垂，1 年生长枝淡灰黄色，微被白粉；2～3 年生枝呈灰色、淡褐色或深灰色。叶在长枝上辐射伸展，短枝的叶成簇生状，针形，坚硬，淡绿色或深绿色，长 2.0～5.5cm，宽 1.5～4.0cm，上部较宽，先端锐尖，常呈三棱状。雄球花长卵圆形或椭圆状卵圆形，长 2～3cm，径约 1cm；雌球花卵圆形，长约 8mm，径约 5mm。球果卵圆形或宽椭圆形，长 6.0～7.5cm，直径 4～5cm，微具白粉，成熟前淡绿色，熟时红褐色；中部种鳞扇状倒三角形，长 2.5～4.0cm，宽 4～6cm，上部宽圆，边缘内曲。种子近三角状，种翅宽大，较种子为长，连同种子长 2.2～

图 20 雪松 Cedrus deodara（Roxb.）G. Don 1. 球果枝；2. 种鳞的背面及苞鳞；3. 种鳞的腹面；4～5. 种子的背腹面；6. 雄球花枝；7～8. 雄蕊的背腹面；9. 叶。(仿《中国植物志》)

3.7cm，千粒重 94～125g。花期 2～3 月；球果翌年成熟。

原产于喜马拉雅山及喀喇昆仑山。西藏西南部有天然林。桂林、柳州等地有栽培。华北至长江流域、北京各大城市多有栽培，尤以南京等地栽培较多。树形雄伟壮观，为优良绿化树种。种子或嫩枝扦插繁殖。生长较快速，宜于桂北的公园、街道绿化；抗二氧化硫等有害气体的能力弱，不宜在污染严重的工矿区种植。

8. 松属 Pinus L.

常绿乔木，稀灌木。大枝多数轮生，每年 1～2 轮，稀多轮。芽鳞多数，覆瓦状排列，叶二型：鳞叶(原生叶)单生，螺旋状排列，幼苗期为扁平条形，后则逐渐退化成膜质苞片状；针叶(次生叶)常 2～3 针 1 束，稀 4～6 针 1 束，生于鳞叶腋部不发育短枝的顶端，每束针叶基部由 8～12 片芽鳞组成的叶鞘所包，针叶横切面三角形、扁形、半圆形或新月形，具1~2个维管束和2至多数树脂道。球花单性同株，雄球花腋生，簇生于幼枝的基部，无梗；雌球花1~2个，稀3~4个或成束生于枝近顶端。小球果受精后于第2年迅速发育，球果的种鳞木质，宿存，上部露出的部分肥厚为鳞盾，鳞盾先端或中央有瘤状凸起为鳞脐，球果第2年秋季成熟。发育的种鳞具2粒种子，种子上部具长翅、短翅，稀无翅，种子有关节，易脱落，或种翅与种子结合而生，无关节；子叶3~18枚，发芽时出土。

80余种，广布于北半球，北至北极圈，南达北非、中美、南亚，个别种分布至赤道以南。中国22种10变种，分布几遍全国，为重要的森林组成树种和造林树种。引入栽培39种3变种。广西产5种1变种；另引入约7种3变种。

分种检索表

1. 叶鞘早落，叶鳞不下延，叶内具1个维管束。
 2. 种鳞的鳞盾边缘明显向外反卷；种子具短翅，翅长2~4mm ·················· **1. 海南五针松 P. fenzeliana**
 2. 种鳞的鳞盾先端边缘较薄，微内曲或直伸；种子具长翅，翅长1~2cm ····· **2. 华南五针松 P. kwangtungensis**
1. 叶鞘宿存，稀脱落，针叶基部的叶鳞下延，叶内具2个维管束，种子上部具长翅。
 3. 枝条每年生1轮至2轮，1年生小球果生于近枝顶。
  4. 叶2针1束，稀3针1束。
   5. 针叶内树脂道边生，针叶柔细，长12~20cm；鳞盾平或微隆起，鳞脐通常无刺 ·················
   ··· **3. 马尾松 P. massoniana**
   5. 针叶内树脂道中生，或中生与边生并存。
    6. 树脂道2个，中生，针叶长15~27cm；果柄长约1cm ················ **4. 南亚松 P. latteri**
    6. 树脂道3~9个，中生或中生与边生并存；针叶长7~10(稀5~13)cm；几无果柄·················
    ·· **5. 黄山松 P. taiwanensis**
  4. 叶3针1束，稀3、2针并存；球果圆锥状卵圆形，鳞盾肥厚、隆起，稀反曲，有横脊，鳞脐稍凹或微隆起，有短刺 ·· **6. 云南松 P. yunnanensis**
 3. 枝条每年生2轮至数轮，1年小球果生于小枝侧面。
  7. 叶3针1束，稀3、2针并存，少有4~5针1束。
   8. 针叶3针1束，稀2或4针1束。
    9. 冬芽富含树脂，球果成熟后种鳞不张开，鳞盾隆起或微隆起，鳞脐微凸起，先端有短刺 ·················
    ··· **7. 晚松 P. serotina**
    9. 冬芽褐色，无树脂；球果卵状圆锥形或窄圆锥形，基部对称，鳞盾有龙骨状凸起横贯其上，鳞脐伸延成刺尖 ·· **8. 火炬松 P. taeda**
   8. 针叶3针或4~5针1束，稀2针1束。
    10. 树脂道4~8个，多数中生；针叶多为5针1束；球果卵形，鳞盾菱形，扁平，有隆脊，鳞脐小而扁平，稍下凹，无刺尖 ·· **9. 卵果松 P. oocarpa**
    10. 树脂道2~9个，内生；针叶多为3针1束，稀2针或4~5针1束；球果反曲着生，近顶生，圆锥状 ·· **10. 加勒比松 P. caribaea**
  7. 针叶2针1束，稀3针1束。
   11. 针叶粗硬，深绿色；树脂道2~9(稀11)个，多内生；鳞盾近斜方形，肥厚，锐横脊，鳞脐瘤状 ·········
   ·· **11. 湿地松 P. elliottii**
   11. 针叶较纤细柔软，深蓝绿色；树脂道2~5个，中生或其中1个内生；鳞盾平或微肥厚，暗褐色，鳞脐凸起有短刺 ·· **12. 萌芽松 P. echinata**

1. 海南五针松 图21：5~9
Pinus fenzeliana Hand. – Mazz.
乔木，高达50m，胸径达2m。1年生枝较细，淡褐色，干后黑褐色，有纵皱纹，无毛，稀被白粉；冬芽红褐色，圆柱状圆锥形或卵圆形。针叶5针1束，长10~18cm，直径0.5~0.7mm，柔细，边缘有细齿，横切面三角形，树脂道3个，背面2个边生，腹面1个中生。雄球花卵圆形，多数聚生于新枝下部成穗状，长约3cm。球果长卵形或椭圆状卵形，长6~12cm，直径3~6cm，单生或2~4个生于小枝基部，成熟前绿色，熟时种鳞张开，暗黄褐色，常有树脂；中部种鳞近楔状倒卵形或矩圆状倒卵形，上部肥厚，中下部宽楔形；鳞盾近扁菱形，先端较厚，边缘钝，鳞脐微凹随同鳞盾先端边缘显著向外反卷，鳞脐微凹。种子栗褐色，倒卵状圆形，长0.8~1.5cm，直径5~8mm，种皮较薄，顶端常具2~4mm的短翅，稀长8mm，种翅上部薄膜质，下部近木质。花期4月；球果翌年10~11月成熟。

中国特有种，易危种。产于大明山、融水、环江、资源、全州等地。分布于海南、贵州。喜温凉湿润气候，较耐瘠薄土，材质优良。目前母树资源较少，宜保护母树，在高海拔地区开展造林试验。

2. 华南五针松　广东松　图21：1~4

Pinus kwangtungensis Chun et Tsiang

乔木，高达30m，胸径达1.5m。1年生枝无毛，极稀有疏毛，干后淡褐色。叶5针1束，较粗短，长2~7cm，直径1.0~1.5mm，常微弯呈镰形，先端尖，边缘有疏生细锯齿；横切面三角形，树脂道2~3个，背面2个边生，有时腹面1个中生或无；叶鞘早落。球果长圆形或圆柱状卵形，长4~9cm，稀17cm，直径3~6cm，稀7cm，通常单生，熟时淡红褐色，梗长0.7~2.0cm；种子椭圆形或倒卵形，长8~12mm，连同种翅与种鳞近等长，种翅长1~2cm。花期4~5月，球果翌年10月成熟。

中国特有种，易危种，国家Ⅱ级重点保护野生植物。产于龙胜、全州、资源、临桂、灵川、恭

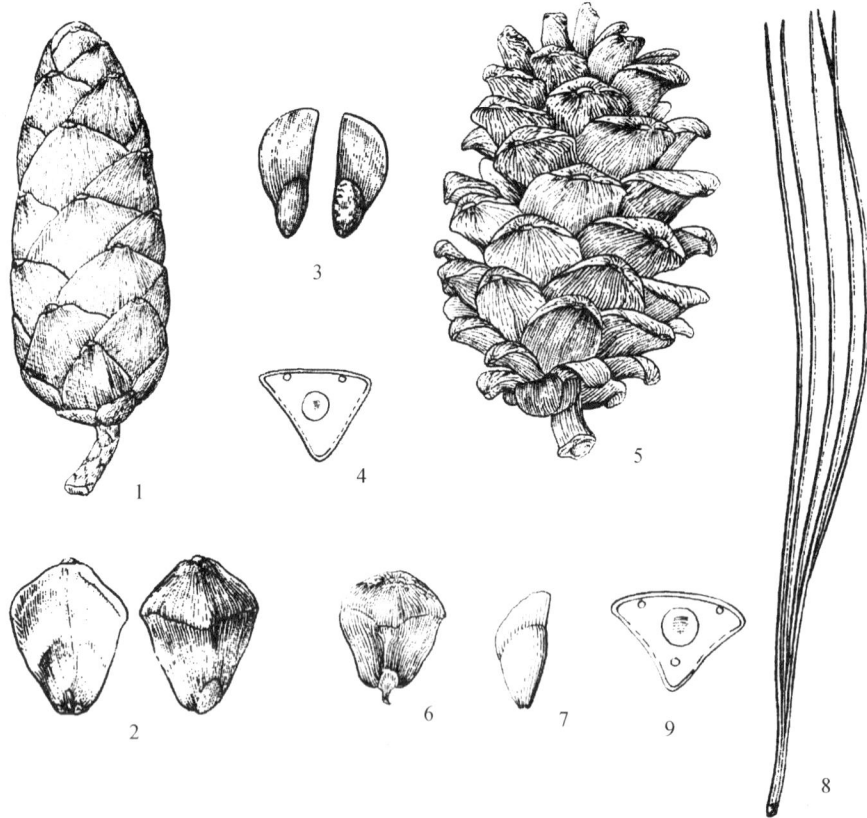

图21　1~4. 华南五针松 Pinus kwangtungensis Chun et Tsiang 1. 球果；2. 种鳞的背腹面；3. 种子；4. 针叶的横切面。**5~9. 海南五针松 Pinus fenzeliana** Hand. – Mazz. 5. 球果；6. 种鳞背面；7. 种子；8. 针叶；9. 针叶的横切面。(仿《中国植物志》)

城、金秀、融水、融安、环江、平南、龙州、天等、靖西、隆林等地。分布于湖南、贵州南部、广东北部及海南。适生于海拔 400 ~ 1600m 的酸性土山及石灰岩山。材质优，宜于在适生地带开展造林试验。

3. 马尾松 青松、山松、枞松 图 22：1 ~ 7

Pinus massoniana Lamb.

常绿乔木，高达 45m，胸径达 1.5m。树皮红褐色，下部灰褐色，裂成不规则的鳞状块片；枝平展或斜展，树冠宽塔形或伞形，枝条每年生长 1 轮，在华南地区则生长 2 轮，1 年生枝条淡黄褐色，无白粉，稀有白粉，无毛；冬芽卵状圆柱形或圆柱形，褐色，顶端尖，芽鳞边缘丝状，先端尖或成渐尖的长尖头，微反曲。针叶 2 针 1 束，稀 3 针 1 束，长 12 ~ 20cm，细柔，下垂或微下垂，微扭曲，边缘有细齿；树脂道 4 ~ 7 个，在背面边生，或腹面也有 2 个边生；叶鞘初呈褐色，后渐变成灰黑色，宿存。雄球花淡红褐色，圆柱形，弯垂，聚生于新枝下部苞腋，穗状，长 6 ~ 15cm；雌球花单生或 2 ~ 4 个聚生于新枝近顶端，淡紫红色，1 年生小球果圆球形或卵圆形，径约 2cm，褐色或紫褐色，上部珠鳞的鳞脐具向上直立的短刺，下部珠鳞的鳞脐平钝无刺。球果卵圆形或长卵圆形，长 4 ~ 7cm，直径 2.5 ~ 4.0cm，有短梗，下垂，成熟前绿色，熟时青褐色或栗褐色，陆续脱落；中部种鳞近矩圆状倒卵形，或近长方形；鳞盾菱形，微隆起或平，横脊微明显，鳞脐微凹，无刺或有短刺。种子卵圆形。子叶 5 ~ 8 枚；长 1.2 ~ 2.4cm；初生叶条形，长 2.5 ~ 3.6cm，叶缘具疏生刺毛状锯齿。花期 4 ~ 5 月；球果翌年 10 月成熟。

产于广西各地。分布于淮河和汉水流域以南，东至台湾，西至四川、贵州中部和云南东南部的富宁一线，南至广东、广西，是中国南方松类树种自然分布最广、人工造林面积最大的一个树种。生长快速，适应性强，喜光，喜酸性土壤，在石灰岩山地上生长不良，较耐干旱，不耐水湿，为次生林中常见种。造林宜用良种，广西已选出浪水、桐棉、古蓬等优良种源并在南宁市林业科学研究所、藤县大芒界林场、派阳山林场、贵港市覃塘林场、忻城县欧洞林场等多地建立了种子园。在广西西部和南部的低丘台地，裸根苗造林常受春旱影响，以

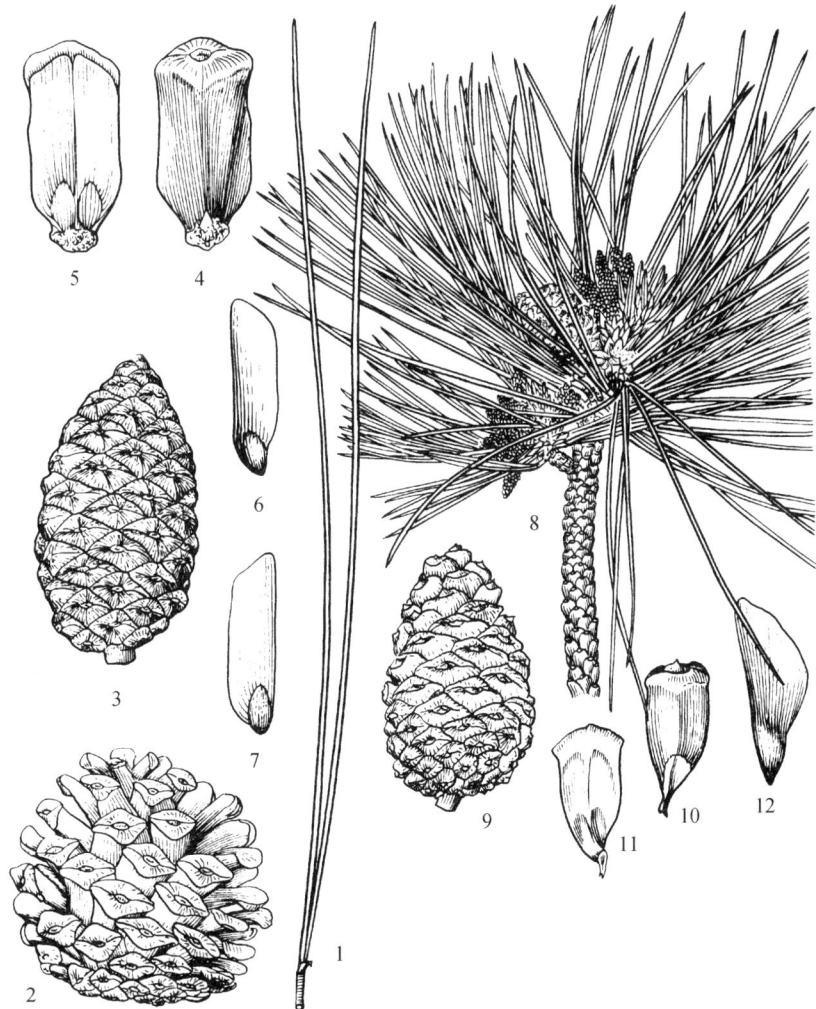

图 22 1 ~ 7. 马尾松 **Pinus massoniana** Lamb. 1. 一束针叶；2 ~ 3. 球果；4 ~ 5. 种鳞的背腹面；6 ~ 7. 种子的背腹面。8 ~ 12. 黄山松 **Pinus taiwanensis** Hayta 8. 雌球花枝和雄球花枝；9. 球果；10 ~ 11. 种鳞的背腹面；12. 种子。(仿《中国植物志》)

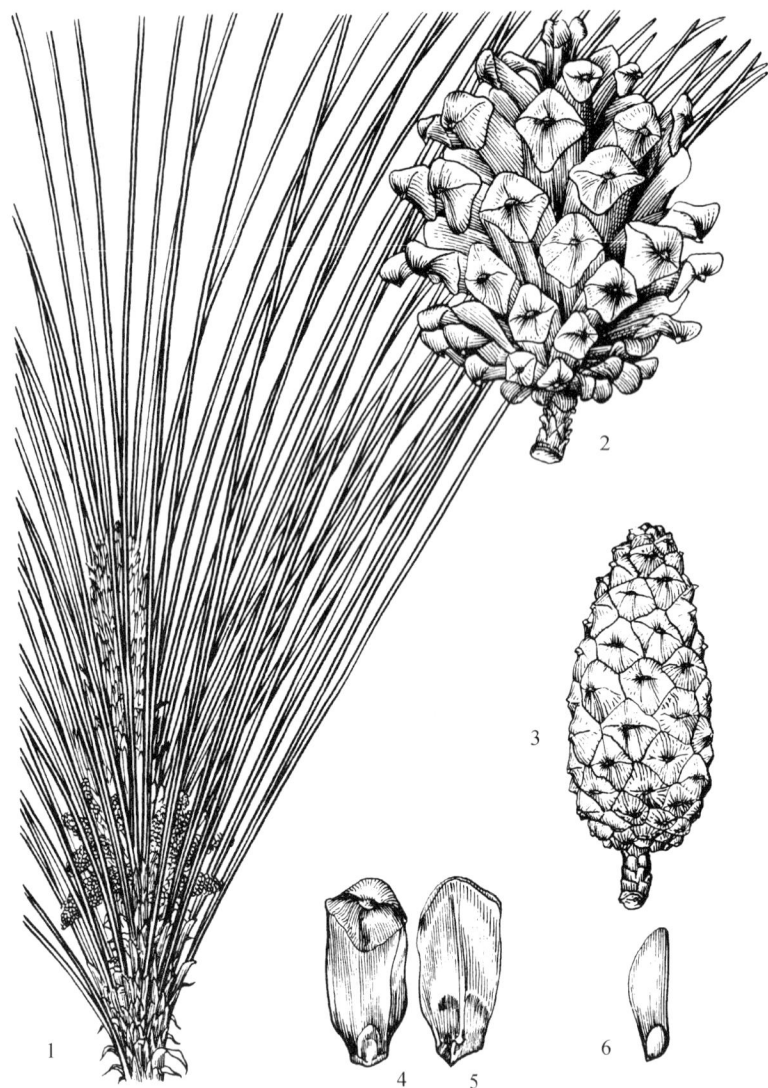

图23 南亚松 Pinus latteri Mason 1. 雄球花枝；2～3. 球果；4～5. 种鳞的背腹面；6. 种子。(仿《中国树木志》)

培育容器苗为佳。海拔 350m 以下的大面积纯林，多有松毛虫危害，宜于与栲类、栎类、木荷等营造混交林，并及时施放白僵菌防治。

马尾松成林出材率高，木材供建筑、家具、坑柱、纸浆等用；可供采割松脂，提制松香、松节油；树蔸可用来培养茯苓；针叶可加工为饲料。

4. 南亚松 越南松、南洋二针松 图23

Pinus latteri Mason

常绿乔木，高达 30m，胸径达 2m。树皮厚，灰褐色，深裂成鳞状块片脱落；幼树树冠圆锥形，老则圆球形或伞状；枝条每年生长 1 轮；1 年生枝深褐色，无毛，无白粉，苞片状的鳞叶在 2 年生枝上常脱落；冬芽圆柱形，褐色。针叶 2 针 1 束，长 15 ～ 27cm，直径约 1.5mm，先端尖，两面有气孔线，边缘有细锯齿；横切面半圆形，树脂道 2 个，中生和边生；叶鞘较长，长 1～2cm，紧包于每束针叶的基部。雄球花淡褐红色，圆柱形，长 1.0～1.8cm，聚生于新枝下部成短穗状。球果卵状圆柱形或长卵形，单生或双生，成熟前绿色，熟时红褐色，长 5～10cm，直径 4～6cm，果柄较细，长约 1cm；中部种鳞长圆状长方形，鳞盾斜方形或五角状斜方形，上部稍隆起，稍向后弯曲，鳞脐微凹。种子灰褐色，椭圆状卵圆形，微扁。花期 3～4 月，球果翌年 10 月成熟。

易危种。为松类中自然分布最南的一种，产于防城、钦州、合浦，分布于广东廉江及海南；马来半岛、越南、老挝、柬埔寨、缅甸、泰国及菲律宾也有分布。苗期根系极发达，地上部分生长缓慢，为沿海台地的先锋造林树种。引种至南宁市郊低丘的赤红壤地，生长不及马尾松。

木材富树脂，边材黄色，心材褐红色，结构较细密，材质较坚韧，气干密度 0.60～0.64g/cm³，纹理直，耐久用，可供建筑、桥梁、电杆、舟车、矿柱(坑木)、板料、器具、家具及造纸原料等用。树干可供割取树脂；树皮可供提制栲胶。

5. 黄山松 长穗松、台湾二针松、大明山松 图22：8～12

Pinus taiwanensis Hayta

乔木，高达 30m，胸径 80cm。树皮深灰褐色，裂成不规则鳞状厚块片或薄片；枝平展，老树树冠平顶；枝条每年生长 1 轮；1 年生树枝淡黄褐色或暗红褐色，无毛，无白粉；针叶 2 针 1 束，长 5～13cm(多为 7～10cm)，稍粗硬，边缘有细锯齿，两面有气孔线；横切面半圆形，树脂道 3～7

（~9）个，中生，有时中生与边生并存，叶鞘初呈淡褐色或褐色，后呈暗褐色或暗灰褐色，宿存。雄球花圆柱形，淡红褐色，长 1.0~1.5cm，聚生于新枝下部成短穗状。球果卵圆形，长 3~5cm，直径 3~4cm，几无梗，向下弯垂；中部种鳞近矩圆形，长约 2cm，宽 1.0~1.2cm，近鳞盾下部稍窄，基部楔形，鳞盾肥厚隆起近扁菱形，横脊明显，鳞脐具短刺；种子倒卵状椭圆形，具不规则的红斑纹，长 4~6mm，连翅长 1.4~1.8cm；子叶 6~7 枚，长 2.8~4.5cm，下面无气孔线；初生叶条形，长 2~4cm，两面中脉隆起，边缘有尖锯齿。花期 4~5 月；球果翌年 10 月成熟。

中国特有种，近危种。产于大明山，分布于台湾、河南、福建、江西、浙江、安徽、湖南、湖北、贵州、云南等地。喜温凉湿润山地气候，耐瘠薄土壤，天然更新良好，是分布区内重要的森林和造林树种。

材质较马尾松优，质坚实，富树脂，稍耐久用，可供作建筑、矿柱、器具、板材及纤维工业原料等用材；树干可供割树脂。

6. 云南松　图 24：1~6

Pinus yunnanensis Franch.

乔木，高达 30m，胸径达 1m。树皮褐灰色，深纵裂，裂片厚或裂成不规则的鳞状块片脱落；枝开展，稍下垂；枝条每年生长 1 轮；1 年生枝粗壮，淡红褐色，无毛，2~3 年生枝上苞片状的鳞叶脱落露出红褐色内皮。针叶 3 针 1 束，稀 2 针，长 10~30cm，径约 1.2mm，先端尖，背腹面均有气孔线，微下垂，边缘有细齿；横切面扇状三角形或半圆形，树脂道 4~6 个，中生与边生并存（中生者通常位于角部）；叶鞘宿存。雄球花圆柱状，长约 1.5cm，生于新枝下部的苞腋内，聚集成穗状。球果圆锥状卵圆形，长 5~11cm，直径 4.5~7.0cm，具短梗，或近无柄；中部种鳞矩圆状椭圆形，长约 3cm，宽约 1.5cm，鳞盾肥厚、隆起，稀反曲，有横脊，鳞脐稍凹或微隆起，有短刺；种子褐色，卵圆形或倒卵形，微扁，长 4~5mm，种翅长 12~17mm，种子千粒重 13~18g，子叶 6~8 枚，长 2.8~3.8cm，边缘具疏毛状细锯齿；初生叶窄条形，长 2.5~5.0cm，较柔软。花期 4~5 月；球果翌年 11 月成熟。

产于上思、隆林、凌云、天峨、南丹等地。分布于云南、贵州、四川、西藏。喜光，耐干旱贫瘠土，分布区冬春干旱无严寒，夏季多雨无酷热，属于干湿季节较明显的山原地区树种，是中国西南部季风区的一个代表树种。适生于酸性燥红壤或黄壤，不耐水湿。引种至南宁市郊的低丘酸性红壤地，多数植株主干有弯曲现象，分枝低矮，长势不及马尾松。用途与马尾松同，宜在自然分布区内发展人工造林。

6a. 细叶云南松　图 24：7~12

Pinus yunnanensis var. **tenuifolia** Cheng et Law

乔木。1 年生枝橙褐色，有光泽。针叶 3 针 1 束，长 10~30cm，直径不及 1mm，细柔下垂；横切面三角形，树脂道 4~6 个，边生，稀角处 1 个中生。球果长 5~10cm，直径 4~5cm，基部有时渐窄成宽楔形；种子黑色或褐色。

本变种是云南松分布区东南部边缘的一个地理变种。云南松在其分布中心叶较粗长，不下垂或微下垂；而在东南部红水河流域的河谷地带，由于地势降低，气候炎热，当地的云南松在长期演化过程中，针叶变得细柔下垂。

产于乐业、凌云、西林、百色、田林、天峨、南丹、凤山、东兰、都安等地，分布于贵州南部、云南东南部。喜光，较耐干旱，喜干湿季节明显气候，是广西西北部的重要树种，适宜于在红水河上游的干热河谷地推广造林。引种至桂林雁山，早期生长尚好。

7. 晚松

Pinus serotina Michx.

乔木，25 年生树高 15m，胸径 22~28cm。树皮红棕色，浅裂；冬芽富含树脂，主干上有多处萌生小枝，簇状着生，不成侧枝，1 年中多次抽梢，轮生枝不明显，枝较细小，初带白色，后为浅

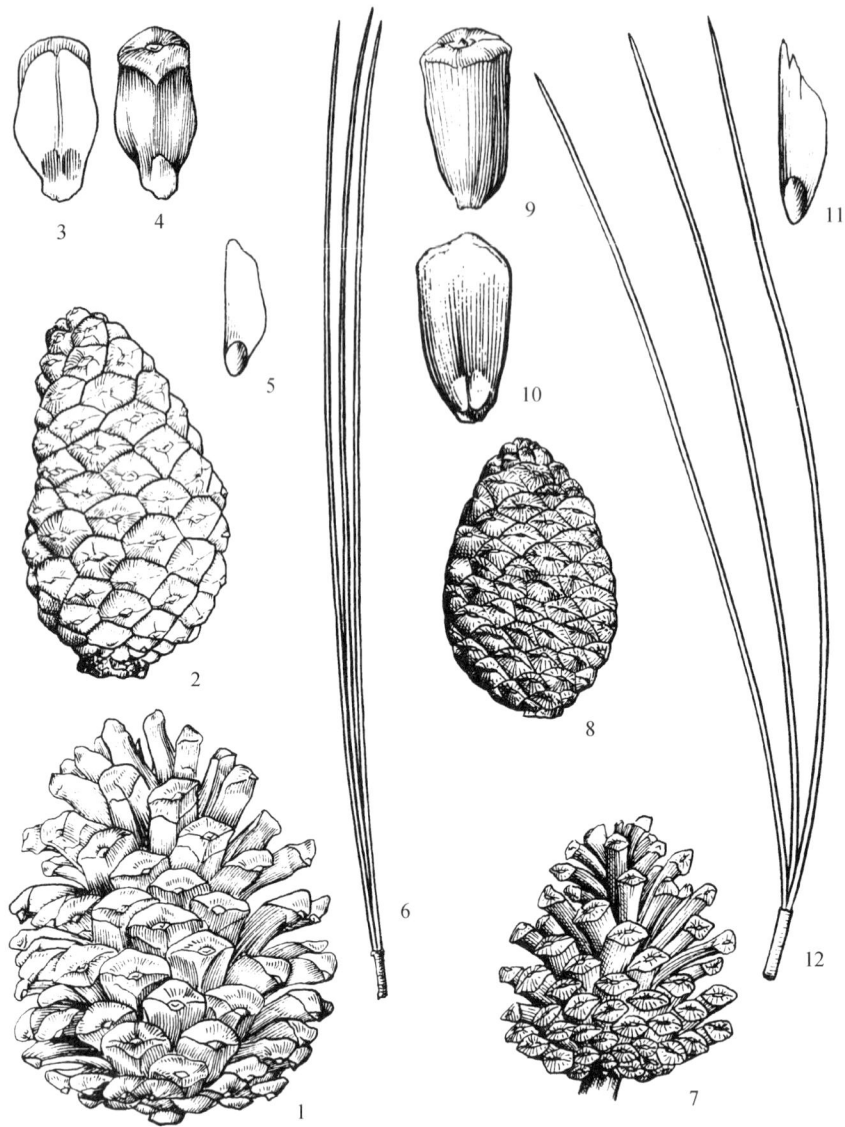

图24 1~6. 云南松 **Pinus yunnanensis** Franch. 1~2. 球果；3~4. 种鳞的背腹面；5. 种子；
6. 一束针叶。**7~12. 细叶云南松 Pinus yunnanensis** var. **tenuifolia** Cheng et Law 7~8. 球果；9~
10. 种鳞的背腹面；11. 种子；12. 一束针叶。(仿《中国树木志》)

赭色；叶3针1束，稀2针1束，长15~25cm，有细锯齿，腹面呈2条槽状。球果卵圆形，长5~
9cm，直径4~6cm，成熟后种鳞不张开，常宿存树上多年；种鳞的鳞盾隆起或微隆起，鳞脐微凸
起，先端有短刺，种子卵圆形，长约3mm，千粒重10~22g。花期4月，果熟期翌年11月。

原产于美国东南部。分布区从新泽西州南部和特拉华，南到佛罗里达中部和阿拉巴马的沿海平
原。常生于沿海低湿地和泥炭性沼泽地，在酸性土与碱性土上均可生长。自然分布区的年降水量
1140~1400mm，平均最高气温32.2~37.8℃，平均最低气温 -12.2~ -6.7℃。中国1964年开始
引种，南宁、南京以及富阳、余杭、宜兴等地有栽培，生长势较好。在南宁市郊低丘酸性土壤上，
1965年造林，27年生树的生长速度与马尾松的相当，主干成材率略高，有发展前景，适宜于在低
湿地或低丘台地推广造林。

8. 火炬松 图25：1~7

Pinus taeda L.

乔木，在原产地高达30m，胸径60cm以上。树皮鳞片状开裂，近黑色、暗灰褐色或淡褐色。
枝条每年生2轮至数轮；小枝黄褐色或淡红褐色，幼时被白粉；冬芽褐色，矩圆状卵圆形或短圆柱

形, 顶端尖, 芽鳞浅棕色,
无树脂, 先端略呈反曲。叶
3 针 1 束, 稀 2 或 4, 长 15~
25cm, 直径约 1.5mm, 较刚
硬, 略有扭曲, 边缘有细锯
齿; 横切面三角形, 树脂道
2 个, 中生。球果卵状圆锥
形或窄圆锥形, 基部对称,
侧生, 有时近顶生, 长 7~
14cm, 无梗或几无柄, 熟时
暗红褐色; 种鳞长圆形, 长
2.5cm, 鳞盾浅棕色, 菱形,
有龙骨状凸起横贯其上, 鳞
脐伸延成刺尖。种子卵圆形,
长 0.6cm, 暗棕色, 有黑色
斑点, 具明显的隆脊, 种翅
长约 2.5cm, 千粒重 24~
40g。花期 3 月; 球果翌年
10 月上中旬成熟。

原产于北美东南部及南
部海拔 500m 以下的丘陵台
地。在美国分布于北纬28°~
39°, 西经 75°~98°。中国
1933 年开始引种, 广西于
1947 年在柳州、桂林引种栽
培, 是引种松类中造林面积
较大的一种。以中亚热带低
丘台地较为适宜, 喜温暖湿
润气候, 原产地年均气温
11.1~20.4℃, 年降水量
660~1460mm, 适生于中性
至酸性土壤, 不耐水湿, 能
耐贫瘠土壤, 生长较快速。

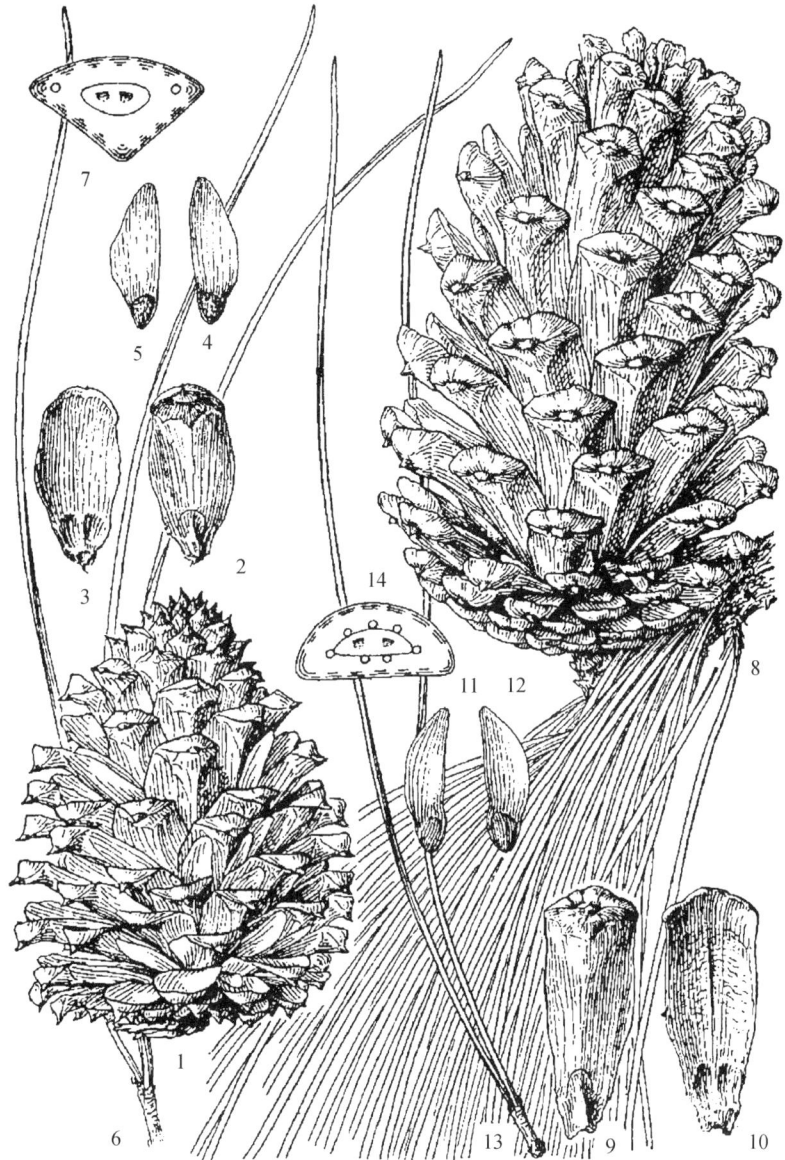

图 25　1~7. 火炬松 Pinus taeda L. 1. 球果; 2~3. 种鳞的背腹面; 4~5. 种子的背腹面; 6. 一束针叶; 7. 针叶的横剖面。8~14. 湿地松 Pinus elliottii Engelm. 8. 球果枝; 9~10. 种鳞的背腹面; 11~12. 种子的背腹面; 13. 一束针叶; 14. 针叶的横剖面。(仿《中国植物志》)

种子繁殖, 春播 1 年生苗或秋播半年苗出圃, 广西南部地区可随采随播培育容器苗至翌年雨季上山造林。主干通直圆满, 出材率高, 木材质量与马尾松的相似。

9. 卵果松

Pinus oocarpa Schiede

乔木。在原产地高 30m, 胸径 0.7m; 主干通直, 早期有萌生现象, 1 年内抽梢多次, 轮生枝不甚明显; 小枝较粗壮, 红褐色; 叶多为 5 针 1 束; 也有 3~4 针并存, 粗梗, 长 22~30cm, 径约 1.5mm, 边缘有细锯齿, 腹背两面均有气孔线, 树脂道 4~8 个, 多数中生, 针叶的内侧有 1 棱状隆起, 棱的两侧成槽沟状。球果卵形, 长 6~10cm, 直径约 3.5cm, 果梗长 2~3cm, 果鳞长圆形, 长 2.2cm, 宽 1cm, 鳞盾菱形, 扁平, 有隆脊, 鳞脐小而扁平, 稍下凹, 无刺尖, 果鳞完全开放时, 球果呈均匀对称形或 "莲座状"。花期 3~4 月; 球果翌年 11~12 月成熟。种子小, 长 4~7mm, 种翅长 10~12mm，贴生，子叶 5~7 枚，多数 6 枚，千粒重 8~10g。

原产于中美至北美。天然分布的南界是尼加拉瓜的北纬 12°45′，西经 85°51′，北界在墨西哥的北纬 27°00′，西经 108°51′，其分布形成不连续带状，主要分布于山地高原，海拔 600~2400m 处，多数集中在海拔 700~1500m 的地段。中国于 1973 年开始引种，在广西南宁、海南乐东及广东广州的低海拔丘陵地引种。原产地为夏雨及冬季干旱气候，年降水量 1000~1500mm。中国引种，以洪都拉斯、危地马拉的纬度较高，海拔较低的种源表现较好，生长快速，1 年生树高可达 1m 以上，在南宁 18 年生树高 14m、胸径 22cm，长势较马尾松好。早期多丛状萌生，以后主干通直。喜光，耐干旱，适应性强。卵果松为著名速生松树，生长潜力很大，在广西西部和西北部干湿季节较明显的山地、丘陵以至台地，可选择适宜的种源进行试种。

10. 加勒比松 古巴松

Pinus caribaea Morelet

常绿乔木，树高达 15~30m，胸径 1m。树干圆满通直，树皮厚，红褐色或灰色，裂成片状剥落。每年抽梢数次，1 年中枝条生长多轮，初生枝枯褐色微被白粉；树脂道 2~9 个，内生；针叶通常 3 针 1 束，长 15~25cm；球果反曲着生，近顶生，圆锥状，长 5~10cm，直径 3.0~3.8cm；果鳞具明显横贯的龙骨，开裂后果鳞反折，鳞盾茶褐色或淡红褐色，有光泽，肥厚隆起，有横脊，鳞脐凸出，有刺尖；种子呈三角状长卵形，长约 6mm，直径 2.8mm，千粒重 15.4g，种翅紧贴于种子上，不易脱落。花期 2~3 月；球果成熟期 8~9 月。

原产于古巴西部及松树岛，地理位置为北纬 21°35′~22°50′，垂直分布于海拔 335m 以下的地区。喜光，喜高温、高湿，抗风力强，适生于酸性土壤，主根发达，生长快速。现世界各热带地广为引种。广西最早于 1964 年引种在合浦和南宁市郊，24 年生的树高 15.5m，胸径 29.6cm，生长量高出同一立地的马尾松的 20% 以上。生长速度与热量呈正相关，纬度低，热量高的地区，生长也相应快，是广西南部低丘台地极有发展前景的树种，后期生长速度明显高于湿地松，可作为这一地区的主要造林树种。在合浦、博白可以正常开花结实，在南宁正常生长，但少有开花结实。

加勒比松包括 2 个变种，即洪都拉斯加勒比松(P. caribaea var. hondurensis)、巴哈马加勒比松(P. caribaea var. bahamensis)。近年，世界各地采用湿地松(Pinus elliottii)×加勒比松杂交，其杂种优势明显，具有生长快、树干通直、耐水浸、抗风能力强等优点，但是湿地松与加勒比松花期不遇、杂交授粉种子产量低，不能通过自由授粉大量生产杂种种子，可通过扦插扩繁推广。

10a. 洪都拉斯加勒比松

Pinus caribaea var. **hondurensis** Barr. et Golf.

本变种与原变种加勒比松的主要区别为：大乔木，高达 45m，胸径 1.5m；枝较粗，分枝角度较大，幼龄期狐尾状现象较普遍；针叶为 3 针或 4~5 针 1 束(幼龄树有 6 针 1 束)；树脂道内生，一般 3~4 个；球果长 6~14cm；种子平均长约 6.5mm，直径 3.6mm，具有关节的种翅，易脱落，但有极少贴生。

自然分布于中美洲大陆洪都拉斯瓜纳加岛，其南限是在北纬 12°13′，北限在北纬 18°00′，多数林分分布于海岸潮湿低地，有些林分伸入到离海岸 200~300km，其中少数种群可分布到海拔 800m 的山地。分布区的热量高，湿度大，土壤多为中度肥沃的酸性土，也能生长在干旱贫瘠地。是热带松类中生长最快的一种，也是加勒比松 3 个变种中引种点最多，造林面积最大的一种。生长速度与热量呈正相关，随着纬度的增加和热量的降低，生长速度也相应下降。1973 年开始引入广西，在南宁、武鸣、邕宁、梧州、玉林、博白、钦州等地试种，生长较当地湿地松、马尾松快；在南宁可以正常开花结实；在广西北回归线以南地区，发展潜力很大。

10b. 巴哈马加勒比松

Pinus caribaea var. **bahamensis** Barr. et Golf.

中乔木，与原变种的主要区别为：主干不及原变种圆满，尖削度略大，树冠较窄小，根浅；针叶以 3 针 1 束为主，2 针也常见，幼龄期偶有 4 或 5 针；树脂道 6 ~ 10 个，内生；果鳞有四向放射线裂线，沿线肿胀；种子略小，长约 5mm，直径约 2.7mm，种翅具关节，易脱落。

自然分布于巴哈马群岛中的 5 个海岛，纬度为北纬 24° ~ 27°，垂直分布在海拔 12m 以下，分布区年降水量 1000 ~ 1500mm，年均气温 22 ~ 26℃，土层较浅薄，土壤中性至碱性，是加勒比松自然分布最北的 1 个变种。1973 年广东省林业科学研究院、湛江林木良种场及广西七坡林场开始引种，在酸性土能正常生长发育，9 年生平均高 9.98m、平均胸径 14.65cm，长势好。巴哈马加勒比松能适应碱性土壤，在广西石灰岩地区有发展前途。

11. 湿地松 图 25：8 ~ 14

Pinus elliottii Engelm.

乔木。在原产地高达 30m，胸径一般可达 60 ~ 70cm，干形圆满通直；树皮灰褐色或暗红褐色，纵裂成鳞状块片剥落；枝条每年生长 3 ~ 4 轮，春季生长的节间较长，夏秋生长的节间较短，小枝粗壮，橙褐色，后变为褐色至灰褐色，鳞叶上部披针形，淡褐色，边缘有睫毛，干枯后宿存数年不落，故小枝粗糙，通常斜上举；冬芽红褐色，圆筒状，先端渐尖，芽鳞带白色纤毛，无树脂；叶 2 针 1 束，或 2 ~ 3 针 1 束并存，长 18 ~ 25cm(~ 30cm)，直径约 2mm，粗硬，深绿色，有气孔线，边缘有细锯齿；树脂道 2 ~ 9(~ 11 个)，多内生；叶鞘长约 1.2cm。球果圆锥状卵形，长 6 ~ 14cm，直径 4 ~ 7cm，有短梗；种鳞张开后径 5 ~ 7cm，成熟后至第 2 年夏季脱落，具尖端反曲或内曲的鳞脐；鳞盾近斜方形，肥厚，有锐横脊，鳞脐瘤状，宽 5 ~ 6mm，先端急尖，长不及 1mm，直伸或微向上弯，有刺尖。种子卵圆形，略呈三角状，长 6mm，具棱脊，灰色至暗色，有灰色斑点，千粒重约 30g。花期 3 月；球果翌年 9 月中旬成熟。

原产于美国东南部亚热带低海拔潮湿地带。1933 年引入中国，1947 年引种至柳州、桂林，是中国引种国外松造林面积最大的一个树种。广西大部分县市有引种栽培，桂中和桂东南大面积推广造林。喜光，耐干旱贫瘠地，适生于酸性砖红壤、赤红壤、红壤至中性黄壤，但在土层深厚、肥力较高立地，方能生长成大材；较耐水湿，在低洼沼泽地、湖泊河流边缘生长良好，但不耐长期积水。主侧根发达，早期生长快速，造林容易成林，是广西低丘台地的重要造林树种。种子繁殖，春播 1 年生苗或秋播半年苗出圃，广西南部地区可随采随播培育容器苗至翌年雨季上山造林。木材用途与马尾松相同，幼龄树材质稍软脆。松脂含量丰富，色泽透明带黄，松节油含量高，为重要的采脂树种。

12. 萌芽松 短叶松

Pinus echinata Mill.

乔木。在原产地高达 40m，胸径 2m；树皮淡栗褐色，纵裂成鳞状块片；大枝开展，微下垂，抽梢不定期，枝条每年生长数轮，小枝较细小，暗红褐色，初被白粉，主干上有多处不定芽萌生出针叶；冬芽长卵形，褐色，无树脂或有树脂；针叶 2 针 1 束，稀 3 针，较纤细柔软，长 7 ~ 12cm，径不及 1cm，深蓝绿色，有细齿；横切面半圆形或三角形，树脂道 2 ~ 5 个，中生或其中 1 个内生。球果长卵圆形或圆锥状卵形，长 4 ~ 6cm，具短梗或近无梗，熟时种鳞张开，鳞盾平或微肥厚，暗褐色，鳞脐凸起有短刺。花期 3 月；球果翌年 10 月成熟。

原产于美国，是美国东南部分布最广泛的松树。福建闽侯县南屿林场在 1934 年开始引种，以后江苏南京、广西南宁等地相继引种。原产地的垂直分布为 700 ~ 800m 的山地，对土壤要求不高，适于排水良好的砂质土或石砾质黏土，但也能在干旱的山坡及山脊生长，多用于瘠薄干旱地造林。早期生长较慢，后期生长较快，在广西低山至中山地带，有发展潜力，值得扩大引种。

6 杉科 Taxodiaceae

常绿或落叶乔木；大枝轮生或近轮生。叶螺旋状排列，散生，很少交叉对生（水杉属），披针形、锥形、鳞形或线形。雌雄同株，雄球花顶生或腋生，雄蕊多数，每雄蕊有 2~9（常 3~4）个花药，花粉无气囊；雌球花顶生或生于往年生枝近枝端，珠鳞与苞鳞半合生或完全合生，或珠鳞较小（杉属），或苞鳞退化（台湾杉属），珠鳞具 2~9 枚侧生或直生胚珠。球果成熟时种鳞张开，发育的种鳞（或苞鳞）具 2~9 粒种子；种子小，常有翅；子叶 2~9 枚，发育时出土。

杉科共有 10 属 16 种，主产于北温带。中国 5 属 7 种，引入栽培 4 属 7 种。广西 3 属 3 种，引入栽培 3 属 5 种 2 变种。多为用材树种。

分属检索表

1. 叶和种鳞均为螺旋状着生。
  2. 球果的种鳞（或苞鳞）扁平。
    3. 常绿乔木；种鳞或苞鳞革质；种子两侧有翅。
      4. 叶线状披针形，有细锯齿；球果的苞鳞大，有细锯齿；种鳞小，能育种鳞有种子 3 粒 ……………………………………………………………………………… **1. 杉木属 Cunninghamia**
      4. 叶鳞状钻形或钻形，全缘；球果的苞鳞退化；种鳞近全缘，能育种鳞有种子 2 粒 ……………………………………………………………………………… **2. 台湾杉属 Taiwania**
    3. 半常绿乔木；侧生小枝的线形叶于冬季脱落；小枝的鳞形叶于冬季不脱落；种鳞木质，先端有 6~16 裂齿，能育种鳞有种子 2 粒；种子下端有长翅 ………………………… **4. 水松属 Glyptostrobus**
  2. 球果的种鳞盾形，木质。
    5. 常绿乔木；雄球花单生或集生于枝顶；能育种鳞有种子 2~9 粒；种子扁平，周围有翅或两侧有翅 ……………………………………………………………………… **3. 柳杉属 Cryptomeria**
    5. 落叶或半常绿乔木；侧生小枝于冬季脱落；叶线形或钻形；雄球花排成圆锥花序状；能育种鳞有种子 2 粒；种子三棱形，棱脊上有厚翅 ………………………… **5. 落羽杉属 Taxodium**
1. 叶和种鳞均为对生；叶线形，排成 2 列；侧生小枝与叶于冬季脱落；球果的种鳞盾形，木质；能育种鳞有种子 5~9 粒；种子扁平，周围有翅 …………………………… **6. 水杉属 Metasequoia**

1. 杉木属 Cunninghamia R. Br.

常绿乔木；叶螺旋状着生，披针形或条状披针形，基部下延，两面均有气孔线；雄球花多数，簇生枝顶，每雄蕊具有 3 个花药，药室纵裂；雌球花 1~3 个生于枝顶，苞鳞与珠鳞的下部合生；苞鳞大，有锯齿；珠鳞小，先端波状 3 浅裂，内面有 3 枚胚珠，倒生。球果近球形或卵圆形；苞鳞革质，扁平，有细锯齿，宿存；种鳞很小，先端 3 浅裂，裂有细缺齿。种子扁平，两侧有窄翅；子叶 2 枚，发芽时出土。

2 种，产于秦岭和长江以南及台湾山区；越南也有分布。广西 1 种。

杉木 图 26

Cunninghamia lanceolata (Lamb.) Hook.

常绿乔木，高达 30m 以上，胸径达 3m。叶在主枝上辐射伸展，在侧枝上叶茎部扭转成 2 列状，披针形或条状披针形，长 2~6cm，宽 3~5mm，边缘有细缺齿，背面两侧有白色气孔带。雄球花圆锥状，长 0.5~1.5cm，有短梗，通常 40~50 个簇生于枝顶，有总苞状鳞片；雌球花 1~3 个集生，苞鳞横椭圆形，先端急尖，上部边缘膜质，边缘有细锯齿。球果卵圆形，长 2.5~5.0cm，直径 3~4cm，成熟时苞鳞革质，棕黄色，三角状卵形，长约 17mm，宽 15mm，先端具硬尖头，边缘有不规则锯齿，向外反卷或不反卷，背面具 2 条稀疏的气孔带；种鳞小，腹面着生 3 粒种子；种子扁平，遮盖着种鳞，呈长卵形或长圆形，两侧边缘有窄翅，长 6~8mm，宽 5mm，暗褐色，有光泽；子叶 2 枚，发芽时出土。花期 3~4 月；球果 10~11 月成熟。

中国重要用材树种，已有 1000 多年的栽培历史，栽培区域达 16 个省（自治区），北起秦岭南坡、河南桐柏山、安徽大别山，至江苏宁镇山区以南，东起沿海，西至四川大渡河流域，南至广东中部、云南东南部。越南也有分布。广西除南部沿海台地及喀斯特石山罕见栽培外，各地有普遍栽培，柳州市北部山区融江流域为中国杉木中心产区之一。垂直分布幅度相当大，常随纬度和地形的不同而有变化，在融水海拔为 1500m，在田林则在 1600m。

杉木是亚热带树种，喜湿润环境和疏松土壤，广西以在低山、中山地貌上生长最好，在台地、第四纪红色黏土上生长差。播种繁殖为主，也可扦插、组培繁殖。融水、融安、三江、那坡、隆林、贺州为中国种源试验优良种源，其中以融江河流域的融水、融安、三江杉木种源表现最为稳定。20 世纪

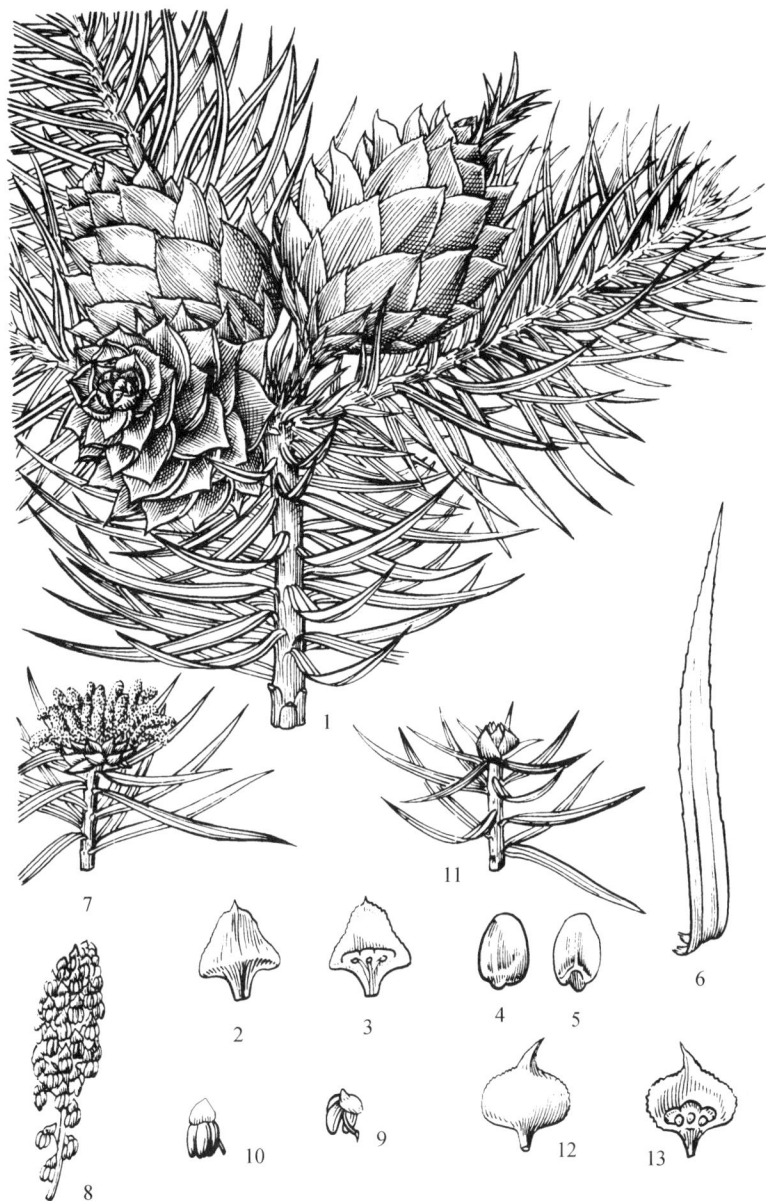

图 26　杉木 Cunninghamia lanceolata（Lamb.）Hook. 1. 球果枝；2. 苞鳞的背面；3. 苞鳞的腹面及种鳞；4~5. 种子的背腹面；6. 叶；7. 雄球花枝；8. 雄球花的一段；9~10. 雄蕊；11. 雌球花枝；12. 苞鳞的背面；13. 苞鳞的腹面及珠鳞。（仿《中国植物志》）

70 年代以来，广西先后开展了杉木种源试验、优良单株选择、杂交控制授粉等良种改良研究，选择出了山口 16、山口 38、柳 241、柳 222、柳 244 等优良家系及柳 229、柳 299、柳 327、广运 5 和西山 9122 等优良无性系，在融安、全州、融水、昭平、八步等地建立了杉木种子园。杉木生长快，材质好，用途广，产量高，是中国最主要的造林树种之一。

2. 台湾杉属 Taiwania Hayata

常绿乔木；大枝平展，小枝细长而下垂；冬芽形小。叶二型，螺旋状排列，基部下延；老树的叶鳞状钻形，在小枝上密生，背腹面均有气孔线；幼树或萌芽枝的叶钻形，较大，弯镰状，两侧扁平，先端锐尖。雌雄同株；雄球花 5~7 个着生于枝顶，有 15 枚雄蕊，每枚雄蕊有 2~4 个花药；雌

球花很小，单生于枝顶，直立，苞鳞退化，珠鳞螺旋状排列，每个珠鳞内有 2 枚胚珠。球果较小，椭圆形，珠鳞发育为种鳞，发育的种鳞有 2 粒种子；种子扁平，两侧有窄翅，上下两端有凹缺；胚有子叶 2 枚。

在《中国植物志》（第七卷）中，郑万钧等（1978）依据球果枝上叶的形态以及球果种鳞的数量特征得出，在台湾杉属下包括 2 个种，即秃杉和台湾杉。但近年来，多数学者均主张将上述 2 个种合并，如 Liu 和 Su（1983）比较研究了中国大陆和台湾的标本以后认为，上述 2 个种的区别性状均在台湾杉一种的变异范围之内。于永福（1994）经过进一步的研究也发现，秃杉的鉴别性状均为数量性质，并且极不稳定，因而也支持将台湾杉属的 2 种归并的观点。根据我们对桂林、南丹引种栽培 30 年的活体树木观察，2 种在叶片及树皮形态上分异显著，极易区别。故本志仍采用 2 个种描述。

分布于台湾、福建、湖北、贵州、云南等地；缅甸北部也有分布。广西 2 种都有引种。

分种检索表

1. 球果枝的叶较窄，横切面四棱形，高约等于宽，斜上伸展，先端微内曲或直；球果种鳞 21 ~ 39 片 ……………………………………………………………………………………………… **1. 秃杉 T. flousiana**
1. 球果枝的叶较宽，横切面三角形，高小于宽，向上伸展，先端内曲；球果种鳞 15 ~ 21 片 ……………………………………………………………………………………………… **2. 台湾杉 T. cryptomerioides**

1. 秃杉　图 27

Taiwania flousiana Gaussen

乔木，高达 75m，胸径可达 2m 以上；树皮淡褐灰色，裂成不规则的长条片，内皮红褐色；树冠圆锥形。大树的叶四棱状钻形，排列紧密，长 2 ~ 3（~ 5）mm，两侧宽 1.0 ~ 1.5mm，腹背宽 1.0 ~ 1.3mm，背脊直或上端微弯，先端尖或钝，四面有气孔线，下（背）面每边 8 ~ 13 条，上（腹）面每边 6 ~ 9 条，横切面四棱形，高宽几相等；幼树及萌芽枝上的叶长 0.6 ~ 1.5cm，钻形，两侧扁平，直伸或稍向内侧弯曲，先端锐尖，四边均有气孔线 3 ~ 6 条。雄球花 2 ~ 5 个簇生于枝顶，雄蕊多数，10 ~ 15 枚，每枚雄蕊有 2 ~ 3 个花药；雌球花球形。球果卵圆形或短圆柱形；中部种鳞长约 7mm，宽 8mm，上部边缘膜质，先端中央有凸起的小尖头，背面先端下方有明显或不明显的圆形腺点；种子长椭圆形或长椭圆状倒卵形，连翅长 6mm，宽 4.5mm。球果 10 ~ 11 月成熟。

第三纪古热带植物区子遗植物，易危种，国家 Ⅱ 级重点保护野生植物。分布于云南西部、湖北西南部、贵州东南部；缅甸北部也有分布。广西西部、北部各地有规模引种栽培。生于气候温凉、夏秋多雨、环境湿润的山地黄壤或棕色森林土地带，常与阔叶树混生成林。幼龄喜阴，成林后喜光。种子繁殖，结实年龄在 50 年以上。幼龄生长较慢，1 年生苗高约 20cm，造林当年生长量也不足 20cm，3 年后加速，8 年后超过同等立地栽培的杉木。木材材性与杉木的相似，轻软，边材淡红黄色，心材淡紫褐色，结构细致，纹理通直，易于加工，可供作建筑、家具等用材，可供广西北部、西北部海拔 500 ~ 1000m 的山地杉木迹地更新树种规模发展。

2. 台湾杉

Taiwania cryptomerioides Hayata

乔木，高达 60m，胸径 3m；枝平展，树冠广圆形。大树的叶钻形、腹背隆起，背脊和先端向内弯曲，长 3 ~ 5mm，两侧宽 2.0 ~ 2.5mm，腹面宽 1.0 ~ 1.5mm，稀长至 9mm，宽 4.5mm，四面均有气孔线，下面每边 8 ~ 10 条，上面每边 8 ~ 9 条；幼树及萌生枝上的叶的两侧为扁的四棱钻形，微向内侧弯曲，先端锐尖，长达 2.2cm，宽约 2mm。雄球花 2 ~ 5 个簇生于枝顶，雄蕊 10 ~ 15 枚，每雄蕊有 2 ~ 3 个花药，雌球花球形，球果卵圆形或短圆柱形；中部种鳞长约 7mm，宽 8mm，上部边缘膜质，先端中央有凸起的小尖头，背面先端下方有不明显的圆形腺点；种子长椭圆形或长椭圆状倒卵形，连翅长 6mm，直径 4.5mm。球果 10 ~ 11 月成熟。

为中国特有树种，产于台湾中央山脉海拔 1800 ~ 2600m 地带。桂林、南丹等地有引种，生物生

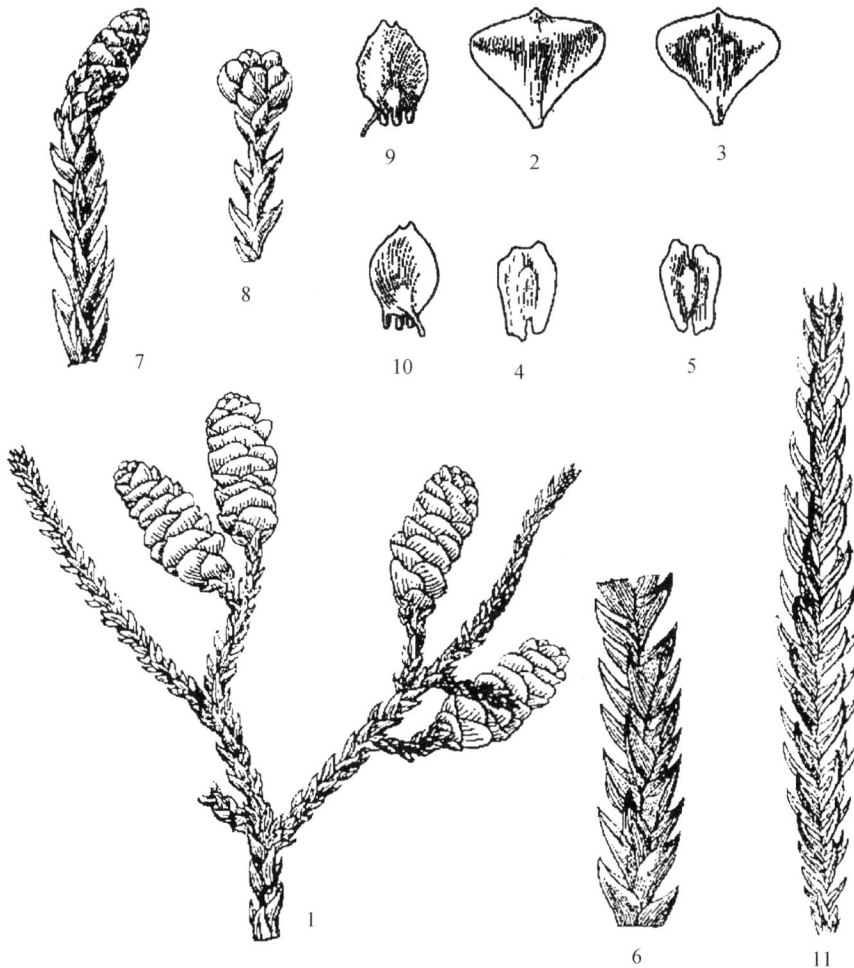

图 27　秃杉 Taiwania flousiana Gaussen　1. 球果枝；2 ~ 3. 种鳞的背腹面；4 ~ 5. 种子的背腹面；6. 枝叶的一段；7. 雌球花枝；8. 雄球花枝；9 ~ 10. 雄蕊的背腹面；11. 幼树的枝叶。（仿《中国植物志》）

态学习性及生长速度与秃杉的相近。为中国台湾的主要用材树种之一，心材紫红褐色，边材深黄褐色带红，纹理直，结构细、均匀，可供作建筑、桥梁、电杆、舟车、家具、极材及造纸原料等用材。

3. 柳杉属 Cryptomeria D. Don

常绿乔木；树皮红褐色；枝近轮生；树冠尖塔形或卵圆形；冬芽形小。叶螺旋状排列，略成 5 行，钻形，基部下延。雌雄同株；雄球花长圆形，无梗，单生于小枝上部的叶腋，多数密集成穗状；雄蕊多数，每枚雄蕊有 3 ~ 6 个花药；雌球花近球形，无梗，单生或数个集生于小枝上，珠鳞螺旋状排列，每一珠鳞有 2 ~ 5 枚胚珠，苞鳞与珠鳞合生，仅先端分离。球果近球形，当年成熟；种鳞宿存，木质，盾形，上部肥大，近顶部有 3 ~ 7 个裂齿，中部有三角状分离的苞鳞尖头，发育的种鳞有 2 ~ 5 粒种子；种子有窄翅；子叶 2 ~ 3 枚。

本属 1 种 1 变种，产于中国和日本，广西有引种。

1. 日本柳杉　孔雀松　图 28：6 ~ 10

Cryptomeria japonica（L. f.）D. Don

乔木，在原产地树高 40m，胸径 2m 以上；树皮红褐色，裂成条片状脱落；大枝常轮生，水平开展或微下垂，树冠尖塔形；小枝下垂，当年生枝绿色。叶钻形，锐尖或尖，长 4 ~ 20mm，直伸，

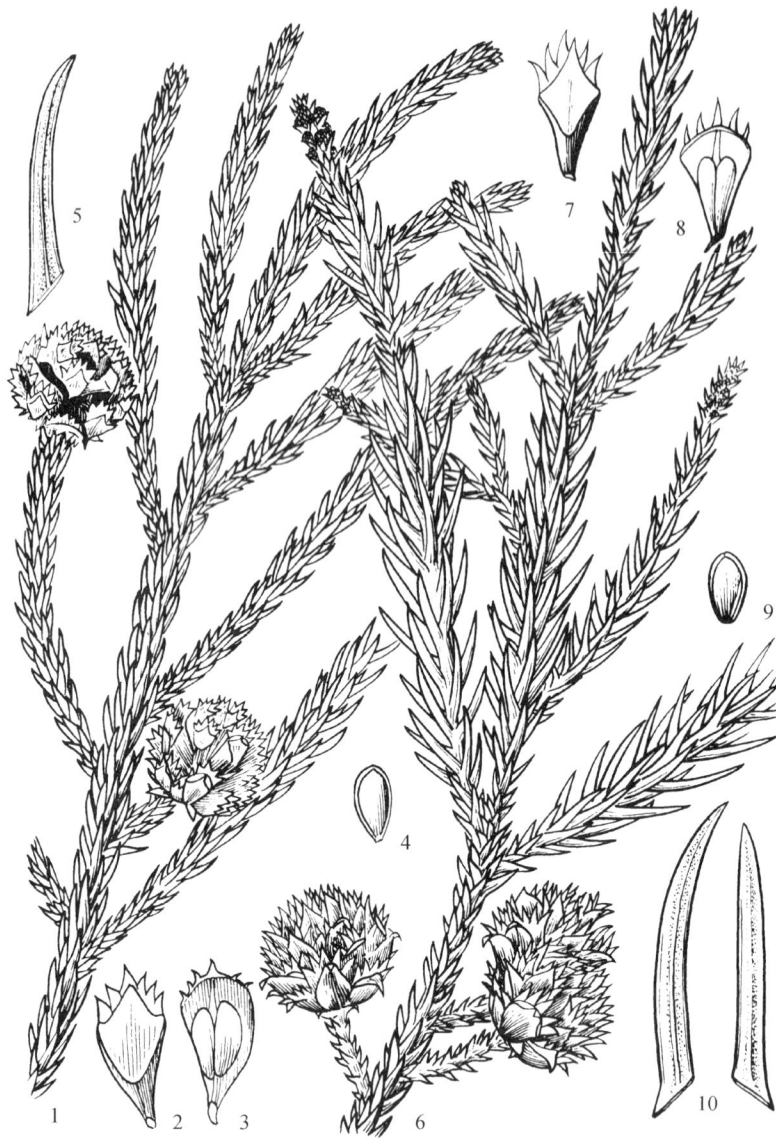

图28 1~5. 柳杉 Cryptomeria japonica var. sinensis Miq. 1. 球果枝；2. 种鳞的背面及苞鳞上部；3. 种鳞的腹面；4. 种子；5. 叶。6~10. 日本柳杉 Cryptomeria japonica（L. f.）D. Don 6. 球果枝；7. 种鳞的背面及苞鳞上部；8. 种鳞的腹面；9. 种子；10. 叶。（仿《中国植物志》）

不内弯，四面有气孔线。雄球花长椭圆形或圆柱形，长约7mm，直径2.5mm，雄蕊有4~5个花药，药隔三角状；雌球花圆球形。球果近球形，直径15~25mm，稀为35mm；种鳞20~30枚，上部4~5（~7）深裂，裂齿长6~7mm，鳞背有1个三角状分离的苞鳞尖头，先端通常向外反曲，发育的种鳞有2~5粒种子；种子棕褐色，椭圆形或不规则多角形，长5~6mm，宽2~3mm，边缘有窄翅。花期4月；球果10月成熟。

原产于日本。中国青岛、南京、杭州、庐山、衡山、武汉、南宁等地均有引种栽培，作庭园绿化观赏树种。心材淡红色，边材近白色，易于加工，可供作建筑、桥梁、造船、家具、板材等用材。

1a. 柳杉 长叶孔雀松
图28：1~5

Cryptomeria japonica var. sinensis Miq.

本变种与日本柳杉（C. japonica）近似，但柳杉叶直伸，先端通常不内曲；球果种鳞上部的裂齿较长（长6~7mm），每枚种鳞有2~5粒种子。

中国特有树种，柳州、桂林、玉林、南宁等地均有引种栽培。分布于浙江、福建、江西等地。江苏、安徽、山东、河南、湖北、湖南、四川、贵州、云南、广东等地均有栽培，生长良好。幼龄期稍耐阴，后渐喜光；耐寒，亦抗高温，在融水元宝山海拔1500m处生长正常；喜湿润气候和排水良好而肥厚的酸性土壤。播种繁殖。木材结构细致，纹理通直，材质轻软，耐腐力强，易于加工，可供作建设、家具、器具及造纸原料等用材。树姿优美，绿叶常青，可作为庭院绿化和高海拔山地用材林树种。

4. 水松属 Glyptostrobus Endl.

半常绿性乔木；冬芽形小。叶螺旋状排列，基部下延，有3种类型：鳞形叶较厚，生于1~3年生的主枝上；条形叶扁平，薄，生于幼树1年生小枝或大树萌芽枝上，排成2列；条状钻形叶，生于大树1年生的短枝上，呈辐射伸展或排成3列；后2种类型的叶于秋后连同侧生短枝一同脱落。雌雄同株；球花单生于有鳞形叶的小枝顶端；雄球花椭圆形；雄蕊 15～20 枚，螺旋状着生，每雄蕊有 2～9（多为 5～7）个花药，药隔椭圆形；雌球花近球形或卵状椭圆形，珠鳞 20～22 个，苞鳞略大于珠鳞。球果直立，顶生，倒卵状球形，珠鳞发育为木质的种鳞，上部边缘有 6～10 个三角状尖齿，苞鳞与种鳞几全部合生，仅先端分离成三角状外曲的尖头，发育的种鳞有 2 粒种子；种子椭圆形，微扁，具有向下生长的长翅；子叶 4～5 枚，发芽时出土。

本属仅有 1 种，分布于华南、西南地区。

水松 图 29

Glyptostrobus pensilis (Staunt.) Koch

半常绿乔木，树高 8～10m，稀高达 25m；生于潮湿环境，树干基部膨大成柱槽状，柱槽高 70cm，常有外露的呼吸根，干基直径达 60～120cm，树干有扭纹。叶多型：鳞形叶背腹隆起，长约 2mm，有白色气孔点；条形叶先端尖，基部渐窄，长 1～3cm，宽 1.5～4.0mm，淡绿

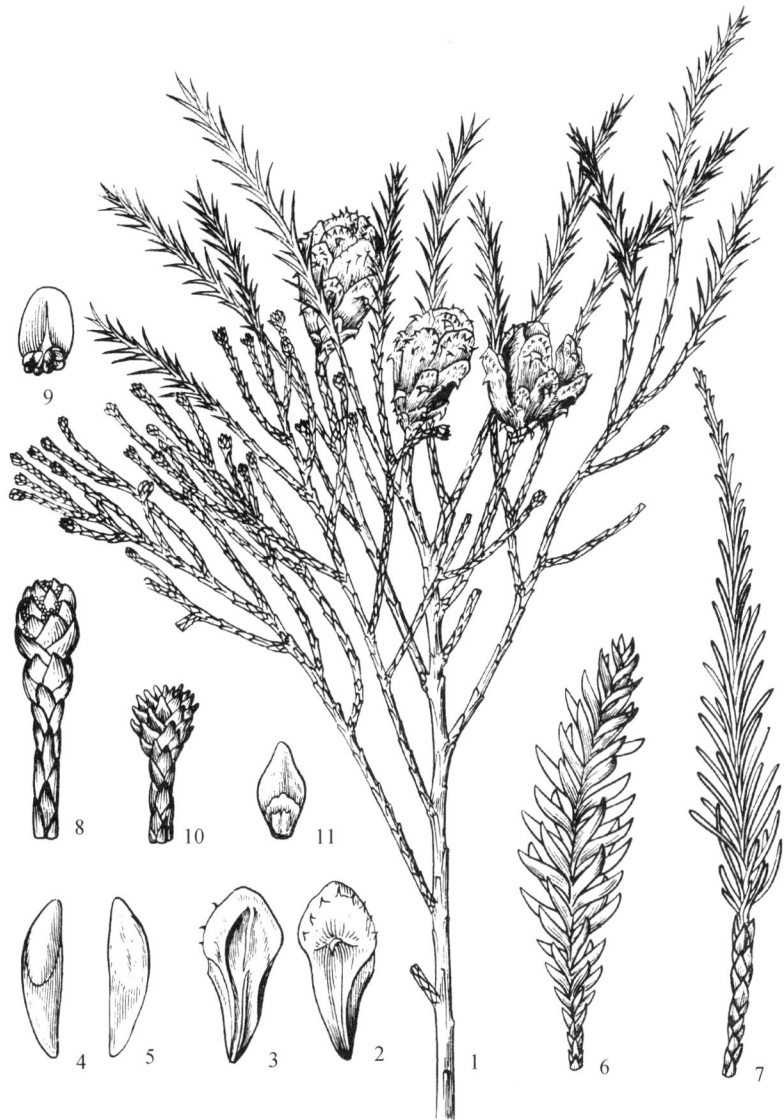

图 29　水松 Glyptostrobus pensilis（Staunt.）Koch 1. 球果枝；2～3. 种鳞的背腹面及苞鳞先端；4～5. 种子的背腹面；6. 着生条状钻形叶的小枝；7. 着生条状钻形叶（上部）及鳞形叶的小枝；8. 雄球花枝；9. 雄蕊；10. 雌球花枝；11. 珠鳞及胚珠。（仿《中国植物志》）

色，背面中脉两侧有气孔带；条状钻形叶两侧扁，背腹隆起，长 4～11mm，两面具棱脊。球果倒卵圆形，长 2.0～2.5cm，直径 1.3～1.5cm，具长柄；种子长 5～7mm，宽 3～4mm，下端种翅长 4～7mm。花期 1～2 月；球果 10～11 月成熟。

中国特有树种，易危种，国家 I 级重点保护野生植物。桂林、梧州、合浦、防城、陆川、浦北、贵港、富川等地有零星生长。钦州、玉林、南宁等地均有引种栽培。主要分布于广东珠江三角洲、福建中部以南、江西东部、四川东南部、云南东南部等地；长江流域各城市都有栽培。多生于河流两岸，常栽培于水边及田埂上。喜光，对土壤适应性较广，但不宜生长于盐碱土上。材质轻软，纹理通直，结构细密，易于加工，不易变形，耐腐力强，适于作造船和建筑、板材等用材；根部木质轻，浮力大，可作救生圈、瓶塞等软木材料；枝叶作药用，有清热解毒的功效；树皮富含单宁，可供提制栲胶；鲜球果可供提制染料，浸染渔网等；根系发达，可作防堤树种；树形优美，可供庭院绿化观赏树种。

5. 落羽杉属 Taxodium Rich.

落叶或半常绿乔木；小枝有主枝宿存和侧生小枝冬季脱落两种。冬芽小，球形。叶螺旋状排列，基部下延。钻形叶生于主枝上，宿存；条形叶生于侧生短枝上，冬季连侧生短枝一同脱落。雌雄同株；雄球花卵圆形，生于枝顶，成总状或圆锥花序状，雄蕊 6 ~ 8 枚，每雄蕊有 4 ~ 9 个花药；雌球花单生于枝顶，珠鳞多数，螺旋状排列，每珠鳞有 2 枚胚珠，苞鳞与珠鳞几全部合生。球果球形或卵状球形，成熟时珠鳞发育为种鳞，木质，盾形，苞鳞与种鳞合生，仅先端分离，顶部有三角状凸起的苞鳞尖头；发育的种鳞有 2 粒种子；种子呈不规则三角形，有厚翅；子叶 4 ~ 9 枚，发芽时出土。

2 种 1 变种，产于北美及墨西哥。中国均为引种，广西全有引种，作为庭院绿化观赏树。

分种检索表

1. 落叶乔木；叶长 10 ~ 15mm，排列较疏，侧生短枝排成 2 列 ·················· **1. 落羽杉 T. distichum**

1. 半常绿或常绿乔木；叶长约 10mm，排列紧密，侧生短枝螺旋状散生，不为 2 列 ·· **2. 墨西哥落羽杉 T. mucronatum**

图 30 1 ~ 3. 落羽杉 Taxodium distichum (L.) Rich. 1. 球果枝；2. 种鳞顶部；3. 种鳞的侧面。**4 ~ 6. 池杉 Taxodium distichum var. imbricatum (Nutt.) Croom** 4. 球果枝；5. 小枝及叶；6. 小枝与叶的一段。（仿《中国植物志》）

1. 落羽杉 落羽松 图 30: 1 ~ 3

Taxodium distichum (L.) Rich.

落叶大乔木；在原产地树高 50m，胸径 2m；树干尖削度大，干基通常膨大，有膝状呼吸根；树皮棕色，裂成长条片脱落；大枝水平开展，侧生短枝排成 2 列；新生幼枝绿色，冬季则变为棕色；生叶的侧生小枝排成 2 列。叶条形，扁平，基部扭转在小枝上排成 2 列，羽状，长 1.0 ~ 1.5cm，宽约 1mm，先端尖，上面中脉凹下，淡绿色，下面黄绿色或灰绿色，中脉隆起，每边有 4 ~ 8 条气孔线，凋落前变成暗红褐色。球果球形或卵圆形，直径 2.5cm，有短梗，向下斜垂，熟时淡褐黄色，被白粉；种鳞木质，盾形，顶部有纵槽；种子呈不规则三角形，有锐棱，长 12 ~ 18mm，褐色。花期 3 月；球果 10 月成熟。

原产于北美。中国于 1917 年前后在长江流域、华南低湿地区及城市园林中引种栽培，1970 年以后各地作为速生丰产林树种大面积引种。南宁、桂林、钦州、玉林等地均有栽培，生长良好。耐水湿，也耐干旱。33 年生，树高 23m，胸径 26cm。树形优美，为庭院绿化观赏树种；木材结构粗，但纹理直，易加工，耐腐力强，经久耐用，可供作建筑、造船、家具等用材。

1a. 池杉　池柏　图 30：4~6

Taxodium distichum var. imbricatum（Nutt.）Croom

本变种与原种的区别主要是：侧生短枝散生，叶钻形，微内曲，不成 2 列，在枝上螺旋状伸展，上部微向外伸展或近直展，下部通常贴近小枝，长 4~10mm，宽 0.6~1.0mm，下面有棱脊，上面中脉微隆起，每边有 2~4 条气孔线。

原产于北美东南部沼泽地区。中国自 20 世纪初开始引种。南宁、柳州、桂林、合浦有引种。湖北、湖南、广东、江苏、浙江、安徽、福建、江西、河南、山东、陕西等地也有栽培，在低湿地区造林，生长良好，多作为庭院绿化观赏树种。木材边材淡黄白色，心材淡黄褐色，微带红色，材质轻软，纹理直，结构粗，耐腐力较强，不易变形开裂，可供作建筑、造船、桥梁、家具等用材。

2. 墨西哥落羽杉

Taxodium mucronatum Tenore

半常绿或常绿乔木，在原产地树高 50m，胸径 4m。树干尖削度大，基部膨大；树皮裂成长条片脱落。枝条水平开展，形成宽圆锥形树冠，大树的小枝微下垂；生叶的侧生小枝螺旋状散生，不呈 2 列；当年生枝绿色，1 年生枝灰绿色，2 年生枝灰褐色至暗褐色；侧生短枝散生。叶条形扁平，长 6~10mm，宽 1mm，排列紧密，成 2 列羽状排列，通常在一个平面上，背面中脉两侧有气孔带。雄球花卵圆形，近无梗，组成圆锥花序状。球果卵状球形。

原产于墨西哥、美国西南部。生于暖湿的沼泽地。中国于 20 世纪 60 年代引种，江苏南京、湖北武汉均有引种栽培，生长良好，已推广作为长江流域低湿地区的造林树种和庭院绿化观赏树种。南宁有栽培。木材性质和用途与落羽杉的同。

6. 水杉属 Metasequoia Miki ex Hu et Cheng

落叶乔木。大枝不规则轮生；小枝对生或近对生。冬芽卵形或椭圆形，芽鳞有 6~8 对；交叉对生。叶条形，交叉对生，基部扭转，羽状 2 列，背面每侧有 4~8 条气孔线，冬季与侧生短枝一同脱落。雌雄同株；雄球花单生于叶腋或枝顶，排成总状花序或圆锥花序状，雄蕊 20 枚，每枚雄蕊有 3 个花药；雌球花单生于去年生枝顶或近枝顶，珠鳞 11~14 对，交叉对生，每珠鳞有 5~9 枚胚珠，苞鳞退化。球果近球形，下垂，当年成熟，呈四棱，长 1.8~2.5cm，直径 1.5~2.5cm，柄长 2~4cm；种鳞盾形，顶端宽，有凹槽，发育的种鳞有 5~9 粒种子；种子扁平，长 5mm，宽 4mm，周围有翅，先端有凹缺；子叶 2 枚，发芽时出土。

本属在中生代白垩纪及新生代约有 10 种，广布于北美、日本北部、中国东北、俄罗斯西伯利亚、欧洲及格陵兰，北至北纬 82° 地带。第四纪冰期之后，多已灭绝，现仅存 1 种，产于中国四川东部、湖北西南部和湖南西北部山区。现普遍栽培，为优良的造林树种和庭园绿化观赏树种。

水杉　图 31

Metasequoia glyptostroboides Hu et Cheng

落叶乔木；树高 35m，胸径 2.5m；树干基部常膨大；树皮灰褐色，裂成长条状片脱落。1 年生小枝光滑无毛，淡褐色，2~3 年生小枝淡褐灰色；侧生短枝排成羽状，长 4~15cm，冬季脱落；叶条形，长 8~35mm，宽 1.0~2.5mm，上面淡绿色，下面色较淡，背面中脉两侧各有 4~10 条灰白色气孔线。球果下垂，近四棱状球形或矩圆状球形，长 1.8~2.5cm，直径 1.6~2.5cm，梗长 2~4cm，成熟前绿色，熟时深褐色；种鳞木质，通常 11~12 对，交叉对生，鳞顶扁菱形，中央有 1 条横槽，基部楔形，高 7~9mm，能育种鳞有 5~9 粒种子；种子倒卵形，间或圆形或矩圆形，长 5mm，宽 4mm。花期 2~3 月；球果 10~11 月成熟。

图 31 水杉 Metasequoia glyptostroboides Hu et Cheng 1. 球果枝；2. 球果；3. 种子；
4. 雄球花枝；5. 雄球花；6~7. 雄蕊的背腹面。(仿《中国树木志》)

中国特有种。天然分布于湖北、四川和湖南等地。生于海拔 750~1500m 的酸性黄壤土上。广西各城市公园、植物园、树木园都有引种栽培；现北至辽宁南部、辽东半岛，南达广东广州，东至江苏、浙江、山东，西至四川成都、云南昆明、陕西武功、甘肃天水等各城市、农村广为栽培。国外引种已遍及亚、非、欧、美等 52 个国家和地区。适应性较强，在酸性土、钙质土和轻度盐碱土上均可生长。不耐干旱。播种或扦插繁殖，扦插较易成活。材质轻软，纹理直，结构稍粗，边材白色，心材褐红色；可供作建筑、家具、板料等用材；干形端直，常作道路、农田、庭园绿化观赏树种。

7　柏科 Cupressaceae

常绿乔木或灌木。幼苗期的叶全为刺形叶，3~4 片轮生；成长后的老叶为鳞形叶或仍为刺形叶，或同一植株上两者兼有，而鳞形叶较小，交叉对生，紧贴生于小枝上。雌雄同株或异株，球花单生于枝顶或叶腋；雄球花有 3~8 对交叉对生的雄蕊，每雄蕊有 2~6 个花药；雌球花有 3~16 个交叉对生或 3~4 个轮生的珠鳞，每个珠鳞有 1 枚至多数直立胚珠；苞鳞与珠鳞合生。球果圆球形、卵圆形；种鳞扁平或盾形，木质或革质，熟时张开，或有时种鳞肉质合生成浆果状不张开，发育的种鳞有 1 至多粒种子；种子有翅或无翅；子叶 2 枚，稀 5 ~ 6 枚。

本科 19 属约 125 种，广布于全球。中国 8 属，分布于全国各地。广西 6 属，引入栽培 1 属。

分属检索表

1. 球果的种鳞木质或近革质，熟时张开；种子通常有翅。很少无翅。
  2. 种鳞不盾形，覆瓦状排列；球果当年成熟。
    3. 两侧的鳞叶较大，长 4 ~ 7mm，下面有明显的宽白粉带；球果近球形，发育的种鳞各有 3 ~ 5 粒种子，种子两侧有翅 ·· **1. 罗汉柏属 Thujopsis**
    3. 两侧的鳞较小，长 4mm 以下，下面无明显的白粉带；球果卵圆形或卵状长圆形，发育的种鳞有 2 粒种子。
      4. 鳞叶长 1 ~ 2mm；种鳞 4 对，背部顶端下方有一弯曲的钩状尖头，中间有 2 对发育的种鳞各有 1 ~ 2 粒种子；种子无翅 ························· **2. 侧柏属 Platycladus**
      4. 鳞叶长 2 ~ 4mm；种鳞 3 对，背部顶端下方有一短尖头，中间有 1 对发育的种鳞各有 2 粒种子；种子上部有两个不等长的翅 ················· **3. 翠柏属 Calocedrus**
  2. 种鳞为盾形，镊合状排列；球果翌年或当年成熟。
    5. 鳞叶较小，长 2mm 以下；球果有 4 ~ 8 对种鳞；种子两侧有窄翅。
      6. 生鳞叶的小枝不排列成平面，或很少排列成平面；球果翌年成熟；发育的种鳞各有 5 至多粒种子 ······
      ··· **4. 柏木属 Cupressus**
      6. 生鳞叶的小枝排列成平面，或很少不排列成平面；球果当年成熟；发育的种鳞各有 2 ~ 5 粒种子 ·········
      ·· **5. 扁柏属 Chamaecyparis**
    5. 鳞叶较大，长 4 ~ 6mm，稀至 10mm；球果有 6 ~ 8 对种鳞；种子上部有 2 个大小不等的翅 ·················
    ··· **6. 福建柏属 Fokienia**
1. 球果的种鳞肉质，熟时不张开或顶端微张开；种子无翅；叶全为刺叶，基部有关节，不下延生长；冬芽显著；球花单生于叶腋，雌球花有 3 个轮生的珠鳞，胚珠生于珠鳞之间 ················· **7. 刺柏属 Juniperus**

罗汉柏属 Thujopsis Sieb. et Zucc.

乔木；生鳞叶的小枝扁平，排成一平面，上下两面异形，下面有白粉带。鳞叶交叉对生，两侧的鳞叶呈船形，覆压中央的叶的边缘，中央的鳞叶近椭圆形，紧贴生于小枝上。雌雄同株，球花单生于枝顶；雄球花椭圆形，有 6 ~ 8 对雄蕊，交叉对生；雌球花有 3 ~ 4 对珠鳞，仅中间 2 对珠鳞各着生胚珠 3 ~ 5 枚。球果近圆球形，种鳞木质，扁平，在顶端的下方有 1 个短尖头，中间 2 对种鳞发育，各有 3 ~ 5 粒种子；种子近圆形，两侧有窄翅；子叶 2 枚。

本属仅有 1 种。原产于日本。中国引入栽培。

罗汉柏　蜈蚣柏　图 32：1 ~ 3
Thujopsis dolabrata（L. f.）Sieb. et Zucc.

乔木，树高 15m；树皮薄，树皮灰色或红褐色，裂成长条片脱落；枝条斜伸，树冠尖塔形。生鳞叶的小枝平展，扁，鳞叶质地较厚，两侧的叶卵状披针形，长 4 ~ 7mm，宽 1.5 ~ 2.2mm，先端较钝，微内曲，上面深绿色，下面有 1 条较宽的粉白色气孔带；中央的叶稍短于两侧的叶，露出部分呈倒卵状椭圆形，先端钝圆或近三角状，下面中央的叶具 2 条明显的粉白色气孔带。球果近圆球形，长 1.2 ~ 1.5cm；种鳞木质，顶端的下方具 1 个短尖头，发育种鳞的腹面基部具 3 ~ 5 粒种子。

原产于日本。桂林、南宁有栽培；山东、江西、江苏、浙江、福建、湖北等地也均有栽培。喜光，喜生长于冷凉湿润环境。幼苗生长极慢，10 年生实生苗高仅 60cm 左右。适宜环境下，在大树下部的枝条与地面接触处能发出新根，可与母株分离成新的植株。播种、扦插或嫁接繁殖。多用于盆栽观赏，也可作园林树种。

2. 侧柏属 Platycladus Spach

乔木；大树全为鳞叶，生鳞叶的小枝排成一平面，扁平，两面同型；鳞叶二型，交叉对生，排成4列，基部下延，背面有腺点。雌雄同株，球花单生于枝顶；雄球花黄色，长2mm，有6对雄蕊，交叉对生，每雄蕊有2~4个花药；雌球花有4对交叉对生的珠鳞，仅中间2对珠鳞各生1~2枚直立胚珠。球果近卵圆形，当年成熟，熟时开裂；种鳞4对，木质，扁平，背部下方有一弯曲的钩状尖头，最下部1对种鳞较小，不发育，中部2对种鳞发育，各有1~2粒种子；种子椭圆形或卵形，无翅，稀有极窄的翅；子叶2枚，发芽时出土。

本属仅1种及多个栽培变种，产于中国、朝鲜和俄罗斯东部。广西栽培1种2栽培变种。

1. 侧柏 图32：4~8

Platycladus orientalis (L.) Franco

常绿乔木，树高20m，胸径1m；树皮薄，淡灰褐色，纵裂成条片；生鳞叶的小枝细，向上直展或斜展，扁平，排成一平面。叶长1~3mm，先端微钝，鳞形。雄球花卵圆形；雌球花近球形，径约2mm，蓝绿色，被白粉。球果长1.5~2.5cm，成熟前近肉质，蓝绿色，被白粉，成熟后木质，红褐色；中间两对种鳞倒卵形或椭圆形，鳞背顶端的下方有1个向外弯曲的尖头，上部1对种鳞窄长，近柱状，顶端有向上的尖头，下部1对种鳞极小，长13mm，稀退化而不显著；种子灰褐色或紫褐色，长6~8mm。花期3~4月；球果9~10月成熟。

分布极广，遍及全国，广西各地均有栽培，尤以城市公园较常见。喜光，但幼苗、幼树有一定耐阴能力。较耐寒、耐干旱、耐贫瘠，喜湿润，可在微酸性至微碱性土壤上生长。生长缓慢，寿命极长。浅根性，但侧根发达，萌芽性强、耐修剪、抗烟尘，抗二氧化硫、氯化氢等有害气体。种子繁育为主，也可扦插或嫁接繁殖。球果出种率约10%，种子千粒重22.2g。播种前种子可用温水处理，育苗多用大田式。春季播种，播种量15g/m²左右为宜。播后约10d幼苗

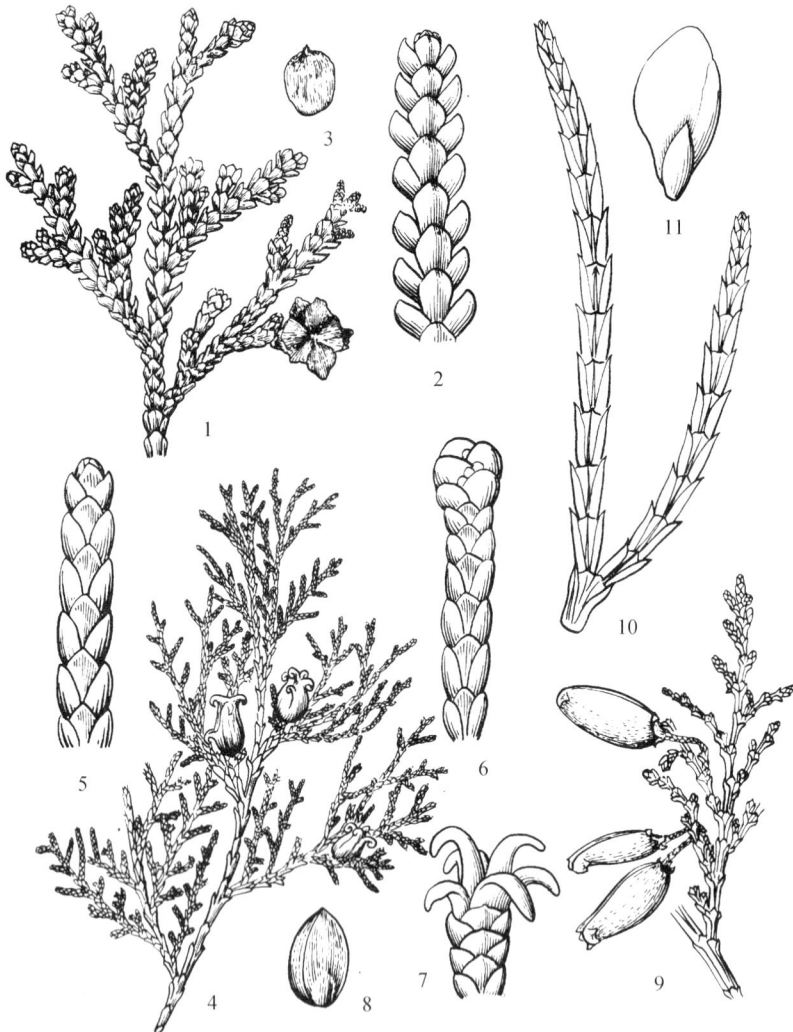

图32 1~3. 罗汉柏 Thujopsis dolabrata (L. f.) Sieb. et Zucc. 1. 球果枝；2. 鳞叶枝；3. 种子。4~8. 侧柏 Platycladus orientalis (L.) Franco 4. 球果枝；5. 鲜叶枝；6. 雄球花枝；7. 雌球花枝；8. 种子。9~11. 翠柏 Calocedrus macrolepis Kurz 9. 球果枝；10. 幼树的鳞叶枝；11. 种子。(1~3、9~11仿《中国植物志》，5~8仿《广西植物志》，4仿中等林业学校试验教材《树木学》)

出土。造林地选山地阳坡、半阳坡，整地后植苗造林，也可直播造林。

木材淡黄褐色，富树脂，材质细密，纹理斜，耐腐力强，气干密度 0.58g/cm³，坚实耐用，可供作建筑、器具、家具、农具及文具等用材。种子与生鳞叶的小枝入药。常栽培作庭院树。近年，广西还引入了千头柏(P. orientalis 'Sieboldii')、垂枝侧柏(P. orientalis f. pendula)等多个具较高观赏价值的侧柏栽培种或类型。

1a. 千头柏

Platycladus orientalis 'Sieboldii'

丛生灌木，无主干；枝密，上伸；树冠卵状球形或球形；叶绿色。供观赏及作绿篱。

1b. 垂枝侧柏

Platycladus orientalis f. **pendula** Q. Q. Liu et H. Y. Ye

常绿小乔木，从主干上部多数分枝，枝条柔软细长，单枝簇状下垂，树冠垂伞形，犹如垂柳；叶鳞片状，交叉对生，先端尖。叶色嫩绿青翠，冬季变为紫绿色。

3. 翠柏属 Calocedrus Kurz

乔木，树皮裂成薄片状脱落；生鳞叶的小枝扁平，排成一平面，两面异型，下面的鳞叶微凹，有气孔点。鳞叶二型，交叉对生，4叶成一节，两面中央的鳞叶扁平，两侧的鳞叶对折，背部有脊。雌雄同株，单生于枝顶；雄球花有6~8对交叉对生的雄蕊，每枚雄蕊有2~5个花药；雌球花有3对交叉对生的珠鳞，珠鳞腹面基部有2枚胚珠。球果长圆形或长卵状圆柱形，种鳞3对，木质，扁平，最下面1对不发育，无种子；中间1对发育，各有2粒种子；最上面1对结合而生，也无种子。种子上面有1长1短的翅；子叶2枚，发芽时出土。

本属有2种1变种，分布于中国及老挝、缅甸、泰国、越南、墨西哥、美国等地。中国有1种1变种；另1种产于北美，广西有1种。

翠柏 图32：9~11

Calocedrus macrolepis Kurz

乔木，树高35m，胸径1.2m；树皮红褐色或灰褐色，幼时平滑，老则纵裂；生鳞叶的小枝直展、扁平、排成平面，两面异形，下面微凹。鳞叶2对交叉对生，成节状，小枝上下两面中央的鳞叶扁平，露出部分呈楔状，先端急尖，长2~4mm，小枝下面的叶微被白粉或无白粉。雌雄球花分别生于不同短枝的顶端，雄球花矩圆形或卵圆形，长3~5mm，每枚雄蕊具3~5(通常4)个花药。着生雌球花及球果的小枝圆柱形或四棱形，或下部圆柱形而上部四棱形，长3~17mm，其上着生6~24对交叉对生的鳞叶，鳞叶背部拱圆或具纵脊。球果矩圆形、椭圆柱形或长卵状圆柱形，长1~2cm，熟时红褐色；种鳞外部顶端的下面有短尖头，最下1对形小，长约3mm，最上1对结合而生，仅中间1对各有2粒种子；种子卵圆形或椭圆形，长6mm，微扁，暗褐色，上部有2个大小不等的膜质翅，长翅连同种子几与中部种鳞等长。花期3月；球果10月成熟。

易危种，国家Ⅱ级重点保护野生植物。产于靖西，桂林有栽培。分布于云南，贵州及海南；越南、缅甸也有分布。喜光、耐湿，耐寒性差；对土壤要求并不十分严格，尤以石灰岩发育的土壤更显适宜；耐旱性、耐瘠薄性均较强；天然更新良好，母树周围幼苗最多，随着幼树长大，耐阴性减退而逐渐死亡。播种或插枝繁殖，播种繁殖为主。边材淡黄褐色，心材黄褐色，纹理直、结构细，但材质稍脆，易开裂，木材有香味，可供作建筑、家具等用材。种子油可作工业用。树冠广卵形，枝叶茂密，叶翠绿色，是良好的园林观赏及城乡绿化树种。

4. 柏木属 Cupressus L.

乔木，稀灌木，小枝上着生鳞叶而呈棱形或圆柱形，不排成平面，稀扁平而排成一平面。鳞叶交叉对生，仅生于幼苗上或萌芽枝上的叶为刺叶。球花雌雄同株，单生于枝顶；雄球花长椭圆形，黄色，有6~12枚雄蕊，每雄蕊有2~6个花药；雌球花近球形，有4~8对盾形珠鳞，能育的珠鳞基部有5至多数个胚珠。球果球形或近球形；翌年成熟；种鳞4~8对，木质、盾形，顶端中部有1个短尖头，能育的种鳞各有5至多粒种子；种子长圆形或长圆状倒卵形，稍扁，有棱角，两侧有窄翅；子叶2~5枚。

本属有17种，分布于北美，东南欧及东亚与南亚。中国5种，分布于秦岭以南及长江流域以南各地；另引入栽培4种。广西1种，国内引种2种，国外引入2种。

分种检索表

1. 生鳞叶的小枝扁平，排成平面，下垂；球果较小，直径8~12mm，种鳞4对，能育的种鳞有5~6粒种子……………………………………………………………………………………… **1. 柏木 C. funebris**

1. 生鳞叶的小枝圆或四棱形，不排成平面，不下垂；球果较大，直径1~3cm，种鳞3~7对，能育的种鳞有多粒种子。

  2. 生鳞叶的小枝四棱形，鳞叶的背部有纵脊。

    3. 鳞叶背部有腺点不明显。

      4. 生鳞叶的小枝直立，鳞叶先端微钝或稍尖；球果较大，直径1.6~3.0cm，有4~5对种鳞……………………………………………………………… **2. 干香柏 C. duclouxiana**

      4. 生鳞叶的小枝下垂，鳞叶先端尖；球果较小，直径1.0~1.5cm，有3~4对种鳞……………………………………………………………… **3. 墨西哥柏 C. lusitanica**

    3. 鳞叶背部腺点明显，先端锐尖，蓝绿色；球果长圆状椭圆形…………… **4. 绿干柏 C. arizonica**

  2. 生鳞叶的小枝圆柱形，鳞叶的背部无纵脊……………………………… **5. 西藏柏 C. torulosa**

1. 柏木 垂柏 图33：8~10
Cupressus funebris Endl.

乔木，树高35m，胸径2m；树皮淡褐灰色，裂成窄长条片；小枝细长下垂，生鳞叶的小枝扁平，两面同形，绿色，宽1mm，老枝圆柱形。鳞叶二型，长1.0~1.5mm，先端锐，中央的叶的背部有条状腺点，两侧的叶对折，背部有棱脊。雄球花椭圆形或卵圆形，长2.5~3.0mm；雌球花长3~6mm，近球形，直径约3.5mm。球果球形，直径8~12mm，熟时暗褐色；种鳞4对，顶端为不规则的五边形或方形，宽5~7mm，中央有或无尖头，发育的种鳞有5~6粒种子；种子宽倒卵状棱形或近圆形，长2.5mm，边缘具窄翅，淡褐色，有光泽。花期4~5月；球果翌年5~6月成熟。

中国特有树种，分布很广，东起浙江、福建沿海一带，向西经江西、湖北、湖南、四川，北至陕西、甘肃，南达广东、贵州、云南等地。产于广西各地，以栽培为多。喜光树种，适生于温暖湿润气候，对土壤适应性广，在酸性、中性、微酸性及钙质土上均能生长，耐干旱瘠薄，尤以在石灰岩山地生长良好，可作石灰岩山地造林树种。木材纹理直，结构细，边材淡褐黄色或黄白色，心材黄棕色，材质坚韧耐腐，可供作建筑、车船、家具、农具、文具、细木工等用材。根、茎、叶可供提制芳香油；种子可榨油。球果可治风寒感冒、胃痛及虚弱吐血，根可治跌打损伤，叶可治烫伤。

2. 干香柏 冲天柏、云南柏
Cupressus duclouxiana Hickel

乔木，树高25m，胸径80cm；树干端直，树皮灰褐色，裂成长条片脱落；枝条密集，树冠近圆形或广圆形；小枝不排成平面，不下垂；1年生枝四棱形，直径约1mm。鳞叶密生，近斜方形，长1.2~2.0mm，先端微钝或稍尖，背部有纵脊及腺槽，蓝绿色，微有蜡质白粉，无明显腺点。雄球花近球形或椭圆形，长约3mm，雄蕊6~8对。球果球形，直径1.6~3.0cm；种鳞4~5对，熟时暗褐色或紫褐色，被白粉，顶部五角形或近方形，具不规则向四周放射的皱纹，中央平或稍凹，有短尖头；种子长3~5mm，褐色或紫褐色，两侧具窄翅。花期2月；球果翌年9~10月成熟。

中国特有树种，分布于云南、四川、贵州等地，南宁、柳州、桂林有栽培。生于海拔1400~3000m的山地。在酸性土、石灰性土上均能生长，尤以石灰岩钙质土最为适宜。种子繁殖，栽植后

15 年生开始结实，20 年进入盛期。播种量 20g/m^2，1 年生苗高 30cm，即可造林。木材结构细，纹理直，材质坚硬，可供建筑、造船、家具、桥梁等用，也可作庭院绿化观赏树种。

3. 墨西哥柏

Cupressus lusitanica Mill.

常绿乔木，在原产地树高达 30m，胸径达 100cm；树皮红褐色。生鳞叶的小枝下垂，不排列成平面，末端鳞叶的枝条呈四棱形。鳞叶蓝绿色，密被蜡质白粉，先端尖，背部无明显的腺点。球果球形，较小，直径 1.0～1.5cm，褐色，被白粉；种鳞 3～4 对。顶部具有 1 个尖头，发育的种鳞具有多数种子，有窄翅。

原产于墨西哥、美国西南部、危地马拉等地。南宁、凭祥等地有栽培；南京等地亦有引种。强喜光性，喜温暖湿润环境，适宜生长在年均气温 16℃ 以上、年降水量在 1200mm 以上的地区；喜土层深厚肥沃、排水良好的土壤。播种育苗，种子千粒重 4～5g，发芽率约 14%，采用 40℃ 温水浸泡 24h 可提高发芽率，缩短出苗期。还可扦插、嫁接繁殖。具有生长快、材质好、用途广、树冠优美、抗性强、病虫害少等优点，是丘陵区石灰岩、紫色页岩上良好的速生用材树种和庭院绿化树种。木材可供建筑用。

4. 绿干柏

Cupressus arizonica Greene

乔木，在原产地树高达 25m；树皮红褐色，纵裂成长条剥落；1 年生枝绿色，2 年生枝暗紫褐色，稍有光泽。鳞叶斜方状卵形，长 1.5～2.0mm，蓝绿色，微被白粉，先端锐尖，背面有棱脊，中部有明显的腺点。球果圆球形或矩圆球形，长 1.5～3.0cm，熟时暗紫褐色；种鳞 3～4 对，顶部近五角形，中央有明显的锐尖头；种子倒卵圆形，灰褐色，长 5～6mm，稍扁，具不明显的棱角，上部有窄翅。

原产于美洲。南宁、桂林、凭祥有栽培；南京、庐山亦有引种。生长良好。多用作庭院观赏树种。

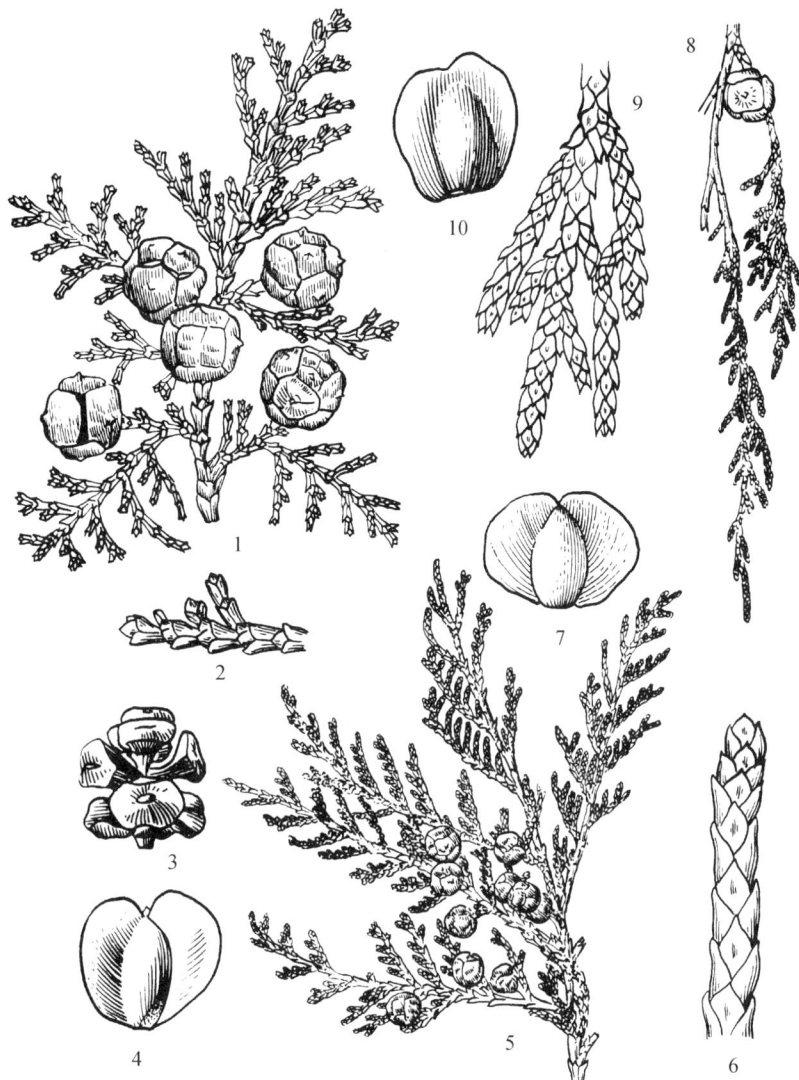

图 33　1～4. 日本扁柏 Chamaecyparis obtusa（Sieb. et Zucc.）Endl. 1. 球果枝；2. 幼枝（放大）；3. 开裂球果；4. 种子。5～7. 日本花柏 Chamae-cyparis pisifera（Sieb. et Zucc.）Endl. 5. 球果枝；6. 幼枝（放大）；7. 种子。8～10. 柏木 Cupressus funebris Endl. 8. 球果枝；9. 鳞叶枝（放大）；10. 种子。（3、4、7、10 仿《广西植物志》，1、2、5、8、9 仿《中国树木分类学》）

5. 西藏柏　喜马拉雅柏、藏柏

Cupressus torulosa D. Don

常绿乔木，树高 20m；生鳞叶的小枝圆柱形，不排列成平面，末端的鳞叶枝细长，微下垂或下垂，2～3 年生枝灰棕色，枝皮裂成块状薄片。鳞叶排列紧密，近斜方形，长 1.2～1.5mm，先端微钝，背部平，中部有短腺槽。球果生于短枝顶端，宽卵圆形或近球形，直径 12～16mm，熟时深灰褐色；种鳞 5～6 对，顶部五边形，有放射状的条纹，中央有短尖头或近无，能育的种鳞有多数种子；种子两侧有窄翅。

产于西藏东部和南部。生于石灰岩山地，海拔 1800～2800m。南宁、凭祥有引种栽培。速生，引种于凭祥市红壤地，10 年生平均树高 10.4m、平均胸径 15.2cm，但根系较浅，易倒伏。印度、尼泊尔、不丹等地有分布。

5. 扁柏属 Chamaecyparis Spach

常绿乔木；小枝扁平，排成一平面。叶鳞片状，稀刺形叶，交叉对生。雌雄同株，球花单生于枝顶；雄球花卵形或长圆形，有 3～4 对交叉对生的雄蕊，各有 3～5 个花药；雌球花圆球形，有 3～6 对交叉对生的球鳞，每珠鳞内有 1～5 枚胚珠。球果球形，稀长圆形；种鳞 3～6 对，木质；种子卵圆形，两侧有窄翅。

约 6 种，分布于北美、日本和中国。中国 2 种，引入 3 种；另引入一些栽培变种。广西引种 2 种。材质优良，树形美观，为用材和绿化观赏树种。

分种检索表

1. 鳞叶顶端钝，肥厚；球果径 8～10mm，种鳞 4 对；种子近圆形，两侧有窄翅 …………… **1. 日本扁柏 C. obtusa**
1. 鳞叶顶端锐尖；球果径约 6mm，种鳞 5～6 对；种子三角状卵圆形，两侧有宽翅 ……… **2. 日本花柏 C. pisifera**

1. 日本扁柏　图 33：1～4

Chamaecyparis obtusa（Sieb. et Zucc. ）Endl.

乔木，在原产地树高达 40m，胸径 150cm；树冠尖塔形；树皮红褐色，裂成薄片脱落；生鳞叶的小枝扁平，排成一平面；鳞叶肥厚，先端钝，小枝上面中央的叶露出部分近方形，长 1.0～1.5mm，侧面的叶对折呈倒卵状菱形，长约 3mm，小枝下面的叶微被白粉。雄球花椭圆形，长约 3mm，雄蕊 6 对。球果球形，直径 8～10mm，熟时红褐色；种鳞 4 对，顶部五角形，平或中央稍凹，有 1 个小尖头；种子近圆形，长 2.6～3.0mm，两侧有窄翅。花期 4 月；球果成熟期 10～11 月。

原产于日本。南宁、桂林有引种，生长良好。广州、杭州、南京、上海、庐山、青岛、台湾、安徽、河南等地均有栽培。喜光而稍耐阴，喜排水良好的立地，耐寒性强，稍耐干燥，对土壤要求不严；浅根性，根系密集分布于 10～30cm 的表土层中。播种或扦插繁殖。木材有光泽、香气，材质坚韧，可供作建筑、家具等用，木材含纤维素 57.5%，是优良的造纸原料；树形美观，耐修剪，可作庭院绿化观赏树种。

2. 日本花柏　五彩松　图 33：5～7

Chamaecyparis pisifera（Sieb. et Zucc. ）Endl.

乔木，在原产地树高达 50m；树皮红褐色，裂成薄皮脱落；树冠尖塔形；生鳞叶的小枝扁平，排成一平面。鳞叶先端锐尖，侧面的叶较中间的叶稍长，小枝上面中央的叶深绿色，下面的叶有明显的白粉。球果球形，径约 6mm，熟时暗褐色；种鳞 5～6 对，顶部中央稍凹，有凸起的小尖头，每枚发育种鳞有 1～2 粒种子；种子三角状卵圆形，有棱脊，两侧有宽翅，直径 2～3mm。

原产于日本。南宁、桂林有引种。广州、杭州、南京、上海以及庐山、青岛等地有栽培，为庭院绿化观赏树种。喜光，稍耐阴，喜湿润、排水良好的立地，稍耐寒。播种或扦插繁殖。种子可供榨油。木材坚硬致密，耐腐力强，可供建筑、工艺品、室内装修等用。耐修剪，亦可种植观赏。

6. 福建柏属 Fokienia Henry et Thomas

常绿乔木；生鳞叶的小枝扁平，三出羽状分枝，排成一平面。鳞叶两面异型，小枝下面中央的叶及两侧的叶的背部有粉白色气孔带。雌雄同株，球花单生于枝顶；雄球花卵圆形至长圆形，有 5~6 对交叉对生的雄蕊，每雄蕊有 2~4 个花药；雌球花顶生，有 6~8 对交叉对生的珠鳞，每个珠鳞内有 2 枚胚珠。球果近球形；种鳞木质，有 6~8 对；发育的种鳞有 2 粒种子，卵形，有薄翅；子叶 2 枚，发芽时出土。

仅 1 种；主产于中国西南部、南部至东部；越南北部、老挝也有分布。

福建柏 图 34：1~4

Fokienia hodginsii（Dunn）Henry et Thomas

常绿乔木，树高达 25m，胸径 1.5m。树皮紫褐色，平滑。生鳞叶的小枝扁平，排成一平面。鳞叶 2 对交叉对生，成节状，在幼树及萌芽枝上的中央的鳞叶呈楔状倒披针形，长 4~7mm，宽 1.0~1.2mm，上面的叶蓝绿色，下面的叶中脉隆起，两侧的叶对折，近长椭圆形，长 5~10mm，宽 2~3mm，背有棱脊，先端渐尖或微急尖，通常直而斜展，稀微向内曲，背侧面具 1 条凹陷的白色气孔带；成龄树及果枝上的鳞叶较小，两侧的鳞叶长 2~7mm，急尖或较钝，较中央的叶稍长或近于等长。雄球花近球形，长约 4mm。球果熟时褐色，直径 2.0~2.5cm；种鳞顶部多角形，表面皱缩稍凹陷，中间有 1 个凸起的小尖头；种子卵形，长约 4mm，顶端尖，有 3~4 棱，上部有翅，一大一小；大翅近卵形，长约 5mm，小翅窄小，长约 1.5mm。花期 3~4 月，球果翌年 10~11 月成熟。

易危种，国家 II 级重点保护野生植物。产于龙胜、资源、恭城、灌阳、临桂、金秀、融水、贺州、南丹、天峨、那坡、乐业、大明山、十万大山等地。南宁、桂林、贵港有栽培。生于海拔 700~1850m 的天然林中。分布于福建、浙江、江西、广东、湖南、贵州、四川、云南等地；越南北部也有分布。播种繁殖，种子千粒重 4.2~7.7g，发芽率约 30%。播种量 6g/m²；播后约 30d 发芽，苗期遮阴保湿。1 年生苗高 25cm、地径 3mm 可出圃。木材轻，质地略软，纹理匀直，加工容易，干后材质稳定，是建筑、家具、细木工和雕刻的良好用材，也是优良的胶合板用材。叶含精油，主要成分为 α-蒎烯，可开发成香精原料；树形美观、树干通直，为优良的园林绿化树种。

7. 刺柏属 Juniperus L.

常绿乔木或灌木；小枝圆柱形或四棱形。幼叶刺形，老叶鳞形或刺形，叶交互对生或 3 叶轮生，基部有关节，下延或不下延，披针形或线形，有 1~2 条气孔带。球花雌雄同株或异株，单生于叶腋；雄球花卵形或长圆形，黄色。雄蕊 5 对，交叉对生；雌球花近圆球形，淡绿色，胚珠 3 枚，生于珠鳞之间。球果近球形，浆果状；熟时珠鳞发育为种鳞，种鳞 3 枚，合生、肉质，苞鳞与种鳞合生，仅顶端尖头分离；种子 3 粒，卵圆形，无翅。

60 余种，分布于亚洲、欧洲及北美洲。中国 19 种，其中引入 2 种。广西 1 种，引入 2 种及多个园艺品种。

分种检索表

1. 叶为鳞叶或刺叶，基部无关节，下延；孢子叶球顶生。
  2. 叶二型，鳞叶先端钝，腺点位于叶背部的中部，刺叶等长，3 枚交叉轮生；球果近球形，熟时暗褐色，种子 1~4 粒 ················· **1. 圆柏 J. chinensis**
  2. 叶全为刺形，3 枚轮生；球果近球形，熟时黑色；种子 2~3 粒；叶全为刺形 ········ **2. 铺地柏 J. procumbens**
1. 叶总是刺形，基部具关节，不下延，叶上面中脉绿色，两侧各有 1 条白色气孔带；孢子叶球腋生；球果熟时淡红色或淡红褐色 ················· **3. 刺柏 J. formosana**

1. 圆柏 图 34：5~9

Juniperus chinensis L.

乔木，树高达 20m，胸径达 3.5m；树皮灰褐色，纵裂，成条片开裂。幼树的枝条通常斜上伸展，形成尖塔形树冠。生鳞叶的小枝近圆柱形或近四棱形，直径1.0~1.2mm。叶二型，即刺叶及鳞叶，基部无关节，下延；刺叶生于幼树之上，老龄树则全为鳞叶，壮龄树兼有刺叶与鳞叶；生于 1 年生小枝的一回分枝的鳞叶 3 枚轮生，直伸而紧密，近披针形，长 2~5mm，先端钝尖；刺叶 3 枚交叉轮生，斜展，疏松，披针形，长 6~12mm，先端渐尖，上面微凹，有 2 条白粉带。雌雄异株，稀同株，球花顶生，雄球花椭圆形，黄色，长 2.5~3.5mm，雄蕊 5~7 对。球果近球形，径 6~8mm，2 年成熟，熟时暗褐色，有白粉，有种子 1~4 粒，卵圆形，扁，先端钝，有棱脊及少数树脂槽。

广西各地有栽培。分布于内蒙古乌拉山、河北、山西、山东、江苏、浙江、福建、安徽、江西、河南、陕

图 34　1~4. 福建柏 Fokienia hodginsii（Dunn）Henry et Thomas 1. 球果叶鳞叶枝；2. 种子；3~4. 幼树鳞叶枝。**5~9.** 圆柏 *Juniperus chinensis* L. 5. 球果枝；6. 幼枝（放大）；7. 轮生的刺叶；8~9. 种子。**10~11.** 刺柏 *Juniperus formosana* Hayata 10. 球果刺叶枝；11. 刺形叶。（1~4、10~11 仿《中国植物志》，5~9 仿《中国树木分类学》）

西南部、甘肃南部、四川、湖北西部、湖南、贵州、广东及云南等地。喜光，耐寒、耐旱性较强，能抗多种有害气体。对土壤适应性强，可生于中性土、钙质土及微酸性土上。各地也多栽培，西藏也有栽培。朝鲜、日本也有分布。播种、扦插或嫁接繁殖。春播或秋播，条播或撒播。播种深度 1.0~1.5cm，播后 15~20d 发芽，保持土壤湿润。扦插繁殖多用粗 0.5~1.2cm 顶枝。嫁接多用侧柏作砧木。

心材淡褐红色，边材淡黄褐色，有香气，坚韧致密，耐腐力强。可作房屋建筑、家具、文具及工艺品等用材；树根、树干及枝叶可供提制柏木脑的原料及柏木油；枝叶入药，能祛风散寒，活血消肿、利尿；种子可供提制润滑油；树形优美，耐修剪，为普遍栽培的庭院树种并有多个园艺栽培种。

1a. 龙柏

Juniperus chinensis 'Kaizuka'

常绿小乔木，树高可达 4~8m。小枝密，分枝低，大枝向上直伸或向一方旋转，形成圆柱状或

柱状塔形树冠。叶全为鳞叶，排列紧密，幼嫩时淡黄绿色，后呈翠绿色；球果蓝色，稍有白粉。

南宁、桂林、柳州等地有栽培。全国各大城市庭园均有栽培。

1b. 球桧　千头柏

Juniperus chinensis 'Globosa'

矮小丛生灌木，树冠球形；小枝密生，叶多为鳞叶，间有刺叶，绿色而美观。

南宁、桂林有栽培，为庭院绿化和室内盆景观赏树种。

1c. 金球桧　五彩柏

Juniperus chinensis 'Aureoglobosa'

树形与球桧相同，其不同之处在于该栽培变种的幼枝绿叶丛中杂有金黄色枝叶而易于区别。

南宁、桂林、柳州等地有栽培，为庭院绿化和室内盆景观赏树种。

1d. 鹿角柏　鹿角桧

Juniperus chinensis 'Pfitzeriana'

丛生灌木，主干不发育，大枝自地面向四周斜上伸展。

南宁、桂林有栽培，为庭园绿化观赏树种。

2. 铺地柏　匍地柏、矮桧

Juniperus procumbens (Endl.) Miq.

匍匐灌木，高75cm；小枝密生，沿地面扩展，枝梢及小枝向上生长。叶全为刺形，3枚交叉轮生，线状披针形，长6~8mm，基部无关节，下延，先端渐尖成角质锐尖头，上面凹，有2条白色气孔带，常在上部汇合，绿色中脉仅下部明显，不达叶的先端，下面蓝绿色，沿中脉有纵槽。球花单生枝顶。球果近球形，熟时黑色，被白粉，直径8~9mm；种子2~3粒，有棱脊。

原产于日本。南宁、桂林、柳州等地有栽培。云南、浙江、江西、山东、辽宁等地均有引种。喜光，喜在排水良好的砂质壤土中生长，不喜湿。多用扦插和压条繁殖。树形优美，为庭院绿化观赏树种。

3. 刺柏　图34：10~11

Juniperus formosana Hayata

常绿乔木，树高达20m；树皮褐色，纵裂成长条薄片脱落；枝条斜展或直展，树冠塔形或圆柱形；小枝下垂，三棱形。刺叶3枚轮生，线状披针形，长1.2~2.0cm，宽1.2~2.0mm，先端锐尖，上面稍凹，中脉微隆起，绿色，两侧各有1条白色气孔带，气孔带较绿色边带稍宽，于叶的先端汇合成一条，下面绿色而光亮，有纵钝脊。球花单生叶腋；雄球花圆球形或椭圆形，长4~6mm，药隔先端渐尖，背有纵脊。球果近球形或宽卵圆形，长6~10mm，直径6~9mm，熟时淡红褐色，常被白粉，有时顶端稍张开；种子半月形，有3~4条棱脊，顶端尖，近基部有3~4条树脂槽。花期3~6月，球果翌年4~8月成熟。

中国特有树种。分布于甘肃、青海、陕西、四川、云南、贵州、湖北、湖南、江苏、安徽、江西、浙江、福建、广东和台湾。南宁、桂林有栽培。喜光，耐旱、耐寒，根系发达，适应性强。多用播种繁殖，也可用扦插或嫁接繁殖。树形优美，枝叶茂盛，为庭院绿化和水土保持的造林树种。

边材淡黄色，心材红褐色，纹理直、均匀，结构细致，气干密度0.54g/cm³，有香气，耐水湿，可作船底、桥柱、桩木、工艺品、文具及家具等用材。

8　罗汉松科 Podocarpaceae

常绿乔木或灌木。叶多型：条形、钻形、披针形、椭圆形、鳞形，螺旋状排列，近对生或交叉对生。雌雄异株，稀同株；球花单性，腋生或顶生；雄球花穗状，单生或簇生，雄蕊多数，花药2个，药室斜向或横向开裂，花粉通常有气囊；雌球花基部具有多数或少数螺旋状着生的苞片，花柄上部或顶端的苞腋着生 1~2 枚胚珠，胚珠通常为囊状或杯状的套被所包围，稀无套被。种子核果状或坚果状，被假种皮，具胚乳；子叶 2 枚，发芽时出土。

8 属，主产于热带及亚热带，少数产于南温带。中国 4 属，主要分布于南方；广西 4 属，多为庭院观赏树种，有些是优良的用材树种。

分属检索表

1. 雌球花顶生，套被与珠被离生；种子坚果状，仅基部为杯状肉质或较薄而干的假种皮所包，苞片不发育成肉质种托，无梗或有梗 ··· **1. 陆均松属 Dacrydium**

1. 雌球花腋生，稀顶生，套被与珠被合生；种子核果状，外具肉质假种皮，直立，着生在肉质肥厚或苞片不发育成肉质种托上，通常有梗。

  2. 种子顶生，无梗，种托稍肥厚肉质；叶小，异型，鳞形、钻形或钻状条形，往往生于同一树上，叶两面有气孔线，树脂道 1 个 ································· **2. 鸡毛松属 Dacrycarpus**

  2. 种子腋生，有梗，种托肥厚肉质或不发育；叶大，同型，不为鳞形、钻形或钻状条形。

    3. 叶无中脉，有多数纵列的细脉，对生或近对生，树脂道多数；种托不发育或肥厚肉质 ··· **3. 竹柏属 Nageia**

    3. 叶有明显中脉，螺旋状排列，稀对生，树脂道 1~5 个；种托肉质 ··············· **4. 罗汉松属 Podocarpus**

1. 陆均松属 Dacrydium Sol. ex Forst.

常绿乔木或灌木。叶钻形、鳞形、条形或披针形，螺旋状着生。雌雄异株，稀同株；雄球花穗状圆柱形，长 0.8~1.1cm，单生或 2~3 个生于近枝顶的叶腋，雄蕊多数，螺旋状排列，每枚雄蕊有 2 个花药，药隔盾形，花粉具 3 个气囊；雌球花顶生或近顶生，单生或成穗状，具梗或无，基部有苞片，最上部有 1 个套被生 1 枚倒生胚珠，稀 2 个套被各生 1 枚胚珠，套被与珠被离生，胚珠受精后直立。种子坚果状。

约 20 种，产于热带地区，多见于南半球。中国仅 1 种，广西有栽培。

陆均松 泪柏、卧子松 图 35：1~3

Dacrydium pectinatum de Laub.

大乔木，高约 40m，胸径达 1.5m；树干通直，树皮幼时灰白色或淡褐色，老则变为灰褐色或红褐色，稍粗糙，有浅裂纹；大枝轮生，多分枝，小枝绿色且下垂。叶二型，螺旋状排列，紧密，微具 4 棱，基部下延；老树及果枝上的叶为钻形或鳞形，较短，长 3~5mm，先端钝尖内弯，有显著的背脊；幼树、萌生枝及营养枝的叶通常为镰状针形，长 1.3~2.0cm，稍弯曲，先端渐尖。雄球花穗状，长 8~11mm；雌球花单生枝顶，无梗。种子卵圆形，长 4~5mm，直径约 3mm，先端钝，横生，基部具杯状假种皮，成熟时红色或红褐色。花期 3 月；种子 10~11 月成熟。

原产于海南。北海、南宁、凭祥等地引种栽培。适生区年均气温 20℃以上，1 月年均气温 12℃以上，年降水量 1300mm 以上。幼时耐阴，大树喜光，适生于酸性土上。播种繁殖。木材结构细致，材质坚重耐用，为建筑、家具以及胶合板、船舶、车辆、细木工等良材。树姿优美，叶色翠绿，可供观赏。

2. 鸡毛松属 Dacrycarpus (Endl.) de Laub.

常绿乔木或灌木，树干直；主分枝平展或者俯垂；小枝低垂或者斜升，密。叶两面有气孔线，树脂道 1 个。叶二型：幼叶成 2 列，叶线形，非鳞片状；成熟枝叶小型，钻形或者鳞片状，镰刀形，两侧或者两面扁平，或非扁平，长 0.8~1.5mm，叶两面有气孔线，树脂道 1 个。雌雄异株或极少雌雄同株，雄球化侧生(少数顶生)，花粉具 2 个气囊。雌球花单生或对生枝顶，仅 1 个发育。种子全部为肉质假种皮所包，单生枝顶，无柄；种托肉质，具瘤。

9 种，广布于热带亚洲至新西兰。中国仅 1 种，广西有分布。

鸡毛松 异叶罗汉
松、岭南罗汉松 图35；
4~6

**Dacrycarpus imbri-
catus**（Bl.）de Laub.

大乔木，高达 30m，
胸径达 2m。叶异形，较
小，螺旋状排列，两种类
型的叶往往生于同一树
上；老枝及果枝的叶为鳞
形或钻状鳞形，长 2～
3mm，先端向上弯曲，有
急尖的长尖头，覆瓦状排
列；幼树、萌芽枝或小枝
顶端的叶呈钻状条形，扁
平，质软，长 0.6～
1.4cm，宽约 1.2mm，排
成 2 列，形似鸡毛，两面
有气孔线，上部微渐窄，
先端向上微弯，有微急尖
的长尖头。雄球花顶生，
呈穗状，长约 1cm；雌球
花单生或成对生于枝顶，
通常仅 1 个发育。种子无
梗，卵圆形或球形，单
生，稀双生，直径 5～
6mm，有光泽，熟时假种

图35　1~3. 陆均松 Dacrydium pectinatum de Laub. 1. 幼枝；2. 种子枝；
3. 种子及枝端。**4~6. 鸡毛松 Dacrycarpus imbricatus**（Bl.）de Laub. 4. 枝叶；
5. 条形叶；6. 种子及鳞叶枝。(仿《中国植物志》)

皮呈红色，着生于肉质种托上。花期 4~5 月；种子 10~11 月成熟。

易危种。产于凌云、乐业、那坡、罗城、环江、融水、金秀、贵港、苍梧、昭平、横县、平
南、博白等地。生于海拔 1000m 以下的山地湿润环境。分布于云南、海南。幼苗耐阴，喜高温多湿
环境。对土壤要求不苛刻。生长慢。播种繁殖。木材结构细密，有光泽，易加工，可供家具、建
筑、乐器、雕刻、胶合板等用；树干挺直高耸，枝叶秀丽奇特，可作庭院绿化树种，也可作山地森
林更新和荒山造林树种。

3. 竹柏属 Nageia Gaertn.

常绿乔木，树冠圆柱形。叶对生或近对生，长椭圆形至宽椭圆形，具多数纵列细脉，无明显中
脉，树脂道多数。雌雄异株或很少雌雄同株；雄球花腋生，单生、分枝或簇生于裸露的花序梗，卵
球形圆筒状；花粉 2 囊。雌球花 1~2 个生于叶腋，胚珠倒生。种子全部为肉质假种皮所包，核果
状，种托稍厚于种柄或有时呈肉质。

5~7 种，广布于东南亚、印度东北部、日本。中国 3 种。广西 2 种。

分种检索表

1. 叶革质，长 3.5~9cm，宽 1.5~2.5cm(萌芽枝的叶有时宽达 3.5cm)；雄球花穗状圆柱形，单生，通常分枝状；
种子直径 1.2~1.5cm ·· **1. 竹柏 N. nagi**

1. 叶厚革质，长 8~18cm，宽 2.2~5.0cm；雄球花 3~5 个簇生于一短梗上；种子直径 1.5~1.8cm ·············· ·· **2. 长叶竹柏 N. fleuryi**

1. 竹柏　大果竹柏、猪肝树　图 36：4~7
Nageia nagi（Thunb.）Kuntze

乔木，高达 20m，胸径达 60cm。叶对生，革质，长卵形、卵状披针形或披针状椭圆形，叶长 3.5~9.0cm，宽 1.5~2.5cm，先端渐尖，基部渐窄成柄状，上面深绿色，具光泽，下面淡绿色。雄球花穗状圆柱形，单生叶腋，常呈分枝状，长约 2.1cm，总梗粗短，基部有少数三角状苞片；雌球花单生叶腋，稀成对生于叶腋，基部具数枚苞片，花后苞片不肥大成肉质种托。种子圆球形，直径约 1.3cm，成熟时假种皮暗紫色，具白粉，梗长 7~13mm，其上有苞片脱落的痕迹；外种皮骨质，密被细小凹点，内种皮膜质。花期 4 月；种子 10~11 月成熟。

产于博白、防城、大明山、扶绥、天等、那坡、乐业、贺州、鹿寨、融安、融水、龙胜、临桂、永福、兴安、荔浦、金秀等地。见于海拔 1600m 以下的常绿阔叶林中。分布于福建、台湾、江西、浙江、湖南、四川、广东、海南等地；日本也有分布。耐阴，喜暖热、多雨气候，对土壤要求严格，适生于排水良好的酸性砂壤或轻黏壤土。

播种或扦插繁殖。木材细致，纹理直，质优，宜作乐器、雕刻、文具、建筑等用材。种子富含油脂，可供提制工业用油。树形端直，叶形奇异，枝叶青翠有光泽，为优良的庭院观赏树种。叶可治外伤出血、骨折；树皮、根用于治风湿痹痛。

2. 长叶竹柏　图 36：1~3
Nageia fleuryi（Hickel）de Laub.

乔木，高 20m，胸径 40cm。叶厚革质，质地厚，阔披针形，长 8~18cm，宽 2.2~5.0cm，上部渐窄，先端渐尖，基部楔形。雄球花穗腋生，长 1.5~6.5cm，常 3~6 个花序簇生于一短梗上，总梗长 2~5mm，药隔三角状，边缘有锯齿；雌球花单生叶腋，轴端的苞腋着生 1~2（~3）枚胚珠，仅 1 枚发育成熟，上部苞片不发育成肉质种托。种子球形，直径约 1.6cm，梗长约 2cm。

易危种。产于合浦、大明山等地，散生于海拔 1800m 以下的常绿阔叶林中。分布于广东、海南、云南；越南、柬埔寨也有分布。耐阴树种，喜温暖湿润、肥沃的沙质酸性土壤，要求排水良好。播种繁殖。木材可供雕刻、文具、家具等用。枝叶翠绿、树形美

图 36　1~3. 长叶竹柏 Nageia fleuryi（Hickel）de Laub. 1. 雄球花枝；2. 雌球花枝；3. 种子枝。**4~7. 竹柏 Nageia nagi**（Thunb.）Kuntze 4. 种枝；5. 雄球花；6~7. 雄蕊。（仿《中国植物志》）

观，是优良的庭院、风景区绿化树种。

4. 罗汉松属 Podocarpus L' Her. ex Pers.

常绿乔木，稀为灌木。叶条形、披针形、椭圆形、卵形或鳞形，螺旋状排列，交叉对生或近对生，有时排成2列。雌雄异株，雄球花单生或簇生叶腋，稀顶生，总梗基部具少数螺旋状排列的苞片；雌球花通常腋生，稀顶生，具梗或无，基部具数枚苞片，最上部有1枚倒生胚珠，花后套被增厚成肉质假种皮，苞片发育成肉质或非肉质种托。种子当年成熟，核果状，外裹肉质假种皮。

100余种，主产于南半球热带、亚热带及南温带；中国7种4变种，主产于长江以南及台湾；广西3种，引入1变种。

分种检索表

1. 叶小，长1.5~4.0cm，宽3~8mm，尖端钝尖或圆；树冠不呈柱状；雄球花常单生 …… 1. 小叶罗汉松 **P. wangii**
1. 叶较大，长6~17cm(短叶罗汉松长2.5~7.0cm)。
　2. 叶先端具渐尖的长尖头，叶呈披针形，长7~15cm，宽0.9~1.3cm ……………… 2. 百日青 **P. neriifolius**
　2. 叶先端微窄成尖头或钝圆；叶条形或条状披针形，通常直伸，叶长6.5~12.0cm，宽7~11mm ……………
　　　………………………………………………………………………………………… 3. 罗汉松 **P. macrophyllus**

1. 小叶罗汉松　短叶罗汉松　图37：5
Podocarpus wangii Chang

乔木，高达15m，胸径达30cm；树皮不规则纵裂，褐黄白色或褐色；枝条密生，伸展，无毛，叶枕在小枝上明显。叶革质或薄革质，窄椭圆形，先端钝尖，基部渐窄成楔形，上面绿色，有光泽，中脉隆起，下面色淡，中脉微隆起，叶柄短，长1.5~4.0mm。雄球花呈穗状，单生或2~3个簇生于叶腋，长1.0~1.5cm，直径1.5~2.0mm，近于无梗，基部苞片约6枚，花药卵圆形，几无花丝；雌球花单个腋生，具短梗。种子近圆形或椭圆形，长7~9mm，先端钝圆，有凸起的小尖头，种托圆柱状，肉质肥厚，长8mm，径3~4mm，熟时紫红色，种梗长约5mm。花期4~5月；种子8月成熟。

近危种。产于鹿寨、金秀、融水、罗城、环江及大明山等地。生于海拔约1500m的山地。分布于广东南部、海南和云南东南部。喜阴凉湿润环境，不耐高温、干旱。木材结构细致，纹理直，不易开裂，易加工，宜作细木工、家具、文具等用材。树形优美雅致，叶片浓绿又致密，枝条直上而挺拔，常作为园林绿化树种。枝叶药用，可治咯血、

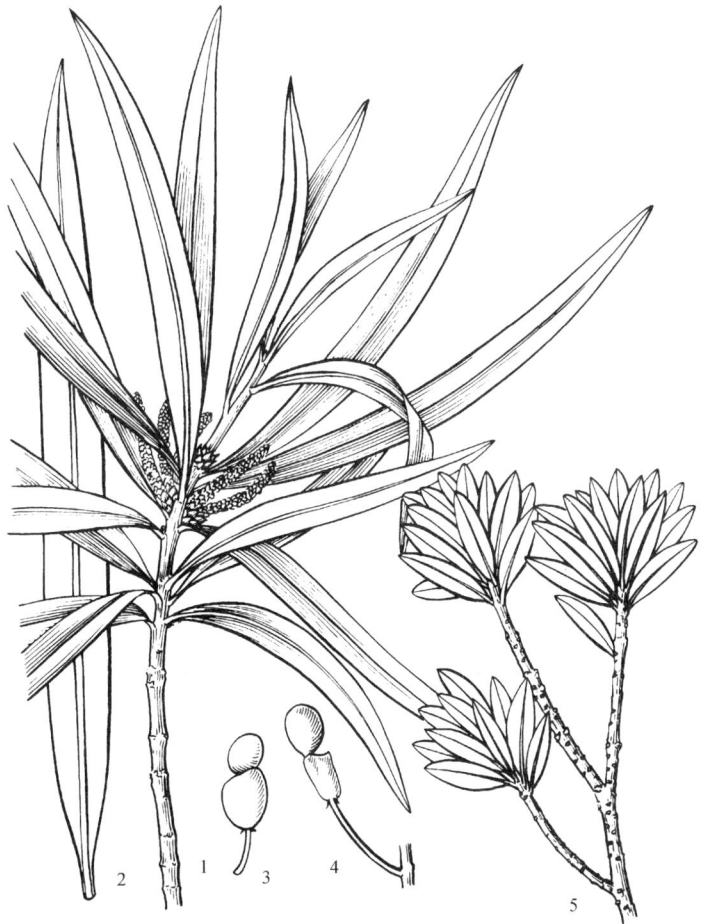

图37　1~4. 百日青 Podocarpus neriifolius D. Don 1. 雄球花枝；2. 叶；3~4. 种子。**5.** 小叶罗汉松 Podocarpus wangii Chang 5. 营养枝。(1~4仿《中国植物志》，5仿《广西植物志》)

便血等症。

2. 百日青　脉叶罗汉松、竹叶松　图37：1～4

Podocarpus neriifolius D. Don

乔木，树高25m，胸径50cm。树皮灰褐色，成片状纵裂；枝条开展。叶厚革质，披针形，常微弯，长7～15cm，宽0.9～1.3cm，上面中脉隆起，下面微隆起或近平，无明显侧脉，先端渐长尖，基部楔形。雄球花穗状，单生或2～3个簇生于叶腋，长2.5～5.0cm，总梗较短，基部有多数螺旋状排列的苞片。种子卵圆形，长0.8～1.6cm，顶端圆或钝，熟时肉质假种皮紫红色，肉质种托橙红色，种梗长0.9～2.2cm。花期5月，种子10～11月成熟。

近危种。产于罗城、环江、融安、融水、贺州、昭平、蒙山、上思、龙州、宁明、那坡、靖西、大明山等地。生于海拔500～1200mm的山林中。分布于江西、浙江、福建、台湾、四川、云南、贵州、湖南、西藏、广东等地；越南、老挝、缅甸、印度尼西亚、印度、尼泊尔、不丹也有分布。木材结构细致，纹理直，易干燥，耐腐性强，易加工旋切，油漆性能良好，可供文化体育用具、雕刻、建筑、家具、车辆等用；种子油可供制肥皂。树姿优美，庭院绿化树种。

3. 罗汉松　图38：1～2

Podocarpus macrophyllus（Thunb.）Sweet

常绿乔木，高达20m，胸径达60cm；树皮灰褐色，纵裂，成薄片状脱落；枝密且开展。叶条状披针形，长6.5～12.0cm，宽7～11mm，先端尖，上面深绿色，有光泽，基部楔形，中脉于叶两面明显凸起，下面灰白色或灰绿色。雄球花穗状、腋生，常3～5个呈穗状簇生于极短的总梗上，长3～5cm，基部具若干枚三角状苞片；雌球花腋生，单个，具梗，基部有少数苞片。种子卵圆形，径约1cm，先端圆，熟时肉质假种皮呈紫黑色，具白粉，种托肉质，圆柱状，红色或紫红色，种柄长约1.3cm。花期4月；种子9～10月成熟脱落。

产于全州、融水、融安、防城、上思、宁明、扶绥、大明山、那坡、靖西、德保、乐业等地。分布于长江以南各地；日本也有分布。较耐阴，为半喜光树种。喜温暖、湿润气候，能耐潮风，在海边生长良好。宜在排水良好、肥沃壤土上生长。

播种或扦插繁殖。种子保存时间不长，即采即播，播种深度以盖住种子为宜，播后盖草保湿，幼苗8～10d

图38　1～2. 罗汉松 Podocarpus macrophyllus（Thunb.）Sweet 1. 种子枝；2. 雄球花枝。**3. 短叶罗汉松 Podocarpus macrophyllus** var. **maki** Endl. 3. 种子枝。（1～2仿《中国植物志》，3仿《广西植物志》）

即可出土。种子发芽率80%以上，幼苗长到5~8cm时，适量施肥。扦插繁殖，用1年生健壮枝梢半木质化的嫩枝作插穗，穗长约8cm，以春季较易生根。木材结构致密，干燥性较好，易加工，供制家具、文体用具等用。枝叶有收敛、止血的功效，用于治咯血、吐血等症。树冠耐修剪、弯折，树形古朴优雅，是优良的庭院绿化树种和盆景植物。

3a. 短叶罗汉松　图38：3

Podocarpus macrophyllus var. **maki** Sieb. et Zucc.

常绿乔木，树高可达20m，盆栽植株较矮小。老干深褐至黑褐色，外皮呈纵向条状剥裂，片状脱落，枝梢较短而柔软，灰绿色，分枝力差。枝叶密生，向上伸展；叶呈螺旋状簇生排列，单叶为短条带状披针形，先端钝尖，基部浑圆或楔形，长2.5~7.0cm，宽3~7mm，革质，浓绿色，中脉明显，叶柄极短。雄花穗状，雌花球形单生于叶腋间，花期5月。种子外形奇特，花托不脱落，附着在种子的下面。种子呈广卵圆形或球形，成熟时在肉质的种皮上显现出紫色或紫红色，上披白霜。

原产于日本。南宁、柳州、桂林、梧州、北海等地有引种栽培；中国长江以南广为栽培。为优良的庭院观赏树种。

9　三尖杉科 Cephalotaxaceae

常绿乔木或灌木，髓心中部具树脂道；小枝对生，基部有宿存芽鳞。叶线形或披针状线形，螺旋状着生，排成二列状，上面中脉隆起，下面有2条气孔带。雌雄异株，少数同株；雄球花6~11个聚生成头状球花序，单生于叶腋，每个雄球花基部有1枚苞片，有4~16枚雄蕊，每枚雄蕊有2~4个花药，药室纵裂，雌球花有长梗，生于小枝基部苞片腋内，少数生于枝顶，花梗上部有数对交叉对生的苞片，每枚苞片腋部着生2枚直立胚珠，胚珠生于珠托之上；花后有1枚胚珠发育成种子，珠托发育成假种皮，包围着种子；种子翌年成熟，核果状，卵圆形、椭圆状卵圆形或球形，顶端有小尖头，基部有宿存苞片，外种皮骨质，坚硬，内种皮薄膜质，有胚乳；子叶2枚，发芽时出土。

本科仅1属9种，分布于亚洲东部。中国6种2变种，分布于黄河以南及台湾。广西5种。

三尖杉属 Cephalotaxus Sieb. et Zucc. ex Endl.

形态特征与科同。有的种可作药用，其根、叶、枝能供提取多种生物碱，对治疗白血病、淋巴肉瘤及一些恶性肿瘤有一定疗效。

分种检索表

1. 叶较长，长4~13cm，多为5~10cm，宽3.5~4.5cm，先端长渐尖，基部楔形或宽楔形；种子长2.5cm，椭圆状卵圆形 ·· **1. 三尖杉 C. fortunei**
1. 叶较短，长1.5~5.0cm，宽3~6mm，先端微急尖、急尖或渐尖。
　2. 叶排列较疏或稍密，上面平；中脉明显。
　　3. 叶质地较厚，基部近圆形或圆楔形；种子卵圆形、椭圆状卵圆形或近球形。
　　　4. 小枝较细；叶较窄，宽3mm ·· **2. 粗榧 C. sinensis**
　　　4. 小枝较粗壮；叶较宽厚，宽5~6mm ······················· **3. 宽叶粗榧 C. latifolia**
　　3. 叶质地较薄，基部圆形或圆截形；种子倒卵状椭圆形或倒卵形·········· **4. 海南粗榧 C. mannii**
　2. 叶排列紧密，上面拱圆；中脉微隆起或仅中下部明显；叶先端急尖；基部截形或微心形·············
　　·· **5. 篦子三尖杉 C. oliveri**

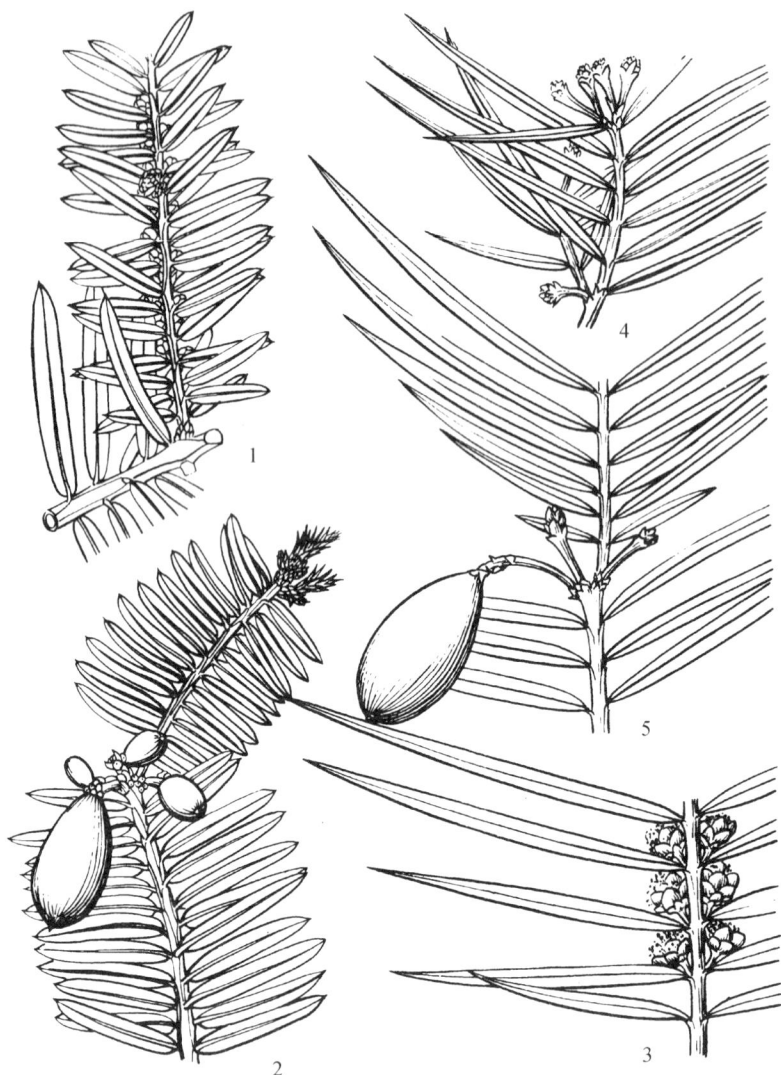

图39 1~2. 宽叶粗榧 Cephalotaxus latifolia L. K. Fu et R. R. Mill. 1. 雄球花枝；2. 种子枝。3~5. 三尖杉 Cephalotaxus fortunei Hook. 3. 雄球花枝；4. 雌球花枝；5. 种子及雌球花枝。（仿《中国植物志》）

1. 三尖杉 图39：3~5
Cephalotaxus fortunei Hook.

乔木，树高20m，胸径40cm；树皮褐色或红褐色，成片状裂而脱落；枝较细长，稍下垂，树冠广圆形。叶螺旋状着生，基部扭转排成二列状，近水平展开，呈线状披针形，常微弯，镰状，长4~13cm，宽3.5~4.5mm，上部渐窄，先端长渐尖，基部楔形或宽楔形，上面深绿色，下面白色气孔带较绿色边带宽3~5倍。雄球花总花梗粗，长6~8mm；雌球花总花梗长15~20mm；种子椭圆状卵形，长2.0~2.5cm，直径12~14mm。熟时假种皮紫色或紫红色，顶端有短尖头。花期3~4月；种子9~10月成熟。

中国特有种，近危种。产于广西北部、东北部、中部及西北部。生于海拔500~1200m的针阔混交林中。喜生于山坡疏林、溪谷湿润而排水良好的地方，较耐阴。分布于浙江、江西、福建、湖北、湖南、四川、贵州、云南、广东、海南及安徽、河南、陕西、甘肃等地的南部。

播种繁殖。采收成熟果实，堆沤约7d，待果皮软烂后搓洗去果肉得净种。种子具后熟过程，不宜随采随播。低温贮藏，能解除后熟，5℃环境下贮藏约30d后转入常温下沙藏催芽，种子露白时播种。苗期喜阴，需遮阴保湿。也可用1年生枝条扦插繁殖。木材纹理直，结构细，材质坚重，黄褐色，供建筑、桥梁、家具等用；种子能驱虫、润肺、止咳、消食；种子油供工业用；根、枝、叶供提取生物碱，有抗癌作用。树姿优美，枝叶繁茂，树叶深绿，叶背面有白色气孔带，绿白相间，果实成熟时红艳美丽，为优美的园林树种。

2. 粗榧 中华粗榧杉、中国粗榧 图40：1
Cephalotaxus sinensis（Rehd. et Wils.）Li

灌木或小乔木，树高常为3~6m，有时可达15m；树皮灰色或灰褐色，裂成薄片状脱落。叶螺旋状着生，基部扭转，排成二列状，线形，长2~5cm，宽3mm，上部渐窄，先端渐尖或有短尖头，基部近圆形或宽楔形，上面中脉明显，下面有2条白色气孔带，较绿色边带宽2~4倍。雄球花6~7个聚生成头状，直径6mm，总花梗长3mm，雄蕊4~11枚，花丝短，通常有3个花药；雌球花生于小枝基部，花梗长 5～7mm，常有 2～5 枚胚珠发育成种子；种子卵圆形、椭圆状卵形或近球形，长 1.8～2.5cm，熟时假种皮红色，顶端中央有小尖头。花期 3～4 月；种子 9～10 月成熟。

中国特有种，近危种。产于容县、恭城、荔浦、资源、融水、三江、融安、靖西、田林、德保、乐业等地。生于海拔 1200m 以下的杂木林中。分布于长江以南各地及陕西、甘肃、河南等地的南部。耐阴，喜温凉湿润气候，有一定耐寒力，对烟害的抗性较强，病虫较少，耐修剪、萌芽力强，生长较慢。种子繁殖，播种后 1～2 年可出圃造林。也可嫁接、扦插繁殖。木材淡红黄色，纹理直，结构细，可供作农具、器具、细木工等用材；种子可食用，种子油可作滑润油；叶、枝、种子、根可供提取多种生物碱，对治疗白血病及淋巴肉瘤等症有一定疗效。

3. 宽叶粗榧 图 39：1～2

Cephalotaxus latifolia L. K. Fu et R. R. Mill.

灌木或小乔木，高 10m；树皮灰色或灰褐色，成薄片状脱落。小枝粗壮。叶较宽，宽达 5～6mm，先端常急尖，叶干后边缘向下反卷，与粗榧有明显的区别。

中国特有树种，产于兴安、资源、灌阳、乐业等地。生于海拔 1700m 以下的杂木林中。分布于四川东部、湖北西部、贵州东南部、福建北部及广东北部等地。用途同粗榧。极耐阴，萌芽力强。

4. 海南粗榧 西双版纳粗榧 图 40：2

Cephalotaxus mannii Hook. f.

乔木，树高 25m，胸径 30～50cm，稀达 1.1m；树皮淡褐色或褐色，裂成片状脱落。叶螺旋状着生，排成二列状，通常质地较薄，向上微弯或直，长 2～4cm，宽 2.5～3.5mm，先端急尖或近渐尖，基部圆截形或圆形，干后边缘向下反卷，上面中脉隆起，下面有 2 条白色气孔带。雄球花的总花梗长约 4mm。种子微扁，倒卵状椭圆形或倒卵圆形，长 2.2～2.8cm，顶端有凸起的小尖头；熟后假种皮红色。

第三纪残遗树种，易危种。产于容县、恭城、金秀等地。生于海拔 700～1200m 的杂木林中。南宁有栽培。分布于海南、广东、云南、西藏等地。喜温暖湿润气候及酸性土，耐庇荫，有萌芽性。种子繁殖，也可用根蘖或扦插繁殖。育苗时要遮阴。1 年生苗高 30～40cm，即可

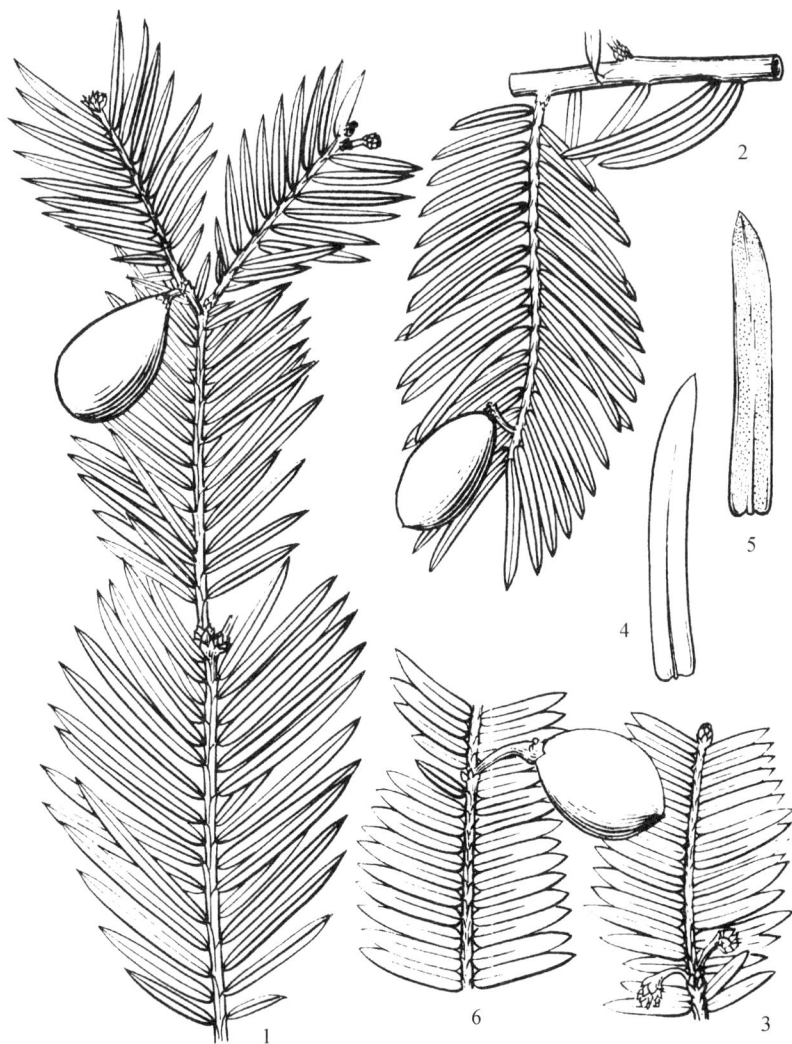

图 40　1. 粗榧 Cephalotaxus sinensis（Rehd. et Wils.）Li 1. 种子枝。**2. 海南粗榧 Cephalotaxus mannii** Hook. f. 2. 种子枝。**3～6. 篦子三尖杉 Cephalotaxus oliveri** Mast. 3. 雌球花枝；4～5. 叶的上下面；6. 种子枝。（仿《中国植物志》）

出圃定植。木材坚实，纹理直，结构细，可供作家具、农具及建筑等用材；枝、叶、根、树皮可供提取多种生物碱，对治疗白血病和淋巴肉瘤等症有一定疗效。树姿优美，是良好的园林树种。

5. 篦子三尖杉 阿里杉、花枝杉 图40：3～6

Cephalotaxus oliveri Mast.

灌木，树高4m；树皮灰褐色。叶线形，螺旋状着生，排成二列状，排列紧密，通常中部以上向上方微弯，稀直伸，长1.5～3.2cm，宽3.0～4.5mm，先端微急尖有尖头，基部截形或近心形，近无柄，上面绿色，微拱圆，中脉微明显或中下部明显，下面白色气孔带较绿色边带宽1～2倍。雄球花6～7个聚生成头状花序，直径9mm，总花梗长4mm，基部及总花梗上部有10余枚苞片，每个雄球花基部有1枚广卵形的苞片，雄蕊6～10枚，有3～4个花药，花丝短；雌球花的胚珠仅1～2枚发育成种子；种子倒卵圆形、卵圆形或近球形，长2.7cm，直径1.8cm，顶端中央有小尖头，有长梗。花期3～4月；种子9～10月成熟。

易危种，国家Ⅱ级重点保护野生植物。产于荔浦、兴安、龙胜、三江、大容山、环江等地。生于海拔300m以上的山地杂木林中。分布于湖南、贵州、江西东部、湖北西北部、四川南部、广东北部、云南东南部及东北部；越南也有分布。木材供作细木工及农具用材；种子油可供工业用。树姿优美，是良好的园林树种。

10　红豆杉科 Taxaceae

常绿乔木或灌木。叶螺旋状排列或交叉对生，基部扭转排成二列状，线形或披针形。雌雄异株，很少同株；雄球花单生于叶腋或苞腋，或组成穗状花序着生于枝顶，雄蕊6～14枚，各有3～9个花药，药室纵裂，花粉无气囊；雌球花单生或成对生于叶腋或苞腋，有梗或无梗，基部有多数覆瓦状排列或交叉对生的苞片，胚珠1枚，花后珠托发育成假种皮，全包或半包着种子；种子核果状或坚果状；胚乳丰富，子叶2枚，发芽后子叶出土或不出土。

本科5属，南半球1属，北半球4属；中国4属；广西3属。

分属检索表

1. 叶螺旋状着生，叶内无树脂道；雄球花单生于叶腋；不组成穗状花序；花药辐射排列；雌球花单生于叶腋，有短花梗或近无花梗；种子生于杯状假种皮中，上部露出。
    2. 叶下面有2条白色气孔带；小枝近对生或近轮生；种子成熟时假种皮白色 ………… **1. 白豆杉属 Pseudotaxus**
    2. 叶下面有2条淡黄色或淡灰色气孔带；小枝不规则互生；种子成熟时假种皮红色 ………… **2. 红豆杉属 Taxus**
1. 叶交叉对生，叶内有树脂道；雄球花多数，组成穗状球花序，有2～6穗集生于近枝顶；花药辐射排列向外一边排列，有背面和腹面的区别；雌球花生于新枝上的苞腋或叶腋，有长花梗；种子生于囊状假种皮中，仅顶端尖头露出 …………………………………………………………………… **3. 穗花杉属 Amentotaxus**

1. 白豆杉属 Pseudotaxus Cheng

小乔木；枝常轮生，小枝近对生或近轮生，基部有宿存的芽鳞。叶螺旋状着生，基部扭转排成二列状，线形，直或微弯，两面中脉隆起，上面绿色，下面有2条白色气孔带。雌雄异株，球花单生于叶腋，无梗；雄球花圆球形，基部有4对交叉对生的苞片，雄蕊6～12枚，盾形，每雄蕊有4～6个花药，辐射对称；雌球花基部有7对交叉对生的苞片，排成4列；胚珠单生于花轴顶端的苞腋内；珠托盘状。种子坚果状，当年成熟，杯状假种皮肉质，白色，基部有宿存苞片。

仅1种，中国特有。

图 41　1 ~ 7. 白豆杉 Pseudotaxus chienii（Cheng）Cheng. 1. 种子枝；2. 具肉质、杯状假种皮的种子；3. 假种皮不发育的种子；4. 去假种皮的种子；5. 雄球花；6. 雄蕊；7. 叶的下面。**8. 红豆杉 Taxus wallichiana** var. **chinensis**（Pilg.）Florin 8. 种子枝。（仿《中国植物志》）

白豆杉　短水松　图 41：1 ~ 7

Pseudotaxus chienii（Cheng）Cheng

常绿灌木或小乔木，树高 4 ~ 7m，胸径 20cm；树皮灰褐色，裂成条片状脱落；1 年生小枝圆，近平滑，稀有或疏或密的细小瘤状凸起，褐黄色或黄绿色，基部有宿存的芽鳞。叶条形，排列成 2 列，直或微弯，长 1.5 ~ 2.6cm，宽 2.5 ~ 4.5mm，先端突尖，基部近圆形，有短柄，下面有 2 条白色气孔带，宽约 1.1mm，较绿色边带宽或几等宽。雌雄异株，球花单生于叶腋；雌球花顶端 1 枚苞腋有 1 枚直立胚珠，着生于盘状珠被上种子坚果状，卵圆形，长 5 ~ 8mm，直径 4 ~ 5mm，上部微扁，顶端有凸起的小尖头，成熟时肉质杯状假种皮白色，基部有宿存的苞片。花期 4 ~ 5 月；种子10 月成熟。

第三纪孑遗单种属植物，易危种，国家Ⅱ级重点保护野生植物，对研究古植物区系以及红豆杉科各属的系统发育有重大价值。产于罗城、环江、融水、龙胜、灵川、临桂、金秀、上林等地，生于海拔 800 ~ 1400m 的山地。分布于广东、湖南、江西、浙江等地。分布区年均气温 11 ~ 18℃，为夏凉冬暖至夏凉冬寒气候，忌高温暑热，喜肥沃湿润的酸性山地红壤或黄壤；喜阴湿环境，幼树需在庇荫条件下方能生长。

播种繁殖或扦插繁殖，以播种繁殖为主。种子休眠期长达 200d，不宜随采随播，采种后剥去假种皮，混润沙催芽，待萌芽后播于大田或育苗袋。木材纹理均匀，结构细致，心材大，淡红色，边材灰白色，供作美工、细木工等用材。叶翠绿，种子白如珍珠，为优美的观赏树种。

2. 红豆杉属 Taxus L.

乔木或灌木；小枝不规则互生，基部有宿存芽鳞，呈覆瓦状排列。叶螺旋状着生，基部扭转排列成二列状，线形，下延生长，上面中脉隆起，下面有 2 条淡黄色或淡灰色气孔带，叶内无树脂道。雌雄异株，球花单生于叶腋；雄球花球形，有梗，基部有覆瓦状排列的苞片，雄蕊 6～14 枚，顶端盾形，有短柄，每枚雄蕊有 4～9 个花药，辐射排列；雌球花近于无花梗，基部有覆瓦状排列的苞片，胚珠单生于侧生花轴顶端的苞腋，基部有圆盘状的珠托。种子坚果状，卵圆形或倒卵状椭圆形，生于杯状肉质而红色的假种皮中，当年成熟。

本属约 11 种，分布于北半球。中国 3 种 2 变种，分布于东北至西南、华南各地。广西 2 变种。

分种检索表

1. 叶较短，线形，较直或微呈镰状，长 1.5～2.2cm，宽 2～4mm。下面中脉带上密生角质乳头状凸起点，其色泽与气孔带相同；种子多呈卵圆形，少数倒卵圆形 ·············· **1a. 红豆杉 T. wallichiana** var. **chinensis**
1. 叶较长，披针状线形或线形，常呈弯镰状，长 2.0～4.5cm，宽 3～5mm；下面中脉带上局部有角质乳头状凸起点，很少无角质乳头状凸起点，其色泽与气孔带不同；种子微扁，多呈倒卵圆形，少数柱状长圆形 ·············· ·············· **1b. 南方红豆杉 T. wallichiana** var. **mairei**

1a. 红豆杉 图 41：8
Taxus wallichiana var. **chinensis**（Pilg.）Florin

常绿乔木，树高 30m，胸径 1m；树皮灰褐色、红褐色或暗褐色，裂成条片状脱落；大枝开展，嫩枝绿色或淡黄绿色，老枝黄褐色、淡红褐色或灰褐色。冬芽黄褐色、淡褐色或红褐色，有光泽，芽鳞，背部无或有纵脊，脱落或少数宿存于小枝的基部。叶线形，排列成 2 列，长 1～3cm，通常长 1.5～2.2cm，宽 2～4mm，微弯或直，上部较窄，先端微急尖，有短刺状尖头，基部狭，近于无柄，上面深绿色，有光泽，下面有 2 条淡黄绿色气孔带，中脉上密生角质乳头状凸起点。种子卵圆形，生于杯状红色肉质的假种皮中，长 5～7mm，直径 3.5～5.0mm，微扁或圆，上部有 2 条钝棱脊，稀上部三角状而有 3 条钝脊，先端有凸起的短钝尖头，种脐近圆形或宽椭圆形，成熟时假种皮红色。花期 3～4 月；种子 10 月成熟。

中国特有种，易危种，国家 I 级重点保护野生植物。产于灌阳、资源、龙胜、灵川、兴安、荔浦、临桂、全州、融水、环江、龙州等地，生于海拔 1000～1500m 的杂木林中；分布于湖南、湖北、甘肃、陕西、安徽、四川、云南、贵州等地。喜阴、耐寒，喜生于富含有机质的湿润而排水良好的土壤中，在空气湿度较大的环境中生长良好，忌酷热。幼苗期生长缓慢，4～5 年后明显加速。

种子繁殖。木材纹理直，结构细，心材大，橘红色，边材淡黄褐色，材质坚实耐用，可供作建筑、车辆、家具、细木工等用材。枝叶药用，可治肾炎水肿、小便不得力、糖尿病。树体高大，树形端正，枝叶繁多，终年翠绿，果期更美，生长较慢，修剪后长时间保持一定形状，作为优良的园林观赏树种。

1b. 南方红豆杉 美丽红豆杉、杉公子
Taxus wallichiana var. **mairei**（Lemée et H. Lév.）L. K. Fu et Nan Li

树高 16m，胸径 42cm，与红豆杉的主要区别在于：叶较宽长，多呈弯镰状，通常长 2.0～4.5cm，宽 3～5mm，上部渐窄，先端渐尖，下面中脉带上无角质乳头状凸起点，或局部有角质乳头状凸起点，或与气孔带相邻的中脉带两边有一至数条角质乳头状凸起点，中脉带可见，其色泽与气孔带不同，呈淡黄绿色或绿色，绿色边带亦较宽而明显；种子通常较大，长 6～8mm，直径 4～

5mm，微扁，多呈倒卵圆形，或柱状长圆形，种脐椭圆形。花期 2 ~ 3 月；种子 10 ~ 11 月成熟。

易危种，国家Ⅰ级重点保护野生植物。产于龙胜、资源、灵川、全州、灌阳、临桂、三江、环江、融水等地。生于海拔 600 ~ 1600m 的杂木林中。分布于安徽、浙江、江西、福建、湖南、陕西、甘肃、湖北、湖南、四川、云南、贵州、广东及台湾等地。适生年平均气温 15 ~ 20℃，年降水量 1500 ~ 1900mm，土壤 pH 值 5.0 ~ 7.5。阴性树种，喜冷凉湿润和富含有机质的林地环境，多生长在潮湿庇荫的杂木林中，对空气湿度和要求较高，在沟边生长繁茂。萌芽力强，砍伐后的树苑能萌生新枝。

播种或扦插繁殖，以播种繁殖为主。苗圃要求土壤肥沃，土壤酸性至中性，透气性良好。种子有大粒和小粒之分，大粒种子约 8000 粒/kg，小粒种子 9000 ~ 10000 粒/kg。冬播或春播。催芽，在种子破壳露白时点播，播种量 50 ~ 60 粒/m²，播后盖土厚 0.3cm，盖草保湿。当苗高 5 ~ 6cm 时移于圃地，2 年苗可上山造林。木材材质致密，色泽美观，坚韧耐腐，是高级家具、细木工的优良原料；种子含油率 60%，是制皂和润滑油的原料，也可药用，有驱虫、消食的功效；树皮、枝叶中含有的紫杉醇，用于医治癌症，是提取紫杉醇和紫杉烷等抗癌药用成分的重要木本药用植物。四季常青，树形整齐，枝叶碧绿，种子成熟后红如玛瑙，是庭院、公园的高档观赏树种。

3. 穗花杉属 Amentotaxus Pilg.

常绿小乔木或灌木；小枝对生，基部无宿存芽鳞；冬芽四棱状卵圆形，芽鳞 3 ~ 5 轮，每轮 4 枚。交叉对生。背部有纵脊。叶交叉对生，线形至线状披针形，直或微弯，边缘微向下反卷，无柄或近于无柄，上面中脉明显隆起，下面有 2 条白色、淡黄白色或淡褐色气孔带。雌雄异株，雄球花多数，组成穗状花序，常 2 ~ 4 穗集生于近枝顶的苞腋，雄蕊多数，每枚雄蕊有 2 ~ 8 个花药，药室纵裂；雌球花单生于枝上的苞腋或叶腋，花梗长，胚珠单生，基部有 1 枚杯状珠托，珠托下部有红色的假种皮所包着，基部有宿存苞片，有长梗，下垂；当年成熟。

本属有 3 种 1 变种，分布于中国南部、中部、西部；广西 2 种。

分种检索表

1. 叶下面白色气孔带通常与绿色边带等宽或渐窄，雄球花 1 ~ 3 穗集生，长 5.0 ~ 6.5cm ……………………………………… **1. 穗花杉 A. argotaenia**
1. 叶下气孔带较绿色边带宽 1 倍或稍宽，雄球花穗常 4 ~ 6 穗，长 10 ~ 15cm ………… **2. 云南穗花杉 A. yunnanensis**

1. 穗花杉　图 42：1
Amentotaxus argotaenia（Hance）Pilg.

灌木或小乔木，树高 7m；树皮灰褐色或淡红褐色，裂成薄片状脱落。小枝斜展或向上伸展，圆或近方形，1 年生枝绿色，2 ~ 3 年生枝绿黄色、黄色或淡黄红色。叶线状披针形，长 3 ~ 11cm，宽 6 ~ 11mm，先端尖或钝，基部渐窄，楔形或宽楔形，有极短的叶柄，下面白色气孔带与绿色边带等宽或渐窄；萌生枝的叶较长，通常镰状，稀直伸，先端有渐尖的长尖头，气孔带较绿色边带窄。雄球花 1 ~ 3 穗集生，长 5.0 ~ 6.5cm。种子椭圆形，长 2.0 ~ 2.5cm，直径 1.3cm，顶端有小尖头露出，基部宿存苞片的背部有纵脊，成熟时假种皮鲜红色，梗长 1.3cm，扁四棱形。花期 4 ~ 5 月；种子翌年 4 ~ 5 月成熟。

子遗植物，中国特有种，易危种。产于龙胜、资源、阳朔、临桂、金秀、融水、三江、苍梧、昭平、蒙山、玉林、十万大山、大青山、大明山、上思、贵港等地。生于海拔 1500m 以下的杂木林中。分布于江西、湖北、湖南、四川、贵州、广东、西藏、甘肃等地。喜湿润气候，忌暑热，年降水量在 1200mm 以上，喜阴，不耐烈日直射，幼树需在庇荫条件下方能生长，成年树也喜在稀疏遮阴下生长。喜肥沃湿润酸性森林土，石山地区未见分布。播种繁殖。种子采收后剥去假种皮，种子千粒重约 2000g。混润沙贮藏，休眠期约 18 个月，不宜随采随播。采用冷热交替催芽法催芽，缩短

图42　1. 穗花杉 Amentotaxus argotaenia（Hance）Pilg. 1. 种子枝。**2～5.** 云南穗花杉 Amentotaxus yunnanensis Li 2. 雄球花穗枝；3. 种子枝；4～5. 雄蕊。（仿《中国树木志》）

休眠时间。种子萌芽后点播，幼苗期遮阴保湿，薄施氮肥，一般需培育 2～3 年生苗，方宜带土团出圃。蔸、干、枝萌芽性较强，可扦插繁殖。木材纹理直，结构细，材质坚重，淡灰红色，可供作雕刻、细木工、器具、家具等用材；种子油可供制肥皂；叶片光亮、种子大而红色，绿叶衬托红种，甚为美观，为庭院绿化观赏树种。

2. 云南穗花杉　图42：2～5

Amentotaxus yunnanensis Li

乔木，高达 15m，胸径 25cm；大枝开展，树冠广卵形；小枝向上伸展，微具棱脊，1 年生枝绿色或淡绿色，2～3 年生枝淡黄色、黄色或淡黄褐色。叶排成 2 列，条形、椭圆状条形或披针状条形，长 3.5～10.0cm，稀长达 15cm，宽 8～15mm，先端钝或渐尖，基部宽楔形或近圆形，几无柄，上面绿色，中脉显著隆起，下面中脉两侧的气孔带干后褐色或淡黄白色，宽 3～4mm，较绿色边带宽 1 倍或稍宽；萌生枝及幼树叶的气孔带较窄。雄球花穗常 4～6 穗，长 10～15cm。种子椭圆形，长 2.2～3.0cm，直径约 1.4cm。假种皮成熟时红紫色，微被白粉，种梗较粗，长约 1.5cm。花期 4 月；种子 10 月成熟。

国家Ⅰ级重点保护野生植物。产于德保、靖西、那坡等地，零星生长在海拔约 1000m 的石灰岩山地的常绿落叶阔叶混交林中，常组成小片纯林。分布于云南东南部；越南北部也有分布。亚热带山地树种，较耐寒冷，不耐暑热，在南宁市郊，在严密遮阴条件下，幼苗不能越夏。喜阴湿环境，多为森林中、下层成分。要求年降水量 1300mm 以上，光照较弱，土壤为棕色石灰土或黑色石灰土，排水良好。浅根性树种，根系发达，特别是生长在岩石裸露、土层浅薄处，其根系延伸范围较大。生长较缓慢，在土壤肥沃、深厚处，5 年生树约 1m 高。

播种或扦插繁殖。种子千粒重约 2200g。种子采收后，洗去假种皮，润沙混藏至翌年春播。幼苗期需遮阴，当苗高 30～50cm 时可出圃。木材纹理均匀，结构细致，不变形，易加工，材质优良，可供作建筑、家具、农具及雕刻等用材；种子可榨油；树形美观，红豆艳丽，又可作庭院树种。

11　买麻藤科 Gnetaceae

常绿木质藤本，稀灌木或乔木，枝有膨大关节。单叶对生，有叶柄，无托叶，全缘，具羽状侧脉及网状细脉。球花单性，雌雄异株，稀同株；球花呈穗状，有多轮合生环状总苞，是由多数轮生苞片而成；雄球花穗单生或数穗组成顶生及腋生聚伞花序，各轮环状总苞排列紧密，每轮总苞有20~80个雄花，排成2~4轮，花穗上端常有1轮不育雌花。雄花具杯状肉质假花被，雄蕊常有2枚，稀1枚，伸出假花被之外，花丝合生，花药1室；雌球花穗单生或数穗组成聚伞状圆锥花序，侧生于老枝上，每轮总苞有4~12个雌花，雌花有束状假花被，包于胚珠之外，胚珠有2层珠被，外珠被的肉质外层与假花被合生成假种皮。种子核果状，包于红色或橘红色肉质假种皮中；胚乳肉质；子叶2枚，发芽时出土。

1属30余种，分布于亚洲、非洲及南美洲等热带及亚热带地区。中国9种；广西7种。

买麻藤属 Gnetum L.

形态特征与科同。本属植物在中国分布于福建、广东、广西、贵州、云南、江西、湖南等地。

分种检索表

1. 种子有柄；球花穗的环状总苞在开花时多向外开展。
　　2. 种子较小，长1.5~2.0cm，直径1.0~1.2cm，有短柄，柄长2~5mm；雄球花穗的每轮总苞内有25~35个雄花 ·· **1. 买麻藤 G. montanum**
　　2. 种子较大，长2.0~3.5cm，直径1.2~2.0cm，雄球花穗的每轮总苞内有45~70个雄花。
　　　　3. 雌球花序不分枝，种子宽椭圆形或长圆状椭圆形，长2~3cm，先端尖；种子柄细，长1.5~2.5cm ········· ·· **2. 细柄买麻藤 G. gracilipes**
　　　　3. 雌球花序1~2次分枝，稀不分枝。
　　　　　　4. 种子倒卵状长椭圆形或长椭圆形，长3~4cm，直径达1.8cm，先端钝圆或急尖，种子柄长2~3cm，基部常弯曲，种子下垂 ······························ **3. 垂子买麻藤 G. pendulum**
　　　　　　4. 种子广椭圆状至近球状，长1.8~2.2cm，直径1.4~2.0cm，两端钝圆，种子柄长2~6mm ·········· ·· **4. 球子买麻藤 G. catasphaericum**
1. 种子无柄或几无柄；球花穗的环状总苞在开花时紧闭而不开展或多少外展。
　　5. 种子长椭圆形或窄长圆状倒卵形，径约1cm；雄球花穗短小，有总苞5~10轮，总苞在开花时紧闭而不向外开展；叶较小，长4~10cm ······························ **5. 小叶买麻藤 G. parvifolium**
　　5. 种子矩圆状广椭圆形或阔椭圆形，总苞在开花时多少外展；叶较大。
　　　　6. 种子较小，矩圆状广椭圆形，长1.5~2.0cm，直径约1.5cm，先端急尖，中央常有小尖头 ·············· ·· **6. 海南买麻藤 G. hainanense**
　　　　6. 种子较大，阔椭圆形，长30~32mm，直径18~22mm，两端钝圆，顶无尖头 ···················· ·· **7. 巨子买麻藤 G. giganteum**

1. 买麻藤　倪藤、接骨藤　图43：1~5
Gnetum montanum Markgr.

木质大藤本，长达10m以上；小枝圆或扁圆，光滑，稀具细纵皱纹。叶形大小多变，通常呈长圆形，稀长圆状披针形或椭圆形，长10~25cm，宽4~11cm，先端具短钝尖头，基部圆或宽楔形，侧脉8~13对；叶柄长8~15mm。雄球花序一至二回三出分枝，雄球花穗圆柱形，长2~3cm，有13~17轮环状总苞，每轮环状总苞内有25~45个雄花，排成2轮，雄花基部有密生短毛；雌球花序侧生老枝上，单生或数序丛生，花穗长2~3cm，直径约4mm，每轮环状总苞内有5~8个雌花，胚珠椭圆状卵圆形。种子长圆状卵圆形，长1.5~2.0cm，直径1.0~1.2cm，熟时黄褐色或红褐色，

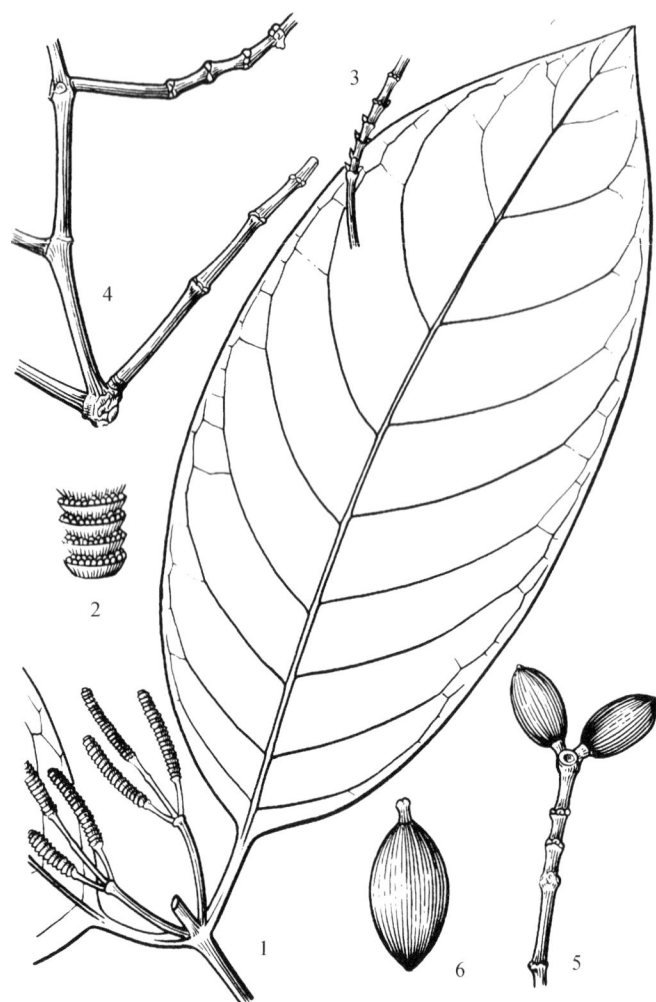

图 43 买麻藤 Gnetum montanum Markgr. 1. 雄球花序枝；2. 雄球花穗的一段；3. 雌球花穗的一段；4. 成熟雌球花序轴及穗轴的一部分；5. 成熟雌球花穗的一段及种子。（仿《中国植物志》）

光滑，有时被亮银色鳞斑，种子柄长 2 ~ 5mm。花期 4 ~ 6 月；种子 10 ~ 12 月成熟。

产于南宁、钦州、玉林、河池、柳州、百色等地。生于山地森林中。分布于云南、广东、海南；印度、缅甸、泰国、老挝、越南也有分布。喜温暖湿润气候，不耐寒，当气温低于 10℃ 时停止生长，不耐重霜；适应性强，在荒山和阴湿密林中均可生长。

扦插或播种繁殖。扦插常于春末秋初用当年生的枝条进行，或于早春用去年生的老枝进行。剪成 5 ~ 15cm 长的一段，每段带 3 个以上的叶节。插穗生根最适气温为 20 ~ 30℃，低于 20℃，插穗生根困难。插后遮阴保湿。亦可压条繁殖，选取健壮的枝条，在顶梢以下大约 15 ~ 30cm 处树皮剥掉一圈，剥后的伤口宽度在 1cm 左右，深度以刚刚把表皮剥掉为限。在环剥处放些湿润土壤，用薄膜包扎紧；30 ~ 45d 后生根。茎皮代麻，可作人造棉等原料；树液为清凉饮料；种子可供炒食或榨油食用，也可供酿酒；根、茎、叶可药用，有祛风湿、接骨活血的功效。叶大阴浓，叶色青翠，缠绕性强，是良好的垂直绿化植物。

2. 细柄买麻藤 图 44：1 ~ 3
Gnetum gracilipes C. Y. Cheng

木质藤本；老枝多呈灰色。叶革质或半革质，窄长圆形或窄椭圆形，稀椭圆形，长 6 ~ 15cm，宽 2.0 ~ 5.5cm，先端短渐尖或急尖，基部楔形，稀圆形；叶柄较细，长约 1cm。雌球花序不分枝，成熟时粗短，各轮之间相距 6 ~ 10mm。种子包于光滑而较薄的假种皮中，宽椭圆形或长圆状椭圆形，两端窄尖，长达 3cm，直径 1.5cm，状如橄榄，种子柄细长，长 15 ~ 25mm，直径约 2mm，具不甚明显的纵槽。

产于上思、宁明、大明山。分布于云南。该种种子柄细而长，种子两端窄尖而易于识别。根茎用于治跌打损伤。

3. 垂子买麻藤 短柄垂子买麻藤、大子买麻藤 图 45：1 ~ 4
Gnetum pendulum C. Y. Cheng

大藤本，皮灰棕色，皮孔凸起，密生而明显。叶片革质，窄矩圆形至矩圆状卵形，长 10 ~ 18cm，宽 4 ~ 7cm，先端急尖或短渐尖，基部圆或宽楔形，侧脉 8 ~ 10 对，稀疏互生，叶柄长达 1.5cm。雄球花序顶生，三至四回分枝；雌球花序 1 次分枝，稀不分枝，种子倒卵状长椭圆形或长椭圆形，长 3 ~ 4cm，直径达 1.8cm，先端钝圆或急尖，基部逐渐窄缩而下延成柄，柄长 2 ~ 3cm，直径 2 ~ 3mm，基部常弯曲，种子下垂。

产于靖西、那坡、凌云、巴马、扶绥、龙州等地。生于海拔 680m 以下的林中。分布于西藏东

图44 1~3. 细柄买麻藤 Gnetum gracilipes C. Y. Cheng 1. 枝及叶；2. 成熟雌球花穗轴的一段；3. 种子。4~5. 小叶买麻藤 Gnetum parvifolium（Warb.）Chun 4. 雄球花序枝；5. 成熟雌球花序枝及种子。（仿《中国植物志》）

南部、云南西南至东南部、贵州东南部。用途与买麻藤的相同。

4. 球子买麻藤　妹仔果

Gnetum catasphaericum H. Shao

木质藤本，长10m以下。叶厚革质，有光泽，长方卵形至长圆形，长8.5~15.0（20.0）cm，宽5~8cm，顶端短渐尖而成钝头，基部宽楔形或近圆形；侧脉细但明显，7~10对，网状脉清晰，叶柄较细，长5~10mm。雄球花序不分枝或仅1次分枝，生于小枝顶端；成熟雌球花序1~2次分枝，粗壮，侧生于老枝上。成熟种子红褐色，广椭圆状至近球状，长18~22mm，直径14~20mm，两端钝圆，种子柄细而明显，长2~6mm。花期4~5月；种子9~12月成熟。

本种近买麻藤，但叶常长方卵形且较宽小，雄球花穗的每轮环状总苞内有较多的雄花，种子广椭圆状至近球状而得以区别。

产于上思十万大山。生长在北热带山地。分布于云南。栽培方法与买麻藤的相近。

5. 小叶买麻藤　大节藤、五层风、铁钻　图44：4~5

Gnetum parvifolium（Warb.）W. C. Cheng

木质藤本，长达12m。常较细弱；茎枝圆形，皮土棕色或灰褐色，皮孔常较明显。叶椭圆形、窄长椭圆形或长倒卵形，长4~10cm，宽25mm，先端急尖或渐尖而钝，稀钝圆，基部阔楔形或微

图 45　垂子买麻藤 Gnetum pendulum C. Y. Cheng 1. 枝及叶；2~3. 成熟雌球花穗
的一段及种子；4. 雄球花序枝。(仿《中国植物志》)

圆；侧脉在上面不明显，在下面明显隆起，长短不等，不达叶缘即弯曲前伸；叶柄细长，长 5 ~
10mm。雄球花序不分枝或 1 次三出分枝或成对分枝，总梗细弱，长 5 ~ 15mm；雌球花序多生于老
枝上，1 次三出分枝，总梗长 1.5 ~ 2.0cm。种子熟时假种皮红色，核果状，长椭圆形或窄长圆状倒
卵形，长 15 ~ 20mm，直径约 1cm，先端常有小尖头，种脐近圆形，直径约 2mm，干后种子表面常
有细纵皱纹，无种柄或近无柄。

产于兴安、永福、临桂、平乐、融水、环江、金秀、钟山、贺州、梧州、玉林、北流、平南、
陆川、浦北、百色、凌云、横县、武鸣等地。生于低海拔杂木林中，常攀缠于其他树上。分布于广
东、海南、湖南、福建等地。喜温暖湿润气候，不耐寒，适应性强，在荒山和阴湿密林中均可生
长。播种或扦插繁殖，方法与买麻藤相同。茎皮纤维供织麻袋等用；种子可供炒食和榨油食用；茎
叶可药用，治骨折、风显骨痛等症。叶色翠绿，是良好的垂直绿化植物。

6. 海南买麻藤　图 46

Gnetum hainanense C. Y. Cheng

木质藤本，较细弱。叶革质，有光泽，矩圆状椭圆形或矩圆状卵形，长 10 ~ 15cm，宽 3 ~ 5cm，
小脉在两面明显网状，叶柄长 8 ~ 12mm。雄球花序成三出聚伞花序或有 2 对分枝；雌球花序的每一
花穗有总苞 10 ~ 20 轮。成熟种子无柄或几无柄，假种皮橘红色，矩圆状广椭圆形，长 1.5 ~ 2.0cm，

径约1.5cm，干后表面无纵皱纹，先端急尖，中央常有小尖。

产于南宁、邕宁、横县等地。分布于广东、海南、河南，以海南最多。扦插或播种繁殖。藤茎可用于治跌打损伤、风湿骨痛。可作垂直绿化植物。

7. 巨子买麻藤

Gnetum giganteum H. Shao

木质藤本，长15m以下。叶长圆形，长9~11cm，宽5~6cm，顶部钝圆或稍有钝尖，基部近圆形，侧脉细而不甚明显，5~7对；叶柄细，长10~12mm。雄球花序生于小枝顶端，不分枝或仅1次分枝；雌球花序侧生于老枝上，不分枝或仅1次分枝，雌球花穗亦微显红色，有环状总苞8~11轮。种子阔椭圆状，长30~32mm，直径18~22mm，两端钝圆，顶无尖头，种子完全无柄，种脐宽圆，径达4~6mm。花期4~6月；种子9~10月成熟。

本种不仅具有大而无柄的阔椭圆状种子，而且成熟雌球花穗的环状总苞间距特长（可达30mm），易于识别。

广西特有种，产于龙州、凭祥及上思十万大山。生长在北热带山地。繁殖方法与买麻藤相近。

图46　海南买麻藤 Gnetum hainanense C. Y. Cheng 1. 枝及叶；2. 成熟雌球花序的一部分及种子。(仿《中国植物志》)

被子植物 ANGIOSPERMAE

双子叶植物 Dicotyledoneae

12 木兰科 Magnoliaceae

乔木或灌木。单叶互生，全缘，稀分裂；托叶大，包被幼芽，脱落后在小枝上留有环状托叶痕，有时贴在叶柄上也留有疤痕。花通常两性，少单性，顶生或腋生；花萼和花瓣无明显区别，花被片3~5轮，每轮3片，分离，覆瓦状排列；花托柱状；雄蕊多数，分离，着生于花托下部；雌蕊多数，分离，着生于花托上部，1室，胚珠1至多枚，2列着生于腹缝线上。聚合果，小果为蓇葖果，种具假种皮；稀为带翅坚果，具种皮。胚极小，胚乳含油质。

约14属250种，主要分布于亚洲东部和南部，北美东南部及中部。中国约11属，主产于东南和西南部。广西8属，分布于广西各地。

分属检索表

1. 叶全缘，稀先端凹缺而呈2裂。
　2. 花顶生，雌蕊群无柄或具短柄。
　　3. 花两性。
　　　4. 每个心皮有胚珠4枚或更多；聚合果紧密，蓇葖小果沿背缝及腹缝线2瓣裂，通常顶端具喙；每蓇葖有种子1至数粒 ·· **1. 木莲属 Manglietia**
　　　4. 每个心皮有2枚胚珠，稀下部心皮有3~4枚胚珠；聚合果，小果为蓇葖果，成熟沿背缝线开裂；种子1~2粒 ··· **2. 木兰属 Magnolia**
　　3. 花单性或杂性。
　　　5. 花单性，异株，花被片6~7片，2轮，近等大；雌蕊群无柄；心皮10~15个，合生；蓇葖果木质，沿腹缝线全裂，部分沿背缝线开裂成2个果瓣 ·················· **3. 单性木兰属 Woonyoungia**
　　　5. 杂性(雄花和两性花异株)；花被片12片，内轮的稍小；两性花的雌雄蕊群之间有间隔，雌蕊群具柄，心皮10~20个，发育时互相愈合；蓇葖果木质，沿背缝及顶端开裂 ······ **4. 拟单性木兰属 Parakmeria**
　2. 花腋生，雌蕊群具显著的柄。
　　6. 部分心皮不发育，心皮各个分离，常形成穗状聚合果；蓇葖果成熟时背缝开裂或背腹缝2瓣裂·· **5. 含笑属 Michelia**
　　6. 全部心皮发育，心皮合生或部分合生，果时完全合生。
　　　7. 花被片18~21片，排成4~6轮，大小近相等；蓇葖果横裂或与肉质外果皮不规则脱落，聚合果果托及木质化的钩状心皮、中轴均宿存 ················· **6. 合果木属 Paramichelia**
　　　7. 花被片9片；聚合果大，成熟时木质，各心皮的拱面在中部纵长分裂成2个厚木质的果瓣，自中轴脱落；种子垂悬于假珠柄上 ·························· **7. 观光木属 Tsoongiodendron**
1. 叶通常4~6裂，顶端平截或浅凹缺，聚合果纺锤状，小果为翅状坚果，成熟时脱落·· **8. 鹅掌楸属 Liriodendron**

1. 木莲属 Manglietia Bl.

多为常绿乔木，稀落叶。叶革质，全缘；叶柄上有托叶痕。花两性，单生枝顶；花被片通常9片，排成3轮，稀6或13片，排成2轮或数轮，大小近相等。花药条形，内向开裂；雌、雄蕊之间无间隔，雌蕊群无柄；心皮分离，每个心皮有胚珠4枚或更多。聚合果紧密，蓇葖小果沿背缝及腹缝线2瓣裂，通常顶端具喙。每蓇葖果有种子1至数粒。

约30种，分布于亚洲热带及亚热带地区。中国20余种，产于长江流域以南。广西12种，另引种 1 种 1 变种。

分种检索表

1. 叶上面或下面被毛，或叶两面均被毛。
  2. 叶长 20~50cm，宽 12~20cm，宽倒卵形；芽、小枝、叶背面、花梗和果均密被锈褐色长绒毛 ……………
   ………………………………………………………………………………… **1. 大叶木莲 M. dandyi**
  2. 叶长 8~26cm，宽不超过 10cm。
    3. 雌蕊群圆柱形。
     4. 叶倒披针状椭圆形或长椭圆形，先端渐尖或尾状渐尖；叶柄长 3~5cm，托叶痕为叶柄长的 1/4~1/3；
      花被片外轮褐色，腹面紫红色或淡红色，中内轮淡红色 ………………… **2. 红花木莲 M. insignis**
     4. 叶狭椭圆形或倒卵形；叶柄长 1.5~3.0cm，被毛，托叶痕极短；外轮花被片背面带绿色，内 2 轮白色，
      微带黄色 ………………………………………………………………… **3. 灰木莲 M. glauca**
    3. 雌蕊群卵圆形或卵形。
     5. 芽、嫩枝被红色或红褐色毛。
      6. 嫩枝、芽、幼叶、果柄均密被红色绒毛；叶倒卵形；外轮花被片倒卵形，具瘤状凸起，淡绿带紫色
       ………………………………………………………………… **4. 广东木莲 M. kwangtungensis**
      6. 嫩枝及芽被红褐色平伏毛或短毛。
       7. 外轮花被片绿色，椭圆形，中轮倒卵状椭圆形，内轮倒卵状匙形；花梗下弯；叶倒卵状椭圆形或
        倒披针形 ………………………………………………………… **5. 桂南木莲 M. conifera**
       7. 外轮花被片白色，长圆状倒卵形或长圆状椭圆形，内 2 轮稍小，倒卵形；花梗直立。
        8. 叶长圆形或长圆状倒卵形，叶柄长 1.5~3.0cm，托叶痕为叶柄长的 1/4~1/3；花被片外轮背
         面基部被红褐色绢毛 ……………………………………… **6. 滇桂木莲 M. forrestii**
        8. 叶狭倒卵形、狭椭圆状倒卵形或倒披针形；叶柄长 1~3cm，基部稍膨大；托叶痕半椭圆形，
         长 3~4mm；外轮花被片近革质，凹入 ………………………… **7. 木莲 M. fordiana**
     5. 芽、叶柄、叶片表面被金黄色绒毛，叶柄长 2.0~2.5cm，托叶痕不明显 … **8. 椭圆叶木莲 M. oblonga**
1. 叶无毛或仅下面中脉有毛。
  9. 芽、小枝、叶下面均被白粉，叶厚革质，倒披针形或窄倒卵状椭圆形，托叶痕约为叶柄长的 1/6 ……………
   ………………………………………………………………………………… **9. 粗梗木莲 M. crassipes**
  9. 芽、小枝无白粉。
   10. 叶长 20~35cm，宽 10~13cm，倒卵状长圆形，顶端钝尖或短尖，下面有乳头状凸起，带灰白色；叶柄长
    2.5~4.0cm，托叶痕延至叶柄的 1/4；花红色 ………………………… **10. 大果木莲 M. grandis**
   10. 叶较小，长 8~19cm，宽不超过 7cm。
    11. 托叶痕为叶柄长的 1/4~1/3。
     12. 叶倒披针状椭圆形；各部揉碎具香气；叶柄长 1.5~3.0cm；花被片 11~12 片，4 轮；聚合果近球
      形或卵球形 …………………………………………………… **11. 香木莲 M. aromatica**
     12. 叶倒披针形，叶柄长 1.0~2.3cm，上有狭沟；花被片 9 片，外轮 3 片红色，背面具疣状凸起；聚
      合果卵状椭圆形 ……………………………………………… **12. 川滇木莲 M. duclouxii**
    11. 托叶痕为叶柄长的 1/2；叶狭窄椭圆形，网状脉不明显；花被片 11 片，肉质，浅黄绿色；雌蕊群宽大
     近球形；聚合果卵球形 ………………………………………… **13. 卵果木莲 M. ovoidea**

1. 大叶木莲 图47

Manglietia dandyi（Gagnep.）Dandy

乔木，高 18~20m。芽、小枝、叶背面、花梗及果均密被锈褐色长绒毛。叶大，宽倒卵形，长 20~50cm，宽 12~20cm，顶端短尖或急尖，基部楔形，上面叶脉被毛；侧脉 20~22 对，网状脉稀疏，明显；叶柄长 2~3cm，托叶痕为叶柄长的 1/3~1/2。聚合果卵球形，长 6~12cm；果梗粗，长 1~3cm，直径 1.0~1.3cm。果期 9~10 月。

濒危种，国家Ⅱ级重点保护野生植物。产于靖西、那坡、田林等地。生于海拔 400~800m 的地

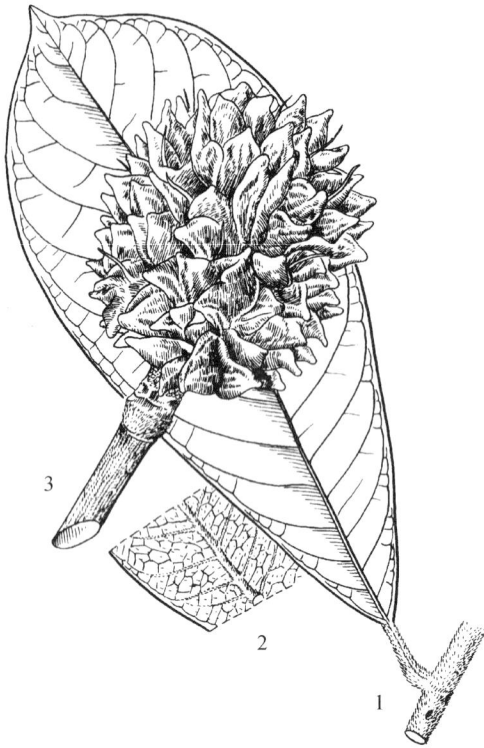

图 47　大叶木莲 Manglietia dandyi（Gagnep.）Dandy
1. 叶枝；2. 叶下面；3. 聚合果。（仿《中国树木志》）

图 48　红花木莲 Manglietia insignis（Wall.）Bl.
1. 花枝；2. 聚合果。（仿《广西珍稀濒危树种》）

区，散生于常绿阔叶林中。喜湿热气候。分布于云南东南部。分布区窄小，资源极少，在广西西南部至西部低海拔地带湿润环境中可造林发展。播种繁殖，随采随播或混润沙贮藏至翌年春播种。优良速生用材树种，木材纹理细致，材质轻柔，可供作建筑、家具和胶合板用材。

2. 红花木莲　美木莲　图 48

Manglietia insignis（Wall.）Bl.

乔木，高 30m，胸径 40cm。当年生枝节环微被红褐色平贴毛。叶倒披针状椭圆形或长椭圆形，长 10 ~ 26cm，宽 4 ~ 10cm，先端渐尖或尾状渐尖，上面无毛，下面中脉具红褐色柔毛或散生平伏微毛，侧脉 12 ~ 24 对；叶柄长 3 ~ 5cm，托叶痕为叶柄长的 1/4 ~ 1/3。花芳香，花梗粗壮，直径 0.8 ~ 1.0cm；花被片 9 ~ 12 片，外轮褐色，腹面紫红色或淡红色，中内轮淡红色；雌蕊群圆柱形。聚合果卵状长圆形，长 7 ~ 9cm，蓇葖果有瘤状凸起。花期 5 ~ 6 月；果期 8 ~ 9 月。

产于广西北部、东北部和西北部。生于海拔900 ~ 2000m 的中山地带。适应温凉湿润气候，常为常绿落叶阔叶混交林的上层乔木之一。分布于西藏东南、贵州、云南和湖南等地；印度、缅甸北部也有分布。木材为家具等优良用材。树冠优美，枝叶浓密，花色美丽，为庭院绿化优良树种。

3. 灰木莲

Manglietia glauca Bl.

乔木，高 26m，胸径 80cm。小枝绿色，幼枝节环上和叶背被褐色平伏短柔毛。叶狭椭圆形或倒卵形，长 10 ~ 20cm，宽 3.5 ~ 6.5cm，先端短尖；叶柄长 1.5 ~ 3.0cm，被毛，托叶痕极短；侧脉 10 ~ 12 对。花梗长 1.5cm，节环上疏生平伏短毛；花被片 9 片，3 轮，外轮背面带绿色，内 2 轮白色，微带黄色；雌蕊群圆柱形，心皮露出面有 1 条纵沟。花期 2 ~ 4 月；果期 9 ~ 10 月。

原产于越南、印度尼西亚。南宁、河池、柳州、凭祥等地有栽培。高峰林场造林于海拔300m 的潮湿谷地及山坡上，生长良好。广东、海南等地也有引种。深根性树种，抗风能力较强。幼年稍耐阴，中龄后喜光。喜温暖气候和肥沃湿润的酸性土壤，不耐干旱瘠薄。播种繁

殖，随采随播或沙藏至翌年春播种。幼
苗需适当遮阴，1 年生苗高 50cm 可出圃
造林。人工林生长快，在南宁种植在山
洼湿润肥沃地，14 年生树高 18m，胸径
14cm；在土壤干燥贫瘠的缓丘上，常生
长不良。木材密度小，灰白色，纹理直，
结构细；干燥后稍开裂，耐腐、抗虫能
力弱。树形美观，花大繁茂，可作庭院
绿化树种。

4. 广东木莲　图 49

Manglietia kwangtungensis（Merr.）
Dandy

　　乔木，高达 14m，胸径约 50cm；树
皮深灰色，具数个横列或连成小块的皮
孔；嫩枝、芽、幼叶、果柄均密被红色
绒毛。叶倒卵形，长 14 ~ 20cm，宽4.5 ~
7.0cm，先端短钝尖或渐尖，基部楔形或
成宽楔形，上面无毛，下面和叶柄均被
红色绒毛；侧脉 10 ~ 14 对；叶柄长 2 ~
3cm，上面具纵沟，托叶痕长 3 ~ 6mm。
花被片 9 片，外轮 3 片，近革质，倒卵
形，具瘤状凸起，淡绿带紫色，内 2 轮白
色，肉质，宽倒卵形；雄蕊群红色，药
隔伸出长 1.5 ~ 2.0mm 的钝尖；雌蕊群卵
圆形，心皮狭椭圆形。聚合果卵球形；
蓇葖果背面有疣状凸起，顶端具长 2 ~
3mm 的喙。花期 5 ~ 6 月；果期 8 ~
12 月。

　　产于融水、金秀、苍梧、贺州、昭
平、钟山、十万大山、龙州等地。生于
海拔 1000m 左右的常绿阔叶林中。分布
于广东。

5. 桂南木莲　仁昌木莲　图 50

Manglietia conifera Dandy

　　乔木，高 18 ~ 20m。芽、幼枝微被红
褐色平伏毛。叶倒卵状椭圆形或倒披针
形，长 12 ~ 15cm，宽 3 ~ 5cm，顶端短尖
或钝，基部楔形，上面深绿色，下面灰
绿色或淡绿色，幼时有短毛；侧脉 12 ~
14 对；叶柄长 2 ~ 3cm，上面有窄沟；托
叶痕长 3 ~ 5mm。花梗长 4 ~ 7cm，常下
弯；花被片9 ~ 11 片，外轮 3 片，常绿
色，椭圆形，中轮倒卵状椭圆形，内轮

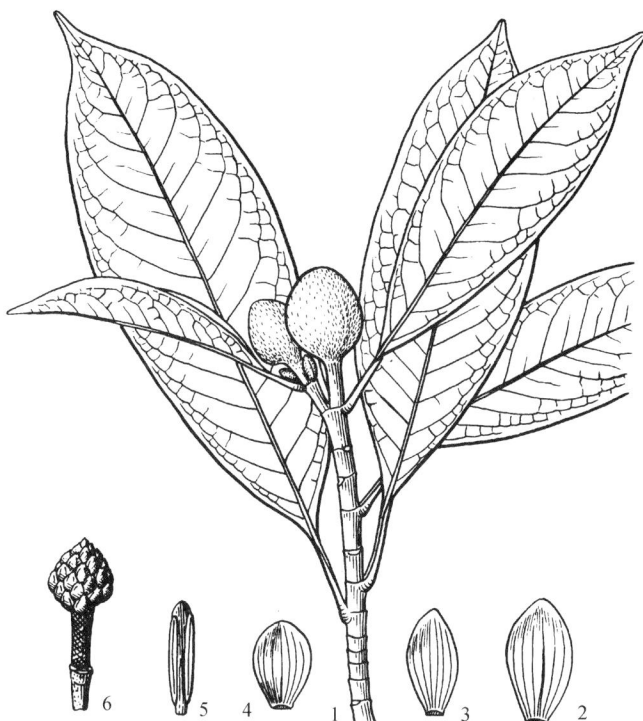

图49　广东木莲 Manglietia kwangtungensis（**Merr.**）**Dandy**
1. 花蕾枝；2 ~ 4. 外、中、内 3 轮花被片；5. 雄蕊；6. 雌蕊
群。（仿《中国树木志》）

图 50　桂南木莲 Manglietia conifera Dandy 1. 花枝；2. 聚
合果。（仿《中国树木志》）

图 51 滇桂木莲 Manglietia forrestii W. W. Smith ex Dandy 1. 花枝；2 ~ 4. 外、中、内 3 轮花被片；5. 雌蕊群；6. 雄蕊。(仿《中国植物志》)

倒卵状匙形；雄蕊药隔伸出成三角状尖头；雌蕊群卵形。聚合果长 4 ~ 5cm，卵形，蓇葖果有疣状凸起，先端具短喙。花期 5 ~ 6 月；果熟期 9 ~ 10 月。

产于广西各地。生于海拔 800 ~ 1800m 的低山、中山山地，是常绿阔叶林和常绿落叶阔叶混交林中主要树种之一。分布于湖南、江西、广东等地。

喜温暖气候和深厚肥沃的酸性黄壤和黄红壤。抗风力较强；幼年耐阴，后喜光。播种繁殖。木材供建筑、家具、细木工等用，树皮可作厚朴的代用品。树形美观，花大而洁白，可作园林风景树种。

6. 滇桂木莲 图 51

Manglietia forrestii W. W. Smith ex Dandy

乔木，高 20m，胸径 40cm。芽、小枝、叶柄、叶背均被红褐色平伏毛。叶长圆形或长圆状倒卵形，长 12 ~ 20cm，宽 4 ~ 7cm，先端尖或短渐尖，基部宽楔形；侧脉 11 ~ 16 对；叶柄长 1.5 ~ 3.0cm，托叶痕为叶柄长的 1/4 ~ 1/3。花梗长 1.0 ~ 2.5cm，直立；花被片 9(10) 片，白色，芳香，外轮背面基部被红褐色绢毛，长圆状倒卵形，内两轮稍小，倒卵形，无毛；雄蕊药隔伸出，顶端钝圆；雌蕊群卵圆形。聚合果卵形或卵球形，长 5 ~ 6cm，蓇葖果密生瘤状凸起，顶端具短喙；种子 2 粒。花期 6 月；果期 9 ~ 10 月。

产于广西西南部和金秀。分布于云南。

木材可供制作家具、门窗等。

7. 木莲 图 52

Manglietia fordiana Oliver

乔木，高达 20m，嫩枝及芽有红褐色短毛，后脱落无毛。叶狭倒卵形、狭椭圆状倒卵形或倒披针形，长 8 ~ 17cm，宽 2.5 ~ 5.5cm；先端短急尖，通常尖头钝，基部楔形，沿叶柄稍下延，边缘稍内卷，下面疏生红褐色短毛；侧脉 8 ~ 12 对；叶柄长 1 ~ 3cm，基部稍膨大；托叶痕半椭圆形，长 3 ~ 4mm。总花梗具 1 个环状苞片脱落痕，被红褐色短柔毛，直立；花被片 9 片，纯白色，外轮 3 片质较薄，近革质，凹入，长圆状椭圆形，内 2 轮稍小，常肉质，倒卵形；雄蕊药隔伸出成短钝三角形；雌蕊群卵圆形，具 23 ~ 30 个心皮，平滑，基部心皮长 5 ~ 6mm；胚珠 8 ~ 10 枚，2 列。聚合果褐色，卵球形，蓇葖果露出面有粗点状凸起，先端具长约 1mm 的短喙；种子红色。花期 5 月；果期 10 月。

本原种与变种海南木莲极相似，但叶质地比较厚，干后两面叶脉不明显，花柄有褐色毛，心皮有长约 1mm 的喙。

产于广西各地。生于海拔 400~1000m 的低山常绿阔叶林中。垂直分布上限显著低于桂南木莲和红花木莲。分布于安徽、浙江、江西、湖南、福建、广东、贵州、云南等地。喜温暖湿润气候及肥沃的酸性土壤。幼年耐阴，后喜光。播种繁殖，苗木根系发达，侧根多，造林容易成活，人工林生长较快。木材密度中等，木材灰黄白色，纹理直，结构细，干燥后稍开裂，耐腐性、抗虫力弱。果及树皮入药，可治便秘和干咳。

7a. 海南木莲　绿楠　图53

Manglietia fordiana var. **hainanensis**（Dandy）N. H. Xia

本种区别于原种在于叶长 10~20cm，宽 3~7cm，侧脉 12~16 对；叶柄长 3~4cm，上面有宽纵沟，托叶痕长 3~4mm。雄蕊药隔伸出，具钝尖头头；雌蕊群卵形。聚合果椭圆状卵形，蓇葖果露出面有疣状凸起，顶端无喙。花期 4~5 月；果期 9~11 月。

南宁有栽培。原产于海南省。播种繁殖，种子不宜久藏，不能日晒，应随采随播，否则极易丧失发芽力。造林成活率较高，生长较快。材质坚硬，为高级家具、乐器等小巧工艺用材。

8. 椭圆叶木莲

Manglietia oblonga Y. W. Law et al.

乔木，高 20m，叶片革质，芽、叶柄、叶片表面被金黄色绒毛，叶柄长 2.0~2.5cm，托叶痕不明显。花被片 9 片，外 3 片内 6 片，雄蕊多数。花期 4~5 月；未见有果。

广西特有种。产于临桂、兴安。生于海拔 800~1200m 的常绿阔叶林中。

9. 粗梗木莲　粉背木莲　图54

Manglietia crassipes Law

乔木，高 4m。芽、小枝、叶下

图 52　木莲 Manglietia fordiana Oliver 1. 花枝；2~4. 外、中、内 3 轮花被片；5. 雄蕊；6. 雌蕊群；7. 聚合果。（仿《中国树木志》）

图 53　海南木莲 Manglietia fordiana var. hainanensis（Dandy）N. H. Xia 1. 花枝；2. 聚合果；3. 种子。（仿《中国树木志》）

图54 粗梗木莲 Manglietia crassipes Law 果枝（仿《中国树木志》）

图55 大果木莲 Manglietia grandis Hu et Cheng 1. 花枝；
2. 佛焰苞状苞片；3~4. 雄蕊；5. 雄蕊横剖面；6~7. 花柱；
8. 雌蕊群纵剖面；9. 聚合果。（仿《中国植物志》）

面均被白粉，为本属广西产的各种中独具的特征。叶厚革质，常 6~9 枚集生于枝顶，倒披针形或窄倒卵状椭圆形，长 13~24cm，宽 5~8cm，顶端短尖，钝头；侧脉 8~14 对，两面网明显；叶柄长 3.0~3.5cm，托叶痕约为叶柄长的 1/6。聚合果卵形，长 5~6cm；果梗粗壮，长 4~5cm；蓇葖果椭圆形，具短尖喙。花期 5 月；果期 9 月。

产于金秀。生于海拔 1300~1500m 的常绿阔叶林中。分布于云南。

10. 大果木莲 图 55

Manglietia grandis Hu et Cheng

乔木，高 12m。小枝粗壮，各部位均无毛。叶大，长 20~35cm，宽 10~13cm，倒卵状长圆形，顶端钝尖或短尖，下面有乳头状凸起，带灰白色；侧脉 17~26 对，干后两面网脉明显；叶柄长 2.5~4.0cm，托叶痕延至叶柄的 1/4。花红色，花被片 12 片；药隔伸出约 1mm 的小尖头。聚合果圆状卵形，长 10~12cm，直径 8~12cm；果柄长 1.5cm。

产于靖西、那坡、田林等地。生于海拔 600~1000m 的疏林中或林缘。分布于云南东南部。

木材细致、耐久，供作建筑及家具用材。

11. 香木莲 图 56

Manglietia aromatica Dandy

乔木，高 25m。除芽被白色平伏毛外，其余各部无毛，各部揉碎具香气。叶倒披针状椭圆形，长 15~19cm，宽 6~7cm，基部渐窄稍下延；中脉上面凹陷，侧脉 12~16 对，干时两面网脉明显；叶柄长 1.5~3.0cm，托叶痕延至叶柄的 1/4~1/3。花被片 11~12 片，4 轮。聚合果近球形或卵球形，直径 7~8cm。花期 5~6 月；果期 9~10 月。

产于龙州、百色、乐业等地。生于海拔 900m 以下的沟谷下坡或低山丘陵的森林中。分布于云南东南部；越南也有分布。喜光，幼树稍耐阴。喜温凉气候。喜湿润，但忌积水；喜深厚肥沃、有机质含量较高的山地黄壤或沟谷黄壤。种子易腐烂，天然更新能力差。播种繁殖，随采随播或混润沙贮藏至翌年春播种。木材密度中等，心材淡黄色，边材灰色，纹理直，结构细，干燥后稍开裂，稍变形。枝、叶、花及木材可供提取香木莲浸膏，供调制香料用。花大而芳香，为优良绿化树种。

12. 川滇木莲

Manglietia duclouxii Finet et Gagnep.

乔木，高6m。叶薄革质，倒披针形，长 8 ~ 13cm，宽 2.5 ~ 4.0cm，先端渐尖，两面无毛；叶柄长 1.0 ~ 2.3cm，上有狭沟；托叶痕长约为叶柄长的1/3。花梗无毛，紧贴花被下具 1 枚佛焰苞状苞片；花被片 9 片，肉质，外轮 3 片红色，背面具疣状凸起；药隔伸出成三角状小尖头。聚合果卵状椭圆形，长 5 ~ 6cm。花期 5 ~ 6 月；果期 9 ~ 10 月。

产于隆林。分布于四川、云南东北部。生于海拔 1350 ~ 2000m 的阔叶林中。

图 56　香木莲 Manglietia aromatica Dandy 1. 花枝；2. 雌蕊群；3. 聚合果；4. 蓇葖果（腹面）。（仿《中国树木志》）

树皮为厚朴代用品，在四川被称为"古蔺厚朴"。

13. 卵果木莲

Manglietia ovoidea H. T. Chang et B. L. Chen

乔木，高10m。小枝粗壮，初被锈色毛，后脱落。叶片革质，狭窄椭圆形，长 13 ~ 14cm，宽 4 ~ 5cm，叶背面浅绿，正面深绿色，网状脉不明显，基部楔形，顶端渐尖；托叶痕为叶柄长的1/2。花被片 11 片，肉质，浅黄绿色；雄蕊多数；雌蕊群宽大近球形。聚合果卵球形。花期 4 月；果期 10 ~ 11 月。

产于广西西北部。生于海拔 1700 ~ 2000m 的阔叶林中。分布于云南。木材结构细，纹理直，可供作家具、细木工用材。树干通直，枝叶茂密，树冠优美，可栽培供观赏。

2. 木兰属 Magnolia L.

乔木或灌木，常绿或落叶。叶全缘，稀顶端凹缺成 2 浅裂；托叶膜质，下部一侧贴生或不贴生于叶柄，贴生者在叶柄上留有托叶痕。花两性，单生枝顶；花被片 9 ~ 21 片，每轮 3 ~ 5 片，近相等，有时外轮较小，带绿色，呈萼片状；花丝扁平，药室内向或侧向开裂；雌蕊群与雄蕊群之间无间隔，稀有极短的雌蕊群柄；心皮分离，每心皮有 2 枚胚珠，稀下部心皮有 3 ~ 4 枚胚珠。聚合果，小果为蓇葖果，成熟沿背缝线开裂。种子 1 ~ 2 粒，外种皮红色。

约90种，分布于中国、日本、马来群岛、北美、中美。中国约30种；广西10种1变种。

分种检索表

1. 花药内向开裂。
  2. 常绿乔木或灌木。
    3. 叶柄上托叶痕几达叶柄顶端。
      4. 花梗下弯。
        5. 全株各部无毛；雌蕊群卵形或狭卵形。
          6. 叶较小，长 7~14(~28)cm，宽 2.0~4.5(~9)cm，顶端长渐尖，边缘常波状卷曲；侧脉 8~10 对；叶柄长 5~10mm，托叶痕达叶柄顶端 ······················· **1. 夜香木兰 M. coco**
          6. 叶较大，长 35~43cm，宽 10~17cm，顶端急尖或短尖，侧脉 11~17 对；叶柄长 3~6cm，托叶痕为叶柄长的 1/3~1/2，有时几达叶柄的顶端 ·············· **2. 显脉木兰 M. fistulosa**
        5. 叶背面被微柔，狭椭圆形；花梗密被平伏褐色柔毛；雌蕊群椭圆形 ········ **3. 木论木兰 M. mulunica**
      4. 花梗直立。
        7. 嫩枝、叶柄内面、叶背基部、中脉及花梗均被淡褐色平伏长毛，后脱落；叶椭圆形、狭倒卵状椭圆形或狭长圆状椭圆形；雌蕊群狭倒卵形 ············· **4. 香港木兰 M. championii**
        7. 嫩枝密被白色长毛；叶卵状椭圆形、椭圆形，叶面深绿色，叶背淡绿色，被白色弯曲毛 ············· **5. 馨香玉兰 M. odoratissima**
    3. 叶柄上无托叶痕；芽、小枝、叶柄、叶背面、花梗均密被锈褐色短绒毛；叶厚革质，椭圆形或倒卵状椭圆形；雌蕊群椭圆形，密被长绒毛 ··············· **6. 荷花玉兰 M. grandiflora**
  2. 落叶乔木或灌木。
    8. 小枝粗壮，淡黄色，幼时密被绢毛；叶长圆状倒卵形，下面被灰色柔毛，有白粉，呈灰绿色；托叶痕长约为叶柄的 2/3；雌蕊群椭圆状卵形 ·············· **7. 厚朴 M. officinalis**
    8. 小枝细长，初被银灰色平伏长柔毛；叶宽倒卵状圆形，背面苍白色，常被白色和褐色平伏短柔毛，叶脉和叶柄被长柔毛；托叶痕延至叶柄中部；雌蕊群椭圆形 ··············· **8. 天女花 M. sieboldii**
1. 花药侧向开裂。
  9. 叶先端宽圆或平截，具短突尖；叶背面被长绢毛；托叶痕为叶柄长的 1/4~1/3；花被片白色 ·············
                                                  9. 玉兰 M. denudata
  9. 叶顶端急渐尖或急尖，下面沿脉有短柔毛；托叶痕长为叶柄的 1/2；花紫色至紫红色 ·············
                                                 10. 紫玉兰 M. liliiflora

1. 夜香木兰 夜合花 图57

Magnolia coco（Lour.）DC.

常绿灌木或小乔木，高 2~4m；全株各部无毛。小枝绿色，平滑，稍具棱脊。叶革质，狭椭圆形或倒卵状椭圆形，长 7~14(~28)cm，宽 2.0~4.5(~9.0)cm，顶端长渐尖，基部楔形，边缘常波状卷曲；侧脉 8~10 对，网脉稀疏；叶柄长 5~10mm，托叶痕达叶柄顶端。花梗向下弯垂，花直径 3~4cm，夜间极香；花被片 9 片，外轮白带绿色，内 2 轮白色；雄蕊药隔伸出成短尖头，花药内向开裂；雌蕊群卵形。聚合果长约 3cm。花期夏季；果期秋季。

产于恭城、容县、合浦等地。桂林、柳州、梧州、南宁等地有栽培。分布于云南、浙江、福建、广东、台湾；越南也有分布。

喜湿润、肥沃土壤，耐阴。对有毒气体抗性较差。嫁接或压条繁殖。嫁接繁殖以醉香含笑、紫玉兰、木莲等作砧木；压条繁殖在早春气温转暖后或秋天进行。也可用扦插繁殖。花大、极香，华南各地普遍栽培，为庭院常见的观赏花卉。花可供提制香精，也可掺入茶叶内作熏香剂。根皮入药，能散瘀除湿，治风湿跌打；花可治淋浊带下。

2. 显脉木兰　长叶木兰

Magnolia fistulosa (Finet et Gagnep.) Dandy

常绿小乔木，全株无毛，高约3m，胸径6cm，树皮灰色、平滑；幼枝绿色，干时灰色，被白粉。叶厚革质，倒卵形或倒卵状椭圆形，长35～43cm，宽10～17cm，顶端急尖或短尖，基部狭楔形，叶面扁平，不波皱起伏，上面极光亮，深绿色，下面浅绿色，中脉和侧脉在上面显著凹陷，在下面凸起，侧脉每边11～17条，不达叶缘而在叶缘附近弯拱连结；叶柄长3～6cm，托叶痕为叶柄长的1/3～1/2，有时几达叶柄的顶端，基部显著膨大。花蕾长约3cm，卵形；苞片3片，绿色，干时黑色，背面具颗粒状乳凸；花梗长2.3cm，直径0.4cm，下弯；花被片3轮，9～12片，凹弯，最外轮3片膜质，绿色，其余5片肉质，白色；雄蕊多数；雌蕊群狭卵形，心皮约11个。聚合果褐色，椭圆形。

产于武鸣、防城、上思、环江、崇左、宁明、龙州、大新等地。

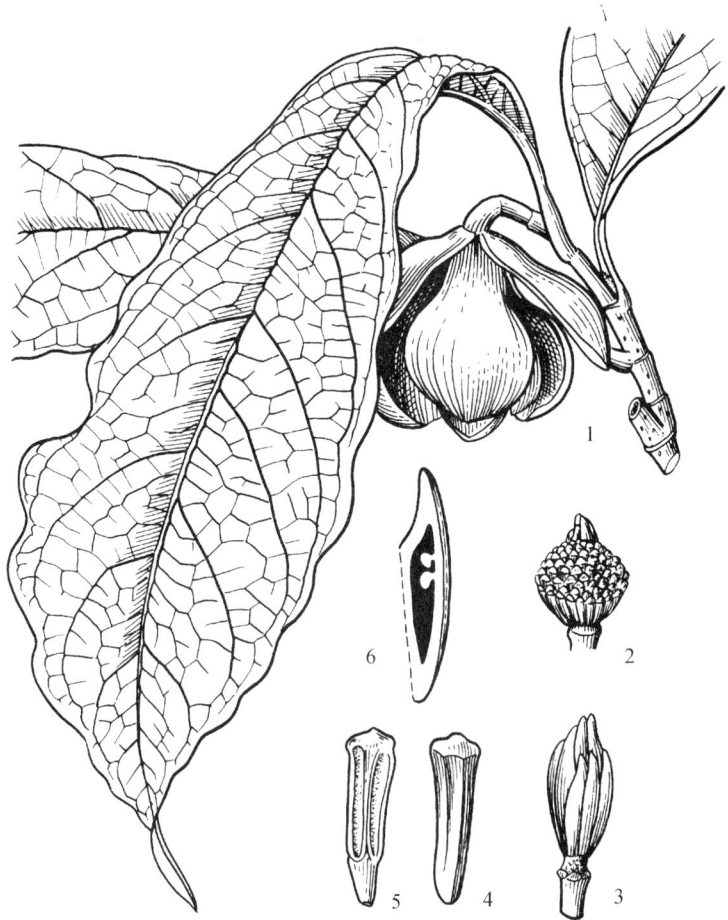

图57　夜香木兰 **Magnolia coco** (Lour.) DC. 1. 花枝；2. 雌、雄蕊群；3. 雌蕊群；4～5. 雄蕊背腹面；6. 心皮纵剖面。(仿《中国树木志》)

生于海拔1000m以下的山坡、溪旁，在肥力较高、微酸性的土壤上生长良好。分布于广东、海南、云南、贵州；越南也有分布。花期较木兰科其他种类迟而长，为庭院观赏的好树种。树皮药用。

3. 木论木兰

Magnolia mulunica Law et Q. W. Zeng

常绿小乔木，高5m。叶厚革质，狭椭圆形，长12～30cm，宽2.5～7.0cm，顶端长渐尖至尾尖，基部楔形，上面深绿色，无毛，下面淡绿色，被微柔毛，叶缘稍反卷；叶柄长1～3cm，托叶痕达叶柄顶端。花梗长2.2～2.5cm，直径3～4mm，下弯，密被平伏褐色柔毛；花被片9片；花药内向开裂；雌蕊群椭圆形，每雌蕊具胚珠2枚。聚合果椭圆体形，长4～6cm。花期4～6月；果期9～10月。

产于环江，生于石灰岩山地沟谷，喜水湿，仅见于常年有流水的沟边。

4. 香港木兰　香港玉兰

Magnolia championii Benth.

常绿小乔木或灌木，嫩枝、叶柄内面、叶背基部、中脉及花梗均被淡褐色平伏长毛，后脱落。叶革质，椭圆形、狭倒卵状椭圆形或狭长圆状椭圆形，先端渐尖或尾状渐尖，基部楔形，侧脉8～12对；托叶痕几达叶柄顶端。花直立，花梗较短，长1～2cm；花被片9片，外轮淡绿色，内2轮白色，倒卵形；雄蕊药隔伸出成三角形短尖，花药内向开裂；雌蕊群狭倒卵形。聚合果长3～4cm。

图 58 荷花玉兰 Magnolia grandiflora L. 1. 花枝；2. 聚合果；3. 种子。（仿《中国树木志》）

花期 5~6 月；果期 9~10 月。

产于龙州、上思等地；分布于广东、海南等地。喜阴湿环境。播种繁殖，也可圈枝、嫁接或扦插繁殖。树形优雅，花极芳香，可栽培作园林风景树。

5. 馨香玉兰

Magnolia odoratissima Law et R. Z. Zhou

常绿乔木，高 5~6m，嫩枝密被白色长毛，小枝淡灰褐色。叶革质，卵状椭圆形、椭圆形，长 8~14（~30）cm，宽 4~7（~10）cm，叶面深绿色，叶背淡绿色，被白色弯曲毛；托叶痕几达叶柄顶端。花直立，花蕾卵圆形，花白色，极芳香，花被片 9 片，凹弯，肉质；花药内向开裂。

产于那坡。分布于云南东南部。嫁接或扦插繁殖。优良园林绿化树种。

6. 荷花玉兰 广玉兰、洋玉兰 图 58

Magnolia grandiflora L.

常绿乔木，在原产地高 30m。芽、小枝、叶柄、叶背面、花梗均密被锈褐色短绒毛。叶厚革质，椭圆形或倒卵状椭圆形，长 10~20cm，宽 4~10cm，顶端钝或短钝尖，侧脉 8~9 对；叶柄长 1.5~4.0cm，无托叶痕。花大，直径 15~20cm，白色；花药内向开裂；雌蕊群椭圆形，密被长绒毛。聚合果圆柱状卵形，长 7~10cm，密被锈褐色短绒毛。花期 5~6 月；果期 10 月。

原产于美洲东南部。广西各地有栽培；长江流域各地也有广泛栽培。花大、芳香，树冠浓密深绿，为著名庭院绿化观赏树种。对二氧化硫、氯气、氟化氢等有毒气体以及烟尘有较强抗性。木材黄白色，材质坚重，可作装饰边材用。叶入药，可治高血压；花可供制浸膏。

7. 厚朴 图 59：1~6

Magnolia officinalis Rehd. et Wils.

落叶乔木，高 15~20m。小枝粗壮，幼时密被绢毛。叶大，7~9 片集生于枝顶，长圆状倒卵形，顶端短急尖或钝圆，基部楔形，全缘而微波状，下面被灰色柔毛，有白粉，呈灰绿色；侧脉 20~30 对；叶柄长 3~4cm，粗壮，托叶痕长约为叶柄的 2/3。花白色，花梗粗短，被长柔毛；花被片 9~12（~17）片；花药内向开裂；雌蕊群椭圆状卵形。聚合果长圆状卵形，长 9~15cm。花期 5~6 月；果期 8~10 月。

广西北部和东北部有栽培。分布于长江流域和陕西、甘肃东南部，并有广泛栽培。喜温凉湿润气候和排水良好的土壤。喜光，幼龄稍耐阴。播种繁殖，也可用压条、分蘖或萌芽繁殖。树皮为著名中药材，花、种子和芽也可入药；木材微红灰色；纹理直，结构细；干燥后稍开裂、变形，耐腐，为细木工用材。叶大阴浓，花大美丽，可作绿化观赏树种。

7a. 凹叶厚朴 图 59：7

Magnolia officinalis var. **biloba**（Rehd. et Wils.）Law

与厚朴的区别在于：本变种叶顶端凹缺，成 2 浅裂，裂片顶端钝圆，但幼苗叶顶端钝圆，不凹缺。

产于广西北部、东北部和金秀。生于海拔 300～1400m 的地区。广西北部有规模栽植。喜温凉湿润气候。分布于安徽、浙江、江西、湖南、广东等地。喜温暖湿润环境，幼年耐阴，成年喜光。药、木材兼用，药用的功效与厚朴的同，但品质略差。

8. 天女花　小花木兰
图 60

Magnolia sieboldii K. Koch

落叶乔木，高 10～15m。小枝细长，初被银灰色平伏长柔毛。叶宽倒卵状圆形，顶端急尖，基部圆形，背面苍白色，常被白色和褐色平伏短柔毛，叶脉和叶柄被长柔毛；叶柄长 1～4（～6）cm，托叶痕延至中部。花白色，花梗长 3～7cm，常下弯，花下垂；花药内向开裂；雌蕊群椭圆形。聚合果倒卵圆形或长圆形，长 5～7cm；熟时下弯。花期 5～6 月；果期 8～9 月。

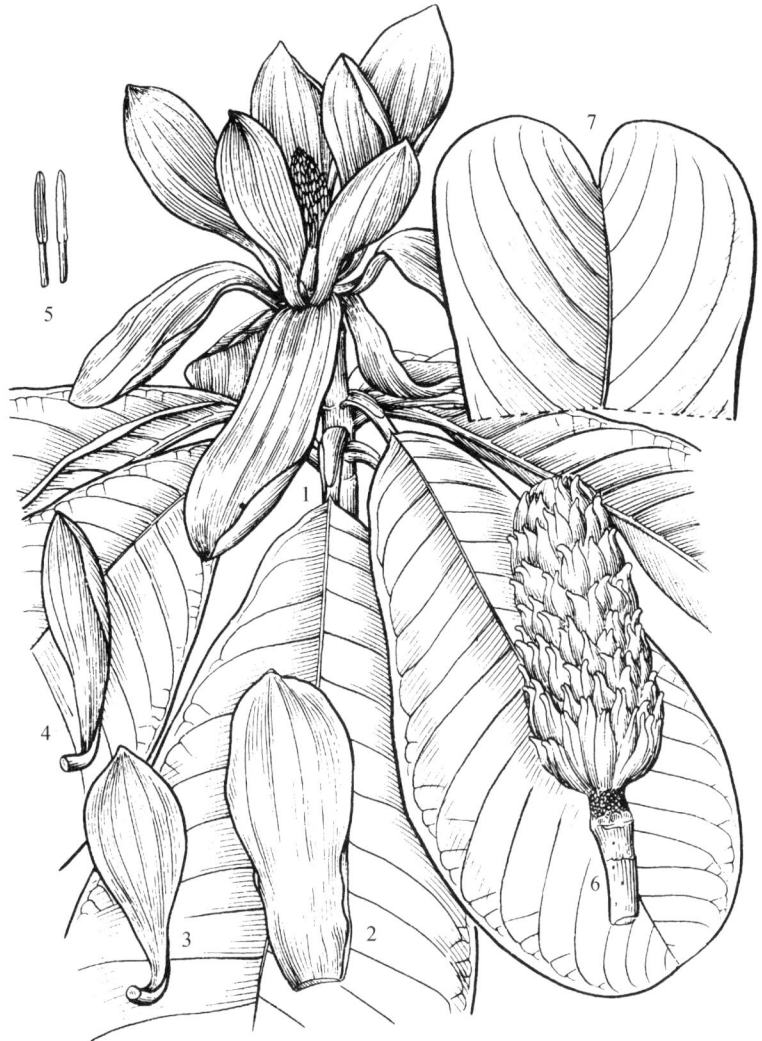

图 59　1～6. 厚朴 Magnolia officinalis Rehd. et Wils. 1. 花枝；2～4. 外、中、内 3 轮花被片；5. 雄蕊；6. 聚合果。**7. 凹叶厚朴 Magnolia officinalis** var. **biloba**（Rehd. et Wils.）Law 叶的先端，示凹缺。（仿《中国树木志》）

产于资源、全州、兴安等地。生于海拔 1500～2000m 的林中和林缘。分布于辽宁、安徽、江西等地；朝鲜、日本也有分布。

9. 玉兰　白玉兰、望春花　图 61

Magnolia denudata Desr.

落叶乔木。芽与花梗密被灰黄色长绢毛。叶倒卵形或倒卵状椭圆形，长 10～18cm，宽 6～12cm，先端宽圆或平截，具短突尖，叶背面被长绢毛；叶柄被柔毛，托叶痕为叶柄长的 1/4～1/3。花梗明显膨大粗短、直立，花被片 9 片，白色；花药侧向开裂；雌蕊群圆柱形，无毛。聚合果圆柱形，蓇葖果木质，褐色，具白色皮孔。花期 2～3 月；果期 8～9 月。

兴安、桂林、全州有栽培。分布于安徽、浙江、江西、湖南、广东等地，并有广泛栽培。喜光，稍耐寒，较耐干旱，喜肥沃湿润土壤，萌芽性强。播种繁殖或用紫玉兰为砧木嫁接繁殖。材质优良，纹理直，结构细，供家具、细木工等用。花蕾药用的功效与"辛夷"的同；花被片供食用或熏茶。花先于叶开放，早春白花满树，艳丽芳香，为优良的庭院观赏树种。

图 60 天女花 Magnolia sieboldii K. Koch
1. 花枝；2. 聚合果。(仿《中国树木志》)

图 61 玉兰 Magnolia denudata Desr. 1. 花枝；
2. 枝叶。(仿《中国树木志》)

图 62 紫玉兰 Magnolia liliiflora Desr. 1. 花枝；2. 果枝；3. 雄蕊；
4. 雌、雄蕊群；5. 外轮花被片和雌蕊群。(《仿中国树木志》)

10. 紫玉兰 木兰、辛夷

图 62

Magnolia liliiflora Desr.

落叶灌木。芽、幼枝被黄色绢毛。叶椭圆状倒卵形或倒卵形，长 8～18cm，宽 3～10cm，顶端急渐尖或急尖，基部渐窄略下延，下面沿脉有短柔毛；叶柄较短，约 1cm，托叶痕长为叶柄的 1/2。花紫色至紫红色；花和叶同时开放；花药侧向开裂。花期 3～4月；果期 8～9月。

桂林、柳州等地有栽培。主要分布于河南、安徽、四川等地。幼树稍耐阴，成年喜光。分株或压条繁殖，也可为玉兰、白兰等木兰科植物的嫁接砧木。花蕾入药，商品名"辛夷"，为著名的中药材。花大而美丽，又为著名的庭院观赏绿化、香化树种。

3. 单性木兰属 Woonyoungia Law

乔木。托叶贴生于叶柄。花单性，单生枝顶，花被片 6～7 片，2 轮，近等大；花药内向开裂；雌蕊群无柄；心皮 10～15 个，合生，胚珠 2 枚。蓇葖果木质，沿腹缝线全裂，部分沿背缝线开裂成 2 个果瓣。种子 1～2 粒。

2～3 种，分布中国、柬埔寨和泰国。中国 1 种，产于广西、贵州。

单性木兰　焕镛木　图 63

Woonyoungia septentrionalis（Dandy）Y. W. Law

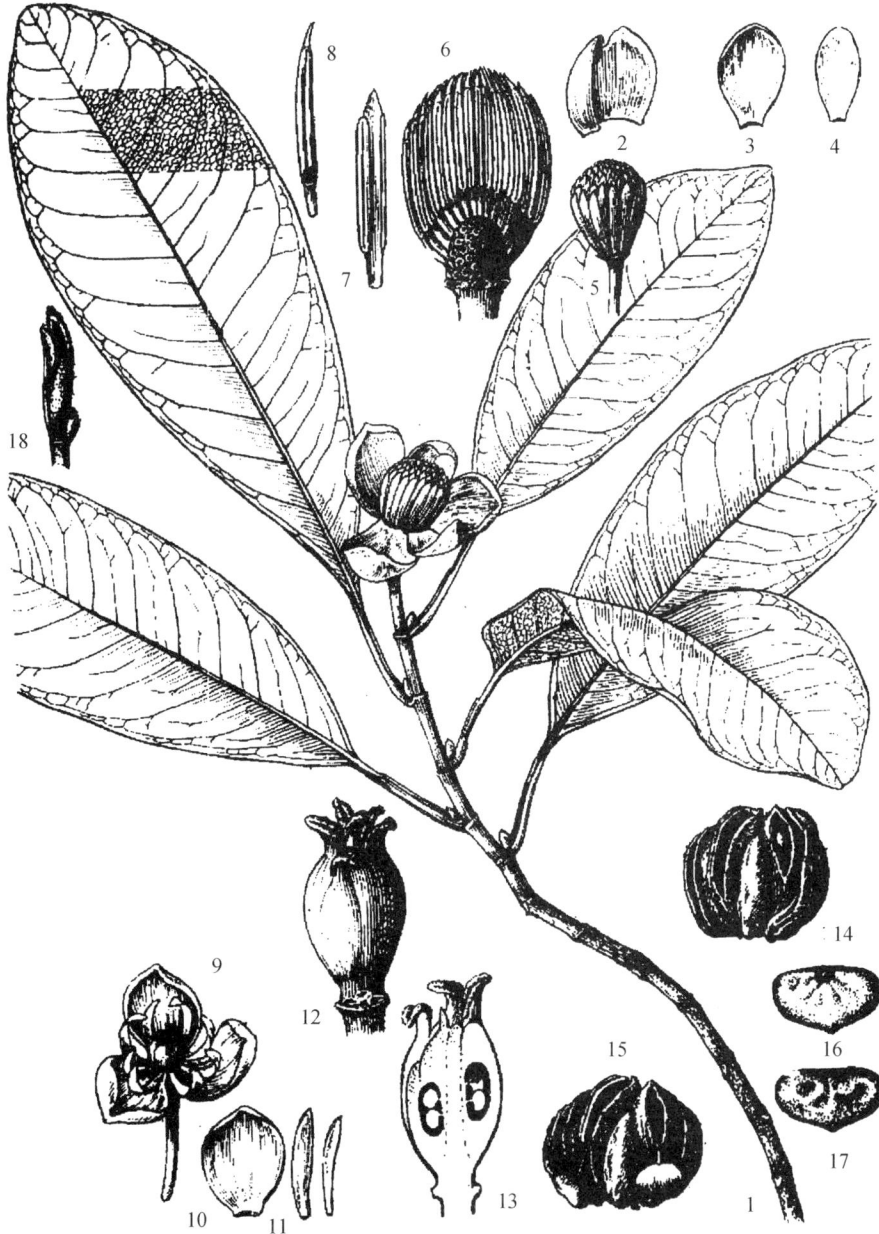

图 63　单性木兰 Woonyoungia septentrionalis（Dandy）Y. W. Law 1. 雄花枝；2. 佛焰苞状苞片；3～4. 外轮及内轮花被片；5. 雄蕊群；6. 雄蕊群去部分雄蕊，示雄花托；7～8. 雄蕊腹面及背面；9. 雌花；10. 外轮花被片；11. 内轮花被片；12. 雌蕊群；13. 雌蕊群纵切面，示胚珠；14. 聚合果；15. 聚合果开裂，示种子；16～17. 种子去外种皮，示内种皮腹面及背面；18. 枝端的一段，示幼叶对折。(仿《中国植物志》)

常绿乔木，高达 25m。幼枝绿色，初被平伏短柔毛。叶革质，椭圆状长圆形或倒卵状长圆形，长 8~15cm，宽 3.5~6.0cm，顶端钝圆而微凹，基部宽楔形，上面无毛，下面无毛或仅幼时基部有稀疏柔毛，侧脉 12~17 对，干时网脉两面凸起；叶柄长 2.0~3.5cm，托叶痕几达顶端。花蕾近球形，花梗长 1.5cm，无毛；花被片 6 片，2 轮。花期 5~6 月；果期 10 月。

产于环江、罗城、融水等地。生于海拔 300~500m 的石灰岩杂木林中。贵州省荔波、三都也有分布。弱喜光树种，喜温暖湿润气候，适于土层深厚、肥沃的土壤。优良绿化树种，适用于庭院绿化及城郊造林。

4. 拟单性木兰属 Parakmeria Hu et Cheng

常绿乔木，各部无毛。叶托与叶柄分离，叶柄上无托叶痕。花单生枝顶，杂性（雄花和两性花异株）。花被片 12 片，内轮的稍小。雄花的雄蕊 10~30(~60) 枚，花药内向开裂，两性花的雌雄蕊群之间有间隔，雌蕊群具柄，雌蕊心皮 10~20 个，发育时互相愈合。聚合果椭圆形或倒卵形，蓇葖果木质，沿背缝及顶端开裂。

约 6 种，中国 5 种，分布于西南至东南。广西 3 种。

分种检索表

1. 叶卵状椭圆形、卵状长圆形或卵形。
　2. 花两性，花被片 9~12 片，淡黄色，外轮背面中部带紫红色，倒卵状匙形或倒卵形；雌蕊群绿色，花柱红色；聚合果卵状长圆形或椭圆状卵形，蓇葖果椭圆形 ………………………… 1. 光叶拟单性木兰 P. nitida
　2. 花杂性，花被片 12 片，白色，倒卵形；聚合果长圆状卵形，蓇葖果菱形 …………………………
　………………………………………………………………… 2. 云南拟单性木兰 P. yunnanensis
1. 叶倒卵状椭圆形、狭倒卵状椭圆形或狭椭圆形，先端具钝尖头，基狭楔形，沿叶柄下延 …………
　…………………………………………………………………… 3. 乐东拟单性木兰 P. lotungensis

1. 光叶拟单性木兰　光叶木兰

Parakmeria nitida (W. W. Smith) Law

常绿乔木。各部无毛。叶革质，卵状长圆形或卵形，长 6~12cm，宽 3~4cm，顶端短尖，基部楔形或阔楔形，上面深绿色，有光泽，嫩叶红褐色，侧脉 9~13 对；叶柄长 1~4cm，腹面宽平。花两性，花被片 9~12 片，淡黄色，外轮背面中部带紫红色，倒卵状匙形或倒卵形；雌蕊群绿色，花柱红色。聚合果卵状长圆形或椭圆状卵形，蓇葖果椭圆形，大部分互相愈合，顶端分离具反卷短喙。花期 3~5 月；果期 9~10 月。

产于广西东北部、北部、西北部及中部金秀、大明山等地。垂直分布于海拔 500~1300m 的地区；性喜温暖潮湿，中性偏阴，为常绿阔叶林中的中、上层乔木，林下小树生长良好。分布于云南和西藏南部。材质好，供家具、建筑等用。树干直，叶常绿，花大而有香，适于作城市行道树种和庭院绿化树种。

2. 云南拟单性木兰

Parakmeria yunnanensis Hu

常绿乔木。叶卵状椭圆形或卵状长圆形，先端短渐尖或渐尖，基部阔楔形或近圆形，上面绿色，嫩叶紫红色。花杂性（雄花、两性花异株），单生于枝顶；花被片 12 片，白色，内轮的稍小，雄花：雄蕊约 30 枚，着生于圆锥状的短轴上，花丝短，花药内向开裂；两性花：雄蕊与雄花同；雌蕊群具短柄。聚合果长圆状卵形，蓇葖果菱形，成熟沿背缝开裂。

产于大苗山、那坡、上思。分布于云南东南部文山老群山、富宁里拱大箐、篆栗坡、西畴小桥沟及贵州榕江等地。

3. 乐东拟单性木兰　乐东光叶木兰　图 64

Parakmeria lotungensis（Chun et C. Tsoong）Law

常绿乔木，全株无毛；树皮灰白色。叶革质，倒卵状椭圆形、狭倒卵状椭圆形或狭椭圆形，先端具钝尖头，基部狭楔形，沿叶柄下延。花被片 9~14 片，雌蕊群柄较短。聚合果卵状长圆形或椭圆状卵形，稀倒卵形。果期 9~10 月。

广西产地与光叶拟单性木兰同。分布于广东、海南、湖南等地。叶光亮，树冠浓绿，优良园林绿化树种。

5. 含笑属 Michelia L.

常绿乔木或灌木。托叶膜质，与叶柄贴生或分离，小枝具环状托叶痕。花两性，单生叶腋；花被片 6~21 片，3 或 6 片 1 轮；雄蕊多数，花药室侧向开裂；雌雄蕊群之间具间隔，雌蕊群具柄，心皮分离，部分心皮不发育，胚珠 2 至数枚。聚合果通常部分蓇葖果不发育，常形成穗状聚合果；蓇葖果成熟时背缝开裂或背腹缝 2 瓣裂。种子 2 至数粒，红色或褐色。

约 60 种，分布于亚洲热带、亚热带至温带。中国约 35 种，主要分布于西南部及东部。广西 17 种 1 变种。

图 64　乐东拟单性木兰 Parakmeria lotungensis（Chun et C. Tsoong）Law 1. 果枝；2. 聚合果；3. 种子。(仿《中国树木志》)

分种检索表

1. 叶柄上有托叶痕。
　2. 叶柄较长，长 5mm 以上；叶长椭圆形、披针状椭圆形或披针状卵形；花被片 9~20 片。
　　3. 托叶痕为叶柄长的 1/2 以下；花白色 ·························· **1. 白兰 M. × alba**
　　3. 托叶痕为叶柄长的 1/2 或以上；花黄色 ·················· **2. 黄兰 M. champaca**
　2. 叶柄较短，长 5mm 以下；花被片 6 片。
　　4. 雌蕊群密被褐色毛。
　　　5. 花紫红色至紫黑色，有时间有黄色斑点；雌蕊群长不伸出雄蕊群；蓇葖果扁卵形或扁球形 ············
　　　　···················· **3. 紫花含笑 M. crassipes**
　　　5. 花淡黄色；蓇葖果黑色，球形或长圆体形 ··············· **4. 野含笑 M. skinneriana**
　　4. 雌蕊群无毛；小枝、叶柄、花梗各部密被黄褐色绒毛；叶倒卵形或倒卵状椭圆形，下面中脉常有褐色平伏毛，其余无毛；花淡黄色，蓇葖果扁卵圆形或扁球形 ·················· **5. 含笑 M. figo**
1. 叶柄上无托叶痕。
　6. 花被片 6 片，稀 8 片。
　　7. 小枝无毛。

8. 花黄色或淡黄色。

  9. 叶倒披针形或倒卵状椭圆形，两面无毛，网脉不明显；聚合果长 9 ~ 15 cm，扭曲；蓇葖果倒卵圆形
    或长圆状椭圆形 ·· **6. 黄心夜合 M. martinii**

  9. 叶倒卵形，狭倒卵形或长圆状倒卵形；雌蕊群柄被银灰色平伏微毛；聚合果长 10cm 左右；蓇葖果长
    圆体形或卵圆形 ·· **7. 乐昌含笑 M. chapensis**

8. 花白色；小枝黑色；叶狭长圆形，长 6.5 ~ 10.0cm，宽 1.5 ~ 2.5cm，上面深绿色，无毛，下面灰绿色，
  被柔毛 ·· **8. 狭叶含笑 M. angustioblonga**

7. 小枝有毛。

  10. 叶长圆形，下面疏被褐色毛，网脉致密，干时两面凸起；聚合果长 5 ~ 10cm，蓇葖果倒卵球形 ·········
    ··· **9. 广西含笑 M. guangxiensis**

  10. 叶长圆状椭圆形或倒卵状椭圆形，上面中脉上被毛，下面密被褐色长柔毛；聚合果长 9 ~ 12cm；蓇葖
    果椭圆状卵圆形、倒卵圆形或圆柱形 ································ **10. 苦梓含笑 M. balansae**

6. 花被片 9 ~ 12 片。

  11. 老叶下面无毛或仅中脉有毛。

    12. 芽无毛，芽、嫩枝、叶下面均被白粉；叶矩圆状椭圆形或倒卵状椭圆形，上面深绿色，有光泽，蓇葖
      果长圆体形、倒卵圆形、卵圆形 ································ **11. 深山含笑 M. maudiae**

    12. 芽有毛。

      13. 花被片同形或近同形；叶长圆形或卵状长圆形，上面绿色，下面灰白色；聚合果圆柱形；蓇葖长
        圆体形 ·· **12. 灰岩含笑 M. fulva**

      13. 花被片外轮膜质，条形，内 2 轮肉质，狭椭圆形；叶两面鲜绿色，揉碎有八角气味，倒卵形或椭
        圆状倒卵形；果瓣熟时向外反卷 ································ **13. 香子含笑 M. gioii**

  11. 老叶两面被毛或下面被毛。

    14. 叶长圆状椭圆形、椭圆状卵形、阔披针形、椭圆形或窄椭圆形。

      15. 聚合果长 2 ~ 4cm；幼枝、幼叶、成长叶下面及叶柄、花梗均被灰白色平伏短柔毛；叶椭圆形，基
        部楔形或阔楔形；蓇葖果倒卵圆形或长圆体形或球形 ·············· **14. 白花含笑 M. mediocris**

      15. 聚合果长 7 ~ 20cm；芽、幼枝被红褐色或锈褐色毛；叶基部阔楔形、圆钝或近心形，通常两侧不
        对称；蓇葖果长圆状椭圆形 ·· **15. 金叶含笑 M. foveolata**

    14. 叶倒卵形、倒卵状椭圆形、狭长圆形或狭倒披针状长圆形。

      16. 芽、嫩枝、叶柄及花梗均被紧贴而有光泽的红褐色短柔毛；叶倒卵形、倒卵状椭圆形，下面被灰
        色毛杂有褐色平伏短绒毛，有时略被白粉呈灰白色 ·············· **16. 醉香含笑 M. macclurei**

      16. 芽、嫩枝、叶柄、嫩叶下面、花梗均被银灰色或红褐色平伏柔毛；叶狭长圆形或狭倒披针状长圆
        形，下面苍白色，被银灰色或红褐色柔毛 ·············· **17. 平伐含笑 M. cavaleriei**

1. 白兰 白兰花 图65：8 ~ 15

Michelia × alba DC.

乔木，高达 17m。幼枝、芽被淡黄白色微柔毛，后渐脱落。叶长椭圆形或披针状椭圆形，长
10 ~ 27cm，顶端渐尖，下面疏生微柔毛或脱落无毛；叶柄长 1.5 ~ 2.0cm，托叶痕为叶柄长的 1/2
以下。花白色，花被片 10 片以上，披针形；心皮多数，通常不发育。花期 4 ~ 9 月。

原产于印度尼西亚爪哇岛。广西除北部外普遍有栽培。福建、广东、海南、云南等地有引种。
长江流域各地有盆栽，温室内越冬。喜光，适生于疏松肥沃土壤，不耐干旱和贫瘠。

树冠浓绿，花洁白清香，为著名的庭园观赏树种。花可供提制香精或熏茶，也可供提制浸膏供
药用；鲜叶可供提制香油，被称为"白兰叶油"，可供调配香精。少见结实，多用嫁接繁殖；也可压
条或靠接繁殖。

2. 黄兰 图65：1 ~ 7

Michelia champaca L.

常绿乔木，高达 15m。芽、嫩枝、嫩叶和叶柄均被淡黄色的平伏柔毛。叶薄革质，披针状卵形

图 65　1～7. 黄兰 Michelia champaca L. 1. 花枝；2. 聚合果；3. 叶下面；4～6. 外、中、内
3 轮花被片；7. 雄蕊。8～15. 白兰 Michelia × alba DC. 8. 花枝；9. 叶下面；10～12. 外、中、内
3 轮花被片；13. 雄蕊；14. 雌蕊群；15. 心皮纵剖面。(仿《中国树木志》)

或披针状长椭圆形，长 10～20(～25)cm，宽 4.5～9.0cm，先端长渐尖或近尾状，基部阔楔形或楔
形，下面稍被微柔毛；叶柄长 2～4cm，托叶痕长达叶柄中部以上。花黄色，极香，花被片 15～20
片，倒披针形，长 3～4cm，宽 4～5mm；雄蕊的药隔伸出成长尖头；雌蕊群具毛；雌蕊群柄长约
3mm。聚合果长 7～15cm；蓇葖果倒卵状长圆形，长 1.0～1.5cm，有疣状凸起；种子 2～4 枚，有
皱纹。花期 6～7 月；果期 9～10 月。

广西普遍有栽培。分布于西藏东南部、云南南部和西南部。福建、台湾、广东、海南也有栽
培。长江流域各地有盆栽，温室内越冬。印度、缅甸、越南也有分布。播种繁殖，也可用空中压条
或靠接方法繁殖。种子繁殖苗可作白兰的嫁接砧木。花芳香浓郁，树形美丽，为优良观赏树种，对
有毒气体抗性较强。花可供提制芳香油或熏茶，也可供浸膏入药；叶可供蒸油，供调制香料用。木
材密度小，淡黄灰色，纹理直，结构细；易干燥，稍耐腐，可用于造船、一般家具。

3. 紫花含笑　图 66

Michelia crassipes Law

灌木或小乔木，高 2～5m。芽、小枝、叶柄、花梗均密被锈褐色或黄褐色长绒毛。叶革质，倒
卵形、狭倒卵形，稀狭椭圆形，长 7～13cm，宽 2.5～4.0cm，顶端尾状渐尖，基部楔形或阔楔形，
上面无毛，下面脉上有长柔毛；叶柄长 2～4mm，托叶痕达叶柄顶端。花紫红色至紫黑色，有黄色
斑点；花被片 6 片，花梗粗，长 3～4mm；雌蕊群长不伸出雄蕊群，密被褐色柔毛。聚合果长 2.5～

图 66 紫花含笑 Michelia crassipes Law 1. 花枝；2～3. 2 轮花被片；4. 雄蕊（部分）群和雌蕊群；5. 聚合果。（仿《中国树木志》）

5.0cm，蓇葖果扁卵形或扁球形。花期 4～5 月；果期 8～9 月。

产于融水、兴安、大桂山。生于海拔 300～500m 的疏林中或林缘。分布于湖南。喜光。喜温暖湿润环境，不耐干旱，较耐寒。喜微酸性土壤。木材纹理直，结构细，材质软，有香味，耐腐，可作一般小家具用材。花香而色艳，为优良的庭院绿化树种。花可供提制香精。枝、叶入药，可活血散瘀、清热利湿，主治疖肿、跌伤、泄泻。

4. 野含笑 图 67：1～6

Michelia skinneriana Dunn

乔木，高可达 15m，树皮灰白色，平滑；芽、嫩枝、叶柄、叶背中脉及花梗均密被褐色长柔毛。叶革质，狭倒卵状椭圆形、倒披针形或狭椭圆形，长 5～11（～14）cm，宽 1.5～3.5（～4.0）cm，先端长尾状渐尖，基部楔形，上面深绿色，有光泽，下面被稀疏褐色长毛，网脉稀疏，干时两面凸起；叶柄长 2～4mm，托叶痕达叶柄顶端。花梗细长，花淡黄色，芳香；花被片 6 片，倒卵形，长 16～20mm，外轮 3 片基部被褐色毛；雌蕊群长约

6mm，心皮密被褐色毛，雌蕊群柄长 4～7mm，密被褐色毛。聚合果长 4～7cm，常因部分心皮不育而弯曲或较短，具细长的总梗；蓇葖果黑色，球形或长圆体形，长 1.0～1.5cm，具短尖喙。花期 5～6 月；果期 8～9 月。

产于龙胜、兴安、临桂、永福、融水、金秀、大桂山、岑溪、苍梧等地。生于海拔 300～700m 的谷地和山坡下部庇荫的林中、林缘和灌丛中。分布于浙江、江西、湖南、福建、广东等地。

5. 含笑 图 67：7～11

Michelia figo（Lour.）Spreng.

灌木，高 2～3m。小枝、叶柄、花梗各部密被黄褐色绒毛。叶革质，倒卵形或倒卵状椭圆形，长 4～10cm，宽 1.8～4.5cm，先端短钝尖，基部楔形或宽楔形，上面有光泽，无毛，下面中脉常有褐色平伏毛，其余无毛；叶柄长 2～4mm，托叶痕达顶端。花淡黄色，芳香，花被片 6 片，边缘常带红色或紫红色；雌蕊群无毛，伸出雄蕊群之上；雌蕊群柄长 5～6mm，被短绒毛。聚合果长 2.0～3.5cm，果梗长 1～2cm，蓇葖果扁卵圆形或扁球形，先端有短喙。花期 3～5 月；果期 7～8 月。

产于广西东北部和北部地区。生于林缘或疏林中。现几无野生，多见栽培于庭园。分布于华南各地。喜光，耐弱阴，不耐烈日暴晒。喜温湿环境，不耐干燥瘠薄，也怕积水，要求排水良好，疏松肥沃的微酸性或中性土壤。树冠浓绿，花芳香，为庭园绿化观赏灌木。用种子、空中压条或嫁接繁殖。空中压条繁殖时选择健壮的植株做母树，4～6 月选生长良好、无病、健壮的枝条进行，8～9 月枝条长根后剪下种植。

图67 1~6. 野含笑 Michelia skinneriana Dunn 1. 花枝；2~3.2 轮花被片；4. 雌蕊群；5. 雄蕊；6. 聚合果。7~11. 含笑 Michelia figo（Lour.）Spreng. 7. 花枝；8~9.2 轮花被片；10. 雌蕊群；11. 雄蕊。（仿《中国树木志》）

6. 黄心夜合 黄心含笑 图68

Michelia martinii（H. Lév.）Lév.

乔木，高 10~20m。小枝无毛，芽密被灰黄色或褐色长柔毛。叶革质，倒披针形或倒卵状椭圆形，长 12~15cm，宽 3~5cm，先端尾状渐尖或急尖；上面深绿有光泽，两面无毛，中脉上面下凹，下面隆起，侧脉 7~17 对，网脉不明显；叶柄长 1.5~2.0cm，无托叶痕。花黄色，花被片 6~8 片。聚合果长 9~15cm，扭曲；蓇葖果倒卵圆形或长圆状卵圆形，长 1~2cm，成熟后腹背两缝线同时开裂，具白色皮孔，顶端具短喙。花期 2~3 月；果期 8~9 月。

产于环江。生于石灰岩山上海拔 700~1000m 的森林中。分布于河南、湖北、四川、贵州和云南。花、叶可供提制芳香油。

7. 乐昌含笑 广东含笑 图69

Michelia chapensis Dandy

乔木，高 15~30m。小枝无毛；芽被平伏柔毛。叶革质，倒卵形、狭倒卵形或长圆状倒卵形，长 6~16cm，宽 4~6cm，基部楔形，侧脉 9~12 对，网脉较稀疏；叶柄长 1.5~2.5cm，无托叶痕，上面具纵沟。花淡黄色，花被片 6 片；雌蕊群柄被银灰色平伏微毛。聚合果长 10cm 左右，果梗长 2cm；蓇葖果长圆体形或卵圆形，长 1.0~1.5cm，宽约 1cm，顶端具短细弯尖头，基部宽。花期 3~4 月；果期 8~9 月。

图 68 黄心夜合 Michelia martinii (H. Lév.) Lév. 1. 花枝；2~3.2 轮花被片；4. 雄蕊；5. 雌蕊群；6. 聚合果。(仿《中国树木志》)

图 69 乐昌含笑 Michelia chapaensis Dandy 1. 果枝；2~4. 外、中、内 3 轮花被片；5. 雄蕊；6. 雌蕊群；7. 雌蕊纵剖面。(仿《中国树木志》)

产于贺州、苍梧、融水、永福、兴安、桂林、临桂、灵川、恭城等地。生于海拔 800m 以下的山林中。分布于江西、湖南、广东等地。喜温暖湿润环境，耐热，亦耐短期低温；对土壤要求不严，在酸性、中性土壤上均能生长。

树干挺拔，树形优美，花香优雅，适合于作城市绿化树种和行道树种。木材密度中等，心材微绿褐色，边材淡黄白色，纹理直，结构细；干燥后不开裂，稍变形，抗虫性、耐腐性中等。

8. 狭叶含笑

Michelia angustioblonga Law et Y. F. Wu

小乔木，高约 4m。毛被平伏，有光泽；芽密被褐色长柔毛；小枝黑色，无毛。叶革质，狭长圆形，长 6.5~10.0cm，宽 1.5~2.5cm，先端钝，基部楔形或宽楔形，上面深绿色，无毛，下面灰绿色，被柔毛；中脉在叶面凹下，干时两面有密被的网脉，侧脉不明显。叶柄长 1.0~1.5cm，托叶与叶柄离生，无托叶痕。花被片 6 片，2 轮，白色，倒披针形。

产于环江、南丹。生于石灰岩山地。分布于贵州。

9. 广西含笑

Michelia guangxiensis Y. W. Law et R. Z. Zhou

乔木或小乔木，高 5~10m，芽、幼枝、叶柄及花梗被褐色绒毛，老枝无毛。叶革质，长圆形，长 6~15cm，宽 3~5cm，先端短渐尖，下面疏被褐色毛，网脉致密，干时两面凸起。叶柄长 1cm，无托叶痕。花被片 6 片，白色，狭倒卵形。聚合果长 5~10cm，蓇葖果倒卵球形，全裂。

广西特有种。产于龙胜。

10. 苦梓含笑

Michelia balansae (A. DC.) Dandy

乔木，高 18m。芽、小枝、叶柄、叶下面、花梗均密被深褐色伸展长柔毛。叶革质，长圆状椭圆形或倒卵状椭圆形，长 10～20(～28)cm，宽 5～10(～12)cm，顶端短尖，基部宽楔形，上面中脉上被毛；叶柄长 1.5～4.0cm，无托叶痕。花被片 6 片，白色。雌蕊群卵圆形；雌蕊群柄长 4～6mm，被黄褐色绒毛。聚合果长 9～12cm，果梗长 4.5～7.0cm；蓇葖果椭圆状卵圆形、倒卵圆形或圆柱形，顶端具向外弯的喙。花期 4～6 月；果期 9～10 月。

产于十万大山、大青山、大桂山南坡。生于海拔 400m 以下的山谷林中。稍耐阴，喜湿热气候。喜肥沃深厚的酸性土壤。播种繁殖。木材密度中等，心材淡黄褐色，边材微红褐白色，纹理直，结构细；干燥后少裂，心材略耐腐，宜作上等家具、文具、细木工、胶合板及建筑造船等用材。花芳香淡雅，树冠浓绿优美，是庭院绿化观赏的优良树种。

11. 深山含笑　马氏含笑　图 70

Michelia maudiae Dunn

乔木，高 20m，各部无毛。芽、嫩枝、叶下面均被白粉，无毛。叶革质，矩圆状椭圆形或倒卵状椭圆形，长 7～18cm，宽 4～8cm，先端骤狭短渐尖或

图 70　深山含笑 Michelia maudiae Dunn 1. 果枝；2. 花枝。
（仿《中国树木志》）

短渐尖而尖头钝，基部楔形，阔楔形或近圆钝，上面深绿色，有光泽，侧脉7～12 对，网脉细密；叶柄长 1～3cm，无托叶痕。花被片 9 片，白色，直径10～12cm。聚合果长 10～15cm；蓇葖果长圆体形、倒卵圆形或卵圆形，顶端钝圆或短尖头。花期 2～3 月；果期 9～10 月。

产于广西各地。生于海拔 500～1500m 的常绿阔叶林中。分布于浙江、湖南、福建、广东、贵州等地。木材密度小，心材淡褐黄色，边材灰白色，纹理直，结构细；干燥后少裂，稍变形，抗虫性、耐腐性中等，可用于作家具、板料、绘图板、细木工用材。叶鲜绿，花纯白艳丽，为庭院观赏树种；花可供提制芳香油，也可供药用。

12. 灰岩含笑　棕毛含笑

Michelia fulva Chang et B. L. Chen

乔木，高 3～15m，芽、嫩枝被黄褐色绒毛。叶革质，长圆形或卵状长圆形，长 13～24cm，宽 4.5～10.0cm，先端渐尖，基部钝圆，嫩叶两面被平伏长柔毛，老叶两面无毛，下面灰白色，侧脉和网脉在两面凸起；叶柄长 1.5～3.0cm，无托叶痕。花被片 9 片，近同形，肉质；雌蕊群圆柱形，近无毛；心皮卵圆形，无毛，花柱褐色。聚合果圆柱形，长 9～10cm；蓇葖果长圆形，顶端具短喙。花期 3 月；果期 11 月。

生于龙州。生长于石灰岩山地林中。分布于云南东南部。

13. 香子含笑　香籽楠　图 71

Michelia gioii (A. Chev.) Sima et H. Yu

乔木，高 21m，芽、幼叶柄、花梗均薄被平伏短绢毛，其余无毛。叶揉碎有八角气味，薄革

图71 香子含笑 Michelia gioii（A. Chev.）Sima et H. Yu 1. 花枝；2. 花；3~5. 外、中、内3轮花被片；6. 雄蕊（部分）群和雌蕊群；7. 雄蕊；8. 心皮；9. 聚合果。（仿《中国树木志》）

质，倒卵形或椭圆状倒卵形，长6~13cm，宽5~6cm，顶端短尖钝头，两面鲜绿色，侧脉8~10对，网脉细密，两面凸起；叶柄长1~2cm，无托叶痕。花被片9片，外轮膜质，条形，内2轮肉质，狭椭圆形；心皮背面具5条纵棱。聚合果，果梗较粗，长1.5~2.0cm；蓇葖果灰黑色，椭圆体形，密生皮孔，顶端具短尖，基部收缩成柄，果瓣质厚，熟时向外反卷，露出白色内皮。花期3~4月；果期9~10月。

产于龙州、防城、靖西、那坡。生于海拔300~800m的地区，适于湿热气候。分布于海南。

14. 白花含笑　小叶火力楠
Michelia mediocris Dandy

乔木，高35m。小枝纤细，芽先端被锈褐色平伏短柔毛，幼枝、幼叶、成长叶下面及叶柄、花梗均被灰白色平伏短柔毛。叶薄革质或厚纸质，椭圆形，长6~13cm，宽3~5cm，先端短渐尖，基部楔形或阔楔形，上面无毛，侧脉10~15对，纤细不明显，网脉细致结成蜂窝状网眼；叶柄长1.5~3.0cm，

无托叶痕。花被片9片，白色，匙形。雌蕊群柄密被银灰色平伏微柔毛。聚合果长2~4cm，蓇葖果倒卵圆形或长圆体形或球形，稍扁，有白色皮孔，顶端圆钝。花期12月至翌年1月；果期6~7月。

产于贺州、昭平、藤县、苍梧、岑溪、容县、博白、玉林、防城、武鸣、宁明。南宁、桂林等地有引种。分布于广东南部、云南南部；越南也有分布。心材淡褐黄色，纹理直，结构细。

15. 金叶含笑　野木兰、广东白兰花　图72
Michelia foveolata Merr. ex Dandy

大乔木，高30m。树皮淡灰或深灰色；芽、幼枝、叶柄、叶背、花梗均密被红褐色短绒毛。叶厚革质，长圆状椭圆形、椭圆状卵形或阔披针形，长17~23cm，宽6~11cm，侧脉16~26对，先端渐尖或短渐尖，基部阔楔形、圆钝或近心形，通常两侧不对称，上面深绿色，有光泽，网脉致密，结成蜂窝状；叶柄稍短，长1.5~3.0cm，无托叶痕。花梗直径约5mm；花被片9~12片，淡黄绿色，基部带紫色，外轮3片阔倒卵形，中、内轮倒卵形，较狭小；花丝深紫色；雌蕊群柄长1.7~2.0cm，被银灰色短绒毛；心皮狭卵圆形，仅基部与花托合生。聚合果长7~20cm；蓇葖果长圆状椭圆体形。花期3~5月；果期9~10月。

产于广西各地。生于海拔800~1300m的地区，散生于常绿阔叶林中。分布于湖南、江西、贵州、云南、广东、海南等地。喜温暖湿润环境，对土壤要求不高，在南宁第四纪红色黏土发育的赤

红壤生长良好。木材密度中等，心材微绿褐色，边材淡黄白色，纹理直，结构细；干燥后不开裂，稍变形，抗虫性、耐腐性中等。

16. 醉香含笑　火力楠　图73

Michelia macclurei Dandy

大乔木，高 30m。芽、嫩枝、叶柄、托叶及花梗均被紧贴而有光泽的红褐色短柔毛。叶倒卵形、倒卵状椭圆形，长 7 ~ 14cm，宽 3 ~ 7cm，先端短急尖或渐尖，基部楔形，下面被灰色毛杂有褐色平伏短绒毛，有时略被白粉呈灰白色，侧脉 10 ~ 15 对，网脉细，蜂窝状；叶柄长 2.5 ~ 4.0cm，腹面具浅纵沟，无托叶痕。花被片白色，通常 9 片，匙状倒卵形或倒披针形，内面的较狭小；花丝红色；雌蕊群柄长 1 ~ 2cm，密被褐色短绒毛；心皮卵圆形或狭卵圆形。聚合果长 3 ~ 7cm；蓇葖果长圆体形、倒卵状长圆体形或倒卵圆形，顶端圆，基部宽阔着生于果托上，疏生白色皮孔；沿腹背二瓣开裂。花期 3 ~ 4 月；果期 9 ~ 11 月。

产于博白、容县、岑溪、防城等地。生于海拔 400m 以下的地区。现广种于广西各地的低平地方，为广西南亚热带和北热带地区低山、丘陵的造林和城镇绿化的主要树种。分布于广东南部和海南岛。生长迅速。喜温暖湿润气候，也较耐寒耐旱，抗大气污染能力强。需光中等，幼树喜偏阴。浅根性。喜土层深厚、土壤湿润、肥沃、疏松的砂壤土至轻黏土。播种繁殖。心、边材区别明显，心材微绿黄色，边材灰白色，纹理直，结构细，重量中等，干缩率小，强度、硬度中等，易干燥，不开裂，少变形，略耐腐，抗虫性稍弱，可作建筑、室内装饰、家具、雕刻、文具、车船等用材。树干直，树形整齐美观，枝叶茂密，花有香气，为城市绿化的优良树种。

17. 平伐含笑

Michelia cavaleriei Finet et Gagnep.

乔木，多分枝，高达 10m，树皮灰白色，小枝黑色；芽、嫩枝、叶柄、嫩叶下面、花梗、果梗均被银灰色或红褐色平伏柔毛。叶薄革质，狭长圆形或狭倒披针状长圆形，长 10 ~ 20 (~ 24)cm，宽 3.5 ~ 6.5cm，

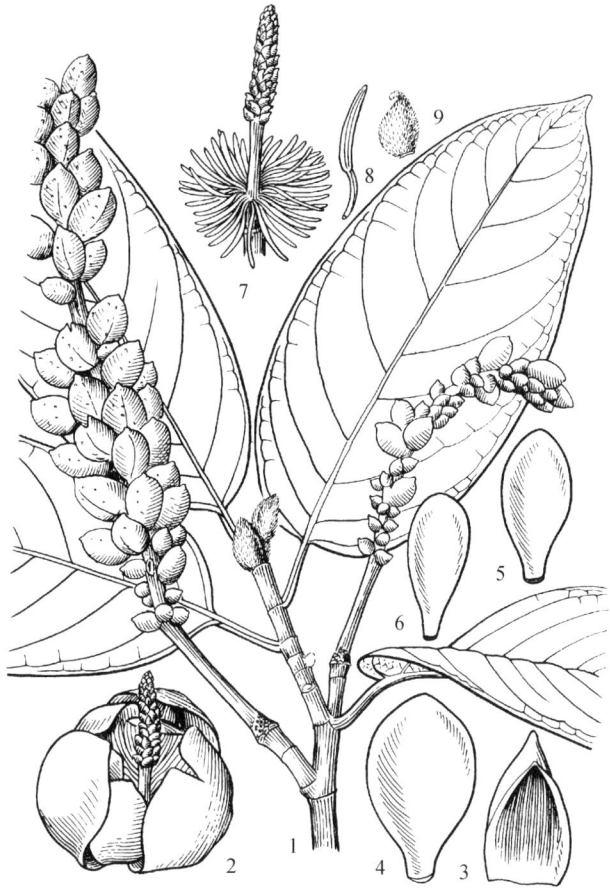

图 72　金叶含笑 **Michelia foveolata** Merr. ex Dandy
1. 果枝；2. 花；3. 苞片；4 ~ 6. 中、外、内 3 轮花被片；7. 雌、雄蕊群；8. 雄蕊；9. 心皮。(仿《中国树木志》)

图 73　醉香含笑 **Michelia macclurei** Dandy 果枝。(仿《中国树木志》)

先端渐尖或短急尖，基部楔形或阔楔形，上面中脉凹入，常残留有毛，下面苍白色，被银灰色或红褐色柔毛；网脉致密，两面均凸起；叶柄长 1.5 ~ 3.0cm，老时变黑色，无托叶痕。花蕾狭卵圆形，佛焰苞状苞片密被红褐色平伏长柔毛；花被片纸质，约 12 片，有透明腺点；雄蕊基部被灰黄色柔毛；雌蕊群狭卵形，心皮卵圆形，密被平伏微柔毛，花柱被灰黄色柔毛。聚合果长 5 ~ 10cm；蓇葖果倒卵圆形或长圆体形，具白色皮孔，腹背 2 瓣开裂，顶端圆或稍有短尖。花期 3 月，果期 9 ~ 10 月。

产于融水、兴安、龙胜。生于海拔 900 ~ 1800m 的密林中。分布于四川东南部、贵州东北部及南部、云南东南部。

17a. 阔瓣含笑　阔瓣白兰花　图 74

Michelia cavaleriei var. **platypetala**（Hand. – Mazz.）N. H. Xia

与原种的区别主要是：本变种的小枝纤细，芽、幼枝、幼叶被锈褐色平伏绢毛；花被片 9 片。聚合果长 5 ~ 15cm。

产于广西北部和东部各地和田林、环江。生于海拔 800 ~ 1300m 的地区，散生于常绿阔叶林中。分布于湖北、湖南、贵州、广东等地。喜光。喜温暖湿润气候。适应性强，生长快。耐寒，耐旱，忌积水。适生于土壤深厚、排水良好、富含有机质的酸性壤土。播种繁殖。木材纹理直，结构细而均匀，易干燥，少开裂，耐腐性中等，切削容易，切面光滑，油漆和胶黏性良好；着钉力强，不劈裂，可作建筑、家具、胶合板、玩具等用材。树姿优美，花大芳香，为城乡园林绿化的优良树种。

6. 合果木属 Paramichelia Hu

常绿乔木，托叶与叶柄合生。在叶柄上具托叶痕，幼叶在芽中平展，紧贴幼芽。花单生于叶腋，两性；花被片 18 ~ 21 片，排成 4 ~ 6 轮，大小近相等；花药侧向或近侧向开裂；药隔伸出成短或伸长的突尖；雌蕊群具柄，心皮多数，全部互相黏合，每个心皮有胚珠 2 ~ 6 枚；结果时成熟心皮完全合生，形成带肉质的聚合果；横裂或与肉质外果皮不规则脱落，聚合果果托及木质化的钩状心皮，中轴均宿存。

约 3 种，分布于亚洲东南部的热带及亚热带，从中国西南部、印度北部，经中南半岛、马来半岛至苏门答腊岛。中国 1 种。

合果木　山桂花、合果含笑　图 75

Paramichelia baillonii（Pierre）Hu

大乔木，高 50m，胸径 1m。幼枝、芽、叶背面、花梗均密被银灰色或褐色的平伏长柔毛，2 年生枝具白色皮孔，髓心具淡褐色片状分隔。叶椭圆形、卵状椭圆形或披针形，长 6 ~ 22（ ~ 25）cm，先端渐尖，基部宽楔形，上面初被褐色平伏长毛，侧脉 9 ~ 15 对，网脉细密，干时两面明显凸起；叶柄长 1.5 ~

图 74　阔瓣含笑 Michelia cavaleriei var. **platypetala**（Hand. – Mazz.）N. H. Xia 果枝。（仿《中国树木志》）

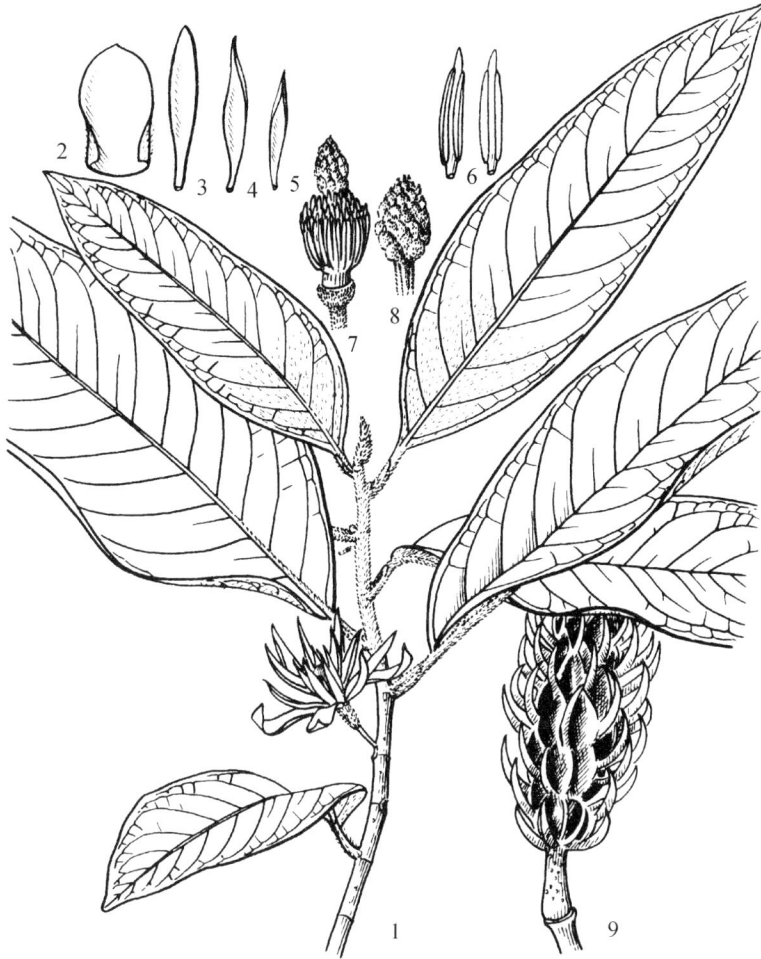

图 75　合果木 Paramichelia baillonii（Pierre）Hu 1. 花枝；2. 苞片；3 ~ 5.3 轮花被
片；6. 雄蕊；7. 雌、雄蕊群；8. 雌蕊群；9. 聚合果。(仿《中国树木志》）

3.0cm，托叶痕为叶柄长的 1/3 ~ 1/2。花黄白色。聚合果肉质，倒卵形或椭圆状圆柱形，长 6 ~
10cm。花期 2 ~ 3 月；果期 8 ~ 9 月。

　　原产于云南南部的澜沧、勐腊、思茅等地。生于海拔 600 ~ 1700m 的地区。南宁、凭祥等地有
引种。中性偏喜光。速生优良树种，苗木定植后 2 ~ 3 年内生长较慢，以后生长加快。树干通直，
生长迅速，能耐短期低温(-2℃)。材质坚硬，美观，抗虫耐腐力强，为制造高级家具、重要建筑
物的上等木材。

7. 观光木属 Tsoongiodendron Chun

　　常绿乔木。叶互生，全缘；托叶与叶柄贴生，具托叶痕。花两性，单生于叶腋，花被片 9 片，
3 片 1 轮，同形，外轮的最大，向内渐小；雄蕊约 30 枚，药室线形，侧向开裂，药隔凸出成短尖；
花丝短，细圆柱状；雌蕊群不超出雄蕊群，雌蕊群具柄；雌蕊 9 ~ 13 枚，覆瓦状螺旋排列，部分相
互连合且基部与中轴愈合，受精后全部合生，形成近肉质、表面弯拱起伏的聚合果，每个心皮有胚
珠 12 ~ 16 枚，排成 2 列，叠生。聚合果大，成熟时木质，各心皮的拱面在中部纵长分裂成 2 个厚木
质的果瓣，果瓣近基部横裂，单独或几个聚合成厚块，自中轴脱落；种子垂悬于丝状、延长、有弹
性的假珠柄上，外种皮肉质，红色，内果皮脆壳质。

　　中国特有属，仅有 1 种。

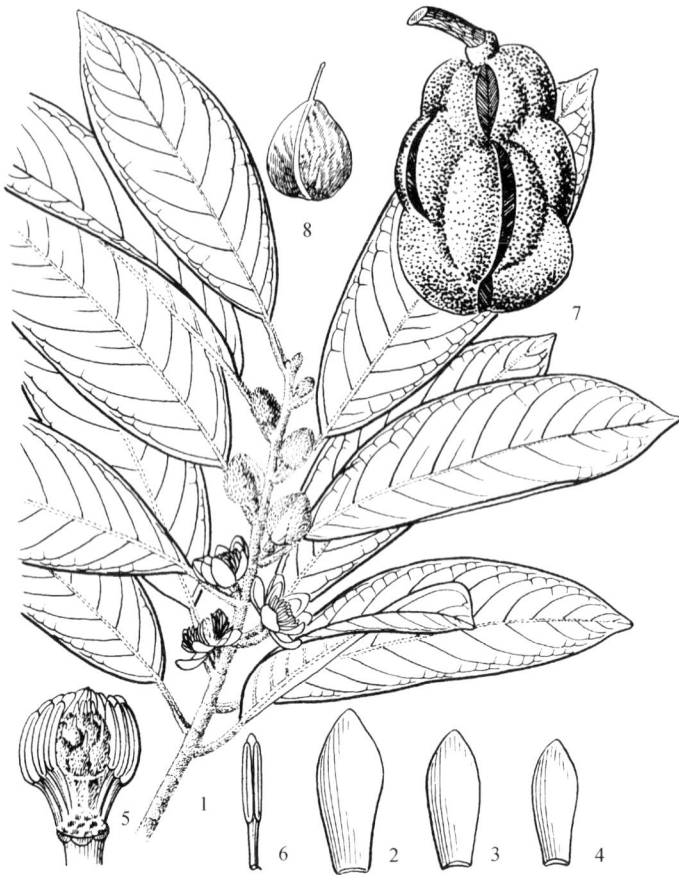

图 76 观光木 Tsoongiodendron odorum Chun 1. 花枝；2~4. 外、中、内 3 轮花被片；5. 雄蕊（部分）群和雌蕊群；6. 雄蕊；7. 聚合果；8. 种子。（仿《中国树木志》）

观光木　香花木　图 76

Tsoongiodendron odorum Chun

常绿乔木，高 30m，胸径 1m。小枝、芽、叶柄、叶下面和花梗均密被黄棕色糙毛。叶倒卵状椭圆形，长 8~17cm，宽 3.5~7.0cm，上面中脉凹陷且被柔毛；叶柄长 1.2~2.5cm，基部膨大，托叶痕长达叶柄中部。花单生于叶腋，花梗长约 6mm，花被片淡黄白色；雌蕊群柄长约 2mm，被糙毛，心皮少数。聚合果长椭圆形，长约 13cm，直径 9cm，外有白色皮孔。成熟时果皮木质，小果裂成 2 个果瓣，近基部横裂，单独或几个合成块状自中轴脱落。每个小果有种子 4~6 粒，假种皮红色。花期 3~4 月；果期 9~10 月。

广西各地有分布。生于海拔300~700m 的地区。喜潮湿，多见于冲沟谷地和山坡下部，中性偏阴，林下小树生长正常。

木材密度小，心材微绿黄色，边材淡黄白色，纹理直，结构细，干燥后稍开裂，不变形，耐腐性强，装修、家具、细木工的优良用材。树高大，宜作庭院绿化树种，但须栽培于土层深厚、湿润的地方。播种繁殖。

8. 鹅掌楸属 Liriodendron L.

落叶乔木。小枝具分隔髓心。叶 2~10 裂（通常 4~6 裂），顶端平截或浅凹缺，两侧具 1 对或 2 对裂片；托叶与叶柄离生。花两性，单生枝顶，与叶同放。花被片 9 片，3 轮排列，药室侧向开裂；雌蕊群无柄，心皮多数，分离，最下部的不育，每心皮胚珠 2 枚。聚合果纺锤状，小果为翅状坚果，成熟时脱落，中轴宿存。每小果有种子 1~2 粒。

2 种，中国 1 种，北美 1 种。广西 1 种。

鹅掌楸　马褂木　图 77

Liriodendron chinense（Hemsl.）Sarg.

乔木，高 40m。小枝灰色或灰褐色。叶马褂状，4 裂，近基部每边具 1 侧裂片，下面苍白色；叶柄长 4~8（~15）cm。花杯状，花被片 9 片，外轮 3 片绿色，萼片状，内 2 轮倒卵形。聚合果长 7~9cm，翅状小坚果先端钝或尖。花期 5 月；果期 9~10 月。

产于兴安、资源、龙胜、灌阳、临桂、九万大山。南宁、梧州、柳州、桂林、河池等地有引种栽培。分布于安徽、浙江、江西、湖南、湖北、四川、贵州、福建北部。垂直分布于海拔 800~1500m 的地区。为著名的观赏树种，长江流域各城镇有栽培。近年，全州、南宁等地引进了杂交鹅掌楸（L. chinense. ×L. tulipifera），干形好、生长表现好，可在广西北部地区进一步扩大试验范围。

木材密度小，心材黄灰色，边材黄白色，纹理直，结构细；干燥后不开裂，稍变形，不耐腐。

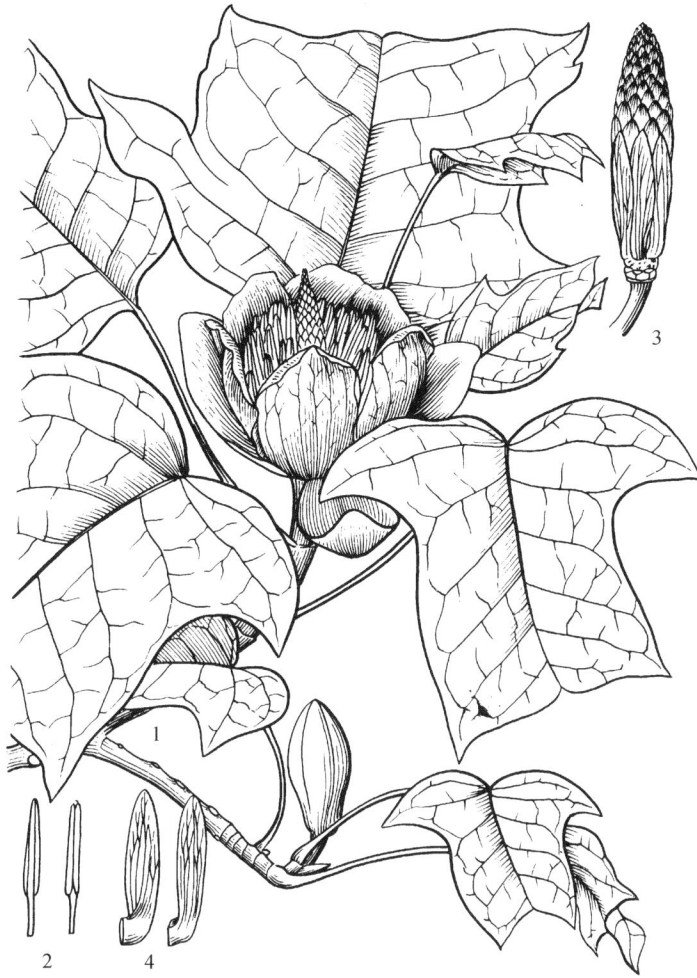

图 77　鹅掌楸 Liriodendron chinense（Hemsl.）Sarg. 1. 花枝；2. 雄蕊；3. 聚合果；4. 小坚果。（仿《中国主要树种造林技术》）

13　八角科 Illiciaceae

　　常绿乔木或灌木。全株无毛，油细胞发达，具芳香气味。单叶互生，常在小枝顶端集生似假轮生或近对生；叶片通常革质或纸质，全缘，羽状脉，无托叶。花两性，常单生或 2 ~ 3 朵腋生或簇生；花色多红色或黄色，稀白色；花梗有时具 1 至数枚小苞片；花被片 7 ~ 33 片，稀 39 ~ 55 片，分离，常有腺点，通常排成数轮，覆瓦状排列，最外的花被片较小，内面的花被片较大，舌状，膜质或肉质；雄蕊 4 至多枚；心皮通常 7 ~ 15 个，稀 5 ~ 21 个，分离，单轮排列；花柱短，钻形，子房 1 室，胚珠 1 粒。聚合果由数至 10 余个蓇葖果组成，单轮排列，腹缝线开裂；种子椭圆形或卵形，褐色，有光泽，胚乳丰富，含油，胚微小。

　　单属科。

八角属 Illicium L.

　　属特征与科同。

　　约 50 种。分布于亚洲东南部和北美东南部。中国约 27 种，产于南部、西南部或东部；广西 10 种。本属枝叶可供提制芳香油，其中八角果是中国著名的食用香料，果和叶供提制芳香油；地枫皮是广西特产中药材。

分种检索表

1. 花白色、淡黄色。
  2. 花白色或带浅黄色；叶较大，椭圆形，长7~16cm，宽2~4cm，先端尾尖；花被片34~35片，薄纸质；心皮
    12~14个 ·· **1. 假地枫皮 I. jiadifengpi**
  2. 花淡黄色或绿黄色；叶较小，倒卵状椭圆形，长4~9cm，宽1.5~3.0cm，先端钝圆；花被片11~18片，心
    皮8~9个 ·· **2. 少药八角 I. oligandrum**
1. 花粉红色，红色或紫红色。
  3. 叶较窄小，宽通常1~2cm。
    4. 叶条状披针形或窄倒披针形；雄蕊通常24(稀为19或31)枚；心皮8~13个 ······ **3. 红花八角 I. dunnianum**
    4. 叶倒卵状窄椭圆形或窄椭圆形；雄蕊10~12枚，稀为8枚；心皮7~8个 ··· **4. 小花八角 I.. micranthum**
  3. 叶较宽大，宽通常在2cm以上。
    5. 叶为窄长型，宽2~4cm，先端通常尾状尖；花被片7~14片。
      6. 灌木型，高2~3m；叶片最宽处在中部，通常为窄椭圆形，长6~9cm，宽1.5~3.3cm；花被片9~12
        片；心皮8~10个 ·································· **5. 短梗八角 I. pachyphyllum**
      6. 乔木型，高4~18m；叶片最宽处在中部以上，呈倒窄长型。
        7. 叶倒卵状窄椭圆形，长5~14cm，宽2~5cm；花被片7~12(通常10~11)片；心皮8(稀5或11)个；
          聚合果通常8个蓇葖，排成八角形 ··············· **6. 八角 I. verum**
        7. 叶通常为倒披针形；花被片9~14片。
          8. 叶较小，长5~8cm，宽1.5~4.0cm；花柱极短，长1mm左右，心皮12~13个 ··········
          ··· **7. 短柱八角 I. brevistylum**
          8. 叶较大，长10~15cm，宽2~4cm；花柱长2.0~3.3mm；心皮7~9个 ····· **8. 红茴香 I. henryi**
    5. 叶为宽长型，宽3~7cm，椭圆形或倒披针形，花被片12~21片。
      9. 叶长10~20cm，宽3~7cm，先端渐尖，短尖；花被片12~21片，心皮11~14(稀9)个 ··········
      ··· **9. 大八角 I. majus**
      9. 叶长10~14cm，宽3~7cm，先端短尖或圆形；花被片15~17(稀10或21)个，心皮13个 ··········
      ··· **10. 地枫皮 I. difengpi**

1. 假地枫皮 图78：1

Illicium jiadifengpi B. N. Chang

乔木，高8~20m。叶常3~5片聚生于枝顶或节上，狭椭圆形或长椭圆形，长7~16cm，宽2.0~4.5cm，先端渐尖，基部渐窄下延至叶柄成窄翅，叶缘外卷，干时叶表面有轻微皱纹；叶柄长1.5~3.5cm。花白色或带浅黄色，花梗长2~3cm；花被片34~55片，薄纸质或近膜质，窄舌形；雄蕊28~32个；心皮12~14枚。果直径3~4cm，蓇葖果12~14个，顶端有向上弯的尖头。花期3~5月；果期8~10月。

产于龙胜、兴安、资源、灌阳、阳朔、临桂、全州、罗城、融水、象州、金秀、上林等地。生于海拔1000~2000m的山顶或密林中，有时成小片聚生。分布于湖南、湖北、江西、福建、广东、安徽、浙江。果形似八角，有毒。树皮曾被误当地枫皮入药使用引起严重中毒。假地枫皮叶较大，花被片多达34~55片，与广西所产八角属其他种类易于区别。

2. 少药八角 图79：1~6

Illicium oligandrum Merr. et Chun

小乔木，高4~12m。小枝稍有棱或沟槽。叶革质，3~5片聚生或假轮生于枝顶或节上，椭圆形或长圆状倒卵形，长4~9cm，宽1.5~3.7cm，顶端钝或圆形，基部楔形；叶柄长0.5~1.2cm。花绿黄色，1~3朵腋生或近顶生；花梗长1.0~1.8cm；花被片11~18片；雄蕊4~7枚；心皮8~9个。花期5~10月，1月也有开花。

产于十万大山、博白、马山。生于海拔700~1200m的山地湿润常绿阔叶林或灌丛中。分布于

海南。喜土层深厚、腐殖质厚、排水良好
的肥沃砂质壤土，在湿润山谷密阴环境中
生长旺盛。幼年极耐阴，在极度庇荫下仍
生长正常。播种繁殖，果实棕褐色时采
集，摊放室内阴干，果皮开裂，种子自行
脱出。随采随播，短期可混湿沙贮藏。幼
苗极耐阴，须架设遮阴篷以防灼伤。1 年
生苗造林，造林初期应有适当的林木遮
阴。木材密度大，黄红色，心材色深；纹
理直，结构细；干燥后不开裂，略变形，
耐腐性一般，抗虫性较强，可作柱梁、门
窗、车辆、农具、把柄、家具、小件板料
及细木工等用材。树皮外用可治风湿骨
痛，跌打损伤。果实及树皮有毒。

3. 红花八角 野八角、山八角 图
79：7～9；图82：2

Illicium dunnianum Tutch.

灌木或小乔木。小枝纤细。叶 3～8
片集生于枝顶，薄革质，条状披针形或窄
倒披针形，长 5～11cm，宽 0.8～1.2（～
2.7）cm，先端尾状渐尖，中脉在叶面上稍
凹下，在下面凸起；叶柄具窄翅。花单生于
叶腋或 2～3 朵集生于枝稍叶腋；花梗长 1～
3cm，纤细；花被片 12～20 片，粉红色到红
色、紫红色；雄蕊通常 24 枚，稀 19 或 31
枚；心皮 8～13 个。果梗纤细，长 2～5cm。
花期 3～7 月，也有花期10～11 月，果期
7～10 月。

产于十万大山、大明山、大新、苍梧、
金秀、环江、罗城、融水。生于山谷水旁、
沿河两岸或山地密林、疏林的阴湿处、岩石
缝中。分布于湖南、贵州、福建、广东等
地。果和根具毒，根入药仅外用，可治风
湿痛。

4. 小花八角 图80：1～3

Illicium micranthum Dunn

灌木或小乔木，与红花八角相近似，本
种的主要特征是叶和花均较小，花被片14～
17（～21）片，雄蕊 10～12 枚，稀为 8 枚，
心皮 7～8 个，花梗、花柄均较纤细，而易
于区别。花期 4～6 月；果期 7～9 月。

产于金秀、融水、龙胜、临桂等地，生
于海拔 1200m 以上的密林中。分布于四川、

图 78 **1. 假地枫皮 Illicium jiadifengpi** B. N. Chang 果
枝。**2. 大八角 Illicium majus** Hook. f. et Thoms. 果枝。（仿
《广西植物志》）

图 79 **1～6. 少药八角 Illicium oligandrum** Merr. et
Chun 1. 花枝；2. 花；3. 花被片；4. 雌、雄蕊群；5～6. 雄
蕊背腹面。**7～9. 红花八角 Illicium dunnianum** Tutch. 7. 花
枝；8. 花；9. 雌、雄蕊群。（仿《中国树木志》）

图80 1~3. 小花八角 Illicium micranthum Dunn 1. 花枝；2. 花；3. 果。4~5. 短梗八角 Illicium pachyphyllum A. C. Sm. 4. 果枝；5. 果。6. 八角 Illicium verum Hook. f. 果枝。（仿《广西植物志》）

云南、湖北、湖南、广东等地。果有大毒，可作农药。

5. 短梗八角 厚叶八角 图80：4~5

Illicium pachyphyllum A. C. Smith

灌木，高2~3m。幼枝具纵槽。叶4~7片成假轮生或簇生，革质，有香气，椭圆形或狭椭圆形，长6~9cm，宽1.5~3.3cm，先端渐尖或短尾状，基部渐窄，中脉在叶上面凹下，在下面凸起；侧脉6~9对，叶柄长0.3~1.2cm。花单生或2~3朵集生于叶腋，花梗极短，长3~5mm；花被片9~12片，雄蕊13~17枚，单轮；心皮8~10个。果梗长9mm，聚合果有蓇葖8~10枚，顶端具喙状尖头。花期12~3月；果期9~10月。

广西特有种，产于十万大山、金秀、融水、龙胜、罗城等地。常生于山谷水旁或山地常绿阔叶林下。

6. 八角 八角茴香、大茴香 图80：6

Illicium verum Hook. f.

乔木，高10~15m。叶散生或集生，革质，倒卵状椭圆形、倒披针状或椭圆形，长5~14cm，宽2~4cm，侧脉两面不明显；叶柄长1~2cm。花粉红至深红色，单生于叶腋或近顶生；花被片7~12片（通常10~11片）；雄蕊11~20枚；心皮通常8个（稀5或11个）。聚合果有蓇葖8枚（稀为5、6或9、10、11个）。春花期3~5月，果期9~10月；秋花期8~10月，果期翌年3~4月。

在广西广泛种植于南亚热带、北热带地区各地，局部地方引种到中亚热带，中心产区为静风区，即冬季受北方寒潮影响较弱，冬温变幅相对较小的环境。垂直分布一般在海拔300~800m丘陵、谷地，在背风坡或避风谷地的1000~1300m（广西西北部）也能正常生长，但春果产量低。云南南部、广东西部、福建南部有引种；越南也有八角栽培，以春花秋果为主。半阴性树种，喜冬暖夏凉，适生于南亚热带、北热带山地气候，要求年平均气温20~23℃，1月平均气温8~15℃，绝对低温-2℃以上，年降水量1200mm以上。在山岭起伏的背风山谷和山麓，土层深厚、肥沃湿润、微酸性的壤土或砂壤土上生长良好；土壤干燥瘠薄、低洼积水以及石灰岩钙质土上不宜栽植。浅根性，耐阴，幼时尤需庇荫。枝脆，在向风山脊、山顶以及台风严重影响的地区，易遭风折危害，并引起落花落果。

植苗造林。根据用途分为果用林、油用林和果油两用林。油用林用实生苗造林，大面积营造的果用林也以实生苗为主，但无性系嫁接苗作果用林栽培已逐渐得到推广应用。果为著名的调味香料，市场需求量大。果、种子、枝叶可供榨芳香油，被称为"茴油"，为食品工业和轻工业的重要香料原料，也供药用，可治消化不良、神经衰弱；茴油可供合成抗癌药物、阴性荷尔蒙等；干果可供提取莽草酸，是防止禽流感药物"达菲"的主要成分。

本种果实具 7~8(9) 个蓇葖果，蓇葖果上面开裂，背面粗糙有皱纹，先端钝尖。气浓郁，味甘甜。本科中的披针叶八角(I. lanceolatum)、红茴香、短柱八角、大八角等多种植物果实、树皮等部位有毒，商品名称"莽草"。莽草聚合果具 10~13 个蓇葖果，先端有 1 个较长而向后弯曲的钩状尖头，果皮较薄，具特异芳香气，味淡，久尝舌麻。莽草的毒害作用为直接刺激消化道黏膜，经消化道吸收进入间脑、延脑，使呼吸中枢和血管运动中枢功能失常，并麻痹运动神经末梢，严重时损害大脑。莽草亦是一味良好的中药材，果实等能供提取莽草酸，为抗禽流感、甲型 H1N1 药物"达菲"的主要成分。莽草多为野生，果实产量少，市场价格高于八角。

7. 短柱八角 图 82：1

Illicium brevistylum A. C. Smith

小乔木，高 15m。叶的形态与短梗八角相近似，本种叶型略大，长 5~8(~14)cm，宽 1.5~4.5cm。花梗长 0.8~1.6cm；花被片 9~11 片；雄蕊 14~20 枚，1~2 轮；心皮 12~13 个；花柱极短，长约 1mm。聚合果有蓇葖 10~13 枚。花期 4~5 月和 10 月，果期 10~11 月和 4~5 月。

产于金秀、平南、蒙山、昭平、武鸣等地。生于海拔 1200~1700m 的森林或灌丛中。分布于湖南南部、广东和云南等地。果有毒，聚合果通常具 10~13 枚蓇葖，单一蓇葖果扁平呈小艇状，先端急尖，顶端不弯曲，果皮较厚，种子皮棕色。气微，味微苦而辣，麻舌。

8. 红茴香 红茴 图 81

Illicium henryi Diels

小乔木，高 3~8m，有时可达 12m。叶革质，长披针形或倒披针形，长 6~18cm，宽 1.2~5.0(~6.0)cm，先端长渐尖，基部楔形；叶柄长 0.7~2.0cm，上面有纵沟和窄翅。花粉红至深红，单生或 2~3 朵集生于叶腋或近顶生。花梗细长，长 1.5~4.6cm；花被片 10~15 片，雄蕊 11~14 枚，心皮常 7~9 个；花柱长 2.0~3.3mm。聚合果的蓇葖顶端具长尖。花期 4~6 月；果期 8~10 月。

产于融水等地，分布于湖南、江西、福建、云南、贵州、四川、安徽、湖北、陕西西南及甘肃和河南南部等地。本种的果、树皮和根具毒。蓇葖果先端渐尖，略弯曲成喙状，果皮较薄，具特异香气，味先酸后甘。

9. 大八角 神仙果 图 78：2

Illicium majus Hook. f. et Thoms.

乔木，高 20m。叶的形态特征与假地枫皮相近似。本种叶先端不成尾状渐尖，叶基也无下延成窄翅状。花被片 15~21 片；雄蕊 1~2 轮，12~21 枚；心皮 11~14 个(稀9个)；蓇葖 11~14 枚。花期 4~6 月；果期 7~10 月。

产于广西北部、东部、西北部和中部。生于海拔 800m 以上的森林中。分布于湖南、广东、贵州、云南等地。本种果、树皮均有毒，聚合果具 11~14 枚蓇葖，棕褐色。蓇葖扁平、不规则的广锥形，先端长渐尖，呈喙状，果皮较薄。具特异香气，味淡，久尝有麻辣感。

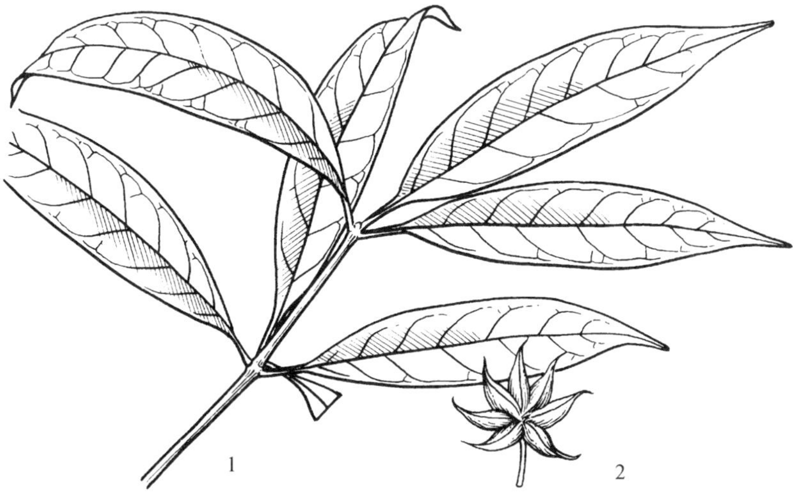

图 81 红茴香 **Illicium henryi** Diels. 1. 营养枝；2. 果。(仿《广西植物志》)

图82　1. 短柱八角 Illicium brevistylum A. C. Sm. 果枝。2. 红花八角 Illicium dunnianum Tutch. 果枝。3. 地枫皮 Illicium difengpi B. N. Chang et al. 果枝。(仿《广西植物志》)

10. 地枫皮　图82：3
Illicium difengpi B. N. Chang et al.

灌木，高 1 ~ 3m。全株均具有八角的芳香气味。幼枝粗壮，直径 3 ~ 5mm。叶 3 ~ 5 片聚生或在枝的近顶端簇生，革质或厚革质，倒披针形或长椭圆形，长 10 ~ 14cm，宽 3 ~ 5cm，顶端短尖或近圆形，基部楔形，两面密布褐色细小点；叶柄长 1.3 ~ 2.5cm。花紫红色或红色，腋生或近顶生；花梗长 1.2 ~ 2.5cm；花被片 15 ~ 17 片（稀 20 片）；雄蕊 20 ~ 23 枚；心皮 13 个。蓇葖果 9 ~ 11 枚，顶端常具内弯尖头，尖头长 3 ~ 5mm。花期 4 ~ 5 月；果期 8 ~ 10 月。

广西特有种。产于都安、马山、上林、武鸣、隆安、田阳、靖西、那坡、龙州、天等等地。生于海拔 1200m 以下的石灰岩山地疏林下。树皮、枝条入药，为广西特产中药材，祛风除湿，主治风湿性关节痛、腰肌劳损等症。

14　五味子科 Schisandraceae

木质藤本。单叶互生，常有透明腺点，叶柄细长，无托叶。花单性，雌雄异株，稀同株，通常单生于叶腋，有时数朵集生于叶腋或短枝上；花被片 5 片至多数，排成 2 至多轮，大小相似，但最外和最内的较小而薄，中间较大；雄蕊多数，稀 4 或 5 枚，离生，或部分至全部合生成 1 条肉质的雄蕊柱，花丝极短或无，花药 2 室，纵裂；心皮多数，离生，着生于肉质花托上，胚珠 2 ~ 5 枚，稀 11 枚。聚合果穗状或球状，小果为浆果状，具种子 1 ~ 5 粒，稀较多，胚乳丰富，胚小。

2 属，分布于亚洲东南部和北美东南部。中国 2 属，产于东北、东部、东南至西南各地。广西 2 属都有。

分属检索表

1. 芽鳞常早落；聚合果球状或椭圆状 ················· **1. 南五味子属 Kadsura**
1. 芽鳞常宿存；聚合果穗状 ················· **2. 五味子属 Schisandra**

1. 南五味子属 Kadsura Kaempf. ex Juss.

藤本，小枝圆柱形。叶纸质，稀革质，全缘或有疏锯齿，具腺体。花单生，稀2~4朵集生，花梗细长；花被片7~24片，排成数轮，覆瓦状排列；雄蕊13~80枚，合生成头状或圆锥状雄蕊柱，药室分离；心皮20~300个，胚珠2~5枚。聚合果球状或椭圆状。种子2~5粒。

24种，分布于东亚、南亚和东南亚。中国10种，产于东南部至西南部。广西7种。

分种检索表

1. 植株各部无毛。
　2. 花被片红色或红黄色；叶长圆形至卵状披针形；聚合果直径6~10cm或更大 ………… **1. 黑老虎 K. coccinea**
　2. 花被片黄色、淡黄色或白色。
　　3. 聚合果直径1.2~2.0cm，叶长椭圆状披针形或窄椭圆形，长5~10cm，宽1.5~4.0cm，先端圆或钝，基部宽楔形，叶缘有疏锯齿 …………………………………… **2. 冷饭藤 K. oblongifolia**
　　3. 聚合果直径2cm以上。
　　　4. 叶片长为宽的3倍以上，披针形或狭椭圆形，先端渐尖或尾状渐尖，基部宽楔形或圆钝，全缘或具疏锯齿；聚合果近球形，直径6~7cm ………………… **3. 仁昌南五味子 K. renchangiana**
　　　4. 叶片长不及宽的3倍。
　　　　5. 心皮70个以上；叶长圆形或长圆状披针形 ………………… **4. 狭叶南五味子 K. guangxiensis**
　　　　5. 心皮不足70个。
　　　　　6. 叶卵状椭圆形或宽椭圆形，先端渐尖或短尖，基部宽楔形近圆钝形，全缘或上半部有锯齿；种子长圆状肾形 ……………………… **5. 异形南五味子 K. heteroclita**
　　　　　6. 叶长圆状披针形、倒卵状披针形或卵状长圆形，基部狭楔形或宽楔形，边有疏齿，上面具淡褐色透明腺点；种子肾形或肾状椭圆形 ………… **6. 南五味子 K. longipedunculata**
1. 当年生枝被绒毛；叶卵状椭圆形，先端尾状渐尖，具尖头，基部钝圆，边缘具不明显的胼胝质锯齿，下面被绒毛 ……………………………………………………………………………………… **7. 毛南五味子 K. induta**

1. 黑老虎　臭饭团、冷饭团　图83：2~3
Kadsura coccinea (Lem.) A. C. Smith

常绿藤本，全株无毛。叶革质，长圆形至卵状披针形，长8~17(~22)cm，宽3~8cm，先端钝或短渐尖，基部宽楔形至钝形，全缘；侧脉6~7对，叶柄长1.0~2.5cm。雌雄异株，雄花花被片红色或红黄色，10~16片，雄蕊14~48枚，花梗长1~4cm；雌花花被片与雄花花被片相似，心皮50~80个，花梗长0.5~1.0cm。聚合果近球形，直径6~10cm或更大，成熟时红色或紫黑色，小浆果倒卵形，长4cm，外果皮革质，种子不显出，种子心形或卵状心形，长1.0~1.5cm，宽0.8~1.0cm。花期4~7月；果期7~11月。

产于广西各地。生于海拔2000m以下的杂木林中。分布于湖南、江西、广东、海南和西南各地；越南也有分布。根、茎入药，有行气止痛、散瘀通络功效，用于治胃及十二指肠溃疡、慢性胃炎、急性胃肠炎、风湿痹痛、跌打损伤、骨折、痛经、产后瘀血腹痛、疝气痛。果熟时浆多、味甜芳香、肉乳白细腻，可食用。是集观赏、园林绿化、果用和药用为一体的多用途植物。

2. 冷饭藤　图83：1
Kadsura oblongifolia Merr.

藤本，全株无毛。叶长椭圆状披针形或窄椭圆形，长5~10cm，宽1.5~4.0cm，先端圆或钝，基部宽楔形，叶缘有疏锯齿，侧脉4~8对，叶柄长0.5~1.2cm。花单生于叶腋，雌雄异株；雄花被片12~13片，黄色，雄蕊约25枚；花梗长1.0~1.5cm；雌花被片与雄花相似，心皮35~50个，稀60个；花梗长1.5~4.0cm。聚合果近球形或椭圆形，直径1.2~2.0cm；小浆果倒卵形圆或椭圆形，长约5mm，外果皮薄革质，干时显出种子；种子2~3粒，肾形或肾状椭圆形，长4.0~4.5mm，

图83 1. 冷饭藤 Kadsura oblongifolia Merr. 果枝。2～3. 黑老虎 Kadsura coccinea (Lem.) A. C. Smith 2. 花枝; 3. 聚合果。(1. 仿《中国树木志》, 2～3. 仿《广西植物志》)

图84 异形南五味子 Kadsura heteroclita (Roxb.) Craib 1. 花枝; 2. 聚合果。(仿《中国树木志》)

宽 3～4mm, 种微凹。花期7～9月, 果期 10～11 月。

产于玉林、梧州、柳州、桂林各地区。分布于广东、海南。藤及根可药用, 功效同黑老虎的。

3. 仁昌南五味子 图86:3

Kadsura renchangiana S. F. Lan

藤本, 各部无毛。当年生枝圆柱形, 密生白色皮孔。叶纸质, 披针形或狭椭圆形, 长 8～15cm, 宽 2～5cm, 先端渐尖或尾状渐尖, 基部宽楔形或圆钝, 全缘或具疏锯齿, 侧脉 7～8 对, 叶柄长 1.0～1.5cm。花单生于叶腋, 雌雄同株; 雄花被片 13～15 片, 淡黄色, 雄蕊 30～35 枚, 花梗长 4～7cm; 雌花具心皮 60～70 个。聚合果近球形, 直径 6～7cm, 小浆果倒卵形圆, 长约 1.5cm, 顶端不增厚, 种子肾形或扁圆形, 长 5～8mm, 宽4～5mm。花期6～7月; 果期7～9月。

产于龙胜、融水、罗城、隆林、金秀等地。散生于海拔 900～1400m 的山地杂木林中。

4. 狭叶南五味子 广西南五味子

Kadsura angustifolia A. C. Smith

与仁昌南五味子相似。本种叶稍厚, 为厚纸质, 长圆形或长圆状披针形, 长 6.5～10.0cm, 宽 2.5～3.5cm。雄花梗长 1～2cm, 雄蕊 50～55 枚; 心皮 70～80 个。花期 7～9月; 果期 9～11 月。

产于龙胜、融水、金秀、那坡、隆林。

5. 异形南五味子 风藤、梅花钻

图 84

Kadsura heteroclita (Roxb.) Craib

常绿木质大藤本, 无毛。小枝褐色, 干时黑色, 有明显的纵条纹, 具皮孔; 老茎皮栓层厚, 横断面有梅花状花纹。叶卵状椭圆形或宽椭圆形, 长 6～15cm, 宽 3～7cm, 先端渐尖或短尖, 基部宽楔形近圆钝形, 全缘或

上半部有锯齿，侧脉 7～11 对；叶柄长 0.6～2.5cm。花单生于叶腋，雌雄异株，雄花被片 11～15 片，淡黄色，雄蕊 50～65 枚，花梗长 0.3～2.0cm；雌花花被片与雄花花被片相似，心皮 30～55 个，花梗长 0.3～3.0cm。聚合果近球形，直径 2.5～4.0cm，外果皮革质，干时不显出种子；种子 2～3（～5）粒，长圆状肾形，长约 0.5cm，宽约 0.4cm。花期 5～8 月；果期 8～12 月。

产于广西各地。生于海拔 1700m 以下的地区，攀援于树上。分布于湖北、贵州、广东、海南等地；中南半岛、马来西亚、印度尼西亚也有分布。根、茎入药，其功效同黑老虎的。

6. 南五味子 小钻盘、柱南五味子 图 85

Kadsura longipedunculata Finet et Gagnep.

藤本，各部无毛。叶长圆状披针形、倒卵状披针形或卵状长圆形，长 5～13cm，宽 2～6cm，先端渐尖或尖，基部狭楔形或宽楔形，边有疏齿，侧脉每边 5～7 条；上面具淡褐色透明腺点，叶柄长 0.6～2.5cm。花单生于叶

图 85 南五味子 Kadsura longipedunculata Finet et Gagnep.
1. 花枝 2. 聚合果。（仿《中国树木志》）

腋，雌雄异株；雄花花被片白色或淡黄色，8～17 片，雄蕊群球形，具雄蕊 30～70 枚；雌花花被片与雄花花被片相似，雌蕊群椭圆体形或球形，具心皮 40～60 个。聚合果球形，直径 1.5～3.5cm，小浆果倒卵圆形，长 0.8～1.5cm，外果皮薄革质，干时显出种子；种子 2～3（～5）粒，肾形或肾状椭圆形，长 4～6mm，宽 3～5mm。花期 6～9 月；果期 9～12 月。

产于广西西北部、西南部和东南部。分布于湖北、浙江、江苏、安徽、福建、广东、四川等地。根、茎均可入药，有祛风活血、理气止痛的功效，可治风湿痹痛、跌打、胃疼、痛经等症；种子为滋补强壮剂和镇咳药，可治神经衰弱、支气管炎等症；茎、叶、果实可供提制芳香油；茎皮可供织绳索；果甜可食。庭园和公园垂直绿化的良好树种。

7. 毛南五味子 图 86：1～2

Kadsura induta A. C. Smith

木质藤本，当年生枝被绒毛。叶纸质，5～6 片生于当年生枝，卵状椭圆形，长 9～13cm，宽 4.5～6.5cm，先端尾状渐尖，具尖头，基部钝圆，边缘具不明显的胼胝质锯齿，上面有光泽，无毛，下面被绒毛，侧脉每边 7～13 条。花雌雄异株，单生叶腋；雄花花被片 17～19 片，具透明腺点，外密被毛，边缘有缘毛，雄蕊群卵状椭圆体形，具雄蕊 73～80 枚，螺旋状排列紧密，几与花托垂直，花梗长 12～17mm，具 3 或 4 枚卵状的膜质小苞片；雌花未见。聚合果近球形，直径约 4cm。花期 7 月；果期 9～10 月。

产于那坡、田林等地。生于海拔 700～1500m 的山地密林或峡谷中，散生。分布于云南。果熟

图86 1~2. 毛南五味子 Kadsura induta A. C. Smith 1. 果枝；2. 心皮。3. 仁
昌南五味子 Kadsura renchangiana S. F. Lan 花枝。(仿《广西植物志》)

红色，味甜可食。藤及根可药用，其功效同黑老虎的。

2. 五味子属 Schisandra Michx.

落叶或常绿木质藤本，小枝具叶柄的基部两侧下延而成纵条纹状或有时呈狭翅状；叶互生或在短枝上集生；膜质或纸质，常有疏锯齿，稀全缘。花常单生于1年生枝叶腋，稀成对或数朵聚生；花梗细长，花被片5~12(~20)片，2~3轮排列，雄蕊4~15(~60)枚，常连合成球状体，花丝有或无；心皮12~120个，离生，胚珠2~3枚。聚合果穗状，种子2粒。

约25种，分布于亚洲东南部、美国东南部；中国19种，产于东北至西南、东南各地。广西8种2亚种，本志记载3种2亚种。

分种检索表

1. 雄蕊10枚以上。
　2. 当年生枝具纵棱和翅；芽鳞长8~15mm，宿存。
　　3. 叶下面被白粉，无毛；花被片黄绿色 ·················· **1. 棱枝五味子 S. henryi**
　　3. 叶下面中脉和侧脉被毛；花被片淡黄色 ·················· **2. 长柄五味子 S. longipes**
　2. 当年生枝无纵棱或翅；芽鳞长3mm以下，常早落；叶卵状椭圆形，两面绿色，下面无白粉 ·················· **3. 绿叶五味子 S. arisanensis subsp. viridis**
1. 雄蕊5枚，雄蕊群红色，扁平五角形；当年生枝淡红色，稍具纵棱，2年生枝褐紫色或褐灰色；叶近圆形，很少椭圆形或倒卵形，干膜质边缘下延至叶柄成狭翅；叶柄淡红色 ·················· **4. 二色五味子 S. bicolor**

1. 棱枝五味子 翼梗五味子、翼枝五味子、罗裙子 图87：1

Schisandra henryi C. B. Clarke

落叶木质藤本，幼枝具纵棱，棱上有膜质翅，老枝翅革质或具棱。芽鳞长 8～15mm，宿存，无毛。叶纸质，宽卵形，长 6～11cm，宽 3～8cm，先端短渐尖或急尖，基部宽楔形或近圆形，上部边缘具胼胝齿尖的浅锯齿或全缘；上面绿色，下面常被白粉，无毛，侧脉 4～6 对；叶柄长 2.5～5.0cm，红色，具叶基下延的薄翅。雄花花被片 8～10 片，黄绿色，近圆形，雄蕊 28～40 枚；雌花花被片与雄花花被片相似，心皮约 50 个。小浆果红色，球形，直径约 0.5cm，果柄长约 1mm，顶端的花柱附属物白色；种子褐黄色，扁球形，或扁长圆形，种皮淡褐色，具乳头状凸起或皱凸起，以背面极明显，种脐斜"V"形。花期 5～7 月；果期 8～9 月。

产于广西北部、东北部、西北部和大明山，生于海拔约 500m 的山地谷地、山坡，分布于湖北、湖南、广东和西南各地。茎供药用，藤茎和根入药，有祛风除湿、行气止痛、活血止血的功效，主治风湿痹痛、心胃气痛、痨伤吐血、闭经、月经不调、跌打损伤、金疮肿毒。果味甜可食。

图87 1. 棱枝五味子 Schisandra henryi C. B. Clarke1. 果枝。2. 绿叶五味子 Schisandra arisanensis subsp. viridis（A. C. Smith）R. M. K. Saunders 果枝。（仿《广西植物志》）

1a. 东南五味子 边缘罗裙子

Schisandra henryi subsp. **marginalis**（A. C. Smith）R. M. K. Saunders

区别于棱枝五味子的特征是幼枝具纵棱翅，老枝近圆柱形，具皮孔。叶窄卵状椭圆形，上面绿色，背面粉白色，边缘有不明显锯齿。雄花被片 6 片；雄蕊 14～15 枚；花梗长 4.5～6.0cm。

产于广西东北部、西北部和金秀、大明山。分布于安徽、浙江等地。果可食。

2. 长柄五味子 长梗罗裙子

Schisandra longipes（Merr. et Chun）R. M. K. Saunders

幼枝具窄纵棱翅。芽鳞宿存。叶纸质或近革质，椭圆形或卵圆形，长 7.5～13.0cm，宽 3.5～7.5cm，下面中脉和侧脉被明显短柔毛，其余无毛，基部楔形、阔楔形或平截，叶缘具胼胝齿尖的浅锯齿，侧脉 4～7 对；叶柄长 1.9～6.0cm，无毛。花被片 6～8 片，淡黄色，无毛；雄花花梗长 2.3～4.8cm，无毛，雄蕊 18～28 枚；雌花花梗长 5.4～7.1cm，无毛，具心皮 36～55 个。果梗 7.5～13.5cm，果托长 7.5～10.5cm，无毛，成熟心皮红色；外种皮具小瘤点。花期 4～5 月；果期 7～8 月。

产于临桂、龙胜等地；分布于湖南、福建、广东等地。

3. 绿叶五味子 过山风 图87：2

Schisandra arisanensis subsp. **viridis**（A. C. Smith）R. M. K. Saunders

落叶木质藤本，全株无毛。枝条圆柱形，小枝具细纵条纹，无翅。芽鳞长约3mm，早落。叶纸质、卵状椭圆形，稀披针形，长4~14cm，宽3~7cm，先端渐尖，基部楔形或钝，中上部边缘有胼胝质齿尖的粗锯齿或波状疏齿，两面绿色，下面略浅色，侧脉3~6对，网脉疏而明显。雄花被片6~8片，黄色至黄绿色，雄蕊10~20个；雌花花被片与雄花花被片相似，心皮15~25个，花梗长4~7cm。聚合果，果柄长3~10cm，果托长7~12cm，成熟心皮红色，排成2行，果皮具黄色腺点；种子肾形，长3.5~4.5mm，种皮具小瘤点或皱纹。花期4~6月；果期6~10月。

产于广西东北部、西北部和中部各地。生于海拔1500m以下的山沟、溪谷两旁的林下。分布于安徽、湖南、江西、浙江、福建、广东、贵州等地。藤茎和根入药，有祛风活血、行气止痛的功效，可治风湿骨痛、胃痛、疝气痛、月经不调、荨麻疹、带状疱疹。

4. 二色五味子 龙藤、罗裙子

Schisandra bicolor Cheng

落叶木质藤本，全株无毛。当年生枝淡红色，稍具纵棱，2年生枝褐紫色或褐灰色，老枝皮不规则片状脱落。叶近圆形，很少椭圆形或倒卵形，长5.5~9.0cm；先端急尖，基部阔楔形，边缘具胼胝质尖的疏离浅齿，干膜质边缘下延至叶柄成狭翅，上面绿色，下面灰绿色，侧脉每边4~6条；叶柄长2.0~4.5cm，淡红色。花雌雄同株，稍芳香，直径1.0~1.3cm；雄花花梗长1.0~1.5cm，花被片7~13片，弯凹，外轮的绿色，圆形或椭圆状长圆形，很少倒卵形，长3.6~6.0mm，宽3~4mm，内轮的红色，长圆形或长圆状倒卵形，最大的长5~7mm，宽2.8~4.0mm，雄蕊群红色，扁平五角形，直径约4mm，雄蕊5枚，花丝初合生，开放后分离；雌花梗长2~6cm，花被片与雄花的相似，雌蕊群宽卵球形，长约4mm，雌蕊9~16枚，偏斜椭圆体形，长约2mm，柱头短小。果序长3~7cm；小浆果球形，皮具白色点，种皮背部具小瘤点。花期7月；果期9~10月。

产于广西北部海拔800~1700m的山谷林间。分布于浙江、江西、湖南。

15　番荔枝科 Annonaceae

常绿或落叶，乔木、灌木或攀援灌木。单叶互生，全缘；羽状脉；无托叶。花通常两性，稀单性；单生或组成团伞花序、圆锥花序、聚伞花序，或簇生，顶生、与叶对生、腋生或腋外生，有时生于老枝上；萼片3枚，稀2枚，镊合状或覆瓦状排列；花瓣6片，2轮，每轮3片，少数3或4片排成1轮，覆瓦状或镊合状排列；雄蕊多数，螺旋状着生，药隔凸起成长圆形、三角形、线状披针形、偏斜或阔三角形，顶端截形、尖或圆形；花药2室，纵裂，外向，花丝短；心皮1至多个，离生，少数合生，花柱短，柱头头状至长圆形，顶端全缘或2裂，每个心皮有胚珠1至多枚；花托通常凸起成圆柱状或圆锥状，稀平坦或凹陷。成熟心皮分离，稀合生成1个肉质的聚合浆果，不开裂，稀呈蓇葖果开裂；种子具假种皮。

全球120多属2100多种，广布于热带、亚热带地区；中国24属103种6变种；广西17属55种。主要分布于南亚热带至北热带地区，尤是在广西南部地区为常见的森林和灌丛植物；少数种分布到中亚热带，生于低平谷地。

分属检索表

1. 叶被星状毛或鳞片；花瓣6片，排成2轮，内外轮或仅内轮为覆瓦状排列 ·························· **1. 紫玉盘属 Uvaria**
1. 叶被柔毛、绒毛或无毛；花瓣6片，少数4片或3片，排成2轮，少数1轮，镊合状排列。
　2. 花瓣外轮小，内轮大，外轮与萼片相似，不易区别。
　　3. 内轮花瓣基部不呈囊状，顶端黏合成帽状体。

  4. 花两性，雄蕊 6～12 枚，药隔顶端急尖；心皮 3～15 个，每个心皮有胚珠 1～8 枚 ……………
   …………………………………………………………………… **2. 澄广花属 Orophea**

  4. 花单性，雄蕊多数，药隔顶端截形或微凹；心皮 3 至多个，每心皮有胚珠 2～5 枚 ……………
   …………………………………………………………………… **3. 金钩花属 Pseuduvaria**

 3. 内轮花瓣基部囊状，边缘黏合，而顶端展开，不黏合成帽状体 ……………… **4. 野独活属 Miliusa**

2. 花瓣外轮大，内轮小或等大，外轮与萼片有明显区别，有时内轮花瓣退化或全部消失而仅存外轮花瓣 3 片或 1 轮。

 5. 成熟心皮离生。

  6. 花瓣 6 片，2 轮。

   7. 果实细长，呈念珠状 ……………………………………………………… **5. 假鹰爪属 Desmos**

   7. 果粗厚，不呈念珠状。

    8. 乔木或直立灌木。

     9. 成熟心皮蓇葖状，开裂 …………………………………………… **6. 蒙蒿子属 Anaxagorea**

     9. 成熟心皮核果状或浆果状，不开裂。

      10. 内轮花瓣基部有爪或柄，上部内弯而边缘黏合成帽状体或圆柱状。

       11. 雄蕊楔形；内轮花瓣基部的爪或柄很长 ……………… **7. 银钩花属 Mitrephora**

       11. 雄蕊线状长圆形；内轮花瓣基部的爪或柄短 …………… **8. 哥纳香属 Goniothalamus**

      10. 内轮花瓣基部无爪，上部展开或边缘靠合呈三棱形。

       12. 药隔顶端截形或宽三角，几乎将药室隐藏。

        13. 胚珠多枚，侧生。

         14. 花蕾长尖帽状或钻状，外部有 3 棱；花萼裂片几乎全部合生成杯状；花瓣内
          凹；药室有明显横隔纹 ………………………………… **9. 木瓣树属 Xylopia**

         14. 花蕾卵圆状，外部无 3 棱；花萼裂片基部合生但不成杯状；花瓣瓢状；药室无
          横隔纹 ……………………………………………… **10. 蕉木属 Oncodostigma**

        13. 胚珠 1～2 枚，基生或近基生 …………………………… **11. 暗罗属 Polyalthia**

       12. 药隔顶端尖。

        15. 雄蕊卵圆形或长圆状楔形；花瓣卵状三角形或卵状长圆形，基部通常囊状而内弯
         ………………………………………………………… **12. 藤春属 Alphonsea**

        15. 雄蕊和花瓣均线形或线状披针形 …………………………… **13. 依兰属 Cananga**

    8. 攀援灌木。

     16. 总花梗或总果柄均弯曲呈钩状 ……………………………… **14. 鹰爪花属 Artabotrys**

     16. 总花梗和总果柄均伸直 ………………………………………… **15. 爪馥木属 Fissistigma**

  6. 花瓣 3 片，1 轮 ………………………………………………… **16. 皂帽花属 Dasymaschalon**

 5. 成熟心皮合生成 1 个肉质的聚合果 ……………………………………… **17. 番荔枝属 Annona**

1. 紫玉盘属 Uvaria L.

  灌木，呈攀援状或蔓状，有时直立，少数为小乔木（国外种），木质部通常有香气。全株通常被星状毛。叶互生；花单生或多朵集密伞花序或短总状花序，通常与叶对生或腋生、顶生、腋外生，少数生于老枝上。萼片 3 枚，花瓣 6 片，2 轮，覆瓦状排列；花托凹陷；雄蕊多枚；心皮多数，花柱短，顶端 2 裂而内卷，胚珠多枚，成熟心皮长圆形、卵圆形、近球形。

  约 150 种，分布于世界热带及亚热带地区。中国 10 种 1 变种，分布于西南及华南地区。广西 6 种。

分种检索表

1. 叶两面及叶柄均无毛或叶背面被不明显的稀疏星状柔毛，后变无毛。

 2. 叶长圆形或长圆状卵形，两面无毛；每心皮有胚珠 6～8 枚 …………………… **1. 光叶紫玉盘 U. boniana**

2. 叶倒卵状披针形，叶背被不明显的极稀疏星状柔毛，后变无毛；每心皮有胚珠 2 枚 … **2. 扣匹 U. tonkinensis**
1. 叶两面或叶背及叶柄均明显被星绒毛或柔毛。

  3. 果实外面被软刺 ··· **3. 刺果紫玉盘 U. calamistrata**

  3. 果实无刺。

    4. 花红色或紫红色。

      5. 果卵圆形或圆柱形，长 1～2cm ··································· **4. 紫玉盘 U. macrophylla**

      5. 果长圆柱状，长 4～6cm ··································· **5. 山椒子 U. grandiflora**

    4. 花黄色；侧脉在叶面上扁平；果近球形，长 2.0～2.5 cm，直径约 2 cm ········ **6. 黄花紫玉盘 U. kurzii**

1. 光叶紫玉盘　挪藤　图 88

Uvaria boniana Finet et Gagnep.

攀援灌木，除花外全株无毛。叶纸质，长圆形或长圆状卵形，长 4～15cm，宽 2～6cm，顶端渐尖或急尖，基部楔形或圆形；侧脉 8～10 对，纤细，两面稍凸起；叶柄长 0.2～0.8cm。花紫红色，1～2 朵与叶对生或腋外生；花梗长 2.5～6.0cm，中部以下常有小苞片；花瓣革质，两面顶端被微毛，外轮花瓣阔卵形，长和宽约 1cm，内轮花瓣比外轮花瓣稍小，内面凹陷；药隔顶端截形，有小乳头状凸起；心皮长圆形，内弯，密被黄色柔毛，柱头马蹄形，顶端 2 裂，每心皮有胚珠 6～8 枚。果球形或椭圆状卵圆形，径约 1.3cm，成熟时紫红色，果柄细长，长 4.0～5.5cm。花期 5～10 月；果期 6 月至翌年 4 月。

产于十万大山、大明山、龙州、宁明、苍梧、昭平、金秀等地。生于丘陵山地密林中较湿润的地方。分布于江西、广东等地；越南也有分布。花果期长达半年以上，可作庭园绿化和盆景树种。

2. 扣匹　东京紫玉盘

Uvaria tonkinensis Finet et Gagnep.

攀援灌木；小枝被星状柔毛，后渐无毛。叶纸质，倒卵状披针形或长椭圆形，长 12～21cm，宽 4～7cm，顶端长渐尖，基部圆形或微心形，上面无毛，下面疏被星状毛或脱落无毛，侧脉 8～12 对，在叶面稍下凹，叶背面凸起。花单生、与叶对生或顶生；花梗长 1.5～4.5cm，被星状毛；花瓣紫红色，外面密被星状毛；药隔盘状或近五角形，顶端无毛；心皮柱头顶端浅 2 裂，每心皮有胚珠 2 枚。果近球形，直径约 1cm，成熟时紫红色；种子 1～2 粒，卵圆形；果柄细长，长 2.5～5.0cm，上部稍粗大。花期 2～9 月；果期 8～12 月。

图 88　光叶紫玉盘 Uvaria boniana Finet et Gagnep. 1. 花枝；2. 花萼；3. 外轮花瓣的横切面；4. 外轮花瓣的内面观；5. 外轮花瓣的外面观；6. 内轮花瓣的外面观；7. 内轮花瓣的内面观；8. 内轮花瓣的横切面；9. 雌蕊；10. 子房的纵切面，示胚珠的着生；11. 雄蕊的背面观；12. 成熟心皮。(仿《中国植物志》)

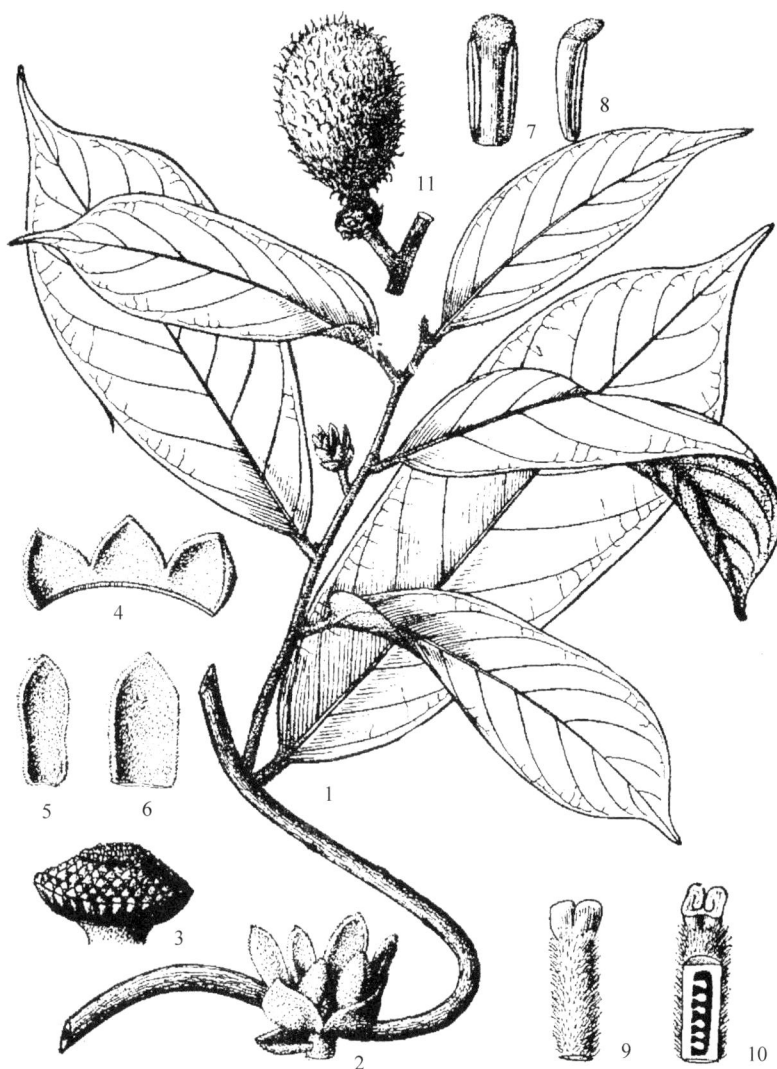

图89 刺果紫玉盘 Uvaria calamistrata Hance 1. 花枝；2. 花；3. 雌雄蕊群；4. 花萼展
开；5. 内轮花瓣的内面观；6. 外轮花瓣的内面观；7. 雄蕊的背面观；8. 雄蕊的侧面观；
9~10. 心皮和子房的纵剖面，示胚珠的着生；11. 果枝。(仿《中国植物志》)

产于广西西南部和东南部各地，生于海拔 600m 以下的丘陵山地林中或灌木丛中。分布于云南
南部；越南也有分布。

3. 刺果紫玉盘 图89

Uvaria calamistrata Hance

幼枝被锈色星状柔毛，老枝几无毛。叶近革质或厚纸质，长圆形、椭圆形或倒卵状长圆形，长
5~17cm，宽 2~7cm，顶端长渐尖或急尖，基部钝或圆形，叶面被稀疏星状短柔毛，老时渐无毛，
叶背密被锈色星状绒毛；侧脉每边 8~10 条，在叶面稍下凹或扁平，在叶背凸起；叶柄长 5~
10mm，被星状绒毛。花淡黄色，单生或 2~4 朵组成密伞花序，腋生或与叶对生；萼片卵圆形，两
面被锈色绒毛；花瓣长圆形，两面被短柔毛；心皮柱头顶端 2 浅裂而内卷，每个心皮有胚珠 6~9
粒。果椭圆形，直径 1.5~2.5cm，密被毛状软刺。花期 5~7 月；果期 7~12 月。

产于横县、陆川等地。分布于广东、海南等地；越南也有分布。茎皮含单宁；茎皮纤维坚韧，
可用于编织绳索。

图 90　紫玉盘 Uvaria macrophylla Roxb. 1. 花枝；2. 除去花瓣的花；3. 雌蕊群、花萼和花托；4. 花萼的外面观；5. 雄蕊的腹面观；6. 雄蕊的背面观；7. 心皮；8. 心皮的纵切面，示胚珠的着生。(仿《中国植物志》)

4. 紫玉盘　那大紫玉盘　图 90

Uvaria macrophylla Roxb.

直立灌木，高 2m。芽、幼枝、幼叶、叶柄、花梗、果等均被黄色星状柔毛，渐脱落变无毛或几无毛。叶革质，长倒卵形或长椭圆形，长 10～23cm，宽 5～11cm，顶端急尖或钝，基部近心形或圆形；侧脉约 13 对，在叶面下凹，叶背面凸起。花 1～2 朵与叶对生，暗紫红色或淡红褐色，直径 2.5～3.5cm，花梗长 2cm 以下；药隔顶端圆形，无毛，最外面的雄蕊常退化为倒披针形的假雄蕊；心皮柱头顶端 2 裂而内卷。果卵圆形或圆柱形，长 1～2cm，直径 1cm，暗紫色，顶端具短尖头；种子圆球形，直径 6.5～7.5mm。花期 3～8 月；果期 7 月至翌年 3 月。

产于广西南亚热带至北热带地区的低平地带；酸性土和石灰岩碱性土均能适应。分布于广东、云南南部、台湾等地；越南、老挝也有分布。本种叶大浓绿，花美丽，可作庭园观赏灌木。茎皮纤维坚韧，可供编绳索；根、叶均可入药，有健胃行气、祛风止痛的功效，可治风湿、跌打损伤、腰腿痛、止痛消肿、消化不良等症。

5. 山椒子　大花紫玉盘　图 91

Uvaria grandiflora Roxb.

攀援灌木，全株密被黄褐色星状柔毛至绒毛。叶纸质或近革质，长圆状倒卵形，长 7～30cm，宽 3.5～12.5cm，顶端急尖或短渐尖，有时有尾尖，基部浅心形；侧脉 10～17 对，在叶面扁平，在

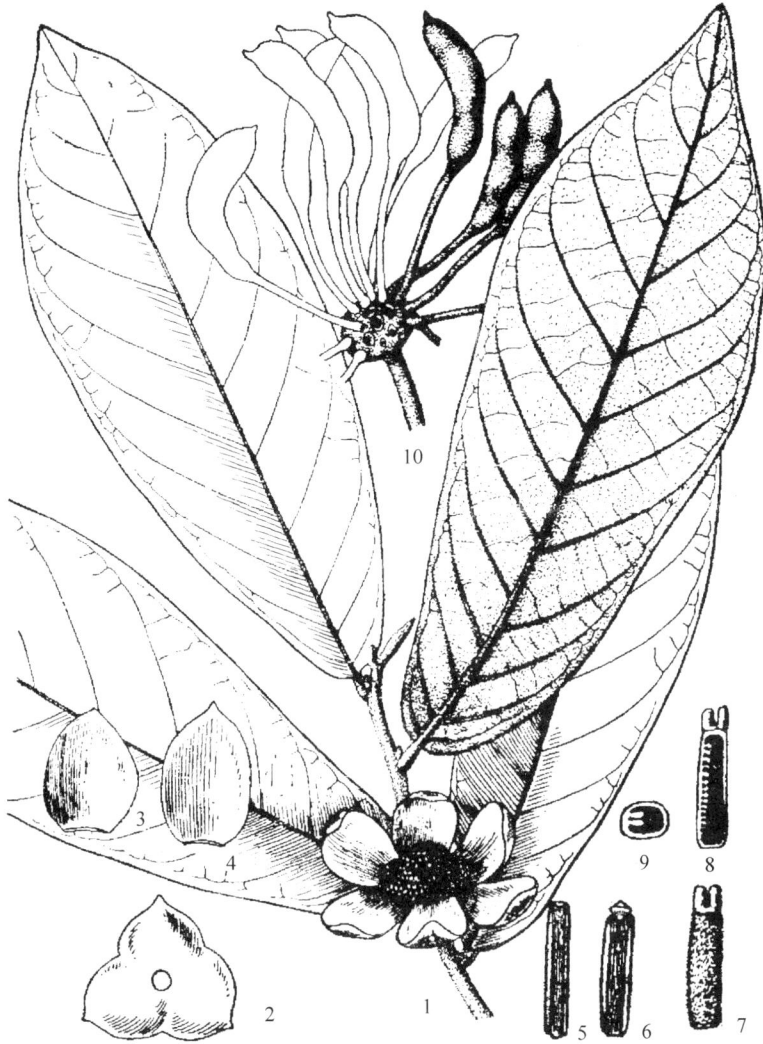

图 91　山椒子 Uvaria grandiflora Roxb. 1. 花枝；2. 花萼；3. 内轮花瓣；4. 外轮花
瓣；5. 雄蕊的背面观；6. 雄蕊的腹面观；7. 雌蕊；8. 子房的纵剖面，示胚珠的着生；
9. 子房的横剖面；10. 成熟心皮。(仿《中国植物志》)

叶背凸起；叶柄粗壮，长 5 ~ 8mm。花单朵，与叶对生，紫红色或深红色，大形，直径 9cm，花梗
短，长约 5mm，雄蕊长圆形或线形，长 7mm，药隔顶端截形，无毛；心皮长圆形或线形，长 8mm，
柱头顶端 2 裂而内卷，每心皮有胚珠 30 枚以上，2 排。果长圆柱状，长 4 ~ 6cm，直径 1.5 ~ 2.0cm，
顶端有尖头。花期 3 ~ 11 月；果期 5 ~ 12 月。

　　产于合浦。分布于广东南部；印度、缅甸、泰国、越南、马来西亚、菲律宾和印度尼西亚也有
分布。

6. 黄花紫玉盘　图 92

Uvaria kurzii（King.）P. T. Li

　　攀援灌木，长达 13m；全株密被锈色星状绒毛或星状长柔毛。叶膜质，长圆状倒卵形或长椭圆
形或倒卵形，长 9.5 ~ 21.0cm，宽 4 ~ 9cm，侧脉 13 ~ 18 对，在叶面上扁平或稍凸起。花黄色，直
径约 3.5cm，1 ~ 2 朵与叶对生，花梗较长，2.5 ~ 4.0cm；心皮柱头顶端 2 裂但不内卷，每心皮有胚
珠 10 枚，2 排。果近圆球状或卵圆状，长 2.0 ~ 2.5cm，直径约 2cm。花期 5 月；果期 7 ~ 8 月。

　　产于十万大山、大明山、扶绥等地。分布于云南；印度也有分布。

图92 黄花紫玉盘 Uvaria kurzii（King.）P. T. Li 1. 花枝；2. 萼片的外面观；3. 外轮花瓣的外面观；4. 内轮花瓣的外面观；5. 雄蕊的背面观；6. 雄蕊的侧面观；7. 雄蕊的腹面观；8. 雌蕊；9. 子房的纵剖面，示胚珠的着生；10. 成熟心皮。（仿《中国植物志》）

2. 澄广花属 Orophea Bl.

乔木或灌木。叶互生，羽状脉，叶柄短。花两性，单生，或数朵簇生或聚成花序，腋生或腋上生；花瓣6片，2轮，镊合状排列，外轮花瓣通常较内轮小，且与萼片相似，内轮花瓣基部有爪，上部边缘黏合成帽状体；雄蕊6~12枚，卵形，药隔顶端急尖；心皮3~15个，离生，柱头无柄或近无柄，每个心皮有胚珠1~8枚，侧膜胎座上着生。果圆球状，有柄。

约60种，分布于亚洲南部和东南部。中国4种，分布于华南和云南。广西2种。

分种检索表

1. 叶基部阔楔形，两侧对称；花绿白色；心皮6个 ·················· 1. 澄广花 O. hainanensis
1. 叶基部圆形，两侧不对称，略偏斜；花淡红色；心皮12个 ·················· 2. 广西澄广花 O. anceps

1. 澄广花　海南澄广花　图93：2~4

Orophea hainanensis Merr.

小乔木，高8m。小枝被疏柔毛，后变无毛。叶纸质，椭圆形或卵状椭圆形，长4.0~9.5cm，宽2.0~3.5cm，顶端短渐尖或急尖，基部宽楔形，两面无毛，侧脉4~7对，纤细；叶柄长约2mm，近无毛。花序腋生或腋上生，通常花序有花1~3朵，被疏柔毛；总花梗长4~20mm；花梗

纤细，长 4~10mm，花绿白色，直径
3~5mm；雄蕊 6 枚，药隔内弯，有尖
头；心皮 6 个，无毛，每个心皮有胚珠
2 枚。果圆球形，直径约 7mm。花期
4~7月；果期6~12月。

产于合浦等地。分布于海南。

2. 广西澄广花 斜叶澄广花 图
93：1

Orophea anceps Pierre

乔木，高达 8m；枝条细，灰褐色，
幼时被柔毛，后变无毛。叶椭圆形或长
椭圆形，长 4~9cm，宽 1.5~3.0cm，
顶端短渐尖至钝，基部圆形，两侧不对
称，偏斜，侧脉 8~10 对。花单朵腋
生，淡红色，花梗纤细如线状，长 5~
10mm，近基部有 1~6 枚被毛小苞片；
心皮 12 个，卵圆形。果圆球形，直径
5~8mm。花期7~9月；果期8~11月。

产于大新、龙州、隆安、扶绥、宁
明、崇左、靖西、那坡、德保和阳朔等
地。生于石灰岩山地坡麓和谷地。分布
于云南、海南等地；孟加拉国、泰国、
老挝、柬埔寨和马来西亚也有分布。

3. 金钩花属 Pseuduvaria Miq.

灌木或乔木。叶互生。花小形，单
性，单生或多朵簇生于叶腋内；花萼 3
裂，花瓣 6 片，2 轮，镊合状排列，外
轮花瓣短于内轮花瓣，外轮花瓣与萼片
相似，内轮花瓣基部窄长成爪，上部边
缘黏合成帽状体；雄花具雄蕊多数，药
隔顶端截形或微凹；雌花有时外围有少
数退化雄蕊，心皮 3 至多个，每个心皮
有胚珠 2~5 粒，柱头无柄，顶端近头
状。果圆球状；种子 1 至多粒。

约 17 种，分布于东南亚和西亚各
地。中国 1 种，产于广西、云南。

金钩花 图 94

Pseuduvaria indochinensis Merr.

常绿乔木，高 6~20m；小枝被短柔
毛，老枝无毛，灰白色，有纵条纹。叶
纸质，椭圆形，长 10~23cm，宽 3.5~
8.5cm，顶端渐尖，基部宽楔形至圆形，

图93 1. 广西澄广花 Orophea anceps Pierre 果枝。**2~4. 澄
广花 Orophea hainanensis** Merr. 2. 枝叶；3. 花；4. 果。(1 仿
《广西植物志》，2~4 仿《中国植物志》)

图94 金钩花 Pseuduvaria indochinensis Merr. 1. 花枝；
2. 雄花。(仿《中国植物志》)

叶面亮绿色，中脉被短毛，叶被蓝绿色，初时脉上有短柔毛，后变无毛，中脉上面凹，侧脉 10 ~ 12 对，网脉两面略凸起；叶柄长 3 ~ 10mm，被短柔毛。雌雄异株，花黄色，单朵或多朵簇生叶腋；花梗细，长 1.0 ~ 2.5cm。雄花雄蕊多数，楔形，长 1mm，药隔顶端截形；雌花心皮 15 ~ 17 个，每个心皮有胚珠 4 枚，2 排，柱头平头状，顶端 2 裂；花托边缘有时有 2 枚退化雄蕊。果圆球形，直径 1.5 ~ 2.0cm，有很多小瘤体凸起，密被短柔毛；果柄长 1.5cm，被短柔毛。花期 3 ~ 7 月；果期 7 ~ 10 月。

产于凭祥、龙州。生于海拔 1000m 的山地密林中或山谷、溪沟旁潮湿的疏林中。分布于云南南部；越南也有分布。

4. 野独活属 Miliusa Lesch. ex DC.

乔木或灌木。叶互生。花单性（国外种）或两性，绿色或红色，腋生或腋上生，单朵或多朵簇生或为密伞花序；花梗细长；花萼 3 枚，基部合生；花瓣 6 片，2 轮，镊合状排列，外轮小，与萼片相似，内轮大，初时边缘黏合，后分开，顶端反曲，基部囊状，有短爪；花托圆柱状凸起；雄蕊多数；心皮多数，每个心皮有胚珠 1 ~ 5 枚。果球形或圆柱形；种子 1 ~ 5 粒。

约 30 种，分布于亚洲的热带至亚热带地区。中国 6 种，分布于华南和西南各地。广西 2 种。

分种检索表

1. 叶背、花梗、果梗均被短柔毛 ·· 1. 中华野独活 M. sinensis
1. 叶背、花梗、果柄均无毛或仅两面中脉及叶背侧脉被疏微毛，后变无毛 ·················· 2. 野独活 M. chunii

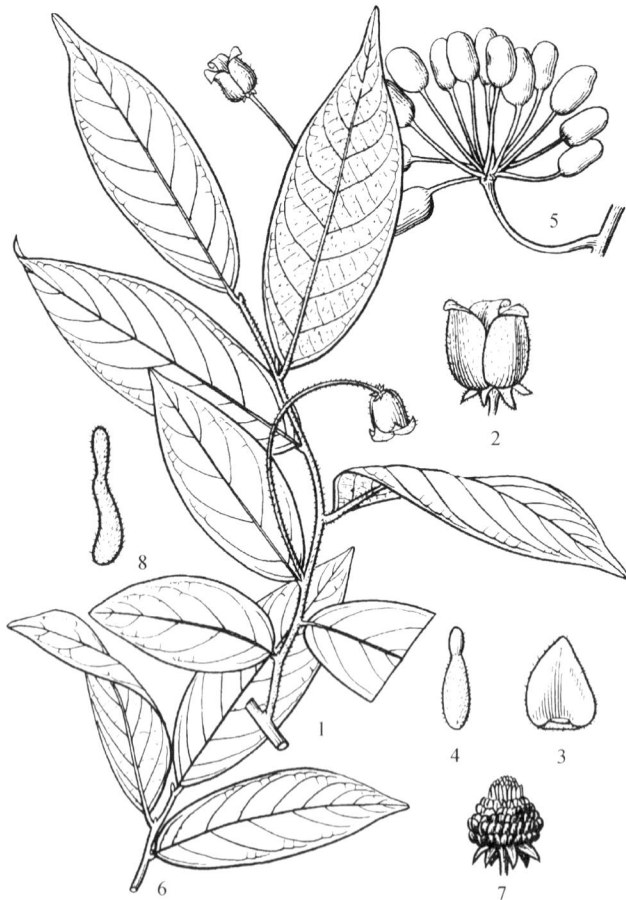

图 95　**1 ~ 5. 中华野独活 Miliusa sinensis** Finet et Gagnep. 1. 花枝；2. 花；3. 花瓣；4. 心皮；5. 果。**6 ~ 8. 野独活 Miliusa chunii** W. T. Wang 6. 叶枝；7. 雌、雄蕊群；8. 心皮。（仿《中国植物志》）

1. 中华野独活　中华密榴木　图 95：1 ~ 5

Miliusa sinensis Finet et Gagnep.

小乔木，高 6m。芽、小枝、叶柄、叶背、花梗、苞片、萼片均被黄色短柔毛或长柔毛，幼嫩部位被长毛而密；小枝有纵条纹。叶纸质，椭圆形，长 5.0 ~ 12.5cm，宽 2 ~ 5cm，顶端渐尖或急尖至钝，基部钝至圆形，略偏斜，上面有小疣状体凸起，中脉有短毛，侧脉 9 ~ 11 对。花单生叶腋，直径 1.0 ~ 1.5cm；花梗纤细，长 3.5 ~ 7.5cm，近基部有 2 ~ 4 枚小苞片；外轮花瓣与萼片等大，内轮花瓣紫红色，顶端反曲，花呈钟状；每心皮有胚珠 2 枚。果圆球形至倒卵形，直径 7 ~ 8mm，无毛，中部稍缢缩，成熟时紫黑色；种子 1 ~ 2 粒，椭圆状球形，种皮膜质，胚乳嚼烂状；果柄纤细，下弯，长 13 ~ 21mm，被微柔毛。花期 4 ~ 9 月；果期 7 ~ 12 月。

产于广西西部和西南部。生于海拔 500 ~ 1000m 的山坡密林中。分布于贵州、云南、广东。

2. 野独活　密榴木、细柄密榴木　图 95：6 ~ 8

Miliusa chunii W. T. Wang

灌木，高 2～5m；小枝稍被贴伏短柔毛。叶膜质，椭圆形或椭圆状长圆形，长 7～15cm，宽 2.5～4.5cm，顶端渐尖或短渐尖，基部宽楔形或圆形，偏斜，无毛或中脉两面及叶背侧脉被疏微柔毛，后变无毛；侧脉每边 10～12 条，纤细，顶端弯拱而在叶缘前联结；叶柄长 2～3mm，被疏微毛至无毛。花红色，单生于叶腋内；花梗细长，丝状，无毛；萼片卵形，边缘及外面稍被短柔毛；外轮花瓣比萼片略长些，内轮花瓣卵圆形；雄蕊倒卵形，花丝短，无毛；心皮弯月形，稍被紧贴柔毛，柱头圆柱状，稍外弯，被微毛，顶端全缘，每个心皮有胚珠 2～3 枚。果圆球状，直径 7～8mm，内有种子 1～3 粒，在种子间有时缢缩。花期4～7月；果期7月至翌年春季。

产于大新、宁明、龙州、那坡、靖西、百色、都安、柳城、阳朔、永福、荔浦、桂林等地。分布于云南、广东、海南等地；越南也有分布。

5. 假鹰爪属 Desmos Lour.

攀援或直立灌木。叶互生。花单生于叶腋或与叶对生，或2～4朵簇生；花萼裂片3枚，花瓣6片，2轮，花萼镊合状排列，花瓣外轮较花瓣内轮大；花托凸起，顶端平坦或略凹陷；雄蕊和心皮均多数，每心皮有胚珠 1～8 枚，侧生。成熟心皮离生，果为念珠状，每节有 1 粒种子。

约30种，分布于亚洲热带和亚热带地区和大洋洲。中国5种，产于南部和西南部。广西2种。

分种检索表

1. 小枝、叶背、叶柄、花梗和果梗均无毛；叶椭圆形，基部圆形或稍偏斜 ························ **1. 假鹰爪 D. chinensis**
1. 小枝、叶背、叶柄、花梗和果柄均被柔毛；叶倒卵状椭圆形或长圆形，有时近琴形，基部浅心形或截形 ········
··············· **2. 毛叶假鹰爪 D. dumosus**

1. 假鹰爪 酒饼叶、鸡爪风
图96：1～2

Desmos chinensis Lour.

攀援或直立灌木，高 1～4m。除花外，各部无毛，枝皮粗糙，有纵条纹，小枝有明显白色皮孔。叶纸质，椭圆形，少数为阔卵形，长 4～13cm，宽 2～5cm，顶端钝或急尖，基部圆形至稍偏斜，上面深绿色，下面粉绿色。花黄白色，单朵与叶对生或互生；花梗长 2.0～5.5cm；花萼和花瓣被微柔毛；雄蕊长圆形，药隔顶端截形；心皮长圆形，长 1.0～1.5mm，被长柔毛，柱头近头状，向外弯，顶端 2 裂。果念珠状，长 2～5cm，种子 1～7 粒，球状，直径约 5mm。花期夏季至冬季；果期 6 月至翌年春季。

产区比较广，东起大桂山南坡，经昭平、金秀、柳州、河池、天峨一线以南各地，桂林也有产，酸性土和石灰岩地区均能适应，垂直分布于海拔 400m 以下的地区，在北热带地区

图96 1～2. 假鹰爪 Desmos chinensis Lour. 1. 花枝；2. 果序。3～4. 毛叶假鹰爪 Desmos dumosus（Roxb.）Saff. 3. 花枝；4. 果序。（1～2. 仿《中国植物志》，3～4. 仿《广西植物志》）

的山麓、低丘、台地的灌木丛中的主要常见灌木之一，有时成为群落的优势种；在庇荫的森林下也能正常生长，常常成为南亚热带至北亚热带森林下的主要灌木之一。分布于贵州、云南、福建、广东、海南等；印度和南亚各国也有分布。

根、叶药用，有祛风利湿、化淤止痛、健脾和胃、截疟的功效，可治风湿痛、产后腹痛、跌打扭伤、疟疾、肠胃积气和消化不良等症。海南省民间用叶制酒饼，故有"酒饼叶"之称。鲜花出油率为 0.36% ~ 0.45%，干花为 1.33% ~ 1.75%，香味类似于依兰香，可供提制芳香油，供制造香精、化妆品、香皂用香精等用。茎皮纤维可代麻制绳索，又是人造棉和造纸的原材料；树型美观，花果俱佳，可作庭院绿化树种和观赏花卉。

2. 毛叶假鹰爪　图96：3 ~ 4
Desmos dumosus（Roxb.）Safford

直立灌木；茎、枝条均有凸起皮孔；枝条、叶背、叶柄、叶脉、花梗、苞片、萼片两面、花瓣两面、果柄及果均被柔毛或短柔毛。叶薄纸质或膜质，倒卵状椭圆形或长圆形，有时近琴形，长 5.0 ~ 15.5cm，宽 2.0 ~ 6.5cm，顶端短渐尖或急尖，有时钝头，基部浅心形或截形；侧脉每边 9 ~ 13 条，上面扁平，下面凸起；叶柄长 5 ~ 10mm。花黄绿色。果有柄，念珠状。花期 4 ~ 8 月；果期 7 月至翌年 4 月。

产于金秀、扶绥、隆安等地。分布于贵州、云南等；印度和南亚各国也有分布。

6. 蒙蒿子属 Anaxagorea A. St. – Hil.

乔木或灌木。花单生或数朵丛生，花梗短；萼片 3 枚，花瓣 6 片，镊合状排列，内外轮近等大或外轮略大；雄蕊多数，药隔顶有附属物；心皮少数或多数，每心皮有胚珠 2 枚。成熟心皮离生。果为蓇葖状，每 1 个蓇葖有 1 ~ 2 粒种子，种子无假种皮。

约 30 种，分布于亚洲热带地区和美洲。中国 1 种，产于广西和海南。

蒙蒿子　图 97
Anaxagorea luzonensis A. Gray

直立灌木，高 1 ~ 2m，全株无毛。叶膜质，长椭圆形，长 9 ~ 16cm，宽 3 ~ 7cm，顶端急尖或钝，基部近圆形，干时灰黄色；侧脉 7 ~ 8 对，纤细，上面扁平，下面凸起，网脉稀疏；叶柄长 6 ~ 20mm。花小，1 ~ 2 朵与叶对生，淡绿色，长约 12mm；花梗长约 6mm；外轮花瓣较内轮略长；心皮 2 ~ 4 个，微被毛，每个心皮有胚珠 2 枚。果蓇葖状，腹缝线开裂，柄呈棒状，长 2.0 ~ 2.5cm，直径 5 ~ 7mm；种子 1 ~ 2 粒，扁，倒卵形，长 8mm，宽 6mm，初时红色，成熟时黑褐色，有光泽。果期 10 月至翌年 1 月。

图 97 蒙蒿子 Anaxagorea luzonensis A. Gray 1. 果枝；2. 种子。（仿《中国植物志》）

产于合浦等地。分布于广东和海南；印度、斯里兰卡、泰国、老挝、柬埔寨、越南、菲律宾和印度尼西亚等地也有分布。

7. 银钩花属 Mitrephora（Bl.）Hook. f. et Thoms.

乔木。花单生或数朵集成总状花序，腋生或叶对生，通常两性，少单性；花萼3枚，花瓣6片，2轮，镊合状排列，花瓣外轮较内轮大，内轮花瓣箭头形或铲形，基部有爪，上部内弯并与边缘黏合成圆球状；雄蕊和心皮多数，雄蕊长圆状楔形；每个心皮有胚珠4至多枚，2排，成熟心皮离生。果圆球状或圆卵状，有时椭圆状，有柄或近无柄。

约40种，分布于亚洲南部和东南部及大洋洲。中国3种，分布于西南和华南。广西1种。

山蕉 图98

Mitrephora maingayi Hook. f. et Thoms.

小乔木，高6~12m。小枝被锈色疏柔毛，老枝无毛。叶革质，长椭圆形，长7~16cm，宽3~6cm，顶端钝或短渐尖，基部宽楔形，有时圆形；中脉两面有毛，或初时有毛后变无毛，中脉上面下凹，网脉两面明显，叶梗长5~10mm，初时被毛，后变无毛。花大，直径2.5cm以上，初时白色，后变黄色，有红斑点；花萼和花瓣被柔毛；心皮柱头棒状，每个心皮有胚珠6~8枚。果卵状或圆柱状，长2.0~4.5cm，直径1.5~3.0cm，被锈色短毛；果柄粗，长1.5~2.0cm。花期2~8月；果期6~12月。

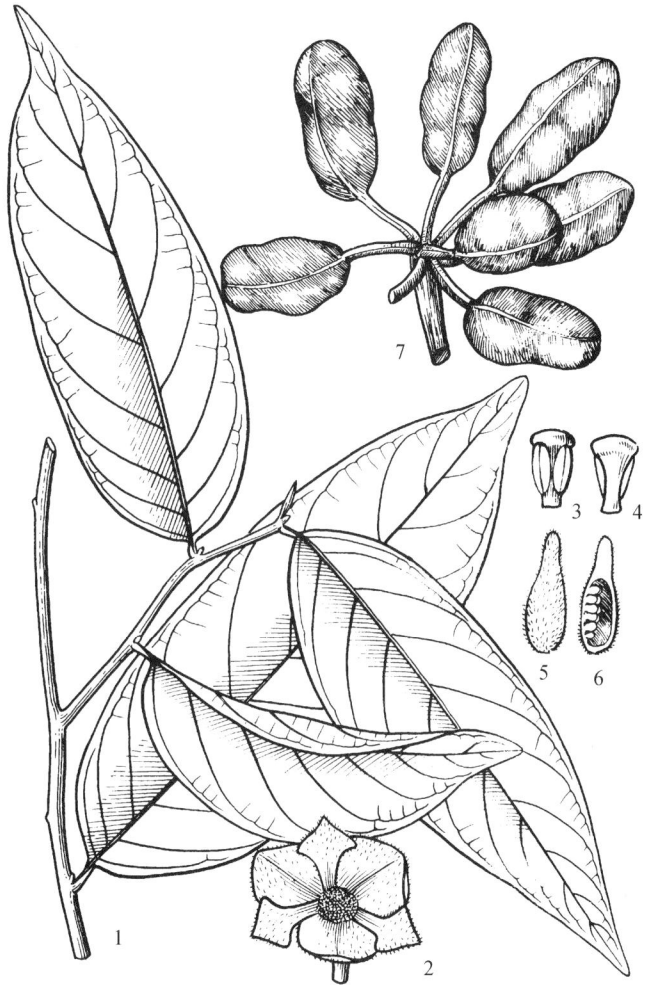

图98 山蕉 Mitrephora maingayi Hook. f. et Thoms.
1. 叶枝；2. 花；3~4. 雄蕊；5~6. 心皮及其纵剖面；7. 果。
（仿《中国植物志》）

产于大新、龙州、隆安、靖西、田阳、都安、罗城、河池、凤山等地。分布于贵州、云南、海南等地；印度和东南亚各国也有分布。

8. 哥纳香属 Goniothalamus（Bl.）Hook. f. et Thoms.

乔木或灌木。花两性，单生或数朵丛生于叶腋或腋外生；总花梗基部有2列小苞片；花萼3，花瓣6片，镊合状排列，花瓣内轮较小，基部有短爪，上部黏合成帽状体；雄蕊和心皮多数，雄蕊线形或长圆形；每个心皮有胚珠1~10枚；成熟心皮离生。果长椭圆形或卵圆形，内有种子1~10粒。

约50种，分布于亚洲热带及亚热带地区。中国约11种，分布于西南、华南及台湾等地。广西2种。

分种检索表

1. 叶背及叶缘被红褐色硬毛,倒卵状披针形或长圆状披针形,顶端长尾尖;花淡红色 … **1. 田方骨 G. donnaiensis**
1. 叶两面无毛,叶长椭圆状披针形,顶端短渐尖或钝;花黄绿色 ························· **2. 哥纳香 G. chinensis**

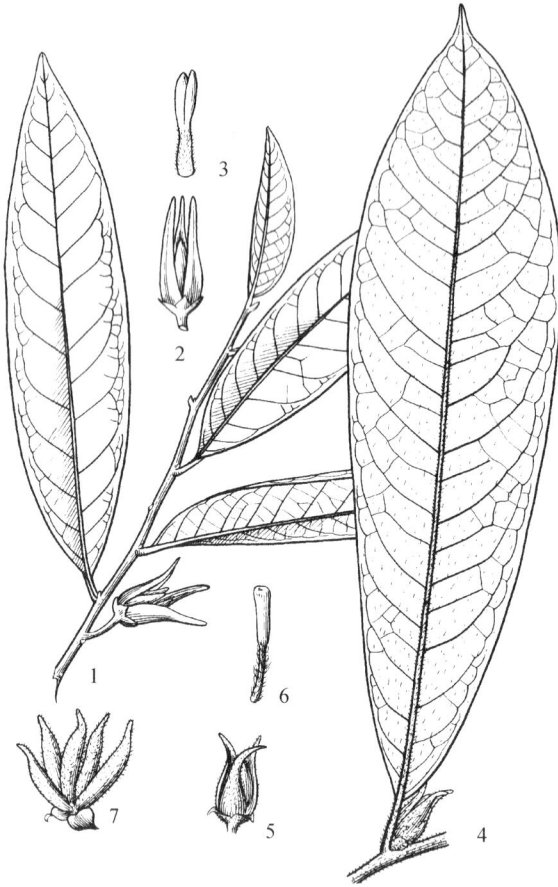

图99 1~3. 哥纳香 Goniothalamus chinensis Merr. et Chun 1. 花枝;2. 花;3. 心皮。4~7. 田方骨 Goniothalamus donnaiensis Finet et Gagnep. 4. 花枝;5. 花;6. 心皮;7. 果序。(1~3. 仿《中国植物志》,4~7. 仿《广西植物志》)

1. 田方骨　图99:4~7

Goniothalamus donnaiensis Finet et Gagnep.

小乔木或灌木,高1~4m。植物体各部分密被红褐色硬毛;叶纸质,倒卵状披针形或长圆状披针形,长20~41cm,宽5.0~11.5cm,顶端长尾尖,基部楔形,上面中脉凹陷,被硬毛,侧脉17~22对,未达叶缘联结;叶柄粗,长1.0~1.5cm,上面有槽。花淡红色,单朵腋生;花梗极短;雄蕊长圆形,长2mm,药室有横纹,药隔圆形或近截形;雌蕊高出雄蕊,长4.5mm,每个心皮有胚珠2枚,近基生,花柱长圆形,与心皮几等长。果4~12个聚生,卵状长圆形,长2~3cm,直径6~8mm;种子1~2粒,淡黄色,卵圆形,两侧有棱脊。花期5~9月;果期8~12月。

产于隆安、龙州、崇左、大新、宁明,酸性土和石灰岩土上均有分布。多见于坡麓和谷地的庇荫林下。分布于云南南部;越南也有。

2. 哥纳香　图99:1~3

Goniothalamus chinensis Merr. et Chun

灌木,高1~3m。小枝上部被短柔毛。叶纸质,长椭圆形或长椭圆状披针形,长13~30cm,宽3~8cm,顶端短渐尖或钝头,基部宽楔形,两面无毛,侧脉12~14对,纤细,顶端弯拱面联结;叶柄长5~12mm,初时被毛,后变无毛。花黄绿色,1~2朵生于叶腋,花梗长约1cm;雄蕊长约2mm,药隔顶端截形;心皮长圆形,长约1.2cm,每个心皮有胚珠2枚,花柱与心皮等长,柱头顶端2裂。果多个聚生,长椭圆形,长10~18mm,直径5~6mm,初时被短毛,疏粗毛,后渐无毛,有短柄。花期7~9月;果期7~10月。

产于广西十万大山、武鸣。生于低海拔的山地林中。分布于广东、海南等地。

9. 木瓣树属 Xylopia L.

乔木或灌木。叶成二列状互生。花单生或数朵簇生于叶腋,花梗粗短;花蕾长尖帽状或钻状,外部有3棱;萼片3裂,基部或几全部合生成环状;花瓣6片,2轮,每轮3片,镊合状排列,厚,木质,外轮花瓣较内轮大,内轮花瓣内凹,边缘靠合成三棱形;雄蕊多数,花药外向,药室有横隔纹,药隔三角形或截形;心皮少至多数,离生,每个心皮有胚珠2~6枚,侧生。果长圆状,种子间有缢缩纹。

约 160 种，分布于世界热带及亚热带地区。中国 1 种，产于广西。

木瓣树 图 100

Xylopia vielana Pierre

乔木，高 20m；枝条密生皮孔，小枝上部幼嫩时密被短绒毛，老渐几无毛。叶纸质，椭圆形或卵状椭圆形，长 3～7cm，宽 1.2～3.0cm，顶端钝或短渐尖，基部钝或圆形，两面疏被短绒毛；中脉上面微凹，侧脉 6～7 对；叶柄长 4～8mm，被短绒毛，老渐几无毛。花单生于叶腋，下弯，长约 2cm，花蕾尖帽状；花梗长 2～3mm，被黄白色短绒毛，花萼及花瓣均被黄白色绒毛；雄蕊长圆形，长 2.5mm，药室有横隔纹，药隔长三角形，被短柔毛；心皮长 4mm，密被长柔毛，花柱细长，柱头棍棒状，外弯，每个心皮有胚珠 5 枚，侧生。果长圆形或长圆状披针形，两端渐尖；种子 3～5 粒，卵圆形；果柄长 1.5cm，总果柄长 1cm，有皮孔。花期春、夏季；果期夏、秋季。

产于东兴；越南、柬埔寨也有产。

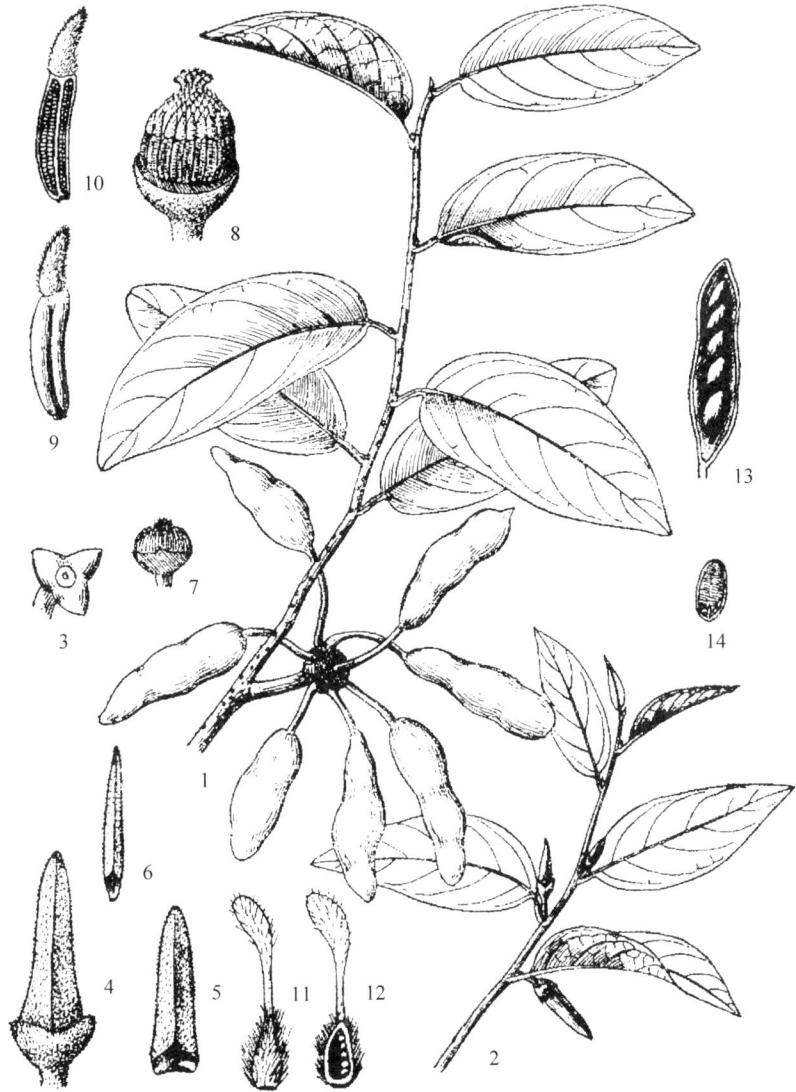

图 100　木瓣树 Xylopia vielana Pierre 1. 果枝；2. 花枝；3. 花萼；4. 花蕾；5. 外轮花瓣的内面观；6. 内轮花瓣的内面观；7～8. 花托、雄蕊和雌蕊；9. 雄蕊的背面观；10. 雄蕊的腹面观；11. 雌蕊；12. 子房的纵剖面；13. 果的纵剖面；14. 种子的纵剖面。(仿《中国植物志》)

10. 蕉木属 Oncodostigma Diels

乔木。叶互生。花 1～2 朵生于叶腋或腋外生，具短梗；花蕾卵圆形，外部无 3 棱，萼片 3，基部合生；花瓣 6 片，2 轮，每轮 3 片，镊合状排列，肉质，内外轮花瓣近等长，内轮花瓣瓢状；雄蕊多数，长圆状倒卵形，药室无横隔纹，药隔顶端截形或近截形；心皮 2～12 个，长圆形，被长毛，每个心皮有胚珠约 10 枚，腹面着生，成熟心皮离生。果椭圆状或圆筒状，倒卵状，微被锈色绒毛。

约 4 种，分布于马来西亚和印度尼西亚。中国 1 种，分布于广西、海南等地。

蕉木 山蕉　图 101

Oncodostigma hainanense (Merr.) Tsiang et P. T. Li

常绿乔木，高 16m，胸径 60cm。小枝、小苞片、花梗、萼片外面、花瓣外轮两面、轮内之外面和果实均被锈色柔毛。叶薄纸质，椭圆形至椭圆状披针形，长 6～10cm，宽 2.0～3.5cm，顶端短

渐尖，基部圆形，除叶柄及叶脉外余无毛；中脉上面凹陷，下面凸起，侧脉6~10对；叶柄长4~5mm。花黄绿色，直径约1.5cm，1~2朵腋生或腋外生；花梗长6~7mm；雄蕊长2mm，心皮长圆形，密被长柔毛，柱头棍棒状，直立，基部缢缩，顶端全缘，被短柔毛。果长圆筒状或倒卵状，长2~5cm，直径2.0~2.5cm，外果皮有突起纵脊，种子间有缢纹；种子黄棕色，斜四方形，长1.6cm；胚小，直立，基生，狭长圆形，长5mm。花期4~12月；果期冬季至翌年春季。

濒危种。产于合浦、扶绥等地，常散生在低于海拔的沟谷两侧。分布于海南。种子寿命短，熟后立即采收，否则落下后腐烂变质，迅速丧失发芽能力。蕉木属在中国仅此1种，对研究中国热带植物区系有重要的学术意义。

图 101 蕉木 Oncodostigma hainanense (Merr.) Tsiang et P. T. Li 1. 花枝；2. 心皮；3. 果序；4~5. 单个小果及种子排列；6. 种子纵剖面。（仿《中国植物志》）

11. 暗罗属 Polyalthia Bl.

灌木或乔木。花通常两性，少数单性，腋生或与叶对生，单生或数朵丛生，有时生于老干上。萼片3枚，花瓣6片，镊合状排列，少数覆瓦状排列，内外轮花瓣近等大，少数内轮较小；雄蕊多数，药隔顶端截形或近圆形；心皮多数，稀少数，每个心皮有胚珠1~2枚，基生或近基生，成熟心皮离生。浆果状，圆球形或长圆状或倒卵状，有柄，内有种子1粒，稀2粒。

约120种，分布于东半球的热带及亚热带地区。中国有15种，分布于台湾、云南、西藏、广东等地。广西5种，本志记载4种。

分种检索表

1. 叶背、叶柄均被明显柔毛；叶椭圆形至长椭圆状披针形；花单生于叶腋内；绿色 ········ **1. 细基丸 P. cerasoides**
1. 叶背、叶柄无毛或被不明显毛。
　　2. 叶面侧脉扁平；叶基部稍偏斜；老树皮栓皮状；花黄色，1~2朵与叶对生；内轮花瓣长于外轮1~2倍 ······
　　········· **2. 暗罗 P. suberosa**
　　2. 叶上面侧脉凸起。
　　　　3. 花径3cm，黄色，下部紫红色；花梗长1.0~1.5cm；雄蕊长圆形，基部略狭；心皮长圆形，密被长柔毛；果椭圆状卵圆形或长圆形 ········· **3. 云桂暗罗 P. petelotii**
　　　　3. 花大，直径5~10cm，黄绿色；花梗长3~5cm；雄蕊楔形，药隔顶端截形，被短柔毛；心皮线形，被丝毛；果卵状椭圆形 ········· **4. 斜脉暗罗 P. plagioneura**

1. 细基丸 老人皮、暗香 图102

Polyalthia cerasoides (Roxb.) Benth. et Hook. f. ex Bedd.

乔木, 高 20m, 胸径 20～40cm; 树皮韧皮部淡赭色, 有清香气味。小枝密被褐色长柔毛, 老枝无毛, 有皮孔, 叶背、叶柄、花梗、小苞片、花萼、花瓣等各部疏被柔毛。叶纸质, 椭圆形至长椭圆状披针形, 长 6～19cm, 宽 2.5～6.0cm, 顶端钝或短渐尖, 基部宽楔形至圆形, 上面仅中脉被疏柔毛, 侧脉 7～8 对, 上面微凸起; 叶柄长 2～3mm。花单生于叶腋内, 绿色, 直径 1～2cm; 花梗长 1～2cm, 被淡黄色疏柔毛, 中部以下有叶状小苞片 1～2 枚; 花瓣内外近等长或内轮稍短; 药隔顶端截形; 心皮长圆形, 被柔毛, 柱头卵圆形, 顶端全缘, 每个心皮有 1 枚胚珠, 基生。果近圆球形或卵圆形, 直径约 6mm, 成熟时红色, 干后黑色, 无毛; 果柄柔弱, 长 1.5～2.0cm。花期 3～5 月; 果期 4～10 月。

产于合浦、天等等地。分布于云南南部、广东南部、海南等地; 越南、老挝、柬埔寨、缅甸、泰国、印度等地也有分布。茎皮含单宁。茎皮纤维坚韧, 可用于纺织。花可供提制芳香油。木材可作农具和建筑用材。

2. 暗罗 老人皮 图103

Polyalthia suberosa (Roxb.) Thw.

小乔木。老树皮栓皮状, 灰色, 有极明显的深纵裂; 幼枝、幼叶背面、叶柄、花梗均疏被微毛; 枝有凸起白色皮孔。叶纸质, 长椭圆形或倒披针状长圆形, 长 6～10cm, 宽 2.0～3.5cm, 顶端短渐尖或钝, 基部略偏斜, 上面无毛, 下面被疏柔毛, 后渐无毛; 侧脉8～10 对, 上面不明显; 叶柄长 2～3mm。花淡黄色, 1～2 朵与叶对生; 花梗长 1.2～2.0cm, 中部以下有 1 枚小苞片; 内轮花瓣长于外轮花瓣1～2 倍; 雄蕊卵状楔形, 药隔顶端截形; 心皮卵状长圆形, 被柔毛, 柱头卵圆形, 每个心皮有胚珠 1 枚, 基生。果近球形, 直径 4～5mm, 被短柔

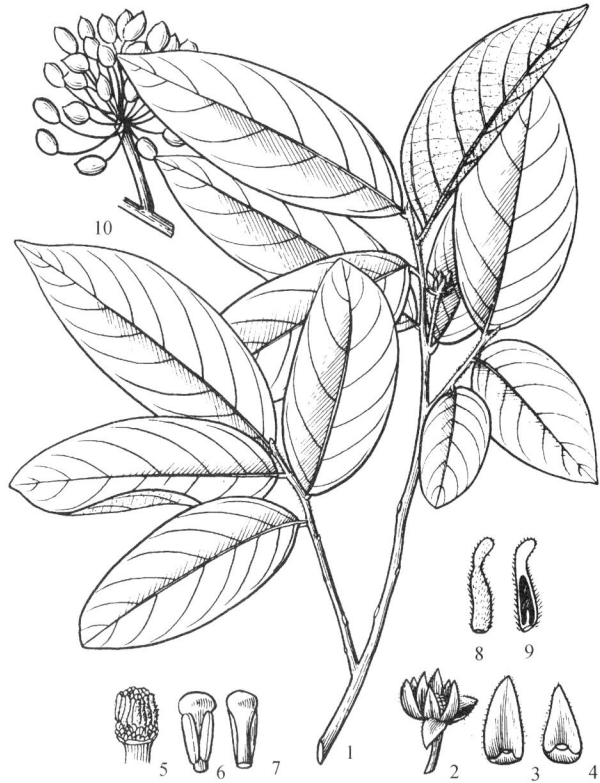

图 102 细基丸 **Polyalthia cerasoides** (Roxb.) Benth. et Hook. f. ex Bedd. 1. 花枝; 2. 花; 3～4. 花瓣; 5. 雌、雄蕊群; 6～7. 雄蕊; 8～9. 心皮及其纵剖面; 10. 果。(仿《中国植物志》)

图 103 暗罗 **Polyalthia suberosa** (Roxb.) Thw. 1. 花枝; 2. 花; 3. 果序。(仿《中国植物志》)

图 104 云桂暗罗 Polyalthia petelotii Merr. 1. 花枝；2. 果序。(仿《广西植物志》)

图 105 斜脉暗罗 Polyalthia plagioneura Diels 1. 花枝；2. 果序。(仿《中国植物志》)

毛，成熟时红色。花期几乎全年；果期6月至翌年春节。

产于合浦等地。分布于广东南部及海南等地；印度、斯里兰卡、缅甸、泰国、越南、老挝、马来西亚、新加坡、菲律宾等地也有分布。根入药，有行气止痛、行气散结的功效，可治气滞腹痛、胃疼、痛经、梅核气。

3. 云桂暗罗 图 104

Polyalthia petelotii Merr.

灌木或小乔木，高5m。幼枝被紧贴微毛，老枝无毛，有纵纹。叶长圆形、长圆状倒披针形或倒披针形，长9～20cm，宽2.0～4.5cm，顶端渐尖，基部窄楔形，叶面亮绿色，无毛，叶背淡绿色，被稀疏紧贴柔毛，老时渐无毛；侧脉7～13对，两面凸起；叶柄长5mm。花黄色，下部紫红色，直径3cm，单生于枝顶或与叶对生；花梗长1.0～1.5cm，被锈色紧贴短柔毛；雄蕊长圆形，基部略狭，药隔顶端截形；心皮20个，长圆形，密被长柔毛，每个心皮有1～2枚胚珠。果椭圆状卵圆形或长圆形，长1.2～1.5cm，直径8～10mm，成熟时暗紫色，被锈色紧贴短柔毛，老时渐无毛，种子1(～2)粒，果柄长1.0～1.5cm，被锈色紧贴短柔毛，老时渐无毛。花期5～11月果期7月至翌年3月。

产于融水、龙州等地。生于海拔800～1900m的山地密林中或疏林潮湿处。分布于云南东南部；越南也有分布。

4. 斜脉暗罗 九重皮 图 105

Polyalthia plagioneura Diels

乔木，高15～20m。幼嫩部位及花梗、果柄、花萼外面常疏被褐色或锈色绢丝状平伏毛，老枝无毛。叶纸质，长椭圆状倒披针形或窄长椭圆形，长8～22cm，宽3.0～7.5cm，顶端渐尖，基部宽楔形，叶面无毛，亮绿色，叶背几无毛或被极稀疏的褐色微柔毛；侧脉8～11对，干时两面凸起；叶柄长5～10mm。花大，直径5～10cm，黄绿色，单生枝顶或与叶对生；花梗长3～5cm，雄蕊楔形，药隔顶端截形，被短柔毛；心皮线形，被丝毛，花柱线形，无毛，每个心皮有 1 枚胚珠，基生。果卵状椭圆形，长 11.5cm，直径 1.0 ~ 1.5cm，成熟时暗红色，干后灰黑色，种子 1 粒；果柄长 2 ~ 7cm，顶端膨大，被短柔毛，后渐无毛；总果柄长 4.5 ~ 10.0cm，直径 2.5 ~ 5.0mm。花期 3 ~ 8 月；果期 9 月至翌年春。

产于融水、金秀、大明山、龙州等地。分布于广东、海南，生于海拔 500 ~ 1000m 的山地密林中或疏林中。茎皮纤维坚韧，可供编绳索。

12. 藤春属 **Alphonsea** Hook. f. et Thoms.

乔木。花单生或数朵丛生组成花序，与叶对生或腋上生；萼片 3 枚，小形，花瓣 6 片，2 轮，均镊合状排列；花瓣内外轮等大或内轮花瓣稍小，卵状三角形或卵状长圆形，通常基部囊状而向内弯；花托圆柱形或半圆球状凸起；雄蕊多数，药室外向，药隔顶端短尖而延伸于药室外；心皮 1 至数个，每个心皮有胚珠 8 ~ 24 枚，2 排，花柱柱头圆球状。成熟心皮离生。果圆球形，有柄或近无柄。

约 20 种，分布于亚洲热带及亚热带地区。中国 6 种，分布于广东、广西、云南、贵州等地，广西 4 种。从藤春属植物中分离得到的化合物有昆虫拒食、降压、抗菌、抗肿瘤、神经阻断、抗炎、镇咳、抗血栓形成等生理活性。

分种检索表

1. 叶背面明显被毛；叶纸质，椭圆形或卵状长椭圆形；花黄色，心皮 3 个 ┄┄┄┄┄┄┄┄┄┄┄┄┄ **1. 石密 A. mollis**
1. 叶背面无毛或中脉上被不明显微毛。
  2. 总花梗上有小苞片 11 ~ 12 枚；总果梗上有宿存小苞片 7 ~ 8 枚；心皮 1 ~ 5 个 ┄┄┄ **2. 多苞藤春 A. squamosa**
  2. 总花梗和总果柄上无小苞片或有 1 ~ 5 个。
    3. 侧脉在上面凸起；叶干后苍白色；心皮 1 个 ┄┄┄┄┄┄┄┄┄┄┄┄┄┄┄┄ **3. 藤春 A. monogyna**
    3. 侧脉在上面扁平；叶干后两面橄榄绿色；心皮 3 ~ 5 个 ┄┄┄┄┄┄┄┄ **4. 海南藤春 A. hainanensis**

1. 石密 毛叶阿芳 图 106：12

Alphonsea mollis Dunn

常绿乔木，高 20m，胸径 40cm。树干通直，树皮暗灰褐色，有不明显纵棱，韧皮部赭色，纤维坚韧；幼枝密被绒毛，老时渐无毛。叶纸质，椭圆形或卵状长椭圆形，长 6 ~ 12cm，宽 2.5 ~ 4.5cm，顶端短渐尖而钝头，基部宽楔形至圆形，叶上面除中脉被微毛外，余无毛，背面被长柔毛；侧脉约 10 对，纤细，两面明显；叶柄长 2 ~ 3mm，被毛。花黄白色，单生或双生；花梗长 10 ~ 20mm，被毛，有小苞片；花瓣内轮略短；心皮 3 个，被绒毛，花柱压缩。果 1 ~ 2 个，卵形或椭圆形，长 2 ~ 4cm，直径 1.5 ~ 2.5cm，成熟时黄色，被黄褐色绒毛；种子数粒，近圆形，直径 1.0 ~ 1.5cm，扁平，淡灰褐色。花期早春；果期 6 ~ 8 月。

产于龙州、大青山、隆安。分布于云南南部及海南等地。果实可食。木材坚硬，结构致密均匀，略有韧性，适于作建筑、农具等用材。

2. 多苞藤春

Alphonsea squamosa Finet et Gagnep.

小乔木，高 5m，树皮灰白色。嫩枝被毛，老枝无毛，有皮孔。叶椭圆形或卵圆形，偶长圆状椭圆形，顶端短渐尖或急尖，基部圆形，除中脉被微毛外，余无毛；中脉上面凹陷；叶柄有环纹；花 1 ~ 2 朵腋上生；总花梗有 11 ~ 12 枚小苞片；心皮 1 ~ 5 个，每个心皮有胚珠 10 枚；果卵圆状或近球形，密被短柔毛；总果柄上有宿存小苞片 7 ~ 8 枚。果期 6 月。

产于龙州等地。分布于云南西南部；越南也有分布。

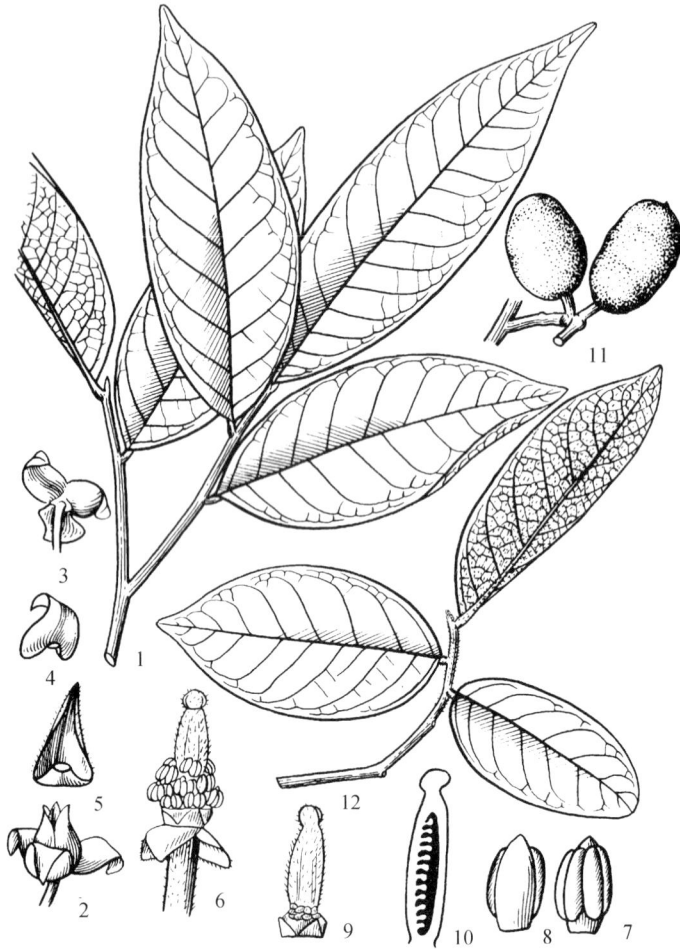

3. 藤春　单果阿芳　图106：1~11
Alphonsea monogyna Merr. et Chun

乔木，高12m。小枝被疏柔毛。叶近革质，椭圆形至长椭圆形，长7~14cm，宽3~6cm，顶端急尖或渐尖，基部宽楔形或钝，两面无毛，干后苍白色；侧脉9~11对，两面凸起；叶柄长约5mm。花黄色，1~2朵生于总花梗上，花梗被毛，基部有1~2枚小苞片；雄蕊长约1mm，药隔顶端急尖；心皮1个，圆柱形，内有胚珠22~24枚，2排。果近圆球形或椭圆形，长2.0~3.5cm，直径1.7~2.5cm，密被污色短粗毛，有不明显的小瘤体。花期1~9月，果期9月至翌年春季。

产于那坡、龙州、平南等地。分布于云南南部和海南等地。材质坚硬，适于作建筑用材。花芳香，可供提制芳香油。

4. 海南藤春　海南阿芳
Alphonsea hainanensis Merr. et Chun

常绿乔木。树干通直，树皮灰黑褐色，平滑，不脱落。叶厚纸质，广卵形或椭圆形，长4~9cm，宽2~4cm，顶端急尖或短渐尖，基部阔楔

图106　1~11. 藤春 Alphonsea monogyna Merr. et Chun 1. 叶枝；2~3. 花及其背面；4~5. 花瓣；6. 去花瓣的花；7~8. 雄蕊；9~10. 心皮及其纵剖面；11. 果。12. 石密 Alphonsea mollis Dunn 叶枝。（仿《中国植物志》）

形或近圆形，侧脉7~10对，侧脉在叶上面扁平，两面无毛，叶干后橄榄绿色。花序短，几无总梗，与叶对生或近对生；总花梗有苞片1枚；心皮3~5个，密被污色短柔毛，内有胚珠10~12枚。果近圆球形或倒卵形，密被锈色毛。花期10月至翌年3月；果期3~8月。

产于十万大山、防城、龙州、靖西、德保、南宁等地。分布于海南和云南等地。木材坚硬而韧，结构致密均匀，适于作建筑、车船等用材。果可食。

13. 依兰属 Cananga（DC.）Hook. f. et Thoms.

乔木或灌木。花大，单生或数朵丛生于叶腋外的总花梗上；花萼3枚，花瓣6片，镊合状排列，花瓣内外轮近等大或内轮的稍小，绿色或黄色，长而扁平，线状披针形；雄蕊多数，线形或线状披针形，药隔顶端尖；心皮多数，每个心皮有胚珠多枚，2排，柱头近头状，成熟心皮离生。成熟果浆果状，有柄或无柄。

约4种，分布于亚洲热带地区及大洋洲。中国引入栽培1种1变种。广西引种1种。

依兰　依兰香　图107
Cananga odorata（Lam.）Hook. f. et Thoms.

常绿乔木，高20m余，胸径60cm。小枝无毛，有小皮孔。叶大，长10~23cm，宽4~14cm，

图 107　依兰 Cananga odorata（Lam.）Hook. f. et Thoms. 1. 果枝；2. 花；3. 花萼背
面；4. 雌、雄蕊群；5~6. 雄蕊；7~8. 心皮及其纵剖面。（仿《中国植物志》）

卵状长椭圆形或长椭圆形，顶端渐尖，基部圆形，两面无毛或背面脉上有短柔毛；侧脉 9~12 对；
上面扁平，下面凸起；叶柄长 1.0~1.5cm。花大，长约 8cm，黄绿色，芳香，倒垂。成熟心皮 10~
12 个，具长柄。果近球形或卵形，长 1.5cm，直径 1cm，成熟时黑色。花期 4~8 月；果期 12 月至
翌年 3 月。

　　南宁、凭祥引种栽培。台湾、福建、广东、云南、四川等地也有栽培。原产于缅甸、印度尼西
亚、菲律宾、马来西亚等地，现广引种于世界热带地区。依兰又名"香水树"，其花可供提制高级香
精油，称"依兰油"或"加拿楷"油，淡黄色流动性液体，具有强烈的清鲜依兰花香，用于调配香水、
化妆品、香皂等，也可药用，具抗忧郁、抗菌、催情、降低血压、镇静等功效，可平衡荷尔蒙，用
以调理生殖系统的问题。

14. 鹰爪花属 Artabotrys R. Br.

　　攀援灌木，常借助钩状的总花梗攀援于他物上。花两性，单生，花梗扭曲成钩爪状；花芳香，
萼片 3 枚，花瓣 6 片，镊合状排列，扩展或略内弯；花托平坦或凹陷；雄蕊多数，多心皮，4 至多
数。果倒卵形或圆球形，离生，肉质。

　　约 100 种，产于世界热带及亚热带地。中国 8 种，分布于西南及华南和台湾。广西 3 种，本志
记载 2 种。

分种检索表

1. 小枝无毛或近无毛，叶基部楔形；花瓣长 3.0 ~ 4.5cm，柱头线状长圆形 ·················· **1. 鹰爪花 A. hexapetalus**

1. 小枝常被黄色粗毛，叶基部钝至圆形；花瓣 1.0 ~ 1.8cm；柱头短棒状 ········ **2. 香港鹰爪花 A. hongkongensis**

1. 鹰爪花 鹰爪 图 108

Artabotrys hexapetalus（L. f.）Bhandari

攀援灌木，高 4m，无毛或近无毛。叶纸质，长椭圆形或阔披针形，长 6 ~ 16cm，宽 2.5 ~ 4.5cm，顶端渐尖或急尖，基部楔形，上面无毛，背面中脉微被柔毛或无毛。花 1 ~ 2 朵，生于木质结构的总花梗上，淡绿色或淡黄色，芳香；萼片绿色，卵形，长约 8mm，两面被稀疏柔毛；花瓣长长圆状披针形，长 3.0 ~ 4.5cm，外面基部被毛；雄蕊长圆形，药隔三角形，心皮长圆形，柱头线状长圆形。果卵圆形，长 2.5 ~ 4.0cm，直径 2.5cm，顶端尖，数个群集于果托上。花期 5 ~ 8 月；果期 5 ~ 12 月。

产于靖西、龙州、南宁、大新、凤山、藤县、梧州等地。分布于浙江、福建、广东、江西、海南、云南、台湾等地；印度、斯里兰卡、泰国、越南、柬埔寨、马来西亚、印度尼西亚和菲律宾等地也有分布。花香，枝叶浓绿，常栽培于庭园作观赏植物。鲜花含芳香油，可供提制鹰爪花膏，用于作高级香水化妆品和皂用的香精原料；

图 108 鹰爪花 Artabotrys hexapetalus（L. f.）Bhandari 1. 果枝；2. 花枝；3. 花；4. 花萼；5. 雌、雄蕊群；6 ~ 7. 花瓣；8 ~ 9. 雄蕊；10. 雌蕊群；11 ~ 12. 心皮及其纵剖面。（仿《中国植物志》）

根入药，可治疟疾。

2. 香港鹰爪花 香港鹰爪 图 109

Artabotrys hongkongensis Hance

攀援灌木，小枝常被黄色粗毛。叶椭圆状长圆形或长圆形，基部近圆形而略偏斜；两面无毛，或近下面中脉被疏柔毛，侧脉 8 ~ 10 对，两面均凸起，远离边缘而联结；叶柄 2 ~ 5mm，被疏柔毛。花单生，花瓣卵状披针形，长 1.0 ~ 1.8cm；雄蕊楔形被短柔毛；心皮卵状长圆形，柱头短棍棒状，每个心皮有 2 枚胚珠。果椭圆状，长 2.0 ~ 3.5cm，直径 1.5 ~ 3.0cm，干时黑色。花期 4 ~ 7 月；果期 5 ~ 12 月。

产于十万大山、龙州、靖西、乐业、凌云、钟山、富川、临桂等地。分布于贵州、云南、湖南、广东、海南；越南也有分布。作庭园观赏植物。

图 109 香港鹰爪花 **Artabotrys hongkongensis** Hance 1. 花枝；2. 花；3. 果枝。(仿《广西植物志》)

15. 瓜馥木属 Fissistigma Griff.

攀援灌木或藤木。侧脉明显，常斜展达叶缘。花单生或数朵集成密伞花序、圆锥花序，花梗常有小苞片；萼片 3 枚，基部合生，被毛；花瓣 6 片，镊合状排列，外轮稍大；雄蕊及心皮多数，每个心皮有胚珠 1～14 枚；成熟心皮离生。果卵状，球形，椭圆形，有柄。

约 75 种，分布于非洲热带、大洋洲和亚洲热带地区。中国 22 种 1 变种，分布于西南、华东、华南、湖南等地。广西 13 种。

分种检索表

1. 叶背无毛，或被不明显的疏柔毛，老时渐无毛。
    2. 叶上面侧脉扁平。
        3. 网脉不明显；叶较小，长椭圆状披针形，长 7～24cm，宽 2.4～6.0cm；每个心皮有 4 枚胚珠 ……………………………………………………………………………… **1. 贵州瓜馥木 F. wallichii**
        3. 网脉明显；叶较大，矩状椭圆形，长 14～30cm，宽 5.5～12.0cm；每个心皮有 10 枚胚珠 ………………………………………………………………………… **2. 阔叶瓜馥木 F. chloroneurum**
    2. 叶上面上侧脉凸起或略凸起。
        4. 叶背面黄淡绿色，干后苍白；柱头 2 裂；果无毛 ………………… **3. 白叶瓜馥木 F. glaucescens**
        4. 叶背面黄淡绿色，干后红黄色；柱头全缘；果被短柔毛 ………… **4. 香港瓜馥木 F. uonicum**
1. 叶背密被绒毛、柔毛或粗毛。
    5. 叶上面侧脉扁平。
        6. 枝条、叶背、叶柄和花均密被绒毛；叶背网脉不明显；叶卵状长椭圆形；果实无柄…………………………………………………………………………………… **5. 木瓣瓜馥木 F. xylopetalum**
        6. 枝条、叶背、叶柄和花均被短柔毛。

7. 叶先端短渐尖；侧脉 8 ~ 13 对；幼枝、叶背、叶柄均密被红褐色短柔毛；果卵圆形或椭圆形 …………
………………………………………………… **6. 金果瓜馥木 F. cupreonitens**

7. 叶先端圆形或急尖；侧脉 13 ~ 20 对。

    8. 叶椭圆形或卵状椭圆形；花小，通常 3 ~ 7 朵集成密伞花序；柱头全缘；每个心皮有 4 ~ 6 枚胚珠
………………………………………………… **7. 黑风藤 F. polyanthum**

    8. 叶倒卵状椭圆形至长椭圆形；柱头 2 裂；每个心皮有 10 枚胚珠 ……………… **8. 瓜馥木 F. oldhamii**

5. 叶上面侧脉凹陷。

  9. 叶先端急尖。

    10. 叶基部圆形；团伞花序与叶对生，有时假顶生；每个心皮有 10 枚胚珠 ……………………………
………………………………………………… **9. 广西瓜馥木 F. kwangsiense**

    10. 叶基部浅心形；花 1 ~ 5 朵丛生，与叶对生或互生；每个心皮有 5 ~ 7 枚胚珠 ……………………
………………………………………………… **10. 独山瓜馥木 F. cavaleriei**

  9. 叶先端圆形或凹陷。

    11. 叶柄较短，长 3 ~ 5mm；叶长椭圆形至矩圆状椭圆形，长 8 ~ 17cm；花蕾长圆锥状 ……………………
………………………………………………… **11. 天堂瓜馥木 F. tientangense**

    11. 叶柄较长，0.8 ~ 1.5cm；叶倒卵形至倒卵状长椭圆形或广卵形。

      12. 叶基部圆形至截形，有时浅心形；花数朵集成团伞花序与叶对生，花近无梗；每个心皮有 4 枚胚
珠；果近圆球形 ……………………… **12. 凹叶瓜馥木 F. retusum**

      12. 叶基部阔楔形，有时圆；2 ~ 5 朵花组成的团伞花序腋外生，有花梗；每个心皮有 10 枚胚珠；果长
圆形 ……………………………………… **13. 上思瓜馥木 F. shangtzeense**

图 110 1 ~ 4. 阔叶瓜馥木 Fissistigma chloroneurum（Hand. – Mazz.）Tsiang 1. 花枝；2. 花蕾；3. 成熟心皮；4. 成熟心皮除去一部分外皮，示种子排列。**5. 贵州瓜馥木 Fissistigma wallichii**（Hook. f. et Thoms.）Merr. 花枝。（仿《广西植物志》）

1. 贵州瓜馥木　图 110：5

Fissistigma wallichii（Hook. f. et Thoms.）Merr.

攀援灌木，长达 7m；小枝被锈色短柔毛，老时渐无毛。叶近革质，长椭圆状披针形或长椭圆形，长 7 ~ 24cm，宽 2.4 ~ 6.0cm，顶端圆或钝，少有短尖，基部圆形或钝形，叶背灰绿色，两面无毛或幼时背面被锈色短毛；侧脉 10 ~ 14 对，上面扁平，下面凸起，网脉不明显；叶柄长 1 ~ 2cm，初时被毛，后变无毛。花绿白色，1 至多朵丛生于小枝上与叶对生或互生，有时顶生，被锈色短毛；花梗长 3 ~ 20mm，中部有 1 ~ 2 枚小苞片；心皮 2 ~ 6 个，密被柔毛，花柱圆柱形，内弯，柱头顶端不明显 2 裂，每个心皮有 4 枚胚珠。果近圆球形，直径 2.8cm，近无毛；种子 1 ~ 4 粒，果柄长 2.3cm。花期 3 ~ 11 月；果期 7 ~ 12 月。

产于广西西部。生于海拔 1000 ~ 1600m 的山地密林中或山谷疏林中。分布于云南、贵州等地；印度也有分布。

2. 阔叶瓜馥木 图110：1~4

Fissistigma chloroneurum (Hand. – Mazz.) Tsiang

攀援灌木，长达12m；小枝幼时被微毛，老时渐无毛。叶纸质，长圆形，长14~30cm，宽5.5~12.0cm，顶端短渐尖，急尖，基部平截或浅心形，上面深绿色，无毛，背部粉绿色，幼时被微毛，老时渐无毛；侧脉18~20对，上面扁平，网脉明显；叶柄长8~20mm，无毛，上面有槽。花黄白色，2~8朵丛生；花梗长5~23mm，被黄褐色短毛。心皮卵状长圆形，长2mm，密被柔毛，花柱短，每个心皮有4枚胚珠。果近球形，直径3.5~4.0cm，无毛。花期3~11月；果期7月至翌年1月。

产于宁明、龙州、那坡等地。生于海拔600m以下的山地密林或山谷疏林中。分布于云南、贵州；印度也有分布。

3. 白叶瓜馥木 火索藤 图111

Fissistigma glaucescens (Hance) Merr.

攀援灌木，长达3m，小枝无毛。叶近革质，长圆形或长圆状椭圆形，长3~19cm，宽1.5~5.5cm，顶端圆形，有时微凹，基部圆至钝，两面无毛，叶背白绿色，干后苍白色，侧脉10~15对，在上面稍凸起；叶柄长约1cm。聚伞式总状花序长6cm，顶生，被黄色绒毛；药隔三角形；心皮约15个，被褐色柔毛，花柱圆柱状，柱头顶端2裂，每个心皮有2枚胚珠。果圆球状，直径约8mm，无毛。花期1~9月；果期几乎全年。

产于十万大山、宁明、龙州、那坡、金秀、大明山、融水等地。生于丘陵、低山。分布于广东、福建、海南、台湾等地；越南也有分布。根供药用，有活血除湿、温经通络的功效，可治风湿和痨伤。叶可作酒饼药。茎皮纤维坚韧，可供编制绳索。

4. 香港瓜馥木 大香藤 图112

Fissistigma uonicum (Dunn) Merr.

攀援灌木，除叶下面和果实被稀疏柔毛外，其余均无毛。叶纸质，长圆形，长

图111 白叶瓜馥木 Fissistigma glaucescens (Hance) Merr.
1. 花枝；2. 花；3. 果。（仿《中国植物志》）

图112 香港瓜馥木 Fissistigma uonicum (Dunn) Merr.
1. 花枝；2. 花；3. 雄蕊群；4. 果枝。（仿《中国植物志》）

4～20cm，宽1～5cm，先端尖，基部圆形或阔楔形，叶背黄绿色，干后红黄色。花1～2朵聚生于叶腋；每个心皮有9枚胚珠；柱头全缘。果圆球形，被短柔毛。花期3～6月；果期6～12月。

产于广西各地，生于丘陵山地林中。分布于湖南、广东、福建、海南等地。果味甜，可食；叶可作酒饼药原料。

5. 木瓣瓜馥木

Fissistigma xylopetalum Tsiang et P. T. Li

攀援灌木，全株密被红棕色或褐色绒毛。叶厚纸质，卵状长圆形或卵状椭圆形，长7.5～17.0cm，宽3.5～6.5cm，顶端急尖或钝，基部圆形或宽楔形，上面仅中脉被毛；侧脉14～18对，直达叶缘，上面扁平，下面凸起；叶柄长约1cm。花3～7朵集成头状簇生花序腋生或与叶对生，总花梗长约3mm，花黄色至紫灰色，花瓣厚，干后木质；雄蕊长圆形，长2mm，药隔顶端近圆形或截平；长圆形，长4mm，密被绢质毛，柱头顶端2裂；每个心皮有6枚胚珠，2排。果球状，直径1.5～2.0cm；种子6颗，2排，卵圆形，扁平，长1cm，宽0.6～0.8cm，红棕色；果柄长3mm。花期11月；果期翌年5～6月。

产于宁明等地。生于低山丘陵的潮湿环境。分布于云南；越南也有分布。

6. 金果瓜馥木 图113：1～5

Fissistigma cupreonitens Merr. et Chun

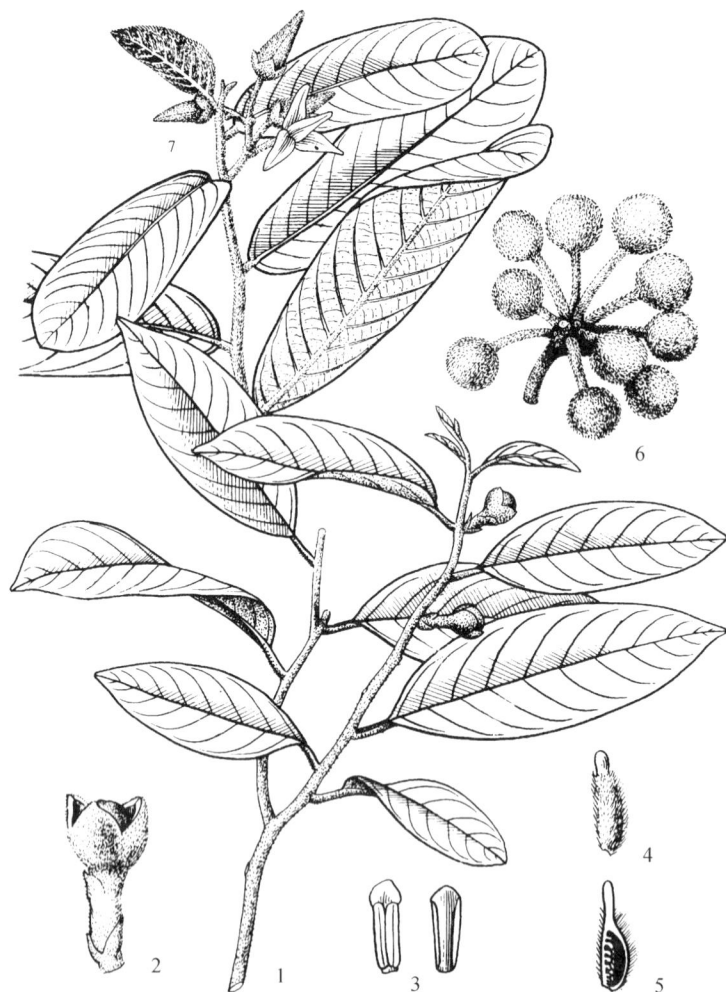

攀援灌木。小枝、叶背、叶柄和花均密被紧贴红锈色或红褐色短柔毛，老枝无毛。叶长5～10cm，宽1.5～3.0cm，为长椭圆形，顶端短渐尖，基部圆形或近圆形；侧脉8～13对，上面扁平，下面凸起。花单朵与叶对生，花梗长约1cm；柱头全缘；每个心皮有14枚胚珠。果卵圆状至椭圆形，长3cm，直径2cm，密被红褐色绒毛。花期4～11月；果期6～12月。

产于十万大山。生于海拔300～1000m的密林中。

7. 黑风藤 多花瓜馥木

Fissistigma polyanthum (Hook. f. et Thoms.) Merr.

攀援灌木，长达8m。根黑色，撕裂有强烈香气。枝条灰黑色或褐色，被短柔毛，老时渐无毛。叶近革质，椭圆形或卵状椭圆形，长6～18cm，宽2.0～7.5cm，顶端急尖或圆，有时微凹，上面无毛，背面被短柔毛；侧脉13～18对，上面平坦，下面凸起；叶柄长8～15mm，被短毛。花小，通常3～7朵集成密伞花序，花梗长1.5cm；雄蕊多数，药隔三角形；心皮分

图113 1～5. 金果瓜馥木 Fissistigma cupreonitens Merr. et Chun 1. 花枝；2. 花蕾；3. 雄蕊的背腹面；4～5. 心皮及其纵剖面。6～7. 天堂瓜馥木 Fissistigma tientangense Tsiang et P. T. Li 6. 果序；7. 花枝。（仿《广西植物志》）

离,柱头全缘;每个心皮有 4~6 枚胚珠。果球形,直径 1.5cm,被黄色短柔毛;种子红褐色,椭圆形。花期近乎全年;果期 3~10 月。

产于广西各地,常生于山谷和路旁林下。分布于广东、贵州、云南、西藏等地;越南、缅甸、印度也有分布。茎皮纤维坚韧,可制绳索等。茎含单宁;根和茎皮入药,有祛风湿、通经络、活血调经的功效,主治风湿性关节炎、类风湿性关节炎、月经不调、跌打损伤。

8. 瓜馥木 钻山风、火索藤 图 114

Fissistigma oldhamii (Hemsl.) Merr.

攀援灌木,小枝被黄褐色柔毛。叶革质,倒卵状椭圆形至长椭圆形,长 6~13cm,宽 2~5cm,顶端圆或微凹,有时急尖,基部宽楔形或圆形,上面无毛,背面被短柔毛,后渐稀疏;侧脉 16~20 对,上面扁平,下面凸起;叶梗长约 1cm,被柔毛。花 1~3 朵集成密伞花序,花长 1.5cm,总花梗长 2.5cm;柱头 2 裂,每个心皮约有 10 枚胚珠。果近球形,直径 1.8cm,密被黄棕色绒毛。花期 4~9 月;果期 7 月至翌年 2 月。

产于广西各地,生于低山谷地。分布于浙江、湖南、江西、福建、广东、台湾、云南等地;越南也有分布。茎皮纤维可供制麻绳、麻袋和造纸;花含油率 0.4%~0.8%,可供制浸膏或瓜馥木花油,用于调制化妆品、皂用香精等;种子含油率 24%,可供制工业用油和调制化妆品用;根药用,有祛风除温、镇痛消肿、活血化瘀等功效,可治跌打损伤、关节炎及坐骨神经痛。果肉味甜,可食。

9. 广西瓜馥木 图 115:1

Fissistigma kwangsiense Tsiang et P. T. Li

攀援灌木,幼枝密被锈色柔毛,老枝无毛,有皮孔。叶纸质,长椭圆状披针形或窄椭圆形,长 7~8cm,宽 1.7~3.8cm,顶端急尖,有时微凹,基部圆形,上被短疏毛,中脉上尤密,叶背被黄锈色绒毛;侧脉 13~19 对,上面凹陷,下面凸起;叶柄长 5mm,被黄锈色绒毛。花黄白色,数朵集成团伞花序,常与叶对生,有时假顶生;药隔长尖;心皮卵状长圆形,被丝状柔毛,花柱丝状,柱头全缘,每个心皮有 10 枚胚珠,2 排。花期 2~9 月。

产于大青山、十万大山等地。分布于云南。

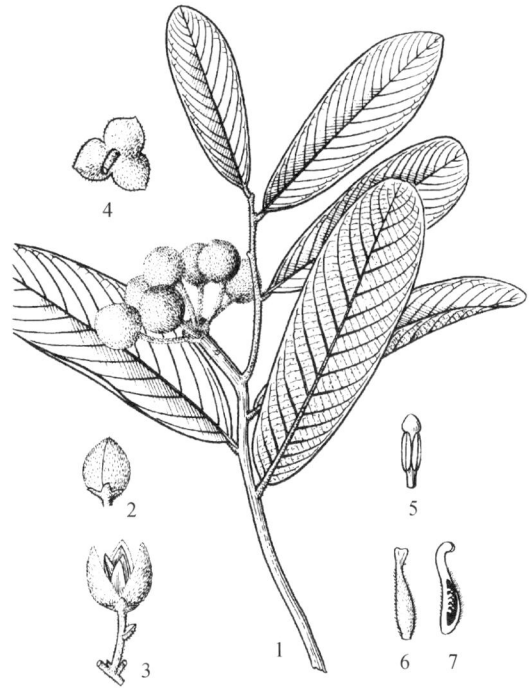

图 114 瓜馥木 Fissistigma oldhamii (Hemsl.) Merr. 1. 果枝;2. 花蕾;3. 花;4. 花萼;5. 雄蕊;6~7. 心皮及其纵剖面。(仿《中国植物志》)

图 115 1. 广西瓜馥木 Fissistigma kwangsiense Tsiang et P. T. Li 1. 花枝。2~5. 独山瓜馥木 Fissistigma cavaleriei (H. Lévl.) Rehd. 2. 花枝;3. 花;4~5. 心皮及其纵剖面。(仿《广西植物志》)

10. 独山瓜馥木 图 115：2 ~ 5

Fissistigma cavaleriei（H. Lévl.）Rehd.

攀援灌木，除老叶上面外，全株密被淡红色的短软柔毛。叶近革质或厚纸质，长圆状披针形或长椭圆形，顶端急尖，基部浅心形；中脉和侧脉在叶面凹陷，在叶背凸起。花淡黄色，1 ~ 5 朵丛生于小枝上与叶对生或互生；花梗基部有 2 枚小苞片；每个心皮有 7 枚胚珠，2 排。果圆球形。花期 3 ~ 11 月；果期秋季至翌年春初。

产于田林等地。分布于云南、贵州等地。可供药用，民间取根活血除湿，治风湿和痨伤。

11. 天堂瓜馥木 容县瓜馥木 图 113：6 ~ 7

Fissistigma tientangense Tsiang et P. T. Li

攀援灌木，长达 9m，小枝密被黄灰色柔毛，老时渐无毛，有皮孔。叶革质，长椭圆形至矩圆状长椭圆形，长 8.5 ~ 18.0cm，宽 3.2 ~ 6.0cm，两端圆形或顶端微凹，上面仅中脉被柔毛，有光泽，背面被黄灰色柔毛；侧脉 16 ~ 18 对，上面凹陷，下面凸起；叶柄长 3 ~ 5mm。花黄白色，1 ~ 4 朵集成圆锥花序与叶对生，花序被黄灰色柔毛；总花梗长约 1cm，花梗长约 1.5cm；花蕾长圆锥状；药隔截平；心皮卵状长圆形，长 2.5mm，密被绢质疏柔毛，柱头全缘，每个心皮有 6 ~ 8 枚胚珠，2 排。果圆球状，直径 1.5cm，密被黄色柔毛，果柄粗壮，长 3cm。花期 11 月至翌年春季；果期 12 月至翌年 7 月。

广西特有植物。产于容县。生于山谷林中。

图 116 1 ~ 2. 上思瓜馥木 Fissistigma shangtzeense Tsiang et P. T. Li 1. 花枝；2. 果序。3 ~ 4. 凹叶瓜馥木 Fissistigma retusum（H. Lévl.）Rehder 3. 花枝；4. 成熟心皮。（仿《广西植物志》）

12. 凹叶瓜馥木 图 116：3 ~ 4

Fissistigma retusum（H. Lévl.）Rehder

攀援灌木，小枝被褐色绒毛。叶近革质，广卵形、倒卵形或倒卵状长椭圆形，长 9 ~ 26cm，宽 4 ~ 13cm，顶端圆或微凹，基部圆形至截形，有时浅心形，叶面仅中脉和侧脉上被绒毛，叶背被褐色绒毛，侧脉 15 ~ 20 对，上面凹陷，下面凸起，网脉明显，与侧脉近垂直网结；叶柄长 0.8 ~ 1.5cm，被毛，上面有槽。花数朵集成团伞花序与叶对生，总梗长 5 ~ 10mm，花近无梗。药隔阔三角形；心皮长 1.5mm，密被绢质柔毛，花柱长圆形，内弯，柱头全缘，每个心皮有 4 枚胚珠，2 排。果近圆球形，直径 3cm，被金黄色短毛。花期 5 ~ 11 月；果期 6 ~ 12 月。

产于龙州、天等、罗城、那坡、乐业、百色、隆林、凌云。生于山地密林中。分布于西藏、贵州、云南等地。

13. 上思瓜馥木 图 116：1 ~ 2

Fissistigma shangtzeense Tsiang et P. T. Li

攀援灌木；幼枝、叶背、叶柄、花总梗、花梗、萼片外面和外轮花瓣外面均密被黄褐色柔毛。叶纸质，倒卵形、倒卵状长圆形，有时椭圆形，长 3 ~ 13cm，宽 2.0 ~ 5.5cm，顶端圆或微凹，基部阔楔形，有时圆，侧脉 13 ~ 20 对，在上面凹陷，下面凸起；叶柄长 1.5cm。2 ~ 5 朵花组成的团伞花序腋外生，有花梗；每个心皮有 10 枚胚珠，2 排；果长圆形，长 4cm，直径 2cm，密被赤褐色毡毛；种子长圆形，直径 0.5cm，黑色，有光泽。花期 7 ~ 10 月；果期 10 月至翌年 5 月。

产于十万大山。生于山地林中。鲜花具有浓郁的香气，可供提制精油。

16. 皂帽花属 Dasymaschalon Dalla Torre et Harms

乔木或灌木。花单生于叶腋或与叶对生或顶生；花萼 3 枚，1 轮；花瓣 3 片，1 轮，镊合状排列，边缘黏合成帽状；雄蕊多数，药室外向；心皮多数，每个心皮有胚珠 2 至多枚。成熟心皮离生。果为念珠状。

约 16 种，分布于亚洲热带及亚热带地区。中国 4 种，分布于广东、广西及云南。广西 2 种。

分种检索表

1. 幼枝，叶背和叶柄均被柔毛；叶背灰绿色；花长 2.8cm；萼片宿存；果每节圆球状 ······················
······················ **1. 皂帽花 D. trichophorum**
1. 幼枝，叶背面和叶柄无毛或微被毛；叶背苍白色；花长 4.5 cm；萼片脱落；果每节长椭圆形 ··············
······················ **2. 喙果皂帽花 D. rostratum**

1. 皂帽花 图 117：2

Dasymaschalon trichophorum Merr.

直立灌木，高 1 ~ 3m。幼枝、叶背、叶柄及花梗均被长柔毛。叶纸质，长椭圆形或矩圆状长椭圆形，长 7 ~ 15cm，宽 2.5 ~ 4.0cm，顶端急尖而钝头，基部圆形至浅心形，上面中脉被疏长毛，余无毛，下面灰绿色；侧脉 10 ~ 14 对，上面平坦，下面凸起，网脉不明显；叶柄短或近无柄，或长 2 ~ 3mm。花红色，单生叶腋；花梗细，长 1 ~ 3cm；花瓣厚，披针形，长 2 ~ 3cm，基部宽 6 ~ 8mm，外面被紧贴灰色柔毛；雄蕊长 2mm，药隔披针形；心皮约 10 个，被粗毛。果念珠状，无毛或近无毛，下承托以宿存的萼片，果节圆球状，长约 5mm，顶端急尖或有小尖头。花期 4 ~ 7 月，果期 7 月至翌年春季。

产于博白、北流、金秀。生于丘陵疏林和灌丛中。分布于广东。散孔材，木材黄褐色，结构细致，供制家具用。

2. 喙果皂帽花 白叶皂帽花 图 117：1

Dasymaschalon rostratum Merr. et Chun

小乔木，高 8m。幼枝被微毛，老

图 117 1. 喙果皂帽花 Dasymaschalon rostratum Merr. et Chun 果枝。2. 皂帽花 Dasymaschalon trichophorum Merr. 果枝。（仿《广西植物志》）

枝无毛。叶纸质，长椭圆形，长 12~19cm，宽 3.5~6.0cm，顶端渐尖，基部圆形，叶面无毛，叶背苍白色，疏被平伏紧贴柔毛或无毛，侧脉 8~12 对，上面扁平，下面凸起；叶柄长 5~7mm，被短毛，老时渐无毛。花暗红色，单生于叶腋，尖帽状，长 4.5cm 或更长；花梗长 1~2cm；萼片阔卵形，脱落；花瓣披针形，长 4.5cm，基部宽约 8mm；药隔顶端截形，柱状近头状。果念珠状，长 5~6cm，被柔毛，有 2~5 个节，每节长椭圆形，长 1.8cm，直径约 6mm，顶端有喙。花期 7~9 月；果期 7 月至翌年 1 月。

产于十万大山、宁明、那坡、金秀、临桂等地。生于海拔 500~1000m 的山地密林中或山谷两旁的疏林中。分布于广东、云南；越南也有分布。木材可供建筑、家具等用。

17. 番荔枝属 Annona L.

灌木或乔木。被单毛或星状毛。花顶生或与叶对生，单生或集生成束；萼片 3 枚；花瓣 6 片，2 轮，分离或基部合生，有时内轮退化，外轮镊合状排列，内轮通常覆瓦状排列，稀镊合状排列；雄蕊和心皮均多数，每个心皮有 1 枚胚珠。成熟心皮合生，果为聚合浆果。

约 120 种，主要产于美洲热带地区，少数产于非洲热带；亚洲热带地区有引种栽培。中国栽培 5 种；广西栽培 4 种。本属大多数种类为热带著名水果。

分种检索表

1. 侧脉两面凸起；内轮花瓣存在。
  2. 叶通常卵形至椭圆形，侧脉 7~9 对；果牛心形，外表平滑，无刺 ························· **1. 圆滑番荔枝 A. glabra**
  2. 叶通常长椭圆形至倒卵状长椭圆形，侧脉 8~13 对；果近圆球形，外表幼时有下弯的刺，刺随后脱落残留小凸体 ·· **2. 刺果香荔枝 A. muricata**
1. 侧脉在叶上面平坦，背面凸起；内轮花瓣退化为鳞片状。
  3. 落叶性；叶背苍白色；总花梗有花 1~4 朵，与叶对生或顶生；成熟心皮稍相连，易分开 ·························
  ··· **3. 番荔枝 A. squamosa**
  3. 常绿性；叶背绿色；总花梗有花 2~10 朵，与叶对生或互生；成熟心皮连合成一整体，不分开 ················
  ·· **4. 牛心番荔枝 A. reticulata**

1. 圆滑番荔枝　牛心果　图 118：1~4
Annona glabra L.

常绿乔木，高 10m；枝条有皮孔。叶纸质，卵形或椭圆形，长 6~15cm，宽 4~8cm，顶端急尖或钝，基部圆，无毛，上面有光泽，侧脉 7~9 对，两面凸起，网脉明显。花有香气，黄白色或浅绿色，内轮花瓣较外轮短小。聚合果牛心状，长 8~10cm，直径 6.0~7.5cm，外表平滑无毛，成熟淡黄色。花期 5~6 月；果期 8 月。

东兴、北海、南宁、龙州、凭祥有栽培。云南、广东、台湾、浙江等地也有栽培。可用种子或压条繁殖。木材黄褐色，较轻，可作瓶塞和渔网浮子。果可食用或供制果汁。茎皮中含番荔枝内酯类化合物，有较强的抑制肿瘤的生理活性。

2. 刺果番荔枝　红毛榴莲　图 118：5~8
Annona muricata L.

常绿乔木，高 8m。叶纸质，倒卵状长椭圆形至长椭圆形，长 5~18cm，宽 2~7cm，顶端急尖或钝，基部宽楔形或圆形，两面无毛，上面翠绿色，背部浅绿色；侧脉 8~13 对，两面稍凸起。花淡黄色，长 3.8cm，直径与长相等或稍宽；内轮花瓣较外轮短；雄蕊长 4mm，花丝肉质，药隔膨大；心皮长 5mm，被白色柔毛。果卵圆状，长 10~35cm，直径 7~15cm，幼时外表有下弯的刺，随后脱落而残留有小凸体，果肉微酸多汁，白色；种子数粒，肾形，长 1.7cm，宽 1.0cm，棕黄色。花期 4~7 月；果期 7 月至翌年 3 月。

龙州、南宁有栽培；云南、广东、浙江、台湾等地也有栽培。果实硕大而味酸甜，可食用，含蛋白质 0.7%，脂肪 0.4%，糖类 17.1%，为热带名水果之一；树皮纤维可供造纸；种子含油达 20%，可供提制精油。种子、叶片、茎和根中的番荔枝内酯类化合物具有强烈的抗癌、杀虫等活性。木材可作造船用材。紫胶虫寄主树。

3. 番荔枝 图119

Annona squamosa L.

落叶小乔木，高 3 ~ 5m；树皮薄，灰白色，多分枝。叶薄纸质，在小枝上成二列状互生，椭圆状披针形或长椭圆形；长 6 ~ 18cm，宽 2 ~ 7cm，顶端钝或急尖，基部圆形或宽楔形，叶背苍白色，幼时疏被微毛，后变无毛；侧脉 8 ~ 15 对，在上面平坦，下面凸起。花单生或 2 ~ 4 朵聚生于枝顶或与叶对生，长约 2cm，青黄色，下垂；外轮花瓣狭而厚，肉质，内轮花瓣退化成鳞片状；雄蕊长圆形，药隔宽，顶端近截形；心皮长圆形，柱头卵状披针形，每个心皮有胚珠 1 枚。果实

图118 1 ~ 4. 圆滑番荔枝 Annona glabra L. 1. 果枝；2. 花枝；3. 除去花瓣的花；4. 雄蕊的背面观。**5 ~ 8.** 刺果番荔枝 Annona muricata L. 5. 果枝；6. 花枝；7. 雄蕊的背面观；8. 除去花瓣的花。**9 ~ 10.** 牛心番荔枝 Annona reticulata L. 9. 果枝；10. 花枝。(仿《中国植物志》)

由多数圆形或椭圆形的成熟心皮微相连成易于分开的聚合浆果，圆球状，或心状圆锥形，直径 5 ~ 10cm，外表拱隆与凹陷相间不平滑，被白粉霜，成熟时淡黄色。花期 5 ~ 6 月；果期 6 ~ 11 月。

东兴、南宁、崇左有栽培；广东、云南、台湾也有栽培。树皮纤维可供造纸。为热带著名水果，外形酷似荔枝，故名"番荔枝"，果肉含蛋白质 2.34%，脂肪 0.3%，糖类 20.42%。种子含油量达 20%。根药用，可治急性赤痢、精神抑郁、脊髓骨病；果实具补脾胃、清热解毒、杀虫的功效，主治恶疮肿痛、肠寄生虫病。茎皮中含的番荔枝内酯类化合物对肿瘤细胞具有较强的细胞毒作用。紫胶虫寄主树。

4. 牛心番荔枝 牛心果 图118：9 ~ 10

Annona reticulata L.

常绿乔木，枝条有瘤状凸起，叶纸质，长圆状披针形，长 9 ~ 30cm，宽 3.5 ~ 7.0cm，顶端渐尖，基部急尖至钝，两面无毛，叶背绿色；侧脉 15 对以上，上面平坦，下面凸起。总花梗有花 2 ~ 10 朵，与叶对生或互生；外轮花瓣长圆形，肉质，黄色，基部紫色，内轮花瓣退化为鳞片状；心皮成熟愈合成球状心形的肉质聚合浆果，不分开，平滑无毛，有网纹。花期冬末至早春；果期 3 ~ 6 月。

宁明、龙州、南宁有栽培；台湾、福建、广东、云南等地也有栽培。喜温暖、湿润及光照充足的环境，不耐寒。对土壤选择不严，适生于深厚、肥沃、排水良好的砂质土壤。果实可食用，为热带著名水果。果实，有清热止痢、驱虫的作用，主治热毒痢痢疾、肠道寄生虫病。边材浅绿黄褐

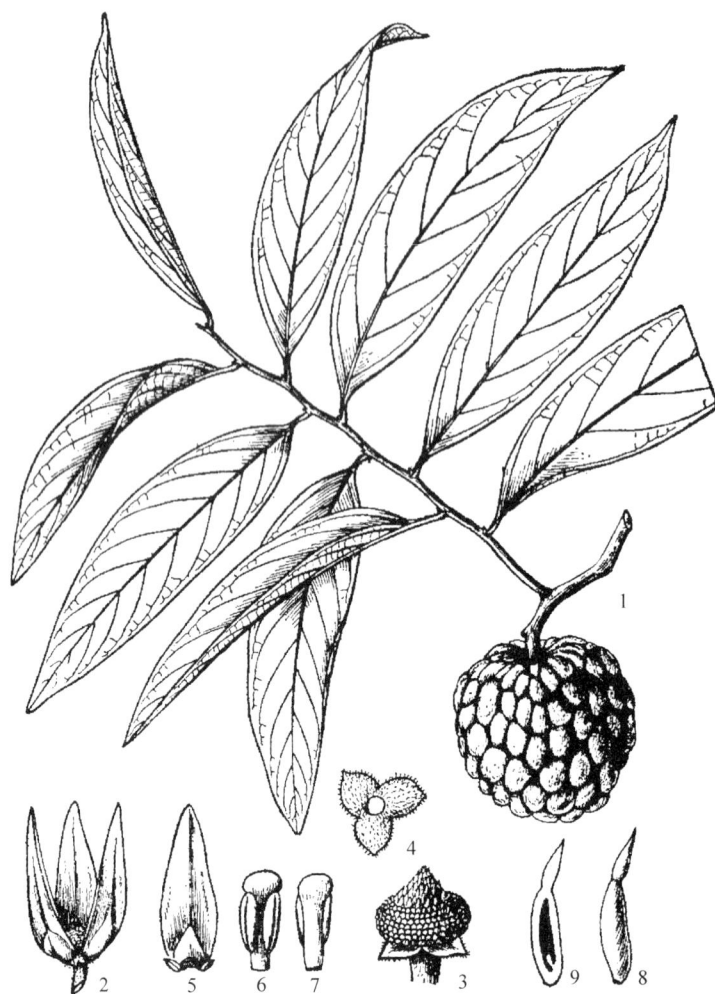

图 119　番荔枝 Annona squamosa L. 1. 果枝；2. 花；3. 除去花瓣的花；4. 花
萼的外面观；5. 花瓣的内面观；6. 雄蕊的背面观；7. 雄蕊的腹面观；8～9. 心皮和
心皮的纵切面，示胚珠的着生。(仿《中国植物志》)

色，心材浅栗褐色带绿；有光泽，无特殊气味；纹理直，结构细，均匀，密度中等，易干燥，不耐腐，易切削，油漆后不发亮，胶黏容易，可作一般家具、农具、包装箱等用材。为紫胶虫寄主树。茎皮中含的番荔枝内酯类化合物具强抗肿瘤活性。

16　樟科 Lauraceae

　　常绿或落叶，乔木或灌木；树皮通常芳香，捣烂常有胶质物。叶互生、近对生或轮生状，羽状脉、三出脉或离基三出脉，全缘，极少分裂，无托叶。花序多种，有圆锥状、总状、近伞形花序；花小，两性或单性，花辐射对称；花被裂片等大或近等大，6～9 裂，排成 2～3 轮；雄蕊 3～12 枚，通常 4 轮，每轮 3 枚，第 4 轮常为退化雄蕊，花药瓣裂；子房上位，1 室，胚珠 1 枚。浆果或核果，基部有时有宿存花被或花被管，有时花被管增大将果实全部包裹。

　　约 45 属 2500 种，产于热带和亚热带，以东南亚为分布中心。中国 20 属；广西 17 属。本科多种树种在国民经济中占有较重要地位，樟属、木姜子属、山胡椒属、厚壳桂属、黄肉楠属等许多种类的种子含油脂或芳香油，在工业上有广泛用途；樟属、楠木属、檫木属、润楠属许多种类的木材在建筑、家具等方面被广泛应用，其中樟属、楠木属的一些种的木材在广西定为Ⅰ类用材；油梨是很有发展前途的水果和化妆品原料。

分属检索表

1. 叶异型，同一植株的叶有全缘，也有2~3浅裂；叶片常大；落叶性 ······················ **1. 檫木属 Sassafras**
1. 叶同型，均为全缘。
  2. 三出脉或离基三出脉，稀羽状脉。
    3. 叶对生或近对生或互生与对生同时存在。
      4. 花被裂片相等；花被管在花后发育成果托；各部有樟脑气味 ·············· **2. 樟属 Cinnamomum**
      4. 花被裂片极不相等，外轮较内轮的小；无果托；无樟脑气味 ·············· **3. 檬果樟属 Caryodaphnopsis**
    3. 叶互生或集生枝顶呈假轮生状。
      5. 圆锥花序或总状或团伞状花序；无总苞或开花时早落。
        6. 花被管短；花裂片宿存，花药4室，排成1行 ················· **4. 新樟属 Neocinnamomum**
        6. 花被管长；果实全为扩大了的花被管所包，顶端收缩成1个小孔，外面有纵棱 ·················
        ······································· **5. 厚壳桂属 Cryptocarya**
      5. 假伞形花序，或丛生或单生，少有总状花序；雌雄异株。
        7. 能育雄蕊6枚，2轮；花药4室 ·················· **6. 新木姜子属 Neolitsea**
        7. 能育雄蕊9枚，偶12枚，3轮；花药2室。
          8. 伞形花序单生；雌花有退化雄蕊9枚，有时达12或15枚；花被管稍膨大成果托于果实基部或膨大成杯状包被果实基部以上至中部 ················· **7. 单花山胡椒属 Iteadaphne**
          8. 伞形花序单生、簇生于叶腋；雌花有退化雄蕊9~15枚；果托通常较小，盘状，稀扩大成杯状 ··························· **8. 山胡椒属 Lindera**
  2. 羽状脉，稀三出脉。
    9. 花单性异株花被裂片6枚。
      10. 伞形花序或丛生；苞片在花时存在，花单性异株；能育雄蕊9~12枚 ······ **9. 木姜子属 Litsea**
      10. 圆锥花序；总苞开花时脱落，两性花；能育雄蕊9枚 ·············· **10. 黄肉楠属 Actinodaphne**
    9. 花两性。
      11. 花药2室。
        12. 能育雄蕊9枚；叶对生或近对生；网脉明显 ·············· **11. 琼楠属 Beilschmiedia**
        12. 能育雄蕊3~4枚；叶对生或互生；网脉明显或不明显。
          13. 能育雄蕊3枚；花被片6枚；果梗不增粗或略增粗 ·········· **12. 土楠属 Endiandra**
          13. 能育雄蕊4枚；花被片4枚；果梗和总梗均增粗 ·········· **13. 油果樟属 Syndiclis**
      11. 花药4室。
        14. 花被裂片，花后早落，稀宿存。
          15. 叶互生，常聚生于近枝顶；浆果，小至中型，果梗明显增粗，肉质，常具疣点 ·················
          ······································· **14. 油丹属 Alseodaphne**
          15. 叶互生；花被裂片，花后增厚；肉质核果，果梗多少增粗呈肉质或为圆柱形 ·················
          ······································· **15. 油梨属 (鳄梨属) Persea**
        14. 花被裂片，宿存。
          16. 宿存花被反曲 ·································· **16. 润楠属 Machilus**
          16. 宿存花被直立，紧包的基部 ·························· **17. 楠属 Phoebe**

1. 檫木属 Sassafras Trew

    落叶乔木。叶大，坚纸质，全缘或先端具2~3裂，羽状脉或离基三出脉。花单性，雌雄异株，或两性；总状花序顶生，少花，下垂，具梗，基部有脱落性总苞，互生，条形或丝状；花黄色；花被裂片6枚，排成2轮，近等大，脱落；雄花具发育雄蕊9枚，分3轮，第1、2轮花丝无腺体，第3轮花丝基部有2枚具短柄的腺体；雌花具退化雄蕊6或12枚，排成2轮或4轮，子房卵形，花柱细，柱头盘状。核果，果托浅杯状，先端增粗。种子长圆形，先端有尖头，种皮薄。

图 120 檫树 Sassafras tzumu (Hemsl.) Hemsl. 1. 花枝；2. 果枝；3~4. 花及其纵剖面；5~6. 雄蕊；7. 退化雄蕊。(仿《中国植物志》)

3 种，分布于东亚、北美。中国 2 种；广西 1 种。

檫树　梓木　图 120

Sassafras tzumu （Hemsl.） Hemsl.

落叶大乔木，高达 35m，胸径达 2.5m；树皮幼时黄绿色，平滑，老时灰褐色，不规则纵裂；小枝无毛。叶集生枝端，卵形、宽卵形，或倒卵形，长 8~20cm，宽 5~12cm，全缘或 2~3 裂，羽状脉，或离基三出脉，背面灰绿色，两面无毛或背面沿叶脉疏生毛；叶柄长 2~7cm。花细小，长约 4mm，淡黄色，先于叶开放。果近球形，直径约 8mm，熟时蓝黑色，被白粉，果托浅杯状。花期 3~4 月；果期 8 月。

产于广西北部、东北部、东部、西北部及大瑶山、大明山等地，在广西北部、东北部及东部地区散生于海拔 400~1600m 的山坡；在广西西北部地区，主要分布于海拔 1000~1700m 的山林中。分布于浙江、江苏、安徽、江西、福建、广东、湖南、湖北、四川、云南、贵州等地。檫树适生于年平均气温 12~22℃、年降水量 1000mm 以上、夏季炎热多雨、冬季不很严寒的地区。有一定耐寒性，可耐 -10℃ 低温；幼树具一定耐阴能力，成年树喜光；喜肥沃酸性土，畏积水，多见于砂页岩山地，石灰岩山地未见。天然更新能力强，在森林遭受局部破坏的地方，幼苗幼树比较常见；在林下庇荫处和大片火烧迹地阳光强烈的地方，较少见。在适宜的条件下，生长甚快，在龙胜花坪林区海拔 1050m 处，30 年生立木，树高 16.4m，胸径 26.4cm，人工栽植生长更快。

种子繁殖，也可萌芽更新。果皮由红色转为紫黑色或蓝黑色时即可采集。成熟后 7~10d，种子就完全脱落，及时采种。果实采回后，冷水浸渍，搓去果皮，用水冲净，再将种子表面油脂用草木灰浸渍，清水洗净后室内沙藏。种子千粒重约 60g，发芽率 60% 以上。种子具休眠期长、发芽不整齐的特点，未经处理种子 2~3 年才能全部发芽，播种前用 1 份开水与 1 份冷水混合，浸种 0.5h，再用稻草盖好保温催芽，温度保持在 20~30℃。定时翻动拌匀，4~5d 种子露白，选露白种子在 2 月中旬播种。条播，行距 18~24cm，株距 15~18cm，每公顷播种量 15.0~22.5kg。播种 20~30d 幼苗出齐，当苗高 10~20cm 时，可施追肥，1 年生苗高 50~60cm 即可出圃。容器育苗可将种子沙藏催芽，至种子萌出胚根，将芽苗移入容器培育，加强肥水管理，苗高 30~40cm，地径 0.4cm 以上，即可出圃造林。檫树对造林地要求较高，适宜在土层深厚肥沃、排水良好、酸性或微酸性的林地上造林。株行距 2m×3m 或 3m×3m。冬、春季用实生苗或容器苗造林，裸根大苗可截干造林。檫木木材耐水湿，抗腐力强，花纹美观，不翘不裂，易加工，为造船、建筑、胶合板和高级家具等用材；根和树皮可药用，对活血散瘀等有特效。种子含有 30% 的锌油，可用于制造油漆。树形美观，树形挺拔，红叶迎秋，也可作庭院观赏树种。

2. 樟属 Cinnamomum Schaeff.

常绿乔木或灌木。树皮、枝、叶及果实常具芳香油。叶互生，少有近对生或对生，多为三出脉、离基三出脉，稀为羽状脉。花小，两性，稀为杂性，腋生或顶生圆锥花序或圆锥状聚伞花序；花被 6 裂，近相等；雄蕊 9 枚，分 3 轮，第 3 轮花丝基部有 2 枚腺体，花药 4 室，排成 2 行，重叠。果球形、椭圆形、卵形或倒卵形；花被管在花后发育成果托，果托杯状、钟状或倒圆锥状，边缘截平、波状或有规则或不规则齿裂。

约 250 种，分布于热带亚洲、大洋洲和美洲；中国 40 余种和 1 变型，分布于东南部至西南部；广西 24 种。本属不少种类为高大乔木，是常绿阔叶林的重要成分，不少种类材质优良，供制作家具等多种用途，尤以樟树最负盛名，肉桂为著名药材。

分种检索表(一)

1. 果时花被片完全脱落；芽鳞明显，覆瓦状；叶互生，羽状脉、近离基三出脉或稀为离基三出脉，侧脉脉腋通常在下面有腺窝，上面有明显或不明显的泡状隆起(1. 樟组 Sect. Camphora)。
  2. 叶老时两面或下面明显被毛，毛被各式，若叶老时下面变无毛，则叶先端呈尾状渐尖 ……………………
    …………………………………………………………………… **1. 猴樟 C. bodinieri**
  2. 叶老时两面无毛或近无毛。
    3. 圆锥花序多少被毛，毛被各式。
      4. 果托高脚杯状，长约 1.2cm，顶部盘状增大，宽达 1cm，外被极细灰白微柔毛；果球形 …………………
      ……………………………………………………………… **2. 米槁 C. migao**
      4. 果托浅杯状或钟状，口部宽度和其长度几相等；果倒卵形或卵球形，不呈球形。
        5. 叶具侧脉 3~5 对，侧脉脉腋下面常有明显腺窝；果倒卵形，长约 2cm，紫黑色；果托钟形，长 1.2~1.8cm ……………………………………… **3. 八角樟 C. ilicioides**
        5. 叶具侧脉 5~7 对，侧脉脉腋下面无明显腺窝；果卵球形，长 1.5~2.0cm；果托浅杯状，长 0.5~1.5cm ……………………………………………………… **4. 岩樟 C. saxatile**
    3. 圆锥花序无毛或近无毛。
      6. 叶干时上面黄绿色下面黄褐色，长圆形或椭圆形至卵圆状椭圆形；圆锥花序顶生或间有腋生，短促，长仅(2~)3~5cm，少花，干时呈茶褐色 ……………… **5. 沉水樟 C. micranthum**
      6. 叶干时上面不为黄绿色，下面不为黄褐色；圆锥花序腋生或顶生，多少伸长，多花，不呈茶褐色。
        7. 叶卵状椭圆形，下面干时常带白色，离基三出脉，侧脉及支脉脉腋下面有明显的腺窝 ………………
        …………………………………………………………… **6. 樟 C. camphora**
        7. 叶形多变，但下面干时不或不明显带白色，通常羽状脉，仅侧脉脉腋下面有明显的腺窝或无腺窝
        ………………………………………………………… **7. 黄樟 C. parthenoxylon**
1. 果时花被片宿存，或上部脱落下部留存在花被筒的边缘上；芽裸露或芽鳞不明显；叶对生或近对生，三出脉或离基三出脉，侧脉脉腋下面无腺窝，上面无明显泡状隆起(2. 肉桂组 Sect. Cinnamomum)。
  8. 叶两面尤其是下面幼时无毛，或略被毛，老时明显无毛或变无毛。
    9. 花序少花，常为近伞形成伞房伏，具(1~)3~5 朵花，通常均短小。
      10. 花被外面全然无毛，边缘具乳凸小纤毛，内面被丝毛 ……………… **8. 野黄桂 C. jensenianum**
      10. 花被两面密被灰白短丝毛，边缘不具乳凸小纤毛。
        11. 成熟果较大，卵球形，长达 2cm，直径 1.4cm；果托高 1cm，顶端截形，无齿裂，宽达 1.5cm；果梗长约 0.5cm ……………………………………… **9. 卵叶桂 C. rigidissimum**
        11. 成熟果较小，椭圆形，长 1.1cm，直径 5.0~5.5mm；果托长约 3mm，顶端具整齐的截状圆齿，宽达 4mm；果梗长达 9mm ………………………………… **10. 少花桂 C. pauciflorum**
    9. 花序近总状或圆锥状，多花，具分枝，分枝末端为 1~3(~5)朵花的聚伞花序。

12. 果托边缘截平，波状或不规则的齿裂。

    13. 花序圆锥状，三歧式，多分枝，与叶片等长，分枝叉开，末端为3朵花的聚伞花序；叶椭圆形，上面光亮，离基三出脉，侧脉与中脉上面稍凹陷 ·················· **11. 粗脉桂 C. validinerve**

    13. 花序近总状或圆锥状，但都短于叶片很多，分枝不叉开；叶为卵圆状长圆形或卵圆状披针形至椭圆状披针形，侧脉与中脉上面稍凸起。

        14. 叶坚纸质，椭圆状披针形，长5.5~11.0cm，宽1.6~4.0cm，先端渐尖，基部锐尖或近圆形；花序疏被灰白微柔毛；果托革质，边缘有不规则的钝齿 ·················· **12. 软皮桂 C. liangii**

        14. 叶革质，卵圆状长圆形或卵圆状披针形至椭圆状披针形；花序被近贴伏状绒毛或密被灰白丝状短柔毛；果托的边缘全缘 ·················· **13. 平托桂 C. tsoi**

12. 果托具整齐6枚齿裂，齿端截平、圆或锐尖。

    15. 圆锥花序短小，长(2~)3~6cm，比叶短很多，被灰白微柔毛；叶卵圆形、长圆形、披针形至线状披针形或线形；果卵球形，长约8mm，宽约5mm。

        16. 叶非狭披针形，长5.5~10.5cm，宽2~5cm；花梗纤细，长4~6mm，被灰白微柔毛·················· **14. 阴香 C. burmanii**

        16. 叶线形至狭披针形，长4.5~12.0(~15.0)cm，宽1~2(~4)cm，两端渐狭，先端常长尾状渐尖；花梗有时长达10(~12)mm ·················· **15. 狭叶阴香 C. heyneanum**

    15. 圆锥花序均较长大，常与叶等长，被灰白短柔毛或微柔毛；叶卵圆形，卵状披针形至椭圆状长圆形；果椭圆形或卵球形，长在13mm以上。

        17. 叶椭圆状长圆形，长12~30cm，宽4~9cm，先端钝、急尖或渐尖，基部近圆形或渐狭，硬革质，三出脉或离基三出脉，侧脉斜伸，与中脉直贯至叶端，其间由横脉及小脉连接，叶柄长1.0~1.5cm ·················· **16. 钝叶桂 C. bejolghota**

        17. 叶卵形至长圆状卵圆形或卵圆状披针形，较小，先端锐尖或渐尖但绝不为钝形，基部锐尖或圆形，革质或近革质至坚纸质，离基三出脉，侧脉达叶片长3/4处或近叶端处消失不贯至叶端，其间与中脉由横脉及小脉连接，叶柄长1.5~2.0cm ·················· **17. 锡兰肉桂 C. verum**

8. 叶两面尤其是下面幼时明显被毛，毛被各式，老时全然不脱落或渐变稀薄，极稀最后变无毛，后种情况如屏边桂、川桂，但叶下面幼时密被灰白至银色绢毛或绢状微柔毛。

  18. 基生侧脉向叶缘一侧有附加小脉4~6条，附加小脉如基生侧脉和中脉一样在上面平坦或略凹陷下面凸起 ·················· **18. 屏边桂 C. pingbienense**

  18. 基生侧脉向叶缘无附加小脉，若有附加小脉也不明显。

    19. 植株各部毛被为灰白色至银色柔毛、微柔毛或绢毛。

      20. 花梗丝状，长6~20mm ·················· **19. 川桂 C. wilsonii**

      20. 花梗均较短，长均在6mm以下。

        21. 果时花被片宿存，稍增大而开张；叶大型，卵圆形或椭圆形，长12~35cm，宽5.5~8.5cm，下面初密被柔毛，后脱落变疏；花被裂片宿存 ·················· **20. 大叶桂 C. iners**

        21. 果时花被片脱落；叶较小，长最多17cm，宽8cm，下面密被短柔毛·················· **21. 华南桂 C. austrosinense**

    19. 植株各部毛被污黄色、黄褐色至锈色，为短柔毛或短绒毛至柔毛。

      22. 叶革质至硬革质，椭圆状卵形或长圆形，较大，老叶长在10cm以上，宽5cm以上。

        23. 叶下面横脉平行且明显凸起，叶较小，宽度通常在4cm以内；被毛黄色、黄锈色或污黄色 ·················· **22. 毛桂 C. appelianum**

        23. 叶下面横脉不明显，叶片长圆形至近披针形，长8~16(~34)cm，宽4~5.5(~9.5)cm；栽培植物，枝、叶、树皮干时有浓烈的肉桂香气 ·················· **23. 肉桂 C. cassia**

      22. 叶革质，椭圆形，卵状椭圆形至披针形，较小，老叶通常长10cm以下，宽5cm以下 ·················· **24. 香桂 C. subavenium**

分种检索表(二)

1. 叶为三出脉或离基三出脉。

  2. 叶脉脉腋有腺体；圆锥花序，无毛或微被毛；叶卵圆形、卵状椭圆形，先端急尖或渐尖····· **6. 樟 C. camphora**

2. 叶脉脉腋无腺体。

  3. 成长叶下面被毛。

    4. 中脉在上面下陷，稀偶有与叶面平整，但绝不凸起。

      5. 叶较小，宽度通常在4cm以内；被毛黄色、黄锈色或污黄色。

        6. 果托顶端平截；成长叶下面疏被黄色平伏绢状短柔毛 ·················· **24. 香桂 C. subavenium**

        6. 果托顶端齿裂；枝、叶、花序密被污黄色毛 ·················· **22. 毛桂 C. appelianum**

      5. 叶较大，宽度通常大于4cm。

        7. 幼枝、叶柄、花序均密被灰褐色短柔毛；圆锥花序长8~16cm；叶先端急尖，基部楔形 ···········

        ·················· **23. 肉桂 C. cassia**

        7. 幼枝密被灰白色微柔毛，圆锥花序长4.5~6.5(~10)cm；叶先端锐尖，基部宽楔形 ···········

        ·················· **18. 屏边桂 C. pingbienense**

    4. 中脉在上面凸起。

      8. 叶大，长可达36cm，宽可达9cm，下面初密被柔毛，后脱落变疏；花被裂片宿存·················

      ·················· **20. 大叶桂 C. iners**

      8. 叶较小，长最多17cm，宽8cm，下面密被短柔毛 ·················· **21. 华南桂 C. austrosinense**

  3. 成长叶下面无毛。

    9. 叶线形至狭披针形，两端渐狭，先端常长尾状渐尖 ·················· **15. 狭叶阴香 C. heyneanum**

    9. 叶非狭披针形。

      10. 叶大型，宽5~10cm，先端圆或渐尖，两面无毛·················· **16. 钝叶桂 C. bejolghota**

      10. 叶中型或小型，宽在5cm以内，长15cm以内，稀有更长、更宽。

        11. 叶纸质，椭圆状披针形；花序微被毛或无毛；果托浅盘状，革质，有不规则的钝齿·············

        ·················· **12. 软皮桂 C. liangii**

        11. 叶革质。

          12. 小枝圆柱形，有纵细条纹或无。

            13. 果托6枚齿裂，齿端平；叶卵形至长圆形或长椭圆状披针形，下面粉绿色；花序较叶短

            ·················· **14. 阴香 C. burmannii**

            13. 果托平截或波状，稀不规则齿裂。

              14. 叶椭圆状披针形，先端钝或渐尖，基部楔形，下面初时被绒毛，后渐变无毛，边缘

              波状，果托木质，全缘 ·················· **13. 平托桂 C. tsoi**

              14. 叶卵形、卵状长圆形或椭圆形。

                15. 叶长8.5~18.0cm，宽3~5cm，先端渐尖，尖头钝，基部渐狭下延至叶柄，

                但有时为近圆形；圆锥花序腋生，长4.5~10.0cm，通常多花 ·················

                ·················· **19. 川桂 C. wilsonii**

                15. 叶长4~7cm，宽2.5~4.0cm，先端钝或急尖，基部宽楔形、钝至近圆形；花

                序近伞形，长3~6cm，有花3~7(~11)朵 ······· **9. 卵叶桂 C. rigidissimum**

          12. 小枝呈四棱形，具棱角。

            16. 花序与叶等长或较叶长。

              17. 叶椭圆形或椭圆状披针形，下面微红，苍白色；中脉及侧脉在上面纤细而微凹，在

              下面明显凸起 ·················· **11. 粗脉桂 C. validinerve**

              17. 叶卵形或卵状披针形，下面淡绿白色，中脉及侧脉两面凸起 ·················

              ·················· **17. 锡兰肉桂 C. verum**

            16. 花序短于叶。

              18. 叶卵圆形至卵圆状披针形，先端长渐尖；圆锥花序常呈伞房状；果椭圆形，熟时紫

              黑色，果托浅杯状 ·················· **10. 少花桂 C. pauciflorum**

              18. 叶厚革质，披针形或长圆状披针形，先端尾状渐尖；聚伞状花序；果卵形，果托倒

              卵形 ·················· **8. 野黄桂 C. jensenianum**

1. 叶为羽状脉。

  19. 脉腋无腺体或无明显腺体。

20. 幼枝被微毛。

    21. 果托浅杯形，全缘；果卵球形；圆锥花序近顶生 ·············· **4. 岩樟 C. saxatile**

    21. 果托高脚杯状，具圆锯齿；果近球形；圆锥花序腋生 ·············· **2. 米槁 C. migao**

20. 幼枝无毛，叶椭圆形或椭圆状卵形无毛，干后上面带黄褐色；果球形，果托狭长倒圆锥形 ··············

    ·············· **7. 黄樟 C. parthenoxylon**

19. 脉腋有明显腺体。

  22. 干后在叶下面呈蜂窝状小窝穴。

    23. 果椭圆形，叶干后上面黄绿色，长圆形、椭圆形或卵状椭圆形，两面无毛或下面脉腋有毛；花序常顶生 ·············· **5. 沉水樟 C. micranthum**

    23. 果倒卵形；叶卵形或卵状长圆形，基部近圆形 ·············· **3. 八角樟 C. ilicioides**

  22. 叶下面无蜂巢状小窝穴，常带灰白色，被短柔毛；果球形，果托较小，果梗常粗壮 ··············

    ·············· **1. 猴樟 C. bodinieri**

1. 猴樟　图 121：1 ~ 2

Cinnamomum bodinieri Lévl.

乔木，高达 10m；树皮灰褐色；枝条圆柱形，紫褐色，幼时多少具棱。叶互生，皮纸质，卵形或椭圆状卵形，长 8 ~ 16cm，宽 3 ~ 10cm，先端短渐尖，基部锐尖、阔楔形至圆形，羽状脉，侧脉 4 ~ 6 对，脉腋上面呈泡状凸起，下面有腺窝，横脉和小脉网状，两面不明显，不呈蜂窝状小穴；叶柄长 2 ~ 3cm。果球形，直径 6 ~ 7mm，无毛；果托浅杯状，较小，顶端直径约 6mm。本种与樟相似，但叶较大，成叶时下面仍被短柔毛，常带灰白色；花序较长，达 10 ~ 15cm，可区别，樟树为三出脉，本种为羽状脉是原则上的差异。花期 5 ~ 6 月；果期 8 ~ 9 月。

产于隆林。生于海拔 700 ~ 1500m 的疏林或灌丛中。分布于湖南、湖北、四川、云南、贵州。喜光，幼树稍耐阴，对土壤要求不严，但在土层深厚、湿润、肥沃的酸性土上生长良好。生长较快，萌芽力强。散生于常绿阔叶林中。播种繁殖，果皮紫黑色时采种，搓去果皮，洗净晾干。种子千粒重 80 ~ 150g，发芽率 70% 左右。1 年生苗造林，种植密度 1800 ~ 2250 株/hm²，加强幼林抚育。散孔材，心、边材区别不明显，木材灰白色，有光泽，具樟脑气味，木材为制家具和纱锭的良材；果实油供工业用；树根和

图 121　1 ~ 2. 猴樟 Cinnamomum bodinieri Lévl. 1. 花枝；2. 果枝。3 ~ 7. 黄樟 Cinnamomum parthenoxylon（Jack.）Meissn 3. 花枝；4. 果枝；5 ~ 6. 雄蕊；7. 退化雄蕊。（仿《中国树木志》）

树干也可供提制芳香油，供香料和医药工业等用。果与根可入药。

2. 米槁 大果樟 图123：2

Cinnamomum migao H. W. Li

乔木，高达30m；树皮灰黑色，具香味；老枝近圆柱形，纤细，干时红褐色，幼枝略扁，淡褐色，被灰白色微柔毛。叶互生，皮纸质，椭圆形或椭圆状披针形，长8～12cm，宽3.5～5.0cm，先端钝至渐尖，基部楔形至近圆形，老叶无毛，羽状脉，中脉两面凸起，脉腋无腺体或极不明显；叶柄长1.3～4.0cm。圆锥花序腋生，长达12cm，总花梗长，各级花序轴被灰褐色短柔毛。果近球形，较大，直径1.2～1.3cm；果托高脚杯状，长1.2cm，顶端宽达1cm，具圆齿，被毛。花期3～4月；果期8～12月。

产于隆林、凌云、天峨、巴马、都安、三江、永福、梧州等地。生于海拔500m左右的山地疏林中。云南、贵州也有分布。喜温暖湿润气候，年均气温18～22℃、≥10℃积温大于6000℃、降水量1200mm左右的地区。多生长于红壤和黄壤土上。播种繁殖。种子成熟时果皮由青变紫，及时采摘，即采即播，不耐贮藏。洗净晾干的种子每千克约2800粒。条播，播后覆土1.3～2.0cm。种子发芽率约65%，1年生苗高约50cm，地径0.4cm。种子油可供工业用；木材为一般用材。

3. 八角樟 图122：1

Cinnamomum ilicioides A. Chev.

乔木，高达18m；树皮褐色，有深纵裂纹。小枝浅绿色，老枝黑灰色。叶厚，近革质，卵形或卵状长圆形，长6～11cm，宽3～6cm，先端短尖或短渐尖，上面淡绿色，下面浅绿色，羽状脉，侧脉3～5对，侧脉脉腋下面有明显腺窝，横脉和小脉网状，两面呈不明显浅蜂窝状小穴。果倒卵形，长约2cm，紫黑色，果托钟形，口部宽1.2～1.8cm。果期6～7月。

产于广西十万大山和金秀。生于海拔800m以下的林中，少见。分布于广东、海南；越南北部也有分布。播种繁殖。散孔材，射线细，密度大，心材红褐色，纹理直，结构细，干燥后稍开裂，略变形，抗虫、耐腐性强，为较好的建筑用材和家具用材。叶、根具精油，鲜叶出油率0.83%，主要成分为黄樟素，是合成洋茉莉醛或胡椒基丁醚的重要原料，在香料和农药上有重要的用途。

4. 岩樟 硬叶樟、石山樟 图123：1

Cinnamomum saxatile H. W. Li

乔木，高达15m；枝条干后黑褐色，幼枝具棱角，被淡褐色微毛。叶互生或有时枝条上部近对生；长圆形或卵状长圆形，长6～15cm，宽2.5～5.5cm，先端短渐尖，尖头钝，有时急尖或不规则撕裂状，基部楔形至近圆形，两侧常不对称，上面无毛，干后灰黑色，光亮平滑，下面幼时疏被微柔毛，老时无毛，干后略呈蜂巢状小窝穴；羽状脉，侧脉5～7对，纤细，脉腋无明显腺窝；叶柄长1.0～1.5cm。圆锥花序近顶生，长3～6cm，各级花序轴被淡褐色微柔毛。果卵球形，长1.5cm，

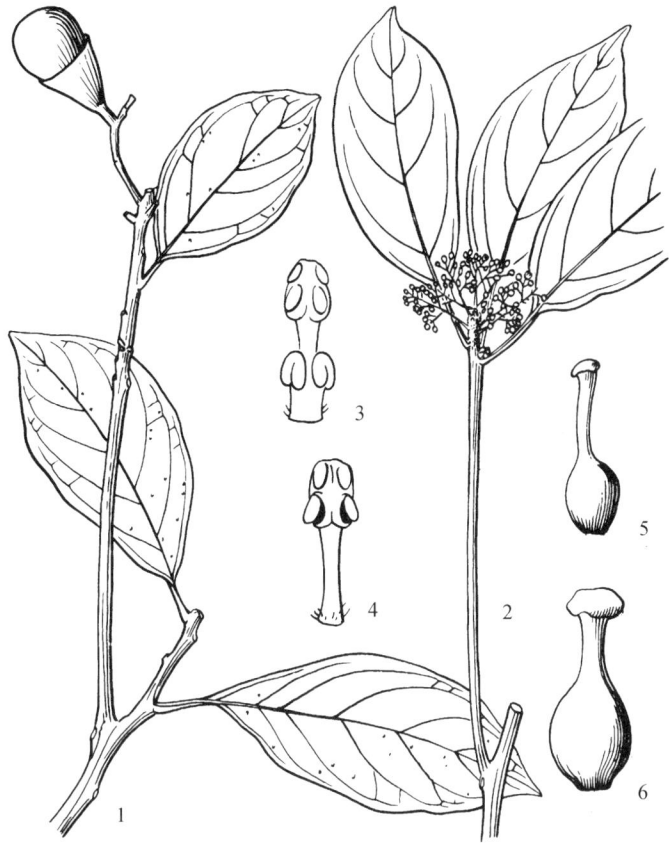

图122 1. 八角樟 Cinnamomum ilicioides A. Chev. 果枝。2～6. 沉水樟 Cinnamomum micranthum（Hayata）Hayata 2. 花枝；3～4. 雄蕊；5～6. 雌蕊。（仿《中国植物志》）

图 123　1. 岩樟 Cinnamomum saxatile H. W. Li 果枝。2. 米槁 Cinnamomum migao H. W. Li 果枝（仿《广西植物志》）

形成蜂窝状小穴，有微柔毛。圆锥花序顶生，长 2 ~ 5cm，花少，无毛或近无毛。果椭圆形，长 1.5 ~ 2.0cm，直径 1.0 ~ 1.5cm，无毛，果托口部宽 6 ~ 9mm，全缘或具波状锯齿。花期 7 ~ 8 月；果期 10 ~ 11 月。

易危种。产于平南、贺州、罗城、永福、灌阳。生于海拔 650m 以下的山谷密林中或溪边。分布于福建、台湾、浙江、江西、湖南、广东；越南北部也有分布。偏喜光树种，幼树较耐庇荫，喜生长在温暖湿润、土质疏松、土壤肥沃的环境；耐湿，不耐旱。适生区年平均气温 16℃ 以上，年降水量 1400mm 以上。播种繁殖。浆果成熟时由青黄变成紫红色至紫黑色，及时采收，搓洗晾干。随采随播或润沙贮藏。种子千粒重 455g，每千克种子约 2200 粒，发芽率约 70%。条播，播种量 22.5g/m²；播后盖土厚 2cm，盖草淋水，1 年生苗高 50 ~ 100cm，地径 0.5 ~ 1.0cm。此外，还可采用嫩枝扦插育苗，成活率约 60%。选择土壤肥沃湿润地造林，可与其他树种混交。种植密度 2500 株/hm²。种子油供工业用；木材密度大于 1.0g/cm³，可以沉入水中，故而得名，其质地紧密，坚硬结实。树冠高大，枝叶浓密，是优美的园林和行道树种。

6. 樟　图 124：1 ~ 3

Cinnamomum camphora (L.) Presl

大乔木，高达 30m，胸径 1m 以上；枝、叶、果实、木材均有樟脑气味。叶革质或薄革质、卵形、卵状椭圆形，长 6 ~ 12cm，宽 2.5 ~ 5.5cm，先端急尖或渐尖，基部钝或略呈圆形，无毛，离基三出脉，脉腋有明显的腺体；上面绿色或黄绿色，有光泽，下面黄绿色或粉绿色，晦暗，无毛或下面幼时略被微柔毛。圆锥花序腋生，总梗长 2.5 ~ 4.5cm，各级序轴均无毛或被灰白色至黄褐色微柔毛。果球形，直径 6 ~ 8mm，熟时紫黑色，果托杯状，顶端平截。花期 4 ~ 5 月；果期 10 ~ 11 月。

直径 9mm，果托浅杯形，全缘。花期 4 ~ 5 月；果期 9 ~ 11 月。

产于大新、龙州、靖西、那坡、平果、凌云、武鸣、南宁、都安、河池、阳朔等地。生于海拔 1500m 以下的石灰岩森林中。分布于云南东南部。播种繁殖。木材坚硬，极耐腐，供作建筑、桥梁、家具、器具等用材。根、叶均产精油，根油含量高，主要成分为芳樟醇，是合成洋茉莉醛和胡椒基丁醚的重要原料。种子含工业用油脂。枝叶茂密，是较好的绿化树种。

5. 沉水樟　水樟　图 122：2 ~ 6

Cinnamomum micranthum (Hayata) Hayata

乔木，高约 20m。叶近革质，长圆形、椭圆形或卵状椭圆形，长 8 ~ 11cm，宽 4 ~ 6cm，两面无毛或仅下面脉腋有毛，先端短渐尖，基部宽楔形或近圆形，两侧常略不对称，叶缘内卷，羽状脉，两面无毛，干后上面黄绿色，下面黄褐色，羽状脉，侧脉 4 ~ 5 对，脉腋在下面略具小腺窝，干后网脉两面国家Ⅱ级重点保护野生植物。产于广西各地。分布于长江以南各地；日本也有分布。喜光，幼苗、幼树耐阴。喜温暖湿润亚热带气候，耐寒性不强，最低温度 - 10℃时受害，多生长于低山平原，垂直分布在 600m 以下，自然生长地年均气温 16℃ 以上，1 月平均气温 5℃ 以上，绝对最低气温 - 7℃ 以上，年降水量 1000mm。在深厚肥沃湿润的酸性或中性黄壤、红壤、赤红壤土中生长良好，不耐干旱瘠薄和盐碱土，耐湿，忌积水。生长速度中等，主根发达，萌芽力强，耐修剪。对氯气、臭氧、二氧化硫等有害气体具有较强的抗性和吸收能力。

种子繁殖。采收成熟果实，搓洗去果肉，即可播种。也可用湿沙，按 2:1 混种贮藏，翌春播种。条播，播种量 18g/m²。播后覆土 2 ~ 3cm，遮阴保湿。小苗长叶 4 ~ 6 片时间苗或移植。苗高 10cm 左右定苗，1 年生苗高 60 ~ 100cm，根

图 124　1 ~ 3. 樟 Cinnamomum camphora (L.) Presl 1. 果枝；2. 雄蕊；3. 果实。4. 毛桂 Cinnamomum appelianum Schewe 花枝。(仿《中国树木志》)

颈粗 0.8cm 以上，可出圃栽植。木材、根、枝、叶可供提制樟油和樟脑；种子油可供工业用；根、果、树皮、叶入药，可祛风散寒，消肿止痛。木材射线细，密度中等，心材褐红色，纹理斜，结构适中，材质致密，木材樟脑气味很浓，干燥后不翘裂、变形，抗虫、耐腐性强，为优良家具和造船用材，常用来制衣柜、沙发、工艺品等。树冠宽阔，树姿雄伟，枝叶浓密青翠，为优良的行道和庭院绿化树种。

7. 黄樟　图 121：3 ~ 7

Cinnamomum parthenoxylon (Jack.) Meissn

乔木，高达 25m；树皮灰白色或灰褐色，小枝具棱，灰绿色，除芽有绢状毛外，全部无毛。叶革质，互生，椭圆形或椭圆状卵形，变化较大，长 6 ~ 12cm，宽 3 ~ 6cm，先端急尖或短渐尖，基部宽楔形或近圆形，无毛，干后上面带黄褐色；羽状脉，侧脉 4 ~ 5 对，脉腋上面不明显凸起，下面无明显腺窝，网脉呈极细小蜂窝状小窝穴。圆锥花序或圆锥状聚伞花序，无毛。果球形，直径 6 ~ 8mm，果托狭长倒圆锥形，口部宽 4mm。花期 3 ~ 5 月；果期 7 ~ 10 月。

产于阳朔、恭城、昭平、融水、岑溪、容县、博白、环江、龙州、德保及十万大山、大明山和大瑶山。生于海拔 1500m 以下的常绿阔叶林内或灌丛中。分布于福建、江西、湖南、广东、海南、贵州、云南。喜光，幼树耐阴，成长后需较充足的光照；喜温暖湿润气候和深厚、肥沃、排水良好的酸性土壤。生长快、萌芽性强。播种繁殖。果实成熟时果皮由青变紫转至黑色，即可采种，搓洗晾干，种子富含油脂，易丧失发芽力，因此要随采随播。种子千粒重 100 ~ 150g，发芽率约 70%。条播，播种量 7.5g/m²，播后覆土 1.5cm，注意保湿保温。大田育苗 1 年生苗高约 50cm，地径 0.5 ~ 0.8cm。叶、根、木材均可供蒸取樟油和樟脑，叶含油率 2.0% ~ 3.7%；种子含油率 60%，

图 125 1~4. 野黄桂 Cinnamomum jensenianum Hand. –
Mazz. 1. 花枝；2~3. 雄蕊；4. 退化雄蕊。5~9. 少花桂 Cinnamo-
mum pauciflorum Nees 5. 花枝；6~7. 雄蕊；8. 退化雄蕊；9. 果。
（仿《中国树木志》）

可供制香皂；木材结构细，切面美观，干后少开裂，不变形，颇耐腐，为优质家具材。根、茎、叶、果及树皮均可药用。树形整齐，美观，为优良的园林树种。

8. 野黄桂 图 125：1~4

Cinnamomum jensenianum Hand. – Mazz.

小乔木，高 6m；树皮灰绿色，有桂皮香味。小枝无毛，具棱角，芽纺锤形，芽鳞硬壳质。叶厚革质，披针形或长圆状披针形，长 5~10cm，宽 1.5~3.0cm，先端尾状渐尖，基部宽楔形至近圆形，幼时下面被粉末状微柔毛，老时无毛，苍白色，离基三出脉，中脉和侧脉两面凸起，网脉两面不明显。聚伞状花序，长 3~4cm。果卵形，果托倒卵形，具齿裂，齿的顶端平截。

产于金秀、灵川、兴安、灌阳。生长在海拔 400~1500m 的山坡常绿阔叶林或竹林中。分布于广东、湖南、湖北、四川、江西、福建。喜温暖湿润环境，年生长量可达 1.5~2.0m，抗虫性比樟树好。播种繁殖，幼苗喜阴。树皮芳香，可代替肉桂用。枝叶和果含有芳香油，可作工业原料。

9. 卵叶桂

Cinnamomum rigidissimum H. T. Chang

小至中乔木，高 3~22m，胸径 50cm；树皮褐色。枝条圆柱形，有松脂的香气。叶对生，革质或硬革质，卵圆形、阔卵形或椭圆形，长 4~7cm，宽 2.5~4.0cm，先端钝或急尖，基部宽楔形、钝至近圆形，革质或硬革质，上面绿色，光亮，下面淡绿色，晦暗，两面无毛或下面初时略被微柔毛后变无毛，离基三出脉，中脉及侧脉两面凸起，侧脉自叶基 0~5（~7）mm 处生出，弧曲，在叶端下消失，向叶缘一侧有少数不明显的支脉，有时自叶基近叶缘附加有纤细的短支脉，横脉两面隐约可见；叶柄长 1~2cm，无毛。花序近伞形，生于当年生枝的叶腋内，长 3~6cm，有花 3~7（~11）朵，总梗长 2~4cm。成熟果卵球形，长达 2cm，直径 1.4cm，乳黄色；果托浅杯状，顶端截形。果期 8 月。

国家 Ⅱ 级重点保护野生植物。产于防城、上思、融水、金秀等地。生于海拔 1700m 以下的林中或溪边。分布于广东及台湾。播种繁殖。心、边材区别较明显，边材黄白色，心材黄褐色，气味特别清香，有光泽，干缩性小，耐腐，适宜制作家具或胶合板材料。枝叶含精油，可作水果、化妆品等香精的溶剂和定香剂。

10. 少花桂 土桂皮、岩桂 图 125：5~9

Cinnamomum pauciflorum Nees

灌木或小乔木；幼枝近无毛，多少呈四棱形。叶互生，厚革质，卵圆形至卵圆状披针形，长

5～10cm，宽1.5～3.0cm，先端长渐尖，基部钝或楔形，下面带灰白色，三出脉或离基三出脉，中脉及侧脉两面凸起。圆锥花序腋生，短于叶，花少，3～5（～7）朵，常呈伞房状，总梗与花序轴疏被灰白色柔毛。果椭圆形，长1.1cm，径5mm，熟时紫黑色，果托浅杯状，具截状圆锯齿，顶端平截。花期4～6月。

产于灵川、融水、金秀。生长在山地疏林、密林中。分布于广东、湖南、湖北、云南、贵州、四川。播种繁殖。枝叶含挥发性油，主要成分为黄樟醚，可供提精制油。树皮药用，可治肠胃病、腹痛等症，可代替肉桂用。

11. 粗脉桂 粗脉樟 图 129：6

Cinnamomum validinerve Hance

乔木，高8～13m；小枝具脊棱，无毛或被微毛，干后黑色。叶厚革质，椭圆形或椭圆状披针形，长5～9cm，宽2～3cm，先端渐尖，尖头钝，基部楔形，下面微红，苍白色，离基三出脉；叶上面干后深栗色，中脉及侧脉在上面纤细而微凹，在下面明显凸起，横脉不明显。圆锥花序疏花，三歧状，与叶等长。花具极短梗，被灰白色细柔毛，花被裂片卵圆形，先端稍钝。花期7月。

图 126 **1. 软皮桂 Cinnamomum liangii** Allen 花枝。**2～7. 阴香** **Cinnamomum burmannii**（C. G. et Th. Nees）Bl. 2. 花枝；3. 花纵剖面；4～5. 雄蕊；6. 退化雄蕊；7. 果。（仿《中国树木志》）

产于宁明、隆林、金秀及十万大山。生于山坡疏林或密林中。分布于广东。播种繁殖。鲜叶出油率约0.21%，干树皮出油率约0.089%，叶油成分主要为芳樟醇、香叶醇、桉叶素，可用于调香，作调配花香香精、化妆品等用。木材暗红褐色，有时夹有暗色条纹，边材色浅，浅红褐色或浅黄褐色，材质与阴香相似。

12. 软皮桂 海南樟、向日樟 图 126：1

Cinnamomum liangii Allen

乔木，高10～20m；枝圆柱形，有条纹，有香味，幼时有棱角，无毛。叶纸质，近对生，椭圆状披针形，长7～13cm，宽2.5～5.0cm，先端渐尖、急尖或近圆形，两面无毛，下面略带苍白色，干后褐色，离基三出脉，中脉侧脉两面均凸起；叶柄长5～7mm。果椭圆形，长约1.3cm，宽7～8mm，有细尖头；果托浅盘状，高约3mm，宽约5mm，革质，有不规则的钝齿；种子红色。花期3～6月；果期8～10月。

产于龙州、金秀、融水及大明山。生于海拔1000m以下的山谷灌丛或常绿阔叶林中。分布于广东、海南、云南；越南北部也有分布。散孔材，射线细，密度大，木材微红褐色，纹理直，结构适中，干燥后稍开裂，变形，抗虫，耐腐性一般，可用于制作普通家具、农具。

13. 平托桂　景烈樟　图129：7

Cinnamomum tsoi Allen

乔木，高约12m；小枝圆柱形，无毛，有松脂的气味；幼枝略扁，有角棱，被灰褐色绒毛。叶近对生，薄革质，椭圆状披针形，长5~11cm，宽1.5~3.5cm，先端钝或渐尖，基部楔形，下面初时被绒毛，后渐变无毛，干后褐绿色或灰绿色，边缘波状；叶柄长0.6~1.0cm。圆锥花序近顶生或腋生。果椭圆形，长1.5cm，宽约1cm，顶端有细尖头；果托杯形，木质，长约5mm，顶部宽5~9mm，全缘；果柄长可达1.2cm。

产于蒙山、贺州。生长在海拔500~1000m的常绿阔叶林内。分布于海南。耐阴，在密林中为中层树种，喜湿润、肥沃土壤，林下自然更新良好。生长稍慢，年均高生长0.3m，胸径年生长量0.4cm。播种繁殖，采果后除去果托即可播种，种子不易储藏，随采随播。条播或撒播，发芽率约80%，1年生苗高40~50cm，可用于造林。选择郁闭度0.4~0.5的疏林下作混交林树种种植。木材细致，易加工，不开裂、不变形，供作建筑、上等家具、细木工用材，也是良好的室内装饰材料。种子含油率50%，可供制肥皂。叶入药或作香料，树皮可代替桂皮用。

14. 阴香　小桂皮、苗山桂　图126：2~7

Cinnamomum burmannii (C. G. et Th. Nees) Bl.

乔木；树皮灰褐色至黑褐色，平滑，有肉桂香味。小枝圆柱形，具纵向细条纹。叶革质至薄革质，不规则的对生或互生，卵形至长圆形或长椭圆状披针形，长6~10cm，宽2.5~4.0cm，先端渐尖，下面粉绿色，无毛，离基三出脉，但脉腋无腺点，以此与香樟区别。网脉两面微凸起；叶柄长0.6~1.0cm。圆锥花序腋生或近顶生，长2~6cm，比叶短。

本种与川桂、野黄桂、少花桂很相似，但本种的果托有6枚齿裂，齿顶端平截，叶质较薄，干后叶上面黄褐色至绿褐色，小枝光滑常散生圆形皮孔等可加以区别。果期11~12月。

产于玉林、梧州、钦州、南宁、柳州、桂林等地区。生于山谷、山坡的疏林或密林中。广西公路常用绿化树种。分布于云南、广东、海南、福建；东南亚也有分布。适应范围广，中亚热带以南地区均能生长良好。喜光，喜暖热湿润气候及肥沃湿润土壤，常生于肥沃、疏松、湿润而不积水的地方。酸性土、锈质土上均能生长，石灰岩石山谷地常见以其为优势种的次生林。自播能力强，母株附近常有幼苗、幼树生长。当气温回升到15℃左右时，开始萌芽，25~30℃时，生长最为迅速。播种繁殖，随采随播或沙藏至翌年春播种。加强苗期肥水管理，生长期内施肥2~3次，以复混肥为主。树皮入药，有祛风、消肿、止痛的功效，可治风湿性关节炎、腰腿痛和跌打扭伤；全株可供提制芳香油；种子油可制肥皂；叶可作腌菜及肉类罐头香料；散孔、半环孔材，射线细，密度中等，木材微褐淡黄色，纹理直，结构适中，干燥后少开裂、不变形，抗虫，耐腐性中等，木材可供作细木工用材；冠形优美，终年常绿，是很好的庭院绿化树种和防污绿化树种。

15. 狭叶阴香　狭叶桂

Cinnamomum heyneanum Nees

本种与阴香的区别在于叶较狭小，为线形至狭披针形或披针形，长(3.8~)4.5~12.0(~15.0)cm，宽(0.7~)1.0~2.0(~4.0)cm，两端渐狭，先端常尾状渐尖。

产于隆林、西林、乐业、天峨、武鸣，分布于湖北西部、四川东部、云南、贵州；印度也有分布。树皮、木材、根、果实、枝干、叶均含精油，主要成分为黄樟素，含量高，油质优，可用作香料调配的主剂、定香剂，也是天然除虫剂的增效剂；枝叶浓绿，庭院绿化树种。

16. 钝叶桂　假桂皮、土桂皮、大叶山桂　图127：1~2

Cinnamomum bejolghota (Buch. - Ham.) Sweet

常绿乔木，高达15m；树皮青绿色，有肉桂及樟脑气味。枝条常对生，小枝干时红褐色。叶长圆形或椭圆状披针形，长13~34cm，宽5~10cm，先端圆或渐尖，基部钝，三出脉或离基三出脉，中脉和侧脉两面凸起，侧脉直伸叶端，两面无毛。圆锥花序长可达25cm，多分枝，花序轴被毛。

果椭圆形，长约 1cm，果托浅杯形，黄带紫红色，边缘具 6 枚齿裂，齿端平截。花期 5~6月；果期 9~11 月。

产于靖西、龙州、南宁、武鸣、上林、金秀等地。生于海拔 1000m 以下的山坡和沟谷疏林或密林中。分布于云南南部、广东南部和海南；印度、孟加拉国、缅甸、老挝、越南也有分布。叶、根、树皮含精油，主要成分为桂皮醛，为天然调香原料，用于食品、香皂和洗涤剂的调配；树皮药用，可治风湿痹痛、月经不调等症；木材供家具、建筑、农具用，但易变形，不耐腐。

17. 锡兰肉桂
Cinnamomum verum Presl

常绿乔木，高可达 10m。幼枝略为四棱形，灰色而具白斑。叶革质或近革质，通常对生，卵形或卵状披针形，长 11~16cm，宽 4.5~5.5cm，先端渐尖，基部锐尖，上面绿色，光亮，下面淡绿白色，两面无毛，离基三出脉，下面呈蜂窝状；叶柄长 2cm，无毛。花序腋生或顶生，长 10~20cm，被绢状毛；花黄色，长约 6mm，花被裂片外面被灰色微柔毛。果卵形，长 1.0~1.5cm，黑色，果托杯状，具 6 枚齿裂，齿端截形或锐尖。花期 1~3 月；果期 8~9 月。

原产于斯里兰卡，广西南部各地有栽培，海南、福建、台湾也有引种。热带树种，喜高温高湿，不耐干旱，生长区年平均气温 22℃ 以上，年降水量 1500mm 以上，在温暖潮湿、土层深厚肥沃、排水良好的砂壤土上生长良好。播种繁殖或扦插繁殖。果皮变为紫黑色时可采收果实，搓去果皮，洗净晾干，即可播种。种子千粒重 360~400g，发芽率约 85%。条播或点播，播后覆土 1.5cm，1 年半生苗高 50cm，可出圃栽植。扦插繁殖生根很容易，生长迅速。根株萌芽力强。造林密度 3600~5600 株/hm²，加强抚育。幼树较耐阴，2~5 年生的幼树，在庇荫条件下，高生长快。树皮及枝、芽均含芳香油，树皮气味良佳，可作香味料，是国际市场上供调味和做蜜饯、口香糖等食品的著名香料。入药有祛风健胃等功效。

18. 屏边桂　图128
Cinnamomum pingbienense H. W. Li

乔木，高 5~10m；树皮灰白色。当年生枝条近四棱形，密被灰白色微柔毛。叶近对生或对生，长圆形或长圆状卵圆形，长 12~24cm，宽 4.5~8.0(~10.0)cm，先端锐尖，基部阔楔形，上面绿色，光亮，下面带灰白色，幼时两面被白色绢状微柔毛，老时两面变无毛，但可在放大镜下见灰白色绢状微柔毛，离基三出脉。圆锥花序腋生，长 4.5~6.5(~10.5)cm，常着生于远离枝端的叶腋，各级花序轴两侧压扁，被灰白色绢状毛；花淡绿色。花期 4~5 月；果期 8~10 月。

产于乐业、天峨等。生于海拔 1000m 以下的石灰岩山地常绿落叶阔叶林中。分布于云南、贵州；越南也有分布。种子繁殖。树皮、枝叶具香气、辣味、甜味和轻微的涩味，干皮出油率 0.19%，干叶出油率 0.28%，以芳樟醇、桉叶素为主，用途同肉桂。

图127　1~2. 钝叶桂 Cinnamomum bejolghota (Buch. - Ham.) Sweet 1. 花枝；2. 果枝。3~4. 大叶桂 Cinnamomum iners Reinw. ex Bl. 3. 叶；4. 果。(仿《中国树木志》)

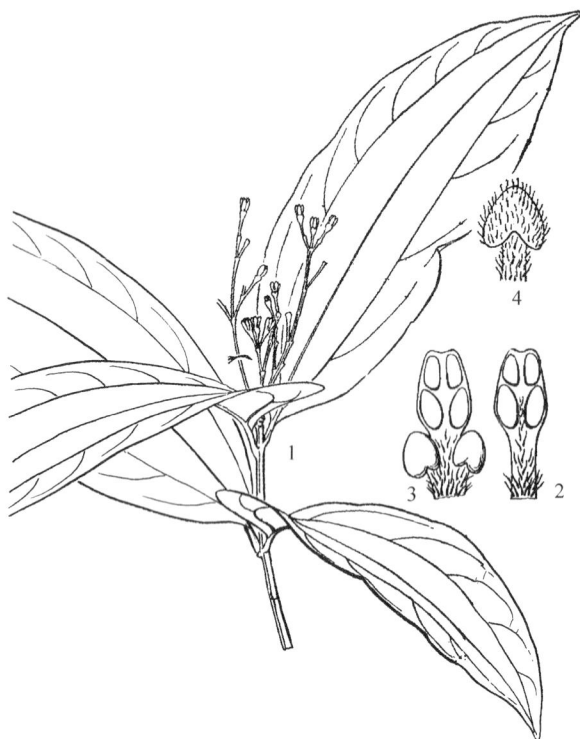

图 128　屏边桂 Cinnamomum pingbienense H. W.
Li 1. 花枝；2. 第 1、2 轮雄蕊；3. 第 3 轮雄蕊；4. 退
化雄蕊。(仿《中国植物志》)

19. 川桂　图 129：1~5

Cinnamomum wilsonii Gamble

乔木，高 8~16m。小枝圆柱形。叶互生或近对生，卵形或卵状长圆形，长 8.5~18.0cm，宽 3~5cm，先端渐尖，尖头钝，基部渐狭下延至叶柄，但有时为近圆形，革质，边缘软骨质而内卷，上面绿色，光亮，无毛，下面灰绿色，晦暗，幼时明显被白色丝毛但最后变无毛，离基三出脉，中脉与侧脉两面凸起，干时均呈淡黄色。圆锥花序腋生，长 4.5~10.0cm，通常多花，花梗丝状，长 0.9~1.2(~2.0)cm；果卵形，果托顶端截平，边缘具极短裂片，无毛。花期 4~5 月；果期 8~10 月。

产于广西中部至北部，常混生于海拔 1000~1600m 的山地常绿阔叶林中。分布于广东、湖南、湖北、四川、贵州。宜温暖湿润气候，适生于年平均气温 16℃以上、1 月平均气温 5℃以上、年降水量 1000mm 以上的区域。稍耐阴，喜排水良好、深厚肥沃的砂质壤土。与其他树种混生条件下，主干明显而通直，属深根性树种。播种繁殖。果实成熟时果皮黑色，搓洗果皮，晾干。即采即播，沙藏不要超过 20d。发芽所需温度在 20℃以上，穴播或条播。播种量 85g/m² 左右。幼苗生长 2 片叶子时间苗，1 年生苗 20~30cm。山地造林密度 2500~3000 株/hm²，可与马尾松带状混交。枝叶含芳香油，可作香精的调和剂；树皮入药，有补肾、祛风祛湿的功效，可治风湿筋骨痛、跌打损伤；种子油可供制肥皂或作润滑油。

20. 大叶桂　图 127：3~4

Cinnamomum iners Reinw. ex Bl.

乔木，高达 20m，胸径 20cm。枝条常对生，小枝圆柱形或钝四棱形，干时黑褐色，初时密被微柔毛。芽小，鳞片密被绢状毛。叶近对生，卵圆形或椭圆形，长 12~35cm，宽 5.5~8.5cm，先端钝或微凹，基部宽楔形至近圆形，硬革质，上面绿色，光亮，无毛，下面黄绿色，初密被短柔毛，后渐脱落但老时仍不完全脱落，三出脉或离基三出脉，侧脉自叶基 0~10mm 处生出且直贯叶端，中脉及侧脉两面凸起，横脉及细脉两面稍明显或上面不明显下面隐约可见；叶柄长 1~3cm，红褐色。圆锥花序腋生或近顶生，多分枝，分枝末端为 3~7 朵花的聚伞花序，总梗长 3~10(~15)cm，与各级序轴密被短柔毛；花淡绿色，花梗长 2.5~5.0mm，密被灰色短柔毛；花被内外两面密被灰色短柔毛，花被筒倒锥形，长 1~2mm，花被裂片 6 枚，外轮卵圆状长圆形，内轮长圆形，较狭，先端均锐尖；能育雄蕊 9 枚，花丝均被柔毛，退化雄蕊 3 枚，位于最内轮，明显，长 2.3mm；子房卵球形，长 1.5mm，花柱纤细，长约 3mm，柱头盘状扁平。果卵球形，先端具小突尖，长 9~10(~12)mm，宽约 7mm；果托倒圆锥形，宽达 8mm，顶端有宿存花被片。花期 3~4 月；果期 5~6 月。

产于广西西南部，生于海拔 1000m 以下的混交林中。分布于云南南部和西藏东南部；斯里兰卡、印度、缅甸、中南半岛、马来西亚至印度尼西亚也有分布。树皮药用，可治风湿骨痛。

21. 华南桂 野桂皮、华南
樟 图130：1~5

Cinnamomum austrosinense
H. T. Chang

乔木，高 8~12m；嫩枝略
扁，稍具脊棱。叶近对生或互
生，椭圆形至椭圆状披针形，
长14~16cm，宽6~8cm，先端
骤短尖或长渐尖，上面中脉及
侧脉多少凸起，下面密被近丝
质平伏短柔毛，边缘内卷，三
出脉或离基三出脉。花黄绿色，
花被两面密被灰褐色柔毛；花
被筒倒圆锥形。果近球形至椭
圆形，长1.0~1.5cm，宽0.8~
1.1cm；果托小而薄，浅盘状，
边缘具浅齿，齿先端平截。花
期6~7月；果期9~10月。

产于融水、龙胜、永福、
灵川、金秀及大明山、十万大
山。生于海拔900m以下的山坡
或山谷常绿阔叶林中。分布于
广东、福建、江西、浙江。稍
耐阴，以板岩发育的山地黄壤
最适宜生长，林下自然更新良
好，成年树结实量大，根系发
达，为常绿阔叶林中常见树种。

图 129 1~5. 川桂 Cinnamomum wilsonii Gamble 1. 花枝；2~3. 雄
蕊；4. 退化雄蕊；5. 雌蕊。6. 粗脉桂 Cinnamomum validinerve Hance 果
枝。7. 平托桂 Cinnamomum tsoi Allen 果枝。(1~5、7 仿《中国树木志》，
6. 仿《广西植物志》)

种子繁殖，育苗容易。产区群众亦将本种树皮当肉桂使用，但功效远不及肉桂；枝、叶、果也可供
蒸取桂油，用于化工及食品工业。心、边材区别不明显，木材浅黄褐色，有光泽，略具桂皮香气，
射线细，耐虫害、耐腐朽、切面光滑、光泽性强，材质良好，可供作家具、农具、胶合板、建筑等
用材；枝叶茂密，也可用作庭院绿化树种。

22. 毛桂 山桂皮、香桂皮、三脉桂、锈毛桂 图124：4

Cinnamomum appelianum Schewe

小乔木，树皮灰褐色或榄绿色，多分枝，当年生枝、叶背、叶柄、花序轴均密被污黄色硬质绒
毛。叶对生、近对生或互生，革质，椭圆形至卵状椭圆形，长5~14cm，宽2~4(~5)cm，先端骤
短渐尖，基部楔形至近圆形，离基三出脉。圆锥花序腋生；果椭圆形，长约1cm，直径约6mm，果
托漏斗状，顶端具齿裂。花期4~6月；果期6~8月。

产于全州、兴安、龙胜、临桂、灵川、永福、平乐、南丹、融水、凌云、大明山、昭平、贺
州、苍梧。常见于海拔1600m以下的常绿阔叶林中。分布于四川、贵州、湖南、江西、广东。稍耐
阴，适应酸性红壤、红黄壤。播种繁殖。采后洗除蜡质阴干，随采随播。每千克种子约7500粒，
发芽率70%~80%。植苗造林，也可萌芽更新。树皮入药，可作肉桂代用品，也可供提制芳香油；
鲜叶出油率约1.05%，叶油成分以桉叶素、乙酸龙脑酯为主，精油可用于调香。散孔材，射线细，
密度大，红黄色，纹理直，结构细，干燥后稍变形，少开裂，抗虫，耐腐性较强，为一般木材，可

图130 1～5. 华南桂 Cinnamomum austrosinense H. T. Chang 1. 花枝；2. 花纵剖面；3～4. 雄蕊；5. 退化雄蕊。**6～10. 肉桂 Cinnamomum cassia** (L.) D. Don 6. 花枝；7. 花纵剖面；8～9. 雄蕊；10. 退化雄蕊。(仿《中国树木志》)

作普通家具、农具用材。

23. 肉桂 玉桂、桂皮

图130：6～10

Cinnamomum cassia（L.）D. Don

常绿乔木；树皮灰褐色。皮、枝、叶、果托均有浓烈的肉桂香气；幼枝略呈四棱，芽、幼枝、叶柄、花序均密被灰褐色短柔毛。叶革质，长圆形或长圆状椭圆形，长8～20cm，宽4～9cm，稀更长、更宽，先端急尖或渐尖，基部楔形，上面亮绿色，下面疏被短柔毛，离基三出脉，中脉和侧脉在上面稍凹，下面凸起。圆锥花序腋生或近顶生，长8～16cm。果椭圆形，长1cm，径8mm，果托浅杯状，厚，边缘截平或略齿裂。花期5～6月；果期3～4月。

本种叶形与华南桂、大叶桂、钝叶桂3种植物很相似，但后3种中脉和侧脉在叶上面均多少凸起，且无浓烈的肉桂气味，易于区别。

广西各地有栽培，以南部、东南部和西部较多。分布于云南、台湾、广东、江西、福建，海南有栽培；亚洲热带地区也产。喜温暖环境，生长环境绝对最低气温不低于－2.5℃。喜疏松、肥沃、排水良好的酸性土壤，幼苗需庇荫，造林地宜选择丘陵、低山地。

种子繁殖。采收成熟果实，熟时黑色。采后搓洗内果肉，得鲜种子，每千克有种子2400～2800粒。随采随播。混合湿沙催芽，种子露白后即可播种。点播容器育苗，种子发芽率约85%。苗期注意遮阴保湿，1～2年生苗高约25cm，可用于造林。造林密度，以采叶为主，株行距1m×1m；以采桂皮为主，株行距2m×2m。肉桂为药用和芳香油原料，树皮可剥制为肉桂皮，有温中补肾、散寒止痛的功效；嫩枝即桂枝，能发汗解肌、温通经脉；果托(桂盅)和果实(桂子)可治虚寒胃痛；枝、叶可供蒸取肉桂油，为重要香料，也可作药用，供制巧克力及香烟配料及其他日用品香料，为广西重要出口产品。散孔材，射线细，心材浅红褐色，边材淡红黄色，纹理斜，结构适中，干燥后稍开裂，可作一般农用材。

24. 香桂 长果桂、细叶香桂

Cinnamomum subavenium Miq.

乔木，高达20m；小枝纤细，密生黄色短柔毛。叶革质，近对生或互生，椭圆形、卵状椭圆形或披针形，长4.0~13.5cm，宽2~4(~6)cm，幼时两面被黄色平伏绢状柔毛，老时上面无毛，下面略被毛，三出脉或离基三出脉，中脉和侧脉在上面凹陷，下面凸起。圆锥花序腋生；果椭圆形，长7mm，径5mm，熟时蓝黑色；果托杯状，顶端全缘。果期10~11月。

产于广西北部及金秀大瑶山。生于山坡常绿阔叶林中。分布于四川、云南、贵州、湖北、安徽、浙江、江西、福建、广东、台湾；印度、缅甸、马来西亚、印度尼西亚也有分布。喜温暖阴湿气候，常生于山坡谷地微酸性土壤中。忌积水。播种繁殖。采收成熟果实，搓擦洗净，沙藏。春季条播播后覆土1~2cm厚，盖草保湿，出苗率约18%。苗高4~5cm间苗，1年生苗可用于栽植。造林以肥沃的砂质壤土为佳，光照需充足。香桂须根少，成年植株移植困难。枝叶含精油，叶油的黄樟素含量达97%以上，另含芳樟醇、丁香酚等，广泛用于香料、日用化工、食品、医药、电镀、农药和陶瓷等行业。树常绿、干直冠整，枝叶浓绿、美观，富光泽，有芳香味，为优美的庭院树种；对二氧化硫抗性强，可用于有污染的厂矿绿化。

3. 檬果樟属 Caryodaphnopsis Airy Shaw

灌木至乔木。叶对生或近对生，离基三出脉；花两性，组成松散的聚伞状圆锥花序，腋生；花被裂片6枚，2轮，外轮3枚特小，内轮3枚较大，脱落；发育雄蕊9枚，花药4室，偶见各轮雄蕊花药均为2室或第1、2轮花药为2室内向，第3轮药室外向或侧外向，极少为下方2室侧外向上方2室内向，第3轮花丝基部腺体近无柄，退化雄蕊3枚，微小，箭头形，具短柄；子房卵形或卵状长圆形，柱头2~3裂。果大，核果状，绿色，果梗明显增粗。

约7种，分布于老挝、越南、马来西亚和菲律宾。中国3种，主产于云南，广西仅1种。

檬果樟 图131

Caryodaphnopsis tonkinensis（Lec.）Airy－Shaw

小或中等大乔木，高3~8(~15)m。小枝圆柱形，淡褐色，无毛，有纵向细条纹。叶对生或近对生，卵圆状长圆形，长(10~)15~19cm，宽4.5~8.5cm，先端钝而短渐尖，尖头钝或具小突尖，基部渐狭、宽楔形至近圆形，坚纸质，两面无毛，上面暗褐色，下面苍白色，边缘增厚，平坦或微内卷，离基三出脉，中脉纤细，上面凹陷，下面凸起，侧脉

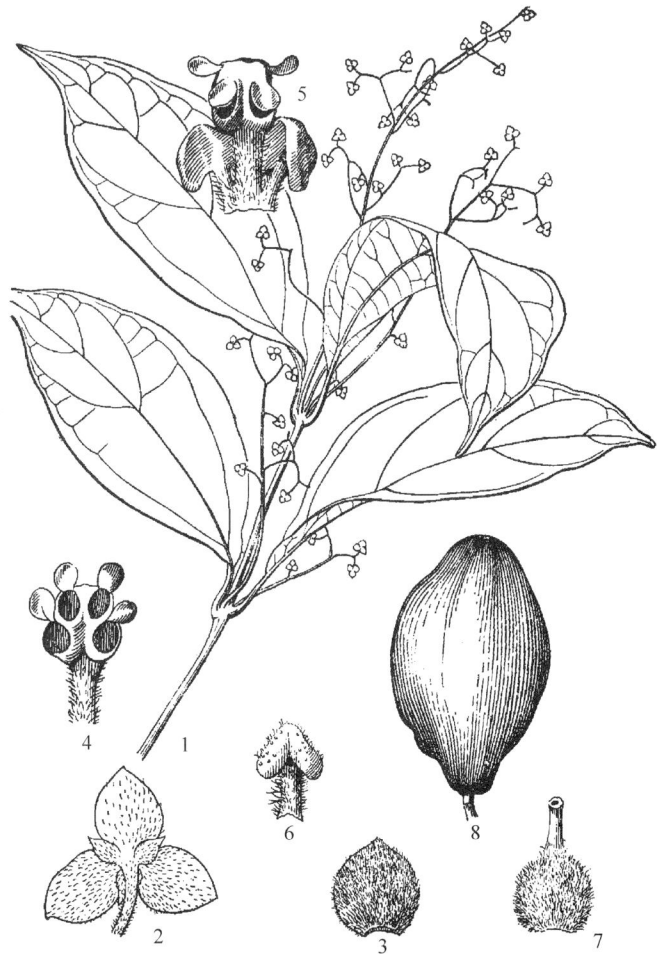

图131 檬果樟 Caryodaphnopsis tonkinensis（Lec.）Airy－Shaw 1. 花枝；2. 花被的背面观；3. 花被片的内面观；4. 第1、2轮雄蕊；5. 第3轮雄蕊；6. 退化雄蕊；7. 雌蕊；8. 果。（仿《中国植物志》）

3~4 对，斜展，在末端网结，横脉自侧脉生出，与细脉网结，各级脉均纤细且在下面凸起；叶柄长 0.8~2.0cm，纤细，腹凹背凸，无毛或疏被褐色柔毛。圆锥花序长(3~)4~13cm，腋生，狭长而纤细，序轴被短绒毛，具短分枝，分枝对生或近对生，横向，多被黄褐色短绒毛，其上再分枝或少分枝，末端为 3~7 朵花近伞房状的聚伞花序；苞片及小苞片钻形，长 1~2mm，被黄褐色短绒毛。花白色或绿白色；花梗极纤细，长 3~5mm，被极细而贴生的锈色短绒毛；花被裂片外面明显被粗短柔毛。果长椭圆状球形，顶端圆，基部楔形，骤然收缩成短柄，无毛，外果皮薄膜质，中果皮常分解，最后消失，内果皮软骨质；果梗长 2~8mm。种子 1 粒，硬，形状与果同。花期 3~6 月；果期 6~8 月。

产于龙州。生于海拔 1200m 以下的石灰岩山地阔叶林中。分布于云南南部；越南北部至马来西亚和菲律宾也产。

4. 新樟属 Neocinnamomum H. Liou

常绿乔木或灌木。芽小，锥形，芽鳞厚而常被毛。叶互生，三出脉。花梗极短或明显具梗的团伞花序；花小，花被筒极短，花被 6 裂，近等大；花药 4 室，不重叠，2 室内向，2 室侧外向；子房葫芦形，花柱极短或缺；果时花被裂片宿存，常增大变厚，花梗上端逐渐膨大成漏斗状。浆果状核果，椭圆形或圆球形；果托大而浅，肉质增厚，高脚杯状。

约 7 种，分布于中国和越南；中国 5 种，产于西南各地；广西 2 种。

分种检索表

1. 幼枝、叶下面、叶柄无毛或近无毛；叶卵形、阔卵形或卵状椭圆形；团伞花序组成圆锥花序；果椭圆形；果梗长 0.6~1.5cm ·· **1. 滇新樟 N. caudatum**
1. 幼枝、叶下面、叶柄密被锈色短柔毛；团伞花序单个腋生；果椭圆状卵形，果梗长 2.0~3.5cm ················· ·· **2. 海南新樟 N. lecomtei**

1. 滇新樟　图 132

Neocinnamomum caudatum (Nees) Merr.

乔木，高约 12m；树皮灰黑色；小枝被微柔毛，有细丛棱。叶坚纸质，卵形、阔卵形或卵状椭圆形，长 4~13cm，宽 2.0~4.5cm，先端渐尖或长渐尖，基部近圆形，多少偏斜，上面无毛，下面初时被微柔毛，后变无毛；叶柄长 0.8~1.2cm，无毛或近无毛。花序腋生或顶生，长 4.5~8.0cm，被锈色绒毛；团伞花序通常具 5~6 朵花，组成圆锥花序；花小，两性，黄色，花被裂片 6 枚，发育雄蕊 9 枚。果椭圆形，长 1.0~1.5cm，宽 6~8mm，花被宿存，粗厚；果梗长 0.6~1.5cm，顶端膨大部分长 3~5mm。花期(6~)8~10 月；果期 11 月至翌年 2 月。

产于龙州、靖西、田阳、田林、凌云。生于海拔 1500m 以下的山谷、山坡疏林中。分布于云南南部、中部和四川西南部；印度、尼泊尔、缅甸及越南也有分布。常绿乔木，生长较快，喜光。能耐 -4℃的短期低温。在肥沃湿润的酸性土或石灰土上均能生长。播种繁殖，果实成熟时外皮由黄绿色转变为紫黑色，采收后搓擦洗去果皮，所得果核为种子。鲜果出籽率约 35%，种子净率约为 95%。千粒重 440~450g。忌失水，不宜日晒，需湿沙混藏，最好随采随播，种子发芽时的适宜日均气温在 20℃以上。点播或条播，播种量 120g/m² 左右，覆土 1~2cm，播种后约 70d 发芽率 80% 以上，幼苗出叶 2~3 片时移植，1 年生苗出圃。材质中等，干叶出油率 2.46%，可供提炼樟脑并入药，鲜果出油率约 0.5%，干果出油率约 1.5%，可供制作芳香油，用于食品、化妆品、日用品等调配香料。可作观叶、观形植物和绿地点缀树种。

2. 海南新樟 扁果新樟、木大力王

Neocinnamomum lecomtei Liou

灌木至小乔木，高 3 ~ 8m，枝条圆柱形，有条纹，幼时被锈色毛，后脱落。叶坚纸质，互生，有时幼枝上的近对生，卵形至宽卵形，长 8 ~ 10cm，宽 4 ~ 7cm，先端渐尖，基部宽楔形或近圆形，幼时两面密被锈色短柔毛，老时上面仅脉上有毛，下面密被锈色短柔毛；离基三出脉或三出脉，中脉在上面凹陷，下面凸起，侧脉 4 对；叶柄长 1.0 ~ 1.5cm，密被锈色短柔毛。果序单一腋生，总梗长 2 ~ 5mm；果椭圆状卵形，长 1.5 ~ 2.0cm，直径 0.9 ~ 1.5cm，果梗长 2.0 ~ 3.5cm，顶部膨大部分长 0.6 ~ 1.0cm。花期 8 月；果期 10 月至翌年 5 月。

产于龙州、扶绥、那坡、田林、巴马、凤山、天峨、上思；生于海拔 500m 以下的密林中，以及沿河谷两岸、沟边或在排水良好的石灰岩地。分布于贵州西南部、云南东南部和海南；越南北部也有分布。枝、叶含芳香油，出油率 0.8% ~ 1.7%，油用于制香料及医药工业。果核含脂肪，可供工业用。叶尚可入药，有祛风湿、舒筋络的功效。辐射孔材，射线细，生长轮界明显，心、边材区别不明显，木材白色，纹理直，结构细，重量中等，气干密度 0.54/cm³，干缩率小，强度低，干燥容易，抗虫性良好，加工容易，刨面光滑，胶黏性、油漆性良好，可作家具、单板、包装箱、室内装饰等用材。

图 132 滇新樟 Neocinnamomum caudatum（Nees）Merr. 1. 花枝；2. 果枝；3. 花；4. 花纵剖面；5. 第 1、2 轮雄蕊；6. 第 3 轮雄蕊；7. 退化雄蕊。(仿《中国植物志》)

5. 厚壳桂属 Cryptocarya R. Br.

常绿乔木或灌木。叶互生，革质或纸质，通常羽状脉，稀离基三出脉。腋生或顶生圆锥花序；花两性；无明显总苞；花 3 数，花被管陀螺形或卵形，较长，花后扩大并于顶端收缩，宿存；花被裂片 6 枚；发育雄蕊 9 枚，花药 2 室，外面 2 轮的花药内向，花丝基部无腺体，第 3 轮花药外向，花丝基部有 2 枚腺体，第 4 轮为退化雄蕊。果球形或长圆形，全为扩大的花被管所包，外面多具纵棱，或为平滑，顶端有 1 个小孔。

200 ~ 250 种，主要分布于热带、亚热带；中国 19 种；广西 11 种。

分种检索表

1. 离基三出脉；叶革质。

2. 果扁球形，长 1.2～1.8cm，直径 1.5～2.5cm，被白粉，光滑或具纵棱，顶端具脐状凸起；叶长椭圆形至椭圆状卵形；花白色 ·················· **1. 丛花厚壳桂 C. densiflora**

2. 果近球形或扁球形，长 8～9mm，直径 0.9～1.5cm，有纵棱约 15 条；叶长椭圆形；花淡黄色 ·················· **2. 厚壳桂 C. chinensis**

1. 羽状脉。

3. 果成熟时球形、近球形或扁球形。

4. 成长叶下面无毛或仅沿叶脉被毛。

5. 叶下面带白色或灰白色。

6. 叶长圆形至长圆状卵形，长 8～15cm，宽 3.5～6.0cm，先端尾尖或短渐尖，两面沿叶脉被锈色短毛，叶缘微波状，稍背卷 ·················· **3. 白背厚壳桂 C. maclurei**

6. 叶长椭圆形，长 9.0～11.5cm，宽 3～4cm，先端锐尖或略钝，基部阔楔形，稍偏斜，下面嫩时被黄褐色短柔毛，后变秃净，带灰白色 ·················· **4. 广东厚壳桂 C. kwangtungensis**

5. 叶下面绿色，椭圆状披针形，长 9～13cm，宽 3.5～6.0cm，脉与叶面平或略凸起，羽状脉；果近球形，略被白粉 ·················· **5. 南烛厚壳桂 C. lyoniifolia**

4. 成长叶下面被毛，长圆形或椭圆状长圆形至卵圆形，上面沿中脉被黄褐色短柔毛，下面黄绿色；圆锥花序常多分枝，密被黄褐色柔毛 ·················· **6. 岩生厚壳桂 C. calcicola**

3. 果成熟时椭圆形、椭圆状卵球形或卵形。

7. 果较小，长不超过 2.5cm，直径 0.5～1.1cm。

8. 叶椭圆形、椭圆状长圆形或长圆形。

9. 叶先端钝、近急尖或短渐尖，基部楔形，常不对称，叶下面灰绿或带棕红色，微被柔毛，后无毛；圆锥花序有灰色绒毛 ·················· **7. 黄果厚壳桂 C. concinna**

9. 叶先端骤然渐尖，间或钝头或微凹，基部楔形，上面橄榄色，下面粉绿色，两面有贴伏的短柔毛；圆锥花序被灰黄色短柔毛 ·················· **8. 硬壳桂 C. chingii**

8. 叶披针形、披针状长椭圆形或披针状卵形至卵圆形，两面无毛，中脉在上面凹陷，下面凸起；圆锥花序近总状，通常较叶长，被褐色柔毛 ·················· **9. 长序厚壳桂 C. metcalfiana**

7. 果较大，长在 2.5cm 以上，直径在 1.5cm 以上。

10. 叶披针形或长圆状披针形，无毛，网脉在下面呈蜂窝状；叶柄被毛；圆锥花序穗状，各部密被毛；果卵形，熟时黑色，有皱纹和疣点 ·················· **10. 海南厚壳桂 C. hainanensis**

10. 叶长圆形，中脉在上面凹陷，下面十分凸起，细脉网状，两面不明显；叶柄无毛；果椭圆状卵球形，有栓质斑点，无毛，微皱，有不明显纵棱 ·················· **11. 斑果厚壳桂 C. maculata**

1. 丛花厚壳桂 山家桂、丛花桂、白面槁 图 133：3～5

Cryptocarya densiflora Bl.

乔木，高 10～20m；小枝有棱角。叶互生，长椭圆形至椭圆状卵形，长 9～15cm，宽 5～7cm，先端急短渐尖或急长渐尖，基部楔形、钝或圆，上面绿色，下面苍白呈粉绿色，初时被毛，后渐脱落，离基三出脉，中脉在上面下陷，下面隆起，横向小脉纤细，近波状，稍稀疏；叶柄长 1.0～1.5cm。圆锥花序腋生，长 2.5～7.0cm，有褐色短柔毛；花白色。果扁球形，长 1.2～1.8cm，直径 1.5～2.5cm，被白粉，光滑或具纵棱，顶端具脐状凸起。花期 4～6 月；果期 7～11 月。

产于合浦、钦州、防城、上思、龙州、靖西、大明山、桂平、金秀、贺州、罗城等地。散生于海拔 900m 以下的山谷混交林中。分布于广东、海南、福建、云南；中南半岛和大洋洲也有分布。生于茂密的树林中，优势立木树冠阔大，枝叶浓密，生长旺盛，但天然下种更新不良，林中零星可见的幼苗、幼树也能耐阴；喜土层深厚、腐殖质丰富的疏松砂壤土、山地黄壤、红壤，自然生长缓慢，胸径年生长量通常 0.3～0.4cm。

果实成熟期不甚一致，外果皮变为紫蓝色，即可采收。果实采回后即行播种，可以不加处理以原果播下。果实晾干后千粒重约 950g。条播或撒播，要 1 个月以上才能出芽整齐，随采随播的种子发芽率约 90%。幼苗在人工管理下生长较快，发芽后 3 个月苗高达 15cm，1 年生苗高可达 40cm 以上，可供植树造林。选择海拔 600m 以下的地区，雨季用 1 年生苗造林，造林密度 1110～1650 株/hm², 带垦或块垦，加强幼林除草、松土抚育措施。散孔材，射线宽而明显，密度中等，气干密度 0.54g/cm³, 心材红褐色，边材淡黄红色，纹理直，结构粗，干燥后稍开裂，不变形，耐腐性中等，木材稍硬，可供建筑、家具、胶合板和车辆等用。

2. 厚壳桂 香花桂、铜锣桂(广东) 图 133：1～2

Cryptocarya chinensis (Hance) Hemsl.

乔木，高达 20m; 树皮灰至灰褐色，粗糙。老枝多少具棱角，小枝圆柱形，初时被毛，后脱落。叶长椭圆形，长 7.5～11.0cm, 宽 3.5～6.0cm, 先端长渐尖或短渐尖，基部阔楔形，幼时两面被毛，后脱落，下面苍白色，离基三出脉，中脉在上面凹陷，下面凸起，网脉两面明显；叶柄长约 1cm, 无毛。圆锥花序长约 3cm, 被黄褐色小绒毛；花淡黄色。果近球形或扁球形，长 8～9mm, 直径 0.9～1.5cm, 熟时黑色，有纵棱约 15 条。花期 4～5 月；果期 8～12 月。

产于苍梧、桂平、金秀、永福、桂

图 133 1～2. 厚壳桂 Cryptocarya chinensis (Hance) Hemsl. 1. 花枝；2. 果枝。3～5. 丛花厚壳桂 Cryptocarya densiflora Bl. 3. 花枝；4. 花；5. 果。(仿《中国树木志》)

林。常生于海拔 1100m 以下的山谷混交林中。分布于广东、海南、台湾、福建、四川。喜温暖湿润气候，适应性强，能耐阴，成林后需光照，较耐低温，喜深厚肥沃、质地疏松的酸性土壤。生长较慢，年增高在 30cm 左右。播种繁殖，果实外皮由青紫转为黑色时可采种，采回后阴干即可播种。阴干果千粒重约 800g, 发芽率 75% 左右，选日照较短或有遮阴设备地作圃地，撒播或条播，播后盖土 1.5～2.0cm 厚，盖草、淋水，播后 40d 左右发芽结束。幼苗期注意遮阴保湿，揭去稻草后，可搭盖遮光度为 70% 的遮光网。注意肥水管理和害虫防治。当幼苗长 3～4 片叶子时，可移植至育苗袋培育。1 年生苗容器苗高 30cm, 即可出圃。选择土层深厚、湿润、肥沃的山坡中下坡造林，造林密度 2500 株/hm², 可与红锥、木荷、鸭脚木、杜英等营造多树种混交林，混交比例厚壳桂 1:3 其他树种。幼林期每年铲草、松土 1～2 次。辐射孔材，射线宽而明显，密度大，心材红褐色，边材淡黄褐色，纹理略斜，结构细致，干燥稍开裂，变形，木材稍硬重，气干材密度 0.58g/cm³, 干后少开裂、变形，可作工艺、家具和建筑用材。在林分密度较大时，枝叶茂密，干形直，树冠呈塔形，在开阔地，枝叶开展，树冠开阔，适用于作庭院、公园的绿阴树种及行道树种。

3. 白背厚壳桂 图 134：3

Cryptocarya maclurei Merr.

乔木，高达 20m。小枝近圆柱形，具棱角，有纵向条纹，幼时被褐色短绒毛，后脱落。叶近革质，长圆形至长圆状卵形，长 8～15cm, 宽 3.5～6.0cm, 先端尾尖或短渐尖，基部阔楔形至近圆形，叶下面灰绿，有时带白色，两面沿叶脉被锈色短毛，叶缘微波状，稍背卷，羽状脉，侧脉 5～7

图 134　1～2. 岩生厚壳桂 Cryptocarya calcicola H.
W. Li 1. 花枝；2. 果。3. 白背厚壳桂 Cryptocarya maclurei
Merr. 果枝（仿《中国树木志》）

对，横行脉和小脉纤细，密网状；叶柄长 1.2～1.4cm，薄被锈色柔毛。果球形或扁球形，直径1.5～2.0cm；熟时黑色，无毛，有纵棱。花果期12月至翌年3月。

产于广西十万大山、大明山及大瑶山。常生于海拔 600～1000m 的山地常绿阔叶林中。分布于广东、海南。散孔材，射线很细，密度大，淡灰黄色，纹理直，结构适中，干燥后少开裂，不变形，抗虫、耐腐性一般，用作普通家具和农具用材。

4. 广东厚壳桂

Cryptocarya kwangtungensis H. T. Chang

乔木，高 2.0～6.5m，胸径 5～13cm。老枝秃净，嫩枝被褐色短柔毛。叶长椭圆形，长 9.0～11.5cm，宽 3～4cm，先端锐尖或略钝，基部阔楔形，稍偏斜，革质，上面绿色有光泽，下面嫩时被黄褐色短柔毛，后变秃净，带灰白色，羽状脉，侧脉 6～7 对，在上面不显著，在下面略凸起，网脉在上下两面均不明显；叶柄长 6～10mm。花序圆锥状或总状，顶生及腋生，长 2～3cm，被黄褐色短柔毛；花细小，长约 2mm，被短柔毛；花梗极短；花被裂片比花被筒略长；雄蕊内藏；子房被微毛。果圆球形，纵棱不明显，初时有柔毛，后变秃净。果期 7 月。

产于临桂。生于海拔 800m 以下的山谷密林中。分布于广东北部。木材供制家具、农具用。

5. 南烛厚壳桂

Cryptocarya lyoniifolia S. Lee et F. N. Wei

乔木，高达 20m。本种与白背厚壳桂近似，但叶为椭圆状披针形，长 9～13cm，宽 3.5～6.0cm，叶下面绿色，脉与叶面平或略凸起，羽状脉，侧脉 4～5 对。果近球形，直径约1cm，略被白粉，可以区别。果期 10～12 月。

广西特有种，产于靖西、龙州、天等，生于石灰岩山地疏林中。播种繁殖。木材材质与厚壳桂相近，可用作建筑、家具或农具用材。

6. 岩生厚壳桂　图 134：1～2

Cryptocarya calcicola H. W. Li

乔木，高约15m。幼枝圆柱形，具纵条纹，密被黄褐色柔毛。叶互生，近革质，长圆形或椭圆状长圆形至卵圆形，长 10～14cm，宽 5～8cm，先端渐尖，基部阔楔形或近圆形，上面绿色，沿中脉被黄褐色短柔毛，下面黄绿色，疏被黄褐色短柔毛，羽状脉，侧脉6 对；叶柄长0.8～1.0cm。圆锥花序长 5.5～14.0cm，常多分枝，密被黄褐色柔毛。果近球形，长约 1.3cm，熟时紫黑色，无毛，有不明显的纵棱12 条。花期 4～5 月；果期 8～11 月。

主产于那坡、田林、隆林、乐业及十万大山。生于海拔 500～1000m 的常绿阔叶林中、石山疏林或溪旁。分布于云南南部和中部、贵州南部。播种繁殖。木材结构细致，纹理通直，材质中等，易加工，为建筑、家具等用材。

7. 黄果厚壳桂 黄果桂 图135：3

Cryptocarya concinna Hance

乔木，高达18m；树皮灰褐色；小枝纤细、密集，有绒毛及棱角。叶薄革质，椭圆形或长圆形，长5~8(~10)cm，宽1.5~3.0cm，先端钝、近急尖或短渐尖，基部楔形，常不对称，叶下面灰绿或带棕红色，微被柔毛，后无毛，羽状脉，中脉上面凹陷，下面凸起，侧脉4~7对；叶柄细，长仅4~9mm。圆锥花序长4~8cm，有灰色绒毛。果椭圆形，长1.5~2.0cm，直径约0.8cm，有纵棱，有时不明显，熟时黑色或蓝黑色。花期5月；果期10月。

产于钦州、防城、宁明、浦北、金秀、苍梧、贺州以及十万大山、大明山等地，喜湿润，多见于山谷混交林中。分布于广东、海南、江西和台湾。抗寒性较强，能耐长期3~5℃低温，也能耐－6℃左右的极端低温，可在热带、亚热

图135 1~2. 硬壳桂 **Cryptocarya chingii** Cheng 1. 花枝；2. 果枝。3. 黄果厚壳桂 **Cryptocarya concinna** Hance 果枝。(仿《中国树木志》)

带地区广泛种植，自然分布于海拔600m以下的谷地常绿林中，引种至南宁，在海拔100m左右的低丘炎热地，也能正常生长。偏喜光树种，树冠呈伞形，枝叶繁茂，幼苗期稍耐适度庇荫，在过密的林冠下幼苗稀少，且生长不良，林中自然下种繁殖不易。性好湿润环境，对土壤要求不严，喜酸性土，石灰土不宜，在较瘠薄立地上生长也正常。生长速度中等，胸径年生长量一般为0.3cm。播种繁殖，果实成熟时由黄绿色转为黑色，晾干果实千粒重约850g。随采随播，条播，播种量120~200g/m^2，带花被筒的种子，播种量250~380g/m^2，播后覆土1.5~2.0cm厚，遮阴保湿。发芽率约50%。材质细、坚硬、耐湿，不易开裂，但易受虫蛀，作一般家具或建筑用材。枝叶含精油，可用于日用化工工业，如制牙膏、香皂等。

8. 硬壳桂 平阳厚壳桂、仁昌厚壳桂 图135：1~2

Cryptocarya chingii Cheng

乔木，高达20m；幼枝有灰黄色短柔毛，老时无毛，有稀疏皮孔。叶椭圆形或椭圆状长圆形，长6~11cm，宽2.5~3.5(~4.6)cm，先端骤然渐尖，间或钝头或微凹，基部楔形，上面橄榄色，下面粉绿色，两面有贴伏的短柔毛；叶柄长0.5~1.3cm，幼时有短柔毛，后变无毛，有时有微小瘤状腺体。圆锥花序长3~5cm，被灰黄色短柔毛。果椭圆形，长1.0~1.7cm，直径0.5~1.0cm，无毛，有纵棱约12条。花期6~10月；果期9月至翌年3月。

产于苍梧、蒙山、昭平、富川、阳朔、永福、融水、三江、临桂、龙胜、灵川、恭城、兴安、金秀以及十万大山、大明山等地，常生于海拔300~800m的山谷或山坡中下部常绿阔叶林中。分布于海南、广东、江西、福建、浙江、云南。耐阴，喜温暖湿润气候，常绿阔叶林中位于乔木层第2层。播种繁殖。散孔材，射线细，密度中等至大，气干密度0.48~0.65g/cm^3，木材灰白至淡黄色，纹理略斜，结构适中，干燥后稍开裂，变形，刨面光滑，胶黏性、油漆性良好，供作房架建筑、室内装饰和家具用材。叶含樟油。

9. 长序厚壳桂 麦桂
Cryptocarya metcalfiana Allen

乔木，高达30m，胸径30cm。老枝粗壮，褐色，具棱角，有灰褐色皮孔，无毛；幼枝具棱角及纵向细条纹，被稀疏的短柔毛。叶互生，披针形、披针状长椭圆形或披针状卵圆形至卵圆形，长5～12(～14)cm，宽2.5～4.0(～5.5)cm，先端急尖、钝或短渐尖，基部楔形，两侧常不对称，革质，两面无毛，上面光亮，下面略带粉绿，中脉在上面凹陷，下面凸起，羽状脉，侧脉3～7对，上面略凹陷，下面凸起；细脉网状，上面不明显，下面明显。叶柄长1～2cm，腹平背凸，无毛。圆锥花序近总状，腋生及顶生，多花，通常较叶长，长约10cm，被褐色柔毛，最末的花枝短，带苍白色，有花2～3朵；花淡绿黄色，长3mm；花梗纤细，长约1mm，被短柔毛。果长椭圆形，长1.4～2.5cm，直径1.0～1.1cm，熟时黑色，无毛，纵棱不明显，果梗增粗，长2～3mm。果期6～8月。

产于上思。生于海拔900m的常绿阔叶林中。分布于海南。喜高温湿润环境，多生于湿润而排水良好、土层深厚的砂壤土，在山坡和山谷中呈散生分布；幼树耐阴，因此母树下幼苗、幼树较为常见，壮龄树喜有充分光照，在密林中作上层树，树干通直，枝叶浓密，树冠狭小。生长速度中等，年高生长量35cm左右。播种繁殖，果实采回后即可播种育苗，育苗及造林技术与厚壳桂相似。木材纹理交错，结构细致，材质坚硬强韧，质重，气干密度0.96g/cm³，较难加工，干燥后有微裂，但不变形，含油或黏液丰富，很耐腐，材色鲜明调和，纵切面具光泽，颇美观，供作造船、桥梁、水工、桩木、枕木、机械器具、上等家具等用材，也可供制运动器械、雕刻等用。

10. 海南厚壳桂 图136
Cryptocarya hainanensis Merr.

乔木，高达20m；小枝细，幼时被短柔毛，老时无毛。叶薄革质，披针形或长圆状披针形，长9～13cm，宽2.5～4.5cm，先端渐尖，基部宽楔形，无毛，羽状脉，侧脉5～6对，网脉在下面呈蜂窝状；叶柄长5～8mm，被毛。圆锥花序穗状，腋生及顶生，花序各部密被毛。果卵形，长2.5～3.0cm，直径1.5～2.0cm，熟时黑色，有皱纹和疣点，纵棱不明显。花期4月；果期8月至翌年1月。

产于龙州、那坡。生于海拔700m以下的常绿阔叶林中。分布于海南、云南；越南也有分布。播种繁殖。育苗及栽培技术与厚壳桂的相同。材色灰黄至淡紫色，心、边材不明显，生长轮明显，射线细，木材具光泽，纹理直，结构细，硬度中等，气干材密度0.583g/cm³，加工性能好，适于作建筑、胶合板、车辆、家具、农具等用材。

图136　海南厚壳桂 Cryptocarya hainanensis Merr.
花枝（仿《中国植物志》）

11. 斑果厚壳桂
Cryptocarya maculata H. W. Li

乔木，高10m。枝条圆柱形，直径约3mm，红褐色，具纵向条纹及皮孔，无毛。叶长圆形，长9.5～18.0cm，宽3～5cm，先端钝或急尖，基部宽楔形，革质，上面绿色，光亮，下面淡绿色，两面无毛，中脉在上面凹陷，下面十分凸起，羽状脉，侧脉约9对，上面平坦或稍凹陷，下面凸起，横脉两面不明显，细脉网状，两面不明显；叶柄长0.5～1.3cm，腹凹背凸，无毛。花未见。果椭圆状卵球形，长3.0～3.2cm，直径1.5～1.6cm，干时黑褐色，有栓质斑点，无毛，微皱，有不明显的纵棱 12 条。果期 8 月。

本种以其果实椭圆状卵球形，干时黑褐色，有栓质斑点，无毛，有不明显的纵棱 12 条，极易区别。

极危种。产十万大山。生于海拔 920m 密林中，处于林冠第 2 层。分布于云南东南部。

6. 新木姜子属 Neolitsea Merr.

常绿乔木或灌木。叶互生或近轮生，稀近对生，常聚生枝梢；离基三出脉或羽状脉，稀三出脉。花单性，雌雄异株。伞形花序单生或簇生，无总梗或具短总梗，通常有花 5 朵；苞片大，迟落，交互对生；花被裂片 4，2 轮；雄花具发育雄蕊 6 枚，排成 3 轮，每轮 2 枚，第 1、2 轮花丝无腺体，第 3 轮花丝基部有 2 枚具柄腺体；花药 4 室，内向瓣裂，退化雄蕊有或无；雌花具退化雄蕊 6 枚，棍棒状，第 1、2 轮无腺体，第 3 轮有 2 个具柄腺体；子房上位，花柱明显，柱头盾状。果为浆果状核果；果托盘状或杯状；果梗常增粗。

全球约 90 种，产于印度、马来西亚至日本及大洋洲；中国 51 种，广西 24 种 2 变种。

分种检索表

1. 叶具羽状脉。
　2. 幼枝无毛。
　　3. 幼枝及叶柄较粗壮；叶柄长 1.5～2.0cm；叶厚革质，长圆形或椭圆形，长 6.5～13.0cm，宽 1.0～4.5cm，叶背面横行小脉明显 ·················· **1. 羽脉新木姜 N. pinninervis**
　　3. 幼枝及叶柄较纤细；叶柄长 1.0～1.2cm；叶薄革质，卵状披针形、披针形或椭圆状披针形，长 5～9cm，宽 1.7～3.5cm，叶背面横行小脉不明显 ·················· **2. 巫山新木姜 N. wushanica**
　2. 幼枝有毛。
　　4. 幼枝密被锈色绒毛；果球形；果托常残留花被片。
　　　5. 叶较小，长 4～10cm，宽 1.0～2.3cm，长圆状披针形或长圆形；叶柄长 3～7mm ·················· **3. 长圆叶新木姜 N. oblongifolia**
　　　5. 叶较大，长 10～17cm，宽 3.5～6.0cm，椭圆形、长圆形或倒卵状披针形；叶柄长 10～15mm ·················· **4. 锈叶新木姜 N. cambodiana**
　　4. 幼枝密生贴伏短柔毛；果椭圆形；果托无残留花被片。
　　　6. 侧脉 4～6 对，网脉不明显；叶柄长 5～7mm，幼时被灰褐色短柔毛；伞形花序常 3～5 簇生；果托浅盘状 ·················· **5. 簇叶新木姜 N. confertifolia**
　　　6. 侧脉 12～15 对，网脉明显；叶柄长 0.6～1.2cm，幼时被平伏黄褐色短柔毛；伞形花序 2～3 集生；果托杯状 ·················· **6. 波叶新木姜 N. undulatifolia**
1. 叶具离基三出脉。
　7. 叶背面无毛。
　　8. 叶柄长 2～4cm；叶较长，在 10cm 以上，最长达 26cm。
　　　9. 叶宽卵形或卵状长圆形，长 11～26cm，宽 5～12cm；侧脉末端明显弯拱连接，横行小脉在叶的两面凸起；果球形，直径 1.5～1.6cm ·················· **7. 广西新木姜 N. kwangsiensis**
　　　9. 叶椭圆形、长圆状椭圆形或卵状椭圆形，长 8～16cm，宽 2.7～9.0cm，侧脉末端不弯拱连接；果椭圆形，直径 0.8～1.0cm ·················· **8. 鸭公树 N. chuii**
　　8. 叶柄长 0.7～2.2cm；叶较小，通常在 10cm 以下，最长不超过 15cm。
　　　10. 叶卵形、长圆形、椭圆形、长圆状披针形或卵状椭圆形。
　　　　11. 果球形或近球形。
　　　　　12. 灌木；叶卵形，横行小脉明显，具蜂窝状小穴；叶柄扁平或略扁平，无毛 ·················· **9. 卵叶新木姜 N. ovatifolia**
　　　　　12. 乔木；叶椭圆形或卵状椭圆形，网脉在两面呈明显的蜂窝状；叶柄被黄褐色短柔毛 ·················· **10. 海南新木姜 N. hainanensis**

11. 果椭圆形或卵形。

  13. 叶先端急尖，背面淡绿色或粉绿色，中脉和侧脉在两面凸起，横行小脉明显；果托碟状，边缘不整齐 ················ **11. 四川新木姜 N. sutchuanensis**

  13. 叶先端短尾尖或尾状渐尖。

    14. 叶卵形或长圆形，侧脉 2~3 对，较细，自中脉中上部发出，在叶基部还有 1 对很细弱的侧脉；果椭圆形 ················ **12. 新宁新木姜 N. shingningensis**

    14. 叶椭圆形，侧脉 4~6 对，最下 1 对侧脉离叶基部 2~10mm 处发出，斜展叶中部以上；果卵形 ················ **13. 团花新木姜 N. homilantha**

10. 叶倒卵形，幼枝、叶柄密被黄褐色短柔毛；叶两面具明显的蜂窝状小穴；果球形 ················

  ················ **14. 武威山新木姜 N. buisanensis**

7. 叶背面有毛，至少幼时被毛。

 15. 叶幼时被毛，后无毛。

  16. 果球形或近球形。

   17. 叶柄长不足 1cm。

    18. 叶互生或 3~5 片集生于枝顶，基部楔形、宽楔形或近圆形，干时边缘呈波状，中脉与最下 2 对侧脉在腹面明显，其余侧脉不甚明显 ················ **15. 短梗新木姜 N. brevipes**

    18. 叶集生于枝顶或轮生状，椭圆形或长圆状椭圆形，先端渐尖或短尾尖，基部楔形或窄楔形，中脉、侧脉两面均凸起 ················ **16. 美丽新木姜 N. pulchella**

   17. 叶柄长 1~2cm。

    19. 幼枝绿色；叶互生或集生于枝顶，卵状长圆形或长圆形，长 7~11cm，宽 2.5~4.0cm，先端渐尖或尾状渐尖，基部楔形略下延 ················ **17. 南亚新木姜 N. zeylanica**

    19. 幼枝褐色或赤褐色；叶互生或近轮生，革质，卵形或长圆形，长 5.0~8.5cm，宽 2.0~3.5cm，先端短尾尖，基部近圆形，背面幼时被毛 ······ **18. 长梗新木姜 N. longipedicellata**

  16. 果椭圆形，熟时红色；叶卵形、倒卵形或椭圆形，背面淡绿色，有白粉，侧脉 4~5 对，中脉、侧脉两面凸起，两面可见到蜂窝状小穴 ················ **19. 下龙新木姜 N. alongensis**

 15. 成长叶被毛。

  20. 叶脉在上面凹下，下面凸起；叶椭圆形或宽倒卵形，干时边缘内卷，腹面无毛，背面具锈色柔毛，脉上尤密；叶柄被白色或锈色短绒毛 ················ **20. 毛叶新木姜 N. velutina**

  20. 叶脉在两面凸起。

   21. 叶背密被毛。

    22. 果椭圆形；叶革质，长圆形、长圆状披针形、椭圆形或长圆状倒卵形，背面密被金黄色或锈色绢毛 ················ **21. 新木姜 N. aurata**

    22. 果近球形；叶纸质，长圆形或长圆状椭圆形，背面粉绿色，密被贴状柔毛 ················

    ················ **22. 显脉新木姜 N. phanerophlebia**

   21. 叶背毛较稀疏或近无毛。

    23. 叶长圆状披针形至长圆状倒披针形或椭圆形，长（15~）20~31cm，宽 4.5~9.0cm，背面苍白色侧脉 3~4 对；伞形花序具总梗；果椭圆形或球形 ········· **23. 大叶新木姜 N. levinei**

    23. 叶长圆形或倒卵状长圆形，长 10~11cm，宽 2.5~4.0cm，侧脉 4~6 对，伞形花序无总梗；果球形 ················ **24. 湘桂新木姜 N. hsiangkweiensis**

1. 羽脉新木姜　图 137：2

Neolitsea pinninervis Yang et P. H. Huang

乔木，高达 12m，胸径达 20cm；树皮青黄色。幼枝黄色或黄褐色，较粗，无毛。叶互生或集生枝顶成轮生状，厚革质，长圆形或椭圆形，长 6.5~13.0cm，宽 1.0~4.5cm，先端突尖或呈镰状，基部宽楔形或楔形，两面无毛，有光泽，干时边缘稍内卷，羽状脉，中脉在腹面凸起，背面微凸或平，侧脉 8~12 对，纤细，两面微凸或背面平，背后横脉相连；叶柄长 1~2cm，无毛、较粗。伞形花序 2~3 簇生于叶腋，总梗短；果椭圆形或近球形，长 1cm，直径 6~8mm，被柔毛。花期 3~4

月；果期 8 ~ 9 月。

产于融水、象州、龙胜等地。生于海拔 700 ~ 1200m 的山坡或山脊疏林中。分布于广东、湖南、贵州。

2. 巫山新木姜 图 137：1

Neolitsea wushanica（Chun）Merr.

小乔木，高达 10m；树皮黄绿色，平滑。幼枝纤细，无毛。叶互生或集生于枝顶，薄革质，椭圆形或椭圆状披针形，长 5 ~ 9cm，宽 1.7 ~ 3.5cm，先端尖或近渐尖，基部楔形，背后淡绿色，具白粉，两面无毛或幼时被红棕色丝状柔毛，羽状脉，侧脉 8 ~ 12 对，纤细，两面均凸起，叶背横行小脉不明显；叶柄细，长 1.0 ~ 1.5cm，无毛。伞形花序腋生，无总梗。果球形，直径 6 ~ 7mm，紫黑色；果托浅盘状。花期 10 月；果期翌年 6 ~ 7 月。

产于阳朔。生于低海拔的石山疏林中。分布于四川、贵州、湖北、广东、福建、陕西。木材含精油，具有芳香气味，可作为香料原料。木材可作薪材。

3. 长圆叶新木姜 图 138：3

Neolitsea oblongifolia Merr. et Chun

乔木，高达 22m，胸径达 40cm，幼枝、芽、叶柄、花序和花均被锈色绒毛。叶互生，有时 4 ~ 6 片集生于枝顶，近轮生，薄革质，长圆状披针形或长圆形，长 4 ~ 10cm，宽 1.0 ~ 2.3cm，先端钝，尖至渐尖，基部楔形，腹面有光泽，背面淡绿色或灰绿色，除中脉在幼时被锈色绒毛外，两面无毛，羽状脉，中脉在两面凸起，侧脉 4 ~ 6 对，纤细，网脉细密呈蜂窝状；叶柄长 3 ~ 7mm。伞形花序常 3 ~ 5 片集生于叶腋，无总梗。果球形，直径 0.8 ~ 1.0cm，无毛，深黑褐色，花被裂片宿存。花期 8 ~ 11 月；果期 9 ~ 12 月。

产于宁明。多生于海拔 500m 左右的山坡密林中。分布于海南。对土壤要求不严。耐阴树种，天然下种繁殖较易。播种繁殖，阴干种子千粒重约 170g，随采随播，新鲜种子发芽率约 60%。1 年生苗高约 40cm。种子含油率 25% ~ 30%，供工业用或作照明用油；木材纹理直，结构细致，材质硬而稍

图 137 **1. 巫山新木姜 Neolitsea wushanica**（Chun）Merr. 果枝。**2. 羽脉新木姜 Neolitsea pinninervis** Yang et P. H. Huang 果枝。(1. 仿《四川植物志》，2. 仿《中国树木志》)

图 138 **1 ~ 2. 锈叶新木姜 Neolitsea cambodiana** Lec. 1. 花枝；2. 果。**3. 长圆叶新木姜 Neolitsea oblongifolia** Merr. et Chun 果枝。(1 ~ 2. 仿《中国树木志》；3. 仿《广西植物志》)

重，材色均匀，易加工，耐腐，但干燥后稍开裂，微变形。可供作建筑、家具、农具等用材。

4. 锈叶新木姜　白背樟　图 138：1~2

Neolitsea cambodiana Lec.

乔木，高达 12m，胸径 15cm，树皮红褐色，灰褐色或黑褐色。幼枝轮生或近轮生，密被锈色绒毛。叶 3~5 片近轮生，革质，长圆状披针形、长圆形状椭圆形或披针形，长 10~17cm，宽 3.5~6.0cm，先端尾尖或突尖，基部楔形，幼叶两面密被锈色绒毛，后渐脱落，老叶沿脉有柔毛，下面带苍白色，羽状脉或近似远离基三出脉，侧脉 4~5（~7）对，中脉、侧脉两面凸起，背面横脉明显；叶柄长 1.0~1.5cm，密被锈色绒毛。伞形花序集生于叶腋，无总梗或近无总梗。果球形，直径 0.8~1.0cm；果托扁平盘状，边缘有残留花被片。花期 10~12 月；果期翌年 7~8 月。

产于永福、全州、兴安、资源、恭城、荔浦、阳朔、贺州、昭平、金秀、苍梧、容县、上林、武鸣、上思、平南等地，多见于海拔 500~1000m 的山地混交林中。分布于江西、湖南、福建、广东、海南；柬埔寨、老挝也有分布。耐阴、喜湿、喜温，深根性，适生于土层深厚、肥沃、湿润的酸性土，生长中等。树皮、枝、叶均含黏质，粉碎后作香粉，胶合力强，尤以树皮为佳，外销称"大青石粉"，还可作钻探工程的加压剂；果可榨油供工业用，叶入药外敷可治疥疮。

4a. 香港新木姜

Neolitsea cambodiana var. **glabra** Allen

与锈叶新木姜近似，主要区别在于：幼枝有黄褐色柔毛，叶长圆状披针形、倒卵形或椭圆形，先端渐尖或突尖，基部楔形，两面无毛，下面具白粉，叶柄被黄褐色柔毛。

产于南丹、东兰、百色、那坡、融水、武鸣、上林。生于海拔 700~1200m 的山坡密林中。分布于广东、福建、香港、海南。

5. 簇叶新木姜　图 139

Neolitsea confertifolia（Hemsl.）Merr.

小乔木，高达 7m；树皮灰色，平滑。幼枝轮生，被灰褐色短柔毛，后变无毛；芽常数个集生枝顶。叶密集枝顶呈轮生状，薄革质，长圆形、披针形或窄披针形，长 5~12cm，宽 1.2~3.5cm，先端渐尖或短渐尖，基部楔形，边缘略呈波状，腹面有光泽，无毛，背面苍白色，幼时有短柔毛，羽状脉，侧脉 4~6 对，中脉、侧脉两面凸起，网脉不明显，叶柄长 5~7mm，幼时被灰褐色短柔毛。伞形花序常 3~5 个簇生，几无总梗。果卵形或椭圆形，长 0.8~1.2cm，直径 5~6mm，灰蓝黑色；果托扁平盘状，无宿存花被片。花期 4~5 月；果期 9~10 月。

产于贺州、龙胜、兴安、资源等地。生于海拔 460~1800m 的山坡或山谷疏林中。分布于四川、贵州、湖南、湖北、江西、陕西、河南。散孔材，心、边材区别不明显，木材可供制作家具、农具及作薪材；种子油可供制肥皂或润滑油用。树皮药用，可治胸腹胀痛。

图 139　簇叶新木姜 Neolitsea confertifolia（Hemsl.）Merr. 果枝。（仿《中国树木志》）

6. 波叶新木姜

Neolitsea undulatifolia（Lévl.）Allen

小乔木，高 7m。幼枝被平伏黄褐色短柔毛，后变无毛。叶集生于枝顶呈轮生状，革质，披针形或狭椭圆形，长 6~10cm，宽 1.4~2.6cm，先端渐尖，基部窄楔形，边缘具波状皱褶，腹面有光泽，沿中脉有微柔毛, 背后淡褐绿色, 无毛, 羽状脉, 中脉两面凸起, 侧脉 12 ~ 15 对, 纤细, 两面可见, 网脉明显; 叶柄长 0.6 ~ 1.2cm, 幼时被平伏黄褐色短柔毛。伞形花序 2 ~ 3 集生, 无总梗。果椭圆形, 长 1.2cm, 直径约 8mm; 果托杯状, 无宿存花被片。花期 11 月; 果期翌年 1 ~ 2 月。

产于那坡。生于海拔 700 ~ 1300mm 的石山灌丛中。分布于贵州、云南。播种繁殖。采成熟果实, 搓去果皮, 清水漂净, 室内混沙贮藏。播种前用 45℃ 温水浸种, 草木灰水去蜡, 0.5% 高锰酸钾液消毒 2h 后播种, 条插, 苗床盖草, 待出苗后分次揭去。1 ~ 2 年生苗木可造林。木材褐色, 材质一般; 种子榨油, 供工业用。根药用, 可治腹胀气痛。

7. 广西新木姜 图 140: 1 ~ 2

Neolitsea kwangsiensis H. Liou

小乔木, 高约 5m, 树皮灰色, 光滑。小枝黄褐色, 较粗, 无毛。叶互生或集生于枝顶呈轮生状, 革质, 宽卵形或卵状长圆形, 长 11 ~ 26cm, 宽 5 ~ 12cm, 先端急尖或渐尖, 基部近圆形或楔形, 无毛, 腹面略具光泽, 背面粉绿色, 离基三出脉, 侧脉靠叶缘一侧有 10 ~ 13 条支脉, 横脉较粗, 近平行, 中脉、侧脉及横脉在两面均凸起; 叶柄长 2.5 ~ 4.0cm。伞形花序 5 ~ 8 簇生于叶腋。果球形, 直径 1.5 ~ 1.6cm。花期 12 月; 果期翌年 8 月。

产于凌云、八步及大明山。散生于海拔 500 ~ 1500m 的山谷山坡疏林、密林中。分布于广东。

8. 鸭公树 大新木姜 图 140: 3

Neolitsea chuii Merr.

乔木, 高达 18m, 胸径 40cm, 树皮灰青色或灰褐色。小枝绿黄色。除花序外, 其他各部均无毛。叶互生或集生于枝顶呈轮生状, 革质, 椭圆形、长圆状椭圆形或卵状椭圆形, 长 8 ~ 16cm, 宽 2.7 ~ 9.0cm, 先端渐尖, 基部楔形, 腹面有光泽, 背面粉绿色, 离基三出脉, 侧脉 3 ~ 5 对, 末端互不弯拱连接, 中脉与侧脉在两面凸起, 横脉明显; 叶柄长 2 ~ 4cm。伞形花序簇生于叶腋, 总梗短或无; 果椭圆形或近球形, 熟时红色, 长 1.2 ~ 1.3cm, 直径约 8mm。花期 9 ~ 10 月; 果期 11 ~ 12 月。

产于凭祥、宁明、龙州、横县、上林、浦北、上思、平南、贵港、容县、岑溪、苍梧、金秀、象州、昭平、贺州、恭城、临桂、平乐、阳朔、永福、龙胜、资源等地。常生于海拔 1200m 以下的山坡或山谷疏林混交林中。分布于江西、福建、湖南、广东、云南。喜光, 喜温暖气候, 对土壤要求不严, 多见于阳坡疏林中, 呈小乔木状, 枝叶翠绿, 生长旺盛。播种繁殖, 随采随播或混沙贮藏。木材黄褐色, 材质轻至略重, 结构细至略粗, 均匀, 为建筑、家具等用材; 种子含油率约 60%, 可供制肥皂和

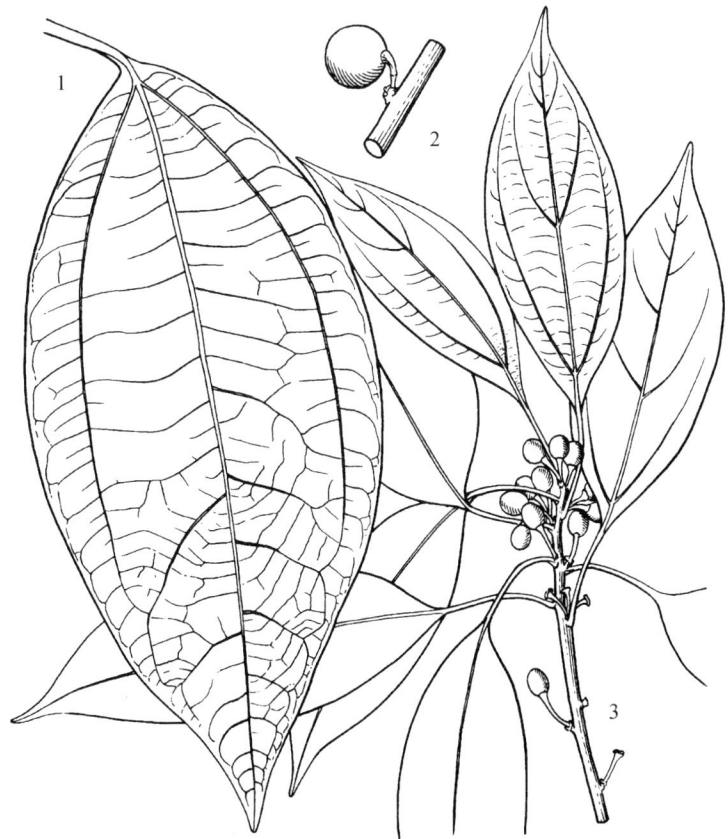

图 140　1 ~ 2. 广西新木姜 Neolitsea kwangsiensis H. Liou 1. 叶片 2. 果。3. 鸭公树 Neolitsea chuii Merr. 果枝。(仿《中国植物志》)

图 141　1. 四川新木姜 Neolitsea sutchuanensis Yang 果枝。2. 卵叶新木姜 Neolitsea ovatifo-
lia Yang et P. H. Huang 花枝。(1. 仿《四川植物志》, 2. 仿《广西植物志》)

润滑油等用。

9. 卵叶新木姜　图 141：2

Neolitsea ovatifolia Yang et P. H. Huang

灌木。小枝褐色, 无毛。叶互生或聚生枝端近轮生状, 革质, 卵形, 长 4.0 ~ 6.0(~ 8.5)cm,
宽 2.0 ~ 2.5(~ 4.0)cm, 先端渐尖, 基部钝圆或宽楔形, 腹面绿色, 背面粉绿色, 两面均无毛, 横
行小脉明显, 具蜂窝状小穴, 离基三出脉, 侧脉 4 ~ 5 对, 较纤细, 中脉、侧脉在叶两面凸起; 叶
柄长 8 ~ 10(~ 15)mm, 扁平或略扁平, 无毛。伞形花序单生或 3 ~ 4 簇生, 无总梗或总梗极短。果
球形或近球形, 直径约 1cm, 无毛。果期 8 月。

产于金秀、田林。多生于山谷疏林中。分布于海南。

10. 海南新木姜　图 142：3

Neolitsea hainanensis Yang et P. H. Huang

乔木, 高达 10m, 胸径 10cm; 树皮灰褐色。幼枝褐色或黄色, 密被黄褐色短柔毛。叶近轮生或
互生, 革质, 椭圆形或卵状椭圆形, 长 3.5 ~ 7.0cm, 宽 2.0 ~ 3.5cm, 先端突尖, 尖头钝, 基部圆
形或近圆形, 两面无毛, 离基三出脉, 侧脉 2 ~ 3 对, 网脉在两面呈明显的蜂窝状; 叶柄长 0.5 ~
1.0cm, 被黄褐色短柔毛。伞形花序腋生, 无总梗或总梗极短。果球形, 直径 6 ~ 8mm; 果托近于扁
平盘状, 常有宿存花被片。花期 11 月; 果期翌年 7 ~ 8 月。

产于钦州、上思、宁明、龙州、大新、德保、靖西、百色、凌云、田阳等地。生于海拔 300 ~
800m 的土山、石山山坡和河边混交林中。海南也有分布。

11. 四川新木姜　图141：1

Neolitsea sutchuanensis Yang

乔木，高达 10m，树皮绿灰色，小枝褐色，无毛或幼时疏生微柔毛。叶互生或 2～4 片集生，革质，椭圆形、长圆形或长圆状披针形，长 7.5～13.0（～15.0）cm，宽 2.5～4.5（～7.0）cm，先端急尖，基部宽楔形或略圆，腹面亮绿色，幼时沿脉有稀疏绢毛，背面淡绿色或粉绿色，无毛，离基三出脉，侧脉 3～5 对，中脉和侧脉在两面凸起，横行小脉明显；叶柄长 1～2cm。果椭圆形，长 5～6（～10）mm，直径 4～6mm，无毛；果托碟状，边缘不整齐。果期 11～12 月。

产于金秀、罗城、融水、隆林、那坡。常生于海拔 1200m 以上的山顶或山坡密林中。分布于四川、贵州、云南。

12. 新宁新木姜　图143

Neolitsea shingningensis Yang et P. H. Huang

小乔木，高 5m，树皮黑褐色，平滑。小枝黄褐色，无毛。叶互生或近轮生状，革质，卵形或长圆形，长 5～9cm，宽 1.7～3.0cm，

图142　1～2. 团花新木姜 Neolitsea homilantha Allen 1. 雄花枝；2. 果枝。3. 海南新木姜 Neolitsea hainanensis Yang et P. H. Huang 果枝。（1～2. 仿《云南植物志》，3. 仿《中国树木志》）

先端短尾尖，基部近圆形或宽楔形，腹面有光泽，背面灰白色，具白粉，无毛，离基三出脉，侧脉 2～3 对，较细，自中脉中上部发出，在叶基部还有 1 对很细弱的侧脉，距叶缘 1mm 弧曲上开至中部，两面均明显，叶柄长约 1cm，稍扁平，无毛。伞形花序 2～3 集生，总梗长 1mm。果椭圆形，长 6～7mm，直径 5mm。花期 3～4 月；果期 10 月。

产于金秀。生于海拔 1200～1500m 的山顶疏林中。分布于湖南、贵州。

13. 团花新木姜　图142：1～2

Neolitsea homilantha Allen

小乔木，高达 7m，树皮黄绿色，带黑斑。小枝褐色，较细，无毛。叶集生于枝顶呈轮生状或散生，坚纸质或近革质，椭圆形，长 4.5～8.0cm，宽 2.0～3.5cm，先端尾状渐尖，基部楔形或近圆，腹面绿色，背面粉绿色，具白粉，两面均无毛，离基三出脉，侧脉 4～6 对，最下 1 对侧脉离叶基部 2～10mm 处发出，斜展至叶中部以上，其余侧脉在中脉中部或中下部发出，纤细，中脉在叶腹面凸起，侧脉微凸，中脉和侧脉在背面微凸或略平；叶柄长 7～16mm，无毛。伞形花序 3～7 个簇生于枝顶叶腋，几无总梗。果卵形，长 9mm，直径 8mm。花期 10～11 月或 1～3 月；果期 10～11 月。

产于隆林。生于海拔 1200～1700m 的山地密林中，石山上常见。分布于云南、贵州、西藏。鲜叶含油率 0.7%，可供提制芳香油。

图 143 新宁新木姜 Neolitsea shingningensis Yang et P. H. Huang
1. 花枝；2 ~ 3. 花被裂片；4 ~ 5. 雄蕊；6. 雌蕊。(仿《中国树木志》)

14. 武威山新木姜
Neolitsea buisanensis Yamamoto et S. Kamikoti

灌木或小乔木，高 4 ~ 6m。幼枝黄灰色或黄褐色，密被锈色短柔毛，老枝无毛。叶互生或聚生于枝顶呈轮生状，革质，倒卵形，长 3.5 ~ 6.0cm，宽 1.5 ~ 2.5cm，先端钝或突尖，基部楔形，两面无毛，具明显蜂窝状小穴，离基三出脉，侧脉 2 ~ 3 对，最下 1 对侧脉离叶基部 5mm 处生出，略弧曲，其余侧脉出自中脉中上部，极纤细，中脉在腹面微凸起，背面明显凸起；叶柄长约 1cm，初时密被短柔毛，后脱落近无毛。伞形花序 1 ~ 3 生于叶腋，无总梗。果球形，直径 4 ~ 5mm。

产于广西南部。生于海拔 1000m 以下的山谷密林中。分布于海南和台湾。

15. 短梗新木姜　图 144：6 ~ 7
Neolitsea brevipes H. W. Li

乔木，高达 15m，树皮灰色或褐灰色，幼枝纤细，褐色或黄褐色，密被褐色短柔毛，后渐脱落无毛。叶互生或 3 ~ 5 集生枝顶，薄革质，椭圆形或长圆状披针形，稀倒卵状椭圆形，长 5 ~ 10cm，宽 1.5 ~ 3.0cm，先端尾尖，基部楔形、宽楔形或近圆形，干时边缘呈波状，腹面仅中脉略被微柔毛，背面粉绿色，幼时密被灰黄色柔毛，老时无毛，离基三出脉，侧脉 3 ~ 4 对，中脉与最下 2 对侧脉在腹面明显，微凸起，其余侧脉不甚明显；叶柄长 5 ~ 8mm，密被褐色短柔毛。伞形花序单生或簇生，无总梗。果球形，直径约 6mm。花期 12 月至翌年 1 月；果期 9 ~ 11 月。

产于那坡、凌云、金秀、融水、永福、兴安、资源。多生于海拔 600 ~ 1100m 的山坡或沟边混交林中。分布于云南、贵州、福建、广东、湖南。播种繁殖，种子采收后混润沙贮藏。木材生长轮明显，宽窄均匀，重量及强度中等，较坚实，宜作家具及建筑用材。

16. 美丽新木姜　图 145：2 ~ 3
Neolitsea pulchella (Meissn.) Merr.

乔木，高达 10m，树皮灰色或灰褐色。小枝细，幼时被褐色短柔毛，老时近无毛。叶集生于枝顶或轮生状，革质，椭圆形或长圆状椭圆形，长 4 ~ 6cm，宽 2 ~ 4cm，先端渐尖或短尾尖，基部楔形或窄楔形，腹面明显呈亮绿色，幼时沿中脉被短柔毛，背面粉绿色，幼时被灰色长柔毛，后脱落无毛；离基三出脉，侧脉 2 ~ 3 对，中脉、侧脉两面均凸起；叶柄长 6 ~ 8mm，较细，幼时密被褐色柔毛。伞形花序单生或 2 ~ 3 簇生，无总梗或近无总梗。果球形，直径 4 ~ 6mm，果托浅盘状，径约 2mm。花期 10 ~ 11 月；果期 8 ~ 9 月。

产于宁明、龙州、上思、金秀、永福及大明山等地。生于海拔 500~1500m 的杂木中。分布于福建、江西、广东、海南。木材淡绿黄色，纹理直，结构细，干燥后少开裂，稍变形，抗虫、耐腐性一般，可作家具、农具用材。枝叶浓密，叶片光亮而翠绿，是良好的庭院观赏树种。

17. 南亚新木姜 图 145：1

Neolitsea zeylanica (Nees et T. Ness) Merr.

乔木，高达 20m，胸径 36cm，树皮灰色。幼枝绿色，被黄色微柔毛，老时深褐色，无毛。叶互生或集生于枝顶，革质，卵状长圆形或长圆形，长 7~11cm，宽 2.5~4.0cm，先端渐尖或尾状渐尖，基部楔形略下延，腹面深绿色有光泽，无毛，背面粉绿色，幼时沿中脉被黄色短柔毛，后变无毛；离基三出脉，侧脉 3~4 对，中脉、侧脉在两面均凸起；叶柄长 1.0~1.6cm，幼时被黄色短柔毛。伞形花序腋生，近无总梗。果近球形，直径约 6mm；果托小，近于扁平。花期 10~11 月；果期 10~12 月。

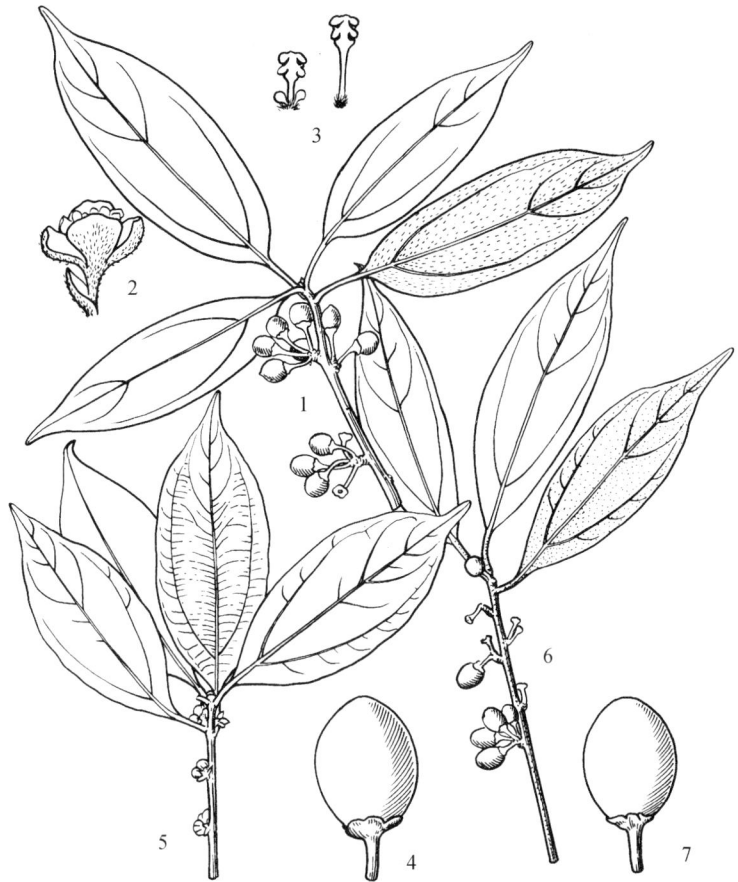

图 144　1~4. 新木姜 Neolitsea aurata (Hayata) Koidz. 1. 果枝；2. 雄花；3. 雄蕊；4. 果。**5.** 云和新木姜 Neolitsea aurata var. **paraciculata** (Nakai) Yang et P. H. Huang 花枝。**6~7.** 短梗新木姜 Neolitsea **brevipes H. W. Li** 6. 果枝；7. 果。(仿《广西植物志》)

产于上思、凭祥、龙州及大明山。生于海拔 1600m 以下的山地杂木林中。东南亚及大洋洲也有产。散孔材，密度大，木材淡黄红色，纹理直，结构细，干燥后少开裂，不变形，抗虫、耐腐性强，材质中等，为建筑、家具、车辆、农具等用材。根药用，可治风湿痹痛。

18. 长梗新木姜 图 146：1

Neolitsea longipedicellata Yang et P. H. Huang

乔木，高达 11m，胸径 24cm，幼枝褐色或赤褐色，被贴伏柔毛，后脱落。叶互生或近轮生，革质，卵形或长圆形，长 5.0~8.5cm，宽 2.0~3.5cm，先端短尾尖，基部近圆形，腹面光亮无毛，背面粉绿色，初时被毛，后无毛；离基三出脉，侧脉 3~4 对，中脉、侧脉在两面均凸起；叶柄长 1.0~1.2cm，扁平，初时被贴伏柔毛，后无毛。伞形花序簇生于叶腋。果球形，直径约 8mm，黑色；果梗长 1.5~2.0cm，较粗。花期 3~4 月；果期 11 月。

广西特有种。产于武鸣、横县、融水、昭平等地。生于海拔 1500m 左右的山谷或山坡密林中。

19. 下龙新木姜 图 147：1

Neolitsea alongensis Lec.

乔木，高达 10m。幼枝黄褐色，密被锈黄色绒毛，后渐脱落无毛。叶互生、近轮生或近对生，革质，卵形、倒卵形或椭圆形，长 8~16cm，宽 4.0~7.5cm，先端突尖或渐尖，基部楔形或近圆形，腹面极光亮，无毛，背面淡绿色，有白粉，幼时有灰黄色柔毛，后渐脱落无毛；离基三出脉，

图 145　1. 南亚新木姜 Neolitsea zeylanica（Nees et T. Nees）Merr. 果枝。2 ~ 3. 美丽新木姜 Neolitsea pulchella（Meissn.）Merr. 2. 幼果枝；3. 果。（仿《广西植物志》）

侧脉 4 ~ 5 对，中脉、侧脉两面凸起，两面可见到蜂窝状小穴；叶柄长 1 ~ 2cm，幼时密被锈黄色绒毛，后脱落无毛。伞形花序 3 ~ 5 簇生，无总梗。果椭圆形，红色，长 1.6 ~ 1.8cm，直径 1.3cm。

产于防城、上思。生于近海边的沙丘或土丘杂木林、沟谷疏林中。分布于云南；越南也有分布。茎可作薪材或造纸原料。

20. 毛叶新木姜　图 148：2 ~ 5

Neolitsea velutina W. T. Wang

小乔木，高 4m。小枝近轮生，幼时被白色或锈色短绒毛。叶 2 ~ 3 片集生于枝顶呈轮生状，革质，椭圆形或宽倒卵形，长 4.8 ~ 7.5（ ~ 15.0）cm，宽 1.8 ~ 3.5（ ~ 5.5）cm，先端短渐尖或钝，基部楔形，干时边缘内卷，腹面无毛，背面具锈色柔毛，脉上尤密，离基三出脉，侧脉 3 对，所有叶脉在腹面下陷，背面凸起；叶柄长 2 ~ 12mm，被白色或锈色短绒毛。伞形花序腋生，总梗短；花淡黄色，芳香。花期 11 ~ 12 月。

产于宁明、容县、德保、天峨、融水及大明山。生于海拔 600 ~ 1400m 的山坡疏林或密林中。分布于广东、云南。播种繁殖。种子可用来榨油，供工业用。

21. 新木姜　图 144：1 ~ 4

Neolitsea aurata（Hayata）Koidz.

乔木，高达 14m，胸径 18cm，树皮灰褐色。幼枝黄褐色或红褐色，有锈色短柔毛。叶互生或聚生于枝顶呈轮生状，革质，长圆形、长圆状披针形、椭圆形或长圆状倒卵形，长 4 ~ 8cm，宽 2.5 ~ 4.0cm，先端镰状渐尖或渐尖，基部楔形，腹面光亮，无毛，背面密被金黄色或锈色绢毛；离基三出脉，侧脉 3 ~ 4 对，第 1 对侧脉离中基部 2 ~ 3mm，中脉、侧脉在腹面微凸起，在下面凸起；叶柄长 0.8 ~ 1.2cm，有锈色短柔毛。伞形花序 3 ~ 5 簇生，总梗短。果椭圆形，长 8mm。花期 2 ~ 3 月；果期 9 ~ 10 月。

产于资源、龙胜、兴安、全州、临桂、融水、金秀、昭平、上思、防城、武鸣和横县等地。散生于海拔 800 ~ 1400m 的山坡或山谷混交林中。分布于云南、贵州、四川、广东、湖南、湖北、江西、福建、台湾；日本也有分布。喜温湿环境。播种繁殖。根供药用，可治气痛、水肿及胃胀痛；种子含精油，可供制肥皂和润滑油用；木材纹理直至稍斜，结构细，硬度适中，加工容易，切面光滑，可用来制作家具、农具等。树形优美，可作庭院树种。

21a. 云和新木姜　野桂皮　图 144：5

Neolitsea aurata var. **paraciculata**（Nakai）Yang et P. H. Huang

灌木，高约 3m。本变种与新木姜相近，主要区别在于：幼枝、叶柄无毛，叶背面疏被金黄色短绢毛，易脱落，近无毛，有白粉。

产于融水、灌阳等地。生于海拔 1100~1600m 的混交林中。分布于浙江、江西、湖南、贵州、广东。

22. 显脉新木姜 图146：2
Neolitsea phanerophlebia Merr.

乔木，高达 16m，胸径 20cm，树皮灰色或暗灰色。小枝黄褐色或紫褐色，密被锈色短柔毛。叶轮生或互生，纸质，长圆形或长圆状椭圆形，长 4~13cm，宽 2.0~6.5cm，先端渐尖，基部楔形，腹面绿色，幼时沿脉上被锈色短柔毛，背面粉绿色，密被贴状柔毛；离基三出脉，侧脉 3~4 对，叶脉在两面均凸起；叶柄长 1~2cm，密被锈色短柔毛。伞形花序 2~4 簇生，无总梗。果近球形，直径 5~9mm，紫黑色，无毛。花期 10~11 月；果期 7~8 月。

产于武鸣、上思、隆林、那坡、玉林、贵港、永福、贵港、融水、金秀、昭平。常生于海拔 600~1100m 的山地密林中。分布于湖南、广东、海南、江西。喜生长在湿度较大的密林环境，能耐庇荫，在复层林中常为中层树，枝叶浓密，但母树下幼苗、幼树较多，生长良好，对土壤立地要求不高。播种繁殖，果实采收后即可播种。稍晾干的果实千粒重约 100g，发芽率约 70%。播种后 40d 发芽完毕。培育 6~8 个月的苗高 20~30cm，地径 0.4~0.5cm，可用于植树造林。木材结构细致，心材深棕褐色，边材淡黄褐色，纹理直，结构细质硬，易变形，适于作一般桩木、农具等用材。

23. 大叶新木姜 假肉桂 图148：1
Neolitsea levinei Merr.

乔木，高达 22m，树皮灰褐色，平滑。小枝粗壮，常有宿存芽鳞，幼枝密被黄褐色短柔毛，后渐脱落。叶 4~8 片轮生或近轮生，革质，长圆状披针形至长圆状倒披针形或椭圆形，长（15~）20~31cm，宽 4.5~9.0cm，先端短尖或突尖，基部楔形，腹面亮绿色，无毛，背面苍白色，密被黄褐色长柔毛，后渐脱落较稀疏，具厚白粉；离基三出脉，侧脉 3~4 对，中脉、侧脉及横行脉均于两面明显凸起；叶柄长 1.5~2.0cm，密被黄褐色柔毛。伞形花序 6~7 簇生，具总梗。果椭圆形或球形，长 1.2~1.8cm，直径 0.6~1.8cm，黑色。花期 3~4 月；果期 8~11 月。

产于资源、龙胜、兴安、全州、临桂、永福、灵川、荔浦、融水、贺州、昭平、蒙山、上林、容

图146 1. 长梗新木姜 Neolitsea longipedicellata Yang et P. H. Huang 果枝。2. 显脉新木姜 Neolitsea phanerophlebia Merr. 叶片。(1. 仿《中国树木志》，2. 仿《广西植物志》)

图147 1. 下龙新木姜 Neolitsea alongensis Lec. 果枝。2. 湘桂新木姜 Neolitsea hsiangkweiensis Yang et P. H. Huang 果枝。(1. 仿《广西植物志》，2. 仿《中国树木志》)

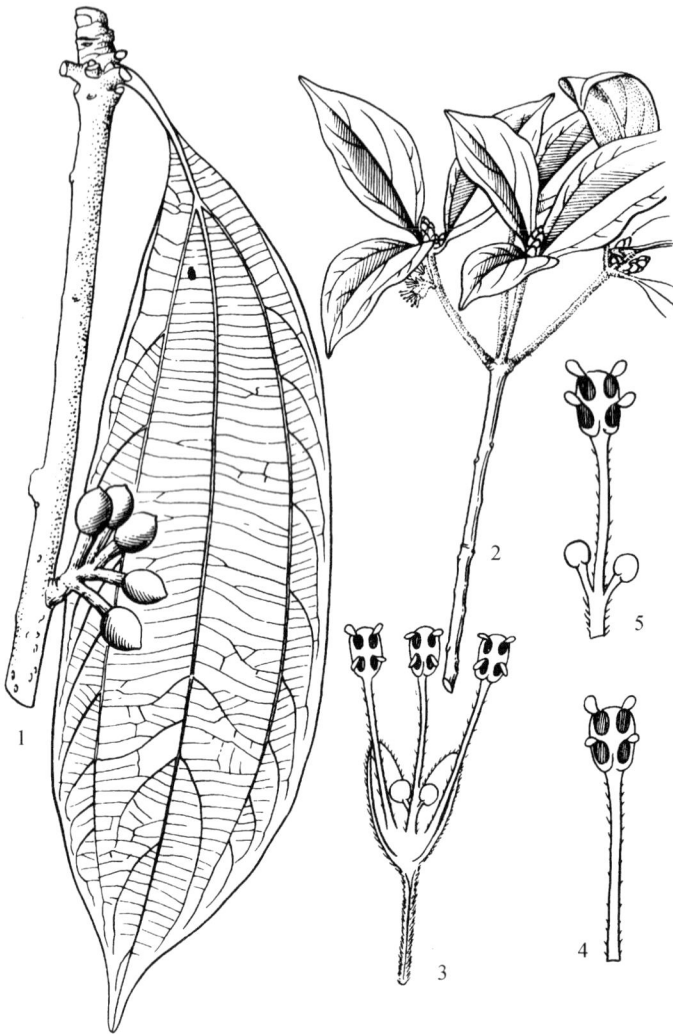

图148　1. 大叶新木姜 Neolitsea levinei Merr. 果枝。2~5. 毛叶新木姜 Neolitsea velutina W. T. Wang 2. 雄花枝；3. 雄花纵剖面；4. 第1、2轮雄蕊；5. 第3轮雄蕊。(仿《云南植物志》)

县、凌云、德保、那坡、隆林等地。生于海拔1300m以下的山地疏林或沟边林中。分布于广东、湖南、湖北、江西、福建、四川、贵州、云南。喜光树种，喜肥及喜酸性土。播种繁殖，播种前用温水浸种，0.5%高锰酸钾消毒，1年生苗既可出圃造林。散孔材，密度中等，心材绿褐色，边材淡绿黄色，纹理直，结构细，干燥后易开裂，稍变形，易变色，抗虫、耐腐性一般，适宜于制家具、农具等。种子可榨油，供制肥皂和润滑油。树皮药用，可治风湿骨痛。幼叶、顶芽、嫩枝形态奇特，色泽美观，整株具有较高的观赏价值，可作为观幼叶、观芽植物。

24. 湘桂新木姜　图147：2
Neolitsea hsiangkweiensis Yang et P. H. Huang

乔木，高达22m，树皮灰褐色、平滑。小枝褐色，被锈黄色绒毛，后渐脱落近无毛。叶6~8片集生于枝顶呈轮生状，革质，长圆形或倒卵状长圆形，长10~11cm，宽2.5~4.0cm，先端突尖或短渐尖，基部宽楔形，腹面有光泽，无毛，背面密被黄锈色绒毛，后渐脱落较稀疏或近无毛；离基三出脉，侧脉4~6对，中脉、侧脉在两面均凸起；叶柄长约5mm，被锈黄色绒毛，后渐脱落近无毛。伞形花序7~8簇生，无总梗。果球形，直径约1cm，果托扁平盘状，无宿存花被片。花期2~3月；果期10~11月。

产于隆林、凌云、靖西、恭城等地。生于海拔400~1100m的土山或石山山坡密林中。分布于湖南。

7. 单花山胡椒属 Iteadaphne Blume

常绿或落叶，乔木或灌木，具香气。叶互生，全缘或3裂，羽状脉、三出脉或离基三出脉。花单性，雌雄异株，黄色或绿黄色；伞形花序单生，总花梗有或无；总苞片4枚，交互对生。花被片6枚，有时为7~9枚，近等大或外轮稍大，通常脱落；雄花能育雄蕊9枚，偶有12枚，通常3轮，花药2室全部内向，第3轮的花丝基部着生通常具柄的2枚腺体；退化雌蕊细小，有时花柱、柱头不分而仅成1个小突尖；雌花子房球形或椭圆形，退化雄蕊通常9枚，有时达12或15枚，常成条形或条片形，第3轮有2枚通常为肾形片状的无柄腺体着生于退化雄蕊两侧。果圆形或椭圆形，浆果或核果，幼果绿色，熟时红色，后变紫黑色，内有种子1粒；花被管稍膨大成果托于果实基部或膨大成杯状包被果实基部以上至中部。

中国 1 种。广西也产。

香面叶 尾叶山胡椒、香油果、朴香果(云南) 图 149：1

Iteadaphne caudata (Nees) H. W. Li

灌木或小乔木，高达 20m；树皮黑灰色，胸径 7~15cm。枝条纤细，幼时密被黄褐色短柔毛，后无毛，具纵向细条纹，有长圆形皮孔。顶芽卵形，长 2~4mm。叶互生，长卵形或椭圆状披针形，长 4.5~13.0cm，宽 1.5~4.0cm，先端尾尖，基部宽楔形至圆形，薄革质，上面干时褐色或绿褐色，下面近苍白色，幼时被黄褐色短柔毛，后脱落仅沿中脉残存；离基三出脉，侧脉离基部 1~3mm 处弧曲上延至叶缘先端，中、侧脉上凹下凸；叶柄长 5~13mm。伞形花序退化成每花序只有 1 朵花，无总梗，2~8 个花序集生于腋生短枝上，每花序有苞片 1 枚，总苞片 2 枚，总苞片宽卵形或近圆形，外被黄褐色短柔毛，苞片宽卵形，先端锐尖；雄蕊 9 枚，具梗，花梗长约 1.5mm；花被片 6 片，内外轮近等长，狭卵形，先端钝形，两面基部被短柔毛；退化雄蕊长约 3mm，子房长圆形，花柱细，下部被贴伏柔毛，柱头 3 裂；雌花极

图 149 1. 香面叶 Iteadaphne caudata (Nees) H. W. Li 果枝。2. 三股筋香 Lindera thomsonii Allen 果枝。3~6. 乌药 Lindera aggregata (Sims) Kosterm. 3. 果枝；4~6. 叶。(仿《中国树木志》)

小，具梗，花梗长约 3mm，密被黄褐色柔毛；花被片 6 片，卵状长圆形，先端锐尖，两面基部被黄褐色短柔毛；子房卵形或近球形，长约 2mm，无毛，花柱纤细，柱头盾状，具乳凸。果近球形，直径 5~7mm，成熟时变黑紫色，着生于具 6 枚裂片的花被管上。花期 10 月至翌年 4 月，果期 3~10 月。

产于防城、上思、宁明、那坡、凌云、田林、贺州、岑溪、苍梧、柳江。分布于云南南部。生于海拔 700m 以上的灌丛、疏林、路边、林缘等处。印度、缅甸、泰国、老挝、越南也有分布。种子含脂肪约 45%，供制肥皂及润滑油；果皮、枝叶可供提制芳香油。

8. 山胡椒属 Lindera Thunb.

常绿或落叶，乔木或灌木。叶互生，稀簇生，全缘，稀 3 裂，羽状脉、三出脉或离基三出脉。花单性，雌雄异株，伞形花序单生、簇生叶腋；总苞片 4 枚，脱落；花被裂片 6 枚，稀 7~9 枚，近等大，脱落，稀宿存；雄花具发育雄蕊 9 枚，排成 3 轮，每轮 3 枚，除第 3 轮花丝基部有 2 枚具柄腺体外，其余缺失，花药 2 室，内向瓣裂；雌花有退化雄蕊 9~15 枚；子房上位，柱头通常盘状。浆果或核果，球形、近球形或长圆形；果托通常较小，盘状，稀扩大成杯状。

全球约 100 种，主产于亚洲、北美温带及亚热带地区；中国约 40 种 9 变种 2 变型，分布于长江以南各地。广西 17 种 5 变种。本属的部分种类果、枝、叶含芳香油，可供提制香料；种子可榨油，供制肥皂或作润滑油；木材坚硬，材质优良，可供材用。

分种检索表（一）

1. 叶具羽状脉。

  2. 伞形花序着生于顶芽或腋芽下面（即缩短枝）两侧各一，或为混合芽，花后此短枝发育成正常枝条。

    3. 花、果序明显具总梗；果托扩展成杯状或浅杯状，至少包被果实基部以上；能育雄蕊腺体成长柄漏斗形；常绿（1. 杯托组 Sect. Cupuliformes）。 ·· **1. 黑壳楠 L. megaphylla**

    3. 花、果序无总梗或具短于花、果梗的总梗；果托不如黑壳楠的扩展；能育雄蕊腺体为具柄及角突的宽肾形；落叶（2. 山胡椒组 Sect. Lindera）。

      4. 花、果序具短于花、果梗的总梗。

        5. 叶为椭圆形或宽椭圆形；幼枝条光滑、绿色，后变棕黄色或青灰色 ·············· **2. 山橿 L. reflexa**

        5. 叶为倒披针形或倒卵形，秋后常变为红色；幼枝条灰白色或灰黄色，粗糙 ·············· ·· **3. 红果山胡椒 L. erythrocarpa**

      4. 花、果序不具总梗或具不超过 3mm 的极短总梗。

        6. 枝条灰白色；叶宽卵形至椭圆形，偶有狭长近披针形；芽鳞无脊 ·············· **4. 山胡椒 L. glauca**

        6. 枝条黄绿色；叶椭圆状披针形；芽鳞具脊 ·············· **5. 狭叶山胡椒 L. angustifolia**

  2. 花序在叶腋簇生状，即叶腋着生的短枝（通常仅长 2~3mm）顶芽下着生多数伞形花序，发育或不发育成正常枝条；常绿。

    7. 伞形花序、果序具总梗、总梗通常长于花、果梗，至少与花，果梗等长；着生花序短枝多可发育成正常枝条（3. 长梗组 Sect. Aperula）。

      8. 叶两面侧脉明显，长圆形、椭圆形至披针形，革质、薄革质或纸质 ····· **6. 滇粤山胡椒 L. metcalfiana**

      8. 叶两面侧脉不明显，椭圆状披针形，纸质 ····· **7. 广东山胡椒 L. kwangtungensis**

    7. 伞形花序无总梗或具不超过 3mm 的极短总梗，着生花序的短枝不发育，因而在叶腋成簇生状（4. 多蕊组 Sect. Polyadenia）。

      9. 幼枝及叶下面密被锈色长柔毛，老时在叶脉上、枝条或枝丫处仍有残存黑色长柔毛；叶通常长 6~11cm，宽 3.5~6.0cm ·············· **8. 绒毛山胡椒 L. nacusua**

      9. 幼枝及叶下面不被锈色长柔毛，常或疏或密被黄色、白色短柔毛，老时脱落成无毛或近无毛；叶通常长 3~5cm，宽 1.5~3.5cm ·············· **9. 香叶树 L. communis**

1. 叶具三出脉或离基三出脉（5. 三出脉组 Sect. Daphnidium）。

    10. 花、果序明显具总梗。

      11. 叶为椭圆形至长椭圆形，具尾尖，叶下面密被铜黄色、白色贴伏绢质毛；第 1 对侧脉无假桂钓樟类似的特征 ·············· **10. 鼎湖钓樟 L. chunii**

      11. 叶为卵形或卵状长圆形，先端渐尖，叶下面无绢质贴伏毛，第 1 对侧脉在叶端与第 2 对侧脉汇合处向内折曲，干后常带绿色 ·············· **11. 假桂钓樟 L. tonkinensis**

    10. 花、果序无总梗或具不超过 3mm 的极短总梗。

      12. 叶较大，通常长 15cm 左右，枝条粗壮，当年生枝直径常在 3mm 以上。

        13. 幼枝及叶下面无毛；叶长椭圆形，通常纸质 ················ **12. 龙胜钓樟 L. lungshengensis**

        13. 幼枝及叶下面有密厚毛被，老时仍明显残存。

          14. 幼枝及叶下面密被淡黄色长柔毛，叶宽卵形，纸质；果梗最长约 5mm ················ ·· **13. 广西钓樟 L. guangxiensis**

          14. 幼枝及叶下面被锈色或褐色绒毛；叶椭圆形至长圆形，革质；果梗长于 5mm ········ ·· **14. 峨眉钓樟 L. prattii**

      12. 叶中等大，通常长 6~11cm（其中香叶子 L. fragrans 的叶较小，长 3.5cm，但为披针形，纸质）；当年生枝条直径一般不到 3mm。

        15. 幼枝、叶下面毛被密厚，在第 2 年生枝、老叶仍有较厚毛被，至少在枝丫处及叶中脉上被毛 ·············· **15. 乌药 L. aggregata**

        15. 幼枝、叶下面被或疏或密柔毛，不久脱落成无毛或几无毛。

          16. 果实较大，长可达 1.4cm；幼叶被贴伏或不贴伏白色长绢毛，老叶下面有时有残存

的淡黄色毛或黑毛；花丝被疏柔毛；子房、花柱被微柔毛·····················
·· **16. 三股筋香 L. thomsonii**

  16. 果实较小，长不及 1cm，幼枝及芽不贴伏白色绢质毛，老叶下面无残存黑毛。
    17. 叶脉在叶下面较上面更为凸出；花丝、子房或花柱或多或少被毛。
      18. 叶为披针形或有时为狭卵形，先端渐尖·····················
·· **17a. 香粉叶 L. pulcherrima var. attenuata**
      18. 叶为椭圆形、长圆形、倒卵形，决不为披针形或卵形，先端渐尖，有时尾
        尖 ········· **17b. 川钓樟 L. pulcherrima var. hemsleyana**
    17. 叶脉在叶上面较在下面更为凸出，至少两面相等，叶狭卵形至披针形；花丝、
      子房及花柱被毛或无毛·····················**18. 香叶子 L. fragrans**

分种检索表（二）

1. 叶为羽状脉。
  2. 成长叶下面无毛或仅叶脉有毛。
    3. 小枝无毛。
      4. 叶革质，倒卵状披针形或倒卵状长椭圆形，长 10～24cm，宽 3.0～7.5cm，侧脉 15～21 对，网脉两面明
        显；叶柄长 1.5～3.0cm；伞形花序成对生于叶腋 ·····················**1. 黑壳楠 L. megaphylla**
      4. 叶纸质，偶薄革质，披针形或椭圆状披针形，长 5～10cm，宽 1.5～3.5cm，侧脉 4～6 对；叶柄细，长
        0.7～1.0cm；伞形花序 2～3 个腋生 ·····················**6. 滇粤山胡椒 L. metcalfiana**
    3. 小枝被黄褐色或棕褐色柔毛，叶膜质，椭圆形或长椭圆形，先端渐尖或尾尖，尖头镰状，背面灰绿色，两
      面沿叶脉略被毛，后渐脱落至无毛，腹面主脉凸起 ·····················**7. 广东山胡椒 L. kwangtungensis**
  2. 成长叶下面被毛。
    5. 落叶灌木或小乔木。
      6. 小枝黄绿色，侧脉 6～10 对。
        7. 小枝无毛；叶狭椭圆形或椭圆状披针形，长 5～15cm，宽 1.5～3.5cm，先端渐尖，基部楔形·········
·· **5. 狭叶山胡椒 L. angustifolia**
        7. 小枝有绢状毛；叶卵形、椭圆形或倒卵状椭圆形，长 6.5～13.0cm，宽 4～8cm，先端渐尖，基部圆
          形，偶有近心形 ·····················**2. 山橿 L. reflexa**
      6. 小枝灰白色或灰黄色，侧脉 4～6 对。
        8. 叶倒卵形或倒卵状披针形，长 7～14cm，宽 3～5cm，先端渐尖，基部窄楔形，沿叶柄下延，伞形花
          序成对生于叶腋，总梗长 5mm ·····················**3. 红果山胡椒 L. erythrocarpa**
        8. 叶宽卵形、椭圆形或倒卵形，长 4～9cm，宽 2～4cm，先端尖，基部楔形；伞形花序腋生，总梗短
          或不明显 ·····················**4. 山胡椒 L. glauca**
    5. 常绿灌木或小乔木。
      9. 叶卵状椭圆形、椭圆形或长椭圆状披针形，长 6～15cm，宽 2.5～6.5cm；伞形花序单生或 2～4 簇生于
        叶腋，总梗长 2～3mm；果近球形 ·····················**8. 绒毛山胡椒 L. nacusua**
      9. 叶椭圆形、卵形或披针形，长 3.0～12.5cm，宽 1.0～4.5cm；伞形花序单生或成对生于叶腋，总梗极
        短；果卵形或近球形 ·····················**9. 香叶树 L. communis**
1. 叶为三出脉或离基三出脉。
  10. 叶较大，通常长 12～32cm，宽 5～13cm。
    11. 幼枝、叶背及叶柄无毛，叶背面仅主脉及第 1 对侧脉凸起；叶长圆形，长 12～22cm，宽 4～8cm ·········
·· **12. 龙胜钓樟 L. lungshengensis**
    11. 幼枝、幼叶密被毛，叶背细脉及侧脉明显凸起。
      12. 幼枝、叶背密被白色或灰白色柔毛或绒毛；叶长圆形，长 18～32cm，宽 8～13cm ·····················
·· **13. 广西钓樟 L. guangxiensis**
      12. 幼枝、幼叶密被棕黄色长柔毛或绒毛；叶卵形、椭圆形或长圆形，长 15～28cm，宽 5.0～12.5cm
·· **14. 峨眉钓樟 L. prattii**
  10. 叶较小，通常长 13cm 以下，宽 4cm 以下。

13. 花、果序具明显总梗，长在3mm以上。

    14. 小枝纤细，直径约1mm；叶纸质，椭圆形或长圆状披针形，先端尾状渐尖，背面密被金黄色、铜黄色或近银色贴伏绢质毛 ·················· **10. 鼎湖钓樟 L. chunii**

    14. 小枝较粗壮，直径在1.5mm以上；叶近革质，卵形或卵状椭圆形，先端渐尖，背面无毛或近无毛 ················· **11. 假桂钓樟 L. tonkinensis**

13. 花、果序无总梗或总梗不明显，长在3mm以下。

    15. 成长叶下面灰白色，被淡黄棕色柔毛，卵形、近圆形或椭圆形，先端常尾状渐尖，基部圆形，两面有小窝，三出脉，在腹面凹下，下面凸起 ·········· **15. 乌药 L. aggregata**

    15. 成长叶下面无毛或近无毛。

      16. 果椭圆形。

        17. 叶先端长尾尖，尖头长可达3.5cm，叶卵形或椭圆形，长8~11cm，宽2.5~4.0cm ······ **16. 三股筋香 L. thomsonii**

        17. 叶先端渐尖或尾尖，稀具长尾尖。

          18. 叶披针形或椭圆状披针形，长7~13cm，宽1.5~3.5cm ··············· **17a. 香粉叶 L. pulcherrima var. attenuata**

          18. 叶椭圆形至长圆形，长(7~)9~11(~15)cm，宽2~4cm ················· **17b. 川钓樟 L. pulcherrima var. hemsleyana**

      16. 果长卵形；叶披针形至长狭卵形，长4.5~9.0cm，宽1~3cm，先端渐尖，基部楔形或宽楔形，下面绿带苍白色，无毛或被白色微柔毛················· **18. 香叶子 L. fragrans**

1. 黑壳楠 八角香、红心楠、枇杷楠 图150：1
Lindera megaphylla Hemsl.

常绿乔木，高达25m，胸径达60cm；树皮灰黑色。小枝粗壮，紫黑色，无毛，皮孔近圆形，凸起。叶互生或集枝顶，革质，倒卵状披针形或倒卵状长椭圆形，长10~24cm，宽3.0~7.5cm，先端急尖或渐尖，基部楔形，背面带灰白色，无毛，干后黑褐色；羽状脉，侧脉15~21对，网状脉两面明显；叶柄长1.5~3.0cm，无毛。伞形花序成对生于叶腋，雄花序总梗长1.0~1.5cm；雌花序总梗长6mm。果大，椭圆形或卵形，长约1.8cm，径1.3cm，黑色；果托浅杯状，全缘。花期3~4月；果期10~11月。

产于金秀、永福、阳朔、兴安、临桂、全州和乐业。分布于云南、贵州、广东、湖南、江西、福建、浙江、安徽、湖北、四川、陕西及甘肃。耐阴树种，喜温暖湿润气候，多生于山坡、谷地、溪边常绿阔叶林中。播种繁殖，种子用湿沙层积贮藏，翌年3月播种。木材黄褐色，纹理直，结构致密，坚实

图150 1. 黑壳楠 Lindera megaphylla Hemsl. 果枝。2. 狭叶山胡椒 Lindera angustifolia Cheng 果枝。(仿《广西植物志》)

耐用，可作家具和一般建筑用材；树冠圆整，枝叶浓密，可作园林绿化树种；叶、果皮含芳香油，可作调香原料；种子含油率高达 47.5%，为制香皂的优质原料。

2. 山橿 甘橿、钓樟 图 151：2
Lindera reflexa Hemsl.

落叶小乔木或灌木，树皮棕褐色，纵裂。小枝黄绿色，平滑，有绢状毛。叶纸质，卵形、椭圆形或倒卵状椭圆形，长 6.5 ~ 13.0cm，宽 4 ~ 8cm，先端渐尖，基部圆形，偶有近心形，腹面无毛，干后黑色或黑褐色，沿脉处呈苍白色条纹，背面被白色柔毛，带苍白色；羽状脉，侧脉 6 ~ 8 (~ 10) 对；叶柄长 0.6 ~ 1.7 (~ 3.0)cm，幼时被毛，后脱落无毛。伞形花序成对生于叶腋，总梗长约 3mm，红色，密被红褐色微柔毛，果时脱落。果球形，直径约 7mm，红色；果梗无皮孔，长 1.5 ~ 2.0cm，被疏柔毛。花期 4 月；果期 6 ~ 8 月。

图 151　1. 红果山胡椒 Lindera erythrocarpa Makino 果枝。
2. 山橿 Lindera reflexa Hemsl. 果枝。(仿《中国树木志》)

产于资源、全州、龙胜、兴安、富川、苍梧、凌云、博白。分布于云南、贵州、四川、广东、福建、湖南、湖北、江西、浙江、江苏、安徽、河南。生于海拔 1400m 以下的山谷、坡地、林下及灌丛中。木材可作农具、工具柄把、工艺品及镶嵌木用材。种子可供榨油，含油率 58% ~ 69%，供制肥皂或作润滑油；枝、叶可驱蚊；根入药，能止血、消肿、止痛，可治胃气痛、疥癣、风疹、刀伤出血。

3. 红果山胡椒 红果钓樟 图 151：1

Lindera erythrocarpa Makino

落叶小乔木，高约 5m；树皮灰褐色。小枝灰白色或灰黄色，皮孔显著至树皮粗糙。叶纸质，倒卵形或倒卵状披针形，长 7 ~ 14cm，宽 3 ~ 5cm，先端渐尖，基部窄楔形，沿叶柄下延，腹面被稀疏平状柔毛或无毛，背面带灰白色，被平状柔毛，在脉上较密；羽状脉，侧脉 4 ~ 5 对，网脉不明显；叶柄长 0.5 ~ 1.0cm。伞形花序成对生于叶腋，总梗长 5mm。果球形，熟时红色，直径 7 ~ 8mm；果梗长 1.5 ~ 1.8cm，直径 3 ~ 4mm。果期 6 ~ 7 月。

产于资源、兴安、全州、临桂。分布于台湾、福建、广东、湖南、湖北、江西、安徽、浙江、江苏、陕西、河南、四川、山东；日本、朝鲜也有分布。喜光，略耐阴，喜温暖湿润气候，常生于海拔 1000m 以下的山坡路旁疏、密林中。播种繁殖。根皮药用，有祛风杀虫、敛疮止血的功效。

4. 山胡椒 牛筋树、雷公子、假死柴 图 152：1

Lindera glauca (Sieb. et Zucc.) Bl.

落叶灌木或小乔木，高达 8m；树皮平滑，灰白色。冬芽明显，外部鳞片红色。小枝灰白色，幼时被毛。叶坚纸质，宽卵形、椭圆形或倒卵形，长 4 ~ 9cm，宽 2 ~ 4cm，先端尖，基部楔形，背面粉绿色，被灰白色柔毛；羽状脉，侧脉 4 ~ 6 对；叶柄长 3 ~ 6mm，幼时被柔毛，后变无毛。伞形花序腋生，总梗短或不明显。果球形，直径约 6mm，黑褐色；果梗长 1.0 ~ 2.5cm。花期 3 ~ 4 月；

图152　1. 山胡椒 Lindera glauca（Sieb. et Zucc.）Bl. 果枝。2. 滇粤山胡椒 Lindera metcalfiana Allen 果枝。**3. 广东山胡椒 Lindera kwangtungensis**（Liou）Allen 果枝。（1. 仿《四川植物志》，2、3. 仿《中国树木志》）

果期 7～9 月。

产于全州、资源、兴安、龙胜、临桂、融水、罗城、南丹。分布于山西、江苏、浙江、安徽、湖南、湖北、四川、广东、福建、台湾、山东、河南、陕西；中南半岛、朝鲜、日本也有分布。喜光树种，深根性，耐干旱瘠薄，对土壤适应性广，常生于海拔 800m 以下的山坡灌丛、林缘或疏林中。

木材坚实密致，适于作细木工、小农具、锄把、铲柄等用材；种子含油率 39.2%，可供制肥皂或润滑油；鲜叶、果皮含芳香油，可作皂用及化妆品香精；叶、根、果入药，有祛风除湿、消肿止痛的功效。

5. 狭叶山胡椒　鸡婆子（江西）、小鸡条（江苏）、见风消

Lindera angustifolia Cheng

落叶小乔木，高 2～8m。小枝黄绿色，无毛。叶坚纸质，狭椭圆形或椭圆状披针形，长 5～15cm，宽 1.5～3.5cm，先端渐尖，基部楔形，叶腹面无毛，背面被短柔毛，苍白色；羽状脉，侧脉 8～10 对；叶柄长 1～5mm，初有毛，后脱落。伞形花序成对生于叶腋，无明显总梗。果球形，直径 5～8mm，黑色；果梗长 5～15mm。花期 3～4 月；果期 9～10 月。

产于临桂。分布于广东、福建、江西、浙江、安徽、湖北、山东、河北、陕西、四川；朝鲜也有分布。喜光，耐干旱瘠薄，深根性，喜温暖气候及湿润酸性土壤，常生于海拔 1000m 以下的山坡灌丛和疏林中。播种繁殖，宜采后即播。树冠稠密，秋叶深黄，可作园林景观树。种子可榨油，含油率 41.8%，可供制肥皂和润滑油；叶、果含芳香油，可用于配制化妆品及皂用香料；皮、叶可供药用。

6. 滇粤山胡椒　图152：2

Lindera metcalfiana Allen

常绿乔木，高达 12m，胸径 20cm。小枝细，幼时略具棱脊，有纵纹，被黄褐色或棕褐色微柔毛，后渐变无毛。叶膜质，椭圆形或长椭圆形，长 5～13cm，宽 2.5～4.5cm，先端渐尖或尾尖，尖头镰状，基部宽楔形，背面灰绿色，两面沿叶脉略被毛，后渐脱落至无毛，羽状脉，腹面主脉凸起，侧脉 6～10 对，明显，干时紫褐色；叶柄长 0.5～1.0cm，被黄褐色柔毛。伞形花序 1～3 簇生于叶腋，总梗长 0.6～1.6cm。果球形，直径约 6mm，紫黑色；果梗长约 6mm，较粗，被黄褐色微柔毛。花期 3～5 月；果期 6～10 月。

产于永福、临桂、融水、金秀、凌云、田林、隆林、上林、武鸣、上思、龙州。分布于云南、广东、海南、福建。生于海拔 1200～2000m 的山坡常绿阔叶林中或林缘、溪旁。播种繁殖。木材纹

理直，结构细，可作一般家具、门窗用材。叶、果含芳香油，种仁含脂肪油。

6a. 网叶山胡椒　山香果、化楠木（云南）

Lindera metcalfiana var. **dictyophylla**（Allen）H. P. Tsui

与滇粤山胡椒的区别在于叶常为披针形，薄革质；腹面主脉下陷，侧脉 5～8 对，干时上面紫褐色。产于凌云、乐业；分布于云南、福建；越南北部也有分布。常生于山坡或疏林。

7. 广东山胡椒　广东钓樟、猪母楠（广东）、柳稿（海南）　图152：3

Lindera kwangtungensis（Liou）Allen

常绿乔木，高可达30m，胸径50cm；树皮暗灰黄色，浅纵裂，粗糙。小枝绿色，无毛，木栓质皮孔褐色。叶纸质，偶薄革质，披针形或椭圆状披针形，长 5～10cm，宽 1.5～3.5cm，先端渐尖或短渐尖，基部楔形，腹面中脉下凹，侧脉不明显，背面带苍白色，两面无毛；羽状脉，侧脉 4～6 对；叶柄细，长 0.7～1.0cm。伞形花序 2～3 腋生，总梗长 1～2cm，被褐色微柔毛；每 1 个花序有 4～9 朵花，花梗长 5～6mm，被褐色柔毛。果球形，直径 5～6mm。一年 2 次开花结果，4 月开花，9～10 月果熟；11 月开花，翌年 3～4 月果熟。

产于龙胜、临桂、永福、融水、环江、金秀、苍梧、容县、大明山、宁明、凭祥、十万大山。分布于广东、海南、福建、江西、贵州、四川。生于海拔 1300m 以下的山地常绿阔叶林中，幼年稍耐阴，林下天然更新较好，母树附近常见幼苗、幼树，壮龄后要求充足光照，在密林中常为上层林木。

播种繁殖，果由绿变为黄褐色或黄红色时，即可采摘。新鲜种子发芽率约 60%，种子发芽较慢，持续期长，幼苗需适当遮阴。1 年生苗高平均可达70cm，移苗栽植不易成活，可选用容器苗定植。木材红褐色，纹理直，结构细，易加工，较耐腐，不变形，稍开裂。可供高级家具、建筑、造船及细木工等用；种子可供榨油，含油率59.7%，供制肥皂、油墨及润滑油；叶、果可供提制芳香油。

8. 绒毛山胡椒　绒钓樟（海南）、大石楠树（广东）　图153：1

Lindera nacusua（D. Don）Merr.

常绿乔木，高达 15m，胸径15cm；树皮灰色，有纵裂纹。叶互生，革质，卵状椭圆形、椭圆形或长椭圆状披针形，长 6～15cm，宽2.5～6.5cm。幼枝、叶背、叶柄密被锈色柔毛或绒毛。伞形花序单生或 2～4 簇生于叶腋，总梗长 2～3mm。果近球形，直径6～8mm，红色；果梗长 5～7mm，被黄褐色微柔毛。花期 5～6 月；果期7～9 月。

产于灵川、融水、金秀、容县。分布于广东、海南、福建、江西、四

图153　1. 绒毛山胡椒 Lindera nacusua（D. Don）Merr. 果枝。2. 香叶树 Lindera communis Hemsl. 叶。（仿《中国树木志》）

川、云南；尼泊尔、印度、越南也有分布。木材材质中等，可供作一般家具、建筑用材。

9. 香叶树 香果树(云南)、千斤树(广东)、香叶子(湖北) 图153：2

Lindera communis Hemsl.

常绿乔木，高达13m，胸径30cm；树皮灰色或浅灰褐色。小枝细，绿褐色，被黄白色柔毛。叶薄革质或革质，椭圆形、卵形或披针形，长3.0～12.5cm，宽1.0～4.5cm，先端尖、短渐尖或近尾尖，基部宽楔形或近圆形，腹面无毛，背面灰绿色或浅黄绿色，被淡黄色柔毛，后渐脱落变无毛；羽状脉，侧脉5～7对，中脉、侧脉在腹面凹下；叶柄长5～8mm，被黄褐色柔毛或近无毛。伞形花序单生或成对生于叶腋，总梗极短。果卵形或近球形，长约1cm，直径约5mm，红色，无毛；果梗长4～7mm，较粗，被黄褐色微柔毛。花期3～4月；果期7～10月。

产于桂林、融水、柳江、柳城、柳州、忻城、金秀、贵港、苍梧、梧州、岑溪、贺州、大明山、隆林、那坡、田林、扶绥、十万大山、合浦、钦州。分布于陕西、甘肃、湖南、湖北、江西、浙江、福建、台湾、广东、云南、贵州、四川；越南也有分布。生于海拔800m以下的常绿阔叶林或村边片林中。耐干旱瘠薄，在湿润肥沃土壤上生长较好，酸性土、石灰岩钙质土上都生长良好。播种繁殖，种子不耐久藏，宜随采随播，发芽率达85%以上。

木材淡红褐色，结构致密，易加工，适于家具、室内装修、细木工等用；种子含油率53.2%，其油可供制肥皂、润滑油、油墨原料等；叶、果含芳香油，可供提制香精；枝、叶研粉可作熏香；叶、茎皮入药，可治疮痛、外伤出血；冠形圆整，叶绿果红，为优良的园林绿化树种。

10. 鼎湖钓樟 白胶木、千打锤、台乌球(广东)、陈氏钓樟(海南) 图155：2

Lindera chunii Merr.

常绿小乔木，高可达6m。幼枝纤细，直径约1mm，被平伏柔毛，后渐脱落。叶纸质，椭圆形或长圆状披针形，长5～10cm，宽1.5～4.0cm，先端尾渐尖，基部楔形或宽楔形，腹面幼时有毛，后脱落，老叶背面密被金黄色、铜黄色或银色贴伏绢毛；三出脉，侧脉直达叶先端；叶柄长5～10mm，幼时被黄白色平伏绢毛，后无毛。伞形花序集生叶腋，总梗长3～7mm。果椭圆形，长8～10mm，直径6～7mm，无毛。花期2～3月；果期8～11月。

产于上思、防城、北海、苍梧、岑溪、贺州、容县、陆川；分布于广东、海南。常生于向阳山坡灌丛中。浅根性，根部膨大部分被称为"台乌球"，有浓郁香气，用以代替乌药，浸制"台乌酒"，有祛风湿的功效；可供作香料或提取淀粉。

11. 假桂钓樟 假桂(防城)、河内钓樟(海南) 图155：3

Lindera tonkinensis Lec.

常绿乔木，高达12m，胸径12cm。幼枝绿色，有纵条纹，密被褐色微柔毛。叶薄纸质，卵形或卵状长圆形，长8～14cm，宽2.5～5.0cm，幼叶时两面沿叶脉被锈色微柔毛，老叶无毛或仅腹面中脉疏生微柔毛，先端渐尖，基部宽楔形或近圆形，两侧常不对称；三出脉，第1对侧脉在叶端与第2对侧脉汇合处向内折曲，中脉、侧脉在腹面微凹下；叶柄长1～2cm，略被微柔毛。伞形花序1～5生于叶腋，总梗长5～6mm。果椭圆形，长9mm，无毛，先端有细尖头；果柄密被锈色毛。花期10月至翌年3月；果期5～8月。

产于上思、防城、那坡、凭祥、龙州、宁明。分布于广东、海南、云南；越南、老挝也有分布。常生于海拔800m以下的山坡疏林中。种子油可供制肥皂及作润滑油。

11a. 无梗钓樟

Lindera tonkinensis var. **subsessilis** H. W. Li

与假桂钓樟的区别在于：幼枝、叶柄均近无毛。伞形花序近无梗。

产于东兰。分布于云南。叶油可作调香原料，种子油为工业用油。

12. 龙胜钓樟　图 154：2~3

Lindera lungshengensis S. Lee

常绿小乔木，高达 10m；树皮灰褐色。小枝绿色，有纵纹，无毛。叶革质，卵形或椭圆形，长 12~22cm，宽 4~8cm，先端长尾尖，基部宽楔形或近圆形，背面苍白色，干后灰蓝绿色，无毛；三出脉，第 1 对侧脉直达叶端，横脉明显；叶缘内卷；叶柄长约 1.5cm，无毛。伞形花序 2~6，生于叶腋。果椭圆形，长约 1.1cm，直径 7mm，先端有细尖头，蓝黑色，幼时被毛；果梗长 1.5cm。花期 3~5 月；果期 8~9 月。

广西特有种。产于龙胜、临桂。生于海拔 1000~1660m 的山谷密林内或灌丛中。

13. 广西钓樟　图 154：1

Lindera guangxiensis H. P. Tsui

常绿乔木，高达 10m，胸径 16cm；树皮灰色。小枝密被淡黄色长柔毛。叶纸质，长圆形，长 18~22cm，宽 8~13cm，尖端渐尖，基部宽楔形，叶背灰绿色，密被白色或灰白色柔毛或绒毛；三出脉，支脉及侧脉在背面明显凸起；叶柄长 1.6~2.0cm，密被短绒毛。伞形花序 5~10 个集生于叶腋。果椭圆形，幼时被毛，长约 1cm，直径 8mm，先端有细尖头，熟时蓝黑色；果梗长约 5mm。花期 4~5 月；果期 7~8 月。

广西特有种。产于龙胜、资源、那坡。生于海拔 1000~1300m 的山谷中。

14. 峨眉钓樟　大叶钓樟　图 155：1

Lindera prattii Gamble

常绿乔木，树皮灰绿色。幼枝被锈色毡毛，老枝灰褐色或棕黑色，有皮孔。叶互生，革质，椭圆形至长圆形，长 10~25cm，宽 5~13cm，先端急尖或短渐尖，基部圆形，上面绿色，下面带苍白色，幼时两面被棕黄色柔毛，后脱落无毛或近无毛；三出脉。叶柄长 1.5~3.0cm，幼时被黄褐色毡毛，后脱落至无毛或近无毛。伞形花序数个着生于叶腋，总梗约 2mm 或近无总梗，被黄棕色柔毛。果椭圆形，长约 1cm，直径 6mm；果梗长 2~4mm，密被柔毛。花期 3~4 月；果期 8~9 月。

产于龙胜。分布于贵州和四川。

15. 乌药　铜钱树、天台乌药、白背树（江西）、白叶柴（广东）　图 149：3~6

Lindera aggregata (Sims) Kosterm.

常绿灌木或小乔木，高达 5m；树皮灰绿色。幼枝绿色，有细纵条纹，密被金黄色绢毛，后渐脱落。叶革质，卵形、近圆形或椭圆形，长 3.0~7.5cm，宽 1.5~4.0cm，先端常尾状渐尖，基部圆形，干后腹面褐色，背面灰白色，密被淡黄棕色柔毛，后渐稀疏，两面有小窝；

图 154　**1. 广西钓樟** Lindera guangxiensis H. P. Tsui 幼果枝。**2~3. 龙胜钓樟** Lindera lungshengensis S. Lee 2. 果枝；3. 叶。（仿《中国树木志》）

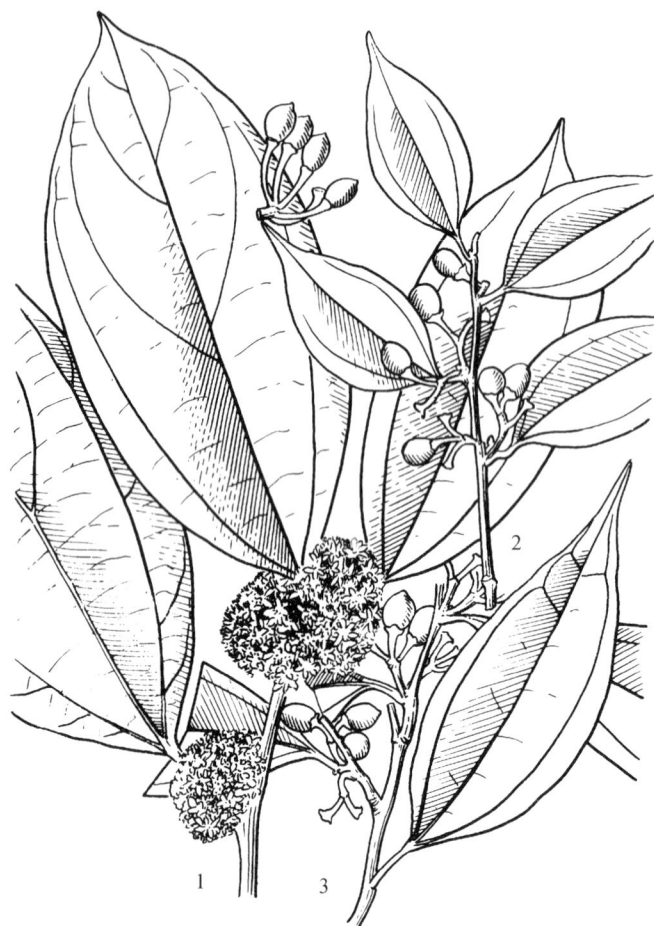

图 155　1. 峨眉钓樟 Lindera prattii Gamble 花枝。2. 鼎湖钓樟 Lindera chunii Merr. 果枝。3. 假桂钓樟 Lindera tonkinensis Lec. 果枝。(仿《中国树木志》)

三出脉，在腹面凹下，下面凸起；叶柄长 0.4～1.0cm，初被褐色柔毛，后渐脱落。伞形花序 6～8 集生于叶腋，无总梗。果卵形或近球形，长 6～10mm，直径 4～7mm，黑色。根肥大，有结节凸起。花期 3～4 月；果期 5～11 月。

产于桂林、梧州、玉林、南宁、钦州等地。分布于江苏、浙江、福建、广东、海南、台湾、安徽、湖南、湖北、江西、陕西、甘肃；越南、菲律宾也有分布。多见于海拔 1000m 以下的向阳坡地、路旁疏林或灌丛中。喜光，耐旱，对土壤肥力要求不严。播种及压条繁殖。

根含乌药碱、乌药素及乌药醇等，为芳香性健胃药，可治胃痉挛、喘气、疝气、幼儿肠寄生虫、充血性头痛、霍乱等症；根和种子磨粉作农药，可防治蚜虫、小麦叶锈病及马铃薯晚疫病，拌种后可防治地下害虫；根、叶、果可供提制芳香油，种子含油率 56%，可供制肥皂、润滑油及印色油等用。

15a. 小叶乌药　乌药公(广西、广东)

Lindera aggregata var. playfairii (Hemsl.) H. P. Tsui

与乌药的主要区别在于：植株毛被较稀疏至近无毛，且多为灰白色；叶狭卵形或披针形，长 4～6cm，宽 1.3～2.5cm，尾尖；花较小。根短有结节状凸起。

产于灵山、钦州、合浦、北海、博白、陆川、玉林、梧州。分布于广东、海南。根药用，消肿止痛的功效，可有治跌打，但药效逊于乌药的。

16. 三股筋香　大香果(云南)图 149：2

Lindera thomsonii Allen

常绿乔木，高达 10m，胸径 25cm；树皮灰褐色。枝条具纵条纹，皮孔明显，幼时密被绢毛。叶坚纸质，卵形或椭圆形，长 8～11cm，宽 2.5～4.5cm，先端长尾尖，长可达 3.5cm，基部楔形或近圆形，背面苍白色，幼时两面密被平伏黄白色绢毛，后脱落无毛或近无毛；三出脉或离基三出脉，两面均凸起；叶柄长 7～15mm。伞形花序腋生，总梗长 2～3mm。果椭圆形，长 1.0～1.5cm，黑色；果柄长 1.0～1.5cm，被微柔毛。花期 3～4 月；果期 7～8 月。

产于那坡、凌云、田林。分布于云南、贵州、四川；印度、缅甸、越南也有分布。常生于海拔 1300～2000m 的山地疏林中。播种繁殖，种子不耐贮藏，随采随播。枝、叶、果皮可供提制芳香油；种子含油率 50%～56%，可供作肥皂和化妆品原料。

17a. 香粉叶　假桂皮、尖叶樟(广西)、香叶、香叶树(湖南)

Lindera pulcherrima var. attenuata Allen

常绿灌木或小乔木；小枝无毛。叶披针形、卵形或椭圆状披针形，长 7～13cm，宽 1.5～

3.5cm，先端渐尖或有时尾状渐尖，基部近圆形，叶缘稍下卷，两面无毛，背面粉白色，三出脉。伞形花序总梗极短或无。果椭圆形，稀近球形，长0.7~1.0cm，宽0.5~0.7cm。果期6~9月。

产于三江、融水、资源、兴安、龙胜、全州、灵川、临桂、金秀、贺州、容县、乐业、东兰。分布于广东、湖南、湖北、云南、贵州、四川。常生于山地、山谷、水旁林中。枝、叶、树皮含芳香油及胶质。叶可作猪饲料，加热成糊状，有开胃、促长膘的作用。树皮药用，可清凉消食。

17b. 川钓樟　山香桂、皮桂(云南)、三条筋、关桂(四川)、长叶乌药

Lindera pulcherrima var. **hemsleyana** (Diels) H. P. Tsui

常绿乔木，高达10m，胸径20cm，树皮绿褐色。幼枝有纵细纹，无毛或被白色长柔毛。叶互生，坚纸质或近革质，长(7~)9~11(~15)cm，宽2~4cm，下面苍白色，无毛或近无毛；叶变化大，有两个极端类型，一为椭圆形，先端急尖，基部宽楔形，侧脉较明显，干后带苍绿色；另一类型叶为长圆形，近革质，先端尾状渐尖，基部宽渐尖，稀近圆形，侧脉不甚明显，干后为棕黄色。此二类型间有一系列过渡类型，界限不清。三出脉，中脉、侧脉明显凸起，支脉及横脉两面较为明显。叶柄长0.5~1.5cm，初被柔毛，后变无毛或残存毛被。伞形花序2~6集生于叶腋，无毛，总梗极短或无。果椭圆形，长约1cm，直径约0.7cm，黑色。花期3月；果期5~8月。

产于融水、那坡、田林、靖西、上思。分布于陕西、湖北、湖南、贵州、云南、四川。常生于山坡、灌木丛中或林缘。播种繁殖。木材可作枕木、室内装修及建筑用材；种子富含油脂，供制肥皂及润滑油；枝、叶可供提制芳香油；根、叶药用，有消食止痛的功效。

18. 香叶子

Lindera fragrans Oliv.

常绿小乔木，高可达5m；树皮黄褐色，有纵裂及皮孔。幼枝青绿或棕黄色，纤细、光滑、有纵纹，无毛或在低海拔处生长者被白色柔毛。叶互生，披针形至长狭卵形，长4.5~9.0cm，宽1~3cm，先端渐尖，基部楔形或宽楔形，上面绿色，无毛，下面绿带苍白色，无毛或被白色微柔毛；三出脉，第1对侧脉紧沿叶缘上伸，纤细，不明显，但有时几与叶缘并行而近似羽状脉；叶柄长5~8mm。伞形花序腋生，内有花2~4朵，无总梗；雄花黄色，有香味；花被片6片，近等长，外面密被黄褐色短柔毛；雄蕊9枚，花丝无毛，第3轮的基部有2枚宽肾形几无柄的腺体；退化子房长椭圆形，柱头盘状。果长卵形，长1cm，宽0.7cm，幼时青绿，成熟时紫黑色，果梗长0.5~1.0cm，有疏柔毛，果托膨大。花期4月；果期7月。

产于广西西北部。分布于陕西、湖北、四川、贵州、云南。生于海拔1000m以下的山坡、沟谷及灌丛中。播种繁殖。枝、叶、花可供提制芳香油，根入药，煎水服可治腹胀胃痛。叶绿且花香，可用于园林及庭院绿化，也可用来制作盆景。

9. 木姜子属 Litsea Lam.

常绿或落叶，乔木或灌木。叶互生，稀对生或轮生；羽状脉，稀离基三出脉。花单性，雌雄异株，伞形花序或由伞形花序组成圆锥或聚伞花序，极稀为单花；花序单生或簇生于叶腋，有总苞片4~6枚，花后脱落；花被裂片通常6枚，排成2轮，每轮3枚，稀为8枚，极少缺；雄花具发育雄蕊9或12枚，稀更多或更少，最外2轮常无腺体，第3轮花丝基部有2枚腺体，花药4室，内向，瓣裂，退化雌蕊有或无；雌花的雄蕊退化，其数目与雄花的雄蕊数相同；子房上位，花柱显著，柱头盾状。果为浆果状核果，果托杯状、盘状或扁平。

全球约200种，主要分布于亚洲热带或亚热带及北美洲、南美洲亚热带地区；中国约70余种，广西29种2变种。果实、枝、叶均可供提制芳香油，为重要工业原料。

分种检索表(一)

1. 落叶，叶片纸质或膜质；花被裂片6枚；花被筒在果时不增大，无杯状果托(1. 落叶组 Sect. Tomingodaphne)。

　2. 小枝无毛。

　　3. 叶披针形或长圆状披针形，侧脉 8~12 对；叶柄长 1.5~2.0cm；伞形花序单生或簇生，总梗细长，长 2~6mm ·· **1. 山鸡椒 L. cubeba**

　　3. 叶椭圆形或卵状披针形，侧脉 11~16 对；叶柄长 0.9~1.2cm；假伞花序单生或簇生，总梗细长，长 0.6~1.0cm，强烈反折·············· **2. 秃净木姜子 L. kingii**

2. 小枝有毛。

　　4. 小枝、叶下面具绢毛，嫩枝的毛脱落较快，2 年生枝(开花、结果的枝)多已秃净；顶芽鳞片外面通常无毛或仅于上部有少数毛 ············· **3. 木姜子 L. pungens**

　　4. 小枝、叶下面具柔毛或绒毛，嫩枝的毛不甚脱落，2 年生枝仍有较多的毛(峨眉木姜子例外)；顶芽鳞片外面被短柔毛 ·············· **4. 毛叶木姜子 L. mollis**

1. 常绿，叶片革质或薄革质。

　　5. 花被裂片不完全或缺，花被筒在果时不增大或稍增大，雄蕊通常 15~30(2. 木姜子组 Sect. Litsea)。 ·················· **5. 潺槁木姜子 L. glutinosa**

　　5. 花被裂片 6~8 枚，雄蕊通常 9~12 枚。

　　　　6. 花被筒在果时不增大或稍增大，果托扁平或呈浅小碟状，完全不包住果实(3. 平托组 Sect. Conodaphne)。

　　　　　　7. 叶片轮生，通常 3~6 片 1 轮 ·············· **6. 轮叶木姜子 L. verticillata**

　　　　　　7. 叶片对生或互生。

　　　　　　　　8. 叶片对生或近对生(在同株中有时也兼有互生者)。

　　　　　　　　　　9. 叶片下面无毛或近无毛，叶、芽秋后常带红色 ············· **7. 黄椿木姜子 L. variabilis**

　　　　　　　　　　9. 叶片下面被绒毛或贴伏短柔毛；叶、芽秋后不带红色 ·········· **8. 剑叶木姜子 L. lancifolia**

　　　　　　　　8. 叶片互生。

　　　　　　　　　　10. 伞形花序及果序几无总梗，也无花梗及果梗；果实球形，成熟时灰蓝色 ·································· **9. 圆叶豺皮樟 L. rotundifolia**

　　　　　　　　　　10. 伞形花序及果序有总梗，花果也有梗，如花序及果序几无总梗，但也有花梗及果梗。

　　　　　　　　　　　　11. 果梗顶端宿存有花被裂片；果球形或近球形。

　　　　　　　　　　　　　　12. 树皮呈小鳞片状剥落，内皮赤褐色，黄褐色或紫褐色，形如鹿斑；花序无总梗；果梗粗壮，宿存的花被片 6 片，整齐，通常直立······ **10. 毛豹皮樟 L. coreana var. lanuginosa**

　　　　　　　　　　　　　　12. 树皮不呈小鳞片状剥落，无鹿斑痕；花序具总梗，果梗通常较细；宿存的花被片 2~4 片，不整齐，反曲。

　　　　　　　　　　　　　　　　13. 嫩枝、叶下面、叶柄及花序总梗密被锈色绒毛；叶质地较薄，干后黄绿色，具光泽，上面网状脉不显著，无蜂窝状小穴；伞形花序 3~6 个生于叶腋；雄花中无退化雌蕊；果径 6mm ·············· **11. 伞花木姜子 L. umbellata**

　　　　　　　　　　　　　　　　13. 嫩枝、叶下面、叶柄及花序总梗被灰黄色长柔毛；叶质地厚，干后色暗无光泽，上面网状脉显著呈蜂窝状小穴；伞形花序 1~2 个生于枝端叶腋或枝顶；雄花中具退化雌蕊；果径 10mm ·············· **12. 蜂窝木姜子 L. foveolata**

　　　　　　　　　　　　11. 果梗顶端上面不宿存花被裂片；果长椭圆形、长卵形或球形。

　　　　　　　　　　　　　　14. 小枝、叶柄无毛；叶先端渐尖或急尖，叶下面有黄褐色微柔毛，叶片中部以上的侧脉先端拱形联结 ·············· **13. 黑木姜子 L. salicifolia**

　　　　　　　　　　　　　　14. 小枝、叶柄、叶片下面均被锈色短柔毛；叶先端圆钝，侧脉较直，先端不联结 ·················· **14. 假柿木姜子 L. monopetala**

　　　　6. 花被筒在果时增大，成盘状或杯状果托，多少包住果实(4. 杯托组 Sect. Cylicodaphne)。

　　　　　　15. 伞形花序或果序多个生于长的或多少伸长的总花梗或果序总梗上，呈圆锥状、总状或近伞房状。

　　　　　　　　16. 幼枝无毛；叶片下面无毛 ············· **15. 五桠果叶木姜子 L. dilleniifolia**

　　　　　　　　16. 幼枝有毛 ·················· **16. 香花木姜子 L. panamonja**

　　　　　　15. 伞形花序或果序单生或簇生。

　　　　　　　　17. 嫩枝无毛或近于无毛；叶柄幼时通常无毛。

　　　　　　　　　　18. 叶片较小，长多数在 9cm 以下 ············· **17. 红皮木姜子 L. pedunculata**

　　　　　　　　　　18. 叶片较大，长多数在 10cm 以上。

　　　　　　　　　　　　19. 中脉在叶片两面均显著凸起；果长圆形，较大，长 15~25mm，直径 10~14mm；果托盘状，直径约 1cm，常呈不规则开裂 ·················· **18. 大果木姜子 L. lancilimba**

19. 中脉在叶片上面下陷；果椭圆形，长 7~8mm，直径 4~5mm；果托杯状，直径 5~6mm，常不开裂 ·················· **19. 桂北木姜子 L. subcoriacea**

17. 嫩枝有毛；叶柄幼时通常也有毛（大萼木姜子叶柄无毛）。

20. 嫩枝、叶柄的毛被为微毛或短柔毛，脱落较快，2 年生枝（开花、结果的小枝）多已秃净。

21. 顶芽具多数覆瓦状鳞片；果椭圆形，较小，长 1.5cm 以下，直径不超过 1cm；果序总梗及果梗较细短；叶片通常略小 ·················· **20. 华南木姜子 L. greenmaniana**

21. 顶芽裸露；果椭圆形，较大，长 2.0~2.5cm，直径 1.3~1.5cm；果序总梗及果梗通常均粗长（大萼木姜子果序总梗、果梗均粗短）；叶片通常也较大。

22. 花序梗及果序梗较长，果序梗长 5~15mm；果梗也较长，长 10~25mm ·················· **21. 云南木姜子 L. yunnanensis**

22. 花序梗及果序梗较短，果序梗长 2~3mm；果梗长 2~3mm ·················· **22. 大萼木姜子 L. baviensis**

20. 嫩枝、叶柄的毛被为绒毛或柔毛，脱落较晚，2 年生枝仍有较多的毛。

23. 叶条状披针形或条状长圆形，长 7~15cm，宽 1.0~1.5cm；叶柄长 5~9mm；果长卵形，长约 1cm；果托杯状，边缘有圆齿；果梗长 2mm ·· **23. 竹叶木姜子 L. pseudoelongata**

23. 叶非上述形状。

24. 叶柄较短，长在 8mm 以下。

25. 侧脉每边 4~5 条，在叶上面深陷；果托宿存有卵状三角形先端尖锐的花被片 ·················· **24. 少脉木姜子 L. oligophlebia**

25. 侧脉每边 8~12 条，在叶上面微凸或凸起；果托不宿存花被片 ·················· **25. 瑶山木姜子 L. yaoshanensis**

24. 叶柄长多数在 10mm 以上（尖脉木姜子少数叶柄长也有 6mm）。

26. 叶片下面无毛或仅沿脉有毛 ·················· **26. 红楠刨 L. kwangsiensis**

26. 叶片下面全面被毛。

27. 叶片先端渐尖或尾尖至长尾尖 ·················· **27. 安顺木姜子 L. kobuskiana**

27. 叶先端短渐尖至钝形。

28. 伞形花序数个簇生于短枝上；果梗长约 10mm；叶长通常为宽的 3 倍以下 ·················· **28. 尖脉木姜子 L. acutivena**

28. 伞形花序多单生；果梗较短，长 2~3mm；叶长通常为宽的 4~5 倍或以上 ·················· **29. 黄丹木姜子 L. elongata**

分种检索表(二)

1. 叶 4~6 片轮生；幼枝、叶柄密被黄色或锈色长硬毛；伞形花序常密集于小枝近顶端·················· **6. 轮叶木姜子 L. verticillata**

1. 叶非轮生，稀近轮生。

2. 落叶灌木或小乔木，叶纸质或膜质。

3. 小枝无毛。

4. 叶披针形或长圆状披针形，侧脉 8~12 对；叶柄长 1.5~2.0cm；伞形花序单生或簇生，总梗细长，长 2~6mm ·················· **1. 山鸡椒 L. cubeba**

4. 叶椭圆形或卵状披针形，侧脉 11~16 对；叶柄长 0.9~1.2cm；假伞花序单生或簇生，总梗细长，长 0.6~1.0cm，强烈反折·················· **2. 秃净木姜子 L. kingii**

3. 小枝有毛。

5. 幼枝黄绿色；叶倒长卵形、椭圆形、披针形或倒卵状披针形，叶背面无毛或仅中脉有毛；伞形花序总梗长 5~8mm；果球形，直径 0.7~1.0cm；果梗长 1.0~2.5cm ·················· **3. 木姜子 L. pungens**

5. 小枝灰褐色；叶长圆形或椭圆形，背面带苍白色，密被白色柔毛；伞形花序 2~3 簇生，总梗长 1~2mm；果球形，直径约 5mm；果梗长 5~6mm，疏生短柔毛 ·················· **4. 毛叶木姜子 L. mollis**

2. 常绿灌木或小乔木，叶革质或薄革质。

6. 中脉在叶面凸起或微凸，在下面凸起。

　　7. 幼枝被毛。

　　　　8. 叶柄长 1cm 以上。

　　　　　　9. 叶宽 5 ~ 11cm，倒卵形、倒卵状长圆形或椭圆状披针形，基部楔形或的圆形，背面有灰黄色柔毛或近无毛；总花梗长 1.5 ~ 4.0cm 或更长，被灰黄色绒毛 ……………… **5. 潺槁木姜子 L. glutinosa**

　　　　　　9. 叶较窄，宽 3.0 ~ 7.5cm。

　　　　　　　　10. 叶两面无毛，长圆形或披针形；叶柄长约 2cm，无毛。伞形花序多数组成总状花序；果扁球形，长约 6mm，径 1cm；果托杯状 ……………… **16. 香花木姜子 L. panamonja**

　　　　　　　　10. 叶背面被微柔毛，或至少沿中脉有疏毛。

　　　　　　　　　　11. 叶披针状椭圆形，背面淡粉绿色，侧脉 10 ~ 13 对，纤细，两面微凸起；叶柄长 1.3 ~ 3.5cm，被灰黄色长柔毛 ……………… **27. 安顺木姜子 L. kobuskiana**

　　　　　　　　　　11. 叶椭圆形或长椭圆形，干后上面带红褐色，侧脉 7 ~ 8 对，在上面凹陷，在下面凸起；果椭圆形，直径 1.7 ~ 2.0cm；果托倒锥形，被瘤状凸起 ……… **22. 大萼木姜子 L. baviensis**

　　　　8. 叶柄长 3 ~ 7mm，密被灰黄色柔毛；叶披针形或倒卵状披针形，背面被灰黄色短柔毛；伞形花序单生于近枝顶叶腋；果椭圆形；果托杯状，顶部平截 ……………… **25. 瑶山木姜子 L. yaoshanensis**

　　7. 幼枝无毛。

　　　　12. 叶披针形、椭圆状披针形，长 3.5 ~ 7.0cm，宽 1.0 ~ 2.5cm；叶柄纤细，长 3 ~ 6mm，无毛；果长 6 ~ 7mm，径约 4mm，先端有小尖头；果托盘状 ……………… **17. 红皮木姜子 L. pedunculata**

　　　　12. 叶披针形或长圆状披针形，长 14 ~ 22cm，宽 3.5 ~ 5.0cm；叶柄粗，长 2 ~ 4cm；果大，长 1.5 ~ 2.5cm，直径 1.0 ~ 1.4cm，果托浅盘状，顶端常有不规则裂片 …… **18. 大果木姜子 L. lancilimba**

6. 中脉在叶面下陷或微平，在下面凸起。

　　13. 成长叶背面无毛或近无毛。

　　　　14. 果球形、扁球形或近球形。

　　　　　　15. 叶互生。

　　　　　　　　16. 叶阔卵形或近圆形，长 2.2 ~ 4.5cm，侧脉 3 ~ 4 对；叶柄粗，长 3 ~ 5mm，被柔毛；果径 4 ~ 6mm，成熟时灰蓝色，无果梗 ……………… **9. 圆叶豺皮樟 L. rotundifolia**

　　　　　　　　16. 叶长圆形或倒卵状长圆形，长 21 ~ 50cm，宽 11.0 ~ 14.5cm，侧脉 15 ~ 22 对；叶柄长 2.5 ~ 3.0cm，无毛；果扁球形，直径 2.0 ~ 2.3cm，果梗粗 …………………………………… ……………………………………… **15. 五桠果叶木姜子 L. dilleniifolia**

　　　　　　15. 叶对生、近对生或互生，椭圆形、倒卵形、椭圆状披针形或近倒披针形，长 5 ~ 9(~ 14)cm，侧脉 5 ~ 6 对；叶柄长 8 ~ 10mm，近基部膨大，无毛 ………… **7. 黄椿木姜子 L. variabilis**

　　　　14. 果长圆形或椭圆形。

　　　　　　17. 幼枝无毛。

　　　　　　　　18. 叶椭圆形或长圆形，基部楔形，有时两侧略不对称；叶柄长 1.0 ~ 1.5cm，无毛；果托与果梗相连呈倒圆锥状，无毛 ……………… **13. 黑木姜子 L. salicifolia**

　　　　　　　　18. 叶披针形或椭圆状披针形，先端渐尖或镰状弯曲，网状脉明显；叶柄长 1.2 ~ 3.0cm，无毛；果托杯状，边缘平截或常不规则粗裂 ……………… **19. 桂北木姜子 L. subcoriacea**

　　　　　　17. 幼枝被柔毛。

　　　　　　　　19. 幼枝红褐色；叶多为椭圆形或近倒披针形，先端渐尖或弯曲成镰状，网脉在腹面不明显，背面明显；果托杯状，宿存花被片圆齿状 ……………… **20. 华南木姜 L. greenmaniana**

　　　　　　　　19. 小枝黄褐色；叶披针形或长圆状披针形，先端短渐尖，钝头，两面网脉明显凸起；果托杯状，边缘平截 ……………… **26. 红楠刨 L. kwangsiensis**

　　13. 成长叶背面被毛。

　　　　20. 果球形、近球形，间或卵球形。

　　　　　　21. 叶椭圆形、长圆形、长圆状卵形或长圆状披针形。

　　　　　　　　22. 叶对生，间有互生，侧脉 4 ~ 7 对，椭圆形、长圆形或长圆状披针形，基部阔楔形或近圆形；叶柄长 2 ~ 4mm，密被锈褐色绒毛 ……………… **8. 剑叶木姜子 L. lancifolia**

　　　　　　　　22. 叶互生或集生于枝顶，侧脉 8 ~ 16 对。

23. 叶椭圆形或长圆状卵形，背面密被锈色绒毛，腹面网脉不明显，无蜂窝状小穴；伞形花序常 3~6 簇生于叶腋，花序总梗密被锈色绒毛 …… **11. 伞花木姜子 L. umbellata**

23. 叶长圆形或椭圆形，上面有蜂窝状小穴，背面密被灰黄色柔毛，网状脉呈明显蜂窝状；伞形花序 1~2 个簇生于近枝端叶腋 …… **12. 蜂窝木姜子 L. foveolata**

21. 叶倒卵状披针形或倒卵状椭圆形，网脉不明显；叶柄有灰黄色长柔毛；花无总梗；果梗颇粗壮；果托扁平，花被片宿存 …… **10. 毛豹皮樟 L. coreana var. lanuginosa**

20. 果长卵形、卵形或椭圆形。

24. 侧脉较多，10~20 对。

25. 叶条状披针形或条状长圆形，长 7~12cm，宽 1.0~1.5cm，基部略下延；伞形花序 3~5 个簇生于枝顶叶腋；果长卵形；果托边缘具圆齿 …… **23. 竹叶木姜子 L. pseudoelongata**

25. 叶通常为椭圆状披针形、长圆状披针形，稀有倒卵形，或倒披针形，长 10~20cm，宽 2~6cm；伞形花序单生，稀簇生；果长圆形 …… **29. 黄丹木姜子 L. elongata**

24. 侧脉较少，4~12 对。

26. 花序总梗长 5~7mm；叶椭圆形、长圆形或卵状椭圆形，长 12~26cm，宽 4.5~11.5cm，干后上面灰绿色或黄绿色，背面灰白色 …… **21. 云南木姜子 L. yunnanensis**

26. 花序总梗长 3mm 以下或无总梗。

27. 叶披针形、椭圆状披针形、长圆状披针形或倒披针形。

28. 果椭圆形；侧脉 9~10 对；叶柄长 0.6~1.2cm，初时密被黄褐色柔毛，后脱落近无毛；花序总梗长约 3mm …… **28. 尖脉木姜子 L. acutivena**

28. 果卵形；果托盘状，常宿存有花被裂片；侧脉 4~5 对；叶柄长 5~8mm，被黄褐色长柔毛；花序无总梗 …… **24. 少脉木姜 L. oligophlebia**

27. 叶倒卵形、倒卵状椭圆形或宽卵形，长 8~20cm，宽 4~12cm，先端钝或圆；叶柄长 1~3cm；果长卵形或椭圆形；果托盘状 …… **14. 假柿木姜子 L. monopetala**

1. 山鸡椒 木姜子、山苍树、山苍子、香叶(湖南) 图156：1~3
Litsea cubeba (Lour.) Pes.

落叶灌木或小乔木，高达 10m，胸径 15cm；幼时树皮黄绿色，光滑，老树灰褐色。小枝绿色，无毛，枝叶具芳香味。叶互生，纸质，常披针形或长圆状披针形，长 4~11cm，宽 1.4~2.5cm，先端渐尖，基部楔形，背面粉绿色，无毛；羽状脉，侧脉 8~12 对，中脉、侧脉两面均凸起；叶柄长 1.5~2.0cm，较细，无毛。伞形花序单生或簇生，总梗细长，长 2~6mm；果球形，直径 4~6mm，成熟时黑色。花期 2~3 月；果期 6~8 月。

中国长江以南各地有分布；印度尼西亚、马来西亚、印度也有分布。产于广西各地，在广西东北部、北部和中部地区，以海拔 500~1000m 的山地火烧迹地和采伐迹地上比较普遍，而在广西西北部以海拔 1000~1600m 的山地上较多。喜光树种，但喜生于比较湿润的环境；浅根性，萌芽力强；播种繁殖，可直播造林，种子休眠期长，当年场圃发芽率只有约 10%，发芽极为迟缓，播种后约 50d 才有个别发芽，发芽持续时间可达 2 年之久；生长快，结实力强。

木材材质中等，耐湿不耐蛀，易劈裂，供作简易农具用材；全株供药用，有祛风散寒、行气止痛的功效，可治外感头痛、风湿骨痛、跌打、胃痛等症；果实在中药业被称为"荜澄茄"，可治疗血吸虫病。果肉含山苍子油，油内含柠檬醛约 70%，柠檬醛可提制紫罗兰酮，为优良的挥发性香精，可用于食品、糖果、香皂、肥皂、化妆品等中；枝叶研粉可作蚊香原料；种仁含油率 38.43%，供工业用。

2. 秃净木姜子
Litsea kingii Hook. f.

落叶小乔木，高 8~15m；幼时树皮黄绿色，光滑，老树灰褐色。小枝粗壮，光滑，无毛。花时无叶，有冬芽，冬芽渐尖，无毛。叶互生，纸质，干后黑色，椭圆形或卵状披针形，长 4~11cm，宽 1.1~2.4cm，先端锐尖，基部楔形，背面粉绿色，无毛；羽状脉，侧脉 11~16 对，中

图156 1～3. 山鸡椒 Litsea cubeba（Lour.）Pers. 1. 果枝；2～3. 雄蕊。4. 木姜子 Litsea pungens Hemsl. 果枝。（1～3. 仿《广西植物志》，4. 仿《中国树木志》）

脉、侧脉两面均凸起；叶柄长0.9～1.2cm，较细，无毛。假伞花序单生或簇生，总梗细长，长0.6～1.0cm，强烈反折；果球形，直径4～6mm，成熟时黑色。花期2～4月；果期6～8月。

产于兴安、资源。分布于西藏、云南、四川、贵州、湖南、江西、福建等地；尼泊尔、不丹、印度、缅甸也有分布。

3. 木姜子 木香子、猴香子、生姜材（四川）、香桂子（云南）、黄花子 图156：4

Litsea pungens Hemsl.

落叶乔木，高达10m；幼枝黄绿色，被柔毛，老枝黑褐色，无毛。叶互生或簇生于枝顶，纸质，倒长卵形、椭圆形、披针形或倒卵状披针形，长4～15cm，宽2.0～5.5cm，先端短尖，基部楔形，幼叶被白色绢毛，后渐脱落，变无毛或背面沿中脉被毛；羽状脉，侧脉5～7对，两面凸起；叶柄长1～2cm，初时有柔毛，后渐无毛。伞形花序腋生，总梗长5～8mm，无毛。果球形，直径0.7～1.0cm，蓝黑色；果梗长1.0～2.5cm。花期3～5月；果期9～10月。

产于隆林、凌云，常生于山坡、路旁、溪边或杂木林中。分布于河南、山西、陕西、甘肃、浙江、广东、湖南、湖北、云南、贵州、四川、西藏。果皮可供提制芳香油，果仁含油约40%，芳香油主要成分为柠檬醛，广泛用作高级香料、紫罗兰酮和维生素钾的原料。果实药用，有祛风行气、健脾利湿的功效，外用可解毒。

4. 毛叶木姜子 大木姜（云南）、香桂子、荜澄茄（湖北）、木香子（四川） 图157：1

Litsea mollis Hemsl.

落叶灌木或小乔木，高约4m；树皮绿色，光滑，有黑斑，有松节油气味。小枝灰褐色，有柔毛。叶互生或聚生于枝顶，纸质，长圆形或椭圆形，长4～12cm，宽2.0～4.8cm，先端急尖、锐尖，基部楔形，腹面暗绿色，无毛，背面带苍白色，密被白色柔毛；侧脉6～9对，中脉、侧脉两面凸起；叶柄长1.0～1.5cm，被白色柔毛。伞形花序2～3个簇生，总梗长1～2mm。果球形，直径约5mm，蓝黑色；果梗长5～6mm，疏生短柔毛。花期3～4月；果期9～10月。

产于全州、灌阳、龙胜、灵川、临桂、金秀、贺州、融水、罗城、龙州、十万大山、德保、田林、马山。生于海拔1800m以下的山坡灌丛中或阔叶林中。分布于广东、湖南、湖北、江西、四川、贵州、云南和西藏。果可供提制芳香油，出油率约4%；种子含油率25%，供制优质肥皂或香精原料，又可驱蚊；根和果均可入药，在湖北、四川代作"荜澄茄"使用。果有祛寒止痛、顺气止呕的功效，可治胃寒痛、风湿关节痛。

5. 潺槁木姜子 潺槁树、油槁、胶樟、青野槁 图158：1

Litsea glutinosa (Lour.) C. B. Rob.

常绿乔木，高达 15m；树皮灰色或灰褐色。小枝灰褐色，幼时有灰黄色毛，后渐脱落无毛。叶互生，革质，倒卵形、倒卵状长圆形或椭圆状披针形，长 7 ~ 10(~26)cm，宽 5 ~ 11cm，先端钝或椭圆形，基部楔形或圆形，腹面无毛或中脉略被毛，背面有灰黄色柔毛或近无毛；侧脉 8 ~ 12 对，直伸，中脉、侧脉在叶腹面微凸；叶柄长 1.0 ~ 2.6cm，有灰黄色柔毛。假伞形花序单生或成假复伞形花序，总花梗长 1.5 ~ 4.0cm 或更长，被灰黄色绒毛。果球形，直径约 7mm。花期 5 ~ 6 月；果期 9 ~ 10 月。

产于广西各地。生于海拔 1000m 以下的平原、丘陵、山地、土山及石山灌木林、疏林或村旁片林中，但以土壤湿润肥沃的地方最适宜生长。分布于福建、广东、海南、云南；越南、菲律宾和印度也有分布。木材黄褐色，纹理直，结构细，稍坚硬，耐朽，可

图 157 1. 毛叶木姜子 Litsea mollis Hemsl. 果枝。2 ~ 3. 轮叶木姜子 Litsea verticillata Hance 2. 花枝；3. 果。(仿《中国树木志》)

作家具、细木工制品用材；刨成薄片其浸出液可作发胶；根皮、叶药用，有散瘀、消肿、止痛的功效，可治跌打损伤、疖疮；种仁含油率 50.3%，供制肥皂及作硬化油之用。

5a. 白野槁树 野胶树、青椰槁木(海南)、圆尾槁、厚叶樟(广东)

Litsea glutinosa var. **brideliifolia** (Hayata) Merr.

与潺槁木姜子主要区别在于叶较小，通常长 3.5 ~ 6.5cm，宽 1.5 ~ 3.3cm，侧脉 5 ~ 8 对，叶柄长约 1.2cm。果较小，直径约 5mm。

产于钦州、北海、防城、百色。分布于广东、海南；中南半岛也有分布。其用途与潺槁木姜子的相似。

6. 轮叶木姜子 槁木姜(海南)、槁树(广东) 图157：2 ~ 3

Litsea verticillata Hance

常绿小乔木，高达 5m，树皮灰色。幼枝灰褐色，密被黄色长硬毛。叶 4 ~ 6 片轮生，近革质，披针形或倒披针状长圆形，长 7 ~ 25cm，宽 2 ~ 6cm，先端渐尖，基部楔形或近圆形，上面绿色，幼时沿中脉被短柔毛，背面淡灰绿色或黄褐绿色，被黄褐色柔毛，边缘有时具睫毛；羽状脉，侧脉 12 ~ 14 对，中脉在腹面下陷，网状脉在背面明显凸起；叶柄长 2 ~ 6mm，密被黄褐色长柔毛。伞形花序 2 ~ 10 个集生于小枝近顶端。果卵形或椭圆形，长 1.0 ~ 1.5cm，直径 5 ~ 6mm。花期 9 ~ 11 月；果期 12 月至翌年 4 月。

产于资源、兴安、金秀、贺州、苍梧、藤县、岑溪、田林、南丹、天峨、容县、陆川、北流、博白、贵港、防城、钦州、上思、灵山。分布于广东、海南和云南；越南、柬埔寨也有分布。生于

图 158　1. 潺槁木姜子 Litsea glutinosa (Lour.) C. B. Rob. 花枝。
2. 香花木姜子 Litsea panamonja (Nees) Hook. f. 花枝。(仿《云南植物志》)

海拔 1300m 以下的山地、山坡林中或溪旁灌丛中。萌芽力强,可用作薪炭林树种。木材较硬,供制小器具;根有祛风去湿的功效,可治风湿关节炎、跌打损伤;叶外敷,可治骨折、蛇伤。

7. 黄椿木姜子　大烂花(广西上思)、黄心槁、尖尾树、黄肚槁、阁力(海南)

Litsea variabilis Hemsl.

常绿乔木,高达 15m;树皮灰色、灰褐色或黑褐色。小枝纤细,有微柔毛或近无毛。叶对生、近对生或互生,革质,叶形变化颇大,但通常为椭圆形、倒卵形、椭圆状披针形或近倒披针形,长 5~9(~ 14)cm,宽 2.0~3.5cm,先端钝或短尖,基部楔形或宽楔形,干后常带红色,两面无毛或几无毛;羽状脉,侧脉 5~6 对,中脉在腹面下陷,背面网状脉细密凸起,干后呈蜂巢状小窝穴;叶柄长 8~10mm,褐色,近基部膨大,无毛。伞形花序 3~8 簇生于叶腋,极少单生。果球形,直径 7~8mm,黑色;果托碟状。花期 5~11 月;果期 9 月至翌年 3 月。

　　产于上思、凭祥、宁明、田阳、上林。生于海拔 1700m 以下的杂木林中或溪边。分布于广东、海南;越南、老挝也有分布。木材材质坚硬,不开裂,不受虫蛀,可供作家具、建筑用材。

7a. 毛黄椿木姜子

Litsea variabilis var. **oblonga** Lec.

　　该变种与黄椿木姜子的主要区别在于:幼枝、叶背面和叶柄均密被灰色或灰黄色短伏毛;叶为长圆形或披针形,长 8~15cm,宽 3.0~4.5cm,叶干后灰色或灰褐色,网状脉不明显。果期 8~11 月。

　　产于龙州、大新、靖西、田阳。常生于海拔 600~900m 的山坡密林中。分布于云南;越南也有分布。

8. 剑叶木姜子

Litsea lancifolia (Roxb. ex Nees) Benth. et Hook. f. et F-Vill.

　　常绿灌木,高约 3m;树皮黑色。小枝被锈褐色绒毛。叶对生,间有互生,羊皮纸质,椭圆形、长圆形或长圆状披针形,长 5~10cm,宽 2.5~4.0cm,先端尖或渐尖,基部阔楔形或近圆形,腹面初时被柔毛,后仅中脉有毛,背面苍白色,被黄褐色或锈色绒毛;羽状脉,侧脉 4~7 对,中脉、侧脉在叶上面微下陷;叶柄短,长 2~4mm,密被锈褐色绒毛。伞形花序单生或数个簇生于叶腋。果球形,直径约 1cm;果托浅碟状。花期 5~6 月;果期 7~8 月。

　　产于凭祥、龙州。生于海拔 1000m 以下的山谷溪边或混交林中。分布于海南、云南;印度、不丹、越南、菲律宾也有分布。

9. 圆叶豹皮樟 豹皮木姜

Litsea rotundifolia Hemsl.

常绿乔木，高达 15m，树皮灰色或灰褐色，片状剥落，常有褐色斑。小枝灰褐色，无毛或近无毛，有时幼枝被短柔毛。叶互生，薄革质，阔卵形或近圆形，长 2.2~4.5cm，宽 1.5~4.0cm，先端钝或短渐尖，基部近圆形，腹面绿色，背面灰白色，两面无毛；羽状脉，侧脉 3~4 对，在腹面下陷；叶柄粗，长 3~5mm，被柔毛。伞形花序常 3 簇生于叶腋，几无总梗。果近球形，直径 4~6mm，成熟时灰蓝色，无果梗。花期 8~9 月；果期 9~11 月。

产于龙州、大新、博白、合浦。常生于低海拔的石灰岩山地、山顶、山坡林中或灌木丛中。分布于广东、海南。

9a. 豹皮樟 椭圆豹皮木姜、硬钉树、嗜喳木(广东)

Litsea rotundifolia var. **oblongifolia** (Nees) Allen

本种与圆叶豹皮樟主要区别在于叶为卵状长圆形或倒卵状长圆形，长 3.5~7.0cm，宽 1.5~2.5(~3.0)cm，基部楔形或钝。花期 6~7 月；果期 9~11 月。

产于钦州、灵山、博白、玉林、苍梧、藤县、贺州、天峨、十万大山。生于海拔 800m 以下的灌木林中或疏林中。分布于广东、海南、湖南、江西、福建、台湾、浙江；越南也有分布。种子含脂肪油 63.80%，可供工业用；叶、果可供提制芳香油；根含生物碱、酚类、氨基酸，叶含黄酮甙、酚类、氨基酸、糖类，入药，可治风湿性关节炎、跌打损伤、消化不良、感冒头痛等症。

10. 毛豹皮樟 图 159：1

Litsea coreana var. **lanuginosa** (Migo) Yang et P. H. Huang

常绿乔木，高约 15m；树皮灰色，呈小鳞片状剥落。幼枝密被灰黄色长柔毛。叶互生，革质，倒卵状披针形或倒卵状椭圆形，长 5~11cm，宽 2.5~4.0cm，先端钝渐尖，基部楔形或狭楔形；嫩叶两面均有灰黄色短柔毛，背面尤密，老叶背面仍有稀疏毛；侧脉 7~10 对，在两面微凸，中脉在上面凹陷，下面凸起，网状脉不明显；叶柄长 1~2cm，有灰黄色长柔毛。花无总梗，花被裂片残存。果近球形，直径约 8mm；果梗长约 5mm，颇粗壮；果托扁平，宿存有 6 裂花被片。

产于阳朔、临桂、永福，常生于山谷杂木林中。分布于广东、浙江、河南、江苏、安徽、江西、福建、湖北、湖南、四川、贵州、云南。木材结构细，稍坚硬，可供建筑、器具、工艺品等用。鲜叶可制成"老鹰茶"。

11. 伞花木姜子 米打东(广西扶绥) 图 166：2

Litsea umbellata (Lour.) Merr.

常绿灌木或小乔木，高达 9m，胸径 20cm；树皮灰褐色。小枝褐色，被锈色绒毛。叶互生，薄革质，椭圆形或长圆状卵形，长 7~12cm，宽 3~5cm，先端渐尖，基部楔形或钝，背面密被锈色绒毛，叶干后黄绿色；羽状脉，侧脉 8~15 对，近平行，中脉和侧脉在叶上面微凹或侧脉微凸，在下面凸起，腹面网状脉不明显，无蜂窝状小穴；叶柄长 6~8mm，密被锈色绒毛。伞形花序常 3~6 簇生于叶腋，花序总梗密被锈色绒毛。果近球形或卵球形，直径 5~8mm，先端有小突尖，果托有宿存花被裂片。花期 4~5 月；果期 7~9 月。

产于龙州、扶绥、凭祥、宁明、那坡，常生于海拔 1000m 以下的山谷、山坡灌丛或疏林中。分布于云南；越南、老挝、柬埔寨、印度尼西亚、马来西亚等地也有分布。喜暖湿气候，幼年需庇荫，以后对光的要求逐渐增加。播种繁殖，播前温水浸种，播后盖草，出苗后分次揭去。种仁含油约 50%，油供作机械润滑油或制肥皂用。

12. 蜂窝木姜子 图 159：2

Litsea foveola Kosterm.

常绿小乔木，高达 5m。幼枝灰褐色，被灰黄色长柔毛，老枝褐色，有毛或近无毛。叶互生或集生于枝顶，薄革质，长圆形或椭圆形，长 5 ~ 22cm，宽 3.5 ~ 7.0cm，先端渐尖，基部楔形，上面深绿色，有蜂窝状小穴，背面密被灰黄色柔毛，干后灰黑色；羽状脉，侧脉 10 ~ 16 对，中脉在腹面下陷，网状脉呈明显蜂窝状，暗晦，无光泽；叶柄长 0.4 ~ 1.0(~ 2.0)cm，密被灰黄色长柔毛。伞形花序 1 ~ 2 个簇生于近枝端叶腋。果球形，直径 1cm，橙色；果梗极短，常有宿存花被裂片；果序有宿存苞片。花期 8 月，果期 12 月。

广西特有种，产于武鸣、大新、龙州，常生于海拔 700m 以下的石灰岩山坡疏林或密林中。

13. 黑木姜子
Litsea salicifolia (Roxb. ex Nees) Hook f.

常绿乔木，高达 10m；树皮灰褐色或黑褐色。小枝黑褐色，无毛。叶互生，薄革质，椭圆形或长圆形，长 9 ~ 17cm，宽 3.0 ~ 5.5cm，先端渐尖，基部楔形，有时两侧略不对称，背面粉绿色，初

图 159 1. 毛豹皮樟 Litsea coreana var. **lanuginosa** (Migo) Yang et P. H. Huang 果枝。2. 蜂窝木姜子 Litsea foveola Kosterm. 雄花枝。（1. 仿《广西植物志》，2. 仿《中国树木志》）

时有黄褐色微柔毛，老时无毛，干后全株各部分黑色或黑褐色；羽状脉，侧脉在叶腹面下陷，在下面凸起；叶柄长 1.0 ~ 1.5cm，无毛。伞形花序 2 ~ 6 簇生于叶腋。果长圆形，长 1.0 ~ 1.1cm，直径 5 ~ 6mm，果托与果梗相连呈倒圆锥状，无毛。花期 4 ~ 5 月；果期 6 ~ 8 月。

产于巴马、都安、隆林、平果、龙州、扶绥、金秀、贺州。生于海拔 1200m 以下的山谷疏林中或山坡水沟边。分布于广东、海南、贵州、云南。播种繁殖，随采随播或混沙贮藏。种子含油率约 45%，供工业用。

14. 假柿木姜子　柿叶木姜子、假柿树（广东）、纳槁（海南）、毛蜡树（云南）　图 160
Litsea monopetala (Roxb.) Pers.

常绿乔木，高达 18m；树皮灰色或灰褐色。小枝淡绿色，幼枝、叶背、叶柄和花序均被锈色短柔毛。叶互生，薄革质，倒卵形、倒卵状椭圆形或宽卵形，长 8 ~ 20cm，宽 4 ~ 12cm，先端钝或圆，稀尖，基部圆形或楔形；羽状脉，侧脉 8 ~ 12 对，直伸，整齐，有近平行的横脉相连，中脉、侧脉在腹面下凹，下面凸起；叶柄长 1 ~ 3cm。伞形花序簇生于叶腋，总梗极短。果长卵形或椭圆形，长约 7mm，果托盘状。花期 5 ~ 6 月；果期 6 ~ 7 月。

产于南宁、武鸣、大明山、横县、龙州、凭祥、那坡、靖西、隆林、田林、平果、德保、忻城、河池、都安、凤山、巴马、罗城、博白、金秀、融水、资源、兴安。常生于海拔 1500m 以下的阳坡、路边、灌丛或疏林中。分布于广东、海南、贵州、云南；东南亚和印度也有分布。喜光，适生于酸性土。播种繁殖，随采随播或润沙贮藏，散播或条播，苗高 30 ~ 35cm 时可出圃造林。木材

纹理直，结构细致，质轻软，可供制包装材、胶合板、家具等用；种仁含油率约32%，供工业用；叶入药，外敷可治关节脱臼；紫胶虫寄主树种。

15. 五桠果叶木姜子

Litsea dilleniifolia P. Y. Pai et P. H. Huang

常绿乔木，高 20~26m，胸径 28~30cm；树干通直，树皮灰色或灰褐色。小枝粗壮，绿褐色，具明显棱角，无毛，中空，髓心褐色，皮孔显著，椭圆形，叶痕近圆形。顶芽裸露，圆锥形，外被灰黄色短柔毛。叶互生，长圆形或倒卵状长圆形，长 21~50cm，宽 11.0~14.5cm（萌发枝的叶长达 60cm），先端短渐尖或近圆，基部楔形或两侧不对称，革质，上面绿色，无毛，下面灰绿色，无毛；羽状脉，侧脉每边 15~22 条，斜展较直，中脉粗壮，近叶基处宽达 3mm，中脉与侧脉在叶上面平滑或稍下陷，在下面凸起，横脉在两面明显；叶柄长 2.5~3.0cm，萌发枝的叶柄长达 5cm，粗壮，干时有皱褶，无

图160 假柿木姜子 **Litsea monopetala**（Roxb.）Pers. 1. 花枝；2. 雄花；3. 雄蕊；4. 果。(仿《中国树木志》)

毛。伞形花序 6~8 个生于长 2cm 的短枝上，排列成总状花序，密被锈色柔毛；伞形花序梗短，长 2mm，密被锈色柔毛；苞片 4 枚，外面密被锈色柔毛。果扁球形，直径 2.0~2.3cm，长约 1.5cm，成熟时紫红色；果托杯状，紧包于果实，深 3~5mm，直径 2cm，外面有皱褶，较厚，全缘或波状；果梗粗，直径 5~6mm，有皱褶，被稀疏柔毛；果序总梗长 4mm，常宿存有小苞片。花期 4~5 月；果期 7 月。

产于龙州、凭祥。

16. 香花木姜子　图 158：2

Litsea panamonja（Nees）Hook. f.

常绿乔木，高达25m，胸径60cm；树皮灰色或灰褐色。幼枝有柔毛，后脱落无毛。叶互生，革质，长圆形或披针形，长 10~18cm，宽 3.0~5.5cm，先端渐尖，基部楔形，无毛；羽状脉，侧脉 7~11 对，中脉两面凸起；叶柄长约 2cm，无毛。伞形花序多数组成总状花序，雄花序长 3~5cm，雌花序长 1.5~2.0cm。果扁球形，长约 6mm，直径 1cm；果托杯状。花期 8~9 月；果期 3~4 月。

产于凭祥、龙州。分布于云南南部；印度及越南也有分布。生于海拔 500~1200m 的杂木林中。喜暖湿气候环境。播种繁殖，苗期需适当遮阴。材质中等，可作胶合板等用材。

17. 红皮木姜子

Litsea pedunculata（Diels）Yang et P. H. Huang

常绿小乔木，高达6m，树皮褐色，内皮紫红色。幼枝红褐色，无毛或近无毛；老枝灰色或灰

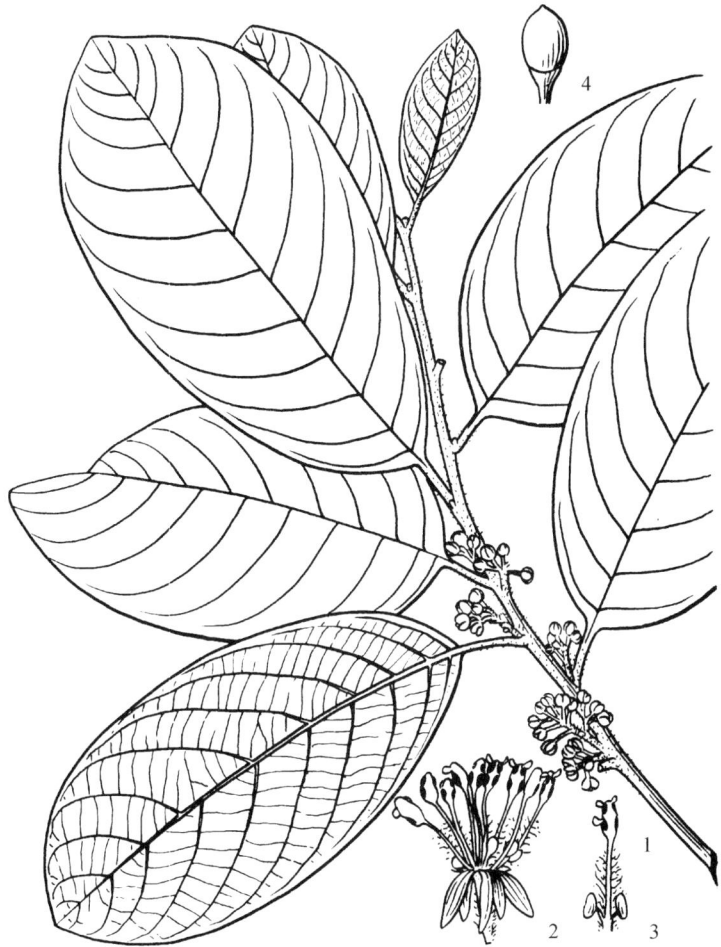

图 161　1. 大果木姜子 Litsea lancilimba Merr. 果枝。2 ~ 3. 大萼木姜子 Litsea baviensis Lec. 2. 叶枝；3. 果枝。(1. 仿《中国树木志》, 2 ~ 3. 仿《云南植物志》)

图 162　桂北木姜子 Litsea subcoriacea Yang et P. H. Huang 果枝。(仿《广西植物志》)

褐色。叶互生, 薄革质, 披针形、椭圆状披针形, 长 3.5 ~ 7.0cm, 宽 1.0 ~ 2.5cm, 先端渐尖, 基部楔形或近圆形, 腹面无毛, 背面灰绿色, 无毛或近无毛; 羽状脉, 侧脉 8 ~ 12 对, 直展, 中脉、侧脉两面凸起; 叶柄纤细, 长 3 ~ 6mm, 无毛。假伞形花序单生于叶腋, 或呈总状花序排列。果长圆形, 长 6 ~ 7mm, 径约 4mm, 先端有小尖头; 果托盘状。花期 6 月; 果期 8 ~ 11 月。

产于灌阳、龙胜、资源、兴安、临桂、大桂山。生于海拔 1000 ~ 1800m 的潮湿山坡或山顶混交林中。分布于云南、贵州、四川、湖北。

18. 大果木姜子　毛丹母、青吐木、八角带(海南)、假檬果树(广东)图 161 : 1

Litsea lancilimba Merr.

常绿乔木, 高达 20m, 胸径达 60cm。小枝粗壮, 红褐色, 有明显棱脊。全株除花和芽外, 各部均无毛。叶互生, 厚革质, 披针形或长圆状披针形, 长 14 ~ 22cm, 宽 3.5 ~ 5.0cm, 先端急尖或渐尖, 基部楔形, 叶腹面淡绿色, 背面带苍白色, 两面无毛; 羽状脉, 侧脉 12 ~ 15 对, 中脉及侧脉在两面凸起; 叶柄粗, 长 2 ~ 4cm。伞形花序单生或 2 ~ 4 簇生于叶腋。果大, 长圆形, 长 1.5 ~ 2.5cm, 直径 1.0 ~ 1.4cm, 果托浅盘状, 顶端常有不规则裂片。花期 6 月; 果期 11 ~ 12 月。

产于十万大山、大明山、容县、蒙山、融水、金秀、大桂山。生于海拔 1900m 以下的山地杂木林中。分布于广东、海南、福建、湖南、云南; 越南、老挝也有分布。较喜光, 幼年耐庇荫, 壮龄后需充分光照。喜生于土层深厚、湿润、排水良好的微酸性土壤上。生长快, 44 年生林木树高 16.9m, 胸径 22.4cm。天然更新良好。播种繁殖, 种子千粒重约 500g, 随采随播。木材纹理直, 结构均匀细致, 材质较轻软, 易加工, 不开裂, 抗虫蛀, 可作家具、板材、建筑及细木工用材；种子榨油，供工业用。

19. 桂北木姜子　图 162

Litsea subcoriacea Yang et P. H. Huang

常绿小乔木，高达7m，胸径8cm；树皮灰褐色。小枝红褐色，有显著棱角，无毛。叶互生，薄革质，披针形或椭圆状披针形，长10~15cm，宽3~4cm，先端渐尖或镰状弯曲，基部楔形，腹面无毛，背面粉绿色，无毛或幼时沿叶脉疏生柔毛；羽状脉，侧脉9~13对，中脉在腹面下陷，网状脉明显；叶柄长1.2~3.0cm，无毛。伞形花序多个集生于小枝近先端叶腋。果椭圆形，长7~8mm，直径4~5mm；果托杯状，边缘平截或常有不规则粗裂。花期8~9月；果期11月至翌年2月。

产于龙胜、环江、融水、隆林。常生于山地混交林中或山谷疏林中。分布于贵州、云南、湖南、广东。

20. 华南木姜子　图 165：2

Litsea greenmaniana Allen

常绿乔木，高达10m；树皮灰色或灰褐色，平滑。幼枝红褐色，被短柔毛，后变无毛。叶互生，薄革质，叶形变异较大，但多为椭圆形或近倒披针形，长7~12cm，宽2.6~3.5cm，先端渐尖或弯曲成镰状，基部楔形，无毛；侧脉9~10对，较细，叶腹面网状脉不明显，背面网状脉明显，中脉在上面下陷，在下面凸起；叶柄长约1cm，初时被短柔毛，后脱落近无毛。伞形花序1~4生于叶腋。果椭圆形，长1.3~1.7cm，直径0.7~1.0cm；果托杯状，有圆齿状的宿存花被裂片。花期7~8月；果期12月至翌年3月。

产于金秀、阳朔、永福。常生于海拔1200m以下的山谷杂木林中。分布于福建、广东。

21. 云南木姜子　黄心木（广西田林）图 163：1

Litsea yunnanensis Yang et P. H. Huang

常绿乔木，高达30m，胸径60cm；树皮绿褐色或灰黑色。幼枝被灰黄色短柔毛，老时渐变无毛。顶芽裸露。叶互生，薄革质，椭圆形、长圆形或卵状椭圆，长12~26cm，宽4.5~11.5cm，先端渐尖或短尖，基部楔形或近圆形，腹面无毛或仅在下部中脉有微柔毛，背面有灰色微柔毛，或沿叶脉有短柔毛，有时老时渐脱落无毛，叶片干后上面灰绿色或黄绿色，背面灰白色；羽状脉，侧脉5~10对，与中脉在上面略下陷或微平，下面凸起；叶柄长1~2cm，较粗，幼时具灰黄色短柔毛，后渐脱落无毛。伞形花序2~5集生于叶腋，总梗长5~7mm。果椭圆形，长约2cm，直径1.0~1.3cm。花期5月；果期7~11月。

产于田林、靖西。常生于海拔

图163　**1. 云南木姜子 Litsea yunnanensis** Yang et P. H. Huang 果枝。**2. 近轮叶木姜子 Litsea elongata var. subverticillata** (Yang) Yang et P. H. Huang 幼果枝（1. 仿《中国树木志》，2. 仿《广西植物志》）

800～1900m 的山谷密林中。分布于云南东南部；越南也有分布。

22. 大萼木姜子　托壳果、白面槁、香椒槁、黄槁(海南)　图161：2～3

Litsea baviensis Lec.

常绿乔木，高达20m，胸径达60cm；树皮灰白色或灰黑色。幼枝有柔毛，顶芽裸露。叶互生，革质，椭圆形或长椭圆形，长11～24cm，宽3.0～7.5cm，先端短渐尖或钝，基部楔形，腹面无毛，背面粉绿色，被微柔毛，叶干后上面带红褐色；羽状脉，中脉在腹面平或微凸，背面凸起，侧脉7～8对，在上面凹陷，在下面凸起；叶柄长1.0～1.6(～2)cm，稍粗。伞形花序常簇生于叶腋，总梗短，长2～3mm。果较大，椭圆形，长2.5～3.0cm，直径1.7～2.0cm，紫黑色；果托木质，倒锥形，长约2cm，顶端宽约3cm，灰色，被瘤状凸起。花期5～6月；果期2～3月。

产于凭祥、田林、隆林、贺州、金秀。生于海拔400～1800m 的密林中或林中溪边。分布于海南、云南；越南也有分布。较耐阴，对土壤要求不严，在土层肥沃、深厚或有岩石露头的地方均有生长。生长中速；天然更新良好。播种繁殖，采果后除去杯状果托即可播种，条播或点播。发芽率达80%以上，播后约1个月发芽齐全，10个月苗木高度可达40cm。心材、边材区别明显，心材黄绿色，纹理直，结构细，材质轻软，干后不变形，宜作胶合板、家具及细木工等用材；种子含油，油可供制肥皂用。

23. 竹叶木姜子　竹叶松、山古羊、柳叶樟(广东)　图165：3

Litsea pseudoelongata H. Liou

常绿小乔木，高达10m；树皮褐色。幼枝被灰色柔毛。叶互生，薄革质，条状披针形或条状长圆形，长7～12cm，宽1.0～1.5cm，先端钝尖，基部楔形，略下延，腹面无毛，背面粉绿色，有时带锈黄色柔毛，幼时有柔毛；羽状脉，侧脉15～20对，腹面不甚明显，背面略凸起，中脉在上面下陷，下面凸起；叶柄长5～10mm，初时有柔毛。伞形花序3～5簇生于枝顶叶腋，总梗长0.5～1.0cm 或更短。果长卵形，长约1cm；果托成杯状，边缘具圆齿。花期5～6月；果期10～12月。

产于龙胜、金秀、贺州、防城、合浦、宁明、田林。生于海拔600～800m 的灌丛中或杂木林中。分布于广东、海南。

24. 少脉木姜子

Litsea oligophlebia H. T. Chang

常绿乔木，高达13m；树皮褐色。嫩枝褐色，密被黄褐色柔毛。叶互生，薄革质，倒披针形或长圆状披针形，长4～10cm，宽1.5～2.5cm，先端钝尖，基部楔形，腹面深绿色，略有光泽，仅中脉近叶基部有柔毛，背面淡绿，被柔毛；羽状脉，侧脉4～5对，与中脉在腹面深陷，背面凸起，沿脉有长柔毛，平行小脉相距2～3mm，明显；叶柄长5～8mm，被黄褐色长柔毛。伞形花序单生或2～4簇生，无总梗。果卵形；果托盘状，常宿存有花被裂片。花期8～9月；果期翌年5～6月。

广西特有种。产于十万大山、钦州。常生于海拔200～300m 的山谷疏林中。

25. 瑶山木姜子　图164：1～3

Litsea yaoshanensis Yang et P. H. Huang

常绿灌木。小枝褐色，密被灰黄色柔毛。叶互生，薄革质，披针形或倒卵状披针形，长5.0～11.5cm，宽1.0～2.5cm，先端渐尖，基部楔形，腹面仅脉上被毛，背面被灰黄色短柔毛，沿叶脉毛较长；羽状脉，侧脉8～12对，与中脉在腹面微凸，背面明显凸起，网状脉显著；叶柄短，长3～7mm，密被灰黄色柔毛。伞形花序单生于近枝顶叶腋，总梗长约3mm。果椭圆形，果托杯状，顶部平截。花期8～9月；果期翌年2～3月。

广西特有种。产于临桂、金秀大瑶山、平南。常生于海拔200m 左右的山坡灌丛中。

26. 红楠刨　图164：4～6

Litsea kwangsiensis Yang et P. H. Huang

常绿乔木，高达12m，胸径20cm；树干通直，分枝少，树冠小；树皮灰白色或淡褐色，光滑。

小枝较粗，黄褐色，密被黄褐色短柔毛。叶互生，薄革质，披针形或长圆状披针形，长 7～12cm，宽 1.5～3.0cm，干时叶缘稍内卷，先端短渐尖，钝头，基部宽楔形或钝圆，两面无毛；侧脉 8～12 对，中脉在腹面下陷，两面网状脉明显凸起；叶柄长 1～2cm，稍粗，初时被短柔毛，后渐脱落无毛。伞形花序 1～3 个生于近枝顶叶腋。果椭圆形，长约 1cm，直径 6～7mm，果托杯状，边缘平截。花期 8～9 月；果期翌年 2～3 月。

广西特有种。产于上思十万大山、容县。生于海拔 1200m 以下的山谷和山坡混交林中。木材黄色，细致，有光泽，为良好的家具用材。

27. 安顺木姜子　图 165：1

Litsea kobuskiana Allen

常绿小乔木，高 8m，胸径 12cm。幼枝密被灰黄色柔毛。叶互生或簇生于小枝上部，薄革质，披针状椭圆形，长 8～11cm，宽 2～3cm，干后黑色或黑褐色，先端渐尖，基部楔形，腹面绿色，有光泽，背面淡粉绿色，被细微短柔毛，老时脱落近无毛，但沿中脉有疏毛；羽状脉，中脉于腹面微凸，背面凸起，侧脉 10～13 对，纤细，两面微

图 164　1～3. 瑶山木姜子 Litsea yaoshanensis Yang et P. H. Huang 1. 叶；2. 花；3. 雄蕊。4～6. 红楠刨 Litsea kwangsiensis Yang et P. H. Huang 4. 幼果枝；5. 花被裂片；6. 雄蕊。(仿《中国树木志》)

凸起，网状脉在腹面明显，背面不明显；叶柄纤细，长 1.3～3.5cm，被灰黄色长柔毛。伞形花序 1～3 生于小枝上部叶腋。果未见；花期 7 月。

产于临桂、田林。分布于贵州。常生于山地密林中。

28. 尖脉木姜子　毛叉树、黄桂(广东)、长果木姜子(台湾)

Litsea acutivena Hayata

常绿小乔木，高达 7m，树皮褐色。幼枝密被黄褐色长柔毛，老枝近无毛。叶互生或集生于枝顶，革质，披针形、椭圆状披针形或倒披针形，长 6～10cm，宽 2.6～4.0cm，先端尖或短渐尖，先头钝，基部楔形，腹面幼时仅沿中脉有毛，背面有短柔毛，沿脉较密；羽状脉，侧脉 9～10 对，中脉与侧脉在腹面下陷，背面横脉及网脉明显凸起，干时红棕色、红褐色或黄褐色；叶柄长 0.6～1.2cm，初时密被黄褐色柔毛，后脱落近无毛。伞形花序簇生于小枝上部，总梗长约 3mm。果椭圆形，长 1.2～2.0cm，直径 1.0～1.2cm，黑色。花期 7～8 月；果期 12 月至翌年 2 月。

产于十万大山。生于海拔 500m 以上的山地密林中。分布于广东、海南、台湾和福建南部；中南半岛也有分布。

图 165 1. 安顺木姜子 Litsea kobuskiana Allen 花枝。
2. 华南木姜子 Litsea greenmaniana Allen 果枝。3. 竹叶木姜子
Litsea pseudoelongata H. Liou 叶。(仿《广西植物志》)

29. 黄丹木姜子 黄壳兰(大明山)、红刨楠(广西)、毛丹(海南) 图 166: 1
Litsea elongata (Wall. ex Nees) Benth. et Hook. f.

常绿乔木，高达 12m，胸径 40cm；树皮灰黄色或褐色。小枝黄褐色或灰褐色，密被锈色毛。叶互生，革质，叶形变异较大，但通常为椭圆状披针形、长圆状披针形，稀有倒卵形或倒披针形，长 10~20cm，宽 2~6cm，先端钝或短渐尖，基部楔形或近圆形，腹面无毛，背面被短柔毛，沿脉有绒毛状长柔毛；羽状脉，侧脉 10~20 对，中脉、侧脉在腹面平或微凹，背面凸起；叶柄长 0.8~2.5cm，密被锈色毛。伞形花序单生，稀簇生。果长圆形，长约 1.2cm，熟时黑紫色；果托浅杯状，萼裂片脱落。花期 5~11 月；果期翌年 2~6 月。

产于广西各地。常生于山坡路旁、溪边或疏林中。分布于江苏、浙江、安徽、江西、福建、广东、湖北、湖南、四川、贵州、云南、西藏；尼泊尔、印度也有分布。较喜光。木材供建筑及家具等用；种子油供工业用。

29a. 近轮叶木姜子 图 163: 2
Litsea elongata var. **subverticillata** (Yang) Yang et P. H. Huang

与黄丹木姜子的不同在于：叶近轮生，叶片薄革质或膜质，干时黑绿色，长圆状披针形或长圆状倒披针形，长 6.0~14.5cm，宽 2~3(~4)cm；叶柄长 2~6mm。果托质薄。

产于隆林、田林、凌云、那坡、柳州。生于海拔 1000~1800m 的山坡、路旁或灌丛中。分布于湖南、湖北、四川、贵州、云南。

10. 黄肉楠属 Actinodaphne Nees

常绿灌木或乔木。叶常聚生于小枝顶端，排列成轮生状，少为互生，羽状脉，稀离基三出脉。花单性，雌雄异株，伞形花序单生或簇生，或排成圆锥状或总状；苞片早落；花被裂片 6 枚，近相等；雄花的发育雄蕊和雌花的退化雄蕊均为 9 枚，仅第 3 轮雄蕊基部有 2 枚腺体；花药 4 室，重叠排列，内向。浆果核果状，具扩大、凹陷或平展的果托。

约 100 种，主产于亚洲热带；中国 19 种，分布于长江以南及台湾；广西 5 种。

木材结构细，纹理直，径面有光泽，坚实，材质较优良，种子可榨油，供工业用。

分种检索表

1. 花序圆锥形；叶倒卵形，偶椭圆形，下面被毛，中脉及侧脉在叶上面微凹，下面明显凸起，横脉在下面明显；叶柄长 1.5~3.0cm，有锈色绒毛；果球形，果托盘状 ················· **1. 毛黄肉楠 A. pilosa**
1. 花序伞形。

图 166 1. 黄丹木姜子 **Litsea elongata**（Wall. ex Nees）Benth. et Hook.
f. 果枝。2. 伞花木姜子 **Litsea umbellata**（Lour.）Merr. 果枝。（1. 仿《广西植
物志》，2. 仿《云南植物志》）

2. 叶柄短，长 5~8mm。

  3. 叶长圆形至长圆状披针形，下面粉绿色，有灰色或灰褐色短柔毛，后渐脱落，中脉在上面下陷，在下面凸
    起；果卵形或卵圆形 ·· **2. 红果黄肉楠 A. cupularis**

  3. 叶倒披针形或倒卵状披针形，上面绿色，仅中脉被短柔毛外，下面淡绿色，被灰褐色短柔毛，中脉在上面
    微凸；果长圆形 ·· **3. 马关黄肉楠 A. tsaii**

2. 叶柄长，长 1.5~4.0cm。

  4. 叶椭圆形、长椭圆形至倒卵状椭圆形，宽 3.5~10.5cm，先端短渐尖，侧脉 6~13 对；果近球形，直径
    1.5~2.2cm；果托盘状 ····························· **4. 贵州黄肉楠 A. kweichowensis**

  4. 叶椭圆状披针形，宽 2~5cm，先端长渐尖，常呈镰状弯曲，侧脉 15~18 对，下面网脉明显；果长圆形，
    直径 6~7mm；果托浅杯状 ·································· **5. 毛尖树 A. forrestii**

1. 毛黄肉楠　老人木（博白）、茶胶树、刨花、胶木（海南）、香胶　图 167：4~5
Actinodaphne pilosa（Lour.）Merr.

乔木或灌木，树皮灰色或灰白色。小枝粗壮，幼时密被锈色绒毛。叶互生或 3~5 片聚生成轮
生状，革质，倒卵形，偶椭圆形，长 12~24cm，宽 5~12cm，先端突尖，基部楔形，幼时两面及边
缘密被锈色绒毛，老叶上面无毛，下面被毛，中脉及侧脉在叶上面微凹，下面明显凸起，侧脉每边
5~7（~10）条，斜展，较直，仅先端略弧曲，横脉在下面明显；叶柄粗壮，长 1.5~3.0cm，有锈
色绒毛。花序腋生或枝侧生，由伞形花序组成圆锥状；雄花序总梗较长，长达 7cm，雌花序总梗稍
短，均密被锈色绒毛。果球形，直径 4~6mm，生于近于扁平的盘状果托上；果梗长 3~4mm，被柔

图 167　1 ~ 3. 红果黄肉楠 Actinodaphne cupularis（Hemsl.）Gamble 1. 花枝；2. 雄花；3. 果。4 ~ 5. 毛黄肉楠 Actinodaphne pilosa（Lour.）Merr. 4. 果枝；5. 果。（仿《中国树木志》）

毛。花期 8 ~ 12 月；果期翌年 2 ~ 3 月。

产于合浦、崇左、扶绥、宁明、龙州、隆安、武鸣、邕宁、岑溪、容县、博白、北流、钦州、灵山和六万大山、十万大山、大明山等地。散生于海拔 500m 以下的山谷、山坡林内或灌丛中，颇为常见。分布于广东、海南、四川、贵州和云南。树皮含胶质，可作造纸用胶和发胶；树皮与叶药用，有祛风湿、散瘀消肿、止咳的功效，外用可治跌打损伤、疖疮。

2. 红果黄肉楠　红果楠　图 167：1 ~ 3

Actinodaphne cupularis（Hemsl.）Gamble

灌木或小乔木，高 2 ~ 10m；小枝纤细，灰褐色，幼时有灰色或灰褐色微柔毛。叶常 5 ~ 6 片簇生于枝端成轮生状，长圆形至长圆状披针形，两端渐尖，长 5.5 ~ 14.0cm，宽 1.5 ~ 3.0cm，下面粉绿色，有灰色或灰褐色短柔毛，后渐脱落；中脉在上面下陷，在下面凸起，侧脉 8 ~ 13 对，在上面不明显，在下面明显凸起，横脉不明显；叶柄短，长 5 ~ 8mm，被灰色或灰褐色柔毛，有沟槽。伞形花序单生或簇生，无总梗；果卵形或卵圆形，长 1.2 ~ 1.4cm，直径约 1cm，熟时红色，先端具短尖，基部为浅杯状、具纵纹的果托所包被，果托全缘或为粗波状缘。花期 11 月至翌年 3 月；果期翌年 8 ~ 10 月。

产于田林、那坡、贺州。生于海拔 1200m 以下的山地密林中。分布于四川、贵州、云南、湖南、湖北。种子油可供制肥皂或作润滑油；根、叶入药，可治脚癣、烫伤和痔疮。

3. 马关黄肉楠

Actinodaphne tsaii Hu

乔木，高 8 ~ 20m。小枝紫褐色，幼时被灰褐色短柔毛。叶纸质，4 ~ 6 片簇生于小枝顶端或成轮生状，倒披针形或倒卵状披针形，长 10 ~ 15cm，宽 2.0 ~ 3.5cm，先端渐尖，基部尖锐，上面绿色，除微凸的中脉被短柔毛外，其余几全无毛，下面淡绿色，被灰褐色短柔毛；羽状脉，侧脉 8 ~ 10 对，弯曲；叶柄长 5 ~ 8mm，被灰褐色短柔毛。伞形花序腋生，近于无总梗；果长圆形，长约 9mm；果托浅杯状，全缘；果梗长 6 ~ 8mm，被柔毛。花期 3 ~ 4 月；果期 6 ~ 7 月。

产于防城。生于海拔 1300m 以上的常绿阔叶林中。分布于云南东南部。

4. 黔桂黄肉楠　广西山胡椒、贵州黄肉楠　图 168：3 ~ 4

Actinodaphne kweichowensis Yang et P. H. Huang

小乔木，高 10m。幼枝、芽、叶柄、叶下面和苞片均被黄锈色柔毛；叶簇生于枝顶或成轮生状，椭圆形、长椭圆形至倒卵状椭圆形，长 11～27cm，宽 3.5～10.5cm，先端短渐尖，基部阔楔形或近圆形，革质，上面深绿色，有光泽，无毛，下面淡绿色，干时边缘常内卷；羽状脉，中脉在上面凹陷，下面隆起，侧脉 6～13 对，斜展，在上面微平或下陷，在下面凸起；叶柄长 1.5～4.0cm，粗壮。伞形花序生于叶腋或枝侧，单独或 2～3 个簇生，无总梗。果近球形，直径 1.5～2.2cm；果托盘状，径约 1.2cm，深 2～3mm，全缘；果梗长 4～5mm，稍粗壮。花期 5～6 月；果期 10 月。

易危种。产于龙州、那坡、德保。生于石灰岩山地阔叶林中。分布于贵州。果实含芳香油，供工业用。

5. 毛尖树 图 168：1～2

Actinodaphne forrestii (Allen) Kosterm.

乔木，高达 15m。顶芽密被红锈色绒毛；幼枝密生黄褐色平伏绒毛，老枝紫褐色，毛渐脱落。叶 6～7 片集生于枝顶成假轮生状，椭圆状披针形，长 9～27cm，宽 2～5cm，先端长渐尖，常呈镰状弯曲，

图 168 1～2. 毛尖树 Actinodaphne forrestii (Allen) Kosterm. 1. 雄花枝；2. 果。3～4. 黔桂黄肉楠 Actinodaphne kweichowensis Yang et P. H. Huang 3. 果枝；4. 果。(1～2. 仿《云南植物志》，3～4. 仿《中国树木志》)

基部渐狭或阔楔形，下面灰绿色，幼时密被锈黄色短绒毛；中脉在上面下陷，下面凸起，侧脉 15～18 对，下面网状脉明显；叶柄长 1.5～2.0cm，有黄褐色短绒毛。伞形花序数个簇生于枝侧，总梗短或无。果长圆形，长 1.0～1.6cm，直径 6～7mm；果托浅杯状，全缘；果梗长 1.0～1.5cm。花期 11 月至翌年 3 月；果期 8～10 月。

产于那坡。生于海拔 1000m 以上的石山密林中。分布于云南、贵州。

11. 琼楠属 Beilschmiedia Nees

常绿乔木或灌木。顶芽常大而明显，为革质、紧闭的鳞片所包，光滑或被毛。叶革质、厚革质或坚纸质，稀膜质，对生、近对生或互生；叶下面具腺状小凸点或无，羽状脉，网脉明显凸起，常呈蜂窝状。聚伞状圆锥花序，稀为腋生花束或近总状花序；花被管短，花被裂片 6 枚；发育雄蕊 9 枚，花药 2 室，第 1、2 轮花药内向，花丝基部无腺体，第 3 轮花药外向，花丝基部有 2 枚腺体，第 4 轮为退化雄蕊。果椭圆形、卵状椭圆形、倒卵形或近球形；果梗膨大或不膨大，花被通常脱落。

约 200 种，主产于热带非洲、东南亚和澳大利亚，以非洲最多；中国产 35 种 2 变种，主产于长江以南；广西 20 种。本属多数种类树干通直，材质坚硬，供建筑、车辆、家具之用；种子含油脂，可供工业用。

分种检索表

1. 顶芽被毛。
  2. 中脉在上面凹陷。
    3. 顶芽膨大, 卵圆形, 被锈色短绒毛, 叶椭圆形或阔椭圆形, 基部略下延; 果椭圆形或阔椭圆形‧‧‧‧‧‧‧‧‧‧‧‧‧‧‧‧‧‧‧‧‧‧‧‧‧‧‧‧‧‧‧‧‧‧‧‧‧ **1. 红枝琼楠 B. laevis**
    3. 顶芽较小; 叶基不下延。
      4. 叶椭圆形或长圆形, 互生或近对生。
        5. 顶芽、幼枝密被黄褐色绒毛或柔毛; 叶两面小脉密、网状, 干后略呈疏散的蜂窝状 ‧‧‧ **2. 网脉琼楠 B. tsangii**
        5. 顶芽、幼枝被灰褐色微毛; 叶上面网状脉不明显, 下面略明显, 果具密集瘤状小凸点 ‧‧‧ **3. 瘤果琼楠 B. muricata**
      4. 叶椭圆状披针形, 对生, 无毛, 侧脉 7~9 对, 基部楔形, 顶端钝尖; 顶芽小, 密被锈色柔毛; 圆锥花序顶生 ‧‧‧‧‧‧‧‧‧‧‧‧‧‧‧‧‧‧‧‧‧ **4. 上思琼楠 B. shangsiensis**
  2. 中脉在上面凸起或平坦。
    6. 叶下面密布腺状小凸点。
      7. 顶芽、幼叶、各级花序轴均被锈色短柔毛; 叶椭圆形至阔椭圆形, 长 9~15cm, 宽 3.5~7.0cm; 圆锥花序长 4~8cm ‧‧‧‧‧‧‧‧‧‧‧‧‧‧‧‧‧ **5. 海南琼楠 B. wangii**
      7. 顶芽、幼枝、幼叶、各级花序轴均被锈色微硬毛; 叶椭圆形至长圆形, 长 11~23cm, 宽 3.6~10.2cm; 聚伞状圆锥花长 1.8~3.0cm ‧‧‧‧‧‧ **6. 红毛琼楠 B. rufohirtella**
    6. 叶下面无腺状小凸点。
      8. 叶革质; 小脉结成密网状, 干后两面呈蜂窝状窝穴。
        9. 果暗褐色, 密被小糠秕; 叶长圆形或长圆披针形, 稀卵状披针形, 基部圆形或阔楔形 ‧‧‧‧‧‧‧‧‧‧‧‧‧‧‧‧‧‧‧‧‧‧‧‧‧‧‧‧‧‧‧‧‧‧‧‧‧ **7. 隐脉琼楠 B. obscurinervia**
        9. 果黑色至黑褐色, 无糠秕; 叶阔椭圆形或椭圆状披针形; 圆锥花序密被锈色绒毛 ‧‧‧ **8. 滇琼楠 B. yunnanensis**
      8. 叶革质或纸质: 小脉联结成网状, 干后两面无窝穴。
        10. 叶革质或近革质, 椭圆形或披针状椭圆形, 先端通常渐尖、微弯, 极少为短尖或钝, 网状脉两面明显凸起; 果椭圆形或倒卵状椭圆形, 密布瘤状小凸点 ‧‧‧‧‧‧‧‧‧ **9. 美脉琼楠 B. delicata**
        10. 叶纸质或近膜质, 长圆形至长圆状披针形, 先端钝、圆形或短渐尖, 网状脉两面不明显; 果椭圆形, 平滑无小凸起 ‧‧‧‧‧‧‧‧‧‧‧‧‧‧‧‧‧‧ **10. 宁明琼楠 B. ningmingensis**
1. 顶芽无毛。
  11. 叶下面密布腺状小凸起。
    12. 叶纸质, 狭椭圆形或长椭圆形, 先端渐尖, 常呈镰形弯曲; 顶芽细小; 果长圆状椭圆形 ‧‧‧‧‧‧‧‧‧‧‧‧‧‧‧‧‧‧‧‧‧‧‧‧‧‧‧‧‧‧‧‧‧‧‧‧‧‧‧ **11. 纸叶琼楠 B. pergamentacea**
    12. 叶革质, 披针形或长圆形, 先端钝或短渐尖; 顶芽较大, 卵形; 果倒卵形或近陀螺形 ‧‧‧ **12. 粗壮琼楠 B. robusta**
  11. 叶下面无腺状小凸起; 顶芽多数较大。
    13. 中脉在上面(至少近基部)下陷。
      14. 叶上面暗晦无光泽, 下面被糠秕状微毛; 果近倒卵状椭圆形或幼时近球形, 密被褐色糠秕, 干后褐色 ‧‧‧‧‧‧‧‧‧‧‧‧‧‧‧‧‧‧‧‧‧‧‧‧‧‧‧‧‧‧‧ **13. 糠秕琼楠 B. furfuracea**
      14. 叶非上述情形; 果无糠秕。
        15. 果小, 长不及 2cm, 椭圆形, 具瘤状小凸点; 叶披针形、长椭圆形或阔椭圆形。
          16. 叶较大, 长 8cm 以上, 宽 3cm 以上; 花序腋生 ‧‧‧‧‧‧‧‧‧ **14. 广东琼楠 B. fordii**
          16. 叶较小, 长不超过 8cm, 宽不及 3cm; 花序顶生, 花被片密被腺状斑点 ‧‧‧ **15. 短序琼楠 B. brevipaniculata**
        15. 果大, 长 2.5cm 以上, 平滑或具细微小瘤; 叶上面网状脉明显凸起。
          17. 果近球形, 干后带黑色; 顶芽椭圆状披针形, 平滑无毛; 叶对生, 革质, 长椭圆形或卵状椭圆形，先端尾尖；叶柄长 0.7～1.0cm ···················· **16. 贵州琼楠 B. kweichowensis**

  17. 果椭圆形或近橄榄形；叶柄长 1～3cm。

    18. 叶基微下延至叶柄，叶椭圆形或披针状椭圆形，干后上面灰绿色，下面紫褐色，侧脉
      与网状脉两面凸起；果干后黑色，具细微小瘤 ················· **17. 琼楠 B. intermedia**

    18. 叶基不下延至叶柄，叶略偏斜，上面网状脉明显凸起；果先端具细尖头。

      19. 叶长椭圆形或椭圆形，侧脉 6～8 对，干后深褐色或黑褐色，两面同色；果长圆
        形，长 4.0～5.5cm，常偏斜 ················· **18. 厚叶琼楠 B. percoriacea**

      19. 叶椭圆形或披针状椭圆形，基部渐狭成楔形，两侧常不对称，侧脉 10 对；果椭
        圆形，长约2.8cm，不偏斜 ················· **19. 横县琼楠 B. henghsienensis**

  13. 中脉在上面平坦或微隆起；小枝略具棱；叶近对生，革质，椭圆形，稍歪斜，无毛，小脉在两面呈网格
    状；果卵状长圆形 ······································· **20. 卵果琼楠 B. ovoidea**

1. 红枝琼楠 平滑琼楠、大叶槁(广东)

Beilschmiedia laevis Allen

乔木，高达20m。顶芽常大，卵圆形，被锈色短绒毛。小枝较粗，常有沟槽，绿色，干后红色，无毛。叶对生或近对生，椭圆形或阔椭圆形，长 7～11cm，宽 3～6cm，先端钝或短渐尖，基部阔楔形，沿叶柄略下延，两面无毛；中脉在上面下陷，侧脉 6～10 对，网状脉两面凸起；叶柄长 1.5～3.0cm；叶干后栗色。果椭圆形或阔椭圆形，长 1.7～2.6cm，直径 1.2～2.0cm，熟时褐色，光滑，无毛。果期 11～12 月。

产于陆川。常生于海拔 500～900m 的山谷和山坡密林中。分布于海南；越南也有分布。木材褐色，纹理不通直，结构细致，坚硬，稍变形，不甚耐腐，适作建筑、家具和农具用材。

2. 网脉琼楠 牛奶奶果(云南)

图 169：1

Beilschmiedia tsangii Merr.

乔木，高达25m，胸径60cm。顶芽、幼枝密被黄褐色绒毛或短柔毛。叶互生，有时近对生，椭圆形至长圆形，长 6～9cm，宽 1.5～4.5cm，先端急尖、短尖，尖头钝或有时圆形或有缺刻，两面无毛；侧脉 7～9 对，两面小脉成密网状，干后略呈疏散的蜂窝状小窝穴，中脉在上面下陷；叶柄长 0.5～1.4cm，密被褐色绒毛。圆锥花序腋生。果椭圆形，长 1.5～2.0cm，直径 0.9～1.5cm，有瘤状小凸起。花期夏季；果期 7～12 月。

产于苍梧、蒙山、贺州、金秀、大明山和灵川。生于海拔 1300m 以下的山坡湿润混交林中。分布于广东、海南、云南、台湾；越南也有分布。

图 169 **1.** 网脉琼楠 Beilschmiedia tsangii Merr. 果枝。**2.** 美脉琼楠 Beilschmiedia delicata S. Lee et Y. T. Wei 果枝。(仿《中国树木志》)

图 170　瘤果琼楠 Beilschmiedia muricata H. T. Chang 枝叶。(仿《中国植物志》)

木材纹理直，细致，较轻软，适合作建筑门窗、天花板、家具、细木工等用材。

3. 瘤果琼楠　图 170

Beilschmiedia muricata H. T. Chang

灌木或小乔木。顶芽细小，顶芽、幼枝被灰褐色短柔毛。叶互生或近对生，革质，长圆形，长 4~7cm，宽 1.5~2.5cm，先端短渐尖或微钝，幼时被毛，后变无毛，干后上面绿褐色，下面紫褐色；中脉上面下陷，侧脉 7~8 对，不明显，下面微凸，小脉纤细，上面不明显，下面略明显；叶柄长 0.5~0.8cm，被短柔毛。圆锥花序腋生或近顶生，长 2.5~3.5cm。果椭圆形，长 1.8cm，径 1.2cm，深褐色，外面密被明显的瘤状小凸起。

广西特有种。产于十万大山。生于混交林中。

4. 上思琼楠

Beilschmiedia shangsiensis Y. T. Wei

乔木，高 24m 以上，树皮灰黑色，枝条绿色，无毛。顶芽小，密被锈色柔毛。叶对生，叶柄细小，长 1~3cm，叶片光亮，椭圆状披针形，长 6~13cm，宽 2~4cm，无毛，革质，中脉在上面下陷，下面凸起，侧脉 7~9 对，基部楔形，顶端钝尖。圆锥花序顶生，长 2cm，花小；发育雄蕊 9 枚，排成 3 轮。果实卵形，长 5cm，宽 2.5cm。花、果期 3~6 月。

广西特有种，产于上思、防城，生长在 500~1000m 的沟谷地带。

5. 海南琼楠　黄志琼楠(海南)

Beilschmiedia wangii Allen

乔木，高达 16m。幼枝稍压扁。顶芽、幼叶、各级花序轴均被锈色短柔毛，老叶无毛或被短柔毛。叶对生，革质，椭圆形、阔椭圆形，长 9~15cm，宽 3.5~7.0cm，下面密布腺状小凸点；中脉在上面平坦，侧脉 8~9 对；叶柄长 1.2~2.5cm，常有瘤状小凸点。圆锥花序近顶生或腋生，长 4~8cm。果长圆形，长 5.5cm，径 2.2cm，熟时紫黑色或黑色，果梗长达 2.5cm。花期 11 月至翌年 3 月。

产于十万大山。生于海拔 600~1100m 的密林中或沟谷灌丛中。分布于广东、海南、云南；越南也有分布。

6. 红毛琼楠

Beilschmiedia rufohirtella H. W. Li

乔木，高 5~30m。顶芽被锈色微硬毛。幼枝稍压扁，具棱和细纵条纹，多少被锈色微硬毛。叶互生、对生或近对生，坚纸质，椭圆形至长圆形，长 11~23cm，宽 3.6~10.2cm，先端短渐尖至渐尖，有时锐尖、钝或微缺，常偏斜，基部宽楔形至近圆形，叶背面密被腺状小凸点，幼时两面密被锈色微硬毛；中脉和侧脉上面微凸或平，在下面明显凸起，侧脉每边 9~12 条，斜展，小脉两面明显，网状；叶柄长 1.0~2.5cm，幼时密被锈色微硬毛。聚伞状圆锥花序腋生或近顶生，长 1.8~3.0cm；总梗与各级序轴密被锈色微硬毛。果椭圆状长圆形，长 4.5~5.5cm，直径 2.5~2.7cm，两端渐狭，顶端具小尖头，成熟时紫黑色，无毛；果梗粗短，长 5mm，顶端粗 4~5mm。花、果期 12 月至翌年 3 月。

产于那坡。生于海拔 1100m 以上的沟边灌丛或阔叶林中。分布于云南东南部。播种繁殖。生长年轮界限明显，材质坚实，可作建筑和家具等用材。

7. 隐脉琼楠

Beilschmiedia obscurinervia H. T. Chang

小乔木，高约5m；小枝圆形。顶芽细小，与幼枝略被稀疏微毛。叶互生，稀近对生，常聚生于枝顶，革质，长圆形、长圆状披针形，稀卵状披针形，长5~11cm，宽2~4cm，先端渐尖，尖头钝，基部楔形或近圆；中脉两面凸起，侧脉6~8对，不明显，小脉联结成网状，极细小，干后在两面呈细小的蜂窝状小窝穴；叶柄长0.6~12.0cm。果椭圆形，长2.0~3.5cm，直径1.0~1.7cm，先端常有脐状凸起，表面密被糠秕，干后暗褐色。果期8月。

广西特有种。产于十万大山。生于海拔900m左右的混交林中。

8. 滇琼楠　滇拜土密木

Beilschmiedia yunnanensis Hu

乔木，高达18m，胸径可达1m；树皮灰黑色。小枝粗壮，常有棱、纵纹和明显皮孔。顶芽细小，与小枝密被锈褐色绒毛。叶互生，稀近对生或对生，阔椭圆形或椭圆状披针形，常偏斜，通常长8~16cm，宽4~6cm，先端渐尖，尖头钝，微弯，基部阔楔形，沿叶柄下延，两面无毛；中脉上面平坦或凸起，侧脉5~9对，两面均凸起，网脉干后均成蜂窝状小窝穴；叶柄长1.5~2.5cm，粗壮。圆锥花序顶生或腋生，长2~6cm，各级花序轴粗壮，密被锈褐色绒毛；果阔椭圆形或近圆形，长2~4cm，直径1.5~2.7cm，熟时黑色，光滑。花期1~2月；果期8~12月。

产于融水、平南、容县、那坡。生于海拔800~1000m的山坡、溪边混交林中。分布于云南、广东、海南。

9. 美脉琼楠　图169：2

Beilschmiedia delicata S. Lee et Y. T. Wei

乔木或灌木，高4~20m。顶芽小，密被灰黄色短柔毛或绒毛。小枝近圆形，常具皮孔，无毛或略被短柔毛。叶革质或近革质，互生或近对生，椭圆形或披针状椭圆形，长7~12cm，宽2~4cm，多稍偏斜，先端通常渐尖、微弯，极少为短尖或钝，基部楔形或阔楔形，两面无毛或下面有微柔毛；中脉两面凸起，侧脉8~12对，小脉密网状，纤细，两面明显凸起，干后不成蜂窝状小窝穴；叶柄长0.8~1.3cm，无毛或略被毛。聚散状圆锥花序腋生或顶生，长3~6cm。果椭圆形或倒卵状椭圆形，长2~3cm，直径1~2cm，先端圆形，熟时黑色，密布瘤状小凸点。花果期6~12月。

产于龙胜、临桂、阳朔、环江、天峨、融水、金秀、武鸣、上林、隆安和容县等地。常生于海拔1200m以下的山谷、溪边混交林中。分布于广东、贵州、湖南。喜温暖湿润气候和肥沃酸性土，以溪边生长旺盛，耐阴，林下更新良好。树高生长中等，树高年生长量约40cm。播种繁殖，种子发芽率约80%，繁殖容易。木材坚硬，纹理通直，可供作建筑、车辆、雕刻、家具等用材。

10. 宁明琼楠　图171：2

Beilschmiedia ningmingensis S. Lee et Y. T. Wei

乔木，高约12m。小枝纤细，近圆形，略具棱。顶芽细小，密被锈褐色短绒毛。叶常聚生于枝顶，纸质或近膜质，长圆形至长圆状披针形，长7~10cm，宽2~4cm，先端钝、圆形或短渐尖，基部阔楔形或近圆形，两面被糠秕状微毛，下面尤明显；中脉两面凸起，侧脉8~12对，纤细，上面不明显，下面稍凸起，网状脉纤细，两面均不明显，干后不成蜂窝状小窝穴；叶柄长0.5~1.0cm，密被糠秕状微毛。花序圆锥状或总状，顶生，长2~4cm。果椭圆形，长2.5~4.0cm，直径1.8~2.5cm，熟时黄色，微被糠秕。花果期11~12月。

极危种，广西特有种。产于宁明。生于海拔1200m左右的山坡混交林中。

11. 纸叶琼楠　黑叶琼楠　图171：1

Beilschmiedia pergamentacea Allen

乔木，高8~20m；树皮灰白色；顶芽细小，无毛；小枝有条纹及微小腺状小凸点。叶纸质，对生或近对生，狭椭圆形或长椭圆形，长10~16cm，宽3.0~3.5cm，先端渐尖或长渐尖，常镰形

图171　1. 纸叶琼楠 Beilschmiedia pergamentacea Allen 果枝。2. 宁明琼楠 Beilschmiedia ningmingensis S. Lee et Y. T. Wei 果枝。(仿《中国树木志》)

后下面暗褐色或黑紫色，常密布腺状微小凸点；叶柄长1.0～2.5cm。圆锥花序腋生或近顶生，长约6cm，少花。果倒卵形或近陀螺形，直径3cm；果梗粗壮，直径4～6mm。花期4～5月；果期6～11月。

产于隆林。生于海拔1000m以上的山地沟谷密林或疏林中。分布于云南、贵州、西藏。播种繁殖，随采随播或混沙贮藏，播后覆草。易栽培、生长快，适应力强。木材生长轮狭至略宽，界限明显，材质优良，结构细，纹理直，装饰用材。枝叶茂密、树冠整齐、树干光滑，可作庭院或绿地点缀树种。

13. 糠秕琼楠

Beilschmiedia furfuracea Chun ex H. T. Chang

乔木，高8～15m；树皮灰白色，幼枝红褐色，无毛。顶芽卵珠形，无毛。叶对生或近对生，薄革质，长圆形或长圆状椭圆形，长6～14cm，宽3～6cm，先端锐尖或钝，基部楔形或近圆形，上面暗晦无光泽，下面被糠秕微毛；中脉在上面下陷，下面凸起，侧脉7～9对，侧脉和网脉两面微凸起；叶柄长0.8～1.5cm。圆锥花序数个聚生于枝顶，长约2cm，无毛。果近倒卵状椭圆形或幼时近球形，密被褐色糠秕状鳞片，干后带褐色，长约3.2cm，直径2cm；果梗直径2～4mm。花期3月；果期7～8月。

本种与网脉琼楠略似，但从网状脉呈疏网状，顶芽卵形，无毛，果较大等特征均可区别。

濒危种。产于防城、上思、那坡等地。常生于山谷混交林中。分布于广东。

弯曲，干后上面灰褐色，下面紫黑色，密被腺状小凸起；中脉上面稍凸，侧脉7～12对，小脉网状，稍明显；叶柄长1～2cm，常有瘤状小凸起。花序总状或圆锥状，腋生，长3～4cm，近无毛。果长圆状椭圆形，长3～4cm，直径2.0～2.5cm，常有细微小凸点。花期8月；果期10～12月。

产于大新、十万大山、大明山等地。生于海拔1400m以下的山谷密林中，较少见。分布于海南、云南。播种繁殖。木材为建筑、室内装修、家具等用材。

12. 粗壮琼楠

Beilschmiedia robusta Allen

乔木，高达25m，树皮灰白色，顶芽大，卵球形，全株无毛。小枝粗壮，红褐色。叶对生或互生，革质，披针形或长椭圆形，略偏斜，长7～13cm，宽2.5～5.5cm，先端钝或短渐尖，基部楔形；中脉在上面下陷(至少在中部以下如此)，下面凸起，侧脉9～12对，纤细，网状脉两面凸起，干后下面暗褐色或黑紫色，常密布腺状微小凸点；叶柄长1.0～2.5cm。

14. 广东琼楠　图 172：1

Beilschmiedia fordii Dunn

乔木，高 6～18m，胸径 15～50cm。树皮青绿色；顶芽卵状披针形，无毛。叶对生，革质，披针形、长椭圆形或阔椭圆形，长 8～12cm，宽 3.0～4.5cm，先端短渐尖或钝，基部楔形或阔楔形，两面无毛；中脉上面下陷，下面凸起，侧脉 6～10 对，纤细，侧脉与网脉不明显至略明显；叶柄长 1～2cm。聚伞状圆锥花序腋生，长 3cm。果椭圆形，长 1.4～1.8cm，两端圆形，通常具瘤状小凸点。花期 6 月；果期 11～12 月。

产于龙胜、临桂、兴安、永福、融水、金秀、贺州、武鸣、上林、桂平、那坡。生于海拔 500～1000m 的湿润山谷混交林中。分布于广东、湖南、四川、江西；越南也有分布。喜温暖湿润气候和肥沃酸性土壤，幼苗较耐阴，林下幼苗生长良好，在疏林地或林缘天然更新较好。播种繁殖。幼苗、幼树要求遮阴，宜在林间种植或营造混交林。木材坚硬，纹理通直，可供作建筑、车辆、雕刻、家具等用材。叶枝浓绿而光洁，干形整齐，可庭院种植。

图 172　1. 广东琼楠 Beilschmiedia fordii Dunn 果枝。2. 贵州琼楠 Beilschmiedia kweichowensis Cheng 果枝。3. 横县琼楠 Beilschmiedia henghsienensis S. Lee et Y. T. Wei 果枝。(仿《中国树木志》)

15. 短序琼楠　番鬼榄

Beilschmiedia brevipaniculata Allen

小乔木，高 3～7m。幼枝纤细，稍扁，红褐色，全株无毛。叶对生或近对生，革质，常聚生枝顶，披针形、椭圆形或阔椭圆形，稀卵状椭圆形，长 4～8cm，宽 1.0～2.8cm，多少偏斜，先端宽渐尖，基部楔形或阔楔形；中脉上面下陷，下面凸起，侧脉 6～8 对，侧脉与网脉不明显；叶柄长 1.0～1.5cm。聚伞状圆锥花序顶生，稀腋生，长 1.5cm，花被裂片密被腺状斑点。果椭圆形，长 1.7cm，直径 1.1cm，通常具瘤状小凸点。花期 6 月；果期 11 月至翌年 2 月。

产于灵川、十万大山、大明山和大瑶山。生于山坡混交林中。分布于广东、海南。播种繁殖。叶药用，有解毒消肿、活血止痛的功效。

16. 贵州琼楠　图 172：2

Beilschmiedia kweichowensis Cheng

小乔木。小枝纤细，径约 2mm，黄褐色，无毛。顶芽椭圆状披针形，平滑无毛。叶对生，革质，长椭圆形或卵状椭圆形，长 5.0～8.5cm，宽 2.0～3.5cm，先端尾尖，基部楔形或阔楔形，两面无毛；中脉上面下陷，下面凸起，侧脉 8～9（～11）对，侧脉和网状脉两面凸起；叶柄纤细，长 0.7～1.0cm。果近球形，长 2.5～3.0cm，直径 2.3～2.5cm，褐色，平滑。果期 10 月。

产于隆林、凌云等地。生于海拔 600～1300m 的山地阔叶密林中。分布于贵州、四川。喜温湿

图173 1. 琼楠 Beilschmiedia intermedia Allen 果枝。2. 厚叶琼楠 Beilschmiedia percoriacea Allen 果枝。(仿《中国树木志》)

环境，较耐阴。叶深绿、光亮、革质，9~12月观紫黑果，可作为行道树种栽培。

17. 琼楠 荔枝公（海南） 图173：1

Beilschmiedia intermedia Allen

乔木，高9~20m，全株无毛。叶对生或近对生，革质，椭圆形或披针状椭圆形，长6.5~8.5cm，宽3.5~4.5cm，先端钝或短渐尖，基部楔形或近圆形，沿叶柄略下延，下面无腺状小凸点，干后上面灰绿色，下面紫褐色；中脉上面微下陷，侧脉较少，通常6对，稀8对，下面网状脉比上面密，侧脉与网状脉两面凸起；叶柄纤细，长1~2cm。圆锥花序腋生或顶生，长1.5~2.0cm。果椭圆形或近橄榄形，长3.0~4.5(~6.0)cm，直径1.5~2.5(~3.0)cm，有细微小瘤。花期8~11月；果期10月至翌年5月。

产于防城、上思、宁明、贺州等地。散生于海拔400~1300m的山谷和山坡混交林中、山腰缓冲地带或水溪边。分布于广东、海南；越南也有分布。为热带、南亚热带常绿季雨林和山地雨林的主要树种。喜静风而潮湿的山谷密阴环境，对土壤要求严格，多在土层深厚疏松、腐殖质丰富的砂壤土缓坡或沟边平坦地上生长，幼树能耐阴，但天然下种繁殖不良。早期生长较慢，在10年生前，年高生长量约为30cm，年直径生长量约0.25cm，树高生长最快期为15~25年，胸径生长最快期在20年以后。播种繁殖。夏秋季采种，即采即播。阴干的果实200颗/kg，发芽率在95%以上。1年生苗高约40cm，可用于造林。造林地可选择山间缓坡地上，造林密度825~1600株/hm²，幼林可适当密植。木材结构细致、均匀，为建筑、家具和农具的优良用材。叶药用，可治各种热毒病症。树形美观，可作庭院树种。

18. 厚叶琼楠 图173：2

Beilschmiedia percoriacea Allen

乔木，高达15~18m，胸径达1.5m，全株无毛。叶对生或近对生，革质至厚革质，长椭圆形或椭圆形，长9~15(~19)cm，宽4.5~6.0(~8.0)cm，略偏斜，先端短渐尖，基部楔形，上面光亮，干后深褐色或黑褐色，两面同色；中脉在上面下陷，网状脉明显凸起，侧脉6~8对，在两面明显凸起，叶缘波状，略背卷；叶柄粗壮，长1.2~2.0cm。花序圆锥状或总状，数个聚生于枝顶，长1.5~5.0cm。果长圆形，长4.0~5.5cm，常偏斜，平滑。花期5月；果期6~12月。

产于平南、扶绥、宁明、金秀及大明山。生于山坡密林中或石灰岩山上。分布于海南、广东、湖南、云南。喜温暖湿润气候。可栽培作庭院树种。

19. 横县琼楠　图 172：3

Beilschmiedia henghsienensis S. Lee et Y. T. Wei

乔木。小枝近圆形，无毛；顶芽卵珠形，无毛。叶革质，椭圆形或披针状椭圆形，长 7 ~ 14cm，宽 2 ~ 5cm，先端短渐尖，多少偏斜，尖头钝，基部渐狭成楔形，两侧常不对称，上面光亮，两面无毛；中脉上面下陷，侧脉 10 对，在两面明显凸起。圆锥状聚伞花序长 3 ~ 5cm，无毛。果椭圆形，长约 2.8cm，先端具细尖头。花期 6 月；果期翌年 6 月。

广西特有种。产于横县、防城等地。生长在低丘林中，罕见。

20. 卵果琼楠

Beilschmiedia ovoidea F. N. Wei

乔木，高约 10m，小枝略具棱，干时浅栗色，芽无毛。叶近对生，革质，椭圆形，稍歪斜，长 9 ~ 13cm，宽 2.0 ~ 3.5cm，先端渐尖，基部狭楔形，两面光亮，无毛；中脉在上面平坦或微隆起，在下面隆起，侧脉 7 ~ 9 对，在两面明显，在边缘网结，小脉在两面呈网格状；叶柄长 1.0 ~ 1.5cm，无毛。果序长约 4cm；果卵状长圆形，长约 1.8cm，直径 1.4cm，表面光亮；果柄长 1.0 ~ 1.4cm。果期 9 月。

广西特有种。产于环江。生长在海拔 650m 左右的石灰岩林中。木材可作农具材或薪材。

12. 土楠属 Endiandra R. Br.

乔木或灌木。芽小，有芽鳞。叶互生，羽状脉，网状脉蜂窝状。花两性，小，组成圆锥花序，腋生或生于新枝基部，具梗；花被裂片 6 枚，近相等或外轮 3 枚稍大；发育雄蕊 3 枚，均全属于第 3 轮，第 1、2 轮雄蕊不存在或不发育而退化为腺体，有时腺体连成肉质的环；花药 2 室。果圆柱形、长圆形或卵球形；果梗不或几不增粗，花被全部脱落。

约 30 种，分布于印度、马来西亚和澳大利亚；中国 3 种，分布于云南、广东、海南、台湾。广西 1 种。

长果土楠　长果厚壳桂

Endiandra dolichocarpa S. K. Lee et Y. T. Wei

乔木，高约 14m，树皮灰色。小枝圆柱形，但稍有棱脊及条纹，褐色，无毛，具疣点。叶革质，长圆形或长圆状披针形，长 13 ~ 25cm，宽（4.0 ~）5.0 ~ 7.5cm，先端渐尖，尖头钝，基部钝至阔楔形，两侧常不对称，两面无毛，有细密的脉状斑点，两面具蜂巢状小窝穴；在中脉两面凸起，侧脉 7 ~ 9 对；叶柄粗壮，长达 2cm，无毛。果圆柱形，较大，长达 8cm，直径 2.3cm，熟时黑褐色，无毛。果期 8 ~ 9 月。

产于田阳。生于海拔约 500m 的林中。分布于云南东南部。

13. 油果樟属 Syndiclis Hook. f.

常绿乔木。叶互生、近对生或集生于枝顶，羽状脉。圆锥花序腋生，具总梗；花小，两性，具花梗；花被裂片通常 4 枚，稀 5 或 6 枚，于果时脱落；发育雄蕊通常 4 枚，稀 5 或 6 枚，与花被裂片对生，被毛及腺点，花丝短，花药 2 室或融合为 1 室，内向；退化雄蕊 4 枚，常被毛。子房卵状圆锥形，无毛，向上渐窄成花柱，柱头小。果大，陀螺形、扁球形或球形；果梗与果序轴增粗，不易区别。

约 10 种，分布于印度、非洲及中国西南部；中国 9 种，广西 1 种。

果实大，种子含油量多，油质佳，可作工业及食用油料。

广西油果樟　图 174

Syndiclis kwangsiensis（Kosterm.）H. W. Li

乔木，高达 23m，胸径达 45cm；树皮灰色。小枝无毛，密生皮孔。叶互生，椭圆形至卵状椭圆

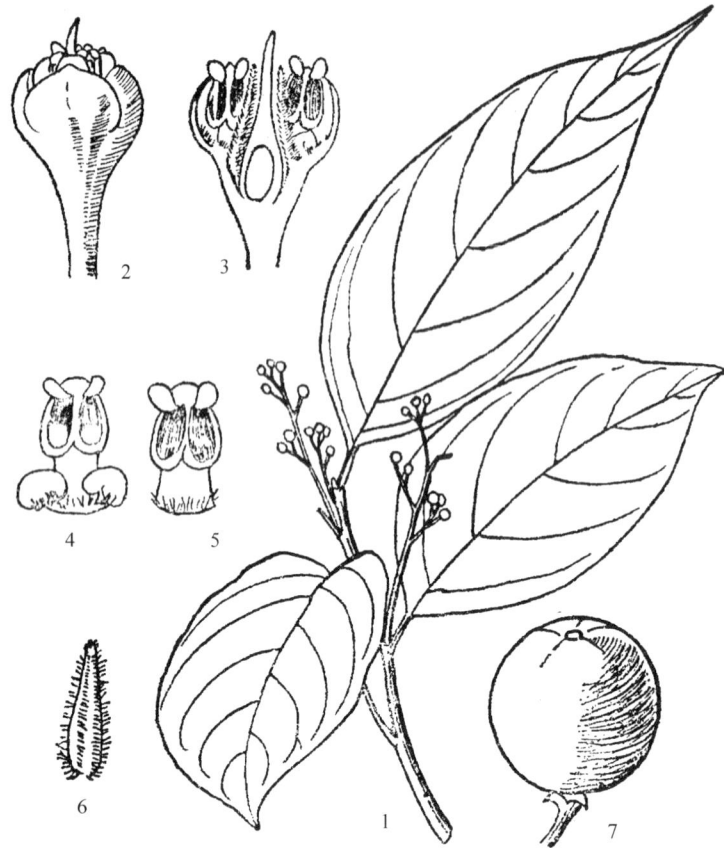

图 174　广西油果樟 Syndiclis kwangsiensis（Kosterm.）H. W. Li 1. 花枝；2~3.
花及其纵剖面；4~5. 雄蕊；6. 退化雄蕊；7. 果。(仿《中国树木志》)

形，长 10~15cm，宽 4~7cm，先端骤短渐尖，尖头长达 2cm，钝头，基部阔楔形至近圆形，无毛，
边缘背卷且呈波状，干时上面黄褐色，下面苍白色；侧脉 6 对，背面有多数纤细水平向平等排列的
横脉；叶柄长 0.7~1.5cm，无毛。果球形，直径达 5cm，干时红褐色，平滑，无毛，顶端圆，具不
明显小尖头。花期 4 月；果期 10 月。

　　广西特有种。产于上思、防城、钦州。生于海拔 650m 以下的山地或山谷密林中。

14. 油丹属 Alseodaphne Nees

　　常绿乔木。顶芽具鳞片。叶互生，常聚生于近枝顶，羽状脉。花两性，圆锥花序，腋生或近顶
生；花被筒短，花被裂片 6 枚，近相等或外轮较小，果时脱落；发育雄蕊 9 枚，排成 3 轮，第 1、2
轮雄蕊无腺体，第 3 轮雄蕊花丝基部具一对腺体；花药 4 室；退化雄蕊 3 枚，位于最内轮。浆果卵
形，长圆形或近球形，果梗明显增粗，肉质，常具疣点。

　　约 50 种，分布于亚洲东南部及南部。中国约 10 种，主产于西南部及海南。广西 2 种。

分种检索表

1. 小枝极粗壮，有棱，幼时密被毛；叶大，长 14~30cm，宽 6~15cm，厚革质 ⋯⋯⋯⋯⋯ **1. 长柄油丹 A. petiolaris**
1. 小枝较细，圆柱形，无毛；叶较小，长 9~20cm，宽 2.5~5.7cm，近革质 ⋯⋯⋯⋯ **2. 西畴油丹 A. sichourensis**

1. 长柄油丹　图 175：1

Alseodaphne petiolaris（Meissn.）Hook. f.

乔木，高达 20m。小枝极粗壮，近轮生，有棱，幼时密被灰色或灰褐色短柔毛。叶大、厚革

质，倒卵状长圆形或长圆形，长14～30cm，宽6～15cm，先端圆形或钝，或骤短尖，基部楔形或近圆形，两侧常不对称，幼时背面绿白色，微被毛，干后两面褐色；中脉在腹面凹陷，侧脉9～12对，在腹面略凸起，背面明显凸起；叶柄长1.5～5.0cm，初时被短柔毛。圆锥花序长15～30cm，总梗长6～13cm，密被灰色或灰褐色短柔毛；花小，长约2.5mm；花梗、花被裂片被锈色短柔毛。果长圆状卵球形，长2.8～4.0cm，直径1.3～2.0cm，顶端圆形；果梗粗壮，长约5mm，直径达4mm。花期10～11月；果期12月至翌年4月。

产于德保，南宁有栽培。分布于云南东部；印度、缅甸也有分布。喜生于石灰岩山地，要求土层深厚湿润的环境。播种繁殖，因种仁含油脂，易皂化丧失发芽率，需随采随播。木材纹理直、结构粗、易加工、抗虫性强、耐腐性强，用途广，为优良用材树种，作枕木及上等家具用材。

图175 1. 长柄油丹 Alseodaphne petiolaris（Meissn.）Hook. f. 花枝。2. 西畴油丹 Alseodaphne sichourensis H. W. Li 果枝。（1. 仿《中国树木志》，2. 仿《云南植物志》）

2. 西畴油丹 图175：2

Alseodaphne sichourensis H. W. Li

乔木，高达30m，胸径达60cm。小枝圆柱形，红褐色，无毛。冬芽肥大，长达2.5cm。叶互生，近革质，疏离，长圆形，长9～20cm，宽2.5～7.5cm，先端短渐尖或尾状长尖，基部楔形或宽楔形，叶两面光亮无毛；羽状脉，中脉直贯叶端于叶腹面基部略凹陷，上部近平坦，背面明显凸起，侧脉12对，网状脉在上面不明显，下面呈蜂巢状小窝穴；叶柄长1.7～5.0cm，无毛。圆锥花序红紫色，带红色，长达17cm，无毛，花淡黄白色。果序圆锥形，短小，长5.0～8.5cm，生于当年生枝条近下部，仅1果发育，果轴带红色，无毛；浆果椭圆形，长达5cm，宽3cm，红色、无毛；果梗粗短，肉质，长约5mm，无毛，花期4月；果期9～10月。

产于隆安。生于石灰岩疏林中。分布于云南东南部。播种繁殖，成熟果实采集后及时除去果肉，随采随播或混沙贮藏。条播，适当遮阴。速生，主干通直，树冠卵状长圆形，浓密紧凑，枝条层次分明，姿态端庄清秀，可作庭院及风景区绿化树种。木材结构细，耐腐性强，可作家具及建筑用材。

15. 油梨属（鳄梨属）Persea Mill.

常绿乔木或灌木。叶互生，羽状脉。聚伞花序，具梗，或组成圆锥花序，腋生或近顶生；花两性，具梗；花被筒短，花被裂片6枚，被毛，花后增厚，早落或宿存；发育雄蕊9枚，3轮，花丝丝状，扁平，被疏柔毛，花药4室，第3轮花丝基部有2枚腺体，其余缺，退化雄蕊3枚，位于最

图176 油梨 Persea americana Mill. 1. 花枝；2. 果。(仿《中国树木志》)

内轮。肉质核果；果梗稍增粗呈肉质或为圆柱形。

约50种，大多数种分布于南、北美洲，少数种产于东南亚，中国仅引入栽培1种，广西也有栽培。

油梨 鳄梨 图176
Persea americana Mill.

常绿乔木，高达10m，树皮灰绿色，纵裂。小枝绿色，平滑。叶革质，长圆形、椭圆形、卵形或倒卵形，长8~20cm，宽4~12cm，先端渐尖，急尖或骤尖，基部宽楔形或近圆形，背面灰绿色，幼时密被细毛，后脱落；侧脉5~7对，网状脉两面明显；叶柄长2~5cm。聚伞状圆锥花序，长8~14cm，被黄褐色短柔毛；花淡绿带黄色。果大型，肉质，通常梨形，有时卵形或球形，长8~18cm，黄绿色至红棕色。花期3~5月；果期8~9月。

原产于热带美洲。龙州、凭祥、崇左、南宁、柳州、桂林有栽培。喜光、喜温，抗寒性因品种而异，墨西哥品系较耐寒，在短期-4℃低温下未见受冻害，而印度品系抗寒性最弱，只能耐-1~2℃的低温，在-2.8℃以上会严重受害，在-4.4℃时会被冻死。油梨对土壤要求不高，在排水良好、土层深厚的酸性红壤、赤红壤、砂壤土或近海台地的深积土上均生长良好。

播种繁殖，随采随播或沙藏春播育苗。每千克种子40~60粒。单果重140~850g，最重1000g以上。油梨胚组织再生能力强，如种子数量不足，可在播种前至苗高3cm时，以锋利刀片从中纵切，切口涂上接蜡，或用高锰酸钾或草木灰做防腐处理，再重新栽种，可增加繁殖系数。一般种植后3年开始结果，8~10年进入盛果期，单株产果可达30kg。也可嫁接繁殖，以实生苗为砧木，选择枝粗0.6~0.8cm、长30cm以上，发育完全，组织充实但未老化的1年生枝，截取中段做接穗。宜即采即嫁接，需存放或运输时，应贮藏与湿润的水苔、锯末或沙中。芽接或切接。果实营养价值高，含多种维生素及丰富的脂肪、蛋白质和矿物质，欧美许多国家将其视为果中珍品，供生食或作蔬菜。未熟的果肉切片配以酱、醋等调味品，是西式菜谱中的高级生菜，被誉为"生菜之王"。果实榨油后可供食用和制高级化妆品及医药用品。

16. 润楠属 Machilus Nees

常绿乔木或灌木。芽常具覆瓦状排列的鳞片。叶互生，羽状脉。花两性，圆锥花序或圆锥状聚伞花序，顶生或近顶生；花被裂片6枚，2轮，近等大或外轮略小，宿存，稀早落；发育雄蕊9枚，3轮，花药4室，第3轮雄蕊花丝基部有腺体，花药外向，第4轮为退化雄蕊。果球形、扁球形，稀椭圆形，浆果状核果，宿存、反曲的花被裂片；果梗增粗或微增粗。

约100种，分布于亚洲东部和东南部的热带和亚热带地区；中国80种以上；广西41种1变种。本属多为优良用材树种，木材供作建筑、家具和细木工用材；一些种类的木材含黏液，可作黏合剂，如刨花润楠；一些种类适生于水边河岸，可作护岸护堤树种，如柳叶润楠和建楠；有些种类的树皮可作染料，有的可入药；有的树皮和叶研粉可作各种熏香和蚊香的调合剂或饮用水的净化剂；

有的枝、叶、果可供提制芳香油；种子油可供制皂和作润滑油之用。

分种检索表(一)

1. 花被裂片外面无毛。
  2. 果椭圆形(1. 滇藏组 Sect. Machilus)。 ·· **1. 滇润楠 M. yunnanensis**
  2. 果球形或近球形。
    3. 果较小，直径小于1.5cm；花常较小(2. 光花组 Sect. Glabriflorae)。
      4. 花序延伸，长5cm以上(2.1 红楠亚组 Subsect. Elongatae)。
        5. 中脉在上面异常凸起；叶厚革质，阔椭圆形或椭圆形，下面褐色带粉白，基部钝至近圆形，常不对
          称；叶柄粗壮 ··· **2. 基脉润楠 M. decursinervis**
        5. 中脉在上面凹下。
          6. 圆锥花序常顶生或近顶生；叶无毛或近无毛 ·························· **3. 红楠 M. thunbergii**
          6. 圆锥花序生于当年生小枝下端，或兼有近顶生者。
            7. 叶先端长渐尖，基部渐狭，侧脉较劲直；外轮花被裂片的里面无毛，内轮里面密被小柔毛；苞
              片早落，有红锈色绒毛 ·· **4. 狭叶润楠 M. rehderi**
            7. 叶先端钝，基部钝或不等侧，侧脉成弧形分出；花被裂片里面有小柔毛 ·············
              ·· **5. 木姜润楠 M. litseifolia**
      4. 花序短小，长1~4cm(2.2 短序亚组 Subsect. Brachythyrsae)。
        8. 花被裂片早落。
          9. 总状花序；果被白粉 ·· **6. 灰岩润楠 M. calcicola**
          9. 圆锥花序；果不被白粉 ··· **7. 光叶润楠 M. glabrophylla**
        8. 花被裂片宿存 ·· **8. 柔弱润楠 M. gracillima**
    3. 果较大，通常直径大于1.5cm；花常较大(3. 滇黔桂组 Sect. Multinerviae)。
      10. 侧脉每边20条以上；果较大，直径达2.5~3.0cm。
        11. 叶较狭，狭椭圆形至倒披针形，长12~19cm，宽2.0~3.2cm，侧脉每边20~23条；果直径2.5~
          3.0cm ··· **9. 多脉润楠 M. multinervia**
        11. 叶较宽且较大，长圆状倒披针形或长圆状椭圆形，长18~25cm，宽5~8cm，侧脉每边24~30条；
          果直径约2.5cm ··· **10. 信宜润楠 M. wangchiana**
      10. 侧脉每边8~12(~16)条 ································· **11. 黔桂润楠 M. chienkweiensis**
1. 花被裂片外面有绒毛或有小柔毛、绢毛。
  12. 花被裂片外面有绒毛(4. 绒毛润楠组 Sect. Tomentosae)。
    13. 叶下面被绒毛。
      14. 叶柄长1.0~2.5cm，侧脉每边8~11条；果球形，较小，直径1.2cm以下 ·····················
      ·· **12. 绒毛润楠 M. velutina**
      14. 叶柄较长，长2.5~4.0cm，侧脉每边10~20条；果较大，径4cm ····· **13. 扁果润楠 M. platycarpa**
    13. 叶下面有柔毛。
      15. 叶长圆形或椭圆形至倒披针状椭圆形，先端短突渐尖，侧脉每边10~12条；圆锥花序生于腋生短枝
        上，多数，近伞房状排列，总梗长(2~)3~6cm，和各级序轴密被淡黄色小柔毛 ·····················
        ·· **14. 文山润楠 M. wenshanensis**
      15. 叶倒卵状椭圆形，先端钝或略圆，侧脉每边6~8条；花序生于小枝顶端和上端叶腋，长4~17cm，
        约自中部或上端分枝，总梗有浓密的小柔毛 ····················· **15. 纳槁润楠 M. nakao**
  12. 花被裂片外面有小柔毛或绢毛。
    16. 果较小，直径在1.2cm以下；花常较小(5. 毛花组 Sect. Pubifiorae)。
      17. 圆锥花序通常生于当年生枝下端(5.1 黄心树亚组 Subsect. Bombyeiuae)。
        18. 叶下面有毛。
          19. 叶下面有小柔毛、微柔毛或绢毛，在放大镜下可见。
            20. 小枝或嫩枝有毛。
              21. 嫩枝、花序各部分被微柔毛 ································· **16. 黄心树 M. gamblei**

21. 嫩枝被小柔毛、绢毛或绒毛。
　　22. 叶先端短尖，长椭圆形或倒披针形，侧脉 10 ~ 12 对 ……………………………
　　　　　…………………………………………………………… **17. 广东润楠 M. kwangtungensis**
　　22. 叶先端近圆形或钝，倒卵形至长倒卵形，侧脉每边 6 ~ 8 条 …………………………
　　　　　………………………………………………………………… **18. 安顺润楠 M. cavaleriei**
20. 枝无毛。
　　23. 叶干后常变黑色；顶芽芽鳞外面被棕色或黄棕色小柔毛；叶椭圆形、狭椭圆形或倒披
　　　　针形 ……………………………………………………………… **19. 刨花润楠 M. pauhoi**
　　23. 叶干后不变黑色；芽鳞外面被毛不为棕色或黄棕色。
　　　　24. 顶芽大，直径可达 2cm，芽鳞外面密被绢毛；叶较长，较宽，长可达 24 ~ 32cm，
　　　　　　宽 3.5 ~ 7.0(8.0)cm，侧脉每边可达 20(24) 条 ……………………………
　　　　　　………………………………………………………… **20. 薄叶润楠 M. leptophylla**
　　　　24. 顶芽小得多，芽鳞外面有易脱落的灰白色小柔毛；叶较小，通常长约 16cm，宽
　　　　　　约 4cm，侧脉每边 12 ~ 17 条 ……………………… **21. 宜昌润楠 M. ichangensis**
19. 叶下面有柔毛、小柔毛，肉眼可见。
　　25. 叶倒卵形或倒卵状椭圆形，基部楔形 ………………… **22. 闽桂润楠 M. minkweiensis**
　　25. 叶倒披针形或椭圆形，基部渐狭并略下延 ………… **23. 狭基润楠 M. attenuata**
18. 叶下面无毛，或偶有微柔毛(长梗润楠叶下面有时被微小绢毛)。
　　26. 花序总苞片叶状，长 3.0 ~ 3.5cm，宽 1.5 ~ 2.0cm，外表密被绢毛；叶片干后栗色…………
　　　　　………………………………………………………… **24. 大苞润楠 M. grandibracteata**
　　26. 花序总苞片非上述形状，小得多；叶干后非栗色。
　　　　27. 叶厚革质，上面有光泽，下面被白粉 …………… **25. 黔南润楠 M. austroguizhouensis**
　　　　27. 叶革质，两面无光泽，下面不被白粉 ⋯⋯ **21a. 滑叶润楠 M. ichangensis var. leiophylla**
17. 圆锥花序顶生或近顶生(5.2 建润楠亚组 Subsect. Oreophilae)。
　　28. 开花时簇生的花序下承托有宿存密集且宽大的苞片；枝、叶下面、叶柄密被黄褐色微小柔毛；花
　　　　被裂片两面均被绢状毛 ……………………………………… **26. 簇序润楠 M. fasciculata**
　　28. 开花时花序下无宿存的宽大苞片。
　　　　29. 花序极短缩，长 1.0 ~ 1.5cm；花被裂片两面有微柔毛。
　　　　　　30. 叶下面苍白色或灰蓝色，倒卵状椭圆形至倒披针形，长 4 ~ 10cm，宽 2 ~ 4cm；花序少
　　　　　　　　花，数个聚生，有时几成花束状；乔木 ………… **27. 琼桂润楠 M. foonchewii**
　　　　　　30. 叶下面不呈灰蓝色，倒卵状长圆形或长圆形倒披针形，长 5 ~ 13cm，宽 2.0 ~ 5.5cm；
　　　　　　　　花序成伞形花序状，有花 2 ~ 7 朵，不聚生成花束状；灌木 …………………………
　　　　　　　　………………………………………………… **28. 十万大山润楠 M. shiwandashanica**
　　　　29. 花序伸长，长 4cm 以上。
　　　　　　31. 小枝无毛，干时黄色或黄褐色，通常有气孔 ………… **29. 黄枝润楠 M. versicolora**
　　　　　　31. 小枝无毛或有毛，干时非上述颜色。
　　　　　　　　32. 叶下面被柔毛或微柔毛或几近无毛。
　　　　　　　　　　33. 叶下面被白粉 ………………………………… **30. 粉叶润楠 M. glaucifolia**
　　　　　　　　　　33. 叶下面不被白粉。
　　　　　　　　　　　　34. 冬芽直径宽 1.0 ~ 1.5cm；叶侧脉 15 ~ 18 对 …………………………
　　　　　　　　　　　　　　………………………………………… **31. 册亨润楠 M. submultinervia**
　　　　　　　　　　　　34. 冬芽较小，宽不足 1cm；叶侧脉不超过 14 对。
　　　　　　　　　　　　　　35. 小枝被毛；叶狭披针形，长 7 ~ 18cm，宽 1 ~ 3cm；花序各级序轴、
　　　　　　　　　　　　　　　　花梗均被黄棕色小柔毛 ………… **32. 建润楠 M. oreophila Hance**
　　　　　　　　　　　　　　35. 小枝无毛；叶卵形或椭圆形，长 6 ~ 9cm，宽 3.5 ~ 4.5cm；花序具灰
　　　　　　　　　　　　　　　　白色柔毛 ………………………… **33. 苗山润楠 M. miaoshanensis**
　　　　　　　　32. 叶下面无毛。
　　　　　　　　　　36. 叶较狭长，狭披针形至倒披针形，两端渐狭；花被裂片两面都有绢毛或灰白色

微毛。
37. 花被裂片较薄，长圆形，长 4 ~ 5mm，内、外两轮近等长；叶较薄，上面有蜂巢状浅窝穴，侧脉略凸 ………………………… **34. 柳叶润楠 M. salicina**
37. 花被裂片近革质，卵圆形或卵形，内轮裂片长约 3.5mm，外轮裂片显然较短，长 2.5mm；叶较厚，上面平滑，侧脉微凹 ……………………
………………………………… **35. 赛短花润楠 M. parabreviflora**
36. 叶较宽短，不为狭披针形或倒披针形。
38. 花序无毛；果径 0.8 ~ 1.0cm。
39. 叶柄短，长 3 ~ 5mm 或更短，叶倒卵形至倒卵状披针形，宽 1.5 ~ 2.0cm；圆锥花序 3 ~ 5 个，有长总梗，分枝极短，有时近簇生；花被裂片果时宿存，有时脱落 ………… **36. 短序润楠 M. breviflora**
39. 叶柄长 6 ~ 14mm，叶倒卵状长椭圆形至长椭圆形，宽 2 ~ 3(~ 4)cm；圆锥花序 2 ~ 4 个，疏散，分枝较长，每个花序有花 6 ~ 10 朵；花被裂片结果时通常完全脱落 ……………… **37. 华润楠 M. chinensis**
38. 花序被短柔毛，具多数疣状皮孔；果径 0.6 ~ 0.7mm ………
………………………………… **38. 疣序润楠 M. lenticellata**
16. 果大或较大，直径在 1.3cm 以上；花常较大(6. 大果组 Sect. Mogalocarpae)。
40. 枝、芽、叶下面均密被绒毛；叶宽 4 ~ 5cm，先端尾状渐尖；果径达 3.5cm ………
………………………………… **39. 东兴润楠 M. velutinoides**
40. 枝、芽、叶下面均不被绒毛；叶宽 5.5 ~ 9.0cm，先端近锐尖或短渐尖；果径 3cm 以下。
41. 叶两面无毛，侧脉 5 ~ 9 对，叶柄长 2.5 ~ 5.0cm；果径 2.5 ~ 3.0cm … **40. 粗壮润楠 M. robusta**
41. 叶下面被黄褐色柔毛，侧脉 16 对，叶柄长 1.0 ~ 1.5cm；果径 1.4cm ………
………………………………… **41. 枇杷叶润楠 M. bonii**

分种检索表(二)

1. 侧脉较多，11 ~ 30 对。
2. 侧脉多达 20 对或更多。
3. 小枝无毛。
4. 果较大，直径 2.5 ~ 3.0cm。
5. 叶狭椭圆形至倒披针形，长 12 ~ 19cm，宽 2 ~ 3cm，边缘略背卷，下面粉绿色，无毛或散生平伏绢毛
………………………………… **9. 多脉润楠 M. multinervia**
5. 叶长圆状倒披针形或长圆状椭圆形，长 18 ~ 25cm，宽 5 ~ 8cm，两面绿褐色，下面带粉白色 ………
………………………………… **10. 信宜润楠 M. wangchiana**
4. 果较小，直径 1cm；叶坚纸质，倒卵状长圆形，先端短渐尖或尾尖，基部楔形或宽楔形，幼时下面全被平伏银白色绢毛，老时变微灰色 ………… **20. 薄叶润楠 M. leptophylla**
3. 小枝被绒毛；叶长圆状倒卵形或长圆状倒披针形，间有长圆状椭圆形，边缘稍反卷，下面密被锈色绒毛；叶柄长 3 ~ 4cm，有污色绒毛；总状花序被锈色绒毛 ………… **13. 扁果润楠 M. platycarpa**
2. 侧脉 20 对以内。
6. 叶下面无毛，带粉白色，厚革质，披针形或倒披针形，先端尾状长渐尖，尖头长 1.5 ~ 2.0cm，劲直，基部楔形 ………………………………… **25. 黔南润楠 M. austroguizhouensis**
6. 叶下面多少被毛。
7. 小枝无毛。
8. 叶革质，宽在 5cm 以下。
9. 叶椭圆形、狭椭圆形至倒披针形，长 7 ~ 15cm，宽 2 ~ 4cm，幼时被浅棕色柔毛；木材含胶黏物质；果径 1cm ………………………………… **19. 刨花润楠 M. pauhoi**
9. 叶披针形至长椭圆形，或倒披针形，背面被微柔毛；叶柄长 2.0 ~ 2.5cm，无毛；花被裂片狭长圆形，两面被微柔毛；果球形 ………………… **31. 册亨润南 M. submultinervia**
8. 叶厚纸质。
10. 叶互生，宽 5.5 ~ 8.0(~ 9.0)cm，倒卵形或长倒卵形至倒披针形，下面黄褐绿色，多少被黄褐色

柔毛，横脉和小脉密结成网；叶柄长 1.0～1.5cm ······ **41. 枇杷叶润楠 M. bonii**

 10. 叶常集生枝顶，长椭圆状披针形，宽 2～6cm，先端短渐尖，有时尖头稍呈镰形，下面稍带白粉，有贴伏小绢毛或变无毛；果梗不增粗 ······ **21. 宜昌润楠 M. ichangensis**

 7. 小枝被锈色柔毛；叶狭倒卵形、狭卵形或椭圆形，尾状渐尖；果扁球形，直径 3.5cm ······ **39. 东兴润楠 M. velutinoides**

1. 侧脉较少，5～13 对。

 11. 成长叶两面无毛或几无毛(苗山润南有时背面具微毛)。

  12. 花被裂片完全脱落，总状花序长不足 5cm；果被白粉；叶卵状长圆形或椭圆状披针形，长 6～10cm，宽 2.5～4.0cm，两面光滑无毛；侧脉 9～11 对 ······ **6. 灰岩润楠 M. calcicola**

  12. 花被裂片宿存。

   13. 叶宽大，宽可达 5cm 或更宽。

    14. 叶厚革质，宽椭圆形或椭圆形，下面粉白色；侧脉 8～12 对，基部 1 对沿叶柄下延；叶柄粗，长 3～4cm；果径 1.2cm ······ **2. 基脉润楠 M. decursinervis**

    14. 叶狭椭圆状卵形至倒卵状椭圆形或近长圆形；叶柄长 2.5～5.0cm；花序长 4～12(～16)cm；果球形，直径 2.5～3.0cm，成熟时蓝黑色 ······ **40. 粗壮润楠 M. robusta**

   13. 叶较狭长，宽通常在 5cm 以内。

    15. 叶先端钝或近圆形，间有短渐尖。

     16. 花序生于嫩枝下端或间有近顶生。

      17. 叶椭圆状披针形或倒卵状披针形，基部钝或不等侧；叶柄纤细，长 1～2cm；果径约 7mm ······ **5. 木姜润楠 M. litseifolia**

      17. 叶倒卵形或长倒卵形，基部楔形，下面稍带粉绿色；叶柄稍纤细，长 8～12(～26)mm；圆锥花序生有灰白色小柔毛 ······ **18. 安顺润楠 M. cavaleriei**

     16. 花序顶生。

      18. 叶柄长 0.5～1.4cm。

       19. 叶倒卵形、倒卵状椭圆形至倒披针形，基部楔形，略下延，下面苍白色或带灰黄色，侧脉 8～12 对，花序长仅 1.0～1.5cm；花被片宿存 ··· **27. 琼桂润楠 M. foonchewii**

       19. 叶倒卵状长圆形至长圆状倒披针形，基部楔形或宽楔形，下面粉白色，每边约 8 条；圆锥花序长约 3.5cm；花被裂片早落，间有宿存 ······ **37. 华润楠 M. chinensis**

      18. 叶柄极短，长 0.3～0.5cm；叶倒卵形至倒卵状披针形，长 4～5cm，稀达 9cm，宽 1.5～2.0cm，下面粉白色；圆锥花序长 2～5cm ······ **36. 短序润楠 M. breviflora**

    15. 叶先端渐尖、短渐尖或尾尖。

     20. 花序较长，通常在 5cm 以上。

      21. 叶先端尾尖。

       22. 叶披针形至倒披针形，侧脉 7～9 对；叶柄长 1.5～2.0cm；圆锥花序或总状花序，生于新枝基部或兼有近顶生；果基部宿存花被片反曲 ······ **4. 狭叶润楠 M. rehderi**

       22. 叶倒披针形或椭圆形，基部渐狭并疏下延，侧脉 8～13 对；叶柄长 1.0～1.8cm；花序生于新枝基部，花梗密被灰色贴伏短柔毛 ······ **23. 狭基润楠 M. attenuata**

      21. 叶先端锐尖、渐尖或短渐尖。

       23. 圆锥花序顶生或腋生，无毛；花被片外面无毛，内面上端有小柔毛；叶倒卵形至倒卵状披针形；叶柄带红色；果扁球形 ······ **3. 红楠 M. thunbergii**

       23. 圆锥花序顶生，有毛；花被片两面被毛。

        24. 叶厚革质，椭圆形至倒卵形；苞片舟状，外面密被灰褐色绢状毛 ······ **24. 大苞润楠 M. grandibracteata**

        24. 叶革质，椭圆形，1 年生小枝黄色至黄褐色，无毛，表皮易老化并呈片状剥落 ······ **29. 黄枝润楠 M. versicolora**

     20. 花序较短，通常在 5cm 以下。

      25. 果较大，直径在 1.3cm 以上。

       26. 叶薄革质，椭圆形或长椭圆形，下面稍粉绿色，两面有蜂窝状或小窝状小穴；果径约 2.2cm，总梗带红色 ······ **11. 黔桂润楠 M. chienkweiensis**

       26. 叶厚纸质，长圆形，偏斜，下面灰褐色，带粉白色；果径约 1.3cm；果梗长 5mm，上

　　　　　　　部略肿胀 ……………………………………………… **8. 柔弱润楠 M. gracillima**
　　　25. 果较小，直径在 1.3cm 以下。
　　　　　27. 叶狭长，线状披针形或线状倒披针形。
　　　　　　　28. 叶线状披针形，长 4~12(~16)cm，宽 1.0~2.5(~3.2)cm，先端渐尖，中脉上
　　　　　　　　　面平坦，侧脉 6~8 对，小脉两面形成蜂巢状浅窝穴…………………………
　　　　　　　　　………………………………………………… **34. 柳叶润楠 M. salicina**
　　　　　　　28. 叶线状倒披针形，长 6~11(~12)cm，宽 1.0~2.0(~2.7)cm，先端尾状渐尖，中脉上
　　　　　　　　　面凹下成窄沟，网脉两面均不明显 ……………… **35. 赛短花润楠 M. parabreviflora**
　　　　　27. 叶非上述形状。
　　　　　　　29. 叶柄较短，通常 1cm 以下。
　　　　　　　　　30. 叶椭圆状倒披针形，宽 2.0~3.5cm，基部下延，边缘反卷，下面灰白色，侧脉
　　　　　　　　　　 10~13 对，上面略明显，下面模糊可见……………………………………
　　　　　　　　　　 ……………………………………………… **38. 疣序润楠 M. lenticellata**
　　　　　　　　　30. 叶倒卵状长圆形至长圆状倒披针形，宽 2.0~5.5 cm，两面榄绿色，侧脉7 ~
　　　　　　　　　　 9(~11)对，两面侧脉极明显且稍凸起 …………………………………………
　　　　　　　　　　 ………………………………… **28. 十万大山润楠 M. shiwandashanica**
　　　　　　　29. 叶柄较长，通常 1cm 以上。
　　　　　　　　　31. 花序顶生。
　　　　　　　　　　 32. 叶椭圆形或倒卵状椭圆形，长 7~12cm，宽 2.5~3.0cm，两面具蜂窝状
　　　　　　　　　　　　小窝穴；圆锥花序无毛；花被片早落 …… **7. 光叶润楠 M. glabrophylla**
　　　　　　　　　　 32. 叶卵形或椭圆形，长 6~9cm，宽 3.5~4.5cm，下面具蜂窝状小窝穴；
　　　　　　　　　　　　圆锥花序具灰白色柔毛；宿存花被裂片反曲 …………………………
　　　　　　　　　　　　……………………………………… **33. 苗山润楠 M. miaoshanensis**
　　　　　　　　　31. 花序生于枝条基部；叶倒卵形或倒卵状椭圆形，少椭圆形，边缘软骨质而背
　　　　　　　　　　　卷；果椭圆形；宿存花被裂片不增大，反折 …… **1. 滇润楠 M. yunnanensis**
11. 成长叶下面被毛。
　　33. 叶先端长尾尖或尾状渐尖。
　　　　34. 叶椭圆形或卵状椭圆形，先端长尾尖，下面被稀疏柔毛，苍白色；叶柄长 0.5~1.2cm；果扁球形
　　　　　 ………………………………………………………… **30. 粉叶润楠 M. glaucifolia**
　　　　34. 叶宽倒卵形或倒卵状椭圆形，先端短尾状渐尖，尖头钝，下面粉绿色，有小柔毛，；叶柄纤细，长
　　　　　 1.2~1.6(~2.2) cm；果球形 ……………………………… **22. 闽桂润楠 M. minkweiensis**
　　33. 叶先端渐尖、短渐尖、急尖或钝。
　　　　35. 花序顶生或近顶生。
　　　　　　36. 花序短小，通常 1.5~3.0(~6.0)cm。
　　　　　　　　37. 叶形变化较大，卵圆形、长圆形、椭圆形至披针形，长 6~15cm，宽 1.7~5.0(~6.5)cm，
　　　　　　　　　　下面粉绿色，被黄褐色贴伏微柔毛 ………………………… **26. 簇序润楠 M. fasciculata**
　　　　　　　　37. 叶椭圆形、狭卵形或狭倒卵形，长 5~11cm，宽 2~5cm，下面被锈色毛，小脉很纤细，不明
　　　　　　　　　　显；果紫红色，宿存花被片反曲 ……………………… **12. 绒毛润楠 M. velutina**
　　　　　　36. 花序较长，通常 4cm 以上。
　　　　　　　　38. 果较小，直径在 1cm 以下
　　　　　　　　　　39. 叶长圆形、椭圆形至倒披针状椭圆形，长 10.0~13.5cm，宽 2.5~4.0cm，下面疏被污
　　　　　　　　　　　　黄色柔毛；开花初时花序下有叶状苞片 ……………… **14. 文山润楠 M. wenshanensis**
　　　　　　　　　　39. 叶狭披针形，网脉形成细致的蜂巢状小窝穴；叶柄稍纤细，长 1.0~1.5 cm，各级序轴、
　　　　　　　　　　　　花梗和花被裂片均被黄棕色小柔毛 ……………… **32. 建润楠 M. oreophila**
　　　　　　　　38. 果较大，直径 2~3cm，叶倒卵状椭圆形或倒卵形，下面淡绿色，干时呈棕红色，疏生柔毛，
　　　　　　　　　　侧脉 6~8 对，小脉构成蜂窝状小窝穴 ……………………… **15. 纳槁润楠 M. nakao**
　　　　35. 花序生于新枝下端。
　　　　　　40. 叶草质，长椭圆形或倒披针形，上面深绿色，无毛，下面淡绿色，有贴伏小柔毛，侧脉 10~12
　　　　　　　　对；果球形略扁………………………………………………… **17. 广东润楠 M. kwangtungensis**
　　　　　　40. 叶长圆形、倒卵形至倒披针形，下面淡绿或绿白色，侧脉 6~10 对，细脉网状，两面不明显；果
　　　　　　　　球形；宿存花被片略增大，外反；果梗稍增粗 …………………… **16. 黄心树 M. gamblei**

1. 滇润楠

Machilus yunnanensis Lec.

乔木，高达30m，胸径大80cm。枝条圆柱形，具横向条纹，幼时绿色，老时褐色，无毛。叶互生，疏离，倒卵形或倒卵状椭圆形，少椭圆形，长7~9(~12)cm，宽2~4(~5)cm，先端短渐尖，尖头钝，基部楔形，两侧有时不对称，革质，上面绿色或黄绿色，光亮，下面淡绿色或粉绿色，两面均无毛，边缘软骨质而背卷；中脉上面近柄端略凹陷，远柄端近于平坦，下面明显凸起，侧脉每边7~9条，有时分叉，弧曲，两面凸起，横脉及小脉网状，两面明显构成蜂巢状窝穴；叶柄长1.0~1.8cm，腹面具槽，背面圆形，无毛。花序由1~3朵花的聚伞花序组成，有时圆锥花序上部或全部的聚伞花序仅具1朵花，后者花序呈假总状花序，花序长3.5~7.0(~9.0)cm，多数，生于短枝下部，总梗长1.5~3.0(~3.5)cm，与各级花序轴及花梗无毛；苞片及小苞片早落。果椭圆形，长约1.4cm，直径约1cm，先端具小尖头，熟时黑蓝色，具白粉，无毛；宿存花被裂片不增大，反折；果梗不增粗，顶端粗约1.2mm，花期4~5月；果期6~10月。

产于隆林。生长于山地阔叶林中。分布于云南、四川、西藏。喜湿润和土壤肥沃的山坡，为深根性树种，生长良好。播种繁殖。随采随播，20d可发芽，亦可混沙贮藏，翌年春天播种。木材黄褐色，带红色，有光泽，为建筑、家具优良用材。叶、果可供提制芳香油，树皮和叶研粉可作薰香及蚊香的调和剂或饮水的净化剂。根、树皮及果实入药，可治胃痛腹胀、急性肠胃炎；叶可用于治跌打损伤、骨折、烧伤、腮腺炎、疮毒、风湿。四季常绿，春叶红艳，树冠圆整，是优良的绿化树种。

2. 基脉润楠　香皮树　图178：3

Machilus decursinervis Chun

乔木，高6~13(~20)m；小枝粗壮，全体除芽鳞外无毛。叶厚革质，宽椭圆形或椭圆形，长10~17cm，宽5~10cm，先端圆或有短阔尖头，基部钝至圆形，常不对称，上面暗黄绿色，下面褐色粉白色；中脉上面凸起，至近中部向叶基部扩大，侧脉8~12对，基部1对沿叶柄下延；叶柄粗壮，长3~4cm。圆锥花序3~8朵顶生，粗壮。果球形，直径约1.2cm，宿存花被裂片近相等，膜质；果梗长0.6~1.2cm。花期4月；果期6月。

产于龙胜、全州、临桂、阳朔、昭平、贺州、金秀、武鸣、那坡、靖西、防城、浦北。常见于海拔1000m以下的山地阔叶林中。分布于云南、贵州、湖南、广东；越南也有分布。

木材密度中等，心材褐红色，边材淡黄色，纹理直，结构适中，干燥后不开裂，不变形，抗虫，耐腐性一般。

3. 红楠　红润楠　图177：1

Machilus thunbergii Sieb. et Zucc.

乔木，高达20m。嫩枝紫红色，无毛。叶倒卵形至倒卵状披针形，长4.5~13.0cm，宽1.7~4.2cm，先端短突尖或短渐尖，基部楔形，下面粉绿色，有时苍白色，两面无毛；中脉上面稍凹下，下面明显凸起，侧脉7~12对，多少弧曲；叶柄纤细，长1.5~3.5cm，带红色。圆锥花序顶生或腋生，长5.0~11.8cm，无毛；花被片外面无毛，内面上端有小柔毛。果扁球形，直径0.8~1.0cm，熟时黑紫色；果梗鲜红色。花期2~4月；果期7~8月。本种与短序润楠近似，但后者的叶常聚生于小枝顶端，叶柄短，可以区别。

产于龙胜、融水、贺州、乐业、贵港、浦北、防城、容县、大明山。分布于山东、江苏、浙江、安徽、台湾、福建、江西、湖南、广东；日本、朝鲜也有分布。

播种繁殖，果由青转黑紫色即示成熟。采回后宜摊开阴凉处略阴干即可播种，或混湿沙贮藏至早春播。密播苗床，苗高4~5cm移苗上袋培育，半苗生高20cm左右选阴雨天出圃种植。木材硬度适中，淡黄红色，气味浓，纹理略斜，结构适中，干燥后少开裂，不变形，抗虫，耐腐性一般，供建筑、家具、造船、胶合板、雕刻之用；种子油供工业用；树皮入药，有舒筋活络的功效。本种树冠浓郁，稍耐阴，可在低山区造林，作用材林和防风林树种，也可作庭院绿化树种。

4. 狭叶润楠 图 177：2

Machilus rehderi Allen

乔木，高 4 ~ 15m；小枝无毛，紫黑色。叶聚生于枝顶，披针形至倒披针形，长 7.0 ~ 14.5cm，宽 1.5 ~ 3.0cm，两面无毛，先端尾状渐尖，基部楔形；中脉稍凹下，侧脉 7 ~ 9 对；叶柄长 1.5 ~ 2.0cm，无毛。圆锥花序或总状花序，长 10 ~ 11cm，无毛，生于新枝基部或兼有近顶生；总梗长 3 ~ 5cm，有绒毛。果球形，直径 0.7 ~ 0.8cm，有小突尖，无毛，基部宿存花被片反曲。花期 4 月；果期 7 月。

产于桂北、金秀。生于海拔 1100m 以下的灌丛中或山谷、溪畔疏林中。分布于湖南、贵州。

5. 木姜润楠 图 178：1 ~ 2

Machilus litseifolia S. Lee

乔木，高达 11m。除嫩叶下面密被贴伏短柔毛和花被裂片内面被柔毛外，其余均无毛。叶互生或集生于枝

图 177　1. 红楠 **Machilus thunbergii** Sieb. et Zucc. 幼果枝。2. 狭叶润楠 **Machilus rehderi** Allen 果枝。(仿《中国树木志》)

顶，革质，长 6.5 ~ 12.0cm，宽 2.0 ~ 4.5cm，椭圆状披针形或倒卵状披针形，先端钝，基部钝或不等侧；中脉在上面凹陷，在下面明显凸起，侧脉 6 ~ 8 对，多少弧曲，小脉密结成网，在两面形成明显的蜂窝状小窝穴；叶柄纤细，长 1 ~ 2cm。聚伞状圆锥花序长 4.5 ~ 8.0cm，生于当年生枝的近基部或兼有近顶生，疏花。果球形，幼果粉绿色，直径约 7mm；花被裂片下部变厚，呈薄革质，果梗长约 5mm。花期 3 ~ 5 月；果期 6 ~ 7 月。

产于桂北、金秀。生于山地阔叶林或灌丛中。分布于广东、浙江、贵州。

6. 灰岩润楠

Machilus calcicola C. J. Qi

小乔木。叶卵状长圆形或椭圆状披针形，两面光亮，密布蜂窝状小窝穴；侧脉 9 ~ 11 对；总状花序长不足 5cm；果被白粉，花被裂片完全脱落，与属内其他各种不同。果期 6 月。

产于桂林、阳朔、乐业、靖西。生于石灰岩山地密林中。分布于湖南、贵州。

7. 光叶润楠

Machilus glabrophylla J. F. Zuo

乔木，高至 16m，树皮薄而粗糙；小枝无毛，具纵棱；芽鳞外面密被短柔毛，里面近无毛。叶片椭圆形或倒卵状椭圆形，长 7 ~ 12cm，宽 2.5 ~ 3.0cm，薄革质，先端渐尖或短渐尖，基部楔形，两面无毛；中脉在上面凹下，在下面凸起，侧脉 8 ~ 9 对，纤细，在上面稍凹，在下面凸起，在两面上构成蜂窝状小窝穴；叶柄长 1.5cm，无毛。圆锥花序顶生，长 3 ~ 4cm，无毛。果球形，花被裂片常早落。

产于玉林、靖西。分布于
广东。

8. 柔弱润楠
Machilus gracillima Chun
小乔木，高约 4m；性状柔
弱，全体无毛。叶厚纸质，同
一枝条下部的叶互生、大型，
中部的近对生，上面的稠密聚
生，两者均为小型叶，长短不
一，但均为长圆形，偏斜，长
10～11cm，宽 2.5～3.5cm，先
端渐尖，尖头常略弯曲，基部
楔形，上面灰绿色，下面灰褐
色，带粉白色；中脉纤细，在
上面凹下，成狭窄浅槽，在下
面凸起，侧脉 10～12 对，侧脉
和蜂窝形的网状脉在叶的两面
同样微弱；叶柄长 10～12mm。
花未见。果序短，单独腋生；
果近球形，直径约 1.3cm，宿存
花被裂片开展，倒披针形，近
相等，纸质，浅黄色；果梗短
于叶柄，长 5mm，上部略肿胀。
果期 7 月。

广西特有种。产于南丹。
生于阔叶林中。

图 178　1～2. 木姜润楠 Machilus litseifolia S. Lee 1. 花枝；2. 果枝。
3. 基脉润楠 Machilus decursinervis Chun 幼果枝。(1～2. 仿《中国树木志》，3. 仿《云南植物志》)

9. 多脉润楠　图 179：1
Machilus multinervia Liou
乔木，树皮带红色；小枝无毛，红褐色，当年生或 1 年生枝基部有 5～6 轮芽鳞痕。叶聚生于枝顶，革质，狭椭圆形至倒披针形，长 12～19cm，宽 2.0～3.5cm，先端渐尖，基部渐狭，下延至叶柄，边缘略背卷，下面粉绿色，无毛或散生平伏绢毛；中脉在上面下陷，在下面凸起，侧脉 20～30 对，小脉纤细，密结成网状；叶柄粗壮，长 1～2cm。圆锥花序 8～10 个生于近枝顶，无毛，带红色，在近中部分枝，总梗侧扁。果近球形，径 2.5～3.0cm；果梗略粗壮。果期 10 月。
产于龙州、大明山、隆林。中性树种，常见于山坡疏林和密林中。分布于贵州。

10. 信宜润楠　图 180
Machilus wangchiana Chun
乔木，高达 15m，全株无毛；小枝粗壮，3 年生枝条有明显的叶痕和凸起的皮孔。叶聚生于枝顶，长圆状倒披针形或长圆状椭圆形，长 18～25cm，宽 5～8cm，先端短突尖，基部楔形，下延，两面绿褐色，下面带粉白色；中脉在上面有沟槽，在下面凸起，侧脉 24～30 对，小脉形成蜂窝状小穴；叶柄长约 2cm。花序近总状，密生枝顶，总梗粗壮。果球形，直径 2.5～3.0cm，黑色；果梗红色。
产于融水、容县、十万大山。喜湿、耐阴，生于山坡、山脚、沟旁密林中。分布于广东。木材密度中等，心材微黄绿色，边材淡黄白色，纹理直，结构适中，干燥后不开裂、不变形，易变色，

易受虫蛀。

11. 黔桂润楠　图 179：2

Machilus chienkweiensis S. Lee

乔木，高约 10m。树皮绿色。枝条稍粗壮，黄绿色至紫褐色，无毛，节上有紧密的多轮芽鳞疤痕。顶芽扁球形，芽鳞近圆形，宽阔，最外部的几轮鳞片外面无毛，边缘有睫毛，内面的鳞片有黄棕色绒毛。叶椭圆形或长椭圆形，通常长 6~15cm，宽 3.0~4.5（~5.0）cm，先端渐尖，基部楔形，薄革质，上面光亮，深绿色，下面稍粉绿色，两面无毛；中脉在上面凹陷，成为狭沟，在下面凸起，侧脉（8~）10~12 对，稍纤细，在两面稍凸起，小脉密网状，在两面构成蜂窝状或小窝状小穴；叶柄纤细，长 1.2~2.0（~2.5）cm。花未见。果序短小，生于新枝下端，长 3~5cm，无毛，总梗带红色；果球形，直径约 2.2cm，嫩时绿色，薄被白粉；宿存花被裂片外面无毛；果梗长约 7mm，粗约 2mm，带红色。果期 6~7 月。

图 179　1. 多脉润楠 Machilus multinervia Liou 果枝。2. 黔桂润楠 Machilus chienkweiensis S. Lee 果枝。（仿《中国树木志》）

产于融水、田林、南丹、东兰。生于海拔 800~1100m 的阔叶林中。分布于贵州、湖南。喜湿，稍耐阴，喜山地阴凉气候和湿润肥沃土壤。结实少，天然更新能力差。

播种繁殖，果实由青绿色变蓝黑色时采集，竹竿击落或待自然落地后捡拾。采回后摊于室内，果肉自然软化后，轻轻搓去果肉，即可播种或于湿沙内贮藏。也可不去除果肉，随采随播。播种或贮藏时需注意防鼠害，冬播或随采随播时可用薄膜严密覆盖。边材黄白色，心材褐色，纹理直，结构细，硬度适中，不开裂，花纹美丽，心材耐久用，有香气，供家具、建筑、板材、室内装修用。种子含油量 50%，可供制作肥皂及作润滑油。树冠浓密，果形大而奇特，为优美的庭院观赏树木。

12. 绒毛润楠　绒楠、香胶木　图 181：1

Machilus velutina Champ. ex Benth.

乔木，高达 18m；枝、芽、叶下面和花序均被锈色绒毛。叶革质，椭圆形、狭卵形或狭倒卵形，长 5~11cm，宽 2~5cm，先端渐尖或短渐尖，基部楔形；中脉在上面稍凹下，在下面凸起，侧脉每边 8~11 条，在下面明显凸起，小脉很纤细，不明显；叶柄长 1.0~2.5（~3.0）cm。圆锥花序顶生，单独或 2~3 聚生，长 2~3cm。果球形，直径约 4mm，紫红色，宿存花被片反曲。花期 10~11 月；果期翌年 2~3 月。

产于博白、合浦、浦北、十万大山、金秀、融水、龙胜、兴安、临桂、灵川、昭平、贺州。生于沟谷混交林中。分布于广东、海南、福建、江西、浙江、湖南。木材坚硬，密度中等，淡黄褐色，气味浓，纹理直，结构适中，干燥后少开裂，少变形，抗虫、耐腐性一般，耐水湿，可供家具、造船之用；种子油可作润滑油。

图 180 　信宜润楠 Machilus wangchiana Chun 果枝。（仿《广西植物志》）

13. 扁果润楠　扁果楠

Machilus platycarpa Chun

大乔木，高达 24m，胸径达 60cm；树皮黄灰色，有密接纵裂纹；顶芽大，三角状卵形。小枝粗壮，被绒毛，老时具散生皮孔。叶长圆状倒卵形或长圆状倒披针形，间有长圆状椭圆形，结果时叶长可达 34cm，宽 12cm，较小的叶长 15～23cm，宽 6～8cm，先端骤渐尖，基部阔楔形，边缘稍反卷，下面密被锈色绒毛；中脉上面下陷，下面凸起，侧脉 16～20 对，小脉稀疏；叶柄长 3～4cm，有污色绒毛。总状花序被锈色绒毛。果扁球形，直径 4cm，高 2.2cm，深红色。

产于十万大山。分布于广东。木材密度大，淡红褐色，纹理直，结构细；干燥后少开裂，稍变形，抗虫、耐腐性一般。

14. 文山润楠

Machilus wenshanensis H. W. Li

大乔木，高达 15m，胸径 30cm；芽鳞及当年生小枝密被污黄色绒毛或柔毛。叶疏离或于枝顶稍密集，长圆形、椭圆形至倒披针状椭圆形，长 10.0～13.5cm，宽 2.5～4.0cm，先端渐尖或骤短渐尖，上面无毛或沿中脉被毛，下面疏被污黄色柔毛；中脉在上面凹陷，在下面明显凸起，侧脉 10～12 对，小脉网状，在两面近明显且多少呈蜂窝状；叶柄密被柔毛。花序生于新枝近顶部，结果时因新枝继续生长而变为生于幼枝的下部，长 6～8cm，各级序轴密被淡黄色小柔毛，开花初时花序下有叶状苞片。果球形，直径 8～9mm。花期 3～4 月；果期 5～6 月。

产于那坡、东兰、十万大山。生于山谷、山坡阔叶林中。分布于云南、贵州。木材供建筑、家具用。

15. 纳槁润楠　图 181：2

Machilus nakao S. Lee

乔木，高达 20m，树皮灰色、灰褐色至灰黑色，枝圆柱形，干后变黄色，幼时有棕色绒毛，后渐变无毛，有纵裂的唇形皮孔。叶集生于枝顶或上部，倒卵状椭圆形或倒卵形，长 8.5～18.0cm，宽 2.8～5.8cm，先端短渐尖，尖头钝或略圆，基部楔形，上面绿色，秃净，下面淡绿色，干时呈棕红色，疏生柔毛，脉上较多；中脉在上面凹下，在下面明显凸起，侧脉 6～8 对，细密的小脉构成蜂窝状小窝穴；叶柄长 9～20mm，幼时有绒毛，后渐变无毛。花序为多歧聚伞花序，生于枝顶或小枝上端叶腋，长 4～17cm，总梗长，被短柔毛。果球形，直径 2～3cm。花期 7～10 月；果期 11 月至翌年 4 月。

产于陆川、扶绥。生于山坡灌丛、疏林和溪畔林中。分布于海南。

16. 黄心树　芳槁润楠

Machilus gamblei King ex Hook. f.

乔木，高约 7m；幼枝密被贴伏的黄灰色绢毛，老枝渐变无毛，干后黑褐色，枝梢先端有 3～5 环紧密的芽鳞痕，顶芽细小。叶互生，薄革质，长圆形、倒卵形至倒披针形，长 6～11cm，宽 1.9～3.8cm，先端钝急尖或短渐尖，基部急短尖，下面淡绿或绿白色，幼时两面密被略带锈色的贴伏丝状微柔毛，老时上面变无毛，或无毛，下面明显被极细微柔毛，沿中脉毛较密；中脉在上面凹陷,在下面凸起,侧脉每边 6 ~ 10 条,在两面稍凸起,细脉网状,在两面不明显;叶柄纤细,长 5 ~ 15mm。圆锥花序生于幼枝下端,长 4 ~ 8(~ 10)cm。果球形,直径约 0.7cm,黑色,先端具小尖头,无毛;宿存花被片略增大,外反;果梗稍增粗。花期 3 ~ 4 月,果期 4 ~ 6 月。

产于平果、巴马、横县、玉林、南丹、金秀。生于低海拔的阔叶林中。分布于广东、海南。木材供建筑、家具、车辆之用。

17. 广东润楠 图 182:2

Machilus kwangtungensis Yang

乔木,高约 10m,胸径 24cm;当年生枝密被绒毛,1 ~ 2 年生枝干后常变黑褐色并变无毛,有黄褐色纵裂唇形皮孔,节上有芽鳞痕约 10 环。叶革质,长椭圆形或倒披针形,长 6 ~ 11(~ 15)cm,宽 2.0 ~ 4.5cm,先端渐尖,基部渐狭,上面深绿色,无毛,下面淡绿色,有贴伏小柔毛;中脉在上面凹陷,在下面凸起,侧脉 10 ~ 12 对;叶柄长 8 ~ 10(~ 15)mm,有小柔毛。圆锥花序长 5.0 ~ 10.5cm,生于

图 181 1. 绒毛润楠 **Machilus velutina** Champ. ex Benth. 果枝。
2. 纳槁润楠 **Machilus nakao** S. Lee 花枝。(仿《中国树木志》)

新枝下端,被灰黄色短柔毛。果球形略扁,直径 8 ~ 9mm,熟时黑色。花期 3 ~ 4 月;果期 5 ~ 7 月。

产于融水、防城。常生于石灰岩和砂页岩过渡地带,稍喜光,喜湿润环境。分布于广东、湖南、贵州。木材密度中等,心材褐红色,边材淡红灰色,气味浓,纹理直,结构粗,干燥后少开裂,不变形,抗虫、耐腐性一般。

18. 安顺润楠

Machilus cavaleriei Lévl.

灌木或小乔木,高约 2.5m;树皮灰色。枝条粗壮,淡黄褐色,疏生椭圆形纵裂小皮孔,幼嫩部分有灰白色或淡棕白色柔毛。顶芽鳞片的疤痕仅 3 轮。叶生于小枝梢端,倒卵形或长倒卵形,长 5.0 ~ 10.5cm,宽 2.0 ~ 3.0(~ 4.2)cm,先端近圆形,或钝以至微缺,基部楔形,革质,上面稍光亮,下面稍带粉绿色,无毛,但嫩叶两面有小柔毛;中脉在上面稍凹陷,形成狭沟,在下面明显凸起,侧脉每边 6 ~ 8 条,纤细,小脉纤细,构成密网状,在两面上构成蜂巢状浅窝穴;叶柄稍纤细,长 0.8 ~ 1.2(~ 2.6)cm。圆锥花序生于嫩枝下端,长 3.8 ~ 7.0cm,有灰白色小柔毛;总梗纤细,带紫红色,在上端分枝。果嫩时球形;宿存花被裂片稍变厚,呈薄革质;总梗带红色。

产于凌云、环江。生于山坡疏林或密林中。分布于贵州南部。

19. 刨花润楠 刨花楠、刨花 图 182:1

Machilus pauhoi Kaneh.

乔木,高达 20m,胸径 30cm。树皮灰褐色,细纵裂,锤烂后有胶黏物;枝条粗壮,无毛。顶芽球形至卵形,鳞片密被棕色或黄棕色柔毛。叶革质,常集生于小枝顶端,椭圆形、狭椭圆形至倒披

图 182　1. 刨花润楠 Machilus pauhoi Kaneh. 花枝。2. 广东润楠 Machilus kwangtungensis Yang 果枝。(仿《中国树木志》)

针形, 长 7~15(~17)cm, 宽 2~4(~5)cm, 先端渐尖或尾状渐尖, 尖头钝, 基部楔形, 上面深绿色, 无毛, 下面幼时除中脉和侧脉外密被灰黄色贴伏绢毛, 老时仍被贴伏小绢毛, 干后常变黑色; 中脉在上面下陷, 在下面凸起, 侧脉 12~17 对, 小脉密结成网。聚伞状圆锥花序坐生于当年生枝条下部, 与叶近等长, 有小微毛, 疏花。果球形, 直径约 1cm, 熟时黑色。花期 5 月; 果期 7~8 月。

产于宜州、融水、灵川、兴安、贺州、横县、邕宁、马山、武鸣、上林、扶绥、大新、宁明、靖西、防城、灵山、贵港。生于 1000m 以下的混交林中。分布于浙江、福建、江西、湖南、广东。喜湿、耐阴, 喜湿润肥沃的酸性地; 在向阳地和干燥瘠地上生长不良。林下更新良好。

播种繁殖。果皮由青色转蓝黑色时, 用竹竿击落或用采种勾采集。果实用水浸泡, 加少量苏打浸泡 3~5d, 果皮、果肉软化后反复搓揉取出种子并用水淘洗干净。种子发芽率 70%~90%, 难贮藏, 随采随播。播种前用 35℃ 温水浸种 24h 后, 密播沙床催芽。苗高 3~4cm 时可移床或移入容器培育。苗高 30cm 左右, 即可出圃造林。木材密度大, 淡灰黄色, 气味浓, 纹理直, 结构适中, 具黏液, 干燥后少开裂, 不变形, 抗虫, 耐腐性一般, 供建筑、家具之用; 枝、干可作高级熏香; 木材刨成薄片被称为"刨花", 浸水所得黏液可作建筑和造纸的胶黏剂; 种子含油率 50%, 榨油可供制蜡烛和肥皂。树冠开展, 嫩叶红色, 树形优美, 可供庭院绿化。

20. 薄叶润楠　华东楠　图 183

Machilus leptophylla Hand. – Mazz.

大乔木, 高达 28m; 树皮灰褐色, 小枝无毛。叶坚纸质, 倒卵状长圆形, 长 12~25cm, 宽 4.5~6.7cm, 先端短渐尖或尾尖, 基部楔形或宽楔形, 幼时下面全被平伏银白色绢毛, 老时变微灰色; 侧脉 14~20(~24)对, 略带红色; 叶柄长 1~3cm, 无毛。圆锥花序聚生于幼枝基部, 长 8~10cm, 各级序轴和花梗被微柔毛; 果球形, 直径约 1cm。果期 7 月。

产于广西各地, 是各地沟谷疏林中的常见种。分布于福建、浙江、江苏、湖南、贵州和广东。喜湿, 稍喜光, 深根性, 萌芽力强, 寿命长, 耐短期水浸, 在土层深厚、排水良好的酸性土壤上生长旺盛。心材红褐色, 纹理斜或直, 结构细而匀, 强度和硬度适中, 耐腐朽, 耐久用, 防虫蛀, 可用于建筑、家具、细木工和胶合板; 树皮可供提取树脂; 种子可供榨油; 树姿优美, 枝叶茂密苍翠, 可供观赏。树皮入药, 可活血、散瘀、止痢, 治跌打损伤、细菌性痢疾。

21. 宜昌润楠

Machilus ichangensis Rehd. et Wils.

乔木，高 7~15m，很少较高，树冠卵形。小枝纤细而短，无毛，褐红色，极少褐灰色。顶芽近球形，芽鳞近圆形，先端有小尖，外面有灰白色很快脱落的小柔毛，边缘常有浓密的缘毛。叶常集生于当年生枝上，长圆状披针形至长圆状倒披针形，长 10~24cm，宽 2~6cm，先端短渐尖，有时尖头稍呈镰形，基部楔形，坚纸质，上面无毛，稍光亮，下面稍带白粉，有贴伏小绢毛或变无毛；中脉在上面凹陷，在下面凸起，侧脉 12~17 对，在上面稍凸起，在下面较在上面明显，侧脉间有不规则的横行脉联结，小脉很纤细，结成细密网状，在两面均稍凸起，有时在上面构成蜂巢状浅窝穴；叶柄纤细，长 0.8~2.0cm，很少长达 2.5cm。圆锥花序生自当年生枝基部脱落苞片的腋内，长 5~9cm，有灰黄色贴伏小绢毛或变无毛，总梗纤细，长 2.2~5.0cm，带紫红色，约在中部分枝。果序长 6~9cm；果近球形，直径约 1cm，黑色，有小尖头；果梗不增大。花期 4 月，果期 8 月。

图 183　薄叶润楠 Machilus leptophylla Hand. –Mazz. 果枝。（仿《中国树木志》）

产于临桂、灵川、全州、龙胜、贺州。生于海拔 560~1400m 的山坡或山谷的疏林内。分布于湖北、四川、陕西南部、甘肃西部。

21a. 滑叶润楠

Machilus ichangensis var. **leiophylla** Hand. – Mazz.

与原种的区别在于：叶幼时就完全无毛，长 12.0~16.5cm，宽 2.4~4.0cm，侧脉 12~14 对，小脉密结成网，有时在上面构成蜂窝状小穴；叶柄长 1.2~2.4cm；花序生于幼枝下部，长 11~18cm。

产于广西北部。生于海拔 1000m 以下的山地阔叶林中。分布于湖南、贵州。

22. 闽桂润楠　图 184：2

Machilus minkweiensis S. Lee

乔木，高 5~14m；当年生枝下部、芽、叶下面、花序、花梗、花被裂片等均被短柔毛。叶薄革质，宽倒卵形或倒卵状椭圆形，先端短尾状渐尖，尖头钝，基部楔形，上面深绿色，有光泽，下面粉绿色，有小柔毛；中脉在上面凹陷，在下面明显凸起，侧脉 8~10 对，小脉纤细，结成密网状，在叶两面呈蜂窝状小窝穴；叶柄纤细，长 1.2~1.6(~2.2)cm。花未见。果序生于当年生枝下端叶腋，长 8~15cm；宿存花被裂片两面被毛；果球形，直径约 7mm。果期 5 月。

产于扶绥、田阳、百色。生于山谷和山坡疏林中。分布于福建、广东。中性树种，稍喜湿。

23. 狭基润楠

Machilus attenuata F. N. Wei & S. C. Tang

灌木或乔木，高 2~8m。小枝圆柱形，干后无毛且亮黑色。芽鳞外面被灰褐色柔毛。叶较小，薄革质，倒披针形或椭圆形，长 8~13cm，宽 2.2~4.0cm，先端尾状渐尖或长渐尖，基部渐狭并略下延，幼叶上面无毛，下面疏被短柔毛，老时下面近无毛；中脉在上面下陷，在下面凸起，侧脉 8~13 对，在上面明显或略明显，网脉呈蜂窝状，在下面明显；叶柄长 1.0~1.8cm，无毛。花序生

于当年生枝条基部，长 8 ~ 10cm，花梗密被灰色贴伏短柔毛；花多数，长 5mm；花被卵状长圆形，两面密被灰色短柔毛，外轮花被，长 3.8mm，宽 1.8mm；内轮花被长 4.2mm，宽 2.4mm；可育雄蕊 9 枚，排列呈 3 轮，花药 4 裂；果球形，直径 7mm，果梗长 7mm。花期 4 月；果期 9 月。

广西特有种。产于横县、临桂、兴安、贵港。

24. 大苞润楠

Machilus grandibracteata S. K. Lee et F. N. Wei

乔木，高 15m。小枝无毛，老枝有叶痕。叶厚革质，椭圆形至倒卵形，长 7 ~ 11cm，宽 2 ~ 5cm，先端锐尖，基部楔形，干时板栗色，两面无毛；侧脉 9 ~ 11 对，纤细，在两面明显；叶柄 1.5cm，无毛。圆锥花序顶生，长 6cm，被灰白色柔毛；花被片两面被疏毛；开花时花序下面具长 3.0 ~ 3.5cm、宽 1 ~ 2cm 的舟状苞片，苞片外面密被灰褐色绢状毛。果未见。同属簇序润楠和文山润楠两种开花时花序下面也有叶状苞，均较小，唯本种的苞片特大并呈舟状。花期 2 月。

产于龙州、田阳。生于密林中，少见。越南北部也有分布。

25. 黔南润楠　粉叶润楠

Machilus austroguizhouensis S. K. Lee & F. N. Wei

乔木，高达 10m；芽卵形，芽鳞圆形至卵形，外面密被褐色绢状毛。叶厚革质，披针形至倒披针形，先端尾状长渐尖，尖头长 1.5 ~ 2.0cm，劲直，基部楔形，无毛；侧脉 12 ~ 15 对，下面被白粉。果期 6 月。

极危种。产于乐业雅长和那坡德隆。分布于贵州。

图 184　1. 琼桂润楠 Machilus foonchewii S. Lee 果枝。2. 闽桂润楠 Machilus minkweiensis S. Lee 幼果枝。(仿《中国树木志》)

26. 簇序润楠

Machilus fasciculata H. W. Li

灌木至小乔木，高 3 ~ 10m；当年生枝多少具棱背，有纵向细条纹，略被黄褐色微柔毛。叶疏离或聚生于枝顶，叶形变化较大，卵圆形、长圆形、椭圆形至披针形，长 6 ~ 15cm，宽 1.7 ~ 5.0(~ 6.5)cm，先端短渐尖，间有急尖或钝形，基部楔形，近革质，上面绿色，下面粉绿色，被黄褐色贴伏微柔毛；中脉在上面下陷，在下面明显凸起，侧脉 7 ~ 11 对，横脉和小脉网状，均隐约可见；叶柄长 0.5 ~ 1.0(~ 1.5)cm，略被黄褐色微小柔毛。圆锥花序簇生于极短枝顶，短小，长 1.5 ~ 3.0(~ 6.0)cm，序轴和花梗被黄褐色绢状微柔毛。果未见。花期 12 月至翌年 3 月。

产于那坡、永福、南宁、宁明，生于山地阔叶林中。分布于云南。

27. 琼桂润楠　宽昭桢楠　图 184：1

Machilus foonchewii S. Lee

乔木，高达 12m。小枝褐色或灰褐色，无毛，当年生、1 年生及 2 年生枝的基部都有数轮芽鳞和疤痕。叶常聚生于枝顶，倒卵形、倒卵状椭圆形至倒披针形，长 4~10cm，宽 2~4cm，先端钝或短突渐尖，基部楔形，略下延，下面苍白色或带灰黄色，几无毛，两面具蜂窝状小窝穴；中脉在上面明显凹陷，在下面明显凸起，侧脉每边 8~12 条，在上面不甚明显，在下面稍凸起；叶柄长 0.5~1.0cm。花序短，长仅 1.0~1.5cm，顶生，花被片两面被微柔毛。果球形，直径约 1cm，熟时红褐色，干后黑褐色；宿存花被略增大；果梗鲜时红色，干时带黑色，疏被绢毛。花期 10 月；果期 10~12 月。

产于钦州。稍喜光，喜湿，生于山谷密林中。分布于海南、广东。

28. 十万大山润楠

Machilus shiwandashanica H. T. Chang

灌木，高约 1.6m。嫩枝无毛，老枝灰褐色。叶倒卵状长圆形至长圆状倒披针形，长 5~13cm，宽 2.0~5.5cm，基部渐狭，革质，上下两面榄绿色，晦暗，无毛或幼嫩时下面被微毛；中脉在上面凹下，在下面明显凸起，侧脉 7~9(~11) 对，两面侧脉与网状小脉均极明显且稍凸起；叶柄长 0.6~1.0cm。花序顶生，长 1.0~1.5cm，无毛。果球形，直径约 1cm。花期 10 月。

产于十万大山。生于山谷疏林内和灌丛中，喜湿润环境。

29. 黄枝润楠

Machilus versicolora S. Lee et F. N. Wei

大乔木，高达 30m，胸径 1m；1 年生小枝黄色至黄褐色，无毛，表皮易老化并呈片状剥落，很是特殊。叶革质，椭圆形，长 9~15cm，宽 2.5~4.5cm，先端渐尖，基部狭楔形，初时上面无毛，下面有细微柔毛，老时两面无毛；侧脉 8~12 对；叶柄 1.0~2.5cm。花序顶生，长 10cm，有毛；花被片两面被毛。果扁球形，直径约 1cm。花期 3~4 月；果期 10 月。

产于恭城、永福、金秀，生于阔叶林中。分布于福建、江西、湖南、贵州、广东。

30. 粉叶润楠　尖峰润楠

Machilus glaucifolia S. K. Lee et F. N. Wei

乔木，高约 9m；1 年生小枝纤细，有短绒毛。叶革质，椭圆形或卵状椭圆形，先端长尾尖，长 8~12cm，宽 2.5~4.0cm；侧脉 8~10 对，在两面凸起，网状脉密，两面具蜂窝状小穴，上面无毛，下面被稀疏柔毛，苍白色；叶柄长 0.5~1.2cm。花序顶生或近顶生，长约 5cm，序轴和花梗均被柔毛；果扁球形，直径 1cm，果梗长 6mm，有毛。

产于隆林、乐业；分布于贵州。生于山地密林中。

31. 册亨润楠

Machilus submultinervia Y. K. Li

乔木，高达 15m；小枝粗，无毛。叶革质，披针形至长椭圆形，或倒披针形，长 13~19cm，宽 2.5~4.5cm，先端渐尖，基部楔形，腹面无毛，背面被微柔毛；中脉在背面凸起，侧脉 15~18 对；叶柄长 2.0~2.5cm，无毛。花被裂片狭长圆形，长 2~5mm，两面被微柔毛。果序圆锥状，生于小枝基部，长 4~10cm；果球形，直径 8~15mm，果梗长 5~7mm。

产于那坡。分布于贵州。

32. 建润楠　建楠　图 185

Machilus oreophila Hance

小乔木，高达 8m；幼枝、顶芽、叶下面均被黄棕色或黄灰色绒毛；小枝被毛较薄。叶狭披针形，长 7~18cm，宽 1~3cm，先端渐尖，基部楔形，薄革质，上面深绿色，无毛，但不光亮，下面带粉绿色，有柔毛，且沿中脉和侧脉较浓密；中脉在上面凹陷，在下面明显凸起，侧脉 8~10 对，在上面不明显，在下面较明显，小脉成很细密的网状，通常在两面明显，形成细致的蜂巢状小窝穴；叶柄稍纤细，长 1.0~1.5cm，初时有绒毛。花序集生于枝顶，长 3.5~6.0cm，各级序轴、花

图 185 建润楠 Machilus oreophila Hance 1. 果枝；2. 叶。(仿
《中国树木志》)

梗和花被裂片均被黄棕色小柔毛。果球形，直径 0.7～1.0cm，紫黑色，有小柔毛。花期 3～4 月；果期 5～7 月。

产于十万大山、融水、罗城、龙胜、兴安、全州、灵川、临桂、永福。喜水湿，常生于山谷、溪旁或河岸水边。分布于广东、贵州、云南、海南。木材密度中等，心材淡黄红色，边材淡灰黄色，纹理直，结构适中，干燥后少开裂，不变形，抗虫、耐腐性一般，可用作护岸林树种。

33. 苗山润楠

Machilus miaoshanensis F. N. Wei et C. Q. Lin

乔木，高 15m，小枝深栗色，无毛，干时具纵棱，芽卵形，具光泽。叶柄长 1.0～1.5cm，无毛；叶片卵形或椭圆形，长 6～9cm，宽 3.5～4.5cm，稍革质，基部阔楔形，先端渐尖，两面无毛或背面具微柔毛；中脉明显隆起，侧脉 6～9 对，在两面较明显，网脉细密，干后在叶下面呈蜂窝状小窝穴。圆锥花序多数，顶生或近顶生，长 4～5cm，具灰白色柔毛；花被片卵形或椭圆形，长 3.0～

3.5mm，宽 2mm，内面具长毛。果序长 9cm，宿存花被裂片反曲。

广西特有种，产于融水。

34. 柳叶润楠　图 186：2

Machilus salicina Hance

灌木，高 3～5m，枝条无毛。叶常生于枝条的梢端，线状披针形，长 4～12（～16）cm，宽 1.0～2.5（～3.2）cm，先端渐尖，基部渐狭成楔形，上面无毛，下面带粉绿色，无毛或幼叶有时被平伏微柔毛；中脉在上面平坦，在下面明显，侧脉纤细，侧脉 6～8 对，小脉密网状，在两面形成蜂巢状浅窝穴；叶柄长 0.7～1.5cm。聚伞状圆锥花序顶生，长约 3cm。果球形，直径 0.7～1.0cm，熟时紫黑色；果梗红色。花期 2～3 月；果期 5～7 月。

产于梧州、平南、宁明、上思、融水。多见于溪谷两岸或河边台地灌丛或疏林中。分布于广东、海南、贵州、云南；中南半岛也有分布。喜湿润环境，喜土层深厚疏松、排水良好的中性或微酸性砂质壤土。深根性树种，主根深入土层，侧根发达。播种繁殖。叶含油，可用于化妆品、皂用香精、食品用调配香料，亦可作熏香及蚊香调和剂。叶入药，有消肿功效。适生于水边，枝叶茂密，可作防护堤岸树种。

35. 赛短花润楠　图 186：1

Machilus parabreviflora H. T. Chang

灌木，高约 2m；枝、叶无毛，幼枝干后黑褐色，老枝灰褐色；顶芽卵形，密被黄棕色平伏微柔毛。叶聚生于枝顶，革质，线状倒披针形，长 6～11（～12）cm，宽 1.0～2.0（～2.7）cm，先端尾状渐尖，基部窄楔形，下延，上面橄榄绿色，有光泽，下面灰白色或黄褐色；中脉在上面凹下成窄沟，在下面明显凸起，侧脉8~10对，在上面不明显，网状脉在两面均不明显；叶柄长 6 ~ 10mm。圆锥花序2~9个近顶生，长 2 ~ 4cm，无毛或有微柔毛。果球形，直径约8mm。

广西特有种。产于上思、防城。

36. 短序润楠　短序桢楠

Machilus breviflora（Benth.）Hemsl.

乔木，高约8m。小枝咖啡色，渐变灰褐色，无毛。叶革质，略集生于枝顶，倒卵形至倒卵状披针形，长 4 ~ 5cm，稀达 9cm，宽 1.5 ~ 2.0cm，先端钝，基部渐狭，两面无毛，干时上面带栗色，下面粉白色；中脉在上面下陷，在下面凸起，侧脉和网状脉纤细，不明显；叶柄短，仅 3 ~ 5mm。圆锥花序常呈复伞形花序状，顶生，长 2 ~ 5cm，无毛。果球形，直径

图186　1. 赛短花润楠 **Machilus parabreviflora** H. T. Chang 果枝。**2. 柳叶润楠 Machilus salicina** Hance 果枝。（1. 仿《广西植物志》，2. 仿《中国树木志》）

0.8 ~ 1.0cm，花被裂片宿存。与红楠在叶形态上相似，但红楠叶长且大，叶柄长 1 ~ 3cm，可区别。花期 7 ~ 8 月；果期 10 ~ 12 月。

产于十万大山、大明山、隆林、南丹、东兰、浦北。分布于广东、海南。较耐阴。树形美观，枝叶浓密，可作庭院树种。

37. 华润楠　桢楠　图187

Machilus chinensis（Champ. ex Benth.）Hemsl.

乔木，高8~12m，无毛。叶革质，倒卵状长圆形至长圆状倒披针形，长 5 ~ 8（ ~ 10）cm，宽 2 ~ 3（ ~ 4）cm，先端钝或短渐尖，基部楔形或宽楔形，下面粉白色；中脉在上面凹下，在下面凸起，侧脉不明显，每边约 8 条，网状脉在两面呈蜂窝状浅窝穴；叶柄长 0.6 ~ 1.4cm。圆锥花序 2 ~ 3 聚生于枝顶，无毛，长约 3.5cm。果球形，直径 0.8 ~ 1.0cm，花被裂片早落，间有宿存。花期 7 ~ 11 月；果期 11 月至翌年 2 月。

产于金秀、玉林、灵山、浦北、大明山。常见于海拔900m以下的疏林内。分布于广东、海南；越南也有分布。喜光，适生于肥沃、潮湿土壤，以山坡中、下部分布较多。适应性强，在低山丘陵各类采伐迹地、火烧迹地上均可种植。速生，萌生能力强，侧根十分发达。对大气中 SO_2 污染抗性较强，对氟化物反应敏感，叶片易受害和脱落，但短期内可形成新的树冠。

播种繁殖。成熟果实青黄色，采收后推开晾干，稍阴干即可播种。果实千粒重约150g，发芽率85%。撒播于苗床，覆土 1.5 ~ 2.0cm，约 30d 发芽后需盖遮阴篷。苗高 4cm 时可移入袋培育。1 年生幼苗高 30 ~ 40cm，即可出圃造林。造林后 3 ~ 4 年内，于春末和秋季除草松土 1 ~ 2 次。木材密度

中偏大，心材暗绿黄色，边材淡绿黄色，纹理直，结构适中，干燥后稍开裂，不变形，耐腐，为建筑和家具用材，也可用于造船。种子油可供制肥皂和润滑油。良好园林风景树种和生态公益树种。

38. 疣序润楠

Machilus lenticellata S. K. Lee et F. N. Wei

乔木，高达 14m；小枝纤细，圆柱形，无毛。叶革质，椭圆状倒披针形，长 7～11cm，宽2.0～3.5cm，先端渐尖，尖头钝，基部渐狭并下延，边缘反卷，两面无毛，下面灰白色；侧脉 10～13 对，极纤细，在上面略明显，下在面模糊可见，小脉在叶两面呈蜂窝状；叶柄0.5～1.0cm。果序长 4.5cm，通常顶生，具多数明显的疣状皮孔；果球形，直径 6～7mm；宿存花被裂片长约 5mm，宽约2.5mm，两面被短柔毛。果期 12 月。

广西特有种。分布于昭平、平南。生于山地密林中。

39. 东兴润楠

Machilus velutinoides S. K. Lee et F. N. Wei

灌木，高约 1m。枝、芽、叶下面均密被绒毛。叶狭倒卵形、狭卵形或椭圆形。从叶形与被毛等特征看与绒毛润楠相似，但本种叶略大，长 14～17cm，宽 4～5cm，特别是叶先端尾状渐尖，侧脉 11～17 对，果扁球形，较大，直径达3.5cm 等，可与之区别。果期 4 月。

广西特有种，产于十万大山。

40. 粗壮润楠

Machilus robusta W. W. Smith

乔木，高达 20m，胸径达 40cm；枝条粗壮，幼时稍压扁，略被微柔毛，老时无毛，具栓质皮孔；芽小，卵形，鳞片浅棕色，外面密被微柔毛。叶厚革质，狭椭圆状卵形至倒卵状椭圆形或近长圆形，长 10～20(～25)cm，宽5.5～8.5cm，先端近锐尖，有时短渐尖，基部近圆形或宽楔形，两面无毛，上面绿色，下面粉绿色；中脉在上面凹陷，在下面十分凸起，变红色，侧脉 5～9 对，小脉网状，在两面明显，构成蜂巢状小窝穴；叶柄长 2.5～5.0cm。花序多数聚生于枝顶或先端叶腋，长 4～12(～16)cm，总梗长 2.5～11.5cm，粗壮，各级序轴压扁，初时被蛛丝状短柔毛，后逐渐变稀疏。果球形，直径 2.5～3.0cm，成熟时蓝黑色；宿存花被片不增大；果梗增粗，长 1.0～1.5cm，粗达 3mm，深红色。花期 1～4 月；果期 4～6 月。

产于广西西部、北部、金秀、贺州和浦北。分布于云南、贵州。木材密度小，淡黄褐色，纹理直，结构适中，干燥后不开裂，少变形，易变色，耐腐性一般。

图 187 华润楠 Machilus chinensis (Champ. ex Benth.) Hemsl. 1. 花枝；2. 花。(仿《中国树木志》)

41. 枇杷叶润楠 荡楠 图 188

Machilus bonii Lec.

乔木，高达 20m；枝条近圆形，具棱，皮灰白色，无毛。叶互生，厚纸质，倒卵形或长倒卵形至倒披针形，长 13～22cm，宽 5.5～9.0cm，先端短渐尖，上面绿色无毛，下面黄褐绿色，多少被黄褐色柔毛；中脉在上面凹陷，在下面明显凸起，侧脉 16 对，在上面近平坦，在下面凸起，横脉和小脉密结成网；叶柄长 1.0～1.5cm。花序近顶生，少花，近总状，总梗长 2.5～4.0cm，与花序轴变红色，被黄褐色柔毛。幼果近球形，直径达 1.4cm。果期 5 月。

产于龙州。分布于广东。

17. 楠属 Phoebe Nees

常绿乔木或灌木。叶通常聚生于枝顶，互生，羽状脉。花两性；聚伞状圆锥花序或近总状花序，生于当年生枝中、下部叶腋，少为顶生；花被裂片 6 枚；相等或外轮略小，花后变革质或木质，直立；能育雄蕊 9 枚，3 轮，花药 4 室，第 1、2 轮雄蕊的花药内向，第 3 轮的外向，基部或基部略上方有具柄或无柄腺体 2 枚，退化雄蕊三角形或箭头形；子房多为卵珠形及球形，花柱直或弯，柱头钻状或头状。果

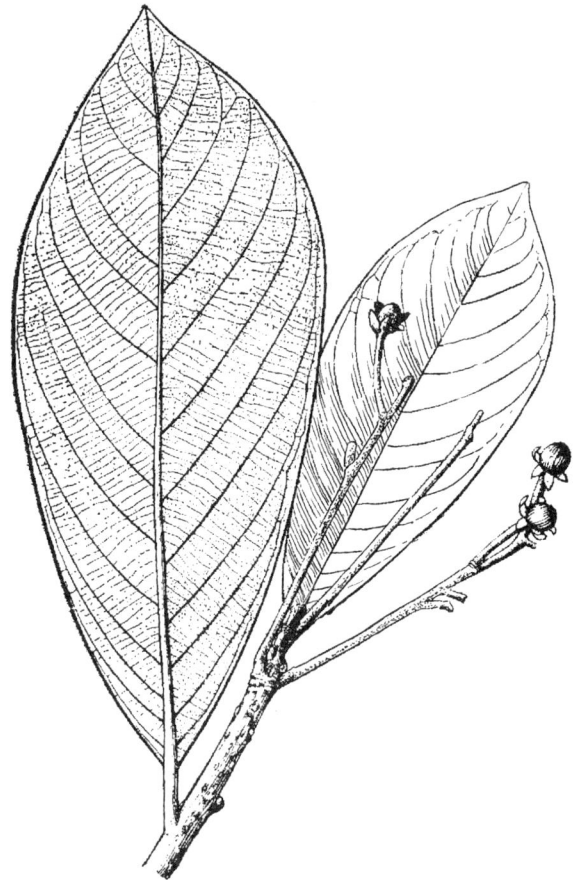

图 188 枇杷叶润楠 Machilus bonii Lec. 幼果枝。（仿《中国植物志》）

卵珠形、椭圆形及球形，稀为长圆形，基部为宿存花被片包围；宿存花被片紧贴或松散或先端外倾，但不反卷或极少略反卷；果梗不增粗或明显增粗。与润楠属很相近，区别点是本属花被裂片花后变为革质或木质；果实基部为宿存、增厚的花被裂片所包围；第 3 轮雄蕊花丝基部的腺体无柄或有柄，极少具长柄。

约 96 种，主要分布于亚洲热带、亚热带及热带美洲；中国 39 种以上；广西 12 种 1 变种。多数种类的材质优良，供建筑、家具之用。

分种检索表

1. 叶上面中脉明显下陷，至少中下部下陷。
  2. 果球形，宿存花被裂片张开，不紧贴果的基部；各级叶脉在上面均明显下陷 ········· **1. 桂楠 P. kwangsiensis**
  2. 果卵形、椭圆形或长椭圆形。
    3. 花序无毛或近无毛。
      4. 果梗明显增粗；叶倒披针形，少为倒卵形，下面常为苍白色 ·················· **2. 粗柄楠 P. crassipedicella**
      4. 果梗微增粗。
        5. 叶椭圆形，长 3.5～9.0cm，宽 1.5～3.5cm，叶缘明显外翻；叶柄长 5～7mm；宿存花被片紧贴······
        ··· **3. 黑叶楠 P. nigrifolia**
        5. 叶倒披针形或披针形，长 10～14(～17)cm，宽 2～3(～4)cm，基部渐狭，有时下延，下面通常为苍白色 ·· **4. 光枝楠 P. neuranthoples**
    3. 花序明显被毛，毛被各式。
      6. 小枝、芽、嫩叶、叶柄均被红褐色或锈色长柔毛；果椭圆形，宿存花被裂片与花被管有明显关节 ······
      ·· **5. 红毛山楠 P. hungmoensis**

6. 被毛和宿存花被裂片非上述情况。

    7. 叶倒卵形或椭圆状倒卵形, 少为倒披针形, 宽达 7cm; 老叶下面、小枝、花序和果柄密被绒毛或柔毛; 果卵形 ······ **6. 紫楠 P. sheareri**

    7. 叶披针形、倒披针形或倒卵状披针形, 宽不过 4cm。

      8. 果卵形, 宿存花被片革质, 松散, 有时先端外倾, 具明显纵脉 ······ **7. 白楠 P. neurantha**

      8. 果椭圆形至长圆形, 长 1.5cm, 宿存花被裂片紧贴果基部 ······ **8. 闽楠 P. bournei**

1. 叶上面中脉凸起。

  9. 侧脉较多, 9~13 对以上。

    10. 花序及叶下面被毛; 叶披针形或椭圆状披针形, 基部下延 ······ **9. 乌心梅 P. tavoyana**

    10. 花序及叶下面无毛或近于无毛; 果卵形。

      11. 花序粗壮; 花梗无白粉; 果先端无喙; 叶长椭圆形, 先端尾状尖或渐尖, 呈镰形弯曲 ······ ······ **10. 石山楠 P. calcarea**

      11. 花序极纤细, 花梗被白粉; 果先端有短喙; 叶披针形或椭圆状披针形, 先端渐尖或细尾状渐尖, 尖头常呈镰形 ······ **11. 披针叶楠 P. lanceolata**

  9. 侧脉较少, 6~7 对; 叶披针形、椭圆形或椭圆状披针形; 果椭圆形 ······ **12. 崖楠 P. yaiensis**

1. 桂楠

Phoebe kwangsiensis Liou

小乔木。小枝圆柱形, 被柔毛。叶革质, 倒披针形或椭圆状倒披针形, 狭长, 长 9~12cm, 宽 2~4cm, 先端渐尖, 基部楔形, 上面无毛或沿中脉有柔毛, 下面被灰褐色柔毛, 中脉、侧脉及横脉在上面明显下陷成沟。聚伞状圆锥花序长 13~18cm, 总梗长 10~12cm, 被疏柔毛, 在顶端作 3~4 次分枝, 每个分枝的基部有叶状苞片。果球形, 直径约 7mm, 宿存花被裂片张开, 不紧贴果实基部。花期 6 月; 果期 9 月。

濒危种。产于大明山、融水、天峨、田林、上林、环江, 生于海拔 1000m 以下常年有流水、湿润环境的混交林中。分布于贵州南部。萌蘖性强, 常呈丛生状。

2. 粗柄楠

Phoebe crassipedicella S. K. Lee et F. N. Wei

乔木。与短叶白楠相似, 同属于果柄明显增粗的类型, 而本种主要特征是: 小枝、叶下面、花序和花被裂片外面无毛或近无毛(罕有花被裂片外面密被短柔毛), 叶倒披针形, 叶背面通常为苍白色, 中脉在叶腹面下陷。

产于乐业、南丹、天峨。多见于石灰岩石山疏林中。分布于贵州荔波。

3. 黑叶楠 图 189: 2

Phoebe nigrifolia S. Lee et F. N. Wei

灌木或小乔木, 高 2~6m。芽外露, 被短柔毛。老枝叶痕明显或不明显, 小枝近圆柱形, 干时浅黑色, 无毛, 具皮孔。叶革质或硬革质, 干后变浅黑色, 椭圆形, 长 3.5~9.0cm, 宽 1.5~3.5cm, 先端渐尖或短尖, 少为钝尖, 基部楔形, 上面无毛, 发亮, 下面无毛或有细微柔毛; 中脉在上面下陷或平坦, 在下面凸起, 侧脉每边 6~9 条, 在两面不明显, 横脉及小脉细密, 明显或不明显, 明显时构成密网状, 叶缘明显外翻; 叶柄长 5~7mm, 无毛。圆锥花序生于新枝上部叶腋, 纤细, 长 2.5~7.0(~11.0)cm, 无毛, 中部以上分枝; 花长 3.0~3.5mm, 花梗长 4~7mm。果卵形, 长约 1cm, 直径约 6mm, 果梗略增粗; 宿存花被片卵形, 革质, 紧贴。花期 4~5 月; 果期 8~9 月。

广西特有种。产于田阳、德保、靖西、龙州、大新。耐干旱性强, 常生于石灰岩灌丛中。

4. 光枝楠 琴叶楠

Phoebe neuranthoides S. Lee et F. N. Wei

大灌木至小乔木, 高 11m。顶芽卵球形, 有黄褐色贴伏柔毛。小枝有棱, 干时黑褐色或褐色, 几无毛。叶薄革质, 倒披针形或披针形, 长 10~14(~17)cm, 宽 2~3(~4)cm, 先端渐尖或长渐尖,基部渐狭,有时下延,上面完全无毛,下面近于无毛或被贴伏小柔毛,通常为苍白色;中脉在上面下陷,至少下半部下陷,侧脉纤细,在上面不明显,在下面明显,每边 10～13(～17)条,斜展,在叶缘网结,横脉及小脉极细,在下面稍明显或完全不可见;叶柄细,长 1.0～1.7cm,无毛。花序纤细,生于新枝中部,近于总状或在上部分枝,长 6～10(～13)cm,无毛,总梗长 3～5cm,与各级序轴无毛,花少数,长 3.0～3.5mm,花梗长 7～9mm,无毛。果卵形,长约 1cm,直径 5～6mm;果梗长约9mm,微增粗;宿存花被片卵形,长3.5～4.5mm,革质,松散。花期 4～5月;果期 9～10 月。

产于融水、罗城、南丹。多生于海拔 1000～1500m 的山地密林中。分布于陕西、四川、湖北、贵州、湖南。木材有香气,结构细密,刨面光滑,可作建筑、家具用材。

5. 红毛山楠

Phoebe hungmoensis S. K. Lee

图 189　1. 崖楠 Phoebe yaiensis S. Lee 果枝。2. 黑叶楠 **Phoebe nigrifolia** S. Lee et F. N. Wei 果枝。(仿《中国树木志》)

乔木,高达 25m。小枝、嫩叶、叶柄及芽均被红褐色或锈色长柔毛;1 年生小枝粗壮,中部直径 4～6mm。叶革质,倒披针形、倒卵状披针形或椭圆状倒披针形,长 10～15cm,宽 2.0～4.5cm,先端钝头、宽阔近于圆形或微具短尖头,基部渐狭,上面无毛有光泽或沿中脉有柔毛,下面密或疏被柔毛,脉上被绒毛,中脉粗壮,在上面下陷或平坦,在下面明显凸起,侧脉 12～14 对,在下面特别明显,横脉及小脉细,在下面明显;叶柄长 8～27mm。圆锥花序生于当年生枝的中、下部,长 8～18cm,被短或长柔毛,分枝简单;花长 4～6mm。果椭圆形,宿存花被裂片与花被管的交接处强度收缩成 1 个明显关节。花期 4 月;果期 10～12 月。

产于平果、十万大山。常混生于山地常绿季雨林中。分布于广东、海南;越南北部也有分布。喜光,幼年稍耐阴,适应性强,对土壤要求不严,在土层深厚、疏松的酸性砂壤土上生长良好。

播种繁殖。果实由绿色转为黄青色时采种,用清水浸至果肉软化,搓去外种皮后阴干,随采随播或沙藏至春季播种。种子千粒重 60g,新鲜种子发芽率 80%。幼苗具 3～4 片真叶,可移植分床或移入容器培育。苗高 30cm,地径 0.3cm 以上,可出圃造林。木材结构细,纹理直,质较轻,干后不易开裂,可作家具、建筑、造船等用材。

6. 紫楠　黄心楠　图 190：3～4

Phoebe sheareri (Hemsl.) Gamble

乔木。全体各部密被黄褐色或灰黑色绒毛或柔毛;叶革质,倒卵形、椭圆状倒卵形,少为倒披针形,长 7～27cm,宽约 7cm,先端急渐尖或急尾状渐尖,上面无毛或沿脉上有毛,下面密被黄褐色长柔毛,少为短柔毛,中脉和侧脉在上面下陷,侧脉 8～13 对,横脉多而密集。花序长 7～15(～18)cm。果卵形,长约 1cm,熟时表面无白粉,果柄不增粗或微增粗,宿存花被裂片多少松散,不紧贴果实基部。花期 4～5 月;果期 9～10 月。

主产于广西东北部、北部，中部少见。生于海拔 1200m 以下的山谷、溪旁阔叶林中，偶成小片纯林。长江以南各地均有分布。较耐寒，能耐 −11℃低温。喜阴，全光照下生长不良，喜湿润气候及深厚肥沃、湿润而排水良好的微酸性及中性土壤。有一定抗涝性，能耐间歇性短期水浸。深根性，根系发达，抗风力强。萌芽力强。生长慢。

播种繁殖，也可扦插繁殖。果实呈蓝色或黑色时采种。采回的浆果放入水中浸泡，搓去果肉，清水冲洗净，置于通风处阴干。随采随播或湿沙贮藏至翌年春播。苗高 30 ~ 35cm 可出圃。1 ~ 2 年生苗可裸根打泥浆移植，2 年生以上苗出圃时须带土球。木材纹理直，结构细，供家具、建筑等用；根、叶、果含芳香油；种子可供榨油，供工业用；根、叶入药，有暖胃去湿的功效。

7. 白楠 图 190：2

Phoebe neurantha (Hemsl.) Gamble

乔木，高达 14m，树皮灰黑色；小枝初时被柔毛，后逐渐脱落变近无毛。叶革质，狭披针形、披针形或倒披针形，长 8 ~ 16cm，宽 1.5 ~ 4.5cm，先端长渐尖，基部渐狭而下延，上面无毛或嫩时有毛，下面初时有密集或稀疏灰白色柔毛，后渐变为仅被散生短柔毛或近于无毛，绿色或有时苍白色，中脉在上面下陷，侧脉 8 ~ 12 对。圆锥花序长 4 ~ 10cm，被柔毛。果卵形，长约 1cm，直径 6 ~ 7mm，果柄不增粗或略增粗；宿存花被片革质，松散，有时先端外倾，具明显纵脉。花期 5 月；果期 8 ~ 10 月。

产于乐业、凌云、田林、融水、大明山。生于海拔 500 ~ 1400m 的山地密林中。分布于陕西、甘肃、四川、云南、贵州、湖南、湖北、江西。要求温暖湿润的气候和雨量充沛、湿度较大的环境，深根性树种，在土层深厚、排水良好的砂壤土上生长良好。心边材区别不明显，黄褐色，纹理直，结构适中，强度大，硬度大，耐腐性、抗虫性均强，切面光滑，切面美观，油漆后光亮，胶黏容易，供建筑、高档家具、钢琴壳、船壳及雕刻之用。树皮入药，主治心气痛、吐泻、中耳炎。

7a. 短叶白楠

Phoebe neurantha var. **brevifolia** H. W. Li

灌木，植株矮小，高约 1m。叶革质至厚革质，倒卵形或倒卵披针形，与原种的区别主要是：叶较短小，长 3 ~ 11cm，宽 1.5 ~ 4.0cm，先端钝，干后上面发皱。圆锥花序长 2 ~ 4cm。

产于龙州、田林。生于石灰岩林内或灌丛中，土山少见。分布于云南南部。

8. 闽楠 兴安楠、竹叶楠 图 190：1

Phoebe bournei (Hemsl.) Yang

常绿大乔木，高可达 30m 以

图 190 1. 闽楠 Phoebe bournei (Hemsl.) Yang 果枝。2. 白楠 Phoebe neurantha (Hemsl.) Gamble 花枝。3 ~ 4. 紫楠 Phoebe sheareri (Hemsl.) Gamble 3. 花枝；4. 果。(仿《中国树木志》)

上；树干通直；树皮灰色，薄片状脱落；芽鳞密被黄褐色柔毛，小枝有柔毛或近无毛。叶披针形或倒披针形，上面光亮、无毛，下面被短柔毛，脉上被伸展的长柔毛，中脉在上面下陷，侧脉 10～14 对。花序腋生，被黄白色柔毛。果椭圆形或长椭圆形，长 1.0～1.5cm，直径 6～7mm，宿存花被裂片紧贴果实基部。花期 4 月；果期 10 月。

易危种，国家 II 级重点保护野生植物。产于广西北部、东北部、东部和金秀、武鸣。多见于海拔 1000m 以下的山地常绿阔叶林中。分布于江西、福建、浙江、湖南和广东。喜温暖湿润气候，抗寒力较强，能耐 -8℃极端低温，耐霜冻及一般冰雪。耐阴，喜湿润、疏松、肥沃的土壤，能耐间歇性水浸，不耐干旱，适生于山谷、山洼、半阳坡山腰中下部，在山脊、山顶上生长不良。在天然林中初期生长缓慢，60～70 年生后达生长旺盛期，人工栽植 10 年生树高约 8m。深根性，侧根较多，根部有较强的萌蘖力。

播种繁殖。果实呈蓝黑色时即可采集，采回的果实用清水浸泡 2～4d 至果肉软化，捞出后反复搓揉，再用清水冲洗，去除果皮等杂质，取出种子置室内通风处阴干。随采随播或湿沙贮藏至翌年春天播种。宜选日照时间短、肥沃湿润、排灌方便的砂壤土或壤土作圃地。条播，条距 15～20cm，上覆稻草保温保湿。幼苗出土后依萌发情况分批揭草。幼苗耐阴，忌强光高温，需及时搭盖遮阴篷。5～7 月进行间苗和定苗。7～9 月为苗木速生期，需加强水肥管理，9 月中下旬追施钾肥，促进苗木木质化，增强越冬能力。1 年生苗高 30～40cm，地径 0.4～0.5cm，即可出圃造林。木材纹理直，结构细，芳香，强度中等，不变形、不易受虫蛀，易加工，削面光滑美观，为上等建筑、家具、造船、雕刻、精密木模的良材，也可作精密仪器箱板用。

9. 乌心楠 图 191：3～5

Phoebe tavoyana (Meissn.) Hook. f.

乔木，高达 12m。全株密被柔毛；叶干后为栗色，披针形或椭圆状披针形，长 9～22cm，宽 2.5～5.5cm，先端尾状渐尖，基部渐狭并下延，下面初时密被灰白色或灰褐色长柔毛，后变短柔毛，脉上仍有疏长柔毛，中脉和侧脉在上面凸起，侧脉细，10～15 对；叶柄长 0.8～2.0cm。圆锥花序多个，生于新枝上部叶腋内，长短变化较大，通常长 9～16cm，少数可达 25cm，在顶端分枝，总梗及各级序轴均密被黄灰色柔毛。果椭圆状倒卵形或椭圆形，长约 1.2cm；果梗短，增粗；宿存花被片紧贴，两面被毛或外面近无毛。花期 2～3 月；果期 5～8 月。

产于博白、防城、宁明。分布于广东、海南、云南；印度、缅甸、老挝、泰国、柬埔寨、马来西亚和印度尼西亚也有分布。

木材坚硬，耐水湿，不易开裂，不易受虫蛀，为船板、建筑、水桶等的良好用材。

10. 石山楠

Phoebe calcarea S. K. Lee et F.

图 191 1～2. 披针叶楠 Phoebe lanceolata (Wall. ex Nees) Nees 1. 花枝；2. 果。**3～5. 乌心楠 Phoebe tavoyana** (Meissn.) Hook. f. 3. 花枝；4～5. 叶。（仿《中国树木志》）

N. Wei

乔木，高可达20m。叶宽而长，革质，长椭圆形，长11~19cm，宽3.5~6.0cm，先端尾状尖或渐尖，呈镰刀状弯曲，基部渐狭略下延；中脉、侧脉两面凸起，侧脉8~12对，小脉密，联结成网状；叶柄长1~2cm。花序特长，可达25cm。与披针叶楠很相近，但本种花序粗壮，花梗不被白粉，果先端无短喙等，可以区别。花期4月；果期7月。

产于阳朔、平乐、融安、巴马、都安、龙州、靖西等地。分布于贵州荔波。

11. 披针叶楠 图191：1~2

Phoebe lanceolata (Wall. ex Nees) Nees

乔木，高可达20m，树皮灰白色；枝条纤细，圆柱形，有大而明显的叶痕。叶披针形或椭圆状披针形，长11~26cm，宽3~7cm，先端渐尖或细尾状渐尖，尖头常镰形弯曲，幼时两面常带紫红色，下面多少被毛，老时无毛；中脉粗壮，在上面凸起，侧脉9~13(~15)对，细而在两面明显。圆锥花序腋生，长短不一，多数长12~15cm，各级花序轴无毛，花梗与花等长，被白粉。果卵球形，长0.9~1.2cm，直径6~7mm，先端常有短喙；果梗略增粗；宿存花被片革质，麦秆色，紧贴或松散。花期4~5月；果期7~9月。

产于龙州。常见于海拔1500m以下的阔叶林中。分布于云南南部；尼泊尔、印度、泰国、马来西亚、印度尼西亚也有分布。木材供作建筑、家具用材。

12. 崖楠 图189：1

Phoebe yaiensis S. Lee

小乔木，高约8m；小枝无毛，老枝有明显的叶痕和皮孔。叶披针形、椭圆形或椭圆状披针形，长7~13(~15)cm，宽2~4cm，先端渐尖或尾尖，两面无毛或下面有微柔毛；中脉、侧脉在两面凸起，侧脉6~7对，网脉极细；叶柄长1~2cm。果椭圆形，长0.7~1.3cm，宽5~6mm；果梗长6~8mm，略增粗，宿存花被片卵形，革质，先端钝，外面无毛，内面有灰褐色柔毛，紧贴。果期9~11月。

产于靖西。生于低海拔的阔叶林中。分布于广东、海南；越南也有分布。

17 莲叶桐科 Hernandiaceae

乔木、灌木或藤本。单叶或三出复叶至掌状复叶，互生，通常具长柄，无托叶。花两性、单性或杂性，辐射对称；伞房或圆锥状聚伞花序，腋生或顶生；花萼基部管状，上部3~5裂；花瓣与花萼相似；雄蕊3~5枚，花药2室，2瓣裂，退化雄蕊腺状或花瓣状位于发育雄蕊外侧或无；子房下位，1室，胚珠1枚，垂生。核果，多少具纵肋，有2~4个阔翅或无翅而包藏于膨大的总苞内；种子1粒，无胚乳，外种皮革质。

4属59种，分布于亚洲东南部、大洋洲东北部、中南美洲及非洲西部的热带地区。中国2属，分布于西南、南部及东南部至台湾。广西1属。

青藤属 Illigera Bl.

常绿藤本，枝条具纵棱。三出复叶，稀为掌状复叶，通常纸质，全缘，常具油点；叶柄较长，有时卷曲以作攀援状；具小叶柄。聚伞状圆锥花序，花两性，具小苞片；萼管较短，萼裂5，常为长圆形；花瓣5枚，形似萼裂，一般小于萼裂；发育雄蕊5枚，与花瓣互生，退化雄蕊10(5)枚，腺状、舟状或花瓣状。幼果具4纵棱，成熟时长成2~4个纵向宽翅，翅上脉横向生长；种子长圆形。

约30种，分布于亚洲、非洲南部热带地区。中国约14种，分布于南部、东南及西南。广西约6种1变种。

分种检索表

1. 幼枝无毛。
　2. 小叶卵形或椭圆状卵形，两面无毛；叶柄具条纹；萼片椭圆状长圆形，具透明腺点，被短柔毛；花绿白色；
　　雄蕊长为花瓣的 2 倍 ⋯⋯⋯⋯⋯⋯⋯⋯⋯⋯⋯⋯⋯⋯⋯⋯⋯⋯⋯⋯⋯⋯⋯⋯⋯⋯⋯ **1. 宽药青藤 I. celebica**
　2. 小叶薄革质，近圆形，下面脉腋有髯毛；全株具香气；花红色 ⋯⋯⋯⋯⋯⋯⋯⋯⋯⋯⋯⋯ **2. 香青藤 I. aromatica**
1. 幼枝被毛。
　3. 小叶基部圆形、近圆形或近心形。
　　4. 花红褐色或玫瑰红色。
　　　5. 小叶两面无毛，卵形至椭圆形；花红褐色；花序及萼管均密被黄色绒毛，萼片、花瓣外面均被短柔毛；
　　　　果大，直径可达 12 ~ 14cm ⋯⋯⋯⋯⋯⋯⋯⋯⋯⋯⋯⋯⋯⋯⋯⋯⋯⋯⋯⋯⋯⋯ **3. 滇桂青藤 I. henryi**
　　　5. 小叶上面中脉被短柔毛，下面中脉稍被毛或无毛，卵形、倒卵状椭圆形或卵状椭圆形；萼片紫红色；花
　　　　瓣玫瑰红色，短于萼片 ⋯⋯⋯⋯⋯⋯⋯⋯⋯⋯⋯⋯⋯⋯⋯⋯⋯⋯⋯⋯⋯ **4. 红花青藤 I. rhodantha**
　　4. 花黄色，小叶卵形、椭圆形或长圆状椭圆形，先端短渐尖，基部不对称心形，上面沿脉被柔毛，下面疏被
　　　毛或无毛；小叶柄被淡黄色柔毛 ⋯⋯⋯⋯⋯⋯⋯⋯⋯⋯⋯⋯⋯⋯⋯⋯⋯⋯⋯⋯⋯ **5. 心叶青藤 I. cordata**
　3. 小叶基部阔楔形，偏斜，小叶椭圆状披针形或披针形，幼叶微被毛，老则无毛，小叶柄、叶柄均无毛；花序、
　　小苞片、花萼、花瓣均被灰褐色短柔毛；花瓣绿白色 ⋯⋯⋯⋯⋯⋯⋯⋯⋯⋯⋯⋯⋯ **6. 小花青藤 I. parviflora**

1. 宽药青藤　大青藤、白吹风散、三根风　图 192：1

Illigera celebica Miq.

茎、叶、萼无毛。三出复叶，小叶卵形或椭圆状卵形，长 6 ~ 15cm，宽 3 ~ 7cm，先端短渐尖，基部圆形，两面无毛；小叶柄长 1 ~ 2cm，叶柄长 5 ~ 8 (~ 14) cm，具条纹。花序腋生，长 20 ~ 25cm，几无毛；萼片椭圆状长圆形，具透明腺点，被短柔毛；花绿白色；雄蕊长为花瓣的 2 倍，退化雄蕊 10 枚，腺状。果长 3cm，直径 3.0 ~ 4.5cm，具 4 个翅，大翅宽 2.5 ~ 3.0cm，小翅宽约 1cm。花期 4 ~ 10 月；果期 6 ~ 11 月。

产于容县、横县、邕宁、武鸣、隆安、上林、扶绥、宁明、龙州、防城、金秀、罗城。生于海拔 1300m 以下的山坡、山谷疏林中。分布于广东、海南、云南；越南、泰国、柬埔寨、菲律宾、印度尼西亚也有分布。根、茎入药，可治风湿骨痛、头痛、手脚痛。

2. 香青藤　黑吹风、吹风散　图 192：4

Illigera aromatica S. Z. Huang et S. L. Mo

全株具浓烈芳香气味。幼枝无毛，老茎灰棕色，皮纵裂。小叶薄革质，近圆形，长 5.0 ~ 11.5cm，先端短尖，仅下面脉腋有髯毛，侧脉每边 3 ~ 4 条，侧生小叶较小，偏斜，小叶柄长 0.7 ~ 2.0cm，被短柔毛；叶柄长 7 ~ 11cm，无毛。花序长 5 ~ 10cm；花红色；花序轴、花梗、小苞片及萼管、子房均被短柔毛；萼片里面、花瓣内面、花丝及花柱均密被腺毛。果未见。

广西特有种。产于邕宁、宁明、龙州、大新。生于石灰岩山地疏林内或林缘。茎叶入药，可用于治疗肥大性脊椎炎、跌打骨折、风湿骨痛及关节炎、咳嗽痰多、消化不良。

3. 滇桂青藤　蒙自青藤　图 192：3

Illigera henryi W. W. Smith

幼枝被毛，老枝无毛。叶各部无毛；小叶近革质，卵形至椭圆形，长 8 ~ 13cm，宽 5 ~ 8cm，先端突尖，基部近圆形，两面无毛，侧脉每边 4 ~ 5 条，小叶柄长 2 ~ 3cm，叶柄长 6 ~ 12cm。花序腋生，长 5 ~ 10cm；花红褐色；花序及萼管均密被黄色绒毛，萼片、花瓣外面均被短柔毛；退化雄蕊长卵形。果大，直径可达 12 ~ 14cm，翅 2 大 2 小。花期 7 月；果期 9 ~ 11 月。

产于凌云、那坡。生于山谷疏林内。分布于云南。

图192　1. 宽药青藤 **Illigera celebica** Miq. 花枝。2. 心叶青藤 **Illigera cordata** Dunn 果枝。3. 滇桂青藤 **Illigera henryi** W. W. Smith 果枝。4. 香青藤 **Illigera aromatica** S. Z. Huang et S. L. Mo 花枝。5. 小花青藤 **Illigera parviflora** Dunn 果。(仿《广西植物志》)

4. 红花青藤　毛青藤、黑追风藤

Illigera rhodantha Hance

幼枝、小叶柄、叶柄、花序均被金黄褐色绒毛。小叶卵形、倒卵状椭圆形或卵状椭圆形，长6~11cm，宽3~7cm，先端渐尖，基部圆形或近心形，下面网状脉明显，上面中脉被短柔毛，下面中脉稍被毛或无毛，侧脉每边4~6条；小叶柄长0.5~1.5cm；叶柄长4~10cm。花序长可达20cm；萼片紫红色；花瓣玫瑰红色，短于萼片；退化雄蕊5~10枚；子房、花柱均被黄色绒毛。果具4个翅，长2~3cm，大翅舌形或近圆形，宽2.5~3.0cm，小翅宽0.5~1.0cm。花期6~11月；果期12月至翌年春季。

主产于广西西南部、西部、中部、南部、东部大部分地区，在广西北部偶有出现。生于海拔600m以下的疏林内或灌丛中。分布于云南、贵州、广东、海南；越南也有分布。根、茎可入药，本种是广西产的"加味风湿酒"的原料之一，茎可治跌打瘀肿、风湿关节炎、小儿麻痹及瘫痪。

4a. 锈毛青藤　贵州青藤

Illigera rhodantha var. **dunniana**（Lévl.）Kubitzki

本变种与毛青藤区别在于幼枝、叶两面、叶柄、小叶柄及果均被黄褐色长柔毛或绒毛；小叶长6.5~14.0cm，宽3.5~9.0cm，先端突尖。

产于靖西、那坡、德保、百色、田林、田阳、凌云、河池、天峨。生于海拔1000m以下的林内或灌丛中。分布于云南、贵州；越南、老挝、泰国、柬埔寨也有分布。民间用叶作消肿药。

5. 心叶青藤 图192：2

Illigera cordata Dunn

幼枝被短柔毛，老枝无毛。小叶卵形、椭圆形或长圆状椭圆形，长8~13cm，宽4~8cm，先端短渐尖，基部不对称心形，上面沿脉被柔毛，下面疏被毛或无毛，侧脉每边4~6条；小叶柄1~3cm，被淡黄色柔毛；叶柄长4~12cm。聚伞花序排列成近伞房状，腋生，花序被淡黄色柔毛；花瓣黄色；退化雄蕊棒状。果被短柔毛，直径3.0~4.5cm，长约2cm。翅2大2小，具条纹。花期5~6月；果期8~9月。

产于田林、天峨、隆林、那坡、上林、龙州、桂平、平南、容县、北流、岑溪、苍梧。生于海拔600~1900m的山坡林缘或灌丛中。分布于四川、云南、贵州。

6. 小花青藤 黑九牛 图192：5

Illigera parviflora Dunn

幼枝被短柔毛。小叶椭圆状披针形或披针形，长7~14cm，宽3~7cm，先端渐尖至长渐尖，基部阔楔形，偏斜，幼叶微被柔毛，老则无毛，侧脉每边4~5条；小叶柄长1.2~2.5cm，叶柄长4~8cm，均无毛。花序腋生，长10~20cm，花序、小苞片、花萼、花瓣、雄蕊、雌蕊均被灰褐色短柔毛；花瓣绿白色；退化雄蕊10枚，卵状长圆形。果长约3cm，直径7~9cm，大翅宽3.4~4.5cm，小翅宽0.5~1.0cm。花期5~10月；果期11~12月。

产于临桂、河池、金秀、融水、蒙山、昭平、桂平、平南、容县、博白、马山、上思、宁明、龙州。生于海拔350~1400m的山坡、山谷疏林内。分布于云南、贵州、广东、海南、福建；马来西亚也有分布。根入药，可治风湿骨痛、小儿麻痹后遗症。

18 肉豆蔻科 Myristicaceae

常绿乔木，稀灌木，植物体含油细胞，有香气，树皮和髓心周围具黄褐色或肉红色浆液。单叶互生，全缘，常具透明油点，无托叶。花序腋生；常为圆锥花序或总状花序，稀头状花序或聚伞花序；花小，单性异株，花被3裂，稀2~5裂，雄蕊2~40枚（国产种常为6~18枚），花丝合生或雄蕊柱，花药2室，纵裂，常合生，背面贴生于雄蕊柱上或分离成星芒状；子房上位，1室，胚珠1枚，近基生，花柱短，柱头2裂或边缘具齿状或撕裂状的盘。果皮革质状肉质或近木质，常纵裂为2果瓣。种子具肉质不裂或多少撕裂状的假种皮，种皮3或4层，外层脆壳状肉质，中层常木质，较厚，内层属膜质，紧贴胚乳，胚乳嚼烂状或皱褶状，含油和少量淀粉。

18属400余种，分布于亚洲热带至大洋洲、非洲和美洲热带。中国3属约11种，产于台湾、海南、云南、广西。广西2属3种。多为热带雨林中具有代表性的树种，种子富含十四碳脂肪酸，为特殊的工业用油。

分属检索表

1. 叶下面常被白粉或锈色绒毛；总状花序密集，花梗先端或中部具小苞片；果皮常被毛 ········· **1. 红光树属 Knema**

1. 叶下面无白粉，通常无毛；圆锥花序疏散，花梗常无小苞片；果皮光滑 ················· **2. 风吹楠属 Horsfieldia**

1. 红光树属 Knema Lour.

常绿乔木。叶坚纸质或革质，背面常被白粉或锈色绒毛，侧脉近平行，互相联结。花单性异株，成密集总状花序或假伞形花序，总花梗粗，由多数疤痕集结而成为瘤状体，花梗上部或中部具小苞片，花近球形或椭圆形（多为雄花），碟形或壶形（有些国产种的雌花），雄蕊柱顶端成盘状（雄

图193 小叶红光树 Knema globularia（Lam.）Warb. 1. 果枝；2. 雄花枝；3. 雄蕊盘；4. 种子。(仿《中国树木志》)

蕊盘），花药 8～20 个，分离，基部贴生在盘的边缘成星芒状，花柱短而厚。果皮肥厚，常被绒毛。假种皮先端撕裂，稀不裂，胚乳皱褶状。

约 70 种，分布于南亚，从印度东部到中南半岛、菲律宾及伊里安岛。中国 6 种，主产于云南。广西 1 种。

小叶红光树　广西拟肉豆蔻　图193
Knema globularia（Lam.）Warb.

小乔木，高达 15m，胸径 25cm；树皮灰褐色，鳞片状脱落；分枝集生于干顶，平展而稍下垂。幼枝密被锈色星状短绒毛或近颗粒状微柔毛，后渐无毛，黄褐或暗黑色，具纵条纹。叶坚纸质，长圆形、披针形、倒披针形或条状披针形，长 10～28cm，宽 2～7cm，先端短尖或渐尖，基部宽楔形或近圆形，上面灰绿色，具光泽，下面苍白色，无毛，有时沿叶脉和侧脉被细小的星状或糠秕状微柔毛，侧脉 12～18 对。假伞形花序，总梗短，长 0.5～1.2cm，雄花梗长为总花梗的 2 倍，雌花梗密被锈色短柔毛。果单生，卵球形或近球形，长 1.8～3.2cm；假种皮深红色，包被种子或顶端微撕裂，种子近球形，长

1.6～2.6cm，种皮薄，脆壳质。花期 12 月至翌年 3 月；果期 7～9 月。

产于龙州、凭祥、宁明等地。生于海拔 400m 以下的阴湿山坡或杂木林内。分布于云南；马来半岛至中南半岛也有分布。广西分布区极狭，年均气温 20.5～21.7℃，最冷月（1 月）平均气温为 12.5～13.5℃，喜湿润至潮湿、土层疏松的赤红壤环境，在石灰岩山地未见有分布。稍喜光，幼树能耐阴，在林地上幼苗幼树较多，天然更新能力较强。播种繁殖。随采随播，发芽率约 60%，幼苗生长期应保持土壤湿润。种子含油 26.7%，为重要的工业用油。树皮受伤后分泌出深红色树脂，群众称之为"血树"。木材结构细，易加工，但抗腐性较差、易受虫蛀，可作一般用材。树形高大，可作观赏树种。

2. 风吹楠属 Horsfieldia Willd.

常绿乔木。叶通常无毛，两面几同色，侧脉达边缘处联结，第 3 次脉网状，稍明显。雄花为圆锥花序，花被 3(2～4)裂；花丝连合成球形、棒形，花药 12～30 个，背面着生，通常包被雄蕊柱；雌花无花柱，柱头微合生，子房无毛。果皮常较厚；假种皮完整，稀顶端微撕裂状。种皮木质，薄而脆。

约 90 种，分布于南亚，从印度至伊里安岛。中国 3 种，产于海南、云南。广西 2 种。

分种检索表

1. 枝、幼叶、子房密被锈色星状毛；叶长 12～30cm，宽 5～12cm；假种皮红色 ………… **1. 大叶风吹楠 H. kingii**
1. 枝、叶、子房无毛或近无毛，叶长 12～18cm，宽 3.5～7.5cm，假种皮橙红色 ……… **2. 风吹楠 H. amygdalina**

1. 大叶风吹楠 海南风吹楠、海南霍而飞、假玉果 图194

Horsfieldia kingii (Hook. f.) Warb.

乔木，高达15m。小枝密被锈色星状毛。叶近革质，长圆状卵圆形或长圆状披针形，长12~30cm，宽5~12cm，先端短渐尖，基部楔形或宽楔形，幼叶下面常被泡状小颗粒。叶下面、花序及子房均密被锈色星状柔毛，后渐脱落。雄花序长1.5~7.0cm，花密集；雌花序长3~5cm；花被裂片3~5枚，厚革质，宽卵形。果单生，黄色，椭圆形，长约4.5cm，果梗长约1.5cm，花被片宿存，果皮肉质，假种皮肉质，红色。花期5~8月；果期7~11月。

濒危种，国家Ⅱ级重点保护野生植物。产于十万大山、博白、宁明、龙州、大新、崇左、靖西、那坡、田林、巴马、东兰等地。南宁有栽培。生于海拔450m以下的山谷、丘陵阴湿密林中。分布于海南。广西分布区年均气温21.5~22.4℃，最冷月（1月）平均气温13~14.7℃，降水量1200mm以上。喜光，苗期耐阴。播种繁殖，果实变深褐色时可采收，出

图194 大叶风吹楠 Horsfieldia kingii（Hook. f.）Warb. 1. 雄花枝；2. 雄花纵剖面；3. 雌花枝；4~5. 雌花；6. 果。（仿《中国树木志》）

种率约20%，种子千粒重约16 000g。种子无休眠期，随采随播。撒播后用细沙覆盖，以不见种子为宜，遮阴保湿，10~15d发芽，发芽率约90%，半年生苗高30cm时即可定植。枝叶茂盛，树冠广圆，为速生用材树种；种子供榨油后可作工业原料。

2. 风吹楠 霍而飞 图195

Horsfieldia amygdalina (Wall.) Warb.

乔木，高达25m，胸径40cm；树皮灰白色；分枝平展。小枝褐色，近无毛，皮孔卵形，淡褐色。叶坚纸质，椭圆状披针形或长圆状椭圆形，长12~18cm，宽2.5~7.5cm，先端尖或渐尖，基部楔形，无毛，侧脉8~12对。花序及花无毛，雄花序长8~15cm，花近簇生，无毛；花被2~3（~4）裂，无毛；雌花序长3~6cm，无毛；花梗粗，雌花球形，花被裂片2枚。果序长10cm，果卵圆或椭圆形，长3~4cm，顶端具短喙；花被片脱落，果橙黄或橙红色，果皮肉质，假种皮橙红色；种子卵形。花期8~10月；果期翌年3~5月。

产于十万大山、宁明、龙州、崇左、大新。南宁有栽培。生于海拔500m以下的疏林或山坡、沟谷密林中。分布于云南、海南。分布区内年均气温22~24℃，年降水量1200mm以上。适应性较强，喜光、速生，幼苗期稍耐阴，天然下种更新能力强，树莞有萌芽能力。播种繁殖，随采随播。种子千粒重约5000g，发芽率约85%。条播或点播。树干通直，木材结构中等，可供作建筑用材或箱板材。种子含油率50%~55%，油中含十四碳脂肪酸，有提黏降凝作用，可用于作防凝固用油的

图 195 风吹楠 **Horsfieldia amygdalina**（Wall.）Warb. 1. 雄花枝；2. 雌花枝；3. 雄花；4. 果。（仿《中国树木志》）

添加剂。树冠高大浓绿，遮阳效果好，可作绿化树种。

19 五桠果科 Dilleniaceae

乔木、灌木、藤本，稀为草本。单叶互生，稀对生，全缘或有锯齿，稀羽状分裂，侧脉羽状，直伸而密，托叶不存在或成翼状而贴生于叶柄上。花两性或单性，辐射对称；萼片5枚或多数，覆瓦状排列，宿存，花瓣5枚，稀更多或更少，覆瓦状排列；雄蕊多数，稀少数，离生或基部合生成束，常宿存，药室纵裂或孔裂；心皮多数，分离或多少合生，稀为1个心皮；胚珠1枚至多数，基生胎座，花柱分离。果实为聚合浆果、聚合蓇葖果或蓇葖果。种子常具1个鸡冠状凸起的或条裂的假种皮，胚乳丰富，胚细小。

约11属400多种，产于热带、亚热带地区。中国2属5种，产于广东、海南、云南等地。广西2属3种。

分属检索表

1. 乔木或灌木；叶大型；花单生或总状花序，萼片肉质，心皮多数，聚合浆果 ················ **1. 五桠果属 Dillenia**
1. 藤本；叶中型；圆锥花序，萼片干膜质，心皮1~5个；聚合蓇葖果或蓇葖果 ··········· **2. 锡叶藤属 Tetracera**

1. 五桠果属 Dillenia L.

常绿或落叶, 乔木或灌木。单叶互生, 形大, 侧脉直而密, 常有锯齿, 叶柄具翅。花单生, 或数朵簇生, 或组成总状花序; 苞片小或无; 萼片通常 5 枚, 稀更多或更少, 宿存; 花瓣 5 枚, 或有时缺; 雄蕊多数, 分离, 排成 2 轮, 内轮直立, 内向, 外轮弯曲, 外向, 或有时不育; 花药孔裂或纵裂; 心皮 4 ~ 20 个, 着生于圆锥状隆起的花托上, 离生或部分结合, 花柱条形, 胚珠数枚或多数。聚合浆果球形, 常为宿存的肥厚萼片所包被; 种子有假种皮或无, 假种皮肉质或膜质。

约 60 种, 主产于亚洲热带。中国 3 种, 产于广东、海南、云南等地。广西 2 种。

分种检索表

1. 叶长圆形或倒卵状长圆形, 侧脉密集, 26 ~ 56 对; 幼枝被灰黄色平状的丝状柔毛; 果实大, 直径 8 ~ 12cm ……
  ………………………………………………………………………………………… **1. 五桠果 D. indica**
1. 叶倒卵形或长倒卵形, 侧脉 15 ~ 25 对; 嫩枝被锈褐色粗毛; 果较小, 直径 4 ~ 5cm ………………………
  ………………………………………………………………………………………… **2. 大花五桠果 D. turbinata**

1. 五桠果 第伦桃 图 196

Dillenia indica L.

常绿乔木, 高达 30m; 树皮红褐色, 裂成大块状薄片剥落。幼枝被灰黄色平状的丝状柔毛。叶革质, 长圆形或倒卵状长圆形, 长 15 ~ 40cm, 宽 7 ~ 14cm, 先端短尖, 基部宽楔形, 边缘有锯齿; 侧脉密集, 25 ~ 56 对, 在两面均明显凸起, 背面脉上有毛; 叶柄长 5 ~ 7cm, 具窄翅。花单生于近枝顶叶腋, 花蕾球形, 直径 5 ~ 8cm; 萼片肥厚肉质, 近圆形, 长 4 ~ 6cm, 被毛; 花瓣白色, 倒卵形, 长 7 ~ 9cm; 雄蕊发育完全, 花药孔裂; 心皮 16 ~ 20 个; 胚珠多数。果实近球形, 直径 8 ~ 12cm; 种子扁, 边缘被毛。

产于那坡。分布于云南; 东南亚、印度等亚洲热带地区也有分布。适生于暖热、潮湿环境, 在溪边、沟谷中习见。木材密度大, 心材暗红紫色, 边材较浅, 纹理斜、结构略粗、干燥后稍开裂, 稍变形, 耐腐, 适于作高档家具、室内装修、地板、楼梯板、装饰品等用材。果实味带酸甜, 可食; 种子含油率 23%。树形美观, 树冠浓绿色, 花大、洁白如雪, 可作庭院绿化观赏树种。根皮入药, 有解毒消肿、收敛止泻的功效, 可治瘀血肿胀、皮肤红肿、无名肿毒、痈疽疮疡、虫蛇咬伤、痢疾、肠炎、秋季腹泻。

2. 大花五桠果 大花第伦桃

Dillenia turbinata Finet et Gagnep.

常绿乔木, 高达 25m。嫩枝被锈褐色粗毛, 老枝无毛。叶革质, 倒卵形或长倒卵形, 长 12 ~ 30cm, 宽 7 ~ 14cm, 先端圆或稍尖, 基部楔形, 边缘有锯齿, 背面有灰褐色

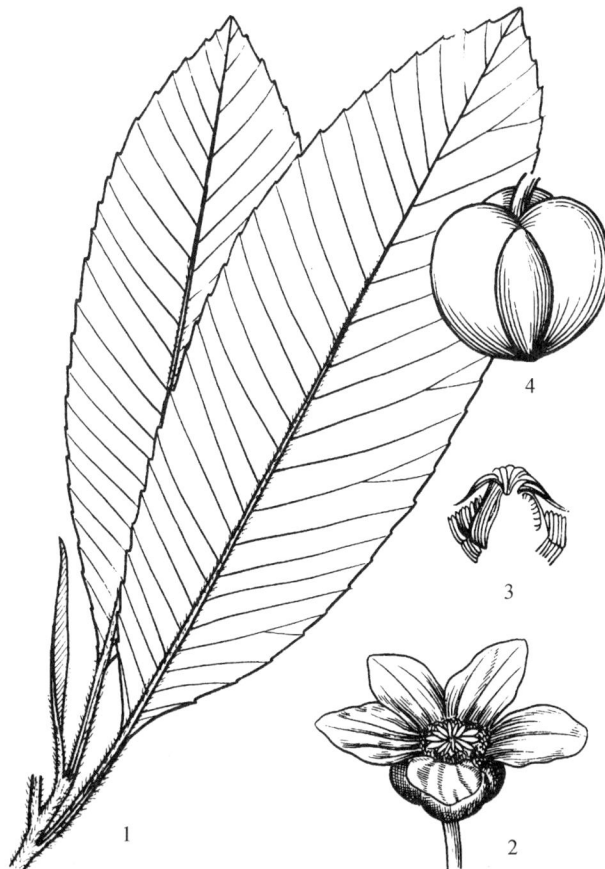

图 196 五桠果 Dillenia indica L. 1. 叶枝; 2. 花; 3. 雌、雄蕊群纵剖面; 4. 果。(仿《中国树木志》)

粗毛，侧脉 15 ~ 25 对；叶柄长 2 ~ 6cm，有窄翅，被毛。总状花序顶生；花蕾径 4 ~ 5cm；萼片厚肉质，卵形，长 2.5 ~ 4.5cm，被褐色毛；花大，直径约 12cm，具香气；花瓣黄色或浅红色，倒卵形，长 5 ~ 7cm；雄蕊排成 2 轮，花药孔裂；心皮 8 ~ 9 个，胚珠多数。果实近球形，直径 4 ~ 5cm，暗红色；种子倒卵形，长 0.5cm，无毛，无假种皮。花期 4 ~ 5 月；果期 6 ~ 7 月。

产于上思、防城、武鸣、马山、邕宁、龙州、大新、那坡、灵山、浦北、博白、北流、玉林等地。生于海拔 1000m 以下的林中。分布于海南及云南；越南也有分布。喜生于河岸阶地、沟旁阴湿环境，在低海拔的干热疏林内生长不良。耐阴树种，天然更新良好。生长速度中等，幼年生长缓慢，5 年生后开始较快，42 年生树高 18.4m，胸径 23.3cm。播种繁殖，随采随播，播后约 1 个月开始发芽，苗期需适当遮阴。木材纹理通直，结构粗糙，材质稍软而重，较易加工，可供作一般建筑、家具、农具等用材。果熟时酸甜可食，也可供制果酱。树冠浓密，花果美丽，可作热带地区绿化观赏树种。树皮、叶含单宁。叶入药，有润肺、止咳、利尿功效，可治肺痨、感冒、咳嗽、水肿和小便淋痛。

2. 锡叶藤属 Tetracera L.

藤本。单叶互生，侧脉平行。花两性，白色，辐射对称。圆锥花序顶生或侧生，萼片 4 ~ 6 枚，宿存；花瓣 2 ~ 6 枚；雄蕊多数，花丝顶端扩大，药室顶端彼此靠近，基部叉开，纵裂；雌蕊 1 ~ 5 枚，由离生心皮组成，胚珠 2 枚至多数。聚合蓇葖果，小蓇葖果卵形，果皮薄。种子 1 ~ 5 粒，假种皮鸡冠状或缘毛状。

约 40 种，产于热带地区，尤以美洲热带为甚；中国 2 种，产于两广及海南。广西 1 种。

锡叶藤　水车藤

Tetracera asiatica（L.）Vahl.

常绿藤本，长达 20m，多分枝，小枝粗糙，幼时被毛。叶革质，极粗糙，长圆形、椭圆形或长圆状倒卵形，长 3 ~ 15cm，宽 2 ~ 7cm，先端钝尖，基部宽楔形，常不等侧，中部以上有小钝齿或近全缘，初时两面具刚毛，脱落后留下砂质小凸起，侧脉 10 ~ 15 对；叶柄长 1.0 ~ 1.5cm。圆锥花序顶生及腋生，长达 25cm，被柔毛，花细小，直径 0.8 ~ 1.0cm；萼片长 4 ~ 5mm，被毛，花瓣 3 枚，白色，与萼片等长；雄蕊多数，心皮 1 个，无毛。蓇葖果近卵形，长约 1cm，成熟时黄红色，干后果皮革质，微具光泽，有残存花柱。种子 1 粒，假种皮边缘撕裂状。花期 5 ~ 6 月。

分布于广西南部各地。多生于海拔 400m 以下的荒山、疏林内和灌丛中。广东、海南和云南有分布；泰国、印度、斯里兰卡、马来西亚及印度尼西亚也有分布。叶粗糙，可磨光锡器，故被称为锡叶藤；藤茎坚韧，耐水湿，过去常用以捆扎水车，故又名"水车藤"。根、茎、叶入药，有收敛止泻、消肿止痛的功效，可治腹泻、便血、菌疾、肝脾肿大、子宫脱垂、脱肛、风湿性关节炎。乙醇提取物经活性筛选，有较强的抗心血管疾病和抗病毒活性。茎皮可供制绳索，作船缆等用。

20　牛栓藤科 Connaraceae

藤本、灌木或小乔木。叶互生，奇数羽状复叶，有时具 1 ~ 3 片小叶，全缘，无托叶。花两性，稀单性，辐射对称，总状或圆锥花序，萼片 5 片，稀 4 片，离生或基部合生，宿存；花瓣 5 片，稀 4 枚，离生或基部合生；雄蕊 5 ~ 10 枚，2 轮，内轮雄蕊常较短或不发育，花丝基部连合，花药 2 室，内向，纵裂；离生心皮 5 个或 1 ~ 4 个，1 室，胚珠 2 枚，其中 1 枚小或不发育。蓇葖果，沿腹缝线开裂，稀沿背缝线或基部开裂。种子 1 粒，形大，有假种皮，有胚乳或无。

24 属约 390 种，主要分布于非洲及亚洲热带地区，少数在亚热带地区，极少部分分布在拉丁美洲。中国 6 属 9 种，分布于云南、广东、广西、福建以及台湾等地。广西 3 属 6 种。

分属检索表

1. 花萼结果时不增大，心皮1；假种皮杯状或侧生 ·························· 1. 牛栓藤属 Connarus
1. 花萼结果时增大，心皮通常5。
  2. 菁葖果弯曲，椭圆形或卵球形；假种皮几全包种子 ················· 2. 红叶藤属 Rourea
  2. 果长圆形，顶端有短尖；种子椭圆形，基部包以黑色假种皮 ··········· 3. 朱果藤属 Roureopsis

1. 牛栓藤属 Connarus L.

小乔木、灌木或藤本。圆锥花序顶生，稀腋生；花两性，芳香；萼片5枚，被褐色短柔毛，基部稍连合，常较厚或肉质，花后不增大；花瓣5枚，白色至粉红色，有缘毛，离生；雄蕊10枚，花丝具腺毛，基部合生；心皮1个，子房近球形；被毛。菁葖果，橘黄色或红色，沿腹缝线开裂，具短喙，有斑纹。种子1粒，微肾形，黑紫色，有光泽，假种皮杯状或侧生，无胚乳。

约120种，分布于非洲热带、亚洲、美洲及大洋洲。中国2种。广西2种。

分种检索

1. 萼片披针形至卵形，先端尖；花瓣长圆形，被柔毛；心皮与雄蕊等长 ·············· 1. 牛拴藤 C. paniculatus
1. 萼片椭圆形，先端圆钝；花瓣长椭圆形，有红色腺点，被短绒毛；心皮较雄蕊短 ······························
·· 2. 云南牛拴藤 C. yunnanensis

1. 牛栓藤 图 197

Connarus paniculatus Roxb.

藤本或攀援灌木。幼枝被锈色绒毛，老枝无毛。奇数羽状复叶，小叶3~7片，叶轴长4~20cm；小叶革质，长圆形或窄长圆形，长6~20cm，宽3.0~7.5cm，无毛，先端渐尖，基部近圆形或阔楔形；侧脉5~8对，细脉明显；小叶柄粗，长0.5cm。圆锥花序长10~40cm，被锈色短柔毛；萼片5枚，披针形至卵形，先端尖，被锈色短绒毛，花瓣5枚，乳黄色，长圆形，被柔毛；雄蕊10枚，长短不等；心皮1个，与雄蕊等长，密生短毛。果长圆状椭圆形，鲜红色，长约3.5cm，宽约2cm，稍偏斜，顶端有喙，基部渐窄或成1个短柄，有纵纹；种子长圆形，长1~2cm，宽0.5~1.0cm，黑紫色，有光泽，基部为假种皮包被。

产于龙州、大新、靖西、那坡。常生于山坡疏林或密林中。分布于云南、广东、海南；越南、柬埔寨、马来西亚、印度也有分布。

2. 云南牛栓藤

Connarus yunnanensis Schellenb.

攀援灌木，老枝淡黄色，无毛。奇数羽

图 197　牛栓藤 Connarus paniculatus Roxb. 1. 花枝；2. 花；3. 果；4. 种子。(仿《中国树木志》)

状复叶，小叶 3 ~ 7 片，总轴长 9 ~ 22cm；小叶硬纸质，狭长圆形或椭圆形，长 6.5 ~ 16.0cm，宽 2 ~ 5cm，先端急尖，稍有微缺，基部渐狭或近圆钝，全缘；上面无毛，光亮，侧脉 5 ~ 9 对，明显下陷，网状脉在边缘前连成弓形，在下面具腺点；小叶柄粗壮，长 4 ~ 6mm。圆锥花序顶生及腋生，总轴长 4 ~ 25cm，密被绒毛；萼片 5 枚，椭圆形，长 3mm，先端圆钝，被短柔毛；花瓣 5 枚，长椭圆形，先端钝，长 6mm，宽 1.5mm，有红色腺点，被短绒毛；雄蕊 10 枚，5 枚长的长 7mm，5 枚短的长 3mm，不发育；心皮 1 个，长 3mm，密被柔毛。果长椭圆形，侧面稍扁，有短喙，长 2.5 ~ 3.5cm，宽 1.8cm，基部渐狭成 1 个短柄；果瓣较薄，外面无毛，有不明显的纵条纹，内面被柔毛。种子长圆形，黑紫色，长 2.5cm，宽 1.2cm，基部为二浅裂的假种皮所包裹。

产于广西南部。生于潮湿密林中。分布于云南；缅甸也有分布。

2. 红叶藤属 Rourea Aubl.

小乔木、灌木或藤本。圆锥花序，腋生或假顶生；花两性，萼片 5 枚，被毛，有时具腺点，宿存，花后膨大并紧抱果基部；花瓣 5 枚，无毛；雄蕊 10 枚，花丝基部合生，无毛，与萼片对生的 5 枚较长；心皮 5 个，离生，仅 1 个发育。蓇葖果弯曲，椭圆形或卵球形，有纵纹，无毛，沿腹缝开裂，稀基部开裂；果皮革质，坚硬。种子几全部为假种皮所包，无胚乳。

约 46 种，分布于大洋洲、亚洲和非洲热带地区。中国 3 种，广西全有。

分种检索表

1. 小叶 3 片，偶为 7 片，卵形、卵圆形或披针形 ·· 1. 红叶藤 R. minor
1. 小叶 7 ~ 17(~ 27) 片。
  2. 小叶较多，7 ~ 17(~ 27)，先端渐尖或钝；蓇葖果长约 1.4cm，宽约 0.5cm ··· 2. 小叶红叶藤 R. microphylla
  2. 小叶 7 ~ 9 片，先端长尾尖；蓇葖果长 1 ~ 2cm，宽 0.5 ~ 1.0cm ······················ 3. 长尾红叶藤 R. caudata

1. 红叶藤　牛见愁、铁藤、大叶红叶藤

Rourea minor (Gaertn.) Alston

攀援灌木，长达 25m。枝褐色，无毛或幼枝被疏短柔毛。奇数羽状复叶，长 5 ~ 15cm，叶柄长 1 ~ 8cm，小叶 3 片，偶为 7 片，卵形、卵圆形或披针形，长 5 ~ 15cm，宽 2 ~ 5cm，先端急尖，基部常偏斜，无毛，上下两面均光滑；侧脉 4 ~ 10 对，网状脉明显；小叶柄长 0.5cm。圆锥花序腋生，花芳香，花瓣 5 枚，白色或淡黄色，长椭圆形，长约 5mm，宽约 1.2mm，具纵条纹，雄蕊长 2 ~ 6mm，心皮离生。蓇葖果椭圆形，长 1.0 ~ 1.5cm，宽 0.5 ~ 1.5cm，稍弯曲，有纵条纹，基部有宿存萼片。种子椭圆形，长约 1.5cm，红色，为膜质假种皮所包被。花期 4 ~ 10 月；果期 5 月至翌年 3 月。

产于龙州、宁明、扶绥、靖西、那坡、隆安、邕宁、南宁、武鸣、横县、合浦、贵港、博白、平南、陆川、容县、梧州、苍梧、藤县、金秀、灵川等地。生于丘陵、低地或平地疏林、灌丛或路边。分布于广东、海南、福建、台湾、云南；斯里兰卡、印度、中南半岛、印度尼西亚也有分布。种子含油 34.7%。茎皮富含纤维，可供制绳索；单宁含量约 9%，可供提制栲胶。根、叶入药，有收敛止血、生肌的功效，可治闭经、跌打刀伤。果可食。

2. 小叶红叶藤　红叶藤、牛见愁、铁藤　图 198

Rourea microphylla (Hook. et Arn.) Planch.

攀援灌木，多分枝，高 1 ~ 4m；小枝褐色。奇数羽状复叶，叶轴长 5 ~ 12cm，小叶 7 ~ 17(~ 27) 片，卵形或披针形至长圆状披针形，长 1.5 ~ 4.0cm，宽 0.5 ~ 2.0cm，先端渐尖或钝，基部楔形至圆形，常偏斜，全缘，两面均无毛，上面光亮，背面略带粉绿色；中脉在叶面突起，侧脉 4 ~ 7 对，纤细；小叶柄长 2mm。圆锥花序腋生，长 3 ~ 6cm，苞片和小苞片不显著；萼片卵形，花芳香，花瓣白色、淡黄或粉红色，椭圆形，具纵向条纹，先端锐尖；雄蕊约 10 枚，花药纵向浅裂，花丝

最长的 6mm，短的约 4mm；雌蕊离生，长 3 ~ 5mm，子房长圆形。蓇葖果椭圆形或斜卵形，长约 1.4cm，宽约 0.5cm，成熟时红色，稍弯曲或直，顶端急尖，有纵条纹，基部有宿存萼片。种子椭圆形，橙黄色，长 1cm，为膜质假种皮所包被。花期 3 ~ 9 月；果期 5 月至翌年 3 月。

产于南宁、武鸣、梧州、钦州、玉林、百色。生于海拔 600m 以下的疏林或山坡中。分布于广东，福建，云南；印度、印度尼西亚、斯里兰卡、越南也有分布。蔓生性强，常攀援在石壁上或覆盖在林层冠上生长，有明显叶色变化，嫩叶为鲜红色而成熟叶为浅绿色。茎皮含单宁，可供提制栲胶；根、叶入药，有收敛止血、活血通经的功效，可治风湿关节痛、月经不调、闭经、跌打刀伤等症。

3. 长尾红叶藤

Rourea caudata Planch.

藤本或攀援灌木，高 3m，枝圆柱形，褐色，无毛或幼时被短绒毛。奇数羽状复叶，小叶 7 ~ 9 片，近纸质，小叶披针形或长圆披针形，长 2.5 ~ 10.0cm，宽 0.8 ~ 3.5cm，先端长尾尖，钝头，基部

图 198　小叶红叶藤 Rourea microphylla（Hook. et Arn.）Planch.
1. 花枝；2. 果枝；3. 花；4. 雌蕊；5. 萼片；6. 花瓣；7. 雄蕊；8. 种子。（仿《中国植物志》）

楔形，歪斜，全缘，上面光亮；下面中脉凸起，侧脉 5 ~ 6 对，网状脉明显，未达边缘前即网结；小叶柄长 3mm，无毛。圆锥花序 1 ~ 3 在叶腋簇生，长达 3.5 ~ 6.0cm，被短绒毛；萼片卵形，长 2.5mm，宽 1.8mm，无毛；花瓣淡黄色，倒披针形至匙形，长 6mm，宽 2mm，有纵脉纹，无毛；雄蕊 10 枚，与萼片对生的 5 枚比与花瓣对生的 5 枚长；心皮 5 个，离生。蓇葖果淡绿色，干时深褐色，长 1 ~ 2cm，宽 0.5 ~ 1.0cm，弯曲或直，具宿存萼，长 5mm。种子长 0.6 ~ 1.6cm，宽 0.4 ~ 0.9cm，全部包以假种皮。

产于苍梧、凭祥，生于海拔 800m 以下的丘陵低山疏林。分布于广东、云南；印度也有分布。

3. 朱果藤属 Roureopsis Planch.

直立或攀援灌木，奇数羽状复叶，稀具 1 片小叶，侧生叶常偏斜；总状花序或圆锥花序，在叶腋中成簇生长，花梗细长；两性花，5 数；萼片 5 枚，覆瓦状排列，果期膨大；花瓣 5 枚，在花蕾中拳卷，比萼片长，顶端急尖；雄蕊 5 + 5，萼片上着生的较花瓣上着生的长，花丝基部合生成 1 根短管，花药背着；心皮 5 个，外面被长硬毛，内面无毛，花柱细长，柱头头状。果长圆形，顶端有短尖，无毛，无柄。种子 1 粒，椭圆形，基部包以黑色假种皮，无胚乳。

本属约 10 种，大部分布于西非和亚洲热带地区的雨林中。中国 1 种，产于广西、云南。

朱果藤

Roureopsis emarginata（Jack）Merr.

木质藤本或攀援灌木，枝及小枝圆棒状，有细纵纹，幼枝密被淡黄色柔毛，老枝无毛。奇数羽状复叶，小叶 2 ~ 3 对，叶轴长达 19cm，叶柄长约 4cm；小叶坚纸质，椭圆形至椭圆状卵形，长 6 ~ 12cm，宽 3 ~ 5cm，下部的较小；先端具明显微缺的短渐尖，基部斜，圆形；上面深绿色，下面浅绿色，两面无毛；中肋在上面下陷，在背面凸起，侧脉 5 ~ 7 对，较细，向边缘弧曲；小叶柄长约 3mm。总状花序，在叶腋中丛生，长约 1.5cm；萼片 5 枚，分离，长椭圆形，长 5 ~ 6mm，宽 2 ~ 3mm，先端稍被柔毛，在果时增大，膜质，朱红色，宿存；花瓣长 13 ~ 25mm，宽 1.0 ~ 1.5mm；雄蕊的花丝基部合生；心皮无毛。蓇葖果 1 ~ 3 个，鲜时朱红色，干时紫红色，长椭圆形，向顶端膨大，有短突尖，基部无柄，长 1.3 ~ 2.5cm，宽 0.9 ~ 1.2cm，无毛，裂开仅为全长的 1/4 ~ 1/2。种子 1 粒成熟，黑色，光亮，基部为黄色假种皮所包围。

产于龙州、那坡。生于海拔 500m 以下的地区。分布于云南；老挝、缅甸、马来西亚等地也有分布。

21　马桑科 Coriariaceae

灌木，罕为小乔木，稀草本。小枝有纵棱。单叶对生或轮生，全缘，无托叶。花小，两性或杂性，辐射对称，单生或成总状花序；萼片 5 枚，覆瓦状排列，宿存；花瓣 5 枚，形小，短于萼片；雄蕊 10 枚；子房上位，离心皮雌蕊 5 ~ 10 枚，胚珠 1 枚，花柱钻形。聚合瘦果，成熟时红色至黑色，为宿存肉质花瓣所包被。

全球 1 属 15 种。分布于地中海、新西兰、南美洲、日本、尼泊尔及中国。中国 3 种，广西 1 种。

马桑属 Coriaria L.

形态特征与科相同。

马桑　马鞍子、黑果果　图 199

Coriaria nepalensis Wall.

落叶小乔木或灌木状，高达 6m，径 12cm。小枝四棱形或成四狭翅，红褐色，有短硬毛。叶对生，薄革质，椭圆形至宽椭圆形，长 2.5 ~ 10.0cm，顶端急尖，基部近圆形，无毛，或背面脉上有短毛，三出脉；叶柄粗，长仅 1 ~ 3mm，常紫色。总状花序 1 至数枚生于去年生枝上，长 4 ~ 8cm，总轴被白色短毛；花梗长 3 ~ 5mm，微被毛；苞片窄倒卵形，先端近截形，有不规则齿裂；花小杂性，红色，直径 2 ~ 3mm；雄花中有退化雌蕊，离心皮雌蕊 5 枚，花柱卷曲，红

图 199　马桑 Coriaria nepalensis Wall. 1. 果枝；2. 雌花；3 ~ 4. 果；5. 种子。（仿《中国树木志》）

色。聚合小瘦果 5 枚，为增大的肉质花瓣所包被。花期 4~5 月；果期 7~8 月。

产于河池、南丹、天峨、东兰、巴马、凤山、都安、平果、那坡、靖西、德保、隆林、田林、西林、凌云、乐业、龙胜、贺州、忻城等地。多生于海拔 1400m 以下的荒山、荒坡、路边灌丛草丛中。分布于甘肃、陕西、河南、湖南、湖北、四川、贵州、云南等地。喜光，耐干旱瘠薄，为荒山荒地常见树种。播种繁殖，萌芽力极强。种子含油率约 20%，供制油漆、肥皂等用；全株含马桑碱，有毒，可作土农药；茎皮、根皮及叶含单宁，可供提制栲胶。

22　蔷薇科 Rosaceae

常绿或落叶，乔木、灌木、草本或藤本；有刺或无刺。芽常有鳞片。复叶或单叶，互生、稀对生，常有托叶，稀无托叶。花两性，稀单性，常整齐，辐射对称，周位花或上位花；花托（又称萼筒）钟状、碟状、杯状、坛状或圆筒状；萼片、花瓣和雄蕊着生于花托的边缘，萼片 4~5 枚，有时有副萼；花瓣 4~5 枚，稀无花瓣；雄蕊 5 枚至多数，稀 1~2 枚，花丝离生、稀合生；心皮 1 个至多数，离生或合生，有时与花托合生；各心皮有 1 至几枚直立或倒生胚珠；子房上位至下位。果实为蓇葖果、瘦果、梨果或核果，稀蒴果。种子常无胚乳，稀具极少量胚乳；子叶通常肉质，背部隆起。

约 124 属，分布于世界各地，北温带较多。中国 51 属，产于全国各地；本志记载广西 25 属。根据花和果实的构造，分为：绣线菊、苹果、蔷薇、李 4 个亚科。

本科中有许多经济价值甚高的种类，如著名的水果有梨、桃、李、梅、苹果、枇杷、樱桃、山楂等，著名的花卉有绣线菊、月季、玫瑰、海棠、樱花、梅花等，著名的"维生素 C 大王"有野刺梨等。此外还有许多种类可以药用，如枇杷、甜茶、枸子、金樱子，等等。总之，积极开发和大力发展本科植物资源，对促进广西的经济发展，将具有重要的意义。

分亚科检索表

1. 果实为蓇葖果，稀蒴果；心皮 1~5(~12)个，离生或基部合生，子房上位；无托叶或有 ……………………………………………………………………………………… **1. 绣线菊亚科 Spiraeoideae**
1. 果实为梨果、瘦果或核果；有托叶。
　2. 子房下位、半上位，稀上位；心皮(1~)2~5 个，多数与杯状花托内壁连合；梨或浆果状，稀小核果状………………………………………………………………………………… **2. 苹果亚科 Maloideae**
　2. 子房上位，稀下位；瘦果或核果。
　　3. 心皮常多数；瘦果、稀为小核果；萼片宿存；常具复叶，极稀为单叶 ………… **3. 蔷薇亚科 Rosoideae**
　　3. 心皮常为 1 个，少数 2 个或 5 个；核果；萼片常脱落；单叶 ……………… **4. 李亚科 Prunoideae**

绣线菊亚科 Spiraeoideae

灌木，稀草本。单叶，稀复叶，全缘或有锯齿；常不具托叶，或稀具托叶。花序多样，花两性，稀杂性；萼片 5 枚；花瓣 5 枚；雄蕊多数；心皮 1~5(~12)个，分离或基部合生；子房上位，有 2 枚至多数胚珠。蓇葖果，稀蒴果。

22 属，分布于亚热带或温带地区。中国 8 属，广西木本有 3 属。多为栽培供观赏。

分属检索表

1. 心皮 5 个；无托叶；花序伞形、伞形总状或复伞房状 ……………………………… **1. 绣线菊属 Spiraea**
1. 心皮 1~2 个；有托叶；花序总状或圆锥状。
　2. 总状或圆锥花序；花托钟状或筒状；蓇葖果有种子数枚…………………… **2. 绣线梅属 Neillia**
　2. 圆锥花序，稀伞房花序；萼筒杯状；蓇葖果有种子 1~2 枚………………… **3. 小米空木属 Stephanandra**

1. 绣线菊属 Spiraea L.

落叶灌木。冬芽小，芽鳞2~8枚。单叶，互生，边缘具锯齿或缺刻，有时分裂、稀全缘，羽状脉，或基部有三至五出脉；叶柄短，无托叶。花两性、稀杂性，排成伞形、伞形总状、复伞房状或圆锥状花序；花托钟状，萼片5枚；花瓣5枚，常圆形，长于萼片；雄蕊15~60枚，着生于花盘与萼片之间；心皮多为5个，或3~8个，离生，1室，有胚珠2枚至多数。蓇葖果，常沿腹缝线开裂。种子细小，线形至长圆形，褐色，有光泽。

约100多种，分布于北温带或亚热带山地。中国60多种，分布于全国。广西5种2变种。花色非常艳丽，多数供观赏。

分种检索表

1. 复伞房花序。
  2. 叶长卵形或披针形，先端渐尖，叶下面苍绿色，沿叶脉有短柔毛；花序径10~14cm ……………………………………………………………… **1a. 渐尖叶绣线菊 S. japonica var. acuminata**
  2. 叶长圆状披针形，先端短渐尖，下面稍有白霜，两面无毛；花序径4~8cm ……………………………………………………………… **1b. 光叶绣线菊 S. japonica var. fortunei**
1. 伞形花序，有总梗或无总梗。
  3. 小枝幼时无毛。
    4. 叶菱状披针形或菱状长圆形，长3~6cm；羽状脉；蓇葖果直立，开裂，宿存萼片直立 ……………………………………………… **2. 麻叶绣线菊 S. cantoniensis**
    4. 叶菱状卵形或菱状倒卵形，长1.5~3.5cm；叶先端圆钝，中部以上有少数圆钝缺齿或3~5浅齿 …………………………………… **3. 绣球绣线菊 S. blumei**
  3. 小枝幼时被绒毛。
    5. 叶下面密被毛。
      6. 叶菱状卵形或倒卵形，长2.5~6.0cm，宽1.5~3.0cm，边缘有粗缺齿或不明显3裂，上面有柔毛，下面密被黄色绒毛；叶柄长4~10mm，有毛；伞形花序有花16~25朵 …… **4. 中华绣线菊 S. chinensis**
      6. 叶椭圆形或倒卵形，较大的长0.8~1.7(~2.5)cm，宽0.5~1.0(~2.0)cm，较小的长0.2~0.5cm，宽0.2~0.3cm，有时3浅裂，边缘有3~5钝锯齿；叶柄长1~2mm；伞形花序有花5~18朵 …………………………………… **5. 毛枝绣线菊 S. martini**
    5. 叶两面无毛，倒卵形、椭圆形或近圆形；小枝近无毛 …………… **6. 广西绣线菊 S. kwangsiensis**

1a. 渐尖叶绣线菊 狭叶绣线菊 渐尖叶粉花绣线菊 图200：11~13
Spiraea japonica var. **acuminata** Franch.
灌木，高达1.5m。小枝棕红色；叶长卵形至披针形，先端渐尖，基部楔形，长3.5~8.0cm，下面苍绿色，沿叶脉有短柔毛，边缘有尖锐重锯齿。复伞房花序，花序直径10~14cm；雄蕊25~30枚，较花瓣长，花粉红色；花盘环形。果半开裂；萼片直立。花期6~7月；果期8~9月。

产于龙胜、兴安、融水、罗城、凌云。常生于山坡、谷地、沟边或杂木林中。分布于甘肃、陕西、河南、湖北、安徽、江西、浙江、湖南、四川、云南、贵州等地。根入药，用于通经、通便、利尿。花密集、艳丽，可栽培供观赏。

1b. 光叶绣线菊 大绣线菊、光叶粉花绣线菊
Spiraea japonica var. **fortunei**（Panch.）Rehd.
灌木，高达1.0~1.5m；小枝棕红色或棕黄色。叶长圆状披针形，长5~10cm，先端短渐尖，基部楔形，两面无毛，上面有皱纹，下面稍有白霜，具尖锐重锯齿；叶柄长3~5mm。复伞房花序，直径4~8cm；花淡红至红色；花盘不发达，花托及萼片有柔毛；花瓣卵形至圆形。果无毛。

产于临桂、兴安、资源、龙胜、田林、凌云、融水。常生于海拔700m以上的石灰岩石山区灌丛中或土山坡、田边或杂木林中。分布于陕西、山东、安徽、江苏、浙江、江西、湖北、四川、云南、贵州等地。喜光、耐寒、耐旱。根、叶入药，可止咳、解毒。花密集、艳丽，可栽培供欣赏。

2. 麻叶绣线菊 麻叶绣球 图200：4~5

Spiraea cantoniensis Lour.

灌木，高1.5m；小枝细而呈拱形弯曲，枝、叶无毛。叶菱状披针形或菱状长圆形，长3~6cm，宽1.5~2.0cm，先端急尖，基部楔形，边缘中部以上有缺刻状锯齿，上面深绿色，下面灰蓝色，羽状脉；叶柄长4~7(~10)mm。伞形花序，无毛，花多数，花瓣白色，花梗长0.8~1.4cm，无毛；苞片线形，无毛；花托钟状形，外面无毛，内面被短柔毛，萼片呈三角形或卵形三角形；雄蕊20~28枚，与花瓣近等长或稍短；花盘由大小不等的近圆形裂片组成，裂片先端有时微凹，排列成环形；子房近无毛。蓇葖果直立，开裂，无毛，具直立开展的萼片。花期4~5月；果期7~9月。

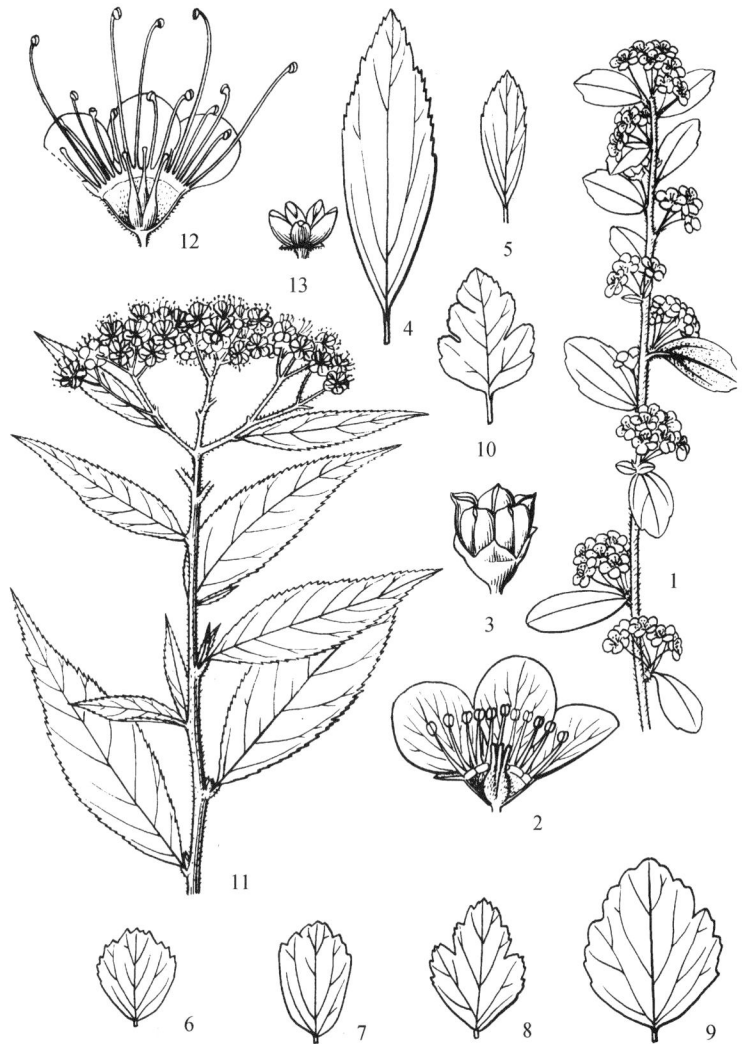

图200 1~3. 毛枝绣线菊 Spiraea martini H. Lévl. 1. 花枝；2. 花纵剖面；3. 果。4~5. 麻叶绣线菊 Spiraea cantoniensis Lour. 4~5. 叶片。6~10. 绣球绣线菊 Spiraea blumei G. Don 6~10. 叶片。11~13. 渐尖叶绣线菊 Spiraea japonica var. acuminata Franch. 11. 花枝；12. 花纵剖面；13. 果。(仿《中国植物志》)

产于桂林、临桂、富川。分布于陕西、河北、河南、山东、安徽、江苏、浙江、江西、四川、贵州、广东、福建等地；日本也有分布。生长健壮，喜光，耐寒、耐旱、耐贫瘠，适应性较强。播种、分株、扦插等方法繁殖。花密集，洁白，美丽，可栽培供观赏。

3. 绣球绣线菊 珍珠菊 图200：6~10

Spiraea blumei G. Don

灌木，高达2m。芽鳞多数；小枝细，稍拱曲，深红褐色或暗灰色，无毛。叶菱状卵形或倒卵形，长2.0~3.5cm，先端圆钝或微尖，基部楔形，无毛，中部以上有少数圆钝缺齿或3~5浅齿，两面无毛，下面浅蓝绿色，羽状脉或不明显三出脉。伞形花序有总梗，花10~25朵，花梗长6~10mm，无毛；花径5~8mm，花瓣宽倒卵形，白色；雄蕊18~20枚，稍短于花瓣；花盘8~10裂，裂片较薄。萼片直立，果直立，无毛。花期4~6月；果期8~10月。

产于桂林、临桂、柳州。常生于海拔500~1800m的向阳坡地或岩石上及路旁。分布于辽宁、内蒙古、陕西、河北、河南、山西、山东、江苏、安徽、浙江、江西、湖北、福建、广东等地；日本、朝鲜也有分布。花洁白美丽、形姿优美，可栽培供观赏。根、果入药，用于治牙痛、疮毒、白带。叶可代茶。

4. 中华绣线菊　华空木

Spiraea chinensis Maxim.

灌木，高达 3m；小枝呈拱形弯曲，红褐色，幼时被黄色绒毛或无毛。鳞芽卵形，有柔毛。叶菱状卵形或倒卵形，长 2.5～6.0cm，宽 1.5～3.0cm，先端急尖或圆钝，基部宽楔形或圆形，边缘有粗缺齿或不明显 3 裂，上面有柔毛，下面密被黄色绒毛，网状脉在上面下凹，在下面隆起；叶柄长 4～10mm，有毛。伞形花序有花 16～25 朵，有短绒毛；花梗长 5～10mm，有柔毛；花托钟状，萼片卵状被针形，有短柔毛；花瓣白色，近圆形，先端圆钝或微凹；雄蕊 22～25 枚，短于花瓣或相等；花盘波状环形或有不整齐裂片；子房有毛，花柱短于雄蕊。蓇葖果张开，有柔毛，萼片直立，稀反折。花期 3～6 月；果期 6～10 月。

产于桂林、灵川、临桂、全州、柳州、南丹、天峨、乐业、隆林等地。生于海拔 500～1800m 的山坡、山谷、杂木林内或路旁。分布于内蒙古、河北、陕西、河南、湖北、湖南、安徽、江西、江苏、浙江、四川、云南、贵州、广东、福建等地。根入药，用于治咽喉肿痛。

5. 毛枝绣线菊　图 200：1～3

Spiraea martini H. Lévl.

灌木，高达 2.5m。芽鳞多数，有柔毛；幼枝黄褐色，老时棕褐色，密生绒毛。叶椭圆形或倒卵形，大小不等，较大的长 0.8～1.7(～2.5)cm，宽 0.5～1.0(～2.0)cm，较小的长 0.2～0.5cm，宽 0.2～0.3cm，先端急尖或圆钝，有时 3 浅裂，边缘有 3～5 钝锯齿，基部宽楔形，上面微有柔毛或无毛，下面密生柔毛，灰白色，羽状脉或基出三脉明显；叶柄长 1～2mm，幼时有黄色柔毛。伞形花序密集，无总梗，有花 5～18 朵，基部常簇生大小不等的叶片；花梗长 5～9mm，无毛；萼筒钟状，外面无毛，内面被短柔毛；花径 5～6mm，花瓣近圆形，白色；雄蕊 20～25 枚，比花瓣短；子房微有短柔毛，花柱比雄蕊短。蓇葖果张开，沿腹缝线稍有毛，萼片直立。花期 2～3 月；果期 4～5 月。

产于百色、德保、乐业、凤山、田林等地。生于海拔 1400m 以上的山坡、山谷、路旁或灌木丛中。分布于四川、云南、贵州等地。

6. 广西绣线菊

Spiraea kwangsiensis Yu

灌木，高达 1m；枝圆柱形，幼时被短柔毛，暗红褐色，老时近无毛，灰棕色；芽卵形，鳞片褐色。叶形状变异很大，倒卵形、椭圆形或近圆形，大小不等，较大者长 1.0～1.8cm，宽 0.8～1.4cm，较小者长 0.7～1.0cm，宽 0.4～0.5cm，先端圆钝，基部楔形至圆形，边缘中部以上或先端有钝锯齿，有时微 3 裂，极稀全缘或近全缘，两面无毛；叶柄长 2～4mm，常无毛。伞形花序密集在枝上，无总花梗或具短梗，有花 3～8 朵，无毛；花梗长 5～9mm；苞片线形，无毛；花直径 5～7mm；花萼外面无毛；萼筒钟状，内面密被短柔毛；萼片三角形；花瓣宽倒卵形，先端圆钝或微凹，长 2～3mm，宽几与长相等，白色；雄蕊 20 枚，短于花瓣；花盘环形，周围呈短锯齿状，有时具 10 个浅裂片；子房腹部和基部具短柔毛，花柱短于雄蕊。蓇葖果开裂，仅沿腹缝有短柔毛，宿存萼片直立。花期 3 月；果期 4 月。

广西特有种。产于桂林、临桂、罗城。生于裸露的悬崖上或多石路旁向阳处。

2. 绣线梅属 Neillia D. Don

落叶灌木，稀亚灌木。鳞芽卵形，有数枚鳞片。枝条开展。单叶互生，边缘重锯齿或分裂；常有明显的托叶。顶生总状或圆锥花序；花两性，苞片早落；花托钟状或筒状，萼片 5 枚，直立；花瓣 5 枚，与萼片等长；雄蕊 10～30 枚；心皮 1(1～5)个，子房 1 室，胚珠 2～10(～12)枚，成 2

列；花柱顶生。蓇葖果着生于宿存花托内，沿腹缝线开裂；种子倒卵状球形，有光泽，种脊凸起。

约 14 种，分布于中国、朝鲜、印度尼西亚。中国 12 种。广西 1 种 1 变种。多为栽培供观赏。

分种检索表

1. 叶基部圆形或近心形，近基部常 3 深裂，或不规则 3 ~ 5 浅裂，上面无毛，下面沿叶脉有疏柔毛，边缘尖锐重锯齿；圆锥花序分枝较少；花白色 ·················· **1a. 毛果绣线梅 N. thyrsiflora var. tunkinensis**
1. 叶基部圆形或近心形，稀宽楔形，边缘重锯齿及不规则分裂或稀不裂，两面无毛或仅下面脉腋有柔毛；总状花序，长 4 ~ 9cm；花淡粉红色 ·················· **2. 中华绣线梅 N. sinensis**

1a. 毛果绣线梅
Neillia thyrsiflora var. **tunkinensis** Vidal

灌木，高达 2m。小枝细而具棱，红褐色，有毛或近无毛。芽鳞 2 ~ 4 枚，红褐色，边缘微有柔毛。叶卵形、卵状椭圆形或卵状披针形，长 6.0 ~ 8.5cm，宽 4 ~ 6cm，先端渐尖，基部圆形或近心形，近基部常 3 深裂，或不规则 3 ~ 5 浅裂，上面无毛，下面沿叶脉有疏柔毛，边缘尖锐重锯齿；叶柄长 1.0 ~ 1.5cm，几无毛。圆锥花序分枝较少；花白色；花梗微有毛，花瓣倒卵形；雄蕊 10 ~ 15 枚，花丝短；花托钟状；子房有柔毛。蓇葖果长圆形，宿萼密生柔毛或腺毛。花期 7 月；果期 9 ~ 10 月。

产于靖西、那坡、融水。常生于海拔 500 ~ 1600m 的山谷疏林中。分布于西藏、四川、云南、贵州等地；印度、越南、缅甸、印度尼西亚也有分布。多栽培供观赏。

2. 中华绣线梅　绣线梅　图 201
Neillia sinensis Oliv.

灌木，高达 2m。小枝幼时紫褐色，老时暗灰褐色，无毛；鳞芽红褐色。叶卵形或卵状长椭圆形，长 5 ~ 11cm，宽 3 ~ 6cm，先端渐尖，基部圆形或近心形，稀宽楔形，边缘重锯齿及不规则分裂或稀不裂，两面无毛或仅下面脉腋有柔毛；叶柄长 0.7 ~ 1.5cm，近无毛或微有毛；托叶线状披针形或卵状披针形，早落。总状花序，长 4 ~ 9cm；花淡粉红色；花梗长 3 ~ 10mm，无毛；花径 6 ~ 8mm；花托圆筒状，内有短柔毛，萼片三角形；花瓣倒卵形；雄蕊 10 ~ 15 枚；花丝不等长，成不规则的 2 轮；心皮 1 ~ 2 个，子房顶端有毛，胚珠 4 ~ 5 枚。蓇葖果长椭圆形，萼裂片宿存，外疏生腺毛。花期 5 ~ 6 月；果期 8 ~ 9 月。

产于临桂、龙胜、资源、全州、兴安、贺州、融水、东兰、南丹、凌云、乐业、隆林等地。常生于海拔 1000m 以上的山坡、山谷、路旁及灌木疏林中。分布于陕西、甘肃、河南、江西、湖南、湖北、四川、贵州、云南、广东等地。

图 201　中华绣线梅 **Neillia sinensis** Oliv. 1. 花枝；2. 果枝；3. 花纵剖面；4. 种子。(仿《中国植物志》)

3. 小米空木属 Stephanandra Sieb. et Zucc.

落叶灌木，冬芽常 2 ~ 3 芽迭生，有 2 ~ 4 枚外露鳞片。单叶，互生，叶缘有锯齿及缺刻，有托叶。顶生圆锥花序，稀伞房花序；花小，两性；萼筒杯状，萼片 5 枚；花瓣 5 枚，常与萼片近等长；雄蕊 10 ~ 20 枚，花丝短，心皮 1 个，花柱侧生，有 2 枚倒生胚珠。蓇葖果偏斜，近球形，基部开裂，有种子 1 ~ 2 枚。

约 5 种，分布于亚洲东部。中国 2 种，广西 1 种。

野珠兰　华空木

Stephanandra chinensis Hance

落叶灌木，高达 15m。小枝细弱，微被柔毛。叶片卵形至长卵形，长 5 ~ 7cm，宽 2 ~ 3cm，先端渐尖，稀尾尖，茎部近心形、圆形，稀楔形，叶缘浅裂并有重锯齿，两面无毛或下面沿叶脉稍有柔毛，侧脉 7 ~ 10 对；叶柄长 6 ~ 8mm；托叶线状披针形至椭圆披针形。疏散的圆锥花序顶生，总花梗、花梗和萼筒均无毛；花白色，直径约 4mm；萼片三角形；花瓣白色，倒卵形；雄蕊 10 枚；心皮 1 个，花柱顶生，直立。蓇葖果近球形，直径约 2mm，有疏柔毛。花期 5 月；果期 7 ~ 8 月。

产于龙胜、全州，生于阔叶林边或灌丛中。分布于广东、湖南、湖北、江西、江苏、浙江、河南、安徽、福建等地。茎皮纤维可供造纸；根部煎水，可治咽喉肿痛。

苹果亚科 Maloideae

常绿或落叶，灌木或乔木。单叶或复叶，有托叶。心皮 2 ~ 5 室，稀 1 室，多与杯状花托内壁连合；子房下位、1/2 下位、稀上位，2 ~ 5 室，稀 1 室；每室有 2 枚或稀 1 枚至多数直立胚珠。梨果，稀浆果状或小核果状。

约 20 属。中国 17 属。广西 11 属。

分属检索表

1. 心皮在成熟后坚硬骨质；果有 1 ~ 5 枚小核。
　2. 叶全缘；枝条无刺 ·· **4. 栒子属 Cotoneaster**
　2. 叶有锯齿或裂片，稀全缘，枝条常有刺。
　　3. 叶常绿；心皮室 5，每室有 2 枚胚珠··················· **5. 火棘属 Pyracantha**
　　3. 叶凋落，稀半常绿；心皮 1 ~ 5 室，每室有 1 胚珠 ··········· **6. 山楂属 Crataegus**
1. 心皮在成熟后革质或纸质，梨果 1 ~ 5 室，每室有 1 枚或多数种子。
　4. 复伞房花序或圆锥花序，花多数。
　　5. 单叶；常绿，稀落叶。
　　　6. 心皮部分离生，子房半下位。
　　　　7. 叶全缘或有细锯齿；总花梗和花梗无瘤状凸起；心皮在成熟后与花托分离，为 5 瓣裂 ·············
　　　　·· **7. 红果树属 Stranvaesia**
　　　　7. 叶有锯齿，稀全缘；总花梗及花梗常有瘤状凸起；心皮在成熟后仅先端与花托分离，不开裂 ·········
　　　　·· **8. 石楠属 Photinia**
　　　6. 心皮全部合生，子房下位。
　　　　8. 花序圆锥状，稀总状；心皮(2 ~)3 ~ 5 室；叶侧脉直出；萼片宿存 ········· **9. 枇杷属 Eriobotrya**
　　　　8. 花序总状，稀圆锥状；心皮 2(~ 3)室；叶侧脉弯曲；萼片脱落 ········· **10. 石斑木属 Rhaphiolepis**
　　5. 单叶或复叶，均凋落；总花梗及花梗无瘤状凸起；心皮 2 ~ 5 室，全部或一部分与花托合生，子房下位或半下位；果期萼片宿存或脱落·················· **11. 花楸属 Sorbus**
　4. 伞形花序或总状花序，有时花单生。
　　9. 各心皮内有种子多数；花单生或簇生；萼片脱落 ·············· **12. 木瓜属 Chaenomeles**

9. 各心皮内有种子 1~2 枚；伞形或总状花序；萼片宿存或脱落。

    10. 果实常有多数石细胞；花柱离生 ·· **13. 梨属 Pyrus**

    10. 果实多数无石细胞；花柱基部合生 ·· **14. 苹果属 Malus**

4. 枸子属 Cotoneaster B. Ehrh.

落叶、常绿或半常绿，灌木，稀小乔木，枝条无刺。鳞芽小，数枚。单叶，互生；全缘，柄短；托叶细小，钻形，早落。花单生或少数至多数呈聚伞花序，常腋生或生于短枝顶端；花托钟状、筒状或陀螺状；萼片 5 枚，短小；花瓣 5 枚，直立或开展，白色、粉红色或红色；雄蕊约 20 枚，子房下位或半下位，2~5 室，每室 2 枚胚珠；花柱 2~5 条，分离。果为梨果状，较小，红色、褐红或紫黑色，有宿存萼片，内有 1~5 枚骨质小核，每枚小核含种子 1 枚，扁平，子叶平凸。

约 90 种，分布于亚洲（日本除外）、欧洲和非洲北部的温带地区。中国约 50 种，主要分布于西部和西南部。广西 1 种。

粉叶枸子　粉绿枸子　图 202：1

Cotoneaster glaucophyllus Franch.

半常绿灌木，高 2~5m。小枝粗，多分枝，幼时密生黄色柔毛，老时无毛。叶椭圆形、长椭圆形或卵形，长 3~6cm，宽 1.5~2.5cm，先端急尖或圆钝，基部宽楔形或圆形，革质，幼时下面微有柔毛，后脱落无毛，上面无毛；叶柄粗壮，长 4~6mm，幼时有黄色柔毛，后无毛，托叶披针形，常脱落。复聚伞花序，总花梗和花梗有黄色柔毛；花密集；花梗长 2~4mm；花直径 8mm；萼筒钟状，外面有疏柔毛，里面无毛；萼片三角形，先端急尖；花瓣白色，平展；雄蕊与花瓣近等长；花柱 2 条，离生。果熟时红黄色，卵形至倒卵形，直径 6~7mm，小核 2 枚。花期 6~7 月；果期 10 月。

产于田林、凌云、乐业、那坡、象州。常生于 800~1800m 的山坡开旷地或杂木林中。分布于贵州、四川、云南。根茎入药，用于治消化不良、劳伤等。

5. 火棘属 Pyracantha Roem.

常绿灌木或小乔木，常有枝刺。芽小，有毛。单叶，互生，有短柄；叶有钝齿，细锯齿或全缘；托叶小，早落。花多数，白色，排成复伞房花序；花托短，萼片 5 枚；花瓣 5 枚，近圆形，开展；雄蕊多达 20 枚，花药黄色；心皮 5 室，5 室，每室 2 枚胚珠；花柱 5 条，与雄蕊近等长；子房半下位。梨果较小，近球形，熟时红色或橙红色，萼片宿存，内有 5 枚小核。

10 种，分布于亚洲东部和欧洲南部。中国 7 种，主要分布于西南部和东南部。广西 4 种。

分种检索表

1. 复伞房花序，稀疏排列，花梗无毛或有毛。

  2. 叶多为倒卵形、倒卵状长圆形、长圆形或椭圆形。

    3. 叶倒卵形或倒卵状长圆形，中部以上最宽，先端圆钝或微凹，边缘有明显的圆钝锯齿，下面绿色；花序毛少 ·· **1. 火棘 P. fortuneana**

    3. 叶椭圆形或长圆形，中部或近中部最宽，先端微尖或圆，全缘或有不明显锯齿，下面微带白粉；花序多有柔毛 ·· **2. 全缘火棘 P. atalantioides**

  2. 叶长圆形至倒披针形，边缘有刺毛状的细圆锯齿或疏锯齿 ············ **3. 细圆齿火棘 P. crenulata**

1. 伞房花序，花密集，花梗、花萼外面密被绒毛；叶长圆形至长圆状倒卵形 ··········· **4. 密花火棘 P. densiflora**

图202　1. 粉叶栒子 Cotoneaster glaucophyllus Franch. 1. 花枝。
2. 全缘火棘 Pyracantha atalantioides（Hance）Stapf 果枝。3. 火棘
Pyracantha fortuneana（Maxim.）Li 花枝。4. 细圆齿火棘 Pyracantha
crenulata（D. Don）Roem. 花枝。（1~3. 仿《中国植物志》，4. 仿《中
国高等植物图鉴》

1. 火棘　火把果、救军粮　图202：3

Pyracantha fortuneana（Maxim.）Li

灌木，高2~3m，有枝刺；幼枝有锈色柔毛，老枝暗褐色，无毛。叶倒卵形或倒卵状长圆形，长1.5~6.0cm，宽0.5~2.0cm，中部以上最宽，先端圆钝或微凹，有时具短尖头，基部楔形，下延至叶柄，锯齿钝圆，齿尖内弯，近基部全缘，两面无毛；叶柄短。复伞房花序，花稀疏排列；总花梗和花梗近无毛；花梗长约1cm，花径约1cm；花托钟状，无毛；萼片三角形或卵形，花瓣近圆形，白色；花柱5条，离生，与雄蕊等长；子房上部密生白色柔毛。梨果近圆形，直径约5mm，熟时橘红或深红色，萼片宿存。花期3~5月；果期9~11月。

产于桂林、兴安、天峨、南丹、乐业、凌云、田林、西林、隆林。生于海拔600~1400m的山坡灌木丛中。分布于陕西、河南、江苏、西藏、四川、贵州、湖北、浙江、湖南、福建、云南等地。根茎入药，用于治跌打损伤及筋骨痛、肝炎、咄血、月经不调；叶、果可

明目、助消化。皮及根含鞣质10%~17%，可供提制栲胶。果含淀粉和糖，可生食、酿酒或磨粉代粮做食品。

2. 全缘火棘　鸟仔刺　图202：2

Pyracantha atalantioides（Hance）Stapf

灌木，稀小乔木，高1~2m，有时可达6m。有枝刺，小枝幼时有黄褐色或灰色绒毛或柔毛，老枝无毛。叶椭圆形或长圆形，稀长圆状倒卵形，长1.5~5.0cm，宽1.0~1.8cm，中部或近中部最宽，先端微尖或圆钝，稀有刺状尖头，基部宽楔形或圆形，全缘或有时具不明显的细齿，幼时有黄色柔毛，老时两面无毛，上面有光泽，下面微有白粉；叶柄短，长2~5mm。复伞房花序，花稀疏；总花梗和花梗有黄色柔毛；花梗长5~10mm；花直径7~9mm；花托钟状，有黄色柔毛；萼片疏生柔毛，广卵形；花瓣白色，卵形；花柱5条，与雄蕊相等长，子房上部密生白色绒毛。梨果扁圆形，直径4~6mm，熟时鲜红色。花期4~5月；果期9~11月。

产于临桂、平乐、龙胜、全州、灌阳、阳朔、柳州、融水、金秀、贺州、富川。生于海拔500~1700m的山坡、谷地、疏林地或灌丛中。分布于陕西、湖南、湖北、贵州、四川、广东等地。用途同火棘。

3. 细圆齿火棘　红子　图202：4

Pyracantha crenulata（D. Don）Roem.

灌木，稀小乔木，高 1~5m。有短枝刺，小枝暗褐色，幼时有黄褐色柔毛，老时无毛。叶长圆形或倒披针形，稀卵状披针形，长 2~7cm，宽0.8~1.8cm，先端急尖或圆钝。有时具有小尖头，基部宽楔形或近圆形，边缘有刺毛状的细圆锯齿或疏锯齿，两面无毛，上面中脉凹下，下面中脉凸起；叶柄短，幼时有黄色柔毛，后脱落无毛。复伞房花序顶生，花稀疏排列，总花梗基部幼时有黄色柔毛，老时无毛；花梗长 4~10mm；花径约 1cm，花托钟状，无毛；花瓣白色，圆形；花柱 5条，离生，与雄蕊相等长；子房上部密生白色柔毛。梨果近圆形，直径 3~8mm，熟时橘黄色或橘红色。花期 3~5月；果期 9~12月。

产于临桂。常生于海拔 900~1100m 的山坡或沟边灌丛中。分布于陕西、江苏、四川、贵州、湖北、湖南、广东、云南等地。果含淀粉，可供酿酒、生食或磨粉代粮。叶可代茶。果密集，鲜红可爱，为优美的绿篱树种。

4. 密花火棘

Pyracantha densiflora Yu

灌木，具短枝刺，刺长 1~2cm，嫩枝密被锈色绒毛，老枝紫褐色，无毛。叶密集于短枝上，倒卵形至倒卵状椭圆形，长 1.0~1.8cm，宽 6~9mm，先端圆钝或截形，基部宽楔形，边缘有圆细锯齿，齿尖稍向内弯，基部全缘，上面光亮，嫩叶下面有褐色绒毛，以后脱落无毛；叶柄短，长不足 2mm。花 6~10 朵密集，伞房花序，直径 1.5~2.5cm，花梗、花托和萼片外面密被锈色绒毛；花径 8~12mm；花托钟状，萼片三角形；花瓣卵形，长 4~6mm，宽 3~4mm，白色；雄蕊 20 枚，长 2~3mm；花柱 5 条，离生，几与雄蕊等长，心皮 5 个，腹面分离，背面 1/2 与花托相连，子房顶端密生白色柔毛。果实近球形，内含 5 小核。花期 6 月。

广西特有种。产于隆林。生于海拔 1000m 左右的地区。

6. 山楂属 Crataegus L.

落叶灌木或小乔木；常有枝刺，极稀无刺。芽卵形或近球形。单叶互生，常有锯齿或深裂、浅裂，稀不裂，有托叶。顶生伞房或伞形花序，极少单生；花托钟状或杯状；萼片 5 枚；花瓣 5 枚，白色，极少为粉红色；雄蕊 5~25 枚；心皮 1~5 个，大半部与花托合生，仅先端及腹面分离，子房下位至半下位，1~5 室，每室有 2 枚胚珠。梨果，萼片宿存；心皮熟时为骨质，核状，小核 1~5 枚，各有 1 粒种子，种子扁。

约 1000 种，广布于北半球，多产于北美洲。中国 17 种，各地均有分布。广西 2 种。

有些种类的果实富含糖分和维生素，可生食或作糖渍食品和加工成山楂糕。有些种类嫩叶可代茶或可作梨或枇杷的砧木。果入药，树皮及根皮含鞣质，木材坚韧，具有多种用途。

分种检索表

1. 乔木，枝常无刺；叶卵状披针形、卵状椭圆形不裂或浅裂 ·· **1. 云南山楂 C. scabrifolia**
1. 灌木，枝常有刺；叶宽倒卵形或倒卵状长圆形常分裂 ························· **2. 野山楂 C. cuneata**

1. 云南山楂　酸果　图203：1~4

Crataegus scabrifolia（Franch.）Rehd.

乔木，高达 10m；常无刺；小枝微屈曲，当年生枝条紫褐色，无毛。叶卵状披针形、卵状椭圆形，稀菱状卵形，长 3.5~10.0cm，宽 1.5~4.5cm，先端急尖，基部楔形，边缘有稀疏不整齐圆钝重锯齿，常不分裂或苗时及萌生枝少数叶先端为 3~5 大羽裂或浅裂；幼叶上面微有平伏柔毛，后渐减少，仅在脉上有疏柔毛，下面叶脉上有长柔毛或近无毛；叶柄长 1.5~4.0cm，幼时有腺毛，老时无毛；托叶膜质，早落。伞房花序或复伞房花序，总梗及花梗无毛；花托钟状，无毛；萼片三

图 203 1~4. 云南山楂 Crataegus scabrifolia (Franch.) Rehd. 1. 花枝；2. 花纵剖面；3. 果；4. 种子。5~8. 野山楂 Crataegus cuneata Sieb. et Zucc. 5. 花枝；6. 花纵剖面；7. 果；8. 种子。(仿《中国植物志》)

角形；花瓣近圆形或倒卵形，白色；花柱 3~5 条，与雄蕊近等长，子房上部有灰白色绒毛。梨果扁球形，直径 1.5~2.0cm，熟时黄色带红晕，有褐色的皮孔；萼片宿存；具 5 枚小核。花期4~5 月；果期8~10 月。

产于田林、靖西、隆林、宁明、上思、玉林、苍梧。常生长于海拔 800m 以上的向阳坡地、溪边、林缘或灌丛中。分布于四川、云南、贵州等地。果酸甜，可生食及加工作山楂片；并可入药，用于治肉食积滞、胃脘胀满，为广西有发展前途的重要果树之一。木材结构细密，可供作细木工、家具、文具等用材。

2. 野山楂 大红子 图 203：5~8

Crataegus cuneata Sieb. et Zucc.

灌木，高 1.5m。多分枝，幼枝有柔毛，老枝无毛，具刺。叶宽倒卵形或倒卵状长圆形，长 1.6~6.0cm，宽 0.7~4.0cm，先端钝，基部楔形，下延至叶柄，边缘有不规则的重锯齿，先端常 3 裂、稀 5~7 裂，上面光滑无毛，下面有柔毛，沿叶脉较密，老时脱落；叶柄有窄翅，长 3~10mm；托叶大形，镰刀状，边缘

有齿。伞房花序，有花 5~7 朵；总花梗及花梗有柔毛，花梗长约 1cm；花径约 1.5cm；花托钟状，外有长柔毛；花瓣白色；花柱4~5 条。梨果近球形，直径 1.0~1.2cm，熟时红色，萼片宿存，反折，有小核 4~5 枚。花期 5~6 月；果期 9~11 月。

产于桂林、临桂、全州。常生于海拔 1000~1400m 的山坡灌丛中。分布于陕西、河南、湖北、江西、安徽、湖南、江苏、浙江、贵州、云南、广东、福建等地。果实含糖分、蛋白质、脂肪、维生素 C 及柠檬酸等，可生食或入药，用于治疝气、高血压、胸腹胀痛，对赤痢杆菌、绿脓杆菌有抑菌作用。

7. 红果树属 Stranvaesia Lindl.

常绿灌木或乔木；芽小，卵形，芽鳞少数。单叶，互生，革质，全缘或有锯齿；有托叶。伞房花序顶生，总花梗和花梗无瘤状凸起，苞片早落；花托钟状，萼片 5 枚；花瓣 5 枚，白色，基部有短爪；雄蕊 20 枚；花柱 5 条，下半部连合，仅顶端部分离生；子房半下位，基部与花托合生，上

半部离生，5 室，每室 2 枚胚珠。梨果小，心皮成熟后与花托分离，沿心皮背部开裂，顶端有宿存萼片。种子长椭圆形，种皮软骨质。

约 6 种，分布于中国、印度、缅甸北部山区。中国 5 种 2 变种；广西 2 种 2 变种。

分种检索表

1. 叶全缘；复伞房花序而多花；果近球形，橘红色 ················· **1. 红果树 S. davidiana**
1. 叶有锯齿；伞房花序有花 3 ~ 9 朵；果卵形，红黄色 ·············· **2. 毛萼红果树 S. amphidoxa**

1. 红果树 红枫子 图 204：1 ~ 5

Stranvaesia davidiana Decne.

灌木或小乔木，高 1 ~ 10m。枝条密集，幼时密生长柔毛，后渐脱落，褐色。叶长圆形，长圆状披针形或倒披针形，长 5 ~ 12cm，宽 2.0 ~ 4.5cm，先端急尖或突尖，基部楔形，全缘，上面中脉凹陷，沿中脉有灰褐色柔毛，下面中脉凸起，沿中脉有疏柔毛，侧脉 8 ~ 16 对；叶柄长约 1.5cm，有柔毛；托叶早落。复伞房花序，花多，总花梗和花梗均有灰色柔毛，花梗长约 3mm；花径约 8mm，花瓣近圆形；萼片有柔毛；花药紫红色，花柱 5 条，仅上部分离。梨果近球形，熟时橘红色，直径 7 ~ 8mm，萼片宿存。花期 5 ~ 6 月；果期 9 ~ 10 月。

产于临桂、灌阳、龙胜、资源、兴安、上思。常生于海拔 600 ~ 1500m 的山坡、路旁和灌木丛中。分布于陕西、甘肃、江西、四川、云南、贵州等地；越南也有分布。果色橘红，经久不凋落，叶丛亮绿，可栽培供观赏。

1a. 波叶红果树 矮红果树

Stranvaesia davidiana var. **undulata**（Decne.）Rehd.

本变种与红果树的区别在于：叶片较小，长 3 ~ 8cm，宽 1.5 ~ 2.5cm，边缘有波皱；花序近无毛。

产于龙胜、兴安猫儿山、资源、全州、灌阳、灵川、金秀、融水、罗城、凌云、乐业、上思、大明山。常生于海拔 800m 以上的山坡、林下或灌木丛中。分布于贵州、江西、四川、云南等地。

图 204　1 ~ 5. 红果树 Stranvaesia davidiana Decne. 1. 花枝；2 果枝；3. 花纵剖面；4. 果纵剖面；5. 果横剖面。6 ~ 9. 毛萼红果树 **Stranvaesia amphidoxa** Schneid. 6. 果枝；7. 花纵剖面；8. 果纵剖面；9. 果横剖面。（仿《中国植物志》）

2. 毛萼红果树　野花红　图204：6~9

Stranvaesia amphidoxa Schneid.

灌木或小乔木，高2~4m；分枝密集，小枝有棱，幼时有黄色柔毛，后渐脱落，褐色。叶椭圆形、椭圆状倒卵形至倒卵状披针形，长4~11cm，宽2.0~4.5cm，先端渐尖至尾状渐尖，基部楔形或宽楔形，稀稍圆，边缘具腺质细锯齿，上面绿色，几无毛，脉下陷，下面黄绿色，沿中脉有柔毛，侧脉6~8对；叶柄极短，长约3mm；托叶小，早落。顶生伞房花序，有花3~9朵，总花梗和花梗均密生褐黄色绒毛；花梗长约5mm；花径约8mm；花瓣近圆形；花柱5条，仅上部分离。果卵形，径约1.2cm，熟时橙色，有柔毛和斑点，萼片宿存。花期5~6月；果期8~10月。

产于龙胜、灌阳、资源、全州、金秀、融水、东兰、南丹、罗城。常生于海拔500~1400m的山坡、路旁和灌木丛中。分布于浙江、江西、湖南、湖北、四川、贵州、云南等地。可栽培供观赏。

2a. 光萼红果树　湖南红果树

Stranvaesia amphidoxa var. **amphileia** (Hand. – Mazz.) Yu

本变种与毛萼红果树的主要区别在于：花序近伞形，花梗、花萼及果实均无毛。

产于临桂、灵川、兴安、龙胜、灌阳、资源、罗城、融水。常生于海拔1200~1700m的常绿阔叶密林中。分布于贵州、湖南等地。

8. 石楠属 Photinia Lindl.

落叶或常绿乔木或灌木；芽小，芽鳞呈覆瓦状排列。单叶，互生，有锯齿、稀全缘；托叶早落。花两性，为伞形、伞房或复伞房花序、稀为聚伞花序，顶生，总花梗和花梗有瘤状凸起；花托杯状、钟状或筒状，萼片短，5枚；花瓣5枚，开展，在芽内成覆瓦状或旋卷状排列；雄蕊约20枚；心皮2(3~5)个，花柱离生或基部合生，子房半下位，2~5室，每室胚珠2枚。梨果微肉质，2~5室，成熟时不开裂，顶部或上部与花托分离，萼片宿存，每室有1~2枚种子。

约60种；分布于亚洲东部和南部。中国40余种。广西21种5变种。

本属多数种类木材坚韧致密，可作家具、农具和细木工等用材。夏季开花，密集，可栽培供观赏和作绿化树种。

分种检索表

1. 常绿灌木或乔木；复伞房花序；花序梗及花梗无疣点(1. 常绿石楠组 Sect. Photinia)。
　2. 叶缘全部或一部分有锯齿。
　　3. 叶下面无黑色腺点。
　　　4. 花序无毛或疏生柔毛。
　　　　5. 叶柄长2~4cm；叶长椭圆形、长倒卵或倒卵状椭圆形 ……………………… **1. 石楠 P. serratifolia**
　　　　5. 叶柄长0.5~2.0cm或更短。
　　　　　6. 花瓣内面有毛。
　　　　　　7. 叶椭圆形、长圆形或长圆状倒卵形，先端渐尖；叶柄长1.0~1.5cm ………………………
　　　　　　…………………………………………………………………… **2. 光叶石楠 P. glabra**
　　　　　　7. 叶长圆披针形或带状披针形，先端急尖，边缘有圆钝锯齿；叶柄扁平，长3~8mm ………
　　　　　　…………………………………………………………………… **3. 窄叶石楠 P. stenophylla**
　　　　　6. 花瓣无毛。
　　　　　　8. 总花梗和花梗无毛；叶倒披针形，先端急尖，常具短尖，边缘有尖锐细锯齿；侧脉9~13对
　　　　　　…………………………………………………………………… **4. 罗城石楠 P. lochengensis**
　　　　　　8. 总花梗、花梗有平伏柔毛；叶长圆形、卵形或倒卵形，先端尾尖，叶缘有锐锯齿 ………
　　　　　　…………………………………………………………………… **5. 贵州石楠 P. bodinieri**
　　　4. 花序有绒毛或密生柔毛。

　　　9. 叶缘中部以上疏生内弯细锯齿，中部以下全缘，侧脉近 20 对，叶长圆椭圆形 …………………
　　　　………………………………………………………………………… **7. 宜山石楠 P. chingiana**

　　　9. 叶缘全部具腺锯齿。

　　　　10. 叶长圆状卵形、长圆状倒卵形或长圆状披针形，先端渐尖或尾尖，基部宽楔形或近圆形，边缘密
　　　　　　生如重锯齿状锯齿；花托及花梗有长柔毛 ……………………… **8. 广西石楠 P. kwangsiensis**

　　　　10. 叶倒披针形或长圆状披针形，先端急尖，基部渐狭，边缘疏生具腺锯齿；花托及花梗有密生灰色
　　　　　　绒毛 …………………………………………………………… **9. 临桂石楠 P. chihsiniana**

　　3. 叶下面密生黑色腺点。

　　　11. 叶长圆形或长圆状披针形，长 7～13cm，宽 3～5cm；叶柄长 1.0～2.5cm，常有腺体，有时有锯齿；果
　　　　　椭圆形 ……………………………………………………………… **10. 桃叶石楠 P. prunifolia**

　　　11. 叶长圆形、倒卵形或长圆椭圆形，长 4～8cm，宽 2～3cm；叶柄长 8～15mm，无毛；果卵形 ………
　　　　　………………………………………………………………………… **11. 饶平石楠 P. raupingensis**

2. 叶全缘。

　　12. 花序无毛或微有短毛；叶长圆形、披针形或倒披针形，无毛，叶柄长 1.0～1.5cm ………………
　　　　…………………………………………………………………………… **12. 全缘石楠 P. integrifolia**

　　12. 花序密生绒毛；叶厚革质，边缘微外卷，上面无毛，下面中脉密生绒毛；无柄或叶柄短。

　　　13. 花托钟状，无毛；叶长圆形，长 6～15cm，宽 2～5cm …………………… **13. 厚叶石楠 P. crassifolia**

　　　13. 花托筒状，外密生灰色绒毛；叶长圆状椭圆形，长 10～17cm，宽 3～5cm …………………
　　　　　………………………………………………………………………… **14. 独山石楠 P. tushanensis**

1. 落叶灌木或乔木；伞形花序、伞房或复伞房状，稀为聚伞状花序；花序梗及花梗常有疣点（2. 落叶石楠组 Sect.
　　Pourthiaea）。

14. 花序常为多数（10 朵以上或稀少数花）花组成伞房或复伞房花序。

　　15. 花总梗及花梗无毛。

　　　16. 花托杯状，外面微有毛；叶长圆形、卵状披针形或倒卵状长圆形，上面有光泽，下面仅沿中脉疏被柔
　　　　　毛 ……………………………………………………………………… **15. 中华石楠 P. beauverdiana**

　　　16. 花托钟状，无毛；叶两面无毛。

　　　　17. 叶柄长 5～15mm；叶纸质，披针形或长圆披针形，边缘微外卷，具浅锐锯齿，有时几近全缘，侧
　　　　　　脉 12～16 对 …………………………………………………………… **16. 厚齿石楠 P. callosa**

　　　　17. 叶柄极短，长 1～2mm；叶薄革质，长圆状披针形或长圆状倒卵形，边缘疏生细锯，侧脉 6～9 对
　　　　　　………………………………………………………………………… **17. 陷脉石楠 P. impressivena**

　　15. 花总梗及花梗有毛。

　　　18. 叶下面被稀疏绒毛，长椭圆形或长圆状披针形，叶缘有锐锯齿，侧脉 10～15 对；叶柄长 6～10mm，
　　　　　初被柔毛 …………………………………………………………… **18. 绒毛石楠 P. schneideriana**

　　　18. 叶下面无毛、几无毛或仅叶脉有毛。

　　　　29. 花总梗及花梗均轮生；叶倒卵状长圆形或长圆状披针形 …………………………………………
　　　　　…………………………………………………… **19a. 柳叶石楠 P. benthamiana var. salicifolia**

　　　　29. 花总梗及花梗均互生。

　　　　　20. 叶片草质，倒卵形或长圆倒卵形，长 3～8cm，宽 2～4cm，先端尾尖，边缘上半部具密生尖
　　　　　　　锐锯齿，侧脉 5～7 对；叶柄长 1～5mm，有长柔毛 …………… **20. 毛叶石楠 P. villosa**

　　　　　20. 叶革质或薄革质，窄披针形、带状披针形、长圆披针形或长圆倒披针形。

　　　　　　21. 叶较宽，宽 1.5～3.0cm，窄披针形、长圆披针形或长圆倒披针形，边缘有尖锐锯齿；果
　　　　　　　　近球形 …………………… **21a. 柳叶锐齿石楠 P. arguta var. salicifolia**

　　　　　　21. 叶较窄，宽 8～15mm，披针形或带状披针形，边缘疏生细锯齿或几全缘；果卵形或近球
　　　　　　　　形 …………………………………………………………… **22. 罗汉松石楠 P. podocarpifolia**

14. 花序常为少数花（10 朵以下）组成无总花梗的伞形花序；花梗纤细，长 1.0～2.5cm，有疣点；叶菱状卵形或
　　椭圆状卵形 ………………………………………………………………………… **23. 小叶石楠 P. parvifolia**

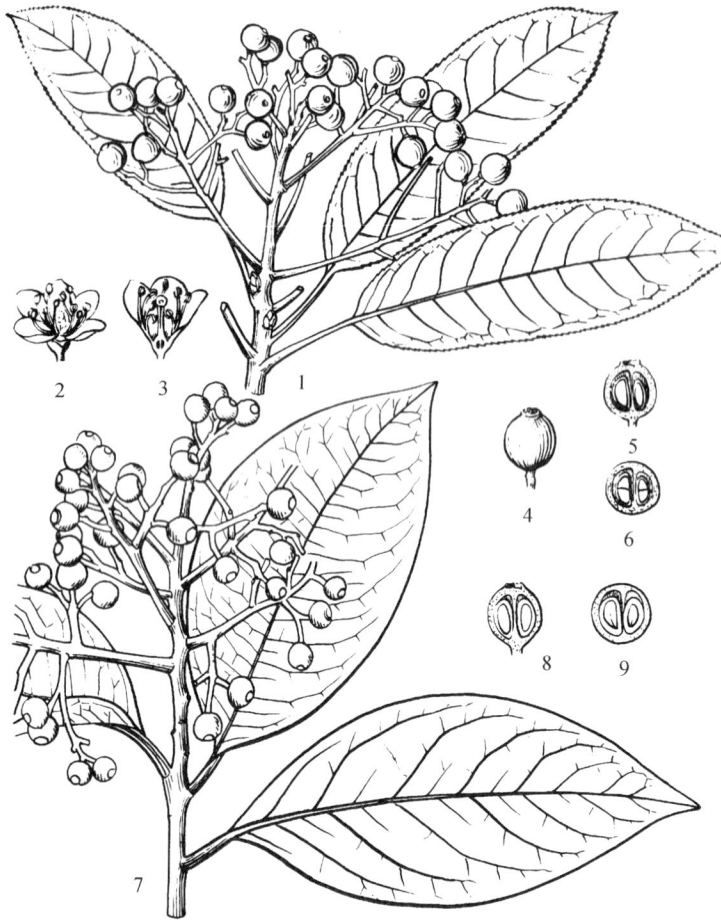

图 205　1 ~ 6. 石楠 Photinia serratifolia（Desf.）Kalkman 1. 果枝；2. 花；3. 花纵剖面；4. 果；5. 果纵剖面；6. 果横剖面。**7 ~ 9. 全缘石楠 Photinia integrifolia** Lindl. 7. 果；8. 果纵剖面；9. 果横剖面。（仿《中国植物志》）

1. 石楠　凿木　图 205：1 ~ 6
Photinia serratifolia（Desf.）Kalkman

常绿小乔木，高 4 ~ 6m 或 12m 以上。小枝褐色，无毛；叶革质，长椭圆形、长倒卵形或倒卵状椭圆形，长 9 ~ 20cm，宽 3 ~ 6cm，先端渐尖，基部楔形至近圆形，幼时中脉有绒毛，老时两面无毛，中脉在下面明显，侧脉细，25 ~ 30 对，边缘有腺质细锯齿，近叶柄处稀疏或全缘；叶柄长 2 ~ 4cm。复伞房花序，顶生，花总梗和花梗无毛，花梗长 3 ~ 5mm；花密集，直径约 7mm；花瓣近圆形，白色，无毛，花药带紫色，花柱 2 条，稀 3 条，基部连合，子房顶端有柔毛。果近球形，直径约 5mm，熟时红褐色，种子 1 枚，卵形，棕色。花期 4 ~ 5 月；果期 9 ~ 10 月。

产于桂林、临桂、阳朔、全州、兴安、灵川、平乐、贵港、桂平、三江。常生于海拔 800 ~ 1800m 的杂木林中。分布于陕西、甘肃、河南、安徽、江西、湖北、湖南、江苏、浙江、四川、云南、贵州、广东、福建、台湾等地；日本、印度尼西亚也有分布。喜温暖湿润气候，能耐 –15℃低温。耐干旱瘠薄，不耐水湿。稍耐阴。播种繁殖，也可用扦插或压条繁殖。树形美观，果实红色，红绿相映，鲜艳夺目，适于庭院绿化。木材坚硬细密，为优良木材之一，可供制木制工艺品。种子可供榨取工业用油。根、叶入药，用于治风湿痹痛、腰背酸痛、足膝无力、偏头痛等，有强壮、利尿的功效。

2. 光叶石楠　山杆木
Photinia glabra（Thunb.）Maxim.

常绿乔木，高 3 ~ 5m 或更高；小枝灰色，无毛；幼叶及老叶常带红色，革质，椭圆形、长圆形或长圆状倒卵形，长 5 ~ 10cm，宽 2 ~ 4cm，先端渐尖，基部楔形，中脉在下面凸起，侧脉 10 ~ 18 对，两面无毛，边缘疏生浅细锯齿；叶柄长 1.0 ~ 1.5cm，无毛。复伞房花序，密集，顶生；总花梗和花梗均无毛；花梗长约 7mm；花萼内面被柔毛，外面无毛；花瓣倒卵形，白色，外卷，长约 3mm，内面近基部有白色柔毛；雄蕊与花瓣近等长；花柱 2 条，稀 3 条，离生或基部合生，子房顶端有柔毛。果卵形，长约 5mm，熟时红色。花期 4 ~ 5 月；果期 9 ~ 10 月。

产于龙胜、临桂、灵川、兴安、资源、全州、阳朔、灌阳、金秀、象州、融水、三江、罗城、环江、南丹、凌云、武鸣、上林、龙州、平南、容县、昭平、贺州等地。常生于海拔 500 ~ 1500m 的山坡、沟边、路旁、杂木林内。分布于安徽、江西、湖北、湖南、江苏、浙江、福建、四川、云南、贵州、广东等地；日本、泰国、缅甸也有分布。树形美观，可栽培作庭院绿化树种；木材坚韧细密，木质优良，可供作细木工和木制工艺品用材。种子可供榨取工业用油，供制皂及润滑油用。

叶入药,用于治头痛、跌打损伤。

3. 窄叶石楠

Photinia stenophylla Hand. – Mazz.

常绿灌木,高 1 ~ 2m;枝条幼时疏生柔毛,老时无毛,灰色。叶革质,长圆状披针形或带状披针形,长 4 ~ 8cm,宽 0.8 ~ 2.0cm,先端急尖或圆钝,有短尖头,基部狭楔形,边缘稍反卷,有内弯浅钝锯齿,两面无毛,中脉在下面凸起,侧脉细,18 ~ 20 对;叶柄扁平,长 3 ~ 8mm,无毛。聚伞花序,顶生,多为小圆锥状;总花梗和花梗无毛;花白色,梗长 5 ~ 10mm;花托杯状,内面有柔毛;花瓣稍长于萼片,内面有白色柔毛;花柱 2 条,连合,仅上部分离;子房顶端有柔毛。果卵形,长约 5mm,熟时红色,无毛,种子 3 ~ 4 枚。花期 4 月;果期 10 月。

产于融水、罗城。常生于海拔 400 ~ 700m 的沟谷或灌丛中。分布于贵州;泰国也有分布。

4. 罗城石楠　图 207:9

Photinia lochengensis Yu

常绿小乔木;幼枝疏被柔毛,紫褐色或黑褐色;芽小,卵形,无毛。叶革质,倒披针形,稀披针形,长 3.5 ~ 5.0cm,宽 1 ~ 2cm,先端急尖,常具短尖头,基部渐狭楔形,边缘为向外翻卷并有起伏,具锐细内弯锯齿,上面深绿色,下面干燥时黄褐色,幼时在中脉稍有柔毛,后两面无毛,中脉在上面下凹,在下面凸起,侧脉 9 ~ 13 对,在下面稍微凸起;叶柄长 5 ~ 8mm,幼时有柔毛,后脱落。伞房花序顶生,直径 2 ~ 4cm;总花梗和花梗无毛;花径 3 ~ 4mm;花托钟状,长、宽各约 1.5mm;萼片直立,宽三角形,无毛;花瓣白色,倒卵形,无毛,先端圆钝,基部具短爪;雄蕊 20 枚,短于花瓣;花柱 2 条,稀 3 条,离生,子房顶端有白色柔毛。果近球形至卵球形,直径 3mm,无毛,萼片宿存,内弯。

产于罗城。

5. 贵州石楠　椤木石楠、梅子树

Photinia bodinieri Lévl.

常绿乔木,幼枝无毛。叶革质,长圆形、卵形、或倒卵形,长 4 ~ 9cm,宽 1.5 ~ 5.0cm,先端尾尖,基部楔形,叶缘有锐锯齿,两面无毛,侧脉约 10 对;叶柄长 1.0 ~ 1.5cm,上面有纵沟,无毛。复伞房花序顶生,总花梗及花梗均被柔毛;花径约 1cm;萼筒杯状,有柔毛;萼片长 1mm,三角形,外面有柔毛;花瓣白色,近圆形,先端微缺,无毛;花柱 2 ~ 3 条,合生。花期 5 月。

产于龙胜、灌阳、临桂、金秀、平南、防城、上思、田阳、凌云、田林等地。常生于海拔 1000m 以下的坡地或灌木丛中。分布于陕西、安徽、江苏、江西、浙江、福建、湖南、湖北、四川、云南、广东、贵州等地;越南、缅甸、泰国也有分布。喜光,耐旱,对土壤肥力要求不高,在酸性土、钙质土上均能生长。树形美观,果橙红色与绿叶相搭配,尤为艳丽,可栽培于庭院作绿化树种。木材优良,常作农具用材或其他木器具用材。

7. 宜山石楠

Photinia chingiana Hand. – Mazz.

常绿灌木,高 5m;幼枝、总花梗、花梗、叶柄及叶下面均有灰色长柔毛,老枝灰色,几无毛。叶革质,长圆椭圆形,长 10 ~ 15cm,宽 3 ~ 6cm,先端渐尖或细长尾状,基部狭圆形,边缘外卷,中部以上具疏生内弯细锯齿,中部以下近全缘,上面无毛;中脉下凹,下面叶脉凸起,侧脉约 20 对,网状;叶柄长 5 ~ 12mm。伞房花序,宽 6cm,总花梗近轮生,花梗长 2 ~ 5mm。幼果绿色,倒卵形,长 5mm,肉质,微有疏长柔毛,顶端萼片宿存,直立、三角形,有 2 条花柱。果期 8 月。

产于宜州、环江。生于海拔 1000m 左右的开旷地或河岸。供作农具用材。

8. 广西石楠

Photinia kwangsiensis Li

常绿乔木,高约 15m,幼枝密被贴伏棕色长柔毛,老枝被棕色长柔毛或近无毛。叶薄革质,长

图 206 1~2. 桃叶石楠 Photinia prunifolia（Hook. et Arn.）Lindl. 1. 花枝；2. 果。3~4. 小叶石楠 Photinia parvifolia（Pritz.）Schneid. 3. 花枝；4. 果纵剖面。5~6. 中华石楠 Photinia beauverdiana Schneid. 5. 花枝；6. 果纵剖面。（仿《中国植物志》）

圆卵形、长圆倒卵形或长圆披针形，长 7~12cm，宽 3.0~4.5cm，先端渐尖或尾尖，基部近圆形或宽楔形，边缘微反卷，密被具腺的长短不齐如重锯齿状的锯齿，上面亮绿色，除中脉被柔毛外，其余无毛，下面密被棕色长柔毛；中脉凸起，侧脉 12~15 对，网状脉明显；叶柄长 1.0~2.5cm，密被长柔毛。伞房花序顶生，多花，长 8~9cm，直径 12~13cm，总花梗和花梗被密生棕色长柔毛；花梗长 3~5cm。果近球形，橘黄色，直径 5mm，被长柔毛或近无毛，顶端萼片宿存，内弯。果期 10 月。

广西特有种。产于象州、荔浦、大瑶山、横县。生于山谷水旁或山坡阔叶林中。叶供药用，可治风湿痛。

9. 临桂石楠 桂林石楠 图 207：5~8

Photinia chihsiniana Kuan

常绿小乔木，高 4m；幼枝密被灰色绒毛，后脱落近无毛，老枝灰黑色；芽卵形，被灰色绒毛。叶革质，长圆披针形或倒披针形，长 5~11cm，宽 1.5~3.0cm，先端急尖或短渐尖，基部渐狭，边缘微外卷，有疏生具腺的细锐锯齿，上面深绿色，光亮，下面淡绿色，幼时两面具网状灰色绒毛，后脱落；托叶钻形，被灰色绒毛，近无毛，侧脉 12~15 对；叶柄长 5~20mm，幼时有灰色绒毛，后脱落，早落。复伞房花序顶生，直径 6~7cm，总花梗和花梗均密被灰色绒毛；花梗长约 3mm；花直径约 5mm；花托杯状，外面被灰色绒毛；萼片卵状三角形，先端圆钝，外面密被灰色绒毛，内面无毛；花瓣近圆形；雄蕊 20 枚；花柱 2 条，离生，子房顶端被柔毛。果暗红色，卵形，长 3mm，直径 2mm，顶端萼片宿存，被白色绒毛；果梗长约 5mm；种子 2~3 枚，椭圆形，长 2mm，黑色。花期 4~5 月；果期 11 月。

产于桂林、临桂。生于海拔约 1000m 山谷疏林中。供作农具用材。

10. 桃叶石楠 樱叶石楠 图 206：1~2

Photinia prunifolia（Hook. et Arn.）Lindl.

常绿乔木，高达 20m；小枝灰褐色，无毛。叶革质，长圆形或长圆状披针形，长 7~13cm，宽 3~5cm，先端渐尖，基部圆或宽楔形，边缘密生腺质细锯齿，两面无毛，上面具光泽，下面有细密黑色腺点，侧脉 13~15 对；叶柄长 1.0~2.5cm，常有腺体，有时有锯齿。复伞房花序，花密集，顶生，直径 12~16cm，总花梗和花梗微有长柔毛；花瓣白色，基部有绒毛。果椭圆形，直径 3~4mm，熟时红色，种子 2~3 枚。花期 3~4 月；果期 10~12 月。

产于临桂、兴安、永福、恭城、阳朔、平乐、富川、昭平、金秀、融水、罗城、武鸣、大新、横县、上思、北流、陆川、容县、藤县。常生于海拔 700~1100m 的山坡或疏林内。分布于湖南、江西、浙江、福建、云南、广东、贵州等地；日本、越南也有分布。木材坚韧致密，可供制秤杆、伞杆和算盘珠子等用。为优良绿化树种。

10a. 齿叶桃叶石楠　山杠木

Photinia prunifolia var. **denticulata** Yu

本变种与桃叶石楠的区别在于：叶长圆披针形，先端急尖，基部楔形，叶边有显明重锯齿；总花梗和花梗具稀疏柔毛，花托无毛。

产于兴安。分布于浙江。生于山坡路边竹林中。

11. 饶平石楠

Photinia raupingensis Kuan

常绿乔木，高 4~5m；幼枝密被长柔毛，老时无毛，紫黑色。叶革质，长圆形、倒卵形或长圆椭圆形，长 4~8cm，宽 2~3cm，先端急尖或圆钝，有短尖，基部楔形，边缘有细锯齿，近基部全缘，上面无毛，下面有黑色腺点，幼时中脉疏生柔毛，后无毛，上面中脉凹下，下面中脉显著凸起，侧脉 12~17 对；叶柄长 8~15mm，无毛。花多数，密集复伞房花序，顶生，直径 3~7cm，总花梗和花梗密被白色绒毛；苞片及小苞片钻形，被白色绒毛；花直径 7~8mm；花托杯状，外面密被白色绒毛；萼片三角形，先端急尖，外面疏被柔毛；花瓣白色，倒卵形，先端圆钝，基部有柔毛；雄蕊 20 枚，较花瓣短；花柱 2 条，基部合生，子房顶部被柔毛，2 室。果卵形，长 5~6mm，直径 3~4mm，顶端萼片宿存；种子 2 枚，卵形，长 2mm，棕褐色。花期 4 月；果期 10~11 月。

产于十万大山。生于山坡杂木林中。分布于广东。

12. 全缘石楠　蓝靛木　图 205：7~9

Photinia integrifolia Lindl.

常绿乔木，高达 7m。植物体各部无毛(除子房外)。小枝黑灰色。叶革质，全缘，长圆形、披针形或倒披针形，长 6~12cm，宽 3~5cm，先端急尖或短渐尖，基部楔形或圆形，上面有光泽，下面中脉凸起，侧脉 12~17 对；叶柄粗，长 1.0~1.5cm。复伞房花序，顶生，总花梗和花梗无毛，或微有短毛；花白色，直径 4~5mm；花托杯状；花瓣圆形；雄蕊与花瓣等长；花柱 2 条。果近球形，直径 5~6mm，熟时紫红色。花期 5~6 月；果期 10 月。

产于那坡。生于海拔 1200m 以上的阔叶林中。分布于云南西部；印度、不丹、尼泊尔、缅甸、越南、泰国也有分布。宜作高档家具、工具柄用材。

13. 厚叶石楠　玉枇杷　图 207：1~4

Photinia crassifolia Lévl.

常绿灌木，高 3~5m；枝条粗，幼时密生绒毛，老时无毛，灰色。叶厚革质，长圆形，长 6~15cm，宽 2~5cm，先端急尖或圆钝，有短尖头，基部圆形，全缘或有不明显锯齿，边缘稍反卷，上面无毛，有光泽，下面中脉和侧脉有绒毛，侧脉 15~17 对；叶柄短而粗，长 1.5~2.0mm，有绒毛。复伞房花序，顶生；总花梗和花梗密生绒毛；花梗长约 3mm；花白色，直径约 5mm；花萼无毛，花托钟状，无毛；花瓣倒卵形，无毛，长约 2mm；雄蕊较花瓣短；花柱 2 条，离生，子房顶端有白色绒毛。果卵形，长约 6mm，熟时棕红色，无毛。花期 5 月；果期 7~11 月。

产于那坡、隆林、凌云等地。常生于海拔 500~1700m 的山坡丛林中或灌木丛中。分布于贵州、云南。可供作农具或其他木制器具用材。

14. 独山石楠

Photinia tushanensis Yu

常绿灌木，高 5m；小枝幼时密生灰色绒毛，后脱落。叶厚革质，长圆状椭圆形，长 10~17cm，宽 3~5cm，先端急尖或圆钝，具短尖头，基部圆形，叶缘稍外卷，全缘或波状缘，上面初时被毛，

图207 1~4. 厚叶石楠 Photinia crassifolia Lévl. 1. 果枝；2. 花；3. 花纵剖面；4. 果。5~8. 临桂石楠 Photinia chihsiniana Kuan 5. 花枝；6. 花；7. 果；8. 果横剖面。9. 罗城石楠 Photinia lochengensis Yu 果枝。（仿《中国植物志》）

后渐脱落，叶背被黄褐色绒毛，中脉在叶背明显隆起，侧脉 12~15 对；无叶柄或有短叶柄，长 3~5mm，密生绒毛，或脱落无毛。花多数，集成顶生复伞房花序；花总梗和花梗密被灰色绒毛；萼筒筒状，外密生灰色绒毛；花瓣倒卵形，无毛，具短爪；花柱 2 条，离生，子房有绒毛。花期 7 月。

产于南丹、天峨、都安。生于山顶灌木中。分布于贵州。

15. 中华石楠　假思桃
图206：5~6

Photinia beauverdiana Schneid.

落叶灌木或小乔木，高 3~10m。植物体各部无毛或几无毛；小枝幼时带紫褐色。叶纸质，长圆形、卵状披针形或倒卵状长圆形，长 5~10cm，宽 2.0~4.5cm，先端突渐尖，基部近圆形或楔形，上面有光泽，下面中脉明显凸起，仅沿中脉疏被柔毛，侧脉纤细而清晰，9~14 对，边缘疏生腺齿；叶柄长 5~10mm，微有柔毛。复伞房花序，顶生；总花梗和花梗均有密集疣点，无毛，花梗长0.7~1.5cm；花白色，直

径约 6mm；花托杯状，外面微有毛；花瓣卵形或倒卵形；花柱 3 条，稀 2 条，基部连合。果卵形，直径 5~6mm，熟时紫红色，无毛，或微有柔毛，先端有宿存萼片，种子 2~3 枚。花期 5~6 月；果期 7~9 月。

产于富川、恭城、永福、临桂、兴安、全州、资源、龙胜、融水、金秀、隆林、田林、乐业、凌云、德保、武鸣、横县等地。常生长于海拔 1900m 以下的山坡、山谷、溪边、疏林内或林缘边。分布于陕西、河南、安徽、江苏、浙江、福建、湖南、江西、湖北、四川、贵州、云南、广东等地。木材纹理较直，结构甚细而均匀，硬度中等，耐腐性颇强，剖面光滑，油漆和胶黏性良好，宜作雕刻、木梳、棋子、秤杆、工具柄等用材。树皮入药，用于治肺炎。

16. 厚齿石楠

Photinia callosa Chun ex Kuan

落叶小乔木，高达 12m；小枝无毛，灰褐色至黑褐色；芽卵形，鳞片褐色，无毛。叶纸质，披针形或长圆披针形，长 5.5~13.0cm，宽 1.5~3.5cm，先端尾尖或渐尖，基部楔形，边缘微外卷，

具浅锐锯齿，有时几近全缘，两面无毛，中脉在上面凹下，在下面凸起，侧脉 12 ~ 16 对；叶柄长 5 ~ 15mm，无毛。复伞房花序，顶生，直径 4 ~ 6cm，有多数花；总花梗和花梗均无毛，有疣点，总花梗长 3 ~ 4cm，花梗长 3 ~ 7mm；花直径 6 ~ 9mm；花托钟状，无毛；萼片卵形，长为花托的 1/2，先端钝，无毛；花瓣白色，倒卵状长圆形，先端钝，无毛，基部有短爪；雄蕊 20 枚，较花瓣稍短；花柱 2 ~ 3 条，大部分合生，无毛。果卵球形，长 4 ~ 6mm，直径 3 ~ 4mm，黑黄色，部分萼片脱落；果梗长 5 ~ 9mm，有显明疣点；种子 1 枚，卵形，长约 4mm，黑色。花期 4 月；果期 9 月。

产于龙胜、大苗山、大瑶山、田林、乐业、德保、容县、北流、大明山、十万大山，生于杂木林中。分布于广东。供作农具用材。

17. 陷脉石楠　青凿木

Photinia impressivena Hayata

落叶灌木或小乔木，高 2 ~ 6m。小枝带紫褐色，幼时有长柔毛，老时无毛；叶薄革质，长圆状披针形或长圆状倒卵形，长 5 ~ 10cm，宽 1.5 ~ 3.5cm，先端渐尖，基部楔形或下延至叶柄，边缘疏生细锯，叶两面无毛，叶脉在上面明显凹陷，侧脉 6 ~ 9 对；叶柄长 1 ~ 2mm，无毛，带红色。伞房花序，顶生，花少数；花总梗和花梗有疣点，无毛；花白色，直径 6 ~ 7mm；花托钟状，无毛；花瓣卵形；花柱 2 条，中部以下合生。果卵状椭圆形，直径 6 ~ 8mm，熟时红色，无毛，疏生皮孔，顶端宿存坛状萼片；果柄长 1.0 ~ 1.8cm，有疣点，种子 1 枚。花期 4 月；果期 10 月。

产于金秀、三江、融水、永福、临桂、阳朔、南宁、平南等地。生于杂木林中。分布于福建、广东。

17a. 毛序石楠

Photinia impressivena var. **urceolocarpa**（Vidal）Vidal

与原种的区别在于：叶柄长 5 ~ 8mm，无毛或稍微有绒毛；伞房花序有多数花，直径 5 ~ 10cm；总花梗和花梗具白色绒毛，有疣点，花梗长 2 ~ 3mm；花托外面具绒毛。

产于广西南部。生于林下。越南也有分布。

18. 绒毛石楠

Photinia schneideriana Rehd. et Wils.

落叶灌木或小乔木，高达 7m。幼枝被柔毛，后脱落。叶长椭圆形或长圆状披针形，长 5 ~ 11cm，宽 2.0 ~ 5.5cm，先端渐尖，基部宽楔形，叶缘有锐锯齿，幼时叶面疏被褐色长柔毛，后脱落，叶背被稀疏绒毛，侧脉 10 ~ 15 对；叶柄长 6 ~ 10mm，初被柔毛。花多数，复伞房花序；花总梗和分枝有疏长柔毛；萼筒杯状，无毛；萼片直立、开展，内侧上部有疏柔毛；花瓣白色，近圆形，无毛，具短爪；花柱 2 ~ 3 条，基部连合，子房顶端有柔毛。果卵形，径约 8mm，带红色，无毛，有小疣点，顶端具宿存萼片。种子两端尖，黑褐色。花期 5 月；果期 10 月。

产于龙胜、兴安，生于山坡阔叶林中。分布于广东、福建、贵州、湖南、湖北、浙江、江西。

19a. 柳叶石楠　柳叶闽粤石楠、窄叶石楠

Photinia benthamiana var. **salicifolia** Card.

落叶灌木或小乔木，高 3 ~ 8m；小枝密生灰色柔毛，后脱落，老时灰黑色，无毛，有灰色椭圆形皮孔。叶纸质，窄披针形至卵状披针形，长 5 ~ 13cm，宽 1.0 ~ 2.5cm，先端长渐尖，稀急尖，基部渐狭成短叶柄，边缘有疏锯齿，幼时两面均疏生白色长柔毛，后无毛，或仅在下面脉上具少数柔毛，侧脉 5 ~ 8 对；叶柄长 3 ~ 10mm，有灰色绒毛。花多数，成顶生复伞房花序，总花梗及花梗均轮生，有柔毛；苞片及小苞片钻形，有柔毛；花梗长 3 ~ 5mm；花直径 7 ~ 8mm；花托杯状，外面密被柔毛；萼片三角形；花瓣白色，倒卵形或圆形，先端圆钝或微缺，无毛或内面微有柔毛；雄蕊 20 枚，和花瓣等长或较短；花柱 3 条，中部以上离生，无毛。果卵形或近球形，长 4 ~ 6mm，直径 3 ~ 5mm，被淡黄色疏柔毛。花期 4 ~ 5 月；果期 7 ~ 8 月。

产于天峨、隆林、田林、十万大山、横县。生于海拔 1000m 以下的林中。分布于海南；缅甸、

越南、老挝、泰国也有分布。供作农具用材。

20. 毛叶石楠

Photinia villosa (Thunb.) DC.

落叶灌木或小乔木，高 2~5m；小枝幼时有白色长柔毛，以后脱落无毛，灰褐色，有散生皮孔；冬芽卵形，鳞片褐色，无毛。叶片草质，倒卵形或长圆倒卵形，长 3~8cm，宽 2~4cm，先端尾尖，基部楔形，边缘上半部具密生尖锐锯齿，两面初有白色长柔毛，以后上面逐渐脱落几无毛，仅下面叶脉有柔毛，侧脉 5~7 对；叶柄长 1~5mm，有长柔毛。花 10~20 朵，成顶生伞房花序，直径 3~5cm；总花梗和花梗互生，有长柔毛；花梗长 1.5~2.5cm，在果期具疣点；苞片和小苞片钻形，长 1~2mm，早落；花直径 7~12mm；萼筒杯状，长 2~3mm，外面有白色长柔毛；萼片三角卵形，长 2~3mm，先端钝，外面有长柔毛，内面有毛或无毛；花瓣白色，近圆形，直径 4~5mm，外面无毛，内面基部具柔毛，有短爪；雄蕊 20 枚，较花瓣短；花柱 3 条，离生，无毛，子房顶端密生白色柔毛。果实椭圆形或卵形，长 8~10mm，直径 6~8mm，红色或黄红色，稍有柔毛，顶端有直立宿存萼片。花期 4 月；果期 8~9 月。

产于那坡、金秀。生于海拔 800~1200m 的山坡灌丛、疏林中。分布于甘肃、河南、山东、江苏、安徽、浙江、江西、湖南、湖北、贵州、云南、福建、广东；朝鲜、日本也有分布。果根药用，有除湿热、治上吐下泻、赤白痢的功效；木材作农具和工艺品等用材。

20a. 光萼石楠

Photinia villosa var. **glabricalcyina** L. T. Lu et C. L. Li

区别于原种的特征在于：叶柄、叶背、花梗被稀疏白色绒毛，叶倒卵形或长圆状倒卵形。伞房花序或伞形花序，有花 5~8 朵，稀更多。果实长 0.8~1.4cm，直径 0.9~1.0cm。

产于临桂、兴安。生于海拔 1000m 以下的向阳山坡、路旁或疏林下。分布于贵州、湖南、江苏、江西、浙江。

20b. 庐山石楠 光果石楠

Photinia villosa var. **sinica** Rehd. et Wils.

区别于原种的特征在于：叶椭圆形或长圆状椭圆形，稀长圆状倒卵形，长 3~10cm，宽 2~4cm，先端急尖或尾尖，基部楔形，两面无毛。伞房花序，顶生，花 5~8 朵；花白色，直径 1.0~1.5cm。果球形，长 6~16mm，直径 9~11mm，无毛，熟时红色。花期 4 月；果期 8~9 月。

产于罗城、融水、柳州、金秀、资源、兴安。常生于海拔 900m 以上的山坡疏林或灌木丛中。分布于陕西、甘肃、四川、湖北、湖南、安徽、江苏、浙江、福建、贵州、广东等地。木材供作农具和木制器具用材。果可食。种子可供榨油后制肥皂、润滑油和油漆。

21a. 柳叶锐齿石楠

Photinia arguta var. **salicifolia** (Decne.) Vidal

落叶灌木或小乔木。叶革质，窄披针形、长圆披针形或长圆倒披针形，长 5~9cm，宽 1.5~3.0cm，边缘有尖锐锯齿，两面幼时有毛，后脱落无毛。花多密集成顶生复伞房花序，直径 2.5~4.0cm，花总梗和花梗互生，有长柔毛。果近球形，无毛，直径 6~8mm，宿萼内曲。

产于天峨。分布于云南南部；印度、越南、老挝、缅甸也有分布。

22. 罗汉松叶石楠 白绒石楠

Photinia podocarpifolia Yu

落叶小灌木，高 1~2m。幼时小枝密被白色绒毛，老时近无毛。叶薄革质，披针形或带状披针形，长 4~6cm，宽 8~15mm，先端渐尖或急尖，基部变狭，边缘疏生细锯齿或几全缘，下面幼时密生白色绒毛，老时近无毛，侧脉细，7~10 对；叶柄幼时密生绒毛，老时近无毛，长 2~5mm。复伞房花序，顶生，密生花 10~20 朵；总花梗和花梗互生，有绒毛，花梗长 1~3mm；花白色，直径约 7mm；花托钟状；花瓣长约 5mm；雄蕊 20 枚，比花瓣短；花柱 3 条，基部合生。果卵形或近球形，长6mm，无毛；种子2~3枚，果柄有疣点。花期5月；果期10月。

产于田林、乐业、隆林、百色、天峨。常生于海拔710m以下的山坡灌木丛中。分布于贵州。

23. 小叶石楠　秤锤子　图206：3~4

Photinia parvifolia（Pritz.）Schneid.

落叶灌木，高1~3m；小枝细，带红褐色，无毛。叶革质，椭圆形、菱状卵形或椭圆状卵形，长4~8cm，宽1~3.5cm，先端渐尖或尾尖，基部宽楔形或稍圆形，边缘有腺质尖齿，上面幼时疏生柔毛，老时无毛，下面无毛，侧脉细小，4~6对；叶柄短，长仅1~2mm，无毛。伞形花序，顶生，有花2~9朵，无总花梗；花梗纤细，有疣点，长1.0~2.5cm，无毛；花白色，直径0.5~1.5cm；花托杯状，无毛；花瓣圆形；雄蕊20枚，较花瓣短；花柱2~3条，中部以下连合，子房顶端密被长柔毛。果椭圆形或卵形，径5~7mm，熟时橘红色，种子2~3粒。花期4~5月；果期8~9月。

产于桂林、临桂、灵川、阳朔、永福、兴安、龙胜、全州、恭城、荔浦、平乐、钟山、昭平、贺州、梧州、苍梧、藤县、柳州、融水、三江、融安、金秀、罗城、南丹、武鸣、上林、上思等地。常生于海拔1100m以下的低山、丘陵灌木丛中。分布于河南、安徽、江苏、浙江、江西、福建、台湾、湖南、湖北、四川、贵州等地。根、枝、叶入药，用于镇痛、止血和治黄疸、乳痈等症。

9. 枇杷属 Eriobotrya Lindl.

常绿乔木或灌木。单叶，较大，互生，有锯齿或近全缘，羽状脉，叶片侧脉直出，网脉明显；有叶柄或近无柄，托叶常早落。圆锥花序顶生，常有绒毛；花托杯状或倒圆锥状，萼片5枚，宿存；花瓣5枚，白色，倒卵形或圆形，芽时卷旋状或双盖覆瓦状；雄蕊20~40枚；花柱2~5条，基部合生，常有毛，子房下位，心皮合生，2~5室，每室具2枚胚珠。梨果肉质或干燥，内果皮膜质，种子1枚或几枚，较大。

约30种；分布于亚洲温带和亚热带。中国约14种；广西4种。部分种类的果实可生食或加工供药用。

分种检索表

1. 叶下面密生灰棕色绒毛，上面多皱，边缘有疏锯齿，近基部全缘 ·················· **1. 枇杷 E. japonica**
1. 叶下面幼时有棕色或棕黄色绒毛，老时脱落无毛或近无毛。
　2. 叶缘中部以上疏生不明显锯齿，花梗长2~5mm ·················· **2. 香花枇杷 E. fragrans**
　2. 叶缘全部疏生锯齿，或近基部全缘。
　　3. 叶倒卵形或倒披针形；花梗极短或无花梗；花柱3~4 ·················· **3. 齿叶枇杷 E. serrata**
　　3. 叶长圆状披针形、长圆状倒披针形或长圆形；花梗长3~10m，有棕色短柔毛；花柱2~3 ····················· **4. 大花枇杷 E. cavaleriei**

1. 枇杷　图208：2~4

Eriobotrya japonica（Thunb.）Lindl.

常绿乔木，高达10m；幼枝粗，密生锈色或灰棕色绒毛，后渐脱落无毛，灰褐色。叶革质，倒披针形、披针形、倒卵形或长椭圆形，长12~30cm，宽3~9cm，先端急尖或渐尖，基部楔形或渐狭下延至叶柄，边缘上部疏生锯齿，近基部全缘，上面有光泽，皱纹多，无毛，下面密生灰棕色绒毛，侧脉11~21对；叶柄有棕色绒毛，长0.6~1.0cm，或几无柄；托叶被毛，早落。圆锥花序顶生，花密集；总花梗和花梗均密生锈色绒毛；花白色，具芳香，直径1~2cm；花托浅杯状，有毛；花瓣长圆形或卵形，有短爪，有锈色绒毛；雄蕊20枚，甚短于花瓣，花柱5条，分离，无毛；子房顶端有锈色绒毛。果球形或长圆形，初被锈色绒毛，后渐脱落近无毛，直径2~5cm，熟时黄色

图208 1. 香花枇杷 Eriobotrya fragrans Champ. ex Benth. 1. 果枝。
2 ~ 4. 枇杷 Eriobotrya japonica（Thunb.）Lindl. 2. 花枝；3. 花；4. 果。
（1. 仿《中国树木志》，2 ~ 4. 仿《中国植物志》）

或橘黄色，种子 1 ~ 5 枚，褐色，有光泽，球形或扁球形。花期 10 ~ 12 月；果期 5 ~ 6 月。

产于广西各地，多为栽培。甘肃、河南、安徽和长江流域及南方各地都有栽培。日本、印度、泰国、缅甸、印度尼西亚也有分布。稍耐阴。喜温暖湿润气候，不耐严寒，要求年平均气温 12 ~ 15℃以上，年降水量 1000mm 以上。喜肥沃中性或酸性土。播种或嫁接繁殖。

栽培品种很多。果味酸甜，营养丰富，可生食；叶、种子入药，可清肺止咳、降逆止呕，用于治肝区痛、慢性肝炎等。木材坚硬，可作农具柄、刀斧柄和其他用具用材。树形优美，可栽培供庭院观赏，又为蜜源植物。

2. 香花枇杷　山枇杷　图 208：1

Eriobotrya fragrans Champ. ex Benth.

常绿乔木，高达 10m；枝粗，幼时密生棕黄色绒毛，老时无毛。叶革质，长圆状椭圆形，长 7 ~ 15cm，宽 2.5 ~ 5.0cm，先端急尖或短渐尖，基部楔形，中部以上有疏生锯齿，幼时两面密生短绒毛，老时两面无毛，侧脉 9 ~ 11 对；叶柄幼时有棕色短绒毛，老时无毛，长 1.5 ~ 3.0cm。圆锥花序顶生；总花梗和花梗密生棕色绒毛；花梗长 2 ~ 5mm；萼筒杯状，有棕色绒毛；花瓣椭圆形，下部有棕色绒毛；雄蕊 20 枚；花柱 4 ~ 5 条。果球形，直径 1.0 ~ 2.5cm，有颗粒状凸起和绒毛，宿萼反折。花期 4 ~ 5 月；果期 8 ~ 9 月。

产于上思、容县、金秀。常生于海拔约 800m 的山坡及疏林内。广东也有分布。果可食和供酿酒。

3. 齿叶枇杷　图 209：4 ~ 6

Eriobotrya serrata Vidal

常绿乔木，高达 20m；幼枝粗，密生绒毛，老时近无毛或无毛。叶革质，倒卵形或倒披针形，长 9 ~ 23cm，宽 3.5 ~ 13.0cm，先端钝圆或急尖，基部渐窄，边缘疏生稍内弯锯齿，上面无毛，两面无毛，中脉在两面凸出，侧脉 10 ~ 16 对；叶柄长 1.5 ~ 3.0cm，无毛。圆锥花序顶生；总花梗密生黄色绒毛，花梗极短或无花梗；萼筒杯状，与萼片均密被黄色绒毛；花瓣倒卵形，基部有柔毛；雄蕊 20 枚；花柱 3 ~ 4 条，稀 2 或 5 条。果卵球形或梨形，长 1.5 ~ 1.8cm，顶端有宿存萼片。花期 11 月；果期 5 月。

产于广西西南部。常生于海拔 1000m 以上的山坡、旷野或疏林内。分布于云南；老挝也有分布。用途同枇杷的。

4. 大花枇杷 野枇杷、山枇杷 图 209：
1~3

Eriobotrya cavaleriei（Lévl.）Rehd.

常绿乔木，高达 10m；除总花梗、花梗及花柱外，植物体各部无毛；枝粗壮，棕黄色。叶革质，常集生于顶枝，长圆状披针形，长圆状倒披针形或长圆形，长 7 ~ 18cm，宽 2.5 ~ 7.0cm，先端渐尖或急尖，基部渐狭下延至叶柄，边缘疏生内湾浅锯齿，基部全缘，中脉在两面凸起，上面有光泽，下面网状脉明显，侧脉 7 ~ 14 对；叶柄长 1.5 ~ 4.0cm，无毛，托叶早落。圆锥花序顶生；花梗粗，长 3 ~ 10mm；花白色，直径 1.5 ~ 2.5cm；花托浅杯状，外面疏生柔毛；花瓣倒卵形；雄蕊 20 枚，比花瓣短；花柱 2 ~ 3 条，基部连合。果椭圆形或近球形，熟时橘红色，直径 1.0 ~ 1.5cm，有颗粒状凸起，无毛或微有柔毛，顶端宿萼反折。花期 4 ~ 5 月；果期 7 ~ 8 月。

产于龙胜、兴安、全州、临桂、永福、平乐、阳朔、资源、融水、上林、武鸣、都安、隆林、那坡、上思、苍梧、贺州等地。常生于海拔 500 ~ 2000m 的山坡、谷地、溪边杂林地中。分布于四川、湖北、湖南、江西、福建、广东等地；越南也有分布。果酸甜，可生食和供酿酒。

图 209　1 ~ 3. 大花枇杷 **Eriobotrya cavaleriei**（Lévl.）Rehd. 1. 花枝；2. 花；3. 果。**4 ~ 6.** 齿叶枇杷 **Eriobotrya serrata** Vidal 4. 花枝；5. 花；6. 果。（仿《中国植物志》）

10. 石斑木属 Rhaphiolepis Lindl.

常绿灌木或小乔木。单叶互生，革质，侧脉弯曲，叶柄短；托叶锥形，早落。总状、伞房或圆锥花序；花托钟状或筒状，下部与子房合生；萼片 5 枚，脱落；花瓣 5 枚，具短爪；雄蕊 15 ~ 20 枚；子房下位，2 室，合生，每室有 2 枚直立胚珠，花柱 2 或 3 条，离生或基部合生。梨果核果状，近球形，萼片脱落后遗有一圆环或浅窝；种子 1 ~ 2 枚，近球形，种皮薄，子叶肥厚，平凸或半球形。

约 15 种，分布于亚洲东部。中国约 7 种。广西 4 种 1 变种。木材坚韧，可作农具柄、器具及木制工艺品等用材。常绿，树形优美，可栽培供观赏和作绿化树种。

分种检索表

1. 叶下面无毛或微被绒毛。
　2. 叶卵形或长圆形，稀倒卵形或长圆状披针形，长 2 ~ 8cm；果径约 5mm ···················· **1. 石斑木 R. indica**
　2. 叶披针形、带状披针形或长圆披针形。
　　3. 叶宽 1.5 ~ 2.5cm，披针形或长圆状披针形，先端渐尖；叶柄长 0.5 ~ 1.0cm ··················
　　　··· **2. 柳叶石斑木 R. salicifolia**
　　3. 叶宽 0.5 ~ 1.4cm，带状披针形，先端短渐尖或圆钝；叶柄长 2 ~ 4mm，有翅 ··················
　　　··· **3. 细叶石斑木 R. lanceolata**
1. 叶下面、叶柄及花梗密生锈色绒毛；叶椭圆形或宽披针形，全缘 ··········· **4. 锈毛石斑木 R. ferruginea**

1. 石斑木　春花木、雷公树

Rhaphiolepis indica (L.) Lindl.

常绿灌木或小乔木，高4m；幼枝有褐色绒毛，老时近无毛，灰色。叶集生于枝顶，革质，卵形、长圆形、稀倒卵形或长圆状披针形，长2~8cm，宽1.5~4.0cm，先端圆钝、急尖、渐尖或尾尖，基部渐窄下延至叶柄，边缘疏生细钝锯齿，上面平滑有光泽，深绿色，下面淡绿色，无毛或被稀疏绒毛，侧脉细，10~12对，中脉在两面微凸起；叶柄长0.5~1.8cm。圆锥花序或总状花序，顶生；总花梗和花梗粗壮，被锈色毛；花梗长5~15mm；花白色或淡红色，直径约1.2cm；花托筒状；花瓣倒卵形或披针状卵形；雄蕊15枚；花柱2~3条，基部连合。果球形，直径约5mm，熟时紫黑色。花期4月；果期7~8月。

产于广西各地。常生于海拔1600m以下的山坡、路旁、沟边杂灌丛中或疏林内。分布于安徽、浙江、江西、福建、台湾、湖南、云南、贵州、广东等地；日本、老挝、越南、柬埔寨、泰国、印度尼西亚也有分布。果可食；根、叶入药，用于治跌打损伤、伤寒、痢疾、风湿痛、月经不调等症。木材质重，坚硬，色泽美丽，可供雕刻、磨齿、农具、手杖、细木工、算盘珠、秤杆等用。

2. 柳叶石斑木　广西车轮梅

Rhaphiolepis salicifolia Lindl.

常绿小乔木，高6m。枝条幼时有柔毛。叶披针形或长圆状披针形，稀倒卵状长圆形，长6~9cm，宽1.5~2.5cm，先端渐尖，基部狭楔形下延至叶柄，边缘疏生不整齐浅钝锯齿或中部以下近全缘，两面无毛，中脉在两面凸起；叶柄长0.5~1.0cm。圆锥花序；总花梗和花梗有柔毛；花梗长3~5cm；花托筒状，有柔毛；花白色，花瓣椭圆形或倒卵状椭圆形；雄蕊20枚；花柱2条。花期4月。

产于南宁、防城、上思、博白、那坡、贺州、苍梧、龙州。常生于山坡、山谷、溪边或疏林中。分布于福建、广东。可作农具用材。

3. 细叶石斑木

Rhaphiolepis lanceolata Hu

常绿灌木或小乔木；多分枝，枝条幼时有褐色柔毛，老时几无毛。叶革质，常集生于枝顶，带状披针形，长3.0~7.5cm，宽0.5~1.4cm，先端短渐尖或圆钝，基部狭楔形下延至叶柄，边缘疏生圆钝锯齿，稍下卷，上面无毛，有波皱纹，下面无毛或近无毛；叶柄无毛，有翅，柄长2~4mm。圆锥花序顶生，总花梗和花梗有褐色柔毛；花托筒状，有柔毛；花白色或淡红色，花瓣椭圆状披针形；雄蕊15枚；花柱3条，基部连合。果球形，熟时黑色，直径4~7mm，种子1枚，黑褐色。花期6~7月；果期10~11月。

产于上思、钦州、昭平。常生于海拔400~1500m的山坡、谷地、疏林内或灌丛中。分布于海南。农具用材。根入药，用于治风湿骨痛、半身不遂。

4. 锈毛石斑木

Rhaphiolepis ferruginea Metcalf

常绿乔木或灌木，高达10m。小枝密被锈色绒毛。叶椭圆形或宽披针形，长6~15cm，宽2.5~5.5cm，先端急尖或短渐尖，基部楔形，全缘，稍反卷，上面幼时有绒毛，后渐脱落，下面密被锈色绒毛；叶柄长1.0~2.5cm，密被锈色绒毛。圆锥花序顶生；总花梗和花梗密生锈色绒毛；花白色；花梗长2~4mm；花瓣卵状长圆形；雄蕊15枚；花柱2条，基部连合。果球形，直径5~8mm，柄粗，幼时被黄色绒毛，熟时黑色，近无毛或顶端散生锈色绒毛。花期4~6月；果期10月。

产于大明山、大新。常生于海拔300~1200m的山坡、谷地、岩缝或阔叶林中。分布于福建、广东。

4a. 齿叶石斑木

Rhaphiolepis ferruginea var. **serrata** Metcalf

本变种与毛叶石斑木的主要区别为：在其叶边缘中部以上有鲜明的锯齿，叶下面除中脉外，被稀疏锈色短柔毛。

产于大新、武鸣，生于水旁或山坡树林中。分布于广东、福建。

11. 花楸属 Sorbus L.

落叶乔木或灌木；鳞芽大型，具多数成覆瓦状排列的鳞片。单叶或奇数羽状复叶，在芽中为对折状，少有席卷状，具托叶。多为伞房花序，顶生，总花梗和花梗均无瘤状凸起；花两性；萼片5枚，宿存或脱落；花瓣5枚；雄蕊15~25枚；心皮2~5个，部分离生或全部合生；子房下位或半下位，2~5室，每室有2枚胚珠。梨果小，内果皮软骨质，2~5室，每室种子1~2枚。

约80种，分布于北半球的亚洲、欧洲和北美洲。中国50余种；广西13种。

多数种类花序密集，花白色，为秋季的果色(橘红色、黄色或黄白色)相搭配，十分艳丽，可供栽培观赏。一些种类果实富含糖分和维生素，可供制果酱、果糕及酿酒。一些种类可为果树育种作钻木。枝皮含鞣质，可供提制栲胶。木材可供供制木器物品等。

分种检索表

1. 单叶、叶有锯齿或浅裂。
  2. 果有宿存萼片(冠萼组 Sect. Aria)。
    3. 叶无毛或下面脉腋有少数柔毛，叶缘锯齿圆钝，侧脉14~20对；果扁球形或卵球形，直径1~2cm ……………………………………………………………………… **1. 大果花楸 S. megalocarpa**
    3. 叶下面有白色绒毛，后渐脱落，叶缘有尖锯齿、重锯齿或浅裂，侧脉10~14对；果长椭圆形或长卵形，径约1cm ……………………………………………………………… **2. 长果花楸 S. zahlbruckneri**
  2. 果无宿存萼片(落萼组 Sect. Micromeles)。
    4. 叶下面无毛或仅叶脉微被毛。
      5. 叶脉较多，10~24对，直达叶边锯齿尖端。
        6. 叶边缘具单锯齿；侧脉10~18对；花柱4~5条 …………………… **3. 美脉花楸 S. caloneura**
        6. 叶边缘具重锯齿；侧脉16~24对；花柱3~4条 ……………… **4. 泡吹叶花楸 S. meliosmifolia**
      5. 叶脉较少，7~11对，侧脉至叶缘略为弯曲，或分枝成网状。
        7. 叶柄长1~3cm，果径1cm以上，外面有斑点。
          8. 叶椭圆形或椭圆状卵形，基部圆形，锯齿浅钝；叶长2.5~3.0cm；总花梗和花梗幼时有锈褐色绒毛，后几无毛；果密生锈色疣点，3~4室 ……………… **5. 疣果花楸 S. corymbifera**
          8. 叶卵状披针形或椭圆状披针形，基部楔形，稀近圆形，边缘有稀疏内钩尖锯齿；叶柄长1.0~1.5cm；总花梗和花梗有锈褐色绒毛；果有斑点，2~3室 ………………… **6. 圆果花楸 S. globosa**
        7. 叶柄长0.5~1.0cm；果径多在1cm以内，外面平滑或有极少数斑点。
          9. 花序无毛。
            10. 叶长椭圆形或椭圆状披针形，叶缘中部以上有浅细锯齿，大部分全缘；果球形，有少数斑点 …………………………………………………………………… **7. 滇缅花楸 S. thomsonii**
            10. 叶椭圆形，长椭圆至椭圆状倒卵形，锯齿较尖锐，下面中脉有绒毛；果卵形至近球形，无斑点 ……………………………………………………………… **8. 毛背花楸 S. aronioides**
          9. 花序被白色绒毛；叶倒卵形或长圆状倒卵形，锯齿较钝；果卵形，有少数不明显的细小斑点……………………………………………………………………… **9. 毛序花楸 S. keissleri**
    4. 叶下面有绒毛。
      11. 果椭圆形，近平滑；叶厚纸质，卵形或椭圆状卵形，边缘有锐锯齿；叶柄和叶下面密生白色绒毛…………………………………………………………………………… **10. 石灰花楸 S. folgneri**
      11. 果近球形，有少数斑点。

12. 叶卵形、长椭圆形或卵状长椭圆形，边缘有向内微弯的细锯齿，下面有灰白色绒毛，中脉和侧脉无毛；花和花托外面有白色绒毛 ·· **11. 江南花楸 S. hemsleyi**

12. 叶椭圆形或长圆形，边缘有不规则的锯齿，下面有黄白色绒毛，中脉和侧脉及花梗和花托有棕色绒毛 ·· **12. 棕脉花楸 S. dunnii**

1. 奇数羽状复叶，小叶 6~7 对，长椭圆形、矩圆状披针形或椭圆状披针形，边缘有细锯齿，近基部全缘；花序有较密的柔毛；果橘红色(复叶组 Sect. Sorbus)。 ······································· **13. 华西花楸 S. wilsoniana**

1. 大果花楸 图 210：1
Sorbus megalocarpa Rehd.

小乔木或灌木，高达 8m。1 年生枝条粗壮，微被短柔毛；鳞芽无毛。叶厚纸质，椭圆状倒卵形或倒卵状长圆形，长 10~18cm，宽 4~8cm，先端渐尖，基部楔形或近圆形，边缘浅裂或圆钝细锯齿，两面无毛，或下面有时仅脉腋微被柔毛，叶脉凸起，侧脉 14~20 对，直伸锯齿顶端；叶柄无毛，长 1.0~1.8cm；托叶早落。复伞房花序，顶生；总花梗和花梗被短柔毛；花托钟状，有柔毛；花白色，直径 5~8mm；花梗长 5~8cm；花瓣宽卵形或近圆形；雄蕊 20 枚，与花瓣几等长；花柱 3~4 条，基部连合，无毛。果扁球形或卵球形，直径 1~2cm，密被锈色皮孔，顶端萼片宿存。花期 4 月；果期 7~8 月。

产于龙胜、全州、资源。常生于海拔 900~1800m 的山坡、谷地、沟边林缘或岩石坡地。分布于四川、湖北、湖南、贵州等地。果可食。

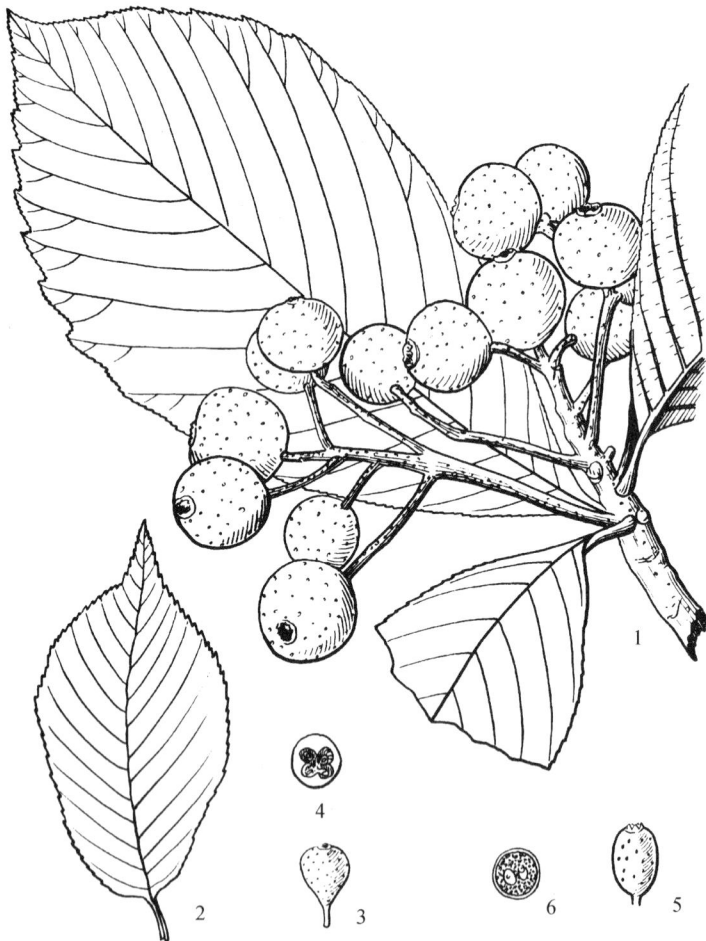

图 210 **1. 大果花楸** Sorbus megalocarpa Rehd. 1. 果枝。**2~4. 美脉花楸** Sorbus caloneura (Stapf) Rehd. 2. 叶片；3. 果；4. 果横剖面。**5~6. 长果花楸** Sorbus zahlbruckneri Schneid. 5. 果；6. 果横剖面。(仿《中国植物志》)

2. 长果花楸 图 210：5~6
Sorbus zahlbruckneri Schneid.

乔木或灌木，高达 15m。1 年生枝条微被白色绒毛，老时无毛；鳞芽无毛。叶长椭圆形或长圆状卵形，长 9~14cm，宽 5~9cm，先端急尖，基部圆形或宽楔形，边缘多具浅裂，裂片具尖锯齿、重锯齿或不裂具重锯齿，上面幼时有短柔毛，老时无毛，下面有白色绒毛，后渐近无毛，中脉凸起，侧脉 10~14 对，直伸齿端；叶柄长 2~3cm，具白色绒毛；托叶早落。复伞房花序顶生，花密集；总花梗和花梗有白色绒毛。果长卵形或长椭圆形，径约 1cm，疏生小斑点，2 室，外有白色绒毛，顶端萼片宿存。果期 7~8 月。

产于广西北部。生于海拔 900~1800m 的山坡、山谷或石山。分布于四川、湖北、贵州等地。

3. 美脉花楸 川花楸、小棠梨 图 210：2~4
Sorbus caloneura (Stapf) Rehd.

乔木，高达 10m。1 年生枝条无毛，暗红褐色；鳞芽无毛。叶厚纸质，长椭圆形、长椭圆状卵形或长椭圆状倒卵形，长 10 ~ 12cm，宽 3 ~ 6cm，先端渐尖或尾状渐尖，基部宽楔形至近圆形，边缘有圆钝单锯齿，上面无毛，脉稍凹陷，下面仅脉上有柔毛，脉凸起，侧脉 10 ~ 18 对，直伸齿端；叶柄无毛，长 1 ~ 2cm。复伞房花序顶生，花密集；总花梗和花梗疏生黄色柔毛；花托钟状，疏生柔毛；花梗 5 ~ 8mm；花瓣宽卵形，白色；雄蕊 20，稍短于花瓣；花柱 4 ~ 5，中下部连合，无毛。果球形，稀倒卵形，径约 1cm，熟时棕褐色，有明显的皮孔，4 ~ 5 室，顶端残留萼的环疤。花期 4 月；果期 8 ~ 10 月。

产于临桂、兴安、全州、龙胜、资源、灌阳、融安、融水、金秀、象川、武鸣、十万大山等地。常生于海拔 800 ~ 1900m 的山坡、谷地杂木林中或林缘。分布于四川、湖北、湖南、云南、贵州、广东等地。

4. 泡吹叶花楸

Sorbus meliosmifolia Rehd.

乔木，高达 10m；小枝黑褐色或暗红褐色，幼时微被短柔毛，后脱落；芽卵形，先端急尖，芽鳞无毛。叶长椭圆卵形至长椭倒卵形，长 9 ~ 13(~ 16)cm，宽 3 ~ 6cm，先端渐尖或急尖，基部楔形，边缘具重锯齿，上面无毛，叶脉下凹，下面脉腋具绒毛，侧脉 16 ~ 24 对，直达齿尖，在下面凸起；叶柄长 5 ~ 8mm，无毛或微具短柔毛。复伞房花序，具多花，幼时总花梗和花梗被黄色短柔毛，后无毛；花梗长 2 ~ 6cm；花托钟状，外面被黄色短柔毛，内面近无毛；萼片三角卵形，先端急尖，外面有短柔毛，内面有稀疏柔毛；花瓣卵形，先端圆钝，白色；雄蕊约 20 枚，与花瓣近等长；花柱 3(4) 条，中部以上合生，无毛，约与雄蕊等长。果近球形或卵形，直径 1.0 ~ 1.4cm，褐色，有多数锈色斑点，顶端萼片脱落。花期 4 ~ 5 月；果期 8 ~ 9 月。

产于兴安。生于海拔 1400m 以上的山谷丛林中。分布于四川、云南。

5. 疣果花楸　图 211：1 ~ 2

Sorbus corymbifera (Miq.) Khep et Yakovlev

乔木，高达 18m。1 年生枝条被锈褐色绒毛，老时无毛，皮孔明显。叶椭圆形或椭圆状卵形，长 9 ~ 13cm，宽 4 ~ 6cm，先端渐尖，基部圆形，锯齿浅钝，近基部全缘，幼叶两面有锈褐色绒毛，老时无毛，下面叶脉稍凸起，侧脉 7 ~ 11 对，在叶缘稍弯曲；叶柄幼时有锈色绒毛，老时无毛，近无毛，柄长 2.5 ~ 3.0cm。复伞房花序，顶生，总花梗和花梗幼时有锈褐色绒毛，后几无毛；花托钟状，幼时外被柔毛，老时无毛；花瓣卵形，白色；雄蕊 20 枚，与花瓣几等长；花柱 3 ~ 4 条，稀 2 条，近基部连合，无毛。果球形或卵状球形，径约 1.5cm，熟时红褐色，密生锈色疣点，3 ~ 4 室，顶端残留萼的环疤。花期 1 ~ 2 月；果期 8 ~ 9 月。

产于荔浦、龙胜、灌阳、融水、金秀、德保、上思。常生于海拔 1000m 以上的山谷林中。分布于云南、贵州、广东等地；印度、缅甸、越南、泰国、老挝、柬埔寨也有分布。果可食，材用树种。

6. 圆果花楸

Sorbus globosa Yu et Tsai

乔木，高达 7m。1 年生枝条被锈褐色短柔毛，老时无毛，枝褐色，有少数皮孔。叶卵状披针形或椭圆状披针形，长 8 ~ 10cm，宽 3 ~ 5cm，先端渐尖，基部楔形，稀近圆形，边缘有稀疏内钩尖锯齿，上面无毛，下面仅沿中脉或侧脉有锈褐色短柔毛，侧脉 8 ~ 11 对，在近叶缘处稍弯曲；叶柄几无毛，长 1.0 ~ 1.5cm。复伞房花序，顶生；总花梗和花梗有锈褐色绒毛；花梗长 5 ~ 9mm；花托钟状，有锈褐色柔毛；花瓣卵形至倒卵形，白色；雄蕊 20 枚，长短不一；花柱 2 ~ 3 条，中部以下连合，无毛。果球形，直径约 1cm，熟时褐色，有斑点，2 ~ 3 室，顶端残留萼的环疤。花期 4 ~ 5 月；果期 8 ~ 9 月。

产于广西南部。常生于海拔 900 ~ 1700m 的林中。分布于云南、贵州等地。可供材用。

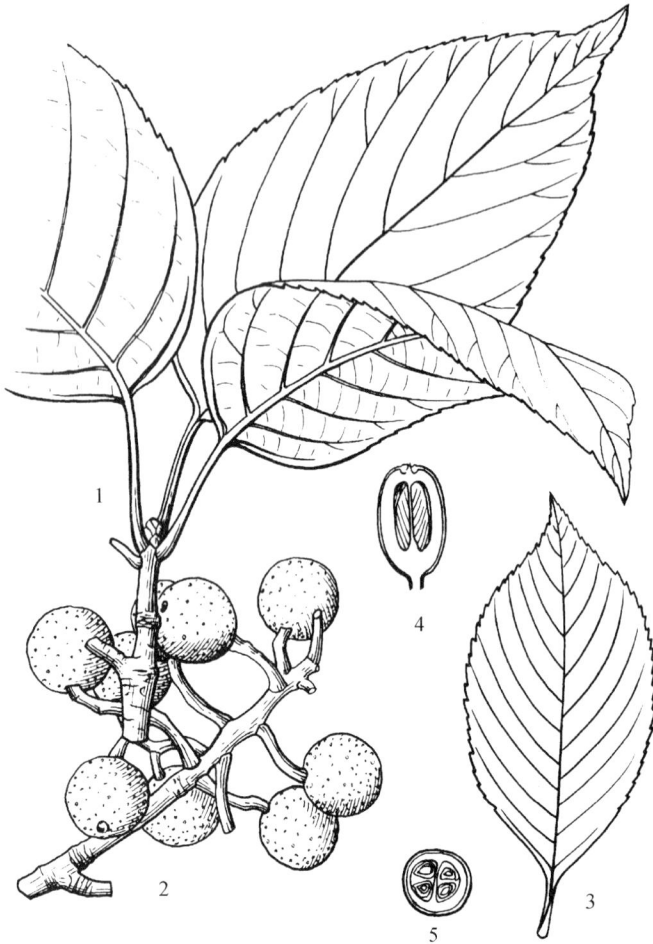

图 211　1~2. 疣果花楸 Sorbus corymbifera（Miq.）Khep et Yakovlev 1. 枝叶；2. 果序。3~5. 石灰花楸 Sorbus folgneri（Schneid.）Rehd. 3. 叶片；4. 果纵剖面；5. 果横剖面。（仿《中国植物志》）

7. 滇缅花楸

Sorbus thomsonii（King）Rehd.

乔木，高达 10m；小枝无毛，具稀疏白色皮孔。叶长椭圆形或椭圆状披针形，长 4~8cm，宽 2~3cm，先端急尖或短渐尖，基部楔形，叶缘中部以上有浅细锯齿，大部分全缘，两面无毛，侧脉 7~10 对，在近叶缘处稍弯并结成网状；叶柄长 0.5~1.0cm，无毛。复伞房花序有花 10 朵，总花梗及花梗无毛；萼筒和萼片内外均无毛；花瓣卵形至倒卵形，先端钝圆，白色；雄蕊 20 枚，长短不一；花柱 2~4 条，通常 3 条，近基部合生。果实球形，直径 8~12mm，有少数斑点，2~4 室，顶端残留萼的环疤。花期 4~5 月；果期 8 月。

产于平南、融水等地。生于山谷疏林或湿润的峡谷杂木林中。分布于四川、云南；缅甸、印度、不丹也有分布。

8. 毛背花楸

Sorbus aronioides Rehd.

乔木或灌木，高 3~12m。1 年生枝条及鳞芽无毛。叶椭圆形、长椭圆形或椭圆状倒卵形，长 6~12cm，宽 3~5cm，先端短渐尖或钝，基部楔形下延至叶柄，具尖细锯齿，近基部全缘，上面无毛，中脉微下陷，疏生腺点，下面仅中脉和侧脉基部疏生绒毛，老时渐脱落，侧脉 7~10 对，在叶缘分枝成网状；叶柄无毛，长 0.5~1.0cm。复伞房花序，顶生，总花梗和花梗无毛；花白色；花托钟状；花瓣卵形；雄蕊 20 枚，与花瓣等长；花柱 2~3 条，稀 4 条，无毛，中部以下连合。果卵形至近球形，直径 1cm，熟时红色，平滑，无斑点，2~3 室，顶端残留萼的环疤。花期 5~6 月；果期 8~10 月。

产于临桂、龙胜、阳朔、全州、永福、荔浦、罗城、金秀、融水、贵港和大明山。常生于海拔 1000m 以上的山坡、疏林中。分布于四川、云南、贵州等地；缅甸北部也有分布。可供材用。

9. 毛序花楸　图 212：4

Sorbus keissleri（Schneid.）Rehd.

乔木，高达 15m。1 年生枝条有白色绒毛，老时无毛，皮孔明显；鳞芽无毛。叶倒卵形或长圆状倒卵形，长 7.0~11.5cm，宽 3~6cm，先端短渐尖，基部楔形，锯齿细钝，近基部全缘，幼时两面被绒毛，老时无毛，或仅主脉残存稀疏绒毛，侧脉 8~10 对，在叶缘分枝成网状；叶柄无毛，长约 5mm。复伞房花序，顶生；总花梗和花梗密生灰白色绒毛；花白色，梗长 2~5mm；花托钟状，微被绒毛，萼片无毛；花瓣卵形或近圆形；雄蕊 20 枚，与花瓣几等长；花柱 2~3 条，中部以下连合。果卵形，直径约 1cm，熟时红褐色，有少数不明显的细小斑点，顶端残留萼的环疤。花期 5 月；果期 8~9 月。

产于资源、全州、龙胜、贺州、金秀、武鸣、融水等地。常生于海拔 1200~2100m 的山谷或杂木林中。分布于西藏、四川、湖北、湖南、江西、云南、贵州等地；可供材用。

10. 石灰花楸 图 211：3~5
Sorbus folgneri（Schneid.）Rehd.

乔木，高达 10m。1 年生枝条有白色绒毛，老时无毛，具少数皮孔。叶厚纸质，卵形或椭圆状卵形，长 5~8cm，宽 2.5~4.0cm，先端急尖或短渐尖至稍尾尖，基部宽楔形或圆形，边缘有锐锯齿或新叶，萌芽的叶有重锯齿或浅裂，上面无毛，下面密被白色绒毛，侧脉 10~15 对，直伸齿端；叶柄长 5~15mm，有白色绒毛。复伞房花序，顶生；总花梗和花梗密生白色绒毛，花梗长 5~8mm；花白色，直径 7~10mm；花托钟状，有白色绒毛；花瓣卵形；雄蕊 18~20 枚，与花瓣几等长；花柱 2~3 条，基部连合并有绒毛。果椭圆形，直径 6~7mm，熟时红色，近平滑或疏

图 212　1~2. 江南花楸 Sorbus hemsleyi（Schneid.）Rehd. 1. 花枝；2. 果枝。3. 棕脉花楸 Sorbus dunnii Rehd. 花枝。4. 毛序花楸 Sorbus keissleri（Schneid.）Rehd. 果枝。（仿《中国树木志》）

生小皮孔，2~3 室，顶端残留萼的环疤。花期 4~5 月；果期 7~8 月。

产于桂林、临桂、灵川、兴安、全州、龙胜、阳朔、荔浦、永福、融水、大明山等地。常生于海拔 700~1700m 的山坡、山谷阔叶林中或灌木丛中。分布于陕西、甘肃、河南、湖北、湖南、安徽、江西、四川、云南、贵州、广东等地。果可供酿酒。根、叶入药，用于治白带、崩漏、头眼赤痛、喉痛等症。木材结构细，硬度中，剖面光滑，宜供作工具柄、农具、家具、雕刻、坑木、门窗和地板等。

11. 江南花楸 图 212：1~2
Sorbus hemsleyi（Schneid.）Rehd.

乔木或灌木，高 7~10m。1 年生枝条及芽无毛，老枝有明显皮孔。叶革质，卵形、长椭圆形或卵状长椭圆形，长 4~12cm，宽 3.0~6.5cm，先端急尖或短渐尖，基部宽楔形，稀近圆形，边缘有向内微弯的细锯齿，上面无毛，脉微凹，下面除中脉、侧脉外均密生灰白色绒毛，中脉稍凸起，侧脉细，12~24 对，直伸齿端；叶柄幼时有绒毛，后无毛，长 1~2cm；托叶早落。复伞房花序，顶生，总花梗和花梗均有灰白色绒毛，花梗长 5~10mm；花白色；花托钟状，有毛；花瓣宽卵形；雄蕊 20 枚，长短不一；花柱 2 条，基部连合，有毛。果近球形，直径约 7mm，疏生斑点，顶端残留萼的环疤。花期 5 月；果期 8~9 月。

产于临桂、资源、龙胜、贺州、融水、金秀、武鸣、上林、马山。常生于海拔 900m 以上的坡

地、谷地杂木林中。分布于四川、湖北、湖南、安徽、江西、浙江、云南、贵州等地。

12. 棕脉花楸 图 212：3

Sorbus dunnii Rehd.

小乔木，高约 7m。1 年生枝条有黄色绒毛，老时无毛，有皮孔；鳞芽无毛。叶椭圆形或长圆形，长 6 ~ 10cm，宽 3 ~ 6cm，或更大，先端急尖或短渐尖，基部宽楔形，边缘有不规则的锯齿，上面无毛，下面密被黄白色绒毛，而叶脉则具棕色绒毛，侧脉 10 ~ 18 对，直伸齿端；叶柄长 1.5 ~ 2.5cm，初时有褐色绒毛，后渐无毛。复伞房花序，顶生，总花梗和花梗有锈褐色绒毛或杂以白色绒毛；花梗长 3 ~ 6mm；花白色，径约 1cm；花托陀螺状，有毛；花瓣宽卵形，无毛；雄蕊 20 枚，长短不一；花柱 2 条，基部连合，无毛。果近球形，直径 5 ~ 8mm，无斑点或有少数斑点，顶端残留萼的环疤。花期 5 月；果期 8 ~ 9 月。

产于融水、临桂、龙胜。常生于海拔 600 ~ 1200m 的山坡、山谷、疏林中。分布于安徽、浙江、福建、云南、贵州等地。

13. 华西花楸 饭香木

Sorbus wilsoniana Schneid.

乔木，高达 10m。小枝无毛，粗壮，灰色，有皮孔；鳞芽无毛或先端有柔毛。奇数羽状复叶，小叶 6 ~ 7 对，小叶长椭圆形、矩圆状披针形或椭圆状倒披针形，长 5 ~ 8cm，宽 1.5 ~ 2.5cm，先端急尖或渐尖，基部圆形，侧生小叶基部常偏斜，两面皆无毛，有细锯齿，近基部全缘，侧脉 17 ~ 20 对，近叶缘稍弯曲；叶轴、叶柄幼时有柔毛，后渐无毛，上面均有浅沟；托叶大，有细锯齿，常开花后脱落。复伞房花序，顶生，总花梗和花梗有短柔毛；花梗长约 3mm，花白色，直径约 7mm；花托钟状，有柔毛；花瓣卵形；雄蕊 20 枚，短于花瓣；花柱 3 ~ 5 条，基部密生柔毛。果卵形或近球形，直径 5 ~ 8mm，熟时橘红色，顶端有宿存闭合萼片。花期 5 月；果期 9 月。

产于资源、兴安。常生于海拔 1300m 以上的山坡杂木林中。分布于四川、湖北、湖南、云南、贵州等地。树形美观，果经久不落，与枝叶搭配，颇为艳丽，可引种栽培供观赏。可供材用。

12. 木瓜属 Chaenomeles Lindl.

落叶或半常绿，灌木或小乔木。常有刺或无刺；鳞芽小，鳞片 2 枚。单叶，互生，有锯齿或全缘，有短柄和托叶。花单生或簇生，先于叶开放或后于叶开放；萼片和花瓣各 5 枚；雄蕊 20 枚或多数，排成 2 轮；花柱 5 条，基部合生；子房下位，5 室，每室胚珠多数排成 2 行。梨果较大，萼片脱落；花柱常宿存；种子多数，褐色，种皮革质。

约 5 种，分布于亚洲东部，中国均产。广西 3 种。

分种检索表

1. 枝无刺；叶缘有刺芒状腺齿；叶柄有腺齿；托叶膜质，边缘有腺齿；花单生，于叶后开放；萼片有腺齿，反折
   .... 1. 木瓜 C. sinensis
1. 枝有刺；叶缘有锯齿，稀全缘；托叶革质，肾形或耳形，边缘有锯齿；花簇生，先于叶开放；萼片常全缘，直立。
   2. 灌木；枝条直立而开展；叶卵形至长椭圆形，幼时下面无毛或有短柔毛，有锐尖锯齿 ....
      .... 2. 皱皮木瓜 C. speciosa
   2. 小乔木或灌木；枝条直立；叶椭圆形或披针形，幼时下面有褐色绒毛，有刺芒状锯齿 ....
      .... 3. 毛叶木瓜 C. cathayensis

1. 木瓜 光皮木瓜 图 213：1～2

Chaenomeles sinensis（Thouin）Koehne

灌木或小乔木，高 5～10m。树皮片状脱落；小枝无刺。1 年生枝条有柔毛，后无毛，紫褐色；鳞芽无毛。叶椭圆形、卵状椭圆形或椭圆状长圆形，长 5～8cm，宽 3～5cm，先端急尖或稍钝，有短尖头，基部宽楔形或圆形，边缘有刺芒状腺齿，幼时上面无毛，下面密生黄白色绒毛，老时无毛；叶柄长 5～10mm，有柔毛和腺齿；托叶膜质，边缘有腺齿。花单生于叶腋，后于叶开放；花梗粗而短，无毛；花径 2.5～3.0cm；花托钟状，无毛，萼片有腺齿，反折；花瓣倒卵形；花粉红色；雄蕊多数，长不及花瓣的 1/2；花柱 3～5 条，基部连合。果长椭圆形，长 10～15cm，熟时暗黄色，木质，味芳香，5 室，种子多枚。花期 4 月；果期 9～10 月。

产于桂林、龙胜、全州、岑溪等地。分布于陕西、山东、湖北、安徽、江西、江苏、浙江、贵州、广东等地。喜温暖湿润气候，不耐寒，喜光，喜肥沃深厚、排水良好的轻壤土或黏壤土。多见栽培供观赏，扦插或嫁接繁殖。果味酸涩，煮后或浸渍糖中可供食用。入药，用于治小疳积、风痹拘挛、腰膝关节酸重疼痛、吐泻转筋、脚气水肿，也可舒筋活络等。

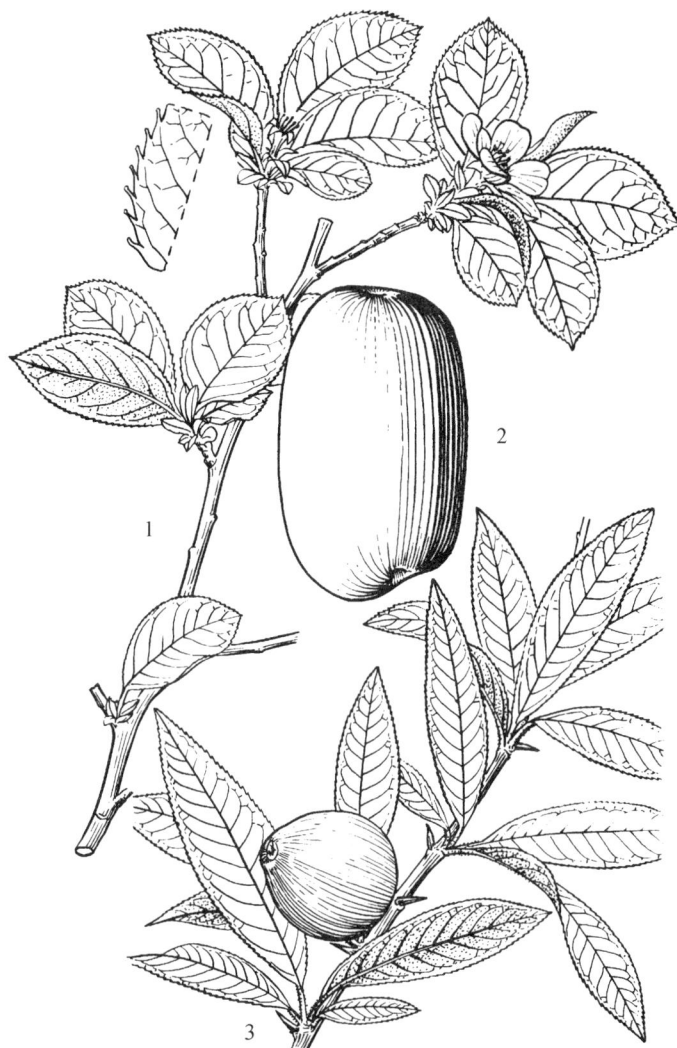

图 213　1～2. 木瓜 Chaenomeles sinensis（Thouin）Koehne 1. 花枝；2. 果。3. 毛叶木瓜 Chaenomeles cathayensis（Hemsl.）Schneid. 果枝。（仿《中国树木志》）

2. 皱皮木瓜 川木瓜、贴梗海棠

Chaenomeles speciosa（Sweet）Nakai

落叶灌木，高达 2m。枝条有刺，直立而开展；小枝无毛，紫褐色。叶卵形、椭圆形，稀长椭圆形，长 3～9cm，宽 1.5～5.0cm，先端急尖，稀圆钝，基部楔形至宽楔形，边缘有尖锐锯齿，两面无毛，或萌生枝的叶下面沿脉有短柔毛；叶柄长约 1cm；托叶大型，草质，肾形或半圆形，边缘有锐尖重锯齿。花常 3～5 朵簇生于 2 年生老枝上，先于叶开放；花梗粗短，长约 3mm 或近无梗；花托钟状，无毛，萼片直立；花红色、粉红色或白色，直径 3～5cm；花瓣倒卵形至近圆形，雄蕊 45～50 枚，长约花瓣的 1/2；花柱 5 条，基部连合。果球形至卵球形，直径约 5cm，熟时黄色或带黄色，有少数斑点，味芳香，萼片脱落，5 室，有种子多枚。花期 3～5 月；果期 9～10 月。

产于桂林、兴安、全州、资源、龙胜、阳朔、乐业。分布于陕西、甘肃、山东、江苏、江西、四川、贵州、云南、浙江、安徽、湖南、湖北、广东等地；缅甸也有分布。喜光，耐瘠薄，喜肥沃深厚的土壤。播种、扦插、压条或分株繁殖。花早春开放，色泽美丽，枝密刺多，常栽培于庭院供观赏或作绿篱。果实入药，用于治湿痹拘挛、腰膝关节酸重疼痛、活血舒筋、吐泻转筋、脚气水肿等症。

3. 毛叶木瓜 图213：3

Chaenomeles cathayensis（Hemsl.）Schneid.

落叶灌木或小乔木，高2~6m。枝条有刺，直立；小枝无毛，紫褐色。叶草质，椭圆形、披针形至倒卵状披针形，长5~12cm，宽2~6cm，先端急尖或渐尖，基部楔形至近圆形，边缘有芒状细锯齿，或下部锯齿稀少至全缘，幼叶上面无毛，下面密生褐色绒毛，老时无毛或近无毛；叶柄长约1cm；托叶草质，肾形或半圆形，有芒状细锯齿，有绒毛，后近无毛。花2~3朵簇生，先于叶开放；花梗粗而短或近无梗；花淡红色或白色，直径2~4cm；花托钟状，萼片直立；花瓣倒卵形或近圆形；雄蕊45~50枚，长约为花瓣的1/2；花柱5条，基部连合，下部有柔毛或棉毛。果卵球形或近圆形，顶端凸起，直径6~7cm，熟时黄色或带有红晕，味芳香，4~5室，种子多枚。花期3~5月；果期9~10月。

产于兴安、全州。生于海拔900~1800m的山坡、林缘灌丛中。分布于陕西、甘肃、四川、湖北、湖南、江西、云南、贵州等地。常见栽培或野生。果味酸，入药，用于治湿痹拘挛、腰膝关节酸重疼痛、吐泻转筋、脚气水肿。

13. 梨属 Pyrus L.

落叶乔木或灌木，极少为半常绿。有时枝条具枝刺；芽鳞多数，覆瓦状排列。单叶，互生，边缘有锯齿或全缘，稀分裂，在芽内呈席卷状。花先于叶开放或与叶同时开放，为伞形总状花序；萼片5枚，常反折或展开；花瓣5枚，有爪，白色，极少粉红色，近圆形或倒卵形；雄蕊15~30枚，花药深红或紫色；花柱2~5条，分离，子房下位，2~5室，每室具2枚胚珠。梨果，近圆形、梨形，果皮具明显的皮孔，肉质，含石细胞，内果皮软骨质，萼片宿存或脱落；种子黑色或黑褐色。

约25种，分布于亚洲、欧洲及北非。中国14种。广西3种1变种。多为栽培，为重要的果树和观赏树种。木材坚硬细致，材质优良，多数供细木加工用。

分种检索表

1. 果实无宿存萼片。
  2. 叶卵状椭圆形或卵形，边缘有刺芒尖锯齿；花柱5条，稀4条，无毛 ·················· **1. 沙梨 P. pyrifolia**
  2. 叶卵圆形、宽卵形，稀长椭圆状卵形，边缘为圆钝锯齿；花柱2条，稀3条，基部有毛 ·················
  ··· **2. 豆梨 P. calleryana**
1. 果实有宿存萼片；叶卵形或长卵形，花柱3条，稀4条，偶5条 ·················· **3. 麻梨 P. serrulata**

1. 沙梨 野梨子

Pyrus pyrifolia（Burm. f.）Nakai

落叶乔木，高达15m。1年生枝条有黄褐色绒毛，老时无毛，枝紫褐色，稀疏皮孔；鳞芽微被长柔毛。叶卵状椭圆形或卵形，长7~12cm，宽3.0~6.5cm，先端渐尖，基部圆形或近心形，稀宽楔形，边缘有向内刺芒状锯齿，两面无毛或幼时有褐色棉毛；叶柄幼时有绒毛，后脱落，长3.5~4.5cm；托叶膜质，线状披针形，早落。伞形总状花序；花托近无毛；花瓣卵圆形；雄蕊20枚；花柱5条，稀4条，无毛。梨果近圆形，浅褐色，有浅色的皮孔，萼片脱落；种子褐色。花期4月；果期8~9月。

产于广西各地，常生于海拔700~1150m的山坡或沟边。分布于安徽、江苏、浙江、福建、江西、湖南、湖北、四川、贵州、云南、广东等地。多见栽培，果食用，为山区的主要水果之一。叶、果实入药，用于治毒蕈中毒、漆过敏、皮肤瘙痒、肺热咳嗽、大便燥结。

2. 豆梨 糖梨

Pyrus calleryana Decne.

落叶乔木，高达8m。小枝粗，1年生枝条有绒毛，后脱落至无毛。叶卵圆形、宽卵形，稀长椭圆状卵形，长 4 ~ 8cm，宽 3.5 ~ 5.5cm，先端渐尖，稀短尖，基部圆形或宽楔形，边缘有钝锯齿，两面无毛；叶柄长 2 ~ 4cm；托叶线状披针形，早落。伞形总状花序，无毛；花托无毛；萼片披针形，内面有绒毛，外面无毛，脱落；花瓣卵形；雄蕊 20 枚；花柱 2 条，稀 3 条。梨果近球形，径约 1cm，深褐色，有浅色皮孔，2 室，稀 3 室，果柄细而长。花期 4 月；果期 8 ~ 9 月。

产于桂林、临桂、永福、龙胜、恭城、全州、金秀、融水、隆林、凌云、乐业、贺州、昭平、藤县、苍梧、容县、博白、南宁、宁明、龙州等地。常生于海拔 1800m 以下的杂木林内及灌木丛中和路旁、村边。分布于山东、河南、江苏、安徽、湖北、浙江、湖南、江西、福建、广东等地。喜温暖湿润气候，喜光，耐干旱瘠薄，喜酸性土、中性土。播种繁殖。果可生食或供酿酒。苗木可作梨类的砧木；木材可供高级家具，雕刻等用；根、皮、果实入药，用于治肝炎、风湿骨痛、跌打损伤、食滞、吐泻、反胃、腹痛转筋、痢疾等症。

2a. 棠梨　楔叶豆梨

Pyrus calleryana var. **koehnei**（Schneid.）Yu

本变种与豆梨的主要区别在于：叶多为卵形或菱状卵形，基部宽楔形。子房 3 ~ 4 室。

广西各地均有分布。常生于山坡林中或路旁村边。根入药，用于治风湿骨痛。

3. 麻梨

Pyrus serrulata Rehd.

落叶乔木，高 5 ~ 11m。1 年生枝条有褐色绒毛，后无毛，枝紫褐色。叶卵形或长卵形，长 5 ~ 11cm，宽 3.5 ~ 7.0cm，先端渐尖，基部宽楔形或圆形，上面无毛，下面幼时有毛，后无毛，边缘有向内细锐锯齿，侧脉 7 ~ 13 对，网脉明显；叶柄长 3.5 ~ 7.5cm，幼时有毛；托叶膜质，早落。伞形总状花序，总花梗和花梗有绵毛，后渐脱落；花托近无毛仅外面稀疏生绒毛；花瓣宽卵形，白色；雄蕊 20 枚；花柱 3 条，稀 4 条，偶 5，与雄蕊近等长。梨果近球形或倒卵形，长约 2.2cm，深褐色，有浅褐色皮孔，3 ~ 4 室，萼片宿存或部分脱落；果柄长 3 ~ 4cm。花期 4 月；果期 6 ~ 8 月。

产于临桂、罗城、融水。常生于海拔 900 ~ 1300m 的林缘或沟边和灌木丛中。分布于湖北、湖南、江西、浙江、四川、广东等地。播种繁殖。果可食用，苗木可作沙梨的砧木。木材可供制农具或雕刻用。

14. 苹果属 Malus Mill.

落叶乔木或灌木。分枝多，常无刺；鳞芽多数，覆瓦状排列。单叶，互生，有锯齿或分裂，在芽内呈席卷状或对折状。伞形总状花序；花托钟状；萼片 5 枚；花瓣粉红、艳红或白色；雄蕊 15 ~ 50 枚，花药黄色，花丝白色；花柱 3 ~ 5，基部合生，子房下位，3 ~ 5 室，每室 2 枚胚珠。梨果，极少有石细胞，萼片宿存或脱落，内果皮软骨质，3 ~ 5 室，每室有种子 1 ~ 2 枚；种子褐色。

约 35 种，分布于北温带，亚洲、欧洲、非洲均产。中国 20 余种。广西 7 种。多为果树、观赏树；栽培或野生。

分种检索表

1. 萼片脱落。
  2. 叶卵形或椭圆状卵形，有细锯齿；果椭圆形或球形 ·························· **1. 湖北海棠 M. hupehensis**
  2. 叶椭圆形、长椭圆形或卵形，边缘有尖锯齿，常 3 裂，稀 5 裂；果近球形 ··········· **2. 三叶海棠 M. sieboldii**
1. 萼片宿存。
  3. 叶下面有毛。
    4. 叶有钝锯齿，下面疏生柔毛；果扁球形 ······························ **3. 苹果 M. pumila**
    4. 叶有锐尖锯齿，下面密生柔毛；果卵形或近球形 ······················ **4. 花红 M. asiatica**
  3. 叶下面无毛或近无毛。
    5. 叶片椭圆形、长椭圆形或卵状椭圆形。

　　6. 叶缘有紧贴细锯齿，有时部分近于全缘；花序有毛，花白色 ···················· **5. 海棠花 M. spectabilis**

　　6. 叶缘有钝锯齿；花序无毛；花紫白色；果球形，有宿存长萼筒，萼片反折，果心分离 ··················
　　··· **6. 光萼海棠 M. leiocalyca**

　5. 叶长卵形至卵状披针形，边缘有不整齐尖锐锯齿；花梗有白色绒毛；花黄白色，径果球形，熟时黄红色，
　　萼片反折，果心分离 ··· **7. 台湾林檎 M. doumeri**

1. 湖北海棠　花红茶

Malus hupehensis（Pamp.）Rehd.

乔木，高达8m。1年生枝条有柔毛，后脱落，老枝紫褐色。叶卵形或椭圆状卵形，长5~10cm，宽2~5cm，先端渐尖，基部宽楔形，边缘有细锐锯齿，两面幼时疏生柔毛，老时无毛，常呈紫红色；叶柄长1~3cm；托叶早落。伞房花序，无毛或稍有长柔毛；花粉白色或近白色，径约4cm；萼片三角形，与花托等长或稍短；花瓣倒卵形；雄蕊20枚；花柱3条，稀4条。果椭圆形或近球形，径约1cm，熟时绿黄色略带红晕，萼片脱落；果梗长2~4cm。花期4~5月；果期8~9月。

产于十万大山、兴安、临桂。常生于海拔800~1900m的山坡密林、林缘、沟边灌木丛中和路旁。分布于甘肃、陕西、河南、山西、山东、四川、贵州、云南、湖北、湖南、江西、江苏、浙江、安徽、福建、广东等地。喜湿润气候，喜光，耐水湿。播种、嫁接或根蘖繁殖。果可食或供酿酒；嫩叶可代茶，俗称为"海棠茶"；根、果入药，用于治筋骨扭伤、消化不良。栽培供观赏，苗木可作苹果的砧木。

2. 三叶海棠　裂叶海棠　图214：3~4

Malus sieboldii（Regel）Rehd.

灌木或小乔木，高6m。小枝暗紫色或紫褐色，稍有棱，幼时有柔毛，老时脱落。叶椭圆形、长椭圆形或卵形，长3~8cm，宽1.5~5.5cm，先端急尖，基部阔楔形或圆形，边缘有尖锯齿，常3裂，稀5裂，幼时两面有短柔毛，老时上面近无毛，下面仅沿叶脉有毛；叶柄长1.0~2.5cm，有柔毛。托叶早落，微有柔毛。伞形花序，顶生；花粉红色，直径2~3cm，萼片先端尾状渐尖；花瓣椭圆状倒卵形；花梗长2.0~2.5cm，近无毛；雄蕊20枚；花柱3~5条。梨果近球形，直径6~8mm，熟时红色或黄褐色，萼片脱落，果柄长2~3cm。花期4~5月；果期8~9月。

产于全州、兴安、资源、龙

图214　1~2. 光萼海棠 Malus leiocalyca S. Z. Huang 1. 花枝；2. 果。3~4. 三叶海棠 Malus sieboldii（Regel）Rehd. 3. 果枝；4. 花纵剖面。（仿《中国植物志》）

胜、灌阳、临桂、融水、罗城。分布于辽宁、山东、陕西、甘肃、江西、浙江、湖北、湖南、四川、福建、广东、贵州等地；日本、朝鲜也有分布。栽培供观赏。

3. 苹果　西洋苹果

Malus pumila Mill.

落叶乔木，高达 15m。1 年生枝条密生绒毛，老时无毛，枝紫褐色。叶椭圆形、卵形或椭圆状卵形，长 5～10cm，宽 3.5～7.0cm，先端急尖，基部宽楔形或圆形，边缘有不规则的圆钝细锯齿，幼叶两面有柔毛，老时渐脱落，上面无毛，下面疏生柔毛；叶柄长 1.5～3.0cm，有柔毛；托叶早落。伞房花序，花梗密生绒毛，长 1.5～2.5cm。花白色或带粉红色，直径 3～4cm；花托外密生绒毛，萼片三角状披针形至三角状卵形，两面密生绒毛；花瓣倒卵形；雄蕊 20 枚；花柱 5 条。梨果扁球形，两端微凹陷或上端常隆起。萼洼下陷；萼片宿存。花期 5 月；果期 7～10 月。

为温带著名果树，原产于欧洲、亚洲中部，柳州、岑溪、桂林、乐业有少量栽培，但果产量少，品质差。喜光，要求较干冷的气候，在湿热气候下生长不良。

4. 花红　红花果

Malus asiatica Nakai

灌木或小乔木，高 4～6m。1 年生枝条密生柔毛，老时无毛，暗褐色。叶卵形、椭圆形至宽椭圆形，长 5～10cm，宽 3.5～6.0cm，先端急尖或渐尖，基部宽楔形或至圆形，边缘有锐尖锯齿，两面幼时密生白色短柔毛，后渐脱落，仅下面密生柔毛；叶柄长 1.5～5.0cm，有毛；托叶早落。伞房花序，顶生，花梗有柔毛，梗长 1.5～3.0cm；花粉红色，径约 4cm；花托外密生白色柔毛，萼片先端渐尖，两面有柔毛，比花托长；花瓣倒卵形或长圆状倒卵形；雄蕊 17～20 枚；花柱 4 条，稀 5 条，基部密生长柔毛。梨果卵形或近球形，直径 4～5cm，熟时红色或红带黄色，宿存萼隆起，梗洼下凹。花期 3～4 月；果期 6～7 月。

原产于内蒙古、辽宁、河北、河南、山东、山西、陕西、湖北、四川、云南、新疆，乐业、田林、隆林有引种栽培。喜光，喜温凉气候，适生于微酸性至微碱性肥沃湿润砂质土及壤土。播种、嫁接、分株繁殖。本种在乐业县生长良好，俗称"小苹果"，鲜食，风味甚美，深受当地群众欢迎，可在广西西北部石山区发展。

5. 海棠花　海红、海棠

Malus spectabilis（Ait.）Borkh.

乔木，高达 8m。1 年生枝条有柔毛，后渐脱落。鳞芽稍有柔毛。叶椭圆形或长椭圆形，长 5～8cm，宽 2～3cm，先端渐尖或钝，基部宽楔形，边缘有紧贴细锯齿，有时部分近于全缘，幼时两面疏生柔毛，老时两面无毛；叶柄有柔毛，长 1.5～2.0cm。花序近伞形，花梗有柔毛；萼片先端急尖；花瓣卵形，白色；雄蕊 20～25 枚；花柱 5 条，稀 4 条。梨果近球形，直径约 2cm，熟时黄色，基部下凹，梗洼隆起，有宿存萼片；果柄细长 3～4cm，先端肥厚。花期 4～5 月；果期 8～9 月。

桂林有栽培。主要分布于陕西、甘肃、辽宁、河北、河南、山东、江苏、浙江、云南等地。为中国著名的观赏花树之一，也可作苹果的砧木。果味酸，可食用。

6. 光萼海棠　尖嘴林檎　图 214：1～2

Malus leiocalyca S. Z. Huang

灌木或小乔木，高 4～10m。小枝微弯曲，暗灰褐色，幼时微有柔毛，后脱落无毛。叶椭圆形或卵状椭圆形，长 5～10cm，宽 2.5～5.0cm，先端急尖或渐尖，基部圆形至宽楔形，边缘有钝锯齿，幼时两面微有短柔毛，后脱落；叶柄长 1.5～2.5cm。花序近伞形，无毛；花紫白色；萼片较花托长；花瓣倒卵形；雄蕊约 30 枚；花柱 5 条。果球形，直径 1.5～2.5cm，顶端隆起，有宿存长萼筒，萼片反折，果心分离，果梗长 2.0～2.5cm，无毛。花期 5 月；果期 8～9 月。

产于罗城、融水、金秀、兴安、临桂、阳朔、荔浦、北流、玉林、容县、苍梧、贺州、昭平、宁明，常生于海拔 700m 以上的山地杂木林中。分布于浙江、安徽、江西、湖南、福建、广东、云南。栽培供观赏；果可供酿酒和制果脯。

7. 台湾林檎　靖西大果山楂

Malus doumeri (Bois) Chev.

乔木，高达 15m。小枝紫褐色，幼时密生或疏生长柔毛，后无毛；鳞芽紫红色，鳞片边缘有柔毛。叶长卵形至卵状披针形，长 9~15cm，宽 4.0~6.5cm，先端渐尖，基部宽楔形或近圆形，边缘有不整齐尖锐锯齿，幼时两面有毛，老时近无毛或无毛；叶柄幼时有绒毛，老时近无毛，长 1.5~3.0cm；托叶早落。花序近伞形，花梗有白色绒毛；花黄白色，直径 2.5~3.0cm；花托倒钟形，有绒毛；花瓣卵形，基部有短爪；雄蕊 30 枚；花柱 4~5 条，较雄蕊长。果球形，直径 2.5~5.5cm，熟时黄红色，顶端隆起，萼片反折，果心分离；果柄长 1.5~3.0cm，有毛。

产于融水、金秀、兴安、临桂、阳朔、灌阳、荔浦、北流、玉林、容县、梧州、贺州、昭平、宁明、靖西、西林、田林、德保、那坡。分布于海南、广东、云南、台湾等地；越南、印度、老挝也有分布。果硬，味涩似山楂，靖西、西林、贺州、平南一带，用作加工山楂系列产品的原料，靖西有规模种植。叶、果实入药，用于治暑热口渴、消化不良、肉食积滞、胃脘胀满。

蔷薇亚科 Rosoideae

灌木或草本。复叶，极少单叶，有托叶。聚伞花序、总状花序、伞房花序，簇生或单生，两性花，极稀单性；花托为杯状、坛状、扁平或隆起；萼片 5 枚，稀 4 枚，常宿存，稀脱落，有副萼或无；花瓣 5 枚，稀 4 枚或缺；雄蕊多数或稀少数，离生；心皮多数离生，各有 1~2 枚直立或悬垂胚珠；子房上位，稀下位。果为聚合瘦果，稀小核果，着生在花托上或膨大肉质的花托内。

约 35 属，中国 21 属，广西约 10 属，本志载入 3 属。

许多种类具有较高的经济价值，如悬钩子属和蔷薇属的许多种可作食品加工原料或食用及药用；蔷薇属和棣棠花属的多数种类又为常见的观赏花卉植物。

分属检索表

1. 瘦果或小核果着生于扁平或隆起的花托上。
　2. 托叶与叶柄分离；花黄色；雄蕊 5~8 枚，每子房有 1 枚胚珠 ⋯⋯⋯⋯⋯⋯⋯⋯⋯ 15. 棣棠花属 Kerria
　2. 托叶与叶柄连合；离生心皮数枚至多数，每子房有 2 枚胚珠；花托隆起 ⋯⋯⋯⋯⋯ 16. 悬钩子属 Rubus
1. 瘦果着生于杯状或坛状肉质花托内；离生心皮多数；灌木，常有刺 ⋯⋯⋯⋯⋯⋯⋯⋯ 17. 蔷薇属 Rosa

15. 棣棠花属 Kerria DC.

灌木。小枝细长。单叶互生，具重锯齿；托叶钻形，离生，早落。花两性，大而单生；萼筒碟状，萼片 5 枚，覆瓦状排列；花瓣黄色，具爪；雄蕊多数；花盘环状，被疏柔毛；雌蕊 5~8 枚，分离，生于萼筒内，每子房有 1 枚胚珠；花托扁平或微凹，花柱顶生，顶端截形。瘦果偏偏，无毛，着生于花托上。

本属仅 1 种；产于中国及日本。广西栽培。

棣棠花　麻叶棣棠

Kerria japonica (L.) DC.

落叶小灌木，高 1~2m。植物体无毛或几无毛。芽小，芽鳞少；小枝绿色，幼枝有棱。单叶、互生，三角状卵形或卵形，长 2~5cm，宽 1~3cm，先端长渐尖，基部近圆形、平截或微近心形，边缘缺刻状或不规则重锯齿，上面疏生柔毛或无毛，下面仅沿脉或脉腋有短柔毛；叶柄长 0.5~1.5cm。托叶早落，膜质。两性花，单生在当年生侧枝顶端，金黄色，直径约 2.5cm；花托碟形，萼片 5 枚，覆瓦状排列；花瓣 5 枚，宽椭圆形或近圆形；雄蕊多数，花盘环状；离心皮 5~8 个，每心皮 1 枚胚珠；花柱顶生，直立。瘦果倒卵形或扁球形，褐黑色，有皱褶，萼宿存。花期 4~5 月；果熟期 6~8 月。

各城镇园林常有栽培。分布于甘肃、陕西、湖北、湖南等地。栽培花木。全株入药，可用于治风湿骨痛、咳嗽、月经不调、崩漏、白带等症。

16. 悬钩子属 Rubus L.

落叶，稀常绿；灌木或草本，为直立、攀援状或匍匐状；茎常有皮刺、针刺、刺毛及腺毛。叶互生，单叶、三出复叶、羽状复叶或掌状复叶，边缘常有锯齿或裂片；托叶与叶柄合生，或着生于叶柄基部及茎上，离生，宿存或脱落。花两性，稀单性异株；顶生或腋生；总状、聚伞状圆锥、伞房花序或几朵簇生甚至单生；萼片 5 枚，稀少或较多，宿存；花瓣 5 枚或缺；花托凸起；雄蕊多数；离生心皮常多数，罕为几个；子房 1 室，每室 2 枚胚珠，花柱近顶生。聚合果为小核果，成熟时与花托分离或不分离。

约 700 种，分布于世界各地，主产于北温带。中国约 190 种；广西 57 种 10 变种。多数种类的根、茎及叶可药用。种子可供榨油。枝叶可供提制栲胶。果可生食和用于酿酒。

分种检索表

1. 单叶。
 2. 托叶离生。
  3. 茎上常具刺毛，稀具疏针刺或小皮刺。
   4. 花成大型圆锥花序；托叶早落；叶近圆形，下面被柔毛，边缘 3~5 浅裂，裂片三角形，有锐锯齿；花有花瓣 ……………………………………………………………… **1. 五裂悬钩子 R. lobatus**
   4. 花数朵组成顶生近总状花序；托叶宿存。
    5. 叶卵形或宽卵形，边缘 3~5 掌状裂；叶下面被柔毛；托叶羽状裂；花仅几朵组成短总状花序 ……
    ………………………………………………………… **2. 周毛悬钩子 R. amphidasys**
    5. 叶近圆形或宽卵形，边缘 3~5 浅裂；叶下面被绒毛；托叶掌状深裂；花 5~20 朵成近总状花序 …
    ………………………………………………………… **3. 东南悬钩子 R. tsangorum**
  3. 茎上常具皮刺；托叶早落。
   6. 叶下面无毛或有柔毛。
    7. 叶基部圆形或近截形，稀浅心形，两面无毛，稀稍有柔毛；叶柄长 0.5~2.0cm；顶生狭圆锥花序，无毛或有毛，稀单花。
     8. 叶长圆披针形，顶端渐尖；叶柄长 7~9mm；花径 7~9mm，花梗长 5~8mm ………………
     ………………………………………………… **4. 短柄悬钩子 R. brevipetiolatus**
     8. 叶卵形、卵状长圆形或椭圆状长圆形，顶端急尖，叶柄长 6~15mm；花径约 1.2cm ………
     ……………………………………………………… **5. 梨叶悬钩子 R. pirifolius**
    7. 叶基部心形至深心形，两面或下面被柔毛，稀无毛；叶柄长 (1~)2~5cm，花成顶生圆锥花序或腋生近总状花序，被柔毛，稀单生。
     9. 托叶全缘或具稀疏浅锯齿。
      10. 叶卵状披针形或长卵形；叶柄长 2~3cm，有小皮刺和腺毛；托叶钻形或线状披针形，全缘，有腺毛 ……………………………………………… **6. 宜昌悬钩子 R. ichangensis**
      10. 叶近圆形；叶柄长 3~5cm，被灰黄色绒毛和稀疏钩状小皮刺；托叶叶状，宽长卵形，全缘或具稀疏浅锯齿，长 2~3cm，宽 1.5~2.0cm ……………………… **7. 大苞悬钩子 R. wangii**
     9. 托叶分裂；植株常无腺毛，稀具腺毛；叶下面具柔毛，稀无毛。
      11. 叶柄长 1~2cm；叶披针形或长圆披针形，基部有明显两耳，下面无毛；花径 6~8mm；花序狭圆锥状，无毛，无腺毛 …………………… **8. 耳叶悬钩子 R. latoauriculatus**
      11. 叶柄长 2~4cm；叶近圆形、卵圆形、卵形或长圆状卵形。
       12. 枝条疏生小皮刺。

13. 叶下面疏生柔毛；宽圆锥花序；萼片外面边缘和内面有白色绒毛 ……………………
………………………………………………………………… **9. 高粱泡 R. lambertianus**

13. 叶下面密生柔毛；狭圆锥花序或近总状花序；花萼外面有针状刺毛 …………………
…………………………………………………………………… **10. 猬莓 R. calycacanthus**

12. 枝无刺，密被黄棕色绢状长柔毛；叶近圆形，边缘微波状或 3 ~ 5 浅裂，有圆钝浅锯齿，
两面均被绢状长柔毛；花单生，稀 2 ~ 3 朵簇生 ………… **11. 厚叶悬钩子 R. crassifolius**

6. 叶下面被绒毛或至少幼时被绒毛。

14. 花成顶生或腋生总状花序、短总状花序或数朵簇生，稀单生。

15. 叶基部心形至深心形。

16. 叶柄长 1 ~ 2cm，被绒毛，后渐脱落，疏生小皮刺；叶下面密被灰白色至浅黄色绒毛，卵
形；花梗长 1.5 ~ 2.5cm ……………………………………… **12. 华南悬钩子 R. hanceanus**

16. 叶柄长 2 ~ 9cm，密被绒毛或柔毛，不脱落。

17. 叶下面幼时密被绒毛，老时几无毛。

18. 叶近圆形或卵圆形，顶端急尖，基部深心形；叶柄被生短柔毛和稀疏小皮刺；萼片
宽卵形；果半球形，橙红色 ……………………………… **13. 湖南悬钩子 R. hunanensis**

18. 叶卵形至近圆形，顶端圆或钝，基部心形；叶柄密被绒毛状长柔毛；萼片披针形或
卵状披针形；果近球形，紫黑色 ……………………………… **14. 寒莓 R. buergeri**

17. 叶片下面密被绒毛，不脱落。

19. 叶柄密被毛，常无皮刺；叶宽卵形或近圆形，顶端急尖或圆钝，边缘 5 浅裂，有不
规则粗锯齿；托叶卵形至长圆形，羽状深裂 ……… **15. 台湾悬钩子 R. formosensis**

19. 叶柄被毛，疏生小皮刺。

20. 叶卵形或宽卵形，边缘 3 ~ 5 裂；叶柄长 2 ~ 5cm；托叶宽倒卵形；花萼两面密
生长柔毛和绒毛 …………………………………… **16. 锈毛莓 R. reflexus**

20. 叶近圆形或宽卵形，边缘 5 ~ 7 裂；叶柄长 4 ~ 8cm；托叶宽卵形或宽长卵形；
花萼外面密被长柔毛 ……………………………… **17. 巨托悬钩子 R. stipulosus**

15. 叶基圆形、截形至浅心形。

21. 叶下面幼时被灰白色绒毛，老时脱落或不脱落。

22. 叶革质，卵圆形、矩圆状卵形或矩圆状披针形，叶柄有绒毛及皮刺；托叶卵状披针
形，有时先端条裂；花序具绒毛和腺毛 ……………………… **18. 木莓 R. swinhoei**

22. 叶厚纸质，椭圆形或长圆状椭圆形，叶柄幼时被毛，后脱落；托叶披针形，全缘；
花序有柔毛 ………………………………………… **19. 棠叶悬钩子 R. malifolius**

21. 叶下面有黄色绒毛，不脱落。

23. 叶为矩圆状披针形或卵状披针形，先端尾尖或渐尖，边缘有不整齐锯齿或近全缘；
叶柄有灰黄色或灰白色绒毛 ……………………… **20. 尾叶悬钩子 R. caudifolius**

23. 叶卵形至宽卵形，稀近圆形，边缘有不整齐具突尖头的粗锯齿；叶柄疏生小皮刺；
托叶长圆形或卵状披针形，被毛，顶端掌状分裂 ……… **21. 桂滇悬钩子 R. shihae**

14. 花成圆锥状花序、伞房状花序，有时为总状花序或短总状花序，稀数朵簇生或单生。

24. 叶狭长，披针形、提琴状披针形，不分裂，或近基部浅裂；叶柄长 0.5 ~ 2.5cm，稀较长。

25. 叶近革质，披针形或披针状条形；基部圆形至浅心形；叶柄长 0.5cm；托叶上半部掌状分
裂，无毛 …………………………………………………… **22. 长叶悬钩子 R. dolichophyllus**

25. 叶纸质，卵状披针形似提琴状，基部深心形，弯曲狭而深；叶柄长约 2.5cm；托叶掌状
条裂
………………………………………………………………… **23. 琴叶悬钩子 R. panduratus**

24. 叶宽大，近圆形、宽卵形、卵形、卵状披针形至椭圆形，浅裂；叶柄长 2cm 以上，稀较短。

26. 叶边有锯齿和缺刻；花成顶生宽大或狭窄圆锥花序。

27. 叶柄长 3cm 以上，老时无毛，疏生小皮刺。

28. 叶近圆形或宽卵形，直径 5 ~ 8cm，顶端短尾尖，基部心形或近圆形，边缘有不整
齐的尖锯齿，下面密生灰色毛 ………………………… **24. 毛萼莓 R. chroosepalus**

28. 叶三角状宽卵形或近圆形,直径 9 ~ 12cm,先端急尖或短突尖,基部浅心形或截
　　形,叶缘有浅钝锯齿,背面密被灰黄色绒毛 ······ **25. 楸叶悬钩子 R. mallotifolius**

27. 叶柄长 0.5 ~ 3.0cm,被长柔毛或绒毛状长柔毛。

29. 叶长圆形、卵状矩圆形或椭圆形,顶端渐尖,基部圆形,稀较平截,叶柄长0.5 ~
　　1.0cm ······ **26. 西南悬钩子 R. assamensis**

29. 叶卵形或卵状披针形,先端渐尖至尾尖,基部较平截或浅心形;叶柄长1.5 ~ 3.0cm
　　······ **27. 黄脉莓 R. xanthoneurus**

26. 叶边浅裂至深裂或裂片重复分裂;顶生狭圆锥形花序或近总状花序或簇生叶腋,稀单生。

30. 叶柄长 1 ~ 3cm。

31. 叶上面有疏柔毛和腺毛,幼时常有紫斑,下面密生灰白色绒毛;叶柄密生灰白色绒
　　毛和杂生腺毛,极少小皮刺;托叶掌状深裂 ······ **28. 灰白毛莓 R. tephrodes**

31. 叶面被柔毛或无,叶背被灰黄色绒毛;叶柄有小皮刺和被绒毛;托叶羽状深裂 ···
　　······ **29. 高砂悬钩子 R. nagasawanus**

30. 叶柄长 3cm 以上。

32. 叶上面疏生毛。

33. 叶上面疏生紫色腺毛,沿叶脉有长柔毛,下面被灰白色绒毛,沿叶脉有长柔毛
　　和长腺毛;叶柄有展平的柔毛和紫色腺毛 ······ **30. 黔桂悬钩子 R. feddei**

33. 叶上面有泡状小凸起,下面密生灰黄色或黄色绒毛。

34. 叶边缘 5 ~ 7 浅裂,有不规则钝齿;叶柄长 3 ~ 5cm;托叶羽状深裂 ······
　　······ **31. 粗叶悬钩子 R. alceifolius**

34. 叶 7 ~ 9 掌状浅裂,常再分裂,边缘有不整齐锯齿;叶柄长 4 ~ 7cm;托叶
　　梳齿状深裂 ······ **32. 大乌泡 R. pluribracteatus**

32. 叶上面无毛或仅沿脉有毛。

35. 叶下面密生棕褐色绒毛,沿叶脉有棕红色长硬毛和稀疏刺毛,心状圆形或心状
　　卵形,边缘 5 浅裂至半裂;托叶梳齿状或掌状深裂 ······
　　······ **33. 棕红悬钩子 R. rufus**

35. 叶下面密生灰色或灰白色绒毛。

36. 叶柄疏生小皮刺;叶卵形或长卵形;托叶有柔毛,掌状分裂;花总梗、花
　　梗有浅黄色柔毛 ······ **34. 角裂悬钩子 R. lobophyllus**

36. 叶柄无刺或具极稀小皮刺。

37. 叶近圆形或宽卵形,先端圆钝或近截形;托叶卵状披针形,常多裂;
　　圆锥花序顶生或腋生 ······ **35. 川莓 R. setchuenensis**

37. 叶肾形至近圆形,先端钝或急尖;托叶矩圆形,上半部有缺刻状条
　　裂;伞房或近总状花序顶生,或 1 至数朵簇生于叶腋 ······
　　······ **36. 灰毛泡 R. irenaeus**

2. 托叶合生。

38. 叶不分裂或 3 浅裂,基部常具掌状三出脉。

39. 叶两面无毛或沿脉稍有疏柔毛。

40. 叶卵形至椭圆形;花常单生;果实卵球形,黄红色 ······ **37. 中南悬钩子 R. grayanus**

40. 叶卵状披针形或卵形;花 3 朵集生枝顶;聚合果近球形,红色 ······ **38. 三花悬钩子 R. trianthus**

39. 叶两面被柔毛,有时后期部分脱落。

41. 叶卵形至卵状披针形,两面被柔毛或绒毛;叶柄被灰色绒毛;花梗被细柔毛;萼片卵状披针形;
　　花瓣白色 ······ **39. 山莓 R. corchorifolius**

41. 叶长圆状卵形,仅上面沿叶脉被柔毛;叶柄无毛;花梗无毛;萼片三角状披针形;花瓣红色 ······
　　······ **40. 广西悬钩子 R. kwangsiensis**

38. 叶掌状分裂,基部常具掌状五出脉;叶近圆形,掌状 5 深裂,稀3 或 7,重锯齿;花单生;花梗长 2.0 ~
　　3.5cm,无毛;果球形,红色,密被柔毛 ······ **41. 掌叶覆盆子 R. chingii**

1. 复叶。

42. 托叶离生；掌状复叶，小叶 3～5 枚，长椭圆形、倒卵状长椭圆形或椭圆披针形，下面密被黄色绒毛；圆锥花序、顶生，或总状花序腋生；花序密被黄色绒毛 ……………… **42. 越南悬钩子 R. cochinchinensis**

42. 托叶合生；叶为羽状复叶。

  43. 小叶常 3 枚，稀 5 或 1 枚，革质。

    44. 顶生小叶比侧生小叶稍长或几相等；叶卵形或椭圆形，边缘有尖锯齿；花单生或 2～5(～8) 朵组成伞房状花序；萼片卵形，顶端急尖 …………………… **43. 白花悬钩子 R. leucanthus**

    44. 顶生小叶比侧生小叶长 1～3 倍。

      45. 叶椭圆形或卵状披针形，边缘有粗锯齿；伞房状花序，稀单花；子房无毛 …………………… …………………………………………………………… **44. 小柱悬钩子 R. columellaris**

      45. 叶狭披针形，边缘稀疏生细锯齿；花单生或 2～3 朵顶生；子房顶端被柔毛 ………… …………………………………………………………… **45. 少齿悬钩子 R. paucidentatus**

  43. 小叶 3～15 枚，多草质，少革质。

    46. 小叶 3 枚或 3～5 枚。

      47. 叶下面被柔毛。

        48. 植株有腺毛；小叶 3 枚，卵形或宽卵形；花为总状花序或腋生花簇，紫红色 ………… …………………………………………………………… **46. 腺毛莓 R. adenophorus**

        48. 植株有红色刺毛；小叶 3 枚，椭圆形、宽卵形，稀倒卵形；花单生或几朵簇生，白色 …… …………………………………………………………… **47. 红毛悬钩子 R. wallichianus**

      47. 叶下面密被灰白色或黄灰色绒毛。

        49. 枝上被柔毛和稀疏皮刺。

          50. 伞房状或短总状花序或复伞房花序；花萼外面密被柔毛和疏生针刺毛；顶生小叶多为菱形 …………………………………………………………………… **48. 茅莓 R. parvifolius**

          50. 圆锥花序或总状花序；花萼外面被灰黄色绒毛，被腺毛或无腺毛；顶生小叶宽卵形或卵形至椭圆形 ………………………………………………… **49. 白叶莓 R. innominatus**

        49. 枝上密被刚刺毛和短柔毛；小叶倒卵形至阔卵形，长 2.0～5.5cm，宽 1.5～5.0cm，先端近圆或平截，边缘有不规则细锯齿 ……………… **50. 栽秧泡 R. ellipticus var. obcordatus**

    46. 小叶 5 枚以上(5～7、5～9、7～9 或 7～11 枚)。

      51. 叶下面被柔毛，稀疏生柔毛至无毛。

        52. 枝上被柔毛或无毛，有稀疏皮刺。

          53. 花单生或 2～3 朵簇生，花白色。

            54. 小叶 5～7 枚，卵状披针形或披针形，上面疏生柔毛，下有黄色腺点；叶柄长 2～4cm；果亮红色 …………………………………… **51. 空心泡 R. rosifolius**

            54. 小叶 3～5(～7) 枚，卵形、椭圆形或卵状椭圆形，老时仅叶背沿叶脉疏被柔毛，沿中脉有小皮刺；叶柄长 1.5～2.0cm ……………… **52. 大红泡 R. eustephanos**

          53. 花多朵组成短伞房状花序或几朵簇生，花红色；小叶 7～9 枚，卵圆形或椭圆状卵形，两面疏生柔毛或无毛；果紫黑色 ………… **53. 红花悬钩子 R. inopertus**

        52. 枝上密被腺毛。

          55. 枝、叶柄和花梗具柔毛和刚毛状腺毛；小叶 5～7 枚，边缘有不整齐尖锐锯齿；萼片披针形；果橘红色 ………………… **54. 红腺悬钩子 R. sumatranus**

          55. 枝、叶柄和花梗具短腺毛；小叶 7～11 枚，边缘有不整齐稀锐锯齿或重锯齿；萼片长圆披针形或长卵状披针形；果红色 ………… **55. 光滑悬钩子 R. tsangii**

      51. 叶下面密被灰白色绒毛。

        56. 叶厚纸质，卵形至披针状卵形；托叶钻形；聚合果无毛或稍有柔毛 ………………… …………………………………………………………… **56. 拟覆盆子 R. idaeopsis**

        56. 叶纸质，菱形至菱状椭圆形；托叶披针状条形；聚果密被白色绒毛 …………………… …………………………………………………………… **57. 红泡刺藤 R. niveus**

1. 五裂悬钩子

Rubus lobatus Yü et Lu

攀援灌木，高 2m；枝密被红褐色长或短腺毛、刺毛和长柔毛，疏生小皮刺。单叶，近圆形，直径 10～20cm，长与宽近相等，顶端短渐尖，基部心形，两面均被柔毛，沿叶脉具红褐色腺毛和刺毛，边缘 3～5 裂，裂片三角形，顶端急尖至短渐尖，有不整齐锐锯齿，基部具掌状五出脉，侧脉 4～5 对；叶柄长 4～8cm，被紫红色腺毛、刺毛和柔毛；托叶离生，具长柔毛和腺毛，掌状深裂，裂片披针形或线状披针形，脱落。大型圆锥花序，顶生或腋生；总花梗、花梗和花萼均密被红褐色腺毛、刺毛和长柔毛；花梗长 0.8～1.5cm；苞片与托叶相似；花径 1.0～1.5cm；萼片狭披针形，顶端尾尖，边缘稍被绒毛，外萼片边缘常浅条裂，裂片线形；花瓣宽倒卵形，白色，基部具爪，短于萼片；雄蕊多数，花药被长柔毛；花柱长于雄蕊，子房无毛。果近球形，直径约 1cm，红色、无毛，包藏于宿萼内；核稍具皱纹。花期 6～7 月；果期 8～9 月。

产于龙胜、金秀、贺州、苍梧、容县。生于低海拔至中海拔的路旁或山谷灌丛中。分布于广东。

2. 周毛悬钩子

Rubus amphidasys Focke ex Diels

常绿蔓性灌木，高 30cm，茎无皮刺，密被红褐色长腺毛、软刺毛和黄色绢毛。叶柄、叶下面中脉、总花梗、花梗及萼均密生红褐色刚状长腺毛和淡黄色绢毛。单叶，纸质，卵形或宽卵形，长 4～10cm，宽 3～10cm，3～5 掌状裂，先端渐尖，基部心形，边缘有不整齐的尖锯齿，两面有柔毛；叶柄长 2.5～7.0cm；托叶羽状条裂，离生，被长腺毛和长柔毛，宿存。花数朵组成短总状花序，顶生或腋生；花白色，直径约 1.2cm；萼片披针形，两面密生柔毛；花瓣卵圆形，短于花萼；子房无毛。聚合果近球形，直径约 1cm，熟时暗红色，无毛，包藏于宿萼内。花期 6～7 月；果期 8 月。

产于苍梧、兴安、金秀，常生于海拔 400～1800m 的山坡、沟边灌丛中或林下。分布于四川、江西、湖南、湖北、安徽、浙江、贵州、福建、广东等地。果可食。根入药，可用于治骨折。

3. 东南悬钩子

Rubus tsangorum Hand. – Mazz.

藤状小灌木，高 1.5m；枝具长柔毛、紫红色腺毛和刺毛，有时具稀疏针刺。单叶，近圆形或宽卵形，径 6～14cm，顶端急尖或短渐尖，基部深心形，边缘明显 3～5 浅裂，侧生裂片宽三角形，顶生裂片稍大，宽三角卵圆形，顶端急尖，有不规则粗锐锯齿，上面被柔毛，沿主脉被疏腺毛，下面被绒毛，渐脱落，沿叶脉被长柔毛和疏腺毛；叶柄长 4～8cm，被长柔毛和长短不等的紫红色腺毛；托叶离生，掌状深裂，裂片线形或线状披针形，被长柔毛和腺毛，宿存。花常 5～20 朵成顶生或腋生近总状花序；总花梗、花梗及花萼均被长柔毛和紫红色腺毛；花梗长 0.5～2.5cm，不等；苞片与托叶相似；花径 1～2cm；花托杯状；萼片狭三角状披针形，顶端深裂，2～3 裂；花瓣宽倒卵形，白色；雄蕊线形；雌蕊多数，子房无毛。果近球形，红色，无毛；核具明显皱纹。花期 5～7 月；果期 8～9 月。

产于桂林、融水、贵港等地。生于海拔 1200m 以下的山地疏密林下或灌丛中。分布于江西、安徽、湖南、浙江、福建、广东。

4. 短柄悬钩子

Rubus brevipetiolatus Yu et Lu

灌木；枝棕褐色至暗褐色，幼时有柔毛，渐脱落无毛，疏生钩状小皮刺。单叶，长圆披针形，长 7～13cm，宽 2～3cm，顶端渐尖，基部圆形，边缘有尖锐粗锯齿，上面除沿中脉稍具柔毛外均无毛，下面仅沿叶脉疏生柔毛，沿中脉具稀疏钩状小皮刺，侧脉 8～11 对；叶柄长 7～9mm，有柔毛和稀疏钩状小皮刺；托叶离生，长圆披针形或椭圆披针形，褐色。顶生狭圆锥花序，花少数，腋生花序短小或数朵花簇生；总花梗、花梗和花萼均被柔毛，总花梗常疏生钩状小刺；花梗长 5～8mm；

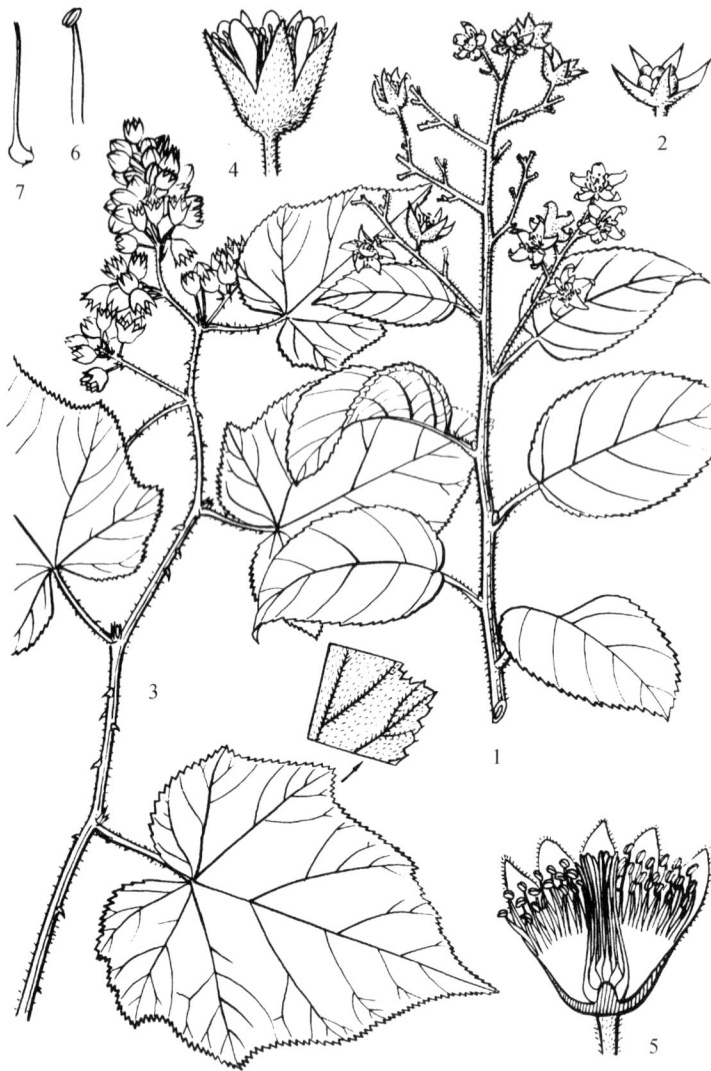

图 215　1～2. 梨叶悬钩子 Rubus pirifolius Smith 1. 花枝；2. 聚合果。3～7. 高粱泡 Rubus lambertianus Ser. 3. 花枝；4. 花；5. 花纵剖面；6. 雄蕊；7. 单雌蕊。(仿《中国树木志》)

苞片与托叶相似，有时顶端分裂；花径 7～9mm；萼片卵状披针形，外面边缘被绒毛，顶端尾尖，外萼片顶端常浅条裂；花瓣椭圆形或匙形，基部具狭长爪，稍短于萼片；雄蕊多数；雌蕊少数，10～15 枚，无毛，花柱稍长或几与雄蕊等长。

广西特有种。产于金秀。生于山地密林中。

5. 梨叶悬钩子　蛇泡　图215：1～2

Rubus pirifolius Smith

攀援灌木，枝、茎有扁平短钩皮刺和柔毛。单叶，近革质，卵形或卵状长圆形，长 5～10cm，宽 3～5cm，先端急尖，基部近圆形，边缘具不整齐钝锯齿，两面沿脉有柔毛，后渐脱落至无毛，侧脉 5～8 对；叶柄长 0.6～1.5cm，密生柔毛，疏生小皮刺；托叶披针状条裂，离生，早落。圆锥花序，顶生和腋生，总花梗、花梗密生灰黄色短柔毛，疏生少量小皮刺；花白色，直径约 1.2cm；萼片卵状披针形，两面密生短柔毛；花瓣长椭圆或披针形；雌蕊 5～10 枚；聚合果椭圆形，直径约 1.3cm，无毛；小核果有皱纹。花期 5～7 月；果期 8～9 月。

产于阳朔、临桂、融水、三江、金秀、贺州、平南、平果、德保、上思、龙州等地。常生于海拔 800m 左右的山坡灌丛中。分布于四川、贵州、云南、广东、福建、台湾等地；越南、老挝、柬埔寨、菲律宾、印度尼西亚也有分布。果可食。全株入药，可强筋骨、祛风湿。

6. 宜昌悬钩子　黄泡子、黄镳子　图216：2

Rubus ichangensis Hemsl. et Kuntze

落叶或半常绿攀援状灌木。幼枝有腺毛，老时无毛，散生小皮刺。单叶，近革质，卵状披针形或长卵形，长 8～14cm，宽 4～6cm，先端长渐尖，基部心形，叶缘常微波状，或近基部常浅裂，疏生小锯齿，两面无毛，下面中脉有小皮刺；叶柄长 2～3cm，有小皮刺和腺毛；托叶早落，离生，钻形或线状披针形，全缘，有腺毛。圆锥花序，顶生和腋生，或总状花序腋生；花白色，直径约 7mm；花梗长约 5mm，与总花梗均疏生柔毛和腺毛；萼片披针形，外面疏生柔毛和腺毛，边缘和内面有白色短柔毛，全缘，直立；花瓣椭圆形，与萼片几等长。聚合果近球形，直径 5～7mm，熟时红色，无毛。花期 6～8 月；果期 9～12 月。

产于田林、乐业、凌云、融水等地。常生于海拔 750～1300m 的山坡、山谷、路旁灌丛中或林缘。分布于陕西、甘肃、湖北、湖南、安徽、四川、云南、贵州、广东等地。果可食。根入药，可

利尿、止痛、杀虫。种子可榨油，
供制润滑剂。

7. 大苞悬钩子 两广悬钩子
Rubus wangii Metc.

攀援灌木，高达 5m；小枝灰
褐色，幼时具灰黄色绒毛，后脱
落，疏生钩状小皮刺。叶近圆形，
直径 11 ~ 15cm，顶端急尖，基部
心形，边缘浅裂，裂片顶端急尖或
圆钝，有不整齐锐锯齿，两面除沿
叶脉被柔毛外均无毛，掌状五出
脉；叶柄长 3 ~ 5cm，被灰黄色绒
毛和稀疏钩状小皮刺；托叶离生，
叶状，宽长卵形，全缘或具稀疏浅
锯齿，长 2 ~ 3cm，宽 1.5 ~ 2.0cm，
幼时被细绒毛。顶生花序狭圆锥
形，腋生花序近总状；总花梗和花
梗均被灰黄色绒毛，后近无毛；花
梗长 0.8 ~ 1.5cm；苞片大小不等，
均被细绒毛；花径约 1cm；花萼长
达 1cm，外面密被灰色绒毛；萼片
卵状披针形；花瓣倒卵形，白色，
短于萼片；雄蕊无毛；雌蕊无毛，
稍长于雄蕊。果近球形，直径小于
1cm，红色，无毛；核有细皱纹。
花期 6 ~ 7 月；果期 8 ~ 10 月。

图216 1. 棠叶悬钩子 Rubus malifolius Focke 花枝。2. 宜昌悬钩子 Rubus ichangensis Hemsl. et Kuntze 果枝。3 ~ 4. 空心泡 Rubus rosifolius Sm. ex. Baker 3. 花枝；4. 花纵剖面。（仿《中国树木志》）

产于武鸣、容县、大瑶山等地。生于海拔 800 ~ 1100m 的山坡或山谷疏林中。分布于广东。

8. 耳叶悬钩子 上思悬钩钩子
Rubus latoauriculatus Metc.

灌木，高 2m；枝暗紫褐色，无毛，有稀疏钩状皮刺。单叶，披针形或长圆披针形，长 8 ~
14cm，宽 1.8 ~ 3.5cm，顶端渐尖，基部心形，弯曲狭窄，具明显两耳，边缘具细锐锯齿，上面除
沿叶脉稍被柔毛外均无毛，下面无毛，沿中脉疏生小皮刺，侧脉 7 ~ 10 对；叶柄长 1 ~ 2cm，无毛或
稍被柔毛，有稀疏小皮刺；托叶离生，长圆披针形或卵状披针形，无毛，掌状分裂几达中部，裂片
线形，早落。花序为顶生狭圆锥花序，或似总状；总花梗和花梗均无毛；花梗长 0.5 ~ 1.0cm；苞
片与托叶相似；花小，直径 6 ~ 8mm；花萼外面无毛，稀疏生腺毛；萼片披针形或卵状披针形，顶
端尾尖，全缘或浅裂，无毛，稀内边缘被灰白色绒毛；花瓣近圆形，顶端具突尖头，内面近基部被
柔毛。果小，直径小于 1cm，红色，无毛；核具皱纹。花期 6 ~ 7 月；果期 7 ~ 9 月。

广西特有种。产于融水、金秀、那坡、大明山、十万大山。生于中海拔的山谷、山地疏林或荒
野中。

9. 高粱泡 冬牛 图215：3 ~ 7
Rubus lambertianus Ser.

半常绿攀援灌木。枝、茎具棱和疏生小皮刺，幼枝有柔毛或几无毛。单叶，卵形或长圆状卵
形，长 4 ~ 10cm，宽 3 ~ 8cm，先端渐尖，基部心形，常 3 ~ 5 浅裂，有细锯齿，上面疏生柔毛或仅

脉上有毛,下面疏生柔毛和中脉疏生小皮刺;叶柄长 2 ~4cm,疏生小皮刺;托叶披针形,条裂,离生,早落。宽圆锥花序顶生,腋生花序近总状,有时数朵花簇生于叶腋;总花梗和花梗有细柔毛;花白色,直径约 1cm,梗长约 8mm;萼片卵状三角形,内面和边缘有白色绒毛;花瓣倒卵形或椭圆形,与萼片几等长。聚合果近球形,直径 5 ~8mm,熟时红色。花期 6 ~7 月;果期 10 ~11 月。

产于贺州、昭平、桂林、临桂、全州、兴安、灌阳、平乐、融水、平南、河池、田林、大明山等地。常生于低海拔的山坡、沟边、路旁及林缘。分布于河南、湖南、湖北、安徽、江西、江苏、浙江、云南、贵州、广东、福建、台湾等地;日本也有分布。果可食。叶、根入药,可清热、止血。种子可供榨油制润滑油。

9a. 毛叶高粱泡

Rubus lambertianus var. **paykouangensis** (Lévl.) Hand. – Mazz.

本变种与高粱泡的区别在于:叶两面被柔毛;小枝、叶柄、花序和花萼均密生腺毛和柔毛,或杂生刺毛;聚合果熟时黄色。

产于德保、那坡、凌云、隆林、都安。分布丁云南、贵州。

10. 猬莓

Rubus calycacanthus H. Lév.

攀援灌木,高 1m。枝、茎疏生钩状皮刺和密生柔毛。单叶,厚纸质,卵圆形,长 6 ~9cm,宽 5 ~7cm,先端三角状急尖,稀圆钝,基部心形,边缘 3 ~5 浅裂,中央裂片大,三角状卵形,稀波状并有粗锯齿,上面疏生柔毛或无毛,下面密生柔毛;叶柄有柔毛和稀疏腺毛,长 2 ~4cm;托叶有柔毛,羽状全裂,离生,早落。总状花序或窄圆锥花序顶生,3 ~4 朵腋生或单生;总花梗及花梗密生柔毛和疏生腺毛;花梗长 0.5 ~1.0cm;花白色,直径约 1cm;花托外面密生绒毛和针状刺毛,萼片卵圆形;花瓣近圆形;子房无毛。聚合果近球形,直径约 1cm,熟时红色。花期 6 ~8 月;果期 9 ~10 月。

产于凌云、乐业、龙胜。常生于海拔 900 ~1400m 的山坡、路旁灌木丛中。分布于贵州、云南。

11. 厚叶悬钩子

Rubus crassifolius Yü et Lu

蔓性或攀援小灌木,高 0.5m;枝暗褐色,密被黄棕色绢状长柔毛,无刺。单叶,厚革质,近圆形,径 3 ~7cm,顶端圆钝,稀急尖,基部心形,边缘微波状或 3 ~5 浅裂,有圆钝浅锯齿,两面均被绢状长柔毛,上面毛较稀,下面毛密,叶脉棕褐色,掌状五出脉,侧脉 2 ~3 对;叶柄长 2.0 ~3.5cm,被黄棕色绢状长柔毛;托叶离生,近圆形或宽卵形,长、宽各为 1 ~2cm,疏生绢状长柔毛。花单生,稀 2 ~3 朵簇生于枝顶或叶腋;花梗长约 1cm,被黄棕色绢状长柔毛;苞片与托叶相似;花径 1.5 ~2.0cm;花萼长达 1.5cm,外面密被黄棕色绢状长柔毛;萼片叶状,卵形;花瓣宽卵形,基有短爪;雄蕊多数,排成 2 ~3 列;雌蕊多数,短于雄蕊,子房光滑无毛。果近球形,红色,无毛,包藏于叶状宿萼内;核具皱纹。花期 6 ~7 月;果期 8 月。

产于兴安、资源、全州。生于海拔 1000 ~2000m 的山顶草地、高山岩隙间。分布于江西、湖南、广东等地。

12. 华南悬钩子

Rubus hanceanus Ktze.

藤状或攀援小灌木,高 1m;枝密被灰白色绒毛,老时渐脱落,具稀疏钩状小皮刺或被腺毛。单叶,心状宽卵形,长 6 ~11cm,宽 4 ~8cm,顶端渐尖,基部深心形,边缘浅裂,有不整齐锐锯齿,上面仅于叶脉被柔毛,下面密被灰白色或浅黄灰色绒毛,叶脉 5 ~7 对;叶柄长 1 ~2cm,幼时被灰白色绒毛,后渐脱落,有稀疏小皮刺;托叶,离生,早落。顶生总状花序,花少数;总花梗、花梗和花萼均密被腺毛和绒毛状长柔毛,疏生针刺;花梗长 1.5 ~2.5cm;苞片膜质,长圆形或椭圆形,被长柔毛和疏腺毛,早落;花径 1.0 ~1.5cm;花萼外密被长腺毛和针刺;萼片宽卵形;花瓣宽椭圆形，红色，短于萼片，被柔毛，具短爪。果近球形，直径 1.0 ~ 1.5cm，黑色，无毛；核稍具皱纹。花期 3 ~ 5 月；果期 6 ~ 7 月。

产于临桂、资源、桂林、阳朔、梧州、柳州、罗城等地。生于低海拔的山谷树林下或岩石阴处。分布于湖南、广东、福建。

13. 湖南悬钩子

Rubus hunanensis Hand. – Mazz.

攀援灌木。幼枝密生绒毛，老时渐脱落，疏生小钩状皮刺，枝常铺地生长。单叶，纸质，近圆形或阔卵形，先端急尖或圆钝，基部心形，边缘 5 ~ 7 浅裂，有细锯齿，幼时上面疏生柔毛，沿叶脉较密，下面有绒毛和细柔毛，老时两面近无毛；叶柄密生短柔毛和疏生小钩状皮刺，长可达 9cm；托叶有毛，掌状分裂，离生。总状花序顶生，短，或数朵簇生甚至单生于叶腋；花总梗、花梗密生短柔毛；花白色，直径约 1.2cm；花梗长约 1cm；花托有毛，萼片三角形；花瓣狭倒卵形；花丝和子房无毛。聚合果半球形，直径约 8mm，熟时橙红色，无毛，包藏于宿萼内。花期 7 ~ 8 月；果期 9 ~ 10 月。

产于广西北部和东部。生于海拔 500 ~ 1500m 的山谷、山坡、林缘和灌木丛中。分布于江西、浙江、湖北、湖南、四川、贵州、广东、福建、台湾等地。

14. 寒莓

Rubus buergeri Miq.

常绿直立或匍匐小灌木，茎长达 2m；小枝有绒毛，老时脱落，无刺或有稀疏小皮刺。单叶，纸质，近圆形、卵形或阔卵形，宽 4 ~ 10cm，先端圆钝或急尖，基部心形，掌状 5 浅裂或呈微波状，有细小不整齐锯齿，上面仅叶脉有短柔毛，下面幼时有绒毛，老时几无毛；叶柄长 3 ~ 9cm，密生绒毛；托叶早落，离生，掌状条裂，有柔毛。总状花序顶生或腋生，或几朵花簇生于叶腋；总花梗和花梗密生绒毛，有时杂生少数针刺；花白色，径约 1cm；花萼有柔毛和淡黄色绢毛，萼片披针形；花瓣长约 5mm，圆形或卵圆形；雄、雌蕊无毛，雄蕊短于花柱一半。聚合果近球形，直径 8 ~ 9mm，熟时紫黑色，无毛。花期 7 ~ 8 月；果期 9 ~ 10 月。

产于融水、三江、兴安、龙胜、荔浦、昭平、宁明、金秀、大明山等地。生于中低海拔的山坡、路旁灌木丛中或杂林中。分布于江西、湖北、湖南、江苏、浙江、安徽、四川、广东、贵州、福建、台湾等地。果可食，有止渴、助消化的功效。

15. 台湾悬钩子

Rubus formosensis Kuntze

直立或近蔓性灌木；枝密被黄褐色绒毛状柔毛，无皮刺或具稀疏钩状小皮刺。单叶，宽卵形或近圆形，长、宽 6 ~ 12cm，顶端急尖或圆钝，基部心形，边缘 5 浅裂，裂片卵状三角形，顶生裂片较长大，有不规则粗锯齿，上面幼时有柔毛，后脱落，下面密被黄灰色绒毛，沿叶脉被柔毛，基部五出脉；叶柄长 3 ~ 5cm，密被黄褐色绒毛状柔毛，常无皮刺；托叶离生，卵形至长圆形，羽状深裂，裂片线形或线状披针形。单花腋生或数朵成顶生短总状花序；总花梗和花梗均密被黄褐色绒毛状柔毛；花梗长 3 ~ 4mm，稀稍长；苞片形状与托叶相似；花径约 1.5cm；花萼外密被黄褐色长柔毛和绒毛；萼片三角状卵形，顶端急尖，全缘或仅外萼片顶端浅裂；花瓣宽卵形，基部具短爪；雄蕊多数；雌蕊无毛。果圆形或宽卵形，红色。花期 6 ~ 7 月；果期 8 ~ 9 月。

产于兴安、龙胜、临桂、融水、龙州等地。生于海拔约 600m 的岩石坡地、山谷溪边灌丛及疏林内。分布于台湾、广东。

16. 锈毛莓　山烟筒子　图217：5 ~ 8

Rubus reflexus Ker

攀援灌木；小枝密生锈色绒毛，疏生小皮刺。单叶，厚纸质，卵形或宽卵形，长 5 ~ 10cm，宽 4 ~ 8 cm，基部心形，边缘有不规则锯齿，通常 3 ~ 5 裂，中裂片长于侧裂片 2 倍，各片先端急尖，

图217 1~4. 灰白毛莓 Rubus tephrodes Hance 1. 果枝；2. 托叶；3. 小枝一段；4. 小核果。5~8. 锈毛莓 Rubus reflexus Ker 5. 花枝；6. 小枝一段示托叶；7. 花；8. 聚合果。(仿《中国树木志》)

上面无毛，或沿叶脉疏生柔毛，下面密生锈色绒毛；叶柄长 2~5cm，密生锈色绒毛，疏生小皮刺；托叶宽倒卵形，长宽各 1.0~1.4cm，离生，早落，齿裂。短总状花序顶生，或数朵花簇生叶腋；总花梗和花梗密生锈色长柔毛；花白色，直径 1.0~1.5cm；花托两面密生长柔毛和绒毛；萼片与花瓣几等长；花瓣长圆形；雄蕊短，花丝宽而扁；子房无毛。聚合果近球形，直径约 1.2cm，熟时深红色或紫黑色。花期 7 月；果期 9~10 月。

产于兴安、资源、临桂、龙胜、金秀、融水、梧州、平南、罗城、凌云、乐业、容县、藤县、龙州。生于海拔 1000m 以下的山坡灌丛中。分布于江西、湖南、浙江、贵州、广东、福建、台湾。果可食。根入药，有强筋骨的功效，可治风湿骨痛。

16a. 长叶锈毛莓

Rubus reflexus var. **orogenes** Hand. –Mazz.

本变种和原种的区别在于：叶心状卵形，较大，长可达 20cm，边缘浅裂或微波状；托叶也较大，长超过 2cm。

产于融水及广西东部地区。常生于低海拔的山地林下。分布于贵州、江西、湖北、湖南等地。

16b. 浅裂锈毛莓

Rubus reflexus var. **hui** (Diels ex. Hu) Metc.

本变种的特点是：叶片为心状宽卵形或近圆形，边缘浅裂，裂片钝或急尖。

产于兴安、永福、容县、龙州。生于海拔 500~1500m 的山坡灌丛中或疏林。分布于贵州、江西、湖南、浙江、福建、台湾、云南、广东。

16c. 深裂锈毛莓 拦路蛇

Rubus reflexus var. **lanceolobus** Metc.

本变种的特点是：叶心状宽卵形或近圆形，边缘 5~7 深裂，裂片披针形。

产于兴安、临桂、阳朔、金秀、融水、容县、博白、陆川、龙州、扶绥等地。生于海拔 600m 以下的山地密林或水旁灌木丛中。分布于湖南、广东、福建等地。

17. 巨托悬钩子

Rubus stipulosus Yü et Lu

攀援灌木；枝暗褐色，被柔毛，疏生短小皮刺。单叶，近圆形或宽卵形，顶端急尖，基部心形，边缘 5~7 裂，裂片三角形，顶端急尖，有不整齐而具突尖头的浅锯齿，上面无毛或仅沿叶脉有柔毛，下面密被黄褐色绒毛，沿叶脉被柔毛，基具五出掌状脉；叶柄长 4~8cm，被柔毛和小皮刺；托叶离生，叶状，宽卵形或宽长卵形，长达2cm，宽1.0~1.5cm，外面被柔毛，顶端或边缘浅裂或锯齿状。顶生近总状花序，或数朵簇生于叶腋，稀单生；总花梗和花梗密被长柔毛；花梗短，长5~7mm；苞片宽卵形，上半部浅裂或有锯齿；花径1.0~1.5cm；花萼长达2cm，外面密被长柔毛，萼片卵状披针形，外萼片顶端常条裂；花瓣宽卵形或近圆形，顶端具突尖头，基具短爪，无毛；雄蕊多数；雌蕊数很多，50~70或更多，无毛。花期5~6月。

广西特有种。产于金秀、龙胜、武鸣。生于海拔1200~1400m的山坡阴处密林下。

18. 木莓 湖北悬钩子

Rubus swinhoei Hance

落叶或半常绿灌木，高2~3m。幼枝有白色绒毛，老时无毛，茎、枝疏生小弯皮刺。单叶，革质，卵圆形、矩圆状卵形或矩圆状披针形，长5~14cm，宽2.5~5.0cm，先端渐尖，基部截形至心形，边缘有不整齐锯齿，两面除中脉微有柔毛和散生小钩刺外，几无毛，或不育枝上的叶下面密生灰色绒毛；叶柄有绒毛及皮刺；托叶早落，离生，卵状披针形，有时先端条裂。总状花序顶生，有花3~9朵；总花梗及花梗均密生灰白色绒毛和刚毛状腺毛，有稀疏针刺；花白色，直径不及1cm，花梗长1.5~2.0cm；花萼披针形，外面密生灰白色绒毛和刚状腺毛；花瓣近圆形，有爪，有细短柔毛。聚合果球形，径约1cm，熟时黑紫色。花期5月；果期7月。

产于融水、龙胜、全州、临桂、兴安，生于海拔1500m以下的山坡、路旁和沟边的灌木丛中。分布于陕西、湖北、湖南、江西、安徽、江苏、浙江、四川、贵州、广东、福建、台湾等地。果可食。茎、皮可供提制栲胶。

19. 棠叶悬钩子 羊尿泡 图216：1

Rubus malifolius Focke

落叶攀援灌木。枝、茎近褐色，无毛，有疏生微弯小刺，或近无刺。单叶，厚纸质，椭圆形或长圆状椭圆形，长6~11cm，宽2~4cm，先端渐尖，基部近圆或宽楔形，边缘疏生细锯齿，上面无毛，下面幼时有白色绒毛，中脉有疏生长柔毛，老时脱落或不脱落；叶柄长1~2cm，幼时被毛，后脱落；托叶离生，早落，披针形，全缘。总状花序，顶生；总花梗和花梗有黄色柔毛；花白色，直径约1.5cm；花梗长约1.5cm；萼片披针形，外面密生黄色绢毛；花瓣近圆形，两面有少量细柔毛；雄蕊远短于雌蕊，子房无毛。聚合果球形，直径约1cm，熟时黑色。花期5~6月；果期7~8月。

产于龙胜、融水、金秀、凌云、乐业、田林等地。生于海拔1000m以下的山坡、沟边灌丛或林缘。分布于湖北、湖南、四川、云南、贵州、广东等地。根、皮可供提制栲胶。

19a. 长萼棠叶悬钩子

Rubus malifolius var. **longisepalus** Yü et Lu

本变种与原种区别在于：花大，萼片披针形或卵状披针形，长可达2.5cm。

广西特有种。产于临桂、兴安、龙胜、全州、金秀、融水、凌云、田林、龙州等地。生于低海拔的山地溪边或山林内。

20. 尾叶悬钩子

Rubus caudifolius Wuzhi

攀援灌木。幼枝有灰色绒毛，老时无毛，疏生钩状皮刺，褐色。单叶，近革质，矩圆状披针形或卵状披针形，长5~15cm，宽3~5cm，先端尾尖或渐尖，基部近圆，边缘有不整齐锯齿或近全缘，上面无毛，下面密生土黄色绒毛；叶柄有灰黄色或灰白色绒毛，长1.5~2.0cm；托叶长圆状披针形，离生，早落。总状花序顶生或腋生；花总梗、花梗密生灰黄色绒毛；花红色，直径约1cm；花梗约1.5cm；花托带紫红色，密生灰黄色绒毛，萼片披针形；花瓣椭圆形，稍短于花萼或等长，两面微有柔毛；雄蕊微有柔毛；花柱有长柔毛。聚合果扁球形，未熟时红色，熟透时黑色；核具皱纹。花期5~6月；果期7~8月。

产于兴安、灌阳、资源等地。常生于海拔 1300m 以上的山坡、路旁、杂木林或灌丛中。分布于湖南、湖北、贵州等地。

21. 桂滇悬钩子 桂北悬钩子

Rubus shihae Metc.

攀援灌木，高达 5m；枝褐色，幼时被柔毛，后无毛，疏生钩状小皮刺。单叶，卵形至宽卵形，稀近圆形，长 8~11cm，宽 5~9cm，顶端急尖至短渐尖，基部截形至浅心形，边缘波状或稍微浅裂，有不整齐具突尖头的粗锯齿，上面无毛，下面密被黄色至锈色绒毛，沿叶脉被长柔毛，侧脉 4~6 对；叶柄长 2~4cm，幼时被柔毛，后渐脱落，疏生小皮刺；托叶离生，长圆形或卵状披针形，长 1.5cm，被黄色绒毛状毛，顶端掌状分裂，裂片披针形。花序短总状，顶生或腋生，或数朵花集生叶腋；总花梗和花梗被黄色绒毛状柔毛；花梗长不到 1cm；苞片与托叶相似；花径 6~9mm；花萼外密被浅黄色至黄色绢状长柔毛和绒毛；萼片披针形；花瓣近圆形或倒卵形，被微柔毛，基具短爪；雄蕊多数；雌蕊长于雄蕊，子房和花柱无毛。果红色，无毛，包藏于宿萼内；核具浅皱纹。花期 6~7 月；果期 8~9 月。

产于罗城、隆安、龙州。生于低海拔至中海拔地段的丘陵或山谷密林中。分布于云南。

22. 长叶悬钩子

Rubus dolichophyllus Hand. – Mazz.

攀援灌木。茎、枝褐色疏生钩状皮刺和腺毛。单叶，厚纸质，披针形，长 7~16cm，宽 1.5~3.0cm，先端渐尖，基部近圆至浅心形，边缘有细锯齿，上面无毛，下面密生灰白色绒毛，沿叶脉常无毛；叶柄长约 5mm；托叶上半部掌状分裂，离生，无毛，早落。圆锥花序，顶生或腋生，有极少腺毛；花径小于 1cm；花梗长约 1cm；花托紫红色，外密生灰色绒毛和极少腺毛，内面有灰白色绒毛，萼片披针形，果期反折；无花瓣，花丝线形，无毛，红色；花柱紫红色，子房无毛。聚合果熟时紫黑色。花期 5~6 月；果期 7~8 月。

产于凌云、田林、乐业。生于海拔 900~1600m 的山坡灌木丛中。分布于贵州。

23. 琴叶悬钩子

Rubus panduratus Hand. – Mazz.

攀援灌木。茎、枝幼时有柔毛和腺毛，老时渐脱落，疏生扁平钩状皮刺，灰褐色。单叶，纸质，提琴状披针形，长 6~10cm，宽 4~9cm，先端渐尖，基部深心形，两侧呈耳状，边缘有小尖头的不整齐锯齿，基部以上有裂片或提琴状缩小，上面仅叶脉处有柔毛，下面密生灰白色绒毛；叶柄有长硬毛和紫色腺毛，柄长约 2.5cm；托叶掌状细裂，有毛，分离，早落。圆锥花序，顶生，花总梗、花梗均密生长硬毛和紫红色腺毛；花径约 1cm；花梗长约 1cm；花托外面密生长硬毛和紫红色腺毛，萼片狭披针形，内面有短绒毛；花瓣退化为小瓣片或缺；花柱细，子房无毛。聚合果小，熟时暗红至紫黑色。花期 6~7 月；果期 7~8 月。

产于龙胜、金秀、象州。分布于贵州、广东等地。

24. 毛萼莓 紫萼莓 图218：1~3

Rubus chroosepalus Focke

半常绿灌木。幼枝有柔毛，老时脱落，疏生扁平钩刺。单叶，宽卵形或近圆形，直径 5~8cm，先端短尾尖，基部心形或近圆形，边缘有不整齐尖锯齿，近基部有时有缺刻，上面亮绿色，无毛，下面密生灰色绒毛，基生五出脉；叶柄长 3~5cm，疏生小皮刺，无毛；托叶离生，早落，披针形。圆锥花序，顶生，有绢状长柔毛；花径 1.0~1.5cm，花托外面密生灰白色绢状长柔毛；萼片披针形或卵形，内面深紫色，无毛；无花瓣；花丝钻形，雌、雄蕊无毛。聚合果球形，径约 1cm，熟时黑色，无毛。花期 5 月；果期 7 月。

产于广西北部。常生于海拔 2000m 以下的山坡、路旁、河谷灌丛中或林缘。分布于陕西、湖北、湖南、江西、四川、贵州、云南、广东、福建等地。果可食，味酸甜。茎皮富含纤维。叶及嫩枝可供提制栲胶。

25. 楸叶悬钩子

Rubus mallotifolius Wu ex Yu et Lu

攀援灌木；小枝幼时有柔毛，老时无毛，具钩状小皮刺。单叶，革质，三角状宽卵形或近圆形，长 9~12cm，宽与长近相等，先端急尖或短突尖，基部浅心形或截形，叶缘有浅钝锯齿，上面无毛，背面密被灰黄色绒毛，叶脉凸起，沿叶脉有长柔毛，基部具五出脉；叶柄长 4~6cm，幼时被毛，老时脱落，疏生小皮刺；托叶离生，早落。花为狭圆锥花序，顶生或腋生，总花梗和花梗被黄色柔毛；花径 6~9mm，花萼外密被黄色柔毛，花瓣白色；雄蕊短而扁平。花期 6~7 月。

产于那坡、宁明。生于山谷密林中。分布于云南东南部。

26. 西南悬钩子

Rubus assamensis Focke

攀援灌木，高 1m。枝密生柔毛，疏生极小钩状皮刺。单叶，厚纸质，长圆形、卵状矩圆形或椭圆形，长 6~11cm，宽 3~6cm，先端渐尖，基部圆形，稀较平截，边缘有不规则细锯齿和缺刻，上面疏生长柔毛，下面密生白色绒毛和柔

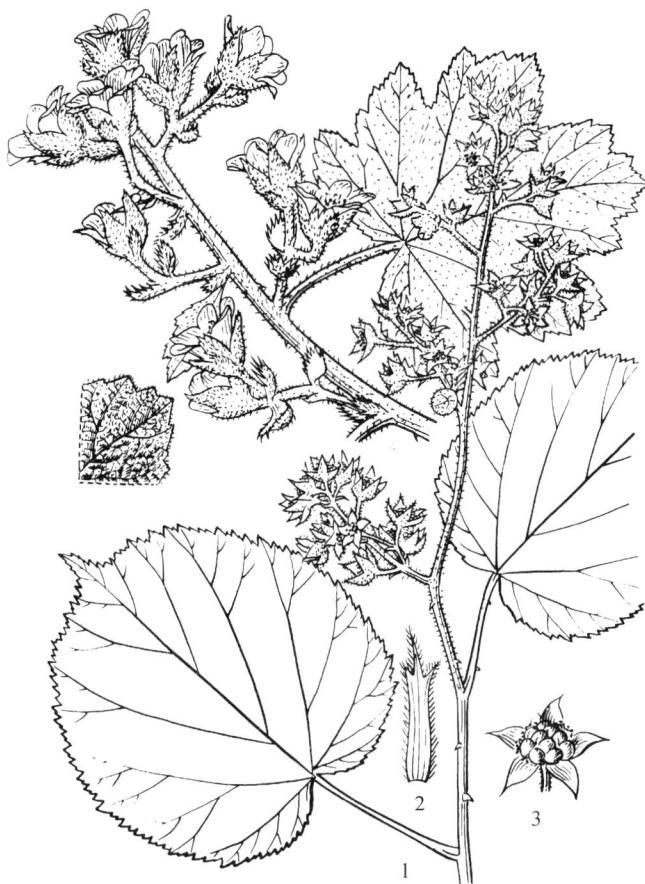

图 218　1~3. 毛萼莓 Rubus chroosepalus Focke 1. 花枝；2. 托叶；3. 聚合果。4~5. 大乌泡 Rubus pluribracteatus L. T. Lu et Boufford 4. 花枝；5. 叶（部分放大）。（仿《中国树木志》）

毛；叶柄密生柔毛，长 0.5~1.0cm；托叶宽倒卵形或扇形，离生，有柔毛，掌状深裂。圆锥花序，顶生或腋生，密生柔毛；花径不超过 1cm；花梗长约 1cm；花萼外面和内面边缘有白色绒毛，内面红色；无花瓣；子房无毛。聚合果近球形，直径约 6mm，熟时红黑色。花期 6~7 月；果期 8~9 月。

产于隆林等地。常生于海拔 1000~1500m 的山坡、路旁、灌丛、杂木林或林缘。分布于西藏、四川、云南、贵州等地；印度东北部也有分布。

27. 黄脉莓

Rubus xanthoneurus Focke ex Diels

攀援灌木。枝条疏生钩状皮刺，幼时被短柔毛，后脱落。单叶，厚纸质，卵形或卵状披针形，长 7~12cm，宽 4~7cm，先端渐尖至尾尖，基部较平截或浅心形，边缘缺刻状和有不整齐锯齿，上面仅叶脉有柔毛，下面密生灰白色绒毛，叶脉明显，黄色；叶柄有短柔毛，疏生小皮刺，长 1.5~3.0cm；托叶裂片线形，离生，早落。圆锥花序顶生或腋生；花总梗、花梗有短柔毛；花白色，直径约 8mm；花梗细，长达 15mm；花托有绒毛，萼片卵形；花瓣小，近圆形，远短于萼片，有柔毛；雌、雄蕊无毛。聚合果近球形，直径约 8mm，熟时暗红色，无毛。花期 6~7 月；果期 8~9 月。

产于龙胜、资源、灌阳、融水、罗城、环江、天峨、东兰、南丹、隆林、乐业、田林、那坡、凌云、梧州等地。生于海拔 650~1500m 的山坡、山谷灌丛中或林下。分布于陕西、湖南、湖北、四川、贵州、云南、广东、福建等地。果味酸甜，可食。根皮可供提制染料。

27a. 腺毛黄脉莓

Rubus xanthoneurus var. **glandulosus** Yü et Lu

本变种和原种区别在于：花梗和花萼上有腺毛；托叶和苞片较大，长 1cm 以上；叶柄较短。

产于融水等地。生于低海拔的山坡、河边灌丛中。分布于贵州。

28. 灰白毛莓 灰山泡 图 217：1~4

Rubus tephrodes Hance

落叶攀援灌木。小枝密生灰白色绒毛和杂生腺毛、刺毛，疏生小皮刺。单叶，纸质，近圆形或宽卵形，宽 3~8cm，稀 14cm，先端急尖或圆钝，基部心形，边缘常 5~7 浅裂，有不整齐细锯齿，叶上面绿色，有疏柔毛和腺毛，幼时常有紫斑，下面密生灰白色绒毛，脉上疏生小皮刺和腺毛；叶柄长 1.5~3.0cm，密生灰白色绒毛、杂生腺毛和极少小皮刺；托叶小，离生，早落，掌状深裂。圆锥花序，顶生；总花梗和花梗密生灰白色绒毛和杂生腺毛；花白色，直径约 1cm；花梗长 1.0~1.5cm；花托外面密生绒毛，萼片三角状披针形；花瓣倒卵形，与雄蕊几等长；花丝基部膨大；雌蕊长于雄蕊，子房无毛。聚合果近球形，直径约 1cm，熟时紫黑色，无毛。花期 6~9 月；果期 9~12 月。

产于桂林、临桂、融水。常生于海拔 750~1500m 的山坡、路旁灌丛中。分布于湖北、湖南、浙江、贵州、江西、安徽、江苏、广东、福建、台湾等地。根、叶入药，根可治痢疾；叶可治牙痛；种子为强壮剂。

28a. 无腺灰白毛莓

Rubus tephrodes var. **ampliflorus** (Lévl. et Vant.) Hand. – Mazz.

本变种与原种的区别在于：小枝、花序和花萼均无腺毛及刺毛，或仅于小枝和叶柄上有稀疏的腺毛和刺毛。

产于灌阳、兴安、桂林等地，常生于低海拔山地。分布于江西、湖南、江苏、贵州、广东等地。

29. 高砂悬钩子

Rubus nagasawanus Koidz.

蔓性灌木，全株密被粗腺毛；枝粗壮，有毛，疏生黄褐色皮刺。单叶，宽卵形或近圆形，长 4~6cm，宽 5~7cm，先端钝圆或急尖，基部深心形，叶缘 5 浅裂，顶生裂片较大，有锐锯齿，叶面被柔毛或无，叶背被灰黄色绒毛，基部具五出脉；叶柄长 1~2cm，有小皮刺和被绒毛；托叶长约 1cm，羽状深裂，有柔毛，离生。顶生圆锥花序，花序长 8~10cm，总花梗和花梗被毛；花白色，花径约 1cm；花萼外面被浅黄色绒毛，萼片三角形，通常不分裂；花瓣短，基部具爪；雄蕊多数。聚合果近球形，无毛，包藏于宿萼内。花期夏季；果期秋季。

产于融水、临桂、兴安、龙胜。分布于中国台湾；菲律宾、印度尼西亚也有分布。果味酸甜可口，水分丰富，极宜鲜食。根、叶入药，可用于清热。

30. 黔桂悬钩子

Rubus feddei Lévl. et Vant.

攀援灌木。小枝疏生钩状皮刺，密生柔毛和紫色腺毛。单叶，纸质，卵圆形或宽卵形，长 6~14cm，宽 5~11cm，先端圆钝或急尖，基部心形，边缘为波状 5 浅裂，有细锯齿，上面疏生紫色腺毛，沿叶脉有长柔毛，下面被灰白色绒毛，沿叶脉有长柔毛和长腺毛，掌状五出脉；叶柄有展平柔毛和紫色腺毛，长 3~6cm，疏生小皮刺；托叶小，有毛，离生，早落。圆锥花序大型，顶生；花总梗、花梗有长柔毛和紫色腺毛；花白色，直径不超过 1cm；花梗长 1.0~1.5cm；花托外面有长柔毛和紫色腺毛，萼片披针形；花瓣狭小，不明显，长仅 2mm；花柱细，子房无毛。聚合果近球形，径为 8mm，熟时黑色，无毛。花期 7~8 月；果期 9~10 月。

产于金秀、天峨、都安、平果、隆林、田林、凌云、乐业、那坡、德保、隆安、大新、龙州等地。生于海拔 600 ~ 1200m 的山坡、路旁灌丛中或疏林下。分布于贵州、云南。根、叶入药,可用于止血。

31. 粗叶悬钩子　大叶泡

Rubus alceifolius Poir.

落叶攀援灌木,高 1.0 ~ 1.5m。小枝密生黄色绒毛和散生弯钩皮刺。单叶,近革质,心状卵形或近圆形,长 6 ~ 16cm,宽 5 ~ 13cm,先端急尖或钝,基部心形,边缘 5 ~ 7 浅裂,有不规则钝齿,上面疏生粗毛和明显的泡状小凸起,粗糙,下面密生灰黄色绒毛和长柔毛,有小钩刺;叶柄长 3 ~ 5cm,有灰黄色绒毛状长柔毛,疏生小皮刺;托叶大,离生,早落,羽状深裂。圆锥或总状花序顶生,有时成头状花束、2 朵腋生或单生;总花梗及花梗均有黄色绒毛状长柔毛;花白色,直径约 1.5cm,梗短;花萼外面有黄色绒毛状长柔毛,萼片卵形,先端突尖;花瓣近圆形;花丝宽扁,花药微有长柔毛;柱头有毛,子房无毛。聚合果球形,直径约 1.5cm,红色。花期 7 ~ 9 月;果期 10 ~ 11 月。

产于广西各地。常生于海拔 1500m 以下的山坡、路旁灌木丛和疏杂林中。分布于江西、湖南、江苏、云南、贵州、广东、福建、台湾等地。缅甸、东南亚、印度尼西亚、菲律宾、日本也有分布。

32. 大乌泡　多苞片悬钩子　图 218:4 ~ 5

Rubus pluribracteatus L. T. Lu et Boufford

常绿灌木,高 2 ~ 3m。小枝密生黄色绒毛,散生小钩刺。单叶,革质,近圆形,宽 5 ~ 16cm,先端钝或尖,基部心形,7 ~ 9 掌状浅裂,常再分裂,边缘有不整齐锯齿,上面有柔毛和泡状小凸起,下面密生黄色绒毛和柔毛,沿脉有小刺;叶柄长 4 ~ 7cm,密生绒毛,散生小钩刺;托叶早落,离生,矩圆形,梳齿状深裂。顶生圆锥或总状花序,或为腋生花丛;总花梗和花梗密生黄色绒毛;花白色,直径 1.5 ~ 2.0cm;花梗长 1.5 ~ 2.0cm;花萼边缘密生黄色绢状柔毛,萼片条裂,有黄色绒毛;花瓣近椭圆形;花丝宽而扁。聚合果球形,直径约 1.5cm,熟时红色。花期 5 ~ 6 月;果期 7 ~ 8 月。

产于金秀、河池、东兰、天峨、罗城、凌云、靖西、德保、平果、田林、乐业、隆林、隆安、邕宁。常生于海拔 700 ~ 1500m 的山坡、路旁灌木丛中。分布于云南、贵州、广东;老挝、越南、柬埔寨也有分布。果可食。全株入药,有止咳、消肿止痛、收敛的功效。

33. 棕红悬钩子　红棕悬钩子

Rubus rufus Focke

攀援灌木。小枝有黄色柔毛、棕红色刺毛及稀疏针刺。单叶,纸质,心状圆形或心状卵形,直径 6 ~ 17cm,先端渐尖,边缘 5 浅裂至半裂,有细锯齿,上面沿叶脉疏生柔毛,下面密生棕褐色绒毛,沿叶脉有棕红色长硬毛和稀疏刺毛;叶柄有黄色柔毛和棕红色刺毛及微弯针刺,长 2.5 ~ 8.5cm;托叶宽大,离生,梳齿状或掌状深裂。狭圆锥花序或短总状花序;花总梗、花梗均密生柔毛、棕色软刺毛和少量针刺;花白色,直径约 1cm;花萼外面密生灰棕色粗毛和软刺毛,内面有短绒毛,萼片披针形;花瓣近圆形,短于萼片,雌、雄蕊无毛。聚合果近球形,直径约 1cm,橘红色,无毛,包藏于宿萼内。花期 7 ~ 8 月;果期 9 ~ 10 月。

产于恭城、龙胜、凌云、隆林、田林等地。常生于海拔 500 ~ 2000m 的山坡灌丛中或林下。分布于江西、湖北、湖南、四川、云南、贵州、广东等地;泰国、越南也有分布。

34. 角裂悬钩子　裂叶悬钩子

Rubus lobophyllus Shih ex Metc.

攀援灌木。幼枝有柔毛,老时渐脱落,疏生小钩状皮刺。单叶,纸质,卵形或长卵形,长 8 ~ 14cm,宽 5 ~ 12cm,先端渐尖,基部心形,边缘有明显浅裂和不规则细锯齿,上面仅沿叶脉有柔毛,下面密生灰色绒毛;叶柄有柔毛,疏生小皮刺,长达 5cm;托叶有柔毛,掌状分裂,离生,早落。圆锥花序较狭或总状花序，顶生，或数朵簇生于叶腋；花总梗、花梗有浅黄色柔毛；花白色，直径约 8mm；花梗细，长 1.0~1.5cm；花萼外面有绒毛和长柔毛，萼片卵形，常条裂；花瓣近圆形，与萼片近等长；花丝和子房无毛。聚合果球形，直径约 8mm，熟时红色，无毛，包藏于宿萼内。花期 6~7 月；果期 8 月。

产于恭城、金秀、融水、象州、凌云、田林等地。常生于海拔 500~1500m 的山坡灌丛中或疏林下。分布于湖南、云南、贵州、广东等地。

35. 川莓

Rubus setchuenensis Bureau et Franch.

落叶灌木，蔓生。枝无刺，密生淡黄色短绒毛，有时杂生刚毛。单叶，纸质，近圆形或宽卵形，宽 5~17cm，先端圆钝或近截形，基部心形，边缘 5~7 浅裂，有不整齐钝细锯齿，上面皱，绿色，无毛或仅沿脉有柔毛，下面密生灰白色短绒毛，网脉明显；叶柄有黄色柔毛，长 3~7cm，常无刺；托叶卵状披针形，常多裂，离生，早落。圆锥花序顶生或腋生，或簇生于叶腋；花总梗、花梗密生淡黄色短绒毛和柔毛；花白色，常在花瓣先端杂有紫红色，直径约 1cm；花托外面密生淡黄色短绒毛和柔毛，萼片披针形，常 3 枚齿裂；花瓣椭圆状倒卵形；雌、雄蕊无毛，几等长。聚合果近球形，直径约 8mm，熟时黑色，无毛，包藏于宿萼内。花期 7~8 月；果期 9~10 月。

产于凌云、乐业、隆林、田林。生长于低海拔的山坡、路旁、林缘和灌丛中。分布于贵州、湖北、湖南、四川、云南。果可食。根皮可作栲胶原料。茎皮可为造纸原料。根入药，有祛风、除湿、活血的功效。

36. 灰毛泡　地王泡藤

Rubus irenaeus Focke

常绿小灌木；茎平卧；枝密生灰色绒毛，疏生小皮刺或无刺。单叶，厚纸质，肾形至近圆形，宽 5~15cm，先端钝或急尖，基部心形，边缘有粗锐锯齿和不明显的 3~5 浅裂，上面无毛，下面密生灰白色绒毛，沿脉有长柔毛；叶柄有绒毛，长于 5cm，无刺或具极稀小皮刺；托叶大，长 3~5cm，宽 1~2cm，离生，矩圆形，上半部有缺刻状条裂。伞房或近总状花序顶生，或 1 至数朵簇生于叶腋；花总梗、花梗均密生灰色绒毛状柔毛；花白色，直径 1.5~2.0cm；花梗长 1.0~1.5cm；花萼外面密生灰色绒毛，萼片卵形，先端条裂；花瓣近圆形；子房无毛。聚合果卵形，直径约 1.5cm，熟时红色，无毛。花期 6~7 月；果期 8 月。

产于全州、罗城。常生于海拔 500~1600m 的山坡林下。分布于江西、湖北、湖南、江苏、四川、贵州、广东、福建。果可食，可供酿酒。根、叶入药，可理气止痛、散毒生肌。

37. 中南悬钩子

Rubus grayanus Maxim.

灌木，高 2m；小枝棕褐色至紫褐色，具稀疏皮刺或近无刺，无毛。单叶，卵形至椭圆形，长 7~10cm，宽 3~6cm，顶端渐尖至尾尖，基部截形至心形，边缘常不分裂，具不整齐粗锐锯齿或重锯齿，两面无毛或仅沿叶脉稍被柔毛，下面沿主脉疏生小皮刺，基部具掌状三出脉；叶柄长 2~3cm，无毛，疏生小皮刺；托叶线形，合生，无毛。花单生枝顶，直径 2cm；花梗长 1.0~2.5cm，无毛，偶被稀疏腺毛；花萼外面无毛或仅于萼片边缘被绒毛；萼片卵状三角形；花瓣红色；雄蕊多数；雌蕊很多，100 多枚，子房浅紫红色，无毛。果卵球形，直径 1.0~1.2cm，黄红色，无毛；核具纹孔。花期 4 月；果期 5~6 月。

产于广西东北部。生于山坡、向阳山脊、谷地灌木丛中或溪边水旁杂木林下。分布于江西、湖南、浙江、福建、广东；日本也有分布。

38. 三花悬钩子

Rubus trianthus Focke

落叶藤状灌木，高达 2m。枝细小，无毛，被白粉，疏生皮刺。单叶，卵状披针形或卵形，长

4~9cm，宽2~5cm，先端渐尖或尾尖，基部心形或平截，3裂或不裂，叶缘有不规则锯齿或缺刻，两面无毛，基部具掌状三出脉，下面沿脉有小弯刺；叶柄长1~4cm，无毛，疏生小皮刺；托叶披针形或线形，合生，无毛。花通常3朵集生于枝顶；花梗长1.0~2.5cm，无毛；花径1~2cm，白色；萼片三角形，顶端长尾尖，无毛；花瓣与萼片近等长；雄蕊多数，花丝宽扁。聚合果近球形，直径约1cm，红色，无毛。花期4~5月；果期5~6月。

产于融水、兴安。生于山坡杂木林或草丛中。分布于江西、湖南、湖北、安徽、江苏、浙江、福建、台湾、四川、云南、贵州；越南也有分布。全株入药，可活血、散瘀。亦可栽培供观赏。

39. 山莓　吊杆泡

Rubus corchorifolius L. f.

落叶直立灌木，高1~2m。枝条幼时有柔毛和少数腺毛，老时无毛，有钩状皮刺。单叶，卵形或卵状披针形，长3~12cm，宽2~5cm，先端渐尖或尾尖，基部近圆形或浅心形，不裂或近基部3浅裂，边缘有不整齐的锯齿，上面脉上稍有柔毛，下面幼时有灰色绒毛，后脱落至近无毛，基部具掌状三出脉，中脉疏生钩状小皮刺；叶柄长0.5~3.0cm，幼时有灰色绒毛，疏生小皮刺；托叶条形，贴生于叶柄。花单生或几朵簇生于短枝上；花白色，直径约2cm；花萼有柔毛，萼片卵状披针形，密生灰白色绒毛；花瓣椭圆形。聚合果近球形，直径约1cm，熟时红色，外面密生短柔毛。花期3~4月；果期4~5月。

产于广西各地。常生于海拔1000m以下向阳的山坡、溪边灌丛中。为常见的种类，除东北、甘肃、青海、福建、西藏外，各地均有分布；朝鲜、日本、缅甸、越南也有分布。果可生食。根入药，可治吐血、月经不调、下死胎、遗精、肾亏、跌打等症。根可供提制栲胶。

40. 广西悬钩子

Rubus kwangsiensis Li

攀援灌木；小枝无毛，有钩状皮刺。单叶，长圆状卵形，长7~12cm，宽4~6cm，顶端渐尖，基部近心形，边缘具不整齐粗锐锯齿或重锯齿，上面除沿叶脉稍被柔毛外均无毛，下面无毛，基部具掌状三出脉，侧脉7~8对；叶柄长1.5~3.0cm，无毛，疏生钩状皮刺；托叶披针形，长6~8cm，基部与叶柄合生。花单生，生于侧枝顶端或叶腋，直径约2cm；花梗长约1cm，无毛；萼筒外无毛；萼片三角状披针形，外面无毛，边缘稍被绒毛；花瓣倒卵形，红色，长约8mm；雄蕊多数；雌蕊较多，子房仅顶端稍被柔毛。花期4~5月。

产于资源、兴安。生于山顶林中。根、叶入药，可治牙痛、哮喘。

41. 掌叶覆盆子　甜茶

Rubus chingii Hu

落叶灌木，高达3m。茎直立或稍倾斜，常有白粉；小枝绿色，疏生皮刺，无毛，有白粉。单叶，互生，纸质，近圆形，长5~11(~16)cm，宽5~13(~22)cm，基部近心形或狭心形，叶缘具重锯齿，掌状5深裂，极稀3或7深裂，裂片披针形或椭圆形，中央裂片较长，先端渐尖或尾状渐尖，上面绿色，沿叶脉有灰色或灰褐色短柔毛，下面淡绿色，疏生毛或间有1~2小皮刺，基部具掌状五出脉；叶柄长2~5cm，上有浅槽，有小皮刺1~2；托叶常不脱落，下半部贴生于叶柄。花单生于短枝先端；白色，直径3~5cm；花梗长1.5~4.5cm；花萼两面均密生灰褐色或灰白色短柔毛，萼片披针形或椭圆形；花瓣5枚，长1.0~1.5cm，与萼片互生，倒卵形；雄蕊基部合生；花丝扁；子房密生灰白色短柔毛。聚合果卵球形，熟时橙红色，密被灰白色柔毛。花期3~4月；果期5~6月。

产于蒙山、桂平、金秀等地。生于海拔500~1000m的丘陵山地疏林、林缘或灌丛中。分布于安徽、江苏、浙江、福建、江西。叶可供制茶，味甚甜，故被称为"甜茶"，又因叶内富含对人体有益的甜茶素、多酚类、蛋白质、氨基酸、维生素C等，又称为"神茶"。果味甜可食；果入药，可作强壮剂；根可活血、消肿、止咳。

41a. 甜茶

Rubus chingii var. **suavissimus** (S. Lee) L. T. Lu

与原种的区别在于：叶掌状 5～7 深裂，稀 6 或 8 深裂；花瓣长 1.4～2.5cm。

广西特有种，产于桂平、金秀。生境同掌叶覆盆子。叶富有糖，民间用叶片作茶。

42. 越南悬钩子　红勒钩、蛇泡筋

Rubus cochinchinensis Tratt.

攀援灌木。枝、茎均有小钩刺，幼枝有黄色绒毛，老时近无毛或无毛。掌状复叶，小叶 3～5 枚，纸质，长椭圆形、倒卵状长椭圆形或椭圆状披针形，长 5～10cm，宽 2.0～3.5cm，先端短渐尖，边缘有尖锯齿，下面密生黄色绒毛，疏生小皮刺；叶柄长 4～5cm，疏生小钩刺；小叶柄长 3.5mm，疏生柔毛；托叶宽，扇形，掌状分裂，离生。圆锥花序顶生，总状花序腋生；花总梗、花梗密生黄色绒毛；花白色，稀红色，直径 0.8～12.0cm；花梗长 4～8mm；花托内面密生灰色绒毛。聚合果球形，直径 7～10mm，熟时黑色。花期 4～7 月；果期 6～9 月。

产于博白、上思、崇左、宁明、凭祥、龙州、大新、隆安、扶绥、武鸣、南宁、马山、邕宁、横县、百色、田林、乐业等地，常生于低海拔山谷、溪边、林缘及灌丛中。分布于云南、广东等地；越南也有分布。根入药，能散淤活血、祛风湿。

43. 白花悬钩子　图 219：1

Rubus leucanthus Hance

攀援灌木，高达 3m。茎、枝无毛，疏生钩状皮刺，茎皮常为淡棕色。羽状三出复叶，生于小枝上部或花序基部的常为单叶，小叶卵形、椭圆形、稀长圆状卵形，顶生小叶比侧生小叶稍大或几相等，长 3～8cm，宽 1.5～5.0cm，先端渐尖，基部近圆，两面无毛，下面中脉有时具小钩刺，边缘有尖锯齿；叶轴及小叶柄无毛，疏生小皮刺，叶轴长 2～5cm；托叶锥形，贴生于叶柄，宿存。花单生或 2～8 朵组成聚伞花序；总花梗和花梗无毛；花白色，直径 1.0～1.5cm，花梗长 0.5～1.5cm；萼片卵圆形，边缘有绒毛；花瓣近圆形，与萼片几等长。聚合果近球形，直径约 8mm，熟时红色，无毛。花期 4～5 月；果期 6～7 月。

产于上思、扶绥、龙州、上林、武鸣、苍梧、容县、融水、罗城、环江、都安、田阳、田林、乐业。常生于海拔 700～1400m 的山坡、山谷、溪边、疏林内或灌丛中。分布于广东、贵州、云南、湖南、福建等地；越南、老挝、柬埔寨、泰国也有分布。果可食。根入药，可治腹泻、赤痢。

图 219　1. 白花悬钩子 Rubus leucanthus Hance 花枝。
2. 红腺悬钩子 Rubus sumatranus Miq. 果枝。**3. 红毛悬钩子 Rubus wallichianus** Wight et Arn. 幼果枝。（仿《中国树木志》）

44. 小柱悬钩子　黄泡刺

Rubus columellaris Tutcher

攀援灌木。茎、枝光滑无毛，散生小皮刺。三出复叶，有时生于枝顶或花序下部的为单叶，厚纸质，卵状披针形或椭圆形，长可达 10cm，宽约 4cm，先端急渐尖至尾尖，基部圆形或浅心形，有粗锯齿，两面无毛，中央小叶比侧生小叶大，长可达 16cm，有 1~2cm 的柄，侧生小叶无柄，基部稍偏斜，总柄长约 4cm，无毛，散生小皮刺；托叶披针形，无毛，合生，宿存。伞房花序，顶生或腋生；花总梗和花梗散生小皮刺，无毛；花白色或稍带淡紫色，径 3cm 以上；花梗长 2~4cm；花萼无毛，萼片披针形，先端急尖，花后反折；花瓣矩圆形；雄蕊在花开放时反曲；雌蕊 30 枚或更多；子房无毛。聚合果近球形，直径约 1.5cm，熟时棕黄色或橘红色，无毛。花期 5 月；果期 6 月。

产于临桂、阳朔、兴安、龙胜、融水、罗城、环江、金秀、东兰、平果、武鸣、龙州、扶绥、上思、容县、贵港。常生于海拔 1000~1600m 的山坡、路旁灌丛中或林缘。分布于江西、湖南、四川、贵州、云南、广东、福建。

45. 少齿悬钩子

Rubus paucidentatus Yu et Lu

藤状亚灌木；枝褐色，无毛，具极稀疏钩状皮刺或近无刺。小叶 3 枚，稀为单叶，狭披针形，顶生小叶长 7~14cm，侧生小叶长 1.5~6.0cm，顶端渐尖，基部圆形，边缘稀疏生细锯齿，两面无毛；叶柄长 1.5~2.5cm，无毛，疏生小皮刺；托叶线形，无毛，合生。花单生或 2~3 朵顶生；花梗长 1.0~1.5cm，无毛；花径 1.5~2.0cm；花萼外面无毛，萼片卵状披针形或三角状披针形，内萼片边缘被黄灰色绒毛，花后直立；花瓣宽倒卵形，白色，内面稍被柔毛，具短爪；雌蕊很多，子房顶端被柔毛。花期 5~6 月。

产于贺州。生于海拔约 1000m 的山谷阳处。分布于广东。

45a. 广西少齿悬钩子

Rubus paucidentatus var. **guangxiensis** Yu et Lu

本变种与原种区别在于：小叶片长圆状椭圆形或椭圆形，长 5~7cm，边缘近全缘，顶生小叶仅稍长于侧生小叶。

广西特有种。产于十万大山。生于海拔约 880m 的山谷或溪旁密林中。

46. 腺毛莓

Rubus adenophorus Rolfe

落叶攀援灌木。小枝红褐色，密生柔毛和紫红色腺毛，疏生皮刺。三出复叶，纸质，小叶卵形、宽卵形，长 4~10cm，宽 2~7cm，顶端渐尖，基部圆形至心形，侧生小叶偏斜，边缘有不整齐的重锯齿，上面疏生柔毛和腺点，下面密被柔毛和疏生皮刺；总叶柄长达 8cm，中央小叶有长柄，侧生小叶近无柄，皆有皮刺；托叶钻形，有毛，合生，宿存。总状花序顶生或腋生，密生长柔毛和红色腺毛；花紫红色；花梗有腺毛；萼片卵圆形，有腺毛；花瓣近圆形；子房有柔毛。聚合果球形，直径约 1cm，熟时红色，无毛或微具毛。花期 4~5 月；果期 6~7 月。

产于兴安、金秀、昭平。常生于山坡、荒地、林缘或灌丛中。分布于江西、湖北、湖南、浙江、广东、福建、贵州等地。

47. 红毛悬钩子　川黔悬钩子　图 219：3

Rubus wallichianus Wight et Arn.

落叶蔓性灌木。小枝红褐色，密生红褐色刺毛，有棱，疏生钩状皮刺。三出复叶，厚纸质；中央小叶比侧生小叶大，小叶宽卵形、倒卵形或椭圆形，长 5~13cm，宽 4~9cm，先端急尖或尾尖，基部圆形或阔楔形，叶缘有不整齐锯齿，上面有光泽，无毛，下面疏生柔毛，沿叶脉疏生小皮刺；侧生小叶基部偏斜，柄短；总叶柄长 2~4cm，疏生弯钩刺；托叶丝状，疏生柔毛和刚毛，合生。花单生或几朵簇生，白色，直径约 1.5cm；花萼密生绒毛状柔毛，萼片卵形，两面有绒毛；花瓣长倒卵形,长于花萼;雌、雄蕊几等长;子房上端有柔毛。聚合果球形,径约 1cm,熟时红色,无毛。花期 4~6 月;果期 7~8 月。

产于临桂、融水、凌云、乐业、田林等地。常生于低、中海拔的山坡、山谷、路旁灌丛中或林缘。分布于湖南、四川、贵州、云南、台湾等地。根、叶入药,可祛风、除湿,治月经不调。

48. 茅莓 三月泡
Rubus parvifolius L.

落叶小灌木,高 1~2m。枝、茎弯曲,疏生皮刺,小枝有柔毛和腺毛及小皮刺。奇数羽状复叶,小叶常 3 枚,有时为 5 枚,菱状卵形、宽倒卵形或卵圆形,偶有 3 浅裂,先端钝或急尖,基部楔形,边缘有不整齐粗锯齿,上面有疏生柔毛,下面密生白色绒毛;叶柄长 2~5cm,小叶柄和叶轴有柔毛及小皮刺;托叶条形,有柔毛,合生。伞房花序或复伞房花序,顶生,或单花腋生;总花梗、花梗密生柔毛,疏生针刺;花粉红色或紫红色,花径 6~9mm,梗长 1.0~1.5cm;花托密生柔毛,疏生针刺,萼片披针形;花瓣卵形或椭圆形。聚合果近球形,直径约 1.5cm,熟时红色,无毛。花期 4~6 月;果期 7~8 月。

产于广西各地,常见种类。生于海拔 1500m 以下的山坡、荒野、路旁灌木丛中。除宁夏、西藏、青海、新疆外中国各地都有分布;日本、朝鲜也有分布。果味酸甜可生食,可供熬糖和酿酒。全株入药,有清热解毒、活血消肿的功效。叶和根皮可供提制栲胶。

49. 白叶莓
Rubus innominatus S. Moore

落叶灌木,高 1~3m。幼枝密生绒毛和腺毛,散生扁平钩状皮刺。奇数羽状复叶,小叶 3~5 枚,纸质,中央小叶较大,宽卵形、卵形至椭圆形,长 4~10cm,宽 2~5cm,先端急渐尖或钝,基部近圆形,边缘常 3 裂或缺刻状浅裂,有不规则粗锯齿,上面疏生短柔毛,下面密生白色绒毛;小叶柄长 1~2cm;侧生小叶较小,基部偏斜,几无柄;总叶柄长 2~6cm,密生绒毛;托叶线形,被柔毛,合生。总状花序或圆锥花序,顶生或腋生;花总梗、花梗密生灰黄色绒毛和红色腺毛;花粉红色;花梗粗壮;花托外面密生灰黄色绒毛和红色腺毛,萼片三角状卵形至披针状卵形;花瓣近圆形。聚合果球形,径约 1cm,熟时橘红色,无毛。花期 5~6 月;果期 8~9 月。

产于桂林、临桂、全州、龙胜、资源、融水、金秀、乐业、凌云、田林、南丹、龙州。生于海拔 500m 以上的山坡、山谷、路旁灌丛中或疏林间。分布于陕西、甘肃、河南、湖南、四川、云南、贵州、江西、安徽、浙江、广东、福建等地。果可食。根入药,可治风寒喘咳。

49a. 无腺白叶莓 旱谷莓、旱谷泡
Rubus innominatus var. **kuntzeanus** (Hemsl.) Bailey

本变种与原种的区别在于:茎、叶背面和花序有绒毛,而无腺毛。

产于龙胜、临桂、融水、环江。生于海拔 900~2000m 的山坡、路旁灌木丛中。分布于浙江、江西、湖南、贵州、四川、湖北、广东、福建。根入药,可治风寒。果味酸甜,可食。

50. 栽秧泡 黄泡
Rubus ellipticus var. **obcordatus** (Franch.) Focke

落叶小灌木,高 1~2m。小枝褐色,有短柔毛和密生褐色刚毛,有钩状皮刺。三出复叶,厚纸质,小叶倒卵形至阔倒卵形,长 2.0~5.5cm,宽 1.5~5.0cm,中央小枝较大,先端近圆或平截,通常凹,叶缘有不规则细锯齿,上面仅沿中脉有毛,叶脉下陷,下面密生灰白色绒毛,叶脉显著凸起;叶柄长 2~6cm,顶生小叶柄长 2~3cm,均有小皮刺和散生刚毛,侧生小叶无柄;托叶线形,有柔毛和腺毛,合生。总状花序,顶生或成束状腋生,有短柔毛,几无刺;花白色或带淡红色,直径约 1cm,花托密生短绒毛,萼片卵圆形;子房有柔毛。聚合果球形,直径 7~9mm,熟时黄色。花期 3~4 月;果期 4~5 月。

产于乐业、凌云、隆林、那坡、田林、河池、凤山、天峨等地,常生于海拔 500~1800m 的山

坡、山谷、荒野、路旁和灌木丛中。分布于四川、贵州、云南；印度、老挝、泰国、越南也有分布。果味酸甜可食。全株入药，可去湿、解毒。

51. 空心泡 白烟筒、蔷薇莓 图216：3~4

Rubus rosifolius Sm.

直立或匍匐状灌木，高3m。小枝幼时绿色有短柔毛和浅黄色腺点，有扁平弯刺。奇数羽状复叶，革质，小叶5~7片，披针形或卵状披针形，长2.5~7.0cm，宽1~2cm，先端渐尖至尾尖，基部楔形至近圆形，边缘有不整齐尖锐重锯齿，上面疏生柔毛，下面有黄色腺点，沿中脉疏生小皮刺；中央小叶柄长约1cm，侧生小叶基部常偏斜，几无柄，总叶柄长2~4cm，均有柔毛和疏生皮刺；托叶披针形，全缘，有柔毛，合生。花白色，径约3cm，1~2朵顶生或腋生；花梗细，长1.5~2.5cm，有柔毛和疏生小皮刺；花托外面有柔毛和腺点，萼片卵状披针形；花瓣近圆形。聚合果长圆形，长1.2~1.5cm，熟时亮红色，无毛。花期4~5月；果期6~7月。

产于南宁、贵港、阳朔、临桂、全州、兴安、龙胜、平乐、恭城、柳州、融水、昭平、金秀、横县、苍梧、平南、玉林、百色、德保、隆林、大明山等地。生于海拔1000m以下的山坡林下、灌丛、路边。分布于四川、贵州、安徽、湖南、江西、浙江、福建、广东、台湾等地。根及叶入药，能清热收敛。果可食。

51a. 重瓣空心泡

Rubus rosifolius var. **coronarius**（Sims）Focke

丛生灌木。小叶上面稍皱缩。花重瓣，白色，芳香，直径3~5cm。花期6~7月。

广西各地有栽培。分布于陕西、云南、江西等地；印度、印度尼西亚、马来西亚也有分布。

52. 大红泡

Rubus eustephanos Focke

落叶灌木，高0.5~2m；小枝有棱角，无毛，疏生皮刺。羽状复叶，小叶3~5(~7)枚，卵形、椭圆形或卵状椭圆形，长2~5cm，宽1~3cm，先端渐尖，基部圆形，边缘具缺刻状尖锐重锯齿，幼时两面疏被柔毛，老时仅叶背沿叶脉疏被柔毛，沿中脉有小皮刺；叶柄长1.5~2.0cm，叶柄和叶轴疏生皮刺；托叶披针形，被柔毛，合生。花单生于叶腋，稀2~3朵；花梗长2.5~5.0cm，疏生小皮刺；花径2.5~4.0cm，花瓣白色；萼片长圆状卵形，果时反折。聚合果近球形，直径6~10mm，红色，无毛。花期4~5月；果期6~7月。

产于兴安。分布于浙江、陕西、福建、湖南、湖北、四川、贵州、云南；缅甸也有分布。根皮含鞣质，可供提制栲胶。

53. 红花悬钩子

Rubus inopertus（Diels）Focke

攀援灌木。小枝光滑无毛，散生扁平钩状小皮刺。奇数羽状复叶，革质，小叶7~9，中央小叶较大，卵圆形或椭圆状卵形，长4~10cm，宽2~5cm，先端渐尖或尾尖，基部圆形或近截形，有不规则重锯齿，两面疏生柔毛或无毛；顶生小叶柄长约1.5cm，侧生小叶较小，基部常偏斜，无柄，总叶柄长可达10cm，光滑无毛，与叶轴均具稀疏小皮刺；托叶线形，合生。短伞房花序顶生或几朵簇生；花粉红色至紫红色，直径约1cm；花梗长0.5~1.0cm，与总梗均无毛；花托外面无毛，萼片卵状披针形，在果期反折；花瓣近圆形，基部有爪。聚合果近球形，直径约7mm，熟时紫黑色，有柔毛。花期5~6月；果期7~8月。

产于融水、龙胜，生于海拔800m以上的山坡、山谷、溪边灌丛中。分布于陕西、四川、湖北、湖南、云南、贵州等地。

53a. 刺萼红花悬钩子

Rubus inopertus var. **echinocalyx** Card.

本变种与原种区别在于：花萼外面具针刺。

产于桂东。分布于云南。

54. 红腺悬钩子 虎泡 图219：2

Rubus sumatranus Miq.

直立或攀援灌木。小枝密生红色刚毛状腺毛和柔毛，疏生钩状皮刺。奇数羽状复叶，小叶5~7片，稀3片，中央小叶较大，侧生小叶较小，基部偏斜，卵状披针形至披针形，长2.5~7.0cm，宽1~3cm，先端渐尖或尾尖，基部近圆形，有不整齐尖锐锯齿，稀3片浅裂，两面皆疏生柔毛，下面沿中脉有小钩皮刺；顶生小叶柄长约1cm，侧生小叶无柄，总叶柄长达6cm，均密生红色刚毛状腺毛和柔毛；托叶条形或条状披针形，有毛，基部与叶柄合生。伞房花序，有花数朵，稀单生；花梗纤细，长达5cm，总花梗、花梗密生红色刚毛状腺毛和柔毛；花白色，直径约1cm；花托外面有腺毛和短柔毛，萼片披针形，内面密生短柔毛，果期反折；花瓣椭圆形。聚合果矩圆形，长1.0~1.5cm，熟时橘红色，无毛。花期6~7月；果期8~9月。

产于全州、龙胜、恭城、融水、金秀、凌云、乐业、贵港等地。生于海拔500~1800m的山坡灌丛中或林缘边。分布于贵州、西藏、四川、湖北、湖南、安徽、江西、浙江、福建、云南、广东、台湾等地；朝鲜、日本、尼泊尔、印度、越南、泰国、老挝、柬埔寨、印度尼西亚也有分布。根入药，能清热解毒、利尿，可治急性中耳炎。

55. 光滑悬钩子

Rubus tsangii Merr.

攀援灌木。小枝具腺毛，散生扁平钩状皮刺。奇数羽状复叶，革质，小叶7~11枚，披针形或卵状披针形，长3~8cm，宽1.0~2.5cm，先端渐尖至尾尖，基部近圆形至宽楔形，边缘有不整齐细锐锯齿或重锯齿，上面疏生柔毛或几无毛，下面灰绿色，无毛，沿中脉疏生小皮刺；中央小叶柄不到1cm，侧生小叶无柄，总叶柄长3~6cm，和叶轴疏生腺毛及钩状小皮刺；托叶披针形，无毛，合生。伞房花序，顶生；花梗长约2cm，纤细，花总梗、花梗皆有腺毛；花白色，直径约3cm；花托有腺毛，萼片长圆状披针形或长卵状披针形，内面密生绒毛，果时反折；花瓣卵形。聚合果长圆形，直径约1cm，熟时红色，无毛。花期4~5月；果期5~6月。

产于资源、那坡。生于海拔600~1300m的山坡、山谷灌丛中和林下。分布于四川、云南、贵州、浙江、福建、广东等地。

56. 拟覆盆子

Rubus idaeopsis Focke

攀援灌木。幼枝密生绒毛状柔毛，疏生腺毛或无腺毛，老时无毛，疏生宽扁钩状皮刺。奇数羽状复叶，厚纸质，小叶5~7枚，中央小叶较大，卵形至披针状卵形，长4~7cm，宽2~4cm，先端渐尖或急尖，基部圆形，侧生小叶基部偏斜，叶缘有不规则的锯齿，偶有浅裂，上面疏生柔毛，下面密生灰白色绒毛；顶生小叶有长1~2cm的叶柄，侧生小叶无柄，总叶柄长3~5cm，均密生短柔毛和疏生腺毛；托叶有毛，钻形，合生。圆锥花序或总状花序；总花梗、花梗密生柔毛和腺毛；花粉红色，直径约8mm；花托密生柔毛和腺毛，萼片卵形，内面有绒毛，果时直立；花瓣近圆形；子房有柔毛。聚合果近球形，直径约8mm，熟时红色，无毛或有稀疏柔毛。花期5~6月；果期6~7月。

产于凌云。生于海拔800~1200m的山坡、山谷灌丛中。分布于陕西、河南、甘肃、西藏、四川、云南、贵州、江西、福建等地。

57. 红泡刺藤

Rubus niveus Thunb.

落叶攀援灌木，高2m。幼枝被绒毛状毛，老时无毛，疏生钩状皮刺，有粉霜。奇数羽状复叶，纸质，小叶5~9枚，顶生小叶稍大于侧生小叶，菱形至菱状椭圆形，先端渐尖至急尖，基部楔形至圆形，叶缘有锯齿，罕为缺刻状浅裂，上面无毛，下面密生灰白色绒毛；顶生小叶有长约1cm的柄，侧生小叶无柄，总叶柄长 2～4cm，有短柔毛和稀疏小皮刺；托叶披针状线形，有柔毛，合生。圆锥花序或伞房花序，顶生或腋生；花总梗、花梗密生绒毛；花紫红色；花梗长 0.5～1.0cm；花托密生绒毛状柔毛，萼片披针形，果期直立展开；花瓣近圆形。聚合果近球形，径约1cm，熟时暗红色，密生灰白色绒毛。花期 5～6 月；果期 7～8 月。

产于罗城、都安、东兰、天峨、隆林、凌云、靖西、那坡、平果、田林、西林、金秀等地。生于海拔 500m 以上的山坡、路旁灌木丛中或林下。分布于陕西、甘肃、西藏、四川、云南、贵州等地；缅甸、泰国、老挝、越南、马来西亚、印度尼西亚、菲律宾、阿富汗、尼泊尔、不丹、印度、斯里兰卡也有分布。果可生食，供酿酒及制果酱。

17. 蔷薇属 Rosa L.

落叶或常绿灌木。茎常为直立、蔓生或攀援状，大多数有皮刺、针刺或刺毛，极少无刺。叶互生，奇数羽状复叶，稀单叶；小叶边缘常有锯齿；托叶常与叶柄合生或离生，极少无托叶。两性花，辐射对称，单生或呈伞房状花序、复伞房状花序或圆锥状花序；花托球形、坛状或杯状，颈部缢缩；萼片 5 枚，极少 4 枚，呈覆瓦状排列，宿存或脱落；花瓣 5 枚，少数 4 枚，白色、艳红色或黄色；雄蕊多数，离生，雌蕊多数、稀少数，每子房有 1 枚悬垂胚珠；花柱顶生或侧生。瘦果，木质，着生于肉质的杯状或坛状花托内，被称为"蔷薇果"；种子下垂。

约200 种；分布于亚洲、北非、北美的寒温带至亚热带地区；中国 82 种，分布于南北各地；广西 10 余种，载入本志的 16 种 5 变种。许多种类为著名的观赏植物、药用植物和轻工及食品工业原料；有些种类的果实富含维生素 C，具有很高的经济价值和开发价值。

分种检索表

1. 托叶与叶柄合生。
  2. 小枝有皮刺，无毛。
    3. 托叶篦齿状或有锯齿，花柱合生。
      4. 叶背面有柔毛。
        5. 小叶倒卵形、卵形或长圆形；叶柄及叶轴有柔毛，常散生腺毛；托叶篦齿状；圆锥状伞房花序，无毛或有腺毛 ·············· **1. 野蔷薇 R. multiflora**
        5. 小叶椭圆状卵形、椭圆形；叶轴密生柔毛和带红色皮刺；托叶具细齿；伞房状花序，总花梗及花梗密生淡黄色长柔毛和少量腺毛 ·············· **2. 广东蔷薇 R. kwangtungensis**
      4. 叶两面无毛，小叶 5～9 枚，宽卵形或倒卵、椭圆形，叶缘有粗锯齿；托叶无毛，披针形，有锯齿，下面常有成对皮刺；伞房状或圆锥状花序 ·············· **3. 光叶蔷薇 R. luciae**
    3. 托叶全缘，稀羽裂；花柱离生或合生。
      6. 叶下面被柔毛。
        7. 小叶 5～7 枚，长圆形或长圆状倒卵形，叶缘具细锯齿；伞房或复伞房花序 ·············· **4. 绣球蔷薇 R. glomerata**
        7. 小叶常 5 枚，稀 3、7 枚，卵状椭圆形、倒卵形或椭圆形，有粗尖锐锯齿；圆锥状伞房花序 ········· ·············· **5. 悬钩子蔷薇 R. rubus**
      6. 叶两面无毛、近无毛，或下面仅沿中脉有毛。
        8. 伞房或复伞房花序；花柱合生。
          9. 小叶草质，5～9 枚，卵形、卵状长圆形或椭圆形；伞房花序；萼片披针形，全缘或有羽裂片，被红色腺毛或长柔毛 ·············· **6. 长尖叶蔷薇 R. longicuspis**
          9. 小叶常 5 枚，稀 3 枚。
            10. 小叶长圆形、椭圆形、卵形或椭圆状卵形；伞房花序；花托无毛或有时具腺毛；萼片卵状披针形，全缘或稀裂片 ·············· **7. 软条七蔷薇 R. henryi**
            10. 小叶椭圆形、稀卵状长圆形；复伞房花序；花托外面密生柔毛；萼片披针形，常羽状裂······ ·············· **8. 毛萼蔷薇 R. lasiosepala**

8. 花单生或数朵集生；花柱分离。

11. 小叶 3 ~ 5 枚，稀 7 枚，宽卵形或卵状长圆形；托叶边缘常有腺睫毛或羽裂；萼片边缘常羽裂，稀全缘 ·· **9. 月季花 R. chinensis**

11. 小叶 5 ~ 9 枚，椭圆形、长圆形、卵形或长圆卵形。

12. 小叶长 4 ~ 8cm，宽 1.5 ~ 3.0cm，先端急尖或渐尖；叶柄及叶轴有稀疏小皮刺和腺毛；花萼全缘，边缘具腺毛，外面无毛，内面密生长柔毛·················· **10. 香水月季 R. odorata**

12. 小叶长 1.0 ~ 2.2cm，宽 0.6 ~ 1.2cm，先端急尖或钝圆；萼片宽卵形，有羽裂片，外面密生针刺，内面密生绒毛 ·························· **11. 巢丝花 R. roxburghii**

2. 小枝有皮刺、刺毛和腺毛。

13. 小叶 3 ~ 5 枚，卵形或宽椭圆形，基部圆形或心形，叶缘有重锯齿，稀单锯齿，叶背被短柔毛；托叶全缘；花大，无苞片；果近球形或梨形，萼片脱落 ······· **12. 法国蔷薇 R. gallica**

13. 小叶 5 ~ 9 枚，椭圆形或椭圆状倒卵形，基部近圆或宽楔形，叶缘有锐锯齿，叶背有绒毛和腺毛；托叶边缘有细锯齿；苞片卵形；果扁球形，萼片宿存 ·············· **13. 玫瑰 R. rugosa**

1. 托叶离生。

14. 小叶 3 枚，稀 5 枚，椭圆状卵形、倒披针形或披针状卵形；花单生，密生腺质刺毛；花托密生腺质刺毛；果梨形或倒卵形，稀近球形，和果梗均有刺毛 ··········· **14. 金樱子 R. laevigata**

14. 小叶 3 ~ 5 枚，稀 7 枚，椭圆状卵形至长圆状披针形；花托与萼片疏生柔毛或无毛。

15. 复伞房花序；花托疏生柔毛；萼片卵状披针形，常羽裂 ·············· **15. 小果蔷薇 R. cymosa**

15. 伞形花序；萼筒和萼片外面均无毛，萼片长卵形，全缘 ·············· **16. 木香花 R. banksiae**

1. 野蔷薇

Rosa multiflora Thunb.

落叶攀援灌木，高达 3m。枝细长，无毛，有皮刺。羽状复叶，小叶 5 ~ 9 枚，倒卵形、卵形或长圆形，长 1.5 ~ 5.0cm，宽 0.8 ~ 2.5cm，先端急尖或钝圆，基部楔形或近圆形，叶缘具尖锐单锯齿，稀有重锯齿，叶面无毛，叶背有柔毛；叶柄及叶轴有柔毛，常散生腺毛；托叶篦齿状，大部分与叶柄连合，边缘具腺毛或无腺毛。圆锥状伞房花序，无毛或有腺毛；花白色，芳香；花径 1.5 ~ 2.0cm；花柱靠合，柱头凸出，无毛。蔷薇果近球形，直径 6 ~ 8mm，红褐色或紫褐色，无毛，萼片脱落。

产于梧州、平南。分布于江苏、河南、山东等地；日本、朝鲜也有分布。喜光，耐寒，耐旱，亦耐水湿，对土壤要求不严。播种、扦插、分根蘖等繁殖。鲜花含芳香油，可供提制供食用、化妆品用及皂用香精；花、果、根等可药用，做泻下剂及利尿剂，又能收敛活血；种子被称为"营实"，可除风湿、利尿，治痈疽；叶外用，可治肿毒。

1a. 粉团蔷薇　图 220：4

Rosa multiflora var. **cathayensis** Rehd. et Wils.

本变种区别于原种的特征为：小叶 5 ~ 7 枚，稀 9 枚；托叶羽裂，大部分与叶柄合生。伞房花序，花单瓣，粉红色，直径 2 ~ 3cm。花期 5 月；果期 9 ~ 10 月。

产于桂林、临桂、资源、昭平、融水、南丹、乐业、上思。生于海拔 700 ~ 1100m 的山坡林缘或灌木丛中。分布于河南、陕西、甘肃、江苏、安徽、湖北、江西、四川、浙江、福建、广东、云南、贵州等地。可栽培供观赏或作绿篱。花、种子、根入药，可用于治月经不调、疮疡肿毒。

1b. 七姊妹　十姊妹

Rosa multiflora var. **carnea** Thory

本变种为重瓣，粉红色。

产于凌云，可栽培供观赏。

2. 广东蔷薇 图 220：3

Rosa kwangtungensis Yu et Tsai

攀援灌木。散生微拱弯的皮刺；幼枝密生柔毛，老时渐脱落。小叶 5～7 枚，椭圆状卵形、椭圆形，长 1.5～4.0cm，宽 0.8～1.5cm，先端急尖或渐尖，基部圆形或宽楔形，边缘有细锯齿，上面沿脉或脉腋疏生长柔毛，下面被柔毛，沿脉较密，有散生小皮刺和腺毛；叶轴密生柔毛和带红色皮刺；托叶与叶柄合生，有长柔毛和腺毛，具细齿。伞房状花序，总花梗及花梗密生淡黄色长柔毛和少量腺毛；花单瓣，白色，直径 1.5～2.0cm，芳香；萼片披针形，两面有毛；花柱靠合，柱头凸出。果球形，直径 0.7～1.0cm，熟时褐红色。花期 5 月；果期 6 月。

产于桂林、柳州、田东、隆林、南丹、南宁、武鸣、马山、玉林、梧州。常生于陡坡地、沟边、旷野和灌木及杂草丛中。分布于福建、广东。

图 220　1. 月季花 Rosa chinensis Jacq. 花枝。2. 悬钩子蔷薇 Rosa rubus Lévl. et Vant. 花枝。3. 广东蔷薇 Rosa kwangtungensis Yu et Tsai 花枝。4. 粉团蔷薇 Rosa multiflora var. cathayensis Rehd. et Wils. 花枝。(仿《中国树木志》)

2a. 毛叶广东蔷薇

Rosa kwangtungensis var. **mollis** Metc.

本变种与原种的区别为：花梗和萼片上密被绒毛状柔毛，小叶和叶轴上密被长柔毛，花重瓣。产于玉林、南宁。分布于广东、福建。

3. 光叶蔷薇

Rosa luciae Franch. et Roch.

蔓生或匍匐状灌木。小枝散生粗皮刺，绿色，幼时有毛，后脱落无毛。羽状复叶，小叶 5～9 枚，宽卵形或倒卵形、椭圆形，长 1.0～3.5cm，先端急尖或圆钝，基部宽楔形或圆形，叶缘有粗锯齿，两面无毛，有光泽；托叶无毛，披针形，有锯齿，大部分与叶柄合生，下面常有成对皮刺。伞房或圆锥花序；花白色，直径 1.5～2.5cm，有香味，花柱靠合，有柔毛，柱头凸出，花梗疏生腺质刺毛。果卵球形或近球形，直径 6～7mm，熟时紫色或红色。花期 6～7 月；果期 7～9 月。

产于广西东南部。常生于坡地、沟边、旷野。分布于浙江、福建、广东、台湾。

4. 绣球蔷薇

Rosa glomerata Rehd. et Wils.

落叶攀援灌木，高达 5m。小枝、茎无毛，皮刺散生，基部膨大并下弯。小叶 5～7 枚，连叶柄长 10～15cm，小叶片长圆形或长圆状倒卵形，长 4～10cm，宽 1.5～3.0cm，先端渐尖或短渐尖，基部近圆形，叶缘具细锯齿，叶面有皱纹，叶背被长柔毛；叶柄有小沟状皮刺和密生柔毛；托叶全

缘，大部分与叶柄连合，无毛，有少数腺毛。伞房或复伞房花序；总花梗长 2~4cm，花梗成 1.0~1.5cm，花序轴、花梗及萼片均被柔毛和稀疏腺毛；花径 1.5~2.0cm，花瓣白色，宽倒卵形，先端微凹；萼片全缘，卵状披针形，先端渐尖，脱落；花柱结合成束，有毛。蔷薇果近球形，直径 8~10mm，橘红色，有皱纹。花期 7~8 月；果期 8~10 月。

产于环江，生于山坡林缘、溪边及灌木丛中。分布于四川、贵州、云南、湖北等地。

5. 悬钩子蔷薇 茶藨花 图220：2

Rosa rubus Lévl. et Vant.

落叶蔓生灌木，长达 5~6m。幼枝有柔毛，后无毛，散生短粗钩刺。羽状复叶，小叶常 5 枚，稀 3、7 枚，卵状椭圆形、倒卵形或椭圆形，长 2~6cm，宽 1.5~3.5cm，先端尾尖、渐尖或急尖，基部宽楔形或近圆形，有粗尖锐锯齿，近叶基锯齿浅而稀疏，上面无毛或偶有柔毛，下面密生柔毛；叶柄有毛，叶轴有散生皮刺及腺毛；托叶有腺毛、柔毛，大部分与叶柄合生，全缘，常有腺体。圆锥状伞房花序，总花梗和花梗有柔毛和稀疏腺毛；花白色，芳香，直径 2.5~3cm；花梗长 1~2cm；花托球形至倒卵状球形，有毛；萼片卵状披针形，两面有柔毛或腺毛；花瓣倒卵形；花柱结合成柱状，柱头凸出，比雄蕊长。果球形，直径 0.8~1.0cm，熟时深红色，有光泽；萼片脱落。花期 5~6 月；果期 8~10 月。

产于平乐、金秀、德保、凌云、乐业、田林、隆林、南丹、凤山、东兰、都安、天峨等地。生于海拔 1300m 以下的沟谷、路旁、山坡、沟边、灌木丛中。分布于甘肃、陕西、四川、湖北、浙江、江西、云南、福建、广东、贵州等地。根、皮可供提制栲胶；花可提制芳香油；果可供制果酱及酿酒。

6. 长尖叶蔷薇

Rosa longicuspis Bertol.

常绿攀援灌木，高达 6m。枝弯曲，常散生有带红色皮刺，无毛。小叶革质，5~9 枚，卵形、卵状长圆形或椭圆形，长 3~7cm，宽 1.0~3.5cm，先端圆钝或急尖，基部宽楔形或近圆形，叶缘具细锯齿，两面无毛；托叶全缘，常有腺毛和皮刺，大部分与叶柄贴生。伞房花序，花梗长 1.5~3.5cm，密被腺毛，疏柔毛；萼片披针形，全缘或有羽裂片，被红色腺毛或长柔毛；花瓣白色，宽倒卵形，外被绒毛；花柱靠合，有毛，柱头凸出。蔷薇果倒卵球形，直径 1.0~1.2cm，暗红色。花期 5~7 月；果期 7~11 月。

产于融水。生于丛林中。分布于云南、贵州、四川；印度北部也有分布。

7. 软条七蔷薇

Rosa henryi Boulenger

蔓生灌木。茎长 3~5m 或更长。小枝有短弯钩状皮刺或无刺，无毛。羽状复叶，小叶 5 枚，稀 3 枚，长圆形、椭圆形、卵形或椭圆状卵形，长 3.5~8.0cm，宽 1.5~5.0cm，先端长渐尖至尾状渐尖，基部近圆形或宽楔形，边缘有锐锯齿，两面无毛，或下面仅中脉疏被柔毛；叶轴和叶柄无毛，散生小钩刺；托叶大部分与叶柄合生，全缘，淡红色，无毛或疏生腺毛。伞房花序；花白色，芳香，径 3.0~3.5cm，花梗长 1.5~2.0cm；花托无毛或有时具腺毛；萼片卵状披针形，外面有腺毛，内面有短柔毛，全缘或稀裂片；花瓣宽倒卵形，先端微凹；花柱结合成柱状。果近球形，直径 8~10mm，红褐色，无毛，有光泽，萼片脱落。花期 5~6 月；果期 9~10 月。

产于临桂、兴安、永福、龙胜、平乐、荔浦、柳州、融水、三江、金秀、乐业、凌云、贺州、宾阳。生于海拔 700~1100m 的山坡、谷地、林缘和灌木丛中。分布于陕西、河南、安徽、江苏、浙江、江西、福建、广东、湖南、湖北、四川、云南、贵州等地。根入药，可用于催产、治骨折。

8. 毛萼蔷薇

Rosa lasiosepala Metc.

灌木，高 2.5m 或更高；小枝有棱，无毛，具疏皮刺。羽状复叶，小叶常 5 枚，少数 3 枚，革质，椭圆形、稀卵状长圆形，长 7 ~ 9（~ 12）cm，宽 2.5 ~ 5.0cm，先端渐尖至短尾尖，基部圆钝，边缘有锐锯齿，两面无毛；叶轴及叶柄均无毛；托叶大部分与叶柄合生，全缘，边缘有柔毛及腺毛。复伞房花序；总花梗及花梗均密生柔毛；花白色，直径约 4cm，花梗长 2 ~ 3cm；花托外面密生柔毛；萼片披针形，两面均有毛，常羽状裂；花瓣倒卵形，有柔毛；花柱结合成柱状，密生白色柔毛。果近球形或卵球形，径约 2cm，紫褐色，有稀疏柔毛，萼片脱落。

广西特有种。产于龙胜、兴安、全州、平乐、融水、柳城、都安、罗城、环江、凌云、田林等地。生于海拔 900 ~ 1200m 的山坡、沟谷丛林中。分布于贵州。

9. 月季花　月月红　图 220：1

Rosa chinensis Jacq.

半常绿或常绿灌木，高 1 ~ 2m；小枝无毛，有钩状皮刺或无刺。羽状复叶，小叶 3 ~ 5 枚，稀 7 枚，宽卵形或卵状长圆形，长 2.5 ~ 6.0cm，宽 0.8 ~ 3.0cm，先端急尖或渐尖，基部圆形或宽楔形，边缘有锐锯齿，两面近无毛或无毛；叶柄及叶轴散生皮刺和腺毛；托叶大部分与叶柄合生，边缘常有腺睫毛或羽裂。花红色，单生或常数朵集生成伞房状，花梗常有腺毛，长 3 ~ 5cm，花径 4 ~ 5cm；萼片卵形，先端尾尖，边缘常羽裂，稀全缘，外面疏生绒毛或近无毛，内面密生绒毛；花瓣常为重瓣，红色、粉红色，稀白色，倒卵形；花柱分离，短于雄蕊；子房有柔毛。果卵球形或梨形，直径 1.2 ~ 2.0cm，熟时黄红色，萼片脱落。花期 4 ~ 9 月；果期 6 ~ 11 月。

广西各地有栽培。喜温暖湿润气候，喜光。嫁接或扦插繁殖。花色艳丽，为优美观赏花卉。花可提取芳香油，制香水、香皂等。根、花蕾入药，可用于治风湿骨痛、跌打损伤、月经不调、痛经、衄血、崩漏等症。

10. 香水月季

Rosa odorata（Andr.）Sweet

常绿或半常绿攀援灌木，枝蔓生攀援，无毛，有散生钩状皮刺。羽状复叶，小叶 5 ~ 9 枚，椭圆形、卵形或长圆状卵形，长 4 ~ 8cm，宽 1.5 ~ 3.0cm，先端急尖或渐尖，基部楔形或近圆形，叶缘具尖锯齿，两面无毛；叶柄及叶轴有稀疏小皮刺和腺毛；托叶大部分贴生于叶柄，离生，部分耳形，全缘，边缘有腺毛。花单生或 2 ~ 3 朵集生，芳香，花径 5 ~ 8cm；花梗长 2 ~ 3cm；花萼全缘，边缘具腺毛，外面无毛，内面密生长柔毛；花瓣白色或常粉红色；花柱离生，被柔毛，柱头伸出花托口外，约与雄蕊等长。蔷薇果，扁球形，稀梨形，红色，无毛，萼片宿存。果期 8 ~ 9 月。

原产于云南，江苏、浙江、四川等地有栽培，广西临桂、凤山等地也有栽培。扦插或嫁接繁殖。四季开花，花色艳丽，香味浓，为珍贵花木。

11. 缫丝花　野刺梨、刺梨

Rosa roxburghii Tratt.

落叶灌木，高 1 ~ 2m。茎皮灰色，枝、茎有对生皮刺，刺基部稍扁，枝条无毛。羽状复叶，小叶 7 ~ 9 枚，稀 13 枚，椭圆形至长圆形，长 1.0 ~ 2.2cm，宽 0.6 ~ 1.2cm，先端急尖或钝圆，基部楔形，有细锐锯齿，两面无毛；叶轴和叶柄疏生小皮刺，无毛；托叶大部分与叶柄合生，边缘有腺毛。花单生，少有 2 ~ 3 朵簇生，花径 4 ~ 6cm，粉红色，微有芳香；花托密生针刺；萼片宽卵形，有羽裂片，外面密生针刺，内面密生绒毛；花单瓣；花柱离生。果常呈扁球形或圆锥形，稀纺锤形，直径 2 ~ 4cm，熟时黄色，外面密生针刺，萼片宿存。花期 4 ~ 6 月；果期 8 ~ 9 月。

产于乐业、凌云、田林、隆林、那坡、南丹、天峨、临桂、兴安等地。生于海拔 500 ~ 1800m 的阳坡、谷地、路旁、石山区、灌木丛中。分布于陕西、甘肃、江西、福建、湖北、四川、云南、贵州等地。可栽培作花卉观赏。果实富含维生素 C，被称为"维 C 大王"，味酸带甜，可生食或供加工或酿制刺梨汁、刺梨酒或果干等。根、果实入药，可用于治久咳、遗精、月经不调、跌打损伤、食积腹胀等症。

12. 法国蔷薇

Rosa gallica L.

直立小灌木，高约1.5m；枝条具钩刺、刚毛和腺毛。小叶3~5枚；小叶片革质，卵形或宽椭圆形，长2~6cm，先端圆钝或短渐尖，基部圆形或心形，叶缘有重锯齿，稀为单锯齿，齿尖常带腺，叶面有褶皱，叶背被短柔毛；小叶柄和叶轴有刺毛和腺毛；托叶大部分贴生于叶柄，全缘，边缘有腺毛。花大，单生或2~4朵簇生，无苞片，淡红色，有时也有深玫瑰红色，芳香；萼筒和萼片外面有腺。果近球形或梨形，亮红色，萼片脱落。夏季开花。

原产于中欧、南欧及西亚，栽培历史悠久，园艺品种很多，有重瓣及半重瓣。广西各城市均有栽培。扦插繁殖。

13. 玫瑰

Rosa rugosa Thunb.

丛生直立灌木，高0.2~2.0m。小枝密生绒毛、刺毛和腺毛，皮刺多而密，皮刺外被绒毛。羽状复叶，小叶5~9枚，椭圆形或椭圆状倒卵形，长2.0~4.5cm，宽1.0~2.5cm，先端急尖或圆钝，基部近圆或宽楔形，叶缘有锐锯齿，上面无毛，深绿色，有皱纹，下面有绒毛和腺毛，灰绿色，网脉明显；叶柄和叶轴疏生小皮刺，有绒毛和腺毛；托叶大，大部分与叶柄合生，两面有绒毛，边有细锯齿。花单生或几朵聚生，直径4~8cm，苞片卵形；花梗长1.0~2.5cm，密生绒毛和腺毛及刺毛；花托有腺毛，萼片卵状披针形，外面有绒毛、腺毛和细刺，内面密生绒毛；花瓣倒卵形，多瓣、重瓣或单瓣，紫红色、白色、粉红色，有芳香；花柱离生，有毛，柱头短于雄蕊。果扁球形，直径2.0~2.5cm，熟时红色，肉质，萼片宿存。花期5~9月；果期9~10月。

原产于中国北部，全国各地有广泛栽培；日本、朝鲜及欧美各国也有栽培。广西各地有栽培。耐寒、耐旱，对土壤要求不严，在微碱性土上也能生长。喜光，在庇荫下生长不良。花色艳丽，常见栽培花卉植物，有多种园艺品种。分株、埋条、扦插、嫁接繁殖。花可供提制芳香油。根、花蕾入药，可用于治心胃气痛、肝区痛、月经不调、赤白带、乳痈、风湿骨痛、跌打损伤、咯血、吐血、食少呕恶等症。

14. 金樱子　刺糖果

Rosa laevigata Michx.

常绿蔓生灌木。枝长达5m，散生钩状皮刺，无毛，嫩时有腺毛，老时渐脱落减少。羽状复叶，小叶3枚，稀5枚，革质，椭圆状卵形、倒披针形或披针状卵形，长3~6cm，宽2~4cm，先端急尖或钝，基部近圆或宽楔形，边缘有细尖锯齿，上面无毛，下面幼时中脉有腺毛，老时无毛，下面网脉明显；叶轴和叶柄有小皮刺和腺毛；托叶早落，披针形，边缘有细齿，齿尖有腺体，与叶柄离生或基部合生。花单生于侧枝顶端或叶腋，白色，直径5~9cm；花梗长1.2~3.0cm，密生腺质刺毛；花托倒卵形或长倒卵形，密生腺质刺毛；萼片卵状披针形，有刺状腺毛和内面密生绒毛，直立，全缘；花瓣宽倒卵形，芳香；花柱分离，有毛。果梨形或倒卵形，稀近球形，果及果梗均有刺毛，熟时紫红色或紫褐色，萼片宿存。花期4~6月；果期8~11月。

产于广西各地，常生于海拔1600m以下的山坡、路旁、沟边、灌丛中。分布于陕西、安徽、江西、江苏、浙江、湖北、湖南、广东、福建、台湾等地。果富含糖分以及苹果酸、柠檬酸、维生素C等，可供制成饴糖及酿酒。根含鞣质，可供提制栲胶。果、根、叶入药，可益肾、涩精、止泻，用于治头痛、胃痛、腰痛腹泻、淋虫、月经不调、崩漏、子宫脱垂、烧烫伤、跌打损伤等症。

15. 小果蔷薇　白花刺

Rosa cymosa Tratt.

灌木，高2~5m。枝细，有钩状刺，无毛或稍有淡黄色毛。羽状复叶，小叶3~5枚，稀7枚，卵状披针形或椭圆形，稀长圆状披针形，长1.5~5.0cm，宽0.8~2.5cm，先端渐尖，基部近圆形，叶缘有细锯齿，两面无毛或下面沿脉疏生长柔毛；叶柄和叶轴疏生钩刺，无毛或有柔毛和腺毛；托叶早落，条形，与叶柄离生。复伞房花序，花轴和花梗幼时有长柔毛，老时近无毛，花梗长约1.5cm；花托近球形，疏生柔毛；萼片卵状披针形，常羽裂；花瓣长倒卵形，白色；花柱离生。果近球形，直径4~6mm，熟时红色，无毛，萼片脱落。花期5~6月；果期8~11月。

产于广西各地。生长于海拔500~1200m的阳坡地、河谷、山区岩石缝内和松林及灌丛中。分布于江西、江苏、浙江、安徽、湖南、四川、云南、福建、广东、贵州、台湾等地。花可供提制香油；亦为蜜源植物。根、果入药，可用于治跌打损伤、风湿痹痛、腰痛、小便出血、月经不调、崩漏、白带、风痰咳嗽等症。

16. 木香花

Rosa banksiae Aiton

常绿或半落叶攀援小灌木，高达6m；小枝疏生短皮刺，无毛。小叶3~5枚，稀7枚；小叶椭圆状卵形或长圆状披针形，长2~5cm，宽0.8~1.8cm，先端急尖或微钝，基部近圆形或楔形，叶缘有细锯齿，叶面无毛，叶背中脉凸起，沿脉有柔毛；叶柄和叶轴散生小皮刺，有疏柔毛；托叶线状披针形，离生，早落。伞形花序，花径约2cm；花梗长2~3cm；萼筒和萼片外面均无毛，萼片长卵形，全缘；花瓣白色或黄色，单瓣或重瓣，芳香；花柱离生，密被柔毛，柱头突出。蔷薇果近球形，直径3~5mm，无毛，红色，萼片脱落。花期4~7月；果期10月。

广西各地均有栽培。分布于陕西、甘肃、青海、四川、云南、贵州、河南、湖北。扦插、压条或嫁接繁殖。著名观赏植物。花含芳香油，可供配制香精化妆品用。根、叶药用，有收敛、止痛、止血的功效。

16a. 单瓣白木香

Rosa banksiae var. **normalis** Regel

花白色，单瓣，味香；果球形至卵球形，直径5~7mm，红色至黑褐色，萼片脱落。

广西各地均有栽培。分布于云南、四川、贵州、河南、河北、甘肃、陕西。根入药，称红根，能活血、调经、消肿。可供观赏，栽种于庭院。

李亚科 Prunoideae

乔木或灌木，落叶或常绿。单叶，互生，有托叶；萼片常脱落；花单生、伞形或总状花序；心皮1个，极少2~5个；子房上位，1室，有悬垂的胚珠2枚。核果，不开裂或极稀开裂。

共10属，分布于非洲、美洲、亚洲、大洋洲、欧洲及太平洋岛。中国9属，广西7属。

有不少种类为著名的水果和观赏类植物，水果类有樱、桃、杏、李等；观赏类有樱花、桃、梅等。

分属检索表

1. 花瓣较萼片大，易于区分。
　2. 常绿乔木或灌木，总状花序常单生于叶腋，下面无叶片 ……………………… **18. 桂樱属 Laurocerasus**
　2. 落叶乔木或灌木。
　　3. 总状、短总状、伞形或伞房状花序，有时1~2朵生于叶腋；幼叶在芽中对折，核果无纵沟。
　　　4. 花多数，成总状花序，基部有叶或无叶，生于当年生小枝顶端；苞片早落……………… **19. 稠李属 Padus**
　　　4. 花数朵组成伞形、伞房状或短总状花序，或1~2朵花生于叶腋内，常有花梗，花序基部有芽鳞宿存或有明显苞片 ……………………………………………………… **20. 樱属 Cerasus**
　　3. 花常单生；幼叶在芽中席卷或对折；核果有纵沟。
　　　5. 顶芽常缺，腋芽单生；心皮无毛；核果，无毛，常被蜡粉；核两侧扁平，平滑，稀有沟或皱纹 ………
　　　　………………………………………………………………………………… **21. 李属 Prunus**
　　　5. 腋芽常2~3个并生。
　　　　6. 幼叶在芽中呈对折状；核扁圆、圆形或椭圆形，表面具沟纹和孔穴，极稀平滑 …………………………

.... **22. 桃属 Amygdalus**

　　6. 幼叶在芽中呈席卷状；核两侧扁平，表面光滑、粗糙或呈网状，稀具蜂窝状孔穴 ....

.... **23. 杏属 Armeniaca**

1. 花瓣与萼片细小，不易区分，有时无花瓣；常绿乔木，叶全缘；花两性或杂性 .... **24. 臀果木属 Pygeum**

18. 桂樱属 **Laurocerasus** Tourn. ex Duh.

　　常绿乔木或灌木，极稀落叶。叶互生，全缘或具锯齿，下面近基部或在叶缘或在叶柄上常有 2 枚腺体，稀数枚；托叶小，早落；花常两性，有时雌蕊退化而形成雄花，排成总状花序；总状花序，无叶，常单生，稀簇生，生于叶腋或去年生小枝叶痕的腋间；苞片小，早落，位于花序下部的苞片先端 3 裂或有 3 齿，苞腋内常无花；萼 5 裂，裂片内折；花瓣白色，通常比萼片长 2 倍以上；雄蕊 10～50 枚，排成 2 轮，内轮稍短；心皮 1 个，花柱顶生，柱头盘状；胚珠 2 枚，并生。核果，干燥；核骨质，核壁较薄或稍厚而坚硬，外面平滑或具皱纹，常不开裂，内含 1 枚下垂种子。

　　约 80 种，主要产于热带，少数种分布到亚热带和冷温带。中国约 13 种，主要产于黄河流域以南，尤以华南和西南地区分布的种类较多。广西有 7 种。

分种检索表

1. 叶下面有黑色腺点。
　　2. 叶草质或微革质，先端尾状渐尖，网脉明显，基部有 2 枚腺体；核果近球形或扁球形 ....
　　.. **1. 腺叶桂樱 L. phaeosticta**
　　2. 叶革质，先端渐尖或急尖，网脉不明显，基部有 2～4 枚腺体；核果椭圆形或卵状椭圆形 ....
　　.. **2. 华南桂樱 L. fordiana**
1. 叶下面无黑色腺点。
　　3. 叶下面有灰白色柔毛，椭圆形或椭圆状长圆形，叶边缘具较密粗锯齿，齿尖有暗褐色腺体；叶柄中部以上沿
　　　边缘具 1 对大型扁平腺体；果卵状长圆形，暗褐色 .... **3. 毛背桂樱 L. hypotricha**
　　3. 叶两面无毛。
　　　4. 花序无毛；叶椭圆形或长圆状披针形，先端尾状渐尖，全缘，下面沿中脉两侧常有多个扁平小腺体，近基
　　　　部有 1 对小基腺；核果卵状椭圆形 .... **4. 尖叶桂樱 L. undulata**
　　　4. 花序有毛。
　　　　5. 果卵状长圆形或长圆形；叶革质，长椭圆形、倒卵状椭圆形或阔长圆形；叶柄顶部有 1 对腺体 ....
　　　　.. **5. 大叶桂樱 L. zippeliana**
　　　　5. 果椭圆形或卵状椭圆形。
　　　　　6. 叶椭圆形，先端急尖或渐尖，叶缘有钝细锯齿，齿尖具黑色腺体 .... **6. 南方桂樱 L. australis**
　　　　　6. 叶长圆形或倒卵状长圆形，先端尾状渐尖，一侧偏斜，全缘或上部有少数刺状锯齿，近基部沿叶缘
　　　　　　常有 1～2 对腺体 .... **7. 刺叶桂樱 L. spinulosa**

1. 腺叶桂樱　腺叶野樱

Laurocerasus phaeosticta（Hance）Schneid.

　　常绿乔木，高 5～8m 或更高。枝条有棱，无毛。叶草质或微革质，长椭圆形或长圆状披针形，长 5～12cm，宽 2～4cm，先端尾状渐尖，基部宽楔形，全缘，稀上半部有数个尖锐锯齿，两面无毛，网脉明显，下面散生黑色小腺点，基部有 2 个腺体；叶柄长约 7mm，无腺体，无毛；托叶早落。总状花序，腋生，花总梗和花梗无毛或有柔毛；花白色，直径约 6mm；花梗长约 8mm；花托杯状，无毛，萼片卵形；花瓣近圆形。核果近球形或扁球形，直径 0.8～1.0cm，无毛，熟时紫黑色。花期 4～5 月；果期 9～11 月。

　　产于广西各地。分布于福建、浙江、江西、湖南、广东、云南、贵州、台湾等地；印度和中南半岛也有分布。种仁含油率 34.5%，为干性油，可供制油漆、肥皂及其他工业用油。种子入药，可

用于治胃痛、风湿骨痛、经闭、大便燥结。木材可用来制仪器箱盒、钢琴及风琴机件、胶合板等。

2. 华南桂樱

Laurocerasus fordiana（Dunn）Yü et Lu

常绿乔木，高 5～8m。枝有棱，无毛，有明显皮孔。叶革质，长圆形或长圆状披针形，长 5～18cm，宽 2.5～4.0cm，先端渐尖或急尖，基部楔形，全缘，两面无毛，上面有光泽，网脉不明显，下面散生黑色小腺点，基部有 2～4 枚腺体；叶柄长 2～8mm，无毛，无腺体；托叶早落。总状花序，单生于叶腋，基部常有苞片，花总梗和花梗无毛；花白色，直径 5～6mm；花梗长约 7mm；花托钟状，外面无毛；花瓣近圆形。核果椭圆形或卵状椭圆形，直径 0.8～1.0cm，无毛，熟时黑色。花期 3 月；果期 5～9 月。

产于博白、合浦，生于海拔 600m 以上的密林内。分布于安徽、广东；柬埔寨、越南也有分布。

3. 毛背桂樱

Laurocerasus hypotricha（Rehd.）Yu et Lu

常绿乔木，高 5～15m；小枝棕褐色至灰褐色，被黄灰色柔毛。叶革质，椭圆形或椭圆状长圆形，长 10～18cm，宽 4～7cm，先端短渐尖，基部圆形或宽楔形，叶边缘具较密粗锯齿，齿尖有暗褐色腺体，上面无毛，光亮，下面密被灰白色柔毛，侧脉 10～12 对，在下面明显凸起；叶柄长 6～10mm，中部以上沿边缘具 1 对大型扁平腺体，被柔毛，老时脱落；托叶早落。总状花序单生，偶有簇生，被柔毛；花梗长 4～10mm；苞片卵状披针形，被柔毛，早落；花径 5～6mm；花萼外面被柔毛；花托钟形或杯形；萼片卵状三角形，先端圆钝；花瓣近圆形或宽倒卵形；雄蕊 20～30 枚，长于花瓣；子房被柔毛，花柱稍长于雄蕊。果卵状长圆形，长 20～25mm，宽 10～12mm，顶端急尖，暗褐色，无毛；核壁较薄。花期 9～10 月；果期 11～12 月。

产于阳朔、临桂、恭城、平南、德保、靖西、隆林、田林、乐业、邕宁、九万大山、大瑶山。分布于江西、福建、广东、四川、贵州、云南等地。

4. 尖叶桂樱

Laurocerasus undulata（D. Don）Roem.

常绿乔木，高达 10m。枝、叶无毛；小枝淡黄色。叶薄，革质，椭圆形或长圆状披针形，长 8～15cm，宽 2.5～4.0cm，先端尾状渐尖，基部宽楔形或稍圆，全缘，稀中部以上极少具锯齿，下面沿中脉两侧常有多个扁平小腺体，近基部有 1 对小基腺；叶柄长 5～7mm，无毛，无腺体；托叶早落。总状花序，单生叶腋或 2～4 簇生，总花梗无毛，花白色；花梗长约 5mm，无毛或有柔毛；花托无毛，萼片卵形；花瓣长椭圆形；子房有柔毛或基部有簇生毛。核果卵状椭圆形，直径约 1cm，熟时紫黑色，无毛。花期 10 月；果期翌年 5～7 月。

产于永福、融水、罗城、环江、天峨、贺州、蒙山、象州、金秀、那坡、田林、凌云、隆林、平南、容县。常生于海拔 500～1500m 的山坡、山谷密林中。分布于西藏、云南、四川、贵州、湖南、江西、广东等地；印度、尼泊尔、孟加拉国及中南半岛也有分布。

5. 大叶桂樱 大叶野樱

Laurocerasus zippeliana（Miq.）Yü et Lu

常绿乔木，高 4～8m 或更高。枝粗糙，灰褐色，无毛。叶革质，长椭圆形、倒卵状椭圆形或阔长圆形，长 9～15cm，宽 4.5～7.0cm，先端急尖，基部宽楔形至近圆形，有稀疏或稍密粗锯齿，齿先端有黑色硬腺，两面无毛；叶柄长 0.8～1.5cm，顶部有 1 对腺体。总状花序，腋生，总花梗、花梗密生短柔毛；花白色，直径 0.8～1.0cm；花梗长 2～3mm；花托有柔毛，萼片卵状长圆形，稍有柔毛；花瓣倒卵形；雄蕊 20～25 枚；子房无毛。果卵状长圆形或长圆形，顶端急尖，熟时黑褐色。花期 3～4 月或 9～10 月；果期 7 月或翌年 1～3 月。

产于阳朔、临桂、平乐、永福、融水、蒙山、昭平、那坡、德保、靖西、马山、崇左、大新、容县、贵港、大明山等地，常生于海拔 800～1400m 的山坡、路旁或林中。分布于甘肃、陕西、湖北、湖南、江西、浙江、福建、台湾、广东、四川、云南、贵州；日本、越南也有分布。木材可用制作农具。

6. 南方桂樱

Laurocerasus australis Yu et Lu

小乔木，高 3 ~ 4m。枝、叶无毛。叶革质，椭圆形，长 4.5 ~ 9.0cm，宽 2.0 ~ 3.5cm，先端急尖或渐尖，基部楔形，叶缘有钝细锯齿，齿尖具黑色腺体；叶柄细，长 5 ~ 7mm，常无腺体，稀上部有 1 对腺体。总状花序，腋生，总花梗有柔毛；花径 5 ~ 6mm；花梗长 4 ~ 6mm；花托钟形，外面有短柔毛，萼片三角形；花瓣倒卵形或近圆形；雄蕊 15 ~ 20 枚，长于花瓣；子房无毛。核果椭圆形或卵状椭圆形，长约 1cm，顶端急尖。

产于德保、柳州、阳朔等地。常生于海拔约 600m 的山坡、疏林中。分布于贵州。

7. 刺叶桂樱　小刺樱花

Laurocerasus spinulosa（Sieb. et Zucc.）Schneid.

常绿乔木，高达 12m。幼枝微有柔毛，老时脱落。叶革质，长圆形或倒卵状长圆形，长 5 ~ 10cm，宽 2.0 ~ 4.5cm，先端尾状渐尖，基部楔形或宽楔形，一侧偏斜，全缘或上部有少数刺状锯齿，两面无毛，上面有光泽，网脉在下面明显，近基部沿叶缘常有 1 ~ 2 对腺体；叶柄长 8 ~ 10mm，无毛。总状花序，腋生，有黄灰色短柔毛；花白色，直径约 5mm；花梗长 1.5 ~ 3.0mm，有短柔毛；花托钟形或杯形，微有柔毛，萼片三角形；花瓣倒卵状圆形；子房无毛。核果椭圆形，褐色至黑褐色，无毛，长约 10mm，宽约 8mm。花期 8 ~ 10 月；果期 11 月至翌年 3 月。

产于永福、阳朔、灵川、灌阳、临桂、兴安、龙胜、平乐、恭城、昭平、罗城、融水、宁明、龙州、邕宁、贵港、大明山。生于海拔 600 ~ 1400m 的山坡、杂木林中。分布于安徽、江苏、浙江、福建、江西、湖北、广东、贵州、四川；日本、菲律宾也有分布。

19. 稠李属 Padus Mill.

落叶小乔木或灌木；分枝较多；冬芽卵圆形，具有数枚覆瓦状排列鳞片。叶片在芽中呈对折状，单叶互生，具齿，稀全缘；通常在叶柄顶端有 2 个腺体或在叶片基部边缘上具 2 个腺体；托叶早落。花多数，成总状花序，基部有叶或无叶，生于当年生小枝顶端；苞片早落；萼筒钟状，裂片 5 枚；花瓣 5 枚，白色，先端通常啮蚀状；雄蕊 10 枚至多数；雌蕊 1 枚，周位花，子房上位，心皮 1 个，具有 2 个胚珠，柱头平。核果卵球形，外面无纵沟，中果皮骨质，成熟时具有 1 粒种子，子叶肥厚。

有 20 余种，主要分布于北温带。中国 14 种，各地均有，但以长江流域、陕西和甘肃南部较为集中。广西 4 种。

分种检索表

1. 萼片脱落。
  2. 叶下面密生灰白色至深褐色绢毛，椭圆形、长圆形或倒卵状长圆形，先端短渐尖或短尾尖，叶缘有圆钝锯齿，上面无毛，深绿色或带紫绿色，叶基部有 2 ~ 4 枚腺体 ……………………………… **1. 绢毛稠李 P. wilsonii**
  2. 叶两面无毛或下面沿脉有毛。
    3. 叶卵状长圆形或长圆形，先端尾状渐尖，基部圆形，有芒状锐锯齿 …………… **2. 灰叶稠李 P. grayana**
    3. 叶片长椭圆形、卵状椭圆形或椭圆状披针形，先端急尖或短渐尖，基部楔形或近圆形，叶缘有粗锯齿，有时呈波状；果梗显著增粗 ……………………………… **3. 粗梗稠李 P. napaulensis**
1. 萼片宿存，叶椭圆形、长圆状椭圆形，稀倒卵状椭圆形，先端短渐尖或尾状渐尖，叶缘有紧贴的锯齿，两面无毛；叶柄无毛，无腺体，稀在叶基部有 1 对腺体 ……………………………… **4. 橉木稠李 P. buergeriana**

1. 绢毛稠李　绢毛粗梗稠李

Padus wilsonii Schneid.

落叶乔木，高 8 ~ 12m，径可达 30cm。枝无毛。叶椭圆形、长圆形或倒卵状长圆形，长 6 ~ 14cm，宽 3 ~ 4cm，先端短渐尖或短尾尖，基部楔形或近圆形，叶缘有圆钝锯齿，上面无毛，深绿色或带紫绿色，下面密生灰白色至深褐色绢毛，叶基部有 2 ~ 4 枚腺体；叶柄长 5 ~ 10mm，无毛或被短柔毛；托叶早落。总状花序，基部以下有 2 ~ 4 枚小叶；花总梗、花梗有灰黄色长柔毛；花白色，直径约 1cm；花梗长约 4mm；花托有短柔毛，萼片半圆形，边缘疏生腺齿；花瓣宽倒卵形，子房无毛。核果球形或卵球形，熟时紫黑色，无毛；萼片脱落。花期 4 ~ 5 月；果期 6 ~ 10 月。

产于隆林、田林、凌云、龙胜、桂林、融水。生于海拔 1100 ~ 1400m 的山坡、山谷。分布于陕西、甘肃、安徽、浙江、江西、湖北、湖南、四川、贵州、云南、广东等地。

2. 灰叶稠李

Padus grayana（Maxim.）Schneid.

落叶乔木，高 16m；枝紫褐色，幼时有毛，后脱落无毛。叶卵状长圆形或长圆形，长 6 ~ 10cm，宽 2.5 ~ 4.0cm，先端尾状渐尖，基部圆形，有芒状锐锯齿，两面无毛或下面沿中脉有毛；叶柄长 5 ~ 10mm，无毛，无腺体；托叶早落。总状花序，无毛，花序基部以下有 3 ~ 4 枚小叶；花白色，直径约 1cm；花梗长约 4mm；花托钟状，萼片卵形；花瓣倒卵形；花柱长于雄蕊。核果卵球形，直径约 6mm，有尖头，熟时黑色；萼片脱落。花期 4 ~ 5 月；果期 6 ~ 7 月。

产于广西西部和西北部。生于海拔 800 ~ 1500m 的山坡、谷地林中。分布于湖南、江西、湖北、福建、四川、贵州、云南。

3. 粗梗稠李

Padus napaulensis（Ser.）Schneid.

落叶乔木，高可达 27m；树皮灰褐色，有圆形皮孔；老枝黑褐色，有明显浅色皮孔，小枝红褐色，无毛。叶片长椭圆形、卵状椭圆形或椭圆状披针形，长 6 ~ 14cm，宽 2 ~ 6cm，先端急尖或短渐尖，基部楔形或近圆形，叶缘有粗锯齿，有时呈波状，两面无毛，极稀在幼时下面有散生短柔毛；叶柄长 8 ~ 15mm，无腺体，无毛；托叶膜质，线形，边缘有带腺锯齿，早落。总状花序具有多数花朵，基部有 2 ~ 3 枚叶片；花梗长 4 ~ 6mm，总花梗和花梗均被短柔毛或近无毛；花直径约 1cm；苞片膜质，带形，早落；萼筒杯状，萼片三角状卵形，边缘有细齿，萼筒和萼片内外两面均被短柔毛；花瓣白色，倒卵长圆形，中部以上啮蚀状，有短爪。核果卵球形，顶端有骤尖头，直径 1.0 ~ 1.3cm，黑色或暗紫色，无毛；果梗显著增粗，有明显淡色皮孔，无毛或近无毛；萼片脱落。花期 4 ~ 5 月；果期 6 ~ 10 月。

产于融水、龙胜、凌云、隆林，生于海拔 1200m 以上的阔叶林中。分布于陕西、四川、西藏、云南、贵州、江西、安徽等地；印度北部、尼泊尔、不丹和缅甸北部也有分布。

4. 橉木稠李　橉木樱

Padus buergeriana（Miq.）Yu et Ku

落叶乔木，高 30m。小枝无毛或疏生柔毛。叶椭圆形、长圆状椭圆形，稀倒卵状椭圆形，长 5 ~ 11cm，宽 2 ~ 4cm，先端短渐尖或尾状渐尖，基部阔楔形或近圆形，偶有楔形，叶缘有紧贴的锯齿，两面无毛；叶柄长 8 ~ 10mm，无毛，无腺体，稀在叶基部有 1 对腺体；托叶带形，有齿，花后脱落。总状花序，基部无叶；花总梗无毛或疏生柔毛；花白色，直径 7 ~ 8mm，花梗长 1 ~ 2mm，近无毛；花托无毛，萼片卵状三角形，边缘有锯齿；花瓣倒卵状圆形；雄蕊约 10 枚，比花瓣稍长；子房无毛。核果近球形或卵球形，顶端尖，无毛，萼宿存。花期 4 ~ 5 月；果期 6 ~ 8 月。

产于临桂、龙胜。生于海拔 1650m 以下的山坡、山谷林中。分布于陕西、甘肃、河南、浙江、江西、湖南、湖北、四川、贵州、云南、西藏、广东；日本、朝鲜、不丹也有分布。

20. 樱属 Cerasus Mill.

落叶乔木或灌木；腋芽单生或 3 个并生，中间为叶芽，两侧为花芽。幼叶在芽中为对折状，后于花开放或与花同时开放；单叶，叶缘有锯齿或缺刻状锯齿，叶柄、托叶和锯齿常有腺体。花数多组成伞形、伞房状或短总状花序，或 1 ~ 2 朵花生于叶腋内，常有花梗，花序基部有芽鳞宿存或有明显苞片；萼筒钟状或管状，萼片反折或直立开张；花瓣白色或粉红色，先端圆钝、微缺或深裂；雄蕊 15 ~ 50 枚；雌蕊 1 枚，花柱和子房有毛或无毛。核果表面无白霜，无纵沟，成熟时肉质多汁，不开裂；核球形或卵球形，核面平滑或稍有皱纹。

樱属有百余种，分布于北半球温和地带，主要种类分布在中国西部和西南部以及日本和朝鲜，由于分类学者意见不一致，因此种的总数颇有出入，有待深入研究。广西 8 种。

分种检索表

1. 成长叶下面被毛。
  2. 嫩枝、叶背、叶柄被柔毛。
    3. 叶长椭圆形或倒卵状长椭圆形，边缘具尖锐单齿或重锯齿；萼片长椭圆形或椭圆状披针形，长约为花托的 2 倍 ·················· **1. 尾叶樱桃 C. dielsiana**
    3. 叶宽卵形、卵状长圆形或长椭圆形，边缘有尖锐重锯齿；萼片三角状卵形，长约为花托的 1/2 ·············· **2. 樱桃 C. pseudocerasus**
  2. 嫩枝、叶背、叶柄被微硬毛。
    4. 叶缘常具重锯齿；花序伞形，常 2 朵，稀 1 或 3 朵；萼片带状披针形；核果紫红色，长椭圆形 ·············· **3. 浙闽樱桃 C. schneideriana**
    4. 叶缘有尖锐锯齿间有少数重锯齿；伞房状总状花序有花 3 ~ 5 朵；萼片卵圆形，反折；核果卵球形 ·············· **4. 云南樱桃 C. yunnanensis**
1. 成长叶两面无毛或仅脉腋簇生毛。
  5. 叶缘有刺芒状的单齿或重锯齿，叶下面有白霜；伞形花序或伞房状总状花序，有花 2 ~ 3 朵，总苞倒卵状长圆形；萼片三角状披针形，全缘 ·············· **5. 山樱花 C. serrulata**
  5. 叶缘有锐锯齿，但不为芒状。
    6. 萼片长为花托的 1.5 ~ 2.0 倍；叶倒卵状长圆形或宽椭圆形，边缘单锯齿或尖锐重锯齿，齿尖有圆钝腺体；核果近球形 ·············· **6. 襄阳山樱桃 C. cyclamina**
    6. 萼片较花托短或近等长。
      7. 叶倒卵形、长椭圆形或倒卵状长椭圆形；伞形花序，有花 3 ~ 5 朵；苞片褐色，宽扇形；萼片三角状卵形；花瓣白色或粉红色 ·············· **7. 华中樱桃 C. conradinae**
      7. 叶卵形、卵状椭圆形或倒卵状椭圆形；伞形花序，有花 2 ~ 4 朵；苞片长圆形；萼片长圆形；花瓣粉红色 ·············· **8. 福建山樱花 C. campanulata**

1. 尾叶樱桃 尾叶樱

Cerasus dielsiana（Schneid.）Yu et Li

乔木或灌木，高达 5 ~ 10m。嫩枝无毛或密被褐色长柔毛，小枝无毛。叶长椭圆形或倒卵状长椭圆形，长 6 ~ 14cm，宽 2.5 ~ 4.5cm，先端尾状渐尖，基部圆形至宽楔形，边缘具尖锐单齿或重锯齿，齿端有圆钝腺体，上面暗绿色，无毛，下面淡绿色，被疏柔毛，中脉、侧脉密被柔毛，侧脉 10 ~ 13 对；叶柄长 0.8 ~ 1.7cm，密被柔毛，后变疏，先端或上部有 1 ~ 3 枚腺体；托叶狭带形，边缘有腺齿。花序伞形或近伞形，有花 3 ~ 6 朵，先于叶开放或近先于叶开放；总花梗长 0.6 ~ 2.0cm，被黄色柔毛；苞片卵圆形，直径 3 ~ 6mm，边缘撕裂状，有长柄腺体；花梗长 1.0 ~ 3.5cm，被褐色柔毛；花托钟形，被疏柔毛，萼片长椭圆形或椭圆状披针形，约为花托的 2 倍，先端急尖或钝，边有缘毛；花瓣白色或粉红色，卵圆形，先端 2 裂；雄蕊 32 ~ 36 枚，与花瓣近等长，花柱比雄蕊稍短或较长，无毛。核果红色，近球形，直径 8～9mm；核卵形，光滑。花期 3～4 月。

产于广西东北部。生于海拔 500～900m 的山谷、溪边、林中。分布于江西、安徽、湖北、湖南、四川、广东等地。

2. 樱桃

Cerasus pseudocerasus（Lindl.）G. Don

乔木，高达 8m。小枝无毛或疏生柔毛。叶宽卵形、卵状长圆形或长椭圆形，长 5～12cm，宽 3～6cm，先端渐尖或尾尖，基部圆形，边缘有尖锐重锯齿，齿尖有小腺体，上面无毛或近无毛，下面有稀疏柔毛；叶柄长约 8mm，有柔毛，先端有 1～2 枚腺体；托叶早落，有腺齿。花 3～6 朵排成伞形花序或伞房花序；花白色，直径约 2cm；花梗长 1.0～1.5cm，有柔毛；花托钟状，有柔毛，萼片三角状卵形，长约为花托的 1/2；花瓣卵形至圆形，先端凹或二裂；子房无毛。核果近球形，径约 1cm，熟时红色。花期 3～4 月；果期 5～6 月。

产于隆林、融水。生于海拔 1250～2000m 的杂木林中。分布于长江流域和华北各地；日本、朝鲜也有栽培。喜光，耐瘠薄，喜排水良好的砂质壤土。播种、嫁接、压条或扦插繁殖。果香甜，供食用和供制果酱等。根、叶可杀虫、治蛇伤等。木材致密坚实，可供制各种木器。

3. 浙闽樱桃

Cerasus schneideriana（Koehne）Yu et Li

小乔木，高 3～6m。嫩枝密被灰褐色微硬毛。芽卵圆形，无毛。叶长椭圆形、卵状长圆形或倒卵状长圆形，长 4～8cm，宽 1.5～4.5cm，先端渐尖或尾尖，基部圆形或宽楔形，边缘常具重锯齿，齿端有头状腺体，上面深褐色，近无毛，下面灰绿色，被灰黄色微硬毛，侧脉 8～11 对；叶柄长 5～8mm，密被褐色微硬毛，先端具 2 或偶有 3 枚黑色腺体；托叶膜质，早落。花序伞形，常 2 朵，稀 1 或 3 朵；总苞长圆形，先端圆钝；花梗长 1.8～3.8mm，被毛；苞片绿褐色，边缘具锯齿，具柄；花梗长 1.0～1.4cm，密被褐色微硬毛；花托筒状，具褐色短柔毛，萼片带状披针形，与花托近等长；花瓣卵形，先端 2 裂；雄蕊约 40 枚，短于花瓣；花柱比雄蕊短；子房疏被微硬毛。核果紫红色，长椭圆形，直径 5～8mm，具棱纹。花期 3 月；果期 5 月。

产于龙胜、临桂、隆林。生于海拔 900～1700m 的灌木丛中。分布于浙江、福建。

4. 云南樱桃

Cerasus yunnanensis（Franch.）Yu et Li

乔木，高达 8m。小枝无毛或幼时有微硬毛。叶倒卵状长圆形或长椭圆形，长 4～6cm，先端渐尖，基部圆形，叶缘有尖锐锯齿间有少数重锯齿，齿尖有头状小腺体，上面疏生柔毛或近无毛，下面幼时有微硬毛，脉上较密，老时渐脱落稀疏或几无毛；叶柄长 0.6～1.2cm，有微硬毛或近无毛，先端有 2 枚腺体；托叶窄带形，有腺齿。伞房状总状花序有花 3～5 朵，花总梗有微硬毛；花白色；花托管状钟形，密生微硬毛；萼片卵圆形，反折；花瓣近圆形；子房顶端疏生柔毛。核果卵球形，直径 7～8mm，熟时紫红色，果核微有棱纹。花期 3～5 月；果期 5～6 月。

产于龙胜、临桂。生于海拔 1600m 左右的林内及灌木丛中。分布于云南。

5. 山樱花

Cerasus serrulata（Lindl.）G. Don ex London

乔木，高达 25m；小枝无毛。叶倒卵状椭圆形或卵状椭圆形，长 5～12cm，宽 3～5cm，先端渐尖，基部近圆形，叶缘有刺芒状单齿或重锯齿，齿尖有腺体，上面无毛，下面仅脉腋簇生柔毛，有白霜；叶柄长 1.0～1.5cm，无毛，有 1～3 腺体；托叶线形，早落。花几朵排成伞形花序或伞房状总状花序，有花 2～3 朵，总苞倒卵状长圆形；花白色或粉红色，直径 2～3cm；花梗长 1.5～3.0cm，无毛；花托管状钟形，无毛；萼片三角状披针形，全缘；花瓣倒卵形，先端凹；子房无毛。核果近球形，直径 6～8mm，熟时黑色。花期 4～5 月；果期 6～7 月。

产于桂林、龙胜、柳州、南宁、贵港。分布于黑龙江、河北、山东、江苏、浙江、江西、安徽、湖南、贵州等地；日本、朝鲜也有分布。

6. 襄阳山樱桃

Cerasus cyclamina（Koehne）Yu et Li

小乔木，高10m。小枝无毛，稀被疏柔毛。叶倒卵状长圆形或宽椭圆形，长4.5~12.0cm，先端骤渐尖，基部圆形或宽楔形，边缘单锯齿或尖锐重锯齿，齿尖有圆钝腺体，上面无毛，下面幼时沿叶脉疏生柔毛，老时脱落无毛；叶柄长8~12mm，无毛，先端或中部有1~4个腺体，或在叶基部有腺体；托叶条形，有腺齿。近伞形花序，花叶同放；总苞倒卵形；花总梗长0.8~2.0cm；花粉红色；花梗长1.5~2.6cm，无毛或疏生柔毛；花托钟状，无毛，萼片披针形，反折，长为花托的1.5~2.0倍；花瓣长圆形，先端2裂；花柱无毛。核果近球形，直径7~8mm，熟时红色。花期4~5月；果期6~8月。

产于临桂、龙胜、全州。生于海拔1000~1300m的山谷、山坡疏林中。分布于湖南、湖北。

7. 华中樱桃

Cerasus conradinae（Koehne）Yu et Li

乔木，高3~10m。小枝无毛。叶倒卵形、长椭圆形或倒卵状长椭圆形，长5~9cm，宽2.5~4.0cm，先端骤渐尖，基部圆形，边缘具锯齿，齿端有小腺体，上面绿色，下面淡绿色，两面均无毛，有侧脉7~9对；叶柄长6~8mm，无毛，有2个腺体；托叶线形，边缘有腺齿，后脱落。伞形花序，有花3~5朵，先于叶开放；总苞片褐色，倒卵椭圆形，外面无毛，内面密被疏柔毛；总梗长0.4~1.5cm，偶有不明显总梗，无毛；苞片褐色，宽扇形，有腺齿，后脱落；花梗长1.0~1.5cm，无毛；花托管形钟状，无毛，萼片三角状卵形，先端圆钝或急尖，长约为花托的1/2；花瓣白色或粉红色，卵形或倒卵圆形，先端2裂；雄蕊32~43枚；花柱无毛，比雄蕊短或稍长。核果卵球形，红色，直径5~11mm；核表面棱纹不显著。花期3月；果期4~5月。

产于临桂、龙胜。生于海拔1000m以下的林缘、疏林及沟边灌丛中。分布于陕西、河南、湖南、湖北、四川、贵州、云南。

8. 福建山樱花   钟花樱

Cerasus campanulata（Maxim.）Yu et Li

乔木，高达8m。小枝无毛。叶卵形、卵状椭圆形或倒卵状椭圆形，革质，长4~7cm，宽2.0~3.5cm，先端渐尖，基部圆形，叶缘有尖锐重锯齿，两面无毛，或仅下面叶脉有簇毛；叶柄长0.8~1.3cm，无毛，先端有2个腺体；托叶早落。伞形花序，有花2~4朵，总梗长2~4mm，苞片长椭圆形，有腺齿；花粉红色；花梗长1.0~1.3cm，无毛或几无毛；花托管状钟形，无毛或被极疏毛，萼片长圆形，全缘，与花托近等长；花瓣倒卵状长圆形，先端凹；花柱无毛。核果卵球形，径5~6mm，顶端急尖；果核微有棱纹。花期2~3月；果期4~5月。

产于阳朔、临桂、灵川、龙胜、兴安、资源、金秀、融水、贺州、凌云、乐业、田林、隆林、大明山等地。生于海拔700m以下的山谷、溪边、疏林内和林缘。分布于浙江、福建、台湾、广东等地。果可食用。可作绿化树种。

21. 李属 Prunus L.

落叶小乔木或灌木；分枝较多；顶芽常缺，腋芽单生，卵圆形，有数枚覆瓦状排列鳞片。单叶互生，幼叶在芽中为席卷状或对折状；有叶柄，在叶基部边缘或叶柄顶端常有2个小腺体；托叶早落。花单生或2~3朵簇生，具短梗，先于叶开放或与叶同时开放；有小苞片，早落；萼片和花瓣均为5数，覆瓦状排列；雄蕊多数（20~30枚）；雌蕊1个，周位花，子房上位，心皮无毛，1室具2个胚珠。核果，具有1粒成熟种子，外面有沟，无毛，常被蜡粉；核两侧扁平，平滑，稀有沟或皱纹；子叶肥厚。

本属约30种，主要分布于北半球温带，现已有广泛栽培，中国原产及习见栽培者7种，栽培品种很多。广西 1 种。

本属为温带的重要果树之一，除生食外，还可供制作李脯、李干或酿成果酒和制成罐头。早春开鲜艳花朵，亦可作庭园观赏植物和绿化树种；也是优良蜜源植物。木材也可供制家具等。

李 李子树　图 221：1～2

Prunus salicina Lindl.

落叶乔木，高达 12m。小枝无毛或有柔毛，芽单生，卵圆形，芽鳞边缘有柔毛。叶矩圆状倒卵形或椭圆状倒卵形至倒披针形，长 4～9cm，宽 2.0～3.5cm，先端短尖至渐尖，基部楔形，上面无毛，下面脉腋间有毛，叶缘有细密而钝的重锯齿；叶柄长 1.0～1.5cm，近顶端有数枚腺体；托叶早落。花通常 3 朵簇生；花白色；花梗长 0.7～1.5cm，无毛；花托钟状，无毛，萼片卵形，有细齿；花瓣倒卵状长圆形；子房无毛。核果卵圆状球形，直径 4～7cm，先端常尖，基部深凹，有沟槽，熟时黄色或浅红色，有光泽，外被粉霜；核有皱纹。花期 3～5 月；果期 7～9 月。

广西各地均有栽培。中国大部分地区有分布。播种、分株或嫁接繁殖。

图 221　1～2. 李 Prunus salicina Lindl. 1. 花枝；2. 果枝。**3～4.** 梅 Armeniaca mume Sieb. 3. 叶枝；4. 花枝。(仿《中国树木志》)

花雪白色，盛花佳节，如棉如雪，极为繁茂，与桃花平分秋色。宜作园林树种或果树种植。鲜果供食用，味酸甜，也是果品加工的主要原料。核仁、根入药，可用于活血祛痰、润肠利水、解毒、止痛和治大便燥结、小儿发热、赤白痢、带下等症。

22. 桃属 Amygdalus L.

落叶乔木或灌木；枝无刺或有刺。腋芽常 3 个或 2～3 个并生，两侧为花芽，中间是叶芽。幼叶在芽中呈对折状，后于花开放，稀与花同时开放，叶柄或叶边常具腺体。花单生，稀 2 朵生于 1 个芽内，粉红色，罕白色，几无梗或具短梗，稀有较长梗；雄蕊多数；雌蕊 1 枚，子房常具柔毛，1 室具 2 个胚珠。果实为核果，外被毛，极稀无毛，有纵沟，成熟时果肉多汁不开裂，或干燥开裂；核扁圆、圆形或椭圆形，与果肉粘连或分离，表面具沟纹和孔穴，极稀平滑。

40 多种，分布于亚洲中部至地中海地区。中国约 12 种及多数栽培品种，主要产于西部和西北部。广西 1 种。

桃是我国原产植物，已有 3000 多年的栽培历史，培育成为数众多的栽培品种，除作果树外，又是绿化和美化环境的优良树种。果实除供生食外，还可供制作罐头、桃脯、桃酱及桃干等。桃树的根、叶、花、种仁等均可入药。桃胶可作黏接剂。

图 222 1~2. 桃 Amygdalus persica L. 1. 花枝；2. 果枝。**3~4.** 杏 Armeniaca vulgaris Lam. 3. 果枝；4. 花枝。**5~6.** 臀果木 Pygeum topengii Merr. 5. 花枝；6. 果。(仿《中国树木志》)

桃 毛桃 图 222：1~2

Amygdalus persica L.

落叶乔木，高 8~10m。小枝无毛。腋芽常 3 枚并生，密生灰色绒毛，中间为叶芽，侧生为花芽。叶椭圆状披针形或倒卵状披针形，长 8~15cm，宽 2~3cm，先端长渐尖，基部楔形，边缘有细锯齿或钝锯齿，齿尖有腺体或无，两面无毛或幼时疏生柔毛；叶柄长 1.0~1.5cm，顶端有腺体；托叶具腺齿。花通常单生；粉红色或红色，直径 2.5~3.0cm，先于叶开放；花梗极短；花托钟状，外被短柔毛，萼片卵形至长圆形，有绒毛；花瓣倒卵形或卵状长圆形。核果卵球形，有柔毛，径 5~7cm，有纵沟，果肉丰富多汁，果核两侧压扁，表面有不整齐的沟槽、横纹和孔穴，顶端尖。花期 3~4 月；果期 6~8 月。

广西各地均有栽培。分布于秦岭以南各地或栽培。原产于中国，适应性颇广，南北均可种植。喜光，性喜土壤肥沃湿润的砂壤土，不耐瘠瘦地。播种或嫁接繁殖。花绯红艳丽，为著名的园林绿化树种。果味香甜可口，可供生食或加工成系列产品，为重要果树。全株可入药，根可用于治疬气腰腹胀痛、痔疮；茎胶(桃胶)用于治月经不调、经闭；叶用于治疟疾、盗汗、疮癣、狗咬伤；花用于治大便艰难、腹水肿痛、脚气水肿；果实(桃干)用于治丝虫病；种子(桃仁)用于活血祛痰，可润肠通便等症。

23. 杏属 Armeniaca Mill.

落叶乔木，极稀灌木；枝无刺，极少有刺；叶芽和花芽并生，2~3 个簇生于叶腋。幼叶在芽中席卷状；叶柄常具腺体。花常单生，稀 2 朵，先于叶开放，近无梗或有短梗；萼 5 裂；花瓣 5 枚，着生于花萼口部；雄蕊 15~45 枚；心皮 1 个，花柱顶生；子房具毛，1 室，具 2 胚珠。核果，两侧扁平，有明显纵沟，果肉肉质而有汁液，成熟时不开裂，稀干燥时开裂，外被短柔毛，稀无毛，离核或黏核；核两侧扁平，表面光滑、粗糙或呈网状，稀具蜂窝状孔穴；种仁味苦或甜；子叶扁平。

约 11 种。中国 10 种，分布范围大致以秦岭和淮河为界，淮河以北杏的栽培渐多，尤以黄河流域为其分布中心，淮河以南杏树栽植较少。广西 1 种，引入栽培 1 种。

树性强健，耐干旱，除作果树和观赏植物以外，还可作为防护林和水土保持林。木材坚硬，适宜用来制作器物。果实富含营养和维生素，除供生食和浸渍用外，还适宜加工制作成杏干、杏脯、杏酱等。种仁(杏仁)含脂肪和蛋白质，可供食用及作医药和轻工业的原料。

分种检索表

1. 小枝浅红褐色；叶先端聚渐尖，基部近圆形或微心形，叶缘有细而密的钝锯齿；叶柄长 1.5 ~ 3.5cm，无毛，带红色，有 1 ~ 6 枚腺体；花托圆筒形 ·············· **1. 杏 A. vulgaris**
1. 小枝绿色；叶先端尾状渐尖，基部阔楔形或近圆形，叶缘有小锐锯齿；叶柄长 5 ~ 8mm，近顶端有 2 枚腺体；花托钟状 ·············· **2. 梅 A. mume**

1. 杏　图 222：3 ~ 4
Armeniaca vulgaris Lam.

落叶乔木，高达 10m。小枝浅红褐色，无毛。芽卵圆形，芽鳞边缘疏生柔毛。叶阔卵形或近圆形，长 3 ~ 7cm，宽 4 ~ 8cm，先端聚渐尖，基部近圆形或微心形，叶缘有细而密的钝锯齿，上面无毛，下面仅中脉腋有柔毛或簇毛；叶柄长 1.5 ~ 3.5cm，无毛，带红色，有 1 ~ 6 枚腺体；托叶早落。花单生，稀 2 朵并生，先于叶开放；花白色或粉红色，微芳香，直径约 2.5cm；花梗极短；花托圆筒形，疏生短柔毛，萼片卵形，无毛，花后反折；花瓣圆形或阔倒卵形；子房密生短柔毛。核果近球形，有沟槽，直径 2.0 ~ 2.5cm，熟时黄色，带红晕，有细短柔毛或近无毛；果核侧扁，平滑，棱脊钝，沿腹缝线有沟槽。花期 3 ~ 4 月；果期 6 ~ 7 月。

原产于亚洲西部。中国各地区均有栽培。南宁也有栽培。深根性树种，耐旱、耐寒和抗碱等。播种、嫁接或根蘖繁殖。花盛开时，红霞覆树，鲜艳繁茂，为重要观赏花木。果实供食用。种仁入药，用于祛痰止咳、定喘、润肠和治气喘、胸肋胀满、喉痹、便秘等症。木材结构细密，木纹美丽，可供作美术、工艺品用材。

2. 梅　红梅花　图 221：3 ~ 4
Armeniaca mume Sieb.

落叶乔木，高达 15m。小枝无毛，绿色，常有枝刺或细枝端尖。芽无毛。叶卵形、阔卵形或椭圆形，长 4 ~ 7cm，宽 1.7 ~ 3.5cm，先端尾状渐尖，基部阔楔形或近圆形，叶缘有小锐锯齿，两面无毛或幼时沿脉有细毛；叶柄长 5 ~ 8mm，近顶端有 2 枚腺体；托叶早落。花单生或 2 朵并生；先于叶开放，花白色或淡红色，有芳香；花梗短；花托钟状，无毛或有短柔毛，萼片卵形；花瓣倒卵形。核果近球形，两侧扁，有沟槽，直径 2 ~ 3cm，熟时黄色带绿色，有短柔毛；果核卵圆形，有蜂窝状孔穴。花期 11 月至翌年 3 月；果期 4 ~ 6 月。

广西各地均有栽培，宾阳、贺州、环江、乐业较多。中国各地有栽培；日本也有栽培。喜温暖湿润气候，喜光，耐瘠薄，不耐涝。嫁接、扦插、压条繁殖。中国著名观赏植物。果实可供制青梅、乌梅、话梅、陈皮梅和青梅酒等系列产品。果实入药，用于生津止渴、敛肺涩肠、驱蛔止痢和治慢性泻痢脱肛等症。

24. 臀果木属 Pygeum Gaertn.

常绿乔木。单叶互生，全缘，革质，叶片基部或叶柄常有黑色腺体；托叶小，常早落。花两性或杂性异株，单生，或簇生或组成总状花序，腋生或腋外生；花托倒圆锥形、钟状或杯状，萼片 5 或多枚；花瓣细小，5 ~ 10 枚，与萼片近相同，不易区分，或缺；雄蕊 10 ~ 20 枚或更多；子房上位，无毛或密被绒毛，悬垂胚珠 2 枚，并生；花柱 1 条，顶生，无毛。核果臀形，宽与长近相等，种子 1 粒。

约 40 种，主要分布于东半球热带地区的亚洲、非洲南部；中国 6 种，分布于西南、华南、台湾等地。广西 2 种。

分种检索表

1. 叶革质，卵状椭圆形，背面被褐色柔毛；核果臀形或近圆形 ·············· **1. 臀果木 P. topengii**

1. 叶纸质，卵状披针形，背面无毛；核果卵球形或短长圆形 ························· **2. 疏花臀果木 P. laxiflorum**

1. 臀果木 臀形果 图 222：5~6

Pygeum topengii Merr.

常绿乔木，高 12m。幼枝密生锈色柔毛，老时脱落，有皮孔。叶革质，卵状椭圆形或长圆状椭圆形，长 6~10cm，宽 3~5cm，先端渐尖，基部阔楔形或近圆形，两侧略不等，全缘，近叶基部有 2 枚黑色腺体，上面无毛，有光泽，下面沿脉疏生黄褐色短柔毛；叶柄长 0.5~0.8cm，密生锈色绒毛或渐脱落；托叶早落。总状花序，单生或簇生于叶腋，总花梗和花梗密生锈色柔毛；花梗极短；花托倒圆锥形，有绒毛；花瓣白色；子房无毛。核果近圆形或臀形，直径 1.0~1.2cm，无毛，深褐色。花期 7~9 月；果期翌年 2~5 月。

产于阳朔、临桂、融水、那坡、百色、上思、武鸣、马山、上林、龙州、宁明，生于海拔 500~1500m 的山坡疏林中。分布于广东、福建、贵州等地；印度及越南也有分布。木材结构细致，材质优良，易加工，耐腐性强，可供制作各种高级家具及工艺品。

2. 疏花臀果木

Pygeum laxiflorum Merr. ex Li

常绿乔木，小枝幼时密被毛，后脱落。叶纸质或近革质，卵状披针形或披针形，长 7~10cm，宽 2.0~3.5cm，先端渐尖至尾状渐尖，基部楔形，全缘，叶背无毛，近基部无或有 2 枚腺体；叶柄长 0.6~1.0cm，无毛或具疏柔毛。总状花序单生或 2~3 个簇生于叶腋，有褐色柔毛；萼筒钟状或倒圆锥形，萼片外面被褐色柔毛。核果扁卵球形或短长圆形，暗紫褐色，无毛。花期 8~10 月；果期 11~12 月。

产于十万大山等地。生于海拔 600~800m 的山地杂木林中。分布于广东；越南也有分布。

23 毒鼠子科 Dichapetalaceae

灌木、小乔木或攀援灌木。单叶互生，羽状脉，全缘，托叶小，早落。花小，两性，稀单性，辐射对称或稍两侧对称，花梗顶端通常有关节，花序总梗有时与叶柄合生；萼片 5 枚，分离或部分连合，覆瓦状排列；花瓣 5 枚，分离而相等或连合而不相等，有爪，顶端常 2 裂并内曲；雄蕊 5 枚，或仅 3 枚发育，分离或着生于花冠筒上，花药 2 室，纵裂，药隔背部常增厚；子房上位，2~3 室，每室胚珠 2 枚，悬垂，柱头 2~3 裂。核果，有时被刚毛，干燥，稀肉质，1~2 室，每室 1 粒种子，外果皮有时开裂。种子无胚乳，胚大，直伸。

4 属约 200 种，产于热带地区。中国 1 属 2 种，广西 2 种全产。

毒鼠子属 Dichapetalum Thou.

小乔木、灌木或攀援灌木。叶具短柄。聚伞或伞房花序腋生；萼 5 裂，不相等或近相等；花瓣 5 枚，分离，顶端 2 裂并内曲；雄蕊 5 枚，有花丝；腺体 5 个，与花瓣对生，或具波状边缘的花盘。核果，外果皮革质，常被毛，2~1 室，种子 1 粒。

约 150 种，分布于热带地区，主产于非洲。中国 2 种，产于南部和西南部。

分种检索表

1. 攀援灌木；叶上面中脉和侧脉被黄褐色粗伏毛，其余无毛，背面被黄褐色长柔毛；花两性，花瓣近匙形，先端明显 2 裂 ·································· **1. 长瓣毒鼠子 D. longipetalum**
1. 小乔木或灌木；叶两面无毛或仅背面沿中脉和侧脉被短柔毛；花单性，雌雄异株，花瓣宽匙形，先端微裂或近全缘 ·································· **2. 毒鼠子 D. gelonioides**

1. 长瓣毒鼠子　海南毒鼠子

Dichapetalum longipetalum（Turcz.）Engl.

攀援灌木。小枝被黄褐色长柔毛。叶纸质，长圆形或近椭圆形，长 8~17cm，宽 3~6cm，先端渐尖，基部阔楔形或略呈圆形，干时两面褐色，上面沿中脉和侧脉被黄褐色粗伏毛，下面被黄褐色疏长毛，沿叶脉更密，侧脉 6~7 对；叶柄长约 6mm，被粗毛，托叶锥形，早落。花两性，具短梗，萼长约 4mm，外密被黄褐色粗毛，裂片长圆形，先端钝；花瓣白色，近匙形，无毛，先端明显 2 裂；雄蕊与花瓣近等长，腺体小，近方形，2 浅裂；子房被灰褐色绒毛；花柱长于雄蕊，柱头 3 裂。核果偏斜，倒心形，如仅 1 个心皮发育则为斜椭圆形，直径约 2cm，被黄褐色绒毛。花期 7 月至翌年 1 月；果期 2~5 月。

产于防城、上思、宁明。生于中低海拔的山谷密林中。分布于海南、广东；中南半岛及马来西亚也有分布。茎、叶用于治血吸虫病。

2. 毒鼠子　滇毒鼠子

Dichapetalum gelonioides（Roxb.）Engl.

小乔木或灌木；幼枝被紧贴短柔毛，后变无毛，具散生圆形白色皮孔。叶片纸质或半革质，椭圆形或长圆状椭圆形，长 6~16cm，宽 2~6cm，先端渐尖，基部楔形或阔楔形，稍偏斜，全缘，无毛或仅背面沿中脉和侧脉被短柔毛，侧脉 5~6 对，叶柄长 3~5mm，无毛或疏被柔毛；托叶针状，长约 3mm，被疏柔毛，早落。花雌雄异株，组成聚伞花序或单生叶腋，稍被柔毛；花瓣宽匙形，先端微裂或近全缘；雌花中子房 2 室，稀 3 室，密被黄褐色短柔毛，雄花中的退化子房密被白色棉毛，花柱 1 根，多少深裂。果为核果，幼时密被黄褐色短柔毛，成熟时被灰白色疏柔毛。果期 7~10 月。

产于隆安。分布于广东、海南和云南；印度、斯里兰卡、菲律宾、马来西亚和印度尼西亚也有分布。果实用于毒鼠。

24　蜡梅科 Calycanthaceae

落叶或常绿灌木，具油细胞。小枝有纵棱，皮孔明显。芽具芽鳞或无芽鳞而被叶柄基部所包围。单叶对生，全缘或具不明显细锯齿；无托叶。花两性，花被片多数，螺旋状排列；雄蕊 4 枚至多数，有退化雄蕊，花药外向，2 室，纵裂；离生心皮，雌蕊着生于壶状花托内，子房上位，1 室，倒生胚珠 1~2 枚，仅 1 枚发育。聚合瘦果包于肉质果托内，熟时果托外被柔毛，先端撕裂。种子无胚乳或微具内胚乳，胚大，子叶螺旋状。

2 属 9 种，分布于东亚及北美。我国 2 属约 6 种，广西 1 属 2 种。供观赏及药用。

蜡梅属 Chimonanthus Lindl.

常绿或落叶灌木。花腋生，芳香，花被片 15~27 片，黄色，淡黄白色，发育雄蕊 4~8 个，心皮 6~14 个。

4 种，中国特产，产于亚热带。广西 2 种。

分种检索表

1. 落叶灌木；叶上面粗糙，下面无白粉，先端渐尖；花被片约 16 片，无毛；果托卵状长椭圆形 ·····················
·· **1. 蜡梅 C. praecox**
1. 常绿灌木；叶上面平滑光亮，下面有白粉，先端细长渐尖或尾尖；花被片 20~24 片；果托坛形、钟形，先端收
缩 ·· **2. 山蜡梅 C. nitens**

图 223 蜡梅 Chimonanthus praecox（L.）Link 1. 叶枝；2. 果枝；3. 花枝；4. 花的纵剖面。（仿《中国植物志》）

图 224 山蜡梅 Chimonanthus nitens Oliv. 果枝。（仿《中国植物志》）

1. 蜡梅 腊梅、黄蜡梅、大叶蜡梅 图 223

Chimonanthus praecox（L.）Link

落叶灌木，高达 4m。叶椭圆状卵形或椭圆状披针形，长 2 ~ 16cm，先端渐尖，近全缘，上面粗糙。花单生于叶腋，芳香，直径 2.0 ~ 2.5cm，花被片约 16 片，黄色，无毛，有光泽，蜡质，具浓郁香味，由外向内逐渐变小，内花被片具紫褐色斑纹；心皮 7 ~ 14 个。果托卵状长椭圆形，长 1.1 ~ 1.5cm。花期 11 月至翌年 2 月；果期 5 ~ 6 月。

产于陕西秦岭南坡及湖北西部，生于海拔 1100m 以下的山谷、岩缝内、灌丛中。黄河以南各地普遍有栽培，广西多地有引种。喜光，深根性，耐干旱，忌水湿，生长适宜温度 15 ~ 30℃。喜深厚肥沃、排水良好的土壤，在黏土及盐碱地上生长不良。品种颇多，分株、嫁接或播种繁殖。嫁接法常用靠接、切接和腹接。冬春开花，尤以 1 ~ 2 月最盛，花期长，单朵花可开放 15d 以上，色香宜人，寿命可达百岁，为珍贵观赏花木。宜孤植于窗前、墙隅或群植于斜坡、水边，又可作盆景花木。根、茎入药，可止咳、消肿、活血；叶捣烂外敷可治红肿；花浸于生油被称为"蜡梅油"，可治烫伤。

2. 山蜡梅 亮叶蜡梅、石山蜡梅 图 224

Chimonanthus nitens Oliv.

常绿灌木，高约 2m。幼枝方形，被柔毛，老枝近圆柱形，后渐无毛。叶革质，椭圆形至卵状披针形，长 5 ~ 13cm，宽 3 ~ 4cm，先端长渐尖，基部窄楔形，上面光亮，下面无毛而有白粉，灰绿色。花单生于叶腋，径约 1cm，花被片 20 ~ 24 片，黄色或黄白色，被微毛。瘦果长 1.0 ~ 1.3cm，果托坛状、钟形，先端收缩。花期 11~12 月；果期翌年 4~5 月。

产于德保、那坡、阳朔。见于山地疏林中或石山隐蔽处。分布于陕西、云南、贵州、湖北、湖南、江西、浙江、安徽、福建。喜光也耐阴，喜微酸性壤土亦适应石灰钙质土。叶翠绿，花色蜡黄，香气浓郁，隆冬开放，为良好的庭园观赏花木。根叶入药，根可治跌打损伤、风湿痛等症；叶煎水服，可预防感冒、流感、中暑，治慢性气管炎，外用可治蚂蚁叮咬。

25 苏木科 Caesalpiniaceae

乔木、灌木或藤本，稀草本。一回或二回羽状复叶，稀单叶，互生；托叶早落或缺。花两性，稀单性或杂性异株，两侧对称；萼片 5 枚，分离或下部 2 片合生，覆瓦状排列，稀镊合状排列；花瓣 5 枚或更少，罕缺，覆瓦状排列，近轴一片在最内面；雄蕊 10 枚或较少，罕为多数，花丝离生或部分合生，花药 2 室，纵裂，稀孔裂；子房上位，1 室；侧膜胎座。荚果。种子无胚乳，稀有胚乳。

157 属，主要分布在热带及亚热带地区。中国 19 属，大多分布于华南及西南。本志记载了广西的 18 属。

分属检索表

1. 二回羽状复叶或兼有一回羽状复叶。
  2. 花两性。
    3. 植株有刺。
      4. 胚珠 1 枚至多数；荚果卵形、长圆形或披针形，有时呈镰刀状，扁平或肿胀，无翅或具翅，革质或木质，通常不开裂 ·························· **1. 云实属 Caesalpinia**
      4. 胚珠 1 枚；荚果无柄，先端具斜长圆形或镰刀状膜质翅，不裂 ··········· **2. 老虎刺属 Pterolobium**
    3. 植株无刺。
      5. 小叶对生。
        6. 雄蕊 10 枚。
          7. 萼片 5 枚，覆瓦状排列；荚果披针状长圆形，不开裂，沿背腹缝线均有翅·················· **3. 盾柱木属 Peltophorum**
          7. 萼片 5 枚，镊合状排列；果长带状，下垂，2 裂，果瓣厚木质 ········· **4. 凤凰木属 Delonix**
        6. 雄蕊 5 枚；羽片对生，小叶具柄；萼片覆瓦状排列，宿存；荚果带状，腹缝具狭翅 ·················· **5. 顶果树属 Acrocarpus**
      5. 小叶互生；总状花序；雄蕊 10 枚；子房有柄，胚珠多数；荚果扁平，革质，熟时 2 瓣裂 ·················· **6. 格木属 Erythrophleum**
  2. 花单性异株或杂性。
    8. 植株无刺；小叶全缘；花序为总状或聚伞圆锥花序 ·············· **7. 肥皂荚属 Gymnocladus**
    8. 植株有分枝的刺；小叶有锯齿；花序为总状或穗状花序 ·············· **8. 皂荚属 Gleditsia**
1. 一回羽状复叶或单叶。
  9. 一回羽状复叶。
    10. 萼裂片 5 枚。
      11. 偶数羽状复叶。
        12. 圆锥花序顶生，短总状花序侧生；花梗基部或近基部具 2 枚小苞片；叶柄和叶轴无腺体·················· **9. 决明属 Cassia**
        12. 总状花序顶生或腋生，无苞片；叶轴和叶柄有或无腺体 ·············· **10. 山扁豆属 Senna**
      11. 奇数羽状复叶；荚果扁平，靠腹缝线一侧有阔翅 ·············· **11. 翅荚木属 Zenia**
    10. 萼裂片 4 枚，稀 5 枚。
      13. 花有花瓣。

14. 小叶 7 ~ 20 对；果长圆柱形，不开裂，有酸味 ·················· **12. 酸豆属 Tamarindus**

14. 小叶 10 对以下；果不为长圆柱形。

    15. 花瓣无柄，1(2)，被包于较大的萼片内；小叶革质，叶内有透明油点；圆锥花序顶生；果圆形或长圆形，扁，稍偏斜，开裂 ·················· **13. 油楠属 Sindora**

    15. 花瓣具柄。

        16. 花瓣 5 片，前面 2 片退化，后面 3 片花瓣大，倒卵形；叶轴上面有沟槽；发育雄蕊 2 枚；果长圆形或倒卵状长圆形 ·················· **14. 仪花属 Lysidice**

        16. 花瓣 1 片，近圆形或肾形，其余退化或缺；能育雄蕊 7 ~ 8 枚；果长圆形或斜长圆形；种子具角质假种皮 ·················· **15. 缅茄属 Afzelia**

    13. 花无花瓣；托叶 2 枚，通常联合成圆锥形鞘状，早落；伞房状圆锥花序；具花瓣状小苞片 ·············· **16. 无忧花属 Saraca**

9. 单叶。

  17. 叶全缘或先端微凹；花簇生或排列成总状花序，着生于老枝上；萼管偏斜，5 齿裂；花瓣不等长，上部 3 片较小，下部 2 片最大 ·················· **17. 紫荆属 Cercis**

  17. 叶先端常分裂，稀全缘或裂为 2 小叶；总状花序、伞房状花序或圆锥花序；萼全缘，呈佛焰苞状、匙状或 2 ~ 5 齿裂；花瓣 5 片，近等大，通常具瓣柄 ·················· **18. 羊蹄甲属 Bauhinia**

1. 云实属 Caesalpinia L.

乔木、灌木或藤本，通常具皮刺，裸芽。二回偶数羽状复叶，互生；小叶全缘。总状或圆锥花序；花两性，通常美丽；萼片 5 枚，覆瓦状排列；萼筒短，具花盘；花瓣 5 枚，黄色或橙红色，稀白色，稍不相等，常具瓣柄；雄蕊 10 枚，分离，2 轮排列，花药背着；子房具短柄或无柄，胚珠 1 ~ 7 枚。荚果卵形、长圆形或披针形，有时呈镰刀状，扁平或肿胀，无翅或具翅，革质或木质，通常不开裂。种子卵圆形至球形，无胚乳。

约 100 种，分布于热带及亚热带地区。中国约 20 种，引入 5 种，分布于长江以南。广西 11 种。由于具刺，多数可作绿篱。

分种检索表

1. 藤本或藤状灌木。

  2. 果密被硬刺。

    3. 小叶两面沿中脉被短柔毛；托叶锥形；花瓣倒卵形，白色，有紫色斑点 ············ **1. 喙荚云实 C. minax**

    3. 小叶两面被黄色柔毛；托叶大，羽状裂；花瓣黄色，最上面一片有红斑，倒披针形 ············ **2. 刺果苏木 C. bonduc**

  2. 果无刺及刚毛。

    4. 羽片 2 ~ 3 对。

      5. 小叶 2 ~ 3(~ 4) 对，椭圆形或卵状椭圆形，先端渐尖，基部近圆形略呈心形，两面网脉明显凸起，构成蜂窝状 ·················· **3. 鸡嘴簕 C. sinensis**

      5. 小叶 4 ~ 6 对，长圆形，先端钝圆，基部阔楔形或近圆形 ·················· **4. 大叶云实 C. magnifoliolata**

    4. 羽片 3 对以上。

      6. 老叶两面无毛。

        7. 小叶卵状长圆形或长椭圆形，先端截平、圆钝或微凹，基部斜截，下面粉褐色；圆锥花序腋生；果卵形或椭圆形 ·················· **5. 粉叶苏木 C. caesia**

        7. 小叶长圆形，两端圆形。

          8. 小叶纸质；总状花序顶生；果长椭圆形，肿胀，长 6 ~ 8cm，宽约 2cm；种子 6 ~ 9 枚，椭圆形 ·················· **6. 云实 C. decapetala**

          8. 小叶膜质；圆锥花序顶生或总状花序腋生；荚果阔披针形或椭圆状长圆形，扁平，长 10 ~ 14cm；种子 3 ~ 7 枚，卵圆形，中央有隆起的脊 ·················· **7. 九羽见血飞 C. enneaphylla**

6. 老叶两面被毛。

    9. 小叶 13 ~ 20 对；果近倒卵形，长 4 ~ 5cm，背缝具狭翅，宽约 2mm，成熟时沿背缝线开裂；种子 1 枚，肾形 ·················· **8. 小叶云实 C. millettii**

    9. 小叶 5 ~ 6 对；荚果，镰刀状，扁平而薄，成熟时长 10 ~ 15cm，沿腹缝线具翅，翅宽约 1cm；种子 5 ~ 7 枚，长卵形 ·················· **9. 膜荚见血飞 C. hymenocarpa**

1. 乔木或灌木。

    10. 羽片 7 ~ 14 对；小叶 10 ~ 19 对，长圆形或长圆状菱形，两面无毛或微被毛；果长椭圆状倒卵形或长圆形，暗红褐色，顶端斜向截平，喙与腹缝一侧平齐 ·················· **10. 苏木 C. sappan**

    10. 羽片 4 ~ 9 对；小叶 7 ~ 11 对，长圆形或倒卵形，无毛；果倒披针状长圆形，黑褐色，具长喙 ·················· **11. 金凤花 C. pulcherrima**

1. 喙荚云实 南蛇簕、石连子 图 225：9 ~ 17

Caesalpinia minax Hance

木质大藤本，高达 4m。枝、叶轴有刺；植株各部被毛。二回羽状复叶，羽片 5 ~ 8(~ 10) 对；小叶 6 ~ 10(~ 12) 对，椭圆形或长圆形，长 2.5 ~ 4.5cm，宽 1.0 ~ 1.7cm，先端圆钝或急尖，具小尖头，基部两侧不对称，两面沿中脉被短柔毛；托叶锥形，早落。总状或圆锥花序，总轴有刺并被锈色绒毛；萼裂长约 1.3cm，密生黄色绒毛；花瓣倒卵形，白色，有紫色斑点，长约 1.8cm。荚果长椭圆形，长 8 ~ 12cm，宽 4 ~ 5cm，密被棕色针刺，顶端具尖喙。种子 4 ~ 8 枚，长椭圆形，长 1.8 ~ 2.0cm，黑色。花期 4 ~ 5 月；果期 7 月。

产于广西各地。生于 400 ~ 1500m 的山坡、灌丛、山沟及路旁。分布于广东、云南、贵州、四川、福建。可作绿篱。根及叶入药，有清热解毒、去热消肿作用。种子坚硬，味苦，俗称"苦莲子"，性凉，可治风热感冒、痢疾、淋浊、疮癣、毒蛇咬伤、跌打损伤。

2. 刺果苏木 华南云实、大花托云实 图 225：1 ~ 8

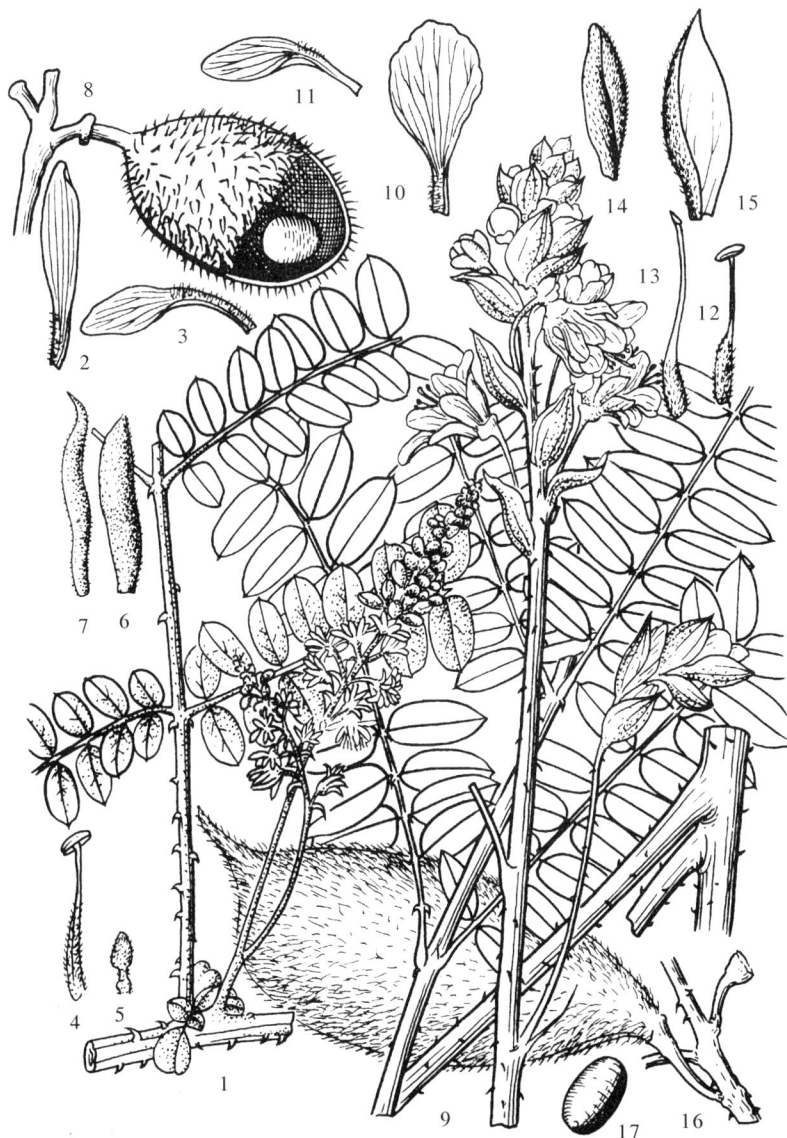

图 225 1 ~ 8. 刺果苏木 Caesalpinia bonduc（L.）Roxb. 1. 花枝；2. 最上面一片花瓣；3. 其余 4 片花瓣之一；4. 雄蕊；5. 雌蕊；6. 萼片；7. 苞片；8. 果及种子。9 ~ 17. 喙荚云实 Caesalpinia minax Hance 9. 花序；10. 最上面一片花瓣；11. 其余 4 片花瓣之一；12. 雄蕊；13. 雌蕊；14. 萼片；15. 苞片；16. 果枝；17. 种子。(仿《中国植物志》)

Caesalpinia bonduc (L.) Roxb.

木质藤本。枝及叶轴具刺,各部被黄色柔毛。羽片6~9对,对生,羽片轴基部具刺1枚;小叶对生,6~12对,椭圆形或长圆形,长1.3~4.0cm,宽1~3cm,先端具小尖头,基部两侧不对称,两面被黄色柔毛,在小叶着生处常有1对托叶状小钩刺;托叶大,羽状裂,早落。总状花序腋生,具长梗;萼裂5,内外均被锈色毛;花瓣黄色,最上面一片有红斑,倒披针形。果长椭圆形或椭圆形,革质,长5~7cm,宽4.0~4.5cm,顶端具喙,外具细长针刺。种子2~3枚,近球形,直径1.8~2.0cm,铅灰色,有光泽。花期8~10月;果期10月至翌年3月。

产于博白、合浦、南宁、龙州。生于山沟、路旁、草丛中。分布于福建、广东、贵州、海南、湖北、湖南、四川、台湾、云南。喜温暖湿润气候,喜光,耐干旱瘠薄。可作绿篱。叶及种子入药,苦、凉,可用于治急、慢性胃炎,胃溃疡,痢疾,肠道虫积,便秘。果含鞣质30%~48%,可供提制栲胶。

3. 鸡嘴簕　饭瓢豆、狭翅云实、鄂西云实

Caesalpinia sinensis (Hemsl.) Vidal

藤状灌木。枝、叶轴有刺;嫩枝有毛,老时无毛。羽片通常3对;小叶2~3(~4)对,近革质,椭圆形或卵状椭圆形,长4~7cm,宽1.5~4.0cm,先端渐尖,基部近圆形、略呈心形,稍偏斜,全缘,上面无毛,下面沿中脉有柔毛,两面网脉明显凸起,构成蜂窝状。圆锥花序腋生或顶生,长15~25cm;花冠黄色。果近圆形或长圆形,革质,直径约3.5cm,扁平,表面网脉清楚,具狭翅,具尖喙,无刺。种子1枚。花期4~5月;果期7~8月。

产于巴马、东兰、凌云、田阳、天等、崇左、龙州、宁明、大新、邕宁。常生于石灰岩山地、向阳潮湿山坡灌丛中或山谷疏林中。分布于广东、贵州、湖北、四川、云南;老挝和越南也有分布。

4. 大叶云实

Caesalpinia magnifoliolata Metc.

木质有刺藤本。幼枝、叶轴、羽片轴均被锈色柔毛。羽片2~3对;小叶4~6对,革质,长圆形,长4~15cm,宽2.5~7.0cm,先端钝圆,基部阔楔形或近圆形,上面无毛,下面微被柔毛。圆锥花序顶生或总状花序腋生,花梗长0.6~1.2cm;花瓣黄色。果近圆形,长3.5~4.0cm,背缝线向两侧扩张成狭翅,木质,深褐色,网脉明显,无刺。种子1枚,扁,近圆形,直径约2cm,棕黑色。花期4月;果期5~6月。

产于金秀、巴马、德保、那坡、凌云、隆林、防城、上思。生于海拔500~1000m的山坡、山沟灌丛中。分布于广东、云南、贵州。枝、果、根均可入药,有舒筋活络的功效,可用于治跌打损伤。

5. 粉叶苏木　广西云实　图226:1~7

Caesalpinia caesia Hand. - Mazz.

攀援灌木,高达5m。幼枝及叶轴被柔毛和钩刺。羽片5~9(~12)对;小叶8~12对,纸质,卵状长圆形或长椭圆形,长0.8~1.5cm,宽0.4~0.6cm,先端截平、圆钝或微凹,基部斜截,两面无毛,下面粉褐色;小叶近无柄。圆锥花序腋生,长10~15cm或更长,被褐色细毛,花梗长0.4~0.7cm,在花萼下具关节;萼片下面一片为兜状披针形,其余为卵状长椭圆形,较短;花瓣倒卵状长椭圆形;子房具短柄,无毛。果卵形或椭圆形,肿胀,长约5cm,宽2.3~3.0cm,革质,顶端平截,腹缝具翅,深褐色,被褐色腺体,无刺。种子1枚,椭圆形,长约2cm,黑褐色。花期7月;果期8~9月。

产于十万大山。分布于海南。

6. 云实　鸡爪刺(凌云)、药王豆、铁场豆、毛云实　图227:1~4

Caesalpinia decapetala (Roth) Alston

藤状灌木。树皮暗红色;枝、叶轴和花序均被灰色或褐色毛,并具钩刺。羽片3~10对,羽片

柄基部具刺 1 对；小叶 7～15 对，纸质，长圆形，长 1～2cm，两端圆形，上下被柔毛，后脱落无毛。总状花序顶生，直立，长 15～35cm；花梗长 2～4cm，顶端具关节，易脱落；花瓣黄色，圆形或倒卵形，长 1.0～1.2cm，最下一片有红色条纹；子房无毛。果长椭圆形，长 6～8cm，宽约 2cm，肿胀，脆革质，具喙，腹缝具窄翅，无毛，无刺，栗色，有光泽，开裂。种子 6～9 枚，椭圆形，长约 1cm，棕色。花期 4～5 月；果期 9～11 月。

产于广西各地。中国除东北以外其余各地均有分布。喜光，适应性强，常作绿篱。果壳含鞣质 30%～40%，可供提制栲胶。种子含油达 35%，可供制肥皂及作润滑油。根可治腹泻、疝气；叶可治烧伤；种子可治疟疾等症。

7. 九羽见血飞

Caesalpinia enneaphylla Roxb.

图 226　1～7. 粉叶苏木 Caesalpinia caesia Hand. – Mazz. 1. 花枝；2～4. 花瓣；5～6. 雄蕊；7. 子房纵剖面。**8～11. 苏木 Caesalpinia sappan** L. 8. 花枝；9. 雄蕊；10. 子房纵剖面；11. 果。(仿《中国植物志》)

大型藤本；枝具散生、黑褐色、下弯的钩刺。二回羽状复叶互生；叶轴长 25～30cm；羽片 8～10 对，具柄，对生，长 6～8cm，基部有黑褐色、成对的钩刺；小叶 8～12 对，对生，膜质，长圆形，长 (1～)1.5～2.5cm，宽 5～8mm，两端圆钝，两面无毛；小叶柄短。圆锥花序顶生或总状花序腋生，长 10～20cm，被柔毛；花大型，似蝶形，芳香，花梗长 10～25mm；萼片 5 枚，无毛，不等，下面一片兜状；花瓣黄色，上面一片近圆形，两裂成鱼尾状。荚果无刺，近无柄，扁平，阔披针形或椭圆状长圆形，长 10～14cm，宽 3.0～3.5cm，红棕色，光滑，沿腹缝线具翅，翅宽 5～6mm；种子 3～7 枚，卵圆形，中央有隆起的脊。花期 9～10 月；果期 10 月至翌年 2 月。

产于广西南部、西南部，生于海拔 600m 以下的山坡、山脚灌丛或疏林中。分布于云南；印度、缅甸、斯里兰卡、马来西亚等地也有分布。

8. 小叶云实　假南蛇藤

Caesalpinia millettii Hook. et Arn.

木质藤本，具刺；各部被黄色柔毛。幼枝具纵棱。羽片 7～12 对；小叶互生，13～20 对，长圆形，长 0.7～1.3(～1.8)cm，先端圆，基部斜截，两面被毛，下面较密。圆锥花序腋生，长 30cm，花瓣黄色。果近倒卵形，长 4～5cm，革质，棕褐色，被柔毛，无刺，背缝具狭翅，宽约 2mm，成熟时沿背缝线开裂。种子 1 枚，肾形，长约 1cm，红褐色，有光泽。花期 8～9 月；果期 12 月。

产于昭平、桂林、临桂、恭城、十万大山。生长于山脚、沟边。分布于广东、湖南、江西、贵

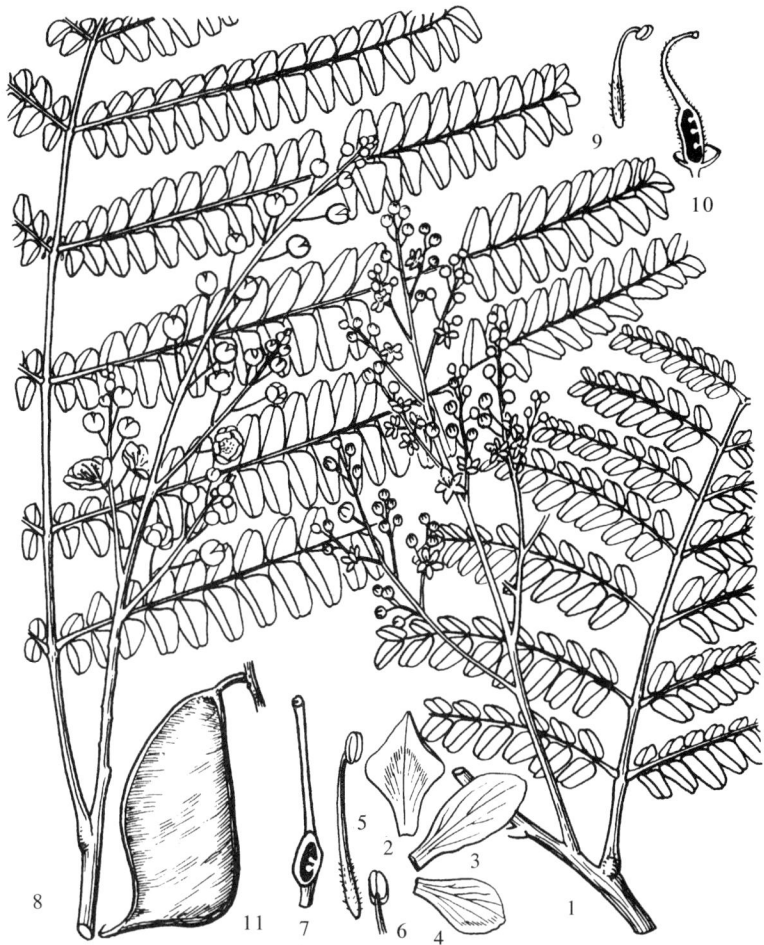

图 227　1～4. 云实 Caesalpinia decapetala（Roth）Alston 1. 花枝；2. 雄蕊；3. 雌蕊；4. 果。5～7. 金凤花 Caesalpinia pulcherrima（L.）Sw. 5. 花枝；6. 雄蕊；7. 果。（仿《中国植物志》）

州。根入药，可治胃病、消化不良、风湿痹痛。

9. 膜荚见血飞
Caesalpinia hymenocarpa（Prain）Hattink

藤本；枝疏被黄色柔毛，散生黄褐色钩刺。二回羽状复叶互生；叶轴长 20～30cm；羽片 8～10 对，对生；羽轴长 8～10cm，与叶轴同被黄色柔毛；小叶 5～6 对，长圆形，长 1.5～2.0cm，宽约 1cm，先端圆钝，基部阔楔形，上面深绿色，下面黄绿色，两面均被黄色长柔毛；小叶柄短，基部具对生、下弯的托叶刺。总状花序或圆锥花序长 30～50cm，腋生或顶生；花梗长 1.0～1.5cm；萼片 5 枚，外面均被黄色柔毛，下面一片盔状，其余的长圆形；花瓣 5 片，黄色，上面一片具柄，圆形，侧面两片较小，下面一片对折凸起。荚果无刺，扁平而薄，镰刀状，成熟时长 10～15cm，宽约 2.5cm，沿腹缝线具翅，翅宽约 1cm；种子 5～7 枚，长卵形，扁平。花期 9～10 月；果期 12 月至翌年 2 月。

产于百色，生于海拔 350m 以下的疏林及湿地。分布于云南；泰国、越南、斯里兰卡也有分布。

10. 苏木　棕木（台湾）、苏枋、苏方木　图 226：8～11
Caesalpinia sappan L.

落叶至半落叶小乔木，高达 10m。干、枝具疏刺；枝上皮孔明显。羽片 7～14 对；小叶 10～19 对，长圆形或长圆状菱形，长 1～2cm，宽 0.5～0.7cm，先端微凹，基部偏斜，网脉清晰，两面无毛或疏被毛，下面具腺点；柄极短；托叶锥形。圆锥花序顶生或腋生；苞片大，披针形；萼筒浅钟状；花瓣黄色，最上一片基部带淡红色；子房具柄，被灰色绒毛。果木质，长椭圆状倒卵形或长圆形，长 6～9cm，先端斜向截平，喙与腹缝一侧平齐，被绒毛，无刺，不开裂，暗红褐色，有光泽。种子 3～5 枚，长圆形，扁，浅褐色，长 1.2～2.2cm，宽 0.5～1.4cm，厚 0.2～0.6cm。花期 5～9 月；果期 10 月至翌年 3 月。

产于百色、隆林、乐业、田阳、桂平、陆川、上林、凭祥、龙州等地。分布于福建、四川、云南、贵州、海南、广东、台湾；印度、缅甸、越南、马来半岛、斯里兰卡也有分布。喜温暖环境，适生于南亚热带南部至北热带地区，虽耐 0℃ 低温，但幼苗、幼树易受霜害。喜光树种，耐干旱，不耐庇荫和积水，能适应中性至微碱性石灰土，为良好石山造林树种。萌蘖性强，可萌芽更新。

播种繁殖，种子可普通干藏。植苗造林或直播造林，石山地区通常采用直播造林，造林效果好。造林后头 3 年应结合抚育把主干基部的下垂枝、萌枝修掉。种植 8 年后可采伐利用红色的心材入药，但以 10 年以上的心材质量为好。通常于秋季采伐，在离地面 15～20cm 的茎基处伐下。深色名贵用材，心材黄褐色，边材黄灰色，少开裂，不易扭裂，抗虫、耐腐性强，气干密度 $0.81 g/cm^3$。木质部含苏木素，干燥心材具行血去瘀、消肿止痛等功效，入药，有活血、祛瘀、止痛等效；可作染料及有机试剂，为清血剂。

11. 金凤花 洋金凤(广州)、黄蝴蝶、蛱蝶花 图 227：5~7

Caesalpinia pulcherrima（L.）Sw.

灌木或小乔木，株高 2~4m。枝绿色或粉绿色，光滑，疏生刺。羽片 4~9 对；小叶 7~11 对，长圆形或倒卵形，长 0.6~2.0cm，宽 0.4~0.8cm，先端微凹，基部偏斜，无毛；柄极短。总状花序近伞房状，长达 25cm；花梗 7cm 或更长；花托凹陷成陀螺型，无毛，萼片 5 枚，大小不等；花瓣橙色或黄色，圆形，边缘呈波状，皱褶；花丝红色，长 5~6cm，基部被毛；花柱长，橙黄色，子房无毛。果倒披针状长圆形，长 5~10cm，宽 1.5~1.8cm，革质薄，具长喙，无毛，无刺，黑褐色。种子 2~10 枚，倒卵形或三角状倒卵形，扁，顶部平，基部尖。花果期终年不断。

原产地不详；广西北热带地区均有栽培；广东、云南、海南、台湾也有栽培。喜光、喜温暖湿润的环境，怕霜冻。花大、色艳丽，主要用作庭院观赏。木材可供提制红色染料。根、茎皮入药，具解表发汗功效。

2. 老虎刺属 Pterolobium R. Br. ex Wight et Arn.

木质有刺藤本。二回偶数羽状复叶，互生；托叶及小托叶小，早落。圆锥或总状花序；花两性，萼筒钟状，花托盘状，萼片 5 枚，舟形，比萼筒长，下面一枚较大，覆瓦状排列；具花盘；花瓣 5 枚，白色或黄色，几与萼片等长；雄蕊 10 枚，离生，等大，花药"丁"字着生；子房无柄，胚珠 1 枚，花柱丝状，柱头小。荚果无柄，先端具斜长圆形或镰刀状膜质翅，不裂。

约 11 种，分布于澳大利亚以及亚洲与非洲。中国 2 种。广西 1 种。

老虎刺 黄牛筋(广西)、蚰蛇利、倒爪刺、石龙花(云南)、倒钩藤(广东)、崖婆勒

Pterolobium punctatum Hemsl.

木质藤本，长达 15m，具刺。幼枝被毛，灰绿色。羽片 9~14 对；小叶 19~30 对，长椭圆形，长 7~9mm，宽 2~3mm，顶端钝圆或微凹，基部稍偏斜，两面被疏毛，具明显或不明显黑点。圆锥花序顶生，有柔毛，花小白色，花梗短，长约 4mm。荚果发育部分菱形，顶端一侧有发达的膜质红翅，翅一边直，一边弯曲，长 1.5~2.5cm，宽 0.9~1.5cm。花期 7 月；果期 9 月至翌年 1 月。

产于南宁、邕宁、龙州、大新、靖西、平果、百色、隆林、凌云、乐业、凤山、东兰、河池、阳朔、临桂、桂林、兴安、富川、贵港、大明山等地，石灰岩山地常见，常成优势群落。分布于福建、江西、湖南、湖北、广东、贵州、云南、四川。根皮、枝叶入药，可治心神不安、肺脓肿、筋骨损伤、疮毒。

3. 盾柱木属 Peltophorum（Vogel）Benth.

落叶乔木，无刺。二回偶数羽状复叶，羽片及小叶对生，小叶无柄；托叶小，早落。圆锥或总状花序；花两性，萼片 5 枚，覆瓦状排列；具花盘；花瓣 5 枚，黄色，覆瓦状排列；雄蕊 10 枚，离生，花丝稍伸出，基部被毛，花药长圆形，"丁"字着生；柱头大，盾状；子房被毛；胚珠 2~6 枚。荚果披针状长圆形，扁平，不开裂，沿背腹缝线均有翅。

约 12 种，分布于热带地区。中国 1 种，引入 1 种；广西全有。

分种检索表

1. 幼枝被锈色绒毛；总状花序；果红褐色，无纵纹 ·· **银珠 P. tonkinense**
1. 幼枝被灰褐色柔毛；圆锥花序；果紫红色，有纵纹 ·································· **2. 盾柱木 P. pterocarpum**

图 228 1~7. 盾柱木 Peltophorum pterocarpum（DC）K. Heyne
1. 叶；2. 果枝；3. 花；4. 萼片；5. 花瓣；6. 雄蕊；7. 雌蕊。**8~14. 银珠**
Peltophorum tonkinense（Pierre）Gagnepain 8. 果枝；9. 幼果枝；10. 花蕾；
11. 萼片；12. 花瓣；13. 雄蕊；14. 雌蕊。（仿《中国植物志》）

1. 银珠 双翼豆 图 228：8~14

Peltophorum tonkinense（Pierre）Gagnepain

乔木，高达 30m，胸径 80cm。树皮暗褐色，不裂，枝干具明显锈色皮孔。幼嫩部分及花序密被锈色绒毛，后渐脱落。叶柄粗壮，被锈色毛；羽片 6~13 对；小叶 5~15 对，长圆状倒卵形，长 1.2~2.8cm，宽 0.4~0.9cm，先端圆并具小尖头，基部偏斜，下面苍黄绿色，侧脉约 18 对。总状花序近顶生，长 10~20cm；花序轴、花梗、花蕾均被锈色毛；萼片近相等，仅外面被毛；花瓣倒卵状圆形，长 1.4~1.7cm，具柄，两面被毛，边缘波状。果纺锤形，两端不对称，渐狭，长 9~13cm，宽 2.5~3.0cm，老时红褐色，有光泽，无毛，无纵纹；种子 2~4 枚，长圆状倒卵形，长 1.3~1.4cm，宽 0.6cm，淡黄褐色，扁。花期 3~4 月；果期 6~8 月，熟后不开裂，悬挂树上至 12 月。

产于宁明，常生于沟谷及疏林中，南宁有栽培。分布于海南；越南也有。喜光，适应性强，耐干旱瘠薄，天然更新

良好。木材密度大，心材红褐色，边材淡黄色，花纹美丽，纹理直，结构适中，易加工，干燥后不开裂，不变形，边材易受虫蛀，是建筑、车、船及高级家具优良用材。花大且美丽，可作庭院绿化树种。

2. 盾柱木 图 228：1~7

Peltophorum pterocarpum（DC.）K. Heyne

乔木，嫩枝和花序被灰褐色柔毛，老枝具黄色小皮孔。羽片 7~20 对，对生；小叶（7~）10~21 对，长圆状倒卵形，无柄，长 1.2~1.7cm，先端圆或微凹，侧脉 10~12 对。圆锥花序，花冠黄色，5 瓣，具臭味。果紫红色，纺锤形，扁平，具纵纹，翅宽 3~5mm，熟后不开裂，悬挂在树上。种子 1~3 枚，长约 1cm。花期 5~6 月；果期 9~11 月。

原产东非及其他热带地区，南宁、凭祥引入栽培。海南、广东、云南有引种；越南、泰国、印度尼西亚、菲律宾亦有栽培。喜高温高湿、阳光充足的环境。原产地用作咖啡遮阴树；树皮可供提制黄色染料；花黄色美丽，可作庭院绿化树种。

4. 凤凰木属 Delonix Raf.

乔木，无刺。二回偶数羽状复叶；小叶小，多数，对生。总状花序，花两性，大且美丽；苞片小，早落。萼管短，裂片 5 枚，镊合状排列；花瓣 5 枚，与萼片互生，圆形，具长柄；雄蕊 10 枚，离生；子房柄极短，胚珠多数。果长带状，扁平，下垂，2 裂，果瓣厚木质；种子多数。

约 3 种，产于热带非洲和亚洲。中国引入 1 种，广西有栽培。

凤凰木 凤凰花、红花楹(广州)、火树

Delonix regia（Boj.）Raf.

落叶大乔木，无刺，高达 20m，胸径 1m。树皮灰褐色，粗糙；树冠广展；幼枝绿色，稍被毛。托叶羽状分裂；二回偶数羽状复叶，长 20～50cm，羽片 10～20(～23)对；小叶 25 对，长圆形，长 3～8mm，先端圆，基部稍偏斜，两面被绢状毛。伞房状总状花序长 10～18cm；花鲜红至橙红色，径 7～10cm；萼片外面绿色，里面深红色；花瓣近圆形，径约 3cm，边缘波状，上面一片稍大，具黄白色斑点，开花后花瓣反卷，柄长约 2cm；雄蕊红色。果厚木质，带形，扁平，长 25～60cm，宽 5cm，黑褐色，下垂。种子 10～20 枚，种子近圆柱状，长约 1.6cm，暗褐色。花期 5～7 月；果期 8～10 月。

原产于马达加斯加及热带非洲，现广植于热带各地，广东、云南、福建和海南均有栽培，广西主要栽培区在南宁、百色、龙州、宁明、崇左、钦州、玉林、梧州等地，并逸为野生。喜光，喜温湿的海洋性季风气候，不耐霜冻，在酸性土和石灰土上均能生长良好。木材密度中等，黄白色，纹理直而略斜，结构粗，干燥易翘裂，易受虫蛀，可供制作农具及造纸等。树脂能溶于水，供工业用；树皮可供提制栲胶。速生，冠幅大，开花多，花大而红艳，有黄或白色花斑，是行道和庭院绿化优良观赏树。播种繁殖，种壳坚硬，用始温 100℃水浸种 24h 或用浓硫酸拌种 10min，能促进种子萌发。

5. 顶果树属

Acrocarpus Wight ex Arn.

大乔木，无刺。二回羽状复叶，羽片对生，小叶具柄，对生；托叶小，早落。总状花序，单生于叶腋或 2～3 个簇生于短枝先端；花两性，萼筒盘状钟形，5 裂，花后宿存；花瓣 5 枚，近等大；雄蕊 5 枚，离生，花丝长，花药"丁"字着生，纵裂；花柱短，内弯，子房有柄，胚珠多数。荚果带状，腹缝具狭翅。

2 种，分布于亚洲热带，中国 1 种；广西有产。

顶果树 格朗央(瑶语)、咪央(壮语)、树顶豆(云南) 图 229

Acrocarpus fraxinifolius Wight ex Arn.

落叶大乔木，高达 50m，胸径 1.2m。树干圆满通直，具板根；树冠

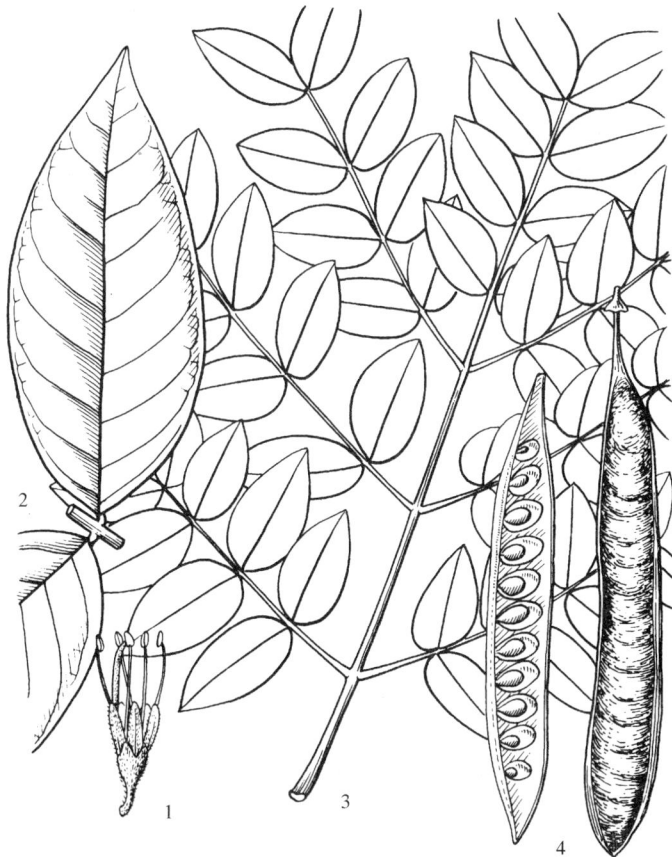

图 229 顶果树 Acrocarpus fraxinifolius Wight ex Arn. 1. 花；2. 叶；3. 小叶；4. 剖开的果实和种子。(仿《中国植物志》)

圆形；嫩枝和幼树皮黄绿色，老树皮黑褐色，稍纵裂，皮孔明显；芽及幼枝被黑褐色短毛。羽状复叶大型，长 0.4 ~ 1.2m；羽片 3 ~ 8 对；小叶对生，4 ~ 9 对，卵形或椭圆状卵形，长 5 ~ 10(~13)cm，宽 4~6(~8)cm，纸质至厚纸质，先端急尖，基部圆略偏斜，全缘，略呈波状，两面被黄色短绒毛，网脉清晰；羽片轴、小叶柄均被短毛。总状花序长 4 ~ 15cm，花绯红色；花丝基部绿色，上部红色，长 1.0 ~ 1.5cm。果序轴 25cm，果扁平带状，长 10 ~ 18cm，宽 2.0 ~ 3.5cm，腹缝翅宽 3mm，黑褐色，密具斜裂纹。种子 8 ~ 20 枚，倒卵形，扁，长 5 ~ 7mm，黑褐色。花期 3 ~ 4 月；果期 6 ~ 7 月，在母树上宿存半年而不裂不落。

易危种。产于龙州、宁明、崇左、隆林、田林、田东、田阳、那坡、德保、平果、巴马、凤山、都安。分布于贵州、云南；印度、斯里兰卡、印度尼西亚和越南也有分布。喜温暖湿润环境，中性偏阳，在土壤干燥地方生长不良，在酸性土上及石灰岩山地均能生长，在石灰岩地区一般生长于海拔 400 ~ 500m 以下的圆洼地及边缘，在田林沟谷生长海拔可提高到 800m。速生，树干通直、出材量高。木材密度中等，心材红褐色，边材淡黄褐色，纹理直、结构粗，干燥后不开裂，可用来制作茶叶盒及一般家具等；木纤维细长而壁薄，为优质纤维工业原料。

播种繁殖，种子较耐贮藏，普通干藏 2 年，发芽力未见显著降低。播种前用始温 70℃热水浸泡 24h 或浓硫酸拌种 8min，可促进种子萌发。速生，人工造林 5 年生树高 9m，胸径 8.5cm。侧枝少，树冠高，栽植后第 3 年即可郁闭成林。选择石山山脚、缓坡、冲沟、溪谷两旁，土层深厚、静风、温暖湿度的环境造林。块状整地，植穴规格 50cm × 50cm × 30cm，造林密度 2m × 3m。

6. 格木属 Erythrophleum Afzel. ex G. Don

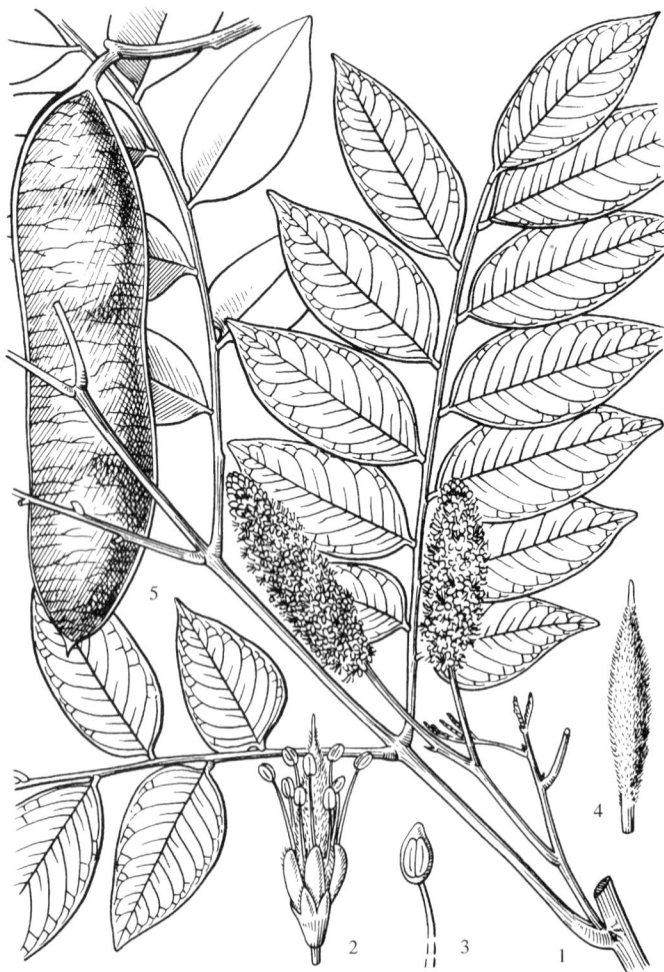

图 230 格木 Erythrophleum fordii Oliv. 1. 花枝；2. 花；3. 雄花；4. 雌花；5. 果。(仿《中国植物志》)

乔木。二回偶数羽状复叶，羽片对生；小叶互生。总状花序，花小，稠密；花两性，萼筒钟状，5 裂；花瓣 5 枚；雄蕊 10 枚，离生，花药纵裂；子房有柄，胚珠多数。种子有胚乳。荚果长而扁平，革质，熟时 2 瓣裂。

约 15 种，分布于非洲、亚洲东部和大洋洲北部的热带地区。中国 1 种，广西有产。

格木 铁梨木(广东、广西) 图 230

Erythrophleum fordii Oliv.

常绿大乔木，高达 25m，胸径 1m。幼龄树皮灰褐色，密生皮孔；老龄树皮深褐色，稍纵裂；幼枝和芽密被黄棕色短柔毛；幼枝棕色，密生皮孔。托叶三角形；羽片 2 ~ 3 对，对生或近对生；小叶 9 ~ 13 对，革质，卵形或卵状椭圆形，长 3 ~ 8cm，宽 2.5 ~ 4.0cm，先端渐尖，基部近圆或阔楔形，微偏斜，全缘，有光泽，两面几无毛。总状花序或圆锥花序，腋生于当年嫩枝。花序长 13 ~ 20cm；萼筒浅绿色，外面被白色毛；花瓣淡黄绿色，近等大；雄蕊伸出，5 长 5 短；子房被白色柔毛，胚珠 10 ~ 12 枚。果长圆形，长 14 ~ 18cm，宽 3.8 ~ 4.3cm，黑褐色。种子 5 ~ 10 枚，胶结连成串状，扁椭圆形，长约 1.5cm，黑色，坚硬，具胚乳。花期 5 ~ 6 月；果期 11 月。

易危种，国家 II 级重点保护野生植物。产于梧州、藤县、岑溪、武鸣、龙州、靖西、东兴、合浦、浦北、钦州、玉林、容县、陆川、博白等地，生长于海拔 800m 以下的低山丘陵。分布于广东、浙江、福建、台湾、贵州、云南；越南也有分布。喜温暖气候和湿润环境，适生于年平均气温 20℃以上的南亚热带至北热带的湿润型气候区，耐极端低温 -3℃，不耐冰冻。苗期对低温的抵抗力弱，冬季不宜造林和移苗。大树喜光，幼龄和中龄树喜弱光，幼龄时主干不明显，多呈二叉分枝，在疏林遮阴条件下生长易形成主干且干形通直，在空旷地生长的孤立木难形成主干。广西高峰林场将格木与杉木混栽，早期平均年生长量达 1m，干形通直率超过 80%。适合营造纯林，也可与荷木、红锥、杉木等树种混交。对土壤肥力不苛求，但在石砾土或土层瘠薄处则生长不良。前期生长较慢，5 年后生长加快，10 年生人工林树高平均达 10.6m，胸径 14cm。

播种繁殖，种子千粒重为 1000 ~ 1200g。播前需用 50℃热水浸种 24h 后洗掉胶状物，再用浓硫酸拌种 10min，促使种皮软化吸水。植苗造林，栽植前穴状整地，挖穴规格 50cm × 50cm × 30cm，为培育通直干材，造林初植密度宜稍密，待幼林郁闭后，视生长情况进行抚育间伐。幼龄期易受蛀梢蛾危害。边材淡黄色，心材红褐色，木材纹理美丽雅致，抗虫、耐腐性强，木材硬重，气干密度 0.85g/cm³，俗称"铁木"，可供制高级家具、车、船、建筑及特种工艺品。容县"真武阁"和合浦"格木桥"全用格木建成，无一钉一铁，至今分别经历了 400 和 200 余年，仍然完好无缺，可见其坚固耐用。小径材、枝丫、梢头可供制算盘、秤杆、雨伞柄、工具柄等。木段和根蔸是灵芝菌生长的好场所，可作为林副产品来经营。种子和树皮含强心甙，有毒。

7. 肥皂荚属 Gymnocladus Lam.

落叶乔木。无刺，小枝粗，无顶芽，腋芽叠生。二回偶数羽状复叶，羽片和小叶互生或近对生；全缘；托叶小，早落。总状花序或聚伞圆锥花序，顶生；雌雄异株，或杂性；花整齐；萼管状，4 ~ 5 裂，有 1 腺状花盘；花瓣 4 ~ 5 枚；雄蕊 10 枚，离生，5 长 5 短，绿色至淡紫色，着生于萼筒口，花药背着；花柱短；胚珠 2 ~ 8 枚。荚果无柄，肥厚、肉质。种子大，扁平。

约 4 种，分布于北美及东亚。中国 1 种，广西亦产。

肥皂荚

Gymnocladus chinensis Baill.

落叶乔木，无刺，高达 5 ~ 12m；树皮灰褐色，具明显白色皮孔；当年生小枝被锈色或白色短柔毛，后变光滑无毛。二回偶数羽状复叶长 20 ~ 25cm，无托叶；叶轴具槽，被短柔毛；羽片对生、近对生或互生，5 ~ 10 对；小叶互生，8 ~ 12 对，几无柄，具钻形小托叶，小叶片长圆形，长 2.5 ~ 5.0cm，宽 1.0 ~ 1.5cm，两端圆钝，先端有时微凹，基部稍斜，两面被绢质柔毛。总状花序顶生，被短柔毛；花杂性，白色或带紫色，有长梗，下垂；苞片小或消失；萼片钻形，较花托稍短。荚果长圆形，长 7 ~ 10cm，宽 3 ~ 4cm，扁平或膨胀，无毛，顶端有短喙；种子 2 ~ 4 枚，近球形而稍扁，直径约 2cm，黑色，平滑无毛。果期 8 月。

产于兴安、田林、金秀。生于山坡、山腰、杂木林、竹林及村边、路旁。分布于江苏、浙江、江西、安徽、福建、湖北、湖南、广东、四川等地。果皮富含胰皂素，可代皂洗衣；入药，可治癣、肿痛、风湿、下痢、便血等症。种子油为干性油，可作油漆工业用油。

8. 皂荚属 Gleditsia L.

落叶乔木或灌木，干和枝具粗壮、通常有分枝的刺；侧芽叠生。一回或兼有二回羽状复叶，互生，常簇生于小枝上；小叶互生或近对生；托叶小，早落。小叶偏斜，具细锯齿，稀全缘。总状或穗状花序；花杂性或单性异株；萼筒钟状，萼裂和花瓣均为 3 ~ 5 枚；花瓣近相等，无柄；雄蕊 6 ~ 10 枚，离生，外伸，花药背着，纵裂；花柱短，柱头大，子房有柄。果扁平带状，大多不开裂或迟裂。种子多数，有角质胚乳。

约 16 种，分布于亚洲中部、东部，美洲和热带非洲。中国约 6 种。广西 3 种。

分种检索表

1. 一回羽状复叶。
　2. 小叶 5 ~ 10 对，斜椭圆形或菱状长圆形，两面无毛 ·························· **1. 华南皂荚 G. fera**
　2. 小叶 3 ~ 7(~9) 对，倒卵形或长圆状倒卵形，上面被短柔毛，下面仅中脉有毛·········· **2. 皂荚 G. sinensis**
1. 一回或二回羽状复叶；小叶 5 ~ 9 对，斜椭圆形至菱状长圆形，边缘具钝齿或近全缘，上面脉上稍被短柔毛，下面无毛；荚果带状长圆形，几无果颈 ·························· **3. 小果皂荚 G. australis**

1. 华南皂荚　图 231：1 ~ 3

Gleditsia fera (Lour.) Merr.

落叶乔木，高达27m。幼树皮灰褐色，皮孔明显；幼枝无毛；刺粗壮，长 5.0 ~ 8.5cm，基部圆。一回羽状复叶，羽片 2 ~ 4 对；小叶 5 ~ 10 对，互生或近对生，斜椭圆形或菱状长圆形，长 2 ~ 10cm，宽 1.3 ~ 3.0cm，先端钝或微凹，基部偏斜，边缘具小圆锯齿，两面无毛，网脉纤细，在叶两面凸起；叶柄具凹槽，长 10 ~ 12cm。花杂性，总状花序，花序轴、花梗及花各部均被毛；花绿白色；雄花小，直径约 7mm，雄蕊 10 枚；两性花较大，直径 0.8 ~ 1.0cm；萼裂、花瓣各 5 枚，雄蕊 10 枚。果扁平，直或稍弯，长 7 ~ 41cm，宽 2.5 ~ 3.5cm，黑褐色，无毛；种子 10 ~ 12 枚，扁卵形，长 0.9 ~ 1.3cm，褐色。花期 5 月；果期 11 月至翌年 1 月。

产于临桂、全州、桂林、来宾、苍梧、龙州、武鸣、南宁、马山、上林、靖西、平果等地。生于海拔 1000m 以下的缓坡、山地林中。分布于福建、湖南、江西、海南、台湾和广东；越南也有分布。耐瘠薄，但要求土壤湿润；喜光；萌芽力强。木材硬重，易加工，少开裂，不甚耐腐，稍有变形，供作一般家具、农具用材。果含皂素，可代肥皂；豆荚、种子、树皮和叶有毒，可作杀虫剂。

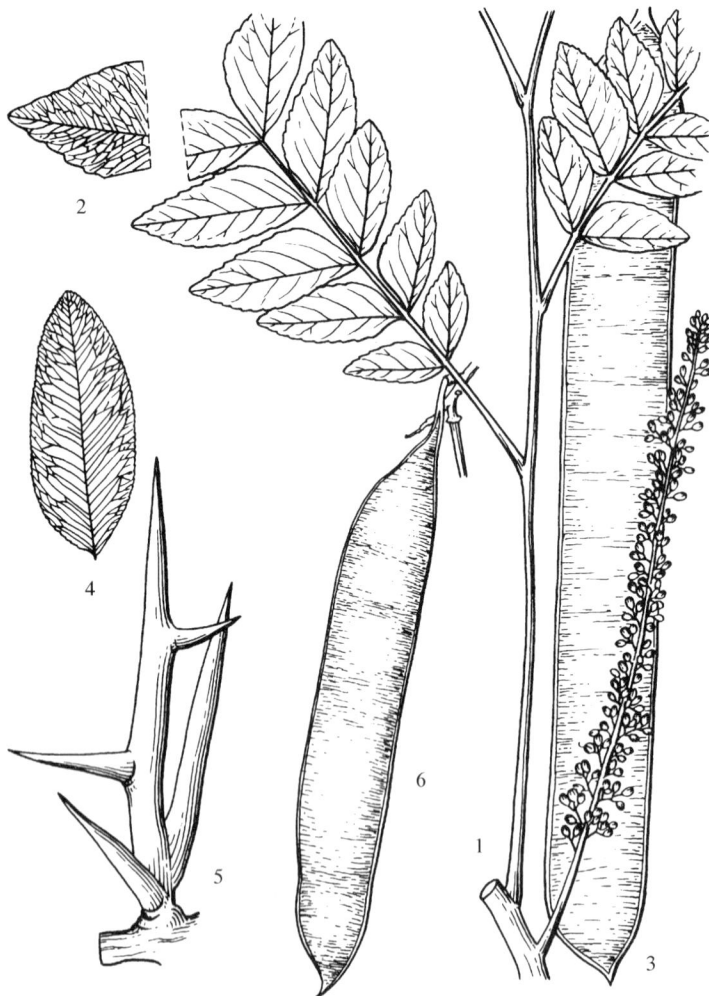

图 231　1 ~ 3. 华南皂荚 Gleditsia fera (Lour.) Merr. 1. 花枝；2. 小叶的一部分，示网脉；3. 果。**4 ~ 6. 皂荚 Gleditsia sinensis** Lam. 4. 小叶；5. 刺；6. 果。(仿《中国植物志》)

2. 皂荚 皂角、猪牙皂、牙皂（四川）、刀皂（湖南） 图231：4～6
Gleditsia sinensis Lam.

落叶乔木，高达30m，胸径1.2m。树皮粗糙，暗灰或灰黑色；刺长可达16cm，基部圆。小枝无毛。一回羽状复叶，幼树及萌芽条出现二回羽状复叶；小叶互生或近对生，3～7（～9）对，长圆形或卵状披针形，长2.0～8.5cm，宽1.5～3.5cm，先端钝或渐尖，具小尖头，基部偏斜，叶缘锯齿细钝，上面被短柔毛，下面仅中脉被疏柔毛；叶轴及小叶柄被柔毛。花序轴、花梗、花萼被毛；萼裂、花瓣各4枚；花冠黄白色；子房具短柄。果扁平带状，形态多变，直或弯，长5～35cm，宽2～4cm，黑褐或紫红色，革质，具白粉，经冬不落。具多颗种子。花期4～5月；果期10月。

产于兴安、龙胜、临桂、桂林、恭城、富川、融安、马山、隆安、龙州、那坡、平南、北流、博白。常生于路旁、沟边、宅旁。分布于中国黄河以南各地。喜光，深根性，对土壤适应性强，但干旱瘠薄地生长不良。木材密度大，浅黄色，纹理直，结构粗，少变形，耐腐性中等，难干燥，易开裂，难加工，可供制作柱桩、家具、农具等。果含皂素，可代肥皂；皂荚、种子、皂刺均可药用，有祛痰通窍、镇咳利尿、消肿排脓、杀虫治癣的功效。

3. 小果皂荚
Gleditsia australis Hemsl.

小乔木至乔木，高3～20m；枝褐灰色，具粗刺，刺圆锥状，长3～5cm，有分枝，褐紫色。一回或二回羽状复叶，长10～18cm，具羽片2～6对；小叶5～9对，纸质至薄革质，斜椭圆形至菱状长圆形，长2.5～4.0（～5.0）cm，宽1～2cm，先端圆钝，常微缺，基部斜急尖或斜楔形，边缘具钝齿或近全缘，上面有光泽，脉上稍被短柔毛，下面无毛；小叶柄长约1mm。花杂性，浅绿色或绿白色；花梗长1～2.5mm；萼片5枚，披针形，与花托等长，外面密被微柔毛。荚果带状长圆形，压扁，长（4～）6～12cm，宽1.0～2.5cm，劲直或稍弯，果瓣革质，干时棕黑色，种子着生处明显臌起，先端具小凸起，几无果颈；种子5～12枚，椭圆形至长圆形，稍扁，长7～11mm，宽4～5mm，深棕色至棕黑色，光滑。花期6～10月；果期11月至翌年4月。

产于武鸣、田阳、钟山。生于缓坡或路旁、水边向阳处。分布于广东；越南也有分布。

9. 决明属 Cassia L.

乔木或灌木。一回偶数羽状复叶，小叶对生；叶柄和叶轴无腺体；具托叶，无小托叶。圆锥花序顶生，短总状花序侧生；花梗基部或近基部具2枚小苞片；花两侧对称，萼管短，5深裂，裂片覆瓦状排列；花瓣5枚；黄色；雄蕊5～10枚，常具退化雄蕊，花药背着或基着，顶孔开裂；柱头小，子房有柄，胚珠多数。荚果形状不一，革质，种子间有横隔膜，不开裂。

约600多种，分布于热带、亚热带地区。我国约25种；广西约5种，都为引种栽培。

分种检索表

1. 乔木。
  2. 落叶乔木。
    3. 小叶3～5对，卵形至椭圆形，长8～15（～20）cm，宽3～7（～8）cm，幼时两面被平伏毛，后渐脱落；花瓣浅黄色，倒卵形 ·················· **1. 腊肠树 C. fistula**
    3. 小叶4～12对，椭圆形至长椭圆形，长2～8cm，宽1.5～3.3cm，两面密被柔毛，或背面密被柔毛，上面被疏柔毛；花瓣粉红色或黄色，长椭圆形 ·················· **2. 爪哇决明 C. javanica**
  2. 常绿乔木，小叶6～12（～15）对，披针形，上面被稀疏白色短绒毛，中脉凹下，下面浅绿色；花瓣黄色，脉明显，大小不一 ·················· **3. 美丽决明 C. spectabilis**
1. 灌木。
  4. 小叶卵形至卵状披针形，长3～7cm，宽2.8～3.5cm，先端渐尖，基部楔形，下面粉白色，有细凹点，上面有乳凸；每对小叶间有1个圆形或线形腺体 ·················· **4. 光叶决明 C. floribunda**
  4. 小叶倒卵形或倒卵状长圆形，长2～4cm，宽约1.5cm，先端钝，基部偏斜，下面粉白色，中脉下部被毛；最下一对小叶间有1个黑褐色棒状腺体 ·· **5. 双荚决明 C. bicapsularis**

1. 腊肠树 阿勃勒、牛角树、波斯皂荚 图232：1~2
Cassia fistula L.

落叶乔木，高达22m，胸径35cm。幼龄树皮灰色，不裂，老时暗褐色，粗糙。小叶3~5对，卵形至椭圆形，长8~15(~20)cm，宽3~7(~8)cm，先端渐尖，幼时两面被平伏毛，后渐脱落。花与叶同放；总状花序，腋生，长30~50cm，下垂；花梗长3~5cm；萼裂5，反折，外面密生短柔毛；花瓣浅黄色，倒卵形，长约2cm；雄蕊10枚，下面2~3枚花药较大。果圆柱形，具3条纵槽，黑褐色，长30~70cm，直径2~2.5cm，不裂，种子间有横隔。种子40~100枚，卵形，扁，黄褐色。花期5~7月；果期9~10月。

原产于印度、缅甸、斯里兰卡。南宁、凭祥、桂林有栽培，中国东南部和西南各地有栽培。喜温暖湿润气候，怕霜冻，喜阳、耐半阴。花大且美丽，荚果形如腊肠，垂挂在树叶间极富情趣，为极美丽的庭园绿化观赏树种。木材坚重耐腐，加工困难，供制桥梁、支柱、车辆等用。根、树皮、果肉可作缓泻剂，又可为烟草香剂；树皮可供提制红色染料及栲胶。种子味甜，可食用及药用。

2. 爪哇决明 节果决明、粉花山扁豆 图233：1~3
Cassia javanica L.

落叶乔木，高达10m。小枝在大枝成二列状排列，斜举向下弯拱；老树具枝刺。托叶叶状，长卵形，长1.5~2.0cm，绿色，两侧极不对称；叶轴具沟槽；叶轴、小叶、小叶柄均被白色短毛；小叶4~12对，椭圆形至长椭圆形，长2~8cm，宽1.5~3.3cm，先端急尖，两面密被柔毛，或背面密被柔毛，上面被疏柔毛。总状花序，花序轴、花梗、萼筒、萼裂片外部均被白色短毛；花芳香；萼筒及萼裂深红色；花瓣粉红色或黄色，等大，长椭圆形，长2.8~4.5cm，下面中脉深红色；雄蕊10枚，花丝黄色；子房细管状，长3.0~3.5cm，弯曲，暗绿色，被白色短毛。果圆柱形，长65~75cm，直径约1.8~2.0cm，黑褐色，节状，不裂，不落，种子多数，四周有种瓤包裹成圆饼状。种子长圆形，扁，长6~7mm，黄褐色。花期6~7月；果期翌年4月。

原产于孟加拉国、缅甸及印度安达曼群岛。南宁、宁明、凭祥等地有栽培。忌霜冻，耐短期0℃低温。喜光，适生于中等肥力土

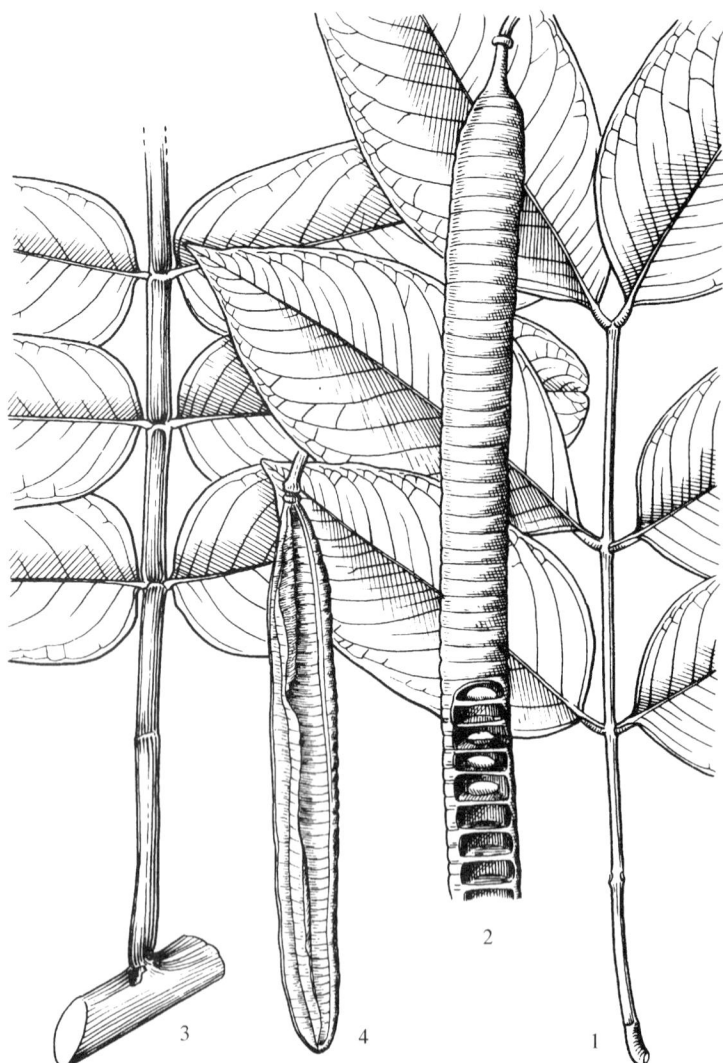

图232 **1~2.腊肠树 Cassia fistula** L. 1. 叶；2. 果。**3~4. 翅荚决明 Senna alata** (L.) Roxb. 3. 小枝和复叶的一部分；4. 果。(仿《中国植物志》)

壤。枝叶婆娑,花繁多,大且色艳丽,是优良庭院观赏植物。材质坚实,纹理细致,可供制作家具、农具。

3. 美丽决明 美丽山扁豆

Cassia spectabilis DC.

常绿乔木,高 20m。幼树皮灰色,幼枝绿色,有棱。托叶线形,早落。幼枝、托叶、叶轴、小叶柄、叶背面、花序轴、花梗均被黄褐色短绒毛。叶轴近方形;小叶 6 ~ 12(~ 15) 对,披针形,长 2.5 ~ 6.0cm,宽 0.8 ~ 1.7cm,上面被稀疏白色短绒毛,中脉凹下,下面浅绿色。总状花序腋生,圆锥花序顶生,长 10 ~ 15cm;萼裂黄色,不等大;花瓣黄色,脉明显,大小不一,最下一片最长而向内弯曲,长 2.5cm,宽 1.2cm,偏斜,其余为长圆形,长约 2cm;雄蕊 10 枚,其中 3 枚退化;子房有柄。果长 25cm,长圆筒形,种子之间缢缩。种子扁,近圆形,直径约 3mm,褐色。花期 3 ~ 4 月;果期 7 ~ 9 月。

原产于热带美洲,热带、亚热带地区有广泛种植。华南植物园 1962 年从印度尼西亚引种,现华南各地多有栽培。南宁有引种。喜温暖湿润气候,喜光,适应力强,生长迅速。树形优美,花亮黄美丽,花期长,适于庭园观赏。

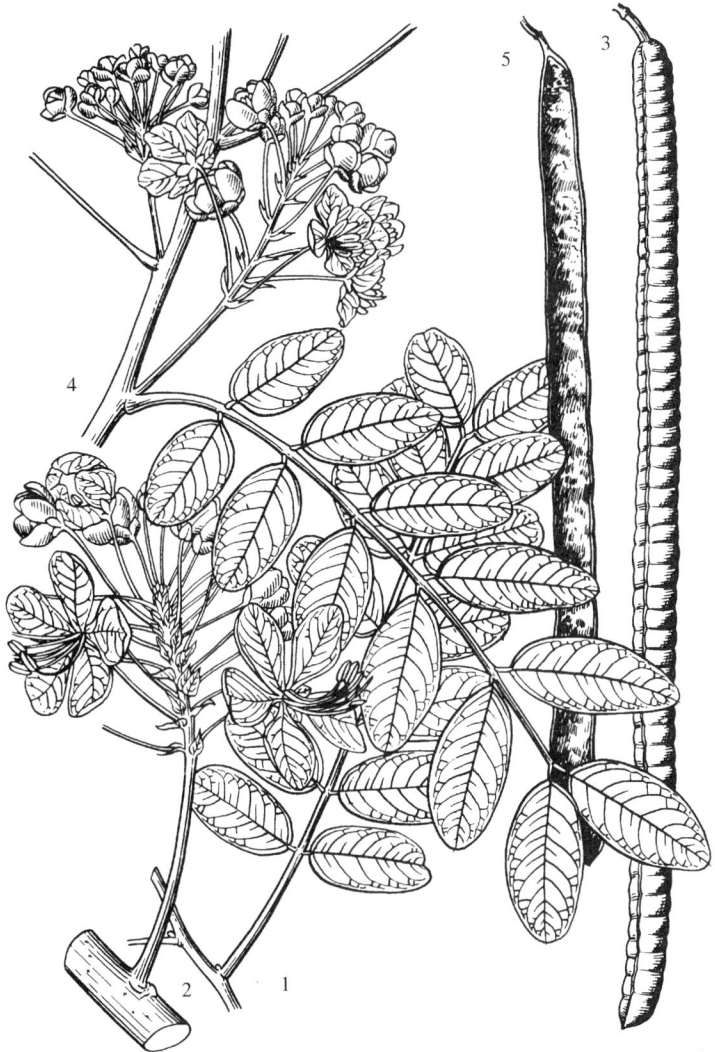

图 233 **1 ~ 3. 爪哇决明 Cassia javanica** L. 1. 小枝的一部分;2. 花序;3. 荚果。**4 ~ 5. 铁刀木 Senna siamea** (Lam.) H. S. Irwin et Barneby 4. 花枝;5. 荚果。(仿《中国植物志》)

4. 光叶决明 光决明、槐花米

Cassia floribunda Cav.

直立灌木,高 1 ~ 2m,无毛。小叶 3 ~ 4 对,卵形至卵状披针形,长 3 ~ 7cm,宽 2.8 ~ 3.5cm,先端渐尖,基部楔形,下面粉白色,有细凹点,上面有乳凸;每对小叶间有 1 圆形或线形腺体;托叶线形,早落。伞房式总状花序腋生或顶生;萼片大小不等;花瓣宽阔,黄色,长 1.2 ~ 1.8cm;发育雄蕊 4 枚,花丝长短不一。果圆柱形或稍扁,长 5 ~ 9cm,直径约 1cm,黑褐色,开裂。种子多数。花期 5 ~ 7 月;果期 10 ~ 12 月。

原产于热带美洲,现广泛栽培于世界热带地区。梧州、桂林、南宁、浦北有栽培,广东、海南也有引种。耐干旱瘠薄,可作绿肥,也可栽培以供观赏。

5. 双荚决明 腊肠仔树(海南) 图 234:4 ~ 5

Cassia bicapsularis L.

灌木,高 3m,分枝多,无毛。小叶 3 ~ 4(~ 5) 对,倒卵形或倒卵状长圆形,长 2 ~ 4cm,宽约 1.5cm,先端钝,基部偏斜,侧脉纤细明显,下面粉白色,中脉下部被毛;最下一对小叶间有一黑褐色棒状腺体。总状花序常集成伞房状；花瓣黄色，匙形，长约 1.5cm；发育雄蕊 7 枚，其中 3 枚高出花瓣，其余较短，退化雄蕊 3 枚。果圆柱状，稍弯，长 10～17cm，直径 1.0～1.6cm，膜质，柄长约 2.5cm。种子多数。花期 10～11 月；果期 11～12。

原产于热带美洲，现广泛栽培于热带地区。南宁、柳州、桂林等地有栽培，广东也有栽培。可作庭园绿化树种，绿篱，绿肥。

10. 山扁豆属 Senna Mill.

草本、灌木或小乔木。一回偶数羽状复叶，小叶对生；叶轴和叶柄有或无腺体。总状花序顶生或腋生，无苞片；萼片 5 枚；花瓣 5 枚，近等大，黄色；雄蕊 10 枚，全部能育，或有 3 枚退化。荚果不裂或开裂；种子多数。

约 19 种。中国 9 种；广西木本 4 种 2 变种，都为引种栽培。

分种检索表

1. 乔木或灌木。
  2. 灌木；叶柄及叶轴四棱形，有窄翅。小叶 6～12 对，由下往上渐次变大，矩形或倒卵状长椭圆形，先端阔钝圆或微凹，具小尖头，基部斜截形 ······ **1. 翅荚决明 S. alata**
  2. 常绿乔木或小乔木。
    3. 叶轴和叶柄无腺体，微被柔毛；小叶 6～11 对，椭圆形至长椭圆形，长 4.0～7.5cm，宽 1.5～2.5cm；果长 15～30cm ······ **2. 铁刀木 S. siamea**
    3. 叶轴和叶柄近方形，下部 2～3 对小叶间和叶柄上部各有 2～3 枚棒状腺体；小叶 7～9 对，长椭圆形或卵形，长 2～3cm，宽 1.0～1.5cm；果长 7～11cm ······ **3. 黄槐决明 S. surattensis**
1. 亚灌木或灌木，通常仅基部木质化，枝条草质，具棱；小叶 3～5 对，卵形或卵状披针形，叶柄近基部具圆锥状腺体，小叶柄具腐败气味；花冠黄色 ······ **4. 望江南 S. occidentalis**

1. 翅荚决明 有翅决明 图 232：3～4
Senna alata（L.）Roxb.
灌木，高 1.5～3.0m。幼枝粗壮，绿色。偶数羽状复叶长 30～50cm，叶柄及叶轴四棱形，有窄翅。托叶三角形，绿色，宿存；小叶 6～12 对，由下往上渐次变大，矩形或倒卵状长椭圆形，长 8～15cm，宽 4.5～7.5cm，先端阔钝圆或微凹，具小尖头，基部斜截形。总状花序单生或分枝，顶生或腋生，长 10～50cm；花黄色，直径约 2.5cm；花瓣具紫色脉纹；发育雄蕊 7 枚，上部 3 枚退化。果带状，具翅，长 10～20cm，宽 1.0～1.5cm，膜质，褐色，每果瓣中央具纵贯基部的宽翅，纸质，有钝齿。种子 50～60 枚，三角状菱形，墨绿色。花期 9～11 月；果期 12 月至翌年 2 月。

原产于热带美洲，世界热带地区多有栽培。南宁有栽培，广东、海南、云南、香港均有引进。花大、美丽，可作庭院观赏树种。叶可作缓泻剂，种子可驱蛔虫，并可作咖啡代用品。

2. 铁刀木 黑心树（云南） 图 233：4～5
Senna siamea Lam.
常绿乔木，高达 20m，胸径 40cm。幼龄树皮灰色，不裂，老龄树皮灰黑色，稍纵裂。幼枝具棱脊，密生白色皮孔，疏生柔毛。托叶线形，早落；小叶 6～11 对，对生，椭圆形至长椭圆形，长 4.0～7.5cm，宽 1.5～2.5cm，先端钝或微凹，具小尖头，上面无毛，下面粉白色；叶轴和叶柄无腺体，微被柔毛。伞房状总状花序腋生，圆锥花序顶生；萼片大小不等，外被细毛；花瓣黄色，宽倒卵形，长 1.2cm；雄蕊 10 枚，下面 3 枚不育；子房无柄。果带状扁平，长 15～30cm，宽 1.0～1.5cm，紫褐色，被褐色细毛，边缘增厚，开裂；种子 10～30 枚，近圆形，扁，黑褐色。花期 10～11 月；果期 12 月至翌年 1 月。

南宁、崇左、凭祥、龙州、合浦有栽培。原产于印度、缅甸、泰国、越南等亚洲热带地区，云南、广东、海南、福建有种植，以云南西双版纳地区栽培最多，当地群众作薪炭林经营，头木林作业。热带树种，不耐低温，0℃时则受冻，在南宁郊区正常年份能安全越冬，特寒年份受冻害严重。适应性较强，耐湿热，也较耐干旱；喜光，不耐庇荫。能适应多类型土壤，但在湿润肥沃的石灰质及中性土壤上生长最佳。速生，1年生苗高1.5~3.0m，胸径0.95~3.50cm。

播种繁殖，种子种皮外层具蜡质，播种前用始温70℃热水浸泡或用浓硫酸拌种6~10min能促进种子萌发。造林密度2m×3m，植穴规格为50cm×50cm×30cm。心材黑褐色，边材黄褐色，纹理斜，结构粗，边材易变色，心材耐腐，气干密度0.705g/cm³，木材有鸡翅状花纹，亮丽，市场上称"鸡翅木"，为红木类木材，是制作高档实木家具、工艺品的上好木料。萌芽力强，为优良薪炭树种。树皮和果含鞣质，也为紫胶虫优良寄主。叶茂花美，花期长，抗风力强，可作行道、防护林及庭院绿化树种。

3. 黄槐决明　黄槐　图234：1~3

Senna surattensis (Burm. f.) H. S. Irwin et Barneby

常绿小乔木，高达5~10m，有时呈灌木状。树皮灰褐色，不裂；幼枝、叶轴、叶柄、花序均被毛。托叶线形，早落；小叶7~9对，长椭圆形或卵形，长2~3cm，宽1.0~1.5cm，顶端钝圆或微凹，基部稍偏斜，下面粉白绿色，疏被平伏毛；叶轴和叶柄近方形，下部2~3对小叶间和叶柄上部各有2~3枚棒状腺体。总状花序腋生；花瓣黄色；发育雄蕊(7~)8~10；子房密被黄毛。果带状，扁平，长7~11cm，宽1.0~1.3cm，种子间常缢缩，具喙。种子10~20枚，椭圆形，扁，褐色，有光泽。全年开花结果，盛花期为9~12月；果实成熟后不脱落、不开裂。

原产于印度、斯里兰卡和马来群岛，现广植于热带地区。广西各地有广泛栽培。广东、福建、贵州、四川、海南和台湾也有栽培。播种繁殖，播种前种子用始温60℃热水浸泡24h后播种。花美丽，花期长，是优良的行道绿化树种。木材淡黄或淡黄褐色，材质坚重，可供制作家具、农具、室内装饰。叶、花、果入药，叶为缓泻剂，花、果可治痔疮出血。

3a. 粉叶决明　大叶决明

Senna surattensis subsp. **glauca** (Lam.) X. Y. Zhu.

与原种的区别是：叶有小叶4~6对；小叶长3.5~10.0cm，宽2.5~4.0cm，尖端钝圆或微凸；荚果长15~20cm，宽12~18cm，果颈长约15mm，有种子20~30颗。

原产于印度、斯里兰卡、印度

图234　1~3. 黄槐决明 Senna surattensis (Burm. f.) H. S. Irwin et Barneby 1. 花枝；2. 花；3. 果。**4~5. 双荚决明 Cassia bicapsularis** L. 4. 花枝；5. 果。(仿《中国植物志》)

尼西亚、菲律宾，大洋洲也有产。南宁、凭祥等地有栽培，中国华南各地也有栽培，为庭院栽培植物，花期短于黄槐决明，冬季枯叶挂于树上，观赏价值稍低。

4. 望江南 羊角菜、羊角豆、藜茶、狗屎豆

Senna occidentalis (L.) Link

亚灌木或灌木，高 0.8 ~ 2.0m。通常仅基部木质化，枝条草质，具棱。小叶 3 ~ 5 对，卵形或卵状披针形，长 3 ~ 10cm，先端渐尖，有小缘毛；托叶膜质，卵状披针形，早落；叶柄近基部具圆锥状腺体，小叶柄具腐败气味。伞房式总状花序顶生，花序长约 5cm；萼片和花瓣大小不等；花冠黄色；雄蕊 10 枚，其中 3 枚不育。果带状镰形，稍扁，长 10 ~ 13cm，膜质，褐色，疏被毛，有尖头及短柄。种子 30 ~ 40 枚，种子间成节状，有隔膜，近圆形，扁，褐色。花期 8 ~ 9 月；果期 10 ~ 11 月。

原产于热带非洲。广西各地有栽培，中国南方各地有引种。嫩叶可作蔬菜；全株及种子入药，有清热、解毒、明目、通便的功效。可供提制栲胶，也作绿肥。种子含有毒蛋白和大黄素，误食易中毒，重者可致死。

4a. 槐叶决明 山扁豆

Senna occidentalis var. **sophera** (L.) X. Y. Zhu

与原种的区别为：小枝圆；小叶 5 ~ 10 对，卵形或卵状披针形，长 1.5 ~ 6.0cm，宽 0.8 ~ 2.0cm，先端渐尖；叶柄基部具 1 枚棒形腺体。花序有花 2 ~ 4 朵。果近圆筒形，长 4.5 ~ 9.0cm，直径约 1cm，被疏毛；种子多数，歪阔卵形或倒卵形，扁，表面覆盖 1 层辐射状裂纹的胶质薄层。花期 8 ~ 9 月；果期 10 ~ 12 月。

原产于热带亚洲，现广布于热带地区。龙州、靖西、梧州、柳州、临桂等地有栽培。中国南方各地均有引种。嫩叶、嫩荚可作蔬菜食用；种子、茎、叶入药，有清肝明目、健胃润肠功效，主治高血压、头痛、目赤症、眼疾及腹症。

11. 翅荚木属 Zenia Chun

落叶乔木。芽鳞少，一回奇数羽状复叶，无托叶。小叶互生，全缘，无小托叶。花两性，辐射对称；顶生圆锥花序；萼片和花瓣 5 枚，覆瓦状排列。荚果膜质，不开裂，有网状脉纹，靠腹缝线一侧有阔翅。

仅 1 种，分布在中国及越南。

任豆 任木、翅荚木、砍头树（广西）

Zenia insignis Chun

落叶大乔木。高 30m，胸径 1m。幼树树皮灰绿色，老树皮深褐色，纵裂。芽鳞大，浅棕色，扁卵形，初时密被柔毛，后脱落。一回奇数羽状复叶，长 25 ~ 45cm；小叶 9 ~ 13 对，椭圆状披针形，长 6 ~ 10cm，宽 2 ~ 3cm，先端渐尖，基部圆，稍偏斜，上面无毛，下面密生白色糙伏毛。聚伞状圆锥花序顶生，长 7 ~ 10cm；花梗及总花梗被黄棕色糙伏毛；花两性，近辐射对称；萼裂 5，外面紫黑色，里面暗红色；花瓣 5 片，红色，最上一片较阔；发育雄蕊 4(5) 枚，花丝短，退化雄蕊不显著；花盘小，波状分裂；子房具短柄，胚珠 6 ~ 9 枚。果长椭圆形，扁平，长 10 ~ 15cm，宽 3.0 ~ 3.8cm，膜质，暗褐色，腹缝翅宽 0.6 ~ 1.0cm。种子 6 ~ 9 枚，扁圆形，直径约 5mm，茶褐色，平滑而有光泽。花期 4 月；果期 7 ~ 10 月。

易危种，国家 II 级重点保护野生植物。产于宁明、大新、龙州、靖西、那坡、德保、百色、平果、田东、田林、凌云、乐业、武鸣、马山、都安、巴马、环江、忻城、阳朔、灵川、资源、龙胜、金秀等地。分布于广东、云南东南部、贵州西南部、湖南南部；越南北部也有分布。随遇植物，石灰岩山地常见种，在酸性土上也有分布。播种繁殖，种子千粒重 45 ~ 50g，种皮坚硬具蜡质，播种前用始温 100℃ 开水浸泡 24h 或浓硫酸拌种 10min，能促进种子萌发。用 1 年生、地径 0.6cm

以上的裸根苗，将上部主干截去，保留下部 30～40cm 截杆造林，成活率高；易扦插，也可插条造林，早春，幼苗萌芽前栽植，造林成活率达 95% 以上。穴状整地，挖穴规格 40cm×40cm×30cm。速生，喜光，抚育要及时到位，造林头两年在 5～6 月进行铲草松土。根系发达，萌芽力强，有"砍头树"之称，广西石山区群众矮林经营薪炭林，现在为广西实施石漠化治理的主要造林树种。速生、出材量高，心材淡红色，边材淡黄褐色，干燥后不开裂，不变形，易加工，易干燥，但易变色，易腐朽，经蒸煮处理后，能显著提高材性，是优良家具用材和胶合板用材，市场上多作仿红木材。纤维长、韧性好、出浆率高，是优良造纸用材。叶子为优良青饲料。

12. 酸豆属 Tamarindus L.

乔木，一回偶数羽状复叶，互生。小叶 7～20 对；托叶小，早落。花序顶生，总状或有少数分枝；苞片和小苞片长圆形，早落；萼管狭陀螺形，4 裂，裂片覆瓦状排列；花瓣仅后方 3 片发育，近等大，前方 2 片退化为鳞片状；能育雄蕊 3 枚，中部以下合生。荚果圆柱形，不开裂，有酸味。

1 种，原产于非洲；中国引入栽培。

酸豆(海南) 酸角(云南)、酸梅(海南)、罗望子　图 235

Tamarindus indica L.

常绿大乔木，高 25m，胸径 1.2m。幼树皮灰黄色，老时灰褐色，纵裂。小叶长椭圆形，长 1～2(～3)cm，先端钝圆或微凹，两面无毛；柄极短。总状花序；花冠黄色，杂以紫红色条纹，中央 1 片兜状，侧生 2 片卵形；发育雄蕊 3 枚，中部以下合生成管状，其余退化为毛状体，位于萼管顶端；具花盘；子房有柄，胚珠多数。果长圆柱形，长 5～14cm，外果皮脆壳质，中果皮纤维肉质，内果皮厚，革质；种子间有隔膜。种子 3～15 枚，椭圆形，直径约 1cm，深褐色，有光泽。花期 5～8 月；果期 12 至翌年 5 月。

原产于热带非洲，合浦有栽培。广东、福建、四川、云南、海南、台湾有引种，也有逸为野生。喜暖热气候，不耐霜冻；耐干旱。木材硬重，易变形，不耐腐，可供建筑、家具、农具、车辆等用。果肉酸甜，营养丰富，可生食，作烹调配料或加工饮料；入药，为缓泻剂及退热药。嫩叶可食，也能作饮水清洁剂。

13. 油楠属 Sindora Miq.

乔木。一回偶数羽状复叶，叶轴圆；托叶叶状；小叶 2～10 对，革质，叶内有透明油点。圆锥花序，顶生；萼裂 4；花瓣 1(2)枚，无柄，被包于较大的萼片内；雄蕊 10(9)枚，9 枚基部合生，上面 1 枚为无药的退化雄蕊，花药纵裂；子房具短柄，被毛，花柱长。果圆形或长圆形，扁，稍偏斜，开裂；种子黑色，具黄色与种子近等大的

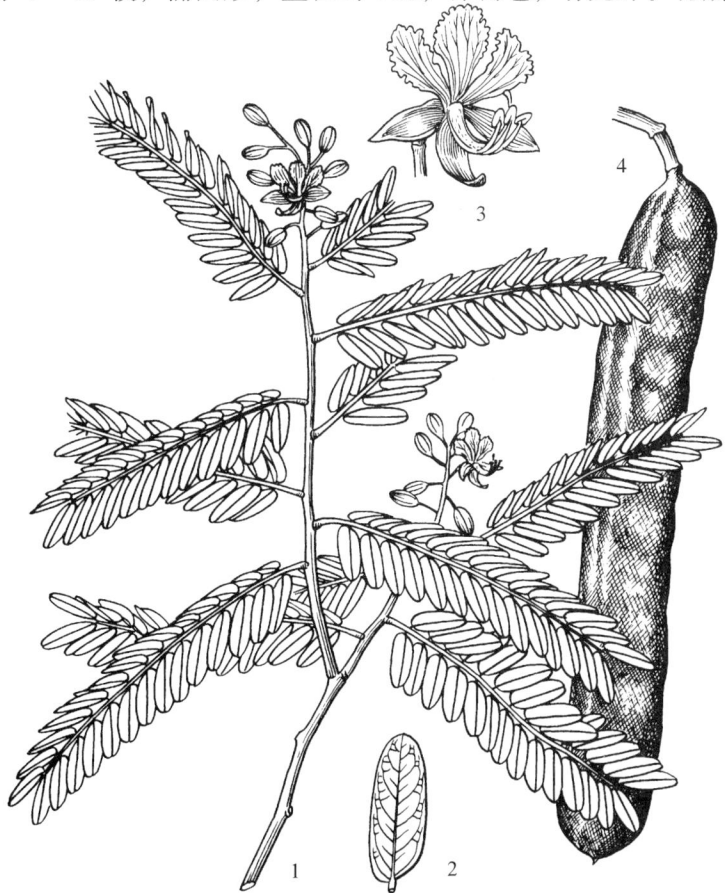

图 235 酸豆 Tamarindus indica L. 1. 花枝；2. 小叶；3. 花；4. 果。(仿《中国植物志》)

种柄。

约 20 种。产于热带亚洲。中国 1 种，引入 1 种；广西引种 2 种。

分种检索表

1. 花萼外被毛或软刺；果壳上疏生硬刺 ·· 1. 油楠 S. glabra
1. 花萼外密被黄白色短绒毛；果壳无刺 ·· 2. 东京油楠 S. tonkinensis

1. 油楠　蚌壳树、脂树、柴油树、科楠

Sindora glabra Merr. ex de Wit

常绿大乔木，高达 30m，胸径 1.2m。树皮灰褐或暗褐色，不裂；小枝圆，无毛，灰褐色。小叶 3 ~ 4 对，对生，长椭圆形或卵状椭圆形，长 5.5 ~ 10.0(~ 15.0)cm，宽 2.5 ~ 5.0cm，先端急尖，基部近圆形，两侧不对称，侧脉纤细，多条，不明显；小叶柄粗壮。圆锥状花序顶生或腋生，长 10 ~ 20cm，花序轴、萼片均密被黄色短毛，萼片上具软刺；花瓣 1 枚，被包于最上面萼片内，长椭圆形，长 0.5cm，宽 0.2 ~ 0.6cm；子房密被锈色粗毛，胚珠 4 枚。果圆形或卵圆形，长 4 ~ 8(~ 10)cm，宽 4 ~ 5cm，外面散生硬直刺，折断时常有胶质流出。种子 1(2) 枚，半圆形或近圆卵形，长 1.5 ~ 2.0cm。花期 4 ~ 5 月；果期 9 ~ 10 月。

分布于海南；越南也有分布。南宁、凭祥等地有引种栽培。热带雨林树种，喜光，喜湿润、肥沃、静风的山地环境，在热量丰富、土壤肥沃的地方生长良好。耐寒力稍强，能耐 6 ~ 7℃ 的长期低温和 0℃ 的极端低温，耐轻霜，不耐冰冻，但在热量不足的地方分枝低矮，主干弯曲。适应性强，耐干旱，在疏林中天然下种良好。播种繁殖，带柄种子千粒重 3000g，可干藏 2 年，用始温 80℃ 热水浸泡 24h 后播种。材质优良，边材浅褐色，易受虫蛀，心材栗褐色，有光泽，花纹美观，结构细，耐腐，抗虫蛀，木材纹理甚斜或交错，握钉力强，不劈裂，耐海水浸透，为优良船舶用材，并可供制作高级家具、优质胶合板。树脂用于照明，故被称为"油楠"。种柄膨大坚实，可供雕刻制作工艺品；树形优美，可供庭院绿化。

2. 东京油楠

Sindora tonkinensis A. Chev. K. Larsen et S. S. Larsen

乔木，高达 15m。小枝蛇形，黑褐色，无毛。羽叶长 10 ~ 20cm，小叶 3 ~ 5 对，革质，长 7 ~ 10(~ 13)cm，宽 4 ~ 6cm，两侧不对称，先端渐尖，基部圆形或阔楔形，两面无毛。圆锥花序，花序轴密被棕色短毛；萼筒、萼片外均被黄白色绒毛，无刺，萼片里面密被黄棕色平伏硬毛；花瓣红色，密被黄色柔毛；花丝粉红色；子房密被黄白色平伏毛；胚珠 2 ~ 5 枚。果宽椭圆形或椭圆矩形，长 6 ~ 8cm，宽 5 ~ 6cm，光滑无刺；种子 2 ~ 5 枚，扁圆形。花期 6 月；果期 9 月。

原产于越南，广西在 20 世纪 60 年代引入，凭祥、南宁等地有栽培。能耐 0℃ 左右的短期低温及轻霜，适生于北回归线以南低丘陵及平原地区。幼时耐阴，大树喜光；对土壤要求不高，在黏重土壤上亦能生长良好。材质坚重，心材耐腐，可供制家具、车辆等用。种柄可作雕刻工艺品用材。

14. 仪花属 Lysidice Hance

乔木；一回偶数羽状复叶，叶轴上面有沟槽，小叶 3 ~ 5 对，对生，具短柄。托叶小，早落或迟落。圆锥花序；萼 4 裂；花瓣 5 枚，前面 2 枚退化，后面 3 枚大，倒卵形，具长柄；发育雄蕊 2 枚，离生或花丝基部连合，花药背着；子房具短柄；胚珠 6 ~ 14 枚。果长圆形或倒卵状长圆形，扁平，革质或木质，具喙，开裂；种子间有隔膜。

1 种，产于中国南部及越南。

仪花　单刀根(广西)、短萼仪花　图 236

Lysidice rhodostegia Hance

乔木，高 10 ~ 20m，树皮厚，灰白至灰褐色；芽半圆形，扁，黑褐色；幼枝褐色。托叶三角

形，绿色。小叶 3 ~ 5（ ~ 6）对，纸质，长椭圆形，长 4 ~ 12（ ~ 15）cm，宽 2.5 ~ 4.5（ ~ 6.0）cm，先端尾状渐尖，基部圆钝，偏斜，叶脉纤细明显；具 1 枚钻形小托叶。圆锥花序长 15 ~ 30cm；苞片椭圆形，苞片和小苞片粉红色，被毛；萼筒 8 ~ 12mm，萼片长圆形，长约 8mm，花后反卷；花瓣 5 枚，后面 3 枚紫红色，倒卵形，前面 2 枚退化为鳞片状。果长 15 ~ 25cm，宽 3.3 ~ 5.5cm；灰色，具喙，开裂后呈螺旋状卷曲。种子卵状椭圆形，长 2.3cm，宽 1.5cm，褐色，有光泽，边缘不增厚。花期 5 月；果期 8 ~ 9 月。

产于隆林、田林、田阳、百色、那坡、天峨、都安、崇左、龙州、大新、天等、扶绥、南宁、隆安、来宾、容县。生于海拔 800m 以下的丘陵、山谷。分布于广东、云南、贵州；越南也有分布。抗寒力稍强，幼苗能耐 5 ~ 6℃长期低温，耐轻霜，喜温，较耐干热。幼树在较阴的地方生长良好，干形直；成龄树也耐阴，但在空旷地生长，侧伸展广，开花繁盛。在酸性土和石灰土上均能生长，较耐水湿，但忌积水。播种繁殖，种子千粒重 1000g，种皮透气性差，播种前需用沸水浸泡或用浓硫酸拌种 10min。花色艳丽，为良好庭园观赏及行道树种。木材密度中等，心材紫褐色，边材淡黄褐色，纹理直，结构适中，开裂少，为制作高档实木家具的优质用材。根、茎、叶有小毒，可作止血止痛药。亦可用于放养紫胶虫或用于石山造林。

图 236　仪花 Lysidice rhodostegia Hance 1. 花枝；2. 叶；3. 花；4. 果；5. 种子。(仿《中国植物志》)

15. 缅茄属 Afzelia Smith

乔木。一回偶数羽状复叶，稀奇数羽状复叶；托叶小，早落；小叶数对，对生。圆锥花序顶生；花较大；萼筒长，萼片 4 枚，革质，近等大；花瓣 1 枚，近圆形或肾形，具柄，其余退化或缺；雄蕊 7 ~ 8，离生或部分合生，花丝长，弯曲，花药卵球形；退化雄蕊小，2 枚；子房有柄，胚珠多数。果长圆形或斜长圆形，木质，稍扁平，种子间有横隔或薄果肉；种子具角质假种皮，无胚乳。

约 14 种，分布于南亚、南非以及马达加斯加。中国引入 1 种，广西有栽培。

缅茄　木茄、沥茄、细茄　图 237
Afzelia xylocarpa（Kurz）Craib
常绿大乔木，高达 40m。树皮灰褐色，有灰白色斑点，粗糙；幼枝被白粉。小叶 3 ~ 5 对，纸

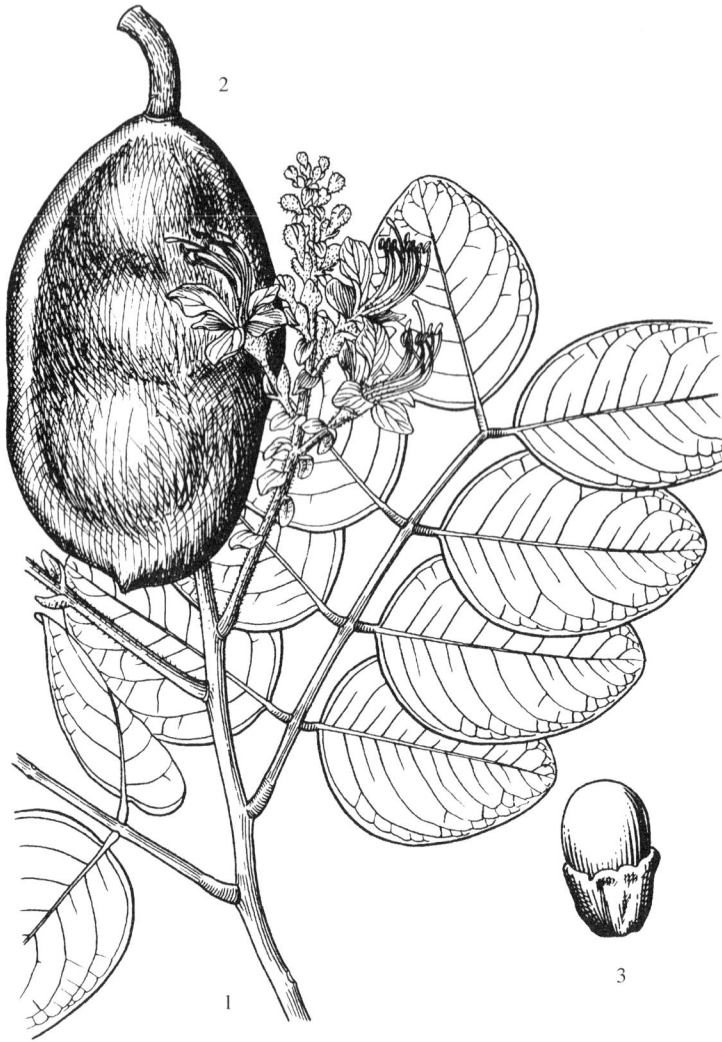

图237 缅茄 Afzelia xylocarpa（Kurz）Craib 1. 花枝；2. 果；3. 种子。（仿《中国植物志》）

质，卵形、宽椭圆形至近圆形，长5～8cm，宽4～6cm，先端钝圆或微凹，基部圆，稍偏斜，下面微被白粉；小叶柄粗。花序轴密被灰色短柔毛；苞片和小苞片大小相当，卵形或三角状卵形，宿存；萼筒长2.0～2.5cm，密生短柔毛，萼片先端微凹，下部2枚稍大；花瓣淡紫色；能育雄蕊7枚，基部稍合生。果矩圆形，长10～18cm，宽6～8cm，厚约4cm，肥厚木质，棕褐色。种子2～5枚，近圆形或卵形，长1.0～3.5cm，直径约2.5cm，黑褐色，基部具黄色肥大角质、与种子等长的假种皮状种柄。花期5月；果期11～12月。

原产于缅甸、泰国、越南、老挝、柬埔寨。合浦、南宁有栽培，广东、云南、海南均有种植。心材红褐色，边材黄白色，气干密度0.78g/cm³，易加工，刨面光滑，易黏胶，油漆性良好，为高级家具、木地板、护墙板、刨切单板等用材。种柄供雕刻。种子入药，有消肿解毒的功效，主治牙痛和眼病。枝叶浓密，树形优美，可供庭园绿化用。

16. 无忧花属 Saraca L.

乔木。一回偶数羽状复叶；托叶2枚，通常联合成圆锥形鞘状，早落。伞房状圆锥花序；具花瓣状小苞片；萼筒圆柱状，萼4～5裂，覆瓦状排列；花冠缺；雄蕊4～10枚，离生，花丝长；有花盘；花柱长，子房有柄，胚珠多数。荚果扁长圆形，革质至近木质，2瓣裂。

约20种，分布于热带亚洲。中国2种，广西1种。

中国无忧花 无忧花、火焰花（广西） 图238

Saraca dives Pierre

常绿乔木，高20m，胸径80cm。树皮灰褐色，纵裂；幼枝紫褐色。羽状复叶长30～50cm，幼时紫红色，下垂；托叶绿色，三角形，合生成1片；小叶对生，4～6对，革质，长椭圆形、椭圆状长卵形或椭圆状倒卵形，长10～20cm，宽4～11cm，先端渐尖。花密生，组成伞房花序；小苞片黄色、橙色或绯红色，宿存；萼筒长1.2～1.7cm，萼片4枚，花瓣状，卵形，短于萼筒。果带形，扁平，长10～30（～45）cm，宽5～7cm，革质，黑褐色，具喙，开裂。种子4～8枚，长椭圆形，长3～5cm，宽2.0～2.5cm，扁，褐色。花期1～5月；果期8～9月。

产于百色、田阳、那坡、靖西、德保、大新、天等、宁明、龙州、凭祥、隆安、防城、扶绥。

生于海拔 1000m 以下的酸性土或石灰土的山谷、溪边杂木林中。分布于广东、云南；印度、孟加拉国、缅甸、越南、马来西亚和斯里兰卡也有分布。喜温暖环境，抗寒力稍强，能耐 5℃ 的长期低温，在中国北回归线以南及西南金沙江河谷等地能露地过冬。在石灰山钙质和酸性土壤上都生长良好，喜土层深厚、湿润肥沃地，较耐水湿，但忌积水。播种繁殖，种子千粒重 7000g，种皮薄，宜随采随播。树形美观，花色艳丽，是优良行道及庭院绿化树种。木材密度中等，微红褐色，纹理直，结构粗，干燥后不开裂，耐腐性中等，可供作建筑等用材。树皮及根皮入药，可治跌打损伤、风湿、直肠及子宫下垂、月经过多等症。

17. 紫荆属 Cercis L.

落叶乔木或灌木。芽叠生。单叶，互生，全缘或先端微凹，掌状脉；托叶小，鳞片状或薄膜状，早落。花簇生或排列成总状花序，着生于老枝上；先花后叶，或花叶同放；花粉红色、紫红色；萼红色，萼管偏斜，5 枚齿裂；花瓣不等

图 238 中国无忧花 Saraca dives Pierre 1. 花枝；2. 花；3. 果。(仿《中国树木志》)

长，上部 3 枚较小，下部 2 枚最大；雄蕊 10 枚，离生；子房有柄。果近带状，扁平，沿腹缝具狭翅。种子多颗，无胚乳。

约 11 种，分布于南欧、东亚、北美。中国 5 种。广西 3 种。

分种检索表

1. 乔木。
  2. 树皮灰白色；叶纸质，菱状卵形，基部不对称，两面被白粉；花白色 ·················· **1. 岭南紫荆 C. chuniana**
  2. 树皮灰黑色；叶厚纸质或近革质，心脏形或三角状圆形，先端钝或急尖，两面无毛或下面基部脉腋簇生柔毛；花淡紫色或粉红色 ·················· **2. 湖北紫荆 C. glabra**
1. 丛生灌木状；叶近圆形，基部心形；花 5~8 朵簇生于老枝或主干上，紫红色或粉红色 ··· **3. 紫荆 C. chinensis**

1. 岭南紫荆 广西紫荆 图 239：5~6
Cercis chuniana Metc.

落叶乔木，高 12m。树皮灰白色，幼枝密生皮孔，红色；全体无毛。叶纸质，菱状卵形，长 3~10cm，宽 2.5~7.0cm，先端渐尖，基部一边较圆，一边楔形，两面常被白粉，基部三出掌状脉。总状花序长 3.5~5.0cm；花冠白色。果带形，长 7~10cm，宽 1.5~1.7cm，微带紫色，腹缝具狭翅，宽不及 1mm；种子 2~8 枚。花期 4 月；果期 9~11 月。

产于融水、罗城、全州、灌阳、兴安。生于海拔 800~1300m 的林中、山谷、溪边。分布于福建、广东北部、湖南东南部、江西西南部。枝大花繁，早春先花后叶，形似彩蝶，可作庭院观赏树种。对氯气有一定的抗性，滞尘能力强，也是厂矿绿化的好树种。

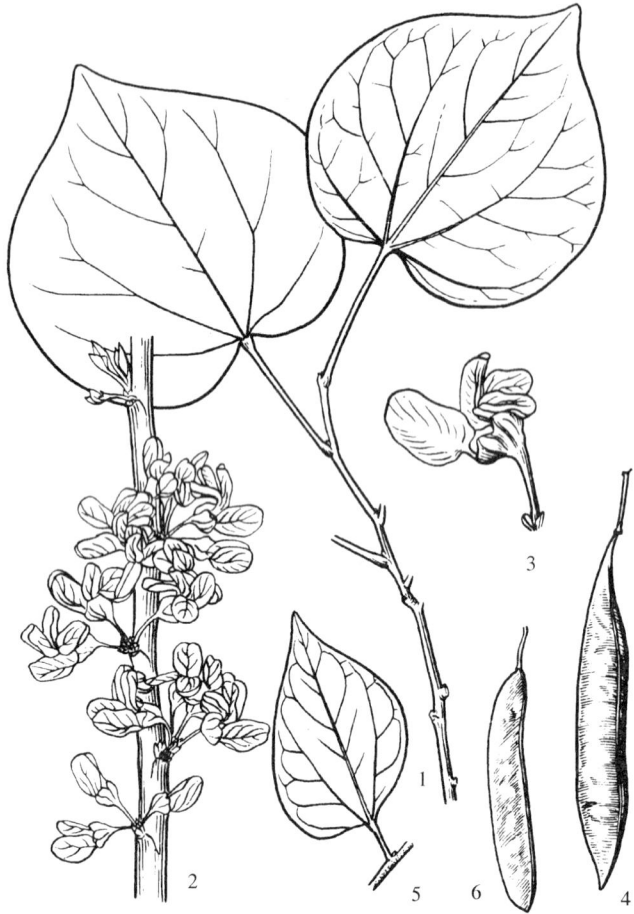

图 239　1 ~ 4. 紫荆 Cercis chinensis Bunge 1. 叶枝；2. 花枝；3. 花；4. 果。5 ~ 6. 岭南紫荆 Cercis chuniana Metc. 5. 叶枝；6. 果。(仿《中国树木志》)

2. 湖北紫荆　箩筐树、乌桑树、云南紫荆

Cercis glabra Pampan.

乔木，高 6 ~ 18m，胸径 30cm。树皮和小枝灰黑色。叶厚纸质或近革质，心脏形或三角状圆形，长 6 ~ 14cm，宽 5 ~ 12cm，先端钝或急尖，幼叶紫红色，成长后绿色，两面无毛或下面基部脉腋簇生柔毛。数朵至 10 朵花组成总状花序，花淡紫色或粉红色，先于叶或与叶同时开放，花瓣长 1.3 ~ 1.5cm。果长圆形，长 9 ~ 14cm，宽 1.2 ~ 1.5cm，翅宽 2mm。种子 1 ~ 8 枚，近圆形，扁，紫色，长 0.6 ~ 0.7mm，宽 0.5 ~ 0.6mm。花期 3 ~ 4 月；果期 9 ~ 11 月。

产于田林、凌云、隆林。生于海拔 600 ~ 1900m 的山地林中、山谷、路边。分布于湖北、河南、陕西、四川、云南、贵州、广东、湖南、浙江、安徽等地。干形直挺，春季先花后叶，繁花缀满枝干，适应性强，抗污染，耐修剪，是道路和庭院绿化的好树种。

3. 紫荆　裸枝树　图 239：1 ~ 4

Cercis chinensis Bunge

多为丛生灌木状，高 2 ~ 4m。树皮灰白色，幼枝被毛或无毛。叶近圆形或三角状圆形，长 6 ~ 13cm，宽 5 ~ 13cm，先端急尖，基部心形，无毛或下面略被毛。花先于叶开放，5 ~ 8 朵簇生于老枝或主干上；花梗长 0.3 ~ 1.0cm；萼红色，花瓣紫红色或粉红色，花径 1.5 ~ 1.8cm。果长 3 ~ 10cm，宽 1.3 ~ 1.5cm，褐色，网脉明显，有窄翅，喙细而弯曲；种子 2 ~ 8 枚，近圆形，扁，直径约 4mm。花期 4 月；果期 9 ~ 10 月。

产于临桂、桂林、柳州、田林、乐业、南宁。生于山坡、溪边、灌丛中。分布于黄河以南大部分地区。喜光，对土壤水肥条件要求较高。萌芽力强。多用种子繁殖，也可用压条和插条繁殖。花艳丽，著名的庭园观赏树种。木材纹理直，结构细致，略坚硬，可供作细木工用材。树皮、木材及根入药，有清热解毒、行气、活血的功效。花可治痔疮。

18. 羊蹄甲属 Bauhinia L.

乔木、灌木或藤本。托叶早落；单叶互生，先端常分裂，稀全缘或裂为 2 枚小叶，掌状脉。总状花序、伞房状花序或圆锥花序；苞片和小苞片早落；萼全缘，呈佛焰苞状、匙状或 2 ~ 5 齿裂；花瓣 5 枚，近等大，通常具瓣柄，稀无；雄蕊 10 枚，有时退化为 3 枚或 5 枚，稀 1 枚，花丝离生，不等长，花药"丁"字着生；子房有柄；胚珠多数。果带状扁平，开裂，稀不裂。种子有或无胚乳。

约 570 种，分布于热带及亚热带地区。中国约 47 种。广西约 24 种 5 变种，本志记载 13 种 4 变种。

分种检索表

1. 乔木或灌木。
  2. 能育雄蕊 10 枚；花白或黄色。
    3. 叶薄革质，卵形，长 7～13cm，裂片顶端尖，基出脉 9～11 条 ·············· **1. 白花羊蹄甲 B. acuminata**
    3. 叶纸质或膜质，肾状圆形，长 1～7cm，裂片顶端圆，基出脉 5～9 条 ····· **2. 鞍叶羊蹄甲 B. brachycarpa**
  2. 能育雄蕊 3～5 枚；花红色、紫红色或白色。
    4. 落叶；萼筒先端不开裂，具黄色腺体；叶近革质，圆形、宽卵形或近心形，先端裂至叶片长 1/4～1/3，裂片顶端圆，两面无毛或下面稍被灰白色短柔毛 ··············· **3. 洋紫荆 B. variegata**
    4. 常绿；萼 2 裂，裂片反卷。
      5. 叶革质，先端 2 裂至叶片长 1/4～1/3，上面无毛，下面疏被短柔毛；叶柄密被褐色短柔毛；花萼裂片顶端又 2 裂或 3 浅裂；花红色或紫红色；花后不结果 ············ **4. 红花羊蹄甲 B. ×blakeana**
      5. 叶硬纸质，先端 2 裂达叶片长 1/3～1/2，两面无毛或下面略被毛；叶柄无毛；花萼裂片一片先端微凹，另一裂片先端 3 小裂；花瓣桃红色或粉红色；花后结果 ············ **5. 羊蹄甲 B. purpurea**
1. 藤状灌木或藤本。
  6. 叶有基出脉 5～9 条。
    7. 花托与花梗相接处常屈曲成直角，一侧直，其他侧基部显著凸出呈囊状；叶先端 2 裂至叶片长 1/6～1/5，裂片先端钝圆 ··············· **6. 囊托羊蹄甲 B. touranensis**
    7. 花托和花梗相接处不呈囊状。
      8. 叶较小，长和宽 2.5～5.0cm；先端深裂至叶片长 3/4 或近基部，裂片先端圆，两面无毛或下面基部和叶脉被红褐色毛；叶柄疏被锈色长毛 ··············· **7. 首冠藤 B. corymbosa**
      8. 叶片较大，长 5cm 以上，宽 4cm 以上。
        9. 叶下面被锈色柔毛；嫩叶先端常不分裂面呈截形，老叶分裂可达叶长的 1/3 或更深，裂片顶圆 ······
        ··············· **8. 阔裂叶羊蹄甲 B. apertilobata**
        9. 叶下面粉绿色，初时被灰黄色柔毛，后无毛或近无毛；叶先端 2 裂，深度不一，从微凹或裂至叶片长 1/3、1/2，罕为全缘，裂片先端钝或渐尖 ··············· **9. 龙须藤 B. championii**
  6. 叶有基出脉 9～13 条。
    10. 子房无毛；荚果无毛，具清晰网纹；叶先端 2 裂至叶片长 1/2 或更深，裂片先端圆；伞房式总状花序顶生或与叶对生，花序轴、花梗均密被红褐色毛 ··············· **10. 粉叶羊蹄甲 B. glauca**
    10. 子房有毛；荚果被毛。
      11. 总状花序被锈红色绒毛，花梗粗，与萼密被锈红色绒毛；叶革质，先端裂至叶片长 1/2，裂片先端钝，下面密被红褐色绒毛，后渐脱落 ··············· **11. 红毛羊蹄甲 B. pyrrhoclada**
      11. 伞房花序或伞房式总状花序。
        12. 叶纸质，先端裂至叶片长 1/2 或更深，裂片先端钝或急尖，下面沿脉被锈色柔毛或近无毛；伞房花序顶生，被锈红色绒毛 ··············· **12. 锈荚藤 B. erythropoda**
        12. 叶先端裂至叶片长 1/3～1/2。
          13. 叶柄长 6～7cm；叶近圆形，长 12～18cm，裂片卵状三角形，先端圆钝，稀急尖；伞房花序顶生或侧生；果扁平条形 ··············· **13. 火索藤 B. aurea**
          13. 叶柄长 3～5cm；叶心状卵形或心状圆形，长 6～15cm，裂片三角形，先端钝或稍尖；伞房式总状花序顶生；果倒披针状长圆形 ··············· **14a. 褐毛羊蹄甲 B. ornata var. kerrii**

1. 白花羊蹄甲　图 240

Bauhinia acuminata L.

小乔木，高 4m。树皮灰白色，不裂；小枝红褐色，无毛。叶薄革质，卵圆形，长 7～13cm，宽 6～12cm；先端裂至叶片长 1/3～2/5，裂片急尖或渐尖，叶基心形，上面无毛，下面被短绒毛，基出脉 9～11 条；叶柄长 3～4cm，具沟槽，被毛。伞房状总状花序，腋生；萼筒佛焰状，先端具 5 个细齿；花瓣 5 枚，白色，长约 4cm，无瓣柄；能育雄蕊 10 枚；子房微被毛。果条状倒披针形，先端

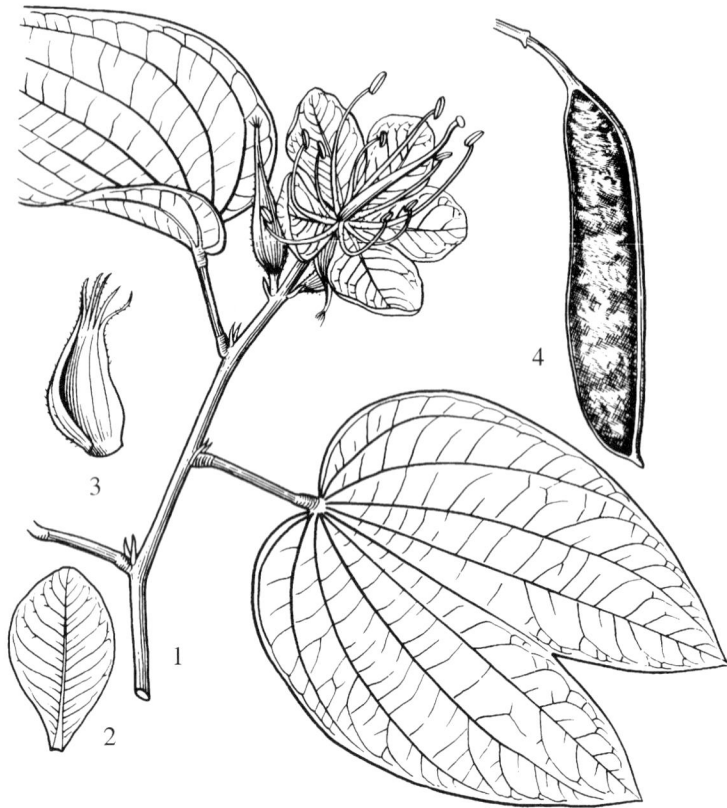

图 240　白花羊蹄甲 Bauhinia acuminata L. 1. 花枝；2. 叶；3. 花萼；4. 果。（仿《中国植物志》）

急尖，具直喙，长 8 ~ 11cm，宽 1.2 ~ 1.8cm，黑褐色，果瓣革质，近腹缝处有 1 条隆起、锐尖的纵棱；种子 4 ~ 12 枚。花期 4 ~ 6 月或全年；果期 6 ~ 8 月。

产于桂林、临桂，南宁、德保等地有栽培。分布于云南、广东、海南、香港；印度、斯里兰卡、马来西亚、越南也有分布。常植于庭院或行道旁。

2. 鞍叶羊蹄甲　马鞍叶羊蹄甲、夜关门、蝴蝶风　图 241

Bauhinia brachycarpa Wall. ex Benth.

常绿灌木，高 3m。幼枝具棱脊，疏被短柔毛，后脱落。叶纸质或膜质，大小变化大，通常呈肾状圆形，通常宽度大于长度，长 1 ~ 7cm，宽 1.5 ~ 9.0cm，先端裂至叶片长 1/3 ~ 1/2；裂片先端圆，基部近截形、阔圆形，有时浅心形；上面无毛，下面密被白色短毛，杂有红棕色"丁"字毛，基出脉 7 ~ 9 条；叶柄纤细，具沟槽，略被柔毛；托叶丝状，早落。伞房状总状花序侧生；萼筒短，2 裂，每裂片再 2 裂；花冠白色；能育雄蕊 10 枚，5 长 5 短；子房密被长柔毛。荚果长圆形，先端渐尖，具短喙，长 4 ~ 5(~ 7)cm，宽约 1cm，开裂；种子 2 ~ 4 枚，褐色，有光泽。花期 5 ~ 7 月；果期 8 ~ 10 月。

产于广西西部及西南部。生于海拔 1000m 以下的山地草坡和溪旁灌丛中。分布于陕西、甘肃、湖北、海南、贵州、四川、云南、西藏等地。茎皮含纤维 35% ~ 40%，可供作造纸及纤维板原料。根、叶入药，根可安神止痛，治心悸、失眠、筋骨痛；叶可润肺止咳、去腐生肌；外敷可杀虫、止痒，治天泡症、顽癣及烧烫伤。

3. 洋紫荆　羊蹄甲、红花紫荆、红紫荆　图 242：6

Bauhinia variegata L.

落叶乔木。树皮暗褐色，不裂；幼枝被毛，后脱落。叶近革质，叶型变化大，圆形、宽卵形或近心形，长 4 ~ 10(~ 17)cm，宽 6 ~ 11(~ 19)cm，先端裂至叶片长 1/4 ~ 1/3，裂片顶端圆，叶基圆形、心形或近平截，两面无毛或下面稍被灰白色短柔毛，基出脉 9 ~ 11 条；叶柄长 2 ~ 4(~ 5)cm，被短柔毛或近无毛。总状花序短，花大；佛焰苞状萼顶端不裂，被短柔毛，具黄色腺体；花瓣淡红、淡蓝带红或暗紫色，杂有黄色或红色斑纹，长圆形，长 3.5 ~ 4.5cm，边缘卷曲，近轴一片较宽且色较深；发育雄蕊 5 枚；子房被短柔毛，具长柄。果条形，扁平，长 15 ~ 30cm，宽 1.5 ~ 2.0cm，黑褐色，具喙，开裂，基部柄长。种子 10 ~ 15 枚，近圆形，直径约 1cm，扁，褐色。花期全年，3 月最盛。

桂林、南宁、梧州、北海等市及各乡镇多有栽培。原产于云南；印度也有分布。花大，艳丽芳香，枝浓叶茂，速生，2 年生实生苗即可开花，为优良行道树及庭院观赏树种。嫩叶、花、幼果均可作蔬菜。根叶入药可治消化不良，叶入药可止泻；外用可治疥疮。

3a. 白花洋紫荆 白花洋蹄甲

Bauhinia variegata var. **candida** Voigt

与原种的主要区别为：花瓣白色，近轴的一片或有时全部花瓣均杂以淡黄色的斑块；花无退化雄蕊；叶下面通常被短柔毛。

原产于云南，广泛引种于中国南方各地，南宁、玉林等地有引种栽培。

4. 红花羊蹄甲 紫荆、香港紫荆 图242：1~2

Bauhinia × blakeana Dunn

半落叶性乔木，高达15m。多分枝，小枝细长，被毛。树皮灰褐色，浅裂、皮孔明显。叶革质，圆形或阔心形，长9~14cm，宽10~15cm，先端2裂至叶片长1/4~1/3，裂片先端钝，叶基心形，有时近截形，上面无毛，下面疏被短柔毛，基出脉11~13条；叶柄长3.5~4.0cm，密被褐色短柔毛。总状花序或分枝呈圆锥状，长10~20cm；花大而美丽，稍芳香；佛焰苞状萼管长约2.5cm，被毛，具红色或绿色条纹，2深裂，裂片外折，顶端又2裂或3浅裂；花瓣5

图241 鞍叶羊蹄甲 Bauhinia brachycarpa Wall. ex Benth. 1. 花枝；2. 花；3. 雌蕊；4. 果。(仿《中国树木志》)

瓣，其中4瓣分列两侧，两两相对，另一瓣翘首于上方，形如兰花状，红色或紫红色，倒披针形，具短瓣柄，长5~8cm，近轴一瓣基部颜色较深；发育雄蕊5枚，退化雄蕊2~5枚，丝状；子房具柄，密被黄色柔毛。全年可开花，其中5~9月、12月至翌年3月花较盛；通常不结实。

原产地不详，广西各地有栽培，福建、广东、海南、云南均广为种植，适生于北回归线以南的热带、南亚热带地区。喜温暖湿润气候，幼树耐短期 -1℃左右的低温及轻霜，在土层深厚、肥沃、排水良好的酸性土和石灰土上均能生长良好。喜光。因不结实，以嫁接进行繁殖为主，也可扦插、空中压条。生长快，开花早，1年生苗高1m以上，2~3年即可开花成景，且花期全年，花大美丽，为优良行道树及庭院绿化观赏树种。木材较软，不甚耐腐，可供作一般家具、农具用材。

5. 羊蹄甲 紫羊蹄甲、玲甲花、宫粉紫荆 图242：3~5

Bauhinia purpurea L.

常绿乔木，高达8m。树皮灰褐色，不裂。叶硬纸质，近心形，长11~14cm，宽9~13cm，先端2裂达叶片长1/3~1/2，裂片顶端钝圆，叶基圆或近心形，两面无毛或下面略被毛，基出脉9~11条；叶柄长3~5cm，无毛。总状花序，顶生或侧生，有时2~4个着生于枝顶而成复总状，花序轴、萼筒、子房被褐色绢毛；萼筒2裂至基部，裂片反卷，其中一裂片先端微凹，另一裂片先端3小裂；花瓣桃红色或粉红色，倒披针形；发育雄蕊3~4枚；子房具长柄。果带形，扁平，木质，长13~24cm，宽2~3cm，褐色，开裂，柄长1.5~2.2cm；种子12~15枚，近圆形，扁，深褐色。

图 242　1~2. 红花羊蹄甲 Bauhinia × blakeana Dunn 1. 花枝；2. 雄蕊和雌蕊。**3~5. 羊蹄甲 Bauhinia purpurea** L. 3. 花枝；4. 雄蕊和雌蕊；5. 果。**6. 洋紫荆 Bauhinia variegata** L. 花枝。(仿《中国植物志》)

花期 9~11 月；果期翌年春夏。

广西各地有栽培。分布于中国南部；中南半岛、印度、斯里兰卡也有分布。适应性强，花艳丽，易栽植，主要作公路绿化树种。木材松软，可供制作一般农具。花芽可作蔬菜；入药，为烫伤及脓症洗涤剂。根皮具毒，应加注意。

6. 囊托羊蹄甲　越南羊蹄甲、囊萼羊蹄甲

Bauhinia touranensis Gagnep.

木质藤本，有卷须。幼枝、卷须均被锈色柔毛。叶纸质，近圆形，长和宽 3.5~7.5cm；先端 2 裂至叶片长 1/6~1/5，裂片先端钝圆；叶基心形，仅下面近叶柄处脉腋被黄褐色毛，其余无毛，基出脉 7~9 条；叶柄长 0.8~1.8cm，无毛。伞房式总状花序单生于侧枝顶，或 3~4 个顶生和侧生于小枝先端，长 6~9cm；花序轴密被锈色毛；萼筒长约 5mm，花托与花梗相接边处常屈曲成直角，一侧直，其他侧基部显著凸出呈囊状；花瓣白带淡绿色；发育雄蕊 3 枚；子房沿腹缝处被棕色长柔毛。果扁平带状，长 10~16cm，宽 2.8cm。种子多数。花期 3~6 月；果期 8~10 月。

产于龙州、罗城。生于海拔 500~1000m 的山地沟谷林下及石山灌丛中。分布于云南、贵州；越南也有分布。茎入药，可祛风活络，外用可治疔疮。

7. 首冠藤　深裂叶羊蹄甲

Bauhinia corymbosa Roxb. ex DC.

藤本，卷须拳卷，对生，被红棕色粗毛。幼枝具沟槽，被锈色毛。叶纸质，近圆形，长和宽 2.5~5.0cm；先端深裂至叶片长 3/4 或近基部，裂片先端圆，叶基平截或近心形，两面无毛或下面基部和叶脉被红褐色毛，基出脉 5~7 条；叶柄长 1.0~1.5cm，疏被锈色长毛。伞房式总状花序顶生，多花，花序轴、花梗、花萼均被锈色毛；萼筒纤细，绿色，长 1.5~2.0cm，5 裂，反卷，外面具 10 条红色纵棱；花瓣白色，具淡红色脉纹，外面疏被长柔毛，长 8~11cm，宽 6~8cm；发育雄蕊 3 枚；子房无毛。果带状，革质，长 10~26cm，宽 1.5~2.5cm。种子多数，长圆形，褐色。花期 4~6 月；果期 9~11 月。

产于防城、上思、钦州、隆安、马山、凌云、乐业、金秀、柳州、融水、临桂、灵川。生于低

海拔至中海拔的林中。分布于广东、海南。

8. 阔裂叶羊蹄甲　亚那藤

Bauhinia apertilobata Merr. et Metc.

藤本，具卷须。幼枝、叶、叶柄及花序均被锈色柔毛。叶纸质，圆形或阔卵形，长 5 ~ 10cm，宽 4 ~ 9cm，嫩叶先端常不分裂面呈截形，老叶分裂可达叶长的 1/3 或更深，裂片顶圆，叶基圆或近心形，基出脉 7 ~ 9 条。伞房式总状花序腋生或 1 ~ 2 个顶生，长 4 ~ 8cm；萼筒短，长 2 ~ 3mm，先端 4 裂；花冠白色或淡绿白色；发育雄蕊 3 枚；子房仅于两缝线被长柔毛，具长柄。果扁平，倒披针形或长圆形，长 7 ~ 9cm，宽 3.0 ~ 3.5cm，顶端具小喙，革质，无毛；种子 2 ~ 4 枚，近圆形，扁平。花期 5 月；果期 8 ~ 11 月。

产于全州、兴安、贺州、贵港。生于海拔 600m 以下的山谷或灌丛中。分布于江西、广东、福建。

9. 龙须藤　九龙藤、羊蹄藤(广西)

Bauhinia championii（Benth.）Benth.

藤状灌木。卷须 1 或 2 个对生，茎横切面由于韧皮部与木质部交错而呈菊花纹状。幼枝被白色平伏毛，后渐脱落。叶纸质，卵形或心形，变化较大，长 5.5 ~ 13(~ 17)cm，宽 4 ~ 10(~ 14)cm，先端 2 裂，深度不一，从微凹或裂至叶片长 1/3、1/2，罕为全缘，裂片先端钝或渐尖，叶基圆、心形或平截，下面粉绿色，初时被灰黄色柔毛，后无毛或近无毛，基出脉(7)9 条；叶柄长 1.0 ~ 2.5cm，微被毛。总状花序长 10 ~ 20cm，与叶对生或腋生，或几个聚生于枝顶而成圆锥状，被柔毛；花小；萼管短，长约 2mm；花瓣白色，先端钝，长约 4mm；发育雄蕊 3 枚；子房沿两边缝线被短柔毛，具短柄。果倒卵状长圆形或带状，长 5.0 ~ 13.5cm，宽 2.5 ~ 3.0cm，扁，具皱纹，无毛。种子 2 ~ 6 枚，圆形，扁平。花期 6 ~ 10 月；果期 7 ~ 12 月。

产于广西各地，以南宁、柳州、河池、百色、桂林居多，多生于石灰岩山地林缘、路边或灌丛中。分布于湖北、江西、浙江、福建、广东、海南、贵州、台湾；越南、印度、印度尼西亚也有分布。木材具美丽斑纹，有"菊花木"之称，可作细木工用材。根、茎皮富含鞣质，茎皮纤维丰富，坚韧耐水，可供扎木筏、编织等用。根、茎入药，可治风湿。叶为牛羊饲料。亦可作庭院观赏及石山绿化植物。

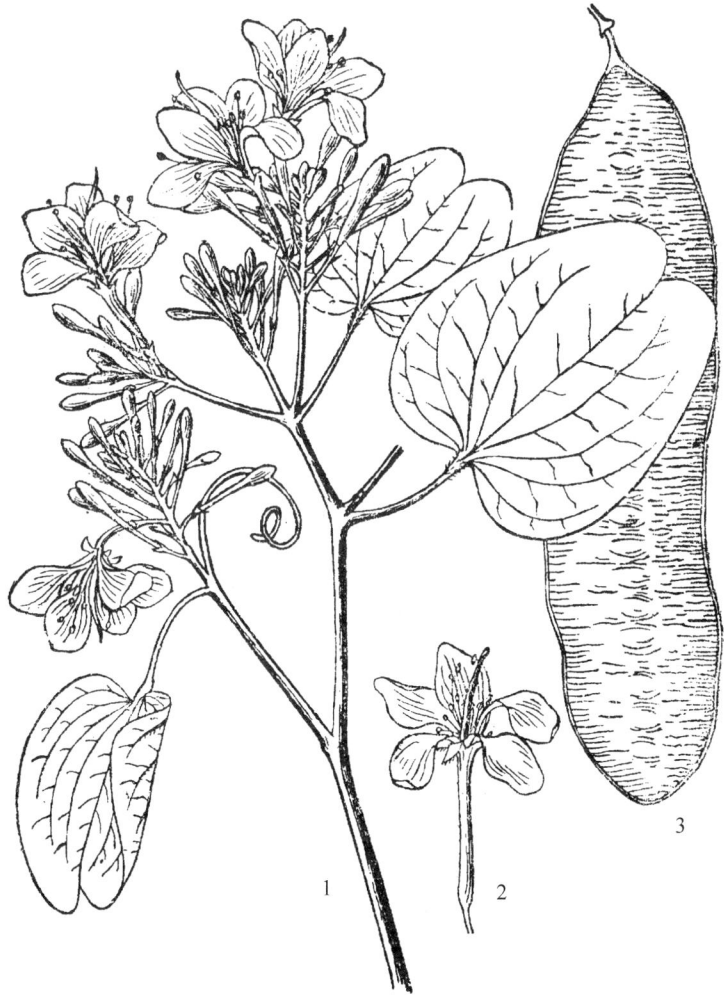

图 243　粉叶羊蹄甲 **Bauhinia glauca**（Wall. ex Benth.）Benth. 1. 花枝；2. 花；3. 果。(仿《中国树木志》)

10. 粉叶羊蹄甲　薄叶羊蹄甲　图 243

Bauhinia glauca（Wall. ex Benth.）Benth.

木质藤本。幼枝及卷须均被褐色毛，卷须 1 或 2 个对生。叶纸质，圆形或近肾形，长 5～8cm；先端 2 裂至叶片长 1/2 或更深，裂片先端圆，叶基心形，有时近截形，幼叶两面疏被红棕色柔毛，后上面无毛，基出脉 9～11 条；叶柄长 2～4cm。伞房式总状花序顶生或与叶对生，花密集，花序轴、花梗均密被红褐色毛；萼管状，长 1.3～1.7cm，被红棕色毛，先端 2 裂；花瓣白色，倒卵形，长 1.2～1.4cm；发育雄蕊 3 或 4 枚；子房无毛，具长柄。果扁平带状，不开裂，长 14～20cm，宽 4～5cm，紫褐色，具清晰网纹，无毛。种子多数。花期 5 月；果期 8 月。

产于兴安、龙胜、临桂、凌云、天峨、东兰、罗城、融水、金秀、宾阳、扶绥、上思等地。生于山坡灌丛或石缝中。分布于陕西、甘肃、湖北、江西、贵州、云南、四川。茎皮纤维丰富，可为人造棉、纸浆原料。根皮泡酒，可治腰痛和痨伤。

10a. 薄叶羊蹄甲

Bauhinia glauca subsp. **tenuiflora**（Watt ex C. B. Clarke）K. Larsen & S. S. Larsen

与原种的区别为：叶较薄，近膜质，分裂仅及叶长的 1/6～1/5；花托长 2.5～3.0cm，为萼裂片长的 4～5 倍；花瓣白色。花期 6～7 月；果期 9～12 月。

产于龙州。

11. 红毛羊蹄甲　红毛枝羊蹄甲

Bauhinia pyrrhoclada Drake

藤本，长达 5m。具卷须，幼枝密被棕红色毛。叶革质，近圆形，长和宽均为 6～10cm；先端裂至叶片长 1/2，裂片先端钝，叶基心形，上面无毛或沿叶脉有毛，下面密被红褐色绒毛，后渐脱落，基出脉 9～11 条；托叶镰刀状，长 0.5～0.7cm，极早脱落；叶柄长 2.5～5.0cm，被毛。总状花序被锈红色绒毛，花梗粗，长 2～3cm，与萼密被锈红色绒毛；萼筒细，裂片 5 个；花瓣白色，长约 2cm，外密被长硬毛；发育雄蕊 3 枚，退化雄蕊 2～3 枚；子房被长硬毛。果倒披针状长圆形，长 10～18cm，宽 4.0～4.5cm，被锈色绒毛。花期 6 月；果期 8～9 月。

产于防城、靖西。生于低海拔的河边、沟边。分布于海南；越南也有分布。

12. 锈荚藤　红柄羊蹄甲

Bauhinia erythropoda Hayata

藤状灌木。有卷须；嫩枝、叶柄、花序及花各部均被锈红色绒毛。叶纸质，心形或近圆形，长与宽几相等，6～10cm，先端裂至叶片长 1/2 或更深，裂片先端钝或急尖，叶基心形，下面沿脉被锈色柔毛或近无毛，基出脉 9～11 条；叶柄长 3～8cm。伞房花序顶生，被锈红色绒毛；花梗长 4～5cm；萼筒柱状，5 裂，外反；花瓣白色，倒卵形，长约 2cm，先端微凹，边缘波状；发育雄蕊 3 枚。果木质，扁平带状，长 10～20cm，宽 4～6cm，密被锈红色短绒毛。花期 3～4 月；果期 6～7 月。

产于广西西部及西南部地区。生于低海拔的疏林中及溪边。分布于海南、云南；菲律宾也有分布。

12a. 广西锈荚藤

Bauhinia erythropoda var. **guangxiensis** D. X. Zhang et T. C. Chen

与原种的区别在于：叶光滑无毛。

产于钦州。

13. 火索藤　红绒毛羊蹄甲

Bauhinia aurea Lévl.

藤本。具卷须；植物体各部分均密被褐色绒毛。嫩枝具棱。叶近圆形，长 12～18cm，宽 10～16cm，先端裂至叶片长 1/3～1/2，裂片卵状三角形，先端圆钝，稀急尖，叶基心形，基出脉 9～13

（~15）条；叶柄长6~7cm。伞房花序顶生或侧生，花梗长4~5cm；萼筒5裂；花瓣白色；发育雄蕊3枚；子房具短柄，被褐色长柔毛。果木质，扁平条形，长16~22cm，宽4~6cm，外面密被褐色绒毛，开裂。种子6~11枚。花期4~5月；果期7~12月。

产于大新、武鸣、隆安、马山、百色、田林、乐业、天峨、河池、博白、陆川。常生于石灰岩山地灌丛中及山脚路边。分布于云南、四川、贵州。根入药，可用于治风湿、鹤膝风、疟疾等症。

14a. 褐毛羊蹄甲

Bauhinia ornata var. **kerrii** (Gagnep.) K. Larsen et S. S. Larsen

藤本，长达10m。幼枝具沟槽，新枝、叶柄及花序被平伏毛。叶纸质，心状卵形或心状圆形，长6~15cm，先端裂达叶片长1/3~1/2，裂口处有明显小尖头，裂片三角形，先端钝或稍尖，叶基深心形，上面仅沿脉稍被毛，下面密被锈色平伏毛，基出脉11~13条；叶柄长3~5cm，被黄褐色绒毛。伞房式总状花序顶生，长约13cm，近花序常有对生卷须，花梗长3~5cm，花梗、花萼被锈色平伏毛；萼筒柱状，5裂；花瓣白色，椭圆形或近圆形，长约1.5cm；发育雄蕊3枚，子房柄极短，密被金黄色毛。果木质，倒披针状长圆形，长15~25cm，宽3.5~6.0cm，扁，密被黄褐色或灰褐色绒毛。种子4~7枚。花期5~6月；果期11~12月。

产于梧州、博白、陆川、龙州。生于海拔500m以下的山地密林中。分布于广东、海南；越南、泰国也有分布。茎皮纤维发达，可用于纺织和编织。

26 含羞草科 Mimosaceae

乔木、灌木、稀草本。二回羽状复叶，很少一回羽状复叶，互生，小叶全缘；叶柄及叶轴上常具腺体，具托叶。花小，两性或杂性，辐射对称，排成穗状、总状或头状花序；萼管状5(3~6)齿裂，裂片镊合状排列，稀覆瓦状排列；花瓣与萼齿同数，镊合状排列，分离或合生成一短管；雄蕊通常多数或与花冠裂片同数或为其倍数，分离或合生成管状单体雄蕊，花药小，2室，纵裂，顶端常具1枚脱落性腺体，花丝细长；子房上位，花柱丝状，柱头小，顶生。荚果。种子无胚乳或有少量胚乳，子叶扁平。

约56属2800种，主产于热带及亚热带地区。中国9属，引入10属；广西7属，引入4属。

分属检索表

1. 花瓣分离或基部合生。
 2. 雄蕊多数；托叶刺状或不明显，稀膜质；果条形、长圆形或卵形，多扁平，稀圆筒形或旋卷 ················
 ·· **1. 金合欢属 Acacia**
 2. 雄蕊10或4。
  3. 花药顶端无腺体。
   4. 乔木或灌木，植株无刺；荚果开裂 ·· **2. 银合欢属 Leucaena**
   4. 灌木、草本或藤本；植株具皮刺；荚节脱落 ································ **3. 含羞草属 Mimosa**
  3. 花药顶端具腺体。
   5. 乔木；果条形，开裂后旋转 ·· **4. 海红豆属 Adenanthera**
   5. 藤本；果扁平，木质或革质，逐节脱落 ······························ **5. 榼藤子属 Entada**
1. 花瓣中部或中部以下合生成管状。
 6. 果不裂。
  7. 叶柄无腺体；果弯曲成肾形；种子间具隔膜 ························ **6. 象耳豆属 Enterolobium**
  7. 叶柄基部具腺体；果扁平；种子间无隔膜。
   8. 花两性 ·· **7. 合欢属 Albizia**
   8. 花单性 ·· **8. 南洋楹属 Falcataria**
 6. 果2瓣裂。

9. 荚果常旋卷，荚瓣通常开裂后扭卷；种子有肉质假种皮 ················ **9. 猴耳环属 Pithecellobium**
9. 果直立或微弯。
    10. 叶柄及羽片轴具腺体；花两性；荚果圆柱形，开裂，裂瓣不卷曲 ········· **10. 棋子豆属 Cylindrokelupha**
    10. 叶柄和羽片轴无腺体；托叶宿存，叶状或针刺状；花杂性；果条形稍弯，开裂，裂瓣富弹性翻卷 ······
    ··· **11. 朱缨花属 Calliandra**

1. 金合欢属 Acacia Mill.

乔木、灌木或藤本，有刺或无刺。二回羽状复叶；或初生期为羽状复叶，后小叶即退化，由叶柄演变为披针形叶状；总叶柄及叶轴上有腺体；托叶刺状或不明显，稀膜质。花两性或杂性，3~5 出数，黄色，稀白色，头状或穗状花序，总花梗上有总苞片；花萼钟状或漏斗状，齿裂，裂片镊合状排列；花瓣分离或基部连合；雄蕊多数，花丝分离；胚珠多数。果条形、长圆形或卵形，多扁平，稀圆筒形或旋卷。

约 900 种，广布于热带及亚热带地区，以大洋洲及非洲为多。中国约 10 种，产于西南及东南部，引入 20 余种。广西约 7 种，引入近 20 种，本志载入 16 种。

分种检索表

1. 小叶及羽状叶退化；叶柄呈叶状。
  2. 头状花序；荚果不卷曲。
    3. 小枝无毛；叶状柄披针形；头状花序 1~3 个腋生 ················ **1. 台湾相思 A. confusa**
    3. 小枝被银白色绒毛；叶状柄卵形或椭圆形；头状花序排成总状式 ········ **2. 珍珠合欢 A. podalyriifolia**
  2. 穗状花序，稀总状；荚果扭曲。
    4. 叶状柄披针形、长卵形或镰状。
      5. 穗状花序；叶状柄宽 1.5~4.0cm。
        6. 叶脉 3~7 条，平行。
          7. 树皮灰白色，光滑，浅纵裂，小枝具棱，无刺，无毛，有显著皮孔；果较小，宽约 1cm ·········
          ··· **3. 大叶相思 A. auriculiformis**
          7. 树皮外层黑色或灰褐色，坚硬，深裂，内层红色，坚韧，小枝有鳞状附着物果较大，宽 2.5~
          3.0cm ··· **4. 厚荚相思 A. crassicarpa**
        6. 叶脉 3 条，在叶基部汇合，叶基部有 1 个腺点，叶两面紧被有稀疏银白色或金色绒毛 ············
        ··· **5. 卷荚相思 A. cincinata**
      5. 短总状花序；叶状柄宽 0.5~2.0cm，先端圆；荚果扁平，成熟时棕色，呈不规则盘旋和开裂卷曲 ······
      ··· **6. 黑木相思 A. melanoxylon**
    4. 叶状柄半扇形，叶脉多分布于叶面的一侧。
      8. 枝及叶状柄被绢毛；荚果长 2~5cm，螺旋状卷曲成环 ··········· **7. 绢毛相思 A. holosericea**
      8. 枝及叶状柄无毛；荚果长 7~14cm，不规则状扭曲 ··········· **8. 马占相思 A. mangium**
1. 二回羽状复叶。
  9. 乔木或灌木。
    10. 植株无刺。
      11. 小乔木，树高约 10m。
        12. 腺体位于羽片着生处；小叶暗绿色；果宽 4~7mm，密被绒毛 ········· **9. 黑荆树 A. mearnsii**
        12. 腺体位于每对羽片之间；小叶银灰绿色；果宽 0.8~1.3cm，无毛，被白霜 ····················
        ··· **10. 银荆树 A. dealbata**
      11. 灌木，树高 5m 以下；叶缘及叶轴均疏被毛，无腺体；头状花序，排列成总状，腋生 ·············
      ··· **11. 灰金合欢 A. glauca**
    10. 植株具托叶刺或皮刺。
      13. 羽片 4~8 对，多数为 5 对，小叶 10~30(~40) 对；头状花序 ········· **12. 金合欢 A. farnesiana**

13. 羽片 10~30 对，多为 16~20 对，小叶 16~50 对；穗状花序 ················ **13. 儿茶 A. catechu**
9. 攀援灌木，具皮刺。
　14. 小枝无毛；羽片 3~5 对，小叶 25~50 对，着生紧密；头状花序 1~2 个腋生··············
　·· **14. 光叶金合欢 A. delavayi**
　14. 小枝及叶轴具柔毛；头状花序组成圆锥状花序。
　　15. 羽片 8~24 对；小叶 30~50 对；果薄带状 ·············· **15. 羽叶金合欢 A. pennata**
　　15. 羽片 6~10 对；小叶 15~25 对；果稍肉质 ·············· **16. 藤金合欢 A. sinuata**

1. 台湾相思　相思树、相思仔、相思柳　图 244：3~5
Acacia confusa Merr.

常绿乔木，高达 20m，胸径 60cm；树皮灰褐色，不裂，稍粗糙；小枝无刺。初出土为羽状复叶，从第 2 或第 3 片叶起，羽状叶退化，由叶柄演变为披针形叶状，革质，具 3~7 条平行脉，长 6~11cm，宽 0.5~1.3cm。头状花序球形，单生或 2~3 个簇生于叶腋，花瓣淡绿色；雄蕊金黄色，凸出。果扁平，带状，初被黄褐色柔毛，后脱落，果荚开裂，长 4~11cm，宽 0.7~1.1cm，具种子 2~10 粒，种子间稍缢缩，果皮干后有皱纹，出种率 20%~25%。种子扁椭圆形，黄褐色。基部钝尖，两侧有明显的椭圆形环状纹，无胚乳。花期 4~5 月；果熟期 7 月上旬至 8 月中旬。

野生或栽培于广西大部地区，台湾、福建、广东、云南也有；菲律宾、印度尼西亚及大洋洲也有分布。喜暖热气候，耐霜冻，不耐冰冻，是相思类中较耐寒的一种，可引种至中亚热带南缘的局部地方，华南地区可普遍发展造林。根系发达，具根瘤菌，较耐干旱贫瘠地，酸性土、石灰岩钙质土均能适应，改良土壤及保持水土的能力强；枝柔韧，叶茂密，抗风力强；萌芽性强，幼龄期庇荫。

播种繁殖，种皮被蜡质，播种前需用始温 100℃ 沸水浸种，冷却后继续浸泡 1 昼夜，或用硫酸拌种 10min，待种皮外层所附蜡质膨胀后，浸水洗净播种。植苗造林或直播造林，公路绿化多采用直播造林，效果好。生长较快速，1 年生苗平均高生长可达 1m 以上，年均胸径生长 1cm 以上，适当密植。心材黑褐色，纹理斜，结构细匀，密度很大，干燥后稍变形，心材抗虫、耐腐性强，为深色名贵硬木，是制作高级家具的珍贵用材。适应性强，为四旁绿化、沿海防风林、喀斯特石漠化治理理想树种。皮含鞣质 23%~26%，可供提制栲胶。

图 244　1~2. 大叶相思 Acacia auriculiformis A. Cunn. ex Benth. 1. 花枝；2. 花。3~5. 台湾相思 Acacia confusa Merr. 3. 花枝；4. 花；5. 果。(仿《中国植物志》)

2. 珍珠合欢　珍珠相思

Acacia podalyriifolia G. Don

常绿灌木至小乔木，高 4~8m，主干不明显。小枝密被银白色绒毛，叶状柄卵形或椭圆形，长 2.0~3.5cm，宽 1.0~1.5cm，两面呈银灰色，被绒毛，先端具弯钩，中脉两面隆起，侧脉不明显。头状花序排列成总状式，总花柄长 1~5cm；花金黄色，萼淡黄，5 裂，三角状分离；雄蕊绒毛状，长约 4mm。荚果较大，长椭圆形或弯形，压扁，荚室稍隆起，下端凹尖或尾尖，暗褐色至棕褐色，密被绒毛，长 6.0~9.5cm，宽 1.4~2.2cm，具种子 4~9 粒。种子扁椭圆形，黑色有光泽，长 5.5~6.0mm，宽 3.5~4.2mm，无胚乳，种丝浅黄褐色。花期 1 月上旬至 3 月下旬；果熟期 5 月。

原产于澳大利亚，20 世纪 80 年代初期引入广西，同时引种栽培的有广东、福建等省。耐寒力较台湾相思稍强，能适应极端 -5℃ 低温及较轻霜雪，广西境内低海拔的平原台地，均可种植。能耐贫瘠土，但以肥力中等以上的疏松酸性地生长较佳。花期时值春节，金黄璀璨，枝叶银灰色，颇艳丽，是冬季重要的观花树种，在庭院绿化及风景区植树中，有很高的推广价值；树皮可供提制栲胶；木材供制作农具、柄具等用。

3. 大叶相思　耳叶相思　图 244：1~2

Acacia auriculiformis A. Cunn. ex Benth.

常绿乔木，在原产地高达 30m，胸径 60cm。树皮灰白色，光滑，浅纵裂；小枝具棱，无刺，无毛，有显著皮孔。初生叶初发生时为羽状复叶，第 2、3 片叶起，羽状叶退化，叶柄演变为叶状，叶状柄阔披针形，革质有光泽，长 10~15cm，宽 1.5~3.0cm，具平行脉 3~7 条，柄长 4~5mm，顶端具 1 个腺体。穗状花序 1~3 个腋生，长 5~6cm，稀 7~10cm，花黄色，萼 5 枚齿裂，花瓣匙形，长约 2mm；雄蕊长约 3mm。荚果带形，灰黑色至黑褐色，螺旋状扭曲成环，长 5~8cm，宽约 1cm；种子扁椭圆形，黑色，光滑，种脐附黄色丝状体。花期 8~9 月；果熟期翌年 5 月。

原产于澳大利亚北部及新西兰，集中在南纬 0°~16°、海拔 400m 以下的地区。海南、广东、广西于 20 世纪 70 年代开始引种。喜温暖气候，耐寒力较差，忌霜冻及长期 5~6℃ 低温，在南宁市正常年份可安全越冬，特寒年份受冻害，生长快，干形较通直，适宜于在广西南部地区推广。播种繁殖，种皮具蜡质，播种前种子需用沸水或硫酸处理。心材比例大，易加工，宜作家具、农具及纸浆用材。树冠浓绿，适应性强，优良的四旁绿化树种。

20 世纪 90 年代末，广西南部推广杂交相思(A. mangium × A. auriculiformis)优良无性系苗，表现出树干通直、速生等优良特性。

4. 厚荚相思

Acacia crassicarpa Benth.

常绿乔木，通常树高 10~20m，在最适生环境，可长成 30m 高的大树；滨海沙滩，因风力影响，常生长成灌木状，高仅 2~3m。树皮外层黑色或灰褐色，坚硬，深沟直裂，内层红色，坚韧，小枝有鳞状附着物。叶状柄阔披针形，弧形弯曲，长 11~22cm，宽 2~4cm，纵脉 3~7 条，平行，呈黄色。穗状花序腋生，长 4~7cm。荚果木质化，深褐色，条状，长 5~9cm，宽 2~3cm，成熟时扭曲成环状。种子无胚乳，黑色，有光泽，扁椭圆形，长 3.5~5.0mm，宽 2.5~3.0mm，白色丝状体折叠于种子的一端。花期 10~12 月；果熟期翌年 5~6 月。

原产于澳大利亚昆士兰东北部沿海及内陆地区、巴布亚新几内亚等地，主要分布在南纬 8°~20°、海拔 400m 以下的地区。广西于 20 世纪 80 年代初与海南、广东、福建同时引种，生长快，干形好。喜高温高湿气候，忌寒冷，能耐 0℃ 极端低温，只宜在广西南部地区发展。对土壤适应性较强，在钙质砂土及酸性土上均能生长。耐旱性强，在水土严重流失地区的贫瘠土地，也能迅速成林成材。播种繁殖，种皮具蜡质，播种前种子需用沸水或硫酸处理。也可用优良无性系组培苗或扦插苗造林。木材呈红色，心材黄褐色，坚实耐久，为优质木材；耐盐碱，抗风，可作为沿海沙丘树种及海防林树种。

5. 卷荚相思

Acacia cincinata F. Mull

乔木，高约25m，胸径40cm，主干通直、明显，树冠窄、细长，尖塔形。树皮灰棕色，纵裂。叶状柄浅绿色，椭圆披针形或镰刀状，长10~16cm，宽1.5~3.0cm，具3条明显纵脉，在叶基部汇合，叶基部有1个腺点，叶两面紧被有稀疏银白色或金色绒毛。花白至灰黄色，穗状花序。荚果为螺旋条状，种脐有黄色丝状体缠绕。花期10月；翌年5月种子成熟。

原产于澳大利亚昆士兰东部沿海区域。喜土壤肥沃、酸性、排水良好的立地。木材黑棕色，木纹美丽致密，硬度大，耐磨性强，优质的造船木材，制浆造纸树种。

6. 黑木相思

Acacia melanoxylon R. Br.

高大乔木，高达25m，胸径达60cm。树皮棕灰色到深灰色，坚硬、粗糙，纵裂。小枝具明显棱角，幼时有毛，后无毛。叶状柄直，厚，较小，长披针形或长卵形，长6~15cm，宽0.5~2.0cm，叶先端圆，很少尖锐，主脉3~5条，平行。总状花序短，腋生；花白色至浅黄色。荚果扁平，成熟时棕色，呈不规则盘旋和开裂卷曲；种子褐色，扁平；珠柄粉红色或红色，双折后半包于种子两侧，假种皮很小。

分布于澳大利亚东部昆士兰经南澳大利亚往南延伸至塔斯马尼亚，在南纬16°~43°，以暖温带为主。垂直分布1500m以下，当地最冷月平均气温1~10℃，1年可有40d重霜，年降水量750~1500m。20世纪80年代引种至福建南部、广东、广西南部、海南等地。南宁、钦州等地有引种栽培。强喜光树种，耐干旱、耐瘠薄、寿命长，能耐-4℃低温，适应性和抗逆性较强。根系较浅，侧根发达，在土层30cm以上的酸性土壤上生长良好。

播种繁殖，种子千粒重15g，播种前需用始温100℃沸水浸种或硫酸拌种10min。速生，树高、胸径生长高峰期出现在第2~4年，树高、胸径连年生长量分别达到2~3m和2.0~2.5cm，种植20年胸径可达35cm以上。自然整枝能力弱，营造混交林有利于形成通直的干形，亦可在造林第3年进行修枝整形，剪除2m以下的侧枝和影响主干的分叉枝。木材花纹美丽、耐腐，心材呈棕色至黑棕色，边材黄白色，木材密度中等，是人造板、高档家具的重要材料。具固氮根瘤，枯落物丰富，改土和涵养水源性能好。

7. 绢毛相思

Acacia holosericea G. Don.

小乔木，高6~8m，分枝低，主干不甚明显，树冠圆形，小枝三棱形，密被绒毛。叶状柄近半扇形，长10~25cm，宽3~9cm，密被绢毛，具3条(极少2条)平行脉，多分布于叶面的一侧。穗状花序1~2个单生于叶腋，长3~6cm；雄蕊多数，金黄色，绒毛状；雌蕊白色，略高于雄蕊；萼5片，呈三角状分离，荚果线形，棕褐色，长2~5cm，宽3.5~5.0mm，呈螺旋状卷曲成环。种子扁椭圆形，黑色有光泽，长3.0~3.5mm，宽2.0~2.3mm，无胚乳，种脐附金黄色丝状体。在南宁，花期12月至翌年1月下旬；果熟期5月。

原产于澳大利亚，自然分布于澳大利亚南回归线以北地区，通常生长在季节性干旱河流两岸及沿海地。1979年由泰国转入中国，广西、广东、海南栽培较多。较耐旱，可适应短期霜冻，在广西北回归线以南的低丘、平原、河谷地均可越冬，对土壤要求不苛，一般酸性及钙质土上均能生长。播种繁殖，播种前种子需用沸水或硫酸处理。木材坚硬，耐腐，适于制作柄具、农具；根系发达，覆盖效果好，为优良的保水保土树种。

8. 马占相思 马尖相思

Acacia mangium Willd.

常绿大乔木，在原产地高达25~30m，老干皮厚，表层粗糙，小枝三棱形。叶状柄呈半扇形，翠绿色，无毛，宽大，长约25cm，宽5~10cm，主脉4条，平行分布于叶面的一侧，具网状脉。穗状花序，1~2 朵腋生，花序长 1.5~3.5cm；雄蕊多数，花丝白色，花药黄色；雌蕊柱稍弯，顶尖；萼 5 裂，萼片长三角状。果线形，不规则状扭曲，荚室间缢缩，长 7~14cm，直径约 3mm。种子无胚乳，扁椭圆形，黑色，有光泽，长 3~4mm，宽 2.3~2.7mm，种脐附金黄色丝状体。花期 9 月下旬至 11 月中旬；翌年 5 月中下旬果实成熟。

原产于澳大利亚、印度尼西亚及巴布亚新几内亚，主要集中分布在南纬 8°~18°、海拔 300m 以下的地区；世界各热带地多有引种，广西、广东、海南、福建等地于 1979 年引种，南宁、武鸣、合浦、梧州等地有栽培。喜高温高湿气候环境，不耐寒冷，南宁市郊生长的幼树，遇 5d 以上 5~7℃的平均低温，单株就有冻害，成片林木受害较轻，2008 年冰冻灾害广西栽植的马占相思受害严重，大部分植株冻死。仅宜于在广西南部低海拔地种植。要求肥力中等以上的林地，在干旱贫瘠地生长不良；生长快速，主干通直，广西南部有栽培，一般年高生长可达 2m，胸径可达 2m 左右。播种繁殖，播种前种子需用始温 100℃沸水浸种或硫酸拌种 10min 方宜播种。心材大，棕色，硬度适中，易加工，刨面滑，为优质人造板、家具、细木工用材；木材得浆率达 61%~75%，为优良纸材；树皮为优质栲胶原料，其栲胶含单宁 76%~78%；枝叶繁茂，叶大翠绿，可用于庭院绿化及四旁植树。

9. 黑荆树　澳洲金合欢、黑儿茶　图 245
Acacia mearnsii de Wild.

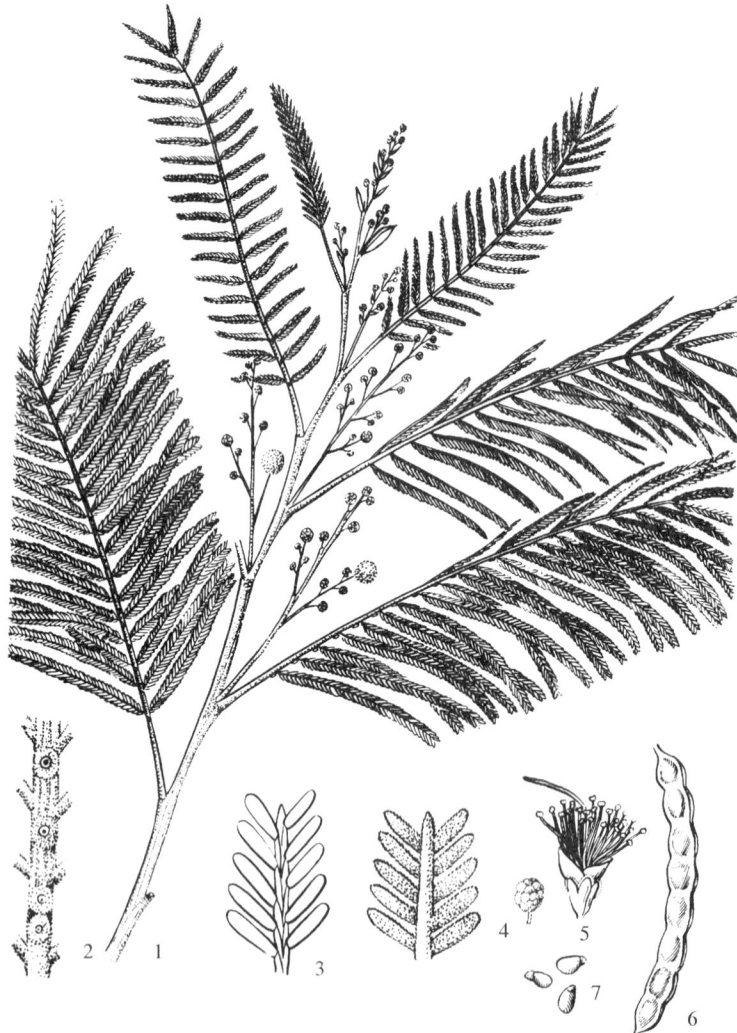

常绿乔木，高 13~15m，稀 18m，胸径 14~16cm，最粗达 58cm，无刺。幼树树皮绿色转棕褐色，光滑，后变为褐色或黑色，有裂纹；小枝具棱，被绒毛。二回羽状复叶，羽片 8~20 对，小叶 30~60 对，排列紧密，条形，长 1.5~4.0mm，宽约 1mm，暗绿色，下面被毛，叶轴其他部位及每对羽片着生处具 1~2 个不规则的腺体。头状花序，具小花 30~40 朵，组成腋生总状花序；花丝银白色，药黄色；子房短小。荚果长带形，长 3.5~11.0cm，宽 4~7mm，荚室间有缢缩，有柔毛。种子 2~13 枚，种子无胚乳，扁椭圆形，黑色，有光泽，长 4.0~5.5mm，宽 3.0~4.5mm。花期 11 月至翌年 6 月下旬，但以 3~4 月的花结实较多；种子成熟期不一致，5~6 月采收一次，9~10 月采收一次。

原产于澳大利亚，宜州、河池、鹿寨、南宁、武鸣、陆川等地有栽培，广东、云南、四川、台湾、福建、江西、浙江等地也有栽培。适宜栽培区年均气温

图 245 黑荆树 Acacia mearnsii de Wild. 1. 花枝；2. 叶轴示腺体；3. 羽叶上面及下面；4. 头状花序，具花蕾；5. 花；6. 果；7. 种子。（仿《中国树木志》）

16~20℃、1月气温3~8℃、极端最低气温-6℃的亚热带气候。南宁气温过高，生长不良，有流胶病，虫害严重。浅根，抗风力较差。速生，5年生林分平均高达8~10m，胸径8~12cm，有早衰现象，12年生以后，生长衰退，一般以5~8年为一轮伐期。播种繁殖，播种前种子用沸水或硫酸处理，发芽率可达90%。在酸性土及钙质土上均能生长，但要求土质疏松，造林宜选择平缓地，机耕整地。世界著名鞣料树种，树皮含鞣质约46%，纯度达82%，提制的栲胶品质优，色泽光润，溶解度高，渗透快，沉淀少，鞣透快速。边材黄色，心材黑褐色，材质坚重，纹理细，不易变形，为车船、家具、农具的优用质材。树脂可代阿拉伯胶；根具固氮菌，枝叶浓密，产量大，含氮量也高，可用作绿肥。花期长，为优良蜜源树。

10. 银荆树 圣诞树、鱼骨松 图246：1~2

Acacia dealbata Link

常绿乔木，高达17m，无刺；幼时树皮灰绿色，老树褐色，平滑；小枝有棱，被灰色柔毛。二回羽状复叶，羽片8~25对，小叶30~40(~50)对，小叶对生，条形，长2~5mm，宽近1mm，银灰绿色，下面或两面被灰色柔毛，每对羽片间具1个绿色腺体。花黄色，头状花序组成总状或复总状排列，有梗。荚果带状，扁平，紫褐色初被毛，熟时有光泽，无毛，被白霜，长6~9cm，宽约1cm。种子无胚乳，扁椭圆形，种脐位于种子的一端，长3.5~5.0mm，宽3~5mm，黑褐色，有光泽。花果期各地差异较大，南宁花期为12月至翌年1月；果熟期5~6月。

图246 1~2. 银荆树 Acacia dealbata Link 1. 花枝；2. 花。**3~5. 金合欢** Acacia farnesiana（L.）Willd. 3. 花枝；4. 部分果枝；5. 花。**6. 儿茶** Acacia catechu（L. f.）Willd. 花。（仿《中国植物志》）

原产于澳大利亚，为热带山地和亚热带树种。柳州、南宁等地有引种，云南、贵州、四川、浙江、台湾等地也有栽培。适应性较强，酸性土及钙质土均能生长。生长快速，在云南 8 年生树高达 15m，胸径达 34cm。寿命较短，10 年生以后生长衰退。播种繁殖，播种前种子用沸水或硫酸处理。为优良的鞣料树种，树皮含鞣质约 24%，纯度约 75%。枝叶浓密，色泽银灰，为优良的观赏树。根系发达，生物产量高，根具固氮菌，嫩枝、叶均含氮，可固土改土。

11. 灰金合欢　苏门答腊金合欢

Acacia glauca（L.）Moench

常绿灌木，高 4~5m，树皮赭褐色，无刺。二回羽状复叶，羽片 6~8 对，小叶 14~28 对，长圆形，长 4~8mm，先端钝或具尖头，基部圆，两面无毛，或下面疏被毛；叶缘及叶轴均疏被毛，无腺体；托叶披针形，早落。头状花序，排列成总状，腋生，未开花前花序圆柱形，花开后球形，萼长不及 1mm，花丝及花柱白色。果带状，扁平，红褐色，被柔毛，荚室微隆起，长 4~9cm，宽 1.2~1.4cm，具种子 6~10 粒。种子扁椭圆形，棕褐色，两侧各具 1 条环状痕，无胚乳，长 3~4mm，宽 2.5~3.5mm。开花期 5~6 月；果熟期 11~12 月。

原产于印度尼西亚苏门答腊岛。南宁、玉林等地有引种，福建、海南、广东及四川渡口等地也有引种。耐寒力较差，一般只适宜于北回归线以南的低平地区栽培。生长快速，萌芽力特强，保持水土及改良土壤的效果好，也可经营作胶虫寄主及薪炭林。

12. 金合欢　鸭皂树、刺毬花、消息花、牛角花　图 246：3~5

Acacia farnesiana（L.）Willd.

小乔木，高达 9m，常呈灌木状，树皮青灰色，粗糙，密生气孔。托叶刺长 1~2cm。偶数二回羽状复叶，羽片 4~8 对，多数为 5 对，小叶 10~30（~40）对，条状长圆形，长 2~8mm，无毛，革质。头状花序 1~3 个簇生于叶腋，总梗长 1~3cm，花橙黄色，有香味。果近圆柱形，先端下部肥大，上部具尖端，长 4~11cm，棕褐色或黑褐色，无毛，两侧密布纵槽纹。种子扁椭圆形或卵形，棕褐色，光滑，长 6~10mm，宽 4.5~7.0mm，无胚乳。花期 3~6 月；果熟期 7~11 月。

原产于热带美洲，现广植于热带地区。桂林、北流、南宁、靖西、上思、宁明等地有栽培，台湾、海南、广东、福建、四川、云南也有栽培，在四川和云南的一些地区已逸为野生。喜光，喜生于土壤湿润、疏松的空旷地，在四川和云南的干热河谷，则多生于疏林内或山地沟谷。心材红褐色，坚重，可供制高级家具。树干分泌树胶，可代替阿拉伯胶；果含鞣质 23%，可供提制栲胶；木材可供提制儿茶；花含芳香油，可提取香精。小叶具托叶刺，可栽培作绿篱。

13. 儿茶　乌爹泥、孩儿茶　图 246：6

Acacia catechu（L. f.）Willd.

落叶小乔木，高达 15m，树皮灰棕色，条状薄片开裂，固着；小枝细柔，托叶下具 1 对扁平钩刺或无。二回羽状复叶，叶轴被稀疏柔毛，羽片 10~30 对，多为 16~20 对，小叶 16~50 对，条形，排列紧密，长 3~6mm，叶缘被疏毛，近叶轴基部具 1 个腺体，顶端羽片间具 1~4 个小腺体；托叶小，三角形。穗状花序近圆柱状，1~4 个腋生，总花梗长 1.2~1.8cm，花淡黄色或白色，被柔毛。荚果紫褐色，薄带条形，长 5~12cm，宽 1.0~1.8cm，先端三角状喙尖，基部渐窄成柄状。种子无胚乳，扁椭圆形，长 5.5~10.0mm，宽 1.0~1.7mm，黑色，有光泽，丝体浅黄色，折叠于种子的一端。花期 5~8 月；果期 10 月至翌年 2 月下旬。

原产于印度及非洲东部，1920 年前后从老挝、缅甸转引入中国，广西各地有零星种植，云南、广东、海南、浙江等地有栽培。耐干热气候，适生于年均气温 20℃以上、极端最低气温 -3.5℃以上的地区，耐轻霜，适于在北回归线以南的低丘平缓地栽培。喜光。要求土壤疏松，在湿润的河旁、溪沟旁生长快速，干旱地生长缓慢。

播种繁殖，种子不宜用沸水浸泡，播种前用冷水浸泡数小时即可。造林地经机耕后可点播造林或植苗造林。用作提制儿茶膏的林，可以密植，株行距 1m×1m，5 年生左右砍伐。心材淡红色至

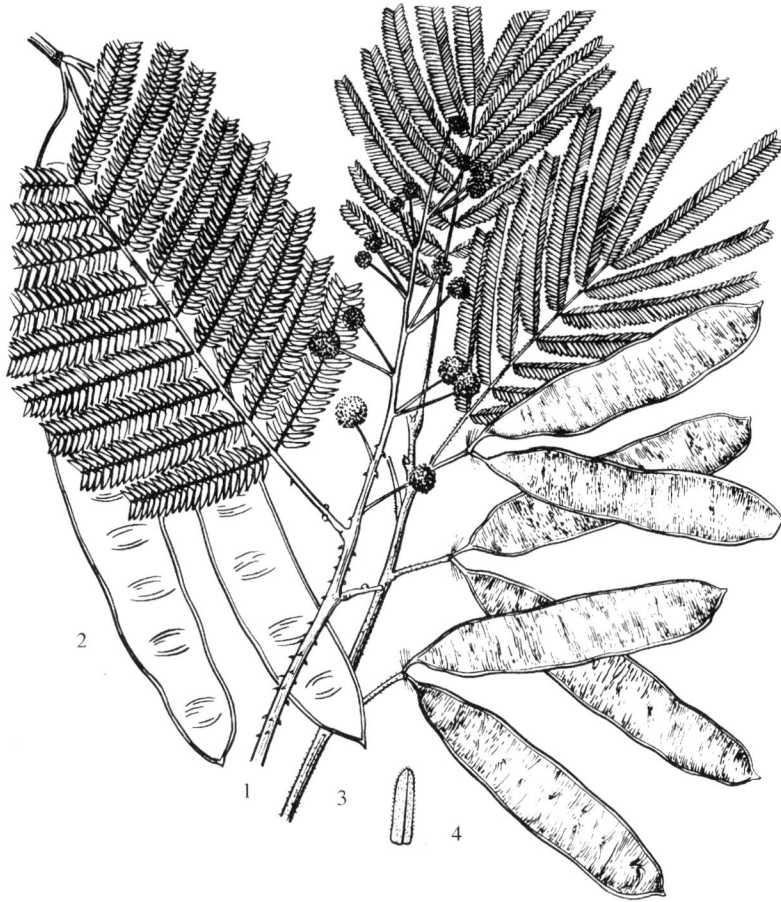

图 247　1~2. 羽叶金合欢 Acacia pennata（L.）Willd. 1. 花枝；2. 果序。3~4. 光叶
金合欢 Acacia delavayi Franch. 3. 果枝；4. 小叶。(《中国树木志》)

深红色，质坚重，耐腐，抗白蚁，为珍贵用材，宜作高级家具、工具柄及运动器材等用材。茎、枝
切片浸煮，浓缩成膏，可作敛收剂及外敷治刀伤，有止血、生肌等效用；树皮可供提制栲胶。

14. 光叶金合欢　阔叶金合欢、阔叶相思树　图 247：3~4

Acacia delavayi Franch.

攀援灌木，小枝棱状，具皮刺，无毛。二回羽状复叶，总柄具刺或不明显，羽片 3~5 对，小
叶 25~50 对，着生紧密，条形，长 0.7~1.0cm，宽 2~3cm，先端钝，无毛或叶缘下面被黄褐色
毛。头状花序 1~2 个腋生，花序柄长 2~4cm，花无梗。果长圆条形，黄褐色，长 8~16cm，宽
2.0~3.5cm，基部柄状，开裂；种子 7~9 枚，长圆状菱形，灰色，珠柄延长。花期 7 月；果熟期
9~10 月。

产于隆林、乐业、贺州、金秀。分布于云南、贵州、湖南。树皮含纤维约 75%，可作造纸及填
充原料。

15. 羽叶金合欢　蛇藤　图 247：1~2

Acacia pennata（L.）Willd.

藤本，树皮及叶轴具刺，小枝及叶轴被柔毛。二回羽状复叶，羽片 8~24 对，小叶 30~50 对，
小叶条形，无柄，革质，长 0.5~1.0cm，宽 0.5~1.5mm，先端稍钝，基部平截，叶缘具毛，中脉
近上缘，叶柄基部及叶轴上部的羽片基部具腺体。头状花序单生或 2~4 个簇生，排成圆锥花序，
总花梗长 1~2cm，被锈褐色毛；花白色；萼近钟形，5 齿裂；子房被柔毛，具短柄。果薄带状，长
8~20cm，宽 2.0~4.5cm，边缘平或浅波状，具种子 8~12 粒；种子扁椭圆形。花期 3~10 月；果

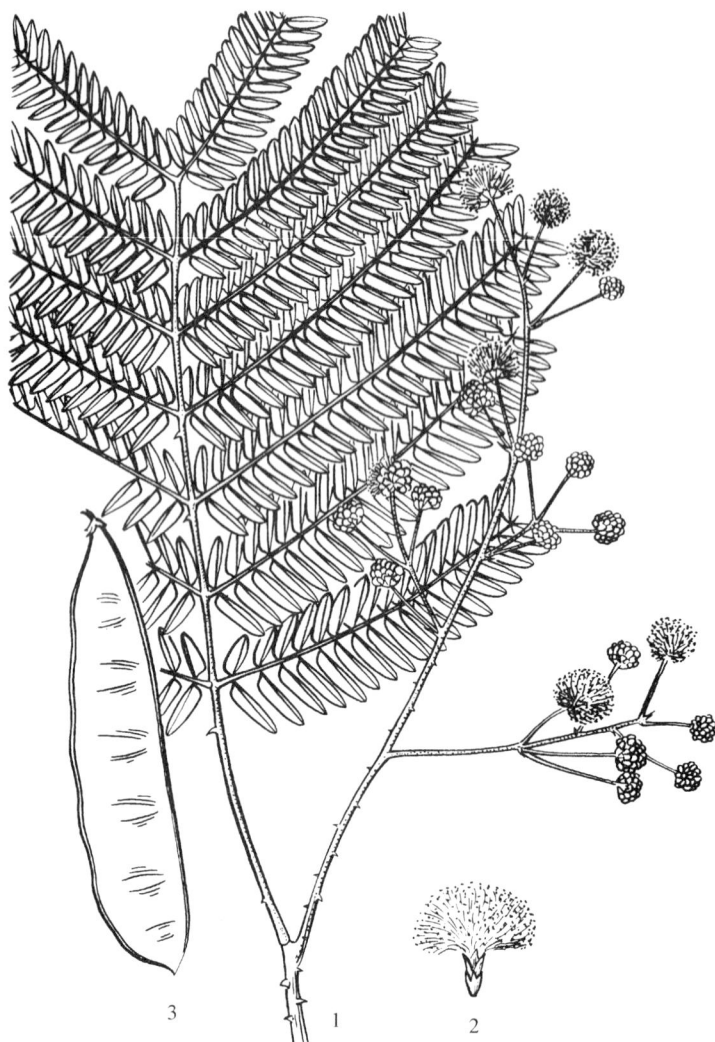

图248 藤金合欢 Acacia sinuata (Lour.) Merr. 1. 花枝；2. 花序；3. 果。(仿《中国高等植物图鉴》)

熟期7月至翌年4月。

产于博白、梧州、武鸣、扶绥、龙州、靖西、隆林等地。分布于海南、广东、湖南、云南、福建、浙江等地；印度、越南、马来西亚也有分布。

16. 藤金合欢 小金合欢 图248

Acacia sinuata (Lour.) Merr.

藤本，长达5m，小枝及叶轴被灰黄色毛，枝及叶柄散生小倒钩刺。二回羽状复叶，羽片6~10对，小叶15~25对，条状长圆形，长0.8~1.2cm，宽2~3mm，先端稍钝，上面淡绿色，下面微被白粉，被毛或近无毛，中脉偏于上缘，托叶卵形，基部心形，叶柄基部具1个黑色腺体，叶轴近顶端具1~2个腺体。头状花序组成圆锥状复花序，总花梗长约2.5cm；花黄色；子房无毛。果带状，长7~14cm，宽1.8~3.0cm，扁平稍肉质，干时表面稍有皱纹，边缘浅波状，种子6~10粒。花期3~7月；果熟期7~12月。

产于桂林、龙胜、兴安、贺州、金秀、平果、百色、宁明等地。分布于广东、贵州、四川、云南；印度、斯里兰卡、马来西亚也有分布。树皮含鞣质约20%。

2. 银合欢属 Leucaena Benth.

小乔木或灌木，无刺。二回偶数羽状复叶，小叶多对，总叶柄常具腺体；托叶刚毛状或小形，早落。花小，5出数，白色，无梗，排成稠密的头状花序；苞片2枚；萼管状钟形，短齿裂；花瓣分离，雄蕊10枚，分离，凸出，花药顶端无腺体，常被柔毛；子房具柄，胚珠多数，花柱线形，柱头头状。果薄带状，革质，开裂，有褐色种子多颗。

约22种，产于美洲。中国引入1种，广西亦有引入。

银合欢 白合欢 图249

Leucaena leucocephala (Lam.) de Wit

落叶小乔木或灌木，一般高4~5m，高的可达20m以上，树皮灰白色或灰褐色，幼枝被绒毛，以后渐脱落，无毛。二回羽状复叶，羽片4~8对，小叶5~15对，条状椭圆形，长0.6~1.3cm，宽1.5~3.0mm，先端短尖，中脉偏于上缘，第1对羽片着生处具1个黑色腺体；叶轴及羽片轴被柔毛。头状花序腋生或顶生；花白色。荚果薄带状，成簇状着生，开裂，长9~15cm，宽1.5~2.0cm，黄褐色，光滑。种子棕褐色，有光泽，两侧各有1条椭圆形纹，扁椭圆形，长6.0~

7.5mm，宽 3.0~4.5mm，无胚乳。3~11 月均有花开，以 4~5 月为主花期；6 月至翌年 2 月均有果熟，7~8 月为主要果熟期。

原产于热带美洲，中国引种有 80 多年的历史，已逸为野生。广西各地有栽培或逸为野生。福建、广东、贵州、海南、云南、台湾亦有引入。耐干热气候，适宜生长气温为 25~30℃，在 10℃以下停止生长，能耐轻霜，但忌冰雪。喜肥沃湿润钙质土，在 pH 值为 4.0 的酸性土上长势较差，黏重贫瘠土上生长不良。生长快速，萌芽力强，被称为速生能源树种。成熟早，1 年生树即开花结实，果实多，种子量多。播种繁殖，种子不易吸水，播前需用沸水浸种或硫酸拌种，待表层胶质膨胀后，再用冷水浸种 1 昼夜后播种，经处理的种子，发芽快速整齐。可植苗造林，也可直播造林。在株高 1.5m 时可利用，可放牧或刈割青饲料。耐干旱，在石灰土上生长良好，石山绿化的优良树种；根具固氮菌，嫩枝及叶含氮量高，可作肥料林；生叶可供喂猪、牛、羊，叶含蛋白质 25%~28%；枝及干材易着火，火力旺，耐烧，热量高，热值为 4267~4680kcal/kg（1kcal = 4.1868kJ），是优良薪炭材；木材纤维长，为优良纸浆原料。

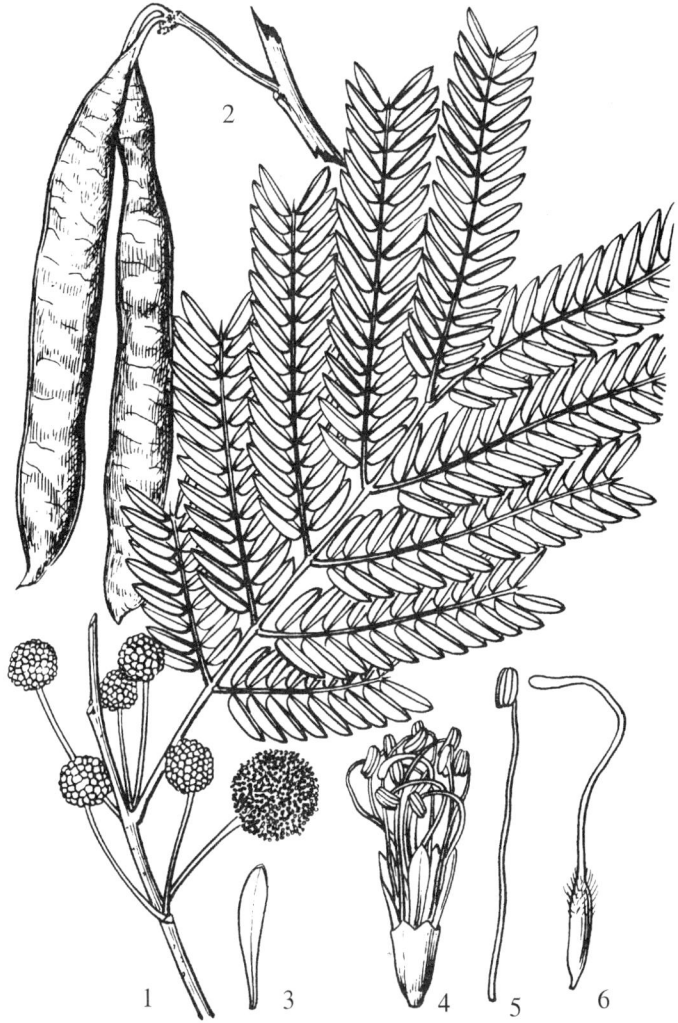

图 249　银合欢 Leucaena leucocephala（Lam.）de Wit 1. 花枝；2. 果；3. 花瓣；4. 花；5. 雄蕊；6. 雌蕊。（仿《海南植物志》）

3. 含羞草属 Mimosa L.

灌木、草本或藤本，稀为乔木，常有刺。叶为二回羽状复叶，较敏感，触之即下垂而小叶向上闭合。花小，两性或单性，排成头状或穗状花序；萼钟状，具短裂齿；花瓣 4~5 枚，近基部合生；雄蕊 4~10 枚，分离，凸出，花药顶端无腺体；子房上位，无柄或具短柄。荚果扁平，长圆形或线形，有荚节 3~6 个，荚节脱落后，荚缘缩存于果柄上。

约 500 种，大多生长于热带美洲。中国 3 种，广西 3 种，本志记载 2 种。

分种检索表

1. 常绿亚灌木；羽片 2(4) 对；花淡红色；雄蕊 4；荚果长 1~2cm，具刺毛 ………………………… 1. 含羞草 M. pudica
1. 落叶灌木；羽片 6~7 对；花白色；雄蕊 8 枚；荚果长 3.5~4.5cm，无刺毛 … 2. 光荚含羞草 M. bimucronata

1. 含羞草

Mimosa pudica L.

常绿亚灌木，高达 1m，茎疏生钩刺及倒生刚毛。羽片和小叶触之即闭合下垂；羽片 2(4) 对，掌状排列，小叶 7～20(～25) 对，条状长圆形，长 0.8～1.3cm，宽 1.5～2.5mm，边缘被刚毛；托叶披针形，被刚毛。头状花序圆球形，径 1cm，总花梗长，单生或 2～3 个生于叶腋；花淡红色；花冠钟形，裂片 4 枚；雄蕊 4 枚，伸出花冠外；子房具短柄，无毛。果长圆形，长 1～2cm，扁平，荚节 3～5 个，荚缘波状，具刺毛，成熟时荚节脱落，荚缘宿存；种子卵形，长 3.5mm。花期 3～10 月；果熟期 5～11 月。

原产于热带美洲，现广布于世界热带地区，产于广西各地，生于旷野荒地、灌木丛中。分布于台湾、广东、海南、云南、福建等地，长江流域常有栽培供观赏。耐寒力较差，忌霜冻。全草入药，有抗菌、抗病毒、镇咳、祛痰、解痉、安神镇静等功效。

2. 光荚含羞草　簕仔树、簕仔刺

Mimosa bimucronata（DC.）Kuntze

落叶灌木或小乔木，高 3～6m；小枝具刺，密被黄色绒毛。二回羽状复叶，羽片 6～7 对，长 2～6cm，叶轴无刺，被短柔毛，小叶 12～16 对，线形，长 5～7mm，宽 1.0～1.5mm，革质，先端具小尖头，除边缘疏具缘毛外，余无毛，中脉略偏上缘。头状花序球形；花白色；花萼杯状，极小；花瓣长圆形，长约 2mm，仅基部连合；雄蕊 8 枚，花丝长 4～5mm。荚果带状，劲直，长 3.5～4.5cm，宽约 6mm，无刺毛，褐色，通常有 5～7 个荚节，成熟时荚节脱落而残留荚缘。

原产于热带美洲，广西各地有栽培，以南亚热带及北热带地区最为常见，逸为野生，在广西南部局部地段已成为入侵种。耐干旱瘠薄，在冲刷严重的土壤或砂地上均能生长。在立地条件较好的条件下，2～3 年可郁闭，常作绿篱栽培。播种繁殖，常用直播造林。

4. 海红豆属 Adenanthera L.

乔木，无刺。二回羽状复叶，小叶多对，互生。花小，5 基数，白色或淡黄色，排成穗状花序式的总状花序或在枝顶排成圆锥花序；萼筒钟状，5 齿裂；花瓣披针形，基部微合生或近分离；雄蕊 10 枚，分离，花药顶有腺体；子房无柄，胚珠多数。荚果带状，扁平，种子间有横隔膜，成熟时沿缝线开裂，果瓣旋卷，种子鲜红色或黄色。

约 12 种，中国 1 种，广西亦有分布。

海红豆　孔雀豆、相思树

Adenanthera microsperma Teijsm. & Binn.

落叶乔木，高达 30m，胸径 60cm，树皮黑褐色，幼时平滑，大树粗糙，细鳞片开裂。羽片 3～6 对，近对生；小叶 4～7 片，互生，长圆形或卵形，长 2～4cm，宽 1.5～2.5cm，先端钝圆，两面被柔毛；托叶早落。总状花序长 12～16cm，单生或簇生于枝顶排成圆锥花序，被柔毛；花白色或淡黄色，花瓣披针形，长 2.5～3.0mm；花萼及花梗被褐色毛，雄蕊 10 枚。果盘旋，长 10～22cm，宽约 1.5cm，黑褐色，开裂后果瓣反卷扭曲，种子外露，不脱落。种子阔卵形至扁椭圆形，腹线具棱，鲜红色，有光泽，长 6.5～7.5mm，宽 6.0～6.8mm，厚 4～5mm，具胚乳，千粒重 90～132g。花期 5～7 月；果熟期 8～10 月。

产于梧州、北流、南宁、邕宁、龙州、宁明、百色、凌云、乐业、隆林、平果等地。分布于广东、云南、贵州、福建、海南；越南、泰国、缅甸、马来西亚、印度尼西亚等地也有分布。喜暖热环境，能耐轻霜及极端 -3℃ 左右低温，忌冰雪，仅宜在南亚热带至热带地发展。幼树稍耐阴，成龄树喜光，在密林中常高出于林冠之上。喜肥沃、深厚的湿润土，在钙质土及酸性土上均能生长。生长较快，10 年生树高达 7m，胸径达 15cm。播种繁殖，新鲜种子用始温 70℃ 热水浸泡，干藏的种子用沸水浸泡或浓硫酸拌种 10min，冲洗干净后浸泡 24h 后播种。木材密度中等，心材红黄色，边

材微红淡黄色，纹理斜，结构粗，干燥翘裂，心材抗虫、耐腐性强，有光泽，供制作高级家具、造船、枪托、油榨等用。花艳丽，种子鲜红色光亮，可保持 10 年以上，可供观赏，王维诗句"红豆生南国，春来发几枝。愿君多采撷，此物最相思。"中的红豆即为海红豆种子。种子和硼砂混合研碎，可作胶料。全株有毒。

5. 榼藤子属 Entada Adans.

大藤本，无刺。二回偶数羽状复叶，顶端 1 对羽片常变为卷须，叶柄无腺体；托叶刺刚毛状。花小，无柄，排成长而纤弱的穗状花序，单生于上部叶腋内或再排成圆锥花序式；花两性或杂性；萼短 5 齿裂；花瓣 5 枚，分离或基部合生；雄蕊 10 枚，略凸出，花药顶端具 1 个脱落性腺体；子房近无柄，胚珠多数，柱头凹陷。果较大，扁平，木质或革质，果瓣逐节脱落，每节内有 1 颗种子；种子大，扁圆形，无胚乳。

约 30 种，分布于热带非洲、热带美洲和热带亚洲。中国约 3 种，产于华南及台湾。广西 1 种。

榼藤子 过江龙、鸭腱藤

Entada phaseoloides（L.）Merr.

常绿大藤本，茎扭转，枝无毛。羽片 1~2 对，顶生的 1 对变为卷须，卷须较粗长；小叶 2~4 对，对生，斜圆形，两侧不等，长 4~10cm，宽 1.5~4.5cm，先端渐尖，网脉明显，革质，两面无毛。穗状花序，单生或排成圆锥花序式，花瓣长圆形，黄绿色。果长 85cm 或更长，宽 8~12cm，木质、扁平，成熟时每节脱落，每节有种子 1 粒，每果有种子约 10 粒。种子扁圆形，直径 5.5~7.0cm，厚约 2.2cm。花期 4~6 月；果熟期 8~11 月。

产于乐业、凌云、田林、靖西、那坡、平果、大新、扶绥、龙州、宁明、上思、防城、钦州、武鸣、邕宁、容县、平南、贵港、博白、陆川、金秀等地。生于山涧或山坡疏林中，攀援于大乔木上。分布于广东、云南、福建、台湾、贵州等地。皮纤维可作人造棉及造纸原料。茎及种子药用，可活血散瘀，治风湿性关节痛、四肢麻木、跌打骨折等症；种子可供制作装饰品；种仁含油约 17%，经处理后可食用。全株有毒。

6. 象耳豆属 Enterolobium Mart.

落叶大乔木，无刺。二回羽状复叶，羽片及小叶多对；托叶不显著；叶柄无腺体。头状花序，单生、簇生或排成总状；花两性，无柄，5 基数；萼筒钟状，5 枚齿裂；花冠漏斗状，花瓣合生至中部；雄蕊多数，基部合生成管，凸出；子房无柄，胚珠多数，荚果卷曲或弯曲作肾形，厚而坚硬，不开裂，中果皮海绵质，干后硬化，有种子数颗，种子间有隔膜。

约 5 种，产于热带美洲、西部非洲和西印度群岛等地，中国引入 2 种，广西引入 2 种。

分种检索表

1. 树皮青灰色；羽片 3~7(~9) 对，小叶镰状；果长 5~12cm ················· **1. 青皮象耳豆 E. contoritisiliquum**
1. 树皮棕褐色；羽片 (4~)8~12 对，小叶长圆状披针形；果长 12~16cm ··············· **2. 象耳豆 E. cyclocarpum**

1. 青皮象耳豆 象耳豆

Enterolobium contoritisiliquum（Vell.）Morong

乔木，高达 20m，胸径 1m 以上，幼树皮灰白色，老时青灰色，较光滑，小枝绿色，皮孔明显，幼枝疏被白毛。羽片 3~7(~9) 对，小叶 5~25 对，镰形，长 0.8~2.0cm，宽 4~6mm，先端渐尖，被白毛，中脉靠近上缘，下面粉绿色。具花 8~15 朵，花淡红色；萼浅齿裂。果弯曲成耳状，赤褐色至黑褐色，长 5~12cm，宽 3~6cm。种子扁椭圆形，棕褐色，两侧各有环纹，长 1.1~1.3cm，宽 6~8mm，厚 4~6mm，无胚乳。花期 4~5 月；果熟期 8 月下旬至 9 月。

原产于南美的阿根廷北部、巴拉圭及巴西，现世界热带地区广有栽培。南宁、凭祥、百色等地有栽培。海南、广东、福建、江西、浙江等地也有栽培。耐干热气候，能耐轻霜，但忌冰雪，引种至浙江平阳有冻害，在南宁市郊正常年份可安全越冬，特寒年份幼苗及树枝严重受冻。喜光。要求土壤疏松，肥力中等，在干旱贫瘠地上能成活生长，但长势及生长量远逊于疏松湿润地。根系发达，萌芽性强，速生，在适生地 10 年生树高达 10 ~ 12m，胸径 20 ~ 30cm。播种繁殖，种子表层具胶质，播种前需用沸水浸种或用硫酸拌种，膨胀后浸洗去外层胶质，方可播种。发芽快速，发芽率约55％。幼龄树材质较软，可作造纸原料。大树心材褐色，较坚硬，耐腐抗虫，供作造船、建筑、家具、胶合板等用材。树皮可供提制栲胶及作洗涤剂原料，嫩果可作牲畜饲料，成熟果作肥皂代用。树冠浓密，可作行道树。

2. 象耳豆 红皮象耳豆

Enterolobium cyclocarpum (Jacq.) Griseb.

乔木，高达 20m，树皮棕褐色，粗糙。嫩枝、嫩叶及花序被白色柔毛，小枝绿色，有明显皮孔。羽片(4 ~)8 ~ 12 对，总叶柄上和最上面 2 对羽片着生处有腺体 2 ~ 3 个；小叶 10 ~ 25(~ 30)对，长圆状披针形或镰状长圆形，长 1.0 ~ 1.5cm，宽 3 ~ 4mm，先端短尖，基部平截，中脉靠近上缘，下面粉绿色。头状花序圆球形，直径 1.0 ~ 1.5cm，花白色。果弯成半圆状，暗红色至黑褐色，长 12 ~ 16cm，宽 4 ~ 5cm，两端浑圆而相接；种子扁椭圆形，红棕色，两侧各有 1 条环纹，长 1.1 ~ 1.7cm，宽 0.7 ~ 1.1cm，厚 4 ~ 7mm，无胚乳。花期 4 ~ 5 月；果熟期 8 ~ 9 月。

原产于委内瑞拉、墨西哥及西印度群岛。南宁、凭祥有栽培。福建、广东有引种。抗寒力较差，忌霜雪，在广西仅宜南宁以南的低海拔地栽培。喜光。速生，生长较青皮象耳豆快，10 年生树平均高11.1m，平均胸径29.8cm，最高 15m，最大胸径 40cm，一般年高生长 80 ~ 100cm，径增长 2cm；贫瘠地生长不良。寿命较短。边材黄白色至浅黄褐色，易遭虫蛀；心材栗褐色，纹理均匀，干燥后不翘曲，易黏胶，为优良的胶合板材，也宜作家具、造船、室内装修、水槽等用材；嫩果及种子可食；果及树皮可供提制栲胶；嫩枝为胶虫寄主。

7. 合欢属 Albizia Durazz.

落叶乔木或灌木。二回羽状复叶，叶柄及叶轴基部具腺体，羽片及小叶对生，小叶近无柄。花 5 基数，排成头状花序；花两性；花萼钟状或漏斗状，5 齿；花瓣常于中部以下合生成 1 个狭管；雄蕊 20 ~ 50 枚；花丝细长，基部稍连合；胚珠多数。果为带状荚果，种子间无横隔，常不开裂。

约 140 种，产于亚洲、非洲、大洋洲的热带至温带。中国约 16 种，引入 2 种；广西约 10 种，引入 1 种。

分种检索表

1. 藤本，叶柄下具 1 枚粗短弯刺；羽片 3 ~ 6 对；小叶 4 ~ 10(~ 16)对，椭圆形或长卵形，稀倒卵形，中脉居中；总叶柄 1 个具压扁腺体 ································ **1. 天香藤 A. corniculata**
1. 乔木或灌木。
  2. 小叶中脉居中或偏下。
    3. 小叶两面无毛，中脉偏下；小枝有棱，无毛；总叶柄具 1 个腺体或腺体不明，顶生小叶下具 1 个腺体；荚果黄色 ································ **2. 光叶合欢 A. lucidior**
    3. 小叶两面疏被平伏柔毛，中脉偏下缘；幼枝被白绢毛；总柄基部具 1 个腺体；花黄白色；荚果赭红色，无毛 ································ **3. 黄豆树 A. procera**
  2. 小叶中脉偏上。
    4. 小叶较小，长 1.5cm 以下，宽 1.5 ~ 4mm。
      5. 羽片 8 ~ 12 对，小叶 20 ~ 35(~ 40)对，窄长圆形，下面粉绿色，疏被毛；托叶半心形；总叶柄和叶轴上部具 2 ~ 4 个腺体；花黄白色或绿白色 ································ **4. 楹树 A. chinensis**
      5. 羽片 4 ~ 12(~ 20)对，小叶 10 ~ 30 对，镰状长圆形，叶缘及下面中脉被柔毛；托叶条状披针形；总叶柄基部和最顶端一对羽片着生处各具 1 个腺体；花粉红色 ································ **5. 合欢 A. julibrissin**

4. 小叶较大，长 1.5cm 以上，宽 0.7~3.5cm。
　　6. 花无梗。
　　　　7. 小叶长圆形，背面苍白色，两面被平伏柔毛；头状花序排成圆锥状；荚果被短柔毛…………
　　　　　………………………………………………………………… **6. 香合欢 A. odoratissima**
　　　　7. 小叶椭圆形、卵形或倒卵形，上面无毛，下面灰绿色，被短柔毛；头状花序 3~4 个簇生于叶腋；荚
　　　　　果无毛 ……………………………………………………… **7. 白花合欢 A. crassiramea**
　　6. 花有短梗，稀近无梗。
　　　　8. 小叶两面无毛或下面略被毛。
　　　　　9. 羽片 2~4 对；小叶 4~8(~12) 对；叶柄近基部具 1 个腺体，每个羽片轴上部小叶着生处具 2~5
　　　　　　个腺体；头状花序排成伞房状；花绿黄色 ………………… **8. 阔荚合欢 A. lebbeck**
　　　　　9. 羽片 4~9 对，小叶 13~20 对；总叶柄基部有 1 个长圆形腺体；头状花序单个或成簇顶生或腋生；
　　　　　　花黄白色 ……………………………………………………… **9. 黄毛合欢 A. garrettii**
　　　　8. 小叶两面被毛。
　　　　　10. 小叶(2~)3~6(~8) 对，菱状卵形、倒卵形或椭圆形；头状花序排成圆锥状；花白色…………
　　　　　　………………………………………………………………… **10. 蒙自合欢 A. bracteata**
　　　　　10. 小叶 5~14(~16) 对，长圆形；头状花序排成伞房状生于叶腋或于枝顶排成圆锥花序；花黄白或
　　　　　　粉红色 …………………………………………………………… **11. 山槐 A. kalkora**

1. 天香藤　刺藤、藤山丝
Albizia corniculata (Lour.) Druce

藤本，长达 20m。叶柄下具 1 枚粗短弯刺。羽片 3~6 对；小叶 4~10(~16) 对，椭圆形或长卵形，稀倒卵形，长 1~3cm，宽 0.7~1.5cm，先端钝圆或微凹，具细尖头，中脉居中，中脉以下为圆形，以上为阔楔形，下面疏被柔毛；总叶柄具 1 个压扁腺体。头状花序 6~12 个，呈圆锥状排列；总花梗无毛；花无梗；萼小，花冠白色，较萼长 4 倍，连雄蕊长约 1.8cm。荚果扁平，条形，棕色，长 11~21cm，宽 2.6~4.2cm，先端具短尖头，基部楔形，无毛；种子 7~11 枚。花期 4~6月；果熟期 8~11 月。

产于临桂、恭城、金秀、十万大山等地。生于旷野或疏林山地，常攀附于树上。分布于海南、广东、福建；越南也有分布。

2. 光叶合欢　喜马合欢、米得巴　图250：6~8
Albizia lucidior (Steud.) I. C. Nielsen

常绿大乔木，高达 30m，树皮灰色，粗糙。小枝有棱，无毛。羽片 1(2) 对，长 5~7cm，小叶 2(3) 对，椭圆形，长 5~10cm，宽 2~6cm，顶部一对较大，先端渐尖，基部楔形，中脉居中，两面无毛；总叶柄具 1 个腺体或腺体不明，顶生小叶下具 1 个腺体。头状花序排成圆锥状；花白色，具短柄或无柄；花冠长约 6mm，外被黄色绒毛；子房无柄，无毛。果带状，长 10~20cm，宽 2.0~3.8cm，开裂，黄色，表面平滑有光泽。种子扁圆形，褐色，直径 6.5~9.0mm，厚 2~3mm。花期 3~5 月；果熟期翌年 3 月下旬至 4 月上旬。

产于龙州、德保、南宁、桂平、钦州。喜生于溪边、河岸等湿润肥沃的酸性土壤上，干旱贫瘠地上生长较差。分布于云南南部；印度、缅甸、越南、泰国也有分布。木材密度小，微红黄色，边材易遭虫蛀，耐腐性弱，纹理直，结构粗，干燥后少开裂，不变形，宜作一般家具、建筑等用材。

3. 黄豆树　菲律宾合欢、白格(广东)　图250：1~5
Albizia procera (Roxb.) Benth.

春季短期落叶乔木，无刺，高达 25m，胸径 60(100)cm，树皮灰白色至灰褐色，平滑，幼枝被白绢毛。二回羽状复叶，互生，总柄基部具 1 个腺体，羽片 2~6 对，长 15~20cm，小叶 6~14 对，近革质，具短柄，纸质，椭圆形，长 2~4cm，先端浑圆或微凹，表面浅绿色，背面黄绿色，两面疏被平伏柔毛，中脉偏下缘。头状花序排成圆锥状，顶生或生于上部叶腋；花黄白色，无梗；花萼

图 250　**1～5.** 黄豆树 **Albizia procera** (Roxb.) Benth. 1. 羽状复叶；2. 小叶；3 花序(部分)；4 花；5. 果。**6～8.** 光叶合欢 **Albizia lucidior** (Steud.) I. C. Nielsen 6. 果枝；7. 花序(部分)；8. 花。(仿《中国植物志》)

管状，无毛；花冠漏斗状，长约 4mm，顶部被黄色毛；子房无柄，无毛。果长条形，两端尖，长 10～17cm，宽 1.2～2.0cm，赭红色，无毛；种子 8～12 枚，扁椭圆形，两侧具印环，长 6.0～7.5mm，宽 4.5～6.0mm。花期 5～9 月；果期 9 月至翌年 2 月。

　　产于广西南部各地。分布于海南、广东及云南南部；印度、缅甸、老挝、越南、马来西亚、菲律宾亦有分布。喜光。喜湿润、疏松、肥沃的酸性土，干旱贫瘠地上难长成大材。生长快速，24 年生树高 25m，胸径 30cm。商品材称硬合欢，密度中等，灰白色，纹理直，结构粗，干后少开裂，不变形，供作高级家具、建筑、车辆等用材。树皮及果荚含鞣质 12%～18%，可供提制栲胶。

　　4. 楹树　牛尾水　图 251：5～8

Albizia chinensis (Osbeck) Merr.

　　落叶乔木，高达 30m，树皮暗灰色，平滑；小枝被黄色毛。羽片 8～12 对，小叶 20～35(～40) 对，窄长圆形，长 6～9mm，宽 2～3mm，先端尖，中脉近上缘，下面粉绿色，疏被毛；托叶大，半心形，早落；总叶柄和叶轴上部具 2～4 个腺体。头状花序排成圆锥状，花黄白色或绿白色；子房

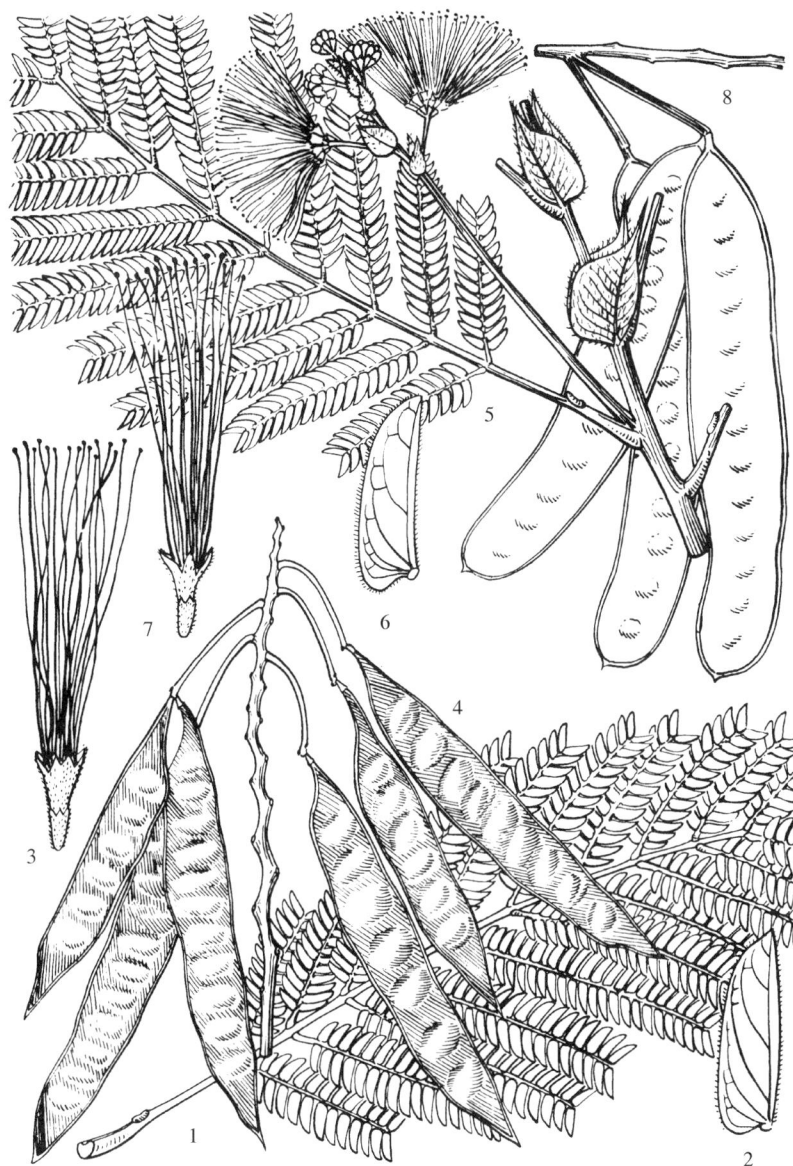

图 251　1～4. 合欢 Albizia julibrissin Durazz. 1. 羽状复叶；2 小叶；3. 花；4. 果。**5～8. 楹树 Albi-zia chinensis** (Osbeck) Merr. 5. 花枝；6. 小叶；7. 花；8. 果。(仿《中国植物志》)

被毛；花冠长为花萼的 2 倍，裂片卵状三角形；雄蕊长 25mm。荚果扁长条状，长 8～15cm，宽 1.8～2.5cm，黄褐色或灰褐色；种子 8～15 枚，扁椭圆形，长 4.0～5.3mm，宽 1.5～2.0mm，浅褐色。花期 4～5 月；果熟期 6～12 月。

　　广西各地有产，以南部较多。分布于广东、海南、云南、贵州、湖南、福建、西藏等地；印度、缅甸、越南、斯里兰卡也有分布。喜光。喜潮湿低地，耐水湿，亦较耐干旱，生长快速，在适生地 13 年树高达 24m，胸径 37cm。密度小，边材淡褐色，易遭虫蛀，耐腐性弱，心材红褐色，纹理直，结构粗，干燥后少开裂，不变形，供制家具、箱材、火柴杆及作纸浆原料。树皮含鞣质 16%～22%，可供提制栲胶。根具固氮菌，枝叶含氮高，可用于茶园遮阴及改良土壤。

　　5. 合欢　野花木、绒花树、马缨花　图 251：1～4

Albizia julibrissin Durazz.

　　乔木，高 16m，胸径 50cm，树皮灰褐色，不裂至浅裂；小枝绿褐色，具棱，皮孔黄灰色；嫩枝、花序和叶轴被绒毛或短柔毛。羽片 4～12（～20）对，小叶 10～30 对，镰状长圆形，长 0.6～

1.3cm，宽1.5~4.0mm，先端尖，微内弯，基部截平，中脉近上缘，叶缘及下面中脉被柔毛；托叶条状披针形，早落；总叶柄基部和最顶端一对羽片着生处各具1个腺体。头状花序排成圆锥花序；花粉红色，萼长2.5~4.0mm；花冠长0.6~1.0cm。荚果带状，长8~17cm，宽1.2~2.5cm，先端尖，基部短柄状，长约3mm，果皮薄，淡黄褐色，幼时被毛。种子扁椭圆形，淡褐色，长6~9mm，宽4~5mm。花期6~7月；果熟期10月。

产于南宁、桂林、梧州、玉林、凌云。生于山坡或栽培。产于中国东北至西南各地；非洲、中亚至东亚均有分布。喜光，耐寒冷及干热气候，耐水湿，亦较耐干旱，多生于低山、丘陵及平原。木材密度中等，边材灰色，心材褐黄色，纹理直，结构粗，干燥少开裂，不变形，抗虫、耐腐，供制农具、家具等用。树皮煎剂，内服有强壮、利尿及驱虫等功效；浸膏外敷可治骨折、痈肿痛；花可安眠；树皮作纤维原料及供提制栲胶；树形美观，可作风景树。

6. 香合欢 黑格（广东）、香茜藤、香须树

Albizia odoratissima（L. f.）Benth.

常绿乔木，无刺，高达20m，胸径60cm，树皮深灰黑色至深灰色；小枝被灰黄色柔毛，老枝具疏散皮孔，无毛。羽片2~4(~8)对，小叶6~16(~25)对，长圆形，长1.2~3.5cm，先端钝，基部圆或近心形，中脉偏上缘，表面深绿色，背面苍白色，两面被平伏柔毛；总叶柄具1个大腺体，叶轴上部具1~2个腺体。头状花序排成圆锥状，长15cm，总梗及分枝被锈色柔毛；花淡黄色，芳香，无柄；花冠管状，长约6mm，裂片披针形，外被锈色毛；雄蕊多数，2~3倍长于花冠；子房被锈色绒毛。果带状，被短柔毛，长10~18cm，宽2~4cm；种子扁椭圆形，光滑，黄褐色，长6~18mm，宽2~6mm。花期4~8月；果熟期6~11月。

产于武鸣、大新、宁明、龙州、那坡、隆林、田阳、百色、都安、东兰等地。分布于海南、广东、云南、贵州、四川；印度、缅甸、越南、马来西亚亦有分布。喜光，稍耐阴。较速生，10年生树高6~10m。适宜酸性肥沃疏松地，较耐水湿，在干旱地生长较差。播种繁殖，种子千粒重30~40g，播种前种子用始温80℃热水浸泡24h后再播种。木材商品名称硬合欢，心材大，密度中等，心材红黄色，边材灰黄色，纹理直，结构粗，易加工，心材干后不开裂，不变形，颇耐腐，供制高级家具、运动器材、车厢、室内装修、缝纫机板、雕刻等用。树皮含鞣质12%~15%，可供提制栲胶。叶浓绿，花芳香，生长快，优良的园林树种。

7. 白花合欢 滇桂合欢

Albizia crassiramea Lace

乔木，高达20m，胸径35cm；树皮浅灰色至灰褐色，不裂至浅纵裂。嫩枝绿色，被锈色短柔毛，皮孔瘤状，黄褐色。羽片2~4(~6)对，小叶4~12对，椭圆形、卵形或倒卵形，长2~4cm，宽约2cm，先端圆，呈短尖头，顶生小叶倒卵形，中脉偏上缘，上面无毛，下面灰绿色，被短柔毛；托叶条状披针形；叶柄基部具1个腺体；叶轴上部具1~2个腺体，被短柔毛。头状花序，3~4个簇生于叶腋，花序柄长6~9cm，被金黄色毛；花白色，无柄；花萼及花冠被淡黄色或白色绒毛。果带状，长9~16cm，宽2.6~3.8cm，先端圆，具短尖头，基部窄，无毛。种子(2~)5~9。花期5~6月；果熟期9~10月。

产于贺州、钟山、平乐、阳朔、全州、桂林、恭城、柳城、龙州、凭祥等地。分布于湖南、广东、云南；印度、缅甸、越南也有分布。

8. 阔荚合欢 大叶合欢、缅甸合欢 图252：4~7

Albizia lebbeck（L.）Benth.

落叶乔木，高达20m，树皮灰黄至淡棕色，粗糙，老树皮小块剥落。幼枝被毛，后脱落。羽片2~4对，长6~15cm；小叶4~8(~12)对，长椭圆形，长2~5cm，宽1.3~2.0cm，先端圆，基部下侧宽圆，两面无毛或下面略被毛，中脉偏于上侧；叶柄近基部具1个腺体，每个羽片轴上部小叶着生处具2~5个腺体。头状花序，直径3~4cm，排成伞房状，总花梗长7~10cm；花绿黄色，花

冠较花萼长 2 倍，花梗长 4mm。果荚阔带状，长 10 ~ 30cm，宽 2.0 ~ 5.5cm，黄褐色，不开裂。种子深黄褐色，扁椭圆形两侧具印纹，长 7 ~ 11mm，宽 6.5 ~ 9.0mm。花期 5 ~ 9 月；果熟期 12 月下旬至翌年 4 月，宿存于树上经久不落。

原产于非洲热带，现各热带地广有栽培。南宁、柳州、梧州、田阳、德保、靖西有栽培；台湾、福建、海南、广东、四川等地也有栽培。喜光，耐干热气候，喜肥沃湿润地，较耐水湿。速生，10 年生树高达 10m 以上，胸径 20cm 以上。边材黄白色，心材深褐色，纹理交错，结构均匀，坚硬耐腐，供作家具、车辆、船舶、建筑等用材。树皮有消肿止痛的功效；叶可作饲料；树枝为紫胶虫寄主；果有毒。根系发达，树冠大，遮阴及保土效益好，可作岸堤或行道树。

9. 黄毛合欢　光腺合欢

Albizia garrettii I. C. Nielsen

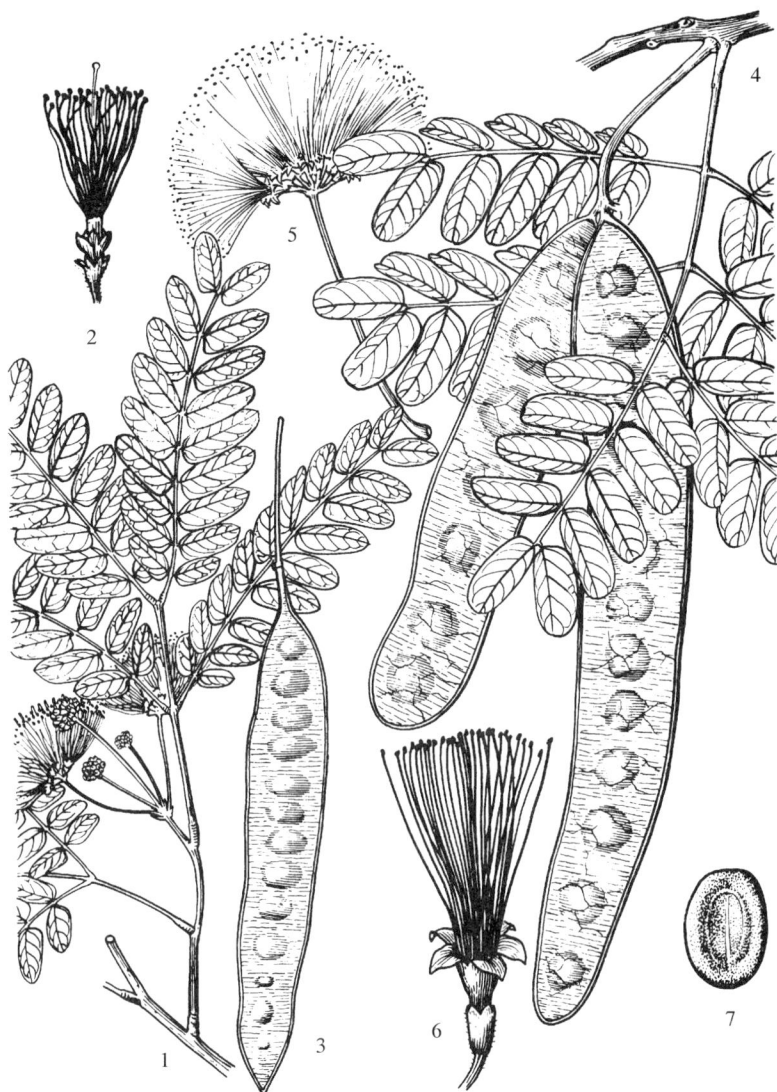

图 252　1 ~ 3. 山槐 Albizia kalkora（Roxb.）Prain 1. 花枝；2. 花；3. 果。4 ~ 7. 阔荚合欢 Albizia lebbeck（L.）Benth. 4. 果枝；5. 花序（部分）；6. 花；7. 种子。（仿《中国植物志》）

乔木，高 18m，小枝近无毛，皮孔小。二回羽状复叶，羽片 4 ~ 9 对，小叶 13 ~ 20 对，长圆形，长 1.5 ~ 3.0cm，宽 8 ~ 14mm，顶端钝具小尖，基部偏斜，两面无毛或下面疏被长柔毛，中脉偏上缘；总叶柄基部有 1 个长圆形腺体。头状花序，总花梗长约 15cm，单个或成簇顶生或腋生；花梗 3mm；花冠长 8mm，黄白色；雄蕊长 3.5mm，花丝基部约 2.5mm 处合成管状。荚果带状，长 12 ~ 20cm，宽 2 ~ 4cm，扁，褐色，无毛。

产于广西中部至东北部，生于石灰岩山坡疏林中。分布于云南；印度、泰国、马来西亚也有分布。

10. 蒙自合欢

Albizia bracteata Dunn

乔木，高 25m，胸径 60cm，树皮灰黑色，平滑。幼枝疏被黄柔毛，小枝密被黄褐色皮孔。羽片 1 ~ 3（ ~ 4）对，小叶 3 ~ 6（ ~ 8）对，菱状卵形、倒卵形或椭圆形，长（1.5 ~ ）4.5 ~ 6.5cm，宽 1.5 ~ 3.5cm，先端钝或渐尖，中脉近中略偏于上侧，叶两面被平伏柔毛，下面粉绿色；叶柄基部具 1 个腺体，每羽片顶端一对小叶下部各具 1 个腺体。头状花序排成圆锥状；花白色，花梗长 2cm 至近无梗，花冠长 6~7mm，外被柔毛。果带状，长 10~35cm，宽 2.5~3.5cm，边缘为浅波状，先端窄圆，基部楔形，深黄色，表面有网纹，具种子 4~10 枚。花期 4~5 月；果熟期 10~11 月。

产于隆林、凌云、田林、龙州，散生于海拔 500~800m 的山地及河边。分布于云南、贵州。心材黄褐色，有光泽，纹理交错，结构均匀，耐腐，质较优，供制农具、家具。

11. 山槐 山合欢、黑心树 图 252：1~3
Albizia kalkora（Roxb.）Prain

落叶小乔木，高 15m，树皮灰褐色至黑褐色，浅纵裂；小枝棕褐色，被柔毛，有显著皮孔，微凸。羽片 2~4（~6）对，小叶 5~14（~16）对，长圆形，基部上侧楔形，下侧阔圆，长 1.5~5.0cm，宽 7~20mm，先端圆或钝，具小尖头，中脉偏上缘，两面被白色平伏毛，下面较密，总叶柄基部之上具 1 个腺体，叶轴顶端具 1 个圆形腺体，腺体密被绒毛。头状花序，2~7 朵排成伞房状生于叶腋或于枝顶排成圆锥花序；花黄白或粉红色，萼长 2~3mm，花冠长 6~7mm，萼及花冠均密被绒毛，花梗长 1.5~3.0mm。果带状，黄褐色，熟时不开裂，长 7~18cm，宽 1.5~3.0cm，先端尖，基部长柄状，柄长 0.8~1.5cm；种子 5~13 枚，扁椭圆形，两侧具环状纹，长 6~9mm，宽 2~3mm，黄褐色。花期 5~7 月；果熟期 9~10 月。

产于南宁、柳州、桂林、梧州、百色、河池等地。生于山坡灌丛、疏林中。分布于华北、西北、华东、华南至西南地区；越南、缅甸、印度也有分布。喜光，喜湿润土壤，耐水湿，亦较耐干旱，在酸性土及石灰土上均能生长。木材密度中等，边材微红灰色，心材黄褐色，纹理斜，结构粗，干燥稍裂，耐水湿，供制家具、农具、车辆、缝纫机台板、胶合板等用；花及根入药，可定神。花美丽，树形美观，可用作风景树，也可作干热地区造林先锋树种。

8. 南洋楹属 Falcataria（I. C. Nielsen）Barneby et J. W. Grimes

乔木，无刺。二回羽状复叶，叶柄及叶轴基部具腺体；托叶早落；羽片 6~20 对；小叶数对，几无柄，对生。花序腋生，单生，2~3 个排成圆锥花序。花单性，无柄；花萼阔钟状或半球形，5（6）齿；花冠有光泽，花瓣与花萼同数；雄蕊数枚。荚果劲直，宽线形，果扁平，纸质，沿腹缝线具窄翅，迟裂。外种皮坚硬。

3 种，分布于澳大利亚、印度尼西亚、巴布亚新几内亚及太平洋群岛。中国引种 1 种，广西有栽培。

南洋楹 仁仁树、仁人木
Falcataria moluccana（Miq.）Barneby et Grimes

落叶大乔木，高达 45m，胸径 1m 以上，树干通直，树皮青灰褐色至灰褐色，不裂。嫩枝微有棱，淡绿色，被柔毛，皮孔明显。羽片 6~20 对，小叶 10~24 对，菱状长圆形，长 1.0~1.5cm，宽约 5mm，先端尖，中脉稍偏上缘，基部 3 脉明显，两面被毛；托叶锥形；总叶柄基部具 1 个腺体，叶轴中部以上小叶着生处具 2~5 个腺体。穗状花序腋生，单生或排成圆锥状，花无梗，花白色。果条形，先端具尖头，长 8~15cm，宽 1.5~2.3cm，黄褐色或灰褐色，开裂，具种子 7~11 粒；种子扁椭圆形，浅褐色，长 5~9mm，宽 2~3mm。花期 4~6 月；果熟期 7~8 月。

原产于印度尼西亚马鲁古群岛，现广植于亚洲、非洲热带地区。南宁、凭祥、玉林、百色等地有栽培；海南、广东、台湾、福建等地也有栽培。喜高温、高湿的气候，耐寒力差，幼龄期忌轻霜及 0℃的极端低温；成龄树如遇 5~7℃连续低温天气，枝梢也会受冻害，广西仅宜在百色、南宁、玉林一线以南的低丘、台地生长。喜光，自然整枝好，萌芽力强，萌芽更新良好。喜肥沃疏松的湿润地，干旱、贫瘠地生长不良。根系较浅，抗风力差，如遇 7~8 级大风，幼树易风倒，大树枝丫易折断或遭吹倒。根瘤菌发达，落叶量大，易腐烂，改良土壤效果好。为世界著名的速生树，在印度尼西亚爪哇岛，6 年生树高达 25m，10 年生树高达 35m。广西玉林栽植后，第 1 年树高可达 5.3m，胸径 5.6cm；南宁栽植树高年平均生长量 1m，胸径年平均生长量 2.6cm。近年，广东从国外引进了南洋楹优良种源和单株，具有更广泛的适应性、更高的生长量和更好的干形。一般以 10 ~ 15 年生为一轮伐期，20 年生以后转衰老。

播种繁殖，播种前将种子置始温 80 ~ 100℃ 水中浸泡，冷却后继续浸泡 1 昼夜，播种后 5 ~ 6d 发芽，3 个月后苗出圃、定植。造林株行距 3m × 3m 或 4m × 4m，挖坑规格为 50cm × 50cm × 30cm。纤维材，主伐年龄为 6 年，萌芽更新，4 ~ 5 年采伐 1 次。边材白色，心材红色，材质轻软，气干密度约 0.5g/cm³，韧性强，易加工，是制胶合板的优良原料；不翘曲，木材含有毒素，抗虫蛀，但耐腐力较差，也可供作室内装修、家具、箱板等用材。木材纤维含量高达 61.8%，纤维质优且易粉碎、漂白，是造纸和做人造丝的优良材料。幼龄树皮含单宁 13%，可供提制栲胶。

9. 猴耳环属 Pithecellobium Mart.

乔木或灌木，无刺或有刺。二回偶数羽状复叶，羽片有小叶数对至多对，很少仅 1 对。花两性，稀单性，排成球形的头状花序或圆柱状的穗状花序，单生于叶腋或簇生于枝顶，或再排成圆锥花序式；萼齿短；花冠漏斗状，花瓣在中部以下合生；雄蕊多数，凸出，花丝合生成管状，花药顶端无腺体；胚珠多数，花柱线形，柱头头状。荚果常旋卷，荚瓣通常开裂后扭卷。种子扁平，种柄丝状或膨大而成一肉质的假种皮。

约 100 种，主产于美洲热带，亚洲热带也有分布。中国 3 种，引入 1 种；广西皆有。

分种检索表

1. 枝无刺，羽片具 2 对以上小叶。
  2. 小叶长圆形或斜卵形，互生，两面无毛或中脉微被毛 ………………………… 1. 亮叶猴耳环 P. lucidum
  2. 小叶菱形，对生。
    3. 小枝具棱；羽片 3 ~ 8(13) 对，小叶两面被毛 ………………………… 2. 围涎树 P. clypearia
    3. 小枝无棱；羽片 2 ~ 3 对，小叶近下面被毛 ………………………… 3. 薄叶围涎树 P. utile
1. 枝具托叶刺；羽片具 1 对小叶；种子具假种皮 ………………………… 4. 牛蹄豆 P. dulce

1. 亮叶猴耳环 亮叶围涎树
Pithecellobium lucidum Benth.

常绿乔木，高达 17m，树皮灰褐色至赭褐灰，不裂或小片剥落。小枝密被锈色毛，无刺。二回羽状复叶，羽片 1 ~ 2 对，总叶柄及每对羽片下各具 1 枚腺体，下部羽片具小叶 2 ~ 3 对，上部具小叶 4 ~ 5 对，小叶互生，稀对生，斜卵形或长圆形，先端渐尖或骤尖，基部楔形，长 1.7 ~ 10.5cm，宽 1.2 ~ 4.0cm，两面无毛或叶脉微被毛。头状花序排成总状或圆锥状；萼片及花冠密被锈色毛；花白色，无柄，连雄蕊长约 1cm。荚果条形，棕红色，旋卷成环状，长 11 ~ 13cm，宽 2.5 ~ 3.0cm。种子 3 ~ 9 粒，着生于细长种柄上，扁椭圆形，长 1.5 ~ 1.8cm，直径 1.2 ~ 1.4cm，紫黑色，表面被灰白粉。花期 5 ~ 6 月；果熟期 7 ~ 12 月。

分布于广西各地，生于林中、路旁或溪旁，较耐庇荫。分布于浙江、福建、台湾、江西、广东、贵州、四川、云南；越南、印度等也有分布。喜肥沃湿润。木材密度小，灰黄色，纹理直，结构粗，干燥后不开裂，不变形，耐腐性一般，供制箱板、家具等用。枝叶入药，有凉血、消炎生肌的功效，能治烫伤、风湿痛、跌打损伤等症；树皮可供提制栲胶。果有毒。

2. 围涎树 鸡心树、猴耳环
Pithecellobium clypearia(Jack) Benth.

常绿乔木，高达 18m，胸径 45cm，树皮灰褐色，浅纵裂。小枝具棱，被黄褐色柔毛，无刺。二回羽状复叶，羽片 3 ~ 8 对，总叶柄具 4 条棱，被黄褐色毛；叶柄及每对羽片下各具 1 枚腺体；最下部羽片具小叶 3 ~ 6 对，顶部具小叶 10 ~ 12(~18) 对；小叶对生，革质，斜菱形，长 1.3 ~ 8.5cm，宽 7 ~ 32mm，先端尖，基部近截形，偏斜，下面灰绿色，两面被毛。头状花序排成聚伞或圆锥状,腋生或顶生;花具柄,白色或淡黄色,连雄蕊长约1.5cm;萼与花瓣有柔毛;子房具短柄,被柔毛。荚果条形,旋卷成环状,棕红色,长11~13cm,宽1.1~1.5cm,种子间缢缩,边缘呈波状,被短梗毛,具种子4~10粒。种子扁椭圆形,紫黑色,有光泽,表面被灰白粉,长1.3~1.7cm,宽0.85~1.25cm。花期3~6月;果熟期5~8月。

产于广西各地。分布于海南、广东、福建、台湾、四川、云南;越南、老挝、缅甸、马来西亚、印度尼西亚等地也有分布。适应性强,耐干旱。木材密度小,微红黄色,纹理直,结构粗,干燥后易翘裂,耐腐性一般,是制作家具、箱板、室内装修的优质材料。树皮可供提制栲胶;叶药用,可凉血、消炎,可治子宫下垂、疮疥、烧伤等症;枝为胶虫寄主。

3. 薄叶围涎树　薄叶猴耳环

Pithecellobium utile Chun et How

小乔木,常呈灌木状。树皮褐色带白斑,小枝圆柱形,无棱,被棕色柔毛。羽片2~4对,长10~18cm;小叶膜质,对生,2~7对,长方菱形,长2.6~11.0cm,宽1.5~4.0cm,上面无毛,下面被柔毛;总叶柄及上部1~2对小叶下各具1枚腺体;头状花序排成圆锥状;萼片及花冠外被柔毛;花冠白色。果弯曲或镰刀状,长6~10cm,宽1.0~1.3cm;种子近圆形,长10mm,黑褐色,有光泽。花期3~8月;果熟期4~12月。

产于金秀、平南、钦州、上思、百色、靖西等地,生于海拔800m以下的密林中。分布于海南、广东、云南。

4. 牛蹄豆

Pithecellobium dulce (Roxb.) Benth.

常绿乔木,高20m;枝条常下垂,小枝灰色,密被灰白色皮孔。托叶刺尖锐,基部宽扁,长0.4~1.0cm。二回羽状复叶,羽片1对;在总叶柄和羽片柄的顶端各有1~2枚腺体;总叶柄及羽片柄均被柔毛;小叶1对,坚纸质,卵状或倒卵状矩圆形,偏斜,长2~5cm,宽5~25mm,先端钝或微凹,基部偏斜,两面无毛;叶柄细,被柔毛。头状花序小,腋生或在枝顶呈总状排列;花白色或淡黄色,无梗,连雄蕊长约6mm;花萼、花冠密生白色短柔毛。荚果条形,旋卷,长10.0~12.5cm,宽约1cm。种柄在顶端膨大成肉质假种皮;种子扁椭圆形,黑色,种柄丝状。花期3月;果熟期7月。

原产于美洲热带地,现广布于热带干旱地区。凭祥、龙州有栽培;福建、台湾、广东、海南也有引种。心材红褐色,质硬脆,难加工,耐腐朽,供作箱板和一般建筑用材。树皮含鞣质15%~26%,可供提制栲胶。嫩枝为胶虫寄主,树皮可供提制黄色染料。假种皮在墨西哥用来制柠檬水。

10. 棋子豆属 Cylindrokelupha Kosterm.

乔木,无刺。二回羽状复叶,羽片1~2对,小叶1~4对;叶柄及羽片轴具腺体。花两性,头状花序排成圆锥花序式,花序具花3~5(~10)朵;萼钟状管状,具5枚短齿;花冠管状,顶具5枚裂片;雄蕊多数,基部连合成短管;子房具柄,花柱线形,柱头头状。荚果圆柱形,果瓣革质或近木质,成熟后沿背腹两缝线开裂,不卷曲;种子短圆柱形或陀螺形。

约12种,分布于中南半岛、马来半岛、加里曼丹。中国约11种,广西约6种。

分种检索表

1. 羽片2对;枝条、叶轴上有显著的棱;果圆柱形,成熟后开裂,被糠秕状鳞片 …… **1. 大棋子豆 C. eberhardtii**
1. 羽片1对。
　2. 小叶下面被毛,长圆状椭圆形、斜披针形至斜椭圆形,中脉居中;叶轴及小叶柄被锈褐色绒毛;总叶柄近顶端具1枚绿色腺体 ……………………………………………………… **2. 大叶合欢 C. turgida**
　2. 小叶两面无毛。
　　3. 腺体扁平、圆形或蝶形。

4. 小叶 2 ~ 3 对，倒卵状披针形或椭圆形；总叶柄具圆形腺体；头状花序具花 3 ~ 5 朵；中部种子扁圆形
·· **3. 棋子豆 C. robinsonii**

4. 小叶 1 ~ 3 对，卵形或披针形；总叶柄及第 1 对小叶着生片具圆形蝶状腺体 1 枚；头状花序具花数 10 朵；
中部种子蝶形 ·· **4. 蝶腺棋子豆 C. kerrii**

3. 腺体坛状、球状。
5. 腺体壶形；小叶 2 对，显著的侧脉 3 对 ······················ **5. 坛腺棋子豆 C. chevalieri**
5. 腺体球形，小叶 2 ~ 3 对，侧脉 4 对，在叶背凸出来·············· **6. 绢毛棋子豆 C. tonkinensis**

1. 大棋子豆 大叶棋子豆 图 253
Cylindrokelupha eberhardtii（Nielsen）T. L. Wu

乔木，高 10m。叶硕大，二回羽状复叶，羽片 2 对，轴长 35cm，枝条、叶轴上有显著的棱；总叶柄、每一对羽片着生处及第一对小叶着生处均有腺体；小叶 3 对，对生，长圆形，长 8 ~ 30cm，宽 5 ~ 12cm，两面无毛，上面绿色，下面稍淡；中脉居中，侧脉 6 ~ 11 对。头状花序，簇生于老枝上；花萼杯状，长约 3mm，裂片三角形；花冠漏斗形，长 11 ~ 12mm。果圆柱形，长 20cm，粗 5cm，基部稍收窄，成熟后开裂，果瓣近木质，厚 5mm，被糠秕状鳞片。种子大，两端的种子弹头状，高 6cm，直径 4cm，中部种子棋子状，高 4.8cm，直径 4cm。果期 1 月。

产于南宁、龙州。生于山谷水旁。越南北部也有分布。抗寒能力稍强，能耐 5 ~ 6℃的长期低温和短期 0℃的低温，耐轻霜，不耐冰雪。较耐阴，幼龄树和成龄树在稀疏遮阴条件下生长良好。播种繁殖，种子千粒重 3.5 ~ 9.5kg，宜随采随播或短期沙藏。果长大如圆柱，中部种子如大型象棋子，观赏价值很高。木材坚韧，可供制作家具和农具。

2. 大叶合欢 胀荚合欢、两广合欢、鼎湖合欢
Cylindrokelupha turgida（Merr.）T. L. Wu

小乔木，高 9m，树皮不裂，嫩枝被褐色柔毛。羽片 1 对，小叶 2 对，长圆状椭圆形、斜披针形至斜椭圆形，长 9 ~ 18cm，宽 3.5 ~ 7.0cm，先端长，渐尖，基部圆或楔形，上面中脉被毛，下面疏被毛，中脉居中；叶轴及小叶柄被锈褐色绒毛；总叶柄长 0.5 ~ 2.0cm，近顶端具 1 枚绿色腺体。头状花序排成总状，腋生，花序具花 20 朵，密被锈黄色毛；花白色，无柄，花管状，花冠长 4 ~ 5mm，萼钟状，5 枚短齿；雄蕊约 40 枚，基部连合成管状。果圆形，条状或镰状，肿胀，长 7 ~ 16cm，宽 3 ~ 4cm；种子 4 ~ 9 粒，长 1.8 ~ 2.5cm，宽 2cm。花期 4 ~ 5 月；果熟期 7 ~ 11 月。

产于南丹、罗城、金秀、平南、桂平、陆川、大新、龙州、靖西、那坡、平果、德保、凌云、乐业及十万大山等地。多生于疏林内或溪边。分布于广东。

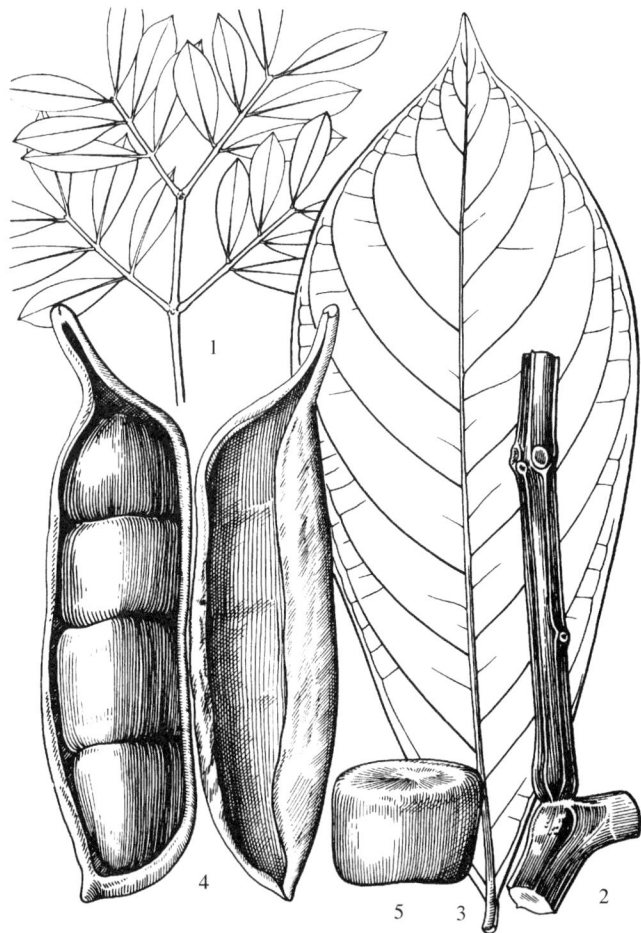

图 253 大棋子豆 Cylindrokelupha eberhardtii（Nielsen）T. L. Wu 1. 叶；2. 叶轴；3. 小叶；4. 果；5. 种子。（仿《中国植物志》）

3. 棋子豆

Cylindrokelupha robinsonii（Gagnep.）Kosterm.

常绿乔木，高达 16m，胸径 60cm，树皮灰褐色，不裂。小枝圆柱形，棕色或微红，无毛。羽片 1 对，小叶 2~3 对，倒卵状披针形或椭圆形，长 4.5~16.0cm，先端渐尖，基部楔形，两面无毛，总叶柄具扁平、圆形腺体。头状花序具花 3~5 朵，花序柄长约 2cm；萼长 4~5mm；花冠长 1.0~1.2cm，裂片披针形，外面上部密被黄色绒毛；雄蕊约 50 枚，长约 2.2cm，子房具短柄，无毛。果圆柱形，两端渐尖，黄绿色至棕褐色，长 11~18cm，直径 2.8~4.0cm；种子 1~10 粒，黑褐色，中部种子扁圆形，直径 3.0~3.5cm，厚 2.5~4.0cm，两端陀螺状，径高约 3cm。种皮薄，胚根位于子叶腹面，无胚乳。花期 4~5 月；果熟期 10 月。

产于那坡、大新、龙州、崇左、上思、钦州、防城。分布于云南南部；越南也有分布。

4. 碟腺棋子豆　云南棋子豆

Cylindrokelupha kerrii（Gagnep.）T. L. Wu

小乔木，高 6m。二回羽状复叶，羽片 1 对，总叶柄长 2~5cm，羽片轴长 5~12cm，小叶 1~3 对，对生，纸质，卵形或披针形，长 6~15cm，宽 3~7cm，两面无毛，顶端 1 对最大，叶尖渐尖，基部渐狭；侧脉 5~6 对。总叶柄及第 1 对小叶着生具圆形蝶状腺体 1 枚。数十朵花组成头状花序，1~4 个花序簇生枝顶或叶腋，再排成长 30cm 的圆锥花序；花冠管状或狭漏斗状，长 0.6~0.8mm；裂片狭三角形，长约 0.3cm；花萼杯形，长 0.2~0.3cm，齿裂不规则。果直圆柱形，长 10~15cm，宽 2cm，近木质；种子 6~7 粒，两端种子陀螺形，高（宽）1.3~1.5cm，中部种子碟形，高 0.5~1.0cm，宽 1.2~1.5cm。

产于十万大山。生于海拔 1000m 以下的山坡、山谷疏林中，石灰山密林中也可见。分布于云南；越南、老挝也有分布。

5. 坛腺棋子豆　平脉棋子豆

Cylindrokelupha chevalieri Kosterm.

乔木，高 10m。二回羽状复叶，羽片 1 对，总叶柄和羽片顶端具壶形腺体 1 枚；小叶 2 对，对生，椭圆形，长 8~14cm，宽 4~8cm，上部叶片较大，下部叶片较小，顶端渐尖，基部渐狭，两面无毛，中脉居中，显著的侧脉 3 对；头状花序，花瓣白色；花冠漏斗形，长 7~8mm，裂片线状长圆形。果圆柱形，长 4~10cm，直径 2.5~3.5cm，果瓣革质，有网纹；种子 1~4 粒，两端种子陀螺形，高 3cm，直径 2.5cm，中间种子棋子状，高 2cm。花期 5 月；果期 7 月。

产于钦州、上思、防城、龙州。生于密林中。越南北部也有分布。

6. 绢毛棋子豆

Cylindrokelupha tonkinensis（Nielsen）T. L. Wu

小乔木，高 8m。羽片 1 对，总叶柄长 3cm，小叶 2~3 对，长圆形，长 5~10cm，宽 2~4cm，先端钝渐尖，基部狭楔形，两面无毛，侧脉 4 对，在叶背凸出来。总叶柄羽片着生处或稍下及第 1 对小叶着生片具球形腺体 1 枚。头状花序，无梗，直径 1.2cm，花冠钟状或漏斗状，长 0.55cm，裂片狭长，长 0.2cm。果卵形，长 7~10，宽 4~5cm，褐色，无毛，沿背腹缝线开裂；种子 2 粒，陀螺形，高与宽相近，高（宽）3~4cm。

产于宁明，生于山谷疏林中。越南北部有分布。

11. 朱缨花属 **Calliandra** Benth.

灌木或小乔木。托叶宿存，叶状或针刺状，稀缺。二回羽状复叶，无腺体，羽片 1 至数对。头状花序，腋生或排成总状；花杂性，5~6 基数，花萼钟状，花瓣连合至中部；雄蕊多数，花丝长，下部连合成管；花药常具腺毛；子房无柄，胚珠多数，花柱丝状，柱头头状。果条形稍弯，开裂，裂瓣富弹性翻卷，无胚乳。

约 200 种，分布于美洲热带及亚热带和非洲西部以及马达加斯加和印度等地。中国 1 种，引入 1 种；广西引入 1 种。

朱缨花　红绒球、美蕊花

Calliandra haematocephala Hassk.

常绿或半落叶小乔木或呈灌木状，高 1 ~ 3m。园林栽培种中主干不通直，分枝低矮，向四周弧形伸展。小枝灰棕色，皮孔细密，被短毛。托叶卵状披针形，宿存。羽片 1 对，长 8 ~ 15cm，总叶柄长 1 ~ 3cm；小叶 6 ~ 9 对，卵状披针形或长圆状披针形，长 1.2 ~ 3.5cm，先端钝而具小尖头，基部偏斜。中脉稍偏上缘，两面无毛，小叶柄被微毛。头状花序腋生，花冠紫红色；花丝浅红色至桃红色。荚果线状倒披针形，褐色，长 8 ~ 12cm，宽 1.0 ~ 1.5cm，成熟时沿缝线开裂，果瓣反卷；种子扁椭圆形，黑褐色，长 8 ~ 10mm，宽 5.0 ~ 6.5mm。几乎全年开花，盛花期为 5 ~ 7 月和 10 ~ 12 月。

原产于美洲热带地区。广西南部各地有栽培，为最常见园林灌木之一。广东、海南、福建、台湾有引种。能耐短期 −1℃左右低温，但忌严重霜冻。播种、压条或扦插繁殖，以压条繁殖为主。花冠丛圆整，花繁盛，花丝红艳，绒球状，花期长，特别是冬季也开花，观赏价值极高，是行道、庭院、公路绿化的常见树种。

27　蝶形花科 Papilionaceae

草本、灌木、乔木或藤本。复叶，稀单叶，互生，稀对生或轮生，有托叶，稀无托叶。花常两性，蝶形花冠；萼筒 5(4) 个齿裂，花瓣 5 片，稀缺，覆瓦状排列，近轴 1 片为旗瓣，在最外面，侧面 2 片为翼瓣，下部 2 片龙骨瓣在最内面，或仅有旗瓣；雄蕊 10(9) 枚，二体或单体；子房上位，1 室，边缘胎座。荚果开裂或不裂；种子 1 粒至多数，无胚乳或有少量胚乳。

约 482 属 12 000 种，广布于全球。中国(含引入栽培)128 属 1300 多种，其中木本 57 属约 450 种。广西 72 属，本志记载 40 属。

分属检索表

1. 雄蕊分离，稀基部稍合生。
　2. 乔木或直立灌木。
　　3. 荚果不为念珠状。
　　　4. 有顶芽；具托叶或托叶不明显，稀无托叶，通常无小托叶；总状或圆锥花序 …… **1. 红豆树属 Ormosia**
　　　4. 无顶芽；有小托叶或无；圆锥花序或近总状花序顶生 ……………………… **2. 香槐属 Cladrastis**
　　3. 荚果念珠状；奇数羽状复叶；小叶对生或近对生，托叶有或无，少数具小托叶…………… **3. 槐属 Sophora**
　2. 攀援灌木；单叶，较大；托叶小；子房具短柄；荚果卵形或球形，成熟时沿缝线开裂，果瓣薄革质…………
　　………………………………………………………………………………………… **4. 藤槐属 Bowringia**
1. 雄蕊单体或二体。
　5. 荚果于种子间缢缩或横裂为荚节。
　　6. 叶柄具翅。
　　　7. 单小叶；翼瓣与龙骨瓣近等长，基部有距；子房无柄 ……………………………… **5. 葫芦茶属 Tadehagi**
　　　7. 三出复叶；翼瓣短于龙骨瓣；子房具柄 ………………………………………………… **6. 小槐花属 Ohwia**
　　6. 叶柄无翅。
　　　8. 总状或圆锥花序；小叶 3 ~ 9 或 1。
　　　　9. 荚果背缝线于荚节间凹入几达腹缝线而成一深缺口，腹缝线在每一荚节中部不缢缩或微缢缩，荚节斜三角形或宽半倒卵形 ……………………………………………… **7. 长柄山蚂蝗属 Hylodesmum**
　　　　9. 荚果背腹缝线缢缩、稍缢缩或腹缝线劲直。
　　　　　10. 荚果的荚节常折叠。
　　　　　　11. 奇数或三出羽状复叶、单小叶；荚节反复折叠，每节的连接点在各节的边缘(沿腹缝线连接)

　　　　　　　　　　　　　　　　　　　　⋯⋯⋯⋯⋯⋯⋯⋯⋯⋯⋯⋯⋯⋯⋯⋯⋯**8. 狸尾豆属 Uraria**

　　11. 单小叶；荚节常互相折叠而面对面，各节压扁在中央互相连接，呈算珠状，背腹缝线在各节的半径位置 ⋯⋯⋯⋯⋯⋯⋯⋯⋯⋯⋯⋯⋯⋯⋯⋯⋯⋯⋯⋯⋯**9. 算珠豆属 Urariopsis**

　10. 荚果的荚节通常不折叠。

　　12. 荚果成熟时不开裂 ⋯⋯⋯⋯⋯⋯⋯⋯⋯⋯⋯⋯⋯⋯⋯⋯**10. 山蚂蝗属 Desmodium**

　　12. 荚果成熟时沿背缝线开裂 ⋯⋯⋯⋯⋯⋯⋯⋯⋯⋯⋯⋯⋯**11. 舞草属 Codariocalyx**

8. 伞形花序或短总状花序。

　13. 伞形花序生于 2 枚对生且宿存的叶状苞片内，苞片彼此衔接成一延长的花串；萼 5 裂 ⋯⋯⋯⋯⋯⋯⋯⋯⋯⋯⋯⋯⋯⋯⋯⋯⋯⋯⋯⋯⋯⋯⋯⋯⋯⋯⋯⋯⋯**12. 排钱树属 Phyllodium**

　13. 短总状花序或伞形花序无 2 枚对生的叶状苞片；苞片早落；萼 5 裂，但上部 2 裂片完全合生而成 4 裂状 ⋯⋯⋯⋯⋯⋯⋯⋯⋯⋯⋯⋯⋯⋯⋯⋯⋯⋯⋯**13. 假木豆属 Dendrolobium**

5. 荚果于种子间不缢缩或横裂为荚节。

　14. 花药二型。

　　15. 单叶或 3 片掌状小叶，稀 5～7 片小叶，羽状脉；无小托叶；托叶小或缺；荚果长圆形、圆柱形或卵球形，稀四角菱形，无横隔膜 ⋯⋯⋯⋯⋯⋯⋯⋯⋯⋯⋯⋯**14. 猪屎豆属 Crotalaria**

　　15. 三出羽状复叶，常具三基出脉；有托叶和小托叶，早落；荚果条形或长圆形，边缘常具翅，种子间常具横膈或充实 ⋯⋯⋯⋯⋯⋯⋯⋯⋯⋯⋯⋯⋯⋯⋯⋯**15. 油麻藤属 Mucuna**

　14. 花药同型。

　　16. 荚果开裂或上部开裂。

　　　17. 偶数羽状复叶。

　　　　18. 雄蕊单体；攀援灌木，枝条髓心中空；小叶对生，托叶线状披针形，无小托叶；荚果长圆形，种子间有隔膜 ⋯⋯⋯⋯⋯⋯⋯⋯⋯⋯⋯⋯⋯⋯**16. 相思子属 Abrus**

　　　　18. 雄蕊二体；灌木或草本，稀乔木。

　　　　　19. 小叶 2～10 对，叶轴顶端常呈刺状，刺脱落或宿存；托叶刺状宿存，稀脱落；花单生或簇生；荚果筒状或稍扁 ⋯⋯⋯⋯⋯⋯⋯⋯⋯⋯⋯⋯⋯⋯⋯**17. 锦鸡儿属 Caragana**

　　　　　19. 小叶 10 对以上，先端具芒尖；托叶小，早落；总状花序腋生；荚果具 4 棱，稀 4 翅，种子间有横隔膜 ⋯⋯⋯⋯⋯⋯⋯⋯⋯⋯⋯⋯⋯⋯⋯⋯⋯⋯⋯**18. 田菁属 Sesbania**

　　　17. 奇数羽状复叶、三出复叶或单小叶。

　　　　20. 小叶下面有腺点。

　　　　　21. 胚珠 2 枚；果椭圆形，肿胀，内无隔膜 ⋯⋯⋯⋯**19. 千斤拔属 Flemingia**

　　　　　21. 胚珠多数；荚果条形，扁平，种子间有深缢斜槽纹 ⋯⋯**20. 木豆属 Cajanus**

　　　　20. 小叶下面无腺点。

　　　　　22. 三出复叶或单小叶。

　　　　　　23. 荚果无翅。

　　　　　　　24. 胚珠多数；树干具皮刺；小托叶腺体状；荚果线状长圆形、镰刀形，2 瓣裂或沿腹缝线开裂 ⋯⋯⋯⋯⋯⋯⋯⋯⋯⋯⋯⋯⋯⋯⋯**21. 刺桐属 Erythrina**

　　　　　　　24. 胚珠 2 枚；小托叶钻形；荚果上半部开裂，下半部不裂。

　　　　　　　　25. 花冠白色、红色或紫色，龙骨瓣直伸；荚果长圆形、镰形或舌形 ⋯⋯⋯⋯⋯⋯⋯⋯⋯⋯⋯⋯⋯⋯⋯⋯⋯⋯⋯⋯⋯⋯⋯**22. 密花豆属 Spatholobus**

　　　　　　　　25. 花冠橘红或火红色，龙骨瓣弯曲与旗瓣等长；果长圆形或宽条形 ⋯⋯⋯⋯⋯⋯⋯⋯⋯⋯⋯⋯⋯⋯⋯⋯⋯⋯⋯⋯⋯**23. 紫矿属 Butea**

　　　　　　23. 荚果具窄翅，厚纸质，种子间无横隔；花聚集成团伞花序状，再排列成伸长的总状花序式；花冠红色 ⋯⋯⋯⋯⋯⋯**24. 巴豆藤属 Craspedolobium**

　　　　　22. 奇数羽状复叶，稀为三出复叶或单小叶。

　　　　　　26. 有托叶。

　　　　　　　27. 荚果腹缝线具窄翅，扁平；种子长圆形或肾形，偏斜；乔木或灌木，无顶芽；托叶刺状或刚毛状；有小托叶；总状花序下垂 ⋯⋯⋯⋯⋯**25. 刺槐属 Robinia**

　　　　　　　27. 荚果无翅。

　　　　　　　　28. 植株常被"丁"字毛；小叶先端常有芒尖；有刚毛状小托叶或无；药隔顶端

常有腺体；种子间有横隔膜 ························· **26. 木蓝属 Indigofera**

  28. 植株无"丁"字毛。

    29. 乔木、灌木或藤本。

      30. 旗瓣基部无胼胝体；小托叶宿存或无；总状花序生于老枝和树干基部枝条上；种子有黄色种阜 ··············· **27. 干花豆属 Fordia**

      30. 旗瓣基部有胼胝体；种子无种阜。

        31. 总状花序下垂；雄蕊二体；子房具短柄；荚果长条形，迟裂
·· **28. 紫藤属 Wisteria**

        31. 圆锥花序或分枝缩短而成类总状花序；雄蕊单体或二体；子房无柄；果圆柱形、线形、卵形或球形，开裂 ··············
··· **29. 崖豆藤属 Millettia**

    29. 1 年或多年生草本，或亚灌木；无小托叶；小叶下面被平伏丝毛；果条形或长圆形，果瓣扭转 ········· **30. 灰毛豆属 Tephrosia**

  26. 无托叶和小托叶；常绿乔木，小枝通常具点状皮孔；果斜卵形，先端具短喙，厚木质
···························· **31. 肿荚豆属 Antheroporum**

16. 荚果不裂，稀迟裂。

  32. 奇数羽状复叶。

    33. 小叶对生或近对生。

      34. 穗状花序顶生，直立；花萼有腺点；花冠退化，仅存旗瓣；小叶具半透明腺点；小托叶脱落或宿存；荚果果瓣密布腺状小瘤点 ········· **32. 紫穗槐属 Amorpha**

      34. 总状或圆锥花序腋生或顶生。

        35. 无小托叶。

          36. 雄蕊单体，稀二体；小枝髓心常中空，稀实心；托叶宿存；荚果扁平，有翅···
·· **33. 鱼藤属 Derris**

          36. 雄蕊二体，荚果无翅。

            37. 荚果大，卵形，果皮厚木质；总状或圆锥花序腋生或生于老茎上；苞片大，花期宿存 ········· **34. 猪腰豆属 Afgekia**

            37. 荚果肿胀，呈核果状，椭圆形，果壳薄；总状花序；花萼膜质，钟状或管状，基部略呈囊状 ········· **35. 山豆根属 Euchresta**

        35. 小托叶宿存或脱落；花单生；小苞片着生于花萼，稀着生于花梗末端；雄蕊二体；荚果木质，扁平或肿胀，边缘增厚··············· **36. 鸡血藤属 Callerya**

    33. 小叶互生。

      38. 荚果长圆形或带状，薄而扁平，果瓣对种子处常增厚而有网纹；种子 1 至数粒 ·········
··· **37. 黄檀属 Dalbergia**

      38. 荚果圆形，扁平，周围具宽翅；种子 1 粒 ········ **38. 紫檀属 Pterocarpus**

  32. 三出复叶。

    39. 总状花序或花束；苞片宿存；花梗顶端无关节；花两型；托叶脱落或宿存，无小托叶 ·········
·· **39. 胡枝子属 Lespedeza**

    39. 圆锥或总状花序，苞片早落；花梗近顶端有关节；托叶通常宿存，稀脱落；小托叶脱落 ·····
·· **40. 杭子梢属 Campylotropis**

1. 红豆树属 Ormosia Jacks.

乔木。裸芽，稀鳞芽，有顶芽。奇数羽状复叶，稀单叶或 3 片小叶，互生或近对生；具托叶或托叶不明显，稀无托叶，通常无小托叶；小叶全缘，对生，通常革质或厚纸质。总状或圆锥花序；花萼钟形，具 5 齿或上方 2 齿连合；花冠白色或紫色，旗瓣常宽圆卵形；雄蕊 10 枚，花丝离生；柱头侧生，子房具柄或近无柄，胚珠 1 至数枚。果肿胀或扁平，革质、厚革质或木质，稀薄革质，2 瓣裂，稀不裂；花萼宿存；种子 1 至数颗，种皮红色、红褐色或黑褐色，种脐通常较短，很少超

过种子的 1/2。

约 120 种，主产于热带、亚热带地区。中国约 35 种，多产于华南地区；广西约 24 种 1 变种。木材坚韧，纹理美观，材质优良，供作建筑、家具等用材；种子可供制工艺品及装饰品。

分种检索表

1. 单叶；枝叶无毛 ·· **1.** 单叶红豆 **O. simplicifolia**
1. 羽状复叶。
  2. 荚果成熟时外面被毛。
    3. 小枝被毛。
      4. 荚果肿胀。
        5. 种皮黑色、黑褐色、暗栗色或红褐色。
          6. 小枝、叶柄、叶轴、小叶柄、小叶下面、花序、花萼及果密被毡毛，初白色，后常变为淡灰色·· **2.** 茸荚红豆 **O. pachycarpa**
          6. 小枝、叶柄、叶轴、小叶下面及小叶柄、花序轴、花萼及果均密被锈色短绒毛·· **3.** 云开红豆 **O. merrilliana**
        5. 种皮紫红色或红色。
          7. 荚果果卵圆形、倒卵形；小叶 5~7 片，侧脉 16~17 对，与中脉呈 50° 角，两面均隆起 ··········· **4.** 长脐红豆 **O. balansae**
          7. 荚果斜方形或椭圆形；小叶 5 片，叶脉不明显 ·········· **5.** 柔毛红豆 **O. pubescens**
      4. 荚果扁平，或种子处稍隆起。
        8. 小叶下面被毛。
          9. 鳞芽；侧脉 10~12 对；荚果长 3~5cm，宽约 2cm；种子 1~2 粒，倒卵形或斜方菱形，栗褐色 ·········· **6.** 亮毛红豆 **O. sericeolucida**
          9. 裸芽；侧脉约 8 对；荚果长 5~7cm，宽 3~5.5cm；种子 1~5 粒，椭圆形或卵状椭圆形，红色 ·········· **7.** 木荚红豆 **O. xylocarpa**
        8. 小叶两面近无毛或老时脱落无毛。
          10. 小叶 3~5 片，长椭圆形；果长 2.5~4.5cm，宽 2.5~3.0cm，外被灰色短柔毛，果瓣内壁淡黄色；种子椭圆形，具白色种柄及黄色环形假种皮 ·········· **8.** 那坡红豆 **O. napoensis**
          10. 小叶 5 片，近革质，长圆形或长圆状倒披针形；果长 2~4cm，宽约 1.8cm，密被灰黄色柔毛；种子近倒卵形··· **9.** 南宁红豆 **O. nanningensis**
    3. 小枝无毛或微被毛；小叶 15~17 片；每对小叶间有 1 枚小腺体 ········· **10.** 菱荚红豆 **O. pachyptera**
  2. 荚果成熟时外面无毛、近无毛，或仅基部或边缘被毛。
    11. 小叶下面被毛。
      12. 小枝密被锈色柔毛；小叶较多，7~17 片。
        13. 小叶 11~15(稀 9)片，长圆形，长 2~5cm，宽 1~2cm；果近菱形或长圆形 ··· **11.** 小叶红豆 **O. microphylla**
        13. 小叶 7~17 片，条状椭圆形、窄椭圆形或长圆形，长 3~12cm，宽 1.5~3.0cm；果长圆形或倒卵形；种子倒卵形或近肾形 ·········· **12.** 榄绿红豆 **O. olivacea**
      12. 小枝、叶轴、叶柄密被灰黄色绒毛；小叶 5~9 片，长圆形、长圆状披针形或长圆状卵形，叶缘微反卷；荚果长圆形，扁平，厚革质，内壁有横隔膜 ·········· **13.** 花榈木 **O. henryi**
    11. 小叶两面无毛、近无毛或仅中脉被毛，或幼时被毛，老时脱落近无毛。
      14. 1 年生小枝被毛。
        15. 小叶较少，3~7 片。
          16. 荚果圆形或近圆形。
            17. 小叶先端微凹，长椭圆形；托叶小；花序轴及花梗、花萼均被黄褐或赤褐色柔毛；荚果果皮薄革质，稍肿胀，顶端有角质小尖头 ·········· **14.** 软荚红豆 **O. semicastrata**
            17. 小叶先端尖。

18. 小叶 5 ~ 7(3 ~ 9) 片，薄革质，卵形、长椭圆状卵形或倒卵形；种子 1 ~ 2 粒，近扁圆形，长 1 ~ 1.7cm ·················· **15. 红豆树 O. hosiei**

18. 小叶 3 ~ 5 片，革质，长圆形或长圆状披针形，种子 1 粒，长约 1cm ················· ·················· **16. 喙顶红豆 O. apiculata**

16. 荚果椭圆形、椭圆状倒卵形或倒卵形。

19. 荚果内有横隔膜，斜方形或椭圆形；老枝上有凸起皮孔；小叶厚革质，倒卵形或椭圆形，先端圆、钝尖或微凹，边缘微反卷 ·················· **17. 蒲桃叶红豆 O. eugeniifolia**

19. 荚果内无横隔膜，长圆形、椭圆状倒卵形或长卵形；老枝光滑；小叶薄革质，长椭圆形，先端渐尖或长渐尖 ·················· **18. 屏边红豆 O. pingbianensis**

15. 小叶较多，7 ~ 13 片。

20. 花粉红色、橙红色或紫红色。

21. 小叶倒卵状椭圆形、倒披针形至长椭圆形；无托叶；荚果椭圆形，扁平·················· ·················· **19. 肥荚红豆 O. fordiana**

21. 小叶披针形；托叶钻形；荚果卵形或圆柱形，肿胀 ·········· **20. 海南红豆 O. pinnata**

20. 花白色；小叶革质，倒披针形或宽长圆状倒披针形，侧脉 4 ~ 7 对，与网脉在上面微隆起；果木质，倒卵形或长圆形稍肿胀 ·················· **21. 韧荚红豆 O. indurata**

14. 1 年生小枝无毛或微被毛。

22. 小叶 3 ~ 5(7) 片，先端凹缺，倒卵形或倒卵状长圆形，侧脉 7 ~ 8 对；果扁状长圆形·················· ·················· **22. 凹叶红豆 O. emarginata**

22. 小叶 5 ~ 7 片，先端渐尖、急尖或钝尖。

23. 小叶卵形或长圆状披针形；果长圆状倒卵形或长圆形 ·········· **23. 光叶红豆 O. glaberrima**

23. 小叶长椭圆形；荚果椭圆形，果瓣肥厚木质，有中果皮 ·········· **24. 厚荚红豆 O. elliptica**

1. 单叶红豆　图 254：1 ~ 3

Ormosia simplicifolia Merr. et Chun

常绿小乔木，高约 5m。裸芽，密被褐色绒毛。小枝绿色。枝、子房均无毛。单叶，长椭圆形或披针形，长 6 ~ 25cm，宽 2 ~ 6cm，先端长渐尖或尾尖，基部楔形，下面苍白色，疏被红褐色粗毛，侧脉 8 ~ 10 对；无托叶。圆锥或总状花序顶生或生于上部叶腋内，长约 10cm；花疏生，花梗纤细；萼被短柔毛，萼齿三角形，钝头，略长于花筒；花冠玫瑰红色，有香气，旗瓣阔卵形；雄蕊 10 枚；胚珠 4 枚。果扁，长圆形或倒卵形，长 3.0 ~ 4.5cm，宽 1.2 ~ 2.5cm，近木质，皮厚约 2mm，黑褐色。种子 1 ~ 3 粒，椭圆形，坚硬，种皮红色，具光泽，稍有皱纹。花期 6 ~ 7 月；果期 10 ~ 11 月。

产于广西西南地区，生于海拔 450 ~ 1300m 的山谷湿润地。分布于海南、云南；越南、泰国、缅甸、孟加拉国也有分布。

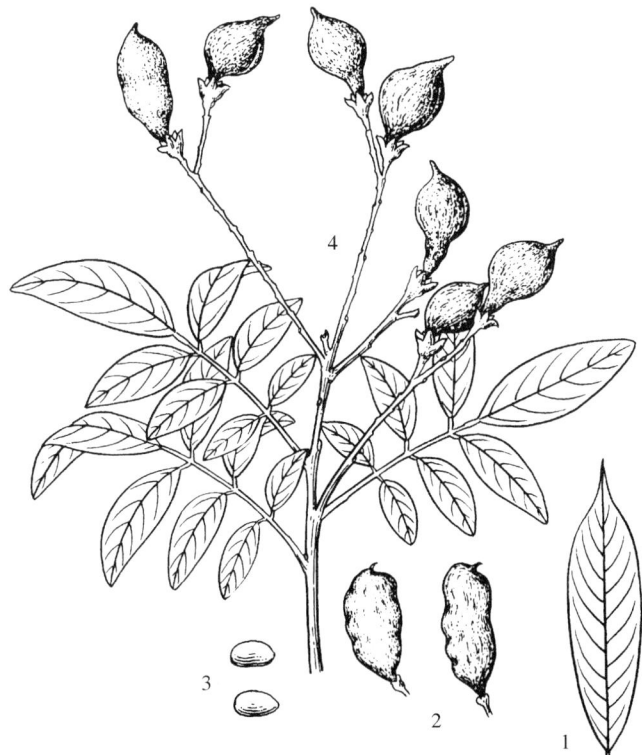

图 254　1 ~ 3. 单叶红豆 Ormosia simplicifolia Merr. et Chun 1. 叶；2. 果；3. 种子。**4. 海南红豆 Ormosia pinnata**（Lour.）Merr. 果枝。（仿《中国树木志》）

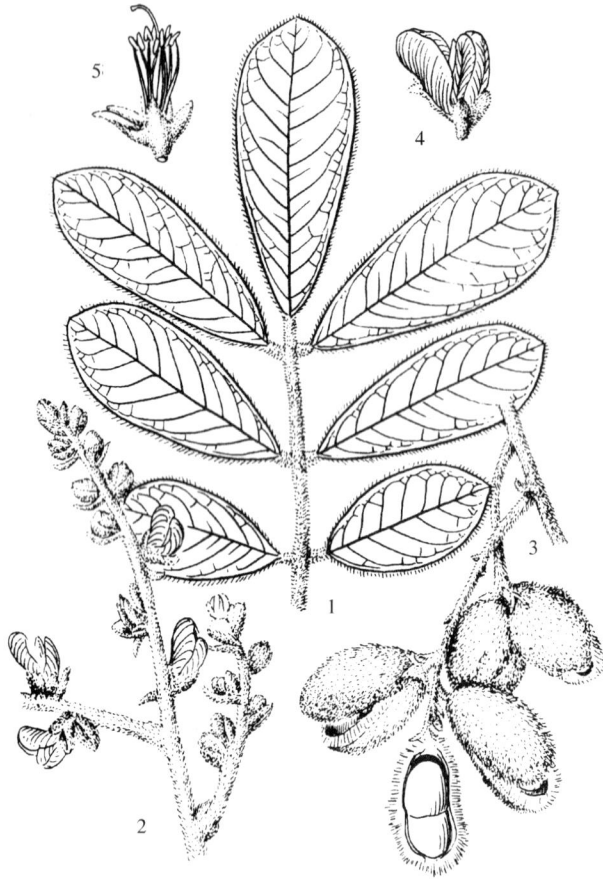

图 255 荃荚红豆 Ormosia pachycarpa Champ. ex Benth. 1. 复叶；2. 花枝；3. 果枝；4. 花；5. 花萼、雄蕊及花柱。(仿《中国树木志》)

图 256 云开红豆 Ormosia merrilliana L. Chen 1. 果枝；2. 种子。(仿《中国树木志》)

2. 荃荚红豆 毛红豆、青皮婆 图 255

Ormosia pachycarpa Champ. ex Benth.

常绿乔木，高达 12m。鳞芽。小枝、叶柄、叶轴、小叶柄、小叶下面、花序、花萼及果密被毡毛，初白色，后常变为淡灰色。奇数羽状复叶，小叶 5 ~ 7 片，倒卵状长椭圆形，长（6.5 ~ ）10.0 ~ 17.0cm，宽 4 ~ 6cm，先端圆或短尖，基部窄楔形，上面无毛，中脉凹下，侧脉约 12 对；托叶卵状三角形。圆锥花序顶生，长 20cm；花近无柄；萼齿 5 枚，被短柔毛；花冠白色，翼瓣长椭圆形，长 10mm，宽 4mm，龙骨瓣镰状，与翼瓣等大，基部一侧耳形；雄蕊 10 枚；胚珠 3 枚。果椭圆形或倒卵状椭圆形，肿胀，长 2.5 ~ 5.0cm，直径约 2.5cm，果厚革质，皮厚约 2mm。种子 1 ~ 2 粒，近球形或卵形，长 1.5 ~ 2.5cm，黑色、黑褐或红褐色，有光泽。花期 6 ~ 7 月；果期 9 ~ 10 月。

产于贵港、河池。生于海拔 400m 以下的常绿阔叶林中。分布于广东、香港。木材材质优良，供作建筑、家具等用材。

3. 云开红豆 两广红豆、青皮木、梅氏红豆 图 256

Ormosia merrilliana L. Chen

常绿乔木，高达 23m。树皮平滑，有灰白色斑纹。鳞芽。小枝、叶柄、叶轴、小叶下面及小叶柄、花序轴、花萼及果均密被锈色短绒毛，子房密被长柔毛。奇数羽状复叶，小叶 5 ~ 9 片，长圆状倒披针形、倒披针形至椭圆形，长（5 ~ ）9 ~ 20cm，先端短渐尖，基部楔形或宽楔形，上面无毛，中脉凹下，侧脉 10 ~ 17 对，两面凸起；小叶柄粗，长 3 ~ 5mm；托叶三角形。圆锥花序顶生，长 15 ~ 30cm，密被褐色短绒毛；萼齿三角形，被短柔毛；花冠白色，长约 1.6cm，旗瓣阔圆形，带柄长 1mm，翼瓣阔椭圆形，长 10mm，宽 5mm，基部耳形，龙骨瓣长 8mm，基部一侧耳形；雄蕊 10 枚；胚珠 1 枚。荚果阔卵形或倒卵形，稍肿胀，长达 4cm，无柄，厚革质，近栗褐色。种子 1 粒，稍扁，近圆形或倒卵形，暗栗色或黑色，稍具光泽，种皮密布小凹点。花期 6 ~ 7 月；果期霜降前后。

产于防城、上思、钦州、桂平、那坡、

金秀。生于低山疏林内或林缘。分布于广东、云南；越南也有分布。喜光；在深厚疏松砂壤土上速生。木材密度中等，淡黄褐色，心材与边材无明显区别，纹理斜，结构适中，干后不易开裂，略耐腐，易加工，优良的建筑及家具用材。

4. 长脐红豆 长眉红豆、鸭雄青 图 257

Ormosia balansae Drake

乔木，高达 25m，胸径 1.5m。树皮灰白色。裸芽。小枝、小叶下面、花序轴、花梗、花萼及果均密被灰褐色或黄褐色柔毛。奇数羽状复叶，小叶 5 ~ 7 片，椭圆形或长椭圆形，长 8 ~ 12cm，宽 3 ~ 5cm，先端渐钝尖或骤钝尖，基部楔形至圆形，上面无毛，具光泽；托叶小；侧脉 16 ~ 17 对，与中脉呈 50° 角，两面均隆起。圆锥花序长 20 ~ 30cm，顶生；萼 5 枚，裂片不相等，上方 2 枚三角形，下方 3 枚披针形，被褐色柔毛；花白色，旗瓣近圆形，具短柄，翼瓣与龙骨瓣长椭圆形；雄蕊 10 枚，不等长；胚珠 2

图 257 长脐红豆 Ormosia balansae Drake 果枝（仿《中国树木志》）

枚。果卵圆形、倒卵形，直径 3 ~ 4cm，稍肿胀，具小尖头，果皮脆薄，密被褐色短绒毛。种子 1 (2) 粒，近圆形，直径 1.2 ~ 1.5cm，紫红色，有光泽，种脐达 1.2cm 以上。花期 6 ~ 7 月；果期 10 ~ 12 月。

产于上思、防城、钦州、桂平。生于海拔 1000m 以下的山谷、溪旁阴湿的常绿阔叶林中。分布于广东、海南、福建、云南、江西；越南亦有分布。生长较快。播种繁殖，播种前用冷水浸种 1 ~ 2d，1 年生苗可出圃造林。木材密度中等，淡灰黄褐色，心材与边材无明显区别，纹理直，结构粗，干后稍开裂，不变形，不耐腐，有光泽，易加工，光滑性好，可作一般家具、建筑、农具用材及纸浆材。

5. 柔毛红豆

Ormosia pubescens R. H. Chang

常绿乔木，高 20m，胸径达 40cm。小枝有褐色短柔毛。奇数羽状复叶，长 12 ~ 16cm；叶柄长 1.5 ~ 4.0cm，叶轴长 2 ~ 3cm；叶柄、叶轴微有毛或近无毛；小叶 5 片，椭圆形或长椭圆形，长 4.5 ~ 9.5(~ 11.0)cm，先端具急尖的短尖头，基部楔形，下面有极短柔毛，叶脉不明显；小叶柄上面有凹陷沟槽，近无毛。圆锥花序顶生，长约 8cm，下部分枝总状花序生于叶腋；总花梗及花梗密被褐色短毛；花萼 5 浅裂，萼齿三角形，外面密被褐色短柔毛；旗瓣扇形，翼瓣椭圆形，龙骨瓣长圆形；雄蕊 10 枚，不等长；子房密被黄褐色毛。荚果斜方形或椭圆形，肿胀，长 3 ~ 6cm，宽约 3cm，厚约 1.2cm，果瓣木质，厚约 4mm，外面密被黄褐色短毛，内有横隔膜。种子 1 ~ 4 粒，长椭圆形，长约 1.4cm，宽约 8mm，厚约 7mm，种皮红色，种脐生于短轴一端，长约 2mm。

广西特有种，产于上思、防城。常生于水旁灌丛中。

6. 亮毛红豆 假牛角森、水粟木

Ormosia sericeolucida L. Chen

常绿乔木，高达 24m，胸径 1m。鳞芽。小枝、小叶下面、花序轴、花梗、花萼及果均密被黄

褐色光亮的柔毛。奇数羽状复叶，小叶 5 ~ 7 片，长圆状倒披针形或长圆状椭圆形，长（5.5 ~ ）8.0 ~ 12.0cm，宽 3.0 ~ 4.5cm，先端尖或急尖，有短尖头，基部楔形；小叶柄粗，叶缘稍反卷，上面无毛，下面密被具光泽的黄色柔毛；中脉在上面凹下，侧脉 10 ~ 12 对，在上面不明显；托叶卵状三角形。圆锥或总状花序顶生，长约 20cm，多分枝，密被褐色短绒毛；萼齿 5 枚，被短柔毛，不等大；花冠白色，有香气。果扁，种子处稍隆起，椭圆形或倒卵形，长 3 ~ 5cm，宽约 2cm，顶端呈偏斜的短渐尖，果皮厚约 1mm，密被褐色短柔毛。种子 1 ~ 2 粒，倒卵形或斜方菱形，长 1.2 ~ 1.8cm，栗褐色，有光泽。花期 7 月。

产于十万大山、南宁、武宣。散生于山谷、溪旁常绿阔叶林中。分布于广东、云南；越南也有分布。

7. 木荚红豆 白果木、羊胆木 图 258

Ormosia xylocarpa Chun ex Merr. et L. Chen

常绿乔木，高达 20m，胸径 80cm。树皮灰色或暗灰色，平滑。裸芽被毛。小枝、叶轴、总花梗、花序轴、花梗、花萼、子房及果均密被柔毛。奇数羽状复叶，小叶 5 ~ 7 片，厚革质，长圆形或宽长圆状倒披针形，长 4 ~ 8(~ 12)cm，宽 1.5 ~ 3.0(~ 4.5)cm，先端钝或短渐尖，基部宽楔形至圆形，上面无毛，下面密被柔毛或脱落变稀疏，侧脉约 8 对。圆锥花序长 8 ~ 14cm，顶生，被柔毛；花冠白色或粉红色，各瓣近等长，花大，长 2 ~ 3cm，具香味，花梗长 8mm；花萼 5 齿裂，长 10mm；胚珠 7 ~ 9 枚。果倒卵形或椭圆形，长 5 ~ 7cm，宽 3.0 ~ 5.5cm，厚约 1.5cm，扁平，木质，顶端短渐尖，外面密被黄褐色短绢毛。种子 1 ~ 5 粒，椭圆形或卵状椭圆形，长 1.0 ~ 1.2cm，宽约 0.9cm，厚约 0.4cm，红色，有光泽。花期 7 ~ 8 月；果期 10 ~ 12 月。

产于全州、龙胜、永福、平乐、恭城、融水、金秀、象州、武宣、武鸣、田林、南宁、防城。常生于杂木林中。分布于江西、福建、湖南、贵州、广东、海南。木材密度大，心材微黄红色，边材淡黄色，纹理略斜，结构粗，干燥后稍开裂，稍变形，边材易受虫蛀，不耐腐，供作家具、器具、细木工及室内装修等用材。

8. 那坡红豆

Ormosia napoensis Z. Wei et R. H. Chang

小乔木，高 10m，胸径 25cm。小枝被锈色毛，后脱落，仅上部有毛。奇数羽状复叶，长 8 ~ 20cm，叶柄长 1.5 ~ 5.0cm，叶轴长 1.0 ~ 3.5cm；小叶 3 ~ 5 片，长椭圆形，顶生小叶较大，长 6 ~ 14cm，宽 1.5 ~ 4.0cm，先端渐尖，两面近无毛。果近圆形或椭圆形，扁，长 2.5 ~ 4.5cm，宽 2.5 ~ 3.0cm，外被灰色短柔毛，果瓣内壁淡黄色，粗糙。种子 1 粒，椭圆形，红色，种脐不生于种子的短轴中央而稍偏斜，具白色种柄及黄色环形假种皮，子叶大，微凸，无槽沟。

产于那坡，生于海拔约 500m 的山坡疏林中。

9. 南宁红豆 图 259

Ormosia nanningensis L. Chen

常绿乔木，高达 20m。裸芽。小枝被灰黄色细毛，或脱落。小叶 5 片，近革质，长圆形或长圆状倒披针形，长（3.5 ~ ）7.5 ~ 15.0cm，宽 1.5 ~ 3.5cm，先端渐钝尖或微凹，基部宽楔

图 258 木荚红豆 Ormosia xylocarpa Chun ex Merr. et L. Chen 1. 果枝；2. 果纵剖面。（仿《中国树木志》）

形，上面绿色无毛，下面色淡，幼叶密被灰色薄绒毛，老时脱落无毛。侧脉约 9 对，圆锥花序长约 15cm，密被灰色柔毛。果近圆形或椭圆形，长 2 ~ 4cm，宽约 1.8cm，扁平，稍偏斜，顶端短渐尖，密被灰黄色柔毛。种子 1 粒，近倒卵形，红色，具光泽。果期 10 月。

广西特有种，产于十万大山海拔 650m 以下的疏林中。

10. 菱荚红豆　火红豆

Ormosia pachyptera L. Chen

常绿乔木，高约 8m。裸芽。小枝、叶轴及小叶柄无毛。奇数羽状复叶，小叶 15 ~ 17 片，披针形或窄长圆形，长 5.5 ~ 8.5cm，宽 2.0 ~ 2.5cm，先端渐尖，基部窄楔形，上面无毛，下面稍粉绿色，被紧贴柔毛或脱落，中脉在上面凹下，侧脉 5 ~ 7 对，不很明显；在叶轴上每对小叶间有 1 枚小腺体，叶轴脱落后于枝条上留下明显凸起的叶枕。圆锥花序腋生，长 15 ~ 20cm。果菱形或倒卵形，扁平，长 6cm，直径 4.5cm，厚约 1cm，顶端短凸尖，黑色，被细柔毛，两边具翅，宽 0.4 ~

图 259　南宁红豆 Ormosia nanningensis L. Chen 果枝（仿《中国树木志》）

1.5cm；花萼宿存，果柄长 6mm，有毛。种子 2 枚，椭圆形，稍扁，长约 1.5cm，红色，有光泽。

产于那坡、龙州，常散生于海拔 400 ~ 900m 的砂质岩酸性土的疏林中。分布于云南。

11. 小叶红豆　苏檀木、广西紫檀

Ormosia microphylla Merr. et L. Chen

乔木，高达 25m，胸径达 80cm。树皮灰褐色至黑褐色，浅纵裂。裸芽，密被黄褐色柔毛。小枝密被锈色柔毛，老枝渐稀至秃净。奇数羽状复叶近对生；小叶 11 ~ 15（稀 9）片，长圆形，长 2 ~ 5cm，宽 1 ~ 2cm，先端尖，基部圆，上面几无毛，下面疏被灰白色柔毛，侧脉 5 ~ 7 对，纤细，叶轴及叶柄密被柔毛。花序顶生或腋生。果近菱形或长圆形，扁平，长 3 ~ 7cm，宽 2 ~ 3cm，顶端具短喙，无毛，有光泽，干时黑褐或黑色，厚革质至木质。种子 2 ~ 4 粒，长约 2cm，鲜红至紫红色，坚硬，平滑，稍有光泽，种脐长 3 ~ 3.5mm。果期 10 ~ 11 月。

产于永福、融水、金秀、昭平、贺州、河池、南丹、罗城、环江、靖西、那坡、田东、田林、武鸣、上林、防城、上思、龙州。生于海拔 800m 以下的阔叶林中。分布于福建、广东、贵州、云南、湖南。天然更新较差，根株萌芽性强。播种繁殖，种皮坚硬，不易透水，播种前宜用热水浸泡或用化学药品处理。广西特有木材树种，木材商品名称红心红豆，群众称之为"紫檀木"，心材大，深紫红色至紫黑色，气干密度 0.86g/cm³，边材灰黄色，木材纹理通直，结构细匀，干缩小，耐腐性强，天然色泽艳丽，花纹美观，高级家具及工艺品的珍贵用材。

12. 榄绿红豆　相思红豆、红果树、胭脂树　图 260

Ormosia olivacea L. Chen

乔木，高达 20m，胸径 1.2m。树皮灰白色。小枝及裸芽密被锈色柔毛。奇数羽状复叶，长 17 ~ 45cm，叶柄长 5cm，叶轴长 18cm；小叶 7 ~ 17 片，纸质，条状椭圆形、窄椭圆形或长圆形，长 3 ~ 12cm，宽 1.5 ~ 3.0cm，先端尖，基部圆或圆楔形，上面近无毛，侧脉 4 ~ 8 对，直伸，中脉及侧脉凹下，下面疏被柔毛；小叶柄及叶轴密被锈褐色柔毛。总状花序或圆锥花序，被褐色柔毛或近无毛。果长圆形或倒卵形，长 6 ~ 9cm，宽 2 ~ 4cm，黑褐或深褐色，无毛。种子 2 ~ 4 粒，倒卵形或

图 260 榄绿红豆 Ormosia olivacea L. Chen 1. 叶枝；2. 果；3. 果纵剖面，示种子。(仿《中国树木志》)

图 261 花榈木 Ormosia henryi Prain 果枝（仿《中国树木志》）

近肾形，长约 1cm，直径 0.7 ~ 1.0cm，稍扁，种皮红色，具光泽。花期 4 月；果期 11 月。

产于乐业，生于杂木林中。分布于云南、贵州。边材淡黄色，心材暗红色，纹理美丽，材质坚重，耐腐，为优良家具用材。

13. 花榈木 花梨木、亨氏红豆

图 261

Ormosia henryi Prain

常绿乔木，高达 13m，胸径达 40cm。裸芽。小枝、叶轴、叶柄、花序轴、花萼及子房均密被灰黄色绒毛，老枝上常变灰色或脱落无毛。小叶 5 ~ 9 片，长圆形、长圆状披针形或长圆状卵形，长 6 ~ 10（3 ~ 17）cm，宽 2 ~ 7cm，先端急尖，基部圆形或宽楔形，叶缘微反卷，上面深绿色，光滑无毛，下面和叶柄密被黄褐色柔毛，侧脉 6 ~ 11 对，与中脉呈 45°角。圆锥花序腋生或顶生，稀总状花序腋生；花冠中部黄白或淡绿色，边缘淡紫色，旗瓣近圆形，基部具胼胝体，半圆形，翼瓣倒卵状长圆形，淡绿色，龙骨瓣倒卵状长圆形，长 1.5cm，宽 0.6cm。果长圆形，长 7 ~ 11cm，宽 2 ~ 3cm，扁平，厚革质，干时紫黑色，无毛，顶端具喙，内壁有横隔膜。种子 3 ~ 7 粒，椭圆形，鲜红色。花期 7 ~ 8 月；果期 10 ~ 11 月。

产于阳朔、临桂、桂林、全州、融水、三江、罗城、金秀、贺州、苍梧、梧州、合浦、龙州、南宁、武鸣、田阳。常生于海拔 1200m 以下的山谷、山坡和溪边杂木林中。分布于福建、浙江、安徽、江西、湖北、湖南、四川、云南、贵州、广东、江苏；越南、泰国也有分布。较耐寒，能耐 - 10℃极端低温。喜湿润气候，也较耐干旱，在西南部的干热河谷也能正常生长。幼龄树在稀疏遮阴条件下干形较直，成龄树喜光，耐烈日直射。播种繁殖，种子千粒重约 250g，用始温 80℃热水浸泡 12h 后播种。边材黄色，心材深栗褐色，密度中等，结构适中，干燥后少开裂，少变形，耐腐耐

磨，纹理美丽，加工容易，为高级家具、室内装饰及工艺品优良用材，也可代机械轴承。根、枝、叶药用，具祛风、散结、解毒、去阏之功效；根皮可治跌打损伤及腰酸。优良观赏树种。枝条折断时有臭气，浙南俗称"臭桶柴"。

14. 软荚红豆　红相思、相思子
图 262：1~2

Ormosia semicastrata Hance

常绿乔木，高达 12m。裸芽。小枝密被黄色柔毛。奇数羽状复叶，小叶 3~5 片，长椭圆形，长 5~12(~14)cm，宽 2~6cm，先端渐钝尖，微凹，基部宽楔形，上面中脉凹陷，两面无毛或仅下面中脉被柔毛；小叶柄及叶轴被柔毛，后渐脱落；托叶小。圆锥花序顶生，约与叶等长，花序轴及花梗、花萼均被黄褐或赤褐色柔毛；花白色；雄蕊 5 枚发育，5 枚退化；子房密被黄色短柔毛，胚珠 2 枚。果圆形，直径 1.5~2.0cm，果皮薄革质，稍肿胀，干时黑褐色，具光泽，近无毛，顶端有角质小尖头；种子 1 粒，扁圆形，鲜红色。花期 5 月；果期 10 月。

图 262　1~2. 软荚红豆 Ormosia semicastrata Hance 1. 叶枝；2. 果。3~4. 苍叶红豆 Ormosia semicastrata f. **pallida** How 3. 叶枝；4. 果枝。5~6. 喙顶红豆 Ormosia apiculata L. Chen 5. 叶枝；6. 果。(仿《中国树木志》)

产于三江、永福、荔浦、贺州、金秀、苍梧、桂平。生于常绿阔叶林中。分布于福建、江西、广东、海南和香港。心材小，淡褐红色，边材灰白色，纹理直，易加工，供制家具、器具等用。韧皮纤维可作人造棉及绳索原料。

14a. 苍叶红豆　野火木　图 262：3~4

Ormosia semicastrata f. **pallida** How

与原种的区别在于：小枝具棱。小叶 7~9(5~11) 片，椭圆状披针形或倒披针形，长 4~10m，宽 1.0~2.5(~3.3)cm，先端急尖，基部楔形，干时上面苍白色，下面草黄色。花期 5 月；果期 9~10 月。

产于阳朔、永福、临桂、龙胜、恭城、金秀、贺州、横县、武鸣、桂平、平南、上思、防城、合浦。常生于山坡、路旁及阔叶林中。分布于江西、福建、湖南、贵州、广东、海南。木材密度大，心材灰黄色，边材灰白色，纹理直，结构适中，干燥后稍开裂，稍变形，边材易受虫蛀，不耐腐，一般作家具用材。

15. 红豆树　鄂西红豆、何氏红豆、江阴红豆　图 263：1~3

Ormosia hosiei Hemsl. et Wils.

常绿乔木，高达 30m，胸径 1m。树皮幼时绿色平滑，老时灰色，浅纵裂。裸芽。嫩枝被毛，后脱落。奇数羽状复叶常近对生或对生，小叶 5~7(3~9) 片，薄革质，卵形、长椭圆状卵形或倒卵形，长 5~12cm，宽 1.5~6.0cm，先端尖，基部楔形或近圆形，两面无毛或下面幼时微被柔毛；

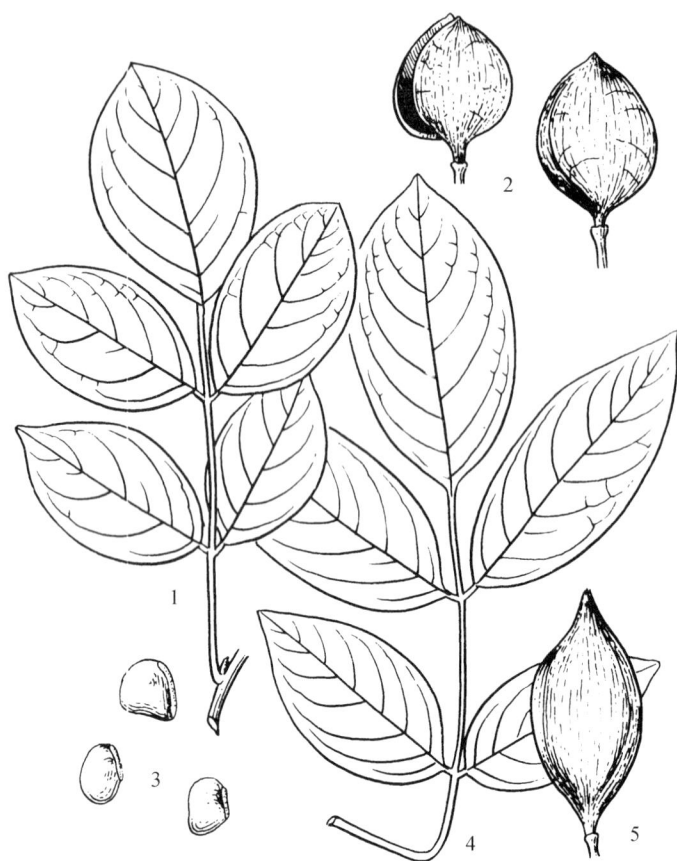

图 263　1～3. 红豆树 Ormosia hosiei Hemsl. et Wils. 1. 叶枝；
2. 果；3. 种子。4～5. 厚荚红豆 Ormosia elliptica Q. W. Yao et R.
H. Chang 4. 叶枝；5. 果。(仿《中国树木志》)

侧脉 8～10 对，和中脉呈 60°角，干后侧脉和细脉均明显凸起成网格；小叶柄及叶轴近无毛。圆锥花序长 15～20cm，下垂；花梗长 2cm；花萼钟形，浅裂，萼齿三角形，紫绿色，密被黄棕色柔毛；花冠白色或浅红色，微具香气；旗瓣倒卵形，长 2cm，翼瓣与龙骨瓣长椭圆形；雄蕊 10 枚；胚珠 5～6 枚。果近圆形，长 3.5～4.7cm，直径 2.5～3.0cm，果瓣近革质，干时栗褐色，无毛，有光泽，顶端具喙，内壁无横隔膜。种子 1～2 粒，近扁圆形，长 1.0～1.7cm，坚硬，深红色，具光泽，种脐长 7～8mm。花期 4 月；果期 10～11 月。

易危种，国家 II 级重点保护野生植物。产于临桂、苍梧、天峨、田阳，生于海拔 900m 以下的谷地、溪边阔叶林中。分布于陕西、甘肃、湖北、江苏、浙江、安徽、福建、江西、四川、贵州。本种在本属中是分布纬度最高的种，抗寒能力很强，能耐最低温度 -8℃。幼苗耐阴，长大后喜光。播种繁殖，种子千粒重 650～950g，种子含水率高，应随采随播。

木材密度中等至重，心材大，栗褐色，耐腐，边材淡黄褐色，不耐腐，花纹美丽，为木雕工艺、高级家具、仪器箱盒用材。树姿优美典雅，种子红色，为优良的庭院观赏树种。

16. 喙顶红豆　尖顶红豆　图 262：5～6

Ormosia apiculata L. Chen

常绿乔木，高达 19m；树皮灰色，光滑。裸芽。小枝圆，有灰褐色绒毛后近无毛。羽片长 14～25cm，叶柄长 3cm；小叶 3～5 片，革质，长圆形或长圆状披针形，长 (5.5～)8.0～13.0cm，宽 2.5～3.5cm，顶生小叶较大，先端钝渐尖，基部楔形，两面无毛，侧脉 5～10 对，网脉微隆起。圆锥花序长约 20cm，顶生，总花梗被短柔毛。果近扁圆形，长 1.6～2.0cm，薄革质，红褐色，具光泽，无毛或近无毛，顶端有长 4～6mm 的喙，开裂；花萼宿存，被褐色柔毛。种子 1 粒，长约 1cm，坚硬，红色，具光泽。果期 8 月。

广西特有种，产于隆林、凌云、十万大山。生于海拔 1400m 左右的山地杂木林中。

17. 蒲桃叶红豆

Ormosia eugeniifolia Tsiang ex R. H. Chang

常绿乔木，高 5～16m。芽及小枝密被黄褐色短柔毛，老枝上有凸起皮孔，近无毛。奇数羽状复叶，长 8～12cm；叶柄长 1.0～2.2cm，叶轴长 2.7～3.7cm；小叶 5～7 片，厚革质，倒卵形或椭圆形，长 3.6～6.3cm，宽 1.6～2.8cm，先端圆、钝尖或微凹，基部楔形，边缘微向下反卷，上面无毛，下面疏被极短细毛，老时无毛，侧脉 5～8 对，不明显，与中脉成 40°角；小叶柄、叶柄、叶轴疏被短毛或近无毛，小叶着生处有褐色毛。圆锥果序顶生，或总状生于叶腋，有褐色短柔毛，花未见；荚果斜方形或椭圆形，长 2 ~ 4cm，直径 2.0 ~ 2.4cm，两端尖，果瓣黑褐色，木质，厚 2 ~ 3mm，外面近基部多少有点褐色毛，内有横隔膜，有种子 2 ~ 3 粒；种子椭圆形，微扁，长 1.0 ~ 1.3cm，宽 7 ~ 8mm，厚约 5mm，鲜红色，种脐位于短轴一端稍偏，椭圆形，白色，珠柄短，黄色。果期 11 月。

广西特有种，产于上思，生于 700m 以下的山谷、小溪旁的疏林中。

18. 屏边红豆　姊到羊

Ormosia pingbianensis Cheng et R. H. Chang

常绿乔木，高 15m。1 年生小枝被黄褐色平贴细毛，老枝光滑，色暗；裸芽有柄，外被灰色细柔毛。奇数羽状复叶，互生或稀近对生，长 15 ~ 17cm，叶柄长 2.5 ~ 3.5cm，叶轴长 3 ~ 5cm，叶柄及叶轴纤细无毛；小叶 5 ~ 7 片，薄革质，长椭圆形，长 5.2 ~ 8.5cm，宽 1.7 ~ 2.6cm，先端渐尖或长渐尖，基部楔形，稀微圆，两面无毛，中脉上面微凹；小叶柄无毛，上面有凹沟。花未见。果序轴有淡褐色短柔毛；荚果长圆形、椭圆状倒卵形或长卵形，长 3.2 ~ 4.4cm，宽 1.8 ~ 2.0cm，果颈长 3 ~ 4mm，宿存萼小，密被黄褐色柔毛，果瓣薄革质，厚不足 1mm，干时黑褐色，无毛，内壁无隔膜，有种子 1 ~ 3 粒；种子近圆形，微扁，长约 1cm，宽约 9mm，厚约 7mm，种皮鲜红色，种脐椭圆形，微凹，位于短轴一端。

产于宁明，生于海拔 900 ~ 1100m 的山谷疏林中。分布于云南。

19. 肥荚红豆　大红豆、圆子红豆、福氏红豆、鸡胆豆　图 264

Ormosia fordiana Oliv.

常绿乔木，高达 15m，胸径 1m。裸芽。嫩枝、幼叶密被锈色柔毛，老时脱落渐稀。奇数羽状复叶，长 19 ~ 40cm，叶柄长 3 ~ 7cm，叶轴长 5 ~ 15cm；小叶 7 ~ 9(5 ~ 11) 片，倒卵状椭圆形、倒披针形至长椭圆形，薄革质，长 9 ~ 13cm，宽约 4cm，先端急尖或尾尖，基部楔形，无毛或下面偶有丝毛；无托叶；小叶脉不明显，光滑。圆锥花序顶生，被锈色柔毛；花萼 5 深裂；花冠紫红色。荚果椭圆形，扁平，长 4 ~ 10cm，宽约 5cm，果皮木质，开裂后外卷，外面近无毛，内壁象牙白色，有红色斑迹。种子 1 ~ 4 粒，椭圆形，长约 3cm，径约 2cm，种皮红色，肉质。花期 7 月；果期 9 ~ 11 月。

产于凭祥、宁明、龙州、大新、百色、靖西、田林、那坡、邕宁、南宁、武鸣、桂平、金秀、昭平、贺州、南丹、天峨等地。常生于山谷、山坡、沟边疏林或灌丛中。分布于广东、海南、云南；越南、缅甸、泰国、孟加拉国也有分布。木材密度中等，淡黄色，纹理直，结构适中，抗虫性中等，可供作一般建筑、家具等用材。全株入药，有小毒，有清热解毒、消水肿止痛的功效，可治跌打损伤、烫伤。

图264　肥荚红豆 Ormosia fordiana Oliv. 1. 花枝；2. 果序；3. 花瓣。(仿《中国树木志》)

20. 海南红豆　大鄂红豆、羽叶红豆　图254：4

Ormosia pinnata (Lour.) Merr.

常绿乔木，高达25m，胸径30cm。树皮灰色，木质部有黏液。裸芽。嫩枝被柔毛，后渐脱落。小叶7～9片，披针形，长10～15cm，宽约4cm，薄革质，先端短渐尖或钝，两面无毛，侧脉5～8对；托叶钻形。圆锥花序长20～30cm，顶生；萼裂片密被柔毛；花冠粉红带黄白色，旗瓣基部有角质耳状体2枚。果卵形或圆柱形，长3～8cm，肿胀，幼时疏被毛，种子间稍缢缩，具隔膜，木质，成熟时橙红色，干时黑褐色，有浅色小疣点，光滑无毛。种子椭圆形，长1.5～2.0cm，种皮朱红色。花期6～8月；果期11～12月。

产于合浦、龙州、陆川、那坡。生于海拔800m以下的山坡、丘陵和平原地。分布于广东、海南和香港；越南、泰国也有分布。抗寒能力较强，能耐0℃的低温及较轻的冰雪，在桂林市栽培可在露地安全过冬。播种繁殖，种子千粒重650～950g，种子含水率高，随采随播，种子发芽需20℃以上的温度，发芽持续时间长，无明显盛期。木材密度中等，心材淡红褐色，边材淡黄色，结构适中，纹理直，干燥后稍开裂，不变形，耐腐中等，干缩大，易加工，可供制作一般家具、建筑板材。心材煎水食可治内伤。海南红豆树枝稠密，树形美观，种子红色，是行道、庭院绿化观赏的好树种。

21. 韧荚红豆

Ormosia indurata L. Chen

常绿小乔木，高9m。裸芽。老枝叶痕隆起，皮孔凸出，幼枝被微柔毛。奇数羽状复叶，小叶7～9片，对生，革质，倒披针形或宽长圆状倒披针形，长3.5～6cm，宽0.7～2cm，先端短钝尖，边缘稍反卷，两面无毛或下面稍被毛，中脉在上面微凹，侧脉4～7对，与网脉在上面微隆起；小叶柄纤细，上面有凹槽，无毛或稍被细毛，叶轴无毛。圆锥花序长约5cm，顶生，花蕾倒卵形，被黄褐色短毛；花萼及子房密被灰色柔毛；花瓣白色；胚珠4枚。果木质，倒卵形或长圆形，长3.5～4.7cm，宽2.0～2.5cm，稍肿胀，幼时被毛，老时近无毛，顶端短尖，内有横隔膜；种子1～2粒，椭圆形，稍扁，长约1cm，坚硬，红褐色，有光泽。花期5月；果期10月。

产于十万大山、融安，散生于阔叶林中。分布于广东、福建。

22. 凹叶红豆　图265：1

Ormosia emarginata (Hook. et Arn.) Benth.

常绿小乔木，高约5m，胸径8cm，树皮灰绿色。裸芽。小枝、叶及果均无毛。小叶3～5(～7)片，厚革质，倒卵形或倒卵状长圆形，长(2.0～)2.5～8.0cm，宽约3cm，先端凹缺，基部楔形，侧脉7～8对，纤细，上面中脉凹陷，侧脉及网脉隆起；小叶柄粗短，长约0.4cm，有凹槽和皱纹。圆锥花序顶生，长约10cm；花冠白色或粉红色，具香气；花萼5枚，裂齿达中部，萼齿等大；翼瓣篦形，基部耳状，龙骨瓣长圆形，不整齐，一侧

图265　1. 凹叶红豆 Ormosia emarginata (Hook. et Arn.) Benth. 果枝。2. 光叶红豆 Ormosia glaberrima Y. C. Wu 果枝。（仿《中国树木志》）

微耳形；旗瓣半圆形，长8mm；雄蕊3枚长7枚短。果扁状长圆形，木质，长1~5cm，宽约2cm，黑褐色至黑色，无毛，种子间有隔膜。种子1~3粒，卵圆形或椭圆形，坚硬，鲜红色，有光泽，有黄白色残留珠柄。花期6~7月；果期10月。

产于防城。多生于常绿阔叶林中。分布于广东、海南和香港；越南也有分布。

23. 光叶红豆 广西红豆树、乌心红豆、大叶青蓝木　图265：2

Ormosia glaberrima Y. C. Wu

常绿乔木，高13m，树皮灰绿色，光滑。裸芽。小枝无毛或微被柔毛。奇数羽状复叶，小叶5~7片，近革质，卵形或长圆状披针形，长(3~)4.5~9.0cm，宽2.5~3.0cm，先端渐尖或急尖，基部宽楔形或圆形，两面无毛，上面中脉凹下，侧脉8~10对，与网脉在上面微隆起；小叶柄长3~8mm，有凹槽。圆锥花序长约9cm，顶生或腋生；花具短梗；花萼钟形，5枚齿裂，齿裂达中部，被黄色柔毛；旗瓣近圆形，先端微凹；雄蕊3枚长7枚短；胚珠5枚。果长圆状倒卵形或长圆形，扁平，长3.5~5.0cm，顶端急尖，木质，干时黑色，无毛。种子1~4粒，近圆形，稍扁，坚硬，红色，具光泽。花期7月；果期10~11月。

产于合浦、上思、桂平、苍梧、金秀、贺州、临桂、荔浦、永福。生于阔叶林中，稀见。分布于广东、海南、湖南、云南、江西。散孔材，边材淡黄褐色，心材黄褐色，结构细致，纹理直，花纹美观，有光泽，稍坚重，易加工，油漆及胶黏性能良好，供作高级家具、乐器、工艺品等用材。种子药用，可治痢疾。

24. 厚荚红豆 长荚红豆　图263：4~5

Ormosia elliptica Q. W. Yao et R. H. Chang

乔木，高15m。嫩枝无毛。裸芽。羽状复叶，长15~18cm；叶柄长2~3cm，叶轴长3cm；小叶5~7片，长椭圆形，长3~9cm，宽1~3cm，先端钝尖，基部楔形，上面无毛，下面仅中脉有疏毛或近无毛，侧脉6~8对，与中脉成40°角，细脉成网眼，干后两面明显凸起。总状果序，顶生或腋生；荚果椭圆形，长4.5~5.6cm，宽2.5~3.0cm，果瓣肥厚木质，有中果皮，果瓣外面无毛，内壁无隔膜，有种子2~3粒；种子椭圆形，长约1.6cm，宽1.0~1.3cm，厚7~8mm，种脐位于长轴一侧。花期5~6月；果期10~11月。

产于临桂、隆林。分布于广东、福建。

2. 香槐属 Cladrastis Raf.

落叶乔木。无顶芽，侧芽为叶柄下芽，2枚叠生。奇数羽状复叶，小叶互生或近对生，全缘；有小托叶或无。圆锥花序或近总状花序，顶生；萼钟状，萼齿5枚；花冠白色，稀淡红色，旗瓣圆形，雄蕊10枚，分离或基部稍联合；子房具柄。荚果扁平，两侧具翅或无翅，开裂，果皮薄。

约9种，产于东亚、北美。中国6种。广西5种，本志记载4种。常生于石灰岩地区。生长快，材质坚重致密，有光泽，可供提制黄色染料。

分种检索表

1. 果两边具翅，小托叶芒状或钻形。
　2. 小叶长椭圆形或卵状长圆形；圆锥花序长10~30cm；果近无毛 ……………… **1. 翅荚香槐 C. platycarpa**
　2. 小叶卵形，长2~4cm；圆锥花序长5~10cm；果被疏毛 ……………… **2. 小叶香槐 C. parvifolia**
1. 果无翅，无小托叶。
　3. 小叶卵形或长圆状卵形，老叶下面苍白色，仅中脉被黄色柔毛；圆锥花序长12~18cm，花序轴微被褐色柔毛
　　……………………………………………………………………………… **3. 香槐 C. wilsonii**
　3. 小叶卵状披针形或长椭圆状披针形，下面苍白色，被灰白色柔毛，中脉被锈色柔毛；圆锥花序长12~25(~40)cm ………………………………………………………………… **4. 小花香槐 C. delavayi**

1. 翅荚香槐 小花香槐 图 266：3

Cladrastis platycarpa（Maxim.）Makino

大乔木，高达 30m，胸径达 90cm；树皮暗灰色，多皮孔。1 年生枝被褐色柔毛，后脱落。小叶 7~9（~15）片，长椭圆形或卵状长圆形，长 5~10cm，先端渐尖，基部圆，上面无毛，下面沿中脉被长柔毛或无毛，中脉上面稍凹，下面稍隆起，侧脉 6~8 对，近边缘网结，细脉明显；小托叶芒状。圆锥花序长 10~30cm；花长约 1.5cm；萼齿 5 枚，三角形，密被棕色绢毛；花冠白色，基部有黄色小点，芳香；雄蕊 10 枚，离生，胚珠 5~6 枚。果长圆形或披针形，扁，长 3~7cm，宽约 1.8cm，两边有窄翅，近无毛，不开裂；种子 1~2（~4）粒，长圆形，长 0.8cm，宽 0.3cm，扁，黑褐色。花期 5 月；果期 7~10 月。

产于全州、临桂、桂林、靖西、隆林、乐业、天峨、南丹、罗城、马山、武鸣、大新、天等、龙州、合浦等地，常生于海拔 1000m 以下的山谷疏林或溪沟边。分布于云南、贵州、江苏、浙江、安徽、湖南、广东；日本也有分布。喜光，适应性强，根系发达，穿透力强，常见生于石山上，酸性土上也有分布，具较强的萌蘖能力。生长迅速，1 年生苗高 1m，地径 1.2cm。寿命长，可长成百龄大树。木材密度大，边材灰淡黄色，心材褐黄红色，纹理直，结构粗，干燥后不翘裂，边材易遭虫蛀，耐腐性中等，可作家具、器具等用材。石山绿化的优良树种。木材黄色，可供提制黄色染料。花序大，有芳香，秋叶鲜黄色，为优良的观赏树。

2. 小叶香槐

Cladrastis parvifolia C. Y. Ma

乔木，树皮灰褐色，具皮孔。幼枝绿色，无毛。羽叶长 10~15cm，叶柄上具沟槽，疏被褐色柔毛；小叶 7~9 片，膜质，卵形，长 2~4cm，宽 1~2cm，先端渐尖，基部圆，稍歪斜，下面中脉和侧脉微被柔毛，中脉上面稍凹，下面稍隆起，侧脉 5~6 对，细脉明显；小托叶钻状。圆锥花序顶生，长 5~10cm，被褐色柔毛；花白色，长约 0.7cm；萼齿 5 枚，不等大，被黄褐色柔毛；雄蕊 10 枚，分离，近等长。果长圆形或披针形，两边有窄翅，被疏毛；种子 1~2（~4）粒，长圆形，长 0.8cm，宽 0.3cm，扁，黑褐色。花期 10 月。

广西特有种，产于临桂、灵川。

3. 香槐 山荆、利川香槐 图 266：1~2

Cladrastis wilsonii Takeda

落叶乔木，高 16m；树皮灰色或黄灰色，具皮孔。小叶 7~9（~11）片，纸质，卵形或长圆状卵形，长 4~12cm，宽 2~4cm，顶生小叶较大，有时呈倒卵形，先端渐尖，基部稍不对称，老叶下面苍白色，沿中脉被黄色柔毛，叶脉两面均隆起，侧脉 10~13 对；无小托叶。圆锥花序长 12~18cm，花序轴微被褐色

图 266 1~2. 香槐 Cladrastis wilsonii Takeda 1. 花枝；2. 果。3. 翅荚香槐 Cladrastis platycarpa（Maxim.）Makino 果枝。（仿《中国树木志》）

柔毛；萼齿5枚，三角形，急尖，筒密被棕色柔毛；花冠白色，长1.5～2.0cm，旗瓣椭圆形，翼瓣箭形，龙骨瓣半月形，具圆耳，下垂，背部呈明显龙骨状；雄蕊10枚，分离，胚珠多数。果长圆形，扁平，两侧无翅，长3～8cm，宽约1cm，被粗毛。花期6～7月；果期8～10月。

产于龙胜、桂林、融水。生于海拔1000～2000m的山区杂木林内、林缘、岩缝中。分布于浙江、安徽、江西、福建、湖南、湖北、四川、陕西、甘肃。喜阴湿环境。木材供制家具。根入药，可治关节疼痛和寄生虫及饮食不洁导致的腹痛。果炒食，有催吐之效。木材黄色，可供提制黄色染料。适应性强，在酸性土、中性土及石灰岩山地均能生长，石山绿化的优良树种。

4. 小花香槐

Cladrastis delavayi (Franch.) Prain

乔木，高达25m；树皮浅绿灰色，平滑。幼枝、小叶柄、叶轴被灰褐色或锈色柔毛。羽片长20cm，小叶9～13片，卵状披针形或长椭圆状披针形，长4～9cm，宽约2.5cm，先端渐尖，基部圆，下面苍白色，被灰白色柔毛，中脉被锈色柔毛，侧脉10～15对，背面隆起，细脉明显；无小托叶。圆锥花序顶生，长12～25(～40)cm，花疏生；萼齿5枚，半圆形，被锈色毛；花冠白色或浅黄色，长约1.2cm，旗瓣倒卵形，翼瓣箭形，龙骨瓣椭圆形，具圆耳，下垂；雄蕊10枚，分离；胚珠6～8枚。果长椭圆形或长圆形，长3～8cm，宽约1cm，初被柔毛，后脱落，两侧无翅；种子1～3(～5)粒，卵形，褐色，长0.4cm，宽0.2cm。花期6～9月；果期8～11月。

产于资源。分布于陕西、甘肃、四川、云南、贵州、湖南、湖北、福建。

3. 槐属 Sophora L.

灌木、乔木，稀草本。芽小，芽鳞不明显。奇数羽状复叶，小叶对生或近对生，托叶有或无，少数具小托叶。总状或圆锥花序；萼宽钟状；旗瓣圆形或长圆状倒卵形；雄蕊10枚，分离或基部稍合生；子房具柄，胚珠多数。荚果念珠状，不裂或开裂。

约70种，主产于东亚、北美。中国21种。广西6种。

分种检索表

1. 荚果开裂。
 2. 灌木或攀援状灌木。
  3. 小叶11～15片，椭圆形或卵状椭圆形，先端急尖；花冠黄色，旗瓣圆形；果扭转，疏被短柔毛；种子卵形
                            ······ **1. 越南槐 S. tonkinensis**
  3. 小叶11～21片，形态多变，一般为椭圆形或倒卵形，先端钝或微凹，具短尖头；花冠白色或蓝白色，旗瓣倒卵状长圆形；果稍扁，近无毛；种子椭圆形 ······ **2. 白刺花 S. davidii**
 2. 草本或亚灌木；茎具纵棱；小叶15～29片，纸质，椭圆状披针形或线状披针形，全缘或波状，背面被柔毛或近无毛，中脉在叶背隆起；果长条形，成熟后开裂成4瓣 ······ **3. 苦参 S. flavescens**
1. 荚果不开裂。
 4. 小枝无毛；托叶钻形，早落；圆锥花序顶生。
  5. 荚果的种子间缢缩不明显，种子排列紧密；种子肾形 ······ **4. 槐 S. japonica**
  5. 荚果的种子间急骤缢缩，种子相互疏离；种子卵形 ······ **5. 短蕊槐 S. brachygyna**
 4. 小枝密被棕色柔毛；托叶钻形或刺芒状，宿存；总状花序腋生，与叶对生或腋外生；花冠棕黄色或浅黄色；种子长圆形，淡红色或深红色 ······ **6. 锈毛槐 S. prazeri**

1. 越南槐 柔枝槐、广豆根、山豆根

Sophora tonkinensis Gagnep.

纤细灌木，高约1m。小枝圆柱形，绿色，与叶柄及叶轴均被灰色毛。小叶11～15片，椭圆形或卵状椭圆形，长1.5～3.0cm，宽1～2cm，先端急尖，基部圆形或微心形，上面无毛，下面初被丝毛，后脱落，背面具小凸点。顶生圆锥花序或总状花序，长10～30cm；花萼杯状，萼齿短三角

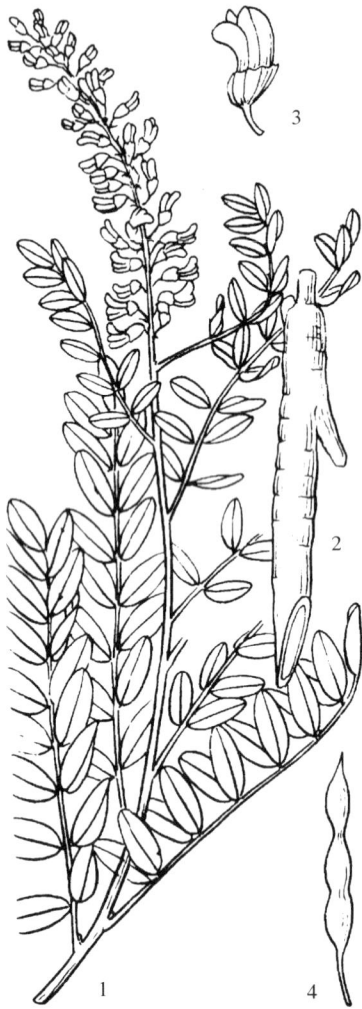

图267 苦参 Sophora flavescens Ait.
1. 花枝；2. 根；3. 花；4. 果。（仿《中国树木志》）

形；花冠黄色，旗瓣圆形，具短爪；雄蕊10枚，基部稍联合；子房被柔毛，胚珠4枚。果念珠状，扭转，疏被短柔毛，开裂；种子卵形，亮黑色。花期5~6月；果期7~9月。

产于龙州、武鸣、百色、那坡、德保、靖西、田阳、田林、乐业、都安、凤山、罗城、南丹、河池。生于海拔约900m的石灰岩山地或岩石缝中。分布于云南、贵州；越南也有分布。根即是广豆根，入药，性寒、味苦，可治咽喉牙龈肿痛、肺热咳嗽烦渴、黄疸、热结便秘。

2. 白刺花　苦刺

Sophora davidii（Franch.）Skeels

灌木，高2.5m。小枝短，具锐刺，枝及叶轴被平伏毛，后脱落。小叶11~21片，形态多变，一般为椭圆形或倒卵形，长5~8（~12）mm，宽约5mm，先端钝或微凹，具短尖头；托叶针刺状，宿存。总状花序顶生；花长15mm；萼杯形，紫色，萼齿5枚，三角形；花冠白色或蓝白色，旗瓣倒卵状长圆形，长14mm，基部具细长柄，翼瓣与旗瓣近等长，单侧生，具1枚尖锐耳，具海绵状折皱，龙骨瓣镰状倒卵形，具三角形耳；雄蕊10枚，等长，基部联合不到1/3；胚珠多数。果念珠状，稍扁，长2~6cm，具长喙，近无毛，果皮近革质，开裂。种子3~5粒，椭圆形，长（宽）0.3~0.4cm。花期5月；果期8~10月。

产于隆林、乐业、田林。生于山地路旁或灌丛中。分布于四川、云南、贵州、陕西、甘肃、山西、河北、河南、湖南、湖北、江苏、浙江。喜光、耐干旱。扦插繁殖，用作绿篱。花可食，有清热凉血的功效。

3. 苦参　地槐、白茎地骨　图267

Sophora flavescens Ait.

草本或亚灌木，高达2m。茎具纵棱，小枝被柔毛，后脱落。羽片长25cm，小叶15~29片，纸质，椭圆状披针形或线状披针形，长2.5~5.7cm，宽1~2cm，全缘或波状，背面被柔毛或近无毛，中脉在叶背隆起；托叶线形。总状花序顶生，长15~30cm，花较密，花梗细弱；萼钟状，偏斜，齿不明显；花冠黄白色、黄色或粉红色，旗瓣倒卵状匙形，长14mm，翼瓣单侧生，皱折几达瓣片顶部；雄蕊10枚，1/4合生。果长条形，长5~11cm，宽约0.6cm，种子间稍缢缩，微具棱，疏被柔毛或近无毛，成熟后开裂成4瓣；种子1~5粒，长圆形，褐色。花期6月；果期8~10月。

产于全州、灌阳、桂林、资源、罗城、东兰、天峨、隆林、凌云、乐业、那坡、梧州。分布于中国大部分地区；日本、朝鲜、西伯利亚也有分布。喜光，耐干旱瘠薄，生于沙地、河岸石砾地、溪边及向阳山坡草丛中。根入药，健胃、驱虫，可治消化不良、便秘及神经衰弱等症。茎皮纤维供制麻袋绳索及作造纸原料。种子含油量约14.76%，供制肥皂及润滑油用。花可作棉和丝织物的黄色染料。苦参水浸液或煮液可防治稻飞虱、浮尘子等害虫。现代研究发现，苦参碱、氧化苦参碱具抗肿瘤、平喘去痰、安定、抗过敏、免疫抑制等作用。

图 268　槐 Sophora japonica L. 果枝（仿《中国树木志》）

图 269　锈毛槐 Sophora prazeri Prain 1. 花枝；2. 果。（仿《中国树木志》）

4. 槐　守宫槐、槐花木　图 268

Sophora japonica L.

落叶乔木，高达 25m，胸径达 1.5m；树皮灰黑色，粗糙纵裂。1~2 年生枝绿色，无毛，皮孔圆形，明显。小叶 7~17 片，卵形、长圆形或披针状卵圆形，大小不一，长 2~8cm，宽 1.2~1.5cm，下面苍白色，初被平伏毛，后无毛；托叶钻形，早落。圆锥花序顶生，花冠黄白色。果肉质，念珠状，长 2.5~8.0cm，种子间缢缩不明显，种子排列紧密，无毛，不开裂，经冬不落。种子肾形，深棕色。花期 6~8 月；果期 9~10 月。

桂林、柳州、河池、百色、南宁等地有栽培。分布于中国大部分地区；日本、朝鲜也有分布。适应性强，耐干冷气候，耐旱，耐瘠薄，忌积水，在酸性、碱性、轻度盐碱土上均能正常生长。边材灰白色，心材黄红色，密度大，有光泽，纹理直，结构适中，干燥后少开裂，抗虫、耐腐性强，富弹性，供作建筑、车辆、农具、家具、雕刻等用材。花可供提制黄色染料。花和芽可食。花果入药，有收敛、止血之效。花期较长，为优良的蜜源树种。枝叶浓密，树姿美观，抗性强，寿命长，优良的城镇绿化树种。

4a. 龙爪槐　倒栽槐

Sophora japonica f. **pendula** Hort.

与原种主要区别在于：小枝屈曲下垂，并向不同方向扭曲。嫁接繁殖，用槐作砧木，供观赏。广西各地有栽培。

5. 短蕊槐

Sophora brachygyna C. Y. Ma

乔木，高 20m 以上；树皮灰褐色。当年生枝绿色，具灰白色皮孔，无毛。羽状复叶长达 20cm；叶柄基部明显膨大，内藏芽；托叶早落；小叶 4~7 对，卵状披针形或卵状长圆形，长 2.5~4.0(~6.0)cm，宽 1.5~2.0(~2.5)cm，先端渐尖，有时具芒尖，基部钝圆，稍歪斜，上面绿色，下面灰白色，两面近无毛，仅在下面中脉基部及小叶柄上被散生柔毛；小叶柄长约 3mm；小托叶钻状，比小叶柄短。圆锥花序大型，长达 25cm；小苞片脱落；花萼浅钟状，长约 4mm，宽约 4mm，萼齿不明显，波状或近截平，被灰白色缘毛；花冠白色或淡黄色，旗瓣近圆形，先端微缺，基部浅心形，柄长约 3mm，翼瓣长圆形，先端浑圆，基部呈不对称的心形，明显具 2 耳，无皱褶，柄细，长约 4mm，龙骨瓣与翼瓣相似，稍宽，基部具不等大 2 耳，耳下垂，三角形；雄蕊 10 枚，近离生；子房长不到雄蕊的 1/2，疏被白色柔毛，花柱成 90° 弯曲。荚果念珠状，粗壮，长 4~6cm，直径达 15mm，种子间急骤缢缩，种子相互疏离，果皮肉质，成熟时不开裂，无毛，果颈长 1~2cm，先端骤狭成喙，有种子 1~2 粒，稀 4 粒；种子卵形，压扁，近脐端较宽，褐黑色，种脐凹陷。花期 8~11 月；果期 10 月至翌年 1 月。

产于临桂、恭城。生于海拔约 300m 的山坡、路边。分布于浙江、江西、湖南。

6. 锈毛槐　西南槐树、瓦山槐　图 269

Sophora prazeri Prain

灌木，高 1~3m。小枝密被棕色柔毛。小叶 7~15(~21)，上部小叶卵形、卵状椭圆形或长椭圆形，长 4~7cm，宽 4cm，基部小叶长圆状披针形或卵形，长 3~5cm，宽 2~3cm，上面近无毛，下面被灰色或棕色柔毛；托叶钻形或刺芒状，宿存。总状花序腋生，与叶对生或腋外生，长 7~14(~20)cm，被毛；萼斜钟状，具不明显钝齿；花冠棕黄色或浅黄色，长约 1.7cm，旗瓣长约 16mm，先端微缺，翼瓣单侧生，具三角形耳，有皱褶，龙骨瓣具 1 耳，下垂，常呈囊状膨大；雄蕊 10 枚，基部稍连合。果念珠状，长 3~7cm，密被棕色柔毛，具果颈和长喙，不开裂。种子 1~2(~3)粒，长圆形，淡红色或深红色。花期 5 月；果期 7~9 月。

产于隆林、凌云、田林、乐业、靖西、凤山、灵川、桂林、临桂。生于海拔 700~1800m 的山区丛林或石坡上，在湿润土壤上生长最好。分布于四川、甘肃、云南、贵州、江西。根入药，可治痨伤及水泻等症。

4. 藤槐属 Bowringia Champ. ex Benth.

攀援灌木。单叶，较大；托叶小。总状花序腋生；花萼膜质，先端截形；花冠白色，旗瓣圆形，具柄，翼瓣镰状长圆形，龙骨瓣与翼瓣相似，稍大；雄蕊 10 枚，分离或基部稍连合；子房具短柄，胚珠多数，花柱锥形，柱头小，顶生。荚果卵形或球形，成熟时沿缝线开裂，果瓣薄革质，具种子 1~2 粒；种子长圆形或球形，褐色。

4 种，分布于热带非洲及亚洲。中国 1 种。广西有产。

藤槐　包令豆、公鸡合藤　图 270

Bowringia callicarpa Champ. ex Benth.

攀援灌木，全体无毛。单叶，近革质，全缘，互生；叶卵形或椭圆形，长 5~13cm，宽 2~6cm，先端渐尖，基部圆形，叶脉两面明显隆起，侧脉 5~7 对，网脉细密；叶柄长 1~3cm，两端膨大；托叶小，卵状三角形，具脉纹，早落。伞房状总状花序长 1~3cm，具花 3~5 朵；花萼杯状，长 2~3mm，萼齿锐尖，先端截平；花冠白色，瓣爪极短，旗瓣近圆，长 6~8mm，先端微凹，或呈倒心形，翼瓣镰状长圆形，长 5~7mm，龙骨瓣长 5~7mm，长圆形；雄蕊 10 枚；子房有柄。果卵形，薄革质，长 2.5~3.0cm，直径约 1.5cm，两端尖，网脉明显，具长喙。种子 1~2 粒，椭圆形，稍扁，黑色或绛红色。花期4~6月；果期7~9月。

产于苍梧、梧州、岑溪、金秀、贺州、昭平、平南、桂平、浦北、灵山、武鸣、上林、横县、邕宁、南宁、宁明、龙州、上思。生于杂木林中或溪沟边。分布于广东、福建、海南、香港；越南也有分布。茎纤维可供制绳索；根叶入药，有清热、凉血的功效。

5. 葫芦茶属 Tadehagi Ohashi

灌木。单小叶，叶柄有宽翅；托叶2枚，披针形，密生纵脉，钳状连生于翅端。总状花序每节具花2~3朵；萼齿4枚；花瓣脉纹显著，翼瓣与龙骨瓣近等长，基部有距；雄蕊二体(9+1)；子房无柄。荚果窄长圆形，荚节5~8个，腹缝线直或稍呈波状，背缝线稍缢缩至深缢缩；种脐在种子侧面。

6种，分布于亚洲、太平洋岛屿及澳大利亚北部。中国2种。广西有产。

图270 藤槐 Bowringia callicarpa Champ. ex Benth.
1. 叶枝；2. 果序。(仿《中国树木志》)

分种检索表

1. 茎直立；小叶窄长圆形或窄卵状披针形，长4~18cm，侧脉8~14对；荚果密被黄色或白色糙毛 ·· **1. 葫芦茶 T. triquetrum**

1. 茎蔓生；小叶卵形或卵圆形，长3~10cm，侧脉约8对，荚果仅背腹缝线密被白色柔毛，果皮无毛 ·········· **2. 蔓茎葫芦茶 T. pseudotriquetrum**

1. 葫芦茶 百劳舌(广东)、牛虫草(海南)、懒狗舌(江西)
Tadehagi triquetrum（L.）Ohashi
灌木，茎直立，高达2m。小枝具3条棱，沿棱脊密被丝毛，后脱落。叶窄长圆形或窄卵状披针形，长4~18cm，先端急尖，基部近心形，下面沿脉疏被柔毛，侧脉8~14对不达叶缘，背面网脉明显，小托叶披针形，宿存。总状花序15~30cm，被丝状或小钩状毛；花2~3朵簇生于节上；花萼宽钟形，萼筒长1.5mm，疏被毛；花冠紫红色或蓝紫色，长5mm，伸出萼外，旗瓣近圆形，先端凹，翼瓣倒卵形，基部耳形，龙骨瓣镰刀形；雄蕊二体；胚珠5~8枚。果长2~5cm，宽0.5~0.7cm，荚节5~8个，长圆形，密被黄色或白色糙毛。花期7~9月；果期10~11月。

产于广西各地。分布于福建、广东、海南、云南、贵州；印度、缅甸、越南、菲律宾、马来西亚也有分布。全株入药，又可作凉茶，有清热解毒、健脾消食、利尿的功效，可治肝炎、支气管炎、肾炎、菌痢、肠炎、感冒、小儿五疳。浸出液能灭蝇蛆、孑孓。

2. 蔓茎葫芦茶 一条根

Tadehagi pseudotriquetrum（DC.）Ohashi

亚灌木，茎蔓生，长 30~60cm。幼枝三棱形，棱上疏被短硬毛，老时变无毛。托叶披针形；叶柄两侧有宽翅，翅宽 3~7mm，与叶同质；小叶卵形或卵圆形，长 3~10cm，宽 1~5cm，先端急尖，基部心形，上面无毛，下面沿脉疏被短柔毛，侧脉约 8 对，近叶缘处弧曲联结，网脉在下面明显。总状花序顶生和腋生，长达 25cm，被贴伏丝状毛和小钩状毛；花 2~3 朵簇生于节上；苞片狭三角形或披针形，花梗被丝状毛和小钩状毛；花萼疏被柔毛，萼裂片披针形，稍长于萼筒；花冠紫红色，长 7mm，伸出萼外，旗瓣近圆形，先端凹，翼瓣倒卵形，基部具钝而向下的耳，龙骨瓣镰刀状，无耳，有瓣柄。荚果长 2~4cm，宽约 5mm，仅背腹缝线密被白色柔毛，果皮无毛，具网脉，背缝线稍缢缩，有荚节 5~8 个。花期 8 月；果期 10~11 月。

产于靖西、德保、隆林、南宁、邕宁、贵港、昭平、恭城。生于海拔 500m 以上的山地疏林下。分布于浙江、台湾、云南、四川、广东、江西；印度、尼泊尔也有分布。用途与葫芦茶同。

6. 小槐花属 Ohwia H. Ohashi

灌木。三出复叶；托叶宿存，叶柄有翅。总状花序或圆锥花序顶生或腋生；花萼窄钟形，4 裂；花冠白色或淡黄色，花瓣基部有胼胝体，有清晰脉纹；旗瓣椭圆形，有爪；翼瓣短于龙骨瓣。雄蕊二体；子房具柄。荚果线形，荚节长圆形，被毛。

约 2 种，产于东亚及东南亚。中国 2 种，广西 1 种。

小槐花 拿身草、粘身草

Ohwia caudata（Thunb.）H. Ohashi

小灌木，高达 1m，树皮灰褐色，分枝多，上部疏被柔毛。三出复叶，顶生小叶披针形或宽披针形，长 4~9cm，宽 1.0~2.5cm，先端尖，基部楔形，下面疏被毛，侧脉 10 对，侧脉先端近叶缘网结；叶柄长 1.5~3.0cm，两侧有窄翅。总状花序长 5~30cm，长节生 2 朵花，花梗长 3mm；花萼窄钟形，长 4mm，裂片披针形，被毛；花冠淡绿或黄白色，长 5mm，具明显脉纹，旗瓣椭圆形，翼瓣狭长圆形，具瓣柄，龙骨瓣长圆形，具瓣柄；雄蕊二体，长 7mm。果条形，长 5~8cm，荚节 4~7（~8）个，被褐色钩毛。花期 7~9 月；果期 9~11 月。

产于广西各地。生于山坡草地、路旁林缘。分布于华东、华中、华南及西南；印度、缅甸、朝鲜、日本及马来西亚等地也有分布。根叶入药，有清热解毒、活血的功效，可治胃炎、肠炎、腹泻、腮腺炎、淋巴结炎、咳嗽吐血等症。叶捣烂外敷于疖疮。

7. 长柄山蚂蝗属 Hylodesmum H. Ohashi & R. R. Mill

多年生草本或亚灌木。奇数羽状复叶；叶柄无翅；小叶 3~7 片，对生，全缘或浅波状，小托叶干膜质，丝状，托叶干膜质或纸质，宿存。总状或圆锥花序顶生，每节着生 2~3 朵花；有苞片，小苞片缺；萼齿 4~5 枚；旗瓣花宽椭圆形，具短爪，翼瓣及龙骨瓣窄椭圆形，雄蕊单体。荚果具细长或较短的柄，荚节 2~5 个，斜三角形或宽半倒卵形，背缝线于荚节间凹入几达腹缝线而成一深缺口，腹缝线在每一荚节中部不缢缩或微缢缩，有关节；种脐无环状假种皮，子叶不出土。

有 14 种，主产于亚洲，少数产于美洲。中国约 9 种。广西约 5 种，本志记载 1 种。

细长柄山蚂蝗 细柄山绿豆、长果柄山蚂蝗、细梗山蚂蝗

Hylodesmum leptopus（A. Gray ex Benth.）Ohashi & R. R. Mill

亚灌木，高 30~70cm。茎幼时被柔毛，老时渐变无毛。三出复叶；托叶披针形；叶柄长 5~10cm，具沟槽，无毛或被疏柔毛；小叶纸质，较薄，卵形至卵状披针形，长 10~15cm，宽 3.5~

6.0cm，先端长渐尖，基部楔形或圆形，侧生小叶通常较小，基部极偏斜，上面仅中脉被小钩状毛，下面干时有苍白色的小块状斑痕，有极疏的短柔毛，基出脉 3 条，侧脉 2 ~ 4 对；小托叶针状，脱落或宿存；小叶柄被糙伏毛。花序顶生，总状花序或具少数分枝的圆锥花序，花序轴略被钩状毛和疏长柔毛；花极稀疏；苞片椭圆形；开花时花梗长 3 ~ 4mm，结果时长 11 ~ 13mm，密被钩状毛；花萼裂片较萼筒短；花冠粉红色，旗瓣宽椭圆形，先端微凹，具短瓣柄，翼瓣、龙骨瓣均具瓣柄；雄蕊单体；子房具长柄。荚果扁平，稍弯曲，长 3.0 ~ 4.5cm，腹缝线直，背缝线于荚节间深缢缩，有荚节 2 ~ 3 个，荚节斜三角形，被小钩状毛；果梗长 11 ~ 13mm；果颈长 10 ~ 12mm。花、果期 8 ~ 9 月。

产于上林、三江、苍梧、平南、容县、昭平。生于海拔 700 ~ 1000m 的山谷密林下或溪边密林处。分布于福建、江西、湖南、广东、海南、四川、云南及台湾等地；泰国、越南、菲律宾及日本等地也有分布。

8. 狸尾豆属 Uraria Desv.

灌木或草本。三出或羽状复叶或单小叶；叶柄无翅；具托叶及小托叶。总状花序，稀圆锥花序，顶生；花成对生于苞腋，花梗顶端钩曲，萼齿 5 枚；旗瓣有爪；雄蕊单体或二体。果近无柄，种子间缢缩，荚节 2 ~ 8 个，反复折叠，每节的连接点在各节的边缘（沿腹缝线连接），亦有个别在成熟时伸直，荚节不开裂。种脐侧生。

约有 20 种，分布于非洲、亚洲及大洋洲的热带地区。中国 7 种。广西 6 种，本志记载 2 种。多可作药用。

分种检索表

1. 羽状复叶，小叶 5 ~ 9 片；枝、叶、花、果皆被白色柔毛；荚果银灰色，光滑无毛，荚节 2 ~ 3 个 ………………………………………………………………………………… 1. 美花狸尾豆 U. picta
1. 三出复叶，小叶 3 片；叶两面被毛，下面尤密；荚节 6 ~ 8 个；果有毛 …………… 2. 野番豆 U. clarkei

1. 美花狸尾豆　美花兔尾草
Uraria picta (Jacq.) Desv. ex DC.
亚灌木或灌木，高 2m。小枝被灰色糙毛。小叶 5 ~ 7(~ 9) 片，条状披针形，长 4 ~ 15cm，宽 0.6 ~ 1.5cm，先端尾尖，基部最宽，侧脉先端近叶缘上弯；两面中脉被毛，下面较密。花序长 15 ~ 20cm，花密集，苞片被长柔毛，花萼 5 深裂，萼尤其是裂片边缘密被长柔毛；花冠蓝紫色，旗瓣圆形，长 7mm，翼瓣耳形，长 4 ~ 7mm，基部具耳，龙骨瓣与翼瓣等长，上部弯曲；雄蕊二体；胚珠 3 ~ 5 枚。果银灰色，无毛，荚节 3 ~ 5 个。花期 10 月；果期 12 月。

产于宁明、百色、合浦、南宁、宾阳、容县、来宾。生于山脚、山坡、路边、旷地。分布于贵州、四川、台湾、云南；越南、马来西亚、菲律宾、印度及非洲也有分布。根入药，有平肝宁心、健脾、止痛的功效，可治头晕、心烦、食欲缺乏。

2. 野番豆
Uraria clarkei (Clarke) Gagnep.
粗大灌木，高约 1m。茎枝具棱，密被黄色柔毛。3 片小叶，顶生小叶长圆形或椭圆状披针形，长 5.5 ~ 14.0cm，宽 2 ~ 6cm，先端圆钝，具短尖头，两面被白色柔毛，下面尤密；总叶柄、小叶柄及大、小托叶均被毛。圆锥花序顶生，长 20 ~ 30cm；苞片、花序轴、花梗、萼及子房和果均被毛；花冠蓝紫色。果棕色，被短毛，荚节 6 ~ 8 个；种子褐色，长圆形。花期 7 ~ 9 月；果期 11 ~ 12 月。

产于百色、隆林、临桂、恭城。生于山坡、岩石上和灌丛中。分布于广东、贵州；印度、越南也有分布。

9. 算珠豆属 Urariopsis Schindl.

直立灌木或亚灌木。单小叶；叶柄无翅；具托叶和小托叶。总状花序顶生或腋生，稀圆锥花序；苞片大，早落，每一苞片具2朵花；无小苞片；花萼钟状，5深裂，上部2枚裂片合生至先端或中部以上；旗瓣倒卵形，翼瓣具耳，几无瓣柄，龙骨瓣钝，具瓣柄，无耳；雄蕊二体(9+1)；子房具短柄，有胚珠2~3枚，柱头小，头状；荚果常3~4个节，荚节常互相折叠而面对面，各节压扁在中央互相连接，呈算珠状，成熟时各节极易脱离，背腹缝线在各节的半径位置。

有2种，分布于亚洲热带、亚热带地区。中国2种。广西2种，本志记载1种。

算珠豆
Urariopsis cordifolia (Wall.) Schindl.

灌木，高约1m。小枝密被绒毛。单小叶，卵形，长8~20cm，叶缘微波状，两面被绒毛，侧脉9~12对，先端达叶缘。总状花序密被黄色短绒毛，长13~20cm，顶生，不分枝或在基部分1枝；萼5裂，裂片长4mm，线形，萼筒长1.5mm，被硬毛；花冠淡红色或白色，长4~5cm，旗瓣倒卵形，翼瓣基部具耳；雄蕊二体，胚珠2~3枚。果褐色，包于萼内，荚节2~3个，果柄钩曲，被硬毛；种子肾形。花期6~7月；果期8~9月。

产于那坡、百色、田林、隆林。生于山坡、路旁。分布于云南、贵州；越南、缅甸、泰国、印度也有分布。叶烤干磨粉，可敷治毒疮。

10. 山蚂蝗属 Desmodium Desv.

灌木或草本。三出复叶或单小叶；叶柄无翅；托叶干膜质，小托叶钻状或丝状。萼齿4~5枚；花冠粉红或淡紫色；雄蕊单体或二体(9+1)；子房线形，少有椭圆形，胚珠2枚至多枚。荚果两边于种子间稍缢缩或一边平直，稀只有1个节，不开裂，少有背裂，成熟时逐节脱落；种脐侧生，稀种脐周围有环形假种皮。

约有280种，广布于热带和亚热带，少数产于温带。中国约32种。广西约15种，本志记载5种。

分种检索表

1. 二体雄蕊。
  2. 三出复叶，小叶椭圆形或倒卵形，稀近圆形，下面被平伏白色柔毛；荚果条形，密集，腹缝直，背缝波状，荚节4~9个，被钩毛 ·················· **1. 假地豆 D. heterocarpon**
  2. 单小叶，稀三出复叶。
    3. 小叶宽卵形、三角状卵形或卵状披针形，两面被黄色短绒毛，下面毛较密；托叶三角形，被糙毛或近无毛；荚节(3~)5~7个，两面稍凸起 ·················· **2. 绒毛山蚂蝗 D. velutinum**
    3. 小叶卵形、卵状披针形或卵状椭圆形，上面无毛或沿脉散生钩状毛，下面被锈色柔毛；荚节6~10个，扁平 ·················· **3. 单叶拿身草 D. zonatum**
1. 单体雄蕊。
  4. 顶生小叶卵状菱形或卵状椭圆形；托叶线形，密被柔毛；总花梗密被硬毛和绒毛；荚果念珠状，荚节5~10个，近方形，密生钩毛 ·················· **4. 长波叶山蚂蝗 D. sequax**
  4. 顶生小叶椭圆状倒卵形或椭圆形；托叶狭卵形至卵形；总花梗密被丝状毛和钩状毛；荚节4~7个，密被锈褐色绢毛 ·················· **5. 饿蚂蝗 D. multiflorum**

1. 假地豆　野花生、异果山绿豆
Desmodium heterocarpon (L.) DC.

灌木，高3m。基部多分枝，幼枝疏被毛。三出复叶，纸质，顶生小叶椭圆形或倒卵形，稀近圆形，长2.7~7.0cm，宽1~3cm，侧生小叶较小，先端微凹，具短尖，下面被平伏白色柔毛，全

缘，侧脉 6~7 对；托叶宿存，狭三角形。总状花序长 2~8cm，顶生或腋生，花序轴被长柔毛，花成对着生，花梗长 3mm；花冠紫红色或白色，长 5mm；雄蕊二体，长 5mm。荚果条形，密集，长 1.2~2.5cm，腹缝直，背缝波状，荚节 4~9 个，被钩毛。花期 8~9 月；果期 10~11 月。

产于广西各地。生于水沟边、山坡、路旁、灌丛中。分布于江苏、浙江、台湾、福建、江西、湖南、广东、海南、四川、云南、贵州；印度、缅甸、泰国、日本、越南、菲律宾也有分布。全株入药，可治跌打骨折、蛇伤。茎皮纤维可用于造纸及制绳索。

2. 绒毛山蚂蟥　绒毛山绿豆

Desmodium velutinum（Willd.）DC.

灌木，高 3m。小枝密被黄褐色柔毛，枝呈"之"字形曲折。通常单小叶，稀 3 片小叶，小叶宽卵形、三角状卵形或卵状披针形，长 4~10cm，宽 2~8cm，全缘或微波状，先端尖，基部圆钝或截平，两面被黄色短绒毛，下面毛较密，侧脉 8~10 对，先端达叶缘；托叶三角形，被糙毛或近无毛。总状花序，长 4~10cm，轴密被钩毛或刚毛；花小，2~5 朵集生于节上，花萼长 3mm，4 裂，裂齿三角形，密被柔毛；花冠紫色或粉红色，长 3mm，旗瓣倒卵状长圆形，翼瓣长椭圆形，具耳，龙骨瓣狭窄；雄蕊二体，长 5mm；胚珠 5~7 枚。果条形，长 1.6~2.5cm，宽 0.2~0.3cm，荚节（3~）5~7 个，近圆形，两面稍凸起，密被柔毛及黄色钩毛。花期 9~10 月；果期 11~12 月。

产于南宁、宁明、龙州、那坡、百色、隆林、浦北、防城、岑溪。分布于广东、海南、台湾、云南、贵州；印度、缅甸、泰国、越南、菲律宾及非洲热带地区也有分布。

3. 单叶拿身草　长叶山绿豆、长荚山绿豆

Desmodium zonatum Miq.

小灌木，高达 1m。幼枝密被锈色短柔毛。单小叶，纸质，卵形、卵状披针形或卵状椭圆形，大小变化很大，长 6~11cm，宽 2~5cm，上面无毛或沿脉散生钩状毛，下面被锈色柔毛，侧脉 7~10 对，先端达叶缘；叶柄被锈色硬毛；托叶三角状披针形，近无毛。总状花序顶生，长 10~25cm，总花梗被钩状毛和直长毛；花 2~3 朵簇生于节上；萼长 3mm，被锈色硬毛，裂片比萼筒长；花冠白色或粉红色，旗瓣倒卵形，翼瓣倒卵状长椭圆形，具短圆耳，龙骨瓣弯曲；雄蕊二体，长 7mm。果窄条形，长 8~12cm，荚节 6~10 个，扁平，两边浅波状，有纵纹，密被钩毛。花期 7~8 月；果期 9~10 月。

产于龙州、环江、融安等地。分布于广东、海南、台湾、四川、云南、贵州；印度、缅甸、泰国、印度尼西亚、马来西亚也有分布。

4. 长波叶山蚂蟥　波叶山蚂蟥、菱叶山绿豆

Desmodium sequax Wall.

灌木，高 2m，分枝多。植物体各部密被锈黄色柔毛。三出复叶，纸质，顶生小叶卵状菱形或卵状椭圆形，长 4~10cm，宽 3~7cm，先端急尖，基部楔形或钝，中部以上深波状，两面被平伏柔毛，下面混生小钩毛，侧脉 4~5 对，先端达叶缘；叶柄长 1.5~5.0cm；托叶线形，密被柔毛。总状花序长 12cm，顶生者常分枝成圆锥花序，总花梗密被硬毛和绒毛；花 2 朵簇生于节上；花冠紫色，长 8mm；雄蕊单体，长 8mm。荚果念珠状，长 2.8~4.5cm，荚节 5~10 个，近方形，密生钩毛。花期 7~9 月；果期 10~11 月。

产于广西各地，生于山坡、路旁、灌丛中。分布于河南、湖北、湖南、广东、台湾、四川、云南、贵州；印度、缅甸、尼泊尔、马来西亚、印度尼西亚也有分布。根入药，有补虚、驱虫、止咳、定喘的功效。

5. 饿蚂蟥　多花山蚂蟥、红掌草（四川）

Desmodium multiflorum DC.

灌木，高 2m。多分枝，茎具棱脊，幼时密被淡黄色或白色柔毛，老时近无毛。三出复叶，近革质，顶生小叶椭圆状倒卵形或椭圆形，长 4.5~11.5cm，宽 3~6cm，全缘，先端具硬细尖，下面被长柔毛，侧脉 5 ~ 8 对，先端达叶缘；叶柄被淡黄色绒毛；托叶狭卵形或卵形。总状花序腋生，圆锥花序顶生，长 20cm，总花梗密被丝状毛和钩状毛；花萼长 4mm，被钩状毛，裂片三角形，与萼筒等长；花冠粉红色或紫色，旗瓣椭圆形或倒卵形，翼瓣狭椭圆形，微弯，具瓣柄，龙骨瓣长 9mm，具长瓣柄；雄蕊单体，长 7mm。果长 1.4 ~ 2.5cm，荚节 4 ~ 7 个，腹缝缢缩，背缝稍波状，密被锈褐色绢毛。花期 7 ~ 9 月；果期 10 ~ 11 月。

产于广西各地。生于海拔 600m 以上的山坡、草地、路旁、灌丛中。分布于浙江、台湾、福建、江西、湖南、广东、四川、云南、贵州、西藏；印度、缅甸、越南、尼泊尔、泰国也有分布。花、枝入药，可清汗解表热；根煎水或炖肉，可治遗精、红白痢。叶可代茶。

11. 舞草属 Codariocalyx Hassk.

灌木。三出复叶或单小叶；叶柄无翅；小叶全缘；有托叶和小托叶。苞片大，早落；花 2 ~ 4 朵簇生，集成总状或圆锥花序；萼齿 5 枚；旗瓣近宽圆形，翼瓣基部耳形，龙骨瓣有距状附属物；雄蕊二体(9 + 1)；子房被毛。荚果有荚节 5 ~ 9 个，腹缝直，背缝于种子间有缢缩，成熟时沿背缝开裂；种子有假种皮及种阜。

约有 4 种，分布于东南亚、澳大利亚热带及中国。中国均产；广西 3 种，本志记载 2 种。

分种检索表

1. 顶生小叶倒卵状长圆形或长圆形，具侧脉 6 ~ 9 对，侧生小叶宽 0.5 ~ 1.5cm；荚果密被钩状短毛和长柔毛 ………………………………………………………………………………………… **1. 圆叶舞草 C. gyroides**
1. 顶生小叶披针形或长圆形，具侧脉 8 ~ 14 对，侧生小叶宽 2 ~ 5mm 或缺；荚果疏被钩状短毛 ………………………………………………………………………………………………… **2. 舞草 C. motorius**

1. 圆叶舞草 团叶舞草

Codariocalyx gyroides（Roxb. ex Link）Hassk.

灌木，高 3m。幼枝被长柔毛，后脱落。三出复叶，稀单小叶，顶生小叶倒卵状长圆形或长圆形，长 3.6 ~ 6.0cm，侧生小叶长 1 ~ 3cm，宽 0.5 ~ 1.5cm，两面被平伏柔毛，下面较密，侧脉 6 ~ 9 对；叶柄及叶轴均密被柔毛。总状花序长 8 ~ 10cm；花冠红紫色。果镰形，长 2.5 ~ 5.0cm，密被黄色钩状短毛和长柔毛，有荚节 5 ~ 9 个；种子黑褐色，长 0.4cm，宽 0.25cm。花期 9 ~ 10 月；果期 10 ~ 11 月。

产于广西大部分地区。生于山坡、林缘或灌丛中。分布于福建、台湾、广东、海南、云南、贵州；印度、缅甸、越南、菲律宾、印度尼西亚也有分布。

2. 舞草 风流草、电信草、舞荻

Codariocalyx motorius（Houtt.）Ohashi

小灌木，高达 2m。茎无毛。三出复叶，或兼有单小叶，顶生小叶长圆形或披针形，长 5.5 ~ 10.0cm，宽 1 ~ 3cm，上面无毛，下面密被平伏白色柔毛，侧脉 8 ~ 14 对，侧生小叶长圆形或条形，长 0.8 ~ 2.5cm，宽 2 ~ 5mm；叶柄及叶轴疏被柔毛。圆锥花序长达 24cm，疏被柔毛；花冠紫红色。果镰形或直，长 1.5 ~ 5.0cm，宽 4 ~ 7mm，疏被钩状短毛，荚节 5 ~ 9 个，深褐色；种子近心形，黑色。花期 7 ~ 8 月；果期 10 ~ 11 月。

产于广西大部分地区。生于山坡、路旁、山谷湿地及疏林下。分布于福建、江西、台湾、广东、四川、云南、贵州；印度、越南、菲律宾也有分布。侧生小叶在气温高于 22℃时，特别是在阳光下，会按椭圆形轨迹运动，翩翩舞动，故称"舞草"，具有很高的观赏价值。全株入药，有舒筋活血、清热解表、消肿散毒、祛痰之效，可治跌打骨折、疳积、风湿腰痛、热感冒、毒蛇咬伤、痛疮肿毒及阳痿等症。

12. 排钱树属 Phyllodium Desv.

灌木或亚灌木。羽状三出复叶；叶柄无翅；侧脉先端达叶缘；有托叶和小托叶。伞形花序排成总状或圆锥花序，苞片叶状，2 枚对生，宿存，伞形花序生于苞腋，苞片彼此衔接成一延长的花串；萼狭钟状，5 裂；花冠白色至淡黄色，稀紫色，旗瓣倒卵形，基部窄，翼瓣长圆形，有爪；雄蕊单体，具花盘。荚果腹缝线稍缢缩成波状，背缝线呈浅牙状，具 2～4 个荚节，无柄，不开裂；种脐有环状假种皮。

8 种，分布于亚洲热带。中国 4 种，广西全产。

分种检索表

1. 顶生小叶披针形或窄椭圆形；叶状苞片斜卵形 ·· **1. 长叶排钱树 P. longipes**
1. 顶生小叶卵形或椭圆形，叶状苞片宽椭圆形、宽卵形或近圆形。
  2. 小叶及叶状苞片两面被绒毛；荚节 3～4 个。
    3. 顶生小叶卵形或椭圆形，长 5～18cm，宽 5～10cm，侧生小叶长 7～10cm；荚果无毛或近无毛 ·· **2. 长柱排钱树 P. kurzianum**
    3. 顶生小叶卵形或椭圆形，长 7～10cm，宽 3～5cm，侧生小叶斜卵形，长 3～5cm；果密被银灰色绒毛 ·· **3. 毛排钱树 P. elegans**
  2. 小叶上面及叶状苞片外面近无毛或疏被毛；荚节 2 个，近无毛，两边缢缩，周边有缘毛 ·· **4. 排钱树 P. pulchellum**

1. 长叶排钱树

Phyllodium longipes（Craib）Schindl.

灌木，高 1m。茎、叶轴及叶柄均被柔毛，小枝曲折。托叶三角形，有条纹，被毛；小叶革质，顶生小叶披针形或窄椭圆形，长 10～20cm，宽约 5cm，侧生小叶斜卵形，长 2～4cm，宽 2cm，上面疏被柔毛或近无毛，下面密被柔毛，侧脉 8～17 对；小托叶线形。伞形花序排成圆锥花序顶生，叶状苞片排列紧密，形似侧生小叶，花 5～15 朵簇生于苞腋。果条形，长 1.8～2.5cm，宽 0.35cm，荚节 2～4 个，荚节近方形，有网纹，无毛或疏被柔毛；种子宽椭圆形，长 0.3cm，宽 0.2cm。花期 8～9 月；果期 10～11 月。

产于博白、防城、贵港、岑溪、梧州、隆林。多生于海拔 900～1000m 的山地中。分布于广东、云南南部；缅甸、越南、泰国、老挝、柬埔寨也有分布。

2. 长柱排钱树

Phyllodium kurzianum（Kuntze）Ohashi

灌木，高 2m。分枝圆柱形，幼枝密被绒毛，后脱落。托叶三角形，被毛；叶柄长 0.3cm，较粗，密被灰色绒毛；顶生小叶卵形或椭圆形，长 5～18cm，宽 5～10cm，侧生小叶长 7～10cm，宽 5cm，上面被平伏白色柔毛，下面密被白色绒毛，侧脉 8～11 对，直达叶缘；小叶柄密被绒毛。伞房花序排成总状花序，叶状苞片宽椭圆形或宽卵形，长 2.0～3.5cm，两面密被白色柔毛，苞腋内簇生花 5～11 朵；花冠白色或浅黄色，各瓣均具柄，龙骨瓣基部有耳。果长圆形，长 1.5～2.0cm，宽 0.4cm，荚节 3～4 个，荚节近方形，具网脉，无毛或近无毛。花果期 8～10 月。

产于广西西南部。生于海拔 1000m 以下的山坡灌丛中。分布于云南西南部、广东西部；缅甸、泰国也有分布。全株入药，有清凉解热的功效。

3. 毛排钱树　毛排钱草

Phyllodium elegans（Lour.）Desv.

灌木，高 1.5m，植物体各部均密被绒毛。托叶宽三角形，外面被绒毛；顶生小叶卵形或椭圆形，长 7～10cm，宽 3～5cm，侧生小叶斜卵形，长 3～5cm，两面密被绒毛，侧脉 8～10 对，直达叶缘。4~9朵花组成伞房花序生于叶状苞片内，叶状苞片 12~60 枚排成总状花序状，苞片宽椭圆形或近圆形，长 1.4~3.5cm，苞片与总轴密被绒毛；花冠白色或淡绿色。果条形，长 1.0~1.3cm，宽 0.4cm，荚节 3~4 个，绒毛偏银灰色；种子椭圆形，长 0.3cm，宽 0.2cm。花期 7~8 月；果期 9~10 月。

产于广西各地，西部和南部较多。生于海拔 1000m 以下的疏林或灌丛中。分布于福建、广东、海南、云南；泰国、越南、老挝、柬埔寨、印度尼西亚也有分布。根、叶入药，可治感冒、痢疾、肝脾肿大、跌打瘀肿等症。

4. 排钱树 排钱草、龙鳞草

Phyllodium pulchellum（L.）Desv.

灌木，高 2.5m。茎、小枝和叶柄密被白色或灰色柔毛。顶生小叶卵形、椭圆形或卵状长圆形，长 6~9cm，宽 2~5cm，基部圆，侧生小叶长 3~5cm，基部偏斜，边缘波状，上面近无毛，下面被柔毛，侧脉 6~10 对，直达叶缘，边缘浅波状；小托叶针形。总状花序具叶状苞片 20~60 枚，苞片圆形，长 1~3cm，外面近无毛，内面被柔毛，苞腋内簇生花 5~6 朵；花冠白色或浅绿色，各瓣均具柄，翼瓣和龙骨瓣基部有耳；雄蕊长 0.8~1.0cm，被毛，基部有花盘。果长圆形，长 7~8mm，宽 2cm，荚节 2 个，近无毛，两边缢缩，有缘毛。种子近圆形，长 0.25cm，宽 0.2cm。花期 7~8 月；果期 9~11 月。

产于广西各地，喜光，多生于低海拔的山坡、草地、岩石灌丛中。分布于福建、台湾、江西、广东、云南、贵州；印度、缅甸、越南、马来西亚、菲律宾也有分布。根、叶入药，有解表清热、活血散瘀的功效，可治感冒、痢疾、肝脾肿大、跌打瘀肿等症。

13. 假木豆属 Dendrolobium（Wight et Arn.）Benth.

灌木或小乔木。三出复叶，稀为单小叶；叶柄无翅；有托叶及小托叶；小叶全缘或浅波状，侧生小叶基部通常偏斜。花密集，具短柄，短总状花序或伞形花序腋生；苞片具条纹，早落；萼 5 裂，但上部 2 裂片完全合生而成 4 裂状；花冠白色或淡黄色；雄蕊单体。荚果扁，不裂，呈念珠状或波状，荚节 1~8 个；种子具环状假种皮。

18 种，分布于热带亚洲。我国 5 种，广西 1 种。

假木豆 千金不藤、假绿豆、野马蝗

Dendrolobium triangulare（Retz.）Schindl.

灌木，高 2m。幼枝三棱形，密被白色平伏柔毛，老时无毛。三出复叶，托叶卵状披针形；顶生小叶椭圆形或倒卵状长圆形，长 4~15cm，全缘或波状，侧生小叶稍小，上面无毛，下面被丝状毛，侧脉 10~18 对，直，先端达叶缘，下面密被丝状毛。伞形花序具花 20~30 朵；萼、花梗及总花梗均密被丝状毛；花冠白色或浅黄色。果长 2.0~2.5cm，荚节 3~6 个，稍弯曲，密被绢毛。种子椭圆形，长 3.2~3.5cm，宽约 2cm。花期 8~9 月；果期 10~11 月。

产于广西各地。分布于广东、海南、台湾、贵州、云南；印度、缅甸、马来西亚、泰国及非洲也有分布。根入药，有清热凉血、强筋骨、健脾利湿的功效，可治喉痛、腹泻、跌打内伤、吐血。枝叶可作绿肥。优良的水土保持树种。

14. 猪屎豆属 Crotalaria L.

灌木、亚灌木或草本。单叶或掌状 3 片小叶，稀 5~7 片小叶，全缘，羽状脉；托叶小或缺。总状花序；萼齿 5 枚，花冠黄色或紫色，稀白色，龙骨瓣极弯曲，背部几成直角，具喙；单体雄蕊，花药二型；子房无柄或具短柄，胚珠 2 枚至多枚。荚果肿胀，长圆形、圆柱形或卵球形，稀四角菱形，无横隔膜；种子常多数，成熟时摇之有响声。

约 700 种，主要产于热带及亚热带地区，亚洲尤多。中国约 42 种，多产于南部。广西 18 种，

本志记载 1 种。多为绿肥、纤维及药用植物。

猪屎豆 猪屎青、野黄豆、大眼蓝
Crotalaria pallida Ait.

灌木或亚灌木，高 1.5m。小枝被平伏毛。托叶极细，刚毛状，早落。3 片小叶，顶生小叶倒卵状长圆形，长 5~7cm，先端钝或微凹，有芒尖，基部宽楔形，上面密被腺点，无毛，下面疏被平伏柔毛。总状花序长 15~30cm，顶生，有花 10~40 朵；萼 5 裂，长 4~6mm，萼齿三角形，与萼筒等长，被平伏柔毛；花冠黄色，伸出萼外，旗瓣椭圆形，有紫红色条纹，无毛，基部具胼胝体 2 枚，翼瓣椭圆形，长 8mm，龙骨瓣长 12mm，呈 90° 弯曲。果圆柱形，长 3~5cm，成熟时开裂。种子多数。花期 9~10 月；果期 10~11 月。

产于广西各地。生于村旁、路边、田边和荒地。分布于福建、台湾、广东、海南、云南、贵州、湖南、四川、浙江、山东；美洲、非洲、亚洲热带也有分布。茎叶可作绿肥和饲料。茎皮纤维可供织麻袋及绳索。全株可入药，味苦、性平，有毒，可治湿热腹泻、小便淋沥、小儿疳积、乳腺炎、淋巴结核、痢疾。种子有毒，适量有补肝肾、固精的功效，可治神经衰弱及眼目昏花等症。

15. 油麻藤属 Mucuna Adans.

一年生或多年生木质或草质藤本。三出羽状复叶，小叶大，侧生小叶常不对称，常具 3 条基出脉，有托叶和小托叶，早落。近聚伞状、总状或圆锥花序，腋生或生于老藤上；花萼钟形，上部 2 萼齿合生，下面 3 齿，中齿较长；花大，旗瓣长为龙骨瓣之半，龙骨瓣与翼瓣近等长或稍长，内弯，先端尖或喙尖；雄蕊二体 (9+1)，花药二型，一为长而直立，一为短而横生；子房无柄，胚珠少数至多数，花柱无毛。荚果肿胀或扁平，条形或长圆形，边缘常具翅，2 瓣裂，裂瓣常有横折褶或无，种子间常具横膈或充实，常被刺毛。

约 100 种，分布于热带和亚热带地区。中国约 18 种，广西 10 种，本志记载 5 种。种子含多种生物碱，果毛有时含毒素。

分种检索表

1. 果皮革质，有多条薄片状褶壁斜生。
　　2. 顶生小叶宽椭圆状卵形或卵状菱形；种子 4~5 粒，淡灰黄色，有黑色花纹 …… **1. 港油麻藤 M. championii**
　　2. 顶生小叶倒卵状长圆形或椭圆形；种子 2~3 粒，黑色 ……………………… **2. 海南黎豆 M. hainanensis**
1. 果皮木质，种子间常缢缩，无薄片状褶壁。
　　3. 成长小叶下面密被锈褐色柔毛，顶生小叶卵形或卵状长圆形；花多聚生顶部，密被柔毛，常有恶臭味………
　　　　……………………………………………………………………… **3. 大果油麻藤 M. macrocarpa**
　　3. 成长小叶两面无毛或稍被柔毛。
　　　　4. 羽片长 15~20cm；果两边有翅状边缘；花冠白色 ……………… **4. 白花油麻藤 M. birdwoodiana**
　　　　4. 羽片长 20~40cm；果无翅状边缘；花冠深紫色………………… **5. 常春油麻藤 M. sempervirens**

1. 港油麻藤 绢毛油麻藤、雀蛋豆
Mucuna championii Benth.

攀援灌木，高 10m，茎具纵向深沟槽，幼时密被锈色柔毛，老时近无毛。顶生小叶宽椭圆状卵形或卵状菱形，长 5~9cm，纸质，幼时两面疏被平伏柔毛，后渐无毛，先端尖，基部宽楔形，侧生小叶两侧不对称，斜卵状披针形或宽椭圆状卵形，侧脉 5~6 对。总状花序，花梗密被红棕色毛；苞片紫色，被柔毛，萼被柔毛及硬毛；花冠紫色，各瓣均具耳；雄蕊长 3cm；胚珠 4 枚。果不对称长椭圆形，长 7~18cm，宽 3.5~5.0cm，革质，褐色，两面有多条斜生薄片状褶壁，被锈褐色刺毛，两边有窄翅；花柱宿存；种子 4~5 粒，长椭圆形，长 2.5cm，宽 2cm，淡灰黄色，有黑色花纹，种脐黑色。花期 5~8 月；果期 10 月。

产于广西南部。分布于广东、香港。种子有毒,误食会引起腹泻、头晕。

2. 海南黎豆 琼油麻藤

Mucuna hainanensis Hayata

攀援灌木。小枝无毛,具纵槽纹。顶生小叶倒卵状长椭圆形或椭圆形,长 6.8 ~ 8.0cm,先端骤尖,基部圆,侧生小叶偏斜,叶两面几无毛,侧脉 3 ~ 4 对。总状花序,长 6 ~ 27cm;花长达5cm,萼两面被灰色柔毛和橙黄色刺毛,内面刺毛更密;花冠深紫色或带红色。果长椭圆形或卵状长椭圆形,长 10 ~ 18cm,宽约 4cm,果皮革质,两面有 10 ~ 17 条斜生薄片状褶壁,被黄色或红褐色刚毛,后渐脱落,喙长 1.2 ~ 1.5cm,两边具翅,宽约 1cm;种子 2 ~ 3 粒,长圆形或肾形,黑色。花期 1 ~ 2 月;果期 4 ~ 8 月。

产于扶绥、隆安、龙州、南宁、邕宁。分布于海南、云南;越南、老挝、柬埔寨也有分布。种子有毒,误食会引起头晕、呕吐或腹泻。果荚刚毛有毒,刺入皮肤会引起瘙痒、红肿。

3. 大果油麻藤 血藤、青山龙

Mucuna macrocarpa Wall.

巨大藤本,茎长达 40 ~ 70m,直径达 25 ~ 30cm,有凸起褐色皮孔和纵棱,老茎常无毛。小枝及叶柄被赤褐色绒毛。羽片长 25 ~ 30cm,叶柄长 10 ~ 15cm,叶轴长 2 ~ 5cm;顶生小叶卵形或卵状长圆形,长 10 ~ 19cm,宽 5 ~ 10cm,侧生小叶极偏斜,先端尖,幼叶两面被锈褐色绒毛,老叶上面几无毛,侧脉 5 ~ 6 对。总状花序生于老茎上,长 5 ~ 25cm,有 5 ~ 12 节;花多聚生于顶部,密被柔毛,常有恶臭味;花萼密被柔毛和脱落性刚毛;花冠深紫色,旗瓣带绿白色;雄蕊管长 5cm。果长条形,长 30 ~ 40cm,宽 4.0 ~ 4.5cm,厚约 1cm,木质,密被褐色绒毛,种子间缢缩,近念珠状,边缘加厚或脊状。种子 7 ~ 12 粒,扁椭圆形,稍不对称,近黑色。花期 3 ~ 4 月;果期 7 ~ 8 月。

产于宁明、龙州、武鸣、南宁、邕宁、马山、横县、上思、防城、田阳、合浦、梧州、贺州等地。生于海拔 1000m 以下的沟边、丛林,攀爬在树上,占领树冠,影响树木生长。分布于海南、云南、贵州、广东、台湾;印度、越南、尼泊尔、泰国、日本也有分布。茎有血红色汁液,入药有舒筋活血的功效,可治腰膝疼痛。亦可作园林观赏植物。

4. 白花油麻藤 大兰布麻、鸡血藤

Mucuna birdwoodiana Tutch.

常绿大型木质藤本,茎长达 10 ~ 20m,直径达 5 ~ 15cm,树皮淡褐色或亮灰色,茎断面先流白汁,2 ~ 3min 后汁液变红;幼茎有纵沟,无毛或于节上有纤细灰白色平伏毛。羽片长 15 ~ 20cm,叶柄长 5 ~ 10cm,叶轴长 1.5cm;顶端小叶椭圆形或卵状椭圆形,长 8 ~ 13cm,侧生小叶偏斜,幼时被柔毛,老叶无毛,侧脉 4 ~ 5 对。总状花序腋生或生于老枝上,长 20 ~ 35cm;萼钟形,密被贴伏亮褐色短毛,并有红褐色硬毛;花冠灰白色,长 7.5 ~ 8.5cm,旗瓣先端微凹,基部具耳,翼瓣具睫毛,龙骨瓣先端微弯,具钩;雄蕊管长 3cm;胚珠约 7 枚。果条形,木质,长达 40cm,种子间缢缩,近念珠状,两边有翅状边缘,密被直立的红褐色、金色短绒毛,并常有稀疏的硬刚毛;种子肾形,深紫黑色,光亮平滑。花期 4 ~ 6 月;果期 7 ~ 10 月。

产于广西各地。分布于浙江、福建、湖南、广东、四川、贵州。茎皮纤维供编织用。茎入药,可强筋骨、通经络、补血。种子含淀粉,有毒。花美丽,可供观赏。

5. 常春油麻藤 常绿油麻藤、过山龙、牛(马)麻藤

Mucuna sempervirens Hemsl.

常绿巨大木质藤本,茎长达 25m,老茎直径达 30cm,树皮坚硬,多皱纹,幼茎有凸起的纵脊和褐色皮孔,光滑无毛。羽片长 20 ~ 40cm,叶柄长 5 ~ 15cm;顶生小叶卵状椭圆形或卵状长圆形,长7 ~ 12cm,两面无毛,侧脉 4 ~ 5 对,两面明显,下面隆起。总状花序生于老茎上,长 10 ~ 36cm,花 3 朵生于节上;萼疏被锈色硬毛,内面密被绢毛;花冠深紫色,长约 6.5cm,无香气或有臭味,旗瓣和龙骨瓣基部有耳;雄蕊管长 4cm。果长条形,长 50 ~ 60cm,宽 2.5 ~ 3.5cm,厚 1.0 ~

1.3cm，木质，种子间缢缩，近念珠状，无翅，被锈黄色柔毛；种子 10 ~ 17 粒，棕黑色，有光泽。花期 4 ~ 5 月；果期 9 ~ 10 月。

产于那坡。多生于石灰岩山地。分布于浙江、福建、江西、湖北、四川、云南、贵州；日本也有分布。块根可供提制淀粉。种子可食及榨油。茎皮纤维可供织麻袋、造纸。枝条可供编筐篓。茎入药可治腰脊疼痛、四肢麻木等症。

16. 相思子属 Abrus Adans.

攀援灌木，枝条细，髓心中空。偶数羽状复叶，小叶对生，全缘，托叶线状披针形，无小托叶。总状花序，数朵聚生于每节短枝上，花小，萼钟状，截平或有短齿；花冠远伸出萼外；雄蕊 9 枚，单体，花药同型；胚珠多数，花柱短，无须毛。荚果长圆形，2 瓣裂，种子间有隔膜。

约 12 种，广布于热带地区。中国 4 种，广西全产，本志记载 3 种。

分种检索表

1. 1 ~ 2 年生小枝被糙毛；小叶上面无毛，下面被平伏糙毛，长圆形或长圆状倒披针形，先端平截，有芒尖；果长圆形，革质，种子上部鲜红色，近基部黑色 ·· **1. 相思子 A. precatorius**
1. 1 ~ 2 年生小枝被柔毛，小叶两面被毛。
  2. 小叶 8 ~ 11 对，长 0.5 ~ 1.5cm，宽约 0.4cm，先端钝，上面疏被柔毛，下面被糙伏毛；果浅褐色，疏被毛；种子 4 ~ 5 粒 ·· **2. 广东相思子 A. cantoniensis**
  2. 小叶 11 ~ 16 对，长 1.0 ~ 2.5cm，宽 0.5 ~ 1.0cm，先端截平，两面被松散长柔毛，下面较密；果淡灰黄色，有长喙，密被白色长绒毛；种子 4 ~ 8 粒 ·· **3. 毛相思子 A. mollis**

1. 相思子　相思藤、美人豆
Abrus precatorius L.
藤本，茎细，多分枝。1 ~ 2 年生枝绿色或淡黄色，被平伏糙毛。小叶 8 ~ 15 对，小叶膜质，长圆形或长圆状倒披针形，长 1.0 ~ 2.2cm，宽 0.4 ~ 0.8cm，先端平截，有芒尖，基部近圆形，上面无毛，下面被平伏糙毛；叶柄及叶轴被平伏柔毛。总状花序腋生，长 3 ~ 8cm，花小，密集成头状；花萼钟形，萼齿 4 浅裂，被白色糙毛；花冠紫色，旗瓣柄三角形，翼瓣与龙骨瓣稍狭，雄蕊 9 枚；子房被毛。果长圆形，革质，长 2 ~ 4cm，宽 0.5 ~ 1.5cm；种子 2 ~ 6 粒，上部鲜红色，近基部黑色，平滑具光泽。花期 3 ~ 5 月；果期 10 ~ 11 月。

产于合浦、钦州、上思、防城、陆川、容县、桂平、博白、邕宁、南宁、武鸣、扶绥、宁明、龙州、田阳、百色等地。生于低山、丘陵、平原干燥地方及海边灌丛中。分布于广东、台湾、云南；印度、越南也有分布。根、叶及种子有毒，可引起呕吐、剧泻、虚脱，重者可致命。根、叶入药，可治支气管炎、咽喉肿痛、肝炎等症。外用可治疥疮及拔毒排脓。种子质坚、美丽光亮，可作工艺品和装饰品。

2. 广东相思子　鸡骨草、地香根(广东)、山弯豆
Abrus cantoniensis Hance
攀援灌木，高 1 ~ 2m。枝细直，1 ~ 2 年生枝褐色或紫黑色，被白柔毛，老时脱落。小叶 8 ~ 11 对，膜质，长椭圆形或倒卵状长圆形，长 0.5 ~ 1.5cm，宽约 0.4cm，先端钝，有芒尖；上面疏被柔毛，下面被糙伏毛。小叶柄及叶轴被毛。总状花序腋生，花小，长 0.6cm，花冠紫红色或淡紫色。果扁平，长圆形，略弯，长 2.2 ~ 3.0cm，浅褐色，疏被毛；种子 4 ~ 5 粒，黑褐色，种阜蜡黄色，明显，中间有孔，边缘有长圆形环。花期 8 月；果期 9 ~ 10 月。

产于梧州、苍梧、钟山、平南、桂平、玉林、隆林、博白、南宁、武鸣、宁明、龙州等地。分布于广州、香港；泰国也有分布。喜光，耐干燥炎热环境。全株入药，可治传染性肝炎、肝硬化腹水、风湿痛等症；煎水洗可治疣疥。种子有毒。

3. 毛相思子　毛鸡骨草

Abrus mollis Hance

攀援灌木。1 年生枝疏被松散柔毛，2 年生枝酱红色，被黄色柔毛或脱落。托叶钻形；小叶 11~16 对，膜质，小叶长圆形或倒卵形，长 1.0~2.5cm，宽 0.5~1.0cm，先端截平，有芒尖，两面被松散长柔毛，下面较密；叶柄及叶轴被黄色松散柔毛，小叶柄密被柔毛。总状花序腋生，总花梗长 2~4cm，被黄色长柔毛，花 4~6 朵簇生于节上；萼钟状，密被灰色长柔毛；花冠粉红色。果扁长圆形，稍弯，长 4~5cm，淡灰黄色，有长喙，密被白色长绒毛；种子 4~8 粒，扁肾形，黑褐色，长 3~5cm，宽约 1cm，种阜小，环状。花果期 8~10 月。

产于苍梧、岑溪、藤县、玉林、北流、博白、贵港、平南、横县、钦州。生于疏林内或灌丛中。分布于福建、广东、海南。全株入药，有消炎解毒的功效，可治乳疮及小儿疳积。种子有剧毒。

17. 锦鸡儿属 Caragana Fabr.

落叶灌木，稀小乔木。偶数羽状复叶或假掌状复叶，小叶 2~10 对，叶轴顶端常呈刺状，刺脱落或宿存；托叶刺状宿存，稀脱落；小叶对生，全缘，先端具尖头，无小托叶。花单生或簇生，花梗具关节；萼齿 5 枚，常不相等；花冠黄色，稀淡紫、浅红或旗瓣带橘红色、土黄色；旗瓣直立，两侧反曲，与翼瓣均具长爪，翼瓣常具耳，龙骨瓣直伸，二体雄蕊(9+1)，花药同型；子房无柄，稀具柄，胚珠多数。荚果筒状或稍扁，先端尖、开裂。

约 100 余种，主产于中亚、东亚，欧洲也有产。中国约 66 种，广西 1 种。

锦鸡儿　娘娘袜、金雀花

Caragana sinica (Buc'hoz) Rehd.

灌木，高 2m；树皮深褐色。小枝有棱，无毛。叶轴先端硬化成刺宿存或脱落；托叶刺状三角形，长 0.7~1.5(~2.5)cm；小叶 2 对，羽状排列，倒卵形或长圆状倒卵形，长 1.0~3.5cm，宽 0.5~1.5cm。花单生，长 2.5~3.0cm，花萼钟形，基部偏斜；花冠黄色，常带红色，长 2.8~3.0cm；子房无毛。果圆筒形，长 3.0~3.5cm。花期 4~5 月；果期 7 月。

产于资源、兴安、临桂、桂林、阳朔、富川、融安，生于干旱山坡或灌丛中。分布于河北、陕西、河南、江苏、湖北、湖南、浙江、福建、江西、四川、云南、贵州。供观赏或作绿篱。根皮入药，有祛风湿、活血、利尿、止咳化痰的功效。

18. 田菁属 Sesbania Scop.

草本或灌木，稀乔木。偶数羽状复叶，小叶 10 对以上，对生，全缘，先端具芒尖；托叶小，早落。总状花序腋生；雄蕊二体，花药同型；子房常具柄，胚珠多数。荚果具 4 棱，稀 4 翅，2 裂，种子间有横隔膜。

约 70 种，主产于热带。中国约 5 种。广西 3 种，本志记载 1 种。

大花田菁

Sesbania grandiflora (L.) Pers.

小乔木，高 4~10m。枝斜展，圆柱形，叶痕及托叶痕明显。羽状复叶，长 20~40cm；叶轴圆柱，幼时密被毛，后变无毛；托叶斜卵状披针形，早落；小叶 10~30 对，长圆形至长椭圆形，长 2~5cm，宽 8~16mm，叶轴中部小叶较两端者大，先端圆钝至微凹，有小凸尖，基部圆形至阔楔形，两面密布紫褐色腺点或无，幼时两面被绢状伏毛，后变无毛；小托叶针状。总状花序长 4~7cm，下垂，具 2~4 朵花；花大，长 7~10cm，在花蕾时显著呈镰状弯曲；花梗长 1~2cm，密被柔毛；花萼绿色，有时具斑点，钟状，常 2 齿，浅二唇形至近截形，除萼齿先端及内缘被毛外，其余无毛；花冠白色、粉红色至玫瑰红色，旗瓣长圆状倒卵形至阔卵形，先端微凹，基部近心形，具柄，无胼胝体，开花时反折，翼瓣镰状长卵形，不对称，先端钝，柄长约2cm；龙骨瓣弯曲，下缘连合成舟状，钝圆，瓣柄分离，长约2cm；雄蕊二体。荚果线形，稍弯曲，下垂，长20~60cm，宽7~8mm，厚约8mm，先端渐狭成喙，长3~4cm，果颈长约5cm，熟时缝线处有棱，开裂。种子红褐色，稍有光泽，椭圆形至近肾形，肿胀，稍扁，种脐圆形，微凹。花果期9月至翌年4月。

原产于马来西亚、印度尼西亚，南宁等地有引种，台湾、广东、云南也有栽培。花大，艳丽，优良园林植物。

19. 千斤拔属 Flemingia Roxb. ex W. T. Ait.

灌木或草本。三出复叶或单小叶，全缘，羽状脉，下面疏生腺点；无小托叶；托叶膜质，宿存或早落，托叶痕环状或半环状。总状花序腋生，苞片早落，或为小聚伞花序，第一聚伞花序隐藏于一个折叠的大苞片内，萼齿狭长，渐尖，花冠各瓣近等长；雄蕊二体(9+1)，花药同型；子房近无柄，胚珠2枚。果椭圆形，肿胀，2裂，内无隔膜。种子无种阜。

约有30种，分布于热带亚洲及澳大利亚。中国15种。广西6种，本志记载3种。

分种检索表

1. 单小叶；花序具叶状苞片，苞片外密被长柔毛 ··· **1. 球穗千斤拔 F. strobilifera**
1. 三出复叶，花序无叶状苞片。
　2. 托叶线状披针形，宿存；顶生小叶卵状披针形或长椭圆形，上面被短柔毛，下面密被柔毛 ··················
　··· **2. 千斤拔 F. prostrata**
　2. 托叶披针形，常早落；顶生小叶宽披针形或长菱状披针形，两面仅沿叶脉微被毛 ··························
　··· **3. 大叶千斤拔 F. macrophylla**

1. 球穗千斤拔　大苞叶千斤拔、蚌壳千斤拔、咳嗽草
Flemingia strobilifera (L.) R. Br.

灌木，高3m。幼枝具棱，密被灰褐色柔毛。单小叶，互生，近革质，卵形、卵状长椭圆形或长圆形，长7~15cm，宽3~7cm，先端尖，基部圆形或微心形，羽状脉，基部三出脉，两面无毛或仅沿叶脉被毛，疏被红色腺点；托叶线状披针形，宿存或脱落。小聚伞花序被叶状苞片包裹，再排成总状花序，长5~12cm，花序轴被灰褐色毛，苞片膜质，褐色，椭圆形，长1.5~3.0cm，宽2.8~3.8cm，上部平截或圆，具小凸尖，基部心形，折叠成贝壳状，密被白色长柔毛；萼疏被毛及腺点；花冠白色，伸出萼外。荚果椭圆形，长0.6~1.0cm，宽4~5cm，略被毛。种子2粒，近球形，棕褐色，有黑斑。花果期9~11月。

产于广西各地。分布于福建、台湾、广东、海南、湖北、云南、贵州、西藏；印度、菲律宾、马来西亚也有分布。全株入药，有止咳、祛痰、清热除湿、补虚壮筋骨的功效，可治咳嗽、风湿性关节炎、痛经、红白痢。

2. 千斤拔　蔓性千斤拔、单根守
Flemingia prostrata Roxb.

蔓性灌木。幼枝三棱形，被短柔毛。三出指状复叶，厚纸质，托叶线状披针形，宿存；叶柄具狭翅；顶生小叶卵状披针形或长椭圆形，长4~10cm，宽2~3cm，两端钝圆，有芒尖，上面被短柔毛，下面密被柔毛，散生黑色腺点，基出三出脉，侧脉及网脉在上面常凹下。总状花序腋生，长2~3cm，被灰色柔毛；萼裂片披针形，较萼管长，被白色长毛及腺点；花冠紫红色，与花萼几等长，旗瓣基部具瓣柄，极短，两侧具耳，不明显，翼瓣镰刀形，具瓣柄，一侧具耳，龙骨瓣弯，具瓣柄；雄蕊二体。果长圆形，长7~8mm，被黄色柔毛；种子近球形，黑色。花期10~11月。

产于广西各地。分布于福建、江西、台湾、广东、湖南、湖北、云南、贵州；菲律宾也有分布。根入药，具祛风除湿、舒筋活络、强筋壮骨、消炎止痛等功效。

3. 大叶千斤拔 假乌豆草、千斤拔、皱面叶

Flemingia macrophylla（Willd.）Prain

直立灌木，高 3m，嫩枝有棱，密被平伏黄色柔毛。三出指状复叶，托叶披针形，长 2cm，常早落；顶生小叶宽披针形或长菱状披针形，长 6～20cm，宽 4～7cm，两面仅沿叶脉微被毛，散生黑褐色小腺点，侧生小叶较小，基部偏斜；基出脉 2～3 条；叶柄长 3～6cm，有狭翅，被柔毛。密集总状花序，腋生，常无总梗，长 3～8cm，花序轴、花梗及萼均密被平伏丝毛；花萼长 6～8mm，裂齿线状披针形，较萼管长 1 倍；花冠淡红色，稍长于萼，旗瓣基部具瓣柄和 2 耳，翼瓣一侧具耳，龙骨瓣先端微弯，基部具长瓣柄和一侧具耳；雄蕊二体。果椭圆形，长约 1.5cm，宽 0.6～1.0cm，略被短柔毛，顶端具小尖喙。种子 1～2 粒，球形，有光泽。花期 6～9 月；果期 10～11 月。

产于广西各地。分布于安徽、福建、江西、台湾、广东、湖南、四川、云南、贵州、西藏；印度、马来西亚等地也有分布。根入药，有祛风活血、强腰壮骨的功效，可治风湿骨痛、跌打损伤、腰肌劳损。

20. 木豆属 Cajanus DC.

灌木或亚灌木，常密被柔毛。三出复叶，小叶全缘，下面散生小腺点。总状花序腋生；花萼钟状，萼齿 5 枚；花冠黄色或有紫纹，旗瓣圆形，反曲，基部有附属物；雄蕊二体，花药同型；子房近无柄，胚珠多数。荚果条形，2 瓣裂，在种子间有深缢斜槽纹。

约 30 种，热带及亚热带地区有广泛栽培。中国 7 种。广西 4 种，引入 1 种，本志记载 1 种。

木豆 三叶豆、扭豆、豆蓉

Cajanus cajan（L.）Millsp.

直立灌木，高 3m。分枝多，小枝有棱，密被柔毛。叶柄长 1.5～5.0cm，上面具浅槽，下面具纵棱；小叶 3 片，纸质，披针形或长椭圆状披针形，长 4～10cm，先端渐尖，基部窄楔形，两面密被柔毛，下面有不明显的黄色腺点；小托叶极小。总状花序长 3～7cm，花数朵生于顶部；花梗、萼、子房及果均被黄色绒毛；花萼长 7mm，外被黄色腺点；花冠黄色，长 2cm，旗瓣和翼瓣基部均具短耳；雄蕊二体（9 + 1）。果线状长圆形，长 4～7cm，扁，有长喙，种子间有下凹的斜槽纹；种子 3～6 粒，扁圆形，暗红色或有褐色斑点。花期 2～11 月；果期 3～4 月及 9～10 月。

木豆原产于印度，已有 6000 多年的栽培史，现广泛引种栽培于北纬 30°以南至南纬 30°以北的广大地区，是印度、东非和加勒比地区的重要经济作物。木豆在 1500 年前由商人传入中国，零星种植，20 世纪 50 年代开始用于紫胶生产，在隆林、西林等地逸为野生，本地品种因遗传原因产量低、生育期过长、感病严重、籽粒小且含有高量的胰蛋白酶抑制剂，不宜直接食用，很难为人接受，不适于广泛种植。木豆品种繁多，国际半干旱研究所共收集 15 000 多个品种，各品种的农艺性状表现不尽相同。如有的株型紧凑，有的株型松散；有的株高较高，第 2 年可长到 5～6m，而有的株高却在 1m 以下。广西通过引种驯化、杂交育种等技术措施，培育出了适应广西栽培环境的多个木豆优良品种，如桂木 1 号、桂木 2 号、桂木 3 号、桂木 4 号、桂木 5 号、桂木 6 号、桂木 9 号等，均为食用、饲用兼用型或菜用、饲用兼用型品种，但其中又以桂木 9 号最为优秀。广西、贵州、云南利用木豆耐干旱瘠薄、适应钙质土生长的特点，广泛用于岩溶地区石漠化治理及干热河谷地区造林，均取得了较好效果。

21. 刺桐属 Erythrina L.

乔木或灌木。枝干具皮刺，髓心大，松软，白色。三出复叶，叶柄长，小叶全缘，背面无腺点，羽状脉；托叶早落，小托叶腺体状。总状花序，花大；花冠红色，旗瓣大，较翼瓣和龙骨瓣长，基部无附属物；雄蕊二体，花药同型；子房具柄。荚果线状长圆形、镰刀形，种子间缢缩或波状起伏，肿胀，2 瓣裂或沿腹缝线开裂，稀不裂。

约 200 种，分布于热带及亚热带地区。中国连栽培约 9 种。广西 4 种。

分种检索表

1. 花萼钟状。
  2. 小叶长卵形或披针状长椭圆形；总状花序顶生；花萼先端二浅裂 ················ **1. 鸡冠刺桐 E. crista‑galli**
  2. 小叶菱形或菱状卵形；总状花序腋生；花萼上部斜截形，下部有 1 刺芒状萼齿 ················
  ················ **2. 龙牙花 E. corallodendron**
1. 花萼佛焰苞状。
  3. 顶生小叶宽卵形或卵状三角形，基部平截或宽楔形；花萼上部深裂达基部 ············ **3. 刺桐 E. variegata**
  3. 顶生小叶三角形或近菱形，基部近心形；花萼不分裂或先端稍分裂 ············ **4. 劲直刺桐 E. stricta**

1. 鸡冠刺桐
Erythrina crista‑galli L.

落叶灌木或小乔木，茎和叶柄稍具皮刺。羽状复叶具 3 片小叶；小叶长卵形或披针状长椭圆形，长 7~10cm，宽 3~4.5cm，先端钝，基部近圆形。花与叶同出，总状花序顶生，每节有花 1~3 朵；花深红色，长 3~5cm，稍下垂或与花序轴成直角；花萼钟状，先端二浅裂；雄蕊二体；子房有柄，具细绒毛。荚果长约 15cm，褐色，种子间缢缩；种子大，亮褐色。

原产于巴西，南宁、凭祥、百色等地有引种。台湾、广东、云南、海南等地也有引种。

2. 龙牙花　象牙红、珊瑚刺桐
Erythrina corallodendron L.

落叶小乔木，高 3~5m；枝干有皮刺。小叶菱形或菱状卵形，长 4~10cm，宽 2~7cm，先端渐尖而钝或尾尖，基部宽楔形，两面无毛；叶柄及叶轴具皮刺。总状花序腋生，长达 30cm 以上；萼钟状，上部斜截形，下部有 1 枚刺芒状萼齿，无毛；花深红色，未开放时似象牙，花瓣均无爪，旗瓣长圆形，先端微缺，长 4.5~6.0cm，翼瓣长 1.5cm，龙骨瓣长 2.2cm；雄蕊二体，不整齐；子房有长柄，被白色柔毛。果长约 10cm，无毛，先端有喙，种子间缢缩。种子多数，深红色，有黑斑。花期 6~11 月。

原产于美洲热带。广西各地园林有栽培供观赏，未见结果。广东、海南、台湾、山东、江苏、浙江、福建、云南、贵州等地也有栽培。花大而鲜艳，供观赏；树皮含龙牙花素，入药可作麻醉剂和止痛镇静剂。材质柔软，可代软轻木。

3. 刺桐　鸡桐木、鸡公树、海桐
Erythrina variegata L.

落叶大乔木，高 20m。枝有明显叶痕和短圆锥形黑色直刺，髓部疏松，颓废部分成空腔。羽状复叶常密集于枝顶；小叶 3 片，膜质，顶生小叶宽卵形或卵状三角形，长 8~15cm，先端渐钝尖，基部平截或宽楔形，无毛，基脉 3 条，侧脉每侧 5 条；小叶柄基部有一对腺体状托叶。总状花序顶生，长约 15cm，花多而密集；总花梗木质，粗壮，长 10cm，花梗长 1cm；萼佛焰苞状，红色，长 2~3cm，上部深裂达基部；花冠红色，旗瓣卵状长椭圆形，长 5cm，宽 2.5cm，先端圆，翼瓣与龙骨瓣近等长，龙骨瓣 2 片离生；雄蕊 10 枚，单体。果肿胀，黑色，长 15~30cm；种子 1~8 粒，肾形，长约 1.5cm，宽约 1cm，暗红色。花期 1~4 月；果期 9 月(广西栽培种很少见结实)。

原产于亚洲热带，广西各地有零星栽培。分布于广东、海南、台湾、四川、云南、贵州。木材白色，轻软，供制器具等用；茎皮纤维可制绳索；树皮入药，可治风湿性关节炎；叶可驱虫及止吐，还可作家畜饲料。

4. 劲直刺桐
Erythrina stricta Roxb.

乔木，高 12m。小枝具短圆锥形皮刺。小叶 3 片；托叶狭镰刀形；叶柄长 14cm；顶生小叶三角

形或近菱形，长(宽)7～12cm，先端尖，基部近心形，全缘，两面无毛，侧脉4～6对。总状花序，长15cm，花3朵一束，鲜红色，密集；萼佛焰苞状，不分裂或先端稍分裂；旗瓣椭圆状披针形，长约4.5cm，翼瓣2片，长8mm，龙骨瓣比萼大；雄蕊10枚；子房被毛，有柄。果6～12cm，宽0.8～1.8cm，光滑。种子1～3粒，光滑，浅棕色。

产于龙州，生于村旁或沟边的疏林里。分布于云南南部和西藏东部；印度、泰国、缅甸、尼泊尔、柬埔寨、越南、老挝等地也有分布。

22. 密花豆属 Spatholobus Hassk.

攀援藤本，被柔毛。三出复叶，小叶全缘，背面无腺点；小托叶钻形，宿存或脱落；托叶小，早落。密集圆锥花序，萼钟形，5枚齿裂；花冠白色、红色或紫色，旗瓣基部无附属物，龙骨瓣直伸；雄蕊二体，花药同型；胚珠2枚。荚果长圆形、镰形或舌形，顶部较厚，稍肿胀，上部2瓣裂，内有1粒种子，下部不裂。

约30种，分布于亚洲热带。中国10种，广西2种。

分种检索表

1. 侧生小叶基部对称，下面疏被平伏柔毛；花冠紫红色 ·· 1. 红血藤 S. sinensis
1. 侧生小叶基部不对称，偏斜，下面脉腋有簇生毛；花冠白色 ································ 2. 密花豆 S. suberectus

1. 红血藤　华密花豆

Spatholobus sinensis Chun et T. C. Chen

攀援灌木。幼枝稍被柔毛，后脱落。小叶革质，顶生小叶长椭圆形，长5～8cm，宽约3cm，先端尾尖，上面无毛，下面疏被平伏柔毛，侧脉和小脉纤细，网脉两面明显，有光泽，侧生小叶较小，对称；叶柄细，长2～5cm，被毛；小托叶钻形，宿存。圆锥花序腋生，长5～10cm，花序轴、花梗及萼密被褐色糙毛；萼齿卵形，与萼管等长，上面2齿合生；花冠紫红色，各瓣均具柄，旗瓣先端微凹，翼瓣基部一侧有耳，龙骨瓣镰状。果斜长圆形，长7～9cm，先端窄，下部宽，被褐色柔毛；种子长圆形，长1.5～3.0cm，宽约1cm，黑色。花期6～7月；果期9～12月。

产于十万大山，耐阴湿，生于密林中。分布于广东、海南。藤茎木质部红色，供药用，可做鸡血藤的代用品，有通经、活血的功效。

2. 密花豆　九尾风、鸡血藤、三叶鸡血藤

Spatholobus suberectus Dunn

攀援灌木，小枝被柔毛。小叶纸质或近革质，顶生小叶宽椭圆形、宽倒卵形至近圆形，两侧对称，长10～25cm，先端尾尖，两面疏被毛或无毛，下面脉腋有簇毛，侧脉5～10对，侧生小叶基部偏斜；小托叶钻形。圆锥花序，花多而密，簇生于花序轴节上，花序轴、花梗及萼均被淡黄色柔毛；花冠白色，旗瓣先端微凹，翼瓣和龙骨瓣基部一侧具耳；雄蕊内藏。果舌状斜长圆形，长8～10cm，密被黄色柔毛，有网脉，基部具0.4～1.0cm的果颈；种子1粒，长圆形，扁，紫褐色，有光泽。花期6～7月；果期11～12月。

产于柳州、梧州、玉林、北流、十万大山、南宁、田林、凌云、百色等地。生于海拔600m以上的林内或灌丛中。分布于云南、福建。藤茎木质部红色，药用，有行血、补血、舒筋活络的功效，可治贫血、月经不调、风湿骨痛、遗精、白浊等症。

23. 紫矿属 Butea Boxb. ex Willd.

乔木或攀援灌木。羽状三出复叶，小叶全缘，背面无腺点，羽状脉；小托叶钻形，宿存或早落。花大；总状花序或排成圆锥状；花萼钟状，萼上部2齿合生，下部3齿，三角形；花冠橘红色或火红色，旗瓣卵形，先端尖，基部无附属物，翼瓣镰形，龙骨瓣弯曲与旗瓣等长；雄蕊二体，花

药同型。果长圆形或宽条形，下部扁平，顶端2瓣裂，下部不开裂；种子1粒，种脐小，无种阜。

约5种，分布于印度至中国。中国3种，广西引入1种。

紫矿　紫铆树

Butea monosperma（Lam.）Taub.

常绿乔木，高20m；树皮灰黑色。植物体各部密被绒毛，叶柄长10cm，较粗；小叶厚革质，顶生小叶倒卵状菱形或近圆形，长14~16cm，宽约14cm，先端圆，侧生小叶长圆形，长12~16cm，宽约10cm，先端圆或微凹，基部偏斜，两面粗糙，上面无毛，下面沿脉被短柔毛，侧脉5~7对，和主脉在叶背凸起，网眼明显。总状或圆锥花序；萼杯形，外面被褐色绒毛，里面被银灰色或淡棕色柔毛；花冠橘红色，长4~6cm，旗瓣外弯，翼瓣和龙骨瓣基部有圆耳，龙骨瓣背部弯拱并合成一脊，各部分密被银色绒毛；雄蕊内藏。果扁长圆形，长15~21cm，宽3~5cm，2裂，被银灰色柔毛；萼宿存，果梗长1~2cm；种子1粒，宽肾形，长2.5cm，宽3.5cm，褐红色。花期3~4月；果期10月。

原产于印度、斯里兰卡、缅甸、泰国等地。生于林中、路旁潮湿处。南宁、凭祥有引种；云南、广州亦有栽培。木材供建筑等用。茎皮及根皮纤维发达，供制绳索和作造纸原料及船舶填料。树皮可供割取红色胶液，药用，可作收敛剂；种子可杀虫。紫胶虫的重要寄生树，其生产的紫胶质地优良。

24. 巴豆藤属 Craspedolobium Harms

攀援灌木。小叶3片，背面无腺点。花聚集于短缩的圆柱状生花节上，呈团伞花序状，再排列成伸长的总状花序式；花萼钟状，萼齿5，近等长，上方2齿几连合，宽阔，凹头，两侧萼齿三角形，急尖，最下1齿披针状卵形；花冠红色，无毛，旗瓣近圆形，先端稍凹缺，基部近心形，两侧稍具耳，无胼胝体，具短瓣柄，翼瓣斜长圆形，钝头，基部内侧有1尖耳，龙骨瓣直，阔长圆形；雄蕊二体(9+1)，花药同型；子房具短柄，线形，被细柔毛，胚珠5~8粒。荚果扁平，厚纸质，瓣裂，腹缝具狭翅状边，种子间无横隔，有种子3~5(~7)粒；种子肾形。

1种，分布于东南亚及中国。

巴豆藤　巴豆、铁藤、铁血藤

Craspedolobium unijugum（Gagnep.）Z. Wei & Pedley

攀援灌木，高2m。茎具髓，枝圆柱形，幼枝被平伏黄色柔毛，老茎无毛，有纵棱，具褐色皮孔。羽状三出复叶，羽片长10~20cm，叶柄长4~8cm，叶轴具窄沟槽；全缘，羽状脉，顶生小叶倒卵形或长圆形，长7.5~15.0cm，宽0.3~0.5cm，上面疏生白色毛或近无毛，下面带粉白色，被平伏丝状短柔毛，侧脉6~8对，中脉直达叶尖或小刺尖，侧生小叶近卵形，两侧不等大，偏斜；叶柄、叶轴、小叶柄均被平伏黄色柔毛。总状花序腋生，长15~25cm，花小，密集，3~5朵花集生于节上；苞片三角状卵形，早落，小苞片三角形，宿存；花序轴、萼被褐色柔毛；花冠红色，无毛，花瓣近等长；二体雄蕊(9+1)。果线形，扁平，长4~8cm，宽约1cm，有喙，腹缝具窄翅，被褐色绒毛，开裂；种子3~5粒，扁圆形，黑色。花期6~9月；果期10~11月。

产于隆林、那坡等山区。喜光，生于海拔700m以上的疏林或林缘。分布于云南、贵州、四川。茎可供提取鸡血藤膏，入药有活血的功效，可作调经的妇科药。

25. 刺槐属 Robinia L.

落叶乔木或灌木。无顶芽，叶柄下芽。奇数羽状复叶；小叶对生，背面无腺点，托叶刺状或刚毛状。总状花序下垂；花萼钟状，5齿裂；花瓣白色、粉红色或玫红色，旗瓣近圆形，反曲，翼瓣弯曲，龙骨瓣内弯；雄蕊二体，花药同型；子房具柄，胚珠多数。果条状长圆形，扁平，腹缝线有狭翅，2瓣裂；种子长圆形或肾形，偏斜，无种阜。

约 10 种, 产于北美洲及墨西哥。中国引入 2 种, 常见于中部和东部。广西栽培 1 种。

刺槐 洋槐、槐树

Robinia pseudoacacia L.

落叶乔木, 高 25m, 胸径 1m; 树皮褐色, 深纵裂。羽片长 10~25cm, 稀 40cm, 叶轴上有沟槽, 具托叶刺, 长 2cm; 小叶 7~19 片, 卵形或长椭圆形, 长 1.5~5.5cm, 先端圆或微凹, 基部圆; 托叶刺状。总状花序腋生, 长 10~20cm, 下垂; 花萼斜钟形, 长 8mm, 萼齿 5, 三角形; 花冠白色, 芳香, 旗瓣近圆形, 基部有黄斑, 长 15mm, 翼瓣斜倒卵形, 旗瓣等长; 雄蕊二体; 花柱钻形, 长 8mm, 上弯, 顶端具毛。果长条形, 长 4~10cm, 宽约 1.2cm, 赤褐色、无毛, 一侧有窄翅; 花萼宿存; 种子 1~13 粒, 肾形, 黑色。花期 4~5 月; 果期 7~10 月。

原产于北美, 20 世纪引入中国, 现广布于华北、华中、华东、西南各地, 华南有少量栽培。桂林、全州、临桂有栽培。耐寒、耐干旱瘠薄, 在酸性土上能生长, 在石灰性土上生长更好。喜光, 不耐荫蔽, 浅根性。萌芽性强, 可插根、插枝及根蘖繁殖, 也可进行萌芽更新。木材纹理直, 结构适中, 不均匀, 质硬耐久, 耐腐、耐水湿, 难切削, 刨面光滑, 油漆性能良好, 适作建材、桩木及扁担、工具柄、车轴、运动器械、家具、机座垫板等用材。叶可作饲料及绿肥; 鲜花含芳香油 0.15%~0.20%, 可食及供提制芳香油。茎皮纤维可作造纸及编织原料。种子含油量 12.00%~13.88%, 供制肥皂及油漆等。优良蜜源植物, 刺槐蜜含有刺槐苷和挥发油, 上等蜂蜜, 性清凉, 有宁心安神之功效。广西北部可以适当引种, 作城镇绿化或用材树种。茎皮、叶、种子有毒。

26. 木蓝属 Indigofera L.

落叶灌木或多年生草本。枝叶常被"丁"字毛或柔毛, 稀无毛。奇数羽状复叶, 稀 3 片小叶或单叶, 小叶全缘, 先端常有芒尖; 托叶小, 有刚毛状小托叶或无。总状花序腋生, 少数成头状、穗状或圆锥状; 萼齿 5 裂; 雄蕊二体, 花药同型, 药隔顶端常有腺体。荚果线形或圆柱形, 无翅, 被毛或无毛, 偶具刺, 开裂, 种子间有横隔膜。

约 750 种, 分布于热带及亚热带地区。中国约 79 种。广西约 18 种, 本志记载 12 种。

分种检索表

1. 幼枝被毛。
  2. 幼枝被柔毛。
    3. 小叶 9~19 片, 对生, 稀互生。
      4. 小叶椭圆形或倒卵形, 中脉上面下陷, 背面隆起, 侧脉不明显 ·················· **1. 黔南木蓝 I. esquirolii**
      4. 小叶卵状披针形, 中脉两面隆起明显, 侧脉两面明显 ···················· **2. 尖叶木蓝 I. zollingeriana**
    3. 小叶 41~51 片, 互生或近对生, 长圆状披针形, 顶生小叶倒卵状长圆形, 两面被"丁"字长毛; 果圆柱形, 密被长柔毛, 花萼宿存 ···················· **3. 茸毛木蓝 I. stachyodes**
  2. 幼枝被丁字毛。
    5. 小叶 19~25 片, 对生, 长圆形、卵状长圆形或倒卵形, 两面被"丁"字毛; 果棍棒形, 直立向上, 顶端具喙, 初时被"丁"字毛, 后渐脱落 ···················· **4. 假大青蓝 I. galegoides**
    5. 小叶不超过 19 片。
      6. 种子近方形。
        7. 羽片长 25cm, 叶柄长 2.5~3.5cm; 小叶长圆形或长圆状卵形, 长 2.0~3.5cm, 侧脉两面均明显; 内果皮白色, 无紫色斑点 ···················· **5. 深紫木蓝 I. atropurpurea**
        7. 羽片长 2~12cm, 叶柄长 1.0~2.5cm; 小叶倒卵状长圆形或倒卵形, 长 1~2cm, 侧脉不明显; 内果皮具紫色斑点 ···················· **6. 木蓝 I. tinctoria**
      6. 种子圆柱形、椭圆形、球形或卵形, 非近方形。
        8. 花序较短, 不超过 4cm。
          9. 小叶倒披针形或长椭圆形; 总状花序呈穗状; 果短棒形或镰形, 下垂 ··················· ··· **7. 野青树 I. suffruticosa**

9. 小叶卵形至长圆状披针形；总状总状花序；果线状圆柱形或镰刀形，直立 ……………………………………………………………… **8. 密果木蓝 I. densifructa**

8. 花序较长，长 3～12cm。

10. 内果皮无斑点。

11. 羽片长 3～6cm，叶柄长 1～2cm；小叶 9～11 片，椭圆形、倒卵形或倒卵状椭圆形；果棍棒形，下垂，成熟时无毛 …………………………… **9. 马棘 I. pseudotinctoria**

11. 羽片长 18～20cm，叶柄长 2～5cm；小叶 7～9 片，长圆形或卵状长圆形；果窄条形，被"丁"字毛 ……………………………………… **10. 多花木蓝 I. amblyantha**

10. 内果皮有紫色斑点；幼枝绿色，有沟纹；羽片长 10～20cm；小叶椭圆形或倒卵状椭圆形，两面被毛；果圆柱形，直立，被疏毛；种子卵形，先端有喙 …………… **11. 黑叶木蓝 I. nigrescens**

1. 幼枝无毛；小叶 7～13 片，对生或近对生，卵状长圆形、宽椭圆形或卵状披针形，上面无毛，下面被"丁"字毛；果黑褐色，无毛，内果皮有紫色斑点 …………………………………………… **12. 庭藤 I. decora**

1. 黔南木蓝　黔滇木蓝

Indigofera esquirolii Lévl.

灌木，高约 1～4m；全株均被开展的短柔毛，枝圆柱形，上部常左右曲折，皮孔圆形，黄色，明显。羽片长 12cm，叶柄长 1.0～1.5cm，叶轴上有浅沟槽；小叶 9～17 片，小叶对生，稀互生，椭圆形或倒卵形，长 1.5～3.0cm，宽 1～2cm，两面密被"丁"字毛，中脉上面下陷，背面隆起，侧脉不明显；托叶线形，小托叶针状。总状花序长 12cm，花序轴有棱，被褐色柔毛；苞片线形，有棕色毛；萼杯状，长 5mm，被毛，萼齿钻形，不等长。花冠白色，各瓣近等长；胚珠 13～15 片。荚果圆柱形，长 3.0～5.5cm，宽约 2.5mm，先端有刺状喙，外被棕褐色短柔毛；种子 14～15 粒，暗紫色。花期 4～8 月；果期 7～10 月。

产于隆林、乐业、天峨、南丹、凤山、环江。生于山坡、河边、路旁的灌丛中。分布于云南、贵州。幼嫩植株可作牧草、绿肥。水土保持和改良土壤优良树种。

2. 尖叶木蓝

Indigofera zollingeriana Miq.

直立亚灌木，高约 2m。茎上部有棱，有白色柔毛。羽片长 25cm，叶柄长 2cm，叶轴有浅槽，被毛，托叶线形，脱落；小叶 11～19 片，对生，卵状披针形，长 3～5cm，宽 1.5～2.0cm，先端尖，基部宽楔形，两面被毛，中脉两面隆起明显，侧脉 13～14 对，两面明显；小托叶针形。总状花序腋生，长 7～12cm；花白色或浅红色，长 0.7cm，密生；苞片、花萼、旗瓣、龙骨瓣外面均密被褐色绢丝状毛；花药长圆形，子房无毛。果圆柱形，直立，长 2～5cm，宽约 0.5cm，被疏毛，种子间缢缩，先端有喙，内果皮有紫色斑点；种子 10～12 粒，扁圆形，径约 2mm。花期 6～8 月；果期 8～10 月。

产于永福、天峨、乐业、凌云、梧州、昭平、南宁、龙州、十万大山。生于海拔 500m 以下的山坡灌丛中。分布于广东、云南、台湾；印度尼西亚、菲律宾、马来西亚、日本、越南、老挝也有分布。枝叶可作绿肥。

3. 茸毛木蓝　血人参

Indigofera stachyodes Lindl.

灌木，高达 3m；茎直立，灰褐色，幼枝具棱，全株被黄色长柔毛。羽片长 10～20cm，叶柄短，叶轴上有沟槽，密被软毛，托叶线形；小叶 41～51 片，互生或近对生，长圆状披针形，顶生小叶倒卵状长圆形，长 1.5～2.5cm，先端圆，基部近圆，两面被"丁"字长毛，中脉上面微凹。总状花序长 12cm；苞片线形，萼齿披针形，不等长，被软毛；花紫红色，长约 1cm，旗瓣外被有毛。果圆柱形，长 3～4cm，径约 3mm，密被长柔毛，内果皮有紫色斑点；萼宿存；种子 5～10 粒，红褐色，方形，长（宽）0.2cm。花期 4～7 月；果期 8～11 月。

产于隆林、乐业、南丹、天峨、都安。生于海拔 700m 以上的山地灌木丛林中。分布于四川、湖北、云南、贵州、西藏。根入药，有补肾、补气、补血的功效，故称"血人参"。

4. 假大青蓝

Indigofera galegoides DC.

灌木，高约 1m。嫩枝有棱，小枝被"丁"字毛，后渐脱落。羽片长 20cm，叶柄长 1.5 ~ 3.0cm，叶轴上有浅沟槽，和叶柄均被短"丁"字毛，托叶线形；小叶 19 ~ 25 片，对生，长圆形、卵状长圆形或倒卵形，长 2.0 ~ 3.5cm，宽约 1cm，先端圆或急尖，具小尖头，两面被"丁"字毛，中脉上面微凹，下面隆起，侧脉 11 对；小叶柄长 2mm，被棕色毛，小托叶钻形。总状花序长 6 ~ 10cm，花序轴和总花梗被白色柔毛；苞片针形，有"丁"字毛；萼长 2mm，萼齿三角形，被毛；花淡红色密生，长 1cm，龙骨瓣与翼瓣等长，先端密被黄色毛；胚珠 20 枚。果棍棒形，直立向上，长 5 ~ 7cm，顶端具喙，初时被"丁"字毛，后渐脱落；种子 15 ~ 18 粒。花期 4 ~ 8 月；果期 9 ~ 10 月。

产于邕宁、隆安、宁明、龙州、扶绥、博白。生于海拔 600m 以上的山谷中。分布于广东、海南、台湾；越南、泰国、印度、印度尼西亚也有分布。叶可供提制蓝靛染料。茎叶入药，可治热毒所致的局部红肿、窄腮、痈、肿、疮毒肿。

5. 深紫木蓝

Indigofera atropurpurea Buch. – Ham.

灌木或小乔木，高达 1.5m，茎褐色，有圆形皮孔。小枝绿色，被"丁"字毛或几无毛，有纵棱。羽叶长 25cm，叶柄长 2.5 ~ 3.5cm，叶轴扁平或有浅槽，被棕色"丁"字毛，托叶钻形，早落；小叶 11 ~ 17 片，长圆形或长圆状卵形，长 2.0 ~ 3.5cm，两端圆，两面被"丁"字毛，中脉上面微凹，下面隆起，侧脉 8 ~ 10 对，两面均明显，小托叶钻形，叶柄上面扁平或有凹槽。总状花序长 8 ~ 15cm，稀 30cm，总花梗长 1.5 ~ 2.5cm，疏被褐色"丁"字毛；花冠深紫色，长约 1cm，无毛；花药球形，顶端有尖头，基部有少量髯毛；子房无毛，胚珠 6 ~ 9 枚。果棍棒形，下垂，长 2.5 ~ 3.5cm，直径 2.5 ~ 3.0mm，褐色，无毛，内果皮白色，无紫色斑点，开裂；种子 6 ~ 12 粒，暗紫色，近方形，长(宽)1.5mm。花期 5 ~ 9 月；果期 8 ~ 11 月。

产于广西各地。常生于山坡、路旁、林缘及灌丛中。分布于广东、湖南、江西、福建、四川、云南、贵州；越南、缅甸、尼泊尔、印度、不丹亦有分布。

6. 木蓝　槐蓝、蓝靛

Indigofera tinctoria L.

直立亚灌木，高 1m。分枝少，幼枝有棱，扭曲。植物体各部被平伏"丁"字毛。羽片长 2 ~ 12cm，叶柄长 1.0 ~ 2.5cm，叶轴上面扁平，有浅槽，托叶长 2mm；小叶 9 ~ 13 片，对生，倒卵状长圆形或倒卵形，长 1 ~ 2cm，宽 0.5 ~ 1.5cm，先端钝或微凹，有小尖头，基部圆或宽楔形，中脉上面微凹，侧脉不明显。总状花序腋生，较叶短；萼有"丁"字毛；花长 4 ~ 5mm，花冠红色，伸出萼外；花药心形，子房无毛。果棍棒形，长 1.5 ~ 3.0cm，直径约 2mm，棕黑色，无毛或疏被毛，种子间缢缩，内果皮具紫色斑点；种子多数，细小，近方形。花期 5 ~ 6 月；果期 7 ~ 8 月。

产于广西各地。分布于安徽、福建、台湾、广东、云南、贵州等地。枝叶可供提制蓝靛素，可染毛、丝、棉、麻，为直接性染料。全株入药，有凉血、解毒、泻火、散郁的功效，外敷可治肿毒。

7. 野青树　假蓝靛、菁子

Indigofera suffruticosa Mill.

灌木，高达 2m；分枝少，茎灰绿色，具纵棱，被白色"丁"字毛。羽片长 5 ~ 10cm，叶柄长 1.5cm，叶轴上有沟槽，被"丁"字毛，托叶钻形；小叶 7 ~ 17 片，倒披针形或长椭圆形，长 1.5 ~ 4.0cm，宽 0.5 ~ 1.5cm，先端急尖，下面被"丁"字毛；小叶柄被毛。总状花序呈穗状，长 2 ~ 3cm，总花梗短或缺；苞片线形，被"丁"字毛，早落；萼钟状，被毛，萼齿与萼筒等长；花冠淡红色，长不及 0.5cm，密被毛，旗瓣有瓣柄，外被毛，翼瓣与龙骨瓣近等长，龙骨瓣有距。果短棒形或镰形，下垂，棕红色，长 1.0 ~ 1.5cm，直径约 3mm，被"丁"字毛；种子 6 ~ 8 粒，短圆柱形，两端截平，褐色。花期 3 ~ 5 月；果期 7 ~ 10 月。

产于广西各地。生于低海拔的山谷、沟边、海滩沙地，民间栽培作染料，以广西南部、东部为多。分布于浙江、福建、台湾、广东、云南、贵州；广布于世界热带地区。叶可供提制蓝靛；全株入药，有清热解毒的功效，可治咽炎、淋巴结炎、腮腺炎等症。

8. 密果木蓝

Indigofera densifructa Y. Y. Fang et C. Z. Zheng

灌木，高约 2m。茎有淡白色皮孔；小枝四棱形，与叶柄、叶轴、花序轴均被紧贴褐色"丁"字毛。羽片长 10 ~ 15cm，叶柄长 1.0 ~ 2.5cm，托叶线形；小叶 13 ~ 19 片，对生，卵形至长圆状披针形，长 1.7 ~ 3.4cm，宽约 1cm，先端尖，两面密被褐色"丁"字毛；小叶柄极短。总状花序腋生，与叶等长；苞片线形，与小叶柄等长；萼三角形，被"丁"字毛，有时边缘有腺体；花淡紫色，长 0.6cm，密生，龙骨瓣中部有距；花药卵形，子房无毛。果线状圆柱形或镰刀形，直立，黑色，长约 2cm，种子间缢缩，被褐色毛；种子 6 ~ 10 粒，球形，暗棕色，有光泽。花期 6 ~ 8 月；果期 8 ~ 10 月。

产于资源。分布于贵州、湖南、广东。

9. 马棘   狼牙草、野蓝枝子

Indigofera pseudotinctoria Mats.

小灌木，高约 90cm。分枝多，枝细长，小枝有棱，被"丁"字毛。羽片长 3 ~ 6cm，叶柄长 1 ~ 2cm，被"丁"字毛，叶轴上面扁平，托叶长 1mm，早落；小叶 9 ~ 11 片，对生，长 1.0 ~ 2.5cm，宽 0.5 ~ 1.0cm，椭圆形、倒卵形或倒卵状椭圆形，具小尖头，两面有白色"丁"字毛，有时上面毛脱落；小托叶极小，不明显。总状花序长 3 ~ 12cm，萼筒长 1 ~ 2mm，外面被"丁"字毛，萼齿不等长；花冠淡红色或紫红色，长约 5mm，旗瓣先端螺壳状，被"丁"字毛，翼瓣和龙骨瓣基部有耳。果棍棒形，长 1.5 ~ 5.0cm，宽约 3mm，下垂，幼时被"丁"字毛，后脱落，种子间有横隔，仅在横隔上有紫色斑点；种子 4 ~ 5 粒，椭圆形。花期 5 ~ 8 月；果期 9 ~ 10 月。

产于广西各地。喜光，生于海拔 1500m 以下的旷野、山坡、疏林、林缘及灌丛中。分布于山东、浙江、江苏、安徽、江西、湖北、湖南、四川、陕西、广东；朝鲜、日本也有分布。根入药，有清凉解毒的功效，可治扁桃体炎，外敷可治疥疮。全株可作蓝色染料、绿肥和饲料。

10. 多花木蓝   野蓝枝

Indigofera amblyantha Craib

直立灌木，高达 2m。分枝少，茎褐色，圆柱形，幼枝有棱，密被白色"丁"字毛，后渐脱落。羽片长 18 ~ 20cm，叶柄长 2 ~ 5cm，叶轴具槽，与叶柄均被毛，托叶三角状披针形；小叶 7 ~ 9 对，对生，长圆形或卵状长圆形，长 1.5 ~ 4.0cm，宽 1 ~ 2cm，两端圆，上面疏被"丁"字毛，下面较密，中脉上面微凹，下面隆起，侧脉 4 ~ 6 对；小托叶极小。总状花序腋生，长 11cm，近无总梗；苞片线形，早落；花冠淡红色，长约 6mm，花梗、花序轴、萼、花瓣均被"丁"字毛。果窄条形，长 3.5 ~ 5.0cm，宽 2.5mm，被"丁"字毛，种子间有隔膜，内果皮无斑点；种子 9 ~ 12 粒，褐色，长圆形。花期 7 ~ 8 月；果期 9 ~ 10 月。

产于广西各地。生于旷野山坡、草地、路旁。分布于河北、河南、山西、江苏、浙江、四川、陕西、甘肃、广东、贵州。可栽培供观赏。花可食；种子含油和淀粉，亦可作饲料。全株入药，有清热解毒、消肿止痛等功效。

11. 黑叶木蓝

Indigofera nigrescens Kurz ex King et Prain

直立灌木，高约 2m。茎红褐色，幼枝绿色，有沟纹，被棕色"丁"字毛。羽片长 10 ~ 20cm，叶轴有浅槽，托叶线形；小叶 11 ~ 19 枚，对生，椭圆形或倒卵状椭圆形，基部宽楔形，长 1.7 ~ 2.5cm，宽约 1cm，先端圆钝，有小尖头，两面被毛。总状花序腋生，长 7 ~ 12cm；苞片线形，明

显，被毛；花红色，长 0.7cm，密生，花萼与旗瓣外密被短毛；子房无毛，胚珠 8 ~ 9 枚。果圆柱形，直立，长 1.5 ~ 2.5cm，被疏毛，内果皮有紫色斑点；种子 6 ~ 10 粒，卵形，红褐色，先端有喙。花期 6 ~ 8 月；果期 8 ~ 10 月。

产于全州、资源、兴安、龙胜、临桂、灵川、桂林。生于海拔 1000m 以下的山坡灌丛中。分布于陕西、江西、福建、湖北、湖南、云南、贵州、西藏、广东、台湾；印度、印度尼西亚、菲律宾、马来西亚亦有分布。叶可供提制蓝靛做染料。

12. 庭藤　胡豆、岩藤、华中木蓝

Indigofera decora Lindl.

灌木，高达 1m；茎圆柱形或有棱，小枝无毛。羽片长 8 ~ 25cm，叶柄长 1.0 ~ 1.5cm，叶轴扁平或圆柱形，上面有槽或无槽，无毛或疏被"丁"字毛；小叶 7 ~ 13 枚，对生或近对生，薄纸质，卵状长圆形、宽椭圆形或卵状披针形，长 2.5 ~ 7.5cm，宽 1 ~ 4cm，先端尖，上面无毛，下面被"丁"字毛；托叶早落，小托叶钻形。总状花序长约 12cm，直立，花序轴具棱，无毛；苞片线形，早落；萼疏被毛或近无毛；花冠淡紫或粉红色，稀白色，长 1.2 ~ 1.5cm，被柔毛；子房无毛，胚珠 10 枚。果棍棒形，长 4.0 ~ 6.5cm，直径约 4mm，黑褐色，无毛，内果皮有紫色斑点；种子 8 ~ 10 粒，暗紫色，椭圆形。花期 5 ~ 6 月；果期 8 ~ 9 月。

产于环江、罗城、融安、临桂、贺州、金秀。分布于江苏、浙江、安徽、福建、台湾、江西、湖北、湖南、广东；日本也有分布。根入药，有清热解毒的功效。

27. 干花豆属 Fordia Hemsl.

灌木，植株无"丁"字毛。奇数羽状复叶，小叶多数，对生，全缘，背面无腺点；托叶及小托叶宿存，或无小托叶。总状花序生于老枝和树干基部枝条上；萼平截或有不明显 5 齿裂；旗瓣基部无胼胝体；雄蕊二体，花药同型；子房无柄，胚珠 2 枚。荚果扁平，革质，两边无翅，开裂；种子有黄色种阜。

8 种，分布于东南亚。中国 3 种，产于华南、西南。广西 2 种，本志记载 1 种。

干花豆　土甘草、虾须草　图 271

Fordia cauliflora Hemsl.

灌木，高 2m。小枝粗，密被锈色毛，老茎无毛，表皮纵裂，皮孔散生；芽具钻形芽苞片，叶柄脱落后，在茎上留下明显的叶痕。小叶 17 ~ 25 片，披针形、椭圆形或窄长圆形，长 4 ~ 14cm，先端尾尖，下面被平伏白色柔毛，侧脉 6 ~ 8 对；叶轴、小叶柄被毛，小托叶线形，长约 1cm，宿存。总状花序长 15 ~ 40cm，着生侧枝基部或老茎上，直立；花梗、花序轴、萼、花瓣均被毛；花冠淡紫色。果倒披针状长圆形，长 6 ~ 10cm，宽 1.8 ~ 2.5cm，棕褐色，被平伏毛，后近无毛；种子扁圆形，直径 1.3cm，黑褐色。花期 8 月；果期 11 月。

产于昭平、贺州、苍梧、天峨、东

图 271　干花豆 Fordia cauliflora Hemsl. 1. 叶枝；2. 果序；3. 花；4. 旗瓣；5. 花萼、雄蕊及雌蕊；6. 雌蕊；7. 雌蕊纵剖面；8. 种子。（仿《中国树木志》）

兰、乐业、凌云、那坡、田阳、田东、百色、隆林、宁明、龙州、扶绥、崇左、南宁、合浦。喜光，常生于疏林或沟边。分布于广东、云南、贵州；印度也有分布。根及叶入药，有润肺止咳的功效，可治毒疮。

28. 紫藤属 Wisteria Nutt.

落叶藤本，芽鳞3，植株无"丁"字毛。奇数羽状复叶；托叶早落。小叶对生，全缘，背面无腺点；有小托叶。总状花序下垂；萼齿5；花艳丽、芳香，旗瓣及翼瓣基部具2枚胼胝附属物；雄蕊二体(9+1)，花药同型；子房具短柄。荚果长条形，两边无翅，种子间缢缩，迟裂；种子大，肾形，无种阜。

约6种，分布于北美、东亚。中国4种，引入2种。广西引进2种，多栽培作观赏，本志记载1种。

紫藤　朱藤　图 272

Wisteria sinensis（Sims）Sweet

大藤本，长 12m。小枝被柔毛，后脱落无毛。羽片长 15~25cm，托叶线形，早落；小叶 7~13 片，纸质，卵形、长圆形或卵状披针形，长 4.5~8.0cm，宽 2~4cm，先端渐尖，上部叶较大，基部叶最小，幼时两面密被平伏柔毛，老时近无毛；小托叶刺状，宿存。总状花序长 15~30cm，花梗长 1.5~2.5cm，花序轴、花梗及萼均被白色柔毛；苞片披针形，早落；花萼上方有 2 齿，钝，下方 3 齿卵状三角形；花冠紫色或紫堇色，长 1.5~2.5cm，具香气，旗瓣基部有 2 枚胼胝体；子房线形，有胚珠 6~8 枚。果倒披针形，长 10~15cm，具喙，密被黄色绒毛，木质，开裂；种子 1~5 粒，扁圆形。花期 4~5 月；果期 9~10 月。

桂林、临桂、柳州、南宁等地有栽培。分布于陕西、河南、贵州、云南；现世界各地均有引种。喜光，用播种、扦插或分根繁殖。花大而美丽，寿命很长，供观赏，各地园林、名胜古迹常有百年以上的巨型植株。鲜花含芳香油 0.60%~0.95%；花、种子及茎皮入药，有驱虫、止吐泻的功效。种子含氰化物，有毒。

29. 崖豆藤属 Millettia Wight et Arn.

乔木或灌木，常为攀援木质藤本，植株无"丁"字毛。奇数羽状复叶，小叶 3~21 片，稀为单小叶，对生，全缘，背面无腺点；托叶宿存或早落，小托叶有或缺。圆锥花序或分枝缩短而成类总状花序，花单生或簇生；萼阔钟状，4~5 浅裂或近平截；花冠紫色、红色或白色，以至青紫色，旗瓣常反折，内面基部有 2 枚附属物；雄蕊 10 枚，单体或二体(9+1)，花药同型。子房条形，无柄，稀具柄。果扁平或肿胀，圆柱、线形、卵形或球形，两边无翅，开裂，稀迟裂；种子扁圆形，凸镜形至肾形，无种阜，种脐周围有白色或黄色假种皮。

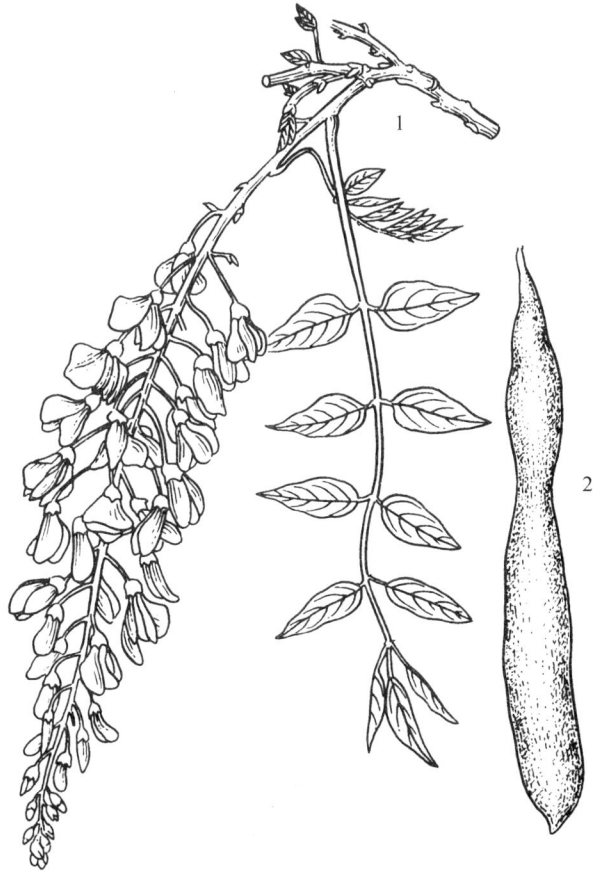

图 272　紫藤 **Wisteria sinensis**（Sims）Sweet 1. 花枝；2. 果。(仿《中国树木志》)

约100种，产于热带和亚热带地区。中国18种，主产于西南部。广西8种3变种。

分种检索表

1. 有小托叶。
  2. 雄蕊二体。
    3. 小叶较多，7~15片。
      4. 直立灌木或小乔木；果线形；小叶椭圆形，长2~5cm，先端圆，微凹 ………… **1. 香港崖豆 M. oraria**
      4. 攀援灌木，枝髓心中空；果肿胀，倒卵形、纺锤形或斜四边形；小叶长圆状披针形或倒卵状长圆形，长
         6~15cm，先端尖，有短尖头 ………………………………………… **2. 海南崖豆藤 M. pachyloba**
    3. 小叶3~5片。
      5. 小叶宽椭圆形、卵状椭圆形，上面仅中脉疏被毛，下面疏被毛；花冠红色或白色，有多数条纹；果线
         形，扁平，密被灰白色柔毛，种子间稍缢缩…………………… **3. 密花崖豆藤 M. congestiflora**
      5. 小叶披针形状椭圆形，两面无毛；花冠红色至紫色；荚果圆球形，肿胀，密被黄褐色绒毛 …………
         …………………………………………………………………………… **4. 球子崖豆藤 M. sphaerosperma**
  2. 雄蕊单体。
    6. 小叶长圆形，长4.5~10.0cm，两面被绢毛；花冠白色或红色，旗瓣背面被柔毛；果线形 …………………
       …………………………………………………………………………………… **5. 绒毛崖豆 M. velutina**
    6. 小叶披针形或披针状窄圆形，长2~6cm，宽0.7~1.5cm，两面被平伏柔毛；花冠粉红色或紫红色，旗瓣
       背面被丝毛；果条状披针形 ……………………………………………… **6. 印度崖豆 M. pulchra**
1. 无小托叶。
  7. 小叶披针形或长圆状倒披针形，先端锐尖；托叶宽卵圆形；花冠淡紫色，无毛；果密被淡褐色疣状斑点 ……
     …………………………………………………………………………… **7. 厚果崖豆藤 M. pachycarpa**
  7. 小叶长圆形或披针状长圆形，先端尾尖；托叶退化；花冠白色，花萼及旗瓣背面密被深褐色丝毛；荚果被棕
     色丝状毛 ………………………………………………………………… **8. 无患子叶崖豆藤 M. sapindifolia**

1. 香港崖豆　香港崖豆藤

Millettia oraria Dunn

直立灌木或小乔木，高达3m。树皮光滑，小枝灰黑色，有棱，皮孔凸起，孔口有白粉；小枝、叶两面、花序、萼及果均被锈黄色绒毛或柔毛。羽片长15~20cm，叶柄长3.5~4.5cm，叶轴具沟槽，被毛，托叶披针形；小叶9~15片，椭圆形，长2~5cm，先端圆，微凹，基部圆或浅心形，侧脉5~7对；小托叶钻形。总状圆锥花序腋生，长6~15cm，密被黄色绒毛；萼唇形；花冠紫红色，旗瓣背面疏被绢毛；雄蕊二体；子房线形，胚珠2~4枚。果线形，长8cm，宽1.2cm，开裂；种子2~4粒，橙黄色，扁圆形，种阜环绕珠柄，白色。花期5月；果期11月。

产于广西南部。分布于香港、广东沿海地区。

2. 海南崖豆藤　毛瓣鸡血藤、白药根

Millettia pachyloba Drake

攀援灌木。枝髓心中空。小叶7~11片，长圆状披针形或倒卵状长圆形，长6~15cm，宽3~6cm，先端尖，有短尖头，上面无毛，下面被黄色柔毛，后渐脱落无毛，侧脉12~19对，近平行，上面中脉和侧脉皆凹下；托叶宽三角形，宿存，小托叶钻形。总状圆锥花序顶生，花序轴被黄褐色柔毛，后渐脱落；花梗及花萼被绢毛；花冠淡红或淡紫色，花瓣背面被黄色绢毛；雄蕊二体。果肿胀，倒卵形、纺锤形或斜四边形，长5~10cm，木质，初时密被锈色短毛，后渐脱；种子1~4粒，黑色，有光泽，长约4cm。花期5~6月；果期8~12月。

产于陆川、十万大山、大明山、隆安、邕宁、宁明、龙州、扶绥、那坡、百色、平果、凌云、乐业、巴马、金秀、天峨、凤山。生于海拔500~1300m的山地、疏林内、灌丛中或溪边。分布于广东、海南、云南；越南、老挝、柬埔寨、缅甸也有分布。茎皮纤维可供制绳索。种子及根含鱼藤

酮、鱼藤素有毒成分，可作农药。茎藤有微毒，外用有消炎止痛功效，可治疥癣。

3. 密花崖豆藤 青叶烂麻藤 图273
Millettia congestiflora T. Chen

攀援灌木。小枝圆柱形，具棱，密被黄褐色绒毛，后秃净。小叶 5 片，宽椭圆形、卵状椭圆形，长 6～13cm，宽 7cm，先端短锐尖，基部阔楔形或钝，上面仅中脉疏被毛，下面疏被毛，侧脉 6～7 对，近叶缘向上弯曲，细脉网结；托叶披针形，小托叶钻形。圆锥花序长 10～16cm，密被黄褐色柔毛；花长 1.6～2.0cm；花梗、萼及旗瓣均被黄褐色柔毛；花冠红色或白色，有多数条纹；雄蕊二体。果线形，扁平，长达 13cm，宽 1.0～1.5cm，密被灰白色柔毛，种子间稍缢缩；种子 3～6 粒，褐色，长圆形。花期 6～8 月；果期 9～11 月。

产于融水、贺州。喜光，常攀附于树上或林缘灌丛。分布于广东、湖南、贵州、江西、安徽。

4. 球子崖豆藤
Millettia sphaerosperma Z. Wei

图 273 密花崖豆藤 Millettia congestiflora T. C. Chen 花枝。（仿《中国树木志》）

攀援灌木；除叶轴、花序和嫩梢初被短柔毛，旋秃净外，全株几无毛。枝圆柱形，具细棱，表皮淡黄色，剥落，内皮褐色，皮孔细小。羽状复叶；叶柄长 4～6cm，基部具关节，着生处膨大呈托状，叶轴上面有沟；托叶锥刺状，长约 1.5mm，宿存；小叶 3 片，纸质，披针形状椭圆形，顶生小叶较大，长 11～18cm，宽 6～9cm，侧生小叶长 9～12cm，宽 3.5～5.0cm，上面深绿色，平坦，下面草绿色，侧脉 8～9 对，平行近叶缘环结，细脉横向连成网状，下面脉纹甚隆起；小叶柄长约 2mm，微被毛；小托叶刺毛状，细而硬，长约 2mm，宿存。圆锥花序顶生，长和宽各 12～15cm，被细柔毛，生花枝细长伸展；花多数，单生；苞片与小苞片均为线状披针形，长 2.5mm，小苞片离萼生；花长约 1.5cm；花梗长 7～8mm；花萼杯状，与花梗、苞片同被细柔毛，萼齿短于萼筒，三角形，下方 1 齿较长；花冠红色至紫色，旗瓣长圆形，密被绢毛，无胼胝体，几无瓣柄，翼瓣镰形，长为旗瓣和龙骨瓣的 2/3，龙骨瓣镰形；雄蕊二体，对旗瓣的 1 枚离生；胚珠 6～8 枚。荚果圆球形，肿胀，长 5.0～6.5cm，宽约 3cm，密被黄褐色绒毛，顶端具弯尖喙，缝线清晰，果皮革质，有种子 1～2 粒；种子阔卵形。花期 6～8 月；果期 10～11 月。

产于隆林、龙州，生于山谷、溪旁疏林中。分布于贵州、云南。

5. 绒毛崖豆 绒毛崖豆藤 图274：1～2
Millettia velutina Dunn

小乔木，高 10m。幼枝密被绒毛，后渐脱落。叶柄、叶轴及花序轴均被柔毛。小叶 15～21 片，长圆形，长 4.5～10cm，两面被绢毛，下面极密，侧脉 7 对；托叶长圆形，小托叶刚毛状。花序长达 20cm，每节有 4～5 朵花簇生；萼被柔毛；花冠白色或红色，旗瓣背面被柔毛；单体雄蕊。果线形，长约 12cm，宽 1.2cm，缝线凸起，密被柔毛，后渐脱落；种子 3～6 粒，扁长圆形，长 1～2cm，褐色。花果期 5～7 月。

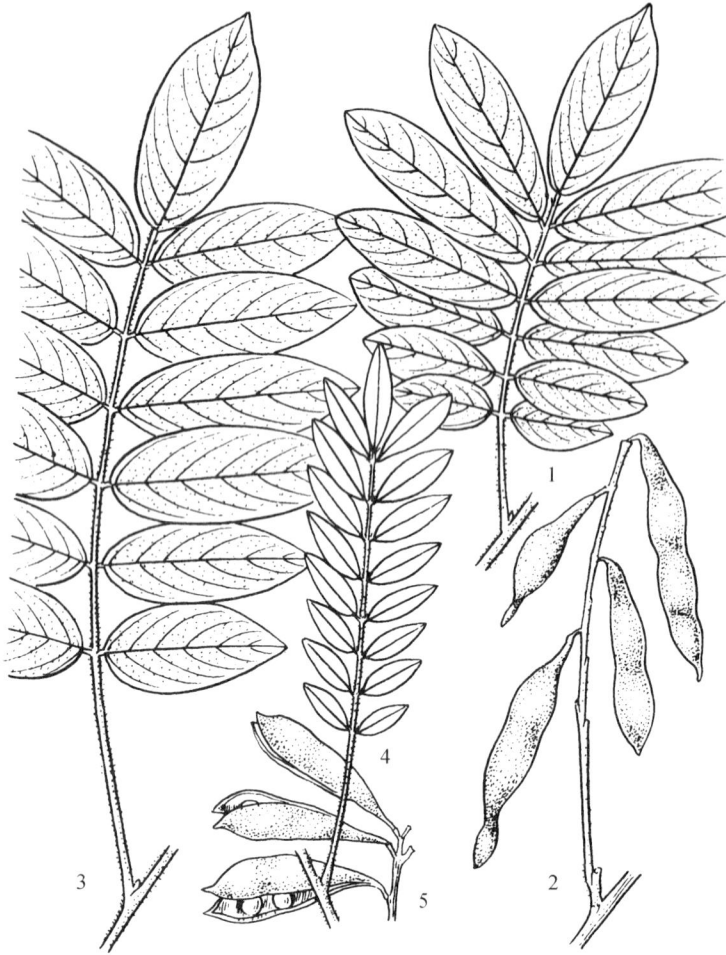

图274 1~2. 绒毛崖豆 Millettia velutina Dunn 1. 叶枝；2. 果序。3. 印度崖豆 Millettia pulchra Kurz 叶枝。4~5. 华南小叶崖豆 Millettia pulchra var. chinensis Dunn 4. 叶枝；5. 果序。(仿《中国树木志》)

产于广西西北地区。散生于海拔750~1300m的山谷疏林中。分布于云南、贵州、湖南、广东。

6. 印度崖豆 印度鸡血藤、美花崖豆藤 图274：3

Millettia pulchra Kurz

乔木或灌木状，高3~8m。幼枝密被灰色柔毛。叶柄及叶轴被平伏柔毛，后脱落；小叶11~19片，披针形或披针状窄圆形，长2~6cm，宽0.7~1.5cm，先端钝或尖，基部圆楔形，两面被平伏柔毛，上面较疏，中脉上面隆起，侧脉5~8对；小托叶刺毛状。假总状花序聚集于枝梢，腋生，短于叶，长6~15cm，密被灰黄色柔毛，每节有花2~4朵；花萼钟状，被柔毛；花冠粉红色或紫红色，旗瓣背面被丝毛；单体雄蕊。果条状披针形，长5~10cm，木质，初被平伏毛，后渐脱落；种子1~4粒，扁圆形，褐色。花期3~6月；果期10~11月。

产于临桂、兴安、桂林、永福、昭平、柳州、来宾、天峨、南宁、武鸣、上林、凭祥、隆林、平果、凌云、容县、北流。生于海拔1600m以下的山地、丘陵。分布于广东、海南、云南、贵州、湖南；印度也有分布。叶可作农用杀虫剂。

6a. 华南小叶崖豆 图274：4~5

Millettia pulchra var. **chinensis** Dunn

与原种的区别在于：小叶较小，狭窄，长小于4cm，宽小于1cm，椭圆形，两端狭尖或微凹，中脉在叶上面下凹，侧脉6~7对，向尖端弯曲明显，叶缘稍向下反卷；萼齿截平且急尖。

产于隆林，生于海拔800~1500m的山地。分布于云南。

6b. 疏叶崖豆

Millettia pulchra var. **laxior**（Dunn）Z. Wei

与原种的区别在于：叶与假总状花序疏生于小枝上，非集生于枝梢；小叶较大，披针状椭圆形，长3.5~10.0cm，宽1.5~4.0cm，侧脉7~10对。

产于临桂、兴安、永福、柳江、天峨、东兰、隆安、武鸣、岑溪。分布于云南、贵州、湖南、江西、福建；印度也有分布。

6c. 绒叶印度崖豆

Millettia pulchra var. **tomentosa** Prain

与疏叶崖豆相似，但本种小叶上面被稀疏柔毛，背面密被灰色绒毛和柔毛；萼齿密被柔毛。

产于昭平、上思。分布于云南；印度和缅甸亦有分布。

7. 厚果崖豆藤 苦檀子、冲天子、少果鸡血藤、毒鱼藤

Millettia pachycarpa Benth.

攀援灌木。小枝被锈色柔毛，后脱落，髓心中空。小叶(9～)13～17片，披针形或长圆状倒披针形，长5～15cm，宽约4cm，先端锐尖，上面无毛，下面密被平伏绢毛，侧脉10～17对，上面中脉及侧脉凹下；托叶宽卵圆形，小叶柄密被毛，无小托叶。假总状花序长15～30cm，密被褐色绒毛，花2～5朵簇生；萼被柔毛；花冠淡紫色，无毛；雄蕊单体。果肿胀，卵球形或长圆形，厚木质，迟裂，长6～23cm，直径约5cm，黑褐色，密被淡褐色疣状斑点；种子1至数粒，肾形，长达3cm。花期4～7月；果期10月。

产于广西各地，生于海拔1700m以下。分布于福建、江西、湖南、广东、四川、云南、贵州、浙江；印度东部和北部、缅甸、泰国也有分布。茎皮含纤维约24%，供作编织、人造棉及造纸原料。种子含鱼藤酮，可用于防治虫害。果、叶有毒，药用能止痛、消积、杀虫。

8. 无患子叶崖豆藤 广西崖豆藤

Millettia sapindiifolia T. Chen

攀援灌木。枝、叶、叶轴及花序均被黄色绒毛。小叶11(7～13)片，长圆形或披针状长圆形，长6.5～11.0cm，先端尾尖，上面疏被毛或无毛，下面密被平伏黄色柔毛，侧脉8～12对；托叶退化，无小托叶。假总状花序长15～27cm，花3～5朵簇生，花长0.8～1.3cm；花冠白色，花萼及旗瓣背面密被深褐色丝毛；雄蕊二体(9+1)。荚果肿胀，长圆形，先端具喙，被棕色丝状毛。花期5～7月；果期9～12月。

产于凌云、靖西、乐业、南丹。生于山谷石岩上、山地杂木林中。分布于贵州。

30. 灰毛豆属 Tephrosia Pers.

一年或多年生草本，有时为灌木状，植株无"丁"字毛。奇数羽状复叶，稀三出复叶或单小叶，具托叶，无小托叶；小叶对生，全缘，下面被平伏丝毛，无腺点。总状花序；萼齿5；花冠多为紫红色或白色，旗瓣近圆形，背面被丝毛或柔毛；雄蕊二体，花药同型；子房无柄。果条形或长圆形，两边无翅，开裂，果瓣扭转；种子多粒。

400种以上，主产于非洲及澳大利亚热带。中国11种。广西3种。多做绿肥，茎皮纤维可供制人造棉。

分种检索表

1. 小枝密被黄色绒毛；小叶7～11(～13)片，倒卵状长圆形或长椭圆形，先端圆或微凹，有小尖头，下面密被黄色绢毛；花冠白色或淡红色；荚果密被黄色绢毛 ·················· **1. 黄灰毛豆 T. vestita**
1. 小枝被白色绒毛或柔毛。
    2. 小叶17～25片，长圆状披针形或窄椭圆形，长3.0～6.5cm；花冠浅黄色或淡红色；荚果密被黄褐色绒毛 ···
    ··· **2. 白灰毛豆 T. candida**
    2. 小叶7～17片，长椭圆状倒披针形或长圆形，长1.5～3.5cm；花冠紫色或淡紫色；荚果被稀疏平伏柔毛 ···
    ··· **3. 灰毛豆 T. purpurea**

1. 黄灰毛豆 狐狸射草、黄毛灰叶、假鸟豆

Tephrosia vestita Vog.

亚灌木，高达2m。茎具纵棱，呈"之"字形上升。植物体各部均密被平伏黄色绒毛。小叶7～11(～13)片，倒卵状长圆形或长椭圆形，长2.0～4.5cm，先端圆或微凹，有小尖头，基部楔形，上面粗糙无毛，下面密被黄色绢毛，侧脉11～17对。总状花序长约6cm；花冠白色或淡红色，有香气，旗瓣外面密被黄色绢毛。果窄条形，长5～6cm，宽4～5cm，具直喙，密被黄色绢毛；种子

10～12 粒，肾开形，黑色。花期 6～10 月；果期 7～11 月。

产于广西南部。喜光，多生于旷野及较干燥的草地上。分布于广东、海南、云南；印度尼西亚、菲律宾也有分布。

2. 白灰毛豆 短萼灰叶、白花灰叶

Tephrosia candida DC.

亚灌木，高达 3m。小枝有棱，密被白色绒毛。叶轴上面有沟槽，密被白色绒毛；托叶被毛，宿存；小叶 17～25 片，长圆状披针形或窄椭圆形，长 3.0～6.5cm，先端圆，有芒尖，下面密被白色平伏丝毛，侧脉 17～30 对；叶柄、小叶柄密被柔毛。总状花序长 15～20cm，花序轴、花梗、萼均被锈色丝毛；花冠浅黄色或淡红色，旗瓣外面密被白色绢毛，翼瓣、龙骨瓣无毛。果条形，稍弯，长 7～10cm，宽 7～8mm，密被黄褐色绒毛；种子 10～15 粒，橄榄绿色，具花斑，椭圆形，长约 5mm，宽约 3mm。花期 10～11 月；果期 11～12 月。

原产于印度和马来半岛，钦州、南宁、柳州、桂林、玉林等地有栽培，广东、海南、云南亦有栽培，并逸为野生。枝叶肥效高，为优良的绿肥及荒山、荒地水土保持的先锋树种。花美丽，亦可供观赏。

3. 灰毛豆 灰叶、假蓝靛、红花灰叶、野蓝

Tephrosia purpurea (L.) Pers.

亚灌木，高 2m。幼枝疏被白色柔毛。小叶 7～17 片，长椭圆状倒披针形或长圆形，长 1.5～3.5cm，先端圆或稍凹，具芒尖，基部楔形，上面无毛，下面被平伏白色丝毛，侧脉 6～12 对；叶轴及小叶柄被柔毛。总状花序长 10～20cm，花序轴、萼及旗瓣密被白色柔毛；花冠紫色或淡紫色。果弯条形，长 3～5cm，被稀疏平伏柔毛；种子 5～10 粒，有红褐色斑纹。花期 7 月；果期 11 月。

产于广西南部和西南部，生于旷野和山坡。分布于福建、台湾、广东、海南；广布于全世界热带。全株有毒，含芸香甙，根含灰叶素及鱼藤素，可毒鱼。枝叶作绿肥。可用作固沙及堤岸固土树种。

31. 肿荚豆属 Antheroporum Gagnep.

常绿乔木，小枝通常具点状皮孔。奇数羽状复叶互生；小叶下面无腺点；无托叶和小托叶；小叶 5～13 片，革质。总状花序；花冠白色或淡紫红色；雄蕊单体，花药同型；子房被绒毛，花柱钻形，柱头点状，胚珠 2～4 枚。果斜卵形，先端具短喙，2 瓣裂，厚木质。种子 1 粒，扁球形。

约 4 种，产于泰国、越南及中国西南部。中国 2 种，广西 1 种。

肿荚豆

Antheroporum harmandii Gagnep.

乔木，高 10m。小枝、叶轴、花序轴均被黄色细棉毛，皮孔小，明显，散生。羽状复叶长 30～40cm；小叶 7～13 片，长圆形，长 12～18cm，宽 3～5cm，先端锐尖，基部圆，偏斜，上面无毛，背面密被平伏绢毛，侧脉 5～7 对，上面平坦，下面隆起。总状花序长 7～15cm，花瓣近等长；花冠浅红色；雄蕊 10 枚。果斜长卵形，长 8cm，宽 3cm，密被黄色柔毛；种子 1 粒，栗褐色，有光泽。花期 5～10 月；果期 7～11 月。

产于田林、西林。分布于云南、贵州；越南也有分布。

32. 紫穗槐属 Amorpha L.

落叶灌木或亚灌木。奇数羽状复叶；小叶全缘，具半透明腺点，对生或近对生；托叶针形，早落；小托叶钻形，脱落或宿存。穗状花序顶生，直立；花萼有 5 齿裂，有腺点；花冠退化，仅存旗瓣，旗瓣蓝紫色，向内弯曲包藏雄蕊和雌蕊；雄蕊二体，花药同型；子房无柄，胚珠 2 枚。荚果短，长圆形或新月形，不开裂，果瓣密布腺状小瘤点。

约15种，原产于北美至墨西哥，中国引入1种，广西有栽培。

紫穗槐 紫花槐、椒条

Amorpha fruticosa L.

灌木，高4m。幼枝密被毛，后渐无毛。小叶11~25片，对生或近对生，基部有线形托叶，长卵形、椭圆形或长圆状披针形，长1.5~4.0cm，宽0.7~1.5cm，两端圆钝，有芒尖，两面均被白色短柔毛，下面有黑色圆形腺点；叶轴有纵沟槽。穗状花序长7~15cm，花密集；雄蕊二体(5 + 5)。果下垂，镰状，棕褐色，具瘤状油腺点，长7~9mm；种子常为1粒，紫黑色。花期5~6月；果期9~10月。

原产于北美；桂林、龙州、防城、上思有栽培，全国各地有广泛栽培，但以在华北平原生长最好。果含芳香油，种子含油10%，可供制作油漆、甘油及润滑油。枝条可用来编织筐篓及作造纸原料。茎皮可供提制栲胶，枝叶可作绿肥和家畜饲料，也是优良的蜜源植物。耐干冷气候、耐瘠薄、耐水湿、耐轻度盐碱，有固氮作用，可植于河岸、沙地、山坡，防风固沙。

33. 鱼藤属 Derris Lour.

攀援灌木，藤本，稀小乔木。小枝髓心常中空，稀实心。奇数羽状复叶；托叶小，宿存；小叶对生，无小托叶。总状或圆锥花序；萼齿近平截；花冠白色、粉色或紫红色，旗瓣无附属物，翼瓣稀与龙骨瓣合生；花盘通常缺；雄蕊单体，稀二体，花药同型。荚果扁平，有翅，不裂。

约50种，分布于热带及亚热带地区。中国约16种，产于华南和西南。广西12种1变种。

分种检索表

1. 小枝、小叶两面或仅下面被柔毛。
  2. 果腹缝具翅，背缝无翅。
    3. 小叶9~11片，上面近无毛，下面被平伏淡黄色柔毛；花单生 ……………… **1. 云南鱼藤 D. yunnanensis**
    3. 小叶13~15片，两面疏被平伏毛；花3~10朵聚生 ……………………………… **2. 毛果鱼藤 D. eriocarpa**
  2. 果背腹缝两边具窄翅。
    4. 小叶上面疏被毛，下面被平伏锈黄色柔毛；花冠白色；果密被锈色长柔毛，腹缝翅宽达0.7~1.3cm，背缝翅3~6mm ……………………………………………………………………… **3. 黔桂鱼藤 D. cavaleriei**
    4. 小叶上面无毛，叶下面略被锈色毛或无毛；花冠淡红色或白色；果成熟时近无毛，腹缝翅宽3~5mm，背缝翅宽2~4mm ……………………………………………………………………… **4. 锈毛鱼藤 D. ferruginea**
1. 小枝、小叶两面无毛。
  5. 果腹缝具翅，背缝无翅，果斜卵形、近圆形或宽圆形；小叶5(3~7)，卵状长圆形或卵形，先端渐尖或短尾尖，基部圆形或微心形 ………………………………………………………………… **5. 鱼藤 D. trifoliata**
  5. 果背腹缝两边具翅。
    6. 雄蕊二体。
      7. 乔木；羽片长45~60cm；小叶卵状披针形、卵状长圆形或长圆形，长15~25cm，宽7~12cm；圆锥花序长50~60cm；种子肾形 ……………………………………………………… **6. 大叶鱼藤 D. latifolia**
      7. 攀援灌木或披散灌木；羽状复叶长30~45cm；小叶长圆形或长圆状披针形，长6~16cm，宽3~7cm；圆锥花序长12~35cm；种子长圆状肾形 ……………………………… **7. 密锥花鱼藤 D. thyrsiflora**
    6. 雄蕊单体。
      8. 荚果腹缝翅宽2~3mm，背缝翅宽不及1mm，疏被不明显红色腺点；小叶5~7片，椭圆形或卵状长圆形，先端短尾尖，基部圆形；花冠白色 ………………………………… **8. 中南鱼藤 D. fordii**
      8. 荚果腹缝翅宽3mm以上，背缝翅宽1mm以上。
        9. 小叶9~13片，膜质，长圆状倒卵形，长5~7cm，宽2.0~3.5cm，先端尾状渐尖，下面被白粉；复聚伞花序；花冠玫瑰红色 ……………………………………………………… **9. 粉叶鱼藤 D. glauca**
        9. 小叶3~7片。
          10. 果斜卵形或斜长圆形，长2~5cm；小叶革质，椭圆形或倒卵状长圆形，先端钝或微凹；花序被柔毛；萼红色；花冠白色 ·· **10. 白花鱼藤 D. alborubra**

　　10. 荚果长圆形，长 7~11cm。

　　　　11. 小叶阔卵形至卵状披针，先端短渐尖，侧脉 4~5 对；花序被柔毛；花冠白色或粉红色 ···
　　　　·· **11. 东京鱼藤 D. tonkinensis**

　　　　11. 小叶倒卵形或倒卵状长圆形，先端短渐尖，钝头，侧脉 6~8 对；花序被柔毛；花冠白色或
　　　　粉红色 ································ **12. 边荚鱼藤 D. marginata**

1. 云南鱼藤　图 275：6~7

Derris yunnanensis Chun et F. C. How

　　攀援灌木。枝、叶下面、花序及果均被平伏淡黄色柔毛。小叶 9~11 片，近革质，长圆形或倒卵状长圆形，或顶端一片为倒披针形，长 4.5~11.0cm，宽 1.5~3.5cm，先端渐尖，钝头，基部楔形，全缘，中脉两面隆起，侧脉 9~10 对。总状花序长约 40cm；花单生，花冠白色，花瓣基部均无耳。果长圆形，长 5~15cm，宽 1.0~2.5cm，密被黄色短柔毛，腹缝翅宽 1~2mm，萼宿存；种子 1 粒或 2~4 粒，疏离。果期 10 月。

　　产于东兰、凤山。散生于山地岩石旁、疏林中。分布于云南。

2. 毛果鱼藤　图 275：1~3

Derris eriocarpa F. C. How

　　攀援灌木。小枝被锈色柔毛。小叶 13~15 片，厚纸质，长圆形或卵状椭圆形，顶生小叶倒卵状椭圆形，长 5.0~7.5cm，宽约 2cm，先端短渐尖，两面疏被平伏柔毛，侧脉 7~8 对；小叶柄与叶轴均被柔毛。总状花序单生叶腋，花 3~10 朵聚生；花梗与萼均被黄色柔毛；花冠红白色，翼瓣和龙骨瓣基部稍具耳；有花盘。果线状长圆形，长 6~11cm，宽 1.2~1.6cm，先端尖，基部具柄，疏被锈色柔毛，腹缝翅宽约 2mm；种子 1~8 粒，长约 0.6cm，宽约 0.4m。花期 6 月；果期 11~12 月。

　　产于凤山、都安、罗城、凌云、乐业、百色、田林、隆林、靖西、德保、那坡、平果、龙州、南宁、上林、马山、陆川。分布于云南、贵州。根入药，有补血、润肠的功效；茎入药，能止咳化痰、除湿利尿。

3. 黔桂鱼藤　贵州鱼藤、嘉氏鱼藤　图 276：1~3

Derris cavaleriei Gagnep.

　　攀援灌木。小枝被黄色长柔毛，后脱落。小叶 5 片，革质，卵形、长圆形或倒卵状长圆形，长 5~10cm，宽 2~4cm，上面疏被毛，下面被平伏锈黄色柔毛，侧脉 7~10 对，干后上面凹下；小叶柄、叶柄及叶轴均被锈色柔毛。圆锥花序长 7~20cm，密被

图 275　1~3. 毛果鱼藤 **Derris eriocarpa** F. C. How 1. 复叶；2. 小叶；3. 果。4~5. 鱼藤 **Derris trifoliata** Lour. 4. 复叶；5. 果。6~7. 云南鱼藤 **Derris yunnanensis** Chun et F. C. How 6. 小叶；7. 果。(仿《中国树木志》)

锈色长柔毛；花长约 1.3cm；萼被粗毛；花冠白色。果长圆形，长 6～13cm，宽 3.0～4.5cm，密被锈色长柔毛，腹缝翅宽 0.7～1.3cm，背缝翅 3～6mm；种子 1～2 粒，肾形或近似四方形。花期 4～5 月；果期 11 月。

产于隆林、乐业、百色、西林。生于海拔 1000m 以下的山地。分布于贵州。

4. 锈毛鱼藤 荔枝藤、老荆藤 图 277：1～2

Derris ferruginea Benth.

攀援灌木。小枝密被锈色柔毛。小叶 5～9 片，革质，倒卵状长椭圆形、椭圆形或卵状长椭圆形，长 5～14cm，宽 2～5cm，上面无毛，叶下面略被锈色毛或无毛；叶柄、小叶柄及叶轴被锈色柔毛或无毛；托叶宽三角形。圆锥花序长 15～30cm，具分枝；花梗细，与萼均被锈色柔毛；花簇生；花冠淡红色或白色。果椭圆形或舌状椭圆形，长 5～8cm，宽 2.5cm，幼时密被平伏锈色柔毛，成熟时近无毛，腹缝翅宽 3～5mm，背缝翅宽 2～4mm；种子 1～2 粒。花期 4 月；果期 10 月。

产于防城、上思、岑溪、容县、宁明。生于低海拔山地的疏林、灌丛中。分布于广东、海南、云南、贵州；印度、中南半岛也有分布。根部鱼藤酮含量较高，可作杀虫剂。

5. 鱼藤 毒鱼藤、三叶鱼藤 图 275：4～5

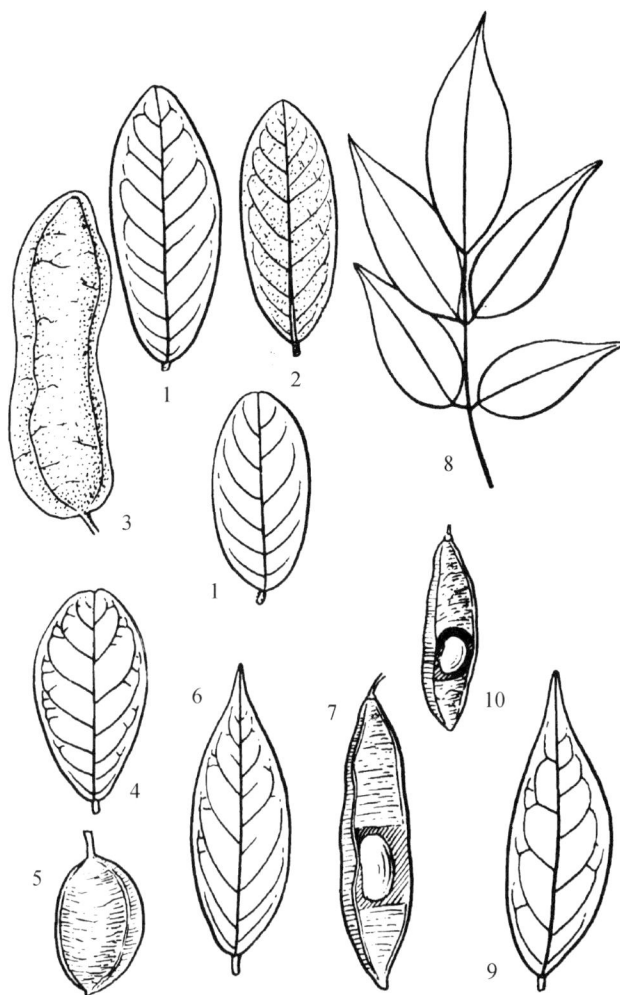

图 276 1～3. 黔桂鱼藤 Derris cavaleriei Gagnep. 1～2. 小叶；3. 果。4～5. 白花鱼藤 Derris alborubra Hemsl. 4. 小叶；5. 果。6～7. 中南鱼藤 Derris fordii Oliv. 6. 小叶；7. 果。8～10. 亮叶中南鱼藤 Derris fordii var. lucida F. C. How 8. 复叶；9. 小叶；10. 果。（仿《中国树木志》）

Derris trifoliata Lour.

攀援灌木。枝、叶无毛。小叶 5(3～7) 片，厚纸质或薄革质，卵状长圆形或卵形，长 5～10cm，先端渐尖或短尾尖，基部圆形或微心形；小叶柄粗短。总状花序长 5～10cm，无毛；花冠白色或粉红色。果斜卵形、近圆形或宽圆形，长 2.5～4.0cm，宽 2～3cm，淡黄色，扁平，无毛，有网脉，腹缝翅宽约 1.5mm；种子 1～2 粒。花期 6 月；果期 9 月。

产于昭平、贺州。耐湿，常生于河边、低湿地及沿海潮汐能到的地方。分布于福建、台湾、广东、海南；越南、泰国、柬埔寨、印度、马来西亚、澳大利亚也有分布。根、茎及叶含鱼藤酮约 5%，可作杀虫药。根及茎入药，外敷可治跌打肿痛（皮肤未破）、湿疹、风湿关节痛。全株有毒，内服可致死。

6. 大叶鱼藤 图 278：4

Derris latifolia Prain

常绿乔木。小枝被细密皮孔，植物体各部均无毛。羽片大，长 45～60cm；小叶 5～7 片，厚纸质、卵状披针形、卵状长圆形或长圆形，长 15～25cm，宽 7～12cm，先端渐尖，侧脉 4～8 对，明

图 277　1～2. 锈毛鱼藤 Derris ferruginea Benth. 1. 花枝；2. 果。**3～4. 边荚鱼藤 Derris marginata**（Roxb.）Benth. 3. 花枝；4. 果。(仿《中国树木志》)

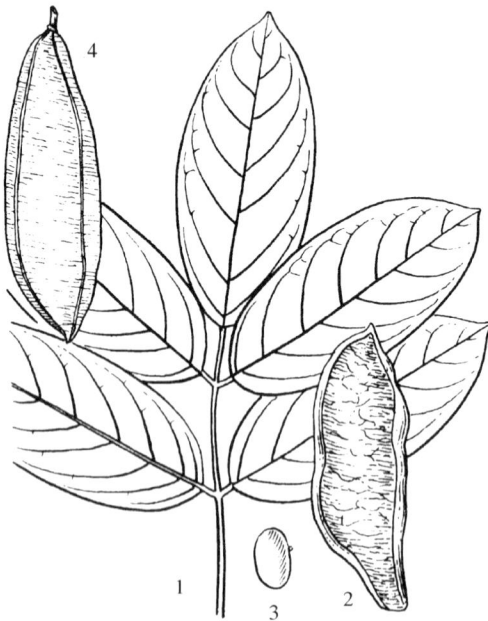

图 278　1～3. 密锥花鱼藤 Derris thyrsiflora（Benth.）Benth. 1. 复叶；2. 果；3. 种子。**4. 大叶鱼藤 Derris latifolia** Prain 果。(仿《中国树木志》)

显；小叶柄长0.6～1.0cm。圆锥花序长50～60cm；花萼顶端平截；雄蕊二体。果椭圆形，长9～13cm，无毛，无凸出网纹，腹背两缝均有翅，翅宽3～8mm；种子肾形，黑色。果期12月至翌年1月。

产于龙州、那坡、大明山、陆川。生于山地疏林中。分布于云南；印度也有分布。

7. 密锥花鱼藤　长小苞鱼藤、密花鱼藤　图278：1～3

Derris thyrsiflora（Benth.）Benth.

攀援灌木或披散灌木。小枝无毛，密生皮孔，髓心中空。羽状复叶长30～45cm；小叶5～9片，近革质，长圆形或长圆状披针形，长6～16cm，宽3～7cm，先端短渐尖，基部圆形，叶各部无毛，侧脉6～8对。圆锥花序长12～35cm，花序轴多分枝，被红褐色柔毛；花柄短，密生；萼被毛；花冠白色或紫红色；雄蕊二体。果长圆形，长5～10cm，无毛，两边翅宽3～8mm；种子1～3粒，长圆状肾形，长达2cm，黑褐色。花期5～6月；果期10月。

产于十万大山。分布于广东、海南、云南；印度、越南、菲律宾、印度尼西亚也有分布。

8. 中南鱼藤　霍氏鱼藤、揭阳鱼藤　图276：6～7

Derris fordii Oliv.

攀援灌木。枝、叶无毛；枝髓实心。小叶5～7片，厚纸质或薄革质，椭圆形或卵状长圆形，长4～12cm，先端短尾尖，基部圆形，侧脉6～7对，纤细，两面均隆起。圆锥花序腋生，花序轴被黄褐色短硬毛；萼被红色腺点或腺条；花冠白色，无毛；雄蕊单体。果长圆形，长4～9cm，宽1.5～2.3cm，无毛，疏被不明显红色腺点，腹缝翅宽2～3mm，背缝翅宽不及1mm；种子1～4粒，褐红色，长肾形，长1～2cm，宽约1cm。花期5～6月；果期9～11月。

产于全州、临桂、桂林、平乐、恭

城、昭平、贺州、凌云、乐业、天峨、罗城、都安。生于低山丘陵、溪边灌丛中及疏林内。分布于福建、浙江、江西、湖北、湖南、广东、云南、贵州、四川。茎皮含纤维约 20%，可用于织麻袋、绳索及制人造棉。根磨粉，可毒杀蟑象、蚜虫等。茎、叶入药，有清热解毒的功效，可治痈疽疮疡、疔疮、疥癣、丹毒、无名肿毒、虫蛇咬伤、皮肤红肿热毒。

8a. 亮叶中南鱼藤 老京藤 图 276：8 ~ 10

Derris fordii var. **lucida** F. C. How

与原种的区别在于：小叶 3 ~ 7 片，较小，长 4 ~ 6cm，宽 1.0 ~ 3.5cm，卵状披针形或椭圆状披针形，先端尾尖，上面有光泽，侧脉不明显。花序及花梗密被褐色柔毛。果背缝翅宽 1.0 ~ 1.5mm。

产于龙州、大新、德保、马山、凤山、环江、柳州、临桂、桂林等地。常生于石灰岩山地。分布于云南、贵州、广东、香港。

9. 粉叶鱼藤 粉背鱼藤、蟾蜍藤 图 279

Derris glauca Merr. et Chun

攀援灌木。小枝无毛，具隆起皮孔。小叶 9 ~ 13 片，膜质，长圆状倒卵形，长 5 ~ 7cm，宽 2.0 ~ 3.5cm，先端尾状渐尖，下面被白粉，无毛，侧脉 7 ~ 8 对。复聚伞花序长 10 ~ 15cm，花 3 ~ 8

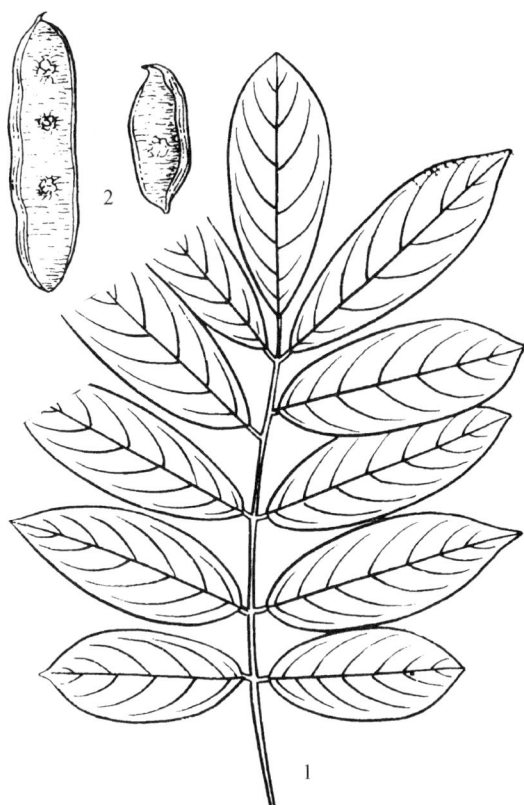

图 279 粉叶鱼藤 Derris glauca Merr. et Chun
1. 复叶；2. 果。（仿《中国树木志》）

朵簇生，长 1.6 ~ 1.7cm；花梗纤细；花萼红褐色，边缘疏生毛；花冠玫瑰红色；雄蕊单体。果长圆形，长（3 ~ ）5 ~ 9cm，无毛，腹缝翅宽 3 ~ 4mm，背缝翅宽 1 ~ 2mm；种子 1 ~ 3 粒。花期 4 月；果期 7 ~ 8 月。

产于十万大山。生于海拔 700m 以下的溪边石缝、疏林中。分布于海南、广东。茎皮纤维可供织麻袋、麻布、绳索和制人造棉。根是良好的杀虫药。花美丽，枝叶繁茂，可供观赏。

10. 白花鱼藤 红萼白瓣鱼藤 图 276：4 ~ 5

Derris alborubra Hemsl.

攀援灌木。枝、叶无毛，枝髓实心。小叶 5（3）片，革质，椭圆形或倒卵状长圆形，长 5 ~ 11（ ~ 15）cm，宽 2 ~ 5cm，先端钝或微凹，侧脉 8 ~ 9 对；托叶三角形。圆锥花序长 15 ~ 30cm，花梗、花序轴、萼及子房均被柔毛；萼红色；花冠白色，芳香；雄蕊单体。果斜卵形或斜长圆形，革质，长 2 ~ 5cm，无毛，腹缝翅宽背 3 ~ 4mm，背缝翅宽约 1mm；种子 1 ~ 2 粒。花期 6 月；果期 10 ~ 11 月。

产于梧州、合浦、东兴、龙州、大新。常生于低海拔的灌木林中。分布于广东、海南、台湾、香港；越南也有分布。

11. 东京鱼藤

Derris tonkinensis Gagnep.

攀援灌木或乔木。枝褐色或红色，无毛。羽状复叶；小叶 2 对，质坚韧，卵状披针形，长 3 ~ 6cm，宽 1.5 ~ 4.0cm，先端短渐尖，钝头，基部圆形，顶生小叶基部楔形，无毛，侧脉 4 ~ 5 对，上面稍不明显；小叶柄长 3 ~ 4mm。总状花序腋生或顶生，疏散或稍稠密，呈尖塔形的圆锥花序式，长 7 ~ 10cm，直径约 5cm，薄被红色柔毛；1 ~ 3 个分枝，纤细，长 3 ~ 4cm，其余变为花束柄；花束柄长 1.5 ~ 2.0cm，有花 4 ~ 6 朵；花梗长 6 ~ 7mm，被红色、紧贴疏柔毛；有小苞片 2 枚；花萼杯状，被红色疏柔毛，萼齿波状；花冠白色或粉红色，花瓣具柄，旗瓣椭圆形，长 10 ~ 12mm，宽约 6mm，基部急收狭，花后外反，翼瓣有 1 短尖耳；雄蕊单体；子房薄被疏毛，有胚珠 3 粒。荚果长椭圆形，长 8 ~ 11cm，宽约 2.5cm，两端渐尖而钝，无毛，有网纹，腹缝翅宽约 5mm，背缝翅宽 1 ~ 2mm，有种子 1 粒，稀 2 粒；种子红色，长约 1.8cm，宽约 1.2cm。

产于柳城、桂林、临桂及广西西南部。分布于贵州；越南亦有分布。

11a. 大叶东京鱼藤　越南鱼藤

Derris tonkinensis var. **compacta** Gagnep.

本种与原变种的不同为：小叶通常 2 对，有时 3 对，阔卵形至卵状长椭圆形，较大，长 5 ~ 10cm；花序多分枝，花束甚短，花粉红色，易于区别。花期 4 ~ 5 月；果期 10 ~ 11 月。

产于龙州，分布于广东；越南也有分布。

12. 边荚鱼藤　纤毛萼鱼藤　图 277：3 ~ 4

Derris marginata（Roxb.）Benth.

攀援灌木。除萼齿边缘、子房被白色柔毛外，植物体各部均无毛。小叶 5 ~ 7 片，近革质，倒卵形或倒卵状长圆形，长 4 ~ 15cm，宽 3 ~ 6cm，先端短渐尖，钝头，基部圆形，侧脉 6 ~ 8 对；托叶三角形。圆锥花序腋生，长 6 ~ 20cm，无毛，分枝少；花单生或 2 ~ 3 朵簇生；花冠白色或粉红色；雄蕊单体。果长圆形，长 7 ~ 10cm，有小网纹，腹缝翅宽 6 ~ 8mm，背缝翅宽 2 ~ 3mm。花期 5 ~ 6 月；果期 11 月。

产于桂林、临桂、乐业、凌云、隆林、凤山。生于海拔 500 ~ 1200m 的山地灌丛中。分布于浙江、福建、江西、广东、云南、贵州；越南、印度也有分布。根粉剂或液剂可作农药。

34. 猪腰豆属 Afgekia Craib

攀援灌木，稀乔木。奇数羽状复叶互生；叶枕膨大；小叶对生；有托叶，无小托叶。总状或圆锥花序腋生；苞片大，花期宿存；萼具 5 短齿，有花盘，雄蕊二体(9 + 1)，花药同型，子房具柄。荚果大，卵形，无翅，不裂。种子 1 粒，形如猪肾。

约 3 种，分布于印度、马来西亚、菲律宾。中国 1 种 1 变种，广西均产。

猪腰豆　大荚藤　图 280

Afgekia filipes（Dunn）R. Geesink

攀援灌木。幼枝密被银灰色平伏绢毛或红色直立髯毛，后渐脱落，折断时有红色汁液。叶柄及叶轴近无毛；小叶 7 ~ 19 片，长圆形或长圆状披针形，纸质，长 5.5 ~ 10.0cm，宽约 3cm，先端渐尖至尾尖，基部圆，幼时被毛，后脱落，仅下面中脉疏被毛，侧脉 7 ~ 9 对，两面均隆起，细脉网状，明显。花序长约 15cm，密被银灰色绒毛，先花后叶；萼齿圆钝；花冠青紫或粉红色。果肿胀，长 12 ~ 17cm，宽约 7cm，厚约 3cm，木质，密被银灰色绒毛，表面有棱脊；种子肾形，长 7 ~ 10cm，宽 4.5 ~ 5.5cm，厚 2.2 ~ 3.0cm，黑色，光滑。花期 7 ~ 8 月；果期 10 ~ 12 月，果宿存于树上。

图 280　猪腰豆 Afgekia filipes（Dunn）R. Geesink 1. 复叶；2. 果；3. 种子。（仿《中国树木志》）

产于龙州、马山、那坡、靖西、德保、凌云、田阳、金秀、桂平、都安、天峨。生于海拔800~1300m 的山地。分布于云南；越南也有分布。茎入药，有补血的功效，可治风湿骨痛。根含鱼藤酮。种子可毒鱼。

1a. 毛叶猪腰豆

Afgekia filipes var. **tomentosa** (Z. Wei) Y. F. Deng et H. N. Qin

本变种与原变种的区别在于：叶下面和叶轴、叶柄均密被亮褐色绒毛，叶片坚韧，上面深绿色，粗糙。

产于那坡。生于海拔 1100~1300m 的林中。分布于云南。

35. 山豆根属 Euchresta Benn.

小乔木或灌木。常具块状根茎。奇数羽状复叶，小叶 3~7 片，对生，全缘，下面通常被柔毛或绒毛，网脉常不明显；近无柄或极短，托叶早落，无小托叶。总状花序；花萼膜质，钟状或管状，基部略呈囊状，边缘 5 裂；花冠白色；雄蕊二体(9+1)，花药同型；子房具长柄，胚珠 1~2 枚。果肿胀，肥厚，呈核果状，无翅，不开裂，具果颈；种子 1 粒。

约 6 种，产于喜马拉雅至马来西亚及日本。中国 4 种 2 变种，广西 2 种 1 变种，本志记载 1 种。

山豆根 三小叶山豆根、胡豆莲

Euchresta japonica Regel

藤状灌木，几不分枝，茎上常生不定根；小枝无毛。3 片小叶，厚纸质，倒卵形或椭圆形，长 4~9cm，宽 3~5cm，先端钝，基部宽楔形，上面无毛，下面被白色柔毛，侧脉不明显；顶生小叶叶柄长 0.5~1.2cm，侧生小叶几无叶柄。总状花序与叶对生，连总花梗长 8~10cm，花序轴及花梗被褐色柔毛；花萼杯状，被柔毛；花冠白色。果椭圆状球形，肉质，黑色有光泽，长 1.3~1.8cm，宽约 1cm，顶端有细尖，无毛；种子 1 粒，圆柱形。花期 6 月；果期 10~11 月。

产于全州、贺州。生于山地林中的阴湿处。分布于江西、湖南、广东、贵州、浙江；日本亦有分布。

36. 鸡血藤属 Callerya Endl.

藤本、攀援灌木，稀乔木。托叶无毛，常脱落。奇数羽状复叶；小托叶窄三角形，宿存或脱落；小叶对生或近对生。总状花序腋生或顶生，有时排成圆锥花序；花单生；苞片常脱落；小苞片着生于花萼，稀着生于花梗末端，宿存或脱落。花萼先端截平，有短齿。花冠无毛或密被丝状毛；翼瓣与龙骨瓣近等长，翼瓣与龙骨瓣部分联合；雄蕊二体，花药同型。荚果不裂或迟裂，木质，扁平或肿胀，缝线无翅，边缘增厚；种子 1~9 粒，圆形。

约 30 种，分布于南亚、东南亚、澳大利亚和新几内亚岛；中国 18 种，广西 10 种 4 变种，本志记载 9 种 3 变种。

分种检索表

1. 旗瓣背面无毛。
  2. 花萼被毛。
    3. 圆锥花序。
      4. 托叶锥刺状；小叶 7 片，长 5~15cm，宽 2~8cm；花冠紫红色；果肿胀，近圆筒形，长 5~10cm，宽 2.5cm ·············· **1. 宽序鸡血藤 C. eurybotrya**
      4. 托叶披针形；小叶 7~17 片，长 3~8cm，宽 2.5cm；花冠白色、米黄色至淡红色；果长 10~19cm，宽 1~2cm，密被锈色柔毛 ·············· **2. 美丽鸡血藤 C. speciosa**
    3. 总状花序；托叶锥状，宿存；小叶 7 片，披针形，两面无毛；小托叶芒状钻形，宿存；花冠黄色；果条形，密被黄褐色绒毛，瓣裂 ·············· **3. 广东鸡血藤 C. fordii**

2. 花萼无毛或近无毛。

　　5. 小叶5~7片，纸质；花冠黄白色，偶有红晕，旗瓣基部有胼胝体 ·········· **4. 绿花鸡血藤 C. championii**

　　5. 小叶7~9片，硬纸质；花冠深红或暗紫色，旗瓣无胼胝体 ················ **5. 网络鸡血藤 C. reticulata**

1. 旗瓣背面有毛。

　6. 荚果肿胀，种子卵球形或近球形。

　　7. 小叶5片，披针形、椭圆形或倒卵状长圆形，上面仅中脉被毛，下面密被锈黄色绒毛；花冠红色或紫色，基部有2枚胼胝体及内弯的耳 ·············· **6. 灰毛鸡血藤 C. cinerea**

　　7. 小叶3(5)片，椭圆形或宽椭圆形，叶各部无毛；花冠粉红色，旗瓣基部具2耳，无胼胝体 ·················

　　··················· **7. 喙果鸡血藤 C. tsui**

　6. 荚果扁平或稍肿胀，种子透镜形。

　　8. 小叶椭圆形、窄椭圆形或卵形，两面无毛；旗瓣基部具2枚胼胝状附属物；果密被锈黄色绒毛··········

　　···················· **8. 亮叶鸡血藤 C. nitida**

　　8. 小叶披针形、长圆形至狭长圆形，上面几无毛，下面被平伏柔毛或无毛；旗瓣基部具短瓣柄，无胼胝体；荚果密被灰色绒毛 ·············· **9. 香花鸡血藤 C. dielsiana**

1. 宽序鸡血藤　宽序蛇藤　图281

Callerya eurybotrya（Drake）Schot

攀援灌木。小枝、叶、花冠及果均无毛。托叶锥刺状；小叶7片，纸质，长圆形或长圆状披针形，长5~15cm，宽2~8cm，先端钝尖或微凹，侧脉6~7对，近叶缘，向上弧曲，细脉网状，两面均凸起；小托叶钻形。圆锥花序长14~30cm，花序轴被锈黄色绒毛；萼齿4，被锈色绢毛；花冠紫红色，花瓣近等长，旗瓣无毛；雄蕊二体。果肿胀，近圆筒形，长5~10cm，宽2.5cm，木质，种子间缢缩或为球状卵形，红褐色，开裂；种子1~7粒，扁球形，直径约2cm，黑紫色。花期7~8月；果期9~10月。

产于全州、恭城、兴安、临桂、金秀、柳州、巴马、东兰、宁明、龙州、隆安等地。分布于云南、贵州、湖南、广东；越南、老挝也有分布。根及种子可作农用杀虫药。

图281 宽序鸡血藤 Callerya eurybotrya（Drake）Schot 果枝。（仿《中国树木志》）

2. 美丽鸡血藤　山莲藕、牛大力藤　图282：3

Callerya speciosa（Champ. ex Benth.）Schot

攀援灌木。幼枝密被褐色柔毛，后渐脱落。托叶披针形，宿存；小叶7~17片，硬纸质，常为长圆形或长圆状披针形，长3~8cm，宽2.5cm，先端钝，边缘略反卷，上面无毛，下面无毛或沿叶脉被锈色柔毛；小托叶钻形，宿存。圆锥花序长达30cm，花序轴、花梗及萼均密被锈褐色柔毛；花长2.5~3.0cm，花冠白色、米黄色至淡红色，有香气，无毛，旗瓣有2枚胼胝状附属物；雄蕊二体。果长10~19cm，宽1~2cm，密被锈色柔毛，木质，开裂后扭曲，具喙；种子4~6粒，卵形。花期7~10月；果期10~12月。

产于钦州、玉林、柳州、南宁、河池、百色等地。生于海拔1000m以下的山谷疏林或灌丛中。分布于湖南、云南、贵州、广东、海南；越南也有分布。根入药，有补虚润肺、强筋活络、通经的功效，可治风湿骨痛、腰肌劳损、肺虚咳嗽、病后体虚。根含淀粉，可供酿酒或代藕粉。

3. 广东鸡血藤　猪力子

Callerya fordii（Dunn）Schott

攀援灌木。枝叶近无毛。托叶锥状，宿存；小叶7片，纸质，披针形，长4～8cm，宽1.5cm，两面无毛，侧脉5～6对，平行，分叉处环结；小托叶芒状钻形，宿存。总状花序长5～7cm，偶再排成圆锥花序，花序轴被柔毛；花单生，长1.8～1.9cm；萼密被绢毛；花冠黄色，无毛，旗瓣基部微具2枚胼胝体；雄蕊二体。果条形，长12～13cm，宽约7cm，密被黄褐色绒毛，瓣裂；种子5～8粒，酱红色，卵形，长0.7cm，宽0.6cm。花期9～10月；果期11月。

产于平乐、金秀、蒙山、梧州、岑溪、平南、贵港、北流、田东。分布于广东。根入药，有健胃泻火、镇静等功效。

4. 绿花鸡血藤　图282：4

Callerya championii（Benth.）X. Y. Zhu

攀援灌木。茎红褐色，除花序外

图282　1～2. 网络鸡血藤 Callerya reticulata（Benth.）Schot 1. 花枝；2. 果。3. 美丽鸡血藤 Callerya speciosa（Champ. ex Benth.）Schot 花枝。4. 绿花鸡血藤 Callerya championii（Benth.）X. Y. Zhu 果枝。(仿《中国树木志》)

其余部分几无毛。托叶线形；小叶5～7片，纸质，卵形或卵状长圆形，长3～8cm，两面无毛，侧脉5～6(～7)对；小托叶钻形。圆锥花序长约15cm，萼近无毛；花冠黄白色，偶有红晕，花瓣近等长，旗瓣无毛，基部有胼胝附属物；雄蕊二体。果条形，长6～12cm，无毛，干后黑色；种子2～3粒，扁圆形。花期7月；果期8月。

产于全州、平乐、昭平、柳江、来宾、玉林、上林、天峨。生于山地灌丛中。分布于福建、浙江、安徽、江西、广东、云南、贵州。茎皮含纤维37.6%，可作人造棉、造纸及编织原料。

5. 网络鸡血藤　图282：1～2

Callerya reticulata（Benth.）Schot

攀援灌木。除花序和幼嫩部分被黄褐色柔毛外，其余部分均无毛。托叶锥刺形，向下具一矩状凸起；小叶7～9片，硬纸质，长椭圆形或卵形，长3～10cm，宽2～4cm，先端钝尖，侧脉6～7对，二次环结；小托叶针刺状，宿存。圆锥花序长10～20cm；花萼无毛；花冠深红或暗紫色，长1.3～1.5cm，旗瓣无毛，无胼胝体；雄蕊二体。果长条形，长7～16(～20)cm，宽1.5cm，木质，开裂，紫黑色；种子3～7粒，扁圆形。花期5～8月；果期10～11月。

图283 灰毛鸡血藤 *Callerya cinerea* (Benth.) Schot 果枝。(仿《中国树木志》)

产于广西各地。生于海拔700m以下的河边、溪边、林缘及灌丛中。分布于江苏、浙江、安徽、福建、江西、台湾、广东、海南、湖北、湖南、四川、贵州。根和种子含鱼藤酮及拟鱼藤酮,种子含量约1.22%,有胃毒作用,可作农用杀虫药。鲜茎皮含纤维约22%,可作人造棉、造纸及编织原料。藤及根药用,有活血、强筋骨之效,可治麻木瘫痪、腰膝酸痛等症。

6. 灰毛鸡血藤 锈毛崖豆藤、黔滇崖豆藤 图283

Callerya cinerea (Benth.) Schot

攀援灌木。嫩枝被绒毛,后渐脱落。小叶5片,纸质,披针形、椭圆形或倒卵状长圆形,长7~22cm,先端渐钝尖或微凹,上面仅中脉被毛,下面密被锈黄色绒毛,侧脉7~8对,与中脉均下凹;小托叶钻形。圆锥花序长10~20cm,被褐色长柔毛;花冠红色或紫色,旗瓣背面密被褐色绢毛,基部有2枚胼胝状附属物及内弯的耳。果肿胀,球形、卵形或圆柱形,长6~13cm,直径2.5~3.0cm,种子间缢缩,木质,皱缩,密被黄褐色绒毛;种子1~3粒,卵球形或近球形,长约3cm。花期5~7月;果期10月。

产于桂林、阳朔、贵港、容县、天峨、凤山、都安、龙州、隆安、横县等地。生于杂木林中。分布于云南、贵州、广东、海南。茎藤入药,有补血的功效。种子可作农用杀虫药。

7. 喙果鸡血藤 老崖豆藤

Callerya tsui (F. P. Metc.) Z. Wei & Pedley

攀援灌木。小枝密被柔毛,后脱落。小叶3(5)片,椭圆形或宽椭圆形,长6.5~20.0cm,宽5~6cm,先端钝渐尖,叶各部无毛。圆锥花序长15~30cm,花单生于花轴上,花梗及萼被柔毛;花冠粉红色,旗瓣基部具2耳,无胼胝体,背面密被绢毛;雄蕊二体;子房有柄。果肿胀,线状长圆形或椭圆形,种子间缢缩,长5~9cm,直径2.2~4.0cm,被绒毛,顶端尾状弯曲;种子1~3粒,近球形,长2.0~2.5cm。花期7月;果期9~12月。

产于桂林、临川、龙胜、临桂、阳朔、恭城、平乐、金秀、北流、博白、苍梧、靖西、凤山、宁明等地。生于海拔700~1600m的灌丛或密林中。分布于广东、海南、湖南、贵州、云南。茎皮纤维可代麻,根可作农用杀虫药。根茎入药,有行血补气的功效,可治风湿关节痛,广西瑶山称之为"血皮藤"。种子煨熟可食。

8. 亮叶鸡血藤 光叶崖豆藤、血风藤 图284:1

Callerya nitida (Benth.) R. Geesink

攀援灌木。小枝初被锈褐色柔毛,后脱落。小叶5片,硬纸质,椭圆形、窄椭圆形或卵形,长4~11cm,宽3.5cm,侧脉4~6对,两面无毛;小托叶钻形。圆锥花序长10~20cm,花序轴、花梗、萼及花瓣背面均被丝毛;花单生;花冠紫色,旗瓣基部具2枚胼胝状附属物;雄蕊二体。果条状长椭圆形,扁平或稍肿胀,长6~15cm,宽1.5~2.0cm,木质,密被锈黄色绒毛,瓣裂;种子4~5粒,透镜形。花期5~9月;果期7~11月。

产于永福、临桂、荔浦、融水、金秀、平果、乐业、罗城、都安、天峨、上思等地。生于海拔800m以下的山野疏林、灌丛中。分布于福建、湖南、广东、海南、四川、云南、贵州、江西、浙江。茎皮含纤维 28.8%，可供制绳索及作造纸原料。根可作农用杀虫药。

8a. 丰城鸡血藤 丰城鸡血藤 图 284：2

Callerya nitida var. **hirsutissima**（Z. Wei）X. Y. Zhu

与原种的区别在于：小枝、叶柄、叶轴、花序、花梗、萼、花瓣及果均被锈褐色柔毛。小叶卵形，长 3.5～7.0cm，下面密被红褐色硬毛。花期 6 月；果期 11 月。

产于马山、贵港、那坡、大新。生于海拔 500～1000m 的山地灌丛中和疏林内。分布于福建、江西、湖南、湖北、贵州、四川、广东。

8b. 峨眉鸡血藤

Callerya nitida var. **minor**（Z. Wei）X. Y. Zhu

与原种的区别在于：小叶纸质，小，狭窄，宽 1.5～2.0cm，先端渐尖，叶轴较细；花小，长约 1.5cm。

产于南丹、都安。生于海拔 800～1500m 的疏林和灌丛中。分布于广东、江西、浙江、福建、云南、贵州、四川、台湾。茎入药，有活血功效。

9. 香花鸡血藤 图 285

Callerya dielsiana（Harms）P. K. Lôc ex Z. Wei & Pedley

攀援灌木。茎皮灰褐色，剥裂，枝无毛或微被毛。托叶线形；小叶 5 片，纸质，披针形、长圆形至狭长圆形，长 5～15cm，宽 1.5～6.0cm，先端急尖至渐尖，基部钝圆，上面几无毛，下面被平伏柔毛或无毛，侧脉 6～9 对，近边缘环结，细脉网状，两面均显著；小托叶锥刺状。圆锥花序顶生，长达 40cm，花序轴被黄褐色柔毛；花单生；花萼阔钟状，与花梗均被细柔毛，萼齿短于萼筒，上方 2 齿几全合生，其余为卵形至三角状披针形，下方 1 齿最长；花冠紫红色，旗瓣阔卵形至倒阔卵形，密被锈色或银色绢毛，基部稍呈心形，具短瓣柄，无胼胝体；雄蕊二体。荚果线形至长圆形，长 7～12cm，宽 1.5～2.0cm，扁平，密被灰色绒毛，果瓣薄，近木质，瓣裂，有种子 3～5 粒；种子长圆状凸镜形，长约 8cm，宽约 6cm，厚约 2cm。花期 5～9 月；果期 6～11 月。

产于全州、恭城、兴安、临桂、金秀、柳州、巴马、凤山、天峨、乐业、凌云、田林、隆林、

图 284 1. 亮叶鸡血藤 **Callerya nitida**（Benth.）R. Geesink 果枝。2. 丰城鸡血藤 **Callerya nitida** var. **hirsutissima**（Z. Wei）X. Y. Zhu 花枝。(仿《中国树木志》)

图 285 香花鸡血藤 **Callerya dielsiana**（Harms）P. K. Lôc ex Z. Wei & Pedley 1. 花枝；2. 果。(仿《中国树木志》)

百色、田东、德保、宁明、龙州。生于山坡杂木林与灌丛中或谷地、溪沟和路旁。分布于陕西(南部)、甘肃(南部)、安徽、浙江、江西、福建、湖北、湖南、广东、海南、四川、贵州、云南；越南、老挝也有分布。

9a. 异果鸡血藤

Callerya dielsiana var. **herterocarpa** (Chun ex T. C. Chen) X. Y. Zhu

与原种的区别在于：小叶 5~7 片，卵形至阔披针形；圆锥花序有锈色短柔毛；果瓣薄革质，种子近圆形。

产于全州、恭城、兴安、临桂、金秀、柳州、巴马、天峨、凤山、凌云、乐业、田林、隆林、百色、田东、德保、宁明、龙州。分布于湖南、江西、贵州、广东。

37. 黄檀属 Dalbergia L. f.

常绿或落叶，乔木、灌木或攀援灌木。有时具枝刺。无顶芽，腋芽具 2 片芽鳞。奇数羽状复叶，互生，稀单小叶，全缘，羽状脉。托叶通常早落，无小托叶。聚伞或圆锥花序；萼钟状，5 齿裂，上部 2 齿通常较阔，部分合生；花冠伸出花萼外，白色、紫色或黄色，花瓣均具爪；雄蕊 10 枚，稀 9 枚，单体或二体(9+1，5+5)，花药小，同型，基着，药室顶裂；子房有柄，胚珠 1 至数枚。荚果长圆形或带状，薄而扁平，不开裂，果瓣在种子处常增厚而有网纹，种子 1 至几粒。

约 120 种，广布于热带和亚热带地区。中国约 29 种，产于淮河以南。广西 14 种，引入 4 种。

分种检索表

1. 雄蕊 9 或 10 枚，单体。
  2. 小叶小，长 2cm 以下，数多，通常 21 片以上(红果黄檀偶有 17 片小叶)。
    3. 小叶、叶轴、叶柄无毛；小叶线形、线状长圆形或线状倒卵形，长 0.6~1.2cm，宽 3~5mm，先端截形或微凹；荚果狭椭圆形至带状，无毛，果瓣革质 ·················· **1. 香港黄檀 D. millettii**
    3. 小叶(或至少幼时被毛)、叶轴和叶柄被柔毛。
      4. 小叶较小，长 4~8mm，宽 2~3mm，两端圆形，两面被平伏白色柔毛，后上面渐脱落；叶轴被锈色柔毛，小叶柄近无；荚果舌状至带状 ·················· **2. 狭叶黄檀 D. stenophylla**
      4. 小叶长 8~22mm，宽 3mm 以上。
        5. 乔木；果瓣膜质，果长椭圆形或舌形；小叶斜长圆形，先端圆而微凹，基部一边圆形，一边楔形；圆锥花序腋生，具伞房式分枝 ·················· **3. 斜叶黄檀 D. pinnata**
        5. 攀援灌木或小乔木；果瓣革质。
          6. 幼枝密被褐色短粗毛；小叶 31~41 片，线状长圆形，幼时两面疏被白色柔毛，老时无毛或近无毛；果长 3.5~5.5cm，宽 1.0~1.2cm ·················· **4. 象鼻藤 D. mimosoides**
          6. 幼枝略被柔毛；小叶 17~27 片，椭圆形或长椭圆形，两面被贴伏柔毛；荚果长 5~7cm，宽 1.2~2.0cm ·················· **5. 红果黄檀 D. tsoi**
  2. 小叶大，长 2cm 以上(只有藤黄檀小叶长 1~2cm，小叶数为 9~11 片)，数少，通常 19 片以下。
    7. 小叶 3~7 片。
      8. 乔木；成长小叶两面无毛。
        9. 小叶 5~7 片，倒卵状椭圆形或椭圆形，长 5~13cm，宽 4~8cm，先端钝圆或微凹，基部近圆形，两面无毛 ·················· **6. 钝叶黄檀 D. obtusifolia**
        9. 小叶 3~5 片，近圆形或有时菱状倒卵形，长 3.5~6.0cm，宽 3.5~5.0cm，先端圆或短尾尖，基部阔楔形 ·················· **7. 印度黄檀 D. sissoo**
      8. 藤本或灌木，稀小乔木；成长小叶下面被毛。
        10. 小枝无毛；小叶倒卵形，先端钝圆或微凹，基部宽楔形；花冠白色，各瓣均具长柄；果半圆形或半月形，无毛，具不明显网纹 ·················· **8. 弯枝黄檀 D. candenatensis**
        10. 小枝被毛。
          11. 伞房状圆锥花序或有时呈复聚伞花序，长 5~25cm；小叶先端钝或尖，有芒尖，细脉密集隆起；

果长矩圆形，厚革质 ··· **9. 多裂黄檀 D. rimosa**

  11. 圆锥花序腋生，长约 4cm；小叶先端钝尖，中脉凹下，叶缘稍反卷；果长圆形或条形，膜质，

   腹缝线有狭翅 ·· **10. 两广黄檀 D. benthamii**

7. 小叶通常 7 片以上（靖西黄檀偶有 5 片）。

  12. 乔木；小叶 9~13 片，两面无毛，近革质，卵形、阔卵形或椭圆形；果舌状椭圆形，基部被毛·········

                        11. 降香黄檀 D. odorifera

  12. 藤本、攀援灌木、灌木或小乔木；小叶被毛。

   13. 木质藤本，枝条有时卷曲；小叶先端钝或微凹。

    14. 羽片长 5~8cm；小叶（7~）9~11 片，叶轴无毛；圆锥花序较羽片短 ··· **12. 藤黄檀 D. hancei**

    14. 羽片长 20~30cm；小叶 13~19 片，小叶柄及叶轴均被锈褐色毛；聚伞状圆锥花序，长约

     15.5cm ·· **13. 滇黔黄檀 D. yunnanensis**

   13. 灌木，枝条不卷曲；小叶先端有小尖头，长圆形，边缘背卷，两面疏被柔毛，叶脉凸起。圆锥花序

    密被污棕色短柔毛；花冠白色 ·· **14. 靖西黄檀 D. jingxiensis**

1. 雄蕊 10 枚，二体。

 15. 小枝被毛。

  16. 羽片长 10~20cm；托叶卵状披针形；小叶（7~）9~13 片，卵状披针形或卵形，先端尖或钝尖，有小尖

   头；圆锥花序呈聚伞花序状，长约 6.5cm ··························· **15. 多体蕊黄檀 D. polyadelpha**

  16. 羽片长 25~30cm，托叶叶状；小叶 19~21（~23）片，长圆形或倒卵状椭圆形，先端圆而微凹；圆锥花序

   腋生，长约 15cm ·· **16. 秧青 D. assamica**

 15. 小枝无毛。

  17. 羽片长 15~25cm；小叶 9~11 片，长圆形或宽椭圆形，长 3~6cm，宽 1.5~3.0cm；花冠淡黄白色或紫

   色 ·· **17. 黄檀 D. hupeana**

  17. 羽片长 10~15cm；小叶 13~17 片，长圆形或倒卵状长圆形，长 1.8~4.5cm，宽约 2cm；花冠白色······

   ··· **18. 南岭黄檀 D. balansae**

1. 香港黄檀 崖豆藤黄檀 图 286：4

Dalbergia millettii Benth.

 木质藤本。小枝无毛，先端稍刺尖。羽片长 4~5cm，小叶 25~35 片，线形、线状长圆形或线状倒卵形，长 0.6~1.2cm，宽 3~5mm，先端截形或微凹，基部圆形或阔楔形，两面无毛；叶轴及叶柄无毛。圆锥花序腋生，长 1.0~1.5cm，总花梗、花序轴及分枝被稀疏柔毛；花萼钟状，上面 2 齿先端圆，其余 3 齿钝尖，近无毛；花冠白色，花瓣具柄；雄蕊 9 枚，单体；子房具柄，有胚珠 1~2 枚。荚果狭椭圆形至带状，长 4.4~5.5cm，宽 1.6~1.8cm，无毛，果瓣革质，具网纹；种子 1（2）粒，肾形，扁平，长 1.2cm，宽 0.6cm。花期 4~5 月；果期 9 月。

 产于金秀、资源、兴安。生于常绿阔叶林中。分布于贵州、福建、湖南、广东、四川、浙江、香港。

2. 狭叶黄檀 黔黄檀 图 286：3

Dalbergia stenophylla Prain

 木质藤本。小枝圆柱形，有皮孔，无毛或被稀疏褐色柔毛。羽片长 4~10cm，叶柄和叶轴疏被毛，托叶卵形，早落；小叶 31~39 片，条状长圆形，长 4~8mm，宽 2~3mm，两端圆形，两面被平伏白色柔毛，后上面渐脱落；叶轴被锈色柔毛，小叶柄近无。圆锥花序腋生，长 5cm，总花梗、花序轴、花梗均被短毛；萼外面被毛，上部 2 齿钝圆，近合生，两侧齿三角形，最下一齿长而尖；花瓣白色或黄色，均具短柄，龙骨瓣和翼瓣基部均具短耳；雄蕊 9 枚，单体，花丝合生至中部；子房具柄，有胚珠 3 枚。荚果舌状至带状，长 2~3cm，宽 5~6mm，褐色，近无毛；种子 1~2 粒，肾形。花期 5 月；果期 9~10 月。

 产于隆林、罗城、金秀。生于灌木丛中或路旁。分布于广东、贵州；越南亦有分布。

图 286 1. 象鼻藤 Dalbergia mimosoides Franch. 果枝。2. 斜叶黄檀 Dalbergia pinnata (Lour.) Prain 果枝。3. 狭叶黄檀 Dalbergia stenophylla Prain 花枝。4. 香港黄檀 Dalbergia millettii Benth. 花枝。(仿《中国树木志》)

3. 斜叶黄檀 斜叶檀、罗望子叶黄檀 图 286：2

Dalbergia pinnata（Lour.）Prain

乔木，高达 13m。嫩枝密被锈色柔毛，后渐脱落；枝长而弯曲。羽片长 10～15cm，叶轴、叶柄和小叶柄均被褐色绒毛，托叶披针形；小叶25～41 片，斜长圆形，长 1.2～1.8cm，宽 5.0～7.5mm，先端圆而微凹，基部一边圆形，一边楔形，两面被锈色柔毛，后上面渐变无毛。圆锥花序腋生，具伞房式分枝，分枝及花梗均被褐色短柔毛；萼齿卵形，略被毛，上面 2 齿近合生；花冠白色，各瓣均具长柄，旗瓣反折，龙骨瓣具耳；雄蕊 9～10 枚，单体；子房无毛，胚珠 2～3 枚。果长椭圆形或舌形，长 2.5～6.5cm，宽 1.0～1.4cm，顶端圆有小凸尖，果瓣膜质，干时褐色有光泽，具细网脉；种子 1～3 粒。花期 1～3 月；果期 6～7 月。

产于十万大山、龙州、扶绥、隆安、大明山、邕宁、桂平、贵港、金秀、凌云、乐业、隆林、那坡、东兰、巴马、都安、天峨。生于海拔 500m 以上的山地杂木林中。分布于广东、海南、云南、西藏；马来西亚、印度尼西亚和菲律宾也有分布。全株入药，有消肿止痛功效，可治风湿、跌打、扭挫伤。

4. 象鼻藤 含羞草黄檀 图 286：1

Dalbergia mimosoides Franch.

小乔木，4～6m，或为藤本。树皮棕色，密生皮孔；幼枝密被褐色短粗毛。羽片长 6～10cm，托叶卵形，早落；小叶 31～41 片，线状长圆形，长 0.8～2.2cm，宽 2～5mm，幼时两面疏被白色柔毛，老时无毛或近无毛；叶轴、叶柄及小叶柄均被淡黄色短柔毛。圆锥花序腋生，长 1.5～5.0cm；花序轴及花梗被短柔毛；花萼钟状，略被毛；花冠白色或浅黄色，花瓣具短柄，旗瓣先端微凹；雄蕊 9 枚，单体；子房具柄，胚珠 2～3 枚。果窄椭圆形或条形，长 3.5～5.5cm，宽 1.0～1.2cm，果瓣革质，无毛，褐色，对着种子部分有网纹；种子 1～3 粒，肾形。花期 4～5 月；果期 9～10 月。

产于上思、容县、金秀、资源。生于海拔 400m 以上的疏林、灌丛及路旁沟边。分布于浙江、江西、福建、湖北、湖南、四川、云南、广东、贵州和西藏。根、茎皮入药，有消炎解毒、抗疟疾的功效，可治疔疮、痈疽以及毒蛇咬伤。

5. 红果黄檀 左氏黄檀、红果檀

Dalbergia tsoi Merr. et Chun

攀援灌木。嫩枝略被柔毛，具圆形皮孔。羽片长 8～10cm，叶轴被柔毛；小叶 17～27 片，椭圆形或长椭圆形，长 1.0～1.7(～3)cm，宽 0.5～0.8(～1.4)cm，顶端圆而微凹，两面被贴伏柔毛，干时上面深褐色，下面淡褐色，侧脉和网脉在叶下面不明显。圆锥花序腋生，花微小，长约 0.3cm；总花梗、花萼和小苞片被褐色毛；花冠长 3mm，旗瓣先端微凹，翼瓣和龙骨瓣均具耳，雄蕊 9 枚，单体；子房长圆形，胚珠 2 枚。荚果长椭圆形或带状，扁平，革质，无毛，长 5～7cm，宽 1.2～2.0cm，顶端圆而有小凸尖，干时常为红褐色，对着种子部分或全部具网纹；种子 1(2)粒，肾形，长 9.5mm，宽约 5mm。花期 4 月。

产于鹿寨。生于山谷疏林或密林中和路旁。分布于海南。

6. 钝叶黄檀 牛肋巴、牛筋木 图 287

Dalbergia obtusifolia（Baker）Prain

常绿乔木，旱季短期落叶，高达 17m，胸径 40～60cm。树干有纵行凸起的棱脊，状如牛肋骨。幼枝下垂，无毛。小叶 5～7 片，近革质，倒卵状椭圆形或椭圆形，长 5～13cm，宽 4～8cm，先端钝圆或微凹，基部近圆形，两面无毛。圆锥花序长 15～20cm，花序轴及花梗密被淡黄色柔毛；萼被锈色柔毛；花冠淡黄色，旗瓣先端微凹，翼瓣和龙骨瓣均具钝耳；雄蕊 10 枚，单体；子房椭圆形，具长柄，胚珠 3 枚。果长椭圆形至带状，长 4～8cm，宽 1.5cm，有明显网脉；种子 1～2(～3)粒，肾形，棕色，平滑。花期 2～3 月；果期 4～5 月。

原产于云南南部至西南部，生于海拔500～1600m 的干热河谷及半山区的次生灌丛、荒山。缅甸、老挝也有分布。耐寒力稍强，能耐 -1℃ 的极端低温。喜光，耐高温酷暑，忌庇荫，常为上层林冠。叶面角质层显著，干旱季节落叶，对干旱有很强的适应性。喜近水湿地，稍耐水湿，但忌积水。耐瘠薄，生长迅速、天然更新能力强，可作为干热河谷、荒山造林的先锋树种。主根深，侧根很发达，根具固氮菌，落叶量大，抗风及改良土壤效益高。广西于 1962 年开始引种，南宁、百色、钦州、玉林、贵港、柳州、梧州等地有栽培。在华南地区引种，几无落叶期，仅有换叶现象。花期常逢春季低温阴雨天气，多出现无花无果的现象。

播种繁殖。种子密封干藏，种子活力可保持 1 年。种子千粒重60g，发芽时需 20℃ 以上的温度，发芽持续时间约 1 个月，无明显盛期。1 年生苗高80cm，地径1cm。优良的紫胶虫寄主，耐虫力强，固虫率达 70%～80%，紫胶产量高且稳定。心材褐色，耐腐抗虫，强度大；边材黄白色，易遭虫蛀，木材可作建筑、家具和农具用材。

7. 印度黄檀 印度檀、茶檀

Dalbergia sissoo DC.

乔木；树皮灰色，厚而深裂；分枝多，平展，被白色柔毛。羽片长 10～15cm，托叶披针形，早落；小叶 3～5 片，近革质，近圆形

图 287 钝叶黄檀 **Dalbergia obtusifolia**（Baker）Prain
1. 花枝；2. 果序；3. 花蕾；4. 花萼。(仿《中国树木志》)

或有时菱状倒卵形，长 3.5~6.0cm，宽 3.5~5.0cm，先端圆或短尾尖，基部阔楔形，幼时两面被平伏柔毛，后渐无毛，上面有光泽。圆锥花序近伞房状，腋生，长仅为叶的 1/2，各部均被毛；花长 8~10mm；萼筒状，上部 2 枚萼齿近圆形，其余披针形，下部 1 枚最长；花冠黄色至白色，芳香；雄蕊 9 枚，单体；子房具长柄，有胚珠 4~6 枚。果线状长圆形至带状，长 4~10cm，宽 6~12mm，膜质，无毛，干时淡褐色，对着种子部分具网纹；种子 1~4 粒，肾形。花期 3~5 月；果期 8~9 月。

原产于伊朗东部、印度及巴基斯坦。南宁、凭祥、合浦有栽培。速生，萌芽性强，可以萌芽更新。心材褐色，有暗色条纹，坚硬，不易开裂，木材商品材称"红酸枝"，为深色名贵硬木。

8. 弯枝黄檀　扭黄檀

Dalbergia candenatensis（Dennst.）Prain

藤本。枝先端常扭曲成螺旋状钩，小枝无毛。羽叶长约 7cm；小叶 5（3~7）片，倒卵形，长 1.5~2.0cm，宽 1.0~1.5cm，先端钝圆或微凹，基部宽楔形，上面无毛，下面疏被柔毛。圆锥花序腋生；萼宽钟状，近无毛，萼齿钝三角形，近等长；花冠白色，各瓣均具长柄，旗瓣反折，龙骨瓣内弯拱，内侧基部有耳；雄蕊 9（10）枚，单体，子房具短柄，有胚珠 1~2 枚。果半圆形或半月形，长 2.2~4.0cm，无毛，具不明显网纹；种子 1（2）粒，肾形，长约 1cm。

产于防城。分布于广东、香港；印度、马来西亚、澳大利亚、斯里兰卡、越南也有分布。

9. 多裂黄檀　西盟黄檀

Dalbergia rimosa Roxb.

攀援灌木或直立灌木或小乔，高 4~6m。小枝密被锈色柔毛。羽叶长 10~20cm；叶柄和叶轴被短柔毛；小叶 5~7 片，卵形、椭圆形或倒卵形，长 5.5~9.0cm，宽 2.5~5.0cm，先端钝或尖，有芒尖，上面无毛，下面稍被黄色柔毛，侧脉 6~9（~12）对，细脉密集隆起。伞房状圆锥花序或有时呈复聚伞花序，花序大小不一，长 5~25cm；小苞片卵状披针形，不脱落；萼齿最下一裂最长，其余几等长；花小，花冠白色或浅黄色，各瓣均具短柄，旗瓣先端微凹；雄蕊 9（10）枚，单体；子房具柄，有胚珠 1~2 枚。果长矩圆形，厚革质，具网纹，长 5~8cm，宽 2~4cm，无毛；种子 1（2）粒，肾形，长 1.3cm，棕色。花期 3~4 月，果期 10~11 月。

产于金秀、凌云、靖西、德保、那坡、百色、田林、隆林、平果、凤山、博白、上林、龙州、宁明、上思、桂平、贵港。生于海拔 500~1700m 的阔叶林中及溪边、路旁。分布于云南；印度、越南、泰国、缅甸也有分布。紫胶虫寄主树种。

10. 两广黄檀　两广檀、藤春

Dalbergia benthamii Prain

木质藤本，皮棕色。小枝四棱形，有皮孔，嫩枝被锈色柔毛。羽片长 10~20cm；小叶 5~7 片，宽椭圆形或卵形，长 3~6cm，宽 1.5~3.5cm，先端钝尖，上面无毛，下面略被毛，中脉凹下，叶缘稍反卷；叶轴、叶柄和小叶柄均被锈色柔毛。圆锥花序腋生，长约 4cm，花序轴、花梗及萼均被锈色柔毛；花着生于花序轴一侧；花萼钟状，萼齿等长；花冠白色，芳香，旗瓣先端微凹，外反，基部两侧具短耳，翼瓣和龙骨瓣基部均具耳；雄蕊 9 枚，单体；子房具长柄，有胚珠 2~3 枚。果长圆形或条形，长 4~8cm，宽 1.0~1.5cm，膜质，腹缝线有狭翅；种子 1~2 粒，肾形。花期 2~3 月；果期 4~5 月。

产于上思、防城、百色、乐业、那坡、蒙山、融水。生于海拔 600~1000m 的山地疏林中。分布于广东、海南、香港。茎皮纤维发达，可作造纸原料。茎药用，有活血通经的功效，可治气滞血阏所致的月经不调。

11. 降香黄檀　降香、花梨木

Dalbergia odorifera T. C. Chen

常绿或半落叶乔木，高达 20m，胸径 80cm；主干多不通直。树皮黄灰色，粗糙。嫩枝有毛，后无毛，有苍白色小皮孔。奇数羽状复叶，小叶 9 ~ 13 片，近革质，卵形、阔卵形或椭圆形，长 4 ~ 7cm，宽 2 ~ 3cm，先端钝尖，两面无毛，侧脉 10 ~ 12 对，不明显。圆锥花序腋生，长 8 ~ 10cm；萼齿下部 1 枚较长，披针形，其余卵形急尖。花冠淡黄色或白色；雄蕊 9 枚，单体。果舌状椭圆形，长 4.5 ~ 8.0cm，宽 1.5 ~ 1.8cm，基部被毛，革质；种子 1(2) 粒。花期 3 ~ 4 月；果期 10 ~ 12 月。

极危种，国家 II 级重点保护野生植物。原产于海南岛西南部，生于海拔 600m 以下，与其他阔叶树种混生或成小片纯林。钦州、合浦、南宁、凭祥、桂林、梧州等地有引种栽培。广东、云南、福建亦有引种。喜高温，但也能耐轻霜和短期 −3℃ 的极端低温。在旱季多出现落叶，但在土壤水分条件好的地方可保持常绿，仅在 3 ~ 4 月有几天短期落叶。喜光，但幼树在全光条件下分枝低，主干不明显。对土壤要求不严，酸性土、钙质土上均能生长。在凭祥石灰岩山地，人工栽植 10 年，树高 11.57m，胸径 7.7cm。适应能力强，广西引种多年未发现严重病虫害。萌芽力强，砍伐后能萌芽更新。天然更新能力强。

播种繁殖，带果荚种子千粒重 170g，可干藏于布袋或大缸内，发芽力可保持 6 个月或即采即播，翌年 6 月以后播种，发芽率降低严重。种子发芽需日均温 20℃ 以上，在南宁 3 月中下旬后可播种。播种前用清水浸种 1d，使果荚吸胀水，播后 10d 开始出土，当果荚脱落，子叶完全展开时可移植幼苗。造林规格为 2m × 2m 或 2m × 3m。幼树树枝柔软，多分枝，且分枝低，主干不明显、易弯曲，人工栽植应适当进行修枝，扶正。木材为红木，商品材称"黄花梨木"，材质仅次于檀香紫檀。边材黄褐或浅黄褐色，心材红褐或深红褐色，杂有黑褐色条纹，有光泽，纹理斜或交错，结构均匀，强度大，有香气，不翘曲，心材耐腐性强，气干密度 0.94g/cm³，供制高级家具、乐器、算盘和雕刻等用。蒸馏木材可供提得降香油，作镇痛剂。

12. 藤黄檀 藤檀、梣果藤

Dalbergia hancei Benth.

木质藤本，长可达 10m。枝纤细，幼枝疏被白色柔毛，枝条有时成钩状或螺旋状弯曲。羽片长 5 ~ 8cm，托叶披针形，早落；小叶 (7 ~)9 ~ 11 片，长圆形，长 1.0 ~ 2.2cm，宽 0.5 ~ 1.0cm，先端钝圆而微凹，下面被平伏柔毛；叶轴无毛。圆锥花序腋生，较羽片短，幼时包被于苞片内，苞片覆瓦状排列，早落；花序轴及花梗被褐色柔毛；萼齿阔三角形，近等长，具缘毛；花小，花冠绿白色，长约 0.6cm，芳香，各瓣均具长柄；雄蕊 9 枚，单体，有时二体(9 + 1)。果长圆形，长 3 ~ 7cm，宽 1.2cm，无毛；萼宿存；种子 1 ~ 4 粒，长 8mm，肾形。花期 5 月；果期 7 ~ 8 月。

产于广西各地。生于海拔 1500m 以下次生林中或灌丛中，溪边、路旁较常见。分布于浙江、安徽、福建、江西、广东、海南、湖南、湖北、贵州和四川。茎皮纤维发达，含鞣质，可供提制栲胶。根茎药用，可强筋活络。桩干屈曲自然，叶片小，耐修剪，可供制作盆景。

13. 滇黔黄檀 高原黄檀

Dalbergia yunnanensis Franch.

大藤本，有时呈灌木状或小乔木状，茎匍匐，高达 7m。枝条有时卷曲，小枝疏被毛。羽片长 20 ~ 30cm；小叶 13 ~ 19 片，长圆形，长 2.5 ~ 5.0(~ 7.5)cm，宽 1.3 ~ 2.2(~ 3.3)cm，先端钝圆或微凹，叶下面、小叶柄及叶轴均被锈褐色毛。聚伞状圆锥花序，长约 15.5cm；萼齿钝，最下 1 枚较长，与萼筒等长，微被柔毛；花冠白色，龙骨瓣内侧基部具耳；雄蕊 9 枚，单体；子房具长柄，有胚珠 2 ~ 3 枚。果长圆形，长 5.0 ~ 5.6cm，革质，对着种子部分有网纹；种子 1 粒，扁肾形，长 1.3cm。花期 5 ~ 8 月；果期 10 ~ 11 月。

产于德保、那坡、田林、西林、隆林、凌云、乐业。生于海拔 600 ~ 1500m 的次生阔叶林中。分布于云南、四川、贵州。紫胶虫寄主树种。韧皮纤维可供制绳索；根入药，可治风寒头痛、食积饱胀。

14. 靖西黄檀

Dalbergia jingxiensis S. Y. Liu

灌木，高2~3m。小枝灰黑色，密被黄褐色短柔毛，后渐脱落。羽状复叶长4~11cm；小叶5~15片，长圆形，长1.0~3.5cm，宽0.8~1.5mm，先端有小尖头，基部宽楔形或近圆形，边缘背卷，两面疏被柔毛，叶脉凸起。圆锥花序顶生或腋生，分枝少，连总花梗长2~5cm，密被污棕色短柔毛；花小，密集；花萼长5~6mm，外面密被黑棕色贴伏硬毛，萼管钟状，萼齿5裂，三角形；花冠白色，花瓣近等长，旗瓣倒卵状圆形或近圆形；雄蕊9枚，单体；胚珠2~3枚。花期1~2月。

广西特有种，产于靖西。生于石灰岩灌丛中。

15. 多体蕊黄檀　云南黄檀

Dalbergia polyadelpha Prain

乔木，高达10m。小枝密被黄色柔毛。羽片长10~20cm，叶轴和叶柄密被黄色绒毛；小叶(7~)9~13片，厚纸质，卵状披针形或卵形，长1.5~4.0(~6.5)cm，宽0.9~1.6cm，先端尖或钝尖，有小尖头，基部楔形或圆，上面无毛或中脉微被毛，下面疏被平伏柔毛；小叶柄被锈色绒毛；托叶卵状披针形，被柔毛。圆锥花序呈聚伞花序状，长约6.5cm，各部均被锈色柔毛；萼上部疏被毛；花萼钟状，萼齿5枚，最下1枚披针形，与萼筒等长；花冠白色，花瓣有条纹，龙骨瓣和翼瓣基部均具阔耳；雄蕊10枚，花丝基部合生成3~5束；子房具长柄，有胚珠3~4枚。果长圆形至带状，革质，长5.5~9.0cm，宽2.5cm，在种子处有明显网脉，无毛；种子1~2粒，肾状矩形，极扁，长9mm，宽4mm，黑色，有光泽。果期10月。

产于那坡、百色、西林、田林、隆林。生于山坡林中。分布于云南西南部。紫胶虫寄主树种。木材密度中等，淡褐色，纹理斜，结构细，干燥后稍变形，耐腐性中等，抗虫力弱。

16. 秧青　思茅黄檀、紫花黄檀

Dalbergia assamica Benth.

乔木，高达20m，胸径达80cm。树皮灰白色，纵裂；幼枝被黄色柔毛。羽片长25~30cm，叶轴长20~25cm，托叶大，叶状，长1cm，宽0.6cm，早落；小叶19~21(~23)片，长圆形或倒卵状椭圆形，长2.5~4.5cm，宽1.5~2.5cm，先端圆而微凹，幼时两面被柔毛，后上面无毛；小叶柄与叶轴被黄色柔毛，后脱落。圆锥花序腋生，长约15cm；花序轴、分枝与花梗均被黄色柔毛；花萼钟状，萼齿不等长，最下面1枚披针形，长于其他齿2倍；花冠白色，内有紫色条纹，花瓣具长柄，旗瓣先端微凹，翼瓣和龙骨瓣均具耳；雄蕊二体(5+5)；子房具柄，有胚珠1~4枚。果舌状、长圆形或带形，革质，长5~7cm，宽1~2cm，无毛，对着种子部分有不明显网纹；种子1(2)粒，肾形。花期4~5月；果期11~12月。

原产于云南的南部至中部，散生于海拔500~1700m的次生季雨林或偶见成片纯林。广西南部和西部有引种。优良的紫胶虫寄主树种。

17. 黄檀　白檀、檀木、檀树

Dalbergia hupeana Hance

落叶乔木，高达20m，胸径40cm；树皮条状纵裂，灰色；小枝无毛。羽片长15~25cm；小叶9~11片，长圆形或宽椭圆形，长3~6cm，宽1.5~3.0cm，先端钝圆，微凹，两面无毛，细脉隆起；小叶柄及叶轴被白色平伏柔毛。圆锥花序顶生或腋生于小枝上部，花序轴、分枝无毛，花梗及萼齿被锈色柔毛；萼齿5裂，上方2枚阔圆形，近合生，侧方卵形，最下1枚披针形，长其他齿2倍；花冠淡黄白色或紫色，长倍于花萼，各瓣均具柄，翼瓣和龙骨瓣内侧具耳；雄蕊二体(5+5)；子房具短柄，有胚珠2~3枚。果长圆形或阔舌状，长3~7cm，宽1.2cm，对着种子部分有网纹；种子1~3粒，长1.0~1.4cm，宽0.5~0.9cm，棕褐色。花期5~6月；果期9~10月。

产于龙州、隆林、西林、凌云、乐业、南丹、融水、兴安、临桂、龙胜、桂林、武宣、象州、金秀及贺州。常生于海拔1000m以下，混生于次生阔叶林或成小片纯林。分布于长江以南，世界热带地区有分布。喜光，耐干旱瘠薄，在酸性土、中性土和石灰岩地区均生长良好。直播造林或萌芽

更新均可。紫胶虫寄主树种。木材密度大，微褐淡红灰色，纹理直，结构适中，干燥稍开裂，抗虫、耐腐性中等，切面光滑，耐冲击，耐磨损，富于弹性，油漆胶黏性好，是运动器械、玩具、雕刻等的优良用材。根入药可治疥疮，叶可治跌打损伤和疮毒。

18. 南岭黄檀　南岭檀、水相思

Dalbergia balansae Prain

落叶乔木，高达15m；树皮黑灰色具纵裂纹。幼枝无毛。羽片长10~15cm，托叶披针形；小叶13~17片，纸质，长圆形或倒卵状长圆形，长1.8~4.5cm，宽约2cm，先端圆或微凹，下面微被柔毛，后无毛；小叶柄及叶轴被柔毛。圆锥花序腋生，长5~10cm，中部以上有短分枝，花序轴及萼均被柔毛；萼齿5裂，最下一裂最长，先端尖，其余的三角形；花冠白色，长6mm，各瓣均具柄，旗瓣近基部有2枚小附属体；雄蕊二体(5+5)；子房被锈色柔毛，有胚珠1~5粒，多为3枚。果椭圆形或舌状，长5~6(~13)cm，对着种子部分有网纹；种子1(2~3)粒。花期6~7月；果期11~12月。

产于广西各地。生于海拔900m以下的低山丘陵，散生或成小片纯林。分布于浙江、江西、湖南、广东、海南、四川、云南和贵州；越南也有分布。喜温暖潮湿气候，耐干旱瘠薄，在酸性、中性及钙质土上均能生长。喜光树种。播种繁殖。木材灰色，密度中等，纹理斜，结构适中，干燥不翘裂，抗虫耐腐性中等，一般农具用材。优良紫胶虫寄主树种，生长迅速，萌芽力强，分枝多，产胶量高且稳定，抗虫力较强。

38. 紫檀属 Pterocarpus Jacq.

乔木。奇数羽状复叶，托叶早落，无小托叶。小叶互生，全缘。总状或圆锥花序，花梗具明显关节；花萼倒圆锥状，萼齿5裂；花冠黄色，稀白色或带紫堇色，花瓣有长柄；雄蕊10枚，单体，有时成5+5二体或9+1二体，花药同型；子房有柄或无柄。荚果圆形，扁平，周围具宽翅；种子1粒。

约有30种，分布于热带地区。中国引入4种，广西栽培1种。优良的用材树种。

紫檀　青龙木、黄柏木、印度紫檀　图288

Pterocarpus indicus Willd.

落叶乔木，高达30m，胸径1.5m；树皮浅褐色，粗糙，具板根。羽片长15~30cm；小叶7~11片，卵形、长圆形或长圆状倒卵形，长6.5~11(~20)cm，先端渐尖，两面无毛，侧脉7~9对；小叶柄长0.5~1.0cm。圆锥花序，花萼、花梗、花序轴均被黄色柔毛；花芳香，花冠黄色，各瓣均具长柄，花瓣边缘皱折；雄蕊10枚，单体，最后分为二体(5+5)。果圆形，基部偏斜，直径4~6cm，深褐色，密被黄色柔毛，翅宽约2cm。花期4~5月；果期8~9月。

原产于印度、印度尼西亚、马来西亚、菲律宾。南宁、钦州、凭祥及广州、福州、台湾、云南河口等地有栽培，生长良好。喜暖热气候，抗寒能力低，苗期不耐霜冻，幼树遇5℃长期低温即受冻害。在南宁郊区，正常年份能安全越冬，2008年冰冻灾害，树高6m，胸径10~15cm的幼树全株冻死。寿命长，生长迅速，栽到地上1年树高达4~6m，5~6年可以成荫。

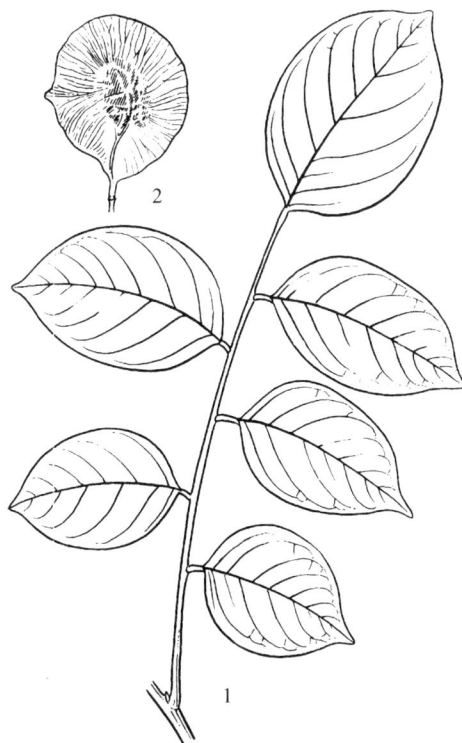

图288　紫檀 Pterocarpus indicus Willd.
1. 复叶；2. 果。(仿《中国树木志》)

喜光，在光照充足的地方天然下种更新良好。播种繁殖。带荚果千粒重700～900g，剥出荚果内种子播种能加速种子发芽，提高发芽率，种子千粒重80g。由于生长迅速，苗期需加强水肥管理。紫檀为世界著名的珍贵材，边材浅灰或带浅红色，心材红棕色，坚硬，纹理交错，花纹美观，易加工，供作高级家具、雕刻、室内装修、乐器等用材。树脂可药用，有收敛作用。

39. 胡枝子属 Lespedeza Michx.

多年生草本、亚灌木或灌木。三出复叶；托叶小，钻形或线形，宿存或早落，无小托叶；小叶全缘，先端有小刺尖，网状脉。总状花序或花束；花双生苞腋，苞片小，宿存；花梗顶端无关节，花两型；有花冠者结实或不结实，无花冠者均结实；萼5(4)齿裂；雄蕊二体(9+1)；花药同型。荚果卵形、倒卵形或椭圆形，具网脉，不开裂；种子1粒。

约60种，分布于欧洲东北部、亚洲、北美及大洋洲。中国约25种。广西约11种，本志记载6种1亚种。喜光，耐干旱瘠薄，可作水土保持树种。叶可作饲料。有的可药用。

分种检索表

1. 花冠紫色、紫红色或蓝紫色。
   2. 小叶下面被绢毛；小叶宽卵形或倒宽卵形；果卵形，基部圆，具网纹，密被绢毛 ······················· **1. 大叶胡枝子 L. davidii**
   2. 小叶下面被柔毛。
      3. 小叶卵状长圆形、宽椭圆形或圆形，先端圆钝或凹，具短刺尖，上面无毛，下面疏被平伏柔毛，老时渐无毛 ······················· **2. 胡枝子 L. bicolor**
      3. 小叶卵形、卵状椭圆形或椭圆状披针形，先端稍尖，两面被短柔毛 ······················· **3a. 美丽胡枝子 L. thunbergii subsp. formosa**
1. 花冠黄色或白色。
   4. 叶下面被绒毛；小叶长圆形或卵状长圆形，上面被伏毛，下面被褐色绒毛；无瓣花簇生成球状；果倒卵形，被褐色绒毛 ······················· **4. 绒毛胡枝子 L. tomentosa**
   4. 叶下面被柔毛。
      5. 小叶先端截形或近截形。
         6. 小叶楔形或线状楔形 ······················· **5. 截叶铁扫帚 L. cuneata**
         6. 小叶倒卵状长圆形、长圆形、卵形或倒卵形 ······················· **6. 中华胡枝子 L. chinensis**
      5. 小叶先端圆钝；小叶椭圆形、长圆形或卵状长圆形；旗瓣基部有紫斑；果宽卵形，较萼短，被柔毛 ······················· **7. 细梗胡枝子 L. virgata**

1. 大叶胡枝子 活血丹

Lespedeza davidii Franch.

灌木，高3m。小枝有纵棱，密被长柔毛。托叶卵状披针形；小叶宽卵形或倒宽卵形；长3.5～9.0cm，先端圆或微凹，两面密被黄白色绢毛；叶柄被柔毛。总状花序较叶长；萼齿5裂，与花梗密被柔毛；花冠紫色；没有无瓣花。果卵形，长约6mm，基部圆，具网纹，密被绢毛。花期7～9月；果期9～11月。

产于灌阳、恭城、兴安、灵川、临桂、全州、贺州。分布于浙江、安徽、江西、湖南、湖北、广东、贵州、四川。茎皮纤维可供制人造棉及造纸，枝条可用于编筐。根、叶入药，有通经活络、开窍功效，可治痧疹不透、小儿惊风。耐旱，可作保土植物、绿肥和牧草。

2. 胡枝子 扫皮、随军茶、帚条

Lespedeza bicolor Turcz.

灌木，高3m，多分枝。幼枝有棱，被柔毛，后脱落。顶生小叶卵状长圆形、宽椭圆形或圆形，长1.5～7.0cm，先端圆钝或凹，具短刺尖，基部宽楔形，上面无毛，下面灰绿色，疏被平伏柔毛，老时渐无毛；叶柄密被柔毛。总状花序较叶长，常组成圆锥花序；花梗及萼密被柔毛；萼齿4裂，较萼筒短；花冠紫色；没有无瓣花。果斜倒卵形，长约1cm，较萼长，表面具网纹，密被柔毛。花期7~8月；果期9~10月。

产于广西各地。分布于全国大部地区；西伯利亚东部、日本及朝鲜也有分布。可作绿肥和饲料。嫩叶可代茶。枝条可用于编筐。根入药，有清热解毒的功效，可治疥疮、蛇伤、跌打损伤、风湿骨痛。花为蜜源。种子油可食用或作机器润滑油。

3a. 美丽胡枝子 柔毛胡枝子、马扫帚

Lespedeza thunbergii subsp. **formosa** (Vogel) Ohashi

灌木，高2m，多分枝。幼枝密被柔毛。托叶披针形至线状披针形，被柔毛；顶生小叶卵形、卵状椭圆形或椭圆状披针形，长1.5~9.0cm，宽1~4cm，先端稍尖，两面被短柔毛。总状花序比叶长；花序轴与萼密被柔毛，萼齿4枚，与萼筒大致等长；花冠紫红色，旗瓣较龙骨瓣短；没有无瓣花。果倒卵状长圆形、倒卵形，稍偏斜，表面具网纹，被锈色柔毛。花期7~9月；果期9~10月。

产于广西各地。生于山坡、山脚、路旁。分布于陕西、甘肃、江苏、浙江、安徽、江西、福建、台湾、湖北、云南、四川；朝鲜、日本也有分布。叶可作饲料，也可作绿肥和牧草。根入药，有活血散瘀、消肿止痛、除湿、解毒的功效，外用可止血；花有清热的功效，可治便血、肺热咳嗽。根系发达，为优良的水土保持植物。丛生状，枝条披散，夏季开紫红色小花，密集繁盛，花期长90天，为优良的园林绿化树种。

4. 绒毛胡枝子 山豆花、毛胡枝子

Lespedeza tomentosa (Thunb.) Sieb. ex Maxim.

灌木，高达2m。全株被黄色绒毛，茎直立，单一或上部少分枝。顶生小叶长圆形或卵状长圆形，长1.5~6.0cm，先端钝或微心形，上面被伏毛，下面被褐色绒毛。有瓣花成总状花序，无瓣花簇生成球状；萼5深裂，密被绒毛；花冠淡黄色。果倒卵形，包于萼内，长3~4mm，被褐色绒毛。花期7~9月；果期9~10月。

产于天峨、东兰。分布于中国大部地区；朝鲜、日本、俄罗斯也有分布。茎皮纤维可供制绳索及造纸。根入药，有健脾补虚，增进食欲和滋补功效。耐干旱，为优良的水土保持、饲料及绿肥植物。种子含油约11%，可供制肥皂。

5. 截叶铁扫帚 夜关门、老牛筋

Lespedeza cuneata (Dum. - Cours.) G. Don

小灌木，高约1m。小枝被柔毛。叶密集，柄短；顶生小叶楔形或线状楔形，长1~3cm，宽2~5mm，先端截形，具小刺尖，上面近无毛，下面密被柔毛。总状花序具花2~4朵，无瓣花簇生于叶腋；萼齿5裂，被柔毛；花冠黄白或白色，旗瓣基部有紫斑。果卵圆形或近球形，长约3mm，被伏毛。花期6~9月；果期9~10月。

产于广西各地，生于山坡、草地、路边、山脚灌丛中。分布于中国大部地区；日本、朝鲜、印度、巴基斯坦也有分布。全株入药，有益肝明目、活血清热、利尿解毒的功效，可治病毒性肝炎、痢疾、慢性支气管炎、小儿疳积、风湿关节、夜盲、角膜溃疡、乳腺炎。枝叶可作饲料及绿肥。

6. 中华胡枝子 华胡枝子

Lespedeza chinensis G. Don

小灌木，高约1m。全株被白色伏毛，茎下部毛渐脱落。托叶钻形；小叶倒卵状长圆形、长圆形、卵形或倒卵形，长1.5~4.0cm，宽1.0~1.5cm，先端截形或近截形，微凹，具小尖头，边缘稍反卷，上面无毛或疏被毛，下面密被白色伏毛。总状花序，花少；无瓣花簇生于叶腋；萼齿5裂；花冠白色。果卵圆形，较萼长，先端具喙，表面有网纹，密被白色伏毛。花期6~9月；果期9~10月。

产于柳州、临桂、恭城、富川。分布于江苏、浙江、安徽、福建、台湾、湖北、广东、四川。

根入药，可治风湿骨痛、小儿高烧。

7. 细梗胡枝子　斑鸠花

Lespedeza virgata（Thunb.）DC.

小灌木，高达1m。小枝纤细，带紫色，疏被白色柔毛。托叶线形；小叶椭圆形、长圆形或卵状长圆形，长1.0～2.5cm，宽0.5～1.0cm，先端圆钝，有小刺尖，上面无毛，下面被平伏柔毛。总状花序具疏花；总花梗细，被白色伏毛，较叶长；无瓣花簇生于叶腋；萼齿5裂，被柔毛；花冠白色，旗瓣基部有紫斑。果宽卵形，长约4mm，较萼短，被柔毛。花期7～9月；果期9～10月。

产于容县、昭平、贺州、灵川、全州、临桂、金秀、南丹、三江。生于海拔300～800m的杂木林中。分布于中国大部地区；朝鲜、日本也有分布。全株入药，可治疟疾和中暑。

40. 杭子梢属 Campylotropis Bunge

落叶灌木或亚灌木。三出复叶，小叶有芒尖，小托叶脱落；托叶通常宿存，偶有脱落。圆锥或总状花序；苞片早落；苞腋具1朵花；花梗近顶端有关节；萼齿5裂；翼瓣基部有耳，龙骨瓣先端喙状；雄蕊二体，花药同型。荚果两面凸，有时近扁平，不开裂，表面有毛或无毛，具种子1粒。

约37种，分布于东亚。中国32种；广西3种2亚种。

分种检索表

1. 小枝、叶轴及叶柄具窄翅；小枝及叶轴无毛；花黄色 ……………………………… **1. 三棱枝杭子梢 C. trigonoclada**
1. 小枝无翅。
  2. 小叶上面疏被短柔毛，下面密被灰白色绒毛；花白色、黄色或玫瑰色。果近倒卵形，被长柔毛，有稀疏网状脉 …………………………………………… **2a. 绒毛杭子梢 C. pinetorum subsp. velutina**
  2. 小叶上面无毛或微被毛，下面被柔毛。
    3. 苞片脱落。
      4. 小叶椭圆形或倒卵形状椭圆形，长3～7cm，宽1.5～4.0cm，网脉在上面不明显，下面密被柔毛 ……
      …………………………………………………………………………… **3. 杭子梢 C. macrocarpa**
      4. 小叶宽倒卵状楔形或倒心形，顶部小叶有时狭窄，近倒披针形，长1～3cm，宽1～2cm，下面灰绿色或灰白色，被短柔毛，网脉在两面明显隆起 ………………………………… **4. 密脉杭子梢 C. bonii**
    3. 苞片宿存；小叶倒卵形、倒卵状楔形或近椭圆形；果椭圆形，两面微凸，无毛………………………………
    …………………………………………………………………………… **5a. 草山杭子梢 C. capillipes subsp. prainii**

1. 三棱枝杭子梢　黄花马尿藤、三股筋

Campylotropis trigonoclada（Franch.）Schindl.

小灌木，高达1.5m。小枝具三棱及翅，无毛。叶柄及叶轴具翅，无毛；托叶斜披针形，基部下延，长1～2cm，无毛；顶生小叶椭圆形、卵状椭圆形或条状披针形，长3～11cm，宽0.5～5.0cm，先端钝或微凹，有小凸尖，上面无毛，下面疏被白色硬毛或近无毛；小叶柄密被硬毛。总状花序顶生，花序轴细长，有棱，被柔毛；花梗细，长0.5～1.0cm；萼被黄色硬毛；花冠黄白色。果斜椭圆形，长约7mm，被毛。花期8～9月；果期10～11月。

产于隆林、田林、南丹，生于海拔800～1400m的山坡、林下。分布于四川、云南、贵州。根入药，有解热利湿、活血止血的功效，可治痢疾、骨折等症。

2a. 绒毛叶杭子梢

Campylotropis pinetorum subsp. velutina（Dunn）Ohashi

灌木，高5m。小枝具棱，无翅，被柔毛。托叶卵状三角形至披针状钻形，被柔毛。小叶长椭圆形、卵状长圆形、长圆状倒卵形，长4～11cm，上面疏被短柔毛，下面密被灰白色绒毛；叶柄长2.5～5.5cm，叶轴被硬毛。总状花序单一或2～3朵腋生，花序轴、苞片及萼密被柔毛；花密生，白色、黄色或玫瑰色。果近倒卵形，长7～9cm，被长柔毛，并有稀疏网状脉。花果期12月至翌年

4 月。

产于田林、隆林、凌云、乐业、德保。生于海拔 400m 以上的山顶、山坡灌木丛中及疏林下。分布于云南、贵州。

3. 杭子梢

Campylotropis macrocarpa (Bunge.) Rehd.

灌木，高 2m。幼枝较圆，无翅，密被柔毛。小叶椭圆形或倒卵形状椭圆形，长 3 ~ 7cm，宽 1.5 ~ 4.0cm，先端圆或微凹，上面无毛，网脉不明显，下面密被柔毛；叶柄上面有沟。花序、苞片、花梗、萼均被柔毛；苞片卵状披针形，早落或于花后脱落；萼齿 4 枚；花冠红色或紫色，长约 1cm。果斜椭圆形，长 1.0 ~ 1.5cm，先端具喙，有网纹，无毛，边缘生纤毛。花期 6 ~ 9 月；果期 10 月。

产于灌阳、富川、藤县、靖西、德保、隆林、龙州。生于海拔 800m 以上的山坡灌木丛中或林下。分布于辽宁、陕西、甘肃、四川、西藏、云南、贵州；朝鲜也有分布。枝条可用于编筐。叶可作饲料和绿肥。花期长，花序美丽，供观赏及作蜜源树种。

4. 密脉杭子梢

Campylotropis bonii Schindl.

灌木，高 4m，分枝多。嫩枝被短毛，无翅，老枝无毛。3 片小叶，托叶钻形，长 1.5 ~ 4.0mm；叶柄长 1 ~ 4cm；小叶宽倒卵状楔形或倒心形，顶部小叶有时狭窄，近倒披针形，长 1 ~ 3cm，宽 1 ~ 2cm，先端钝，有时稍尖，基部楔形，上面深绿色，无毛，下面灰绿色或灰白色，被短柔毛，叶脉网状，在叶两面明显隆起；小叶柄基部常有线形小托叶。总状花序，连梗长 2 ~ 7cm，花序轴和总花梗被短毛；苞片狭披针形，长 2 ~ 4mm，常于花后脱落；花萼长 2.5mm，稍深裂或中裂；花冠浅红紫色，长 7 ~ 9mm，翼瓣基部有耳，具短柄，龙骨瓣内弯。荚果无毛，具隆起的网状脉。花期 8 ~ 9 月；果期 9 ~ 10 月。

产于龙州、靖西、德保。生于海拔 300m 以上的石灰岩石山的山顶灌丛中。分布于云南；越南也有分布。

5a. 草山杭子梢　较剪兰（南宁）、米过穴（隆林）

Campylotropis capillipes subsp. **prainii** (Collett et Hemsl.) Iokawa et Ohashi

灌木，高 2m。小枝有细纵棱，无翅，被短柔毛，老枝无毛。3 片小叶，倒卵形、倒卵状楔形或近椭圆形，长 1.5 ~ 4.0cm，宽 1.0 ~ 2.5cm，先端圆至微凹，具小尖，基部圆形或宽楔形，上面无毛或微被柔毛，下面被短柔毛。总状花序，连梗长 1.5 ~ 10.0cm；苞片狭披针形，长 1 ~ 2mm，宿存；花萼长 3.5mm，浅裂，被短柔毛，裂片三角形，稍短于萼筒；花冠红紫色或蓝紫色，长 10 ~ 13mm，龙骨瓣稍大于直角或直角内弯。果椭圆形，两面微凸，长 11 ~ 14mm，宽 5 ~ 7mm，具短喙，无毛。花期 9 ~ 11 月；果期 12 月至翌年 3 ~ 4 月。

产于隆林、南宁。生于山坡灌丛或山谷疏林中。分布于四川、云南；缅甸也有分布。

28　山梅花科 Philadelphaceae

灌木或亚灌木，稀小乔木。叶对生或轮生，常具锯齿，羽状脉或三至五出脉，无托叶。花两性或杂性异株，组成顶生的总状、圆锥、聚伞或头状花序，稀单生；萼筒多少与子房结合，稀分离，萼裂片 4 ~ 5 裂；花瓣 4 ~ 5 枚，分离，多为白色；雄蕊 4 至多数，花丝分离或基部连合；花药 2 室，子房上位至下位，1 ~ 7 室；花柱 1 ~ 7 条，分离，稀基部连合；胚珠多数，稀单生；中轴胎座，稀侧膜胎座。蒴果，室背开裂。种子小，胚乳肉质，胚小而直。

7 属，分布于欧洲南部至亚洲东部、北美，南至菲律宾、新几内亚岛、夏威夷群岛。中国 2 属，广西 2 属。

分属检索表

1. 植株被星状毛；伞房、圆锥、聚伞或头状花序，稀单生，通常顶生；雄蕊 10 枚 …………………… 1. 溲疏属 Deutzia
1. 植株无星状毛；多为总状花序，单生或 2~3 朵聚伞状，稀圆锥花序；雄蕊多数 …… 2. 山梅花属 Philadelphus

1. 溲疏属 Deutzia Thunb.

落叶，稀常绿灌木，被星状毛，枝皮常褐色，剥落，稀不剥落。小枝中空，或具白色髓心；芽鳞覆瓦状排列。叶对生，常被星状毛；有短柄。伞房、圆锥、聚伞或头状花序，稀单生，通常顶生；花多白色或淡紫色、桃红色；花萼下部合生，萼裂片 5 枚；花瓣 5 枚；雄蕊 10 枚，排成 2 轮，花丝通常带状，先端两侧常各具 1 枚裂齿，着生于花丝顶端，内轮有时着生于花丝内侧；子房下位，花柱 3~5 条，分离。蒴果，室背开裂。种子多数，细小，宽镰形或线形，微扁，褐色。

约 60 种，分布于东亚、喜马拉雅山及墨西哥。中国 50 余种，广布于南北各地。广西 1 种。

四川溲疏

Deutzia setchuenensis Franch.

灌木，高 2m。小枝红褐色，疏生紧贴星状毛，枝皮略剥落。叶对生，卵状披针形或卵形，长 2.0~8.0cm，宽 1~5cm；先端渐尖或尾尖，基部圆形，边缘有细齿，两面绿色，被白色星状毛，上面略粗糙；叶柄短，长 2~3mm。伞房花序，疏松，花梗疏生紧贴的星状毛；花萼密生白色星状毛，萼筒长约 1.2mm，裂片 5 枚；花瓣 5 枚，白色，短圆状卵形，长约 7mm，雄蕊 10 枚，外轮花丝上部具 2 枚裂齿，内轮花丝呈舌状，并且比花药长；子房下位，花柱 3 条。蒴果近球形，直径约 4mm，3~5 枚瓣裂，萼片宿存，略内弯，有微小的种子极多数。花期 6 月；果期 9 月。

产于广西北部，生于海拔 600m 以上的山地林内或沟边灌丛中。分布于湖南、四川、贵州、湖北、江西、广东、福建等。

2. 山梅花属 Philadelphus L.

落叶灌木，稀常绿，无星状毛。小枝对生，具白色髓心；腋芽埋藏于叶柄基部或露出，芽鳞覆瓦状排列。叶对生，全缘或有锯齿，离基三至五出脉；无托叶。多为总状花序，单生或 2~3 朵聚伞状，稀圆锥花序；花白色，芳香；萼筒倒圆锥形或近钟形，萼裂片 4(5) 枚；花瓣 4(5) 枚，覆瓦状排列；雄蕊多数，花丝锥形，分离；子房下位或半下位，4(3~5) 室，花柱 4(3~5) 条，基部连合，上部分离，柱头分离，线形、棒形、橹状、鸡冠状，或合生成柱状或近头状；胚珠多数，呈覆瓦状排列，多层，下垂。蒴果倒圆锥形、椭圆形或半球形，4(3~5) 枚瓣裂，萼裂片宿存。种子多数，细小，纺锤形，种皮褐色或淡黑色，膜质，具网纹。

约 70 种，分布于亚洲、欧洲、北美。中国 22 种 17 变种和变形，广西 1 种。

绢毛山梅花

Philadelphus sericanthus Koehne

灌木，高 1~3m；当年生小枝褐色，无毛或疏被毛，2 年生小枝黄褐色，表皮纵裂，片状脱落。叶纸质，椭圆形或椭圆状披针形，长 3~11cm，宽 1.5~5.0cm，先端渐尖，基部楔形或阔楔形，边缘具锯齿，齿端具角质小圆点，上面疏被糙伏毛，下面仅沿主脉和叶脉被长硬毛；叶脉稍离基 3~5 条；叶柄长 8~12mm，疏被毛。总状花序有花 7~15(~30) 朵，下面 1~3 对分枝顶端具 3~5 朵花成聚伞状排列；花序轴长 5~15cm，疏被毛；花梗长 6~14mm，被糙伏毛；花萼褐色，外面被糙伏毛，裂片卵形；花冠盘状，直径 2.5~3.0mm；花瓣白色，倒卵形或长圆形，外面基部常被毛，顶端圆形，有时具不规则齿缺；雄蕊 30~35 枚，花药长圆形，长约 1.5mm；花盘和花柱均无毛或疏被白色刚毛。蒴果倒卵形；种子 3.0~3.5mm，具短尾。花期 5~6 月；果期 8~9 月。

产于广西北部。生于海拔 350m 以上的林下或灌丛中。分布于陕西、甘肃、江苏、安徽、浙江、江西、河南、湖北、湖南、四川、贵州、云南。喜光，耐寒，怕涝，多生于山坡疏林或溪边灌丛中。根皮入药，有活血止痛的功效，可治疟疾、挫伤、腰肋疼痛、胃痛等症。

29 绣球科 Hydrangeaceae

草本、亚灌木或灌木，稀为小乔木或木质藤本。单叶；对生或互生，稀轮生；有锯齿，稀全缘；羽状脉；无托叶。伞房状或圆锥状复聚伞花序；花两性或杂性；通常具二型花，放射花不育，位于花序周围，具 1 ~ 5 枚花瓣状萼片；两性花为完全花，较小，萼筒与子房合生，萼裂 4 ~ 10，绿色；花瓣 4 ~ 10 枚；雄蕊 4 ~ 10 枚，罕多枚；子房半下位或下位，由 2 ~ 5 个合生心皮组成，花柱 1 ~ 6 条，胚珠多数，侧膜胎座或中轴胎座。蒴果，稀浆果。种子极多，细小，有翅及网纹或无翅，具胚乳。

10 属，主要分布于北温带和亚热带地区。中国 9 属。广西 5 属。

分属检索表

1. 叶互生(枝顶偶有对生)；草本或亚灌木 ·· **1. 草绣球属 Cardiandra**
1. 叶对生。
  2. 藤本或藤状灌木。
    3. 常绿藤本；无放射花，花瓣上部连成帽状体 ·································· **2. 冠盖藤属 Pileostegia**
    3. 落叶藤本；具 1 朵大萼片的放射花，花瓣分离 ······················ **3. 钻地风属 Schizophragma**
  2. 直立灌木，稀小乔木或藤本。
    4. 蒴果顶端开裂；放射花有或无，两性，花萼 4 ~ 5 裂 ·························· **4. 绣球属 Hydrangea**
    4. 浆果蓝色；不具放射花，花萼 5 ~ 6 裂 ·· **5. 常山属 Dichroa**

1. 草绣球属 Cardiandra Sieb. et Zucc.

多年生草本或亚灌木。根状茎匍匐，地上茎不分枝。叶互生，枝顶偶为对生，有粗锯齿。伞房花序或圆锥状伞房花序，花二型；放射花具萼片 2(3) 枚；两性花花萼筒杯状，萼裂 4 ~ 5，镊合状排列；花瓣 4 ~ 5 枚，覆瓦状排列；雄蕊多数；花柱 3 条，子房下位，不完全的 3 室。蒴果，种子纺锤状，有翅。约 5 种。

约 4 种，分布于亚洲。中国 2 种 1 变种。广西 1 变种。

1. 草绣球　人心药　图 289

Cardiandra moellendorffii (Hance) Migo

落叶亚灌木，高达 1m。叶互生，纸质，形状变化大，椭圆形至倒卵状椭圆形，长 7 ~ 20cm，宽 3 ~ 7cm，先端急尖或渐尖，具短尖头，基部楔形，常下延成窄翅，边缘有牙齿状锯齿，两面疏生平伏粗毛，或下面仅叶脉有毛；位于茎上部的叶常近对生，基部阔楔形，近于无柄。伞房状聚伞花序顶生，苞片和小苞片宿存；放射花，萼裂片 2(3) 枚，近相等或 1 枚稍大，膜质，白色或粉红色；两性花，萼裂 4 ~ 5，细小；花瓣 4 ~ 5 枚，白色至淡紫色；雄蕊 15 ~ 25 枚。蒴果卵状球形，长 2 ~ 3mm，顶端孔裂。

原种广西不产，仅产变种疏花草绣球。

1a. 疏花草绣球

Cardiandra moellendorffii var. **laxiflora** (H. L. Li) C. F. Wei

本变种与原种的主要区别在于：叶片较大而薄，具长柄；花序大而疏松；种子两端的翅比棕褐色种子为浅，半透明。

产于龙胜、资源、凌云、田林。生于海拔 750 ~ 950m 的山谷、山坡密林或疏林中。分布于贵

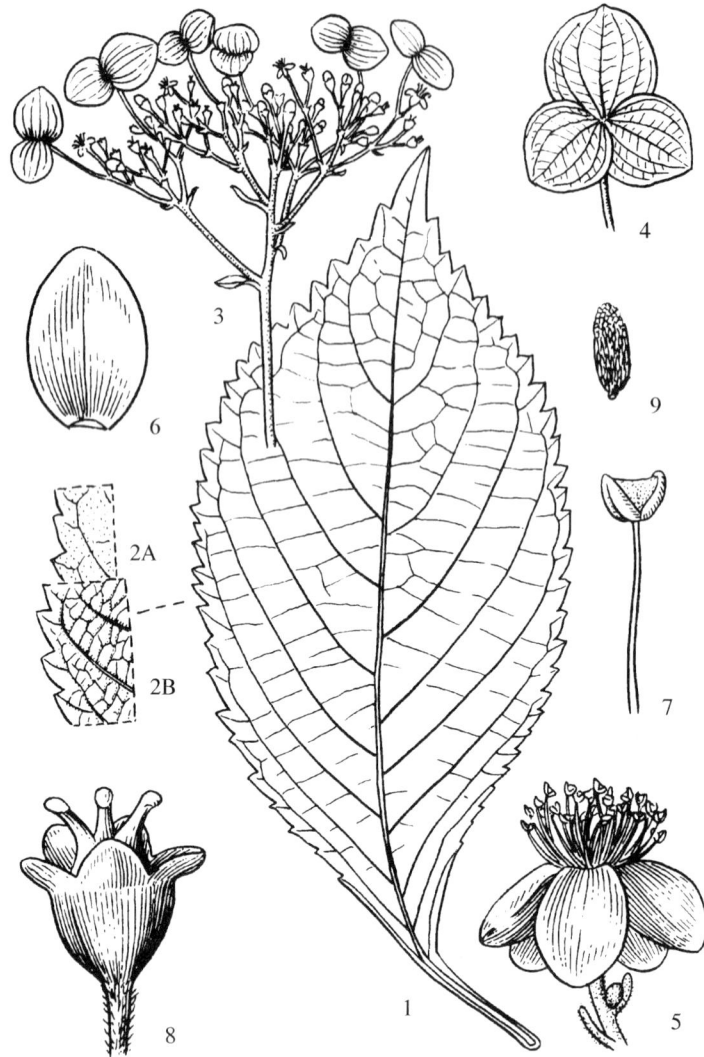

图 289 草绣球 Cardiandra moellendorffii（Hance）Migo 1. 叶；2. 叶缘（2A. 上
面，2B. 下面）；3. 花序；4. 放射花；5. 两性花；6. 花瓣；7. 雄蕊；8. 花萼及雌
蕊；9. 种子。（仿《中国树木志》）

州、湖北、湖南。

2. 冠盖藤属 Pileostegia Hook. f. et Thoms.

常绿木质藤本。幼枝有气生根。叶革质，对生，全缘或具波状锯齿。伞房状圆锥花序顶生，花
一型，不具放射花；花两性，有短柄；萼裂4～5，细小，覆瓦状排列；花瓣4～5枚，上部连合成
帽状，早落；雄蕊8～10枚，花丝长；花柱1朵，子房下位，4～6室。蒴果陀螺状，顶端平，沿棱
脊开裂。种子多数，细小，纺锤状，两端具翅。

3种，产于东亚及喜马拉雅地区。中国2种。广西均产。

分种检索表

1. 幼枝、叶下面、叶柄及花序均无毛 ·· **1. 冠盖藤 P. viburnoides**
1. 幼枝、叶下面、叶柄及花序均密被锈色星状毛 ································ **2. 星毛冠盖藤 P. tomentella**

1. 冠盖藤 青棉花 图290

Pileostegia viburnoides Hook. f. et Thoms.

藤本，长达 15m。幼枝灰褐色，无毛。叶薄革质，倒披针状椭圆形至长圆状倒卵形，长 10 ~ 18cm，宽 2.5 ~ 6.0cm，先端急尖或渐尖，基部楔形，全缘或上部有疏齿，边缘略反卷，两面无毛，或下面略散生星状毛；柄长 1 ~ 3cm。花序长 7 ~ 20cm，无毛或疏被柔毛；萼裂三角形，无毛；花瓣卵形，白色或带绿色。蒴果圆锥形，长约 3mm，无毛。种子浅黄色。花期 7 ~ 8 月；果期 9 ~ 12 月。

产于广西大部分地区。生于海拔 300 ~ 1200m 的林内及溪边。分布于长江以南；越南、印度、日本也有分布。叶入药，有补肾、祛风除湿、活血散瘀、止痛接骨的功效，用于治肾虚、腰腿酸痛、风湿麻木、关节痛、跌打损伤、骨折、外伤出血、疮疡溃破等症。

2. 星毛冠盖藤 星毛青棉花 图291

Pileostegia tomentella Hand. – Mazz.

藤本。小枝、叶柄、叶下面和花序均密被锈色星状毛。叶长圆形或长圆状倒卵形，长 7 ~ 14cm，先端短尖或钝，基部圆或微心形，具不规则浅波状疏锯齿；叶柄长不及 1.5cm。花序长 6 ~ 12cm；萼片 4 ~ 5 枚，花瓣白色。蒴果陀螺状，疏被星状毛。花期 3 ~ 8 月；果期 9 ~ 12 月。

产于龙胜、临桂、桂林、永福、平乐、三江、金秀、平南、北流、上思、大明山。生于山谷、林下、溪边，常攀援于树木或石壁上。分布于江西、福建、广东。

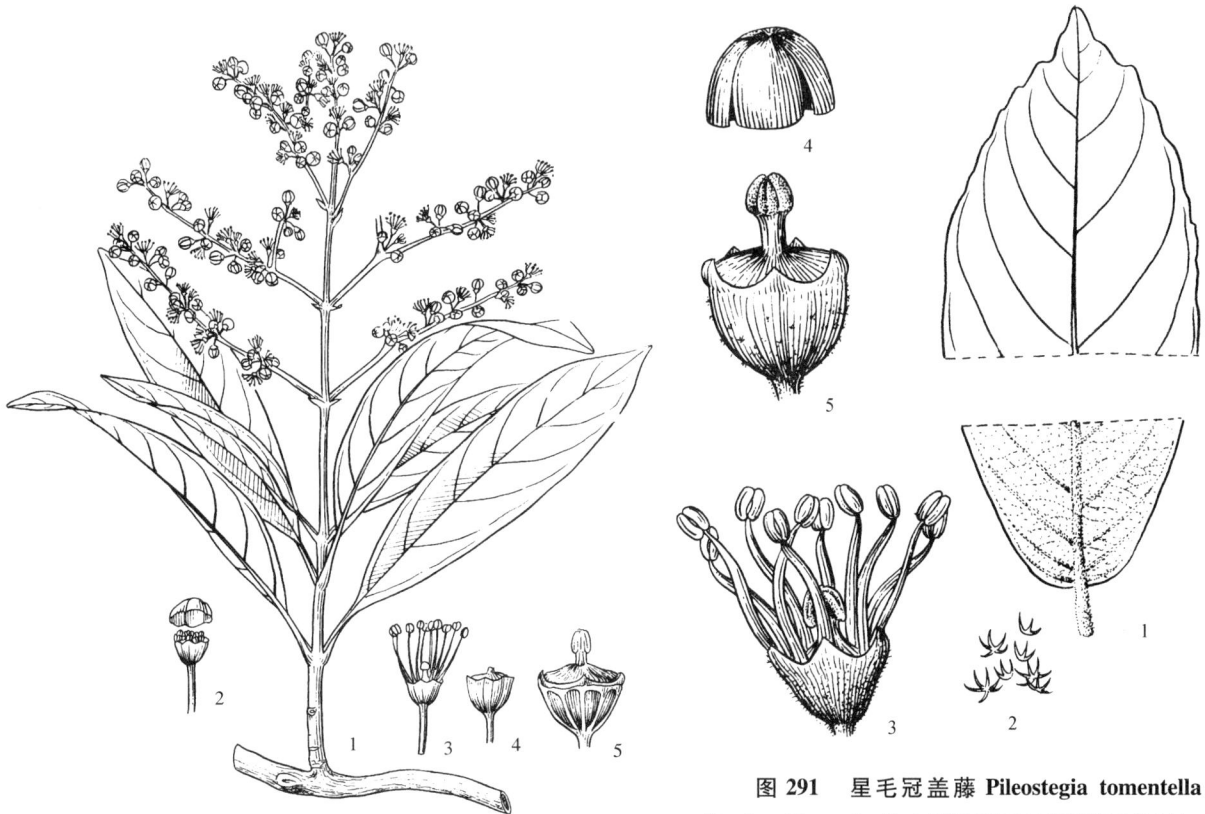

图290 冠盖藤 Pileostegia viburnoides Hook. f. et Thoms.
1. 花枝；2 ~ 3. 花；4 ~ 5. 果。(仿《中国树木志》)

图291 星毛冠盖藤 Pileostegia tomentella
Hand. – Mazz. 1. 叶上面及下面(示密被星状毛)；
2. 叶下面的毛；3. 花(花冠脱落)；4. 帽状花瓣；
5. 果。(仿《中国树木志》)

3. 钻地风属 Schizophragma Sieb. et Zucc.

落叶藤本，以气根攀生。芽鳞 2~4 对，被柔毛或睫毛。叶对生，全缘或略具小齿，偶具粗齿。伞房状或圆锥状聚伞花序顶生，疏散；花二型，罕无放射花；放射花仅有 1 枚大型白色萼片；两性花小，萼裂 4~5，宿存；花瓣 4~5 枚，白色，分离；雄蕊 10 枚，分离；花柱 1 条，子房下位，4~5 室。蒴果倒圆锥状或陀螺状，具 10 条棱脊，室背开裂。种子纺锤状，两端有翅。

约 10 种，分布于喜马拉雅地区及东亚。中国 9 种。广西 3 种 1 变种。

分种检索表

1. 叶下面无毛或脉上疏被柔毛。
  2. 蒴果顶端凸出呈圆锥状 ·························· 1. 钻地风 S. integrifolium
  2. 蒴果顶端截平 ·························· 2. 临桂钻地风 S. choufenianum
1. 叶下面密被褐色或灰褐色柔毛 ·························· 3. 柔毛钻地风 S. molle

1. 钻地风　图 292

Schizophragma integrifolium Oliv.

木质藤本，长达 4m。小枝褐色，无毛，具细条纹。叶卵形或椭圆形，长 10~15cm，宽 5~12cm，先端急尖，基部圆或截平，稀近心形，全缘或疏生有硬尖头的小锯齿，上面无毛，下面无毛或脉上疏被柔毛，脉腋具束毛；柄长 3~8cm，无毛。花序微被褐色柔毛；放射花萼片狭卵形或矩圆状披针形，黄白色，长 3.5~7.0cm；两性花多，绿色；雄蕊近等长；子房顶部凸出于萼筒。蒴果陀螺形，长 6mm，顶部稍凸出呈圆锥状。花期 7 月；果期 8 月。

产于龙胜、兴安、资源、象州、金秀。生于林内，常攀援在石壁和树木上。分布于四川、云南、贵州、甘肃、湖北、湖南、江西、江苏、浙江、安徽、广东。根、茎入药，可活血、除风湿、清热解毒。

1a. 粉绿钻地风

Schizophragma integrifolium var. **glaucescens** Rehd.

与本种的区别为：叶薄，背面有白霜。花期 6 月；果期 10 月。

产于龙胜。分布于广东、贵州、湖北、四川、浙江。

2. 临桂钻地风

Schizophragma choufenianum Chun

攀援灌木。小枝褐色，光滑，老枝树皮脱落。叶片纸质，椭圆形，长 14~19cm，宽 8~12cm，先端渐尖，基部阔楔形，全缘或上部有稀细齿；干后背面黄褐色，正面深褐色；上面无毛，下面沿叶脉初具短柔毛，后脱落；侧脉 7~8 对，有时具 1~2 条较粗的二级分枝；叶柄 8~11cm，上面有凹槽。伞房状聚伞花序，具稠密的花，分枝

图 292　钻地风 Schizophragma integrifolium Oliv. 1. 果序；2. 叶枝；3. 叶下面(部分放大)；4. 果。(仿《中国树木志》)

扩展，果期几乎无毛；放射花萼片披针形，果期长 3 ~ 5cm，宽 1 ~ 2cm，单生或兼有孪生；两性花未见。蒴果较小，稠密，倒圆锥形，全长 1 ~ 5mm，宽 3 ~ 4mm，顶端截平，宿存萼齿三角形，长约 0.5mm，先端尖；种子褐色。果期 11 月。

产于临桂、灵川、兴安、龙胜、资源、乐业、象州、金秀。生于海拔约 600m 的山谷石隙潮湿处。

3. 柔毛钻地风

Schizophragma molle（Rehd.）Chun

攀援灌木。小枝无毛或被短柔毛。叶长圆状卵形、椭圆形或长圆形，长 6 ~ 25cm，先端渐尖或突渐尖，有短尖头，基部圆或平截，稀浅心形，近全缘或具小齿；上面近无毛，下面密被褐色或灰褐色柔毛。伞房状聚伞花序被锈色柔毛；放射花萼片长圆状卵形或长椭圆形；两性花小而稠密。蒴果窄漏斗形，长达 7mm，顶端凸出部分圆锥状。花期 6 ~ 7 月；果期 9 ~ 11 月。

产于广西西北部、北部和东北部，生于海拔 500m 以上的林下、溪边。分布于江西、湖南、广东、贵州、云南、四川。

4. 绣球属 Hydrangea L.

落叶或常绿灌木或亚灌木，稀小乔木或藤状灌木。幼枝髓心白色或棕色，枝皮剥落；芽鳞 2 ~ 3 对。叶对生，稀轮生；具锯齿，稀近全缘；无托叶。伞房状或圆锥状聚伞花序；花一型或二型；放射花萼片 3 ~ 4(2 ~ 5)枚；两性花小，萼裂 4 ~ 5；花瓣 4 ~ 5 枚，镊合状排列，离生，偶有连合成帽状；雄蕊 10(8 ~ 25)枚；花柱 2 ~ 4(~ 5)条，短，离生或基部合生，宿存；子房半下位或下位，2 ~ 5 室。蒴果顶孔开裂；种子多数，细小，两端或周围具翅，或无翅。

约73 种，分布于东亚、北美、中美。中国46 种，分布于西部及西南部。广西约 16 种，本志记载 14 种。

分种检索表

1. 蒴果顶端截平。
  2. 花瓣连合成帽状。
    3. 幼枝无毛；叶缘密生尖锯齿，两面无毛，有时中脉疏被柔毛 ················ **1. 冠盖绣球 H. anomala**
    3. 幼枝被毛；叶缘具锯齿，齿端稍硬，有时平截，两面被粗毛，下面略显灰白色，毛较密············
      ················ **2. 粗枝绣球 H. robusta**
  2. 花瓣分离。
    4. 叶上面近无毛或被稀疏糙毛，下面常带灰绿色，密被颗粒状腺体和灰白色糙毛；放射花萼片 4 ~ 5 枚，白色或浅黄色，全缘或具疏齿；花柱 2 条 ················ **3. 蜡莲绣球 H. strigosa**
    4. 叶上面被平伏毛，下面密被黄褐色颗粒状腺体及灰白色松软、皱曲绒毛；放射花萼片 4 枚，稍呈紫蓝色，边缘具锐锯齿；花柱多为 3 条，稀 2 条 ················ **4. 马桑绣球 H. aspera**
1. 蒴果顶端凸出。
  5. 叶两面无毛或仅下面叶脉被毛。
    6. 花二型，有放射花及两性花。
      7. 幼枝无毛，皮孔明显，叶迹大；叶大且厚，近肉质，椭圆形或宽倒卵形，边缘具粗锯齿；两性花花柱 3 条，子房2/3 下位 ················ **5. 绣球 H. macrophylla**
      7. 幼枝被毛。
        8. 叶长椭圆形或椭圆状披针形，先端尾尖，具粗锯齿；伞房状聚伞花序；花瓣蓝色，宿存；蒴果近球形；种子无翅 ················ **6. 西南绣球 H. davidii**
        8. 叶卵形或椭圆形，先端渐尖，具细齿；圆锥状聚伞花序顶生；花瓣白色；蒴果椭圆形；种子两端具翅 ················ **7. 圆锥绣球 H. paniculata**
    6. 花一型，放射花缺。

9. 叶膜质，长卵形或椭圆形，干后上面淡黄色，下面灰白珍珠色且微带黄色；蒴果近球形，顶端凸出部分长于萼筒 ······················ **8. 珠光绣球 H. candida**

9. 叶纸质，狭椭圆形，干后两面常呈暗紫红色或暗褐色，有时下面色稍淡；蒴果香炉形，顶端凸出部分约与萼筒等长 ······················ **9. 狭叶绣球 H. lingii**

5. 叶两面被毛或至少下面被毛。

10. 花二型，有放射花和两性花。

11. 幼枝无毛；叶披针形或椭圆状披针形，全缘或近顶部有小锯齿，边缘稍反卷；蒴果长陀螺形；种子无翅或有时具极短翅 ······················ **10. 粤西绣球 H. kwangsiensis**

11. 幼枝被毛。

12. 叶椭圆状披针形、长椭圆形或倒卵形，边缘中部以上具疏钝锯齿；叶柄被卷曲柔毛；花序密被平伏粗毛；蒴果近椭圆形 ······················ **11. 中国绣球 H. chinensis**

12. 叶狭披针形、披针形，稀卵状披针形，边缘有疏离小齿或锯齿；叶柄密被长柔毛；花序被贴伏短柔毛；蒴果卵球形 ······················ **12. 临桂绣球 H. linkweiensis**

10. 花一型，放射花缺。

13. 小枝光滑无毛；叶纸质至厚纸质，卵状披针形、披针形或椭圆形，上面无毛，下面疏被紧贴微柔毛；伞房状聚伞花序；雄蕊 8 枚 ······················ **13. 酥醪绣球 H. coenobialis**

13. 小枝密被长柔毛；叶薄纸质或近膜质，长圆形或椭圆形，上面密被粗长伏毛，下面被柔弱长柔毛；伞形状聚伞花序；雄蕊 10 枚 ······················ **14. 广东绣球 H. kwangtungensis**

图 293 冠盖绣球 Hydrangea anomala D. Don 1. 花枝；2. 花；3. 果。(仿《中国树木志》)

1. 冠盖绣球 图 293

Hydrangea anomala D. Don

木质藤本或藤状灌木。幼枝无毛。叶纸质，椭圆形或卵形，偶呈卵状披针形，长 8～17cm，宽 4～9cm，先端渐尖或急尖，基部阔楔形或圆形，有时近心形，密生尖锯齿，两面无毛，有时中脉疏被柔毛；柄长达 5cm，无毛或疏生柔毛。伞房状聚伞花序生于顶部侧枝，初时被白色卷曲柔毛，后脱落；放射花数量少，有时缺，萼片 3～5 枚；两性花小，无毛，萼裂 4～5；花瓣连合成帽状，整个脱落；雄蕊 9～18 枚；花柱 2 条，子房下位。蒴果扁球形，直径 3～4mm，顶端平截。种子褐色，椭圆形，具翅。

产于全州、资源、龙胜、融水。生于海拔 1000～2000m 的林内、溪边。分布于陕西、甘肃、安徽、湖南、湖北、江西、浙江、贵州、云南、四川、台湾。内皮可作收敛药。

2. 粗枝绣球 图 294

Hydrangea robusta Hook. f. et Thoms.

灌木或小乔木，高达 2～3(～5)m。幼枝略呈四棱，被平伏毛，常杂有褐色长毛, 老枝无毛, 叶柄及花序密被黄褐色短硬毛。叶纸质, 椭圆形、宽卵形或长圆状卵形, 长 10～35cm, 宽 6～22cm, 先端渐尖或急尖, 基部近圆或浅心形, 边缘具锯齿, 齿端稍硬, 有时平截, 两面被粗毛, 下面略显灰白色, 毛较密; 梗长, 4～15cm, 粗壮。伞房状花序大, 顶生; 放射花萼片 4 枚, 具齿或全缘, 长 1.5～2.0cm, 白色略带紫色; 两性花小, 萼筒几无毛, 萼裂 5, 尖齿状, 花瓣常连合成帽状; 雄蕊 10～14 枚; 花柱 2 条, 子房下位。蒴果杯状至钟状, 直径约 3mm, 顶端截平; 种子近椭圆形, 两端有短翅。花期 7～8 月; 果期 9～12 月。

产于全州、龙胜、临桂、融水、凌云、田林。生于海拔 700m 以上的林内、林缘及灌丛中。分布于安徽、福建、广东、河北、湖南、河南、湖北、贵州、四川、西藏等地。

3. 蜡莲绣球

Hydrangea strigosa Rehd.

灌木, 高达 3m。幼枝、叶柄、花序轴、花梗被平伏粗毛。叶纸质, 卵状披针形、长卵形、椭圆状披针形或倒卵状披针形, 长 8～30cm, 宽 3～8cm, 先端渐尖, 基部阔楔形或近圆形, 具锯齿,

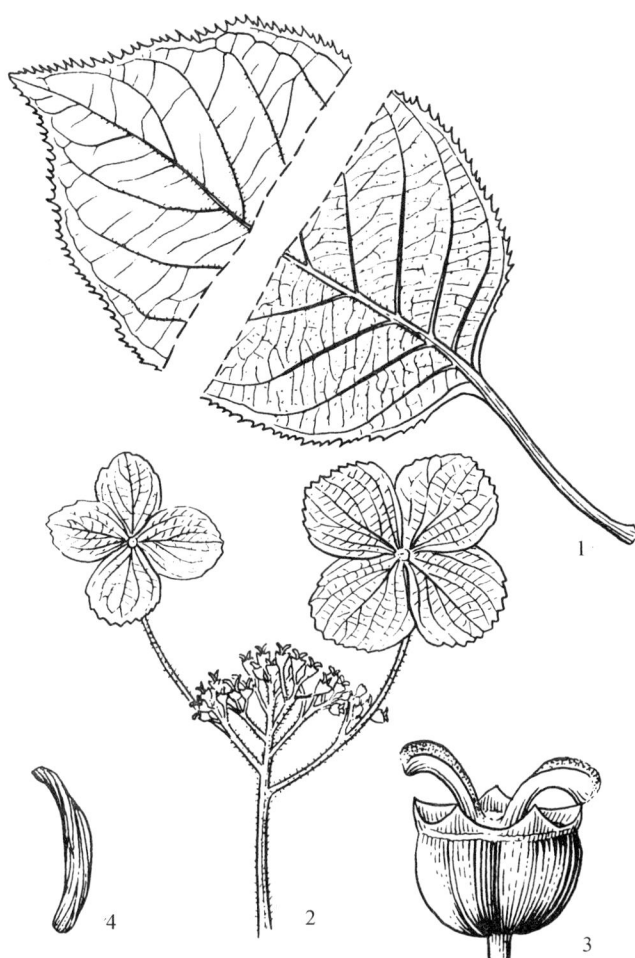

图 294 粗枝绣球 Hydrangea robusta Hook. f. et Thomson 1. 叶上面及下面; 2. 果序; 3. 果; 4. 种子。(仿《中国树木志》)

上面近无毛或被稀疏糙毛, 下面常带灰绿色, 密被颗粒状腺体和灰白色糙毛; 柄长 1.5～7.0cm。伞房状聚伞花序顶生; 放射花萼片4～5, 白色或浅黄色, 全缘或具疏齿; 两性花萼筒疏被粗毛, 花瓣分离, 长圆状卵形, 粉蓝色或蓝紫色, 罕白色; 雄蕊 10 枚; 花柱 2 条, 子房下位。蒴果半球形, 直径约 3mm, 顶端平, 有棱脊; 种子黄褐色, 椭圆形, 有条纹, 两端具翅。花期 8～9 月; 果期 10 月。

产于全州、兴安、临桂、灵川、融水、南丹。生于林下、山坡灌丛或溪边。分布于陕西、甘肃、湖北、江西、浙江、福建、广东、贵州、云南、四川、西藏。根入药, 被称为"土常山", 有消积食、解热毒的功效, 可治疟疾, 外用可治皮癣。

4. 马桑绣球

Hydrangea aspera D. Don

灌木至小乔木, 高达 5m。幼枝、叶柄、花序均密被黄褐色或白色糙毛。小枝具颗粒状鳞秕。叶长卵形、椭圆状披针形或长圆状披针形, 长 10～20cm, 先端渐尖, 基部楔形, 具锯齿, 上面被平伏毛, 下面密被黄褐色颗粒状腺体及灰白色松软、皱曲绒毛; 柄长 1～4cm。伞房状聚伞花序; 放射花萼片 4 枚, 稍呈紫蓝色, 边缘具锐锯齿; 两性花花瓣蓝色, 分离; 花柱多为 3 条, 稀 2 条, 子房下位。蒴果半球形, 顶端平。种子黄褐色, 两端具翅。花期 8～9 月; 果期 10～11 月。

产于资源、兴安、南丹、河池、隆林、融水。生于林内及灌丛中。分布于贵州、湖北、湖南、

江苏、陕西、四川、云南、甘肃；印度东北部、尼泊尔、越南也有分布。

5. 绣球

Hydrangea macrophylla(Thunb.)Ser.

灌木，高达4m。幼枝粗壮，无毛，皮孔明显，叶迹大。叶大且厚，近肉质，椭圆形或宽倒卵形，长7～15cm，宽4～10cm，先端急尖，基部阔楔形，具粗锯齿，两面无毛或仅下面中脉疏被短毛，脉腋有髯毛；柄长1～6cm，无毛。伞房状聚伞花序近球形，顶生，总花梗被柔毛或无毛；花二型，但两性花数量极少，放射花萼裂片3～4，宽卵形或圆形，长1～2cm，粉红色、淡蓝色或白色；两性花花柱3条，子房2/3下位。蒴果长陀螺形，顶端凸出，黄褐色，有棱角。花期6～8月。

观赏植物，各地园林广为栽培。扦插、分株和压条繁殖，5～6月成活率最高。花、根入药，鲜花可治疟疾，根可治喉部溃烂、皮肤痒症。茎、叶干后烧烟可熏臭虫。对二氧化硫等有毒气体抗性较强，可用于厂矿绿化。

6. 西南绣球 图295

Hydrangea davidii Franch.

灌木，高达2m。幼枝、叶柄、花序、萼筒均被柔毛。叶长椭圆形或椭圆状披针形，长8～16cm，宽1.8～4.0cm，先端尾尖，基部楔形，具粗锯齿，上面疏被糙毛，后近无毛，下面仅脉上被柔毛；柄长1～3cm。伞房状聚伞花序；放射花萼片3～4枚，卵圆形，长1.0～1.5cm，近全缘，不等大；两性花萼裂4～5枚，披针形，花瓣5枚，蓝色，宿存；雄蕊7～10枚；花柱3条，子房半下位。蒴果近球形，直径约2.5mm，顶端凸出；种子无翅。花期4～6月；果期9～10月。

产于龙胜、融水、凌云、陆川。生于林内、灌丛中。分布于四川、云南、贵州、湖北。根、叶入药，可治疟疾；髓心可治麻疹及小便不通。

图295 西南绣球 **Hydrangea davidii** Franch. 1. 果枝；2. 果。(仿《中国树木志》)

7. 圆锥绣球 糊溲疏、水亚木 图296

Hydrangea paniculata Sieb.

小乔木，高达10m，胸径20cm，有时呈灌木状。幼枝被毛。叶对生，枝顶部叶多为3片轮生，卵形或椭圆形，长5～12cm，宽3～5cm，先端渐尖，基部圆形或阔楔形，具细齿，上面无毛或疏被糙毛，下面仅脉上被毛；叶柄长1～3cm。圆锥状聚伞花序顶生，长8～25cm，花序轴、花梗被毛；放射花较多，萼片4枚，卵形或近圆形，长6～13mm，全缘，初时白色，后带蓝紫色，不等大；两性花数量少，萼筒近无毛，萼裂5，三角形；花瓣5枚，白色；雄蕊10枚，不等长，花柱3条，子房半下位。蒴果椭圆形，长约4mm，顶端凸出部分圆锥状；种子两端具翅。花期8～9月；果期10～11月。

产于全州、龙胜、恭城、灌阳、临桂、永福、融水、金秀、象州、大明山、贺州、富川。生于阴湿山谷、溪边杂木林内、灌丛中。分布于江苏、安徽、浙江、江西、福建、台湾、湖北、湖南、广东、贵州；日本也有分布。木材心边材区别不明显，密度中等略大，淡红色，纹理直，结构细，强度、硬度中等，干燥后少开裂，易变形，不耐腐，可作包装箱等用途。根入药，被称为"土常山"，可清热抗疟，用于接骨；叶可治疗疮疥；树皮含黏液，可作糊料。

8. 珠光绣球

Hydrangea candida Chun

灌木，高1.5m；小枝圆柱形，稍弯曲，树皮白色，老后呈薄片剥落。叶膜质，长卵形或椭圆形，长5~12cm，宽2.5~5.0cm，先端短尾状渐尖，微弯，基部阔楔形或钝圆，边缘基部以上有稀疏小齿，干后上面淡黄色，下面灰白珍珠色且微带黄色，略有光泽，两面无毛或仅于下面脉上疏被紧贴短柔毛；叶柄细，长0.5~1.0cm，上面具凹槽，下面被紧贴疏柔毛。伞房状聚伞花序顶生，具总花梗，密被卷曲短柔毛；放射花缺；两性花未见。蒴果不及一半下位，近球形，顶端凸出部分长于萼筒，先端尖；宿存花柱3条，扩展，基部完全分离；种子淡棕色，无翅。果期7~8月。

图296 圆锥绣球 Hydrangea paniculata Sieb. 1. 花枝；2. 果；3. 两性花。(仿《中国树木志》)

广西特有种，仅产于十万大山。生于海拔约1000m左右的山谷密林中。

9. 狭叶绣球

Hydrangea lingii Hoo

灌木，高0.7~1.7m；小枝圆柱形，暗紫褐色，初时疏被卷曲短柔毛，后脱落无毛，树皮薄，老后呈片状剥落。叶纸质，狭椭圆形，较小，长5~9cm，宽1.5~2.5cm，先端尾状渐尖，基部楔形，边缘基部或近中部以上具稀疏小齿，干后两面常呈暗紫红色或暗褐色，有时下面色稍淡，两面光滑无毛，上面常具光泽；叶柄长5~10mm，被疏柔毛或无毛。伞房状聚伞花序短小，直径5~7cm，密被微卷曲的短柔毛；放射花缺；两性花稀少，萼筒杯状，萼齿短小，卵状三角形；花瓣淡黄色，倒卵形或阔倒卵形；雄蕊8~10枚，近等长；子房半下位，花柱3条。蒴果香炉形，顶端凸出部分约与萼筒等长；种子褐色，椭圆形或倒卵形，略扁，无翅。花期4~5月；果期9~11月。

产于广西东部，生于海拔900m以下的山谷或山坡疏林或灌丛中。分布于福建、广东、贵州、湖南、江西。

10. 粤西绣球　广西绣球　图297

Hydrangea kwangsiensis Hu

灌木，高达1m。幼枝纤细，无毛。叶披针形或椭圆状披针形，长6~18cm，宽1.8~5.5cm，先端渐尖或短尾状渐尖，基部楔形且下延，全缘或近顶部有小锯齿，边缘稍反卷，上面无毛，下面疏被柔毛；柄长4.0~2.5cm，无毛。伞房状聚伞花序顶生，被毛，花二型；放射花萼片4枚，稀3或5枚，白色，不等大；两性花萼筒被毛；花瓣蓝色；雄蕊10枚；花柱3条，离生，子房2/3下位。蒴果长陀螺形，顶端凸出。种子黄色，无翅或有时具极短翅。

图297 粤西绣球 Hydrangea kwangsiensis Hu 1. 花枝；2. 花；
3. 花萼及雌蕊。(仿《中国树木志》)

产于融安、融水、临桂、龙胜、贺州、钟山、东兰、罗城、环江、靖西。生于海拔 900 ~ 1500m 的山谷林内或灌丛中。分布于广东、贵州。

11. 中国绣球　图 298
Hydrangea chinensis Maxim.

灌木，高达 3m。幼枝暗紫色，被卷曲柔毛。叶纸质，椭圆状披针形、长椭圆形或倒卵形，长 5 ~ 12(~ 15) cm，宽 1.7 ~ 6.0(~ 8.0) cm，先端渐尖或近尾尖，基部楔形或阔楔形，边缘中部以上具疏钝锯齿，上面中脉疏被柔毛，下面带粉色或灰色，疏被平伏毛，脉上毛较密，脉腋有束毛；柄长 0.6 ~ 2.0cm，被卷曲柔毛。伞房状聚伞花序密被平伏粗毛；放射花萼片 3 ~ 4 枚，倒卵形、宽卵形或近圆形，长 1.0 ~ 1.5cm，全缘或具稀疏小锯齿；两性花萼筒疏生平伏粗毛，萼裂 5；花瓣 5 枚，黄色；雄蕊 7 ~ 11 枚；花柱 3 ~ 4 条，子房半下位。蒴果近椭圆形，顶端凸出；种子无翅。花期 5 ~ 6 月；果期 8 ~ 9 月。

产于全州、龙胜、临桂、象州、金秀、凌云、容县。生于 400m 以上的山谷、林内或灌丛中。分布于浙江、福建、湖北、湖南、安徽、江西、贵州、四川。根叶入药，可治疟疾。

12. 临桂绣球

Hydrangea linkweiensis Chun

亚灌木或灌木，高达 3m；一年生或二年生小枝暗紫褐色，初时被疏柔毛，后渐变无毛，第 2 年树皮呈薄片状剥落。叶薄纸质，狭披针形、披针形，稀卵状披针形，长 5 ~ 14cm，宽 1.7 ~ 4.0cm，两侧略不对称，一侧稍弯拱，先端渐尖呈镰状或尾状尖头，基部阔楔形或钝，边缘有疏离小齿或锯齿，干后两面呈暗红褐色或下面色稍淡，上面近无毛，下面被疏微毛，脉上尤其中脉上密被贴伏短柔毛；叶柄细，长 4 ~ 10mm，基部略扩大，密被长柔毛。伞房状聚伞花序，总花梗长 3 ~ 5cm，顶端截平，被贴伏短柔毛；放射花萼片 3 枚，三角状卵形或阔卵形，不等大，全缘；两性花黄色，萼筒杯状，被疏柔毛，萼齿卵状披针形；花瓣倒披针形或长倒卵形；雄蕊近等长；子房半下位，花柱 3 ~ 4 条。蒴果卵球形，顶端凸出部分约等长于萼筒；种子褐色，长圆形、倒卵形或近圆形，无翅。花期 5 ~ 6 月；果期8 ~ 9 月。

产于临桂、兴安、龙胜、资源、恭城、昭平、金秀等地。生于海拔 700 ~ 1100m 的疏林地或灌木林中。分布于湖北西南部。

13. 酥醪绣球

Hydrangea coenobialis Chun

灌木,高1~3m;小枝圆柱形,粗壮,紫红色或暗紫红色,光滑无毛,老后树皮呈薄片状剥落。叶纸质至厚纸质,卵状披针形、披针形或椭圆形,长9~20cm,宽2.5~5.0cm,先端渐尖,具尾状长尖头或短尖头,基部钝或阔楔形,边缘于基部以上具小锯齿或尖长齿,上面深绿色,光滑无毛,下面浅绿色,疏被紧贴微柔毛;叶柄粗壮,长1~2cm,无毛,上面具凹槽。伞房状聚伞花序顶生,较大,长和宽均7~12cm,顶端截平或稍拱,密被短柔毛;放射花缺;两性花淡黄色,萼筒漏斗状,萼齿卵形或卵状三角形;花瓣倒披针形或倒卵状披针形,于花后立即脱落;雄蕊8枚,近等长;子房半下位,花柱3条。蒴果香炉形,连花柱长6.0~6.5mm,宽3.5~4.0mm,顶端凸出部分非圆锥形,棱脊明显凸起,无毛;种子淡褐色,倒卵形或近圆形无翅。花期5月;果期9月。

图298 中国绣球 Hydrangea chinensis Maxim. 1. 花枝;2. 两性花;3. 果。(仿《中国树木志》)

产于富川。生于海拔800m以下山坡、疏林中。分布于广东。

14. 广东绣球

Hydrangea kwangtungensis Merr.

灌木,高1~2m;小枝圆柱形,红褐色,与叶柄、叶片、花序等密被扩展、半透明、黄绿色近宿存的长柔毛。叶薄纸质或近膜质,长圆形或椭圆形,长5.0~13.5cm,宽1.5~3.0cm,先端渐尖,具尾状尖头,基部渐狭,略钝,边缘基部以上有疏离、具短芒尖的锯齿或小齿,有时几近全缘,上面暗黄绿色,密被粗长伏毛,下面灰绿色,密被柔弱长柔毛,中脉上的毛较粗长,具光泽;叶柄长4~8mm。伞形状聚伞花序顶生,顶部稍弯拱;放射花缺;两性花小而密集,萼筒浅杯状,被疏柔毛,萼齿长卵形;雄蕊10枚,近等长;子房半下位,花柱3条。蒴果近球形,顶端凸出部分非圆锥形;种子黄色,椭圆形,无翅。花期5月;果期11月。

产于上思。生于海拔700~1100m。分布于广东东北部,江西南部。

5. 常山属 Dichroa Lour.

落叶灌木。叶对生;有锯齿。聚伞花序或圆锥状伞房花序顶生,花两性,一型,无放射花;萼裂片5~6枚;花瓣5~6枚,蓝色或蓝紫色,分离,镊合状排列;雄蕊4~5或10~16(~20)枚,花丝线状;花柱(2~)3~6条,离生或仅基部合生;子房半下位,上部1室,下部不完全4~6室;

胚珠多数，侧膜胎座。浆果，蓝色。种子极小，无翅。

约 12 种，分布于东南亚。中国 6 种。广西 4 种。

分种检索表

1. 幼枝、叶柄、叶均无毛或稍被柔毛；圆锥状伞房状花序 ··· **1. 常山 D. febrifuga**
1. 茎、叶柄、叶均被卷曲短柔毛和粗毛。
  2. 花萼裂片钝三角形，无毛；果实近球形，无毛或疏被短柔毛 ················· **2. 大明常山 D. daimingshanensis**
  2. 花萼裂片披针形，被毛。
    3. 伞房状聚伞花序顶生；花瓣两面被粗毛或内面无毛；果实疏被长柔毛 ············ **3. 瑶山常山 D. yaoshanensis**
    3. 聚伞状圆锥花序；花瓣外面无毛或疏被毛，内面无毛；果实被长粗毛 ············ **4. 硬毛常山 D. hirsuta**

1. 常山　黄常山、鸡骨常山　图 299

Dichroa febrifuga Lour.

落叶灌木，高达 3m，主根断面黄色。幼枝带紫色，圆或稍呈四棱。幼枝、叶柄、叶均无毛或稍被柔毛。叶形变化大，椭圆形、倒卵状椭圆形或披针形，长 6 ~ 25cm，宽 2 ~ 10cm，先端渐尖，基部楔形，边缘有锯齿，一或两面带紫色，无毛或仅叶脉被卷曲短柔毛，侧脉 8 ~ 10 对。圆锥状伞房花序顶生，花序、花梗被毛；萼筒疏被毛，萼裂三角形；花瓣近肉质，椭圆形，于花后反折；雄蕊 10 ~ 20 枚，花丝扁平，常具斑点；花柱 5(4 ~ 6) 条，子房近于全下位。浆果近球形，蓝色，直径约 5mm；种子具网状。花期 5 ~ 7 月；果期 8 ~ 9 月。

图 299　常山 Dichroa febrifuga Lour. 1. 花枝；2. 花蕾；3. 花；4. 花萼及雌蕊；5. 子房横剖面；6. 果。(仿《中国树木志》)

产于广西各地。生于海拔 1000m 以下地区。分布于陕西、甘肃、湖北、湖南、江西、广东、浙江、四川、云南、贵州。根、叶入药，可催吐、治疟疾。叶煎汁可作土农药，毒杀地老虎。

2. 大明常山

Dichroa daimingshanensis Y. C. Wu

直立亚灌木，高 1 ~ 3m；小枝、叶柄、叶脉和花序均被微细皱卷短柔毛，并有半透明长粗毛散布其间。叶纸质，椭圆形、长圆状椭圆形或倒卵状椭圆形，长 7 ~ 16cm，宽 2.5 ~ 7.0cm，先端急尖或尾尖，基部楔形或钝，有时下延，边缘具不规则锯齿，上面被贴伏长粗毛，下面被疏松长柔毛，侧脉 6 ~ 9 对，网脉不明显；叶柄长 1.3cm。伞房状聚伞花序，长 5 ~ 10cm，直径 3 ~ 5cm；花序梗长 1 ~ 2cm；花蕾长圆状倒卵形，长约 5mm，蓝白色；花梗长约 4mm；花萼漏斗形，下部疏被长柔毛，5 ~ 6 裂，裂片钝三角形，长约 1mm，无毛；花瓣 5 ~ 6 枚，阔披针形或长圆状卵形，两面均无毛，稍肉质，果时向下弯；雄蕊 10 ~ 20 枚，花丝线形，不等长；花柱 4 (~ 6) 条，棒形，长约 3.5mm，近基部被长柔毛，柱头长圆形，偏斜，子房近下位。果实近球形，直径约5mm，无毛或疏被短柔毛；种子梨形，长约0.8mm，浅褐色。花期4~5月；果期9~10月。

产于武鸣、上林、南丹、宁明。生于海拔400~800m的山谷阴湿林中。分布于贵州。

3. 瑶山常山 罗蒙常山 图300

Dichroa yaoshanensis Y. C. Wu

亚灌木，高达2m。不分枝或少分枝，下部通常平卧，上部直立。茎、叶柄、花序均被长粗毛及弯曲短柔毛。叶椭圆形，长5~10cm，先端渐尖，基部楔形或渐狭，两面除中脉外均被长粗毛。伞房状聚伞花序顶生，花小，多而密集；花萼、花瓣均被粗毛；萼5裂，披针形，内外面上部均密被长粗毛；花瓣5枚，长4~5mm，两面被粗毛或内面无毛；雄蕊10~12枚；花柱4~5条。果实近球形，疏被长柔毛。花期5~7月；果期9~11月。

产于那坡、平果、凌云、田林、都安、金秀、象州、灵川、贺州。生于林内、溪边。分布于湖南、广东。根入药，可治风湿骨痛。

4. 硬毛常山

Dichroa hirsuta Gagnep.

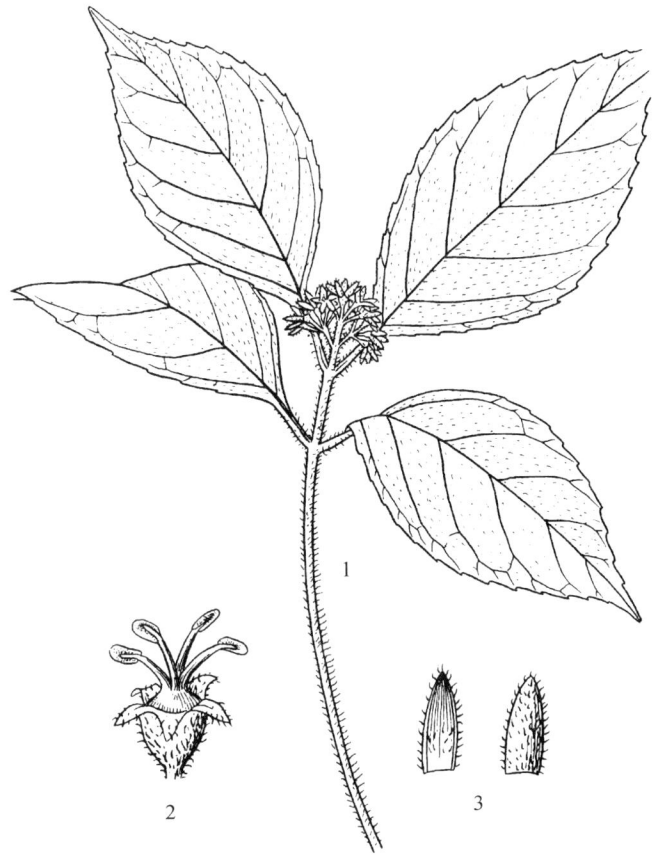

图300 瑶山常山 Dichroa yaoshanensis Y. C. Wu 1. 花枝；2. 花萼及雌蕊；3. 花瓣。(仿《中国树木志》)

直立灌木，高2m；小枝、叶柄、叶脉和花序均被细微皱卷短柔毛和长粗毛；小枝灰褐色。叶纸质，披针形或椭圆状披针形，长10~15cm，宽3.5~6.0cm，先端渐尖至短尾尖，两面被粗毛，网脉疏离；叶柄长10~15mm。聚伞状圆锥花序，直径3~5cm，分枝密聚；花序梗极短或无；花蕾倒卵形，直径3mm，花白色或蓝色；花梗长约2mm；花萼倒圆锥形，被长粗毛，裂片5~6枚，披针形，被长粗毛；花瓣5枚，卵状披针形，外面无毛或疏被毛，内面无毛；子房3/4下位，被长粗毛，花柱3~5条，基部常被长粗毛，柱头长圆形。果实稍干燥，直径3~4mm，被长粗毛。花期4~5月；果期7~10月。

产于平果、田林，生于海拔400~1500m的阴湿林中。分布于云南；越南亦有分布。

30 虎耳草科 Saxifragaceae

草本、灌木、小乔木或藤本。叶互生或对生，通常无托叶。花两性，有时单性，边花有时不育；花序多样；花被片通常4~5基数，稀6~10基数，覆瓦状、镊合状或旋转状排列；萼片有时花瓣状；花瓣通常离生，或无；雄蕊(4~)5~10枚，或多数；有时存在退化雄蕊或腺体；心皮2~5(~10)个，近离生或多少合生，子房上位、半下位或下位。蒴果、浆果、小蓇葖果或核果。花托或上位花的子房顶部，或退化雄蕊面向子房的表面，通常分泌蜜汁，引诱昆虫，帮助完成传粉。

约 80 属 1200 余种，分布极广，几遍全球，主产温带。中国 29 属约 500 种，南北均有分布，主产于西南。木本植物仅茶藨子 1 属，广西也产。

茶藨子属 Ribes L.

落叶或少为常绿灌木。枝有刺或无刺；芽被干膜质或草质鳞片。叶互生或在短枝上丛生，具长柄，常掌状分裂，无托叶。花两性，或单性异株，5 数，少有 4 数，排成总状花序，稀簇生或单生；萼筒与子房贴生；花瓣常小于萼片；雄蕊与花瓣互生；子房下位，1 室，有 2 个侧膜胎座，胚珠多数。浆果，顶端具宿存花萼。

本属约 160 种，主产于北半球寒带至温带地区，少数种延伸至亚洲的亚热带和热带地区和南美洲的安第斯山脉；中国 59 种，产于西南、西北至东北部；广西 1 种。

湖南茶藨子　广西茶藨子
Ribes hunanense C. Y. Yang et C. J. Qi

落叶灌木，高约 1.5m。小枝褐色至灰褐色，具不规则的纵裂纹，髓部紫色；当年生枝紫红色，平滑。叶互生或在短枝上簇生；纸质，近圆形或肾状圆形，长 2.5 ~ 6.5cm，宽 2.5 ~ 7.0cm，先端圆或钝，基部阔楔形、平截形至近圆形，稀心形，边缘具钝锯齿，有时为 5 ~ 7 浅裂，有掌状基出脉 5 条；叶柄长，紫红色。花两性，10 ~ 45 朵排成下垂的总状花序，着生于当年生枝的基部，花序轴被白色疏柔毛，长 3 ~ 7cm；花萼淡紫色；裂片与萼管近等长；花瓣 5 枚；雄蕊短于花萼裂片。浆果幼时绿色，椭圆状或近球状，约具 8 条不甚明显的纵肋，顶部具宿存花萼；种子多数。花期 3 ~ 4 月。

产于兴安猫儿山、全州宝顶山。生于海拔 1500m 以上的杂木林中，常附生于老树上。

31　鼠刺科 Escalloniaceae

乔木或灌木。单叶，互生或对生，边缘具腺齿或刺齿，具第三回脉；托叶线形，早落。总状花序或短的聚伞花序，顶生或腋生；花小，辐射对生，两性或杂性；花萼基部合生，萼齿 4 ~ 5；花瓣 4 ~ 5 枚；镊合状排列；雄蕊与花瓣同数，与萼片对生；花盘环状；子房上位、半下位或下位，1 ~ 6 室，胚珠多数，中轴胎座或侧膜胎座；花柱 2 条，柱头头状。果为蒴果或浆果，常具宿存的花被；种子多数或单一，狭小，具胚乳。

10 属 130 多种，分布于东南亚至北美和非洲东南部。中国 2 属。广西 2 属。

分属检索表

1. 叶互生；花瓣 5 枚；子房 2 ~ 3 室，中轴胎座；蒴果；种子多数 ·· **1. 鼠刺属 Itea**
1. 叶对生或近对生；花瓣 4 枚；子房 1 室，侧膜胎座；浆果；种子 1 粒 ························· **2. 多香木属 Polyosma**

1. 鼠刺属 Itea L.

灌木或乔木，常绿或落叶。叶互生，椭圆形至披针形，边缘具腺齿或刺状锯齿；托叶小，早落。总状花序或总状圆锥花序，顶生或腋生；花小，白色；苞片线形，稀叶状；萼筒杯状，基部与子房合生；萼片 5 枚，三角状披针形，宿存；花瓣 5 枚，线状或三角状披针形，镊合状排列，于花时直立或反折；雄蕊 5 枚，与花瓣互生；花丝钻形；子房长椭圆形，上位或半下位，心皮 2 或 3 个；花柱单生，柱头头状；胚珠多数，生于中轴胎座上。蒴果锥形或长椭圆形，先端 2 裂，具宿存的萼片和花瓣；种子多数，狭纺锤形。

约 27 种，分布于东南亚至日本。中国 15 种。广西 10 种 1 变种。

分种检索表

1. 子房半下位。
  2. 总状花序顶生，有时间有腋生。
    3. 花序下垂；叶卵形或椭圆形，边缘具刺状锯齿，两面无毛 ·················· **1. 云南鼠刺 I. yunnanensis**
    3. 花序直立。
      4. 叶缘上半部有 4~8 个腺齿，中脉在上面凹陷，侧脉和网脉两面均隆起 ·········· **2. 秀丽鼠刺 I. amoena**
      4. 叶缘在近基部全缘，基部以上具内弯的腺状齿，中脉在叶两面凸起，侧脉在上面微凹，下面凸起，网脉
        在叶面不明显，在叶背明显 ·················· **3. 细脉鼠刺 I. tenuinervia**
  2. 总状花序腋生；叶阔卵形或广椭圆形，边缘具腺锯齿，两面无毛，侧脉 7~10 对；蒴果狭锥形 ·················
    ········· **4. 大叶鼠刺 I. macrophylla**
1. 子房上位，稀半上位。
  5. 叶两面无毛。
    6. 小枝无毛。
      7. 叶厚革质，椭圆形，边缘基部以上具锯齿，齿端有硬腺点，两面无毛，具腺体；蒴果锥形，疏被柔毛
        ·················· **5. 厚叶鼠刺 I. coriacea**
      7. 叶薄革质。
        8. 叶缘 1/3、中部以上或上部有锯齿。
          9. 叶狭长椭圆形或狭长披针形，先端渐尖，具腺状小尖头，边缘 1/3 或中部以上具细锯齿，干时边
            缘反卷；蒴果褐色，无毛 ·················· **6. 子农鼠刺 I. kwangsiensis**
          9. 叶倒卵形或卵状椭圆形，先端骤短尖，边缘上部具不明显小锯齿，或近全缘；蒴果狭披针形，微
            被毛 ·················· **7. 鼠刺 I. chinensis**
        8. 叶缘基部以上有密集细锯齿，近基部近全缘，先端尾状尖或渐尖，中脉和侧脉在下面明显凸起；蒴
          果被柔毛 ·················· **8. 峨眉鼠刺 I. omeiensis**
    6. 小枝及花序被腺毛；叶厚革质，椭圆形，边缘基部以上有尖锯齿，上面有腺体，两面无毛；蒴果狭卵状披
      针形 ·················· **9. 腺鼠刺 I. glutinosa**
  5. 叶下面密被毛，上面具腺点，边缘具细锯齿；小枝被柔毛；叶纸质，阔椭圆形；雄蕊长于花冠；蒴果狭卵
    形，被毛，成熟时从基部开裂 ·················· **10. 毛鼠刺 I. indochinensis**

1. 云南鼠刺　滇鼠刺　图 301：4~6

Itea yunnanensis Franch.

灌木或小乔木；小枝黄绿色，无毛。叶薄革质，卵形或椭圆形，长 5~10cm，宽 2.5~5.0cm；先端急尖或短渐尖，基部钝或近圆形，边缘具刺状稍内弯的锯齿，两面无毛，侧脉 4~5 对；叶柄 5~15mm。总状花序顶生，下垂，长 20cm，微被柔毛；萼片三角状披针形，长 1.0~1.5mm，被柔毛；花瓣淡绿色，线状披针形，长 2.5mm；雄蕊较花瓣短；子房半下位，心皮 2 个，花柱单生，有纵沟。蒴果圆锥状，长约 6mm，无毛。花果期 5~12 月。

产于乐业、隆安、田林、天峨等地。生于海拔 800~1500m 的灌丛和疏林中。分布于云南、贵州、四川等地。树皮含鞣质，可供提制栲胶。木材纹理直，结构细，心边材区别明显，心材红褐色，边材浅黄褐色，密度中等，强度、硬度中等，干燥容易，稍有翘裂，抗虫性中等，加工容易，刨面光滑，胶黏性、油漆性良好，可供制工具柄、包装箱、室内装饰等。根入药，有祛风止痛、活血化瘀的功效。

2. 秀丽鼠刺

Itea amoena Chun

常绿灌木，高 3m。全株无毛。叶薄革质，狭长椭圆形至狭披针形，长 5.0~14.5cm，宽 0.8~2.6cm，先端渐尖或长渐尖，基部楔形或稍钝，边缘上半部有 4~8 个腺齿，中脉在上面凹陷，侧脉和网脉两面均隆起；叶柄长 1~2cm。总状花序常顶生，有时兼有腋生，直立，被微柔毛；花瓣白

图 301　1 ~ 3. 大叶鼠刺 Itea macrophylla Wall. 1. 果枝；2. 花；3. 果。4 ~ 6. 云南鼠刺 Itea yunnanensis Franch. 4. 花枝；5. 花；6. 果。（仿《中国树木志》）

色，于花时反折。子房半下位，无毛。蒴果近圆锥状，无毛。花期 5 ~ 6 月；果期 10 ~ 11 月。

产于防城、上思、宁明等地。生于海拔 800m 以下的山谷、沟旁。民间用根和叶治风湿。

3. 细脉鼠刺

Itea tenuinervia S. Y. Liu

常绿直立灌木，高 1 ~ 2m。小枝圆柱形，粗约 3mm，绿色，具纵条纹，无毛。叶互生，薄革质，长椭圆形，稀倒披针形，长 5 ~ 9cm，宽 1.7 ~ 2.2cm，先端渐尖，具腺状小尖头，基部楔形，边缘在近基部全缘，基部以上具内弯的腺状齿，叶面绿色，叶背淡绿色，中脉在叶两面凸起，侧脉每边 4 ~ 5 条，纤细，上面微凹，下面凸起，弧曲上升直达齿尖或于近边缘处彼此连接，网脉在叶面不明显，在叶背明显可见；叶柄长约 5mm，上面具沟槽，无毛；托叶细小，线形，长约 1.5mm，早落。总状花序单一顶生，直立；总花梗长 2 ~ 4cm，疏被微柔毛，多少生有小型鳞状叶，鳞叶三角状

披形或线状披针形，长 2 ~ 4mm；苞片三角状披针形，长 3 ~ 5mm，外面被微柔毛，着生于花梗基部，长 1.0 ~ 1.5mm，外面被微柔毛；花梗长约 1cm；萼筒浅杯状，外面被柔毛；萼裂片三角形，先端尖，长约 2mm，两面被微柔毛，花瓣 5 枚，白色，有时略带淡粉红色，稍厚，狭披针形，长约 6mm，先端渐尖，开放时直立；雄蕊 5 枚，着生于花盘边缘，与萼裂片对生，花丝长约 5mm，中部以下渐变宽，无毛，花药卵圆球形，背部着生；花盘环状，黄色；子房半下位，高约 2mm，心皮 2 个，仅基部与花盘贴生。花期 1 月。

广西特有种，产于大新县。生于石灰岩山地溪边、沟谷，少见。

4. 大叶鼠刺　图 301：1 ~ 3

Itea macrophylla Wall.

灌木至小乔木，高 3 ~ 10m；小枝无毛。叶革质，阔卵形或广椭圆形，长 10 ~ 20cm，宽 5 ~ 12cm，先端渐尖或骤尖，基部楔形，边缘具腺锯齿，两面无毛，侧脉 7 ~ 10 对，表面清晰可见，背面凸出；叶柄长 1 ~ 2cm，无毛。总状花序常 2 ~ 3 个成簇腋生，长 10 ~ 20cm，微被柔毛，稀近无毛；花两性，白色，芳香；花萼微被毛，5 裂，萼齿狭披针形，长约 1.5mm；花瓣披针形，长 3 ~

4mm，于花时反折；雄蕊 5 枚，稍短于花瓣；子房半下位。蒴果狭锥形，长 6～8mm，顶端有喙，无毛，2 瓣裂开。花期 5 月；果期 9 月。

产于武鸣、上林、马山、凤山、乐业、凌云、平果等地。生于海拔 300～1500m 的疏林和灌丛中。分布于云南和海南；东南亚各地也有分布。茎皮纤维可供制绳索、麻袋和造纸。

5. 厚叶鼠刺

Itea coriacea Y. C. Wu

灌木至小乔木，高 2～10m，小枝无毛。叶互生，厚革质，椭圆形，长 6～13cm，宽 3～6cm，先端短急尖，基部阔楔形，边缘基部以上具锯齿，齿端有硬腺点，两面无毛，具腺体，侧脉 5～6 对，网脉两面凸起；叶柄长 1～2cm，无毛。总状花序腋生，单生，长达 15cm；花序轴具棱，稍被柔毛；萼筒被柔毛，萼齿长 1.5mm；花瓣披针形，白色，长约 3mm，边缘及内面被疏柔毛；雄蕊稍凸出于花瓣，花丝被柔毛；子房上位，2 室，被柔毛。蒴果锥形，长约 7mm，疏被柔毛，成熟时 2 裂，裂片顶端反折。花期 5 月。

产于灌阳、龙胜、全州、兴安、灵川、临桂、阳朔、金秀、融水、贺州、武鸣、上林、靖西、那坡、平果等地。生于海拔 600～1500m 的林内和灌丛中。分布于湖南、江西、贵州和广东等地。

6. 子农鼠刺　广西鼠刺

Itea kwangsiensis H. T. Chang

灌木，高 5～6m，除花序被短柔毛外，其余均无毛。小枝黄绿色，具纵条纹。叶互生，薄革质，狭长椭圆形或狭长披针形，长 8～17cm，宽 1.5～4.0cm，先端渐尖，具腺状小尖头，基部圆形或阔楔形，边缘 1/3 或中部以上具细锯齿，干时边缘反卷，侧脉 9 对；叶柄较粗，长 2.5cm。总状花序腋生；萼筒浅杯状，萼片三角状披针形，疏被毛；花瓣白色，花时直立。子房上位，心皮 2 个，无毛。蒴果褐色，无毛。花期 4～5 月；果期 10 月。

广西特有种，产于九万山、临桂、凌云、田林等地。生于海拔 600m 以下的疏林中。

7. 鼠刺　老鼠刺、石山杠

Itea chinensis Hook. et Arn.

常绿灌木或小乔木，高 4～10m；小枝无毛。叶互生，薄革质，倒卵形或卵状椭圆形，长 5～10cm，宽 3.0～5.5cm，先端骤短尖，基部阔楔形，边缘上部具不明显小锯齿，或近全缘，两面无毛，侧脉 5 对；叶柄长 1～2cm，无毛。总状花序腋生，长 3～6cm，单生，稀 2～3 个簇生，被微柔毛；萼筒稍被细毛，萼齿三角状披针形，长为花瓣的 1/2；花瓣披针形，白色，长 2.5～3.0mm；雄蕊与花冠等长；花丝被细毛；子房上位，微被柔毛，2 室。蒴果狭披针形，长 7～9mm，微被毛，2 瓣裂。花期 4～5 月；果期 9～10 月。

产于广西各地。生于海拔 1300m 以下的林下、灌丛、溪边或路旁。分布于云南、贵州、广东、福建、湖南、西藏等地；越南、印度、不丹、老挝也有分布。木材结构细，纹理直，供制农具用。

8. 峨眉鼠刺

Itea omeiensis C. K. Schneid.

灌木或小乔木，高 1.5～10.0m，稀更高；幼枝黄绿色，无毛；老枝棕褐色，有纵棱。叶薄革质，长圆形，稀椭圆形，长 6～12(～16)cm，宽 2.6～5.0(～6.0)cm，先端尾状尖或渐尖，基部圆形或钝，边缘有极明显的密集细锯齿，近基部近全缘，上面深绿色，下面淡绿色，两面无毛，侧脉 5～7 对，在叶缘处弯曲连接，中脉和侧脉在下面明显凸起，细网脉明显；叶柄长 1.0～1.5cm，粗壮，无毛，上面有浅槽沟。腋生总状花序，通常长于叶，长达 12～13cm，稀达 23cm，单生或 2～3 个簇生，直立，上部略下弯；花梗长 2～3mm，被微毛，基部有叶状苞片；苞片三角状披针形或倒披针形，长达 1.1cm，宽约 1mm；萼筒浅杯状，被疏柔毛，萼片三角状披针形；花瓣白色，披针形，长 3.0～3.5mm，花时直立，顶端稍内弯，略被微毛；雄蕊与花瓣等长或长于花瓣；花丝被细毛；花药长圆状球形；子房上位，密被长柔毛。蒴果长 6～9mm，被柔毛。花期 3～5 月；果期 6～

图 302 腺鼠刺 Itea glutinosa Hand. – Mazz. 1. 花枝；2. 花。（仿《中国树木志》）

12月。

产于广西各地。零星生于海拔1300m以下的山地林中。分布于长江以南各地。木材可供制农具；根和叶入药，用于治风湿、跌打肿痛；花用于治咳嗽。

9. 腺鼠刺　图 302

Itea glutinosa Hand. – Mazz.

常绿灌木至小乔木，高 2 ~ 6m；小枝被腺毛。叶互生，厚革质，椭圆形，长 8 ~ 16cm，宽 4 ~ 7cm，先端骤尖，基部圆形，边缘基部以上有尖锯齿，上面有腺体，两面无毛，侧脉 6 ~ 7 对；叶柄 1 ~ 2cm，无毛。总状花序 1 ~ 3 个腋生，长 7 ~ 13cm；花序轴，花梗及花萼都有腺毛；花两性，白色；花萼 5 裂，裂片与花瓣近等长或稍短；花瓣 5 枚，披针形，于花后直立；雄蕊与花瓣近等长，无毛；子房上位，无毛。蒴果狭卵状披针形，长约 7mm，2 瓣裂，无毛，果柄长 3 ~ 4mm。花期 5 月；果期 6 ~ 11 月。

产于临桂、阳朔、兴安、龙胜、资源、全州、永福、融水等地。生于海拔 700 ~ 1400m 的山地林中。分布于湖南、贵州、福建等地。

10. 毛鼠刺

Itea indochinensis Merr.

灌木或小乔木，高 3 ~ 8m；小枝密被柔毛，老枝无毛。叶纸质，阔椭圆形，长 10 ~ 18cm，宽 5 ~ 9cm，先端短尖，基部钝，边缘具细锯齿，上面具腺点，下面密被柔毛，侧脉 7 ~ 11 对，网脉上面不显著，下面略凸出；叶柄长 1.0 ~ 1.7cm，被柔毛。总状花序 3 ~ 4 个簇生于腋生，长 4 ~ 7cm，被柔毛；苞片细小；萼齿披针形，长约等于花瓣的 1/2，被毛；花瓣白色，披针形，长 2.5mm，于花时直立；雄蕊长于花冠；花丝基部被毛；子房半上位，被毛。蒴果狭卵形，长 8mm，被毛，成熟时从基部开裂。花期 4 ~ 5 月；果期 9 ~ 10 月。

产于桂平、金秀、贺州、富川、临桂、鹿寨、融水、三江。生于海拔 1000m 以下的疏林和灌丛中。分布于云南、贵州；越南北部也有分布。民间以茎治风湿、跌打损伤。

10a. 毛脉鼠刺

Itea indochinensis var. **pubinervia** (H. T. Chang) C. Y. Wu

与原种的区别在于：叶上面无毛，下面沿脉或至少在脉腋内有短柔毛，有时毛脱落，侧脉 6 ~ 8 对；腋生的总状花序少于 4 个，且较短。

产于广西各地。分布于广东、贵州、云南。

2. 多香木属 Polyosma Bl.

灌木至乔木。叶对生或近对生，革质或膜质，全缘或多少有锯齿，具柄，无托叶。花两性，有香气；总状花序顶生；小苞片 3 枚；萼齿 4 裂，宿存；花瓣 4 枚，条形，镊合状排列，两面被毛，于花后反卷；雄蕊 4 枚，花丝被毛；子房下位，1 室，花柱圆柱形，柱头单生；胚珠多数，生于侧膜胎座上。浆果，种子1粒。

约60种，分布于东南亚及大洋洲。中国1种，广西也产。

多香木

Polyosma cambodiana Gagnep.

乔木，高达18m，胸径40cm；树皮灰色，纵裂。幼枝有短柔毛。叶对生或近对生，长椭圆状倒披针形或长椭圆形，长10~18cm，先端锐尖，基部楔形，全缘，上面无毛，背面被微毛或无毛，侧脉8~12对；叶柄长1.0~2.5cm，被柔毛。顶生总状花序，长14~20cm；花白色，花梗长3~4mm，被柔毛；萼筒被毛，萼齿卵状三角形；花瓣内外两面被柔毛；雄蕊略短于花冠；子房下位，1室，被毛，花柱与花冠等长。浆果卵形，长1cm，干后变黑，种子1。花期5月；果期10月。

产于防城、上思、宁明。分布于海南；中南半岛也有分布。喜温暖湿润、雨量充沛的气候条件，在土层较深厚肥沃、湿润、腐殖质多的山谷及山腹缓坡上的密林中生长旺盛。天然更新不良，幼苗、幼树稀见。生长慢。播种繁殖，果入冬成熟，变黑色，摇动树枝即脱落，随采随播。散孔材，心边材区别不明显，灰黄褐色微绿，纹理直，结构细，气干密度$0.63g/cm^2$，易干燥，少开裂，易切削，适于作门、窗、室内装修、家具、胶合板、农具等用材。

32 安息香科 Styracaceae

落叶或常绿，灌木或乔木，通常具叠生芽和星状毛或鳞片状毛。单叶，互生，全缘或有齿缺，无托叶。花两性，稀杂性，辐射对称，排成顶生或腋生的总状或圆锥花序，稀单生或簇生；萼裂4~5；花冠合瓣，稀离瓣，常4~5裂，稀6~8裂；雄蕊为花冠裂片的2倍或同数，稀为4倍；花药两室，纵裂，花丝基部合生，稀离生，常贴生于花冠窄基部；子房上位、半下位或下位，2~5室或有时基部3~5室，上部1室，每室有1至多枚倒生胚珠，中轴胎座；花柱丝状或钻状，柱头头状。核果或蒴果，花萼宿存。种子有翅或无翅，有胚乳，子叶大。

约11属，主要分布于美洲、东南亚、非洲西部，少数分布至欧洲南部。中国9属，主产于长江以南各地，广西7属。

分属检索表

1. 子房上位或近上位；果实与宿存花萼分离或仅基部稍合生。
  2. 花萼与花梗之间无关节；花丝仅基部连合，近等长；子房上位，上部1室，下部3室；核果不裂或不规则3瓣裂；种子1~2粒，无翅 ·············· **1. 安息香属 Styrax**
  2. 花萼与花梗之间有关节；花丝约一半连成管状，5长5短，子房近上位，5室；蒴果室背5瓣裂；种子多数，两端有翅 ·············· **2. 赤杨叶属 Alniphyllum**
1. 子房下位或半下位；果实的一部分或大部分与宿存花萼合生。
  3. 蒴果室背3~4瓣裂；花瓣基部靠合，后分离，于花后反卷；药隔有2~3齿；种子两端有流苏状翅 ·············· **3. 山茉莉属 Huodendron**
  3. 核果不开裂；花瓣基部连合成管，后不分离。
    4. 果有2~4枚宽翅；萼4裂，花冠4深裂；雄蕊8~16枚 ·············· **4. 银钟花属 Halesia**
    4. 果有5~12条棱或纵肋；萼5裂，花冠5深裂；雄蕊10枚。
      5. 冬芽有鳞片围绕。
        6. 花单生或双生；子房2/3下位，不完全5室；花丝等长 ·············· **5. 陀螺果属 Melliodendron**
        6. 圆锥花序或总状花序；子房下位，3~4室；花丝5长5短 ·············· **6. 木瓜红属 Rehderodendron**
      5. 冬芽裸露；伞房状圆锥花序；花梗极短；花萼钟形，有5条脉 ·············· **7. 白辛树属 Pterostyrax**

1. 安息香属 Styrax L.

落叶或常绿乔木或灌木。单叶，互生，全缘或稍有锯齿，被星状毛或鳞片状毛，稀无毛。花排成顶生或腋生的总状、圆锥或聚伞花序；花梗与花萼之间无关节；小苞片小，早落；萼裂 5，稀 2~6 枚；宿存花冠 5 枚，稀 4~7 枚，均深裂；雄蕊 10 枚，稀 8~13 枚，近等长，花丝基部连合，贴生于花冠管上，稀离生；花药长圆形，内向，纵裂；子房上位，上部 1 室，下部 3 室，每室有 1~4 枚胚珠；花柱柱头 3 浅裂或头状。核果不裂或不规则 3 瓣裂，与宿存花萼离生或基部稍合生；种子 1~2 粒，种脐大，胚乳肉质或近角质，胚直立。

约 130 种，分布于热带和亚热带地区；中国 31 种，主产于长江以南，少数产于东北和西北。广西约 14 种，本志收载 12 种。

分种检索表

1. 成长叶下面密被星状绒毛或鳞片状毛，少数种类在叶脉上兼有星状柔毛。
  2. 叶下面密被银灰色或浅棕色鳞片状毛；种子无毛 ···································· **1. 银叶安息香 S. argentifolius**
  2. 叶下面密被星状绒毛或叶脉上兼有星状毛；种子有毛或无毛。
    3. 种子密被小瘤状凸起和星状毛；嫩枝被褐色星状绒毛；花萼外面被黄褐色或灰白色星状绒毛，内面被白色星状短绒毛；花冠裂片两面均被白色星状短柔毛 ···································· **2. 越南安息香 S. tonkinensis**
    3. 种子无毛。
      4. 花萼钟形，外面被灰黄色星状绒毛和黄褐色星状柔毛，内面被白色短柔毛，萼齿卵状三角形；果球形，被灰白色星状毛，不裂或 3 瓣裂 ···································· **3. 中华安息香 S. chinensis**
      4. 花萼杯状，外面被灰黄色星状绒毛，内面无毛，萼齿三角形或波状；果卵状球形，被灰色或褐色星状绒毛，熟时 3 瓣裂 ···································· **4. 栓叶安息香 S. suberifolius**
1. 成长叶下面无毛或仅叶脉被毛，稀疏被星状柔毛。
  5. 花梗与花萼均无毛；花萼漏斗状；花蕾时花冠裂片覆瓦状排列；叶椭圆形或卵状椭圆形，全缘或上半部有锯齿；果卵形，被灰色星状绒毛 ···································· **5. 野茉莉 S. japonicus**
  5. 花梗与花萼均密被星状绒毛和星状柔毛。
    6. 花冠裂片在花蕾时覆瓦状排列。
      7. 果卵形或近球形。
        8. 顶生总状花序，有 3~9 朵花；花序轴、花序梗均被黄褐色星状柔毛，花梗和萼均被灰黄色或黄褐色星状绒毛；种子褐色，有深皱纹 ···································· **6. 大花安息香 S. grandiflorus**
        8. 顶生总状花序或圆锥花序，有花 10 朵以上；花序梗、花梗及小苞片均被黄褐色星状绒毛；种子被褐色鳞片状毛和瘤状凸起，稍有皱纹 ···································· **7. 芬芳安息香 S. odoratissimus**
      7. 果倒卵状长圆形，被灰黄色星状绒毛，有皱纹；叶长卵形或卵状披针形，两边不相等，叶缘有稍内弯锯齿 ···································· **8. 禄春安息香 S. macranthus**
    6. 花冠裂片在花蕾时镊合状排列。
      9. 果椭圆形或椭圆状卵形；种子无毛或稍被星状毛；叶卵形、长卵形或卵状披针形，边缘有整齐锯齿 ···································· **9. 齿叶安息香 S. serrulatus**
      9. 果球形、卵形或倒卵形；种子无毛。
        10. 乔木；顶生或腋生总状花序或圆锥花序，腋生花序常有花 2 朵至多数；叶革质。
          11. 总状花序，有 3~8 朵花，下部常有 2~3 朵花聚生于叶腋；花序轴、花序梗、花梗均被灰黄色星状绒毛；果近球形或倒卵形，有皱纹 ···································· **10. 赛山梅 S. confusus**
          11. 圆锥花序或总状花序，有多花，上部叶腋有单花或数朵花聚生；花序轴、花序梗及花梗均被灰黄色星状柔毛；果卵形或球形 ···································· **11. 垂珠花 S. dasyanthus**
        10. 灌木；顶生总状花序，有 3~5 朵花，小枝下部叶腋有单花；叶纸质，椭圆形、宽椭圆形、倒卵形或倒卵状椭圆形，边缘有细锯齿 ···································· **12. 白花龙 S. faberi**

1. 银叶安息香 图 303：5~9

Styrax argentifolius H. L. Li

乔木，高达 15m，胸径 40cm；树皮灰色或灰黑色；嫩枝被褐色鳞片状毛，后脱落无毛。叶椭圆形、卵状披针形或椭圆状披针形，长 5~15cm，宽 2.5~6.0cm，先端渐尖，基部楔形，近全缘，上面无毛，下面密被银灰色或浅棕色鳞片状毛，侧脉 5 ~ 8 对，上面稍凹陷，下面隆起，网脉明显；叶柄长 7 ~ 10mm，密被褐色鳞片状毛。总状花序顶生或腋生，有 3 ~ 9 朵花；花白色，长 1.2 ~ 1.6cm；花序梗、花梗、小苞片和花萼均被褐色片状毛；小苞片钻形；花萼杯状，顶端近截形或有不明显的 5 齿；花冠有 4 ~ 5 枚裂片，披针形，外面和内面均被黄白色星状短柔毛，于花蕾时镊合状排列。果近球形，顶端有短喙，被灰黄色鳞片状毛，并杂有橘黄色星状毛；种子 1 粒，浅棕色，无毛。花期 4 ~ 5 月；果期 8 ~ 9 月。

产于防城、崇左、龙州、那坡、苍梧、临桂、龙胜等地。生于海拔 500 ~ 1500m 的河谷密林中。分布于云南南部。

2. 越南安息香 白背安息香、白叶安息香、东京野茉莉、东京安息香 图 303：1 ~ 4
Styrax tonkinensis (Pierre) Craib ex Hartw.

乔木，高 6 ~ 30m，胸径 60cm；树皮暗灰色或灰褐色，有纵裂纹；嫩枝被褐色星状绒毛，后变

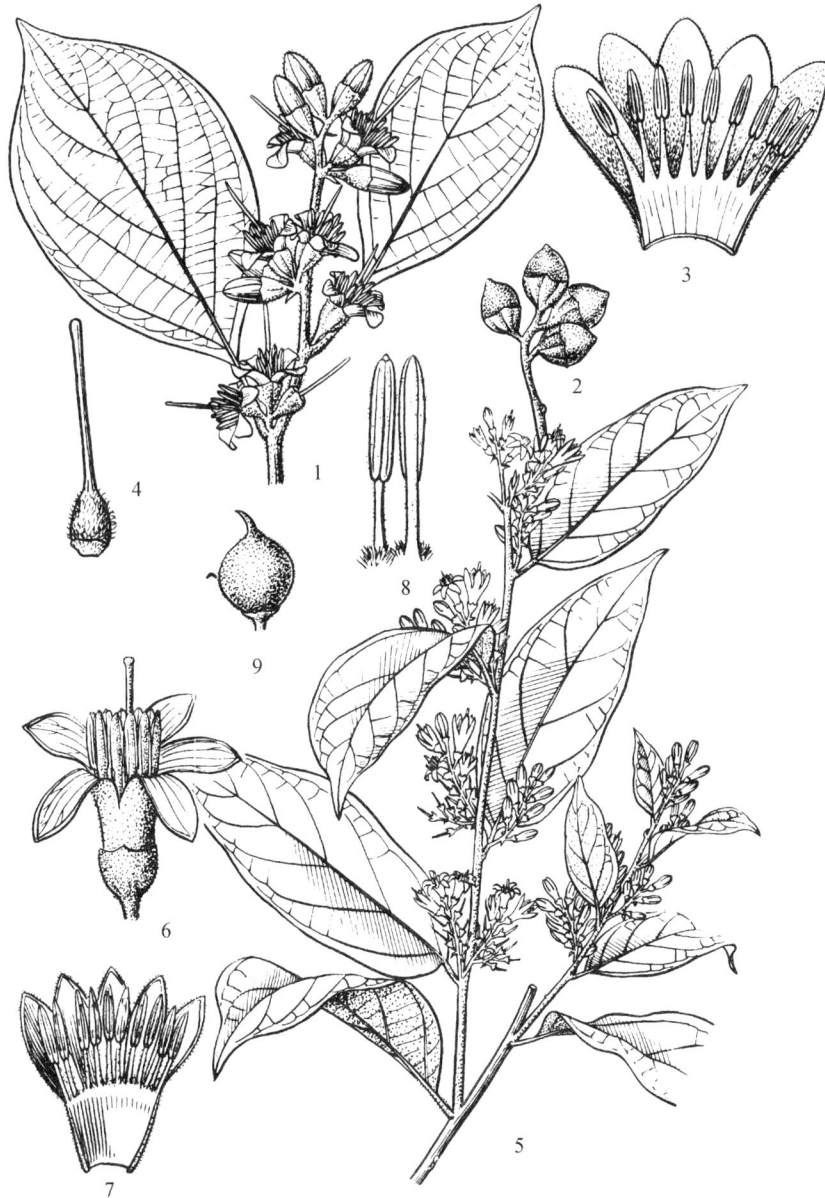

图 303 **1 ~ 4. 越南安息香 Styrax tonkinensis** (Pierre) Craib ex Hartw. 1. 花枝；2. 果序一部分；3. 花冠展开，示雄蕊；4. 雌蕊。**5 ~ 9. 银叶安息香 Styrax argentifolius** H. L. Li 5. 花枝；6. 花；7. 花冠展开示雄蕊；8. 雄蕊；9. 果实。(仿《中国植物志》)

无毛，暗褐色。叶纸质或革质，椭圆形、椭圆状卵形或卵形，长 5～18cm，宽 4～10cm，先端短渐尖，基部圆形或宽楔形，全缘，嫩枝有时具 2～3 枚齿裂，上面无毛或嫩叶脉上被星状毛，下面密被灰色至粉绿色星状绒毛，侧脉 5～6 对；叶柄密被褐色星状毛。圆锥花序或总状花序顶生，长 3～10cm；花序轴和花梗密被黄褐色星状短柔毛；花单生或 2 朵并生于叶腋，白色；小苞片钻形或线形；花萼杯状，顶端截形或有 5 枚齿裂，外面被黄褐色或灰白色星状绒毛，内面被白色星状短绒毛；花冠裂片卵状披针形或椭圆形，两面均被白色星状短柔毛，在花蕾时覆瓦状排列。果近球形，直径 1.0～1.2cm，被灰色星状绒毛；种子卵圆形，栗褐色，被小瘤状凸起和星状毛。花期 5～6 月；果期 8～10 月。

产于广西各地。生于山区杂林中。分布于云南、贵州、广东、江西、湖南和福建；越南也有分布。喜温暖气候，适生于土壤肥沃、疏松、深厚、微酸性、排水良好的山坡或谷地，在干燥贫瘠、排水较差的地方生长不良。喜光，在疏林地或林缘生长较好，在林分中多为上层林木，树干通直，天然整枝快。生长快，1 年树高生长量 1～3m，4 年生树高 7～8m，胸径 8～12cm，10 年后生长较慢。播种繁殖，果实采集后摊晒 1d，除去果壳，阴干种子，干燥通风处贮藏。种子千粒重约 150g，发芽率 70%。随采随播或早春播种，每平方米播种 9.0～10.5g。播种前宜用 40℃温水浸种催芽。1 年生苗高可达 1.2～1.5m，有的可达 2m。春季造林。木材为散孔材，浅红褐至红褐色，心边材无明显区别，有光泽，纹理直，结构细致，材质轻软，干缩小，硬度中等，易旋刨、切削、加工，供作造纸原料和家具、板材用材。种子油被称为"白花油"，可作药用，治疥疮；树脂被称为"安息香"，含有较多香脂酸，可祛风除湿、行气开窍、镇静止咳，治哮喘、咳嗽、感冒、中暑、胃痛、产后血晕、遗精、中风昏厥。

3. 中华安息香　图 304：1～6

Styrax chinensis Hu et S. Y. Liang

乔木，高达 20m，胸径 40cm；树皮灰棕色；嫩枝密被黄褐色星状柔毛，后变无毛。叶长椭圆形或倒卵状椭圆形，长 8～23cm，宽 3～12cm，先端急尖，基部圆形或宽楔形，近全缘，嫩叶在上面中脉被短柔毛，余无毛，下面被灰黄色星状绒毛，侧脉 7～12 对，和网脉均在上面凹陷，下面凸起；叶柄密被星状毛和绒毛。顶生或腋生圆锥花序或总状花序；花白色，花梗密被褐色星状绒毛和长柔毛；小苞片钻形，易脱落；花萼钟形，外面被灰黄色星状绒毛和黄褐色星状柔毛，内面被白色短柔毛，萼齿卵状三角形，被褐色毛；花冠裂片卵状披针形，外面被淡黄色星状绒毛，内面无毛，在花蕾时镊合状排列。果球形，直径 1.8cm，被灰白色星状毛，不裂或 3 裂；种子球形，褐色，无毛。花期 4～5 月；果期 10～11 月。

产于宁明、龙州、上思、大明山、都安、金秀、全州。生于海拔 300～1200m 的杂木林中。分布于云南。喜光，不耐庇荫。喜湿润空气，自然分布于阔叶树的疏林内及沟谷静风湿润处，干燥地及当风地不宜。适宜土层深厚、肥力较高的酸性土壤，在透水性差的黏土或排水不良的平缓坡地上生长不良。播种繁殖，将果实摊于通风处或弱光下至开裂，即可收集种子。贮藏越冬，翌年春季播种。木材纹理密致，比重适中，易加工，不甚耐腐，宜于供室内装修及制作家具等用。

4. 栓叶安息香　红皮安息香、赤皮　图 304：7～10

Styrax suberifolius Hook. et Arn.

乔木，高达 20m，胸径 40cm；树皮红褐色或灰褐色，片状剥落；嫩枝被绣色星状绒毛，老枝无毛，紫褐色或灰褐色。叶椭圆形、长椭圆形或椭圆状披针形，长 5～18cm，宽 2～8cm，先端渐尖，基部楔形，全缘，上面无毛或中脉疏被星状毛，下面被黄褐色或灰褐色星状绒毛，侧脉 5～12 对；叶柄密被灰褐色或锈色星状绒毛。顶生或腋生总状花序或圆锥花序，花序轴、花序梗及花梗均被灰褐色或锈色星状柔毛；花白色，小苞片钻形或舌形，被星状柔毛；花萼杯状，宿存，萼齿三角形或波状，外面被灰黄色星状绒毛，内面无毛；花冠在花蕾时镊合状排列，花冠管短，无毛；雄蕊 8～10 枚，短于花冠，花丝分离部分被星状短柔毛，花药长圆形；花柱无毛。果卵状球形，直径 1.0～

图304　1～6. 中华安息香 Styrax chinensis Hu et S. Y. Liang 1. 花枝；2. 花蕾；3. 花；4. 雄蕊；5. 果；6. 嫩枝上的叶。7～10. 栓叶安息香 Styrax suberifolius Hook. et Arn. 7. 花枝；8. 花；9. 雄蕊；10 雌蕊。（仿《中国植物志》）

1.8cm，被灰色或褐色星状绒毛，熟时3瓣裂；种子褐色，无毛。花期3～5月；果期9～11月。

产于广西各地。分布于长江以南各地；越南也有分布。喜光树种。播种繁殖，果由青转黄即可采种。春播，1年生苗可用于造林，选择土层深厚、疏松的地方造林。木材为散孔材，纹理直，结构细，干燥不开裂，不变形，抗虫性、耐腐性中等，质地坚硬，可供作家具和器具用材。种子可供制肥皂或油漆。根、叶入药，可祛风除湿、理气止痛，治风湿关节痛等症。

5. 野茉莉　图305：1～7

Styrax japonicus Sieb. et Zucc.

灌木或小乔木，高4～10m；树皮暗褐色或灰褐色；嫩枝被淡黄色星状柔毛，后无毛。叶椭圆形或卵状椭圆形，长4～10cm，宽2～6cm，先端急尖或钝渐尖，基部楔形或宽楔形，全缘或上半部有锯齿，上面沿叶脉被星状毛，下面仅脉腋有白色长髯毛，侧脉5～7对；叶柄被星状短柔毛。顶生总状花序，有5～8朵花，白色；花序梗、花梗均无毛；小苞片线形或线状披针形，无毛；花萼

图 305 **1 ~ 7. 野茉莉 Styrax japonicus** Sieb. et Zucc. 1. 花枝；2. 花；3. 花冠展开，示雄蕊；4. 雌蕊；5. 雄蕊；6. 果；7. 种子。**8 ~ 11. 大花野茉莉 Styrax grandiflorus** Griff. 8. 花枝；9. 花；10. 果；11. 种子。（仿《中国植物志》）

漏斗状，萼齿短，无毛；花冠裂片卵形、倒卵形或椭圆形，两面均被星状柔毛，在花蕾时覆瓦状排列。果卵形，直径 8 ~ 10mm，被灰色星状绒毛；种子褐色，无毛，有深皱纹。花期 4 ~ 7 月；果期 9 ~ 11 月。

产于资源、龙胜、兴安、临桂、灌阳、融水、环江、邕宁、大明山、横县。生于海拔 400 ~ 1800m 的杂木林中。分布于秦岭和黄河以南；朝鲜、日本也有分布。喜光树种，生长迅速。播种繁殖，喜微酸性、疏松、肥沃土壤。木材为散孔材，心边材区别不明显，黄白或淡褐色，纹理细密，材质稍坚硬，可作雕刻、器具、玩具、细木工等用材。种子油可供制肥皂或机器润滑油；花美观而芳香，可作庭院绿化观赏树种；花、叶、果均可药用，花可治喉痛、牙痛，叶、果可治风湿症；果皮有毒。

6. 大花野茉莉 大花安息香 图 305：8 ~ 11

Styrax grandiflorus Griff.

灌木或小乔木，高 4 ~ 15m，胸径 30cm；树皮灰褐色；嫩枝被黄褐色星状柔毛，后无毛。叶椭圆形、长椭圆形或卵状长圆形，长 3 ~ 9cm，宽 2 ~ 4cm，先端急尖，基部楔形或宽楔形，全缘或上部有锯齿，两面均被稀疏星状短柔毛，下面脉腋被白色长柔毛或无毛，侧脉 5 ~ 7 对；叶柄被星状短柔毛。顶生总状花序，有 3 ~ 9 朵花，白色；花序轴、花序梗均被黄褐色星状柔毛，花梗和萼均被灰黄色或黄褐色星状绒毛；小苞片线形；花萼杯状，顶端截形或有 5 齿；花冠裂片卵状长圆形或椭圆形，两面均被星状柔毛，在花蕾时覆瓦状排列。果卵形，直径 8 ~ 10mm，被灰黄色星状绒毛，熟时 3 瓣裂；种子卵形，褐色，有深皱纹。花期 4 ~ 6 月；果期 8 ~ 10 月。

产于龙胜、罗城、那坡。生于海拔 1000m 以上的杂木林中。分布于西藏、云南、贵州、广东、台湾；不丹、印度、缅甸、菲律宾也有分布。

7. 芬芳安息香 图306：
1～5

Styrax odoratissimus Champ.

小乔木，高 10m，胸径 20cm；树皮灰褐色，不裂；嫩枝被黄褐色星状短柔毛，后无毛。叶卵形或卵状椭圆形，长 4～15cm，宽 2～8cm，先端渐尖或短尖，基部宽楔形或圆形，全缘或上部有疏锯齿，嫩时两面叶脉疏被星状短柔毛，后脱落，或有时两面无毛，成长叶上面中脉疏被星状毛，下面脉腋被白色星状柔毛，侧脉 6～9 对；叶柄被毛。顶生总状花序或圆锥花序，有 10 多朵花或更多，白色；花序梗、花梗及小苞片均被黄色星状绒毛，小苞片钻形，易脱落；花萼杯状，顶端截形、波状或齿裂，外面被黄色星状绒毛，内面无毛；花冠裂片椭圆形或倒卵状椭圆形，在花蕾时覆瓦状排列。果近球形，直径 8～10mm，被灰黄色星状绒毛；种子卵形，被褐色鳞片状毛和瘤状凸起，稍有皱纹。花期 3～4 月；果期 6～9 月。

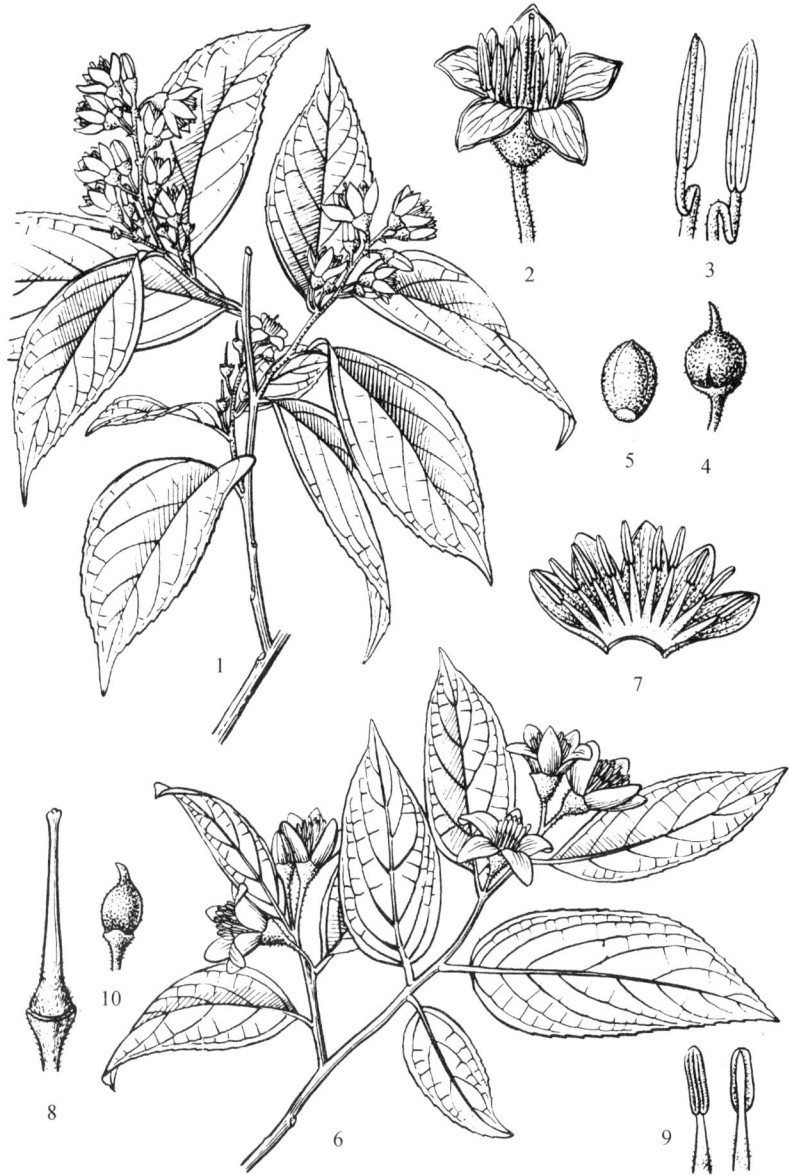

图306　1～5. 芬芳安息香 Styrax odoratissimus Champ. 1. 花枝；2. 花；3. 雄蕊；4. 果；5. 种子。6～10. 禄春安息香 Styrax macranthus Perk. 6. 花枝；7. 花冠展开，示雄蕊；8. 雌蕊；9. 雄蕊；10. 果。(仿《中国植物志》)

产于全州、龙胜、恭城、临桂、融水、环江、金秀、贺州、凌云、乐业、大明山等地。生于海拔 600～1600m 的阴湿山谷、山坡杂木林中。分布于安徽、湖北、江苏、浙江、湖南、江西、福建、广东、贵州。木材坚硬，淡黄色，纹理细密，可作建筑、船舶、车辆、家具等用材；种子油可供制肥皂及机械润滑油。

8. 禄春安息香 图306：6～10

Styrax macranthus Perk.

乔木，高 7m；嫩枝紫褐色，被灰黄色星状柔毛，后逐渐无毛。叶长卵形或卵状披针形，长 8～12cm，宽 3～4cm，先端急渐尖，基部圆形或宽楔形，两边不相等，叶缘有稍内弯锯齿，两面仅叶脉被黄褐色星状短柔毛，下面脉腋被白色星状长髯毛，侧脉 5～7 对；叶柄稍被毛。顶生总状花序，有 2～4 朵花，白色；花梗被黄褐色星状绒毛，小苞片钻形，早落；花萼杯状，外面被黄色星状绒毛，顶端截形、波状或有 5 齿裂；花冠裂片倒卵形或倒卵状椭圆形，外面被淡黄色星状短绒毛，内面无毛，在花蕾时覆瓦状排列。果倒卵状长圆形，径 1cm，被灰黄色星状绒毛，有皱纹。花期 4～6

月，果期 8~10 月。

产于罗城、融水、凌云。生于海拔 1800m 以上的山坡及山谷杂木林中。分布于云南。

9. 齿叶安息香　图 307：7~9

Styrax serrulatus Roxb.

乔木，高达 12m，胸径 25cm；树皮灰色；嫩枝被褐色星状柔毛，后逐渐无毛。叶卵形、长卵形或卵状披针形，长 5~14cm，宽 2.0~5.5cm，先端渐尖或钝渐尖，基部宽楔形或圆形，锯齿整齐，稀全缘；嫩叶两面均被星状短柔毛，后逐渐无毛或上面中脉有毛，侧脉 5~7 对，下面隆起；叶柄被灰色或暗褐色短柔毛。顶生总状花序或圆锥花序，有 2~12 朵花，白色；花序梗、花梗及小苞片均被灰色或褐色星状绒毛和疏被星状柔毛；小苞片钻形，早落；花萼杯状，外面被黄色或褐色星状毛和疏被星状长柔毛，顶端 5 齿裂；花冠裂片长圆状披针形，外面被星状绒毛，内面顶端被白色短柔毛，在花蕾时镊合状排列。果椭圆形或椭圆状卵形，直径 6~8mm，被灰褐色星状绒毛或疏被星状长柔毛；种子深褐色，无毛或稍被星状柔毛。花期 3~5 月；果期 7~8 月。

产于防城。生于海拔 500m 以上的溪边、林缘、疏林中。分布于西藏、云南、广东、海南；缅甸、越南和印度也有分布。

图 307　**1~6. 白花龙 Styrax faberi** Perk. 1. 花枝；2. 果枝；3. 花；4. 花冠及雄蕊；5. 雌蕊；6. 果开裂。**7~9. 齿叶安息香 Styrax serrulatus** Roxb. 7. 花枝；8. 花；9. 果。（仿《中国植物志》）

10. 赛山梅 白扣子 图 308：1~6

Styrax confusus Hemsl.

乔木，高达8m，胸径12cm；树皮灰褐色；嫩枝紫红色，被黄褐色星状短柔毛，后逐渐无毛。叶革质或近革质，椭圆形或倒卵状椭圆形，长4~14cm，宽2.5~7.0cm，先端钝渐尖，基部圆形或宽楔形，叶缘有细锯齿，嫩叶两面均被星状短柔毛，后逐渐无毛，仅中脉被毛，侧脉5~7对，两面均隆起；叶柄被黄褐色星状柔毛。顶生总状花序，有3~8朵花，下部常有2~3朵花聚生于叶腋，白色；花序轴、花序梗、花梗及小苞片均被灰黄色星状绒毛；小苞片线形，早落；花萼杯状，被黄色或灰黄色星状毛，顶端5齿裂，裂齿三角形；花冠裂片披针形或长圆状披针形，外面被白色星状短绒毛，内面顶端被毛，在花蕾时镊合状排列或稍呈覆瓦状排列，花冠管长3~4mm，无毛；花丝分离部分于下部被白色长柔毛，上部无毛，花药长圆形，药隔被星状柔毛。果近球形或倒卵形，直径8~15mm，被灰黄色星状毛，有皱纹；种子倒卵形，褐色，无毛。花期4~6月；果期9~11月。

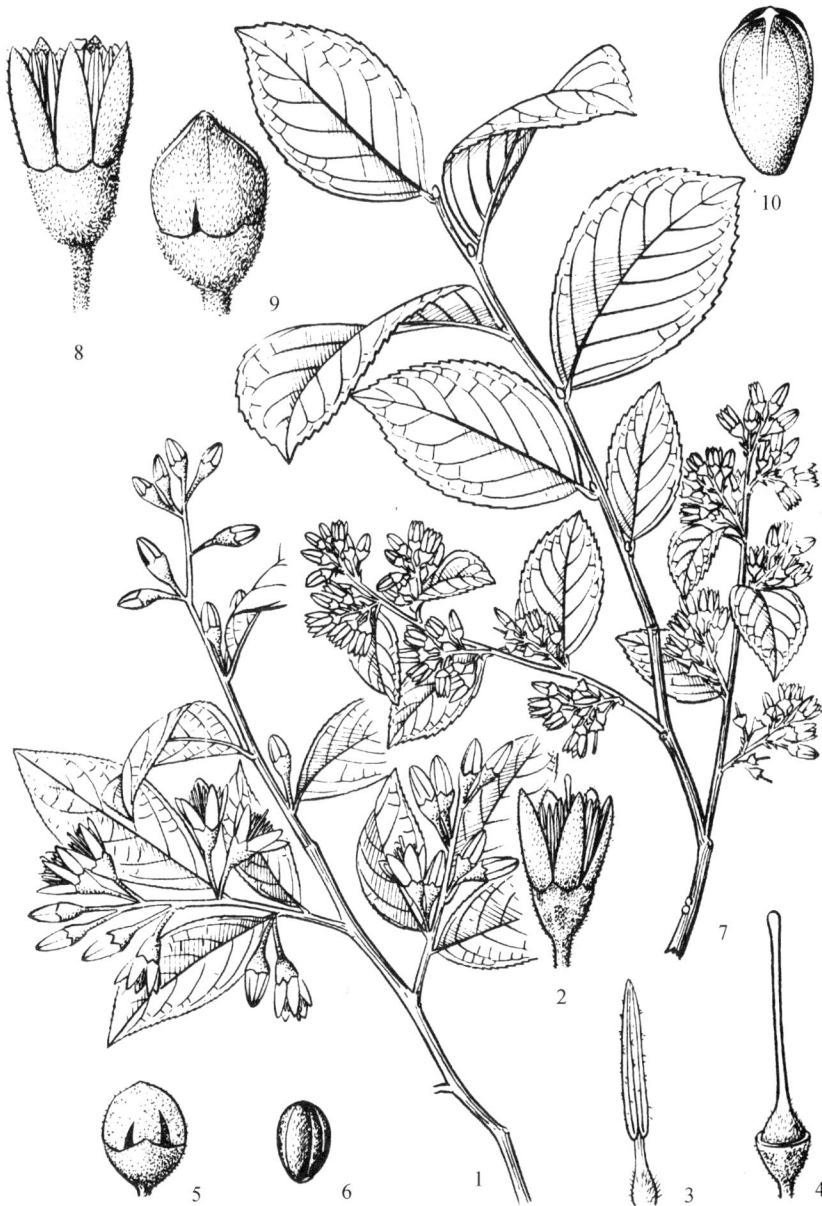

图308 1~6. 赛山梅 Styrax confusus Hemsl. 1. 花枝；2. 花；3. 雄蕊；4. 雌蕊；5. 果；6. 种子。7~10. 垂珠花 Styrax dasyanthus Perk. 7. 花枝；8. 花；9. 果；10. 种子。(仿《中国植物志》)

产于广西各地。生于海拔1700m以下的丘陵、山地杂木林中。分布于广东、湖南、湖北、安徽、江苏、浙江、江西、福建、四川、贵州。种子油供制肥皂、油墨及润滑油等用。木材供制农具等用。

11. 垂珠花　图308：7~10

Styrax dasyanthus Perk.

乔木，高达20m，胸径24cm；树皮暗灰色或灰褐色；嫩枝紫红色，被灰黄色星状柔毛，后逐渐无毛。叶革质，倒卵形、倒卵状椭圆形或椭圆形，长7~16cm，宽3.5~8.0cm，先端短尖或钝渐尖，基部楔形或宽楔形，边缘上部有细锯齿，两面被星状柔毛，后脱落仅叶脉被毛，侧脉5~7对，两面均隆起；叶柄被星状短柔毛。顶生或腋生圆锥花序或总状花序，有多花，长4~8cm，小枝上部叶腋有单花或数朵花聚生，白色；花序轴、花序梗及花梗均被灰黄色星状柔毛；小苞片钻形，被星状绒毛和星状长柔毛；花萼5齿裂，三角形或钻形，外面密被星状绒毛和星状长柔毛；花冠裂片长圆形或长圆状披针形，外面被白色星状短柔毛，内面无毛，在花蕾时镊合状排列；花冠管长2.5~3.0mm，无毛；花丝分离部分于下部被白色长柔毛，上部无毛，花药长圆形；花柱长于花冠，无毛。果卵形或球形，直径5~7mm，被灰黄色星状短绒毛；种子褐色，无毛。花期3~5月；果期9~12月。

产于金秀、融水、柳城。分布于四川、贵州、云南、福建、江西、湖北、湖南、浙江、江苏、安徽、山东、河南等地。叶药用，可止咳润肺。

12. 白花龙　图307：1~6

Styrax faberi Perk.

灌木，高2m；嫩枝被星状长柔毛，老枝无毛。叶纸质，椭圆形、宽椭圆形、倒卵形或倒卵状椭圆形，长4~11cm，宽3.0~3.5cm，先端短渐尖，基部宽楔形或近圆形，边缘有细锯齿，嫩叶无毛至密被灰色或褐色星状柔毛，侧脉5~6对，两面隆起；叶柄被黄褐色星状柔毛。顶生总状花序，有3~5朵，白色，小枝下部有单花腋生；花序轴、花序梗及花梗均被灰黄色星状短柔毛；小苞片钻形，被灰黄色星状短柔毛，早落；花萼杯状，外面被灰黄色星状绒毛和星状短柔毛，萼5齿裂，三角形或钻形，边缘有时具褐色腺点；花冠裂片披针形或长圆形，外面被白色星状短柔毛，在花蕾时镊合状排列，花冠管长3~4mm，无毛；花丝分离部分于下部被白色长柔毛，上部无毛；花药长圆状披针形；花柱长于花冠，被毛。果倒卵形或近球形，直径5~7mm，被灰色星状短柔毛；种子无毛。花期4~6月；果期8~10月。

产于广西各地。生于海拔600m以下的低山丘陵灌丛中。分布于四川、贵州、广东、台湾、福建、江西、湖南、湖北、江苏、浙江、安徽等地。春、夏开花，色、香俱佳，可作庭院绿化树种。种子油可供制肥皂和润滑油。根可用于治胃痛；叶可用于止血、生肌、消肿。

2. 赤杨叶属 Alniphyllum Matsum.

落叶乔木；叶互生，有锯齿，无托叶。圆锥花序或总状花序，顶生或腋生；花两性，花梗与花萼之间有关节；小苞片小，早落；花萼杯状，顶端5齿裂；花冠钟形，5深裂，裂片在花蕾时覆瓦状排列；雄蕊10枚，5长5短，相间排列；花丝基部合生成一管，基部贴生于花冠；花药卵形，药室纵裂；子房卵形，近上位，有5室，每室有8~10枚胚珠，成2列着生于中轴上；花柱线形，柱头5浅裂。蒴果长圆形，熟时室背5纵裂，宿存花萼与果实分离或基部稍合生；种子多数而细小，窄长圆形，两端有翅，翅有网纹，胚乳肉质，胚直立。

约3种，产于亚洲东南部及中国南部；广西2种。

分种检索表

1. 叶椭圆形或倒卵状椭圆形；嫩枝被褐色短柔毛；花序较长，长8~15cm ⋯⋯⋯⋯⋯⋯⋯⋯⋯ **1. 赤杨叶 A. fortunei**
1. 叶长椭圆形或披针状长椭圆形；嫩枝被褐色星状绒毛；花序较短，长3~5cm ⋯⋯⋯ **2. 滇赤杨叶 A. eberhardtii**

1. 赤杨叶 拟赤杨 图 309：1~6

Alniphyllum fortunei（Hemsl.）Makino

乔木，高达 20m，胸径 60cm；树皮灰褐色；嫩枝被褐色短柔毛，后逐渐无毛。叶椭圆形或倒卵状椭圆形，长 8~20cm，宽 4~11cm，先端渐尖或急尖，基部宽楔形或楔形，边缘有稀疏硬质锯齿，嫩叶两面被灰白色或灰黄色星状毛，老叶上面近无毛，下面疏被星状毛，侧脉 7~12 对；叶柄被毛。顶生或腋生总状花序或圆锥花序，长 8~15cm，有 10~20 朵花，白色或粉红色；花序轴、花序梗、花梗及花萼均被灰黄色短柔毛；小苞片钻形，早落；花萼杯状，萼齿三角状披针形；花冠裂片长椭圆形，两面被灰黄色星状绒毛；雄蕊 10 枚，花丝上部分离，下部合生成管，管长 8mm；子房被黄褐色绒毛。蒴果长圆形或长椭圆形，直径 6~10mm，被白色星状柔毛或无毛，熟时 5 瓣裂；种

图 309　1~6. 赤杨叶 Alniphyllum fortunei（Hemsl.）Makino 1. 花枝；2. 果序；3. 花冠部分展开，示雄蕊；4. 雌蕊和花萼的一部分；5. 子房纵剖面；6. 子房横剖面。7~11. 滇赤杨叶 Alniphyllum eberhardtii Guill. 7. 花枝；8. 花；9. 果实开裂；10. 果瓣，示种子；11. 种子。（仿《中国植物志》）

子多数，两端有翅，褐色。花期 3~4 月；果期 10~11 月。

产于广西各地。分布于长江以南；印度、越南、缅甸也有分布。喜温暖湿润气候，多生于山坡下部。喜光，在荒山荒地天然更新良好，在广西北部及东北部常形成次生林，在阔叶林中为上层林木或生于林缘。速生，寿命短，在土壤肥沃、深厚的地方，18 年生树高可达 18m，胸径 21cm。播种繁殖，果实由绿转褐时即可采集，室内阴干至果实开裂取出种子，去除杂质后贮藏。2~3 月播种，苗圃地以排灌方便、疏松肥沃的砂壤土为宜，1 年生苗高 50~80cm 可出圃，3~4 年郁闭成林。木材密度小，轻软，纹理直，结构细致，易加工，易干燥，不变形，但不耐腐，可作胶合板、纸浆原料、包装箱、文具、板料等用材。

2. 滇赤杨叶　牛角树　图 309：7~11

Alniphyllum eberhardtii Guill.

乔木，高达 30m，胸径 30cm；树皮暗褐色；嫩枝被褐色星状绒毛，老枝灰褐色，近无毛。叶长椭圆形或披针状长椭圆形，长 10~18cm，宽 5~8cm，先端渐尖，基部楔形，稍不对称，有细锯齿，上面疏被星状毛，后脱落，下面被灰白色或灰黄色星状绒毛，侧脉 11~15 对；叶柄被毛。密集圆锥花序或短总状花序，长 3~5cm，有 10~30 朵花，白色；花序轴、花序梗及花梗均被褐色星状短柔毛；小苞片早落；花萼碟状，内外面均被毛，萼齿尖三角形；花冠裂片长圆形或长椭圆形，两面均被白色星状绒毛；雄蕊 10 枚，其中 5 枚与花冠等长，5 枚较短，花丝无毛，下部合生成管，长 1cm；子房被毛。蒴果长圆形，红褐色，熟时 5 瓣裂；种子褐色，两端有短翅。花期 3~4 月；果期 7~9 月。

产于田林、凌云、乐业、那坡、靖西、德保、凤山、都安、大明山、龙州等地。生于海拔 300~1800m 的山地林内、林缘、荒山灌丛中。分布于云南南部；越南北部和泰国也有分布。花朵多数，良好的蜜源植物。

3. 山茉莉属 Huodendron Rehd.

乔木或灌木；树皮红褐色；冬芽裸露。叶互生，无托叶，全缘或有疏锯齿。圆锥花序，顶生或腋生；花两性而小，有长梗；小苞片早落；萼管与子房合生，萼 5 齿裂；花瓣白色，有 5 片，线状长圆形，初时基部贴生，后分离，于花后反卷，在花蕾时镊合状排列或微覆瓦状排列；雄蕊 8~10 枚，花丝分离，花药内向，药隔顶端有 3 齿，稀 2 齿；花柱 3 或 5 裂，柱头头状；子房半下位，3 或 5 室，每室有多数胚珠，着生于中轴上而直立。蒴果卵圆形，下部约 2/3 与宿存花萼合生，室背 3 或 5 瓣裂；种子多数而细小，有流苏状翅，具胚乳，胚直立。

约 4 种，分布于中南半岛至中国西南部和南部；中国 3 种 2 变种；广西 3 种 2 变种。

分种检索表

1. 叶两面无毛或仅叶脉被柔毛。
 2. 花序和蒴果无毛；花柱 3~5 裂，深裂至中部 ·· 1. 西藏山茉莉 H. tibeticum
 2. 花序和蒴果被灰色短绒毛；花柱不分裂或 3 浅裂 ································· 2. 双齿山茉莉 H. biaristatum
1. 叶下面密被灰色绒毛；叶长圆形、披针状长圆形或倒卵状长圆形，先端尾尖或急渐尖全缘，下面网脉细密 ······
  ·· 3. 绒毛山茉莉 H. tomentosum

1. 西藏山茉莉　熊巴树　图 310：1~5

Huodendron tibeticum（Anthony）Rehd.

乔木，高达 20m，胸径 50cm；树皮灰褐色；嫩枝红褐色，老枝灰褐色，有条状纵裂。叶披针形或椭圆状披针形，稀卵状披针形，长 6~11cm，宽 2.5~4.0cm，先端长渐尖，基部宽楔形，全缘，稀有锯齿，两面均无毛，侧脉 5~9 对，叶脉两面隆起；叶柄无毛。小枝顶端着生伞房状圆锥花序，无毛，花白色，有芳香；小苞片钻形，早落；花萼管杯状，萼齿卵状三角形，边缘有毛；花瓣线状

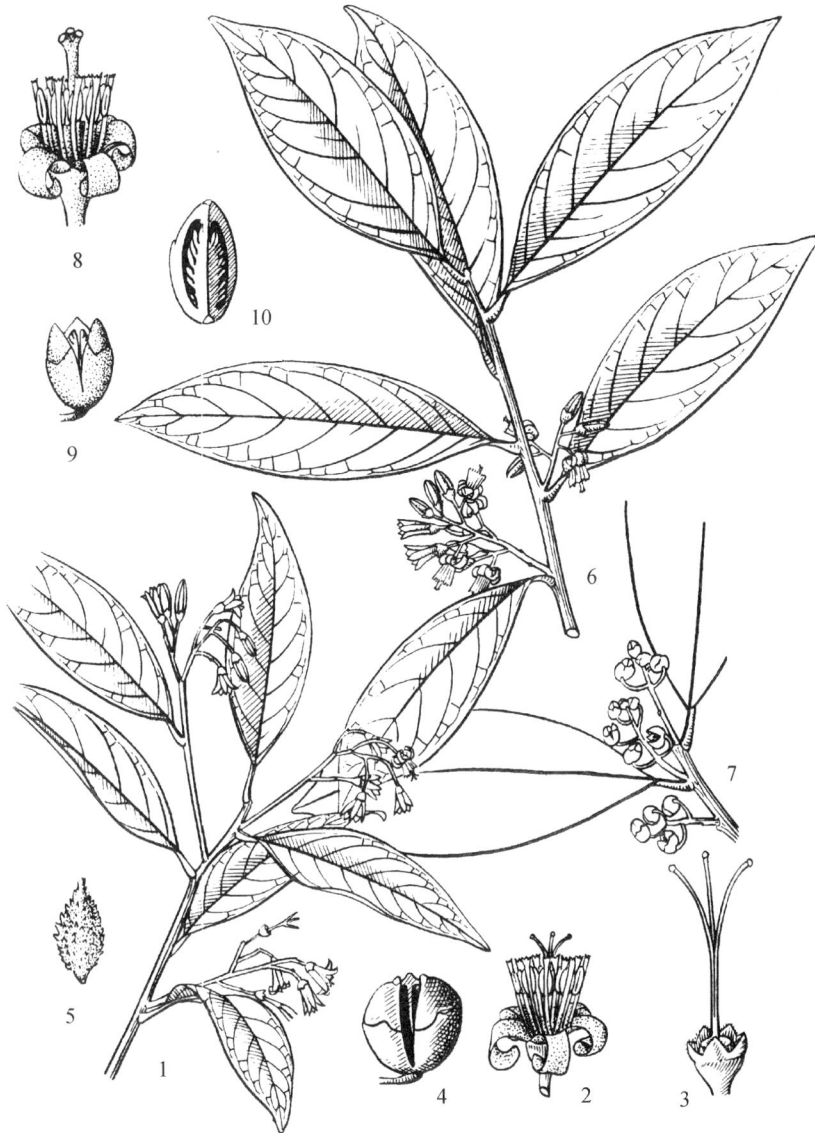

图310 1～5. 西藏山茉莉 Huodendron tibeticum（Anthony）Rehd. 1. 花枝；2. 花；3. 雌蕊；4. 果实开裂；5. 种子。6～10. 双齿山茉莉 Huodendron biaristatum（W. W. Smith）Rehd. 6. 花枝；7. 果枝；8. 花；9. 果实开裂；10. 果瓣。（仿《中国植物志》）

长圆形，外面被短柔毛，内面无毛，边缘密被毛，在花蕾时镊合状排列；雄蕊 10 枚，与花瓣近等长，花丝无毛；花柱 3 或 5 裂至中部，稀至基部。蒴果卵圆形，褐棕色，无毛；种子棕色，有网纹。花期 3～5 月；果期 8～9 月。

产于融水、阳朔、龙胜、金秀、德保、大明山。生于海拔 700m 以下的山地沟谷杂木林中。分布于西藏东南部、云南、贵州、湖南。木材为散孔材，淡红色，心边材不明显，质地稍坚硬，纹理直，结构细，质量中等，干燥容易，不开裂，略有变形，耐腐性较强，抗虫性较差，供制建筑、家具和工具等用。

2. 双齿山茉莉 云贵山茉莉、螺丝木、火炭公 图310：6～10

Huodendron biaristatum（W. W. Smith）Rehd.

乔木，高达25m，胸径50cm；树皮灰褐色；嫩枝被绒毛，老枝无毛。叶椭圆形、椭圆状披针形或倒卵状长圆形，长 8～17cm，宽 2～6cm，先端钝渐尖，基部楔形，全缘或有细锯齿，上面中脉被灰色星状短柔毛，下面脉腋有束毛，侧脉 5～11 对；叶柄被灰色星状柔毛。顶生或腋生圆锥花序，常作伞房状排列；花淡黄色，有芳香；花序轴、花序梗及花梗均被灰色短柔毛；小苞片早落；花萼杯状，被绒毛，萼齿三角形；花瓣狭长圆形，两面均被短绒毛，在花蕾时覆瓦状排列；雄蕊10枚，花丝被短柔毛；花药药隔背面被短柔毛，顶端有3或2齿；花柱长于雄蕊，顶端3浅裂或不裂，被短柔毛。蒴果卵圆形，被灰色短绒毛，熟时3~4裂或不裂；种子黄褐色。花期4~5月；果期6~9月。

产于龙胜、兴安、永福、融水、环江、罗城、南丹、贺州、德保、凌云、乐业、那坡、田林、大明山、龙州等地。生于海拔1400m以下的混交林中。分布于云南南部、贵州南部；越南、泰国、缅甸也有分布。木材为散孔材，红褐色或红色，心边材区别不明显，材质坚硬，纹理斜，结构细，切削不难，切面光滑，车旋性能好，油漆后光亮性颇佳，胶黏容易，握钉力较强，供制各种家具及工具等用。

2a. 岭南山茉莉

Huodendron biaristatum var. **parviflorum**（Merr.）Rehd.

本种与原种的区别在于：嫩枝和叶柄均无毛；叶椭圆形，长5~10cm，宽2.5~4.5cm，侧脉4~6对，上面中脉基部无毛。花期3~5月；果期8~10月。

产于龙胜、兴安、临桂、恭城、金秀、象州、蒙山、容县、平南、南丹、那坡、龙州、武鸣。木材为散孔材，密度大，淡红色，纹理斜，结构细，硬度中等，干燥后少翘裂，抗虫，耐腐，可供制各种家具、文具、农具等用。

3. 绒毛山茉莉

Huodendron tomentosum Y. C. Tang ex S. M. Hwang

乔木，高达20m，胸径26cm；树皮灰褐色，平滑。裸芽具柄，密被浅棕色绒毛。幼枝密被灰色绒毛，后脱落。叶近革质，长圆形、披针状长圆形或倒卵状长圆形，长5~10cm，宽1.5~3.5cm，先端尾尖或急渐尖，基部楔形，全缘，下面密被灰色绒毛，侧脉7~9对，下面网脉细密；叶柄长1.5~2.0cm，被毛。圆锥花序长4~8cm，被毛；花梗长5~8cm；花长约7mm，被毛；萼杯状，具5齿；花瓣长约6mm，条状长圆形；雄蕊10枚；子房卵形，4室，花柱长约6mm，3浅裂。花期5~7月。

产于临桂、金秀。分布于云南南部。木材细致，可供制雕刻、工艺品及细木工等用。

3a. 广西山茉莉

Huodendron tomentosum var. **guangxiensis** S. M. Hwang ex C. F. Liang

与原种的区别在于：叶长椭圆形而较小，叶下面小脉疏网状，不明显，与原种不同。花期4~5月。

产于临桂、金秀。生于海拔1900m的密林中。

4. 银钟花属 Halesia J. Ellis ex L.

落叶乔木或灌木；冬芽长圆形，单生或有时数个叠生，有鳞片包裹。叶互生，无托叶，有细锯齿。花簇生或成短总状花序；花梗与花萼间有关节；萼管倒圆锥形，有4条棱及顶端4齿裂；花冠钟形，4深裂至基部，裂片覆瓦状排列；雄蕊8~16枚，花丝基部合生，花药长圆形，药室内向；花柱线形，柱头4裂；子房下位，2~4室，每室有4枚胚珠。核果椭圆形，有2~4枚纵翅，宿存花萼几全部包围果实；种子长圆形。

约5种，分布于北美洲和中国南部；中国1种，广西有产。

银钟花 图311

Halesia macgregorii Chun

乔木，高达24m，胸径50cm；树皮灰褐色；嫩枝紫褐色，老枝灰褐色。叶椭圆形、卵状椭圆形或披针状长椭圆形，长5~13cm，宽3.0~4.5cm，先端渐尖，基部楔形，有细锯齿，齿端角质红褐色，叶脉常带紫红色，侧脉 10 ~ 24 对，与网脉在两面均隆起，嫩叶两面疏被星状毛，成长叶无毛；叶柄带红色，无毛。花 2 ~ 7 朵簇生，白色，下垂，花梗无毛；苞片小；萼管倒圆锥形，萼齿三角状披针形；花冠 4 深裂，裂片倒卵状圆形，边有缘毛；雄蕊 8 枚，4 长 4 短，花丝基部合生成管，无毛，花药长圆形；花柱钻形，长于花冠，无毛。核果椭圆形，直径 2 ~ 3cm，有 4 枚宽翅，顶端有宿存萼齿。花期 4 月；果期 7 ~ 10 月。

产于临桂、兴安、龙胜、灵川、贺州、融水。生于海拔 500 ~ 1600m 的山地及山谷杂木林中。分布于浙江、湖南、江西、福建、广东、贵州。喜光。速生。木材心边材区别不明显，密度中等，淡红黄色，纹理直，结构细，干燥后少翘裂，抗虫，不耐腐，加工容易，刨面光滑，胶黏容易，油漆后光亮度尚好，可作室内装饰、家具等用材。叶带红色，先花后叶，花白色，果形奇特，为优美的观赏树种。

图 311 银钟花 **Halesia macgregorii** Chun 1. 花枝；2. 果枝；3. 花；4. 花冠展开，示雄蕊；5. 雄蕊；6. 雌蕊；7. 子房纵剖面。(仿《中国植物志》)

5. 陀螺果属 Melliodendron Hand. – Mazz.

落叶乔木；鳞芽卵形。叶互生，无托叶，有细锯齿。花1~2朵着生于2年生小枝上；花梗与花萼之间有关节；萼管顶端有5浅裂；花冠钟形，5深裂至基部，裂片覆瓦状排列；雄蕊10枚，等长，短于花冠，花丝基部合生成管，贴生于花冠管上；花药长圆形，药室内向，纵裂；花柱线形，柱头头状；子房2/3下位，不完全5室，每室有4枚胚珠。核果有纵肋，宿存花萼包围果实全长的2/3或至近顶端，外果皮和中果皮木栓质，内果皮木质，坚硬；种子椭圆形，有胚乳。

1种，中国特产，广西有分布。

陀螺果 图312

Melliodendron xylocarpum Hand. – Mazz.

乔木，高达20m，胸径25cm；树皮灰褐色；嫩枝红褐色，被星状短柔毛，老枝无毛。叶长椭圆

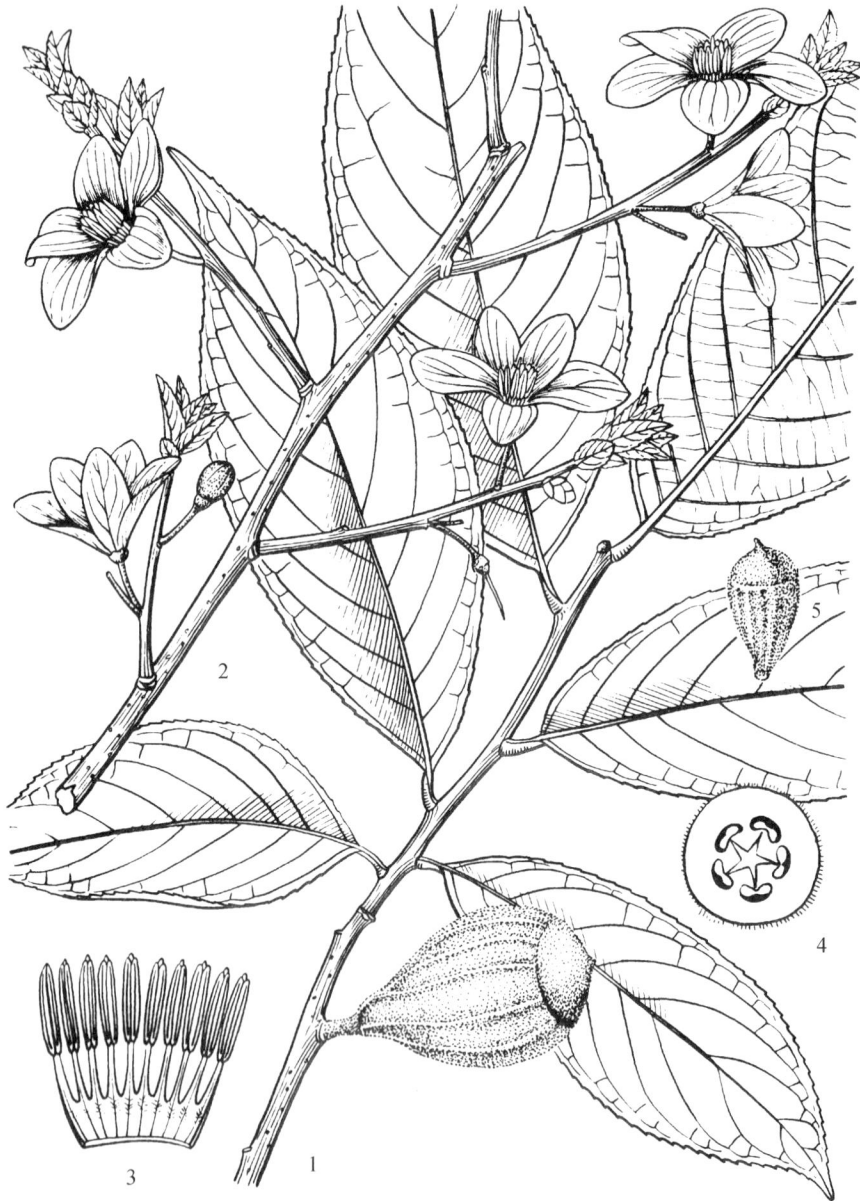

图312 陀螺果 Melliodendron xylocarpum Hand. – Mazz. 1. 果枝；2. 花枝；3. 雄蕊；4. 子房横剖面；5. 果。（仿《中国植物志》）

形或披针状椭圆形，长 8.5～20.0cm，宽 3～8cm，先端渐尖或急尖，基部宽楔形，有细锯齿，下面被星状短柔毛，沿叶脉毛较密，侧脉 7～10 对；叶柄无毛。花白色，花梗被毛；萼管被毛；花冠裂片长圆形，两面均被毛；雄蕊 10 枚；花柱钻形，长 1.4cm。核果陀螺形、倒卵形或倒卵状梨形，直径 3～4cm，被星状绒毛，有 5～10 条纵棱。花期 4～5 月；果期 7～10 月。

除东南部外，广西各地均有分布。生于海拔 400～1500m 的山地杂木林中。分布于云南、贵州、四川、江西、福建、湖南、广东。喜光，好湿，忌干旱、瘠薄土地，深根性，速生。播种繁殖，当果皮由绿色变为黄褐色时即可采种。宜春播。1 年生苗高 30cm，可出圃造林。木材密度小，微红灰色，纹理直，结构细，抗虫性弱，供制一般家具等用。树形美观，花大而美丽，可作庭院绿化树种。

6. 木瓜红属 Rehderodendron Hu

落叶乔木；冬芽有数枚鳞片。叶互生，有锯齿。腋生总状花序或圆锥花序，有 6～15 朵花或更多，白色；花梗与花萼之间有关节；萼漏斗形，有 5～10 条棱及 5 齿；花冠钟形，5 深裂几达基部，裂片覆瓦状排列；雄蕊 10 枚，5 长 5 短，花丝基部合生成管，着生于花冠基部；花药卵形或长圆形；花柱钻形，长于雄蕊；子房下位，3～4 室，每室有 4～6 枚胚珠。核果长圆形，有 5～10 条棱，宿存花萼几全包果实，外果皮硬，内果皮木质或海绵质；种子 1～3 粒，纺锤状柱形，胚乳肉质。

约 5 种，产于中国和越南；广西 3 种。

分种检索表

1. 叶下面被黄褐色或灰褐色星状绒毛；果被黄褐色星状柔毛，棱间有粗皱纹 …… **1. 贵州木瓜红 R. kweichowense**
1. 叶下面和果实均无毛；果实棱间平滑。
　2. 叶柄被柔毛；叶长卵形或长圆状椭圆形；花冠裂片倒卵状长圆形；雄蕊 5 枚长于花冠，5 枚等长于花冠 …………………………………………………………………… **2. 木瓜红 R. macrocarpum**
　2. 叶柄无毛；叶椭圆形或长圆状椭圆形；花冠裂片卵状椭圆形；雄蕊 5 枚短于花冠，5 枚与花冠等长 ………………………………………………………………………… **3. 广东木瓜红 R. kwangtungense**

1. 贵州木瓜红 图 313：1～5
Rehderodendron kweichowense Hu

乔木，高达 20m，胸径 50cm；树皮灰褐色；嫩枝被黄褐色星状短柔毛，老枝无毛；冬芽长卵形，被黄褐色星状短柔毛。叶椭圆形或倒卵状椭圆形，长 10～20cm，宽 5.0～9.5cm，先端短渐尖，基部宽楔形或圆形，有细锯齿，下面被黄褐色或灰褐色星状短绒毛，叶脉被短柔毛，侧脉 8～12 对；叶柄被黄褐色星状短绒毛。腋生圆锥花序或总状花序，有 6～15 朵或 20 朵花，白色；花序梗、花梗均被黄褐色星状短绒毛；小苞片钻形，早落；花萼杯状，外面被黄褐色短柔毛，萼齿三角形；花冠裂片倒卵状长圆形，两面被星状短柔毛；雄蕊长于花冠，花丝基部被长柔毛；花药 5 长 5 短。核果长圆形或长圆状椭圆形，直径 3.0～4.5cm，被黄褐色星状绒毛，有 10～12 条棱，棱间有粗皱纹；种子 2～4 粒，长条状纺锤形。花期 3～5 月；果期 8～9 月。

产于融水、金秀、大明山、那坡。生于海拔 500m 以上的山地及沟谷杂木林中。分布于云南、贵州、广东；越南也有分布。散孔材，淡红色，纹理直，结构细，轻软，供制一般家具用。花叶同时开放，花多而素雅，可供庭院观赏。

2. 木瓜红 图 313：6～9
Rehderodendron macrocarpum Hu

乔木，高达 20m，胸径 40cm；树皮灰褐色，嫩枝紫红色，被短柔毛，老枝灰褐色，无毛；冬芽卵形或长卵形，被短柔毛。叶长卵形或长圆状椭圆形，长 8～13cm，宽 4～6cm，先端短尖或渐尖，基部楔形或宽楔形，有细锯齿，嫩叶脉上被柔毛，尤以中脉被毛显著，其余无毛，侧脉 7～13 对，

图 313　1~5. 贵州木瓜红 Rehderodendron kweichowense Hu 1. 果枝；2. 花；3. 花冠展开，示雄蕊；4. 雌蕊；5. 果实横切面。6~9. 木瓜红 Rehderodendron macrocarpum Hu 6. 花枝；7. 花冠展开，示雄蕊；8. 雌蕊；9. 果。(仿《中国植物志》)

与网脉在两面隆起，叶脉常红色；叶柄被柔毛。腋生总状花序，有 6~8 朵花，白色；花序轴、花序梗及花梗均被柔毛；小苞片披针形，早落；萼齿三角形，被短柔毛；花冠裂片倒卵状长圆形，两面均被柔毛；雄蕊 10 枚，其中 5 枚长于花冠，5 枚等长于花冠；花柱棒状，长于雄蕊。核果长圆形，直径 2.5~3.5cm，有 8~10 条棱，棱间平滑，无毛，熟时红褐色；种子长条形，栗褐色。花期 3~4 月；果期 7~9 月。

易危种。产于凌云。生于海拔 1000m 以上的山地杂木林中。分布于四川、云南、贵州。木材淡黄红色，心边材区别不明显，纹理直，结构细致，重量轻，强度小，易干燥，易加工，供制一般家具等用。早春白花满树，入秋叶果红艳，为珍稀的观赏树。

3. 广东木瓜红　图 314：1~2

Rehderodendron kwangtungense Chun

乔木，高达 15m，胸径 20cm；嫩枝红褐色，无毛，老枝灰褐色；冬芽卵形，红褐色。叶椭圆形或长圆状椭圆形，长 6~16cm，宽 3~8cm，先端短渐尖，基部宽楔形，有锯齿，两面无毛，侧脉 7~11 对，与网脉在两面均隆起，带红色；叶柄淡红色，无毛。总状花序，有 6~8 朵花，白色；花序轴、花梗、小苞片及花萼均被灰黄色短柔毛；花萼钟形，有5条棱，萼齿披针形；花冠裂片卵状椭圆形，两面均被短柔毛；雄蕊10枚，其中5枚短于花冠，5枚与花冠等长；花柱长于雄蕊。核果长圆形，直径2.5~4.0cm，熟时红褐色，无毛，有5~10条棱，棱间平滑；种子长圆状条形，栗褐色。花期3~4月；果期7~9月。

产于大明山、苍梧、贺州、龙胜、资源、兴安、融水。生于海拔1500m以下的山地杂木林中。分布于广东、湖南、云南、贵州。木材浅红褐色，有光泽，心边材区别不明显，轻软，易加工，不变形，不裂，可作胶合板、室内装修、电热绝缘等用材。先花后叶，花色鲜艳，果形奇特，为优美的观赏树。

7. 白辛树属 Pterostyrax Sieb. et Zucc.

落叶乔木或灌木；冬芽裸露。叶互生，有锯齿。顶生或腋生伞房状圆锥花序，花白色；花梗极短，与花萼之间有关节；花萼钟形，有5枚，与萼齿互生；花冠5深裂至基部或在基部稍合生，在花蕾时覆瓦状排列；雄蕊10枚，其中5长5短或近等长，伸出花冠外，花丝上部分离，下部合生成管状；花药长圆形或卵形，纵裂；花柱棒状，柱头3浅裂；子房下位，3室，稀4~5室，每室有4枚胚珠。核果不开裂，有翅或棱，宿存花萼几全部包围果实；种子1~2粒。

约4种，分布于东亚。中国2种；广西1种。

白辛树 裂叶白辛树
图314：3~5

Pterostyrax psilophyllus Diels ex Perk.

乔木，高达17m，胸径60cm；树皮灰褐色，浅纵裂；嫩枝被星状毛，老枝无毛。叶硬纸质，长椭圆形、倒卵形或倒卵状长圆形，长5~15cm，宽5~9cm，先端短尖或短渐尖，基部楔形，稀近圆形，有细锯齿，近顶端有时具粗齿或3深裂，嫩叶上面被黄色星状柔毛，后脱落无毛，下面被灰白色星状绒毛，侧脉6~11对，两面隆起；叶柄被星状柔毛。顶生或腋生圆锥花序；花序轴、花序梗、花梗及花萼均被灰黄色星状绒毛；花白色，长12~14mm；花梗长2mm；苞片及小苞片早落；花萼钟状，萼齿披针形；花瓣长椭圆形或椭圆状匙形，长6mm，宽2.5mm；雄蕊10枚，花丝两面被柔毛；花药

图314　1~2. 广东木瓜红 Rehderodendron kwangtungense Chun 1. 果枝；2. 花枝。3~5. 白辛树 Pterostyrax psilophyllus Diels ex Perk. 3. 花枝；4. 叶；5. 花。(仿《中国植物志》)

长圆形；子房被灰白色毛；花柱棒状，柱头 3 浅裂。核果近纺锤形，有 5~10 条棱，被灰黄色硬毛。花期 4~5 月；果期 8~10 月。

产于龙胜、资源、全州、兴安、临桂、融水、环江、田林、隆林、贺州。生于海拔 600m 以上的山地杂木林中。分布于湖南、湖北、四川、贵州、云南。心材微褐红黄色，边材淡黄色；密度小，纹理直，结构细，不耐腐，易胶黏，易加工，供制家具及作纸浆原料等用。

33　山矾科 Symplocaceae

常绿或落叶，灌木或乔木。单叶互生，有锯齿、腺齿或全缘，无托叶。花两性，稀单性，辐射对称，为腋生穗状花序、总状花序、圆锥花序或团伞花序，稀单生；萼裂 3~5 枚，裂片镊合状排列或覆瓦状排列，宿存；花冠裂至近基部或中部，裂片 3~11 枚，常为 5 枚，覆瓦状排列；雄蕊 15 枚以上，稀 4~5 枚，着生于花冠上，花丝合生或分离，排成 1~5 列；花药近球形，2 室，纵裂；子房下位或半下位，2~5 室，常为 3 室；花柱 1 条，柱头头状或 2~5 裂；胚珠每室 2~4 枚，下垂。核果，顶端有宿存花萼裂片，基部有宿存苞片和小苞片，1~5 室，每室有 1 粒种子，具丰富胚乳，胚直或弯曲，子叶短于胚根。

1 属约 200 种，广布于亚洲、大洋洲和美洲热带和亚热带地区，非洲不产。中国 42 种，主产于长江以南；广西 23 种 2 变种。

山矾属 Symplocos Jacq.

属的形态特征及分布与科相同。

木材结构细致，易切削，不耐腐，可供制木模型、胶合板等用。有些种类的树叶及树皮可药用或供提制黄色染料。

分种检索表

1. 花冠分裂至中部；花序轴及花萼被柔毛；萼裂片浅圆齿状；花丝扁平，基部连生成筒状；叶椭圆形、倒卵状椭圆形或卵形，先端急尖或钝尖，全缘或疏生圆齿（Ⅰ. 山矾亚属 Subg. Symplocos）。 …………………………………………………………………………………… **1a. 南岭山矾 S. pendula var. hirtistylis**
1. 花冠深裂至近基部或有极短的花冠筒，萼裂片与萼筒等长、稍长、稍短或 2 倍于萼筒；花丝丝状，基部稍连生或连生成五体雄蕊（Ⅱ. 深裂山矾亚属 Subg. Hopea）。
　2. 中脉在上面凸起或微凸起子房顶端的花盘有毛。（1. 古山矾组 Sect. Palaeosymplocos）。
　　3. 嫩枝无毛，有角棱；叶革质，长圆形至窄椭圆形，边缘反卷，全缘或疏生锯齿；总状花序被柔毛；核果卵形或长圆状卵形，宿萼直立或稍内弯 …………………………… **2. 光亮山矾 S. lucida**
　　3. 嫩枝褐色或灰黄色，被短柔毛、微柔毛或灰褐色长硬毛。
　　　4. 总状花序。
　　　　5. 叶窄椭圆形、椭圆形或卵形，全缘或疏生锐锯齿；萼裂半圆形；雄蕊约 30 枚；核果长圆形，褐色，被短柔毛，宿萼直立或内曲 ………………………………… **3. 薄叶山矾 S. anomala**
　　　　5. 叶椭圆形、宽倒披针形或倒卵形，全缘或有不明显波状浅锯齿；萼裂宽卵形或近圆形；雄蕊 15~20 枚；核果卵圆形，黑色或黑紫色，宿萼直立 ………… **4. 微毛山矾 S. wikstroemiifolia**
　　　4. 穗状花序或有时花序缩短呈团伞状；叶椭圆形、卵形或倒卵状椭圆形，全缘或疏生成尖锯齿，两面被短柔毛；核果长圆状椭圆形，被柔毛，宿萼直立 ………… **5. 毛山矾 S. groffii**
　2. 中脉在上面凹下，稀平坦；花盘无毛，很少有柔毛。
　　6. 花单生或集成总状花序、穗状花序、团伞花序；子房通常 3 室，常绿性。
　　　7. 核果坛形、长卵形、狭卵形、卵圆形或长圆状卵形；花排成总状花序，很少排成穗状花序（2. 光顶山矾组 Sect. Lodhra）。
　　　　8. 嫩枝无毛，稀微被柔毛。

9. 侧脉较少，3~6 对。

　　10. 叶薄革质，卵形、窄倒卵形或倒披针状椭圆形，有浅锯齿或波状齿；核果卵状坛形················
　　　　··· **6. 山矾 S. sumuntia**

　　10. 叶纸质，卵形或卵状椭圆形，边缘疏生浅波状齿或全缘；核果长圆状卵形··················
　　　　·· **7. 铁山矾 S. pseudobarberina**

9. 侧脉 8~14 对，叶窄椭圆形或倒披针状椭圆形，全缘或有波状齿，两面无毛；总状花序单生于叶
腋；核果圆柱状窄卵形，基部稍偏斜，宿萼直立 ······················· **8. 海桐山矾 S. heishanensis**

8. 嫩枝被毛。

　　11. 花序总状。

　　　　12. 花序短，长 8~12mm，有花 5~8 朵，有时退化成 1 朵；核果窄卵形；叶薄膜质，长圆状椭
　　　　　　圆形，先端长尾状渐尖，边缘有稀疏腺质细锯齿 ················ **9. 绿枝山矾 S. viridissima**

　　　　12. 花序长 2cm 以上；核果椭圆形或长圆形。

　　　　　　13. 叶纸质；花序基部分枝，长多在 4cm 以下。

　　　　　　　　14. 嫩枝被红褐色秕糠状柔毛；叶窄椭圆状披针形、狭椭圆形或椭圆形；宿萼合成圆锥状
　　　　　　　　　　或内弯 ·· **10. 腺叶山矾 S. adenophylla**

　　　　　　　　14. 嫩枝紫色，被平伏柔毛；叶椭圆状披针形或卵状椭圆形；核果长圆形有柔毛，宿萼张
　　　　　　　　　　开，直立 ·· **11. 多花山矾 S. ramosissima**

　　　　　　13. 叶革质，卵形或长圆状卵形，全缘或疏生浅锯齿；花序通常不分枝，有时基部有 1~2 个
　　　　　　　　分枝，长 4~8cm；宿萼黄色，直立 ····························· **12. 珠仔树 S. racemosa**

　　11. 花序穗状 ·· **13. 羊舌树 S. glauca**

7. 核果球形或圆柱形；花排成穗状花序或团伞花序。

15. 花排成穗状花序，核果球形(3. 球果山矾组 Sect. Bobua)。

　　16. 叶片的中脉在叶面平坦 ···························· **14. 光叶山矾 S. lancifolia**

　　16. 叶片的中脉在叶面凹下。

　　　　17. 穗状花序基部有分枝；叶片较大，长可达 20cm ······· **15. 越南山矾 S. cochinchinensis**

　　　　17. 穗状花序基部不分枝；叶片较小，长不超过 13cm ······· **16. 少脉山矾 S. paucinervia**

15. 花排成团伞花序；核果圆柱形，极少近球形或椭圆状卵形(4. 团伞组 Sect. Glomeratae)。

　　18. 嫩枝无毛，稀微被柔毛 ··································· **17. 丛花山矾 S. poilanei**

　　18. 嫩枝被毛。

　　　　19. 叶革质。

　　　　　　20. 叶边缘有椭圆状腺点或稍凸出成腺锯齿；雄蕊 40 枚，基部稍合生；核果椭圆状卵形，
　　　　　　　　被柔毛；核有 13 条纵棱 ···························· **18. 腺缘山矾 S. glandulifera**

　　　　　　20. 叶全缘，稀有腺齿；雄蕊 18~25 枚，基部合生成五体雄蕊；核果窄卵状圆柱形；核有
　　　　　　　　6~8 条纵棱 ···························· **19. 老鼠矢 S. stellaris**

　　　　19. 叶纸质。

　　　　　　21. 叶下面被毛，或至少嫩叶下面被毛。

　　　　　　　　22. 叶边缘和叶柄两侧有半透明腺锯齿，上面无毛；叶柄长 5~15mm，被柔毛；核果
　　　　　　　　　　圆柱形 ·· **20. 腺柄山矾 S. adenopus**

　　　　　　　　22. 叶全缘或疏生细锯齿，上面被长柔毛；叶柄长 4~6mm，被长柔毛；核果近球形···
　　　　　　　　　　·· **21. 长毛山矾 S. dolichotricha**

　　　　　　21. 叶两面无毛。

　　　　　　　　23. 嫩枝被紧贴柔毛；叶披针形或窄椭圆形，先端镰刀状尾尖，疏生细齿，稀全缘···
　　　　　　　　　　·· **22. 南国山矾 S. austrosinensis**

　　　　　　　　23. 嫩枝、芽被褐色皱曲柔毛；叶椭圆形或倒卵形，先端渐尖或急尖，全缘，稀疏生
　　　　　　　　　　细尖腺齿 ·· **23. 密花山矾 S. congesta**

6. 花集成圆锥花序；子房 2 室，落叶性(5. 锥序组 Sect. Palura)。 ············ **24. 白檀 S. paniculata**

1a. 南岭山矾

Symplocos pendula var. **hirtistylis**（C. B. Clarke）Noot.

常绿小乔木。芽、花序、苞片及萼均被灰色或灰黄色柔毛。叶椭圆形、倒卵状椭圆形或卵形，长5～12cm，宽2.0～4.5cm，先端急尖或短渐钝尖，全缘或疏生圆齿，中脉在上面凹下，侧脉5～9对；叶柄长1～2cm。总状花序长1.0～4.5cm；花梗长3～5mm；苞片长圆状卵形，顶端圆；小苞片窄卵形，顶端尖；花萼钟形，顶端有5枚浅圆齿；花冠白色，5深裂至中部；雄蕊40～50枚，花丝粗扁，有细锯齿，基部合生；子房半下位，2室；花柱圆柱形，被细柔毛，柱头半球形。核果卵形，顶端圆，被柔毛，宿萼直立或内弯。花期6～8月；果期9～11月。

产于龙胜、兴安、阳朔、融水、金秀、贺州、大明山、十万大山。生于海拔500～1600m的溪边、路旁、石山或山坡杂木林中。分布于台湾、福建、浙江、江西、湖南、广东、贵州、云南；越南也有分布。中性树，幼树耐庇荫，成年树需充足阳光；对土壤要求不严，能耐干旱瘠薄地，在石山缝隙中生长良好，酸性、中性、钙质土上均能生长。萌芽性强，抗风，抗有毒气体，在工厂附近生长良好。木材灰黄色，纹理直，结构细，材质坚重，耐腐性中等，干燥后易翘裂，切削容易，切面光滑，车铣性良好，可作家具、农具、雕刻、车作制品等用材。花开繁茂，可供庭院绿化，也是良好的蜜源树种。

2. 光亮山矾　厚皮灰木、厚叶山矾　图315

Symplocos lucida（Thunb.）Sieb. et Zucc.

常绿小乔木或乔木；芽、嫩枝、叶均无毛；小枝有时呈黄色，有角棱。叶革质，长圆形至窄椭圆形，长5～13cm，宽2～5cm，先端渐尖或锐尖，基部楔形，边缘反卷，全缘或疏生锯齿，中脉在上面凸起，侧脉4～15对，与中脉成30°角；叶柄长8～14mm。总状花序被柔毛，中下部有分枝，有4～7朵花，白色，最下部的花有柄，上部的花无柄；苞片长圆状卵形，小苞片三角状宽卵形，均无毛，宿存；萼裂5，圆形或宽卵形，无毛；花冠5深裂几达基部；雄蕊10～80枚，基部合生成五体雄蕊；子房3室。核果卵形或长圆状卵形，长1.0～1.5cm，宿萼直立或稍内弯；果具3分核，有8～12条纵棱。花期3～10月；果期5～10月。

产于容县、那坡、乐业、象州、金秀、融水、兴安。生于海拔500m以上的杂木林中。分布于广东、海南、安徽、福建、甘肃、湖南、湖北、江西等地。

3. 薄叶山矾　图316：5～8

Symplocos anomala Brand

常绿小乔木或灌木。芽、嫩枝被褐色柔毛；老枝黑褐色。叶窄椭圆形、椭圆形或卵形，长5～11cm，宽1.5～3.0cm，先端渐尖，基部楔形，全缘或疏生锐锯齿，中脉在上面凸起，侧脉在两面均凸起，侧脉7～10对；叶柄长4～8mm。腋生总状花序，有时基部有1～3个分枝，被柔毛；苞片及小苞

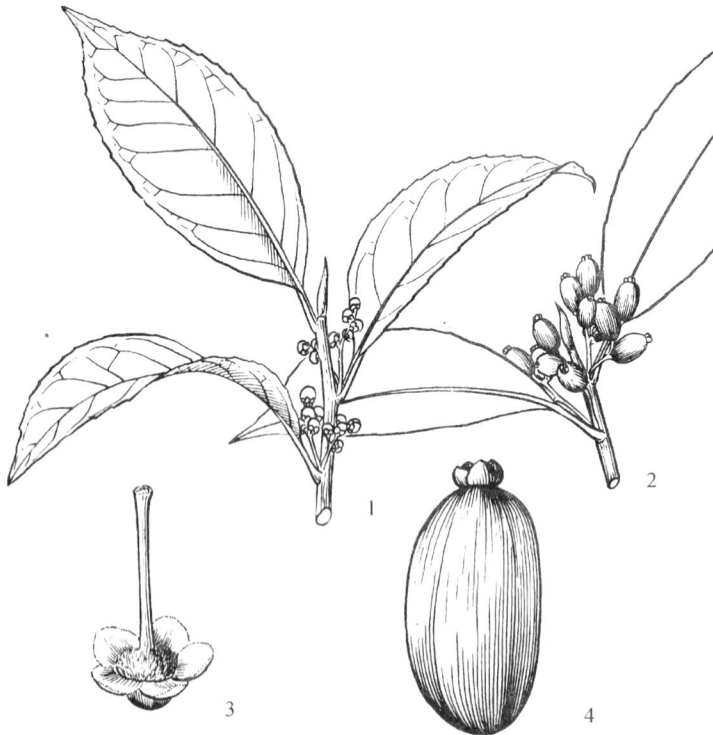

图315　光亮山矾 Symplocos lucida（Thunb.）Sieb. et Zucc. 1. 花枝；2. 果枝；3. 花去花冠、雄蕊，示花萼、花盘和雌蕊；4. 核果。（仿《中国植物志》）

片均为卵形，被缘毛；萼裂
5，半圆形，与萼筒等长，有
缘毛；花冠白色，5 深裂几
达基部，雄蕊约 30 枚，花丝
基部稍合生；子房 3 室。核
果长圆形，褐色，被短柔毛，
有纵棱，宿萼直立或内曲。
花果期 4～12 月；边开花边
结果。

产于龙胜、兴安、资源、
全州、阳朔、临桂、灵川、
融水、环江、象州、金秀、
容县、上思、龙州。生于海
拔 1000～1700m 的山地杂木
林中。分布于长江以南各地；
越南也有分布。木材浅黄色
或黄褐色，有光泽，心边材
无区别，密度中等，纹理直，
结构细，干燥后不开裂，稍
变形，耐腐性较弱，抗虫性
略差，易加工，供制农具、
家具等用。种子油可作机械
润滑油用。

4. 微毛山矾 图 316：
9～12

Symplocos wikstroemi-iifolia Hayata

常绿灌木或小乔木；嫩
枝、叶下面和柄均被紧贴细
毛。叶椭圆形、宽倒披针形
或倒卵形，长 4～12cm，宽

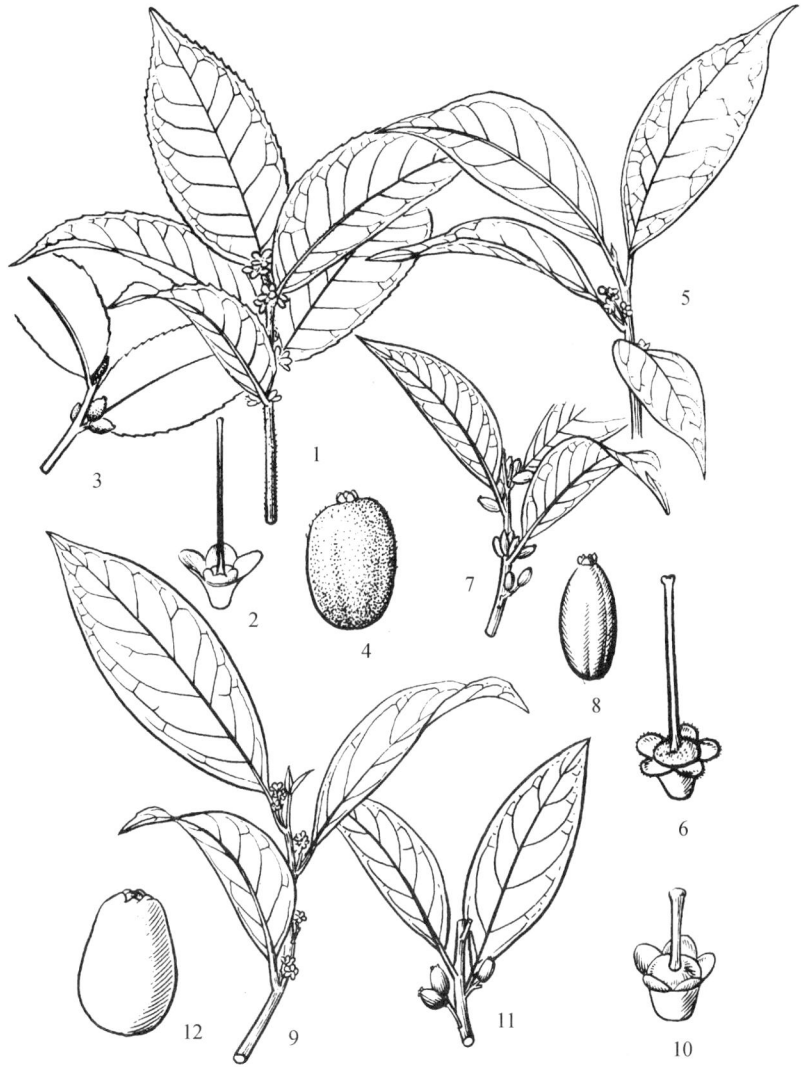

图 316　1～4. 毛山矾 Symplocos groffii Merr. 1. 花枝；2. 雌蕊；3. 果枝；4. 果。5～8. 薄叶山矾 Symplocos anomala Brand 5. 花枝；6. 雌蕊；7. 果枝；8. 果。9～12. 微毛山矾 Symplocos wikstroemiifolia Hayata 9. 花枝；10. 雌蕊；11. 果枝；12. 果。(仿《中国植物志》)

1.5～4.0cm，先端短渐尖、急尖或圆钝，基部窄楔形，全缘或有不明显波状浅锯齿，中脉在上面微
凸起或平坦，侧脉 6～10 对，在近叶缘处分叉网结；叶柄长 4～7mm。总状花序有分枝，上部的花
无柄，花序轴、苞片和小苞片均被短柔毛；苞片长圆形或圆形，有缘毛；萼裂 5，宽卵形或近圆形，
有缘毛，与萼筒等长或稍长于萼筒，萼筒无毛；花冠淡黄色或白色，5 深裂几达基部，裂片倒卵状
长圆形；雄蕊 15～20 枚，基部合生成五体雄蕊；子房顶端被疏短毛；花柱短于花冠。核果卵圆形，
熟时黑色或黑紫色，宿萼直立。

产于龙胜、融水、金秀、武鸣、龙州。生于海拔 900m 以上的杂木林中。分布于云南、贵州、
湖南、广东、海南、福建、台湾、浙江。木材密度小，灰黄色，纹理直，结构细，干燥后易翘曲，
耐腐性中等。种子油可供制肥皂或作润滑油。

5. 毛山矾 图 316：1～4

Symplocos groffii Merr.

常绿小乔木，高达 6m；嫩枝、叶柄、叶上面中脉、叶下面脉上和叶缘均被灰褐色长硬毛。叶

椭圆形、卵形或倒卵状椭圆形，长 5 ~ 12cm，宽 2 ~ 5cm，先端渐尖，基部宽楔形或圆形，全缘或疏生成尖锯齿，两面被短柔毛，中脉在上面凸起，侧脉和网脉两面凸起，侧脉 7 ~ 9 对，在近叶缘处分叉网结；叶柄长 2 ~ 4mm。穗状花序长约 1cm 或有时花序缩短呈团伞状；苞片三角状宽卵形，小苞片卵形，苞片和小苞片均被柔毛及缘毛；花萼被短柔毛，萼裂 5，半圆形，短于萼筒；花冠白色，5 深裂几达基部，裂片长圆状椭圆形；雄蕊约 50 枚，基部稍合生；子房 3 室，被柔毛。核果长圆状椭圆形，被柔毛，宿萼直立；果核有 7 ~ 9 条纵棱。花期 4 月；果期 6 ~ 7 月。

产于三江、融水、金秀、东兰、南丹、凌云、乐业、那坡、德保、平南、武鸣、宁明。生于海拔 500 ~ 1500m 的山坡、沟边杂木林中。分布于湖南、江西、广东、贵州。

6. 山矾

Symplocos sumuntia Buch. – Ham. ex D. Don

常绿乔木；嫩枝褐色，无毛。叶薄革质，卵形、窄倒卵形或倒披针状椭圆形，长 3.5 ~ 8.0cm，宽 1.5 ~ 3.0cm，先端尾状渐尖，基部楔形或圆形，有浅锯齿或波状齿，有时近全缘，两面无毛，中脉在上面凹下，侧脉 4 ~ 6 对，侧脉及网脉在两面均凸起；叶柄长 5 ~ 10mm。总状花序被柔毛；苞片宽卵形或倒卵形，被柔毛，早落；萼裂 5，三角状卵形，背面被微柔毛，与萼筒等长或稍短；花冠白色，5 深裂几达基部，裂片倒卵状椭圆形，背面被微柔毛；雄蕊 25 ~ 35 枚，基部合生；子房 3 室。核果卵状坛形，宿萼内弯，有时脱落。花期 2 ~ 3 月；果期 6 ~ 7 月。

产于兴安、资源、临桂、全州、永福、龙胜、资源、金秀、合浦、防城、上思、田阳、凌云、乐业。生于海拔 1500m 以下的山地杂木林中。分布于江苏、浙江、福建、台湾、广东、海南、江西、湖南、湖北、四川、贵州、云南；印度、尼泊尔、不丹也有分布。木材为散孔材，微红黄褐色，材质轻软，纹理直，结构细密，干燥后易翘曲，耐腐性中等，可作一般家具用材。种子油可作机械润滑油和供制肥皂。根、叶、花均药用，可治黄疸、咳嗽、扁桃腺炎、关节炎等症；叶煎水可供提制黄色染料。

7. 铁山矾 图 317：1 ~ 4

Symplocos pseudobarberina Gontsch.

常绿乔木；全株无毛，嫩枝黄绿色，老枝灰黑色，被白蜡层。叶纸质，卵形或卵状椭圆形，长 5 ~ 10cm，宽 2 ~ 4cm，先端渐尖或尾状渐尖，基部楔形或稍圆，边缘疏生浅波状齿或全缘，中脉在上面凹下，侧脉 3 ~ 5 对，在近叶缘处网结；叶柄长 5 ~ 10cm。总状花序基部分枝，长 1 ~ 3cm；无毛；花梗粗而长；苞片长卵形，小苞片三角状卵形，均无毛，但具缘毛；萼裂卵形，短于萼筒；花冠白色，5 深裂几达基部；雄蕊 30 ~ 40 枚；子房 3 室。核果绿色或黄色，长圆状卵形，长 6 ~ 8mm，宿萼内弯。

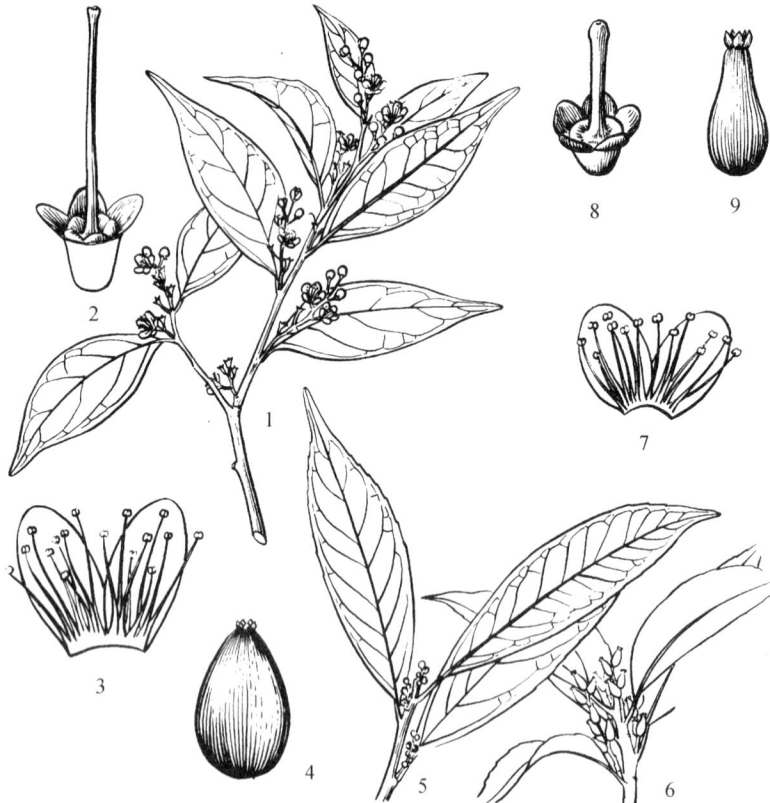

图 317　1 ~ 4. 铁山矾 Symplocos pseudobarberina Gontsch. 1. 花枝；2. 雌蕊；3. 雄蕊；4. 果。5 ~ 9. 海桐山矾 Symplocos heishanensis Hayata 5. 花枝；6. 果枝；7. 雄蕊；8. 雌蕊；9. 果。(仿《中国植物志》)

产于东兰、罗城、金秀、融水、龙胜。生于海拔 1000m 以下的杂木林中。分布于广东、福建、湖南、云南；越南也有分布。木材密度大，灰黄色，纹理直，结构细，干燥后易翘曲，耐腐性中等。

8. 海桐山矾 图 317：5~9

Symplocos heishanensis Hayata

常绿乔木；嫩枝深褐色，无毛或微被毛，老枝黑色；芽被柔毛。叶革质，干后榄绿色，有光泽，窄椭圆形或倒披针状椭圆形，长 6~12cm，宽 2.5~4.0cm，先端尾状渐尖，基部楔形，全缘或有波状齿，两面无毛，叶面中脉凹下，侧脉 8~14 对，近叶缘处网结；叶柄长 5~15mm。总状花序单生于叶腋，长 3~6cm，初被柔毛，后无毛；苞片半圆形，小苞片宽卵形，背面均被柔毛，宿存；萼裂 5，半圆形，被柔毛和缘毛，稍长于无毛萼筒；花冠白色，5 深裂至近基部；雄蕊 25~35 枚，基部稍合生。核果圆柱状窄卵形，基部稍偏斜，长 6~7mm，熟时紫黑色，宿萼直立，果柄粗。花期 2~5 月；果期 6~9 月。

产于龙胜、金秀、宜州、防城、上思。生于海拔 1300m 以下的杂木林中。分布于广东、海南、云南、湖南、江西、浙江、台湾。中性树种，幼年时耐阴，成年后要求一定的光照条件；喜凉润气候，好生于沟谷。心边材区别不甚明显，木材浅黄白色，纹理直，结构细，稍轻，干燥后少开裂，加工性能良好，刨面尚光滑，供作车、船、家具及板料等用材。种子可榨油，供制肥皂或作润滑油。

9. 绿枝山矾 图 318：1~3

Symplocos viridissima Brand

常绿灌木或小乔木，高 3~5m；嫩枝淡绿色，有平伏毛。叶薄膜质，干后两面均为淡黄绿色，长圆状椭圆形，长 7~10cm，宽 2.5~3.0cm，先端长尾状渐尖，尾尖长 1.5~2.0cm，基部楔形，边缘有稀疏腺质细锯齿，两面疏被毛或上面无毛，中脉在上面凹下，侧脉 4~5 对，近叶缘处弧曲环结；叶柄长 2~7mm。总状花序长 8~12mm，被柔毛，有花 5~8 朵，有时退化成 1 朵，花梗长 1~2mm；苞片卵形，被微柔毛；萼裂 5，长圆形，被毛，短于萼筒；花冠 5 深裂几达基部；雄蕊 30~40 枚，基部连生；柱头扁圆形。核果窄卵形，长 7~10mm，宽 3~5mm，被微柔毛，宿萼直立。花期 3~5 月；果期 7 月。

产于金秀、龙州。生于海拔 600~1500m 的杂木林中。分布于云南、贵州、广东、海南；缅甸、印度、中南半岛也有分布。

10. 腺叶山矾 图 319：1~5

Symplocos adenophylla Wall.

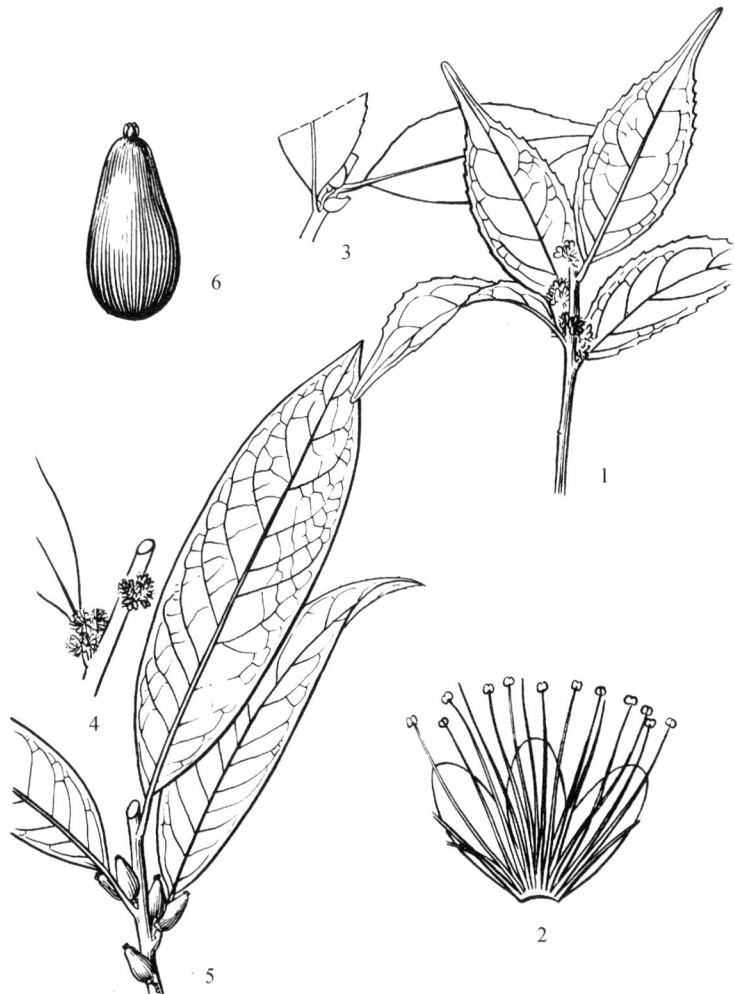

图 318　1~3. 绿枝山矾 Symplocos viridissima Brand 1. 花枝；2. 花冠展开，示雄蕊；3. 果枝。4~6. 羊舌树 Symplocos glauca (Thunb.) Koidz. 4. 花枝；5. 果枝；6. 果。(仿《中国植物志》)

常绿乔木，高达 10m；小枝红褐色；嫩枝、芽、花序、苞片、花萼均被红褐色而成秕糠状的柔毛。叶硬纸质，干后褐紫色，窄椭圆状披针形、狭椭圆形或椭圆形，长 6 ~ 11cm，宽 1.8 ~ 3.0cm，先端镰状尾尖，基部楔形，有浅圆锯齿，齿间有椭圆形半透明的腺点，两面无毛，叶面中脉凹下，侧脉 4 ~ 6 对，微凹或平，近叶缘处向上弯拱环结；叶柄长 5 ~ 10mm，两侧有腺点或不明显。总状花序 1 ~ 3 个分枝，长 2 ~ 4cm；苞片三角形，长 1.5mm 以下；萼裂 5，半圆形；花冠白色，5 深裂几达基部；雄蕊 30 ~ 35 枚，基部稍合生；柱头头状；子房 3 室。核果椭圆形，栗褐色，长 0.6 ~ 1.2cm，宿萼合成圆锥状或内弯。花果期 7 ~ 8 月；边开花边结果。

产于防城、上思、金秀、贺州。生于海拔 800m 以下的路边、水旁、山谷或杂木林中。分布于广东、云南、福建；越南、印度、马来西亚、新加坡、印度尼西亚也有分布。

11. 多花山矾　图 319：6 ~ 9

Symplocos ramosissima Wall. ex G. Don

常绿灌木或小乔木；嫩枝紫色，被平伏柔毛，老枝紫褐色，无毛。叶纸质，椭圆状披针形或卵状椭圆形，长 6 ~ 12cm，宽 2 ~ 4cm，先端尾状渐尖，基部楔形或圆，有腺齿，两面无毛或下面疏被短柔毛，叶面中脉凹下，侧脉 4 ~ 9 对，在离叶缘 3 ~ 7mm 处向上弯拱环结；叶柄长 1cm。总状花序长 1.5 ~ 3.0cm，在基部分枝，被黄褐色柔毛，花梗长 2mm；苞片长圆形和小苞片卵形，边缘均有腺点；花萼被柔毛，裂片宽卵形，稍短于萼筒；花冠白色，长 4 ~ 5mm，5 深裂几达基部；雄蕊 30 ~ 40 枚，基部稍合生；子房 3 室，顶端无毛，有腺点。核果长圆形，长 9 ~ 12mm，有柔毛，熟时黄褐色，有时蓝黑色，宿萼张开，直立。花期 4 ~ 5 月；果期 5 ~ 6 月。

产于灵川、龙胜、临桂、龙胜、金秀、融水、罗城、隆林、田林、乐业、贺州、武鸣、上思，生于海拔 1000m 以上的溪边、岩壁及阴湿的杂木林中。分布于广东、云南、四川、贵州、湖南、湖北、西藏；尼泊尔、不丹、印度也有分布。

12. 珠仔树　总序山矾　图 320：6 ~ 8

Symplocos racemosa Roxb.

常绿灌木或小乔木；芽、

图 319　1 ~ 5. 腺叶山矾 Symplocos adenophylla Wall. 1. 花枝；2. 雌蕊；3. 雄蕊；4. 果枝；5. 果。6 ~ 9. 多花山矾 Symplocos ramosissima Wall. ex G. Don 6. 花枝；7. 雄蕊；8. 果枝；9. 果。(仿《中国植物志》)

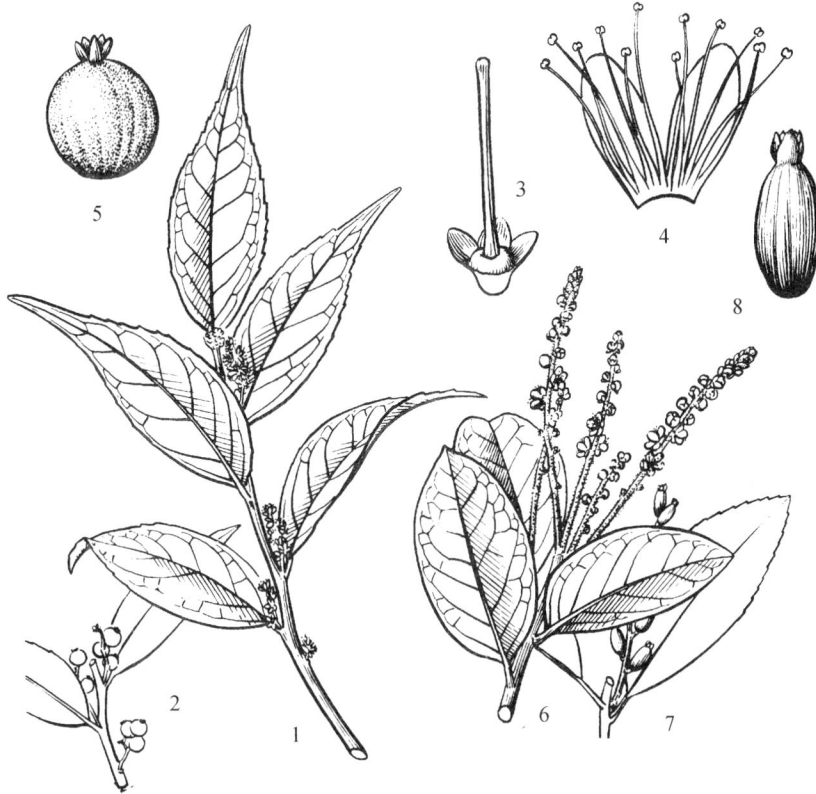

图 320　1～5. 光叶山矾 **Symplocos lancifolia** Sieb. et Zucc. 1. 花枝；2. 果
枝；3. 雌蕊；4. 雄蕊；5. 果。**6～8. 珠仔树 Symplocos racemosa** Roxb. 6. 花
枝；7. 果枝；8. 果。(仿《中国植物志》)

嫩枝、嫩叶下面及叶柄均被褐色柔毛。叶革质，卵形或长圆状卵形，长 7～11cm，宽 2.5～5.0cm，
先端圆或急尖，基部圆或宽楔形，全缘或疏生浅锯齿，叶面中脉凹下，侧脉 4～6 对，近叶缘处分
叉网结；叶柄长 3～10mm。总状花序被黄褐色柔毛，长 4～8cm，通常不分枝，有时基部有 1～2 个
分枝；花梗长 4mm；苞片卵形或宽卵形，被柔毛，早落；小苞片卵形，被柔毛；萼裂 5，无毛，与
萼筒等长，有缘毛；花冠白色，5 深裂几达基部；雄蕊 80 枚，基部稍合生；子房 3 室。核果长圆
形，长 8～11mm，宿萼黄色，直立。花期冬末春初；果期 6 月。

　　产于桂林、全州、田阳、凌云、隆林、百色、南宁、横县、武鸣、扶绥、宁明、龙州。生于海
拔 1600m 以下的杂木林中。分布于广东、云南、四川；越南、印度、缅甸、泰国也有分布。枝、叶
入药，用于治肝炎、风湿痹痛、跌打损伤、外伤出血。

13. 羊舌树　图 318：4～6

Symplocos glauca（Thunb.）Koidz.

　　常绿乔木；小枝褐色；芽、嫩枝及花序均被褐色短绒毛。叶常簇生于小枝上端，窄椭圆形或倒
披针形，长 5～15cm，宽 2～4cm，先端急尖或短渐尖，基部楔形，全缘或有细腺质锯齿，两面无
毛，下面苍白色，干后褐色，中脉在上面凹下，侧脉和网脉在上面凸起，侧脉 5～12 对，近叶缘处
分叉网结；叶柄长 1～3cm。穗状花序基部常分枝，在花蕾时常呈团伞状；苞片卵形，被褐色短绒
毛；萼裂 5，卵形，被褐色短绒毛，与无毛萼筒等长；花冠淡黄色，5 深裂几达基部；雄蕊 30～40
枚，花丝基部合生成五体雄蕊；子房 3 室，顶端无毛。核果窄卵形，近顶端窄，宿萼直立；果核有
浅纵棱。花期 4～8 月；果期 8～10 月。

　　产于融水、金秀、罗城、陆川、上思、武鸣。生于海拔 600～1600m 的杂木林中。分布于广东、
云南、浙江、福建、台湾；日本也有分布。喜生于较为庇荫和湿润的森林环境，对土壤肥力要求不

苟，在土层较浅薄的山脊和山顶均能正常生长。自然结实丰盛，幼苗及幼树在林冠下也普遍发育正常，自然更新良好。播种繁殖，果实黑色时即可采种。随采随播或翌年春播，苗高 40cm 即可出圃造林。木材棕褐色，纹理直，结构细，密度稍大，材质稍硬，加工容易，干燥后少开裂但变形，不耐腐，切面光滑，略具光泽，材色鲜淡而美致，供家具、文具、板料及造纸等用。树皮药用。

14. 光叶山矾 图 320：1~5

Symplocos lancifolia Sieb. et Zucc.

常绿小乔木；芽、嫩枝、嫩叶下面脉上及花序均被黄褐色柔毛，小枝黑褐色，无毛。叶纸质或近膜质，干后呈红褐色，卵形或宽披针形，长 3~9cm，宽 1.5~3.5cm，先端尾状渐尖，基部宽楔形或稍圆，疏生浅钝锯齿，中脉在叶面平坦，侧脉 6~9 对；叶柄长 5mm。穗状花序长 1~4cm；苞片椭圆状卵形，小苞片三角状宽卵形，背面均被柔毛及缘毛；萼裂 5，卵形，顶端圆，背面被柔毛，与无毛萼筒几等长；花冠淡黄色，5 深裂几达基部，裂片椭圆形；雄蕊 25 枚，基部稍合生；子房 3室。核果近球形，径 4mm，宿萼直立。花期 3~11 月；果期 6~12 月，边开花边结果。

产于广西各地。生于海拔 1200m 以下的杂木林中。分布于长江以南各地；日本也有分布。木材灰色，纹理直，结构甚细，均匀，硬度中等，干燥后不开裂，稍变形，抗虫耐腐性中等，供建筑及家具等用。种子可榨油。叶可代茶，有甜味。全株可药用，可和肝健脾、止血生肌，主治外伤出血、吐血、咯血、疳积、眼结膜炎等症。

15. 越南山矾 杷叶山矾 图 321：4~6

Symplocos cochinchinensis (Lour.) S. Moore

常绿乔木，高达 20m，胸径 40cm；树皮灰黑色；小枝粗壮；芽、嫩枝、叶柄、叶背中脉均被红褐色绒毛。叶纸质，椭圆形、倒卵状椭圆形或窄椭圆形，长 9~27cm，宽 3~10cm，先端急尖或渐尖，基部宽楔形或近圆形，全缘或有细锯齿，下面被柔毛，毛的基部有腺状斑点，中脉于上面凹下，侧脉 7~13 对，向上弯拱至近叶缘处分叉网结；叶柄长 1~2cm。穗状花序长 6~11cm，近基部 3~5 分枝，花序轴、苞片、萼均被红褐色绒毛；苞片三角状卵形；萼裂 5，卵形，与萼筒等长；花冠白色或淡黄色，5 深裂几达基部；雄蕊 60~80 枚，基部合生；子房 3 室。核果球形，直径 5~7mm，宿萼裂片合成圆锥状，基部有宿存苞片；核有 5~8 条浅纵棱。花期 8~9 月；果期 10~11 月。

产于广西大部分地区。生于海拔 1500m 以下的溪边、路旁及杂木林中。分布于广东、云南、福建、西藏、台湾；中南半岛、印度尼西亚及印度也有分布。播种繁殖，果皮由青色变紫黑色时采摘，经晾干选净即可播种。木材淡黄白色，纹理直，结构适中，干燥后易开裂，稍耐腐，不抗蚁蛀，切削容易，切面光滑，油漆后光亮性中等，胶黏容易，握钉力中等，适于车旋，可作建筑、室内装修、小家具、一般板料、雕刻品等用材。种子含油率 15%~20%，榨油可供工业用。

15a. 黄牛奶树 图 321：1~3

Symplocos cochinchinensis var. **laurina** (Retz.) Noot.

与原种的区别在于小枝无毛。叶革质，倒卵状椭圆形或窄椭圆形，长 5.5~14.0cm，宽 2~5cm，侧脉 5~7 对；苞片和小苞片边缘有腺点；花萼无毛；雄蕊 30 枚。宿萼直立。花期 8~12 月；果期翌年 3~6 月。

产于广西各地，生于海拔 1600m 以上的石山杂木林中。分布于广东、湖南、贵州、四川、云南、福建、台湾、西藏、江苏、浙江等地；印度、斯里兰卡也有分布。喜光。喜土层深厚、肥沃湿润土壤和温暖气候环境。木材密度小至中等，木材淡黄白色，纹理直，结构适中，干燥后易开裂，稍耐腐，不抗蚁蛀，供作一般家具用材。种子油可作润滑油或供制肥皂；树皮药用，可治伤风感冒。

图 321　1 ~ 3. 黄牛奶树 Symplocos cochinchinensis var. laurina（Retz.）Noot. 1. 花枝；
2. 果枝；3. 果。**4 ~ 6. 越南山矾 Symplocos cochinchinensis（Lour.）S. Moore** 4. 花枝；5. 果
枝；6. 果。**7 ~ 9. 腺柄山矾 Symplocos adenopus Hance** 7. 花枝；8. 果枝；9. 果。（仿《中国
植物志》）

16. 少脉山矾

Symplocos paucinervia Noot.

常绿灌木；小枝无毛；顶芽被柔毛。叶椭圆形或狭椭圆形，长 4 ~ 7cm，宽 1 ~ 3cm，先端渐尖，基部渐狭而下延至叶柄，两面无毛，中脉在叶面凹下，侧脉 3 ~ 5 对；叶柄长 5 ~ 7mm。穗状花序被褐色柔毛；苞片长圆形，有腺点，早落；花萼裂片长圆形，被柔毛和腺点，稍长于萼筒；花冠白色，5 深裂几达基部，裂片长圆形；雄蕊 20 ~ 25 枚，基部稍合生；花柱长 4mm。核果未见。

广西特有种，产于靖西。

17. 丛花山矾

Symplocos poilanei Guill.

灌木或小乔木。嫩枝无毛。叶革质，干后黄绿色，椭圆形、倒卵状椭圆形或卵形，长 6 ~ 12cm，先端急尖、圆钝或短渐尖，基部楔形，全缘或具易脱落的细小腺齿，两面无毛，上面中脉凹下，侧脉 6 ~ 10 对，在近叶缘处网结；叶柄长 0.8 ~ 1.5cm。团伞花序腋生；花白色，有臭味；苞片卵形或近圆形，中脉具龙骨状凸起及褐色腺点，边缘具缘毛和褐色腺点；萼 5 裂，长 2.5 ~ 3.0mm，无毛，裂片卵形或近圆形，稍长于萼筒；花冠长约 4mm，5 深裂，花冠筒长约 0.6mm；雄蕊约 30

枚，花丝基部连成短筒；子房 3 室。核果圆柱形或长圆形，长 6 ~ 8mm，宿萼直立；种子有 10 条纵棱。花期 6 ~ 9 月；果期 10 月至翌年 2 月。

产于十万大山、灵川、桂林。生于海拔 400m 以上的山坡、溪边杂木林中。分布于广东、海南；越南也有分布。木材密度中等，黄灰色，纹理直，结构细，干燥后易翘曲，耐腐性中等，抗白蚁，供制家具及工艺品等用。叶药用，可治癣疥。

18. 腺缘山矾

Symplocos glandulifera Brand

常绿乔木；芽、嫩枝、嫩叶下面、叶柄和苞片、花萼均被褐色长柔毛。叶薄革质，干后灰绿色，窄椭圆状披针形或窄椭圆形，长 10 ~ 20cm，宽 2.5 ~ 5.5cm，先端渐尖，基部楔形，边缘有椭圆状腺点或稍凸出成腺锯齿，上面中脉和侧脉均凹下，侧脉 8 ~ 10 对，在离叶缘 5 ~ 7mm 处环结；叶柄粗而四棱形。腋生团伞花序，苞片圆形；萼裂 5，长圆形，稍短于萼筒；花冠白色，5 深裂几达基部，雄蕊 40 枚，稍长于花冠，基部稍合生；子房 3 室。核果椭圆状卵形，长 1.2cm，有纵条纹，被柔毛，宿萼直立；核有 13 条纵棱。花期 2 ~ 10 月；边开花边结果。

产于那坡、靖西。生于海拔 1400m 以上的杂木林中。分布于云南。

19. 老鼠矢 图 322：1 ~ 6

Symplocos stellaris Brand

常绿乔木；小枝髓心中空，有横隔。芽、嫩枝、嫩叶柄、苞片和小苞片均被红褐色绒毛。叶厚革质，下面粉褐色，披针状椭圆形或窄长圆形状椭圆形，长 6 ~ 20cm，宽 2 ~ 5cm，先端急尖或短渐尖，基部宽楔形或圆，全缘，稀有腺齿，中脉在叶面凹陷，侧脉 9 ~ 15 对；叶柄长 1.5 ~ 2.5cm。团伞花序着生于 2 年生小枝上；苞片圆形，有缘毛；萼半圆形，有长缘毛；花冠白色，5 深裂几达基部，裂片椭圆形，有缘毛；雄蕊 18 ~ 25，基部合生成五体雄蕊；子房 3 室。核果窄卵状圆柱形，长 1cm，宿萼直立；核有 6 ~ 8 条纵棱。花期 4 ~ 5 月；果期 6 ~ 7 月。

产于龙胜、全州、阳朔、临桂、融水、环江、贺州、东兰、武鸣。生于海拔 1100 ~ 1600m 的山地路旁及杂木林中。分布于长江以南及台湾各地。木材坚硬，可供制各种器具。种子油可供制肥皂。泌蜜产粉丰富，为重要的蜜源植物。

20. 腺柄山矾 图 321：7 ~ 9

Symplocos adenopus Hance

常绿灌木或小乔木；小枝稍具棱；芽、嫩枝、嫩叶下面、叶脉、叶柄均被褐色柔毛。叶纸质，干后褐色，椭圆状卵形，长 8 ~ 16cm，宽 2 ~ 6cm，先端急尖或渐尖，基部近圆形，边缘和叶柄两侧有半透明腺锯齿，上面中脉及侧脉均凹下，侧脉 6 ~ 10 对，离叶缘 3 ~ 5mm 处向上弯拱环结，网脉稀疏而明显；叶柄长 5 ~ 15mm。团伞花序腋生；苞片及小苞片被褐色绒毛，苞片近圆形，小苞片椭圆形，边缘均有透明腺体；萼裂 5，半圆形，有褐色条纹，边缘无腺点，与萼筒等长或稍长于萼筒，萼筒无腺点；花冠白色，5 枚深裂几达基部；雄蕊 20 ~ 30 枚；子房 3 室，无毛。核果圆柱形，长 7 ~ 10mm，宿萼直立。花期 11 ~ 12 月；果期翌年 7 ~ 8 月。

产于金秀、罗城、十万大山。生于海拔 460 ~ 1800m 的杂木林中。分布于广东、海南、贵州、云南、福建。木材密度中等，淡黄色，纹理直，结构细，干燥后易翘曲，耐腐性中等。种子油供工业用。

21. 长毛山矾 图 322：7 ~ 11

Symplocos dolichotricha Merr.

常绿乔木，高达 12m；嫩枝、叶两面、叶柄均被褐色长毛。叶纸质，榄绿色，椭圆形或卵状椭圆形，长 6 ~ 13cm，宽 2 ~ 5cm，先端渐尖，基部钝圆，全缘或疏生细锯齿，中脉及侧脉在叶面凹陷，侧脉 4 ~ 7 对，离叶缘 2 ~ 4mm 处弯拱近环结；叶柄长 4 ~ 6mm。团伞花序腋生，有花 6 ~ 8 朵；苞片三角状宽卵形或卵形，被柔毛，小苞片较窄；萼裂 5，无毛，与萼筒几等长；花冠白色，5 深

图 322 **1 ~ 6.** 老鼠矢 Symplocos stellaris Brand 1. 小枝；2. 花枝；3. 雄蕊；4. 雌蕊；
5. 果枝；6. 果。**7 ~ 11.** 长毛山矾 Symplocos dolichotricha Merr. 7. 花枝；8. 果枝；9. 雌蕊；
10. 雄蕊；11. 果。(1 ~ 6 仿《中国植物志》，7 ~ 11 仿《中国树木志》)

裂几达基部；雄蕊 30 枚，花丝细长，基部稍合生；子房 3 室。核果近球形，绿色，径 6mm，宿萼
直立。花期 7 ~ 11 月；边开花边结果。

　　产于龙州、武鸣、马山、上林、罗城、金秀、苍梧、昭平、玉林、平南。生于低海拔的路边、
山谷杂木林中。分布于广东西南部和沿海岛屿；越南也有分布。

22. 南国山矾　瑶山山矾　图 323：6 ~ 9

Symplocos austrosinensis Hand. – Mazz.

　　常绿乔木；小枝纤细；嫩枝有棱，灰黄色或淡褐色，被紧贴柔毛；老枝黑褐色，无毛或稍被柔
毛。叶纸质，披针形或窄椭圆形，长 4 ~ 10cm，宽 1.5 ~ 3.0cm，先端镰刀状尾尖，基部楔形或宽楔
形，疏生细齿，稀全缘，干后绿色或榄绿色，两面无毛，中脉在叶面凹下，侧脉 5 ~ 8 对，斜向上，
近叶缘处分叉网结；叶柄无毛。团伞花序有花 10 朵，腋生；苞片和小苞片宿存，有缘毛，外面被
柔毛；花萼无毛；花冠白色，5 深裂几达基部；雄蕊 30 枚，花丝伸出花冠外。核果圆柱形，干时褐
色或黑色，有纵条纹。花果期 6 ~ 10 月。

　　产于象州、罗城、环江、融水。生于海拔 600 ~ 1000m 的山谷杂木林中。分布于广东北部、湖
南、贵州。

23. 密花山矾 图 323：1～5

Symplocos congesta Benth.

常绿乔木或灌木；嫩枝、芽被褐色皱曲柔毛。叶纸质，椭圆形或倒卵形，长 8～17cm，宽 2～6cm，先端渐尖或急尖，基部楔形或宽楔形，全缘，稀疏生细尖腺齿，两面无毛，中脉与侧脉在叶面凹陷，侧脉 5～10 对，近叶缘处向上弯拱近环结；叶柄长 1.0～1.5cm。团伞花序腋生；苞片和小苞片被褐色柔毛，边缘有透明腺点 4～5 枚，长圆形；花萼有时红褐色，无毛，有纵条纹，裂片卵形或阔卵形；花冠白色，5 深裂几达基部，裂片椭圆状卵形；雄蕊 50 枚，基部稍合生；子房 3 室。核果圆柱形，熟时紫蓝色，宿萼直立；核有 10 条纵棱。花期 8～11 月；果期翌年 1～2 月。

产于兴安、金秀、象州、融水、靖西、乐业、凌云、容县、宁明。生于海拔 1500m 以下的杂木林中。分布于广东、海南、湖南、云南、江西、福建、台湾。

24. 白檀 图 324

Symplocos paniculata（Thunb.）Miq.

落叶灌木或小乔木；嫩枝被灰白色柔毛，老枝无毛。叶膜质或薄纸质，宽倒卵形、椭圆状倒卵形或卵形，长 3～11cm，宽 2～4cm，先端急尖或渐尖，基部宽楔形或近圆形，有细尖锯齿，上面无

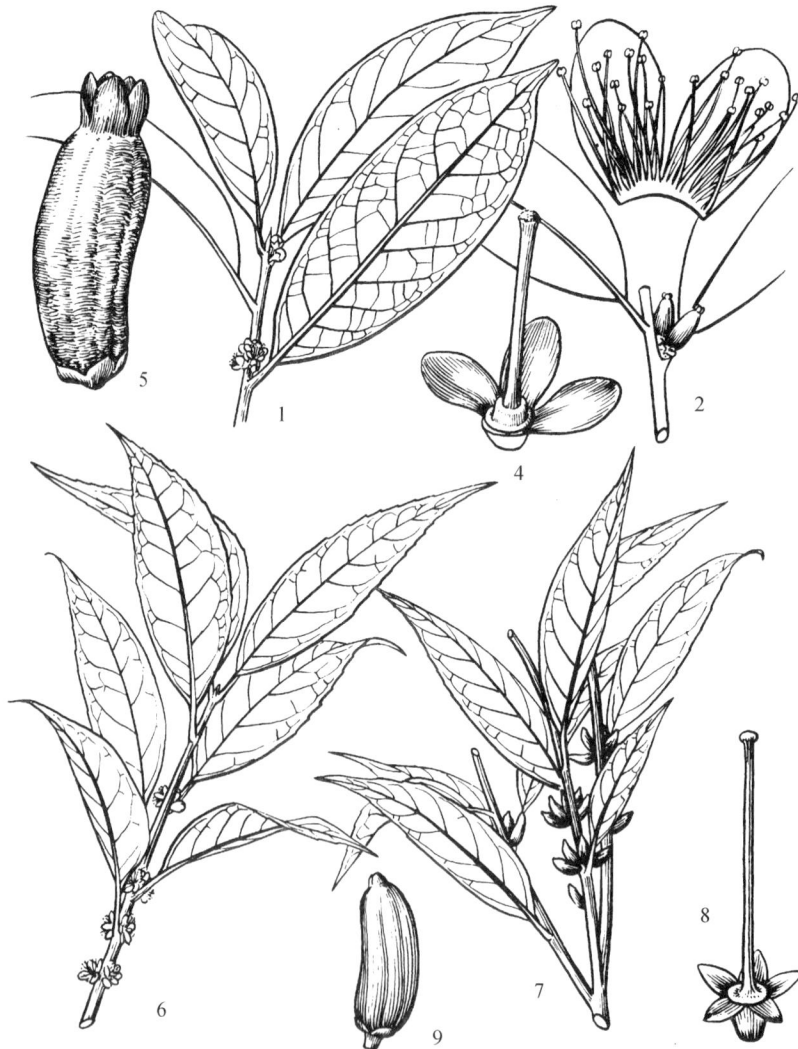

图 323　**1～5.** 密花山矾 Symplocos congesta Benth. 1. 花枝；2. 果枝；3. 雄蕊；4. 雌蕊；5. 果。**6～9.** 南国山矾 Symplocos austrosinensis Hand. – Mazz. 6. 花枝；7. 果枝；8. 雌蕊；9. 果。（1～5 仿《中国植物志》，6～9 仿《中国树木志》）

毛或被柔毛，下面被柔毛或仅脉上被柔毛，中脉在上面凹下，侧脉在上面平坦或微凸，侧脉 4～8 对，在近叶缘处分叉网结；叶柄长 3～5mm。圆锥花序被柔毛；苞片早落；萼裂 5，半圆形或卵形，稍长于萼筒，淡黄色，有纵纹，被缘毛；花冠白色，5 深裂几达基部，裂片椭圆形，被短缘毛；雄蕊 40～60 枚，花丝基部合生成五体雄蕊；子房 2 室，顶端圆锥状，无毛，有褐色腺点。核果卵形或近球形，稍偏斜，熟时蓝色，宿萼直立。

产于广西各地。生于海拔 700m 以上的山坡、沟边杂木林中。分布于中国大部分地区；朝鲜、日本、印度、北美有栽培。喜光，苗期较耐阴。耐干旱，对土壤要求不严，在湿润深厚的肥沃土壤中生长

图 324　白檀 **Symplocos paniculata** (Thunb.) Miq. 1. 花枝；2. 雌蕊；3. 雄蕊；4. 果枝；5. 果。(仿《中国植物志》)

更好。深根性，萌蘖能力强，侧根易根蘖。播种繁殖。当果实由蓝色变黑色时即可采摘。春播。种子油供制油漆、肥皂等用。根、茎、叶药用，可治乳腺炎、淋巴结炎、疝气等症。木材为散孔材，木材淡红灰色，材质轻、纹理直、结构细密，供作一般家具用材。

34　山茱萸科 Cornaceae

落叶乔木或灌本，稀常绿或草木。单叶对生，稀互生或近于轮生，通常叶脉羽状，稀为掌状叶脉，边缘全缘或有锯齿；无托叶或托叶纤毛状。花两性或单性异株，为圆锥、聚伞、伞形或头状等花序，有苞片或总苞片；花 3～5 朵；花萼管状与子房合生，先端有齿状裂片 3～5 枚；花瓣 3～5 枚，通常白色，稀黄色、绿色及紫红色，镊合状或覆瓦状排列；雄蕊与花瓣同数而与之互生，生于花盘的基部；子房下位，1～4(～5)室，每室有 1 枚下垂的倒生胚珠，花柱短或稍长，柱头头状或截形，有时有 2～3(～5)枚裂片。果为核果或浆果状核果；核骨质，稀木质；种子 1～4(～5)粒，种皮膜质或薄革质，胚小，胚乳丰富。

15 属，分布于北温带至亚热带。中国 9 属，除新疆外，其余各地均有分布。广西 4 属。

分属检索表

1. 子房 3～5 室；伞房状或圆锥状聚伞花序、伞形花序或密伞状花序。
　2. 冬芽鳞片 2 枚；单叶对生，叶边缘全缘；花两性 ·························· **1. 山茱萸属 Cornus**
　2. 冬芽鳞片 4 枚；单叶互生，边缘有腺状锯齿；花单性，雌雄异株 ·················· **2. 青荚叶属 Helwingia**
1. 子房 1 室；圆锥花序。
　3. 叶对生，边缘具粗锯齿、细锯齿或腺状齿，稀近于全缘；花单性或杂性，雌雄异株；花盘四棱形 ··········
　　··· **3. 桃叶珊瑚属 Aucuba**
　3. 叶互生或对生，边缘全缘或微波状；花两性；花盘环状 ·················· **4. 单室茱萸属 Mastixia**

1. 山茱萸属 Cornus L.

落叶或常绿，乔木或灌木。冬芽顶生或腋生；芽鳞2枚，卵形。叶对生，稀互生或轮生；边缘全缘；下面有贴生的短柔毛。伞房状或圆锥状聚伞花序顶生；花两性；萼片4齿裂；花瓣4枚，白色，镊合状排列；雄蕊4枚；子房2室；花柱圆柱形。核果球形或卵圆形；种子2粒。

约55种，中国24种；广西9种2亚种。

分种检索表

1. 叶互生，宽卵形、宽椭圆状卵形或披针状椭圆形，上面无毛，下面被白色"丁"字毛，中脉微带紫红色；果核顶端有近方形深孔 ································· **1. 灯台树 C. controversa**
1. 叶对生。
  2. 落叶乔木或灌木。
    3. 叶下面被毛。
      4. 叶下面被"丁"字毛。
        5. 叶椭圆形或卵状椭圆形，长6~12cm，上面疏被平伏柔毛，下面密被白色乳凸及"丁"字毛，侧脉3~4对，弧形；顶生圆锥状聚伞花序 ·············· **2. 光皮梾木 C. wilsoniana**
        5. 叶椭圆状披针形或披针形，长4~9cm，下面淡绿色，疏被"丁"字毛或近无毛，侧脉3对，平行斜伸或在近边缘处弧形内弯；伞房状聚伞花序 ·············· **3. 小梾木 C. quinquenervis**
      4. 叶下面被柔毛。
        6. 叶椭圆形、长圆椭圆形或阔卵形，长4~12cm，宽2~8cm，上面被贴生短柔毛，下面密被灰白色短柔毛，侧脉4~5对；核果球形 ·············· **4. 毛梾 C. walteri**
        6. 叶长椭圆形，长4.0~6.5cm，宽1.6~3.3cm，两面稀被淡白色贴生短柔毛，侧脉3~4对；核果狭倒卵形或近于长圆形 ·············· **5. 小花梾木 C. parviflora**
    3. 叶下面近无毛，长圆形，上面深绿色，下面黄绿色，无乳头状凸起；核果近于球形，密被灰白色贴生短柔毛 ·············· **6. 华南梾木 C. austrosinensis**
  2. 常绿乔木。
    7. 冬芽密被褐色细毛；叶椭圆形至长椭圆形，幼时两面疏被褐色短柔毛，老时则无毛，仅下面有散生褐色残点；果序球形，被白色细毛 ·············· **7. 香港四照花 C. hongkongensis**
    7. 冬芽密被白色细毛。
      8. 叶长圆椭圆形，下面密被白色短柔毛，侧脉3~4对；果序球形，成熟时红色，被白色细毛；总果梗微被毛 ·············· **8. 尖叶四照花 C. elliptica**
      8. 叶长圆椭圆形或长圆状披针形，下面密被"丁"字毛；果序扁球形，成熟时紫红色；总果梗幼时被粗毛，老时则稀疏或无毛 ·············· **9. 头状四照花 C. capitata**

1. 灯台树　女儿木、六角树、瑞木　图325

Cornus controversa Hemsl.

落叶乔木，树高25m，胸径80cm；树皮光滑，老树纵裂。枝圆柱形，有半月形的叶痕和圆形皮孔。冬芽顶生或腋生，无毛。叶互生，纸质，宽卵形、宽椭圆状卵形或披针状椭圆形，长6~13cm，先端凸尖，基部圆或楔形，上面无毛，下面被白色"丁"字毛，中脉在上面微凹，微带紫红色，无毛，侧脉6~7对，弧形；叶柄长2.0~6.5cm，紫红绿色，无毛。伞房状聚伞花序，顶生；花白色，直径8mm；花瓣4枚；雄蕊4枚；子房下位，密被灰白色平伏柔毛。果球形，紫红至蓝黑色，直径6~7mm；核骨质，顶端有近方形小孔；果梗无毛。花期5~6月；果期7~9月。

产于临桂、龙胜、资源、永福、兴安、金秀、融水、南丹、罗城、凌云、乐业、田林、德保、那坡、西林等地。生于海拔1500m以下的阔叶林中。分布于中国大部分地区；朝鲜、日本、印度、尼泊尔、不丹也有分布。喜温暖湿润气候，耐寒，耐热。喜光，稍耐阴。对土壤要求不严，较耐干旱瘠薄，在中性、酸性或微碱性土壤上均能生长，在湿润深厚肥沃、排水良好的土壤上生长旺盛。

4~6 年即能开花结果，且结实量大。

播种繁殖为主，也可扦插繁殖。果实由紫红色变紫黑色时采收，采后洗净种子即播或沙藏至翌年春播。种子千粒重约 80g，生长较快，1 年生苗高 80 ~ 100cm，平均地径 0.6 ~ 0.8cm；萌芽力强。木材心材、边材区别不明显，气干密度 0.62g/cm³，黄白色，纹理直，结构细，硬度中等，干燥不翘裂，抗虫，不耐腐，加工容易，刨面光滑，胶黏性、油漆性良好，可作室内装修、木地板、板材、家具等用材；果皮、果肉及核均含油脂，果实含油 13% ~ 33%，为多年生木本食用油和生物柴油树种；树皮可供提取鞣质制栲胶。树姿优美，层次感强，花色优雅，可作园林绿化或行道树种。

2. 光皮梾木 光皮树、狗骨木 图 326：6 ~ 8

Cornus wilsoniana Wanger.

落叶乔木，高 18m；树皮灰绿色，片状剥落。幼枝灰绿色，小枝深绿色，老枝棕褐色，

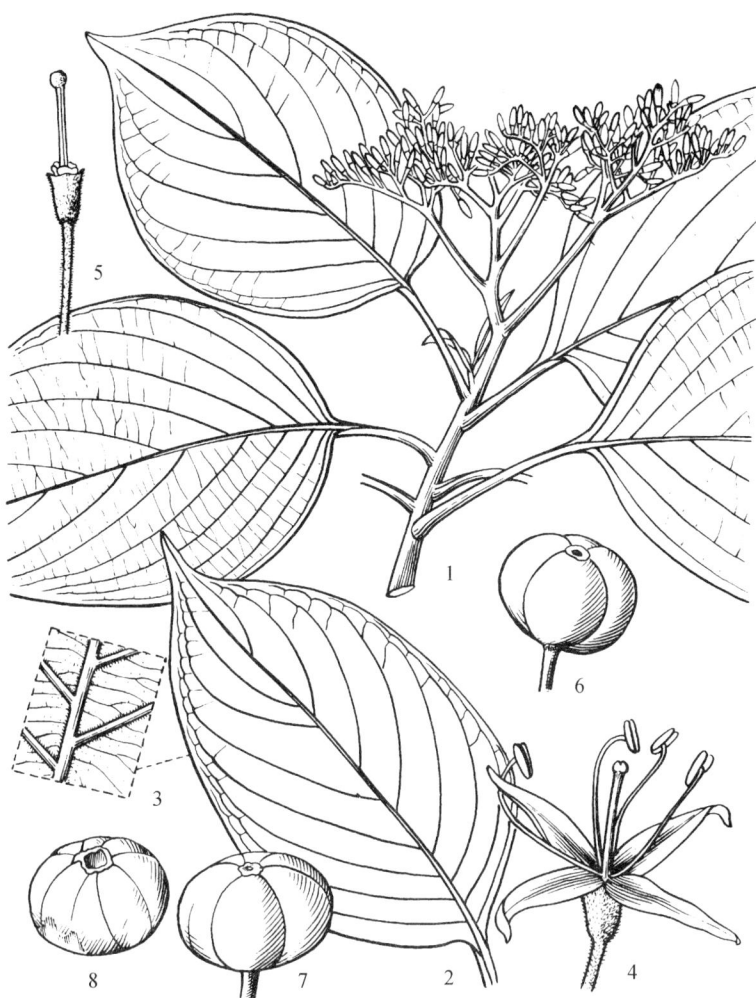

图 325 灯台树 Cornus controversa Hemsl. 1. 花枝；2. 叶片；3. 叶片下面的一部分，示毛被；4. 花；5. 花去花瓣及雄蕊，示花托、花萼裂片、花盘和柱头；6 ~ 7. 果；8. 果核。(仿《中国植物志》)

无毛。叶对生，椭圆形或卵状椭圆形，长 6 ~ 12cm，宽 2.0 ~ 5.5cm，先端渐尖或突尖，基部楔形，上面疏被平伏柔毛，下面密被白色乳凸及“丁”字毛，侧脉 3 ~ 4 对，弧形；叶柄长 0.8 ~ 2.0cm。顶生圆锥状聚伞花序，被灰白色疏柔毛；花白色；萼片三角形；花瓣 4 枚，长披针形，外面密被灰白色柔毛；雄蕊 4 枚；花柱圆柱形，柱头扁球形。核果球形，直径 6 ~ 7mm，成熟时紫黑色至黑色，被短柔毛或近无毛；核球形，肋纹不明显。花期 5 月；果期 9 ~ 10 月。

产于临桂、永福、桂林、全州、阳朔、兴安、鹿寨、贺州、富川、罗城、德保、田阳、田东、那坡、德保、龙州等地。生于海拔 1100m 以下的石灰岩石山或土山的阔叶林中。分布于河南、甘肃、福建、江西、湖北、湖南、贵州、四川、广东等地。耐寒，也耐热。喜光。在酸性土及石灰岩山地均生长良好，但以在中性偏碱的土壤生长结实较好。深根性树种，根系扩张能力强；萌芽力强，伐后可萌芽更新。生长迅速，早期年高生长量可达 1m 以上。一般 3 ~ 5 年开始结实，20 年进入盛果期，持续 50 年以上，且结实量大，单株年均产籽 50kg，最高可达 200kg 以上。寿命比较长，树龄可达 200 年。抗病虫害能力强，除少数植株染烟煤病外，几无其他病虫害。可抵抗 11 级阵风而不折枝。

播种育苗，用适量草灰混合种子堆沤，2d 后搓掉外种皮，用清水冲洗干净即可播种或沙藏催芽，1 年生苗高可达 80cm，也可扦插育苗。优良木本食用油和生物柴油树种，果皮、果肉及核均含

图 326　**1～3. 毛梾 Cornus walteri** Wanger. 1. 花枝；2. 雌蕊；3. 果。**4～5. 小梾木 Cornus quinquenervis** Franch. 4. 花果枝；5. 雌蕊。**6～8. 光皮梾木 Cornus wilsoniana** Wanger. 6. 叶片；7. 雌蕊；8. 果。(1～5 仿《四川植物志》，6～8 仿《中国植物志》)

油脂，干果含油率 33%～36%，成年大树每株年平均产油 15kg 以上，油色橙黄透明，营养价值可与豆油、花生油媲美，精炼油含不饱和脂肪酸 77.68%，为一级食用油，对高血压、痿症、肺结核等疾病疗效显著，并可作军工机械、仪表的润滑油和油漆原料；也可作为生物柴油原料油。木材坚硬，纹理致密，可作家具、农具和建筑材料。树形美观，供观赏。

3. 小梾木　图 326：4～5

Cornus quinquenervis Franch.

落叶灌木，高 4m；树皮灰黑色，光滑；幼枝对生，绿色或带紫红色，略具四棱，被灰色短柔毛，老枝褐色，无毛。冬芽顶生及腋生。叶对生，椭圆状披针形或披针形，长 4～9cm，先端钝尖或渐尖，基部楔形，下面淡绿色，疏被"丁"字毛或近无毛，侧脉 3 对，平行斜伸或在近边缘处弧形内弯；叶柄长 5～8mm，贴生短柔毛。伞房状聚伞花序，顶生，被柔毛；花白色至淡黄白色；萼片 4 枚，三角形；花瓣 4 枚，上面无毛，下面贴生短柔毛；雄蕊 4 枚，无毛；花柱棍棒形，柱头截形，略有 3(4) 个小凸起。核果圆球形，直径 5mm，成熟时黑色；核近于球形，有 6 条不明显的肋纹。花期 5～6 月；果期 9～10 月。

产于柳城、南丹、天峨、环江、忻城、隆林、田林等地。生于灌丛或疏林中。分布于陕西、甘肃、江苏、福建、湖北、湖南、广东、四川、云南、贵州等地。播种繁殖。木材坚硬，一般作家具用材；果含油脂，可供工业用；叶入药，有清热解表和止痛的功效，主治感冒头痛、风湿关节炎、外用治烫火伤。

4. 毛梾　图326：1~3

Cornus walteri Wanger.

落叶乔木，高16m。树皮厚，黑褐色，纵裂成块状。幼枝对生、绿色，密被灰白色短柔毛，老后黄绿色，无毛。冬芽腋生，扁圆锥形，被灰白色短柔毛。叶对生，椭圆形、长圆椭圆形或阔卵形，长4~12cm，宽2~8cm，先端渐尖，基部楔形，有时稍不对称，上面被贴生短柔毛，下面密被灰白色短柔毛，侧脉4~5对；叶柄长0.8~3.5cm，幼时被短柔毛，后脱落。伞房状聚伞花序，顶生，被灰白色短柔毛；花白色，有香味；萼片4枚，齿状三角形，与花盘等长，外面被黄白色短柔毛；花瓣4枚，上面无毛，下面有贴生短柔毛；雄蕊4枚，无毛；花盘明显；花柱棍棒形，被短柔毛，柱头头状。核果球形，直径6~7(~8)mm，成熟时黑色，近于无毛；核扁圆球形，有不明显的肋纹。花期5~6月；果期9~10月。

产于阳朔、临桂、全州、平乐、罗城。生于海拔300~1800m的阔叶林中。分布于华东、华中、华南、西南及辽宁、河北、山西等地。较喜光，在阳坡和半阳坡，生长和结实正常；在庇荫条件下，结果少或只开花不结实。喜深厚、湿润、肥沃土壤，较耐干旱瘠薄；在中性、酸性及微碱性土壤上均能生长。深根性，根系发达。萌芽性强，当年生萌条可达2m。在肥沃条件下，6~7年生树径可达10cm，50年生树胸径达50cm以上。当年播种苗高约1m，栽后4~6年开始结果，结实量大，10~20年生树每株年产果10~15kg，30年左右进入盛果期，每株年产果50kg以上，盛果期60~70年。长寿树种，树龄可达300余年。

播种繁殖，果实由绿变黑时采收，阴干便于储藏调运。果肉含油率高，种子不易吸水，须加以处理。将果实用清水浸泡1~2d，取出后碾破果皮，注意保护种皮，再加入温水搅拌，取出装入袋子中用力搓去油脂，最后混以沙子搓碾至种皮呈粉红色。筛去沙子，洗净晾干。秋冬播种或沙藏至翌年春季播种。当苗高达70~80cm时，即可在秋季落叶后起苗造林。木材坚硬，纹理细致，可作车轴、车梁、农具、家具、雕刻、旋作等用材。木本油料树种，果实含油27%~38%，供食用或作润滑油、工业原料等。叶子富含营养，是家畜良好的饲料，种子榨油后的油饼也是很好的蛋白饲料；深根性，根系发达，萌芽性强，为优良的水土保持植物，也可用于作观赏树或行道树。叶和树皮可供提制栲胶。枝、叶入药，可清热解毒，主治漆疮。

5. 小花梾木　图327：1~3

Cornus parviflora S. S. Chien

落叶乔木或灌木，高3~8m；树皮黄褐色；幼枝纤细，圆柱形，略具棱角，稀被灰白色贴生短柔毛，老枝灰褐色，疏生黄褐色皮孔。冬芽顶生或腋生，狭圆锥形，长2.0~5.5mm，被灰白色贴生短柔毛。叶对生或近于对生，纸质，长椭圆形，长4.0~6.5cm，宽1.6~3.3cm，先端渐尖或尾状渐尖，基部楔形或宽楔形，全缘，上面绿色，下面淡绿色，均稀被淡白色贴生短柔毛，中脉在两面稍凸起，侧脉3~4对，弓形内弯，在上面稍明显，下面略微凸起；叶柄细圆柱形，长3~5mm，幼时密被淡白色贴生短柔毛，上面有浅沟。伞房状聚伞花序顶生，宽4~12cm，有时有一枝披针形或卵状披针形的叶状苞片；总花梗细圆柱形，长1~4cm，近于无毛；花小，白色；花萼裂片4，宽三角形，稍长于花盘，内侧无毛，外侧近基部有灰白色贴生短柔毛；花瓣4枚，长圆状披针形或舌状长圆形，内面无毛，外面稀被白色贴生短柔毛；雄蕊4枚，略短于花瓣，花丝线形，无毛；花盘垫状，有白色短柔毛；花柱圆柱形，疏被白色贴生短柔毛，柱头小，垫状，子房下位；花托倒圆锥形至倒卵形，密被白色贴生短柔毛；花梗被灰白色短柔毛。核果狭倒卵形或近于长圆形，长5~6mm，直径4mm。花期7月；果期8~9月。

图 327 1~3. 小花楝木 Cornus parviflora S. S. Chien 1. 花枝；2. 花；3. 果实。4~5. 华南楝木 Cornus austrosinensis W. P. Fang et W. K. Hu 4. 花枝；5. 花。(仿《中国植物志》)

产于那坡、南丹、天峨。生于海拔 330~1500m 的石灰岩山地。分布于贵州中南至东北部。树皮入药，有清热解毒和通经活络功效，主治高热不退、疟疾、痛经、跌打损伤。

6. 华南楝木 图 327：4~5

Cornus austrosinensis W. P. Fang et W. K. Hu

落叶灌木或小乔木，高 3~6m；幼枝细圆柱形，疏被灰白色细伏毛，老枝黄褐色，具长圆形的皮孔。冬芽顶生及腋生，卵形、狭卵形至狭椭圆形，略被灰白色短柔毛。叶对生，稀互生，厚纸质，长圆形，长 4~8cm，宽 2~4cm，先端钝尖或短渐尖，基部宽楔形，边缘反卷，上面深绿色，近于无毛，下面黄绿色，无乳头状凸起，近于无毛，中脉在上面凹下，下面凸起，侧脉 4~5 对，弧形，在上面稍凹下，下面微凸起；叶柄细圆柱形，长 0.8~1.5cm，淡绿色，近于无毛，上面有浅沟，下面圆形。伞房状聚伞花序顶生，宽 5~6cm，稀被短柔毛；总花梗细圆柱形，长 2.5~3.0cm，有贴生短柔毛；花小，白色；花萼裂片 4 枚，尖三角形，外侧疏生短柔毛；花瓣 4 枚，披针形，内侧无毛，外侧有贴生短柔毛；雄蕊 4 枚，长约 4mm，花丝线形，无毛，花药线状长圆形；花盘垫状，无毛；花柱细圆柱形，有贴生短柔毛，柱头小，头状，子房下位；花托倒卵形，密被灰白色贴生短柔毛；花梗纤细，有贴生短柔毛。核果近于球形，直径5mm，密被灰白色贴生短柔毛；核骨质，扁球形，直径约4mm，高约3mm。花期6~7月；果期12月。

产于凌云。分布于湖南、广东、贵州。

7. 香港四照花　图328：3~4

Cornus hongkongensis Hemsl.

常绿乔木，高19m，胸径50cm。树皮黑褐色，平滑；幼枝被短柔毛，后脱落；有多数皮孔。冬芽圆锥形，被褐色细毛。叶对生，椭圆形至长椭圆形，长6~13cm，宽3~6cm，先端短渐尖或短尾尖，基部楔形，幼时两面疏被褐色短柔毛，老时则无毛，仅下面有散生褐色残点，中脉与侧脉在下面凸出，侧脉3~4对，弧形；叶柄长0.8~1.2cm，幼时被褐色短柔毛，老后无毛。头状花序球形，有花50~70朵，直径1cm；总苞片4枚，白色，宽椭圆形至倒卵状椭圆形，长2.8~4.0cm，两面近于无毛；花萼管状，裂片不明显或为截形；花瓣4枚，长圆椭圆形，淡黄色，长2.2~2.4mm；雄蕊4枚；花盘盘状，浅裂；花柱圆柱形，柱头小。果序球形，直径2.5cm，被白色细毛，成熟时黄色或红色；总果梗长4~10cm，近于无毛。花期5~6月；果期11~12月。

图328　1~2. 东京四照花 Cornus hongkongensis subsp. **tonkinensis**（W. P. Fang）Q. Y. Xiang 1. 着花枝；2. 着果枝。**3~4. 香港四照花 Cornus hongkongensis Hemsl.** 3. 着花枝；4. 着果枝。（仿《中国植物志》）

产于广西各地林区。生于海拔350~1700m的常绿阔叶林中。分布于浙江、江西、湖南、福建、广东、贵州、四川、云南等地。喜空气湿润、夏季凉爽的生态环境，耐暑热，也能耐短期-15℃低温，适生于肥沃、湿润的疏松土壤，忌干燥、瘠薄、积水及强阳光环境。播种繁殖，采集自然脱落的果实，堆沤数日，置水中搓擦冲洗，除去熟软的外果皮等杂质。随采随播或贮藏于湿润沙中至翌年春播。木材密度大，淡红色，纹理直，结构细，干燥后不开裂，稍变形，抗虫、耐腐性中等，可作建筑、家具等用材。果可食用或酿酒。叶和花入药，有收敛止血功效，主治外伤出血。

7a. 东京四照花　西南四照花　图328：1~2

Cornus hongkongensis subsp. **tonkinensis**（W. P. Fang）Q. Y. Xiang

与原种的区别在于：叶长圆状倒卵形或长椭圆形，长4~11cm，宽2~5cm，先端渐尖或突尖。头状花序顶生，有花40~50朵；总苞片阔椭圆形至阔卵形，先端有小凸尖，两面均有淡白色短柔毛。果序成熟时红色，直径1.5~2.0cm；总果梗细，长4.0~7.5cm，有棱纹，无毛。花期5~6月；果期10~12月。

产于那坡、宁明。生于海拔800m以下的阔叶林中。分布于贵州、四川、云南；越南北部也有分布。播种繁殖。木材密度大，淡红色，纹理直，结构细，干燥后易开裂，变形严重，抗虫、耐腐

图329　1~2. 褐毛四照花 Cornus hongkongensis subsp. **ferruginea** (Y. C. Wu) Q. Y. Xiang 1. 花朵；2. 着果枝。3~4. 头状四照花 Cornus **capitata** Wall. 3. 着花枝；4. 着果枝。(仿《中国植物志》)

性中等。果甜可食。花入药，可治乳痈、牙痛、喉蛾、月经不调等症。

7b. 褐毛四照花　图329：1~2

Cornus hongkongensis subsp. **ferruginea** (Y. C. Wu) Q. Y. Xiang

与原种的区别在于：幼枝圆柱形，密被褐色粗毛，老枝毛被稀疏或近于无毛。冬芽密被褐色粗毛。叶长椭圆形，幼时上面被毛，后无毛，下面疏被褐色粗毛；叶柄长 1.0~1.3cm，密被褐色粗毛。头状花序有花60~70朵；总苞黄白色，倒卵状椭圆形，两面微被细伏毛；花瓣4枚，长椭圆形，外侧有白色细伏毛。果序球形，直径1.3~1.8cm，成熟时红色；总果梗微被毛。花期5~6月；果期10~12月。

产于永福、金秀、蒙山、融水、那坡。生于海拔1100m以下的阔叶林。分布于广东、贵州。果甜可食。木材密度大，

淡红褐色，纹理直，结构细，干燥后稍变形，抗虫，耐腐。

8. 尖叶四照花　狭叶四照花　图330：1~2

Cornus elliptica (Pojarkova) Q. Y. Xiang et Boufford

常绿乔木，高18m，胸径40cm；树皮灰褐色，片状剥落。幼枝被短柔毛，老枝近于无毛。冬芽圆锥形，密被白色细毛。叶对生，长圆椭圆形，长7~12cm，宽2~4cm，先端渐尖，基部楔形，上面嫩时被白色细伏毛，老后无毛，下面密被白色短柔毛，侧脉3~4对，弧形；叶柄长0.8~1.2cm，嫩时被细毛，老时则近于无毛。头状花序球形，有花55~80(~95)朵，直径1cm；总苞片4枚，长卵形至倒卵形，长2.5~5.0cm，初为淡黄色，后为白色；花萼管状，4裂，裂片钝圆或钝尖形，有时截形；花瓣4枚，卵圆形，先端渐尖，基部狭窄；雄蕊4枚，较花瓣短；花盘环状，略有4浅裂，花柱柱头平截，密被白色丝状毛。果序球形，径2.5cm，成熟时红色，被白色细毛；总果梗长6~10cm，紫绿色，微被毛。花期6~7月；果期10~11月。

产于全州、兴安、临桂、资源、三江、融安、融水、金秀等地。生于海拔300~1400m的常绿阔叶林中。分布于陕西、甘肃、浙江、安徽、江西、湖北、湖南、福建、广东、贵州、四川、云南等地。中性树种，稍耐阴，喜温暖湿润环境，宜生于土层深厚、疏松、肥沃、湿润而排水良好的土壤上。木材坚硬，可作多种用处。叶及树皮含鞣质，可供提制栲胶。种子可榨油。花、叶入药，有清热解毒、收敛止血的功效，可治外伤出血及跌打损伤。

9. 头状四照花 图 329：3~4
Cornus capitata Wall.

常绿乔木，高 15m，胸径 40cm；树皮灰褐色，纵裂；幼枝被白色短柔毛，老枝毛被稀疏。冬芽圆锥形，密被白色细毛。叶对生，长圆椭圆形或长圆状披针形，长 5.5~11.0cm，宽 2~4cm，先端突尖，基部楔形，上面被白色短柔毛，下面密被"丁"字毛，侧脉 4~5 对，弧形，脉腋通常有孔穴；叶柄长 1.0~1.4cm，密被白色短柔毛。头状花序球形，有花 100 多朵，直径 1.2cm；总苞片 4 枚，白色，倒卵形或阔倒卵形，长 3.5~6.2cm，两面被短柔毛；花萼管状，长 1.2mm，4 齿裂；花瓣 4 枚，长圆形，长 3~4mm，下面被白色短柔毛；雄蕊 4 枚；花盘环状，略有 4 浅裂；花柱圆柱形，密被白色丝状毛。果序扁球形，径 1.5~2.4cm，成熟时紫红色；总果梗幼时被粗毛，老时则稀疏或无毛。花期 5~6 月；果期 9~10 月。

图 330　1~2. **尖叶四照花 Cornus elliptica** (Pojarkova) Q. Y. Xiang et Boufford 1. 着花枝；2. 着果枝。**3~4. 头状四照花 Cornus capitata** Wall. 1. 着花枝；2. 着果枝。(仿《中国植物志》)

产于兴安、桂林、灵川、全州、灌阳、资源、融水、环江、南丹。生于海拔 500~1100m 的常绿阔叶林中。分布于浙江、湖北、四川、贵州、云南、西藏等地；印度、尼泊尔及巴基斯坦也有分布。木材坚硬，淡红色，可供制家具等用。果甜可食及酿酒。可作观赏树。叶和果实入药，有清热解毒、利胆行水、消积杀虫的功效，主治食积气胀、小儿疳积、肝炎、蛔虫病；外用可治烧伤、烫伤、外伤出血。

2. 青荚叶属 Helwingia Willd.

落叶或常绿，灌木或小乔木。冬芽卵形，鳞片 4 枚。单叶互生，卵形、卵状椭圆形、宽倒卵状披针形，边缘有腺状锯齿；托叶 2 枚，早落。花 4~5 数，单性，雌雄异株；花瓣 3~5 枚，三角状卵形，镊合状排列；雄花伞形或密伞状花序，有花 4~20 朵，生于叶面中脉或幼枝上部及苞片上，雄蕊 3~4(~5)枚；雌花伞形花序，有花 1~6 朵簇生，生于叶面中脉上，稀生于叶柄上，花柱短，柱头 3~5 裂，子房 3~5 室。浆果状核果，卵圆形或长圆形，幼时绿色，成熟时为红色至黑色，果核 1~4 枚。

5 种，从喜马拉雅山脉分布至日本，是一个典型的东亚特有属。广西 4 种。

分种检索表

1. 落叶灌木；叶纸质，卵形或卵状椭圆形，具刺状细齿；托叶线状分裂 ⋯⋯⋯⋯⋯⋯⋯ **1. 青荚叶 H. japonica**
1. 常绿灌木或小乔木。
　2. 叶宽 2cm 以上；雄花 5~20 枚成密伞花序。

3. 叶革质，倒卵状长圆形或宽倒卵状披针形，叶缘 1/3 以上具腺状锯齿；托叶线状披针形或钻形；雄花花序有花 5~20（~30）朵，花紫白色；果长椭圆形 ·· 2. 峨眉青荚叶 H. omeiensis

3. 叶厚纸质，长圆状披针形、长圆形，边缘具腺状细锯齿；托叶常 2~3 裂；雄花花序有花 14 朵，花绿色带紫；果实近球形 ·· 3. 西域青荚叶 H. himalaica

2. 叶较窄，宽 0.4~2.0cm，线状披针形或披针形，先端长渐尖，基部楔形或近于圆形，边缘具疏腺状锯齿；雄花 4~5 朵成伞形花序 ·· 4. 中华青荚叶 H. chinensis

1. 青荚叶 叶上果、叶上珠 图 331：1~2

Helwingia japonica (Thunb.) F. Dietr.

落叶灌木，高 2~3m。幼枝绿色，无毛，叶痕明显。叶纸质，卵形、卵状椭圆形，长 3~13cm，宽 2.0~8.5cm，先端渐尖，稀尾尖，基部宽楔形或近圆形，边缘具刺状细锯齿，中脉及侧脉在上面微凹陷，在下面微凸起；叶柄长 1~5cm；托叶线状分裂。花绿色，花瓣长 1~2mm，镊合状排列；雄花花序 4~12 个，伞形或密伞形，生于叶面中脉中部或近基部，稀生于幼枝上部；雄蕊 3~5 枚，生于花盘；雌花 1~3 枚，簇生于叶面中脉 1/2~1/3 处，子房卵圆形或球形，柱头 3~5 裂。果球形，幼时绿色，成熟时由红变黑色，核 3~5 枚。花期 4~5 月；果期 8~9 月。

产于资源、兴安、全州、灌阳、龙胜、临桂、桂林、融水、三江、金秀、罗城、凌云、田林、隆林、那坡等地。生于海拔 1100m 以下的阔叶林中。分布于陕西、甘肃、河南、湖北、安徽、浙江、台湾、广东至西南各地；日本、缅甸、印度、越南也有分布。喜阴湿、凉爽环境，在腐殖质高的土壤上生长良好，忌高温、干燥气候。播种繁殖，也可扦插、压条繁殖。果、叶药用，有祛风除湿、活血解毒功效，主治风湿痹痛、胃痛、痢疾、便血、月经不调、跌打瘀肿、骨折、痈疖疮毒、毒蛇咬伤。秋季割下一年生枝条，截断，趁鲜用木棍顶出茎髓，理直晒干，可治小便不利、尿路感染、乳汁不下。花果着生部位奇特，有很高的观赏价值，可室内盆栽或林下种植。

图 331　1~2. 青荚叶 Helwingia japonica (Thunb.) F. Dietr. 1. 雄花枝；2. 雌花。3~6. 峨眉青荚叶 Helwingia omeiensis (Fang) Hara et Kuros. 3. 雌花枝；4. 着果的叶片；5. 雌花；6. 果。（仿《中国植物志》）

2. 峨眉青荚叶 图 331：3~6

Helwingia omeiensis (Fang) Hara et Kuros.

常绿小乔木或灌木，高 3~4（~8）m。幼枝绿色。叶革质，互生，倒卵状长圆形或长圆形，长 9~15cm，宽 3~5cm，先端尾尖或渐尖，基部楔形，叶缘 1/3 以上具腺状锯齿，叶脉在上面不显，下面稍显；叶柄长 1~5cm；托叶

2 枚，线状披针形或钻形。雄花花序有花 5～20（～30）朵，簇生成密伞形花序，花紫白色；雌花 1～4（～6）朵簇生，绿色；柱头 3～4（～5）裂；子房 3～4（～5）室。果长椭圆形，成熟后黑色，核 3～4（～5）枚。花期 3～4 月；果期 7～8 月。

产于融水、三江、乐业、田林等地。生于海拔 600～1700m 的林内或灌丛中。分布于四川、贵州、湖北、湖南。

3. 西域青荚叶

Helwingia himalaica Hook. f. et Thoms. ex C. B. Clarke

常绿灌木，高 2～3m；幼枝纤细，黄褐色。叶厚纸质，长圆状披针形、长圆形，稀倒披针形，长 5～11（～18）cm，宽 2.5～4.0（～5.0）cm，先端尾状渐尖，基部阔楔形，边缘具腺状细锯齿，侧脉 5～9 对，上面微凹陷，下面微凸出；叶柄长 3.5～7.0cm；托叶长约 2mm，常 2～3 裂，稀不裂。雄花绿色带紫色，常 14 枚呈密伞花序，4 数，稀 3 数，花梗纤细，长 5～8mm；雌花 3～4 数，柱头 3 裂，向外反卷。果实常 1～3 枚生于叶面中脉上，近球形，长 6～9mm，直径 6～10mm；果梗长 1～2mm。花期 4～5 月；果期 8～10 月。

产于临桂、兴安、龙胜、融水、三江、罗城、金秀、南丹、天峨、那坡、凌云、乐业、田林、隆林。生于海拔 1700m 以上的林中。分布于湖南、湖北、四川、云南、贵州及西藏南部；尼泊尔、不丹、印度北部、缅甸北部及越南北部也有分布。全株入药，功效与青荚叶相同。

4. 中华青荚叶

Helwingia chinensis Batal.

常绿灌木，高 1～2m；树皮深灰色或淡灰褐色；幼枝纤细，紫绿色。叶革质或近革质，稀厚纸质，线状披针形或披针形，长 4～15cm，宽 0.4～2.0cm，先端长渐尖，基部楔形或近于圆形，边缘具疏腺状锯齿，上面深绿色，下面淡绿色，侧脉 6～8 对，在上面不明显，下面微显；叶柄长 3～4cm；托叶纤细。雄花 4～5 朵呈伞形花序，生于叶面中脉中部或幼枝上端，花 3～5 数；花萼小，花瓣卵形，长 2～3mm，花梗长 2～10mm；雌花 1～3 朵生于叶面中脉中部，花梗极短；子房卵圆形，柱头 3～5 裂。果实具分核 3～5 枚，长圆形，直径 5～7mm，幼时绿色，成熟后黑色；果梗长 1～2mm。花期 4～月；果期 8～10 月。

产于兴安、融水、南丹、德保、凌云、乐业、隆林。生于海拔 1000～2000m 的林下。分布于陕西南部、甘肃南部、湖北西部、湖南、四川、云南等地；缅甸北部也有分布。全株入药，功效与青荚叶相同。

3. 桃叶珊瑚属 Aucuba Thunb.

常绿小乔木或灌木；小枝圆柱形。冬芽生于枝顶，圆锥形。叶对生，边缘具粗锯齿、细锯齿或腺状齿，稀近于全缘；羽状脉；叶柄粗壮。花单性或杂性，雌雄异株，圆锥花序，雌花序常短于雄花序；花 4 数，萼片齿裂；花瓣 4 枚，镊合状排列，紫红、黄色至绿色，先端常尾尖；花下具关节及 1～2 枚小苞片；雄蕊 4 枚，花丝粗，花药背生；萼管圆柱形或卵形，花柱粗短，柱头头状；花盘肉质，四棱形；子房下位，1 室，常与萼管合生，具 1 枚侧生悬垂胚珠。核果肉质，圆柱形或卵形，成熟时红色，萼齿及花柱宿存。

11 种，为典型的东亚特有属，分布于喜马拉雅山脉，中国秦岭以南地区至日本。广西 6 种 2 变种。

分种检索表

1. 叶革质或薄革质。
  2. 花序被硬毛；叶柄光滑；叶先端尾尖；果鲜红色，圆柱状或卵状 ·················· **1. 桃叶珊瑚 A. chinensis**
  2. 花序被柔毛；叶柄被硬毛；叶先端渐尖或急尖；果深红色，卵状长圆形 ········· **2. 喜马拉雅珊瑚 A. himalaica**
1. 叶纸质或厚纸质，稀近革质。

3. 果卵圆形。

    4. 叶倒卵形,长2.5~8.0cm,宽2.0~4.5cm,先端锐尖,叶基部楔形或近于圆形,上面具白色及淡黄色斑点,下面具小乳凸状凸起,两面均无毛;叶柄无毛 ……………………………………… **3. 斑叶珊瑚 A. albopunctifolia**

    4. 叶倒心形或倒卵形,长(4~)8~14cm,宽(2~)4.5~8.0cm,先端截形或倒心脏形,具长1.5~2.0cm的急尖尾,基部窄楔形,边缘具缺刻状粗锯齿;叶柄被粗毛 ……………………… **4. 倒心叶珊瑚 A. obcordata**

3. 果长圆形或椭圆形。

    5. 叶阔椭圆形或倒卵状椭圆形,先端急尾尖,基部微下延,两侧稍不对称,边缘在中部以上有浅波状锯齿 ………………………………………………………… **5. 纤尾桃叶珊瑚 A. filicauda**

    5. 叶常为长圆形或披针形,先端渐尖,基部阔楔形或楔形,幼叶边缘具细锯齿,2年生叶缘为腺状小齿…… ………………………………………………………………………… **6. 粗梗桃叶珊瑚 A. robusta**

1. 桃叶珊瑚 野蓝靛

Aucuba chinensis Benth.

常绿小乔木或灌木;小枝被柔毛,皮孔白色,叶痕大。冬芽球形,鳞片4对,交互对生。叶革质,椭圆形或阔椭圆形,长10~20cm,宽3.5~8.0cm,先端尾尖,基部楔形,边缘微反卷,常具5~8对锯齿,上面深绿色,下面淡绿色,中脉在上面稍显著,下面凸出,侧脉6~8对;叶柄长3cm,光滑。圆锥花序顶生,花序梗被柔毛;雄花成总状圆锥花序,长13~15cm,被硬毛;花瓣长圆形或卵形,先端长尾尖,反曲,花丝粗短;雌花序长3~5cm,密被硬毛。幼果绿色,成熟时为鲜红色,圆柱状或卵状;萼片、花柱及柱头均宿存于核果上端。花期1~2月;果熟期翌年2月,常1~2年生果序同于枝上。

产于广西各地,生于海拔1200m以下的常绿阔叶林中。分布于贵州、云南、四川、广东、福建、台湾、海南等地;缅甸、越南北部也有分布。喜温暖湿润气候和半阴环境,在肥沃、疏松,排水良好的土壤上生长良好,较耐寒。播种或扦插繁殖,常用扦插繁殖。优良的园林观叶、观果植物,适宜配植在林下及阴湿处,也可盆栽供室内观赏。

1a. 狭叶桃叶珊瑚

Aucuba chinensis var. **angusta** F. T. Wang

与原变种的区别在于:叶片厚革质,较狭窄,常呈线状披针形,长7~25cm,宽1.5~3.5cm。

产于龙胜、融水、金秀、隆林、防城、上思。生于海拔330~500m的林中。分布于贵州、云南。

2. 喜马拉雅珊瑚 图332:1~2

Aucuba himalaica Hook. f. et Thoms.

常绿小乔木,高达6m。幼枝被毛。叶薄革质,长椭圆形、椭圆形,稀长圆状披针形,长10~20cm,宽3~7cm,先端渐尖或急尖,边缘1/3以上具7~9对细齿,叶脉在上面凹下,下面脉上被短毛;叶柄长2~3cm,被硬毛。雄花成总状圆锥花序,长10~15cm,被柔毛,各部分均为紫红色;萼片被柔毛;花瓣4枚,长圆形,长3.0~3.5mm,先端尾尖长1.5~2.0mm,反曲;花丝短;花盘微4裂;雌花序为圆锥花序,长3~5cm,密被粗毛及红褐色柔毛;花下具关节及2枚小苞片。果深红色,卵状长圆形,长1.0~1.2cm。花期3~5月;果期10月至翌年5月。

产于临桂、兴安、荔浦、龙胜、融水、罗城、环江、金秀、象州、那坡、凌云、上思、大新。生于海拔1500m以上的林下。分布于西藏南部、四川、贵州、云南、湖北、广东、浙江;不丹、印度北部、缅甸北部也有分布。

2a. 长叶珊瑚

Aucuba himalaica var. **dolichophylla** Fang et Soong

本变种的叶片为窄披针形或披针形,长9~18cm,宽1.5~3.5cm,下面无毛或仅中脉被短柔毛,边缘具细锯齿4~7对。

产于融水、龙胜。生于海拔1000m 左右的阔叶林下。分布于湖北及四川。

3. 斑叶珊瑚

Aucuba albopunctifolia F. T. Wang

常绿灌木，高 1～2m，稀为小乔木，高 6(7)m；幼枝绿色，老枝黑褐色。叶厚纸质或近于革质，倒卵形，稀长圆形，长 2.5～8.0cm，稀 16cm，宽 2.0～4.5cm，先端锐尖，长约 5mm，叶基部楔形或近于圆形，上面亮绿色，具白色及淡黄色斑点，下面淡绿色，具小乳凸状凸起，两面均无毛，叶脉上面微下凹，下面凸出；叶柄长 7～20mm，幼时散生细伏毛，后无毛。花序为顶生圆锥花序，花深紫色，较稀疏，花梗贴生短柔毛。果卵圆形，熟后亮红色，长约 9mm，直径约 6mm，种子 1 粒。花期 3～4 月；果期至翌年 4 月。

产于灌阳。生于海拔 1300～1800m 的林中。分布于四川、贵州及湖北西部。

4. 倒心叶珊瑚　图 332：3～4

Aucuba obcordata（Rehd.）Fu

常绿灌木或小乔木，高 1～

图 332　**1～2. 喜马拉雅珊瑚 Aucuba himalaica** Hook. f. et Thoms. 1. 雌花枝；2. 雌花。**3～4. 倒心叶珊瑚 Aucuba obcordata**（Rehd.）Fu 3. 叶片；4. 雌花。（仿《中国植物志》）

4m。叶厚纸质，稀近于革质，常为倒心形或倒卵形，长（4～）8～14cm，宽（2～）4.5～8.0cm，先端截形或倒心脏形，具长 1.5～2.0cm 的急尖尾，基部窄楔形，边缘具缺刻状粗锯齿，上面侧脉微下凹，下面凸出；叶柄被粗毛。雄花序为总状圆锥花序，长 8～9cm，花较稀疏，紫红色；花瓣先端具尖尾；雄蕊花丝粗壮；雌花花序圆锥状，长 1.5～2.5cm，花瓣近于雄花瓣。果较密集，卵圆形，长 1.25cm，直径 7cm。花期 3～4 月；果熟期 11 月。

产于全州、灌阳、融水、昭平、苍梧、罗城、象州、大新、贵港。生于海拔1300m 的林中。分布于陕西南部、湖北、湖南、广东、四川、贵州、云南北部等地。叶入药，有活血调经、解毒消肿的功效，主治月经不调、跌打损伤、水火烫伤。

5. 纤尾桃叶珊瑚

Aucuba filicauda Chun et How

灌木，高 1～2m。幼枝被疏伏毛，2 年生枝无毛。叶厚纸质，阔椭圆形或倒卵状椭圆形，长 11～18cm，宽 4～10cm，先端具急尾尖，长 1.0～1.5cm，基部微下延，两侧稍不对称，边缘在中部以上有浅波状锯齿，上面无毛，下面中脉及侧脉上被粗毛，侧脉 6～8 对，在上面微下凹，未达叶缘即网连；叶柄粗壮，长 1～3cm，被短粗毛。雄花序 1～3 束组成顶生总状圆锥花序，长 9～15cm，被紧贴粗伏毛；小苞片 1 枚，线形，长 1.5mm；萼杯状，无毛或被疏毛，萼片短；花瓣紫红色，卵形，长 3.5 ~ 4.0mm，先端具长 2.5mm 的卷曲尖尾，边缘被短毛；花盘微 4 裂；雄蕊 4 枚，较短；雌花序长 2 ~ 5cm，萼片、花瓣与雄花相似，子房被粗伏毛，柱头头状，微 4 裂。果椭圆形，长 1.5cm，直径约 8mm。花期 4 ~ 5 月；果期 7 月。

产于融水、兴安、龙胜。生于海拔 900 ~ 1100m 的林中。分布于贵州及云南东南部。

6. 粗梗桃叶珊瑚

Aucuba robusta Fang et Soong

常绿灌木。枝粗壮，2 年生枝灰褐色至灰黄色，被疏毛，叶痕及节上毛较多，1 年生枝被毛。叶片纸质，常为长圆形或披针形，稀倒卵长圆形，长 10 ~ 16cm，宽 2.0 ~ 3.7cm，先端渐尖，基部阔楔形或楔形，幼叶边缘具细锯齿，2 年生叶缘为腺状小齿，上面深绿色，中脉微下凹，侧脉微凸出，下面白绿色，叶脉显著凸出，被疏毛；叶柄粗壮，长 1.5 ~ 2.0cm，被疏毛。雄花序生于小枝顶端，长 2cm，暗紫色，雄花萼片呈波状 4 裂，花瓣卵圆形，长 2mm，宽 1.5 ~ 1.8mm，先端尖尾长约 1mm，雄蕊长约 1mm；雌花序未见。果序长约 3.5cm，果梗粗壮，灰黄色，被柔毛，着果处膨大，关节显著；果浅绿色，干后暗褐色，长圆形，长约 1.2cm，直径约 0.5cm，近柄处被疏毛，果上宿存萼齿、花柱、微 4 裂的柱头及环状花盘。花期 1 ~ 3 月；果期翌年 1 月。

广西特有种，产于上思、东兰。生于海拔 800 ~ 900m 的山地沟谷密林中。

4. 单室茱萸属 Mastixia Blume

常绿乔木。小枝圆柱状。叶互生或对生，革质或厚纸质，长椭圆形、卵形或长倒卵形，边缘全缘或微波状。花两性，圆锥花序顶生或腋生；花萼较厚，4 ~ 5 枚齿裂；花瓣 4 ~ 5 枚，革质，镊合状排列；雄蕊 4 ~ 5 枚，与花瓣互生，花丝短；子房 1 室；花柱短，锥形；花盘肉质，环状，4 ~ 5 枚浅裂。核果，长圆形或长卵圆形，顶端宿存萼齿及花柱；核木质，具纵槽。

约 25 种，分布于东南亚。中国 3 种 2 亚种，产于海南、云南。广西 1 种。

毛叶单室茱萸

Mastixia trichophylla W. P. Fang ex Soong

常绿乔木，高 7m；小枝深褐色，圆柱状，有时略现纵棱，密被深灰色或褐色短柔毛，老枝密被短柔毛。叶互生，厚纸质，椭圆形或长圆形，长 14 ~ 20cm，宽 5 ~ 7cm，先端锐尖，基部阔楔形，边缘干后微反卷，上面干后橄榄色，无毛，下面淡绿色，密被灰褐色短柔毛，侧脉 6 ~ 7 对，微向内弯而达于叶缘；叶柄长 2.0 ~ 2.5cm，被短柔毛。圆锥花序较稀疏，顶生或腋生，顶生的花序长 9 ~ 10cm，具花 30 朵以上，腋生花序长 4 ~ 7cm，仅具花 5 ~ 15 朵，均被褐色或黄褐色短柔毛；小苞片披针形，钝尖，长 3 ~ 5mm；花萼外侧被黄褐色短柔毛，萼片微 4 圆裂；花瓣 4 枚，淡白色，卵形，先端内折，外侧被灰色或灰黄色短柔毛；雄蕊 4 枚，花药卵圆形，2 室；花盘 4 棱；花柱长 2mm，柱头小。果未见。花期 6 ~ 7 月。

广西特有种，产于龙州及广西北部地区，生于海拔约 700m 的林中。

35　鞘柄木科 Toricelliaceae

落叶小乔木；枝具明显的半圆形叶痕；髓部大、疏松、白色。单叶互生，阔心形或近于圆形，掌状五出脉；通常有 5 枚裂片，边缘全缘或有锯齿；叶柄较长，基部鞘状无托叶。总状圆锥花序顶生，下垂；花小，单性，雌雄异株；雄花的花萼 5 裂；花瓣 5 枚，长椭圆形，先端内曲；雄蕊 5 枚，花丝短；花盘扁平；雌花的花萼 3 ~ 5 裂，无花瓣及雄蕊，花盘不明显；子房下位，椭圆形，3 ~ 4 室，每室有 1 枚下垂的胚珠，花柱 3 ~ 4 裂。核果卵形或斜卵形，紫黑色，有宿存的花萼和花柱；种子 1 粒，呈线形，有胚乳。

1 属 2 种，分布于中国西南部和中部；印度北部也有分布。广西 1 种。

鞘柄木属 Toricellia DC.

形态特征与科同。

角叶鞘柄木　烂泥树、叨里木　图333
Toricellia angulata Oliv.

落叶灌木或小乔木，高达8m；树皮灰色；疏被柔毛或无毛，老枝有长椭圆形皮孔及半环形叶痕，髓部白色。叶阔卵形或五角状圆形，长6～15cm，掌状5～7浅裂，裂片全缘，下面脉腋具簇生毛；叶柄长2.5～8.0cm，无毛，基部成鞘包于枝上。总状圆锥花序顶生，下垂，雄花序长5～30cm，密被短柔毛；雄花花萼管倒圆锥形，裂片5；花瓣5枚，长圆披针形，先端钩状内弯；雄蕊5枚，与花瓣互生，花丝短，无毛；花盘垫状，圆形，中间有3条退化的花柱；花梗被柔毛，近基部有2枚长披针形的小苞片；雌花花序常达35cm；雌花花萼管状钟形，无毛，裂片5，披针形，不整齐，先端有纤毛；子房倒卵形，3室，与花萼管合生，无毛，柱头微弯，下延。果为核果状，卵圆形，花柱宿存。花期4～5月；果期7～8月。

产于龙胜、融水、罗城、环江、凤山、隆林、田林、乐业、那坡、凌云。生于海拔300～1500m的山区疏林或溪边。分布于湖北、四川等地。根皮入药，能散瘀止痛、消肿解毒，可治外伤骨折、跌打损伤、劳伤、风湿腰痛、痈疽疮毒。

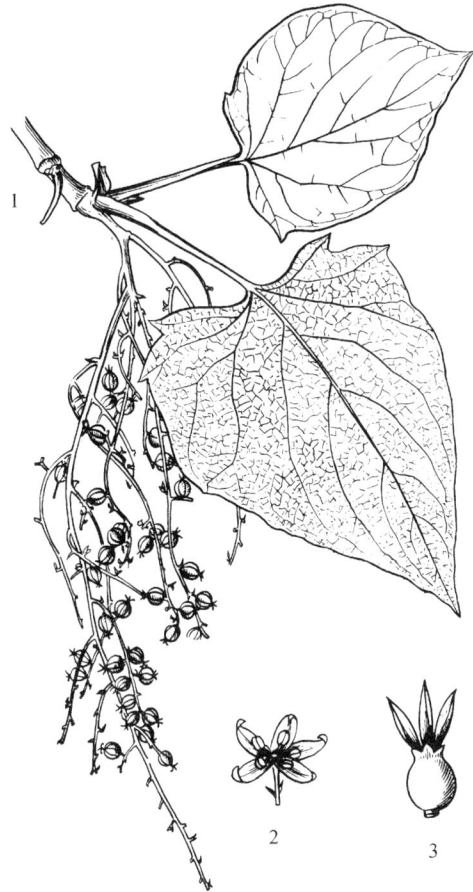

图333　角叶鞘柄木 Toricellia angulata Oliv. 1. 果枝；2. 雄花；3. 雌花。(仿《中国植物志》)

36　八角枫科 Alangiaceae

落叶乔木或灌木；稀攀援灌木，枝圆柱形，有时略呈"之"字形。单叶互生，无托叶，全缘或掌状分裂，基部两侧常不对称，羽状脉或由基部分3～7条成掌状。聚伞花序腋生，稀伞形或单生，小花梗常有关节，苞片早落；花两性；花萼与子房合生，4～10齿裂；花瓣条形，4～10枚，镊合状排列，于花后反卷；雄蕊4～40枚，花丝分离或基部连合，花药线形，2室，纵裂；花盘垫状；子房下位，1(2)室，花柱位于花盘的中部，柱头头状或棒状，不分裂或2～4裂，胚珠单生，下垂，有2层珠被。核果椭圆形、卵形或近球形，萼齿和花盘宿存，种子1粒，胚乳丰富。

1属约20种。分布于亚洲、大洋洲、非洲。中国11种9变种或亚种，广西7种3亚种。

八角枫属 Alangium Lam.

形态特征与科同。

分种检索表

1. 雄蕊10～30枚，花丝与花药近等长或花丝稍短；叶革质，近矩圆形 ·················· **1. 土坛树 A. salviifolium**
1. 雄蕊少于10枚，稀多数，花丝短于花药；叶纸质，卵形或圆形。
　2. 花较大，花瓣长1cm以上。
　　3. 雄蕊的药隔无毛；每花序具花7～30(～50朵) ················· **2. 八角枫 A. chinense**
　　3. 雄蕊的药隔被毛。

4. 攀援灌木；叶片矩圆形，两面有细硬毛；药隔有疏柔毛 ·················· **3. 广西八角枫 A. kwangsiense**
4. 乔木或灌木。

  5. 叶近圆形或阔卵形，基部偏斜，心形或近心形，背面有黄褐色丝状毛；药隔有长柔毛 ··········
      ··· **4. 毛八角枫 A. kurzii**
  5. 叶斜宽卵形至卵形，稀倒卵形，基部斜截形或偏心形，背面脉腋簇生绒毛；药隔密被淡黄色短柔毛
      ··· **5. 日本八角枫 A. premnifolium**

2. 花较小，花瓣长 1cm 以下。

  6. 叶窄披针形或长椭圆状披针形，嫩时被毛；花瓣长 5～6mm；花药基部有硬毛 ··· **6. 小花八角枫 A. faberi**
  6. 叶宽椭圆形或卵状长圆形，密被淡黄色绒毛；花瓣长 7～9mm；花药内面有疏柔毛 ··················
      ··· **7. 髭毛八角枫 A. barbatum**

1. 土坛树 割舌罗(海南) 图334
Alangium salviifolium（L. f.）Wanger.

落叶乔木或灌木，高 8m；树皮褐色或灰褐色，平滑；小枝无毛，有圆形皮孔，有时具短刺；冬芽包藏于叶柄的基部内。叶厚纸质或近革质，倒卵状椭圆形或倒卵状长圆形，全缘，长 7～13cm，宽 3～6cm，先端突钝尖，基部宽楔形或近圆，上面无毛，下面脉腋被簇生毛，侧脉 4～6 对；叶柄长 0.5～1.5cm，无毛或疏被黄色柔毛。聚伞花序具花 3～8 朵，花叶同放；总梗长 5～8mm，花梗长 7～10mm，小苞片 3；花白色至黄色，有浓香；萼片三角形，两面被柔毛；花瓣 6～10 枚；雄蕊 10～30 枚，花丝纤细，被长柔毛；药隔无毛；花盘肉质；子房 1 室，花柱倒圆锥状，柱头头状，4～5 浅裂。核果卵圆形或椭圆形，长 1.5cm，直径 1.0～1.8cm，成熟时由红色至黑色，萼齿宿存。花期 2～4 月；果期 7～10 月。

产于合浦、灵山、龙州。生于海拔 1200m 以下的疏林中。分布于广东、海南；东南亚和非洲南部也有分布。喜高温、畏寒冷、喜光，生于热带低海拔至中海拔的村边、路边或疏林中。播种繁殖，随采随播。观赏树种，果实和树皮有毒，误食果实可使舌表皮糜烂、出血；树皮煎服可引起恶心、呕吐、腹泻；对皮肤、呼吸道、眼睛有刺激作用，对神经系统和心脏有较大的毒性；根皮可作催吐剂和解毒剂。

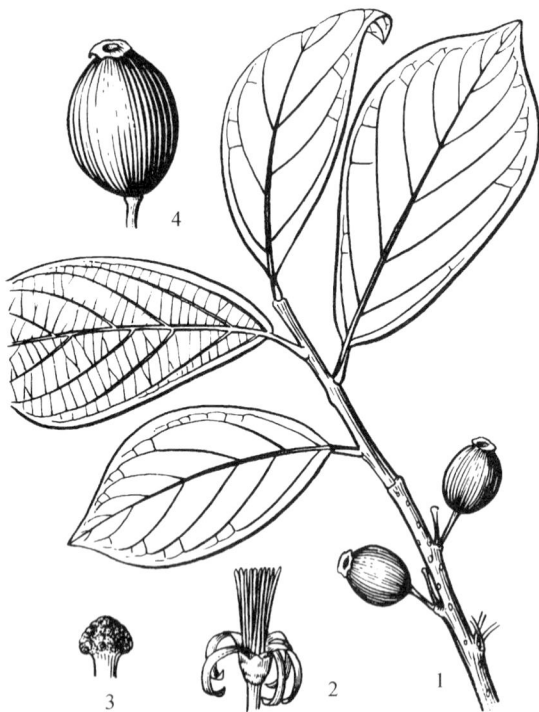

图 334 土坛树 Alangium salviifolium（L. f.）Wanger. 1. 果枝；2. 花；3. 柱头；4. 果。(仿《中国树木志》)

2. 八角枫 华瓜木、八角王 图335
Alangium chinense（Lour.）Harms

落叶乔木，高达 15m，常成灌木状；树皮淡灰色；小枝成"之"字形曲折，疏被柔毛或无毛；冬芽生于叶柄的基部内。叶纸质，近圆形或椭圆形、卵形，长 13～19（～26）cm，先端钝尖，基部两侧不对称，稀全缘或 3～7（～9）裂，上面无毛，下面脉腋被簇生毛；基出脉 3～5（～7）条，侧脉 3～5 对；叶柄长 2.5～3.5cm，幼时被毛，后无毛。二岐聚伞花腋生，有花 7～30（～50）朵，总梗 1.0～1.5cm，花梗长 0.5～1.5cm；小苞片早落；萼齿 6～8；花瓣 6～8 枚，线形，长 1.0～1.5cm，黄白色，于花后反卷，外面微被柔毛；雄蕊 6～8 枚，花丝长 2～3mm，有短柔毛，花药长 6～8mm，药隔无毛；花盘近球形，子房 2 室，花柱无毛，柱头头状，2～4 裂。核果卵圆形，长 0.7～1.2cm，直径 5～8mm，成熟后黑色，萼齿和花盘

宿存，种子1粒。花期5~7月；果期9~10月。

产于广西各地，生于海拔1800m 以下的疏林或灌丛中。分布于陕西、甘肃、江苏、安徽、浙江、福建、台湾、江西、河南、湖北、四川、湖南、贵州、云南、广东、西藏等地；东南亚及非洲东部也有分布。喜光，具一定的耐寒性，幼树稍耐阴；萌芽力强，耐修剪，根系发达，适应性强，是良好的观赏树种，也可作为交通干道两边的防护林树种。心材灰褐色，边材灰白色，纹理直，结构粗，比重轻，干燥快，不开裂，稍变形，耐腐性、抗虫性中等，易加工，可作室内装修、家具、包装箱、单板、纸浆等用材。根有毒，须根毒性更大，被称为"白龙须"，可药用，可治风湿筋骨痛、麻木瘫痪、跌打损伤等症。根含八角枫碱，可制成盐酸八角枫碱针剂，为胸、腹部等外科手术的肌松药。全株可供制土农药，用于杀蚜虫。

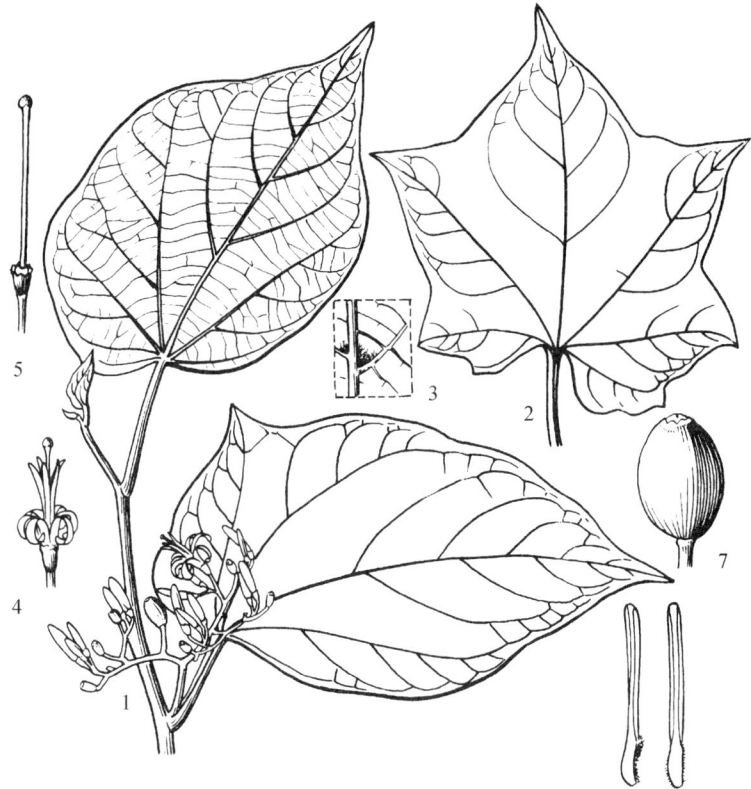

图335　八角枫 Alangium chinense（Lour.）Harms 1. 花枝；2. 嫩枝的叶；3. 叶下面的一部分，示脉腋的丛毛；4. 花；5. 雌蕊；6. 雄蕊；7. 果。（仿《中国植物志》）

2a. 伏毛八角枫

Alangium chinense subsp. **strigosum** W. P. Fang

小枝、花序及叶柄密被淡黄色平伏粗毛。叶近圆形，长15~17cm，不裂或3~5浅裂；叶柄长1~3cm。

产于那坡、乐业、隆林。生于海拔900~1200m 的疏林中。分布于陕西西部、四川东部、湖北西部、湖南西南部、贵州、云南、江西、安徽、江苏等地。

3. 广西八角枫　图336：5~8

Alangium kwangsiense Melch.

落叶攀援灌木，高达5m；树皮深紫色；小枝纤细，密被淡黄色绒毛。叶纸质或膜质，长椭圆形或卵状长圆形，长8~17cm，先端渐尖，基部偏斜，钝形或近圆，两面被淡黄色绒毛；基出脉3~5条；侧脉5~7对，网脉不显著；叶柄长1.0~1.5cm，密被淡黄色绒毛。聚伞花序腋生，短而纤细，密被硬毛和绒毛；具花5~12朵，总梗长1.0~1.5cm，花梗长0.5~1.5cm；花萼杯状，密被淡黄色绒毛，萼齿5，钝尖；花瓣5枚，线形，长1.0~1.5cm，外面密被淡黄色硬毛和丝状毛，内面无毛；雄蕊5枚，略短于花瓣，花丝密被绒毛，花药长1.0~1.4cm，药隔被疏柔毛；花盘近球形，无毛；子房1室，花柱无毛，柱头近球形。核果椭圆形或阔椭圆形，长0.8~1.2cm，宽0.5cm，成熟时黑色，萼齿宿存。花期4~5月；果期8~9月。

产于金秀、平南、鹿寨。生于海拔700m 以下的山地林中。分布于广东。

图 336　1~4. 毛八角枫 Alangium kurzii Craib 1. 花枝；2. 叶下面的一部分，示毛；3. 雄蕊；4. 果。**5~8. 广西八角枫 Alangium kwangsiense** Melch. 5. 果枝；6. 叶下面的一部分，示毛；7. 花；8. 雌雄蕊。（仿《中国植物志》）

4. 毛八角枫　图 336：1~4
Alangium kurzii Craib

落叶小乔木或灌木，高 5~10m；树皮深褐色；小枝被淡黄色绒毛，具淡白色圆形皮孔。叶互生，纸质，近圆形或阔卵形，长 12~14cm，宽 7~9cm，先端短尖，基部偏斜，心形或近心形；上面深绿色，幼时沿叶脉被柔毛，下面被黄褐色丝绒毛，脉腋被簇生毛；主脉 3~5 条，侧脉 6~7 对；叶柄长 2.5~4.0cm，被黄褐色微绒毛，稀无毛。聚伞花序有花 5~7 朵，总梗长 3~7cm，花梗长 5~8mm；花萼裂成锐尖形，萼齿 6~8；花瓣 6~8 枚，线形，长 2.0~2.5cm，黄白色；雄蕊 6~8 枚，略短于花瓣，花丝长 3~5mm，有疏柔毛，花药长 1.2~1.5cm，药隔有长柔毛；花盘近球形，有微柔毛；子房 2 室，每室有胚珠 1 枚，花柱上部膨大，柱头近球形，4 裂。核果椭圆形或长椭圆形，长 1.2~1.5cm，成熟时黑色，萼齿宿存。花期 5~6月；果期 9~10 月。

产于临桂、兴安、永福、鹿寨、融水、金秀、昭平、苍梧、梧州、天峨、平果、那坡、宁明、龙州、合浦、上林、武鸣。生于低海拔的山地林中或灌丛。分布于江苏、浙江、安徽、江西、湖南、贵州、广东等地。木材密度中等，心材红褐色，边材灰白色，纹理直，结构粗，干燥开裂，抗虫，耐腐性中等，可作室内装修及包装材料。根、茎、枝条均可入药，有舒筋活血、散瘀止痛的功效，可治跌打瘀肿、骨折。

4a. 云山八角枫
Alangium kurzii var. **handelii**（Schnarf）W. P. Fang

小枝无毛。叶长圆状卵形或椭圆状卵形，长 11~19cm，叶柄长 2.0~2.5cm。叶及叶柄幼时被毛，后脱落。花药药隔有粗伏毛。

产于永福、临桂、兴安、永福、金秀、昭平、梧州、苍梧、上思、武鸣、马山、上林、横县、龙州、博白、都安等地。生于海拔 1000m 以下的山地疏林中。分布于江苏、浙江、福建、安徽、河南、江西、湖南、贵州、广东等地。心材淡褐色，边材淡白色，纹理直，结构粗，硬度小，干燥开裂，抗虫、耐腐性中等，可作建筑、一般家具、包装箱、纸浆等用材。

5. 日本八角枫
Alangium premnifolium Ohwi

落叶乔木，高达 15m。枝条无毛或被贴伏短柔毛。叶片斜宽卵形至卵形，稀倒卵形，长 10~

17cm，宽 5~12cm，背面脉腋簇生绒毛，基部斜截形或偏心形，全缘先端渐尖或骤钝；叶柄长 2~4cm。花序有 2~5 朵花，短，长 3~8cm，花梗长 1.0~1.5cm；花萼无毛，花瓣 7 枚，线形，长约 2cm，内面被黄色短柔毛；雄蕊 7 枚，长约 1.8cm，花药隔基部内侧密被淡黄色贴伏短柔毛；花柱长约 2.5cm，无毛，柱头 2 裂。核果椭圆形，长 1.0~1.2cm。花期 5~6 月；果期 9 月。

产于广西东北部，生于海拔 500~1500m 的林中。分布于安徽、广东、湖南、江苏、浙江等地；印度、印度尼西亚、日本、马来西亚、缅甸、越南也有分布。

6. 小花八角枫　西南八角枫　图 337：1~5

Alangium faberi Oliv.

落叶小乔木或灌木；树皮灰褐或深褐色；小枝纤细，幼时被平伏毛，后近无毛；冬芽被黄色短柔毛。叶薄纸质至膜质，窄披针形或长圆状披针形，长 7~12（~19）cm，宽 2.5~3.5cm，有时为掌状 3 裂，先端渐尖或尾尖，基部圆或稍偏斜，两面被毛，后脱落；侧脉 6~7 对；叶柄长 1.0~1.5cm，疏生淡黄粗伏毛。聚伞花序短而纤细，具花 5~10（~20）朵，总花梗长 5~8mm，花梗长 5~8mm；苞片三角形，早落；花萼 7 裂，裂片三角形，外被平伏粗毛；花瓣 5~6 枚，长 5~6mm，线形，被柔毛，于花时外卷；雄蕊 5~6 枚，与花瓣近等长，花丝顶端密被长柔毛，花药长 4~6mm，药隔基部被须状粗毛；花盘近球形；子房 1 室，花柱无毛，柱头近球形。核果近卵圆形或卵状椭圆形，长 0.7~1.0cm，直径 0.5cm，成熟时蓝黑色，萼齿宿存。花期 5~6 月；果期 9~10 月。

产于全州、兴安、龙胜、临桂、桂林、恭城、融水、南丹、东兰、罗城、金秀、苍梧、防城、那坡、南宁。生于海拔 1600m 以下的山地疏林或灌丛中。分布于四川、湖北、湖南、贵州、广东等地。根、叶入药，有祛风除湿、活血止痛的功效，可治风湿痹痛、胃脘痛、跌打损伤等症。

6a. 阔叶八角枫

Alangium faberi var. **platyphyllum** Chun & F. C. How

叶片长 12~15cm，宽 6~8cm，矩圆形或椭圆状卵形，基部不对称，显著地偏斜，截形或近心脏形。

产于广西大部分地区。生于山地疏林中。分布于广东的南部。

7. 髭毛八角枫　图 337：6

Alangium barbatum（R. Br.）Baill.

落叶灌木或小乔木；高 3m。小枝纤细，幼时密被黄色细硬毛，后较稀少。叶纸质或薄纸质，常不分裂，椭圆形或卵状长圆形，长 10~17cm，宽 5~10cm，先端短渐尖，基部心形或圆，偏斜；叶缘有毛，幼时两面密被

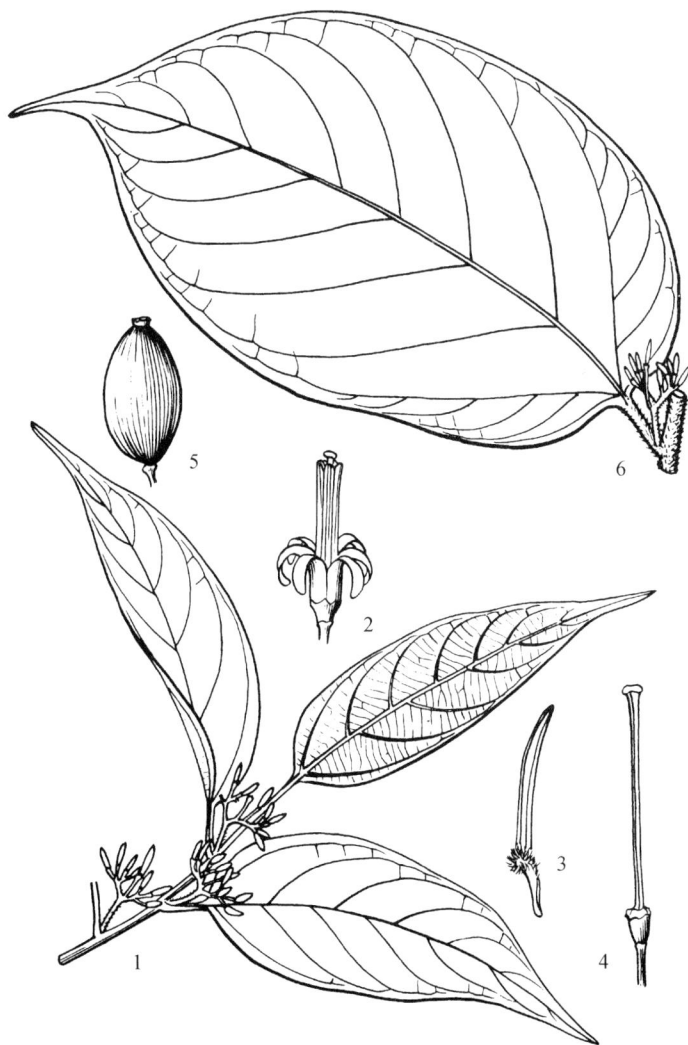

图 337　**1~5. 小花八角枫 Alangium faberi** Oliv. 1. 花枝；2. 花；3. 雄蕊；4. 雌蕊；5. 果。**6. 髭毛八角枫 Alangium barbatum** Baillon ex Kuntze 枝。（仿《中国植物志》）

细硬毛，后脱落，有时沿叶脉有粗伏毛；主脉 3 ~ 5 条，侧脉 6 ~ 10 对；叶柄长 1.5 ~ 2.0(~ 6.0)cm，基部稍弯曲，被硬毛和微绒毛。聚伞花序长 1.4 ~ 2.5cm，被硬毛和微绒毛，有花 10 ~ 20 朵；总梗长 5 ~ 8cm，花梗长 0.2 ~ 1.0cm；苞片线形至丝状；萼齿 5 ~ 7；花瓣 5 ~ 7 枚，长 7 ~ 9mm，白色至黄色，外面被绒毛，内面被平伏柔毛；雄蕊 5 ~ 7 枚，长约 5.5mm，花丝上部膨大具硬毛，药隔内侧有疏柔毛；花柱长 4.0 ~ 5.5mm，柱头头状。核果卵形或椭圆形，长 0.8 ~ 1.0cm，宽 0.4 ~ 0.6cm，萼片及花盘宿存。花期 5 ~ 6 月；果期 9 ~ 10 月。

产于上思、防城、扶绥、宁明。生于海拔 1000m 以下的山地林中或林缘。分布于云南、广东；印度、不丹、缅甸、越南、老挝、泰国也有分布。

37　蓝果树科 Nyssaceae

落叶乔木，稀灌木。单叶，互生，羽状脉，全缘或边缘锯齿状，无托叶。花单性或杂性，雌雄异株或同株；雌花、两性单生或为头状花序；雄花序头状、总状或伞形；花萼具 5(8) 枚小齿或全缘；花瓣 5 枚，稀更多，覆瓦状排列；雄蕊 10(8 ~ 16) 枚，常排成 2 轮，花丝线形或钻形，花药椭圆形，内向或侧向；花盘垫状，无毛；子房下位，1 室，稀 2 室，每室有下垂倒生的胚珠 1 枚，花柱钻形，上部微弯曲，有时分枝。核果或坚果，花萼及花盘宿存。种子 1 粒，种皮薄，有胚乳。

5 属约 30 种，产于东亚、北美。中国 3 属约 10 种。广西 2 属 5 种。

本科多为高大乔木，树冠圆形，生长迅速，为优良的庭院树种和行道树种，有些种类可作材用，木材可供制造器具或用作建筑材料。

分属检索表

1. 坚果，果序头状；雄花为头状花序 ·· **1. 喜树属 Camptotheca**
1. 核果，单生或几个簇生；雄花为伞形花序 ································· **2. 蓝果树属 Nyssa**

1. 喜树属 Camptotheca Decne.

落叶乔木，叶互生，叶脉羽状。雌雄花均为头状花序，花杂性同株；苞片肉质；花萼杯状，5 齿裂；花瓣 5 枚，卵形，覆瓦状排列；雄蕊 10 枚，不等长，着生于花盘外侧，排成 2 轮，花药 4 室；子房下位，1 室，花柱上部常分 2 枝。果序头状，坚果长圆形，顶端平截，花盘宿存。

2 种，中国特产，广西全产。

分种检索表

1. 叶片椭圆状卵形或椭圆形，基部圆或宽楔形，侧脉 11 ~ 15 对 ················ **1. 喜树 C. acuminata**
1. 叶片卵形，基部心形或卵形，侧脉 14 ~ 18 对 ··················· **2. 洛氏喜树 C. lowreyana**

1. 喜树　旱连　图 338

Camptotheca acuminata Decne.

乔木，高达 30m，树干通直，树皮灰色，纵裂。小枝髓心片状分隔，1 年生枝被灰色微柔毛，2 年生枝无毛，疏生圆形或卵形皮孔；冬芽芽鳞边缘被短柔毛。叶纸质，椭圆状卵形或椭圆形，长 12 ~ 28cm，宽 6 ~ 12cm，全缘或具粗锯齿，先端短锐尖，基部圆或宽楔形，幼树的叶锯齿粗大，上面沿脉被柔毛，后脱落，下面被柔毛；侧脉 11 ~ 15 对；叶柄长 1.5 ~ 3.0cm，幼时有微柔毛，后脱落。花杂性，同株；头状花序顶生或腋生，直径 1.5 ~ 2.0cm，常由 2 ~ 9 个头状花序组成圆锥花序，上部为雌花序，下部为雄花序；总花梗长 4 ~ 6cm，幼时有微柔毛；苞片 3 枚，三角形，两面均被短柔毛；花萼 5 浅裂，边缘睫毛状；花瓣 5 枚，外面密被短柔毛，早落；花盘显著；雄蕊 10 枚，外轮 5 枚长于花瓣，内轮较短，花丝无毛；子房下位，花柱无毛，顶端分 2 枝。坚果具薄翅，棕灰色，长 2 ~ 3cm，具 2 ~ 3 纵脊，花盘宿存。花期 5 ~ 7 月；果期 9 ~ 11 月。

产于桂林、临桂、兴安、金秀、凤山、南丹、河池、罗城、隆林、凌云、靖西、德保等地。生于海拔 1000m 以下的山地林缘或溪边，广西各地也有栽培。分布于江苏、浙江、福建、江西、湖北、湖南、四川、贵州、广东、云南等地。喜温暖湿润气候，不耐干旱寒冷。喜光，苗期较耐阴。不抗风，树干枝条较脆，易风折。速生，萌芽性强。深根性，喜肥沃湿润土壤，不耐干旱瘠薄，在酸性、中性、弱碱性土上均能生长，在石灰岩风化的土壤及冲击土上均生长良好。较耐水湿，在河滩沙地、河岸、溪边生长旺盛。可供提取喜树碱，有抗癌作用，也可作化学不育剂用于害虫控制。喜树碱幼芽含量最高，叶片、果实其次，2 年生枝条喜树碱含量

图 338 喜树 Camptotheca acuminata Decne. 1. 花枝；2. 翅果；3. 翅果的内面和外面。(仿《中国植物志》)

高于 1 年生枝条。8 月中下旬至 9 月上旬采集喜树苗各枝条中上部叶提取喜树碱，效果最好。木材心边材不明显，密度小，淡黄褐色，纹理直，结构细，强度、硬度中等，干燥后易翘裂，抗虫，不耐腐，可作单板、室内装修、包装箱等用材。树干通直，生长较快，可作绿化树种。

2. 洛氏喜树

Camptotheca lowreyana S. Y. Li

落叶乔木，高达 20m，直径约 1.2m。树皮浅灰色，幼时光滑，成熟时有深裂。叶片卵形，长 12 ~ 19cm，宽 7 ~ 10cm，下面绿色有光泽，基部心形或卵形，疏被短柔毛；侧脉 14 ~ 18 对，全缘。苞片长 1.5 ~ 2.0mm；花瓣长 1.5 ~ 2.5mm。果实 2 或 3 枚，具薄翅，灰褐色，长 2.5 ~ 3.5cm，宽 5 ~ 7mm，干后光滑有光泽。花期 6 ~ 8 月；果期 9 ~ 12 月。

产于德保。分布于福建、广东、湖南、江西、四川。

2. 蓝果树属 Nyssa Gronov. ex L.

乔木或灌木。叶互生，全缘或有锯齿，无托叶。花单性或杂性，雌雄异株；头状、伞形或总状花序，无花梗或有短花梗；雄蕊的花托盘状或杯状，雌花或两性花的花托较长，常成管状、壶状或钟状；花萼裂片 5 ~ 10 枚；花瓣 5 ~ 8 枚；雄蕊在雄花中 5 ~ 10 枚，在雌花和两性花中与花瓣同数或不发育；花盘不甚发育，全缘或具圆齿状或裂片状；在两性花和雌花中子房下位和花托合生，1 室，每室有 1 枚胚珠，花柱弯曲或反卷，在雄花中雌蕊不发育。核果矩圆形、长椭圆形或卵圆形，花萼

和花盘宿存；果核扁形，有沟纹。

约 12 种，产于东亚和北美。中国 7 种。广西 3 种。

分种检索表

1. 花有梗，伞形或总状花序；小枝、叶柄和花梗幼时有紧贴的疏柔毛，后脱落 ·················· **1. 蓝果树 N. sinensis**
1. 花无梗或仅雄花有梗，头状花序。
  2. 核果较大；小枝、花梗和叶下面幼时被短柔毛或微绒毛 ·················· **2. 华南蓝果树 N. javanica**
  2. 核果较小；小枝、总梗和厚革质的叶均无毛 ·················· **3. 上思蓝果树 N. shangszeensis**

1. 蓝果树　紫树　图 339：1
Nyssa sinensis Oliv.

落叶乔木，高达 30m，胸径 1m。树皮灰褐色，浅裂成薄片脱落；小枝 1 年生淡绿色，多年生浅褐色；髓心片状分隔；皮孔显著，近圆形；冬芽淡紫绿色，被灰色柔毛。叶纸质或薄革质，互生，椭圆形或椭圆状卵形，长 8～16cm，宽 5～6cm，先端渐尖或突渐尖，基部楔形或稍圆，边缘略呈浅波状；幼苗及萌芽枝的嫩叶下面疏被微柔毛，边缘具粗锯齿；侧脉 6～10 对；叶柄长 1.5～2.0cm。伞形或短总状花序，总梗幼时微被长疏毛；花单性，雄花着生于老枝上，花萼小，花瓣早落，花丝短，雄蕊 5～10 枚，生于花盘的周围；雌花着生于幼枝上，基部有小苞片，花萼裂片全缘，花瓣鳞片状，花盘垫状，子房下位，和花托合生，无毛或基部微有粗毛。核果椭圆形或长倒卵形，微扁，长 1.0～1.5cm，成熟时深蓝色，后变深褐色，常 3～4 朵簇生；种皮坚硬，有 5～7 条纵沟纹。花期 4～5 月；果期 9～10 月。

产于全州、临桂、资源、龙胜、永福、贺州、金秀、鹿寨、融水、罗城、凤山、凌云、那坡、隆林、乐业、上林、上思、合浦等地。生于海拔 400～1100m 的山地林中或林缘。分布于江苏、浙江、安徽、江西、湖北、四川、湖南、贵州、福建、广东、云南等地。耐寒，喜光，适生于深厚肥沃、排水良好的中性至微酸性土壤。深根性，根系发达。生长快，病虫害少。

播种繁殖，成熟果实呈深蓝色时及时采收。果实采回后

图 339　1. 蓝果树 Nyssa sinensis Oliv. 果枝。2～3. 上思蓝果树 Nyssa shangszeensis W. P. Fang & Soong 2. 果枝；3. 果。(仿《中国植物志》)

用碱水浸泡数日，搓去果皮，清水冲洗干净，稍晾干后湿沙贮藏。春播，选排灌方便的酸性砂壤土做苗圃。播种半个月后即开始出土，6~8 月为苗木生长高峰期，1 年生苗高 110~130cm。材质坚硬，结构细致，可作枕木、建筑、家具、造纸、纤维板材等用途。干形挺直，叶茂荫浓，春有紫红色嫩叶，秋叶转绯红，观赏价值较高，对二氧化硫抗性强，可作公路和厂区绿化树种。根入药，有抗癌作用。

2. 华南蓝果树 华南紫树

Nyssa javanica（Bl.）Wanger.

落叶乔木，高达 30m。1 年生枝条密被黄色微绒毛，多年生枝条无毛。叶薄革质，长圆状披针形或长圆状倒卵形，长 10~15cm，宽 3.5~5.0cm，先端短尖，基部楔形，幼叶下面被柔毛，老叶无毛或仅脉上被毛；侧脉 8~11 对；叶柄长 1.5~3.5cm。头状花序近球形，直径 1.2~1.8cm，常生于近小枝顶端的叶腋；总梗长 1.0~3.5cm，无毛或微被柔毛；雄花的苞片早落，雌花的苞片宿存；雄花序有花 20~40 朵，花瓣 4~5 枚，两面被短柔毛；雄蕊 8~10 枚，花盘垫状，8~10 裂；两性花和雌花序有花 3~8 朵，花萼密被长柔毛，裂片 4~5 枚，花瓣 4~5 枚，雄蕊 8~10 枚，内轮不发育，花柱长 1.5~2.0mm，顶端 2 裂。核果椭圆形，稍扁，长 1.5~2.0cm，花萼和花盘宿存，成熟时紫色；种子倒卵形，稍扁，有纵沟纹 5 条。花期 5 月；果期 10 月。

产于上思、防城、宁明、那坡。生于山地阔叶林中或林缘。分布于云南、广东等地；东南亚也有分布。心材浅黄色，边材色浅，具光泽，无特殊气味，纹理斜或略交错，结构细而匀，密度、硬度及强度皆中等，干燥不难，易翘曲，耐腐性差，易发生霉变和受虫蛀，可用于制做旋切单板、胶合板、一般家具、包装箱盒。

3. 上思蓝果树 图 339：2~3

Nyssa shangszeensis W. P. Fang & Soong

常绿小乔木，高 3~5m。树皮深褐或黑色；小枝 1 年生紫绿或淡紫色，多年生褐色或深褐色，具显著的叶痕。叶厚革质，长椭圆或椭圆形，长 7~11cm，宽 3~5cm；先端短钝尖，基部阔楔形或钝形，边缘浅波状或近全缘；侧脉 9~10 对；叶柄长 1.5~2.5cm。核果常 3~4 枚成头状果序，长椭圆形，微扁，长 1.2cm，花萼及花盘宿存，基部有小苞片 3 枚，外面被微柔毛；种子扁形，有纵肋纹 7 条。花期 5 月；果期 9 月。

产于防城、上思。生于海拔 600m 以下的常绿阔叶林中。

38　五加科 Araliaceae

乔木、灌木或藤本，稀多年生草本，有刺或无刺。单叶，3 片小叶复叶、掌状复叶或羽状复叶，互生，常簇生于枝顶；托叶常与叶柄基部合生成鞘状，稀无托叶。花两性或杂性，稀单性异株，伞形花序或头状花序，或再组成圆锥花序；萼 5 齿裂或不裂；花瓣分离；雄蕊与花瓣同数而互生，或为花瓣的倍数，稀多数，生于花盘外缘，花药"丁"字状着生；子房下位，花柱分离、部分合生或全部合生成柱状；胚珠 1 枚，顶生胎座。浆果或核果；种子常侧扁，有胚乳。

约 80 属 900 种，分布于南北两半球热带至温带地区；中国 21 属，除新疆外，全国各地均有分布；还有引种栽培 1 属；本志记载广西 15 属。

分属检索表

1. 单叶或掌状复叶。
　2. 子房 1 室，花柱 1 条；单叶，全缘，无托叶；花两性，无花梗；花萼 5 齿裂，基部有关节 ………………………………………………………………………………………… **1. 马蹄参属 Diplopanax**
　2. 子房 2~12 室，花柱合生成柱状或中部以下合生，或分离。
　　3. 花梗有关节。

    4. 花柱合生成柱状；果球形或卵球形；掌状复叶 ……………………………… **2. 大参属 Macropanax**

    4. 花柱分离或基部合生；果扁球形；单叶或掌状复叶或两者兼有 ……………… **3. 梁王茶属 Metapanax**

  3. 花梗无关节。

    5. 单叶，稀兼有掌状复叶。

      6. 枝干有刺。

        7. 子房6~12室；叶掌状深裂，裂片常有假小叶柄；果卵形…………………… **4. 刺通草属 Trevesia**

        7. 子房2(3~5)室；叶掌状分裂，裂片无假小叶柄；果球形、近球形或陀螺形。

          8. 落叶乔木；花两性；枝有长短枝之分 ………………………… **5. 刺楸属 Kalopanax**

          8. 常绿乔木或灌木；花两性或杂性；枝无长短枝之分 ……………… **6. 罗伞属 Brassaiopsis**

      6. 枝干无刺。

        9. 子房5(10)室。

          10. 攀援藤本；有气生根；伞形花序单生枝顶，或几个组成短圆锥状；花两性；胚乳嚼烂状……

            ………………………………………………………………… **7. 常春藤属 Hedera**

          10. 直立乔木或灌木，无气生根；叶常有半透明红棕色或红黄色腺点；花两性或杂性，伞形花序

            单生或数个组成复伞形花序；胚乳均匀 ……………………… **8. 树参属 Dendropanax**

        9. 子房2(3~4)室；常绿灌木，地下有葡匐茎；托叶与叶柄基部合生；伞形花序组成圆锥状花序；

        花柱分离 ………………………………………………………… **9. 通脱木属 Tetrapanax**

    5. 掌状复叶。

      11. 托叶与叶柄基部合生成鞘状；小枝无刺，被星状绒毛或无毛；花两性；花瓣5~11枚；雄蕊5~11

      枚 ……………………………………………………………… **10. 鹅掌柴属 Schefflera**

      11. 无托叶或托叶不明显。

        12. 枝有刺，稀无刺；花两性，稀单性异株；萼筒有5小齿，稀全缘；花瓣5枚，稀4枚；雄蕊与花

        瓣同数；子房2~5室；花柱2~5条 ……………………… **11. 五加属 Eleutherococcus**

        12. 枝无刺；花两性；花萼全缘或4~5齿；花瓣4(5)；雄蕊与花瓣同数；子房具心皮2~4(~5)；

        花柱2~4(~5) ……………………………………………… **12. 萸叶五加属 Gamblea**

1. 羽状复叶。

  13. 花瓣在花芽中镊合状排列；多为三至五回羽状复叶，稀二回羽状复叶；托叶与叶柄基部合生；花杂性；果侧

  扁 ……………………………………………………………………… **13. 幌伞枫属 Heteropanax**

  13. 花瓣在花芽中覆瓦状排列；果球形，有棱脊。

    14. 常绿性；枝干无刺，有纵脊；无托叶或不明显；一回羽状复叶，稀二至三回羽状复叶；花柱合生，稀完

    全分离 ………………………………………………………… **14. 羽叶参属 Pentapanax**

    14. 落叶性；枝干有刺(草本除外)，髓心较松；托叶与叶柄基部合生；二至三回羽状复叶；花柱分离 ……

    …………………………………………………………………………… **15. 楤木属 Aralia**

1. 马蹄参属 Diplopanax Hand. – Mazz.

    乔木，无刺，单叶，全缘，无托叶。花两性，无花梗，圆锥状花序顶生，花序上部的花单生，下部的花排成无总梗或有短总梗的伞形花序；花萼5齿裂，基部有关节；花瓣5枚，镊合状排列；雄蕊10枚，常有5枚不育；子房1室，花柱1条。果实长圆状卵形或卵形；种子1粒，侧扁；胚马蹄形，胚乳均匀。

    2种，产于中国中南部及越南；中国1种，广西也产。

马蹄参　大果五加、野枇杷(广西)

Diplopanax stachyanthus Hand. – Mazz.

    乔木，高达25m，胸径30cm；小枝深褐色，有白色长圆形皮孔。叶革质，倒卵状披针形或倒卵状长圆形，长9.5~15.5cm，宽3.5~6.5cm，先端尖，基部楔形，下面沿中脉疏被星状毛或无毛，侧脉6~11对，两面明显，网脉在上面不明显；叶柄无毛。花序上部穗状，花序梗长2~20mm；萼筒倒圆锥形，长3~4mm，密被柔毛；花瓣肉质，外被柔毛；花丝比花瓣短，花药长圆形。果实长

约5cm，直径约3cm，坚硬，无毛，略有脉纹。花期6~7月；果期11月。

易危种。产于龙胜、贺州、融安、罗城、隆林、凌云、田林、猫儿山、大苗山、大瑶山、大明山、十万大山等地。生于海拔800m以上的山地阔叶林中。分布于云南东南部、贵州东南部、湖南南部；越南亦有分布。喜温凉潮湿气候，居乔木上层。播种繁殖，结实量低、发芽率低、幼苗成活率低。木材密度较小，灰白色，纹理直，结构细，耐腐性中等，可作家具及室内装修等用材。

2. 大参属 Macropanax Miq.

常绿乔木或灌木，无刺。掌状复叶，全缘或有锯齿，有托叶或无托叶。花杂性，伞形花序组成圆锥状；苞片小，早落；花梗有关节；萼齿5；花瓣5枚，镊合状排列；雄蕊5枚；子房2(3)室，有纵脊，花柱合生，稀先端分离。果实球形或卵球形；种子扁，胚乳嚼烂状。

约20种，产于亚洲东南部；中国7种；广西4种，本志收载3种。

分种检索表

1. 小叶柄0.3~3.5cm；叶下面被微小鳞片；花序轴、花梗、花萼有毛 ························· **1. 疏脉大参 M. paucinervis**
1. 小叶柄0.5~1.5cm，稀长达5cm；叶两面无毛；花序轴、花梗、花萼无毛。
　 2. 小叶片边缘疏生钝齿或锯齿，侧脉8~10对，两面明显；小叶柄短，长3~10mm，稀长至15mm；伞形花序较
　 　 小，直径约1.5cm ························· **2. 短梗大参 M. rosthornii**
　 2. 小叶片全缘，稀有细齿，侧脉约6对，下面不甚明显；小叶柄长至5cm；伞形花序较大，直径约2.5cm ······
　 　 ························· **3. 波缘大参 M. undulatum**

1. 疏脉大参　米茶包(广西)　图340：1~3

Macropanax paucinervis C. B. Shang

乔木，高达15m，胸径约20cm；小枝被灰色柔毛。掌状复叶，叶柄长达16cm，无毛；小叶4~7片，纸质，长圆形或倒卵状长圆形，长6~14cm，宽3~7cm，先端尖，基部圆或宽楔形，上部疏生腺齿或近全缘，无毛；下面被乳点；侧脉4~6对；小叶柄长0.3~3.5cm。花序长达30cm，其分枝长达20cm，被灰褐色绒毛，后无毛；伞形花序排列较疏，花序梗长1.5~5.0cm；花梗长4~15mm；花白色；花萼被毛。果球形，径约8mm，果梗有节。花期5~6月；果期11~12月。

广西特有种，产于龙州，生于海拔500~800m的山谷疏林中。

2. 短梗大参　节梗大参(广西)、七叶风(湖南)　图340：4~6

Macropanax rosthornii (Harms) C. Y. Wu ex Hoo

常绿灌木或小乔木，高2~9m，胸径20cm；小枝无毛。叶有小叶3~5片，稀7片；叶柄长2~20cm或更长；小叶片纸质，倒卵状披针形，长6~18cm，宽1.2~3.5cm，先端短渐尖或长渐尖，基部楔形，两面均无毛，边缘疏生钝齿或锯齿，齿有小尖头，侧脉8~10对，两面明显，网脉不明显；小叶柄长0.3~1.0cm，稀长至1.5cm。圆锥花序顶生，长15~20cm，主轴和分枝无毛；伞形花序直径约1.5cm；总花梗长0.8~1.5cm，无毛；花梗无毛；花白色；萼无毛。果实卵球形，长约5mm；宿存花柱长1.5~2.0mm。花期7~9月；果期10~12月。

产于临桂、龙胜、兴安、隆林、乐业、大明山等地。生于海拔500~1500m的林中。分布于四川、贵州、甘肃、湖南、湖北、江西、广东、福建等地。喜阴凉环境。枝叶繁茂，叶形独特，树形美观，具较高的观赏价值，适合作为园林观赏树种。根入药，可治骨折、风湿关节炎。

3. 波缘大参　波叶大参

Macropanax undulatus (Wall.) Seem.

常绿乔木，高4~15m。叶有小叶3~5片；叶柄长10~15cm，无毛；小叶片纸质，椭圆状披针形至椭圆状长圆形，长7~18cm，宽3.5~7.5cm，先端渐尖，基部楔形至圆形，两面均无毛，边缘全缘，稀有细齿，侧脉约6对，上面明显，下面不甚明显，网脉不明显；小叶柄长0.5~1.5cm，中

央的可长至 5cm。圆锥花序顶生，长 15 ~ 30cm，主轴和分枝无毛；伞形花序直径约 2.5cm；总花梗长 5 ~ 10mm 或更长，无毛；花梗长 3 ~ 5mm，无毛；花白色；萼无毛。果实卵球形，长约 5mm；宿存花柱长约 2mm。花期 10 ~ 11 月；果期翌年 5 ~ 6 月。

产于龙州、凭祥、宁明。生于海拔 400m 以上的山坡或沟谷疏林中。分布于云南、贵州；缅甸、不丹、印度、越南、老挝、柬埔寨也有分布。

3. 梁王茶属
Metapanax J. Wen ex Fordin

常绿灌木或乔木，无刺，无毛。单叶或掌状复叶，常掌状分裂，托叶不明显或缺。伞形花序单生，或组成总状或圆锥状；花梗有关节；萼筒全缘或有 5 齿；花瓣 5 枚，镊合状排列；雄蕊 5 枚；子房 2(3 ~ 4) 室，花柱 2(3 ~ 4)，分离或基部合生。果球形，侧扁；种子侧扁，胚乳均匀。

约 15 种，主产于大洋洲；中国 2 种；广西 1 种。

异叶梁王茶 大卫梁王茶
Metapanax davidii（Franch.）J. Wen ex Frodin

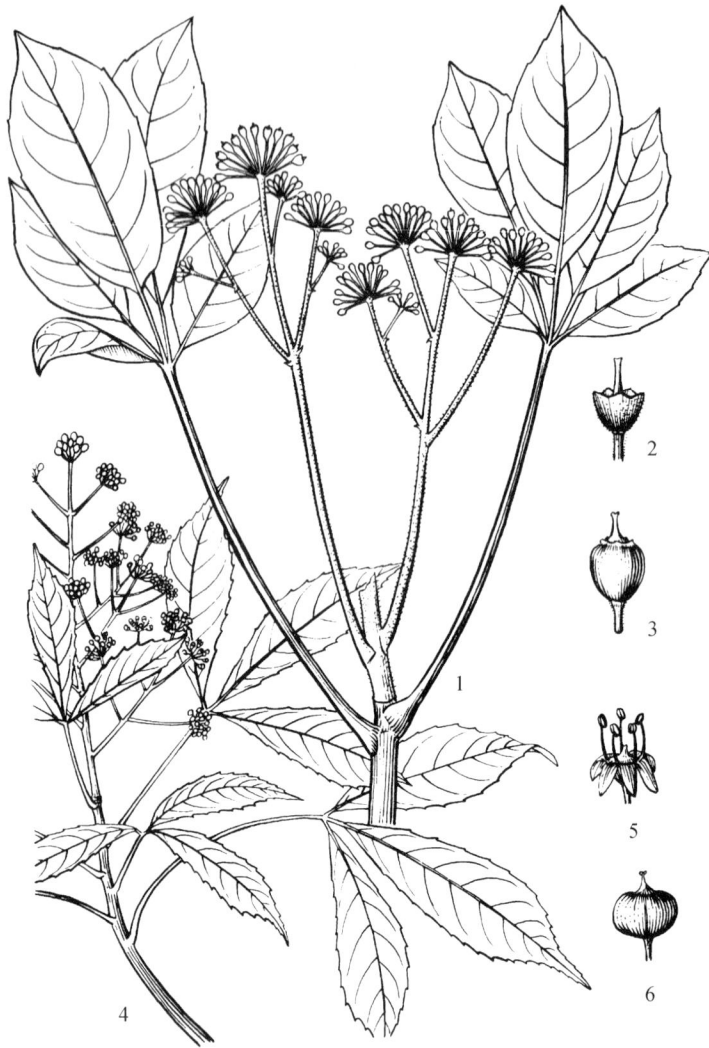

图 340 1 ~ 3. 疏脉大参 Macropanax paucinervis C. B. Shang 1. 果枝；2. 花萼及雌蕊；3. 果。4 ~ 6. 短梗大参 Macropanax rosthornii（Harms）C. Y. Wu ex Hoo 4. 花枝；5. 花；6. 果。(1 ~ 3 仿《中国树木志》，4 ~ 6 仿《中国高等植物图鉴》)

乔木，高达 12m。同一植株常兼有单叶及掌状复叶，单叶长圆状卵形或长圆状披针形，长 6 ~ 20cm，宽 2.5 ~ 7.0cm，先端长渐尖，基部宽楔形或圆形，三出脉，有锯齿，有时 3 深裂或裂成 3 片小叶，小叶无柄，裂片或小叶披针形，侧脉 6 ~ 8 对，不明显；几无小叶柄。圆锥状花序，长达 18cm；伞形花序，有花 10 余朵，花序梗长约 2cm；花白色或淡黄色，芳香，三角状卵形，长约 1.5mm；花丝长 1.5mm，子房 2 室，花盘稍隆起。果径约 5mm，熟时黑色，宿存花柱顶端反曲。花期 6 ~ 8 月；果期 9 ~ 11 月。

产于隆林德峨、南丹。分布于云南、四川、贵州、湖南、湖北、陕西等地；越南北部也有分布。根茎入药，有祛风除湿、活络的功效，可治风湿痛及跌打损伤；树皮、枝、叶含有挥发性油。

4. 刺通草属 Trevesia Vis.

灌木或小乔木，有刺。单叶，掌状分裂呈假掌状复叶；托叶有时不明显。花两性，伞形花序组成圆锥状花序；花梗无关节；萼筒全缘或有不明显小齿；花瓣 6 ~ 12 枚，镊合状排列，常合生成帽状，早落；雄蕊与花瓣同数；子房 6 ~ 12 室，花柱合生成柱状。果卵形；种子扁平；胚乳均匀。

约 10 种，产于印度东部至马来西亚及法属波利尼西亚；中国 1 种，分布于广西、云南、贵州。

刺通草 广叶蓂、桄树、脱萝（广西） 图 341：5～9

Trevesia palmata（Roxb.）Vis.

小乔木，高达 8m，胸径约 15cm；茎、枝、叶柄均有刺。单叶，革质，近圆形，直径 60～90cm，5～9 深裂，裂片披针形，先端渐尖，有锐锯齿或羽状分裂，幼树常有假掌状复叶，无毛或被星状毛；侧脉明显，网脉在上面不明显；叶柄长 60～90cm，常具刺；鞘状托叶，先端 2 裂。伞形花序，花多数；花序梗长 5～10cm，初被锈色绒毛；花梗长 1.5～3.0cm；花淡黄绿色；萼被锈色绒毛，萼齿 10 裂，不明显；花瓣 6～10，微被毛；花柱合生成圆锥形，有沟槽，顶端齿裂。果近球形，直径 1.0～1.8cm，花柱宿存，长 2～3mm。花期 10 月；果期翌年 5～7 月。

产于东兰、南丹、巴马、天峨、环江、田东、田阳、田林、隆林、武鸣、马山、上林、龙州、扶绥等地。生于海拔 600m 以上的石山或土山沟谷疏林中。分布于云南、贵州；尼泊尔、孟加拉国、印度、越南、老挝、柬埔寨也有分布。叶药用，可治跌打损伤；髓心有利尿的功效，可治小便不利。

图 341 1～4. 通脱木 Tetrapanax papyrifer（Hook.）K. Koch 1. 茎顶；2. 叶；3. 圆锥花序的一部分；4. 果。5～9. 刺通草 Trevesia palmata（Roxb.）Vis. 5. 掌状分裂叶；6. 类似掌状复叶的叶（示假小叶柄有翅相连）；7. 类似掌状复叶的叶（示裂片又再分裂）；8. 伞形果序；9. 果实横剖面。（仿《中国植物志》）

5. 刺楸属 Kalopanax Miq.

落叶乔木，树干及小枝均有皮刺。单叶，掌状分裂，在长枝上互生，在短枝上簇生；叶柄长，无托叶。花两性，伞形花序，再组成顶生圆锥花序；花梗无关节；萼 5 齿裂；花瓣 5 枚，镊合状排列；子房 2 室，花柱 2 条，合生成柱状，柱头离生。果近球形；种子 2 粒，扁平；胚乳均匀。

1 种，产于亚洲东部；中国除西北外，几乎各地都有分布。

刺楸 图 342：11～14

Kalopanax septemlobus（Thunb.）Koidz.

乔木，高 30m，胸径 1m；树皮灰黑褐色，纵裂；小枝淡黄棕色或紫褐色。叶在长枝上互生，在短枝上簇生，近圆形，呈 5~7 掌状分裂，裂片宽三角状卵形或长圆状卵形，先端渐尖，基部心形，有细齿，无毛，幼时疏被短柔毛，5~7 掌状脉；叶柄细长，长 8~30cm，无毛。花序梗细长，无毛；花梗无关节，疏被柔毛；花白色或淡黄绿色。果近球形，蓝黑色；宿存花柱顶端 2 裂。花期 7~9 月；果期 9~12 月。

产于全州、临桂、龙胜、桂林、融水、金秀、昭平、贺州、乐业。生于海拔 1000m 以下的山坡或沟谷疏林中。分布广泛，北自东北起，南至广东、广西、云南，西自四川西部，东至海滨的广大区域内均有分布；日本、朝鲜也有分布。喜湿润、肥沃的酸性土或中性土，多生于山麓、平原，常与其他阔叶树混生成林，适宜生长在湿润、凉爽，侧方有遮阴的环境，在全光照条件下病虫较多。速生，30 年生树胸径达 30cm。播种繁殖。木材纹理直，有光泽，耐摩擦，易加工，不耐腐，为优良用材，可供制作家具、乐器、雕刻及室内装修等用。树皮药用，有祛风利湿、消肿止痛的功效。种子含油约 38%，供制造肥皂用。嫩叶，可食用。树皮及叶含鞣质，可供提制栲胶。

图 342　1~10. 常春藤 Hedera sinensis (Tobler) Hand.－Mazz. 1. 花枝；2. 不育枝；3~6. 不育枝上的各型叶；7. 鳞片；8. 花；9. 子房横剖面；10. 果。11~14. 刺楸 Kalopanax septemlobus (Thunb.) Koidz. 11. 花枝；12. 分裂较深的叶；13. 花；14. 果。(仿《中国植物志》)

6. 罗伞属 Brassaiopsis Decne. et Planch.

常绿灌木或乔木；枝有刺，稀无刺；无长短枝之分。单叶，掌状分裂，稀不裂，或掌状复叶。花两性或杂性，伞形花序组成圆锥状花序；花梗无关节；小苞片宿存；萼筒有 5 齿裂；花瓣 5 枚，镊合状排列；雄蕊 5 枚；子房 2(3~5) 室，花柱与子房同数，合生成柱状，子房半下位，花盘隆起。果球形或陀螺形；种子 1~2(3~5) 粒，胚乳均匀。

约 45 种，分布于亚洲南部及东南部；中国 24 种，产于华南及西南；广西约 11 种。

分种检索表

1. 叶掌状分裂，稀不裂。
  2. 枝有刺；伞形花序组成圆锥状花序。
    3. 花序轴有刺；叶掌状 7~9 裂，稀 5 或 11 裂，有芒状细齿；叶柄疏被细刺或无刺 … **1. 纤齿罗伞 B. ciliata**
    3. 花序轴无刺。
      4. 小枝、花序、叶及叶柄均密被黄灰色星状绒毛；叶全缘或有少数粗齿；幼果被星状毛 ……………………………………………………………………………… **2. 星毛罗伞 B. stellata**
      4. 小枝无毛，花序及幼叶多少被锈色毛；叶有粗齿；果无毛 ……………… **3. 榕叶罗伞 B. ficifolia**
  2. 枝无刺；伞形花序 2~5 个组成总状花序。
    5. 小枝有刺状刚毛；叶掌状 3~5 深裂，裂片倒卵形或倒卵状长圆形，有芒状锯齿；花序轴被刚毛 ………………………………………………………………… **4. 三裂罗伞 B. triloba**
    5. 小枝初被锈色星状绒毛，后无毛；单叶或掌状 2~3 深裂，裂片卵状披针形或狭披针形，疏生细齿；花序轴被锈色绒毛 ……………………………………… **5. 锈毛罗伞 B. ferruginea**
1. 掌状复叶。
  6. 常 3 片小叶，稀 4 片，纸质，网脉不明显，倒卵状长圆形 ……… **6. 三叶罗伞 B. tripteris**
  6. 常 5~9 片小叶，稀 4 片小叶。
    7. 小叶披针形，背面灰白色；花序分枝及苞片密被灰白色星状绒毛 ……… **7. 广西罗伞 B. kwangsiensis**
    7. 小叶不为披针形，背面不为灰白色；花序分枝及苞片的毛不是灰白色。
      8. 叶近于全缘或有细锯齿；子房 2 室；苞片不为尖刺状 …………… **8. 罗伞 B. glomerulata**
      8. 叶缘有锯齿而呈尖刺状；子房 2~5 室；苞片为尖刺状或无尖刺状。
        9. 圆锥花序有尖刺状的苞片；子房 3 室 ………………… **9. 尖苞罗伞 B. producta**
        9. 圆锥花序无尖刺状的苞片；子房 2 室
          10. 5~9 片小叶，膜质，上面疏生刚毛：花序侧生；萼无毛；果球形……… **10. 细梗罗伞 B. gracilis**
          10. 5~7 片小叶，薄革质，两面无毛；花序顶生；萼有锈色绒毛；果椭圆状球形 ……………………………………………………………… **11. 栎叶罗伞 B. quercifolia**

1. 纤齿罗伞　假通草、刺笼桐(云南)　图 343：3~4
Brassaiopsis ciliata Dunn
有刺灌木，高 4m；髓心白色；树皮棕色；小枝密被绒毛。叶纸质，掌状深裂，裂片 7~9 枚，稀 5~11 枚，长圆形或长圆状倒披针形，长 15~20cm，先端渐尖，基部略窄，有芒状锯齿；两面脉上有刚毛；叶柄无刺或疏生细刺。花序顶生，主轴及分枝密被刚毛及细刺；伞形花序梗和花梗均密被刚毛；花白色。果卵球形，稍扁，黑色；有宿存花柱。花期 10~11 月；果期 12 月至翌年 2 月。

产于凌云、那坡、乐业、田林、环江。生于海拔 1200m 以下的深山沟谷林中。分布于云南、贵州、四川及西藏；越南也有分布。

2. 星毛罗伞　图 343：5~6
Brassaiopsis stellata K. M. Feng
乔木，高 7m；小枝密被灰黄色星状绒毛，有短刺。叶纸质，3 深裂，裂片卵形，先端渐尖，基部心形或截平，全缘或有缺刻，上面疏被星状毛，下面密被灰黄色星状毛；叶柄密被毛。伞形花序，花序密被灰黄色星状绒毛；花序梗长 4cm。果球形，幼时被毛，后无毛；有宿存花柱；果柄密被星状绒毛。花期 9~10 月；果期 11~12 月。

产于靖西。生于海拔 600m 左右的阳坡疏林中。分布于云南东南部。

3. 榕叶罗伞　榕叶掌叶树
Brassaiopsis ficifolia Dunn

乔木，高 10m；小枝有刺。叶膜质或纸质，掌状深裂，裂片 3~5 枚，稀 6~7 枚，卵形，长 12~35cm，宽 14~40cm，先端渐尖，基部窄楔形，有锯齿，上面无毛，下面疏被星状毛或无毛；叶柄无刺。花序被锈色绒毛；花序梗长 2~4cm；花梗长 1.2cm；花白色，芳香；萼被绒毛，近全缘。果球形，稍扁平；有宿存花柱。花期 8~10 月；果期 10~12 月。

产于百色、龙州。生于海拔约 600m 的疏林中。分布于云南。

4. 三裂罗伞　图 343：1~2
Brassaiopsis triloba K. M. Feng

无刺小灌木，高 1.5m；小枝

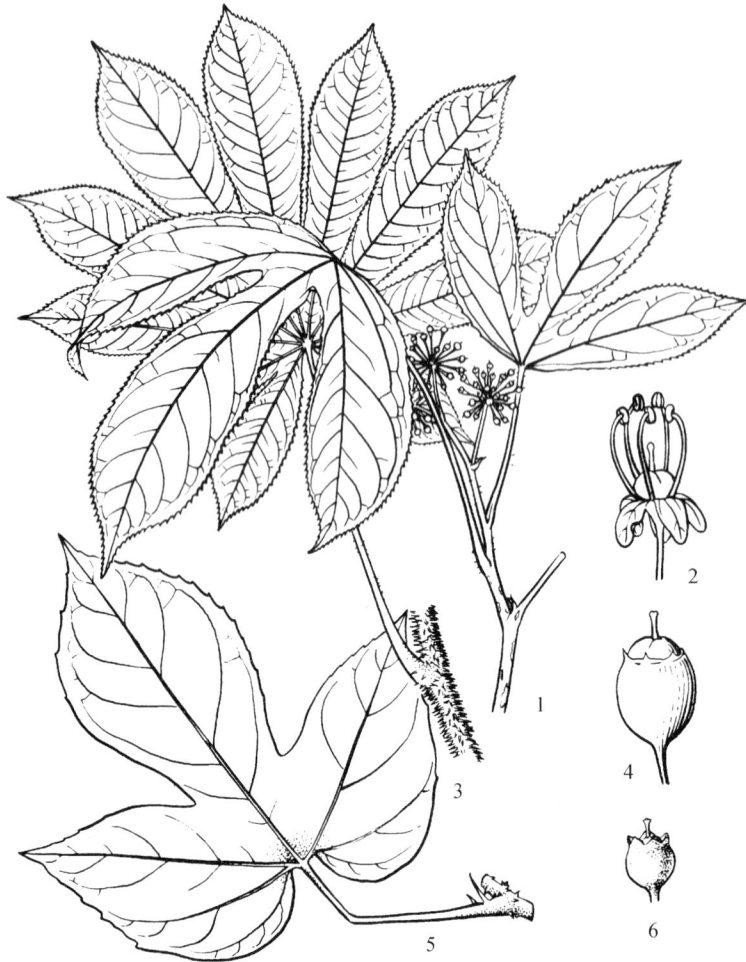

图 343　1~2. 三裂罗伞 Brassaiopsis triloba K. M. Feng 1. 花枝；2. 花。3~4. 纤齿罗伞 Brassaiopsis ciliata Dunn 3. 叶枝；4. 果。5~6. 星毛罗伞 Brassaiopsis stellata K. M. Feng 5. 叶枝；6. 果。(仿《中国树木志》)

有刺状刚毛。叶纸质，掌状深裂，裂片 3 枚，稀 5 枚，倒卵状长圆形，长 10~14cm，宽 3~6cm，先端急渐尖，尖头呈尾状，基部渐窄，有纤毛状细锯齿，上面无毛，下面无毛或被刚毛，叶柄无毛或上端被刚毛。伞形花序 3~4 个组成总状，长 5~6cm；花序总梗被刚毛；伞形花序梗及花梗被柔毛；花黄白色。果卵球形；有宿存花柱。果期 12 月至翌年 1 月。

产于百色、凌云。生于海拔 600m 左右的沟谷林中。分布于云南富宁。

5. 锈毛罗伞　锈毛掌叶树、黄毛掌叶树
Brassaiopsis ferruginea (H. L. Li) G. Hoo

无刺灌木，高 2m；小枝灰色，初被锈色星状绒毛，后无毛。叶纸质，不裂或掌状 2~3 深裂；不裂叶披针形、长圆状披针形或卵状披针形，长 7~20cm，宽 1.5~5.0cm，先端尾状渐尖，基部钝形或近圆形；分裂叶的裂片窄披针形，先端尾尖，基部宽楔形或近圆形，有细锯齿；幼叶两面密被锈色星状绒毛，老叶上面无毛，下面被星状毛；叶梗纤细，长 4~10cm。2~5 个伞形花序排成总状，有花 20~30 朵；花序梗长 2~7cm。果球形，黑色；种子球形。花期 6~7 月；果期 7~8 月。

产于龙胜、兴安、金秀、融水、贺州、隆林。生于海拔 1200m 左右的深山林中。分布于四川、云南、贵州、广东。

6. 三叶罗伞　显脉罗伞

Brassaiopsis tripteris（Lév.）Rehd.

有刺小灌木，高约 1m；小枝与顶芽被锈色短柔毛。掌状复叶，3 片小叶，稀 4 片小叶，纸质，倒卵状长圆形，长 10～18cm，宽 5～8cm，侧生小叶不对称，先端尖或渐尖，基部渐窄或楔形，两面无毛，有刺状细锯齿；侧脉 6 对；叶柄及小叶柄无毛，小叶柄短或近无柄。由 2～3 个伞形花序组成圆锥状，顶生，主轴和花序梗被刚毛及锈色绒毛或近无毛；伞形花序梗长 4.5cm；花梗长 1.0～1.5cm；萼有锈色绒毛；花瓣无毛；子房 2 室；花柱合生成柱状。花期 7～8 月；果期 12 月至翌年 1 月。

产于金秀、昭平、蒙山、那坡、巴马、容县、桂平、龙州、宁明。生于海拔 800m 以下的深山、沟谷林阴处。分布于云南东南部、贵州南部及广东信宜等地。

7. 广西罗伞　广西掌叶树

Brassaiopsis kwangsiensis Hoo

小乔木，高 3m；小枝淡黄棕色，无毛，有叶痕和皮孔。小叶 6～8 片，纸质，披针形，中央的小叶长 12～20cm，宽 3～6cm，两侧小叶较小，先端长渐尖，基部宽楔形或圆形，下面灰白色，两面无毛，顶端有疏离锯齿；侧脉 10～15 对；中央的小叶梗较长，两侧的小叶梗较短，无毛。伞形花序 4～5 个组成圆锥状，顶生；主轴、花序梗、花梗、苞片及花萼均被灰白色星状绒毛；子房 4 室或 3 室；花柱合生成柱状。未熟果长圆状球形，长约 3.5mm，无棱；有宿存花柱。花期 12 月；果期 1 月。

产于凌云、乐业。生于海拔 400～1300m 的疏林或沟谷林中。分布于贵州。

8. 罗伞　掌叶树、鸭脚罗伞

Brassaiopsis glomerulata（Bl.）Regel

乔木，高 15m；树皮灰棕色；小枝有刺，嫩枝被锈红色绒毛。掌状复叶，小叶 5～9 片，纸质，长圆形、卵状椭圆形或宽披针形，长 15～35cm，宽 6～15cm，先端渐尖，基部楔形、宽楔形或圆形，全缘或有细锯齿，幼叶两面被锈红色星状绒毛，后无毛；侧脉 7～9 对，稀 12 对；叶柄长 30～50cm；小叶柄长 3～9cm，初被毛，后无毛。圆锥花序下垂，主轴及分枝被锈红色绒毛，后无毛；花序梗长 2～5cm；花白色，芳香；苞片、花萼、花瓣均被锈红色绒毛，后无毛；子房 2 室；花柱合生成柱状。果扁球形或球形，紫黑色，径约 8mm，有宿存花柱。花期 6～8 月；果期 12 月至翌年 1～2 月。

产于龙胜、金秀、罗城、融水、靖西、凌云、隆林、平南、宁明、龙州、钦州、上思。生于海拔 400～1300m 的山谷或山坡密林中。分布于云南、贵州、四川、广东、海南；尼泊尔、印度、老挝、越南、柬埔寨、印度尼西亚也有分布。树皮、叶、根药用，可祛风除湿、活血散瘀，主治风湿骨痛、跌打损伤和腰肌劳损。

9. 尖苞罗伞　尖苞掌叶树

Brassaiopsis producta（Dunn）C. B. Shang

小乔木，高 8m；树皮棕色；小枝灰白色，有圆锥形短刺。掌状复叶，小叶 4～7 片，稀 3～8 片，革质，长圆形，稀卵状披针形，长 10～15cm，宽 3.5～5.0cm，先端渐尖或尾状渐尖，基部宽楔形或圆形，中部以上有细锯齿，两面无毛；侧脉明显隆起，网脉在叶面凹陷；叶柄细长，10～35cm，无毛；小叶柄长 1～3cm，无毛。圆锥状花序顶生，长达 35cm，初被锈色或淡黄色毛，后无毛；苞片三角状卵形，先端 3 裂，尖刺状，初被锈色或淡黄色毛；伞形花序梗长 1.0～4.5cm；花梗长 3～7mm，被锈色或淡黄色毛；子房 3 室。果球形，直径约 5mm，纵棱不明显；有宿存花柱；果梗长 1cm。花期 8～10 月；果期翌年 2～3 月。

产于隆林、乐业。生于海拔 1100～1600m 的石山疏林中。分布于云南、贵州。

10. 细梗罗伞　细梗掌叶树

Brassaiopsis gracilis Hand. – Mazz.

灌木，高4m；小枝无毛，节上有圆锥形短刺。掌状复叶；叶柄长6～15cm，细弱，先端丛生细刺；小叶5～9片，膜质，卵形或椭圆状披针形，长8～18cm，宽3～8cm，先端长渐尖，基部楔形，侧生小叶基部歪斜，有细锯齿，上面被短刺毛，下面无毛或被柔毛；侧脉6～8对，两面明显；叶柄无毛或略有毛；小叶柄略被毛。总花序圆锥状，腋生；花序梗长2～4cm；花梗长5mm，均被锈色绒毛；花萼无毛；子房2室。果球形，直径4mm，有宿存花柱，果柄长1.5cm。花期8月；果期12月。

产于德保、靖西、凌云、乐业、那坡、田林、凤山。生于海拔1000～1600m的沟谷疏林中。分布于云南、贵州。

11. 栎叶罗伞　栎叶掌叶树

Brassaiopsis quercifolia Hoo

小乔木，高3m；小枝灰棕色，节上有圆锥形短刺。掌状复叶，叶柄长10～20cm；小叶5～7片，薄革质，长圆形，长10～15cm，宽3.5～4.5cm，先端长渐尖，基部圆形，两面无毛，有锐尖锯齿；侧脉8～10对；叶柄与小叶柄无毛。总花序圆锥状顶生，主轴与分枝被锈色绒毛，后无毛；伞形花序单生于分枝顶端；花序梗长2～6cm；子房2室。未成熟果椭圆状球形，长10mm，直径5mm，有锈色绒毛；宿存萼齿及果梗均被锈色绒毛。果期1月。

广西特有种，产于阳朔、凌云、隆林。生于溪边疏林中。

7. 常春藤属 Hedera L.

常绿攀援灌木，有气根，无刺。单叶，全缘或分裂；无托叶。伞形花序单生枝顶，或几个组成短圆锥状；花梗无关节；花两性；萼筒近全缘或有5齿；花瓣5枚，镊合状排列；雄蕊5枚；子房5室，花柱合生成柱状。果球形，浆果状；种子卵形；胚乳嚼烂状。

约15种，产于亚洲、欧洲及非洲北部；中国2种；广西1种。

常春藤　图342：1～10

Hedera sinensis (Tobler) Hand. – Mazz.

常绿藤本，长达30m；小枝被锈色鳞片。营养枝的叶三角状卵形或截形，长5～12cm，宽3～10cm，全缘或3裂，基部截形；花枝的叶椭圆状卵形或椭圆状披针形，稀卵形或宽卵形，长5～16cm，宽1.5～10.5cm，先端渐尖，基部宽楔形，全缘；侧脉和网脉两面均明显；叶柄被锈色鳞片。伞形花序单生或2～7个簇生；花序梗长1.0～2.5cm；花梗长1cm；花淡黄白色或淡绿白色，芳香；萼筒近全缘，被锈色鳞片。果黄色或红色，直径8～14mm。花期9～11月；果期翌年3～5月。

产于兴安、龙胜、桂林、永福、临桂、全州、灵川、环江、融水、金秀、贺州、乐业、凌云、隆林、容县、大明山。生于林下，常攀援于树木、岩石和房屋墙壁上，庭院中常有栽培。分布于甘肃、陕西、河南、山东、江西、福建、江苏、浙江、广东、云南、四川；越南也有分布。全株供药用，有舒筋散风的功效。茎叶有鞣酸，可供提制栲胶。枝叶浓密常青，可供观赏。

8. 树参属 Dendropanax Decne. et Planch.

灌木或乔木；无刺。单叶，全缘，不裂或2～5深裂，常有半透明红棕色或红黄色腺点；无托叶或托叶与叶柄基部合生。花两性或杂性，伞形花序单生或数个组成复伞形花序；花梗无关节；萼筒全缘或有5枚小齿；花瓣5枚，镊合状排列；雄蕊5枚；子房5室，稀4～2室；花柱离生，或基部合生，或全部合生成柱状；花盘肉质。果球形或长圆形；种子扁平或近球形；胚乳均匀。

约80种，产于美洲热带及亚洲东部；中国16种；广西8种。

分种检索表

1. 花柱分离或顶端分离，至少于果期顶端分离。
　2. 子房5室，稀4~3室；果有棱，稀无棱。
　　3. 果较大，直径8~10mm；花柱分离 ·· 1. 大果树参 **D. chevalieri**
　　3. 果较小，直径不及8mm；花柱基部合生，顶端分离。
　　　4. 叶革质，椭圆形，稀倒卵状椭圆形；两面网脉凸起；果长圆状球形，稀球形 ······ 2. 树参 **D. dentiger**
　　　4. 叶薄纸质或纸质，卵状椭圆形或卵状长圆形；网脉不甚明显；果球形。
　　　　5. 果梗长8mm；花柱果时长1.5mm ························· 3. 星柱树参 **D. stellatus**
　　　　5. 果梗长3~5mm；花柱果时长1mm ························· 4. 挤果树参 **D. confertus**
　2. 子房2室，稀3室；果无棱。
　　6. 叶纸质，倒卵状长圆形或椭圆形；花柱2裂，深达1/2以上 ··············· 5. 双室树参 **D. bilocularis**
　　6. 叶膜质或薄纸质，倒卵状长圆形至披针形或卵状椭圆形；花柱顶端2~3裂 ························
　　　··· 6. 广西树参 **D. kwangsiensis**
1. 花柱合生成柱状，果时顶端不分裂。
　7. 乔木；叶纸质，羽状脉，基部无三出脉；伞形花序4~5个簇生 ······· 7. 海南树参 **D. hainanensis**
　7. 灌木；叶革质或薄纸质，基部有三出脉，有时不明显；伞形花序单生或2~3个聚生 ··············
　　·· 8. 变叶树参 **D. proteus**

1. 大果树参　图344：1~3

Dendropanax chevalieri (R. Vig.) Merr.

乔木，高14m；小枝淡黄色，无毛。叶薄革质，卵形或卵状长圆形，长7~16cm，宽5~8cm，先端尖或短渐尖，基部宽楔形或近圆形，全缘，两面无毛，离基三出脉，中脉隆起，侧脉3~5对，两面隆起，有半透明红色腺点；叶柄无毛。伞形花序单生或3~4个簇生，有花10~20朵；花序梗长1.5~3.0cm；花梗长4~8mm；子房5室；花柱5枚，分离。果球形，熟时红紫色，有5棱，径8~10mm；宿存花柱反曲；果柄长达2cm。花期8~9月；果期10~12月。

产于那坡、武鸣。生于海拔1000m以上的山坡疏林中。分布于云南。

2. 树参　枫荷桂、半枫荷(两广)、木五加(两广)　图344：6~8

Dendropanax dentiger (Harms) Merr.

乔木，高8m。叶革质，椭圆形，稀倒卵状椭圆形，长6~16cm，宽1.5~5.0cm，先端尖或渐尖，基部楔形或圆形，不裂或2~3深裂，裂片三角状卵形或卵状披针形，全缘或有不明显细齿，离基三出脉，侧脉4~6对，网脉两面隆起，密被半透明红色腺点；叶柄无毛。伞形花序单生或2~5个簇生，有花20朵以上；花序梗粗，长1.5~5.0cm；花梗长0.5~1.5cm；子房5室；花柱5枚，基部合生，顶端分离。果长圆状球形，稀球形，有5纵棱；果柄长1~3cm。花期8~10月；果期10~12月。

产于广西各地，较为常见。分布于浙江、安徽、湖南、湖北、四川、贵州、云南、江西、福建、广东及台湾；越南、老挝、柬埔寨也有分布。喜温暖湿润气候，幼树耐阴，大树喜光。浅根性，有萌芽力，适生于土层深厚、疏松的微酸性砂质壤土。播种繁殖。嫩叶、嫩芽脆嫩可口，胡萝卜素和维生素含量高，可供食用。根、树皮入药，可治偏头痛、风湿痹痛、偏瘫、月经不调。

3. 星柱树参　星花木五加

Dendropanax stellatus H. L. Li

灌木，高约1m；小枝无毛。叶薄纸质，卵状长圆形，长7~18cm，宽2~5cm，先端渐尖，基部宽楔形或钝形，两面无毛，全缘，离基三出脉，侧脉6~12对，两面隆起，网脉不明显；有半透明红黄色腺点；叶柄无毛。伞形果序顶生，无毛，有果20个；果序梗长1.5cm；果梗长8mm。果未熟时球形，5室；花柱5枚，基部合生，顶端反曲。

广西特有种，产于三江、融水、永福、龙胜。生于山地林中。

4. 挤果树参 密花木五加
Dendropanax confertus H. L. Li

乔木，高达 20m。叶纸质，卵状椭圆形或椭圆形，长 6 ~ 14cm，宽 3 ~ 6cm，有时 2 ~ 3 裂，裂片卵状披针形，先端长渐尖，基部宽楔形或圆形，两面无毛，全缘或有不明显细齿，离基三出脉，侧脉 10 ~ 16 对，两面明显，网脉不明显；有半透明红黄色腺点；叶柄无毛。伞形果序顶生，有果多数；果序梗粗短；果球形，有5棱；果柄长 3 ~ 8mm；宿存花柱 5 枚，基部合生，顶端反曲。花期 8 ~ 9 月；果期 11 ~ 12 月。

产于金秀。生于山坡疏林中。分布于广东、云南、江西。

5. 双室树参 双室木五加
图 344：4 ~ 5

Dendropanax bilocularis C. N. Ho

灌木，高约 2m。叶纸质，倒卵状长圆形或椭圆形，长 4 ~ 10cm，宽 1.5 ~ 4.5cm，先端渐尖，基部宽楔形，两面无毛；有半透明红色腺点；叶柄无毛。伞形花序单个顶生或 2 ~ 3 个簇生；有花 6 ~ 15 朵；花序梗长4 ~ 8mm；花梗长 3 ~ 5mm；萼筒全缘或有不明显小齿；子房 2 室，稀 3 室；花柱 2 枚，稀 3 枚，顶端分离。果球形，平滑；宿存花柱，反曲；果柄无毛。花期 9 月；果期 11 月。

产于容县，生于海拔 850m 以下的杂木林中。分布于广东、云南。

6. 广西树参 广西木五加
Dendropanax kwangsiensis H. L. Li

灌木，高 2m；小枝无毛。叶薄纸质，卵状椭圆形，长4.5 ~ 12.0cm，宽 1.5 ~ 5.0cm，先端渐尖，基部楔形，基生三出脉，侧脉 8 ~ 10 对；有半透明黄色腺点，两面无毛；叶柄无毛。伞形果序单个顶生或 2 ~ 3 个簇生，有约 20 个果，果序梗长 0.5 ~ 1.0cm；果梗长0.1 ~ 1.5cm。果球形，直径 5 ~ 6mm；宿存花柱合生成柱状，顶端 2 ~ 3 裂。

产于十万大山、那坡、龙州。分布于广东、云南；越南也有分布。

图 344　1 ~ 3. 大果树参 Dendropanax chevalieri（R. Vig.）Merr. 1. 花枝；2. 花；3. 果。4 ~ 5. 双室树参 Dendropanax bilocularis C. N. Ho 4. 果枝；5. 果横剖面。6 ~ 8. 树参 Dendropanax dentiger（Harms）Merr. 6. 花果枝；7. 花；8. 果。（仿《中国树木志》）

全缘或近先端有细齿，基生三出脉，侧脉 6 ~ 8 对，两面明显，网脉不明显；叶柄无毛。伞形花序单个顶生或 2 ~ 3 个簇生；有花 6 ~ 15 朵；花序梗长4 ~ 8mm；花梗长 3 ~ 5mm；萼筒全缘或有不明显小齿；子房 2 室，稀 3 室；花柱 2 枚，稀 3 枚，顶端分离。果球形，平滑；宿存花柱，反曲；果柄无毛。花期 9 月；果期 11 月。

7. 海南树参 海南木五加、豆腐木(广西) 图 345:1~3

Dendropanax hainanensis (Merr. et Chun) Chun

乔木,高 18m,胸径 20cm;小枝无毛。叶纸质,椭圆形或卵状椭圆形,长 6~11cm,宽 2~5cm,先端长渐尖或尾尖,基部楔形,全缘,两面无毛,叶脉羽状,侧脉 8 对,无腺点;叶柄纤细,长 1~10cm,无毛。伞形花序 4~5 个簇生,总轴上常有 1~2 个成总状排列的伞形花序,有花 10~15 朵;花序梗长 1.5~2.0cm;花梗长 4mm;萼筒近全缘;子房 5 室;花柱合生成柱状。果球形,有 5 棱,浆果状,暗紫色;宿存花柱长 2mm。花期 6~7 月;果期 10~11 月。

产于临桂、龙胜、兴安、灌阳、融水、金秀、象州、贺州、平南、凌云、百色、田林、龙州、十万大山。生于海拔700~1000m 的山谷杂木林中。分布于海南、广东、云南、贵州、湖南。

8. 变叶树参 细梗树参、三层楼 图 345:4~6

Dendropanax proteus (Champ.) Benth.

灌木,高 3m。叶革质、纸质或薄纸质,不裂叶椭圆形、卵状椭圆形、椭圆状披针形或条状披针形,长 2.5~12.0cm,宽 1~7cm,先端渐尖或长渐尖,基部楔形或宽楔形;分裂叶倒三角形,掌状 2~3 深裂,两面无毛,近先端有 2~3 枚细齿,有时中部以上有细齿,稀全缘,基部三出脉或羽状脉,侧脉 5~9 对,无腺点;叶柄无毛。伞形花序单生或 2~3 个簇生;花序梗长 0.5~2.0cm;花梗长 0.5~1.5cm;萼筒有 4~5 枚小齿;花瓣 4~5 枚;雄蕊 4~5 枚;子房 4~5 室;花柱合生成柱状。果球形,直径 5~6mm;宿存花柱 1.0~1.5mm。花期 8~9 月;果期 9~11 月。

产于龙胜、金秀、贺州、昭平、苍梧、北流、容县、平南、龙州、十万大山、大明山等地。生于疏林湿润处。分布于云南、湖南、江西、福建、广东。根及树皮入药,有舒筋活血、祛风除风湿、消肿止痛的功效。

图 345 1~3. 海南树参 Dendropanax hainanensis (Merr. et Chun) Chun 1. 花枝;2. 花;3. 果。4~6. 变叶树参 Dendropanax proteus (Champ.) Benth. 4. 果枝;5. 分裂叶的花枝;6. 花。(仿《中国植物志》)

9. 通脱木属 Tetrapanax K. Koch

常绿灌木，地下有匍匐茎，无刺。单叶，掌状分裂；托叶与叶柄基部合生。花两性，伞形花序再组成顶生圆锥花序；花梗无关节；萼齿不明显；花瓣4(5)枚，镊合状排列；雄蕊4(5)枚；子房2室，花柱2枚，丝状，分离。浆果状核果。

仅1种，中国特产，广西也产。

通脱木 通草、木通树、天麻子(云南) 图341：1~4

Tetrapanax papyrifer (Hook.) K. Koch

小乔木，高6m；树皮深棕色；小枝幼时密被锈色或淡黄棕色绒毛，后无毛。叶纸质或薄革质，常集生枝顶，掌状5~11裂，裂片卵状长圆形，先端渐尖，全缘或有粗齿，上面无毛，下面密被锈色星状毛；侧脉明显，网脉在上面微凹下；托叶和叶柄基部合生，先端渐尖，锥形；叶柄长达50cm以上，无毛。总花序圆锥状，长50cm以上，密被锈黄色绒毛；伞形花序有花多数；花淡黄色；花序梗长10~15mm；花梗长4mm，均被毛，萼密被毛，近全缘；花瓣密被绒毛，分离或结合成帽盖状，早落。果球形，熟时紫黑色。花期9~10月；果期11月至翌年1月。

产于金秀、融安、环江、凌云、隆林、田林、乐业、田东。常生于疏林或沟谷杂木林中。分布广，北自陕西，南至广东，西起云南、四川，经贵州、湖南、湖北、江西而至福建和台湾。长江流域以南常有栽培供观赏及药用。喜光。萌芽性强。播种或根蘖繁殖。茎髓大，质地轻软，为中药"通草"，有清热利尿、通乳功效。髓切成的薄片被称为"通草纸"，供作精制纸花和美术工艺品材料。

10. 鹅掌柴属 Schefflera J. R. et G. Forst.

常绿乔木或灌木，有时攀援状；小枝无刺，被星状绒毛或无毛。多为掌状复叶，稀为单叶(中国不产)；托叶与叶柄基部合生成鞘状。花两性，伞形、头状或穗状花序，再组成复伞形、总状或圆锥花序；花梗无关节；萼筒全缘或有细齿；花瓣5~11枚，镊合状排列；雄蕊5~11枚；子房5室，稀4~11室；花柱分离，或全部合生成柱状，或基部合生。浆果球形或卵形，有5棱，稀11棱或不明显；每室有1粒种子。

约1100种，分布于热带和亚热带地区。中国35种，分布于西南至东南；广西14种。

分种检索表

1. 总状花序，稀穗状花序，再组成圆锥花序；花柱合生成柱状。
  2. 穗状花序组成圆锥花序；叶下面密被灰白色或黄棕色星状绒毛；网脉不明显 …… **1. 穗序鹅掌柴 S. delavayi**
  2. 总状花序组成圆锥花序；叶两面无毛；网脉在上面明显下陷 . ……………… **2. 多叶鹅掌柴 S. metcalfiana**
1. 伞形花序或头状花序，再组成圆锥花序；花柱离生或合生或无花柱。
  3. 雌蕊无花柱，柱头生于子房上。
    4. 圆锥花序短小，长10cm以下，主轴长仅1~2cm，分枝伞房状排列；果实通常有红色或黄红色腺点；小叶片宽3cm以下；叶柄纤细，长2~8cm ………………………………………………………… **3. 白花鹅掌柴 S. leucantha**
    4. 圆锥花序较大，长12cm以上，主轴较长，长3~12cm或更长，分枝总状排列；果实无腺点；小叶片宽3cm以上；叶柄较粗壮，长8~20cm。
      5. 花有花梗。
        6. 附生藤状灌木；叶有小叶7~9片总花梗长5mm以下 ………………………… **4. 鹅掌藤 S. arboricola**
        6. 直立灌木或乔木，稀附生藤状灌木；叶有小叶3~7片；总花梗长5mm以上 …………………………
        ………………………………………………………………………… **5. 密脉鹅掌柴 S. elliptica**
      5. 花无梗或近无梗，5~8朵成簇 ……………………………………………… **6. 球序鹅掌柴 S. pauciflora**
   3. 雌蕊有花柱。
    7. 花柱基部合生，顶端反曲；小叶背面及花序、花梗均被锈色星状毛 ……… **7. 离柱鹅掌柴 S. hypoleucoides**

7. 花柱合生成柱状。
  8. 花序腋生。
    9. 小叶9片，厚革质，幼时下面被灰白色绒毛，后无毛；侧脉14~22对；子房6室 …………………………………………………………………………………………… **8. 谅山鹅掌柴 S. lociana**
    9. 小叶5片，纸质，两面无毛，侧脉8~11对；子房7~11室 ····· **9. 多核鹅掌柴 S. brevipedicellata**
  8. 花序顶生。
    10. 小叶下面被毛，至少幼时被毛。
      11. 花柱粗短，果时长不及1mm；有小叶6~10片，叶革质 ·········· **10. 鹅掌柴 S. heptaphylla**
      11. 花柱细长，果时长1mm以上；有小叶7~15片，也纸质或薄革质 ……………………………… …………………………………………………………………… **11. 星毛鹅掌柴 S. minutistellata**
    10. 小叶两面无毛。
      12. 小叶倒卵状长圆形，中部以上最宽；侧脉12~16对；果梗长2~5mm，被毛…………… …………………………………………………………………… **12. 那坡鹅掌柴 S. napuoensis**
      12. 小叶卵状披针形、卵形、椭圆形，中部或中部以下最宽；侧脉少于12对。
        13. 小叶纸质或薄革质，叶脉不凹下；圆锥花序多少被毛 ………… **13. 短序鹅掌柴 S. bodinieri**
        13. 小叶革质，椭圆形，上面侧脉网脉略凹下；伞房状圆锥花序无毛 ……………………………… ………………………………………………………………… **14. 樟叶鹅掌柴 S. pes-avis**

1. 穗序鹅掌柴 绒毛鸭脚木、大五加皮（广西） 图346：6~9
Schefflera delavayi (Franch.) Harms

乔木，高8m；小枝初被黄棕色星状绒毛，后无毛。小叶4~7片，卵状长圆形或卵状披针形，长6~24(~35)cm，宽2~8cm或稍宽，全缘或疏生不规则粗齿或有缺刻，幼树的叶常羽裂，上面无毛，下面密被灰白色或黄棕色星状绒毛；侧脉7~13对；叶柄长4~16(~70)cm，小叶柄长1~10cm。花无梗，穗状花序再组成圆锥花序，密被星状绒毛；花白色；子房4~5室；花柱合生成柱状。果球形，紫黑色，几无毛；宿存花柱柱头头状；果柄长1mm。花期10~11月；果期翌年1月。

产于龙胜、兴安、临桂、灌阳、荔浦、恭城、融水、金秀、苍梧、田林、凌云、容县。生于海拔600m以上的林缘或沟谷疏林中。分布于云南、贵州、四川、湖北、湖南、广东、江西、福建；越南也有分布。嫩芽和嫩茎可食用；根及树皮入药，有祛风活络、强腰健膝功效。

2. 多叶鹅掌柴 上思鸭脚木
Schefflera metcalfiana Merr. ex H. L. Li

灌木，高4m；小枝初被黄棕色星状柔毛，后无毛。小叶12~16片，卵形或卵状椭圆形，中央的叶长7~9cm，宽3.5~4.5cm，两侧的叶长3~5cm，宽1~2cm，两面无毛，全缘或有2~4枚锯齿；侧脉5~7对；叶柄长13~22cm，无毛；小叶柄长1.0~4.5cm，无毛。圆锥花序顶生，主轴与分枝被淡黄灰色星状柔毛；花小，花梗被星状柔毛；子房5室；花柱合生成柱状。花期10~11月；果期12月。

产于上思、宁明，生于海拔约1400m的山坡疏林中；越南也有分布。

3. 白花鹅掌柴 广西鹅掌柴、广西鸭脚木、七叶莲
Schefflera leucantha R. Vig.

灌木或蔓生灌木；小枝无毛。小叶5~7片，稀3~7片，倒卵状椭圆形或长圆状披针形，长8~15cm，宽2~4cm，先端渐尖，基部楔形，全缘，两面无毛；侧脉5~6对，与网脉在两面凸起；叶柄长3~10cm，初被柔毛，后无毛，小叶柄长1~3cm，初被柔毛，后无毛。伞房状圆锥花序长5~12cm，被柔毛，伞形花序梗长0.7~2.0cm；花梗长5mm；子房5室；无花柱，有不明显5个柱头。果卵球形，有5棱，黄红色，无毛。花期4~5月；果期7~8月。

产于阳朔、武鸣、马山、上林、宾阳、靖西、上思、东兴、扶绥、龙州、宁明、崇左. 常生于海拔1200~1700m的沟谷杂木林中。分布于云南，广州有栽培；越南也有分布。广西民间称之为

图346　1~2. 密脉鹅掌柴 Schefflera elliptica（Blume）Harms 1. 果枝；2. 果。**3~5. 球序鹅掌柴 Schefflera pauciflora** R. Vig. 3. 叶；4. 圆锥果序的一部分；5. 果。**6~9. 穗序鹅掌柴 Schefflera delavayi**（Franch.）Harms 6. 叶；7. 穗状果序；8. 花；9. 子房横剖面。（仿《中国植物志》）

"七叶莲"，根、茎、叶入药，有祛风止痛、舒筋活络功效，可治三叉神经痛、坐骨神经痛及神经性头痛等症。

4. 鹅掌藤

Schefflera arboricola Hayata

藤状灌木，高4m；小枝无毛。小叶7~9片，稀5~10片，革质，倒卵状长圆形或长圆形，长6~10cm，宽1.5~3.5cm，两面无毛，全缘；侧脉4~6对，与网脉在两面隆起；叶柄细长，长10~20cm，无毛，小叶柄长1.5~3.0cm，无毛。圆锥花序顶生，长约20cm，主轴和分枝初被星状绒毛，后无毛；伞形花序梗长1~5mm，花梗长不及4mm，均被星状绒毛；萼筒全缘，无毛；花瓣5~6枚，无毛；子房5~6室；无花柱，有5~6个柱头。果近球形，有5~6棱；果柄长3~6mm。花期7~10月；秋后果熟。

产于荔浦、永福、临桂、桂林、恭城、鹿寨、容县、平果、德保、靖西、凌云、隆林、南宁、邕宁、防城、上思、龙州。生于海拔400~900m的杂木林中，有时附生于树上。分布于台湾、海南。全株药用，有止痛、活血、消肿、强筋骨的功效，可治急性风湿性关节炎、胃病等症。叶片似翻上的鹅掌，色彩浓绿，或点缀深浅不一的黄色斑纹，枝条柔美，可用于庭院栽培供观赏。

5. 密脉鹅掌柴 密脉鸭脚木 图346：1~2

Schefflera elliptica (Blume) Harms

乔木，高 10m，稀附生藤状灌木；小枝被锈色星状绒毛，后无毛。小叶 5~7 片，稀 4 片，革质，椭圆形，长 7~16cm，宽 3~6cm，两面无毛，全缘；侧脉 5~6 对，多达 8 对，与网脉在两面隆起；叶柄长 10~14cm，无毛，小叶柄长 2~6cm，无毛。圆锥花序顶生，长达 20cm，初被星状绒毛，后无毛；伞形花序有花 7~10 朵，花梗长 2~3mm；萼无毛，全缘；花瓣暗红色，无毛；子房 5室；无花柱，有 5 个柱头。果卵形，红色，有 5 棱，幼果被腺点。花期 5 月；果期 6 月。

产于乐业、凌云、靖西、百色、龙州。生于海拔 900~1500m 的谷地杂木林中。分布于云南、贵州、湖南；越南、印度、巴基斯坦也有分布。茎、叶入药，有祛风止痛、活血消肿功效，主风湿痹痛、胃脘痛、跌打伤肿、骨折、外伤出血。

6. 球序鹅掌柴 团花鸭脚木 图346：3~5

Schefflera pauciflora R. Vig.

乔木，高达 9m，稀为藤本，长达 15m。小叶 5~7 片，稀 3~7 片，倒卵状椭圆形或倒卵状长椭圆形，长 8~15cm，宽 3~5cm，全缘，无毛；侧脉 8 对，与网脉在两面凸起；叶柄长 10~17cm，无毛，小叶柄有狭沟，长 3~5cm，无毛；托叶和叶柄基部合生成鞘状，在叶柄脱落后尚宿存，最后也脱落。花近于无梗，有花 5~8 朵簇生，再组成圆锥花序，花序长 15~30cm，被星状绒毛或无毛；萼筒全缘，或近全缘，无毛；花瓣 5 枚，无毛；无花柱，但有不明显 5 个柱头。果卵形，有 5棱。花期 9~10 月；果期 11~12 月。

产于永福、临桂、金秀、蒙山、百色、靖西、隆林、凌云、东兰、乐业、凤山、上林、平南、龙州。生于海拔 1400m 以下的谷地或山坡杂木林中。分布于云南、贵州、广东；越南也有分布。根和树皮入药，有祛风活络、散瘀止痛、消症利水功效，主治风湿痹痛、跌打肿痛、骨折、肝硬化腹水。

7. 离柱鹅掌柴 锈毛鹅掌柴

Schefflera hypoleucoides Harms

乔木，高 15m，胸径 30cm。小叶 5~7 片，革质，中央的叶长圆形或长圆状椭圆形，长 20~30cm，宽 10~18cm，两侧的叶卵形或卵状长圆形，长 22~24cm，宽 10~12cm，有时更小，全缘或有粗齿，有时幼树的叶分裂，下面无毛或被锈色星状绒毛；侧脉 10~16 对；叶柄长 30~38cm，小叶柄长 5~50mm。圆锥花序顶生，长 15~30cm，主轴和分枝被锈色星状绒毛，后几无毛；伞形花序梗长 2~5cm，被锈色星状绒毛；花梗长 3~5mm；萼被绒毛；花瓣常结合成帽盖状，被绒毛；子房 5 室；花柱 5 条，基部合生。果卵球形，直径 7mm；果柄长 1.0~1.5cm；宿存花柱长 2mm，顶端反曲。花期 12 月；果期翌年 4 月。

产于凤山、靖西、隆林、田林。生于海拔 600~800m 的山谷杂木林中。分布于云南；越南也有分布。

8. 琼山鹅掌柴 龙州鹅掌柴、龙州鸭脚木

Schefflera lociana Grushv. et Skvorts.

灌木，高 3m。掌状复叶常簇生于枝顶；小叶 7~9 片，长圆形或长圆状披针形，稀倒卵状长圆形，长 12~35cm，宽 6~9cm，全缘，略反卷，幼时下面被灰白色绒毛，后无毛；侧脉 14~22 对，与网脉在上面凹下；叶柄长达 60cm，基部和托叶合生；小叶柄长 2.5~7.0cm，无毛。伞形花序近头状，花序分枝和伞形花序被锈色绒毛或灰白色绒毛，苞片革质，花序梗长 1.0~1.5cm，花梗长 4mm；萼筒被灰白色绒毛，全缘，有棱；花瓣 6 枚，较厚，被毛；雄蕊 6 枚，花药很细；子房 6 室；花柱长 1.5mm。花期 8~9 月。

产于靖西、天等、宁明、龙州。生于石山中或下部密林内。药用，可治骨折、跌打损伤。

9. 多核鹅掌柴　多核鸭脚木

Schefflera brevipedicellata Harms

乔木，高15m；小枝无毛。小叶5~7片，纸质，长圆形或长圆状椭圆形，长10~16cm，宽4~7cm，全缘，两面无毛；侧脉8~11对，网脉不明显；叶柄长19~27cm，无毛，小叶柄不等长，无毛。圆锥花序侧生，伞形花序总状排列，腋生，有花8~10朵；花序梗长1.5~2.0cm；花梗长1~2mm；萼宽钟形，边缘显啮蚀状；花瓣7~10枚，无毛；子房7~11室；花柱合生成柱状。果球形，有7~11棱，直径4mm，宿存花柱柱头头状；果柄粗短，长2~3mm。花期10月；果期翌年3月。

产于靖西。生于海拔800~1300m的山谷疏林中。分布于云南；越南也有分布。

10. 鹅掌柴　鸭脚木　图347：6~10

Schefflera heptaphylla (L.) Frodin

乔木，高15m，胸径30cm以上；小枝初被星状毛，后无毛。小叶6~10片，革质，椭圆形或

图347　1~5. 短序鹅掌柴 Schefflera bodinieri (H. Lév.) Rehd. 1. 花枝；2. 狭型叶；3. 花；4. 子房横剖面；5. 果。6~10. 鹅掌柴 Schefflera heptaphylla (L.) Frodin 6. 叶；7. 圆锥花序的一部分；8. 花；9. 子房横剖面；10. 果。11~13. 星毛鹅掌柴 Schefflera minutistellata Merr. ex H. L. Li 11. 叶；12. 圆锥花序的一部分；13. 果。(仿《中国植物志》)

倒卵状椭圆形，稀椭圆状披针形，长 7~17cm，宽 3~5cm，全缘，幼树之叶有锯齿或羽裂，且两面被星状毛，后无毛，仅下面沿中脉及脉腋被毛或无毛；侧脉 7~10 对，网脉不明显；叶柄长 15~30cm；小叶柄长 1.5~5.0cm。圆锥花序顶生，被星状毛，后无毛；伞形花序有花 10~15 朵；花序梗长 1~2cm，被星状毛；花梗长 4~5mm，被星状毛；花白色；萼被毛；花瓣 5~6 枚，无毛；子房 5~10 室；花柱合生成柱状。果球形，黑色，有不明显的棱。花期 11~12 月；果期翌年 1~2 月。

产于广西各地。生于杂木林中。分布于云南、广东、福建、台湾、湖南、江西、浙江、西藏；印度、越南、日本也有分布。喜温暖湿润气候，耐暑热，亦耐霜冻和较轻的冰雪。分布区降水量在 1000mm 以上，多生于湿润的山沟谷地。对光的适应性较强，在弱光下和全光照下均能正常生长。喜深厚酸性土，稍耐瘠薄。速生，在适生地方，20 年生，树高约 15m，胸径 20cm。播种或扦插繁殖，种子无休眠现象，随采随播，多用撒播法，夏季需适当遮阴。本种花多且具蜜腺，为南方冬季的蜜源植物。形态多姿，绿阴层叠，小树可作室内盆栽，大树供园林绿化。木材轻软，纹理细致，可作牙签、衣架、木夹、箱盒等原料。叶、根、树皮药用，可治感冒发烧、咽喉痛等症。

11. 星毛鹅掌柴　星毛鸭脚木、小星鸭脚木、鸭麻木(广东)　图 347：11~13

Schefflera minutistellata Merr. ex H. L. Li

乔木，高达 10m；嫩枝被黄棕色星状绒毛，老枝无毛。小叶 7~15 片，纸质至薄革质，卵状披针形或长圆状披针形，稀长圆状椭圆形，长 7~18cm，宽 3~7cm，全缘，稀近先端有锯齿，上面无毛，下面被灰白色星状绒毛，后无毛；侧脉 8~12 对；叶柄长 12~45cm，初被星状绒毛，后无毛，小叶柄不等长，初被星状绒毛，后无毛。总花序圆锥状，顶生，长达 40cm，初被黄棕色星状绒毛，后无毛；伞形花序梗长 1~3cm，和花梗、花萼均被淡黄灰色星状绒毛；花瓣无毛。果球形，有 5 棱；宿存花柱长约 2mm，柱头头状。花期 9 月；果期 10 月。

产于龙胜、金秀、融水、田林、隆林、乐业、那坡、武鸣、马山、上林。生于海拔 1000~1800m 的杂木林中。分布于云南、贵州、湖南、福建、广东、江西；越南也有分布。

12. 那坡鹅掌柴　矩圆叶鹅掌柴

Schefflera napuoensis C. B. Shang

小乔木，高约 5m；小枝褐色，有淡黄色皮孔。小叶 5~7 片，长圆形或倒卵状长圆形，长 5~10cm，宽 2~4cm，全缘，两面无毛；侧脉 12~16 对，明显，网脉在上面稍凹下；叶柄长 18cm，小叶柄长 4~20mm，均无毛。花序长 25cm，被黄褐色绒毛，后无毛。伞形果序直径 1.5~2.0cm；果梗长 2~5mm，被绒毛；果球形，无棱；宿存花柱合生。果期 3 月。

广西特有种，产于那坡。生于阳坡疏林中。

13. 短序鹅掌柴　川黔鸭脚木　图 347：1~5

Schefflera bodinieri (Lévl.) Rehd.

乔木，高 12m；小枝灰褐色或棕紫色，初被星状柔毛，后无毛。小叶 5~9 片，稀 11 片，膜质或坚纸质，卵状披针形、长圆状披针形或条状披针形，长 8~15cm，宽 1~5cm，先端尾状渐尖，有时镰刀状，疏生细锯齿或全缘，下面灰绿色，无毛，稀被白色星状柔毛；侧脉 5~16 对；叶柄长 8~20cm，无毛，小叶柄长 4~60mm。总花序圆锥状，顶生，长 10~20cm，稀 30cm，被灰色或锈色柔毛；伞形花序有花 20 朵；花梗长 0.6~1.0cm；萼筒被绒毛，有 5 枚齿；花瓣被毛。果球形，红色，略有 5 棱。花期 8 月；果期 11 月。

产于凌云、乐业。生于海拔 400~1000m 的密林中。分布于云南、贵州、四川、湖北。

14. 樟叶鹅掌柴　樟叶鸭脚木、火柴木(广西龙州)

Schefflera pes-avis R. Vig.

小乔木，高 8m；树皮灰褐色，纵裂；小枝无毛。小叶 5 片，稀 3 片，椭圆形，稀倒卵状椭圆形，长 4~10cm，宽 2~5cm，全缘，两面无毛；侧脉 5~8 对，与网脉在上面稍凹下；叶柄长 3~10cm；小叶柄长 2~3cm，均无毛。复伞形花序长 15~18cm，下部分枝长 7~9cm，无毛；花序梗长

1.5～6.0cm，花梗长1.0～1.5cm，均无毛；花白色；萼齿不明显；花柱圆锥形。果近球形，略有5棱，宿存花柱长3mm，果梗长2cm。花期8～10月；果期11月至翌年1月。

产于靖西、那坡、龙州。生于海拔600～800m的山坡密林中。越南也有分布。

11. 五加属 Eleutherococcus Maxim.

灌木，直立或蔓生，稀小乔木；枝有刺，稀无刺。掌状复叶，小叶3～5片，托叶无或不明显。花两性，稀单性异株；伞形花序或头状花序再组成复伞形花序或圆锥花序；花梗无关节或关节不明显；萼筒有5枚小齿，稀全缘；花瓣5枚，稀4枚，镊合状排列；雄蕊与花瓣同数；子房2～5室；花柱2～5枚，分离、基部至中部合生或全部合生成柱状，宿存。核果球形或扁球形，2～5棱；种子2～5粒；胚乳均匀。

约40种，分布于亚洲。中国约18种；广西2种1变种。

分种检索表

1. 伞形花序3～10个组成顶生复伞形花序或圆锥状花序；小叶3片，稀4～5片，纸质，椭圆状卵形或长圆形，有细锯齿或钝锯齿，两面无毛或上面脉上疏被刚毛 ·················· **1. 白簕 E. trifoliatus**
1. 伞形花序单生或2～3个簇生。小叶5片，稀3～4片，倒卵形或倒披针形，有细钝齿，两面无毛或下面仅脉腋被淡黄色或棕色簇毛 ·················· **2. 细柱五加 E. nodiflorus**

1. 白簕 三叶五加(广西) 图348：9～11
Eleutherococcus trifoliatus (L.) S. Y. Hu

灌木，高7m，常蔓生状；小枝疏生扁钩刺，小叶3片，稀4～5片，纸质，椭圆状卵形或长圆形，长4～10cm，宽3.0～6.5cm，先端尖或渐尖，基部楔形，有细锯齿或钝锯齿，两面无毛或上面脉上疏被刚毛，侧脉5～6对；叶柄长2～6cm，有时疏生刺，无毛；小叶柄长2～8mm。伞形花序3～10个组成顶生复伞形花序或圆锥状花序，花多数；花序梗长2～7cm，无毛；花梗长1～2cm，无毛；萼5齿，无毛；子房2室；花柱2枚，中部以下合生。果球形，侧扁，黑色。花期8～11月；果期9～12月。

产于广西各地。生于海拔1000m以上的山地、沟谷、林缘、路旁、灌丛中。分布于湖北、湖南、江西、安徽、江苏、浙江、福建、台湾、广东、贵州、云南、四川等地。根及叶药用，有清热解毒、祛风湿、舒筋活血的功效，可治感冒、咳嗽、风湿、坐骨神经痛等症。

1a. 刚毛白簕 刚毛三叶五加
Eleutherococcus trifoliatus var. **setosus** (H. L. Li) H. Ohashi

蔓生灌木，高3m；小枝疏生弯刺。小叶5片，稀3片，长圆形或倒卵状披针形，稀卵形，长4.0～8.5cm，先端长渐尖，基部圆形或宽楔形，有重锯齿，齿端刺毛状，两面叶脉密被刚毛；侧脉5～6对；叶柄长4～6cm，无刺或疏生1～2枚小刺。伞形花序1～3个簇生；花序梗长1～3cm，无毛；花梗长1cm，无毛；花白色；萼及花瓣均无毛；子房2室；花柱2枚，合生成柱状或顶端微2裂。果扁球形。花期7～8月；果期11～12月。

产于龙胜、临桂、全州、兴安、融水、三江、金秀、上思、那坡、百色。生于海拔500～1300m的杂木林中。分布于云南、贵州、湖南、江西、福建、台湾、广东。

2. 细柱五加 图348：6～8
Eleutherococcus nodiflorus (Dunn) S. Y. Hu

灌木，高3m；有时蔓生状；小枝灰棕色，下垂，无毛，节上疏生扁钩刺。小叶5片，稀3～4片，膜质或纸质，倒卵形或倒披针形，长3～8cm，宽1.0～3.5cm，先端尖或短渐尖，基部楔形，有细钝齿，两面无毛或下面仅脉腋被淡黄色或棕色簇毛，侧脉4～5对，两面均明显；叶柄长3～8cm，无毛，疏生细刺；小叶近无柄。伞形花序单生或2～3个簇生，有花多数；花序梗长1～4cm，

图 348　1～5. 萸叶五加 Gamblea ciliata var. evodiifolia (Franchet) C. B. Shang et al
1. 花枝；2. 小叶片下面示簇毛；3. 花；4. 除去花冠及雄蕊的花；5. 果。6～8. 细柱五加
Eleutherococcus nodiflorus (Dunn) S. Y. Hu 6. 花枝；7. 花；8. 果。9～11. 白簕 Eleuthero-
coccus trifoliatus (L.) S. Y. Hu 9. 花枝；10. 花；11. 果。(仿《中国植物志》)

无毛；花梗长 0.6～1.0cm，无毛；花黄绿色；萼近全缘或有 5 齿；花瓣 5 枚；雄蕊 5 枚；子房 2
室；花柱细长，分离或基部合生。果扁球形，黑色；宿存花柱反曲。花期 4～7 月；果期 6～10 月。

　　产于临桂、兴安、全州、靖西。生于 500～1000m 的山地丛林、林缘、路旁和村边。分布于甘
肃、山西、四川、云南、江苏、浙江、陕西等地。著名中药，根皮被称为"五加皮"，可泡制"五加
皮酒"，为强壮剂，有祛风湿、补肝肾、强筋骨的功效，用于治风湿痹痛、筋骨痿软、小儿行迟、
体虚乏力、水肿、脚气等症。枝叶煮水液，可治棉蚜、菜虫等。嫩叶作蔬菜。树皮含芳香油。

12. 萸叶五加属 Gamblea C. B. Clarke

　　乔木或灌木，常绿；枝无刺。掌状复叶，小叶 3～5 片，无柄或近无柄，边缘全缘或有细锯齿，
齿端通常有缘毛或糙硬毛，背面脉腋被簇毛；无托叶；花两性，伞形花序再组成复伞形花序或圆锥
花序；花梗在子房下无节；花萼全缘或 4～5 齿；花瓣 4(5) 枚，镊合状排列；雄蕊与花瓣同数；子

房具心皮 2~4(~5)个；花柱 2~4(~5)枚，离生或大部分合生。核果，球状椭圆形，有时侧扁。种子 2~4(~5)枚；胚乳光滑。

4 种，分布于亚洲。中国 2 种；广西 1 种 1 变种。

分种检索表

1. 小叶 3 片，卵形、卵状椭圆形或长圆状倒披针形，长 6~12cm，有刺毛状细齿，稀近全缘；萼无毛，近全缘 …………………………………………………………… **1. 萸叶五加 G. ciliata var. evodiifolia**
1. 小叶 3~5 片，狭椭圆形，长 11.0~17.5cm，边缘有细锯齿；宿存花萼 4 裂或 5 裂 ……………………………………………………………… **2. 大果萸叶五加 G. pseudoevodiifolia**

1. 萸叶五加   吴茱萸叶五加、吴茱萸五加   图 348：1~5
Gamblea ciliata var. **evodiifolia**（Franchet）C. B. Shang et al

乔木，高 12m；树皮灰白色；小枝无刺，无毛。小叶 3 片，卵形、卵状椭圆形或长圆状倒披针形，长 6~12cm，宽 3~6cm，先端短渐尖或长渐尖，基部楔形，有刺毛状细齿，稀近全缘，上面无毛，下面脉腋被簇毛，侧脉 6~8 对，与网脉在两面均明显；叶柄长 5~10cm，无毛；小叶几无柄。伞形花序数个组成复伞形花序，或总状排列；花序梗长 2~8cm，无毛；花梗长 0.8~1.5cm，无毛；萼无毛，近全缘；花瓣 5 枚；雄蕊 5 枚；子房 2~4 室；花柱 2~4 枚，基部合生，中部以上分离，反曲。果球形或长球形，黑色，有 2~4 棱；宿存花柱长 2mm。花期 5~6 月；果期 8~9 月。

产于全州、资源、灌阳、兴安、临桂、金秀、融水、象州。生于海拔 800m 以上的山林中。分布广，北起陕西，东至浙江沿海山区，西南至四川、云南。根皮药用，可治风湿痹痛、四肢拘挛、足膝无力等症。材质轻软，纹理直，干缩小，稍耐磨，易干燥，易切削，可用于制作胶合板、家具板料、包装材、牙签、铅笔杆、文具等。

2. 大果萸叶五加
Gamblea pseudoevodiifolia（K. M. Feng）C. B. Shang et al.

乔木，高 15m；小叶 3~5 片，狭椭圆形，长 11.0~17.5cm，宽 3~5cm，纸质或近革质，先端锐尖或渐尖，基部楔形，边缘有细锯齿，侧脉 7~10 对，在背面明显凸起，背面脉腋被簇毛。复伞形花序，主轴短或无，花梗长 0.7~2.0cm，宿存花萼 4 或 5 枚，子房 2 个心皮，花柱 2 枚，基部 1/4 处合生，中部以上分离，顶部反曲。果宽椭圆形或球形，偶有侧扁，宿存花柱长约 1mm。果期 7~10 月。

产于上思、宁明、武鸣、金秀等地。生于 1400~1800m 的山坡混交林中。分布于云南；越南、老挝也有分布。

13. 幌伞枫属 Heteropanax Seem.

常绿灌木或乔木，无刺。多为三至五回羽状复叶，稀二回羽状复叶；托叶与叶柄基部合生。花杂性，伞形花序再组成总状或圆锥状花序，腋生花序常为雄花，顶生花序常为两性花；苞片及小苞片宿存；花梗无关节；萼筒有 5 枚小齿；花瓣 5 枚，镊合状排列；雄蕊 5 枚；子房 2 室；花柱 2 枚，分离。果侧扁；种子扁平；胚乳嚼烂状。

约 8 种，分布于亚洲南部及东南部；中国 6 种；广西 3 种。该属树种的根及树皮均药用，可治跌打损伤、烫伤及疔疮等症。

分种检索表

1. 小叶较大，椭圆形，长 5.5~13.0cm，宽 3~6cm；果卵球形，略扁，长 3~5mm ……… **1. 幌伞枫 H. fragrans**
1. 小叶，较小，长 2.0~8.5cm，宽 0.8~3.5cm；果极扁，长 1~2mm。
  2. 小叶椭圆状披针形，先端长渐尖；花梗长约 4mm；果柄长 1cm ……………… **2. 华幌伞枫 H. chinensis**
  2. 小叶椭圆形，先端渐尖；花梗长 1.5~2.5mm；果柄长 4mm ……………… **3. 短梗幌伞枫 H. brevipedicellatus**

1. 幌伞枫 大蛇药、五加通(广西) 图349:1~3

Heteropanax fragrans(Roxb.)Seem.

常绿乔木,高30m,胸径70cm;树皮淡灰棕色;小枝无刺。三至五回羽状复叶,长达1m,小叶在羽轴上对生,椭圆形,长5.5~13.0cm,宽3.5~6.0cm,先端短渐尖,基部楔形,全缘,两面无毛,侧脉6~10对;叶柄长15~30cm,无毛;小叶柄长1cm或几无柄,无毛。总花序圆锥状,顶生,长30~40cm,密被锈色星状绒毛,后脱落无毛;伞形花序密集成头状,有花多数;花序梗长1.0~1.5cm,总状排列,分枝长10~20cm;花梗长不及2mm;花淡黄白色,芳香;萼被绒毛,边缘有5齿;花瓣先端钝,外被绒毛;子房2室;花柱2枚,分离。果卵球形,略侧扁,黑色,长约0.7cm,厚约0.4cm;宿存花柱长2mm;果柄长8mm;种子2粒,扁平。花期10~12月;果期翌年2~3月。

产于龙州、百色,南宁等城市绿化有栽培。生于海拔1000m以下的山地杂木林中。分布于云南、广东、海南;印度、缅甸、印度尼西亚也有分布。喜稀疏遮阴,幼龄树在半遮阴条件下生长快速,成龄树也喜欢在郁闭环境中生长,孤立木生长较差。生长快,寿命长,100年生大树仍处于生长旺盛期。播种繁殖,鲜果出籽率约60%,种子千粒重约95g,发芽率约60%。种子无休眠现象,随采随播或短期干藏。主干通直,小枝短而粗,树冠广卵形,圆整如盖,状如"幌伞",观赏价值高,用于园林绿化。木材较轻,纹理直,结构适中,宜作室内装修及箱盒等用材。根及树皮可治烧伤、蛇伤、骨髓炎、疖肿、感冒等症。

2. 华幌伞枫 图349:4~5

Heteropanax chinensis(Dunn)H. L. Li

常绿灌木,高3m;树皮灰色;嫩枝密被锈色绒毛。三至五回羽状复叶,长达60cm;小叶椭圆状披针形,长2.5~6.0cm,宽0.8~2.0cm,先端长渐尖,基部窄楔形,全缘,微反卷,下面灰白色,两面无毛,侧脉约6对;叶柄长15~30cm,小叶柄长1cm或几无柄。总花序圆锥状,顶生,长30cm,密被锈色绒毛,分枝长7cm;伞形花序有花多数;花序梗长1.0~1.5cm,花梗长4mm,均密被锈色绒毛;花黄色,芳香。果扁球形,黑色,长约0.8cm,厚约0.2cm;果柄长1cm。花期10~11月;果期翌年2~3月。

产于凤山、十万大山。生于低海拔灌林中。分布于云南;越南也有分布。根及

图349 1~3. 幌伞枫 *Heteropanax fragrans*(Roxb.)Seem. 1. 复叶部分;2. 果序部分;3. 果。4~5. **华幌伞枫** *Heteropanax chinensis*(Dunn)H. L. Li 4. 花枝部分;5. 果。(仿《中国高等植物图鉴》)

树皮药用，可治疗疮及跌打损伤。

3. 短梗幌伞枫

Heteropanax brevipedicellatus H. L. Li

常绿灌木或小乔木，高7m，胸径20cm；树皮灰棕色，有细纵裂纹；嫩枝密被暗锈色绒毛。四至五回羽状复叶，长达90cm；小叶纸质，椭圆形至狭椭圆形，长2.0~8.5cm，宽0.8~3.5cm，先端渐尖，基部宽楔形，全缘，两面无毛；侧脉5~6对；叶柄长达40cm，小叶柄长达1cm，均被暗锈色绒毛，后无毛；叶轴密被锈色绒毛。总花序圆锥状，顶生，长达40cm，密被暗锈色绒毛；伞形花序近头状，总状排列；花序梗长1~2cm，花梗长1.5~2.5mm，均密被锈色绒毛；花淡黄色。果扁球形，黑色，长约0.5cm，宽约0.8cm，果梗长4mm。花期11~12月；果期翌年1~2月。

产于阳朔、永福、金秀、那坡、凌云、平南、上思、钦州、龙州、武鸣。生于低海拔的灌林中。分布于广东、江西、福建、湖南。根皮药用，有舒筋活络、生肌敛创功效，可治水火烫伤及跌打损伤。

14. 羽叶参属 Pentapanax Seem.

常绿乔木、灌木或藤本。枝无刺，有纵棱。一回羽状复叶，稀二至三回羽状复叶；无托叶或不明显。花两性或杂性，伞形花序或总状花序，或再组成圆锥花序，花序基部有宿存苞片；花梗有关节；萼有5齿；花瓣常为5枚，稀7~8枚，覆瓦状排列；雄蕊5枚，稀7~8枚；子房5室，稀7~8室，花柱合生成柱状，或上部分离，稀完全分离。果球形，有棱脊；种子扁平；胚乳均匀。

约20种，分布于东南亚、南美、大洋洲；中国16种；广西2种。

分种检索表

1. 小叶3片，薄革质，卵形或卵状椭圆形，全缘，下面有白粉；紫红色 ·············· **1. 轮伞羽叶参 P. verticillatus**
1. 小叶3~5片，膜质或纸质，卵状长圆形或卵状披针形，锯齿尖刺状，下面脉腋有簇毛；花白色 ···················· **2. 锈毛羽叶参 P. henryi**

1. 轮伞羽叶参 轮伞五叶参

Pentapanax verticillatus Dunn

灌木，高达5m。小叶3片，薄革质，卵形或卵状椭圆形，长5~8cm，宽2~3cm，先端尖，基部宽楔形或近圆形，全缘，两面无毛，下面有白粉，侧脉6~8对，两面明显；叶柄长3~5cm，小叶柄长5mm，均无毛。总花序圆锥状，顶生，长6~10cm，密被锈红色绒毛，基部伞形花序有梗，上部伞形花序无梗，花在主轴上轮生，紫红色；花梗细长，长0.6~1.8cm；萼及花瓣无毛；花柱合生成柱状。果球形，紫红色，直径约0.5cm，果柄密被红色柔毛。花期10~11月；果期12月至翌年2月。

产于德保，生于海拔1200m以上的密林中。分布于云南。

2. 锈毛羽叶参 锈毛五叶参

Pentapanax henryi Harms

小乔木，高8m。小叶3~5片，膜质或纸质，卵状长圆形或卵状披针形，长5~12cm，宽3~7cm，先端尖或渐尖，基部楔形至圆形，锯齿尖刺状，上面无毛，下面脉腋有簇毛，侧脉6~8对；叶柄长8~10cm，小叶柄长5mm。总花序圆锥状顶生，长12~30cm，被锈色或黄褐色柔毛；伞形花序有花多数；花序梗长2~5cm；花梗长5~10mm，均被锈色柔毛；花白色；萼无毛，有5齿；子房5室；花柱5枚，合生至中部，柱头微白毛。果球形，直径约0.5cm，有5棱；宿存花柱长2~3mm。花期10月；果期12月。

产于融水元宝山。生于海拔1000m以上的密林中。分布于四川、湖北、安徽、江西。根皮药用，药材名为"锈毛五加参皮"。

15. 楤木属 Aralia L.

落叶小乔木、灌木或多年生草木；小枝有刺，髓心大，较松软。二至三回羽状复叶，稀一回羽状复叶；托叶和叶柄基部合生，顶端离生。花杂性，多为伞形花序，稀头状花序，再组成圆锥花序；花梗有关节；萼筒有 5 枚小齿；花瓣 5 枚，覆瓦状排列；雄蕊 5 枚，花丝细长；子房 5 室，稀 4～2 室，花柱 5 枚，稀 4～2 枚，分离或基部合生；花盘边缘微隆起。果球形，有 5 棱，稀 4～2 棱；种子白色，侧扁；胚乳均匀。

约 40 种，多分布于亚洲，少数产于北美洲；中国 29 种，木本植物 18 种；广西 13 种，木本植物 12 种，本志记载 10 种。

分种检索表

1. 花有梗，伞形花序再组成圆锥状花序。
 2. 成长小叶两面无毛或仅脉上被毛。
  3. 总花序主轴短，长 10cm；小枝及叶柄有短刺；小叶 5～15 片，卵形或卵状披针形，先端长渐尖或尾状渐尖，有波状锯齿，齿有小尖头 ························ **1. 波缘楤木 A. undulata**
  3. 总花序长 10cm 以上。
   4. 叶轴及花序轴均有刺。
    5. 二回羽状复叶；小叶边缘有不整齐锯齿或重锯齿，齿有小尖头；总花序长达 35cm，密生刺及刺毛 ························ **2. 长刺楤木 A. spinifolia**
    5. 三回羽状复叶；小叶边缘有细锯齿或不整齐锯齿；总花序长达 50cm，主轴及分枝疏生短钩刺，被短柔毛或近无毛 ························ **3. 虎刺楤木 A. finlaysoniana**
   4. 叶轴疏生刺或无刺；花序轴无刺。
    6. 小枝密生细长直刺；二回羽状复叶；小叶长圆状卵形或披针形，长 4～12cm，宽 2.5～5.0cm，下面灰白色，侧脉 6～9 对；果球形 ························ **4. 棘茎楤木 A. echinocaulis**
    6. 小枝疏生细长直刺；二至三回羽状复叶；小叶卵形或卵状披针形，长 3～6cm，宽 1.2～2.0cm，下面灰绿色，侧脉 4～6 对；果倒圆锥形 ························ **5. 秀丽楤木 A. debilis**
 2. 成长小叶两面被毛或至少下面被毛。
  7. 小叶及花序密被刺毛；果卵形；小叶长卵形或卵状长圆形，有细锯齿；花深黄色 ························ **6. 偃毛楤木 A. vietnamensis**
  7. 小叶及花序被柔毛或绒毛；果球形。
   8. 小枝密被灰色或淡黄灰色长柔毛，有粗短刺；总花序长 90cm，伞形花序有花 15～20 朵；小叶椭圆形或卵状长圆形，边缘或中部以上有细锯齿或不明显 ························ **7. 云南楤木 A. thomsonii**
   8. 小枝密被黄棕色绒毛；总花序长 60cm 以下，伞形花序有花 30 朵以上。
    9. 二回羽状复叶；小叶革质，卵形或长圆状卵形，两面密被黄棕色粗绒毛；花淡绿白色；花梗长 0.8～1.5cm，密被绒毛 ························ **8. 黄毛楤木 A. chinensis**
    9. 二至三回羽状复叶；小叶纸质或薄革质，卵形、宽卵形或长卵形，上面疏被糙毛，下面被淡黄色或灰色柔毛；花白色；花梗长 4～6mm，被柔毛 ························ **9. 楤木 A. elata**
1. 花无梗；头状花序，再组成圆锥状花序；嫩枝、叶轴及羽片轴密被黄褐色绒毛；小叶卵形或长圆状卵形，边缘有细锯齿，上面粗糙，下面密被棕色绒毛 ························ **10. 头序楤木 A. dasyphylla**

1. 波缘楤木 波叶楤木

Aralia undulata Hand. – Mazz.

小乔木，高 7m，胸径 10cm；树皮赤褐色；小枝有粗刺，长不及 2mm。二回羽状复叶，长达 80cm；叶柄无毛，疏生短刺；托叶与叶柄基部合生；小叶 5～15 片，纸质，卵形或卵状披针形，长 5.0～13.5cm，宽 2.5～6.0cm，先端长渐尖或尾状渐尖，基部圆形，有波状锯齿，齿有小尖头，两面无毛，侧脉 7～9 对，两面稍凸起，网脉明显；小叶柄长 3～8mm，顶生小叶柄长 2.0～4.5cm。

圆锥花序主轴长 5～10cm，分枝长达 55cm，二级分枝顶端着生 3～5 个伞形花序，其下部有 3～8 个伞形花序成总状排列；花序梗长 0.5～2.0cm，被棕色糠屑状粗毛；花梗长 2～5mm，被棕色粗毛；花白色；萼无毛，有 5 枚小齿；花瓣 5 枚；苞片被缘毛；子房 5 室；花柱 5 枚，分离。果球形，黑色，径约 3mm，有 5 棱。花期 6～8 月；果期 10 月。

产于龙胜、灌阳、九万大山、凌云、龙州。生于海拔 800～1500m 的山谷杂木林中。分布于四川、湖南、广东。嫩芽、嫩茎叶可食用。根入药，有活血化瘀、通经止痛、祛风除湿的功效，可治跌打损伤、骨折、痞块、经闭、痛经、劳伤疼痛、风湿痛。

2. 长刺楤木　刺叶楤木

Aralia spinifolia Merr.

灌木，高 3m；小枝灰白色，密被针状刺毛，疏生扁刺，基部膨大，长不及 1cm。二回羽状复叶，长达 70cm，叶柄、叶轴及羽轴均生刺和刺毛；托叶和叶柄基部合生；小叶 5～9 片，薄纸质或近膜质，长圆状卵形或卵状椭圆形，长 7～11cm，宽 3～6cm，先端渐尖或长渐尖，基部圆形，有不整齐锯齿或重锯齿，齿有小尖头，上面脉疏生小刺或刺毛，下面较密，侧脉 5～7 对；侧生小叶无柄，顶生小叶柄长 1～3cm。总花序圆锥状，长达 35cm，密生刺及刺毛；伞形花序有花多数；花序梗长 1～6cm；花梗长 1.0～1.5cm，均密生刺毛。果卵球形，黑褐色，有 5 棱，直径约 5mm。花期 8～10 月；果期 10～12 月。

产于临桂、龙胜、平乐、恭城、融水、金秀、贺州、昭平、梧州、龙州。生于海拔 1000m 以下的山坡林缘。分布于湖南、江西、福建、广东。根入药，有驳骨拔毒的功效，可治头昏、头痛、风湿痹痛、跌打损伤、蛇伤。

3. 虎刺楤木　图 350：1～2

Aralia finlaysoniana（Wall. ex DC.）Seem.

多刺灌木，高 4m；刺短，基部宽扁，长不及 4cm。三回羽状复叶，长达 1m；叶柄长 25～50cm，叶轴及羽轴疏生细刺；托叶与叶柄基部合生；小叶 5～9 片，纸质，长圆状卵形，长 4～11cm，宽 2～5cm，先端渐尖，基部圆形或心形，有细锯齿或不整齐锯齿，两面脉上疏生小刺，下面初时密被短柔毛，后无毛，侧脉 6 对，两面明显，网脉不明显。总花序圆锥状，长达 50cm，主轴及分枝疏生短钩刺，被短柔毛或近无毛；伞形花序有花多数；花序梗长 1～5cm；花梗长 1.0～1.5cm，均有刺和毛。果球形，有 5 棱，直径约 4mm。花期 8～10 月；果期 9～11 月。

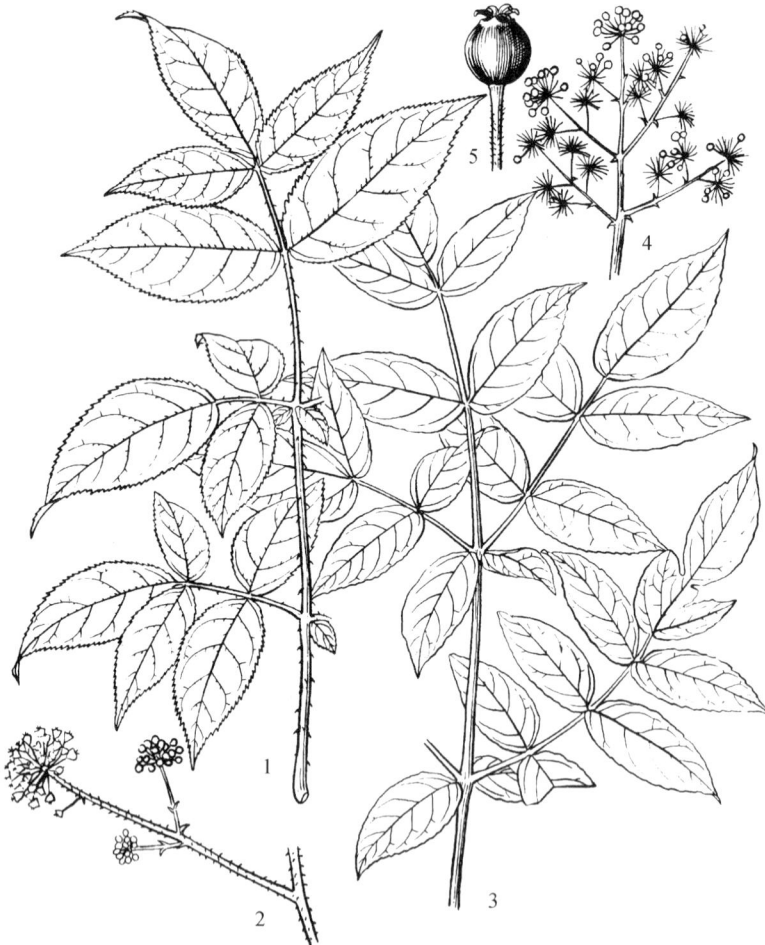

图 350　**1～2.** 虎刺楤木 Aralia finlaysoniana（Wall. ex DC.）Seem. 1. 叶枝；2. 花序的一部分。**3～5.** 棘茎楤木 Aralia echinocaulis Hand. – Mazz. 3. 枝的一部分；4. 花序的一部分；5. 果。（仿《中国高等植物图鉴》）

产于百色、全州、上思等地。生于海拔1400m以下的杂木林中或林缘。分布于云南、贵州、广东、江西；印度、缅甸、马来西亚、越南也有分布。根皮为民间草药，有消肿散瘀、除风祛湿的功效，可治咽喉肿痛、水肿、肝炎、肾炎、前列腺炎等症。

4. 棘茎楤木 刺茎楤木、红葱木 图350：3～5

Aralia echinocaulis Hand. – Mazz.

小乔木，高7m；小枝密生细长直刺，刺长0.7～1.5cm，黄褐色。二回羽状复叶，长35～50cm或更长；叶柄长达40cm，疏生短刺或无刺；小叶5～9片，膜质或薄纸质，长圆状卵形或披针形，长4～12cm，宽2.5～5.0cm，先端长渐尖，基部圆形或宽楔形，偏斜，边缘疏生细锯齿，两面无毛，下面灰白色，侧脉6～9对，中脉及侧脉在下面呈淡紫红色；小叶近无柄。总花序圆锥状，长30～50cm，顶生；主轴及分枝呈紫褐色，有糠屑状毛，后无毛；伞形花序有花12～20朵，稀30朵；花白色；花序梗长1～5cm；花梗长0.8～3.0cm；花柱5枚，离生。果球形，熟时紫黑色，有5棱，直径约3mm；宿存花柱基部合生。花期6～8月；果期9～11月。

产于灵川、资源、临桂、融水、金秀、富川。生于海拔1200m以上的山地杂木林中。分布于四川、云南、贵州、广东、湖南、湖北、江西、福建、浙江、安徽。根部药用，有活血行气、解毒消肿的功效，主治风湿痹痛、跌打肿痛、胃脘胀痛、骨髓炎等症。

5. 秀丽楤木

Aralia elegans C. N. Ho

灌木；小枝疏生细长直刺，刺长0.7cm。二至三回羽状复叶，长30～40cm；叶柄及羽轴无毛，无刺或疏生刺，叶柄长约10cm；小叶5～11片，薄纸质，卵形或卵状披针形，长3～6cm，宽1.2～2.0cm，先端渐尖或长渐尖，基部圆形，略偏斜，边缘疏生锯齿，上面无毛或疏生短刺毛，下面灰绿色，无毛，侧脉4～6对；小叶柄长1～3mm，顶生者长5～15mm。圆锥花序长10～15cm，无毛；伞形花序有花多数或8～15朵，花淡绿色；花序梗长1.0～2.5cm；花梗长2～5mm，均被粗毛，稀无毛。果倒圆锥形，长约2mm。花期7～11月；果期10～12月。

产于金秀。生于山地灌丛中。分布于广东、湖南；越南也有分布。根、叶入药，有行气、活血止痛、清热解毒的功效，可治胃气痛、腹痛泄泻、痛经、关节痛、跌打损伤、蛇伤、热毒疮疡。

6. 偃毛楤木 图351：1～2

Aralia vietnamensis Ha

灌木或小乔，高2～10m。二回羽状复叶，叶柄长达70cm；小叶5～13片，长卵形或卵状长圆形，长8～26cm，宽5～18cm，有细锯齿，上面疏被黄色刺毛，沿脉上较密，下面密被黄色刺毛，侧脉6～8对。圆锥状花序，较密集；花序轴、花序梗及花梗均生有黄色刺毛；伞形花序梗长0.8～2.0cm；花深黄色；萼无毛，有5枚小齿；花瓣5枚，卵形，无毛；花柱5枚，基部合生，上部反曲。果卵形，直径2～3mm。花期9～12月；果期11月至翌年1月。

产于靖西。生于海拔1200m左右的山区次生杂木林中。分布于云南、广东。

7. 云南楤木

Aralia thomsonii Seem.

灌木，高4m，胸径16cm；小枝密被灰色或淡黄灰色长柔毛，有粗短刺，刺长2mm。二至三回羽状复叶，叶轴及羽轴密被长柔毛；叶柄长达40cm；小叶5～11片，纸质或薄革质，椭圆形或卵状长圆形，长7～15cm，宽3～7cm，先端长渐尖，基部圆形或近心形，边缘或中部以上有细锯齿或不明显，两面密被黄灰色长柔毛，沿叶脉更密，侧脉7～10对；小叶无柄或近无柄，顶生小叶柄长达2.5cm。总花序圆锥状，长达90cm，主轴及分枝被长柔毛；伞形花序有花15～20朵；花淡绿白色；花序梗长1～5cm；花梗长0.8～1.0cm，均被短柔毛。果球形，黑色，有5棱，直径约4mm。花期6～8月；果期10～11月。

产于凌云。生于海拔1000m以上的山坡、林缘、沟边杂木林中。分布于云南；越南、印度也有

图 351　1~2. 偃毛楤木 Aralia vietnamensis Ha 1. 叶枝；2. 果。3~
4. 头序楤木 Aralia dasyphylla Miq. 3. 叶；4. 花。(1~2 仿《中国树木志》，3~4 仿《中国高等植物图鉴》)

8. 黄毛楤木　鸟不企(广州)　图 352：4~5

Aralia chinensis L.

灌木，高 5m；小枝密被黄棕色粗绒毛，有细刺。二回羽状复叶，长达 1.2m，叶轴及羽轴密被黄棕色粗绒毛；小叶 7~13 片，革质，卵形或长圆状卵形，长 7~15cm，宽 2~10cm，先端渐尖或尾尖，基部圆形，稀近心形，有细尖锯齿，两面密被黄棕色粗绒毛，侧脉 6~8 对；叶柄长 20~40cm，小叶无柄或有短柄，顶生小叶柄长达 5cm。总花序圆锥状，长达 60cm，密被黄棕色绒毛，疏生细刺；伞形花序有花 30~50 朵；花淡绿白色；花序梗长 2~4cm；花梗长 0.8~1.5cm，密被绒毛。果球形，黑色，有 5 棱，直径约 4mm。花期 10 月至翌年 1 月；果期 12 月至翌年 2 月。

产于资源、恭城、三江、上思、宁明、百色、容县。生于海拔 1000m 以下的杂木林中。分布于云南、贵州、江西、福建、广东、安徽、台湾。根皮药用，有祛风除湿、散瘀消肿、活血通经的功效，可治风湿腰痛、湿热黄疸、水肿、淋浊、带下、闭经、跌打肿痛、胃脘痛、咽喉肿痛。

9. 楤木　虎阳刺(浙江)、鹊不踏(本草纲目)　图 352：1~3

Aralia elata(Miq.)Seem.

乔木，高 2~5(~8)m，胸径约 15cm；树皮灰色，疏生粗壮直刺；小枝淡灰棕色，密被黄棕色绒毛，疏生细刺。二至三回羽状复叶，长达 1m；小叶 5~11 片，稀 13 片，纸质或薄革质，卵形、宽卵形或长卵形，长 5~12cm，宽 3~8cm，先端渐尖或短渐尖，基部圆形，有锯齿，上面疏被糙毛，下面被淡黄色或灰色柔毛，脉上较密，侧脉 7~10 对；叶柄长达 50cm；小叶无柄或有短柄，顶生小叶柄长 2~3cm。总花序圆锥状，长达 20~60cm，密被淡黄棕色或灰色柔毛；伞形花序有花多数；花序梗长 1~4cm；花白色；花梗长 4~6mm，均被柔毛。果球形，黑色，有 5 棱，直径约 3mm。花期 7~8 月；果期 9~11 月。

产于资源、兴安、凌云等地。生于丘陵、低山地区杂木林或灌丛中。分布于河北、山西、陕西、甘肃、安徽、福建、浙江、四川、湖南、湖北、云南、贵州、广东等地。根入药，有祛风除湿、利尿消肿、活血止痛的功效，可治肝炎、淋巴结肿大、肾炎水肿、糖尿病、胃痛、风湿关节痛、腰腿痛、跌打损伤。

10. 头序楤木 毛叶楤木、雷公种、牛尾木(广东)

图 351：3～4

Aralia dasyphylla Miq.

灌木或小乔木，高 10m；小枝有短刺，基部粗，长不及 6mm；嫩枝密被黄褐色绒毛。二回羽状复叶，长达 70cm；叶轴及羽片轴密被黄褐色绒毛，有刺或无刺；小叶 7～9 片，薄革质，卵形或长圆状卵形，长 5.5～11.0cm，先端渐尖，基部圆形或心形，侧生小叶基部偏斜，边缘有细锯齿，上面粗糙，下面密被棕色绒毛，侧脉 7～9 对；叶柄长 30cm 以上；小叶几无柄，顶生小叶柄长达 4cm。总花序圆锥状，长达 50cm，密被黄棕色绒毛；花无梗，聚生成头状花序；花序梗长 0.5～1.5cm，密被黄棕色绒毛。果球形，紫黑色，有 5 棱。花期 8～10 月；果期 11～12 月。

产于龙胜、临桂、融水、金秀、象州、贺州、昭平、都安、百色、那坡、隆林、田林、宁明、武鸣。生于海拔 1000m 以下的杂木林或灌丛中。分布于四川、福建、浙江、江西、湖北、湖南、安徽、广东；越南也有分布。嫩叶、嫩芽可食用。根入药，具祛风除湿、活血散瘀、健胃、利尿、镇痛消炎等功效，可治肝炎、肝硬化腹水、肾炎水肿、淋巴结炎、糖尿病、胃痛。

图 352　1～3. 楤木 Aralia elata (Miq.) Seem. 1. 叶枝；2. 花；3. 果。4～5. 黄毛楤木 Aralia chinensis L. 4. 叶枝；5. 伞形果序。(仿《中国高等植物图鉴》)

39　忍冬科 Caprifoliaceae

常为落叶灌木，有时为藤本，稀小乔木或草本。茎干木质松软，常有发达的髓部。叶对生，稀轮生，单叶，稀奇数羽状复叶；叶柄短，有时两叶柄基部联合，通常无托叶，有时托叶小不显著或退化成腺体。花两性，辐射对称或左右对称；聚伞花序或圆锥状花序，极少花单生；萼 4～5 裂，花冠 4～5 裂，覆瓦状排列，稀镊合状排列，有时成二唇形；无花盘，或呈一环或为一侧生腺体；雄蕊 5 或 4 枚而二强，着生于花冠筒并与花冠裂片互生，花药背着，2 室，纵裂，通常内向；子房下位，2～5(～8)室，中轴胎座，每室具 1 至多枚胚珠，部分子房室常不发育，花柱 1 枚。果实为浆果、核果或蒴果，具 1 至多粒种子，种子具骨质外种皮，平滑或有槽纹。

18 属，主产于北半球温带，中国 12 属，主要分布在华中和西南各地；广西 7 属。

分属检索表

1. 奇数羽状复叶；花药外向；叶有锯齿，托叶叶状或退化成腺体 ………………………………… **1. 接骨木属 Sambucus**
1. 单叶对生。
  2. 总花序由聚伞花序合成圆锥状或伞房状；茎干有皮孔 ………………………………… **2. 荚蒾属 Viburnum**
  2. 花序非上述情况。
    3. 子房心皮全部能育，含多枚胚珠。
      4. 花常成对生于腋生的总花梗顶；子房2~3(~5)室；浆果 ………………………………… **3. 忍冬属 Lonicera**
      4. 花单生或2~6朵花组成聚伞花序；子房2室；蒴果，革质或木质 ………………………………… **4. 锦带花属 Weigela**
    3. 子房由能育心皮和不育心皮组成，能育心皮各含1枚胚珠。
      5. 花簇生或单生于侧枝顶端叶腋成穗状或总状花序；浆果状核果，有2枚核 …………………………………
      …………………………………………………………………………………… **5. 毛核木属 Symphoricarpos**
      5. 花单生或组成聚伞花序，稀为圆锥状复聚伞花序。
        6. 子房4室；核果肉质，不开裂，有宿存增大的小苞片 ………………………………… **6. 双盾木属 Dipelta**
        6. 子房3室；瘦果状核果，革质，顶冠宿存增大的萼裂片 ………………………………… **7. 六道木属 Abelia**

1. 接骨木属 Sambucus L.

落叶乔木或灌木，稀多年生草本；茎干常有皮孔，有发达的髓部。叶对生，奇数羽状复叶，小叶有锯齿，托叶叶状或退化成腺体；花小，通常两性，白色或黄白色；由聚伞花序排成顶生的复伞或圆锥花序；萼筒短，萼齿5，花冠辐射状，5裂；雄蕊5枚，花药外向，花丝短；子房下位，3~5室，花柱短，柱头3~5裂。浆果状核果，有核3~5枚，种子三棱形或椭圆形。

约10种，广泛分布于北半球温带和亚热带地区。中国4种；广西2种，木本1种。

接骨木 接骨丹、续骨木、铁骨散 图353

Sambucus williamsii Hance

落叶灌木或小乔木，高8m；老枝有长椭圆形皮孔，淡红褐色，髓心淡褐色；奇数羽状复叶，小叶5~7(~11)片，侧生小叶卵圆形，狭椭圆形至倒矩圆状披针形，长5~15cm，宽1.2~7.0cm，顶端尖至渐尖或尾尖，基部楔形或圆形，有时心形，常不对称；顶生小叶卵形或倒卵形，先端渐尖或尾尖，基部楔形；小叶缘有不整齐的锯齿，揉碎后有臭味；托叶狭带状，或退化成蓝色凸起。聚伞花序合成顶生圆锥花序，长5~11cm，有总花梗，花序轴及各级分枝无毛，花小而密，白色至淡黄色；萼筒杯状，

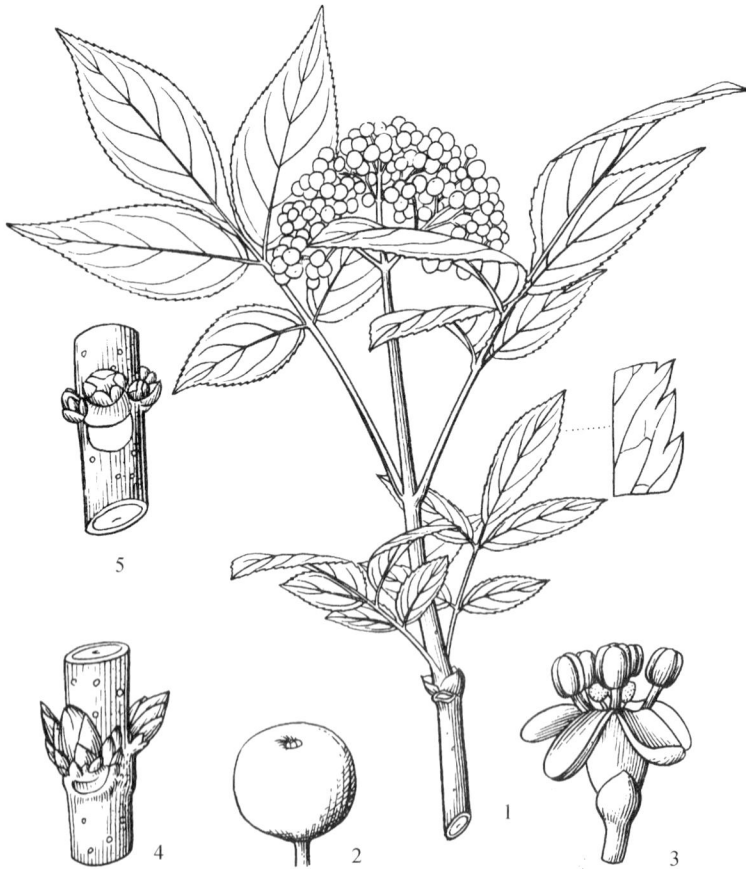

图353 接骨木 Sambucus williamsii Hance 1. 花枝；2. 果(放大)；3. 花；4~5. 冬芽。(仿《中国植物志》)

长约1mm，萼齿稍短于萼筒，呈三角状披针形；花冠筒短，裂片长约2mm；雄蕊与花冠裂片等长，花药黄色；子房3室，花柱短，柱头3裂。果卵圆形或椭圆形，直径约5mm，红色，稀蓝紫色，小核2~3枚。花期4~5月；果期6~10月。

产于全州、资源、桂林、钟山、富川、贺州、金秀、融水、那坡、乐业等地。分布于中国大部分地区；朝鲜、日本也有分布。喜光，稍耐阴，在阳坡、阴坡、林缘、林内均能生长。喜肥沃、疏松的砂壤土或冲积土。萌芽性强。播种、扦插繁殖，均易成活。为重要中草药，有活血消肿、接骨止痛的功效，枝叶可治跌打损伤、骨折、脱臼、关节炎等症；根皮可治痢疾、黄疸，外用可治创伤出血；种子油作催吐剂。种子含油量约27%，供制肥皂和工业用。枝叶茂密，红果累累，可栽培供观赏、作绿篱及行道树。

2. 荚蒾属 Viburnum L.

落叶或常绿灌木或小乔木，茎干有皮孔，常被星状毛。冬芽为鳞芽或裸芽。单叶，对生，稀3叶轮生，羽状脉或三出脉状，叶缘有锯齿或全缘，有时掌状分裂，托叶小或无。花小，两性，整齐，聚伞花序集生为圆锥状或伞房状花序，少缩成簇状，有时具不孕边花；萼5齿裂，宿存；花冠辐状，钟状、漏斗状或高脚碟状，5裂；雄蕊5枚，着生于花冠筒内，与花冠裂片互生，花药内向；子房下位，1室，胚珠1枚，花柱短，柱头头状或浅2~3裂。核果卵圆形或圆形，核多扁平，稀球形，种子1粒。

约200种，主产于东亚及北美。中国约73种；广西30种3变种(亚种)。

分种检索表

1. 总花序圆锥状，有时簇生。
 2. 叶革质或亚革质。
  3. 幼枝、芽、花序、萼、花冠、苞片均被黄褐色星状毛；叶倒卵形、倒卵状矩圆形或矩圆形，叶缘1/3以上有疏尖锯齿，叶下疏生有黄褐色星状毛或近无毛 ·············· **1. 短序荚蒾 V. brachybotryum**
  3. 幼枝、花萼无毛或近无毛。
   4. 叶边缘中部以上有浅锐锯齿，两面无毛或下面脉上疏生星状毛，侧脉至少部分直达齿端，脉腋有小趾蹼状孔和少数集聚星状毛 ·············· **2. 巴东荚蒾 V. henryi**
   4. 叶边缘中部以上有不规则波状锯齿或近全缘，两面无毛或脉上散生簇状微毛，下面有时散生腺点，脉腋常有小孔，侧脉近叶缘网结 ·············· **3. 珊瑚树 V. odoratissimum**
 2. 叶纸质或厚纸质。
  5. 叶下面、幼枝、芽、叶柄和花序均被绒毛；叶卵状矩圆形至矩圆形或宽椭圆形，边缘有牙齿状锯齿或小锯齿；果实矩圆形、宽椭圆形至倒卵状矩圆形 ·············· **4. 锥序荚蒾 V. pyramidatum**
  5. 叶下面无毛或仅脉上被毛。
   6. 侧脉大部分直达齿端。
    7. 叶矩圆形至矩圆状披针形，边缘1/3以上有锯齿，两面无毛或初时脉上有极稀星状毛；花药黄色······ ·············· **5. 伞房荚蒾 V. corymbiflorum**
    7. 叶倒卵形、倒卵状椭圆形至矩圆形或狭矩圆形，边缘有锯齿，上面无毛或中脉有细短毛，下面中脉和侧脉被簇状毛；花药堇紫色 ·············· **6. 红荚蒾 V. erubescens**
   6. 侧脉于缘前网结。
    8. 幼枝浅灰黄色，圆筒形，散生圆形皮孔；叶矩圆形至椭圆状矩圆形，侧脉与中脉上面不甚明显；叶柄长1~2cm；圆锥花序上散生小腺 ·············· **7. 长梗荚蒾 V. longipedunculatum**
    8. 当年小枝紫褐色，有棱，2年生小枝灰黄色，圆筒状；叶矩圆形、矩圆状披针形或倒卵状矩圆形，侧脉与中脉上面甚凹陷；叶柄长0.6~1.0(~1.5)cm ·············· **8. 台东荚蒾 V. taitoense**
1. 总花序为复伞形花序，稀伞形。
 9. 常绿灌木或乔木。
  10. 冬芽裸露；幼枝、芽、叶下面、花序、苞片、萼、花冠、果均密被圆形、铁锈色小鳞片，无毛；叶矩圆状椭圆形或矩圆状卵形，稀矩圆状倒卵形 ·················· **9a. 大果鳞斑荚蒾 V. punctatum var. lepidotulum**

10. 冬芽有芽鳞。

  11. 冬芽有 2 对芽鳞。

    12. 幼枝被毛，稀近无毛。

      13. 幼枝四方形。

        14. 叶下面有金黄色和黑褐色腺点；幼枝、叶柄和花序密被短伏毛；叶卵状菱形至菱形或椭圆状矩圆形 ······························· **10. 金腺荚蒾 V. chunii**

        14. 叶下面有黑色或栗褐色腺点。

          15. 幼枝被星状糙毛或近无毛；叶革质，椭圆形至椭圆状卵形，稀卵圆形或卵状倒披针形；萼筒无毛 ··············· **11. 常绿荚蒾 V. sempervirens**

          15. 幼枝被黄褐色星状绒毛；叶近革质，矩圆形、宽矩圆状披针形或椭圆形；萼筒疏生星状毛 ························· **12. 海南荚蒾 V. hainanense**

      13. 幼枝圆柱状，有棱，侧生小枝常与主枝呈直角或近直角开展；叶卵形、菱状卵形、椭圆形或矩圆状披针形，下面脉腋有簇状毛 ············ **13a. 直角荚蒾 V. foetidum var. rectangulatum**

    12. 幼枝、叶两面、叶柄和花序均有红褐色微细腺点而无毛；叶厚纸质，条状披针形，边缘疏生少数开展的不规则小尖齿，中部齿常较少或近全缘 ·············· **14. 瑶山荚蒾 V. squamulosum**

  11. 冬芽有 1 对芽鳞。

    16. 叶缘基部以上有锯齿。

      17. 灌木；核果卵圆形或圆形。

        18. 幼枝红褐色，光亮，有凸起小皮孔；叶柄带紫红色，长 1～2cm；叶缘基部以上两侧各有 1～2 枚腺体；花冠绿白色 ····················· **15. 球核荚蒾 V. propinquum**

        18. 幼枝初时带紫色，后变浅灰黄色；叶柄长 6～12mm，连同叶下面中脉干后都带黄色；叶上面深绿色有光泽，下面苍白绿色；花冠白色 ········· **16. 蓝黑果荚蒾 V. atrocyaneum**

      17. 小乔木；核果宽椭圆形；幼枝、叶下面初时疏被星状矩毛，后脱落，全株近无毛；叶亚革质，宽椭圆形至矩圆形或矩圆状倒卵形 ··········· **17. 淡黄荚蒾 V. lutescens**

    16. 叶全缘或中部以上有疏锯齿。

      19. 核果熟时红色，稍被黄褐色星状绒毛；小枝、叶下面、叶柄及花序均被黄白或黄褐色星状绒毛；叶下面近基部两侧有腺斑 ·············· **18. 厚绒荚蒾 V. inopinatum**

      19. 核果熟时蓝黑色或紫褐色。

        20. 叶长 8～16cm，全缘或中部以上疏生锯齿，两面无毛，下面疏被红色或黄色腺点及腺鳞，近基部两侧各有 1 至数枚腺体；核果卵球形 ············· **19. 水红木 V. cylindricum**

        20. 叶长 2.0～6.0(～7.5)cm，全缘；果实近圆形 ············ **20. 三脉叶荚蒾 V. triplinerve**

9. 落叶灌木或乔木。

  21. 当年生枝无毛；叶上面无毛或仅叶脉被毛，叶下面近无毛或仅叶脉被毛。

    22. 冬芽有 2 对芽鳞。

      23. 叶宽卵形或圆卵形，稀倒卵形，长 9～14cm，先端近尾尖或 2～3 浅裂，边缘疏生不整齐牙齿；核果长圆形至圆形 ····················· **21. 衡山荚蒾 V. hengshanicum**

      23. 叶宽卵形至菱状卵形或宽倒卵形，稀椭圆状矩圆形，长 3.5～8.5(～12.0)cm，顶端急短渐尖至渐尖，边缘基部 1/3～1/2 以上具浅波状牙齿；核果近圆形 ··· **22. 桦叶荚蒾 V. betulifolium**

    22. 冬芽有 1 对芽鳞；叶卵状矩圆形至卵状披针形，下面近基部两侧有少数腺体；果序弯垂，果卵圆形；核甚扁，卵圆形 ····························· **23. 茶荚蒾 V. setigerum**

  21. 当年生枝被毛。

    24. 叶下面被毛。

      25. 冬芽有芽鳞。

        26. 无托叶。

          27. 幼枝、叶柄、花序被星状绒毛。

            28. 叶卵圆形、椭圆形或倒卵形，叶两面被黄褐色星状毛；花序外围有 2～5 朵白色、大型不孕的边花；萼无毛；可孕花黄白色 ·············· **24. 蝶花荚蒾 V. hanceanum**

28. 叶宽卵形或菱状卵形，上面初时有叉状毛或星状毛，后仅叶脉被毛，下面毛较密，无腺点；花序无不孕花；花白色 ································· **25. 南方荚蒾 V. fordiae**

27. 幼枝、叶柄、花序被刚毛或簇状毛。

29. 叶宽倒卵形、倒卵形、或宽卵形，上面被叉状或简单伏毛，下面近基部两侧有少数腺体；总花梗长 1 ~ 2(~ 3)cm ············· **26. 荚蒾 V. dilatatum**

29. 叶卵形、椭圆状卵形、卵状披针形至矩圆形，有时带菱形，上面有无柄的透明微小腺点，仅中脉被叉状毛；总花梗极短或几无 ············ **27. 吕宋荚蒾 V. luzonicum**

26. 托叶钻形，宿存；叶边缘有波状小尖齿，下面密被绒毛，近基部两侧有少数腺体；核扁，具 3 条浅腹沟和 2 条浅背沟 ·················· **28. 宜昌荚蒾 V. erosum**

25. 冬芽裸露；叶卵形至宽卵形，稀矩圆状卵形，基部心形或圆形，边缘常有不整齐钝或圆的锯齿，很少为尖锯齿，下面常多少被簇状毛 ················· **29. 显脉荚蒾 V. nervosum**

24. 叶下面无毛或仅叶脉被毛。

30. 幼枝、叶下面脉上、叶柄、花序及萼齿均被灰黄褐色鳞片状或糠秕状簇状毛；叶卵形至椭圆状卵形或圆状卵形；花序外围有不孕花，无总花梗 ············· **30. 合轴荚蒾 V. sympodiale**

30. 幼枝、芽、叶柄、花序被星状毛或簇状毛。

31. 总花梗长 1.0 ~ 1.5cm；花冠白色；叶有侧脉 7 ~ 8 对；叶柄长 1.0 ~ 1.5cm ·················· **31. 台中荚蒾 V. formosanum**

31. 总花梗 3.0 ~ 7.0 (~ 8.5) cm；花冠外面紫红色，内面白色；叶有侧脉通常 4 ~ 6 对；叶柄长 1 ~ 4cm ············· **32. 壶花荚蒾 V. urceolatum**

1. 短序荚蒾　短球荚蒾、球花荚蒾　图 354：9 ~ 10

Viburnum brachybotryum Hemsl.

常绿灌木或小乔木，高可达 8m。幼枝、芽、花序、萼、花冠、苞片均被黄褐色星状毛；冬芽有 1 对鳞片。叶革质，倒卵形、倒卵状矩圆形或矩圆形，长 7 ~ 20cm，先端渐尖或骤尖，基部宽楔形至近圆形，叶缘 1/3 以上有疏尖锯齿，叶下疏生有黄褐色星状毛或近无毛，侧脉 5 ~ 7 对，近叶缘网结。圆锥花序尖塔形，萼筒筒状钟形，花冠辐射状，白色。核果卵圆形，长约 1cm，鲜红色，有毛。花期 1 ~ 3 月；果期 7 ~ 8 月。

产于临桂、龙胜、融水、金秀、南丹、河池、那坡、凌云、乐业、田林、隆林、容县等地。生于海拔 400 ~ 1900m 的密林及灌丛中。分布于云南、贵州、四川、湖南、湖北、江西。

2. 巴东荚蒾

Viburnum henryi Hemsl.

常绿或半常绿小乔木，高 7m；全株无毛或近无毛；小枝灰褐色；冬芽有 1 对被黄色星状毛的鳞片。叶亚革质，倒卵状矩圆形至矩圆形或狭矩圆形，长 6 ~ 13cm，先端尖至渐尖，基部楔形至圆形，边缘中部以上有浅锐锯齿，两面无毛或下面脉上疏生星状毛，侧脉 5 ~ 7 对，羽状脉，至少部分直达齿端，脉腋有小趾蹼状孔和少数集聚星状毛；叶柄长 1 ~ 2cm。圆锥花序顶生，长 4 ~ 9cm；花冠辐射状，白色。核果椭圆形，红色后变紫黑。花期 6 月；果期 8 ~ 10 月。

产于灌阳、资源。生于海拔 900m 以上的林中或草坡。分布于陕西、四川、贵州、浙江、湖北、江西、福建等地。

3. 珊瑚树　早禾树、猪耳木　图 354：1 ~ 4

Viburnum odoratissimum Ker Gawl.

常绿乔木，高 10(15)m。小枝灰色或灰褐色，无毛或稍有星状毛，有凸起的小瘤状皮孔；冬芽有 1 ~ 2 对鳞片。叶革质，椭圆形至矩圆形或倒卵形，长 7 ~ 20cm，先端短尖至渐尖而钝头，基部宽楔形，稀圆，边缘中部以上有不规则波状锯齿或近全缘，两面无毛或脉上散生簇状微毛，下面有时散生腺点，脉腋常有小孔，侧脉 5 ~ 8 对，近叶缘网结。圆锥花序宽尖塔形；萼筒筒状钟形，长 2.0 ~ 2.5mm，无毛；花冠辐射状，白色，后变黄白色，筒长约 2mm，裂片长于冠筒，柱头不高出

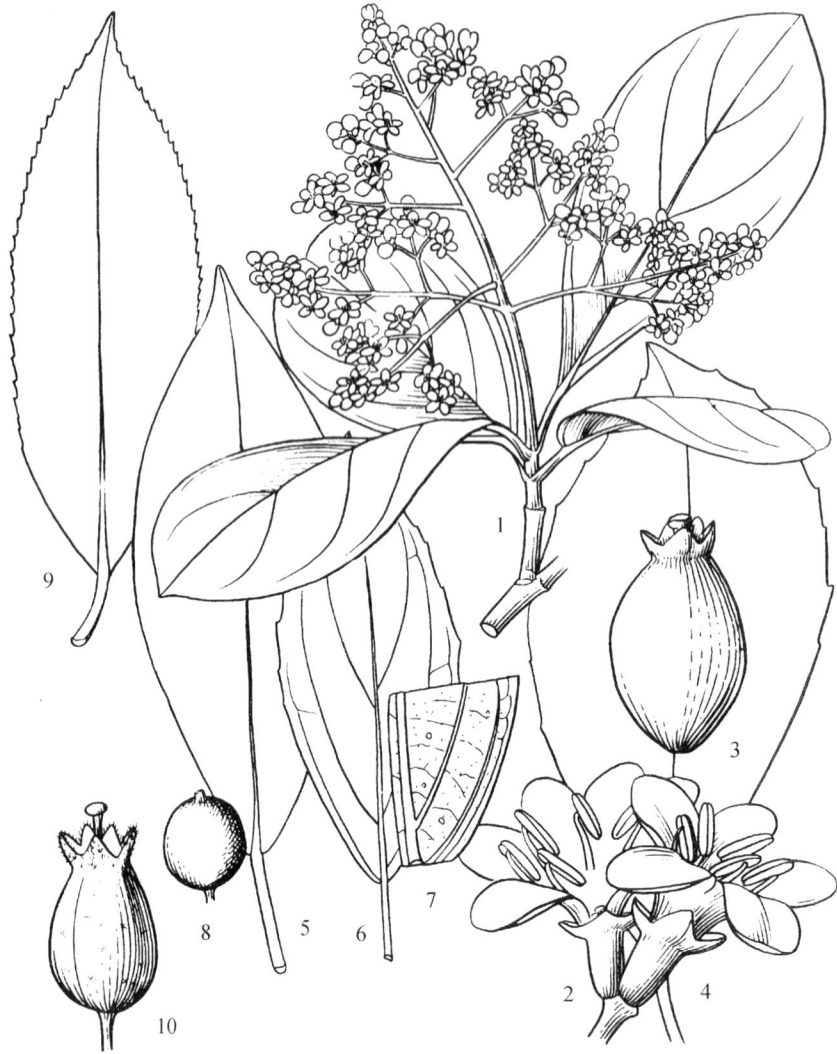

图 354　1～4. 珊瑚树 Viburnum odoratissimum Ker Gawl. 1. 花枝；2. 花（放大）；3. 果（放大）；4. 叶。**5～8. 水红木 Viburnum cylindricum** Buch. - Ham. ex D. Don 5～6. 两种叶形；7. 叶背（部分放大）；8. 果（放大）。
9～10. 短序荚蒾 Viburnum brachybotryum Hemsl. 9. 叶；10. 果（放大）。（仿《中国植物志》）

萼齿。核果卵圆形或卵状椭圆形，长约8mm，先红色后变黑色。花期4～5月；果期9～10月。

产于广西各地。生于海拔1300m以下的林中、溪边、灌丛中。分布于广东、湖南、福建、浙江、台湾、海南；日本、朝鲜、越南、泰国、缅甸、印度也有分布。播种、分根、压条或扦插繁殖。木材纹理致密，供作细木工等用材。对煤烟等有毒气体具有较强的抗性和吸收能力，宜作绿篱及风景树。叶及根皮药用，可治感冒、风湿、跌打肿痛、骨折、刀伤及蛇伤；作兽药可治牛、猪感冒发烧。

4. 锥序荚蒾　图355：4～7

Viburnum pyramidatum Rehd.

常绿灌木或小乔木，高7m，幼枝、芽、叶下面、叶柄及花序均被由黄褐色簇状毛组成的绒毛；当年小枝圆筒状，散生皮孔，2年生小枝变灰黄色，近无毛。叶厚纸质，卵状矩圆形至矩圆形或宽椭圆形，长8～16(～20)cm，顶端渐尖，基部狭窄或近圆形，边缘有牙齿状锯齿或小锯齿，上面有光泽，除中脉初时散生簇状毛外均无毛，侧脉6～7对，弧形，连同中脉下面凸起；叶柄长1.5～3.0cm。圆锥式花序尖塔形，长5～10cm，总花梗长2～4cm；萼筒倒圆锥形，无毛，萼齿三角形，疏具缘毛；花冠白色，辐射状，略被簇状短毛，裂片卵形，顶钝圆；雄蕊略短于花冠；花柱高出萼齿。果实深红色，矩圆形、宽椭圆形至倒卵状矩圆形，长 7 ~ 10mm，直径 4 ~ 5mm；核稍扁，具 2 条深背沟和 1 条浅腹沟。花期 11 ~ 12 月；果熟期翌年 3 ~ 10 月。

产于扶绥、龙州，生于海拔 1400m 以下的山谷疏林或灌丛中，亦见于竹林中或荒芜地。分布于云南东南部；越南北部也有分布。

5. 伞房荚蒾 雷公子

Viburnum corymbiflorum Hsu et S. C. Hsu

小乔木，高 5m；小枝黄白色，无毛或近无毛。冬芽有 1 对鳞片。叶纸质，矩圆形至矩圆状披针形，长 6 ~ 10(~ 13)cm，先端急尖，基部圆或宽楔形，边缘 1/3 以上有锯齿，两面无毛或初时脉上有极稀星状毛，侧脉 4 ~ 6 对，大部直达齿端。伞房状圆锥花序，萼筒和花冠无毛，花冠辐射状，白色，花药黄色。核果椭圆形，长 0.7 ~ 1.0cm，红色。花期 4 月；果期 6 ~ 7 月。

图 355 1 ~ 3. 淡黄荚蒾 **Viburnum** lutescens Bl. 1. 果枝；2. 花枝；3. 花（放大）。4 ~ 7. 锥序荚蒾 **Viburnum pyramidatum** Rehd. 4. 果枝；5. 果（放大）；6. 叶；7. 叶背（放大），示毛。（仿《中国植物志》）

产于全州、龙胜、临桂、资源、融水、凌云、乐业、隆林。生于海拔 1000 ~ 1800m 的林内或灌丛中。分布于长江以南各地。

6. 红荚蒾 淡红荚蒾、紫药淡红荚蒾

Viburnum erubescens Wall.

落叶灌木或小乔木。幼枝被星状毛或无毛，冬芽有 1 对鳞片。叶纸质，倒卵形、倒卵状椭圆形至矩圆形或狭矩圆形，长 6 ~ 14cm，顶端渐尖、急尖至钝形，基部楔形、钝形或近圆形，边缘有锯齿，上面无毛或中脉有细短毛，下面中脉和侧脉被簇状毛，稀全面有毛，下面凸起侧脉 4 ~ 6 对，大部分直达齿端，连同中脉上面略凹陷，脉腋常被簇生毛。圆锥花序，花冠白色或淡红色，高脚碟状，花药堇紫色。核果椭圆形，紫红色，熟时黑色。花期 4 ~ 6 月；果期 8 月。

产于临桂、龙胜。生于海拔 400m 以上的林内或林缘。分布于陕西、甘肃、湖北、四川、贵州和云南。

7. 长梗荚蒾

Viburnum longipedunculatum（Hsu）Hsu

落叶灌木，全体无毛；幼枝浅灰黄色，圆筒形，散生圆形皮孔。芽有 1 对鳞片，外被黄褐色簇状短毛。叶纸质，矩圆形至椭圆状矩圆形，长 9 ~ 11cm，上面暗绿色，顶端急狭而尾尖，基部宽楔

形，边缘离基部 1/3～1/5 以上疏生浅锯齿，齿端弯向前，侧脉 4～5 对，弧形，近缘前互相网结，连同中脉上面不甚明显，下面明显凸起；叶柄长 1～2cm。圆锥花序散生小腺，总花梗长（3.5～）6.0～9.0cm，果时弯垂；苞片和小苞片形大显著，条形至条状披针形，初时疏生缘毛；萼筒倒圆锥形，外面略有小腺，萼齿圆卵形至卵状三角形，顶稍尖或钝形；花冠白色，筒状，裂片扁圆卵形，顶圆形；雄蕊具极短的花丝；柱头微 3 裂，约与萼齿等长。果实深红色，核扁，椭圆状长方形，有 1 条深腹沟。花期 12 月；果熟期 8～9 月。

产于融水、德保、凌云。生于海拔 1450～1600m 的山谷密林中。分布于云南东南部。

8. 台东荚蒾

Viburnum taitoense Hayata

常绿灌木，高 2m；幼枝、芽、叶下面脉上、叶柄及花序均被疏或密的簇状微柔毛；枝及小枝灰白色，具明显凸起的皮孔；冬芽有 1 对狭长的鳞片。叶厚纸质或带革质，矩圆形、矩圆状披针形或倒卵状矩圆形，长 6～11cm，顶端短尖至近圆形，基部宽楔形或近圆形，边缘基部以上有浅锯齿，齿顶微凸头，上面深绿色有光泽，侧脉 5～6 对，弧形，近缘前互相网结，连同中脉上面甚凹陷，下面明显凸起，小脉下面稍凸起；叶柄长 6～10（～15）mm。圆锥花序顶生，长约 3cm，宽约 2cm，具少数花，总花梗纤细，长约 2cm；萼筒筒状钟形，无毛或疏被簇状微毛，萼齿三角形，顶钝，具微缘毛；花冠白色，漏斗状，裂片近圆形。果实红色，宽椭圆状圆形；核多少呈不规则的六角形，有 1 条封闭式管形深腹沟。

产于临桂、桂林、灵川、兴安。生于多石的灌丛中或山谷溪涧旁。分布于台湾东部、湖南南部。

9a. 大果鳞斑荚蒾　鳞毛荚蒾

Viburnum punctatum var. **lepidotulum**（Merr. et Chun）Hsu

常绿灌木或小乔木，高 10m。幼枝、芽、叶下面、花序、苞片、萼、花冠、果均密被圆形、铁锈色小鳞片，无毛。冬芽裸露。叶革质，矩圆状椭圆形或矩圆状卵形，稀矩圆状倒卵形，长 8～18cm，先端骤钝尖，基部楔形，全缘或上部有疏齿，侧脉 5～7 对，近叶缘网结。聚伞花序复伞形式，直径 7～10cm；花冠辐射状，白色，直径约 8mm，裂片长约 3mm。核果宽椭圆形，扁，先红后黑，长 1.4～1.8cm，直径约 1cm。花期 4～5 月；果期 10 月。

产于苍梧、防城、上思、东兴、钦州、德保、那坡。生于海拔 900m 以下的林中。分布于广东、海南。

10. 金腺荚蒾　毛枝金腺荚蒾、毛金腺荚蒾、陈氏荚蒾

Viburnum chunii Hsu

常绿灌木，高 1～2m；幼枝四方形；幼枝、叶柄和花序均密被黄褐色短伏毛。冬芽有 2 对鳞片。叶厚纸质至薄革质，卵状菱形至菱形或椭圆状矩圆形，长 5～7（～11）cm，先端渐尖或近尾尖，基部楔形，边缘中部以上常疏生锯齿，叶面沿中脉及近叶缘处疏生平伏短毛，常疏生金黄色和黑褐色腺点，下面无毛或脉腋集聚簇状毛，腺点较密，侧脉 3～5 对，近叶缘内弯相互网结，最下一对呈离基三出脉状；叶柄长 4～8mm，无托叶。聚伞花序复伞形式，顶生；萼筒钟状，无毛；花冠辐射状，蕾时带红色。核果球形，径 7～10mm，红色。花期 5 月；果期 9～10 月。

产于全州、兴安、龙胜、罗城、金秀、融水、贺州、昭平、武鸣、玉林、陆川。生于海拔 1900m 以下的林中及灌丛中。分布于广东、湖南、四川及贵州。栽培供观赏。果可供酿酒。

11. 常绿荚蒾　坚荚树、苦柴枝、冬红果、咸鱼汁树（广东）

Viburnum sempervirens K. Koch

常绿灌木，高 4m。幼枝四方形，散生星状糙毛或近无毛。冬芽有 2 对芽鳞。叶革质，叶干后黑色，椭圆形至椭圆状卵形，稀卵圆形或卵状倒披针形，长 4～16cm，先端尖或短渐尖，基部楔形或近圆，全缘或上部有浅齿，下面被褐色腺点，中脉和侧脉常有疏伏毛，侧脉 3～4（～5）对，近缘

前相互网结，基脉呈离基三出脉状，上面凹陷，下面凸起；叶柄长 0.5～1.5cm，带红紫色。聚伞花序复伞形式，顶生；萼筒无毛；花冠辐射状，白色；雄蕊稍高出花冠。核果卵圆形，长约 0.8cm，红色。花期 5 月；果期 10～12 月。

产于兴安、贺州、苍梧、岑溪、融水、十万大山。生于海拔 1800m 以下的林内、溪边、灌丛中。分布于广东、江西。叶药用，可消肿活血，治跌打外伤。

12. 海南荚蒾　粪箕藤(陆川)

Viburnum hainanense Merr. et Chun

常绿灌木，高 3m；幼枝四方形，连同叶柄、花序均被黄褐色星状绒毛；冬芽具 2 对鳞片。叶近革质，矩圆形、宽矩圆状披针形或椭圆形，长 3.5～10.0cm，先端短渐尖或尖，基部宽楔形或圆，全缘或中部以上疏生 2～3 对齿，两面无毛或下面沿中脉及侧脉被星状毛，有黑色或栗褐色腺点，侧脉 4～5 对，近叶缘前网结，基脉呈离基三出脉状；叶柄长 0.3～0.6(～1.0)cm。聚伞花序复伞形式，顶生；萼筒疏生星状毛；花冠辐射状，白色。核果卵圆形，径 6mm，红色。花期 4～7 月；果期 8～12 月。

产于陆川、博白、北流、合浦、十万大山。生于海拔 600～1400m 的灌丛或丛林中。分布于广东南部和海南岛；越南北部也有分布。

13a. 直角荚蒾　狭叶荚蒾、山羊柿子、豆搭子

Viburnum foetidum var. **rectangulatum**（Graebn.）Rehd.

常绿灌木，直立或攀援状，高 4m。幼枝密被星状毛，圆柱状，有棱，枝披散，侧生小枝甚长而呈蜿蜒状，常与主枝呈直角或近直角开展，冬芽有 2 对鳞片。叶厚纸质至薄革质，卵形、菱状卵形、椭圆形或矩圆状披针形，长 3～10cm，先端锐尖、尖或渐尖，基部楔形，全缘或中部以上疏生浅齿，下面偶有小腺点，中脉及侧脉有星状毛，脉腋有簇生毛，侧脉 2～5 对，基脉呈离基三出脉状；叶柄长 0.5～1.0cm；无托叶。聚伞花序复伞形式，被星状毛，总花梗极短或近无；萼筒筒状，被簇生短毛和微细腺点；花冠辐射状，白色。核果椭圆形，长约 7mm，红色，核扁。花期 5～7 月；果期 10～12 月。

产于兴安、灌阳、龙胜、资源、融水、南丹、象州、百色、那坡、凌云。生于海拔 600～1600m 的林中或灌丛中。分布于陕西、江西、台湾、湖北、湖南、广东、四川、贵州、云南及西藏。

14. 瑶山荚蒾

Viburnum squamulosum P. S. Hsu

常绿灌木；幼枝、叶两面、叶柄和花序均有红褐色微细腺点而无毛；当年小枝浅褐色，四方形，2 年生小枝黑褐色。冬芽有 2 对芽鳞。叶厚纸质，条状披针形，长 11～17cm，顶端长渐尖，基部楔形至钝形，边缘疏生少数开展的不规则小尖齿，中部齿常较少或近全缘，上面光亮，下面暗淡，无毛，侧脉约 6 对，直达齿端或近缘前互相网结，连同中脉上面稍凹陷，下面凸起，小脉不明显；叶柄长 1.0～1.5cm；无托叶。复伞形式聚伞花序顶生，果时直径约 6cm，总花梗长约 2cm，纤细；萼齿宽卵形，无毛；花冠白色，辐射状，裂片宽倒卵形，顶圆形；雄蕊等长于花冠；花柱高出萼齿。果实无毛和腺点；核扁，近四角形，腹面凹陷，背面凸起，形状如勺，无纵沟。

广西特有种，产于金秀。生于密林中。

15. 球核荚蒾　兴山荚蒾、兴山绣球、六股筋、臭药

Viburnum propinquum Hemsl.

常绿灌木，高 2m，全体无毛；幼枝红褐色，光亮，有凸起小皮孔；冬芽有 1 对鳞片。叶革质，幼时带紫色，卵形至卵状披针形，或椭圆形，长 4～11cm，先端渐尖，基部楔形至近圆形，两侧稍不对称，边疏生浅齿，基部以上两侧各有 1～2 枚腺体，离基三出脉，侧脉近缘前互相网结，中脉与侧脉上面凹陷，下面凸起；叶柄带紫红色，长 1～2cm，无托叶。聚伞花序复伞形式，顶生，直

径 4~7cm；花冠辐射状，绿白色，内面基部被长毛，瓣片与筒近等长；雄蕊 5 枚，稍长于花冠。核果近圆形或卵圆形，长约 5mm，直径 3.5~4.0mm，蓝黑色。花期 4 月；果期 9~10 月。

产于临桂、桂林、阳朔、全州、环江、田阳、那坡、靖西、凌云、乐业、武鸣。生于海拔 500~1300m 的地区。分布于陕西、甘肃及长江流域以南。全株药用，可止血、消肿止痛，治风湿痛、跌打损伤及骨折。

16. 蓝黑果荚蒾

Viburnum atrocyaneum C. B. Clarke

常绿灌木，高可达 3m；幼枝初时带紫色，后变浅灰黄色，与冬芽和花序初时略被簇状微毛或近无毛。冬芽有 1 对芽鳞。叶革质，宽卵形、卵形至卵状披针形或菱状椭圆形，长 3~6(~10)cm，顶端钝而有微凸尖，稀锐尖或微凹，基部宽楔形，两侧常稍不对称，边缘疏生不规则小尖齿，稀全缘，上面深绿色有光泽，下面苍白绿色，均无毛，侧脉 5~8 对，近缘前互相网结，上面凹陷，下面不明显；叶柄长 6~12mm，连同叶下面中脉干后都带黄色。聚伞花序直径 2~4cm，总花梗长 0.6~2.0cm，花梗长 2~3mm；萼筒倒圆锥形，萼齿宽三角形，无毛；花冠白色，辐射状，裂片卵圆形，略长于筒；雄蕊稍短于花冠。果实成熟时蓝黑色，卵圆形或圆形，长 5~6mm，有 1 浅而窄的腹沟。花期 6 月；果期 9 月。

产于凌云、乐业。生于海拔 1900m 以上的山坡或山脊疏、密林或灌丛中。分布于云南东部至西部和西北部及西藏东南部；印度北部、不丹、缅甸和泰国东北部也有分布。

17. 淡黄荚蒾 黄荚蒾 图 355：1~3

Viburnum lutescens Bl.

常绿小乔木，高可达 8(11)m。幼枝、叶下面初时疏被星状短毛，后脱落，全株近无毛；冬芽有 1 对鳞片。叶亚革质，宽椭圆形至矩圆形或矩圆状倒卵形，长 7~15cm，先端常短渐尖，基部楔形，多少下延，近基部以上有粗钝锯齿，侧脉 5~6 对，近叶缘网结；叶柄长 1~2cm。聚伞花序复伞形式；花冠辐射状，白色；雄蕊稍高于花冠。核果宽椭圆形，长 6~8mm，直径 3~4mm，成熟时黑色。花期 2~4 月；果期 10~12 月。

产于广西大部分地区，生于海拔 1000m 以下的林内、灌丛中或河边沙地上。分布于广东；中南半岛、印度尼西亚也有分布。叶药用，可去瘀消肿。

18. 厚绒荚蒾 毛叶荚蒾、特异荚蒾

Viburnum inopinatum Craib

常绿小乔木，高 10m。冬芽有 1 对鳞片；小枝、叶下面、叶柄及花序均被黄白或黄褐色星状绒毛。叶革质，椭圆状矩圆形至矩圆状披针形，长 15~20(12~25)cm，宽 5.0~10.0(4.0~11.5)cm，先端渐尖，基部楔形，全缘或近顶部疏生锯齿，上面初时被黄褐色绒毛，后仅中脉有毛，叶下面密被星状厚绒毛，近基部两侧有腺斑，侧脉 5~6 对，近叶缘网结；叶柄长 2~5cm，托叶早落。聚伞花序复伞形式；花冠辐射状，白色；雄蕊远高出花冠，花丝在蕾中折叠。核果卵圆形至椭圆形，长 4~5mm，红色，稍被黄褐色星状绒毛。

产于靖西、凌云、乐业、龙州。生于海拔 600~1400m 的林中。分布于云南；越南、老挝、泰国、缅甸也有分布。

19. 水红木 四季青、斑鸠拓 图 354：5~8

Viburnum cylindricum Buch. – Ham. ex D. Don

常绿小乔木，高 8(15)m。枝带红色或灰褐色，幼枝无毛或初时被疏星状毛，散生小皮孔；冬芽有 1 对鳞片。叶革质，椭圆形至矩圆形或卵状矩圆形，长 8~16cm，萌生枝叶薄，长 17~24cm，先端渐尖或急渐尖，基部楔形至圆，全缘或中部以上疏生锯齿，两面无毛，下面疏被红色或黄色腺点及腺鳞，近基部两侧各有 1 至数枚腺体；侧脉 3~8 对，近叶缘网结。聚伞花序伞形式；萼筒卵圆形或倒圆锥形，无毛，有细微鳞腺；花冠白色或有红晕，钟状，有细微鳞腺，瓣片直立，雄蕊凸

出花冠。核果卵球形，长约 5mm，熟时蓝黑色。花期 6～10 月；果期 10～12 月。

产于广西各地。生于海拔 500m 以上的疏林或灌丛中。分布于云南、贵州、四川、湖南、湖北、甘肃、广东及西藏。根、树皮、叶及花药用，可清热解毒、润肺止咳；叶及树皮可治腹泻、痢疾、食积胃痛，外用可洗脓疮；根可治支气管炎、小儿肺炎及肝炎。种子含油 35%，可供制肥皂。树皮和果实可供提制栲胶。嫩叶可作猪饲料。

20. 三脉叶荚蒾

Viburnum triplinerve Hand. – Mazz.

常绿灌木，高 2m，全体无毛；幼枝纤细，褐色，有时密生皮孔，老枝灰白色。冬芽有 1 对芽鳞。叶常密集于小枝顶，革质，椭圆形、椭圆状卵形或近圆形，长 2.0～6.0(～7.5)cm，约为宽度的 2 倍，两端钝或圆形，全缘，离基 2～6mm 处具三出脉，脉延伸至叶全长的约 3/4 处，近缘前弯拱而互相网结，上面凹陷，下面显著，小脉上面略凹陷，下面常不明显；叶柄长 7～15mm。聚伞花序直径 1.5～3.5cm，果时可达 10cm，总花梗长约 1cm，纤细，花梗甚短；萼筒宽钟形，萼齿宽三角形或宽卵形，顶钝，长约为萼筒 1/2 或不到；花冠辐射状，裂片近圆形；雄蕊约与花冠等长；柱头几无柄，约与萼齿等高。果实近圆形，直径 4～5mm，熟时紫褐色，有 1 条极细的浅腹沟。

广西特有种，产于桂林、凤山、东兰、环江、都安、田阳、靖西、武鸣、大新。生于海拔约 550m 的山地。

21. 衡山荚蒾

Viburnum hengshanicum Tsiang ex Hsu

落叶灌木，高 2.5m。当年生小枝无毛。冬芽长而尖，长 8～10mm，有 2 对鳞片。叶纸质，宽卵形或圆卵形，稀倒卵形，长 9～14cm，宽 6～12cm，先端近尾尖或 2～3 浅裂，基部圆或浅心形，稀截形，边缘疏生不整齐齿，上面无毛，下面近无毛，脉腋有少数簇生毛，侧脉 5～7 对，基脉三出状，侧脉达齿端；叶柄长 2.0～4.5cm。聚伞花序复伞形式，顶生，总花梗长 6～10cm；花冠白色；雄蕊高出花冠。核果长圆形至圆形，长 0.7～1.0cm，红色。花期 5～7 月；果期 9～10 月。

产于阳朔。生于海拔 650～1300m 的林内或灌丛中。分布于安徽、浙江、江西、湖南、贵州。

22. 桦叶荚蒾

Viburnum betulifolium Batal.

落叶灌木或小乔木，高 7m；当年生小枝紫褐色或黑褐色，稍有棱角，散生圆形、凸起的浅色小皮孔，无毛或初时稍有毛。冬芽有 2 对芽鳞，外面多少有毛。叶厚纸质或略带革质，干后变黑色，宽卵形至菱状卵形或宽倒卵形，稀椭圆状矩圆形，长 3.5～8.5(～12.0)cm，顶端急短渐尖至渐尖，基部宽楔形至圆形，稀截形，边缘基部 1/3～1/2 以上具开展的不规则浅波状齿，上面无毛或仅中脉有时被少数短毛，下面中脉及侧脉被少数短伏毛，脉腋集聚簇状毛，侧脉 5～7 对；叶柄纤细，长 1.0～2.0(～3.5)cm，疏生长毛或无毛，近基部常有 1 对钻形小托叶。复伞形式聚伞花序，通常多少被疏或密的黄褐色簇状短毛，总花梗初时通常长不到 1cm；萼筒有黄褐色腺点，疏被簇状短毛，萼齿小，宽卵状三角形，顶钝，有缘毛；花冠白色，辐射状，无毛，裂片圆卵形。果实红色，近圆形；核扁，有 1～3 条浅腹沟和 2 条深背沟。花期 6～7 月；果熟期 9～10 月。

产于全州、灌阳、龙胜。生于海拔 1300m 以上的山谷林中或山坡灌丛中。分布于陕西南部、甘肃南部、贵州西部、云南北部和西藏东南部。茎皮纤维可供制绳索及造纸。

23. 茶荚蒾

Viburnum setigerum Hance

落叶灌木，高 4m；当年小枝浅灰黄色，多少有棱角，无毛。冬芽无毛，外面有 1 对鳞片。叶纸质，卵状矩圆形至卵状披针形，稀卵形或椭圆状卵形，长 7～12(～15)cm，顶端渐尖，基部圆形，边缘基部以上疏生尖锯齿，上面初时中脉被长纤毛，后变无毛，下面仅中脉及侧脉被浅黄色贴生长纤毛，近基部两侧有少数腺体，侧脉 6～8 对，笔直而近平行，伸至齿端，上面略凹陷，下面显著凸起；叶柄长 1.0～1.5(～2.5)cm，有少数长伏毛或近无毛。复伞形式聚伞花序无毛或稍被长伏毛，有极小红褐色腺点，常弯垂，总花梗长 1.0～2.5(～3.5)cm，花有梗或无，芳香；萼筒无毛和腺点，萼齿卵形，顶钝形；花冠白色，干后变茶褐色或黑褐色，辐射状，无毛，裂片卵形。果序弯垂，果实红色，卵圆形；核甚扁，卵圆形，凹凸不平，腹面扁平或略凹陷。花期 4～5 月；果熟期 9～10 月。

产于全州、兴安、灌阳、龙胜、资源、融水。生于海拔 800～1650m 的山谷溪涧旁疏林或山坡灌丛中。分布于江苏南部、安徽南部和西部、浙江、江西、福建北部、台湾、广东北部、湖南、贵州、云南、四川东部、湖北西部及陕西南部。

24. 蝶花荚蒾 假沙梨(广东东莞)

Viburnum hanceanum Maxim.

落叶灌木，高 4m。幼枝、叶柄及总花梗被黄褐色或铁锈色星状绒毛，冬芽有 1 对鳞片。叶纸质、卵圆形、椭圆形或倒卵形，长 4～8cm，先端圆形而微凸头，基部圆或宽楔形，边缘基部以上有整齐锯齿，叶两面被黄褐色星状毛，侧脉 5～7 对，羽状脉，直达齿端；叶柄 0.6～1.5cm；无托叶。聚伞花序伞形式，外围有 2～5 朵白色、大型不孕的边花，直径 2～3cm；萼无毛；可孕花冠辐射状，黄白色。核果卵圆形，稍扁，长 5～6mm，红色。花期 4～5 月；果期 8～9 月。

产于临桂、柳州。生于海拔 800m 以下的溪边或灌丛中。分布于广东、湖南、福建、江西南部。

25. 南方荚蒾 东南荚蒾、猫尿果、酸汤泡 图356：3～6

Viburnum fordiae Hance

落叶灌木或小乔木，高 5m；幼枝、芽、叶柄、花序均密被黄褐色星状绒毛。冬芽有 2 对鳞片。叶纸质至厚纸质，宽卵形或菱状卵形，长 4～9cm，先端钝或短尖至短渐尖，基部圆至截形或宽楔形，边缘常有小尖齿，上面初时有叉状毛或星状毛，后仅叶脉被毛，下面毛较密，无腺点，侧脉 5～7 对，直达齿端；叶柄 0.5～1.5cm，无托叶。聚伞花序复伞形式，直径 3～8cm；花冠辐射状，白色。核果卵圆形，红色。花期 4～5 月；果期 10～12 月。

产于广西各地。生于海拔 1300m 以下的疏林、灌丛及平原旷野。分布于广东、贵州、云南、安徽、浙江、福建、湖南、江西、台湾等地。全株药用，可散瘀活血，治感冒、月经不调、风湿痹痛、脊髓炎、淋巴结炎、湿疹等症。

26. 荚蒾

Viburnum dilatatum Thunb.

落叶灌木，高 3m；当年小枝、芽、叶柄和花序均密被土黄色或黄绿色开展的小刚毛状粗毛及簇状短毛，毛基有小瘤状凸起；2 年生小枝暗紫褐色，被疏毛或几无毛，有凸起的垫状物。冬芽有 2 对芽鳞。叶纸质，宽倒卵形、倒卵形或宽卵形，长 3～10(～13)cm，顶端急尖，基部圆形至钝形或微心形，有时楔形，边缘有牙齿状锯齿，齿端凸尖，上面被叉状或简单伏毛，下面被带黄色叉状或簇状毛，脉上毛尤密，脉腋集聚簇状毛，有带黄色或近无色的透亮腺点，近基部两侧有少数腺体，侧脉 6～8 对，直达齿端，上面凹陷，下面明显凸起；叶柄长(5～)10～15mm；无托叶。复伞形式聚伞花序稠密，果时毛多少脱落，总花梗长 1～2(～3)cm；萼和花冠外面均有簇状糙毛；萼筒狭筒状，有暗红色微细腺点，萼齿卵形；花冠白色，辐射状，裂片圆卵形。果实红色，椭圆状卵圆形；核扁，卵形，有 3 条浅腹沟和 2 条浅背沟。花期 5～6 月；果期 9～11 月。

产于桂林、临桂、灵川、全州、灌阳、龙胜、柳州、融水、隆林。生于海拔 1000m 以下的山坡或山谷疏林下、林缘及山脚灌丛中。分布于河北南部、陕西南部、江苏、安徽、浙江、江西、福建、台湾、河南南部、湖北、湖南、广东北部、四川、贵州及云南；日本和朝鲜也有分布。韧皮纤维可供制绳和人造棉。种子含油约 11.5%，可供制肥皂和润滑油。果可食，亦可供酿酒。

27. 吕宋荚蒾　小叶荚蒾

图 356：1～2

Viburnum luzonicum Rolfe

落叶灌木，高 3m；当年小枝、芽、叶柄、花序、萼筒及萼齿均被黄褐色簇状毛，2 年生小枝暗紫褐色，被疏簇状毛。冬芽有 2 对芽鳞。叶纸质或厚纸质，卵形、椭圆状卵形、卵状披针形至矩圆形，有时带菱形，长 4～9(～11) cm，顶端渐尖至尖，基部宽楔形或近圆形，边缘有深波状锯齿，有缘毛，上面有无柄的透明微小腺点，仅中脉被叉状毛，下面疏被簇状或叉状毛，脉上毛较密，侧脉 5～9 对，直达齿端，连同中脉上面凹陷，下面明显凸起；叶柄长 3～10(～15) mm；无托叶。复伞形式聚伞花序，总花梗通常极短或几无；萼筒卵圆形，萼齿卵状披针形；花冠白色，辐射状，外被簇状短毛，裂片卵形。果实红色，卵圆形；核甚扁，宽卵圆形，顶尖，基部截形，有 2

图 356　1～2. 吕宋荚蒾 Viburnum luzonicum Rolfe 1. 果枝；2. 花（放大）。3～6. 南方荚蒾 Viburnum fordiae Hance 3. 花枝；4. 花（放大）；5. 果枝；6. 叶背的一部分。（仿《中国植物志》）

条浅腹沟和 3 条极浅背沟。花期 4 月；果熟期 10～12 月。

产于金秀、柳州、东兰、罗城、都安、凌云、乐业、西林、上林、容县、宁明、龙州等地。生于海拔 700m 以下的山谷、溪涧旁疏林和山坡灌丛中或旷野路旁。分布于浙江南部、江西东南部、福建、台湾、广东、云南；中南半岛、菲律宾至马来西亚也有分布。

28. 宜昌荚蒾

Viburnum erosum Thunb.

落叶灌木，高 3m；当年小枝、芽、叶柄和花序均密被簇状短毛和长柔毛。冬芽有 2 对芽鳞。叶纸质，形状变化很大，卵状披针形、卵状矩圆形、狭卵形、椭圆形或倒卵形，长 3～11cm，顶端尖、渐尖或急渐尖，基部圆形、宽楔形或微心形，边缘有波状小尖齿，上面无毛或疏被叉状或簇状短伏毛，下面密被由簇状毛组成的绒毛，近基部两侧有少数腺体，侧脉 7～10(～14) 对，直达齿端；叶柄长 3～5mm，被粗短毛，基部有 2 枚宿存、钻形小托叶。复伞形式聚伞花序，总花梗长 1.0～2.5cm，花常有长梗；萼筒筒状，被绒毛状簇状短毛，萼齿卵状三角形，顶钝，具缘毛；花冠白色，辐射状，无毛或近无毛，裂片圆卵形。果实红色，宽卵圆形；核扁，具 3 条浅腹沟和 2 条浅背沟。花期 4～5 月；果熟期 8～10 月。

产于全州、灌阳、融水。生于海拔 1800m 以下的山坡林下或灌丛中。分布于陕西南部、山东、江苏南部、安徽南部和西部、浙江、江西、福建、台湾、河南、湖北、湖南、广东北部、四川、贵州和云南；日本和朝鲜也有分布。种子含油约 40%，供制肥皂和润滑油。茎皮纤维可供制绳索及造纸；枝条供编织用。

29. 显脉荚蒾

Viburnum nervosum D. Don

落叶灌木或小乔木，高 5m；幼枝、叶下面中脉和侧脉上、叶柄和花序均疏被鳞片状或糠秕状簇状毛；2 年生小枝灰色或灰褐色，无毛，具少数大形皮孔。冬芽裸露。叶纸质，卵形至宽卵形，稀矩圆状卵形，长 9 ~ 18cm，顶端渐尖，基部心形或圆形，边缘常有不整齐钝或圆的锯齿，很少为尖锯齿，上面无毛或近无毛，下面常多少被簇状毛，侧脉 8 ~ 10 对，上面凹陷，下面凸起；叶柄粗壮，长 2.0 ~ 5.5cm，有 2 枚托叶或无托叶。聚伞花序与叶同时开放，无大型的不孕花，连同萼筒均有红褐色小腺体；萼筒筒状钟形，无毛，萼齿卵形，被少数簇状毛；花冠白色或带微红，辐射状，裂片卵状矩圆形至矩圆形，大小常不等，外侧者常较大，尤以花序边缘的花为甚。果实先红色后变黑色，卵圆形，长约 8mm，直径 6 ~ 7mm；核扁，两缘内弯，有 1 条浅背沟和 1 条深腹沟。花期 4 ~ 6 月；果熟期 9 ~ 10 月。

产于临桂、全州、兴安、龙胜、融安、罗城。生于海拔 1800m 以上的山顶或山坡林中和林缘灌丛中。分布于湖南南部、四川西部和西南部、云南、西藏南部至东南部；印度、尼泊尔、不丹、缅甸北部和越南北部也有分布。

30. 合轴荚蒾

Viburnum sympodiale Graebn.

落叶灌木或小乔木，高 10m；幼枝、叶下面脉上、叶柄、花序及萼齿均被灰黄褐色鳞片状或糠秕状簇状毛。叶纸质，卵形至椭圆状卵形或圆状卵形，长 6 ~ 13(~ 15)cm，顶端渐尖或急尖，基部圆形，很少浅心形，边缘有不规则牙齿状尖锯齿，上面无毛或幼时脉上被簇状毛，侧脉 6 ~ 8 对，上面稍凹陷，下面凸起；叶柄长 1.5 ~ 3.0(~ 4.5)cm；托叶钻形，基部常贴生于叶柄，有时无托叶。聚伞花序直径 5 ~ 9cm，花开后几无毛，周围有大型、白色的不孕花，无总花梗，花芳香；萼筒近圆球形，萼齿卵圆形；花冠白色或带微红，辐射状，裂片卵形；花柱不高出萼齿；不孕花裂片倒卵形，常大小不等。果实红色，后变紫黑色，卵圆形；核稍扁，有 1 条浅背沟和 1 条深腹沟。花期 4 ~ 5 月；果熟期 8 ~ 9 月。

产于临桂、全州、兴安、龙胜、融水、罗城。生于海拔 800m 以上的林下或灌丛中。分布于陕西南部、甘肃南部、安徽南部、浙江、江西、福建北部、台湾、湖北西部、湖南、广东北部、四川东部至西部、贵州及云南。

31. 台中荚蒾　台湾荚蒾、美丽荚蒾

Viburnum formosanum Hayata

落叶灌木，高 4m；冬芽裸露；幼枝、冬芽、叶柄和花序均被星状毛。叶纸质，卵状披针形或卵状矩圆形，长 7 ~ 18cm，先端渐尖至长渐尖，基部楔形、圆或微心形，边缘常有细钝齿，上面有光泽，仅中脉被毛，下面仅中脉和侧脉被毛，侧脉 7 ~ 8 对，近叶缘网结；叶柄长 1.0 ~ 1.5cm。聚伞花序复伞形式；总花梗长 1.0 ~ 1.5cm；萼筒无毛；花冠筒状钟形，白色，裂片均为筒的 1/4 ~ 1/5，直立。核果椭圆形，长 6 ~ 8mm，直径 5 ~ 6mm，先红色，后变黑色。花期 6 ~ 7 月；果期 10 ~ 11 月。

产于广西龙胜、环江。生于海拔 800m 以上的林中及溪边。分布于台湾、福建、江西、湖南、浙江、广东、贵州、云南等地。

31a. 光萼荚蒾

Viburnum formosanum subsp. **leiogynum** P. S. Hsu

与原种的区别在于：当年小枝和叶柄无毛或被簇状短柔毛，并夹杂简单长毛。叶长可达 11cm。花序被簇状短柔毛；总花梗通常长达 2.2cm 或几无；萼筒无毛。果实扁圆形，顶端急尖，宿存花柱远高出萼齿；核扁，卵圆形，长 5 ~ 8mm，直径 4 ~ 6mm，背面微凸尖。花期 5 月；果熟期 8 ~

10 月。

产于凌云。生于海拔 700 ~ 1100m 的山坡或沟谷林中。分布于浙江南部、福建北部及四川。

32. 壶花荚蒾

Viburnum urceolatum Sieb. et Zucc.

落叶灌木，高达4m；幼枝、冬芽、叶柄和花序均被簇状微毛。叶纸质，卵状披针形或卵状矩圆形，长 7 ~ 15(~18) cm，顶端渐尖至长渐尖，基部楔形、圆形至微心形，叶缘基部以上常有细钝或不整齐锯齿，上面沿中脉有毛，下面脉上被簇状弯细毛，侧脉通常 4 ~ 6 对，近缘前互相网结，连同中脉上面凹陷，下面明显凸起；叶柄长 1 ~ 4cm。聚伞花序直径约5cm，总花梗 3.0 ~ 7.0(~ 8.5)cm，有棱，连同其分枝均带紫色；萼筒细筒状，无毛，萼齿卵形，极小，顶钝，略有缘毛；花冠外面紫红色，内面白色，筒状钟形，无毛，裂片宽卵形，直立。果实先红色后变黑色，椭圆形；核扁，顶端急窄，基部圆形，有 2 条浅背沟和 3 条腹沟。花期 6 ~ 7 月；果熟期 10 ~ 11 月。

产于临桂、龙胜、融安。生于海拔600m 以上的山谷、溪涧旁阴湿处。分布于浙江西南部至南部、江西西部和东部、福建、台湾中部和南部、湖南南部、广东北部、贵州和云南；日本也有分布。

3. 忍冬属 Lonicera L.

灌木或藤本，稀小乔木。小枝髓部白色或黑褐色，有时中空，老枝树皮常条状剥落。冬芽有 1 至多对鳞片。单叶对生，稀轮生，纸质至革质，全缘，稀有齿或分裂；无托叶，稀有叶柄内托叶。花常成对生于腋生的总花梗顶(称双花)，双花有 2 枚苞片和 4 枚小苞片，稀花无柄轮生；花萼 5 齿裂；花冠5(4)裂，整齐或唇形，冠筒基部常有囊；雄蕊 5 枚，花药"丁"字着生；子房 2 ~ 3 (~5) 室，全部能育。浆果红色、蓝黑色或黑色。

约180 种，广布于北半球亚热带、温带地区；中国约 57 种；广西20 种 2 变种(亚种)。

分种检索表

1. 幼枝被毛。
  2. 常绿或半常绿灌木。
    3. 叶卵形至矩圆状披针形或菱状矩圆形，上面中脉明显隆起，疏生短腺毛及微糙毛或近无毛，叶柄极短；花冠白色 ·· **1. 蕊帽忍冬 L. pileata**
    3. 叶披针形或卵状披针形，有时圆卵形或条状披针形，上面中脉稍下陷或低平而不凸出，密生短糙毛及短腺毛；花冠黄白色或紫红色·················· **2. 女贞叶忍冬 L. ligustrina**
  2. 常绿或落叶藤本。
    4. 叶下面被毛。
      5. 叶下面被糙毛或柔毛。
        6. 幼枝被糙毛。
          7. 叶薄革质至革质，卵状矩圆形、矩圆状披针形至条状披针形，叶缘有睫毛；双花集生于枝顶呈近伞房状花序或单生于枝上部叶腋；花冠黄白色有红晕 ·············· **3. 淡红忍冬 L. acuminata**
          7. 叶纸质或厚纸质。
            8. 苞片钻形或狭条形，长 4 ~ 7mm。
              9. 双花单生或组成总状花序；总花梗 1 ~ 7mm；小苞片卵形或卵圆形；花冠外面密被锈色糙毛；浆果卵球形，黑色 ············· **4. 锈毛忍冬 L. ferruginea**
              9. 双花排列成短总状花序；总花梗长约2mm，下有小形叶 1 对；小苞片卵形至条状披针形；花冠外面密被黄褐色倒伏毛和短腺毛 ·············· **5. 黄褐毛忍冬 L. fulvotomentosa**
            8. 苞片叶状，卵形至椭圆形，长达 2 ~ 3cm；幼枝橘红褐色；叶卵形至矩圆状卵形，有时卵状披针形，稀圆卵形或倒卵形·················· **6. 忍冬 L. japonica**
        6. 幼枝被柔毛。

10. 叶下面具无柄或柄极短的黄色至橘红色蘑菇形腺；双花单生或多对集生；萼筒无毛或近无毛…… ………………………………………………………………………………………………… **7. 菰腺忍冬 L. hypoglauca**

10. 叶下面灰绿色，无蘑菇状腺；双花集生成总状花序，有明显总苞；萼筒密被短糙毛…………… ……………………………………………………………………………………………………… **8. 华南忍冬 L. confusa**

5. 叶下面被毡毛。

11. 幼枝、花总梗被糙毛或柔毛。

12. 叶革质或薄革质。

13. 幼枝或其顶梢、叶柄和花总梗均密被薄绒状短糙毛，或杂有微腺毛；叶长 5~15cm；总花梗长 0.5~3.0mm ………………………… **9. 灰毡毛忍冬 L. macranthoides**

13. 小枝、叶柄和总花梗均密被淡黄褐色短柔毛，并散生红褐色短腺毛；叶长 3~6cm；总花梗极短或几无 ………………………… **10. 醉鱼草状忍冬 L. buddleioides**

12. 叶纸质。

14. 幼枝、叶柄、总花梗均被淡黄褐色长糙毛和短柔毛，并疏生腺毛，或全然无毛；花冠外面被糙毛和腺毛，或全然无毛 ………………… **11. 细毡毛忍冬 L. similis**

14. 小枝、叶柄和总花梗均密被灰白色微柔毛；花冠外面略被倒生微柔伏毛或无毛…………… ……………………………………………………………………………………………………… **12. 水忍冬 L. dasystyla**

11. 幼枝、叶柄和花序均被由短糙毛组成的黄褐色毡毛；叶革质，边缘背卷，上面叶脉显著凹陷呈皱纹状；双花成腋生小伞房花序，或顶生圆锥状花序 ……………… **13. 皱叶忍冬 L. rhytidophylla**

4. 叶下面仅叶脉被毛。

15. 幼枝和叶柄密被糙毛或刚毛；果实黑色或蓝黑色。

16. 叶矩圆状披针形、狭椭圆形至卵状披针形。

17. 幼枝、叶柄和花序梗均被开展的黄褐色糙毛；叶薄革质，两面中脉被短糙毛；总花梗极短近无 ………………………………………………………… **14. 短柄忍冬 L. pampaninii**

17. 幼枝、叶柄和花序梗均被开展的黄褐色长刚毛和腺毛；叶硬纸质，上两面中脉和下面侧脉均有短刚毛，边缘有短刚睫毛；总花梗长 1~3mm ………………… **15. 云雾忍冬 L. nubium**

16. 叶卵形至卵状矩圆形或长圆状披针形至披针形；双花腋生，常集生成伞房状花序；总花梗长 1~8mm；萼筒无毛或近无毛；花冠白色 ………………… **16. 大花忍冬 L. macrantha**

15. 幼枝、叶柄和总花梗均密被黄色短柔毛；果实红色；叶卵状矩圆形、卵状椭圆形或矩圆状披针形，接近花序者常形小而呈圆卵形 ………………………… **17. 西南忍冬 L. bournei**

1. 幼枝无毛或几无毛，稀有时具刚毛。

18. 叶长 7~17cm，革质。

19. 叶卵形至矩圆形或卵状披针形；总花梗长 1.7~3.0cm，顶端稍增粗；叶状苞片卵状披针形至圆卵形，长 2.0~2.5cm；果实红色，下托有宿存苞片 ………………… **18. 长距忍冬 L. calcarata**

19. 叶椭圆形、卵状矩圆形、矩圆形或倒卵状椭圆形；总花梗长 4~15mm；苞片三角形，长约 1.5mm；果梨状或卵圆形 …………………………………………… **19. 大果忍冬 L. hildebrandiana**

18. 叶长 4.0~6.5cm，薄革质，倒披针状矩圆形或矩圆形，边缘微背卷，两面中脉凸起；小苞片卵形，分离或连合成扇形；果实黑色 ………………………… **20. 卷瓣忍冬 L. longituba**

1. 蕊帽忍冬 图 357：6~8

Lonicera pileata Oliv.

常绿或半常绿灌木，高 1.5m；幼枝密被短糙毛，老枝无毛，浅灰色。叶革质，形状和大小变异很大，卵形至矩圆状披针形或菱状矩圆形，长 1~6cm，先端钝，基部常楔形，全缘，上面深绿色有光泽，中脉明显隆起，疏生短腺毛及微糙毛或近无毛，叶柄极短。总花梗极短，苞片钻形，小苞片合成杯状，包被 2 枚分离的萼筒，萼檐下延成帽边状凸起；花冠白色，长 6~8mm，外被短糙毛及腺毛，冠筒比裂片长 2~3 倍。浆果球形，直径 6~8mm，透明蓝紫色。花期 4~6 月；果期 9~12 月。

产于德保、那坡、凌云、乐业。生于溪边、疏林和灌丛中。分布于广东、云南、贵州、四川、湖南、湖北、陕西。

2. 女贞叶忍冬 图357：1~5

Lonicera ligustrina Wall.

常绿或半常绿灌木，高 2(5) m；幼枝被灰黄色短糙毛，后变灰褐色。叶薄革质，披针形或卵状披针形，有时圆卵形或条状披针形，长 0.5~4.0(~8.0) cm，顶端渐尖而具钝头或尖头，很少圆头，基部圆形或宽楔形，上面有光泽，中脉稍下陷或低平而不凸出，密生短糙毛及短腺毛。总花梗极短，具短毛；苞片钻形；杯状小苞外面有疏腺，顶端为由萼檐下延而成的帽边状凸起所覆盖；相邻 2 枚萼筒分离，萼齿大小不等，卵形，顶钝，有缘毛和腺；花冠黄白色或紫红色，漏斗状，长 7.5~12.0 mm，筒基部有囊肿，内面有长柔毛，裂片稍不相等，卵形，顶钝，长约为筒的 1/2~1/4。果实紫红色，后转黑色，圆形，直径 3~4 mm；种子卵圆形或近圆形，淡褐色，光滑。花期 5~6 月；果熟期(8~)10~12 月。

产于凌云、那坡、德保、乐业、南丹。生于海拔 650 m 以上的灌丛或阔叶林中。分布于湖北西南部、湖南西北部、四川、贵州及云南；尼泊尔和印度东部也有分布。

3. 淡红忍冬 巴东忍冬

Lonicera acuminata Wall.

图357 1~5. 女贞叶忍冬 Lonicera ligustrina Wall. 1. 不同叶形的花枝；2. 花(放大)；3. 萼檐下延成帽边状(放大)；4. 不同的叶形；5. 叶背的一部分。**6~8. 蕊帽忍冬 Lonicera pileata** Oliv. 6. 果枝；7. 不同的叶；8. 果(放大)。(仿《中国植物志》)

落叶或半常绿藤本；幼枝、叶柄和总花梗被糙毛，稀无毛。叶薄革质至革质，卵状矩圆形、矩圆状披针形至条状披针形，长 4.0~8.5(~14.0) cm，先端长渐尖至短尖，基部圆至近心形，叶两面有糙毛，或至少上面中脉有平伏糙毛，叶缘有睫毛；叶柄长 3~5 mm。双花集生于枝顶呈近伞房状花序或单生于枝上部叶腋，总花梗长 0.5~2.5 cm；萼筒无毛或近无毛，萼齿无毛或有缘毛；花冠黄白色有红晕，长 1.5~2.4 cm，上唇 4 裂，下唇反曲。浆果卵圆形，直径 6~7 mm，蓝黑色。花期 6~7 月；果期 10~11 月。

产于临桂、全州、兴安、灌阳、龙胜、资源、融水、金秀。生于海拔 500 m 以上的地区。分布于广东、台湾、西藏、云南、甘肃；缅甸、菲律宾、印度也有分布。花为药用，可清热解毒。

4. 锈毛忍冬 锈毛金银花、老虎合藤(广东)

Lonicera ferruginea Rehd.

藤本；幼枝、叶两面、叶柄、叶缘及花序梗密被锈色糙毛及极少的细腺毛。叶厚纸质，矩圆状卵形或卵状长圆形，稀卵形或椭圆形，长 5~11 cm，先端渐尖或尾尖，基部浅心形或圆，两侧稍不等，全缘，上面叶脉略下陷；叶柄长达 1 cm。双花单生或组成总状花序；总花梗 1~7 mm；苞片狭条形，长约 4 mm，小苞片卵形或卵圆形，均被锈色糙毛；萼齿条形；花冠白色，后变黄，长 1.8~

2.8cm，外面密被锈色糙毛。浆果卵球形，黑色。花期 5~6 月；果期 8~9 月。

产于田阳、隆林、那坡。生于海拔 600m 以上的林内和灌丛中。分布于广东、福建、江西、贵州、云南、四川。

5. 黄褐毛忍冬

Lonicera fulvotomentosa Hsu et S. C. Cheng

藤本；幼枝、叶柄、叶下面、总花梗、苞片、小苞片和萼齿均密被开展或弯伏的黄褐色毡毛状糙毛，幼枝和叶两面还散生橘红色短腺毛。冬芽约具 4 对鳞片。叶纸质，卵状矩圆形至矩圆状披针形，长 3~8(~11)cm，顶端渐尖，基部圆形、浅心形或近截形，上面疏生短糙伏毛，中脉毛较密；叶柄长 5~7mm。双花排列成腋生或顶生的短总状花序，花序梗长达 1cm；总花梗长约 2mm，下托有小形叶 1 对；苞片钻形，长 5~7mm；小苞片卵形至条状披针形，长为萼筒的 1/2 至略较长；萼筒倒卵状椭圆形，长约 2mm，无毛，萼齿条状披针形，长 2~3mm；花冠先白色后变黄色，长 3.0~3.5cm，唇形，筒略短于唇瓣，外面密被黄褐色倒伏毛和开展的短腺毛，上唇裂片长圆形，长约 8mm，下唇长约 1.8cm；雄蕊和花柱均高出花冠，无毛；柱头近圆形，直径约 1mm。花期 6~7 月。

产于凌云、乐业、隆林、南丹、凤山。生于海拔 850~1300m 的山坡岩旁灌木林或林中。分布于贵州西南部和云南。

6. 忍冬　金银花

Lonicera japonica Thunb.

半常绿藤本；幼枝橘红褐色，密被黄褐色、开展的硬直糙毛、腺毛和短柔毛，下部常无毛。叶纸质，卵形至矩圆状卵形，有时卵状披针形，稀圆卵形或倒卵形，极少有 1 至数个钝缺刻，长 3.0~5.0(~9.5)cm，顶端尖或渐尖，少有钝、圆或微凹缺，基部圆或近心形，有糙缘毛，小枝上部叶通常两面均密被短糙毛，下部叶常平滑无毛而下面多少带青灰色；叶柄长 4~8mm，密被短柔毛。总花梗通常单生于小枝上部叶腋，与叶柄等长或稍较短，下方者则长达 2~4cm，密被短柔毛，并夹杂腺毛；苞片大，叶状，卵形至椭圆形，长达 2~3cm，两面均有短柔毛或有时近无毛；小苞片顶端圆形或截形，长约 1mm，有短糙毛和腺毛；萼筒长约 2mm，无毛，萼齿卵状三角形或长三角形，顶端尖而有长毛，外面和边缘都有密毛；花冠白色，有时基部向阳面呈微红，后变黄色，唇形，筒稍长于唇瓣，很少近等长，外被多少倒生的开展或半开展糙毛和长腺毛。果实圆形，直径 6~7mm，熟时蓝黑色，有光泽；种子卵圆形或椭圆形，褐色，中部有 1 条凸起的脊，两侧有浅的横沟纹。花期 4~6 月(秋季亦常开花)；果熟期 10~11 月。

产于桂林、临桂、全州、龙胜。生于山坡灌丛或疏林中、乱石堆、路旁及村庄篱笆边，海拔最高达 1500m，广西各地常有栽培。除黑龙江、内蒙古、宁夏、青海、新疆、海南和西藏无自然生长外，中国各地均有分布；日本和朝鲜也有分布。

7. 菰腺忍冬　红腺忍冬、大金银花、大银花(湖南)

Lonicera hypoglauca Miq.

落叶藤本；幼枝、叶柄、叶下面和上面中脉及总花梗均密被上端弯曲的淡黄色短柔毛。叶纸质，卵形至卵状矩圆形，长 6.0~11.5cm，先端渐尖，基部圆或近心形，全缘，叶下面具无柄或柄极短的黄色至橘红色蘑菇形腺；叶柄 0.5~1.2cm。双花单生或多对集生；萼筒无毛或近无毛；花冠长 3.5~4.5cm，白色，有时有淡红晕，后变黄色。浆果近圆形，直径 7~8mm，成熟时黑色，有时被白粉。花期 4~5 月；果期 10~11 月。

产于广西各地。生于海拔 700m 以下的疏林内和灌丛中。广泛分布于长江流域以南各地，南方各地常有栽培供观赏和药用；日本也有分布。喜温暖湿润气候，适应性强，耐寒又抗高温，但花芽分化适温为 15℃左右，生长适温为 15~25℃。低于 5℃或高于 32℃虽可生长，但长势差。喜充足阳光，光照对植生长发育影响很大，阳光充足能使植株生长发育茂盛而健壮，从而增加花的产量和质量。在土层深厚、排水良好、肥沃疏松的砂质壤土中生长繁茂。根系发达，细根多、生根力强，插枝和下垂触地的枝在适宜的温湿度下 15d 左右便可生根，10 年生植株根冠分布的直径可达 3～5m，根深 1.5～2.0m，主要根系分布在 10～15cm 深的表土层，须根则多在 5～30 ㎝的表土层中生长。

播种、分株、压条或扦插繁殖，以分株与压条繁殖为主。分株繁殖，秋末初冬或初春，将母株周围萌蘖幼苗连根带土挖出，即可定植。压条繁殖法，在 5～9 月进行，选取母株上较长的藤条，将藤节处理于土中 10～15cm 深，半月后即可生根，翌年春与母株割断分离出压条苗，即可定植。花药用，是中药材"金银花"主要品种之一。《本草纲目》记载，金银花，又名忍冬、鸳鸯藤、通灵草，藤生，凌冬不凋，故名忍冬；其花长瓣垂须，黄白相伴，而藤左缠，故有金银、鸳鸯诸名。金银花是被列入国家重点保护的中药材之一，用途广泛，实用价值高。《本草纲目》把金银花列为"消肿、清热解毒、治疮之要药"，"久服轻身，延年益寿"。中国各地作金银花药用的忍冬属 40 多种不同植物的花蕾中，广西自然分布约 20 种 2 变种，最常见或规模产花的以菰腺忍冬、净花菰腺忍冬、华南忍冬、黄褐毛忍冬、灰毡毛忍冬等 5 种最为常见。传统上以河南和山东为金银花道地产区，其质量为最好，河南产的被称为"密银花"，山东产的被称为"济银花"或"东银花"，南方诸省产的金银花统称为"南银花"或"山银花"。广西产金银花以有效成分绿原酸含量高而受到消费者和厂家欢迎。菰腺忍冬喜钙，也为广西石漠化治理和石山区群众喜栽的植物。

7a. 净花菰腺忍冬

Lonicera hypoglauca subsp. **nudiflora** P. S. Hsu et H. J. Wang

与原种的区别在于：花冠无毛或近筒外面被少数倒生微伏毛而无腺体。

产于全州、兴安、田阳、乐业、隆林、南丹、巴马、都安。生境及海拔同菰腺忍冬。分布于广东西部和北部、贵州西南部及云南东南部和西南部。

8. 华南忍冬　山银花、山金银花、土银花

Lonicera confusa（Sweet）DC.

半常绿藤本；枝皮纵条剥落。幼枝、叶柄、总花梗、苞片、小苞片、萼筒均密被灰黄色短柔毛，并疏生腺毛。叶纸质，卵形至卵状矩圆形，长 3～7cm，先端短钝尖，基部圆、截形或带心形，全缘，边缘背卷，幼时两面有短糙毛，老时上面无毛，下面灰绿色。双花集生成总状花序，有明显总苞；萼筒密被短糙毛；花冠白色，后变黄色，长 3～5cm，被毛。浆果近圆形或椭圆形，长 6～10cm，熟时黑色。花期 4～5 月；果期 10 月。

产于全州、天峨、田阳、邕宁、横县、博白、北流、陆川、防城、上思等地。生于海拔 800m 以下的林内、灌丛、路旁及河边。分布于广东、海南；越南、尼泊尔也有分布。各地有栽培供观赏。花可药用，为中药材"金银花"的主要品种，有清热解毒的功效。藤和叶也可入药。

9. 灰毡毛忍冬　拟大花忍冬、野金银花、大山花

Lonicera macranthoides Hand. – Mazz.

藤本；幼枝或其顶梢、叶柄和花总梗均密被薄绒状短糙毛，或杂有微腺毛，后脱落，近无毛，栗褐色，有光泽。叶革质，卵形、卵状披针形、矩圆形至宽披针形，长 5～15cm，先端尖或渐尖，基部圆或微心形，叶上面无毛，下面密被灰白或带灰黄色的毡毛，并散生橘黄色腺毛，网脉凸起呈蜂窝状。双花集生于枝梢成圆锥状花序；总花梗长 0.5～3.0mm；萼齿三角形；花冠白色，后变黄色，长 3.5～4.5（～6.0）cm。浆果圆形，直径 6～10mm，黑色，常被蓝白粉。花期 6～7 月；果期 10～11 月。

产于全州、灵川、资源、灌阳、兴安、龙胜、临桂、永福、融水、罗城、贺州、忻城、岑溪、那坡、凌云、平南等地，生于海拔 500m 以上的溪边、林内和灌丛中。分布于广东、福建、贵州、湖南、湖北、四川、江西、浙江和安徽。花可药用，是中药材"金银花"的主要品种之一。

10. 醉鱼草状忍冬

Lonicera buddleioides P. S. Hsu et S. C. Cheng

藤本；小枝、叶柄和总花梗均密被淡黄褐色短柔毛，并散生红褐色短腺毛。叶薄革质，卵状披

针形或矩圆状披针形，长 3~6cm，基部圆形，上面有光泽，下面被由短柔毛组成的黄白色细毡毛；叶柄长 5~8mm。双花腋生或在短枝上集合成短总状花序；总花梗极短或几无，苞片、小苞片和萼齿外面均被黄白色细毡毛和缘毛，苞片卵状披针形，长约 3mm，顶端渐尖，小苞片圆卵形，略短于萼筒；萼筒长约 2mm，无毛，萼檐与萼筒几等长，萼齿三角形，长为萼檐的 2/3；花冠唇形，长约 1.5cm，外面密被淡黄白色倒糙伏毛和红褐色小腺毛，筒部筒状漏斗形，唇瓣与筒几等长，上唇内面中下部被疏伏毛，中裂宽卵形，长约 1mm，下唇条形；雄蕊和花柱约与花冠等长，无毛，花药条形，长约 2.5mm。花期 5 月。

广西特有种，产于龙州。

11. 细毡毛忍冬　细苞忍冬、细苞金银花
Lonicera similis Hemsl.

落叶藤本；幼枝、叶柄、总花梗均被淡黄褐色长糙毛（毛长超过 2mm）和短柔毛，并疏生腺毛，或全然无毛；老枝棕色。叶纸质，卵形、卵状矩圆形至卵状披针形或披针形，长 3.0~13.5cm，先端急尖至渐尖，基部近圆或微心形，上面初时中脉被毛，后无毛，下面被细毡毛，老叶毛变稀，网脉明显凸起。双花单生于叶脉或少数集生于枝顶成总状花序；花冠长 4~6cm，外面被糙毛和腺毛，或全然无毛。浆果卵圆形，长 0.7~0.9cm，蓝黑色。花期 5~7 月；果期 9~10 月。

产于那坡。生于海拔 500m 以上的林内或灌丛中。分布于云南、贵州、四川、甘肃、陕西、湖北、湖南、浙江、福建。花、叶药用，为中药"金银花"的主要来源。

12. 水忍冬
Lonicera dasystyla Rehd.

藤本；小枝、叶柄和总花梗均密被灰白色微柔毛；幼枝紫红色，老枝茶褐色。叶纸质，卵形或卵状矩圆形，长 2~6(~9)cm，茎下方的叶有时有不规则羽状中裂 3~5，顶端钝或近圆形，有时具短的钝凸尖，基部圆形、截形或有时微心形，两面无毛或疏生短柔毛和微柔毛，上面有时具紫晕，下面稍粉红色，壮枝的叶下面被灰白色毡毛；叶柄长 4~10(~13)mm，两叶柄相连处呈线状凸起。双花生于小枝梢叶腋，集合成总状花序，芳香；总花梗长 4~12mm；苞片极小，三角形，长 1~2mm，远比萼筒短；小苞片圆卵形，极小，疏生微缘毛；萼筒稍有白粉，长 2.0~2.5mm，萼齿宽三角形、半圆形至卵形，顶端钝或圆；花冠白色，近基部带紫红色，后变淡黄色，外面略被倒生微柔伏毛或无毛，筒内沿上唇方向密生短柔毛。果实黑色。花期 3~4 月；果期 8~10 月。

产于邕宁、横县、柳州、桂林、阳朔、临桂、贵港、玉林、都安、宜州、忻城、扶绥、宁明、龙州等地。生于海拔 300m 以下的水边、灌丛中。分布于广东；越南北部也有分布。

13. 皱叶忍冬
Lonicera rhytidophylla Hand. - Mazz.

常绿藤本；幼枝、叶柄和花序均被由短糙毛组成的黄褐色毡毛。叶革质，宽椭圆形、卵形、卵状矩圆形至矩圆形，长 3~10cm，顶端近圆形或钝而具短凸尖，基部圆至宽楔形，少有截形，边缘背卷，上面叶脉显著凹陷而呈皱纹状，除中脉外几无毛，下面有由短柔毛组成的白色毡毛，干后变黄白色；叶柄长 8~15mm。双花成腋生小伞房花序，或在枝端组成圆锥状花序，总花梗基部常具苞状小形叶；苞片条状披针形，长 2~3mm，连同小苞片和萼齿均密生短糙毛和缘毛；小苞片狭卵形至圆卵形，顶稍尖；萼筒卵圆形，长约 2mm，无毛或有时多少有短糙毛，粉蓝色，萼齿钻形，长 1~2mm，顶稍尖；花冠白色，后变黄色，长 2.5~3.5(~4.5)cm，外面密生紧贴的倒生短糙伏毛，并多少夹有具短柄的腺毛，唇形。果实蓝黑色，椭圆形，长 7~8mm。花期 6~7 月；果期 10~11 月。

产于桂林、临桂、全州、龙胜、恭城、融水、三江、贺州、金秀、苍梧、平南。生于海拔 400~1100m 的山地灌丛或林中。分布于江西西南部、福建中北部和中南部至西部、湖南南部、广东。

14. 短柄忍冬　贵州忍冬、小金银花

Lonicera pampaninii Lévl.

藤本；茎条状剥落。幼枝和叶柄密被黄褐色短糙毛，后无毛。叶有时 3 叶轮生，薄革质，矩圆状披针形或狭椭圆形至卵状披针形，长 3～10cm，先端渐尖，稀短尖头，基部浅心形，边缘略反卷，有疏缘毛，两面中脉被短糙毛；叶柄长 2～5mm。双花集生于幼枝顶或单生于幼枝上部叶腋；总花梗极短近无；萼齿外面及边缘有毛；花冠白色，常带紫红，后变黄，唇形，长 1.5～2.0cm。浆果圆球形，直径 5～6mm，蓝黑色或黑色。花期 5～6 月；果期 10～11 月。

产于三江、灵川、全州、兴安、恭城、金秀。生于海拔 750m 以下的林下或灌丛中。分布于广东、福建、浙江、江西、安徽、湖北、湖南、贵州、云南及四川。花入药，可治鼻出血、吐血及肠热等症。

15. 云雾忍冬

Lonicera nubium（Hand. – Mazz.）Hand. – Mazz.

藤本；幼枝、叶柄和花序梗均被开展的黄褐色长刚毛和腺毛。叶硬纸质，卵状披针形至矩圆状披针形，长 6～14cm，顶端长渐尖，基部圆或微心形，上面有光泽，中脉及下面中脉和侧脉均有短刚毛，边缘至少有 2 列短刚睫毛；叶柄长 4～7mm。双花密集于小枝顶形成总状或圆锥花序，夹生条状披针形苞状叶，有细长花序梗；总花梗长 1～3mm，有短刚毛；苞片披针形，连同小苞片和萼齿都有短刚缘毛；小苞片卵形或圆卵形，顶端钝；萼筒长约 2mm，萼齿狭卵状三角形，略短于萼筒；花冠白带紫红色，后变黄色，长约 1.8cm，外面多少有反折的短刚毛。果实黑色，圆形，直径约 8mm；种子卵圆形。花期 6～7 月；果熟期 10 月。

产于融水、全州、龙胜。生于海拔 750～1200m 的山坡灌丛或山谷疏林中。分布于江西西部和南部、湖南西南部和南部、四川及贵州中部和南部。

16. 大花忍冬　大花金银花、大金银花

Lonicera macrantha（D. Don）Spreng.

半常绿藤本；幼枝、叶柄、总花梗均密被带黄色糙毛，并散生有腺毛。叶革质或厚纸质，卵形至卵状矩圆形或长圆状披针形至披针形，长 5～14cm，先端尖或渐尖，基部圆或微心形，叶缘有长睫毛，上面中脉及下面脉上有糙毛，并有极少橘红或淡黄色短腺毛；叶柄长 0.3～1.0cm。双花腋生，常集生成伞房状花序；总花梗长 1～8mm；萼筒无毛或近无毛；花冠白色，后变黄色，长 4.5～7.0cm，唇形。浆果圆形或椭圆形，黑色，长 0.8～1.2cm。花期 4～5 月；果期 7～8 月。

产于全州、兴安、灵川、龙胜、临桂、罗城、融安、融水、金秀、忻城、贺州、岑溪、平南、容县、那坡、凌云、乐业、大新、龙州等地。生于海拔约 400m 的林内或灌丛中。分布于广东、海南、福建、台湾、浙江、江西、湖南、贵州、四川、云南及西藏；越南、印度、尼泊尔也有分布。花蕾及藤药用，有清热解毒的功效。

16a. 异毛忍冬

Lonicera macrantha var. **heterotricha** P. S. Hsu et H. J. Wang

与原种的区别在于：叶下面除有糙毛外，还被由稠密糙毛组成的毡毛。花期 4～5 月；果熟期 11～12 月。

产于阳朔、全州、永福、龙胜、融水、金秀、都安、忻城、乐业、德保、容县、武鸣、马山、上林、上思、大新等地。生于海拔 350～1250m 的林内或灌丛中。分布于浙江、江西、湖南、福建、四川、贵州、云南。

17. 西南忍冬

Lonicera bournei Hemsl.

藤本；幼枝、叶柄和总花梗均密被黄色短柔毛；老枝淡褐色，无毛或近无毛。叶薄革质，卵状矩圆形、卵状椭圆形或矩圆状披针形，接近花序者常形小而呈圆卵形，长 3.0～8.5cm，顶端短尖

至渐尖，基部圆或有时微心形，上面光亮，下面中脉和侧脉凸起，除两面中脉有短柔毛和叶缘有疏短毛外均无毛；叶柄长 2~6mm。花有香味；双花密集于小枝或侧生于短枝顶成短总状花序；总花梗极短；苞片、小苞片和萼齿都有小缘毛；苞片披针形；小苞片圆卵形或倒卵形，极小；萼筒椭圆形或矩圆形，长约 2mm，萼齿卵状三角形或近三角形，极短，长约 0.5mm，顶端钝；花冠白色，后变黄色，长 3.0~4.5cm，外面无毛。果实红色。花期 3~4 月；果熟期 5 月。

产于隆林，生海拔 780m 以上的林中。分布于云南东部至西南部；缅甸和老挝也有分布。

18. 长距忍冬

Lonicera calcarata Hemsl.

藤本；全体无毛；枝棕褐色。叶革质，卵形至矩圆形或卵状披针形，长 8~13(~17)cm，顶端急狭而短渐尖，叶尖常微弯，基部近圆形或阔楔形；叶柄长 1~2cm。总花梗直而扁，长 1.7~3.0cm，顶端稍增粗；叶状苞片 2 枚，卵状披针形至圆卵形，长 2.0~2.5cm；小苞片短小，顶端圆或微凹；相邻两萼筒合生；花冠先白色后变黄色，长约 3cm，唇形，筒宽短，基部有 1 个长约 12mm 的弯矩，上唇直立，裂片宽短，不等形，下唇带状，反卷。果实红色，直径约 1.5cm，下托有宿存苞片；种子极扁，边缘增厚。花期 5 月；果熟期 6~7 月。

产于那坡。生于海拔 1200m 以上的林下、林缘或溪沟旁灌丛中。分布于四川西南部、贵州西南部、西藏。

19. 大果忍冬

Lonicera hildebrandiana Coll. et Hemsl.

常绿藤本；全体几无毛；小枝暗红色或淡褐色，有时具短刚毛。叶革质，椭圆形、卵状矩圆形、矩圆形或倒卵状椭圆形，长 7~15cm，顶端急渐尖或渐尖，基部圆形而稍下延于长 1.0~2.5cm 的叶柄。双花单生于叶腋或在小枝顶集合成短总状花序；总花梗长 4~15mm；苞片三角形，长约 1.5mm；小苞片卵状三角形；萼筒长 6~8mm，萼檐杯状，萼齿三角形，顶端钝，长 0.5~1.5(~2.0)mm；花冠粗大，白色，后变黄色，长(9~)10~12cm，筒长(5~)6~7cm，直径达 4mm，唇形，上唇两侧裂片深达唇瓣的 3/8，中裂片长 5~6mm。果实大，梨状或卵圆形，长约 2.5cm。花期 3~7 月；果期 5 月下旬至 8 月。

产于那坡。生于海拔 1000m 以上的林内或林缘湿润灌丛中。分布于云南东南部至西南部；缅甸和泰国也有分布。

20. 卷瓣忍冬

Lonicera longituba H. T. Chang ex Hsu et H. J. Wang

藤本，全体几无毛；枝和小枝有棱条。叶薄革质，倒披针状矩圆形或矩圆形，长 4.0~6.5cm，顶端渐尖，基部楔形或钝，下延于长达 1cm 的柄，边缘微背卷，两面中脉凸起，侧脉和小脉不明显。总花梗生于小枝顶，长 1.0~1.3cm；苞片三角形，顶端钝；小苞片卵形，分离或连合成扇形；萼筒矩圆形，萼齿宽三角形，极短，长仅 0.5mm，顶稍尖；花冠白色，后变黄色，长约 8cm，唇形，筒长约 5.4cm，内有短柔毛，唇瓣长约 2.8cm，上唇两侧裂片长几达 1cm，条状矩圆形，中裂片极短，下唇背向席卷成圆筒状。果实黑色。花期 8~9 月；果熟期 11 月。

产于金秀、武鸣、马山、上林、上思、防城。生于海拔 1200m 以下的山地或溪边。分布于广东。

4. 锦带花属 Weigela Thunb.

落叶灌木；幼枝略呈方形；冬芽有鳞片数枚。单叶对生，有锯齿，无托叶。花单生或 2~6 朵花组成聚伞花序；萼筒长圆柱形，萼 5 裂，裂深达中部或基部；花冠钟状漏斗形，5 裂，不整齐或近整齐，花冠筒长于裂片；雄蕊 5 枚，生于冠筒中部；子房上部一侧生 1 枚球形腺体，子房 2 室，全部能育，胚珠多数，花柱细长，柱头头状。蒴果圆柱形，革质或木质，2 枚瓣裂；种子小，多数，无翅或有翅。

约 10 种，主产于东亚及北美洲。中国 2 种；广西 1 种。

半边月 水马桑、杨栌、日本锦带花 图 358

Weigela japonica Thunb.

落叶灌木至小乔木，高 6m；幼枝有 2 列短柔毛。叶长卵形至卵状椭圆形，稀倒卵形，长 5～15cm，宽 3～8cm，先端渐尖至长渐尖，基部圆至钝，边缘有锯齿，上面疏生短柔毛，脉上毛较密，下面密被短柔毛；叶柄长 0.5～1.2cm，被柔毛。单花或有 3 朵花的聚伞花序生于短枝的叶腋或顶端；萼深裂至基部，萼齿条形；花冠白色或淡红色，漏斗状钟形，长 2.5～3.5cm，外面疏生毛或近无毛，不整齐。果长 1.5～2.0cm，顶有短柄状喙，疏生柔毛；种子有窄翅。花期 4～5 月；果期 8～9 月。

产于兴安、龙胜、资源、隆林、罗城。生于海拔 450～1800m 的林下、灌丛及沟边。分布于贵州、四川、湖北、湖南、浙江、安徽、江西、福建、广东。南方各地有栽培供观赏，对氯化氢等气体有较强抗性，可做易污染的厂区绿化用。根药用，可活血镇痛、除湿解毒。

图 358 半边月 Weigela japonica Thunb. 1. 花枝；2. 果（放大）；3. 花纵剖面（放大）；4. 果横剖面（放大）。（仿《中国植物志》）

5. 毛核木属 Symphoricarpos Duhamel

落叶灌木。冬芽有 2 对鳞片。单叶对生，全缘或有波状齿，有短柄，无托叶。花簇生或单生于侧枝顶端叶腋成穗状或总状花序；萼杯状，4～5 裂；花冠整齐，淡红或白色，4～5 裂，基部具浅囊；雄蕊 4～5 枚，生于花冠筒上；子房 4 室，2 室不育，另 2 室各有 1 枚胚珠。浆果状核果，有 2 枚核。

约 16 种，主产于北美洲。中国 1 种；广西也有分布。

毛核木 雪果、雪莓 图 359

Symphoricarpos sinensis Rehd.

灌木，高 2.5m。幼枝纤细，红褐色，被柔毛，茎皮条状剥落，叶菱状卵形至卵形，长 1.5～2.5cm，宽 1.2～1.8cm，先端尖或钝，基部楔形至宽楔形，全缘，两面无毛，下面带灰白色；叶柄长 1～2mm。花小，无梗，单生于钻形苞片腋内，集生成穗状；萼筒长约 2mm，萼齿 5；花冠白色，长 5～7mm，钟形，雄蕊 5 枚。浆果状核果卵圆形，长 7mm，有小喙，蓝黑色，被白粉，果核密生长柔毛。花期 7～9 月；果期 9～11 月。

产于广西北部。生于海拔 600m 以上的干旱山坡、灌丛中。分布于云南、四川、湖北、陕西和甘肃。

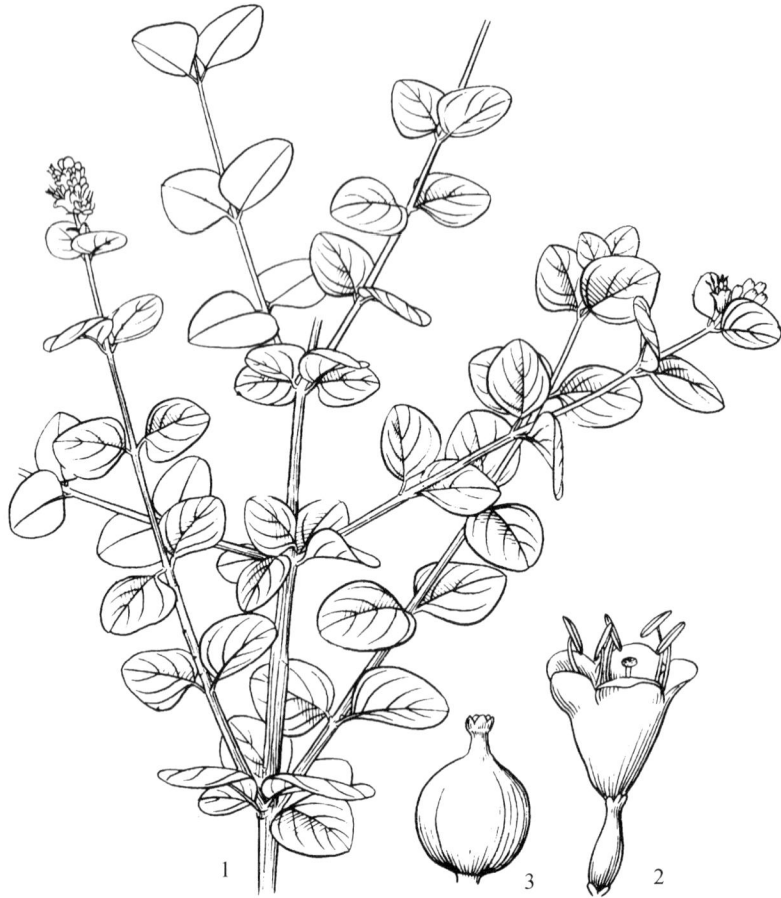

图 359 毛核木 Symphoricarpos sinensis Rehd. 1. 花枝；2. 花（放大）；
3. 果。（仿《中国植物志》）

6. 双盾木属 Dipelta Maxim.

落叶灌木或小乔木；冬芽有鳞片数枚。单叶对生，全缘或顶端有波状浅齿，无托叶。花单生于叶腋或在侧枝顶端，由 4～6 朵花排成带叶的伞房状聚伞花序；苞片 2 枚，小苞片 4 枚，不等大，交互对生；萼筒长柱形，萼 5 裂，宿存；花冠筒状钟形，稍二唇形；雄蕊 4 枚，二强，花药基部 2 裂；子房 4 室，2 室不育，另 2 室各含 1 枚能育胚珠。核果肉质，不开裂，有宿存增大的小苞片。

中国特产，3 种。广西 1 种。

双盾木 双楯、鸡骨头、满山红 图 360

Dipelta floribunda Maxim.

落叶小乔木，高 6m。幼枝纤细，初时被腺毛，后脱落变光滑无毛；树皮剥落。叶卵状披针形或卵形，长 4～10cm，宽 1.5～6.0cm，先端尖或长渐尖，基部楔形或近圆，全缘或近顶端疏生浅齿，下面灰白色，中脉和侧脉被白色柔毛，侧脉 3～4 对；叶柄长 0.6～1.4cm。聚伞花序簇生于侧生短枝顶端，花梗长约 1cm；苞片早落；萼筒被硬毛，萼齿 5 裂至基部，萼齿条形，被腺毛，宿存；花冠白色至粉红色，长 3～4cm，裂片 5 枚。果具棱角及盾形小苞片。花期 4～7 月；果期 8～9 月。

产于广西西部，生于海拔 650m 以上的林内或灌丛中。分布于湖南、湖北、四川、陕西、甘肃。根茎药用，有清热解毒的功效。花大且繁多，可引种为观花植物。

7. 六道木属 Abelia R. Br.

落叶灌木；冬芽有数对鳞片。单叶对生，稀 3 叶轮生，全缘或有锯齿；具短柄，无托叶。花单

图 360　双盾木 Dipelta floribunda Maxim. 1. 花枝；2. 花纵剖面（放大）；
3. 具苞的幼果（放大）；4. 幼果（放大）。（仿《中国植物志》）

生、双生或聚生成聚伞花序或圆锥状复聚伞花序；苞片 2～4 枚；萼筒狭长，萼片 2～5 枚，宿存；花冠筒状、高脚碟状或钟状，整齐或稍唇形，4～5 裂，白色或浅玫红色；雄蕊 4 枚，等长或二强；子房 3 室，2 室不育，仅 1 室发育有 1 枚胚珠。瘦果状核果，革质，顶冠宿存增大的萼裂片；种子 1 粒。

　　约 5 种，产于东亚、中亚及墨西哥。中国 5 种，广西 2 种。

分种检索表

1. 多数聚伞花序集成圆锥状复花序；萼 5 齿裂；花冠白色至粉红色；花柱凸出冠筒外 ……… **1. 糯米条 A. chinensis**
1. 聚伞花序；萼裂片 2 枚；花冠浅紫红色；花柱与花冠筒等长 ………………………… **2. 二翅六道木 A. uniflora**

1. 糯米条　华北六条木、大叶白马骨（浙江）、茶条树　图 361
Abelia chinensis R. Br.

　　落叶灌木，高 2m；幼枝红褐色，被短柔毛，老枝树皮纵裂。叶对生，稀 3 叶轮生，圆形至椭圆状卵形，先端急尖或长渐尖，基部圆或心形，长 2～5cm，宽 1.0～3.5cm，边疏生浅齿，上面初被疏短柔毛，下面近基部主脉及侧脉密被白色长柔毛。由多数聚伞花序集成圆锥状复花序；萼筒被柔毛，萼 5 齿裂，长 5～6mm，果期变红，宿存；花冠漏斗状，白色至粉红色，被短柔毛，5 裂；二强雄蕊，与花柱均突出冠筒外。果被柔毛。花期 6～9 月；果期 10～11 月。

　　产于桂林、临桂、全州、富川。生于海拔 1500m 以下的地区。分布于长江以南各地。根系发

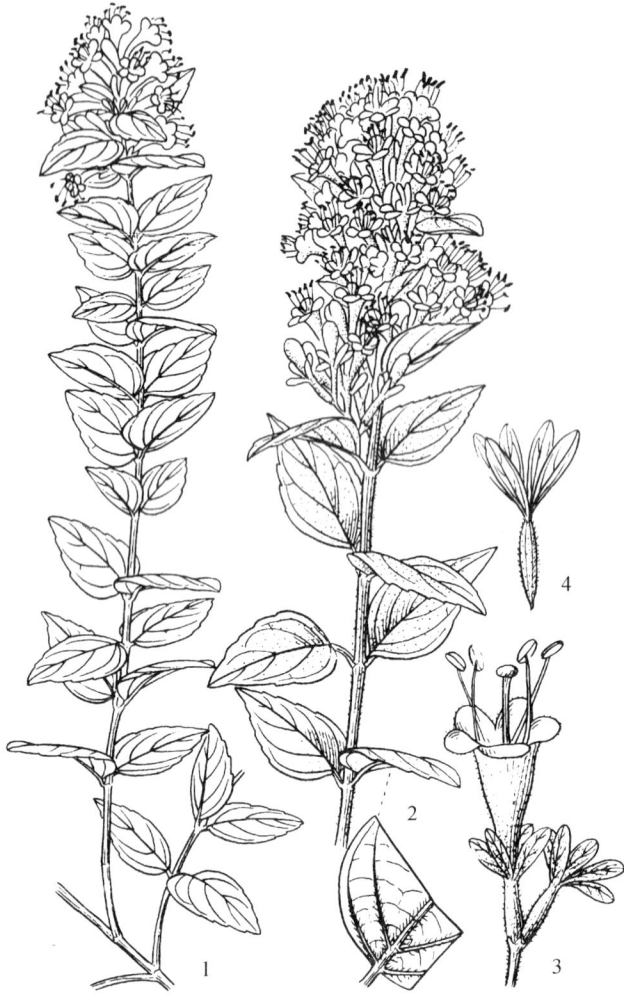

图 361 糯米条 Abelia chinensis R. Br. 1. 密生叶型花枝；2. 疏生叶型花枝；3. 花（放大）；4. 瘦果（放大）。（仿《中国植物志》）

达，萌芽性强，耐干旱瘠薄。可栽培供观赏。全株药用，有清热、解毒、止血的功效；叶捣烂可治腮腺炎。

2. 二翅六道木　莚梗花

Abelia uniflora R. Brown

落叶灌木，高 2m；幼枝红褐色，光滑。叶卵形至椭圆状卵形，长 3 ~ 8cm，宽 1.5 ~ 3.5cm，顶端渐尖或长渐尖，基部钝圆或阔楔形至楔形，边缘具疏锯齿及睫毛，上面绿色，叶脉下陷，疏生短柔毛，下面灰绿色，中脉及侧脉基部密生白色柔毛。未伸展的带叶花枝组成聚伞花序，含数朵花，生于小枝顶端或上部叶腋；花长 2.5 ~ 5.0cm；苞片红色，披针形；小苞片 3 枚，卵形，疏被长柔毛；萼筒被短柔毛，萼裂片 2 枚，长 1.0 ~ 1.5cm，矩圆形、椭圆形或狭椭圆形，宿存；花冠浅紫红色，漏斗状，长 3 ~ 4cm，外面被短柔毛，内面喉部有长柔毛，裂片 5 枚，略呈二唇形，筒基部具浅囊；雄蕊 4 枚，二强，花丝着生于花冠筒中部；花柱与花冠筒等长，柱头头状。果实长 0.6 ~ 1.5cm，被短柔毛。花期5 ~ 6 月；果熟期 8 ~ 10 月。

产于融水、环江、乐业。生于路边灌丛、溪边林下等处。分布于陕西、河南、湖北、湖南、四川、贵州和云南。

40　金缕梅科 Hamamelidaceae

常绿或落叶，乔木或灌木。单叶，互生，稀对生，有柄，全缘、有锯齿或掌状分裂；叶脉呈羽状或掌状；托叶早落或稀无托叶。花两性，单性稀杂性，雌雄同株稀异性，排成头状、总状、穗状或圆锥花序；萼筒与子房多少合生或分离，萼 4 ~ 5 裂；花瓣与萼裂同数，或无花瓣；雄蕊 4 ~ 5 枚或多枚；子房下位或半下位，稀上位，2 室；胚珠多数；花柱 2 枚；中轴胎座。蒴果；种子多数；胚乳肉质，胚直生，子叶椭圆形。

全球 30 属，我国 18 属，广西 13 属。

分属检索表

1. 胚珠多数，种子每室多粒；叶具掌状脉或羽状脉。
　2. 花两性或杂性，排成头状或肉质穗状花序；有花瓣或无花瓣；果实伸出于果序轴外。
　　3. 花序头状；叶具掌状脉或羽状脉。
　　　4. 花两性或杂性，花瓣线形，白色，或无花瓣；叶具掌状脉；托叶大，椭圆形，2 枚 ……………………………………………………………………………… **1. 马蹄荷属 Exbucklandia**
　　　4. 花两性，花瓣匙形，红色；叶具羽状脉；托叶完全消失 ……………………… **2. 红花荷属 Rhodoleia**

3. 花序肉质穗状；花有花瓣；叶具掌状脉；托叶 1 枚，长筒状包着顶芽 ················· **3. 壳菜果属 Mytilaria**

2. 花单性，无花瓣，果深藏于粗厚果序轴内。

  5. 叶为掌状分裂或有三出脉；托叶线形；花柱及萼齿宿存。

    6. 叶掌状 3 ~ 5 裂，两侧裂片平展，基部心形；花柱直；果序球形·············· **4. 枫香树属 Liquidambar**

    6. 叶为 3 裂或单侧分裂，裂片斜上，基部楔形；花柱弯曲；果序半球形 ··· **5. 半枫荷属 Semiliquidambar**

  5. 叶不分裂，具羽状脉，无三出脉；无托叶或托叶细小；花柱及萼齿脱落·············· **6. 蕈树属 Altingia**

1. 胚珠每室 1 枚，种子每室 1 粒；叶具羽状脉或基出三出脉；不分裂；花序为总状或穗状。

  7. 花两性，有花瓣，雄蕊有定数；子房半下位或上位。

    8. 花瓣线形，4 ~ 5 枚；退化雄蕊鳞片状；花序短穗状；果序近头状。

      9. 叶长圆形，全缘，基部圆形，第 1 对侧脉不分枝；花药 4 室，2 瓣开裂。········ **7. 檵木属 Loropetalum**

      9. 叶卵圆形，具波状齿，基部心形，第 1 对侧脉常分枝；花药 2 室，单瓣开裂

        ··· **8. 金缕梅属 Hamamelis**

    8. 花瓣倒卵形或鳞片状，5 枚；退化雄蕊有或无；花序总状或穗状。

      11. 花柱短，柱头不扩大；萼筒长为蒴果的 1/2；第 1 对侧脉有分枝。

        12. 花瓣匙形或倒卵形，黄色；有退化雄蕊 ············· **9. 蜡瓣花属 Corylopsis**

        12. 花瓣针形或披针形；无退化雄蕊。

      11. 花柱长，柱头棒状；萼筒和蒴果几乎等长；第 1 对侧脉无分枝；花瓣鳞片状 ·············

        ··· **10. 秀柱花属 Eustigma**

  7. 花为单性或两性，无花瓣，雄蕊 1 ~ 10 枚；子房上位或近上位。

    13. 萼筒极短，花后脱落；蒴果无宿存萼筒 ··················· **11. 蚊母树属 Distylium**

    13. 萼筒花后增大；蒴果有宿存萼筒。

      14. 穗状花序，没有顶生花；有总苞片，无小苞片，有萼片；蒴果螺旋排列，无柄或具长柄 ·············

        ··· **12. 水丝梨属 Sycopsis**

      14. 圆锥花序或总状花序，有顶生花；总苞片通常 3 浅裂，无或有 2 ~ 3 浅裂的小苞片，无萼片；蒴果通常 2 列排列，多少具柄 ·· **13. 假蚊母树属 Distyliopsis**

1. 马蹄荷属 Exbucklandia R. W. Brown

常绿乔木。小枝有环状托叶痕，节肿大。叶互生，厚革质，卵状圆形，全缘或掌状浅裂有长柄，掌状脉；托叶大，椭圆形，相对贴合，包藏着幼芽，早落。花两性或杂性同株，排成头状花序，有花 7 ~ 16 朵，花序有柄；萼筒与子房合生；花瓣线形，白色，2 ~ 5 枚，先端 2 裂，或无花瓣；雄蕊 10 ~ 14 枚，花丝线形，花药 2 室，纵裂；子房半下位，2 室，每室有 6 枚胚珠；花柱 2 枚。头状果序有蒴果 7 ~ 16 枚，仅基部藏于花序轴内；蒴果木质，上半部室间及室背开裂为 4 枚果瓣，每室有 6 粒种子，有翅；胚乳薄，子叶扁平。

约 4 种，分布于马来西亚、印度尼西亚、中南半岛和中国。中国 3 种，主要分布于华南及西南等地；这 3 种广西全有分布。

分种检索表

1. 叶基部心形或楔形；无花瓣或有小花瓣，较雄蕊短。

  2. 叶基部心形；果长 7 ~ 9mm，平滑 ······························· **1. 马蹄荷 E. populnea**

  2. 叶基部楔形或宽楔形；果长 1.0 ~ 1.5cm，有瘤状凸起 ············ **2. 大果马蹄荷 E. tonkinensis**

1. 叶基部平截；有花瓣，较雄蕊长 ······························· **3. 长瓣马蹄荷 E. longipetala**

1. 马蹄荷 白克木、马蹄樟（广西）、小刀树、盖阳树（云南）　图 362：1

Exbucklandia populnea（R. Br. ex Griff.）R. W. Brown

乔木，高 20m，胸径 1m。小枝有柔毛。叶革质，宽卵圆形，长 10 ~ 17cm，宽 9 ~ 13cm，全缘

图362 1. 马蹄荷 Exbucklandia populnea（R. Br. ex Griff.）R. W. Br. 果枝。2. 大果马蹄荷 Exbucklandia tonkinensis（Lec.）H. T. Chang 果枝。（1 仿《云南植物志》，2 仿《中国植物志》）

或掌状 3 浅裂，先端渐尖，基部心形，或偶为短的阔楔形；有 5 ~ 7 条掌状脉；叶柄3 ~ 6cm，无毛；托叶椭圆形或倒卵形，长 2 ~ 3cm，宽 1 ~ 2cm，有网脉。腋生头状花序，有花 10 ~ 12 朵；花序单生或再组成圆锥状，花序梗有毛；花两性或单性；萼齿短；花瓣 2 ~ 5 枚，条形，长 2 ~ 3mm，或无花瓣；雄蕊 10 ~ 14 枚，长 5mm，花丝细；花药椭圆球形；子房被褐色柔毛，半下位，2 室，每室有 3 胚珠，花柱 2 条，长 3 ~ 4mm。头状果序直径 2cm，有果 8 ~ 12 枚；果序柄长 1.5 ~ 2.0cm；蒴果椭圆形，长 7 ~ 9mm，直径 5 ~ 6mm，上半部 2 裂，果皮表面平滑；种子有翅。花期 4 ~ 8 月。

产于灵川、灌阳、永福、恭城、荔浦、融安、融水、金秀、贺州、那坡、靖西、德保、乐业、陆川、上思等地。生于海拔 800 ~ 1200m 的山地常绿混交林中。分布于云南、贵州；印度、尼泊尔、不丹、越南、缅甸、泰国、马来西亚、印度尼西亚也有分布。喜温暖湿润气候，稍耐阴或较喜光，适应性强，飞籽成林，也可以进行萌芽更新，常与栲类、栎类等树种混生。生长速度一般，在广西 25 年生，树高14m，胸径30cm。树皮耐火能力强，为优良防火树种。木材为散孔材，材质中等，心边材不明显，淡红褐、淡黄褐至暗红褐色，纹理交错，结构细，耐腐，可供作家具、雕刻、茶叶箱、胶合板、造纸原料等用材。茎枝可入药，有祛风湿、活血舒筋、止痛的功效。树冠浓密，树形优美，可用于园林绿化。

2. 大果马蹄荷　小刀树（湖南）　图362：2

Exbucklandia tonkinensis（Lec.）H. T. Chang

乔木，高30m。树皮灰黑色至黑褐色，纵裂。嫩枝被褐色柔毛。叶革质，宽卵形，长 8 ~ 13cm，宽 5 ~ 9cm，先端渐尖，基部楔形或宽楔形，全缘或幼叶掌状 3 浅裂，无毛；有 3 ~ 5 条掌状脉；叶柄长 3 ~ 5cm，初时被柔毛；托叶椭圆形，长 2 ~ 4cm，宽 8 ~ 13mm，被柔毛。头状花序单生或再组成圆锥状，有花 7 ~ 8 朵，花序梗长 1.0 ~ 1.5cm，被褐色柔毛；萼齿鳞片状；无花瓣；雄蕊 13 枚，长 8mm；子房半下位，被黄褐色柔毛，花柱 2 条，长 4 ~ 5mm。头状果序直径 3 ~ 4cm，有蒴果 7 ~ 9 个，卵圆形，长 1.0 ~ 1.5cm，被瘤状凸起；种子长 8 ~ 10mm，有翅。

产于临桂、桂林、象州、金秀等地。生于海拔 500 ~ 1000m 的常绿阔叶林中。分布于海南、福建、江西、湖南南部和云南东南部；越南北部也有分布。喜温暖湿润气候，稍耐阴，天然更新良好，为常绿阔叶林常见树种。木材为散孔材，年轮明显，心边材不明显，纹理交错，结构细，坚重，干燥后易开裂，可供作建筑、枕木、装饰、家具等用材。树形优美，也可用作庭院绿化树种或行道树种。

3. 长瓣马蹄荷

Exbucklandia longipetala H. T. Chang

乔木，小枝无毛。叶宽卵形，长 8~12cm，先端渐尖，基部平截，全缘或掌状 3 浅裂；有 3~5 条掌状脉；叶柄长 3~5cm；托叶长 2.5cm，宽 1cm，无毛，早落。头状花序单生，花序梗长 1.0~1.5cm，被褐色绒毛；萼齿不明显；花瓣 4 枚，白色，线形，长 1.0~1.2cm，宽 1.0~1.5mm，有 2 浅裂；雄蕊 10~11 枚，长 5~6mm，药隔凸起；子房被柔毛，花柱长 2mm。头状果序直径 2cm，有蒴果 7~8 枚；果长 7~8mm，干后上半部 4 裂。

产于广西北部及靖西。生于海拔 1500m 左右的山地。分布于贵州南部、广东乳源。喜温，耐阴，在山地常绿阔叶林中生长良好。木材为散孔材，结构细，可供作家具和建筑等用材。

2. 红花荷属 **Rhodoleia** Champ. ex Hook.

常绿乔木或灌木。叶互生，革质全缘；羽状脉，基部常有三出脉，下面有粉白蜡被；无托叶。花两性，有 5~8 朵花聚合成一腋生的头状花序；总苞片卵圆形，覆瓦状排列；萼筒极短，包围子房基部，齿不明显；花瓣 2~5 枚，排列不整齐，红色，匙形至倒披针形；雄蕊 6~10 枚，花丝长；子房半下位；花柱 2 条，线形，与花丝等长；每室有 12~18 枚胚珠，2 列着生于中轴座上；蒴果自顶端部室间及室背开裂为 4 果瓣；种子扁平。

约 10 种，分布于亚洲热带地区。中国有 6 种，产于西南部至南部。广西 2 种。

分种检索表

1. 花瓣匙形，宽 5~6mm；叶基部楔形 ·· **1. 小花红花荷 R. parvipetala**
1. 花瓣窄，带状倒披针形，宽 1.5~3.0mm；叶基部圆或钝 ·························· **2. 窄瓣红花荷 R. stenopetala**

1. 小花红花荷　红苞木　图 363：1~2

Rhodoleia parvipetala Tong

乔木，高 20m。树干通直；小枝无毛。叶革质，长椭圆形，长 5~10cm，宽 2~4cm，全缘，先端尖，基部楔形，三出脉，上面深绿色，发亮，下面灰白色，无毛；侧脉 7~9 对，不明显；叶柄 2.0~4.5cm。头状花序长 2.0~2.5cm；无小苞片，总苞片 5~7 枚，卵圆形，长 7~10mm，被褐色柔毛；萼筒极短，先端平截；花瓣 2~4 枚，匙形，长 1.5~1.8cm，宽 5~6mm；雄蕊 6~8 枚，与花瓣等长；花药条形，长 3.5mm；子房无毛，2 室，胚珠多数，花柱与雄蕊等长。果序径 2.0~2.5cm，果序柄 1~2cm；蒴果 5 枚，卵圆形，长 1cm，先端开裂为 4 枚果瓣；种子多数。花期 4 月；果期 10~11 月。

产于十万大山、金秀、象州、融水等地。生于海拔 1000m 以下的常绿阔叶林中。分布于云南东部、贵州东南部、广东西部；越南北部也有分布。种子结实量大，天然下种能力强，萌蘖能力强，喜光，在疏林、林缘及荒山天然更新良好。生于土层深厚，肥力中等以上的湿润酸性土壤，石灰土上未见分布。生长速度中等，造林后前 5 年生长较慢，10~25 年为速生期。播种繁殖，植苗造林。木材红褐色或黄褐色，有光泽，纹理斜或交错，但结构细致，易于加工，干燥后易翘曲，耐腐，无虫蛀，供作家具和建筑等用材。花玫瑰红色，树形秀丽，可作观赏树；叶药用，可止血，治刀伤。

2. 窄瓣红花荷　海南红花荷、海南红苞木

Rhodoleia stenopetala H. T. Chang

乔木，高 20m。嫩枝被垢鳞。叶厚革质，卵形至宽卵形，长 6~10cm，先端钝或略尖，基部圆形，下面粉白色，干后有小瘤点，无毛；侧脉 4~6 对，在上面隐约可见，在下面稍凸起；叶柄粗，长 3~5cm。头状花序长 2cm，常弯垂，花序柄长 1.0~1.5cm，被星状毛，有鳞状小苞片数枚；总苞片 10 枚，卵圆形，被褐色星状绒毛；花瓣 4 枚，窄倒披针形，长 1.5~2.0cm，宽 1.5~3.0mm，红色；雄蕊 8 枚，长 1.7cm，花丝粗，无毛；子房半下位，花柱长 1.5cm，基部被绒毛。果序径 2.5cm，有蒴果 5 枚，卵圆形，长 1.2cm，无宿存花柱；种子扁平，暗褐色。

产于融水。生于 600~1000m 的山地常绿林中。分布于海南。

3. 壳菜果属 Mytilaria Lec.

常绿乔木，小枝有明显的节，节上有环状托叶痕。叶厚革质，互生，卵圆形，全缘或掌状浅裂，基部心形；掌状脉，明显；有 1 枚托叶，长卵形，无毛，包被长锥形芽，早落。花两性，穗状花序顶生或近顶生，花序有柄；萼筒与子房合生，萼片 5~6 枚，卵形，覆瓦状排列；花瓣 5 枚，线状舌形，白色；雄蕊 10~13 枚，着生于环状萼筒内缘，花丝粗短；花药内向，有 4 个花粉囊；子房下位，每室有 6 枚胚珠，生于中轴胎座上。蒴果卵圆形，上半部 2 瓣裂，每瓣 2 浅裂，外果皮肉质，内果皮木质；种子椭圆形，无翅。

本属仅 1 种，分布于中国、越南、老挝。

壳菜果 米老排（广西）、山油桐（广东） 图 363：3~4

Mytilaria laosensis Lec.

乔木，高 25m；嫩枝无毛。叶革质，宽卵圆形，长 10~13cm，宽 7~10cm，先端短渐尖，基部心形；掌状 3 浅裂或全缘，两面均无毛，有 5 条掌状脉，网脉不明显；叶柄长 7~10cm，无毛。花序顶生或腋生，花序轴长 4cm，花序柄长 2cm，无毛；花多数，萼筒藏于花序轴内，萼片 5~6 枚，长 1.5mm，被毛；花瓣 5 枚，舌状，长 8~10mm，肉质；雄蕊 10~13 枚，花丝，花药藏于药隔内；花柱长 2~3mm，柱头有乳状凸起。种子褐色，有光泽，种脐白色。花期 6~7 月；果期 10 月中旬至 11 月上旬。

产于十万大山、宁明、扶绥、龙州、那坡、德保、靖西、融水等地。广西各地有栽培，生于海拔 1000m 以下的地区。分布于广东南部、云南南部；越南、老挝也有分布。喜生于肥沃、湿润和排水良好的地方。速生树种，较喜光，幼苗耐阴，林下苗多，在林缘和空旷地也多幼树，在天然林中常为上层林木，在山腰下部及山谷长成高大乔木。树干通直，自然整枝良好；萌芽力强，1 年生萌条高 2m 以上。速生，在广西 17 年生人工造林林分，平均树高 21.0m，平均胸径 23.0cm。播种繁殖，千粒重 1800g，随采随播或短期干藏。播种前用 50℃温开水浸泡 24h 后进行催芽处理，约 10d 种子萌动即可播种。1 年生裸根苗高 1m，径粗 1cm 以上可出圃造林，亦可培育半年生容器苗造林。木材为散孔材，淡红褐色，心边材区别不明显，纹理略交错，结构细，干缩小，硬度和强度中等，易加工，切面光洁，材

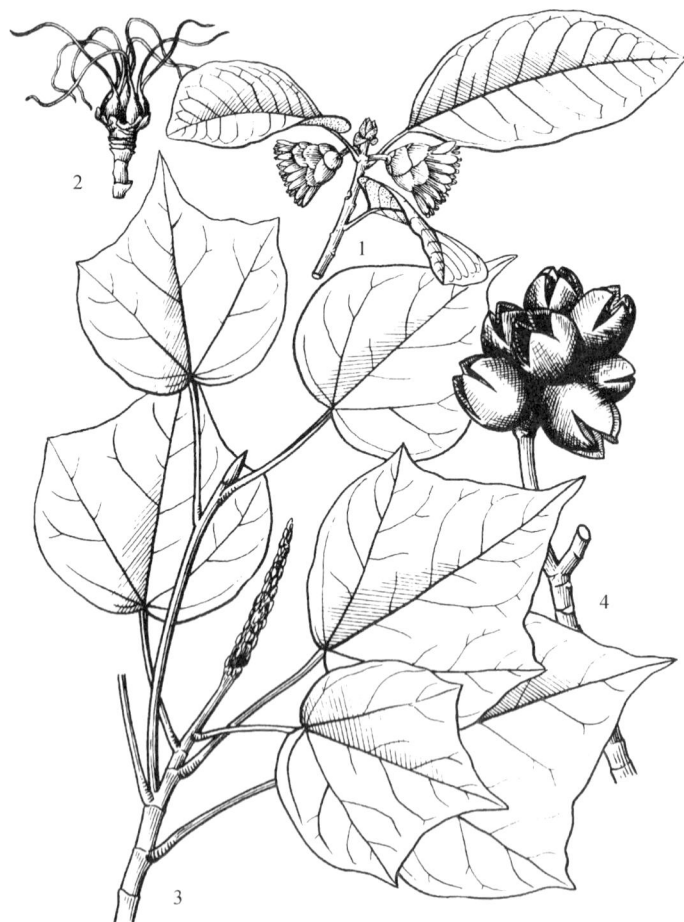

图 363 　1~2. 小花红花荷 Rhodoleia parvipetala Tong 1. 花枝；2. 子房。3~4. 壳菜果 Mytilaria laosensis Lec. 3. 幼果枝；4. 果序。（1~2 仿《云南植物志》，3~4 仿《中国树木志》）

色浅，干燥后有翘曲，耐腐，少虫蛀，胶黏和油漆性能好，可作家具、建筑、农具、胶合板、室内装修、木地板等用材，可在广西中部和南部地区山地适度发展。

4. 枫香树属 Liquidambar L.

落叶乔木。叶互生，具长柄，掌状 3 ~ 7 裂，边缘有锯齿，掌状脉；托叶线形，多少与叶柄基部合生，早落。花单性同株，无花瓣，排成头状或穗状花序，再组成总状花序；每一雄花有苞片 4 枚，无萼片；雄蕊多数而密集，花丝与花药等长，花药 2 室，纵裂；雌花多数，排成头状花序，有 1 枚苞片；无花瓣；有或无退化雄蕊，萼筒藏于花序轴内，萼筒与子房合生；子房半下位，2 室，胚珠多数；花柱 2 枚。头状果序球形，花柱宿存而变为刺，蒴果木质，室间 2 瓣裂，花柱及萼齿宿存；种子多数，有狭翅，种皮坚硬，胚乳薄，胚直。

5 种。中国 2 种，广西全产。

分种检索表

1. 雌花及蒴果无萼齿，或萼齿极短；头状花序有雌花 15 ~ 26；头状果序直径 2.5cm ··· **1. 缺萼枫香树 L. acalycina**
1. 雌花及蒴果有萼齿；头状花序有雌花 22 ~ 43；头状果序直径 3 ~ 4cm ·················· **2. 枫香树 L. formosana**

1. 缺萼枫香树　图 364：6

Liquidambar acalycina H. T. Chang

乔木，高 25m。树皮黑褐色；小枝无毛。叶宽卵形，长 8 ~ 13cm，宽 8 ~ 15cm，先端长渐尖，基部浅心形，掌状 3 裂，边缘有锯齿，两面无毛或幼叶基部被柔毛，下面略带灰白色；掌状脉 3 ~ 5 条；叶柄长 4 ~ 8cm；托叶线形，长 3 ~ 10mm，着生于叶柄基部，被褐色绒毛。花单性，雌雄同株；雄花短穗状花序多个组成圆锥状，花序柄长 3cm，无花被，雄蕊有短花丝，长 1.5mm，花药卵圆形；雌花 15 ~ 26 朵排成头状花序而单生，花序梗长 3 ~ 6cm，无花瓣，无萼齿或为鳞片状，子房半下位，2 室，胚珠多数，花柱 2 枚，长 5 ~ 7mm，被褐色短绒毛，先端卷曲。头状果序直径 2.5cm，干后变黑色，疏松易碎；蒴果无萼齿，外果皮疏松，宿存花柱粗短；种子多数，褐色，有棱。

产于资源、龙胜、临桂、灵川、融水、田林等地。生于海拔 600m 以上的山地。分布于四川、安徽、湖北、江苏、江西、湖南、广东、贵州等地。木材较硬重，散孔材，密度中等，纹理斜，结构细，干燥后易翘裂，供作建筑及家具用材。

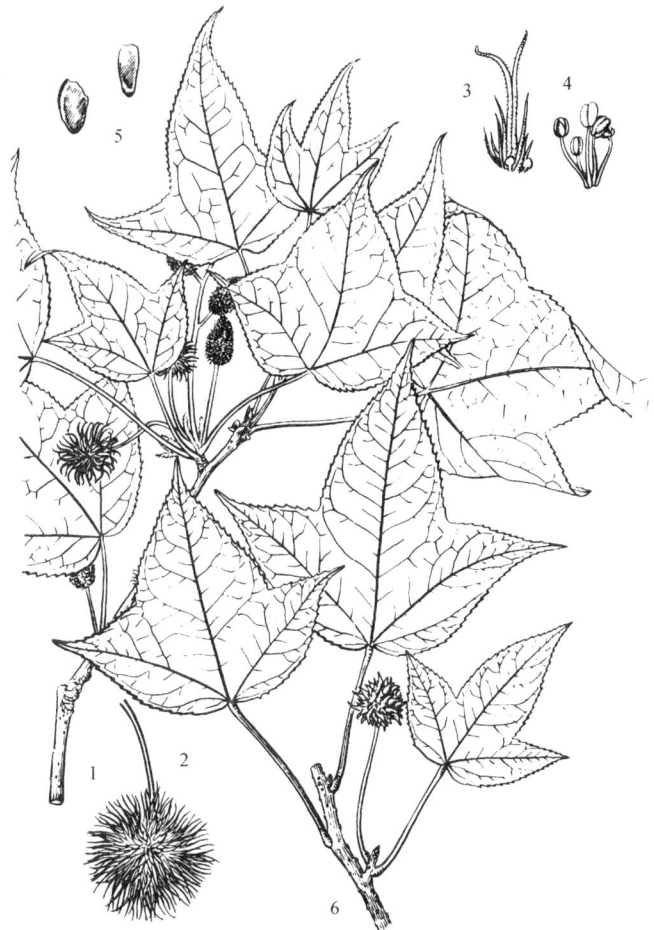

图 364　**1 ~ 5. 枫香树 Liquidambar formosana** Hance 1. 花枝；2. 果序；3. 雌花；4. 雄花；5. 种子。**6. 缺萼枫香树 Liquidambar acalycina** H. T. Chang 果枝。（1 ~ 5 仿《树木学》，6 仿《中国树木志》）

2. 枫香树 山枫香树、枫香、枫树 图364: 1~5

Liquidambar formosana Hance

乔木，高30m，胸径1m。小枝被柔毛。叶宽卵形，长6~12cm，掌状3裂，中间裂片较长，先端尾尖；两侧裂片平展；基部心形，边缘有锯齿，下面被柔毛或变无毛；掌状脉3~5条；叶柄长4~9cm；托叶线形，红色，长1.0~1.4cm，早落。花单性，雌雄同株；雄花短穗状花序组成圆锥花序，无花被，雄蕊多数，花丝与花药近等长；雌花22~43朵排成头状花序，花序梗长3~6cm，无花瓣，有4~7萼齿，针形，长4~8mm，花后增长，子房半下位，2室，有毛，胚珠多数，花柱2条，长6~10mm，先端弯曲。头状果序圆球形，直径2.5~4.5cm，花柱及针状刺萼齿宿存；种子多角形或具窄翅，褐色。花期3月；果期10月。

产于广西各地，垂直分布一般在海拔600m以下。分布于秦岭及淮河以南各地；越南北部、老挝及朝鲜南部也有分布。适应性强，酸性土、中性土、钙质石灰土上都有分布。深根性，抗风。耐旱，耐火烧。喜光，速生树种，次生林常见种。播种繁殖，育苗造林，亦可直播造林。木材为散孔材，红褐色或淡红褐色，心边材区别不明显，纹理交错，结构细，干后易翘裂，适宜作茶叶箱、建筑、室内装修、木地板、家具等用材。叶可用来饲天蚕；树皮可供割取枫脂作香料，也可药用，有祛痰、活血、解毒功效；果为镇痛药，可治腰痛、四肢痛等症；树皮及叶可供提制栲胶。秋叶多红艳，可供观赏。

5. 半枫荷属 Semiliquidambar H. T. Chang

常绿或半落叶乔木。叶革质，互生，常3裂、一侧裂或不分裂，基部多楔形，边缘有锯齿，齿端有腺状凸尖；离基三出脉，明显。花单性，雌雄同株；雌性头状花序单生，有2~3枚苞片，无花瓣；雌花多数，萼筒与子房合生，子房下半位，2室，胚珠多数，花柱2枚，常卷曲；雄花组成短穗状花序，再排成圆锥状花序，每花序有苞片3~4枚；萼片与花瓣均缺；雄蕊多数，花药倒四角锥形，2室。头状果序半球形，基部截平，由多数蒴果组成；蒴果木质，萼齿与花柱均宿存；蒴果先端分离，室间开列为2瓣，每瓣有2浅裂；种子多数，有棱。

3种，产于中国东南部和南部。广西1种。

半枫荷 小叶半枫荷 图365: 1

Semiliquidambar cathayensis H. T. Chang

常绿乔木，高20m，胸径60cm。树皮灰色；芽长卵形，被微毛。叶簇生于枝顶，革质，异型，不分裂的叶片卵状椭圆形，长8~13cm，宽3.5~6.0cm；先端渐尖，尾部长1.0~

图365 1. 半枫荷 Semiliquidambar cathayensis H. T. Chang 果枝。2. 蕈树 Altingia chinensis (Champ. ex Benth.) Oliv. ex Hance 花枝。(仿《中国树木志》)

1.5cm；基部阔楔形或近圆形，稍不等侧；上面深绿色，发亮，下面浅绿色，无毛；或为掌状 3 裂，中央裂片长 3~5cm，两侧裂片卵状三角形，长 2.0~2.5cm，斜行向上，有时为单侧叉状分裂；边缘有具腺锯齿；掌状脉 3 条，两侧的较纤细，在不分裂的叶上常离基 5~8mm，中央的主脉还有侧脉 4~5 对，与网状小脉在上面很明显，在下面凸起；叶柄长 3~4cm，较粗壮，上部有槽，无毛。花雌雄同株，聚成头状花序；雄花多数，无花被，雄蕊簇生，花药 2 室，花丝极短；雌花多数，萼筒与子房合生，萼齿极短，子房 2 室，顶端 2 裂，花柱 2 条，被柔毛，胚珠多数。头状果序近球形，木质，蒴果有宿存花柱，2 瓣裂开，每瓣有 2 浅裂；种子多数。花期 2~3 月；果实秋季成熟。

中国特有种，易危种，国家 II 级重点保护野生植物。产于龙胜、临桂、永福、融水、罗城、贺州、龙州等地。生于海拔 900m 以下的杂木林中。分布于广东、海南、贵州南部、江西南部。适应性强，酸性土、石灰岩钙质土上均能生长。天然更新能力强，林下见极多天然更新幼苗、幼树。木材为散孔材，淡赭褐色，心边材区别不明显，纹理斜，结构细，材质坚重，干后少开裂，可供作建筑、家具等用材。根及叶入药，可活血，治风湿、腰肌劳损、跌打瘀积、肿疼等症。

6. 蕈树属 Altingia Nor.

常绿乔木；鳞芽长卵形。叶革质，卵形至披针形，不分裂，全缘或有锯齿；羽状脉；托叶细小或无。花单性，雌雄同株；雄花排成头状或短穗状花序，或再组成圆锥状花序，每花序具苞片 1~4 枚；无花被，雄蕊多数，花丝极短，花药 2 室，纵裂；雌花 5~30 朵排成头状花序，有苞片 3~4 枚，花序柄长；无花瓣，萼筒与子房合生，萼齿无或为瘤状凸起；子房下位，2 室，每室有胚珠多数。头状果序近球形，基部截平，由多数蒴果组成；蒴果木质，室间开裂为 2 瓣，每瓣有 2 浅裂，无宿存萼齿及花柱；种子多数，多角或略有翅。

约 11 种。中国 8 种；广西 1 种。

蕈树 阿丁枫、半边枫、老虎斑(广西)　图 365：2

Altingia chinensis（Champ.）Oliv. ex Hance

乔木，高 20m，胸径 60cm。树皮灰色。除花序外，全体无毛。叶倒卵状长圆形或长圆形，长 7~13cm，宽 3.0~5.5cm，先端略尖或稍钝，基部楔形；侧脉 6~8 对，在两面凸起，网脉在上面明显，边缘有钝锯齿；叶柄长 1cm；托叶细小，早落。雄花排成短穗状花序，或再组成圆锥状，苞片 4~5 枚，卵形或披针形，长约 1.5cm，被柔毛；雌花 15~25 朵排成头状花序，花序梗长 2~3cm；萼筒与子房连合，萼齿乳凸状，花瓣不存；子房下位，2 室，胚珠多数；花柱 2 枚，长 3~4mm，先端弯曲。头状果序近圆球形，基部平截，直径 1.7~2.8cm；蒴果室背裂开，无宿存花柱；种子多数，黄褐色，有光泽。花期 4~6 月；果 9~10 月成熟。

产于龙胜、兴安、临桂、恭城、融水、金秀、象州、贺州、昭平、钟山、苍梧、贵港、马山、武鸣、上林、靖西、德保、那坡、上思、宁明等地。生于海拔 500~1000m 的常绿林中。分布于福建、浙江、江西、湖南、广东、贵州、云南东南部；越南北部也有分布。较喜光，幼苗稍耐阴，成年后需光性逐渐增强；在天然林中生长较慢，在林缘、林间及疏林地较快，且多幼苗及幼树，散生的大树树干通直，局部地区有小片纯林。播种繁殖，播种前可不作处理或用清水浸种数小时，捞出晾干表层水后播种，发芽率约为 60%。木材为散孔材，边材红褐或黄褐色，心材红褐色，纹理斜或略交错，材质坚重，结构细，有翘裂，稍耐腐，可作建筑、家具、装修等用材；木材含挥发性油，可蒸制蕈香油；根入药，能治风湿、跌打、瘫痪等症。干高冠窄，树形雄伟，为生态园林重要的上层树种。

7. 檵木属 Loropetalum R. Brown

常绿或半常绿，灌木或小乔木；芽裸露。叶互生，卵形，全缘，稍偏斜，有短柄；托叶早落。花 4~8 朵组成短穗状或头状花序，花两性，4~5 朵；萼筒倒圆锥形，与子房合生，外被星状毛，萼齿卵形，花后脱落；花瓣条形，花芽时内卷；雄蕊花丝极短，花药 4 室，瓣裂，药隔凸出；退化雄蕊鳞片状，与雄蕊互生；子房半下位，2 室，每室有 1 枚胚珠，垂生，被星状毛。蒴果木质，卵圆形，被星状毛，上半部 2 瓣裂，每瓣有 2 浅裂，下半部被宿存萼筒所包被，并完全合生；果柄极短或近无柄；种子 1 粒，长卵形，黑色有光泽，种脐白色，种皮角质。

约 3 种，产于中国、印度、日本。中国 3 种 1 变种，广西全产。

分种检索表

1. 苞片全缘，具腺；花序顶生，多数在短枝上，3 ~ 16 朵花，花 4 朵或数朵；蒴果和萼筒有 2/3 ~ 3/4 合生。
  2. 叶卵形，上面稍被粗毛，下面密被星状毛；蒴果 7 ~ 8mm ·················· **1. 檵木 L. chinense**
  2. 叶卵状披针形或披针形，上面中脉下半部被毛，下面脉腋处被簇毛；蒴果长 1.2 ~ 1.4cm ··········
  ··· **2. 大果檵木 L. lanceum**
1. 苞片栉状，具腺；花序腋生，14 ~ 25，花 5 数；蒴果和萼筒有 1/4 ~ 1/2 合生 ····· **3. 四药门花 L. subcordatum**

1. 檵木 檵花、木莲子 图 366：1 ~ 3
Loropetalum chinense (R. Br.) Oliv.

图 366 1 ~ 3. 檵木 Loropetalum chinense (R. Br.) Oliv. 1. 花枝；2. 除去花瓣的花；3. 果枝。4 ~ 7. 四药门花 Loropetalum subcordatum (Benth.) Oliv. 4. 花果枝；5. 花；6. 雌蕊及退化的雄蕊；7. 雄蕊。(1 ~ 3 仿《云南植物志》，4 ~ 7 仿《中国植物志》)

小乔木，树高 10m，常成灌木状。树皮暗灰色或浅灰褐色，薄片剥落；小枝有褐锈色星状毛。叶革质，卵形，长 2 ~ 5cm，先端短尖，基部钝，不对称，全缘，上面稍被粗毛，下面密被星状毛；侧脉 5 对；叶柄长 2 ~ 5mm，被星状毛；托叶膜质，三角状披针形，长 3 ~ 4mm，早落。花两性，3 ~ 8 朵簇生于枝顶，花梗短；花序梗长 1cm，苞片线形，全缘，长 3mm；萼筒杯状，被星状毛，萼齿长 2mm；花瓣 4 枚，条形，白色，长 1 ~ 2cm；雄蕊 4 枚，花丝极短；退化雌蕊 4 枚与雄蕊互生，鳞片状；子房下位，被星状毛，2 室，每室有 1 枚胚珠，垂生；花柱 2 枚，极短。蒴果木质，长 7 ~ 8mm，直径 6 ~ 7mm；萼筒长为蒴果 2/3，均被星状毛；萼筒与蒴果有 2/3 ~ 3/4 合生。种子长卵形，黑色有光泽，长 4 ~ 5mm。花期 3 ~ 4 月；果期 9 ~ 10 月。

产于广西各地，以北部和中部较多，南部较少。生于海拔 1000m 以下的丘陵、灌丛、林缘。分布于长江中、下游以南，北回归线以北地区；印度及日本也有分布。适应性强，在光照充足的空旷地，常为优势种，稀疏林下也广有生长。播种繁殖，种子有休眠习性，不宜随采随播，宜混湿润沙，层积催芽约半年，至翌年 4 月播种。木材为散孔材，边材黄白色或黄褐色，心材带浅红褐色，纹理斜或交错，结构甚细，坚重，易翘裂，但耐腐，可作车辆、车轴、工具柄、船舶骨等用材。枝条及萌芽条柔韧，可供捆柴、扎排等用。全株药用，可止血、活血、消炎、止痛。枝叶稠密，花形奇特，在生态园林中的用途颇广，宜作中下层林冠，增加绿叶层面或修剪后作绿篱，丰富园林景观。

1a. 红花檵木

Loropetalum chinense var. **rubrum** Yieh

叶与原种相同。花紫红色，长 2cm。广西各地有栽培；长江流域及以南地区园林有广泛栽培。扦插繁殖。常绿灌木，分枝低，嫩枝及花瓣紫红色，广泛用于园林绿化，观赏价值高。

2. 大果檵木　阔叶檵木

Loropetalum lanceum Hand. – Mazz.

灌木或小乔木；嫩枝被毛。叶薄革质，卵状披针形或披针形，长 4~10cm，宽 2.5~3.5cm，先端渐尖或成尾尖，基部楔形，上面中脉下半部被毛，下面脉腋处被簇毛；侧脉在上面凹下，在下面凸起，网脉明显；叶柄长 2~3mm，被毛。短穗状花序，顶生，有花 4~5 朵；萼筒被星状毛，萼齿 4；花瓣 4 枚，线形，长 1.0~1.3cm；雄蕊 4 枚，花丝与花药等长；退化雄蕊鳞片状，与雌蕊互生；子房被星状毛，花柱极短。果序具总梗，被毛；蒴果 12~14mm，被星状毛，蒴果与萼筒有 2/3~3/4 合生。种子长椭圆形，黑色有光泽。

极危种。产于十万大山。生于海拔 500m 以上的杂木林中。分布于贵州。

3. 四药门花　图 366：4~7

Loropetalum subcordatum（Benth.）Oliv.

常绿小乔木，高 12m，或呈灌木状。嫩枝被柔毛；叶卵形或卵状椭圆形，长 7~12cm，先端骤短尖，基部圆或微心形，上面深绿色，发亮，下面初被柔毛，后变无毛；侧脉 6~8 对，在上面明显凹下，在下面凸出，全缘或上部有小齿；叶柄长 1.0~1.5cm；托叶长 4~6mm，被星状毛。花序腋生，具花 20 朵集成头状花序，花序梗长 4~5mm，苞片线形，长 2mm，花无柄；萼筒被星状毛，萼齿 5；花瓣长 1.5cm；花药卵形；退化雄蕊叉裂；子房被星状毛。蒴果近球形，有褐色星状毛，萼筒长达果 2/3，萼筒与蒴果有 1/4~1/2 合生；种子卵形，黑色，长 7mm，种脐白色。花期 4~6 月；果期 7~8 月。

国家 II 级重点保护野生植物。产于龙州。分布于贵州、广东沿海岛屿、香港。

8. 金缕梅属 Hamamelis L.

落叶灌木或小乔木。嫩枝被绒毛；裸芽长卵形，被绒毛。叶阔卵形，具波状齿或全缘，托叶披针形，早落。花两性，4 数，聚成头状或短穗状花序；萼筒与子房多少合生，萼齿卵形；花瓣 4 枚，条形，黄色或淡红色，花芽时内卷；雄蕊 4 枚，花丝极短，花药 2 室，单瓣裂；退化雌蕊 4 枚，鳞片状，与雄蕊互生；子房近上位或半下位，2 室，每室有 1 枚胚珠，垂生。蒴果木质，卵圆形，上半部 2 瓣裂，每瓣有 2 浅裂，内果皮骨质，干后常与木质外果皮分离；种子长圆形，种皮角质，有光泽。

约 6 种，分布于北美、东亚。中国 1 种；广西也产。

金缕梅　图 367

Hamamelis mollis Oliv.

小乔木，高 10m，或呈灌木状。嫩枝及顶芽被灰黄星状绒毛。叶宽倒卵圆形，长 8~15cm，宽 6~10cm，先端急尖，基部心形，不对称，边缘有波状齿，上面疏被星状毛，下面密被星状绒毛；侧脉 6~8 对；叶柄长 6~10mm，被绒毛。花序腋生，由数朵花组成头状或短穗状花序，无花梗；苞片卵形；萼筒短，与子房合生，萼齿长 3mm，宿存，均被星状绒毛；花瓣带状，黄白色，长

图 367 金缕梅 Hamamelis mollis Oliv. 1. 花枝；2. 果枝；3. 花；4. 雄蕊；5. 雌蕊。(仿《中国植物志》)

1.5cm；雄蕊 4 枚，长 4mm，退化雌蕊 4 枚，与雄蕊互生，先端平截；子房被绒毛，近上位，2 室，每室有 1 枚胚珠，垂生，花柱 2 枚，长 1.5mm。蒴果卵圆形，长 1.2cm，被褐色星状绒毛，萼筒长 4mm；种子长卵形，长 8mm，黑色。花期 4~5 月；果期 10 月。

产于广西北部和东北部，常生于低山至中海拔的次生杂木林中。分布于江苏、浙江、江西、安徽、湖北、湖南、四川等地。种子难发芽，多用分根繁殖。木材为散孔材，心边材区别不明显，材质中等，纹理斜，结构细，可作细木工及农具等用材。根药用，可治劳伤；树皮可供制绳；茎叶可供提制栲胶；种子可供榨油。花美丽，为优良的观赏树木。

9. 蜡瓣花属
Corylopsis Sieb. et Zucc.

落叶或半常绿，灌木或小乔木；混合芽被总苞状鳞片。叶互生，基部心形或圆，不对称；羽状脉，边缘有锯齿；托叶叶状，早落。花两性，先于叶开放，总状花序常下垂，总苞片卵形；萼筒与子房合生，或稍分离，萼齿 5，宿存或花后脱落；花瓣 5 枚，匙形或倒卵形；雄蕊 5 枚，花药 2 室，纵裂；退化雄蕊 5 枚，先端平截或 2 裂，与雌蕊回互生；子房半下位，少数上位并与萼筒分离，2 室，每室有 1 枚胚珠，垂生；花柱 2 枚。蒴果木质，卵圆形，室间及室背 4 瓣裂，下半部常与萼筒合生，具宿存花柱；种子 2 粒，长圆形，种皮骨质，白色、褐色或黑色。

约 29 种，分布于中国、印度、日本、朝鲜等地。中国约 20 种 2 变种；广西 2 种 1 变种。

分种检索表

1. 退化雄蕊不分裂；花瓣倒披针形，长 4~5mm；蒴果 1~2cm；嫩枝被星状毛 ················ **1. 瑞木 C. multiflora**
1. 退化雄蕊 2 裂；花瓣匙形，花 5~6mm；蒴果 7~8mm；嫩枝被柔毛或无毛 ················ **2. 蜡瓣花 C. sinensis**

1. 瑞木 大果蜡瓣花 图 368：4~5
Corylopsis multiflora Hance

落叶或半常绿小乔木。嫩枝被星状毛，老枝灰褐色，无毛；芽被灰白色绒毛。叶薄革质，倒卵形、倒卵状椭圆形或卵圆形，长 7~15cm，宽 4~8cm，先端锐尖或渐尖，基部心形，近对称，上面脉上被柔毛，下面带粉白色，被星状毛；侧脉 7~9 对，在上面凹下，第 1 对侧脉近叶基部分支不明显，边缘有锯齿；叶柄长 1.0~1.5cm，被星状毛；托叶长圆形，长 2cm，被绒毛，早落。总状花序长 2~4cm，基部有叶 1~5 枚，总苞片卵形，长 1.5~2.0cm，被灰白色柔毛；苞片卵形，长 6~7mm，小苞片长 5mm，均被毛；萼筒无毛，萼齿卵形；花瓣倒披针形，长 4~5mm；雄蕊 5 枚，长

6~7mm；退化雄蕊5枚，不分裂，先端截形；子房无毛，2室，每室有1枚胚珠，垂生，花柱2条，较雄蕊略短。蒴果木质，长 1.2 ~ 2.0cm，宽1.4cm，无毛；种子黑色。花期4~5月。

产于广西各地林区，北部较常见。生于海拔550~1200m的杂木林中。分布于贵州、云南、湖北、湖南、广东、福建、台湾等地。木材为散孔材，心边材区别不明显，材质坚重，纹理斜，结构细，干燥后易开裂，可供作一般用材。

2. 蜡瓣花 图368：1~3

Corylopsis sinensis Hemsl.

落叶灌木或小乔木。嫩枝及芽被柔毛，老枝无毛。叶薄革质，倒卵圆形或倒卵状长圆形，长5~9cm，宽3~6cm，先端尖或略钝，基部不等侧心形，边缘有锐锯齿，上面无毛或中脉被毛，下面被灰褐色星状毛；侧脉7~9对；叶柄长1.0~1.5cm，被星状毛；托叶披针形，长1.2~3.5cm，略有毛。总苞片卵圆形，外面被毛，长1cm；苞片卵形，长5mm，外面被毛；小苞片长3mm；萼筒被

图368 1~3. 蜡瓣花 Corylopsis sinensis Hemsl. 1. 果枝；2. 花；3. 花萼，退化雄蕊及雌蕊。4~5. 瑞木 Corylopsis multiflora Hance 4. 花枝；5. 果序。(1~3仿《中国植物志》，4~5仿《云南植物志》)

星状毛，萼齿5，无毛；花瓣5枚，匙形，黄色，长5~6mm；雄蕊5枚，长4.5~5.0mm；退化雄蕊2深裂；子房被星状毛，2室，每室有1枚胚珠，垂生，花柱2枚，长6~7mm，基部被柔毛。蒴果近球形，长7~8mm，被褐色星状毛，2瓣开裂；种子黑色。花期4~5月；果期9~10月。

产于龙胜、兴安、全州、资源、临桂、灵川、乐业等地。生于海拔1800m以下的山地次生林或灌丛中。分布于湖北、湖南、安徽、浙江、福建、江西、广东、贵州等地。喜光，耐半阴，喜温暖湿润气候和肥沃、湿润而排水良好的酸性土壤。播种繁殖为主，也可扦插和压条繁殖。木材为散孔材，心边材区别明显，呈黄白色而略红，材质坚重，纹理直，结构细，可供作细木工等用材。根皮及叶药用，可治昏迷。枝叶繁茂，清丽宜人，适于公园配植，可丛植于草地、路旁、水边，也可点缀于假山、岩石间。

2a. 秃蜡瓣花 光叶蜡瓣花

Corylopsis sinensis var. **calvescens** Rehd. et E. H. Wils.

嫩枝及芽无毛。叶宽卵形或长圆形，基部斜心形或近平截，下面无毛或脉上被毛。总苞片及花序轴被毛；萼筒及蒴果被星状毛，萼齿无毛。花期4~7月；果期7~9月。

产于龙胜。分布于四川、湖南、广东、江西等地。

10. 秀柱花属 Eustigma Gardn. et Champ.

常绿乔木。枝叶常被星状毛；顶芽裸露。叶互生，革质，羽状脉，全缘或靠近先端有齿突；托叶线形，早落。花两性，排成总状花序，基部有苞片2枚，每花有苞片1枚，小苞片2枚，花梗极短；萼筒倒圆锥形，与子房合生，萼齿5，镊合状排列；花瓣5枚，鳞片状；雄蕊5枚，花丝极短，花药2室，中部以上裂开；子房半下位，2室，每室有1枚胚珠，垂生；花柱2条，柱头膨大，有乳头状突起。蒴果木质，卵圆形，室间2瓣裂，每瓣复2浅裂；种子椭圆形，种脐凹下。

3种，产于中国及越南。中国3种；广西2种。

分种检索表

1. 叶背及嫩枝均无毛；叶长圆形或长圆状披针形 ················· 1. 秀柱花 E. oblongifolium
1. 叶背及嫩枝均被毛；叶椭圆形，被褐色星状绒毛 ················· 2. 褐毛秀柱花 E. balansae

1. 秀柱花 图369：1~2
Eustigma oblongifolium Gardn. et Champ.

小乔木，树高8m，胸径30cm，或成灌木状；嫩枝无毛。叶革质，长圆形或长圆状披针形，长7~17cm，宽2.5~5.5cm，先端渐尖，基部楔形，全缘或近先端疏生缺齿，两面均无毛；侧脉6~8对，网脉不明显；叶柄长5~10mm，托叶线形，早落。总状花序长2.0~2.5cm，总苞苞片卵形，长1cm，苞片及小苞片卵形，与花梗等长，被星状毛；萼筒长2.5mm，被星状毛，萼齿5，卵圆形，长3mm，花后脱落；花瓣5枚，倒卵形，较萼齿短，先端2浅裂；雄蕊5枚，花丝极短，花药卵圆形，长1mm；子房半下位，2室，被星状毛，每室有1枚胚珠，垂生，花柱2条，长8~12mm。蒴果木质，长2cm，室背及室间裂开，无毛，萼筒长为蒴果的3/4，完全与蒴果合生，无毛；种子黑色，长8~9mm。花期4~6月；果期7~9月。

产于罗城、环江、融水、金秀、象州、贺州、苍梧、上思、龙州等地。分布于台湾、福建、江西、广东、海南、贵州等地。生于杂木林中。木材为散孔材，淡黄红色，近心材更浓，纹理略

图369　1~2. 秀柱花 Eustigma oblongifolium Gardn. et Champ. 1. 果枝；2. 花。3~4. 小叶蚊母树 Distylium buxifolium (Hance) Merr. 3. 幼果枝；4. 果。(仿《中国树木志》)

斜，结构细，可供作工具柄、农具、家具及细木工等用材。

2. 褐毛秀柱花 毛秀柱花

Eustigma balansae Oliv.

乔木，高 16m。嫩枝被星状毛。顶芽裸露，被褐色绒毛。叶薄革质，椭圆形、卵状椭圆形，长 10 ~ 19cm，宽 6.5 ~ 9.0cm，先端渐尖或突尖，基部宽楔形，边缘上部有波状浅齿，上面深绿色，有光泽，下面被褐色星状绒毛；侧脉 8 ~ 10 对，下面明显凸起；叶柄长 1cm，被星状毛，托叶线形或狭披针形。总状花序单生或排成圆锥花序，长 5.5 ~ 6.5cm，花序及花序轴被褐色星状绒毛；蒴果卵圆形，长 10 ~ 17mm，宽 6 ~ 10mm，被褐色星状绒毛，完全被萼筒包裹。种子黑色，有光泽，长 7 ~ 8mm。花期 4 ~ 5 月；果期 6 ~ 8 月。

产于凌云、乐业、象州、苍梧、上思等地。分布于云南、广东等地。

11. 蚊母树属 Distylium Sieb. et Zucc.

常绿灌木或小乔木。嫩枝及芽被垢鳞或星状绒毛，芽体裸露无鳞片包被。叶互生，革质，全缘，偶有小齿，羽状脉；叶柄短；托叶披针形，早落。花单性或杂性，雄花常与两性花同株，排成腋生的穗状或总状花序；萼筒极短，花后脱落，萼齿 2 ~ 6，卵形或披针形，大小不等；无花瓣；雄蕊 4 ~ 8 枚，花丝长短不等，花药 2 室，纵裂，药隔凸出；雄花无退化雌蕊；雌花及两性花的子房上位，2 室，被鳞片或星状绒毛，每室有 1 枚胚珠；花柱 2 枚，柱头锥尖。蒴果木质，卵圆形，被星状绒毛，上半部 2 瓣裂，每瓣复 2 裂，基部无宿存萼筒；种子长卵形，种皮角质。

约 18 种，分布于东亚和印度、马来西亚。中国 12 种；广西 5 种。

分种检索表

1. 顶芽、嫩枝及叶下面被垢鳞或鳞片，或无垢鳞无鳞片。
  2. 老叶下面无毛。
    3. 叶椭圆形，长 7 ~ 12cm，宽 3.5 ~ 6.5cm，先端有几个小齿 ················· **1. 大叶蚊母树 D. macrophyllum**
    3. 长圆形或倒披针形，长 5 ~ 11cm，宽 2 ~ 4cm，先端有 1 ~ 3 小齿 ········· **2. 杨梅叶蚊母树 D. myricoides**
  2. 老叶下面密被银灰色鳞片 ·································· **3. 鳞毛蚊母树 D. elaeagnoides**
1. 顶芽及嫩枝被星状绒毛；叶下面有毛或无毛。
  4. 叶狭长披针形，长 6 ~ 10cm，宽 1.0 ~ 2.2cm；叶柄长 5 ~ 8mm，有毛 ········· **4. 窄叶蚊母树 D. dunnianum**
  4. 叶倒卵状披针形或长圆状披针形，长 3 ~ 6cm，宽 0.7 ~ 1.5cm；叶柄长不及 1mm，无毛 ·················
    ······························· **5. 小叶蚊母树 D. buxifolium**

1. 大叶蚊母树

Distylium macrophyllum H. T. Chang

常绿灌木或小乔木，树高 5m。嫩枝略有棱，无毛而有垢鳞；顶芽卵形，长 6mm，有垢鳞及星状毛。叶厚革质，椭圆形或卵状椭圆形，长 7 ~ 12cm，宽 3.5 ~ 6.5cm，先端尖或略钝，偶有圆形，基部圆形或钝，上面绿色，下面浅绿色，两面均无毛；侧脉 5 ~ 6 对，与中脉在上面下陷，在下面凸起，网脉在下面很明显；全缘或靠近先端有 2 ~ 3 枚齿凸；叶柄长 7 ~ 10mm，极粗壮，略有垢鳞或秃净；托叶早落。总状果序腋生，长 5 ~ 7cm，果序轴及果序柄都有垢鳞，果梗长 2 ~ 5mm，无毛。蒴果卵圆形，长 1.5cm，宽 1cm，先端尖，宿存花柱长 2 ~ 4mm，外侧有黄褐色星状绒毛；种子长 7mm，褐色，有光泽。花期 3 ~ 4 月；果期 8 ~ 10 月。

产于融水、环江、罗城等地。分布于广东北部。耐阴，喜温暖气候和湿润、肥沃土壤，也耐干旱贫瘠地。主根系发达，穿透力强，在悬崖石壁上也生长正常。萌芽性极强，天然更新良好。木材红褐色，纹理直，结构细，材质坚硬有弹性，供作家具、农具柄、雕刻用材；燃烧持久，火力大，是优良的薪炭材；枝叶茂密，树形整齐，可供作庭园绿化和观赏树种。

2. 杨梅叶蚊母树 萍柴(浙江)、瓢柴、挺香(福建)

Distylium myricoides Hemsl.

小乔木。树皮灰褐色；嫩枝及芽被垢鳞。叶薄革质，长圆形或倒披针形，长 5～11cm，宽 2～4cm，先端尖，基部楔形，边缘上半部有小齿，两面均无毛；侧脉 6 对，上面网脉不明显；叶柄长 5～8mm，被垢鳞。总状花序长 1～3cm，雄花与两性花同序，两性花位于花序顶端，花序轴被垢鳞；苞片披针形，长 2～3mm；萼齿 3～5，披针形，长 3mm，被垢鳞；花瓣不存在；雄蕊 3～8 枚，花药比花丝长；子房上位，被星状绒毛，2 室，每室有 1 枚胚珠，花柱 2 条，长 6～8mm。蒴果木质，卵圆形，长 1.0～1.2cm，被黄褐色星状绒毛，先端尖，室背及室间裂开，基部无宿存萼筒；种子长 6～7mm。花期 4～5 月；果期 8～9 月。

产于临桂、灵川、兴安、阳朔、恭城、龙胜、永福、罗城、南丹、靖西、大明山、十万大山等地。散生于海拔 300～800m 的杂木林中。分布于四川、贵州、广东、安徽、浙江、江西、福建等地。木材为散孔材，心边材区别明显，边材色淡，心材淡红褐色，材质坚硬，纹理直，结构细，干后易裂，可供作建筑、车辆、农具等用材。果及树皮含鞣质，可供提制栲胶；根药用，可治手脚浮肿、小便不利等症。

3. 鳞毛蚊母树

Distylium elaeagnoides H. T. Chang

小乔木。嫩枝密披鳞毛，后脱落；裸芽卵形，密被鳞毛。叶倒卵状长圆形或倒卵形，长 5～10cm，先端钝，基部楔形，上面绿色，幼时被鳞毛，老叶下面密被银灰色鳞毛；侧脉 4～5 对，侧脉与网脉均不明显；全缘；叶柄长 8～12mm，被鳞毛。总状果序长 3～5cm，果序轴被鳞毛，蒴果长卵圆形，长 1.6cm，先端长尖，被银灰色鳞毛，宿存花柱长 2～3mm；种子卵圆形，长 5～6mm，褐色，有光泽。花期 4～5 月；果期 8 月。

产于龙胜、罗城、防城等地。散生于海拔 500～900m 的杂木林中。分布于广东、湖南等地。

4. 窄叶蚊母树

Distylium dunnianum Lévl.

灌木，高 2～6m。嫩枝略有楞，被星状毛，老枝圆筒形，无毛；芽体有褐色星状绒毛。叶革质，窄长披针形或线状披针形，长 6～10cm，宽 1.0～2.2cm，先端渐尖，基部楔形，两面均无毛，全缘；侧脉 6～9 对；叶柄长 5～8mm，被星状毛。果序长 1.5～4.5cm；蒴果长 9～11cm，灰褐色，被星状毛，宿存花柱极短。种子淡褐色，有光泽。花期 4～5 月；果期 8 月。

产于融水、三江、昭平、南丹、天峨、东兰、罗城、隆林、东兴等地。分布于云南、贵州等地。

5. 小叶蚊母树 图 369：3～4

Distylium buxifolium (Hance) Merr.

灌木，高 2m。嫩枝纤细，无毛或稍被柔毛；芽被褐色柔毛。叶倒披针形或长圆状倒披针形，长 3～6cm，宽 0.7～1.5cm，先端尖，基部狭楔形，全缘或近先端有 1 枚小齿，两面均无毛；侧脉 4～6 对，在上面与网脉均不明显；叶柄长不及 1mm，无毛。穗状花序腋生，长 1～3cm，花序轴被毛，苞片条状披针形，长 2～3mm；萼筒极短，萼齿披针形，长 2mm；子房有褐色星状毛，花柱 2 枚，长 5～6mm。蒴果卵形，长 7～8mm，被星状绒毛，先端尖。花期 4～5 月；果期 6～8 月。

产于广西北部。多生于河边、沟谷或低湿地方。分布于福建、湖北、湖南、广东、四川等地。

12. 水丝梨属 **Sycopsis** Oliv.

常绿灌木或乔木。嫩枝被垢鳞或星状毛，老枝无毛。叶革质，互生，有柄；羽状脉或三出脉；全缘或有小齿；托叶细小，早落。花杂性，通常雄花与两性花同株，组成假头状花序，总苞片卵形，或窄卵形，3～4 枚，被毛；萼筒壶形，宿存，被垢鳞或星状毛，萼齿 1～5，不规则；无花瓣；

雄蕊 4 ~ 11 枚或部分不孕，或畸形成不规则二至三体，着生于萼筒边缘，每室有 1 枚胚珠，垂生，花柱 2 条。蒴果木质，被绒毛，2 瓣裂，每瓣复 2 浅裂，通常螺旋状排列；种子长卵形，种皮骨质。

约 3 种，产于中国和印度、马来西亚及菲律宾。中国 2 种，产于西南部、中部至东部；广西 1 种。

水丝梨 肝心柴（广西大苗山）

图 370：3

Sycopsis sinensis Oliv.

乔木，树高 14m。嫩枝被垢鳞，老枝无毛；顶芽裸露。叶革质，长卵形或披针形，长 5 ~ 12cm，宽 3.0 ~ 5.5cm，先端渐尖，基部宽楔形，全缘或中部以上有小齿，无毛或下面初被星状柔毛；侧脉 6 ~ 7 对；叶柄长 8 ~ 18mm，被垢鳞。雄花序近头状，长 1.5cm，有花 8 ~ 10 朵，苞片红褐色，卵圆形，长 6 ~ 8mm；萼筒极短，萼齿卵形，细小；雄蕊 10 ~ 11 枚，花丝长 1.0 ~ 1.2cm，花药红色，长 2mm；退化雄蕊被丝毛，花柱长 3 ~ 5mm，反卷；雌花或两性花 6 ~ 14 朵组成短穗状花序；萼筒长 2mm；子房上位，被柔毛，2 室，每室有 1 枚胚珠，花柱 2 枚，长 3 ~ 5mm。果序头状，蒴果木质，近圆球形，长 8 ~ 10mm，宿存萼筒长 4mm。花期 4 ~ 6 月；果期 7 ~ 9 月。

图 370　1 ~ 2. 尖叶假蚊母树 Distyliopsis dunnii (Hemsl.) P. K. Endress 1. 果枝；2. 花枝。3. 水丝梨 Sycopsis sinensis Oliv. 果枝。(仿《中国树木志》)

产于兴安、龙胜、资源、全州、灌阳、临桂、融安、融水、贺州、昭平、金秀、环江、凌云等地。生于海拔 1000m 左右的常绿阔叶林及灌丛中。分布于陕西、四川、云南、贵州、江西、浙江、安徽、广东、湖南、湖北、福建、台湾等地。播种或扦插繁殖。木材为散孔材，纹理斜，结构细，硬度大，干缩小，稍耐腐，切面光滑，油漆和胶黏性能良好，钉着力强，可作建筑、细木工、胶合板、文具、包装材、家具等用材。树冠浓郁秀丽，可用作庭院观赏树种。

13. 假蚊母树属 Distyliopsis Endress

常绿乔木，高可达 15m。幼枝和叶柄被绒毛或盾状鳞。叶互生，革质，倒披针形，基部楔形，全缘或近全缘，具短叶柄；托叶卵形或椭圆形，早落；羽状脉或三出脉；雄花与两性花同株，组成圆锥花序或总状花序；苞片 3 浅裂。萼筒壶形或杯状，宿存；萼片和花瓣无，萼筒通常包在萼片状的苞片中；雄花无柄，具退化的心皮；雄蕊 (1 ~)5 ~ 6(~ 15) 枚，花药 2 室，纵裂；子房上位，基部与萼筒分离，每室胚珠 1 枚，柱头下延。蒴果木质，通常 2 列排列，多少具柄；种子椭圆形。

约 6 种，分布于中国、老挝、马来西亚岛、新几内亚岛。中国 5 种 (4 特有种)；广西 1 种。

尖叶假蚊母树　尖叶水丝梨　图 370：1~2

Distyliopsis dunnii (Hems.) Endress

灌木或小乔木。嫩枝和叶被盾状鳞片，后脱落；顶芽裸露，被垢鳞。叶革质，长圆形或卵状长圆形，稀披针形，长 6~9cm，宽 2.5~4.5cm，先端锐尖或渐尖，基部楔形或宽楔形，上面干后有光泽，下面无毛；侧脉 6~7 对，全缘；叶柄长 1.0~1.5cm，被垢鳞。雄花无柄，萼筒极短，萼齿尖，被垢鳞；雄蕊 4~10 枚；无退化雌蕊；两性花有短柄，萼筒壶形，长 3mm，萼齿 5~6 枚，长 1.0~1.5mm；子房上位；花柱长 5mm，无毛。蒴果卵圆形，长 1.0~1.3cm，被灰褐色丝毛，宿存萼筒长 4mm。花期 4~6 月；果期 6~9 月。

产于融水、环江、上思、宁明、大明山等地。生于海拔 800~1500m 的杂木林中。分布于广东、云南、贵州、湖南、福建、江西、台湾等地。木材为散孔材，可供作建筑及家具等用材。

41　悬铃木科 Platanaceae

落叶乔木，树皮薄片状剥落，植物体常有星状毛。叶柄下芽，芽鳞 1 片。单叶，互生，掌状脉，掌状分裂，有粗缺刻；托叶鞘状，早落。枝叶被星状毛。花单性，雌雄同株，密集成单性的头状花序；雄花序无苞片，头状花序花药多数，药隔盾形；雌花序有苞片；萼片 3~8 枚，三角形，有短柔毛；花瓣与萼片同数。雌头状花序心皮多数；子房条形，1 室；花柱先端钩曲，具侧生柱头；胚珠 1 枚，或稀为 2 枚，悬垂。聚花果球形，由坚果组成，小坚果窄长倒圆锥形，基部围有长毛，花柱宿存。种子 1 粒，胚乳少。

1 属约 10 种，分布于北美至欧洲东南部、亚洲西南部至印度。中国引入栽培 3 种。广西引入栽培 2 种。

悬铃木属 Platanus L.

形态特征与科同。

分种检索表

1. 总柄具 3(2~6) 个球形果序；宿存花柱刺尖；叶 5~7 深裂至中部或中下部以下，裂片窄长 ··· **1. 三球悬铃木 P. orientalis**
1. 总柄具 1~2(3) 个果序；叶 3~5 深裂成浅裂，中裂片长宽近相等 ·················· **2. 二球悬铃木 P. acerifolia**

1. 三球悬铃木　法国梧桐、净土树　图 371：1

Platanus orientalis L.

落叶大乔木，高 30m；树皮深灰色，薄片剥落；多分枝，嫩枝被黄褐色星状毛。叶长 8~16cm，宽 9~18cm，5~7 裂，裂片长大于宽，幼时被灰黄色星状毛，边缘全缘或疏生锯齿；叶柄长 3~8cm，托叶长约 1cm。雄花序无柄，基部被绒毛；雌花序有柄，心皮 4 个。球形果序 2~6 个生于总柄上，果序直径 2.0~2.5cm，花柱长 3~4mm，刺尖。花期 5 月；果期 9~10 月。

原产于欧洲东南部、亚洲西部、印度及喜马拉雅山。桂林、南宁、全州等地有栽培作行道树。喜光，喜温暖湿润气候。生长迅速，适应性强，萌芽力强，耐修剪。播种或扦插繁殖，播种繁殖苗生长势不强，多用扦插繁殖。木材供作建筑及细木工等用材。树形雄伟，枝叶繁茂，对城市环境耐性强，亚热带常见的庭阴树种和行道树种。抗空气污染能力强，叶片具吸收有毒气体和滞积灰尘的作用，是居民区、工厂区绿化的优良树种。

2. 二球悬铃木 悬铃木、英国梧桐 图 371: 2 ~ 5

Platanus acerifolia (Aiton) Willd.

落叶大乔木,高 35m;树皮不规则大薄片状剥落,内皮淡绿白色,光滑;嫩枝密被淡褐色叠生星状毛。叶 3 ~ 5 裂,长 10 ~ 24cm,宽 12 ~ 25cm,裂片三角状卵形或宽三角形,边缘疏生锯齿,中裂片长宽近于相等,基部平截或微心形;叶柄长 3 ~ 10cm;托叶长 1.0 ~ 1.5cm。果序球形,通常 2 个(稀 1 或 3 个)生于总柄上,果序直径 2.5 ~ 3.0cm,花柱宿存,果常宿存于树上,经冬不落。花期 4 ~ 5 月;果期 9 ~ 10 月。

本种有人认为是三球悬铃木与一球悬铃木(*P. occidentalis*)的杂交种或是三球悬铃木的栽培种,但仍未确定。广泛种植于世界各地,中国引入栽培有百余年。桂林、南宁等地有栽培作庭园树和行道树,生长良好。喜温暖湿润气候,在年平均气温 13 ~ 20℃、年降水量 800 ~ 1200mm 的地区生长良好。

扦插繁殖。木材黄白至浅灰红褐色,有光泽,纹理交错,结构适中,均匀,略硬重,干缩大,旋切良好,切削面光滑,握钉力中等,不耐腐,原木旋切单板可供制网球拍、胶合板、食品包装箱等,板材供作家具、玩具及细木工等用材。抗化学烟雾、硫化氢等有害气体能力强,树皮、树形美观,为优良的行道树种。

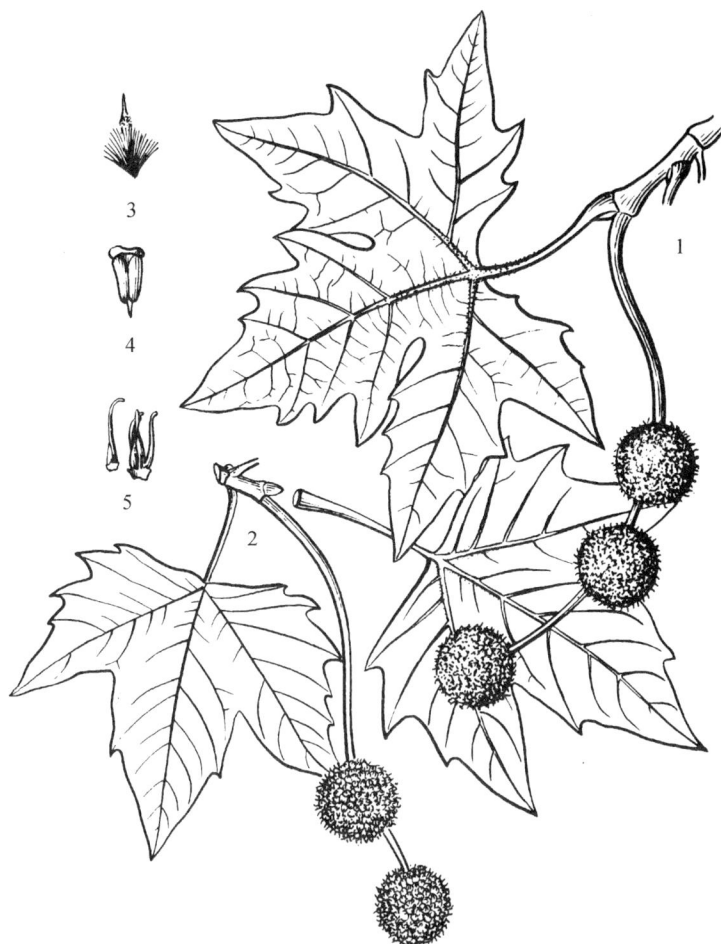

图 371 **1. 三球悬铃木 Platanus orientalis L.** 果枝。**2 ~ 5. 二球悬铃木 Platanus acerifolia** (Aiton) Willd. 2. 果枝;3. 果;4. 雄蕊;5. 雌花及离心皮雌蕊。(仿《中国树木志》)

42 旌节花科 Stachyuraceae

常绿或落叶,灌木或小乔木,有时攀援藤本。小枝具白色的髓心。芽鳞覆瓦状排列。单叶,互生,边缘有锯齿;叶柄细长;托叶线状披针形,早落。腋生直立或下垂的总状或穗状花序;花梗基部有 1 枚苞片;花黄绿色;两性或杂性异株;萼片及花瓣 4 枚,分离,覆瓦状排列;雄蕊 8 枚,2 轮,花丝钻状;花药 2 室;子房上位,4 室,胚珠多数,着生于中轴胎座上;花柱短,柱头头状,4 浅裂。浆果球形,外果皮革质,4 室;种子小,多数,具假种皮,胚乳肉质,子叶椭圆形。

1 属约 17 种,分布于喜马拉雅地区至日本。中国 7 种;广西 3 种。

旌节花属 Stachyurus Sieb. et Zucc.

形态特征与科同。

分种检索表

1. 常绿性；叶革质或近革质；花叶同放 ·· 1. 云南旌节花 S. yunnanensis
1. 落叶性；叶纸质或坚纸质；先于叶开花；叶先端骤尖或尾状骤尖。
 2. 叶片卵形至长圆状卵形，边缘具钝锯齿 ·· 2. 中国旌节花 S. chinensis
 2. 叶片披针形至长圆状披针形，边缘具细而密的锐锯齿 ······················ 3. 西域旌节花 S. himalaicus

1. 云南旌节花 滇旌节花（云南） 图372：3～4

Stachyurus yunnanensis Franch.

常绿灌木，高1～4m，树皮黑褐色；小枝具淡色皮孔。叶革质，披针形或长圆状披针形，长6～15cm，宽2～4cm；先端尾尖，基部楔形或宽楔形；边缘具细锯齿，侧脉6～7对，网脉不明显；叶柄长1～2cm，带红色。总状花序腋生，有花12～22朵；花无柄，有苞片；小苞片2枚；萼片4枚；花瓣4枚，白色至黄色；雄蕊8枚；花柱无毛，柱头头状。浆果球形，绿色，直径6～7mm，花柱、苞片及花丝宿存，果柄约1mm。花期3～4月；果期8～9月。

产于隆林、乐业、田林、那坡等地。生于海拔350～1200m的林中。分布于广东和西南各地。茎髓药用，有清热解毒的功效，可治热病烦渴、小便黄赤、水肿、急性膀胱炎、肾炎等症。

2. 中国旌节花 旌节花、水凉子、小通藤 图372：1～2

Stachyurus chinensis Franch.

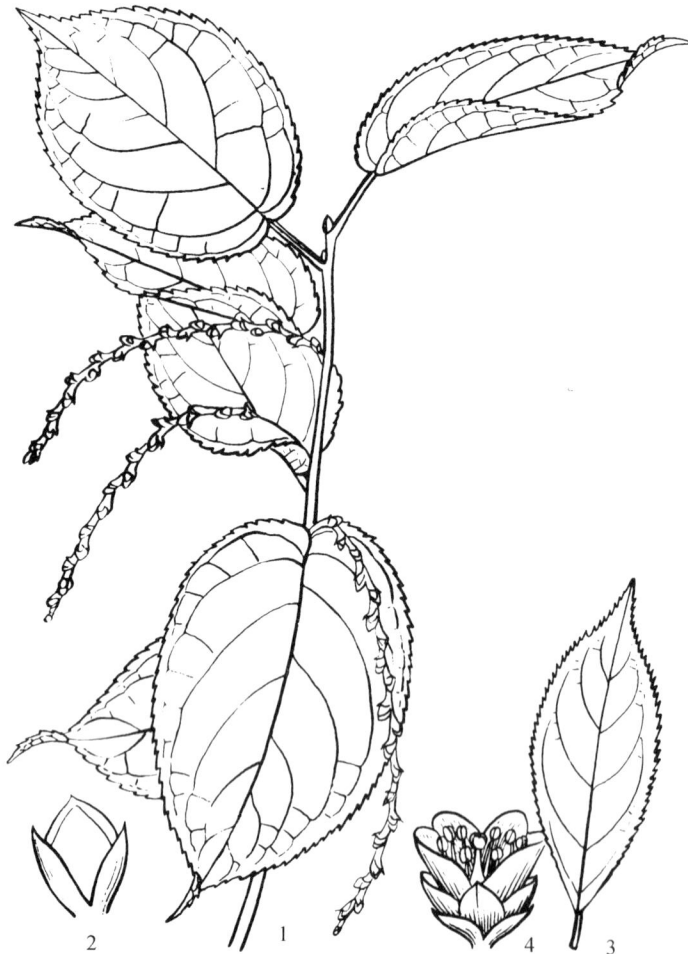

落叶灌木，高达3～4m；树皮紫褐色；小枝具淡色椭圆形皮孔。叶纸质至膜质，卵形至长圆状卵形，长6～15cm，宽3～6cm；先端骤尖或尾尖，基部宽楔形或圆形；边缘具钝锯齿，侧脉5～6对；背面无毛或仅沿主脉、侧脉疏被短柔毛；叶柄长1～2cm。穗状花序腋生，具花15～20朵，先于叶开放，长3～8cm，无柄；花黄色，近无柄；苞片1枚，三角状卵形，小苞片2枚，卵形；萼片4枚，卵形；花瓣4枚，倒卵形；雄蕊8枚；子房瓶状，被柔毛，柱头头状，不裂。浆果球形，直径约6mm，无毛，具宿存的花柱。花期3～4月；果期7～8月。

产于临桂、灵川、全州、兴安、龙胜、融水、南丹、河池、都安、大化、隆林、田林、凌云、乐业、那坡、龙州、宁明等地。生于海拔400～1300m的林内或灌丛中。分布于陕西、甘肃、河南、湖北、湖南、安徽、江西、浙江、福建、广东、四川、贵州、云南等地；越南、老挝也有分布。茎髓为著名中药"小通草"，有利尿、催乳、清湿热等功

图372 **1～2. 中国旌节花 Stachyurus chinensis** Franch. 1. 花枝；2. 花蕾。**3～4. 云南旌节花 Stachyurus yunnanensis** Franch. 3. 叶；4. 花。（仿《中国树木志》）

效。枝叶含鞣质，可供提制栲胶。早春开花，可供观赏。

3. 西域旌节花 通条木、短穗旌节花

Stachyurus himalaicus Hook. f. et Thoms.

落叶灌木或小乔木，高 3~5m；树皮平滑，棕色或深棕色，小枝褐色，具浅色皮孔。叶片坚纸质至薄革质，披针形至长圆状披针形，长 8~13cm，宽 3.5~5.5cm，先端渐尖至长渐尖，基部钝圆，边缘具细而密的锐锯齿，齿尖骨质并加粗，侧脉 5~7 对，两面均凸起，细脉网状；叶柄紫红色，长 0.5~1.5cm。穗状花序腋生，长 5~13cm，无总梗，通常下垂；花黄色，长约 6mm，几无梗；苞片 1 枚，三角形，长约 2mm；小苞片 2 枚，宽卵形，顶端急尖，基部连合；萼片 4 枚，宽卵形，长约 3mm；花瓣 4 枚，倒卵形，长约 5mm，宽约 3.5mm；雄蕊 8 枚，长约 5mm，通常短于花瓣；花药黄色，2 室，纵裂；子房卵状长圆形，连花柱长约 6mm，柱头头状。果实近球形，直径约 8cm，无梗或近无梗，具宿存花柱。花期 3~4 月；果期 5~8 月。

产于龙胜、恭城、临桂、全州、融水、南丹、河池、田林、那坡等地。多生于沟谷林下。分布于陕西、浙江、湖南、湖北、四川、贵州、台湾、广东、云南、西藏等地；印度北部、尼泊尔、不丹和缅甸北部也有分布。茎髓药用，为中药"通草"，有利尿、催乳、清热等功效，主治水肿、淋病等。

43　黄杨科 Buxaceae

常绿灌木、小乔木或稀草本。单叶，革质，互生或对生，无托叶。花小，无花瓣，单性，雌雄同株或异株；穗状或密集的总状花序，有苞片；雄花萼片通常 4 枚，雌花萼片 4~6 枚，2 轮，覆瓦状排列；雄蕊 4 或 6 枚，与萼片对生，药大，2 室，着生于长而又多少扁阔的花丝上；在雌花中有不发育的子房，或不存在；子房上位，2~4 室，每室有 1~2 枚下垂的倒生胚珠，花柱 2~4 枚，常分离，宿存，具多少向下延伸的柱头。蒴果或核果；种子黑色，有光泽，具肉质胚乳，胚直，子叶扁平或肥厚。

4~5 属，分布于亚洲、非洲、美洲、欧洲。中国 3 属；广西 3 属。

分属检索表

1. 叶对生，羽状脉；雌花单生于花序顶端；蒴果室背开裂 ·························· **1. 黄杨属 Buxus**
1. 叶互生，多数为离基三出脉；雌花生于花序基部；核果状浆果。
　2. 叶全缘；果上宿存花柱极短，长度约 2mm，约果实长度的 1/5 ············ **2. 野扇花属 Sarcococca**
　2. 叶大多数上部有粗齿，果上宿存花柱长而凸出呈角状，长 8~15mm，和果实略等长 ················
　　·· **3. 板凳果属 Pachysandra**

1. 黄杨属 Buxus L.

常绿灌木或小乔木。小枝四棱形。叶对生，全缘，羽状脉，叶柄短。花序生于叶腋或枝顶，雌花 1 朵，生于花序顶端，雄花数朵，生于雌花下方或四周；雄花萼片 4 枚，雄蕊 4 枚，不育雌蕊 1 枚；雌花萼片 6 枚，子房 3 室，花柱 3 枚。蒴果，熟时沿室背裂为 3 片。宿存花柱角状，每片两角上各有半只花柱；种子长圆形，有 3 侧面。

约 100 种。中国约 17 种；广西 7 种 3 变种。

分种检索表

1. 叶不为倒披针形。
　2. 小枝呈四棱。

  3. 小枝多少被毛。

    4. 叶先端渐尖或钝尖，无凹缺。

      5. 叶卵形或椭圆状卵形，长3~8cm，宽1.5~3.5cm，先端钝尖，基部圆；柱头下延至花柱基部 ……

      ……………………………………………………………… **1. 阔柱黄杨 B. latistyla**

      5. 叶长圆状披针形或窄披针形，长3~7cm，宽0.8~2.0cm，先端渐尖，基部楔形；柱头下延至花柱中

      部或近基部 ……………………………………………………… **2. 杨梅黄杨 B. myrica**

    4. 叶先端圆钝或有凹缺。

      6. 叶倒卵状椭圆形或卵状长圆形，下面脉密被白色钟乳体；雄蕊比萼长1倍 ……… **3. 黄杨 B. sinica**

      6. 叶为线形或线状披针形，长1.5~2.5cm，宽3~5mm …………………… **4. 线叶黄杨 B. linearifolia**

  2. 小枝稍具棱或圆形，无毛；叶长圆形或椭圆状披针形，长4~8cm，宽1.5~3.0cm；雄花梗长不及1mm；宿存

  花柱长2~3mm，微外弯 …………………………………………… **5. 大叶黄杨 B. megistophylla**

1. 叶为倒披针形或倒卵状匙形。

  7. 不育雌蕊较萼片短，叶倒卵状匙形或匙形，长6~11mm，宽约3.5mm，或匙状线形，长1.5~2.0cm，宽

  2.5~4.0mm …………………………………………………………… **6. 匙叶黄杨 B. harlandii**

  7. 不育雌蕊与萼片近等长，叶倒卵状披针形，大多中部以上最宽，长2~4cm，宽8~18mm，下面中脉被白色乳

  体 ……………………………………………………………………… **7. 雀舌黄杨 B. bodinieri**

1. 阔柱黄杨 假山枝子（广西）、宽花柱黄杨 图373：1~5

Buxus latistyla Gagnep.

  灌木，高1~4m。小枝四棱形。叶卵形，长3~8cm，宽1.5~3.5cm，先端钝尖，基部圆或极钝，上面中脉隆起，侧脉14~18对，脉间常有细致的细脉，或细脉不明显，下面中脉平；叶柄长1~3mm。总状花序腋生兼顶生，总梗长6~8mm，苞片卵形，长2~4mm，背被细柔毛；雄蕊连花药长4~5mm，花丝上半部和花药被毛，不育雌蕊盘状四角形，宽度大于高度；雌花的雌蕊长4~5mm，子房长1.2~1.5mm，花柱扁阔，柱头下延至花柱基部。蒴果球形，直径约8.5mm，平滑，宿存花柱长3~5mm。花期3~4月；果期5~7月。

  产于天峨、河池、凤山、宜州、凌云、扶绥、上林等地。生于山坡、溪边、林下。分布于云南；越南、老挝也有分布。庭园绿化树种，供观赏。

2. 杨梅黄杨 结青树（广东） 图373：6~11

Buxus myrica Lévl.

  灌木，高3m。小枝细瘦，具四棱，被短柔毛。叶长圆状披针形或窄披针形，长3~7cm，宽1~2cm，先端渐尖或急尖，基部楔形，叶缘稍向下曲，中脉两面隆起，侧脉及细脉干后两面明显，叶面中脉及叶柄上均被细毛。总状花序腋生，总梗长约7mm，苞片卵形，花序轴及苞片均被短柔毛；雄蕊长于萼片约4mm，子房长约1.5mm，花柱扁阔，长3.5~4.0mm，先端向外弯曲，柱头面延达花柱中部或近基部。蒴果球形或近球形，长0.8~1.0cm，无毛，宿存花柱长4mm，斜出。花期1~2月；果期5~6月。

  产于三江、百色、十万大山、大明山等地。生于溪边、山坡的灌丛中或阔叶林内。分布于贵州、云南、广东、海南、湖南及四川等地；越南也有分布。

2a. 狭叶杨梅黄杨 窄叶黄杨

Buxus myrica var. **angustifolia** Gagnep.

  小灌木，高1m。叶狭披针形，长2.5~4.0cm，宽5~7mm，两面网脉明显；花柱长2.5~3.0mm，柱头面延至花柱中部。果球形，直径约5mm，宿存花柱长3mm。

  产于全州、天峨、河池、凌云、大明山、十万大山、龙州等地。生于河边或疏林中。分布于贵州、江西；越南也有分布。

3. 黄杨 瓜子黄杨(上海)、千年矮(湖北)、万年青(福建)

Buxus sinica (Rehd. et Wils.) M. Cheng

灌木或小乔木，高 7m。枝圆柱形，具纵棱，灰白色；小枝四棱形，被短柔毛。叶倒卵状椭圆形或卵状长圆形，长 1.5 ~ 7.0cm，先端圆或钝，常有小凹口，基部楔形，叶面中脉隆起，近基部常有细毛，侧脉明显，下面沿中脉密被白色短线状钟乳体；叶柄长 1 ~ 2mm，被毛。头状花序腋生，总梗长 3 ~ 4mm，密被柔毛，苞片阔卵形，背部有柔毛；雄花约 10 朵，无花梗，雄蕊连药长 4mm，比萼片长约 1 倍，不育雌蕊棒状，末端膨大；雌花子房比花柱稍长，柱头倒心形，下延达花柱中部。果近球形，直径 0.8 ~ 1.0cm，宿存花柱长 2 ~ 3mm。花期 3 ~ 4月；果期 10 ~ 11 月。

产于桂林、龙胜、融水、金秀、象州、罗城、环江、凌云。生于山谷、溪边、林下。分布于陕西、湖北、四川、贵州、广东、江西、安徽、江苏、山东等地，有部分属于栽培。根浅性。较耐阴。喜生于石灰岩山地、溪边。播种繁殖、分株或扦插繁殖，以扦插繁殖为主，2 ~ 3 年生苗可出圃栽植。树美阴浓，枝叶多层，可塑性强，观赏价值很高，为传统观赏花木，可作绿篱或供室内盆栽。木材鲜黄色有光泽，纹理细密，坚实耐腐朽，抗虫蛀，为雕刻、木梳、乐器、规尺、量具、工艺美术品等的特殊用材。全株药用，可止血，治跌打损伤、风湿；叶敷可治无名肿毒，也可治冠心病。

图 373　1 ~ 5. 阔柱黄杨图 **Buxus latistyla** Gagnep. 1. 具大形叶的枝；2. 花序；3. 雄花；4. 雌花；5. 果。6 ~ 11. 杨梅黄杨 **Buxus myrica** H. Lévl. 6. 花枝；7. 叶面；8. 花序；9. 雌花；10. 雄花；11. 果。(仿《中国植物志》)

3a. 小叶黄杨 鱼鳞木(安徽)

Buxus sinica var. **parvifolia** M. Cheng

本变种主要特征在于分枝密集，小枝节间长 3 ~ 5mm。叶椭圆形，长不及 1cm，宽不及 5mm，基部宽楔形。花序多顶生。

南宁、桂林等地有引种栽培。分布于安徽、浙江、江西、湖北，生于海拔 600 ~ 1600m 的溪边、杂木林中，长江以南各地广泛用于园林绿化。树多低矮，生长慢，为优美的观赏树，可作盆景。木材坚硬细致，可供制作细木工、雕刻、玩具、图章等用材。

3b. 尖叶黄杨

Buxus sinica var. **aemulans**（Rehd. & Wils.）P. Brückner & T. L. Ming

本亚种叶椭圆状披针形或披针形，长 2.0～3.5cm，宽 1.0～1.3cm，两端均渐尖，顶端锐或稍钝，中脉两面均凸出，叶面侧脉多而明显，叶背平滑或干后稍有皱纹。蒴果长 7mm，宿存花柱长 3mm。

产于全州、资源、融水、环江。生于海拔 600m 以上的溪边岩石上或灌丛中。分布于广东、四川、湖北、湖南、江西、福建、浙江、安徽等地。可栽培供观赏。

4. 线叶黄杨

Buxus linearifolia M. Cheng

小灌木，高约 1m。枝圆柱形，灰白色，小枝四棱形，径不到 1mm，微被短柔毛。叶密集，线形，稀线状披针形，长 1.5～2.5cm，宽约 4mm，两端狭尖，顶端钝，有小凹口，叶面中脉隆起，叶背中脉较平，侧面在叶面极细密而明显，与中脉成 30°～35°角；叶柄不明显。花序腋生和顶生，花序轴长 4mm；雄花约 4 朵，花梗长约 0.8mm，外萼片弓曲，不育雌蕊具细瘦柱状柄；雌花在受粉期间，子房长度和花柱相等，无毛，花柱稍弓曲，柱头下延达花柱中部。花期 3 月。

广西特有种，仅产于十万大山，生于潮湿灌丛。

5. 大叶黄杨　长叶黄杨

Buxus megistophylla Lévl.

灌木，高 2m。树皮灰白色，不裂；小枝稍具棱，径 2mm，光滑，无毛。叶长圆形或长圆状披针形，长 4～8cm，宽 1.5～3.0cm，先端钝尖，基部楔形，叶缘下曲，中脉两面隆起，侧脉与中脉成 40°～45°角，干后两面显著；叶柄长 2～3mm，内侧被柔毛。短总状花序腋生，花序轴长 5～7mm，有短柔毛或近无毛；苞片背面基部被毛；雄花梗长不及 1mm；雄蕊连花药长 6mm；雌花的萼片卵状椭圆形，无毛；子房长 2.0～2.5mm，花柱直立，长 2～3mm，先端微外弯，柱头下延至花柱中部或近基部。蒴果近球形，长 6～7mm，直径约 6mm，宿存花柱常斜向挺出。花期 3～4 月；果期 6～7 月。

产于临桂、灌阳、全州、资源、大明山。生于海拔 500～1400m 的谷地林内灌木丛中。分布于贵州、广东、湖南、江西。可作庭园绿化树种，供观赏。

6. 匙叶黄杨

Buxus harlandii Hance

小灌木，高 30～60cm。分枝极密，小枝四棱形，被轻微短柔毛。叶倒卵状匙形或匙形，长 6～11mm，宽约 3.5mm，或匙状线形，长 1.5～2.0cm，宽 2.5～4.0mm，先端钝或有凹口，基部楔形，两面中脉隆起，叶面侧脉明显，与中脉成 45°角，中脉上略被柔毛；叶柄短。花序多顶生兼腋生，花序轴密生软毛；苞片背面近基部有毛；雄花无花梗，萼片卵形，长 1.3mm，无毛，不育雌蕊高约 0.8mm；雌花萼片卵状椭圆形，长约 1.5mm，受粉期间子房较花柱长。蒴果卵形，长约 6mm；宿存花柱长 1.5mm，柱头下延至花柱中部。花期 3 月；果期 7 月。

产于桂林、兴安、融安、环江、那坡、凌云、隆林、上思。分布于贵州。

7. 雀舌黄杨　大样满天星（广东）、千里矮（湖北）、万年青（四川、浙江）

Buxus bodinieri Lévl.

灌木，高 4m。小枝较粗，近四棱形，被短柔毛或近无毛。叶为倒披针形、长圆状倒披针形或倒卵状匙形，大多中部以上最宽，长 2～4cm，先端钝尖或微凹，常有浅凹口或小突尖头，基部窄楔形，叶面绿色，叶背苍灰色，中脉两面隆起，侧脉极多，干后明显，与中脉成 45°～55°角，下面中脉被白色钟乳体；叶柄长 1～2mm，疏被柔毛。头状花序腋生，花密集，花序轴长约 2.5mm；雄花花梗长仅 0.4mm，雄蕊连花药长 6mm，不育雌蕊有柱状柄，与萼片近等长；雌花在受粉期间，子房长 2mm，无毛，花柱长 1.5mm，柱头略下延或下延达花柱中部。蒴果卵圆形，长 5～7mm，宿存花柱直立，长 2 ~ 4mm。花期 2 月；果期 5 ~ 8 月。

产于桂林、临桂、龙胜、融安、融水、隆林、环江、那坡、贺州、十万大山及南宁。生于 1200m 以下的平地或山坡林下。分布于云南、贵州、四川、广东、浙江、江西、湖北、河南、陕西 及甘肃。扦插、分株或播种繁殖，以扦插繁殖为主。株形矮小，枝叶繁茂，四季常青，可作绿篱、 布置成花坛或盆景。叶与肉煮食，可治黄疸；嫩枝煎服，可治妇女难产；根煎汁，可治吐血。

2. 野扇花属 Sarcococca Lindl.

常绿灌木。叶互生，全缘，羽状脉或离基三出脉或基生三出脉。短总状花序，腋生或顶生，雌 花少数，生于花序下方，雄花生于花序上方；雄花萼片通常 4 枚，雄蕊 4 枚；雌花萼片 4 ~ 6 枚， 子房 2 ~ 3 室，花柱短，2 ~ 3 条，初生时直立或合生，受粉后展开、弯曲，柱头下延。果为核果状 浆果。

约 20 种。中国 9 种；广西 3 种。

分种检索表

1. 小枝被短柔毛；花柱 3；果熟时猩红色至暗红色 ·· 1. 野扇花 S. ruscifolia
1. 小枝无毛。
  2. 叶长圆状披针形，长 12 ~ 16cm，宽 2.5 ~ 3.7cm；羽状脉；雄花无小苞 ·············· 2. 长叶野扇花 S. longifolia
  2. 叶椭圆状披针形、卵状披针形或椭圆状长圆形，长 8 ~ 20cm，宽 4 ~ 6cm，离基三出脉；雄花有小苞 ········
  ··· 3. 海南野扇花 S. vagans

1. 野扇花 清香桂、万年青（云南）、观音柴（贵州）、花子藤

Sarcococca ruscifolia Stapf

灌木，高达 4m。分枝较多；小枝被短柔毛。叶卵形或卵状披针形，长 3 ~ 6cm，先端渐尖或急 尖，基部急尖或渐狭或圆，离基三出脉，侧脉不明显；叶柄长 3 ~ 6mm，基部内侧被毛。花序短总 状，长 1 ~ 2cm，花序轴被细毛；苞片披针形或卵状披针形；花白色，芳香；雄花 2 ~ 7 朵，雄蕊连 花药长约 7mm；雌花 2 ~ 5 朵，连柄长 6 ~ 8mm，花柱 3 枚。果球形，熟时猩红色至暗红色，直径 7 ~ 8mm。宿存花柱长 2mm。花果期 10 ~ 12 月。

产于全州、富川、环江、南丹、凤山、乐业。生于山坡、林下或沟谷中。分布于云南、贵州、 湖南、湖北、陕西、甘肃。全株药用，可治胃痛及胃溃疡等症；果可治头晕心悸，视力减退；根可 治劳伤疼痛、喉痛，也可治外伤或研粉外敷伤处，有接骨功效，泡酒内服，可补肾治腰痛。花香、 果红，可栽培供观赏。

2. 长叶野扇花

Sarcococca longifolia M. Cheng et K. F. Wu

灌木，高 2m。全株无毛，小枝有纵棱。叶坚纸质，长圆状披针形或披针形，长 12 ~ 16cm，宽 2.5 ~ 3.7cm，先端渐尖，基部渐狭或急尖，叶面中脉下陷，羽状脉，贴近叶缘处，两侧各有 1 条纤 细的纵脉；叶柄长 15 ~ 18cm。花序复总状；雄花无小苞，花丝长 6mm，药长约 1mm；雌花连柄长 4 ~ 5mm，花柱 2 枚。花果期 9 ~ 12 月。

广西特有种，产于容县，生于山谷阴处密林下。根药用，有清热退黄的功效，主治肝炎黄疸。

3. 海南野扇花 水边青（北流）、接骨木（大新）、大叶清香桂 图 374

Sarcococca vagans Stapf

灌木，高 3m。小枝细长，左右屈曲，有纵棱，无毛。叶纸质，椭圆状披针形、卵状披针形或 椭圆状长圆形，长 8 ~ 20cm，宽 4 ~ 6cm，先端渐尖，基部短急尖，两面无毛，离基三出脉，中脉及 侧脉在上面下陷，下面凸起；叶柄长 1 ~ 2cm。花序短总状或近头状，长 1.0 ~ 1.3cm，花序轴无毛， 苞片卵形，雄花 7 ~ 10 朵，位于花序轴下部，有 2 枚小苞片，萼片 4 枚；雌花 1 ~ 2 朵，多达 5 朵，

图374 海南野扇花 Sarcococca vagans Stapf 1. 花枝；2. 果枝；3. 花序(具1朵雄花)；4. 花序(具3朵雄花)；5. 雄花。(仿《中国植物志》)

在花序轴基部，连柄长3~4mm，小苞片卵形或卵状三角形，萼片4~6枚。核果状浆果，单生或2枚同生于一短轴上，球形，直径8~10mm，宿存萼片阔卵形，长1.5~2.0(~3.0)mm，花柱2枚，先端向外反卷，果柄长4~6(~10)mm。花果期9月至翌年3月。

产于河池、环江、北流、大新。生于海拔500~800m的山谷或杂木林中。分布于广东、海南、云南；越南、缅甸也有分布。根、叶药用，可治肺结核咳嗽、骨折。

3. 板凳果属 Pachysandra Michx.

匍匐或斜上的常绿亚灌木，下部生不定根。叶互生或簇生于枝顶，薄革质或坚纸质，边缘中部以上常有粗齿，基出脉或离基三出脉。雌雄同株；花序顶生或腋生，穗状，具苞片；雌花2~12朵，生于花序下方，其余均为雄花，稀有雌雄花各成花序；花小，白色或蔷薇色；雄花萼片4枚，分内外2列，雄蕊4枚，和萼片对生，花丝伸出，稍扁阔，不育雌蕊1枚，具4棱，顶端截形；雌花萼片4~6枚，子房2~3室，花柱2~3枚，很长，初直立，受粉后弯曲，柱头下延达花柱上部或中部以下；苞片、萼片边缘均有纤毛。果实近核果状，宿存花柱长角状。

本属 3 种。中国 2 种；广西仅 1 种。

板凳果 奶近药 (隆林)

Pachysandra axillaris Franch.

亚灌木，下部匍匐，生须状不定根，上部直立，上半部生叶，下半部裸出，仅有稀疏、脱落性小鳞片，高 30 ~ 50cm；枝上被极匀细的短柔毛。叶坚纸质，形状不一，或为卵形、椭圆状卵形，较阔，基部浅心形、截形，或为长圆形、卵状长圆形，较狭，基部圆形，长 5 ~ 8cm，宽 3 ~ 5cm，先端急尖，边缘中部以上或大部分具粗齿牙，中脉在叶面平坦，叶背凸出，叶背有极细的乳凸，密被匀细的短柔毛，无伏卧长毛；叶柄长 2 ~ 4cm，被同样的细毛。花序腋生，长 1 ~ 2cm，直立，未开放前往往下垂，花轴及苞片均密被短柔毛；花白色或蔷薇色；雄花 5 ~ 10 朵，无花梗，几占花序轴的全部，雌花 1 ~ 3 朵，生于花序轴基部；雄花苞片卵形，萼片椭圆形或长圆形，长 2.0 ~ 2.5(~ 3.0)mm，花药长椭圆形，受粉后向下弓曲，不育雌蕊短柱状，顶膨大，高约 0.5mm；雌花连柄长近 4mm，萼片覆瓦状排列，卵状披针形或长圆状披针形，长 2 ~ 3mm，无毛，花柱受粉后伸出花外甚长，上端旋卷。果熟时黄色或红色，球形，和宿存花柱各长 1cm。花期 2 ~ 5 月；果期 9 ~ 10 月。

产于龙胜、融水、隆林、乐业、凌云、那坡。生于高海拔林中。分布于江西、福建、广东、云南、四川、陕西等地。全株药用有通乳汁、祛风湿、活血、止痛的功效。

44　交让木科 Daphniphyllaceae

常绿或落叶，乔木或灌木。无毛；小枝具叶痕和皮孔。单叶互生，常簇生于枝顶，全缘，羽状脉，叶面具光泽，下面常被白粉或细小乳点，无托叶。总状花序腋生，花单性，雌雄异株；花萼发育，3 ~ 6 裂或具 3 ~ 6 枚萼片，宿存或脱落，或花萼不发育；无花瓣；雄蕊 5 ~ 12(~ 18) 枚，花丝短，花药 2 室，纵裂；无退化雌蕊，子房上位，2 室，每室具 2 枚倒生胚株，下垂，有时具退化雄蕊，花柱 1 ~ 2 枚，极短或无，柱头 2 裂，平展或弯曲或拳卷状，多宿存。核果，具 1 粒种子，有疣状凸起或不明显疣状皱褶，外果皮肉质，内果皮坚硬，胚乳丰富，肉质，富含油分，胚小，顶生。

1 属，分布于亚洲东南部。

虎皮楠属 Daphniphyllum Bl.

属的特征与科同。约 30 种。中国 10 种，分布于长江流域以南；广西 5 种。

分种检索表

1. 花具萼。
   2. 果具宿存萼片。
      3. 叶阔椭圆形或倒卵形，叶背多少被白粉，具乳点；果被白粉及瘤点 ················ **1. 牛耳枫 D. calycinum**
      3. 叶长圆形或长圆状披针形，叶背无白粉或略具白粉，无乳凸体，叶脉两面凸起；果略具疣状皱纹，多少被白粉 ················ **2. 脉叶虎皮楠 D. paxianum**
   2. 果无宿存萼片，果熟时暗红色至黑色，具不明显疣状凸起；叶披针形或倒卵状披针形或长圆形或长圆状披针形 ················ **3. 虎皮楠 D. oldhamii**
1. 花无萼。
   4. 果长 1.5 ~ 2.0cm，直径 0.8cm，有明显疣状凸起，初被白粉，后渐少 ······ **4. 长序虎皮楠 D. longeracemosum**
4. 果长 10mm，直径 5 ~ 6mm，具疣状皱褶，熟时红黑色，微被白粉 ················ **5. 交让木 D. macropodum**

1. 牛耳枫 南岭虎皮楠、猪肚果、猪仔木（广西） 图 375：5～8

Daphniphyllum calycinum Benth.

常绿灌木或小乔木，高 6m；小枝具稀疏皮孔。叶阔椭圆形或倒卵形，长 12～16cm，宽 4～9cm，先端钝或圆形，基部阔楔形，全缘，略反卷，叶背多少被白粉，具乳点，侧脉 8～11 对；叶柄长 2.5～12.0cm。总状花序腋生，长 2～3cm；雄花花梗长 8～10mm，雄花花萼 3～4 浅裂，裂片阔三角形，雄蕊 9～10 枚，药隔发达；雌花花萼 3～4 裂，花柱短，柱头 2 浅裂，直立。果卵圆形，长约 1cm，被白粉及瘤点，先端具宿存花柱，基部大而显著，具宿萼。花期 4～6 月；果期 8～11 月。

产于广西各地。生于海拔 700m 左右的疏林或灌丛中。分布于广东、云南、湖南、福建、江西等地；越南和日本也有分布。根、叶药用，有活血散瘀、消肿止痛、清热解毒的功效，可治跌打肿痛、骨折、感冒发热、中暑、扁桃体炎、脾大、毒蛇咬伤等症。种子榨油可供制肥皂或作润滑油。

图 375 1～4. 虎皮楠 Daphniphyllum oldhamii（Hemsl.）Rosenth. 1. 果枝；2. 雄花；3. 雌花；4. 果。5～8. 牛耳枫 Daphniphyllum calycinum Benth. 5. 果枝；6. 雄花；7. 雌花；8. 果。（仿《中国植物志》）

2. 脉叶虎皮楠 显脉虎皮楠、土杞果（海南）、中叶羊屎（广东） 图 376：6～9

Daphniphyllum paxianum Rosenth.

常绿乔木，高 18m；小枝疏生灰白色小皮孔。叶长圆形或长圆状披针形，长 8～17cm，宽 3～6cm，先端短渐尖，基部楔形至阔楔形，叶背无白粉或略具白粉，无乳凸体，侧脉 11～13 对，侧脉和细脉两面凸起；叶柄长 1.5～3.5cm。雄花序长 2～3cm，雄蕊 8～9 枚，花药长圆形；雌花序长 3～5cm，萼 4～5 裂，花柱 2 枚，叉开，外卷。果椭圆形，长 0.8～1.2cm，直径 5～6mm，略具疣状皱纹，多少被白粉，熟时紫红色至紫黑色，先端具鸡冠状叉开的宿存柱头，基部宿萼较小。花期 3～5 月；果期 8～11 月。

产于环江、融水、大明山、龙州。生于海拔 300m 以上的山坡或沟谷林中。分布于四川、贵州、云南、海南。木材纹理略斜，结构细，硬度和强度中等，易干燥，少开裂，易切削，切面光滑，易胶黏，握钉力中等，供作门窗、室内装修、普通家具、农具、雕刻等用材。

3. 虎皮楠　南宁虎皮楠、广西虎皮楠、长柱虎皮楠、长圆叶虎皮楠　图 375：1～4
Daphniphyllum oldhamii（Hemsl.）K. Rosenth.

常绿乔木或小乔木，高 15m。叶披针形、倒卵状披针形、长圆形或长圆状披针形，长 8～15cm，宽 2.5～4.0cm，最宽处常在叶的上部，先端渐尖或短尖，基部楔形，叶背通常被白粉，具细小乳凸体，侧脉 7～12 对，两面凸起，网脉在两面明显凸起，叶柄长 1～4cm。雄花序长 3～6cm，花萼小，不整齐 4～6 裂，三角状卵形，具细齿，雄蕊 7～10 枚；雌花序长 4～6cm，花梗长 0.6～1.0cm，萼片 4～6 枚，披针形，具齿，早落，子房被白粉，柱头反曲或卷曲，具退化雄蕊。果椭圆形或倒卵圆形，长约 8mm，直径约 6mm，熟时暗红色至黑色，具不明显疣状凸起，基部圆形，先端宿存花柱极短，柱头长，向外拳卷状，基部无宿存萼或多少残存。花期 3～5 月；果期 8～11 月。

产于广西各地。生于海拔 1400m 以下的阔叶林中。分布于长江以南各地；日本和朝鲜也有分布。喜湿润气候，喜光，成龄树耐烈日，多分布于疏林及林缘等处；对土壤要求不甚苛刻，喜酸性土，较耐干旱。播种繁殖，可随采随播或混湿润沙贮藏至翌春播种。木材硬度及强度中等，结构细，纹理直，切面光滑，易加工，少开裂，但易变形，宜作一般家具、文具等用材。种子榨油供制肥皂。枝叶浓密，树形美观，可修剪造型，作绿篱或庭园绿化树种。

4. 长序虎皮楠　广西虎皮楠
Daphniphyllum longeracemosum Rosenth.

常绿乔木，高 20m；小枝粗壮，具明显凸起皮孔。叶长圆状椭圆形，长 14～30cm，宽 6～9cm，先端短尖或短渐尖，基部楔形，叶背无乳凸体及白粉，侧脉 10～14 对，叶柄长 3～7cm。雄花序长约 4cm，无花萼，雄蕊 10～16 枚；雌花序长 6～7cm，花萼早落，子房椭圆形，被白粉，柱头 2 裂，叉开，外卷。果序长 10～17cm，果梗长 1.5～3.0cm，果椭圆形，长 1.5～2.0cm，直径约 0.8cm，先端多少偏斜，具宿存外弯柱头，有明显疣状凸起，初被白粉，后渐少。花期 4～5 月；果期 8～11 月。

产于融水、金秀、凌云、隆林、上林、宾阳、平南。生于海拔 1000～1400m 的湿润阔叶林中。分布于云南东南部；越南也有分布。

5. 交让木　五爪龙（广西花坪）、豆腐头（广东）、枸血子、枸色子　图 376：1～5

Daphniphyllum macropodum Miq.

图 376　**1～5. 交让木 Daphniphyllum macropodum** Miq. 1. 果枝；2. 雄花；3. 雌花；4. 果；5. 种子。**6～9. 脉叶虎皮楠 Daphniphyllum paxianum** Rosenth. 6. 果枝；7. 雄花；8. 雌花；9. 果。（仿《中国植物志》）

常绿灌木或乔木，高达 20m；小枝粗壮，暗褐色，具圆形大叶痕。叶簇生于枝顶，新叶开放时，老叶凋落，故被称为"交让"；叶矩圆形、矩圆状披针形或卵状矩圆形，长 14~25cm，宽 3.0~6.5cm，先端短渐尖，基部楔形至阔楔形，叶背无乳凸体，有时略被白粉，侧脉 9~12 对，叶柄紫红色，粗壮，长 2.5~6.0cm。雄花序长 6~10cm，雄花无花被，或具 1~2 枚线形萼片，雄蕊 6~10 枚，花药长圆形，略扁；雌花序长 4.5~8.0cm，花梗长 3~5mm，无花萼；花柱极短，柱头 2 个，外弯，反曲。果椭圆形，长约 10mm，直径 5~6mm，先端具宿存柱头，具疣状皱褶，熟时红黑色，微被白粉。花期 4~5 月；果期 9~10 月。

产于桂林、龙胜、资源、全州、兴安、临桂、灌阳、融水、罗城、环江、富川。生于海拔 600~1500m 的阔叶林中。分布于云南、四川、贵州、湖南、湖北、江西、浙江、安徽、广东、台湾等地；日本和朝鲜也有分布。喜温凉湿润气候。中性偏阴，幼树能在荫蔽下生长。播种繁殖，1~2 年生苗可供造林。木材纹理斜，结构细密，不耐腐，易加工，刨面光滑，适于作家具板料、文具及一般工艺用材。种子可榨油。叶煮液可防治蚜虫。

主要参考文献

陈嵘. 1959. 中国树木分类学. 上海：上海科学技术出版社.

广西植物研究所. 1981. 广西植物志(第一卷). 广西：广西科学技术出版社.

侯宽昭. 1956. 广州植物志. 北京：科学出版社.

李树刚. 2005. 广西植物志(第二卷). 广西：广西科学技术出版社.

梁建平. 2001. 广西珍稀濒危树种. 广西：广西科学技术出版社.

梁瑞龙, 黄开勇. 2010. 广西热带岩溶区林业可持续发展技术. 北京：中国林业出版社.

钱崇澍等. 1959~2004. 中国植物志. 北京：科学出版社.

《四川植物志》编辑委员会. 1981. 四川植物志(第一卷). 四川：四川人民出版社.

覃海宁, 刘演. 2010. 广西植物名录. 北京：科学出版社.

王宏志. 1988. 热带亚热带主要树种物候图谱. 广西：广西人民出版社.

袁铁象, 黄应钦, 梁瑞龙. 2011. 广西主要乡土树种. 广西：广西科学技术出版社.

郑万钧. 1983. 中国树木志(第一卷). 北京：中国林业出版社.

郑万钧. 1985. 中国树木志(第二卷). 北京：中国林业出版社.

中国科学院昆明植物研究所. 1977. 云南植物志(第一卷). 北京：科学出版社.

中国科学院昆明植物研究所. 1983. 云南植物志(第三卷). 北京：科学出版社.

中国科学院植物研究所. 1975~1983. 中国高等植物图鉴：各卷. 北京：科学出版社.

中国农林科学院《中国树木志》编委会. 1979. 中国主要树种造林技术. 北京：农业出版社.

朱积余, 廖培来. 2006. 广西名优经济树种. 北京：中国林业出版社.

中文名称索引

一画

一条根 410

二画

二色五味子 112,**114**
二翅六道木 585,**586**
二球悬铃木 602,**603**
十万大山润楠 222,225,**235**
十姊妹 316
七叶风 535
七叶莲 547
七姊妹 **316**
八角 104,**106**
八角王 526
八角枫 525,**526**,527
八角枫科 **525**
八角枫属 **525**
八角带 202
八角茴香 106
八角香 184
八角科 **103**
八角属 **103**
八角樟 147,150,**151**
人心药 461
儿茶 367,371,**372**
九龙藤 363
九羽见血飞 336,**339**
九尾风 424
九重皮 130
刀皂 347

三画

三小叶山豆根 443
三月泡 312
三叶五加 552
三叶豆 422
三叶鸡血藤 424
三叶罗伞 539,**541**
三叶鱼藤 439
三叶海棠 289,**290**
三尖杉 61,**62**
三尖杉科 **61**
三尖杉属 **61**

三花悬钩子 295,**308**
三条筋 191
三层楼 545
三股筋 458
三股筋香 181,183,184,**190**
三脉叶荚蒾 564,**571**
三脉桂 159
三根风 245
三球悬铃木 **602**,603
三棱枝杭子梢 **458**
三裂罗伞 539,**540**
干花豆 **430**
干花豆属 391,**430**
干香柏 **50**
土甘草 430
土坛树 525,**526**
土柠果 612
土桂皮 154,156
土银花 579
土楠属 145,**217**
下龙新木姜 170,**177**,179
大八角 104,105,**107**
大山花 579
大卫梁王茶 536
大子买麻藤 70
大木姜 196
大五加皮 547
大乌泡 295,**307**
大节藤 71
大石楠树 187
大叶山桂 156
大叶千斤拔 421,**422**
大叶云实 336,**338**
大叶木莲 **77**,78
大叶风吹楠 248,**249**
大叶东京鱼藤 **442**
大叶白马骨 585
大叶合欢 382,386,**387**
大叶决明 351
大叶红叶藤 254
大叶苏铁 10
大叶青蓝木 403
大叶钓樟 189
大叶鱼藤 437,**439**,440
大叶泡 307

大叶胡枝子 **456**
大叶南洋杉 **15**
大叶相思 366,367,**368**
大叶桂 148,149,157,**158**
大叶桂樱 322,**323**
大叶蚊母树 **599**
大叶黄杨 606,**608**
大叶野樱 323
大叶清香桂 609
大叶棋子豆 387
大叶黑桫椤 4
大叶鼠刺 475,**476**
大叶新木姜 170,**179**,180
大叶槁 211
大叶蜡梅 334
大兰布麻 418
大红子 266
大红豆 401
大红泡 296,**313**
大花五桠果 251
大花田菁 **420**
大花托云实 337
大花安息香 484
大花忍冬 576,**581**
大花枇杷 277,**279**
大花金银花 581
大花野茉莉 480,**484**
大花第伦桃 251
大花紫玉盘 118
大青藤 245
大苞叶千斤拔 421
大苞润楠 222,224,**234**
大苞悬钩子 293,**299**
大果马蹄荷 587,**588**
大果木姜子 193,194,**202**
大果木莲 77,**82**
大果五加 534
大果竹柏 58
大果花楸 281,**282**
大果忍冬 576,**582**
大果油麻藤 417,**418**
大果树参 **543**,544
大果黄叶五加 **554**
大果蜡瓣花 596
大果樟 151

大果檵木 594,**595**
大果鳞斑荚蒾 564,**568**
大明山松 32
大明常山 **472**
大金银花 578
大金银花 581
大参属 534,**535**
大荚藤 442
大茴香 106
大香果 190
大香藤 137
大烂花 198
大样满天星 608
大绣线菊 258
大眼蓝 417
大蛇药 555
大鄂红豆 402
大银花 578
大萼木姜子 193,194,202,**204**
大棋子豆 386,**387**
大黑桫椤 2,**4**,5
大新木姜 173
万年青 607,608,609
上思瓜馥木 136,**140**
上思鸭脚木 547
上思悬钩钩子 299
上思琼楠 210,**212**
上思蓝果树 532,**533**
山八角 105
山古羊 204
山合欢 384
山羊柿子 569
山苍子 195
山苍树 195
山杆木 270,273
山豆花 457
山豆根 405,**443**
山豆根属 391,**443**
山鸡椒 192,193,**195**,196
山茉莉属 479,**490**
山枇杷 278,279
山松 31
山枫香树 592
山矾 499,**502**

山矾科 **498**
山矾属 **498**
山金银花 579
山油桐 590
山荆 404
山茱萸科 **511**
山茱萸属 **512**
山胡椒 182,183,**185**,186
山胡椒属 145,**181**
山蚂蟥属 390,**412**
山香果 187
山香桂 191
山弯豆 419
山扁豆 352
山扁豆属 335,**350**
山莲藕 444
山莓 295,**309**
山桂皮 159
山桂花 100
山烟筒子 301
山家桂 164
山菠萝 13
山梅花科 **459**
山梅花属 **460**
山银花 579
山椒子 116,**118**,119
山楂属 262,**265**
山槐 379,383,**384**
山蜡梅 333,**334**
山蕉 125,127
山樱花 326,**327**
山橿 182,183,**185**
千斤拔 **421**,422
千斤拔属 390,**421**
千斤树 188
千打锤 188
千头柏 **49**,55
千年矮 607
千里矮 608
千金不藤 416
川木瓜 287
川花楸 282
川钓樟 183,184,**191**
川莓 295,**308**
川桂 148,149,**158**,159
川滇木莲 77,**83**
川黔鸭脚木 551
川黔悬钩子 311
广玉兰 86

广东山胡椒 182,183,186,**187**
广东木瓜红 495,**496**,497
广东木莲 77,**79**
广东白兰花 98
广东苏铁 12
广东含笑 95
广东鸡血藤 443,**445**
广东松 30
广东钓樟 187
广东相思子 **419**
广东厚壳桂 164,**166**
广东润楠 222,225,**231**,232
广东绣球 466,**471**
广东琼楠 210,**215**
广东蔷薇 315,**317**
广叶葹 537
广西八角枫 526,**527**,528
广西山茉莉 **492**
广西山胡椒 208
广西云实 338
广西木五加 544
广西车轮梅 280
广西少齿悬钩子 **311**
广西石楠 269,**271**
广西瓜馥木 136,**139**
广西红豆树 403
广西拟肉豆蔻 248
广西含笑 92,**96**
广西虎皮楠 613
广西罗伞 539,**541**
广西钓樟 182,183,**189**
广西油果樟 **217**,218
广西茶藨子 474
广西南五味子 110
广西树参 543,**544**
广西鸭脚木 547
广西绣线菊 258,**260**
广西悬钩子 295,**309**
广西崖豆藤 435
广西紫荆 357
广西紫檀 397
广西掌叶树 541
广西锈荚藤 **364**
广西鹅掌柴 547
广西鼠刺 477
广西新木姜 169,**173**
广西澄广花 120,**121**
广豆根 405

女儿木 512
女贞叶忍冬 575,**577**
小刀树 587,588
小叶云实 337,**339**
小叶乌药 **190**
小叶火力楠 98
小叶石楠 269,272,**277**
小叶半枫荷 592
小叶买麻藤 69,**71**
小叶红叶藤 **254**,255
小叶红光树 **248**
小叶红豆 392,**397**
小叶罗汉松 **59**
小叶荚蒾 573
小叶香槐 403,**404**
小叶蚊母树 598,599,**600**
小叶黄杨 **607**
小米空木属 257,**262**
小花八角 104,**105**,106
小花八角枫 526,**529**
小花木兰 87
小花红花荷 **589**,590
小花青藤 245,246,**247**
小花香槐 403,**405**
小花香槐 404
小花栎木 512,**515**,516
小鸡条 186
小刺樱花 324
小果皂荚 346,**347**
小果蔷薇 316,**320**
小金合欢 374
小金银花 581
小柱悬钩子 296,**311**
小星鸭脚木 551
小桂皮 156
小钻盘 111
小通藤 604
小栎木 512,**514**
小棠梨 282
小黑桫椤 2,**5**
小槐花 **410**
小槐花属 389,**410**
叉叶凤尾 9
叉叶苏铁 8,**9**
叉孢苏铁 8,**11**
马氏含笑 97
马占相思 366,**369**
马扫帚 457
马尖相思 369

马关黄肉楠 207,**208**
马尾松 29,**31**
马桑 256
马桑科 256
马桑绣球 465,**467**
马桑属 256
马棘 427,**429**
马褂木 102
马缨花 381
马鞍子 256
马鞍叶羊蹄甲 360
马蹄参 **534**
马蹄参属 533,**534**
马蹄荷 **587**,588
马蹄荷属 586,**587**
马蹄樟 587
子农鼠刺 475,**477**

四画

丰城鸡血藤 **447**
天女花 84,**87**,88
天台乌药 189
天香藤 378,**379**
天堂瓜馥木 136,138,**140**
天麻子 546
无忧花 356
无忧花属 336,**356**
无梗钓樟 **188**
无患子叶崖豆藤 432,**435**
无腺白叶莓 **312**
无腺灰白毛莓 **306**
元宝山冷杉 **18**
云山八角枫 **528**
云开红豆 392,**394**
云和新木姜 177,**178**
云实 336,**338**,340
云实属 335,**336**
云南山楂 265,266
云南木姜子 193,195,**203**
云南牛栓藤 **253**
云南拟单性木兰 **90**
云南松 29,**33**,34
云南鱼藤 437,**438**
云南油杉 **19**
云南柏 50
云南黄檀 454
云南旌节花 **604**
云南棋子豆 388
云南紫荆 358

云南楤木 557,**559**
云南鼠刺 **475**,476
云南樱桃 326,**327**
云南穗花杉 67,**68**
云贵山茉莉 491
云桂暗罗 128,**130**
云雾忍冬 576,**581**
木大力王 163
木五加 543
木瓜 286,**287**
木瓜红 **495**,496
木瓜红属 479,**495**
木瓜属 262,**286**
木兰 88
木兰科 **76**
木兰属 76,**83**
木论木兰 84,**85**
木豆 **422**
木豆属 390,**422**
木茄 355
木荚红豆 392,**396**
木香子 196
木香花 316,**321**
木姜子 192,193,195,**196**
木姜子属 145,**191**
木姜润楠 221,224,**227**,228
木连 77,**80**,81
木连子 594
木连属 **76**
木莓 294,**303**
木通树 546
木蓝 426,**428**
木蓝属 391,**426**
木瓣瓜馥木 135,**138**
木瓣树 **127**
木瓣树属 115,**126**
五爪龙 613
五加科 **533**
五加通 555
五加属 534,**552**
五层风 71
五味子科 **108**
五味子属 108,**112**
五桠果 251
五桠果叶木姜子 192,194,**201**
五桠果科 **250**
五桠果属 250,**251**
五彩松 52

五彩柏 55
五裂悬钩子 293,**297**
巨子买麻藤 69,**73**
巨托悬钩子 294,**302**
牙皂 347
瓦山槐 408
少花桂 147,149,**154**
少刺苏铁 13
少齿悬钩子 296,**311**
少果鸡血藤 435
少药八角 **104**,105
少脉山矾 499,**507**
少脉木姜子 193,195,**204**
日本八角枫 526,**528**
日本花柏 51,**52**
日本柳杉 **41**,42
日本扁柏 51,**52**
日本锦带花 583
中叶羊屎 612
中华石楠 269,272,**274**
中华安息香 480,**482**,483
中华青荚叶 520,**521**
中华胡枝子 456,**457**
中华绣线菊 258,**260**
中华绣线梅 **261**
中华桫椤 2,**3**,4
中华野独活 **122**
中华粗榧杉 62
中华密榴木 122
中国无忧花 356,**357**
中国绣球 466,**470**,471
中国旌节花 **604**
中国粗榧 62
中南鱼藤 437,439,**440**
中南悬钩子 295,**308**
见风消 186
牛(马)麻藤 418
牛大力藤 444
牛见愁 254,255
牛心果 142,143
牛心番荔枝 142,**143**
牛奶奶果 211
牛耳枫 611,**612**
牛虫草 409
牛肋巴 451
牛角花 372
牛角树 348,490
牛尾木 561
牛尾水 380

牛栓藤 **253**
牛栓藤科 **252**
牛栓藤属 **253**
牛筋木 451
牛筋树 185
牛蹄豆 385,**386**
毛八角枫 526,**528**
毛山矾 498,**501**
毛叉树 205
毛云实 338
毛丹 206
毛丹母 202
毛叶广东蔷薇 **317**
毛叶木瓜 286,287,**288**
毛叶木姜子 192,193,**196**,197
毛叶石楠 269,**276**
毛叶阿芳 131
毛叶单室茱萸 **524**
毛叶荚蒾 570
毛叶高粱泡 **300**
毛叶假鹰爪 123,**124**
毛叶猪腰豆 **443**
毛叶楤木 561
毛叶新木姜 170,**178**,180
毛尖树 207,**209**
毛肋桫椤 3
毛红豆 394
毛秀柱花 599
毛序石楠 275
毛序花楸 281,**284**,285
毛鸡骨草 420
毛青藤 246
毛枝金腺荚蒾 568
毛枝绣线菊 258,259,**260**
毛果鱼藤 437,**438**
毛果绣线梅 **261**
毛金腺荚蒾 568
毛胡枝子 457
毛南五味子 109,**111**,112
毛相思子 419,**420**
毛背花楸 281,**284**
毛背桂樱 322,**323**
毛脉鼠刺 **478**
毛桂 148,149,153,**159**
毛桃 330
毛核木 583,584
毛核木属 562,**583**
毛豹皮樟 192,195,**199**,200

毛黄肉楠 206,**207**,208
毛黄椿木姜子 **198**
毛楝 512,514,**515**
毛排钱草 415
毛排钱树 **415**
毛萼红果树 267,**268**
毛萼莓 294,**304**,305
毛萼蔷薇 315,**318**
毛鼠刺 475,**478**
毛蜡树 200
毛瓣鸡血藤 432
长小苞鱼藤 440
长毛山矾 499,**508**,509
长叶山绿豆 413
长叶木兰 85
长叶乌药 191
长叶孔雀松 42
长叶竹柏 58
长叶珊瑚 **522**
长叶黄杨 608
长叶排钱树 **415**
长叶野扇花 **609**
长叶悬钩子 294,**304**
长叶锈毛莓 302
长尖叶蔷薇 315,**318**
长序虎皮楠 611,**613**
长序厚壳桂 164,**168**
长尾红叶藤 254,**255**
长英红豆 403
长苞铁杉 24,25
长刺楤木 557,**558**
长果土楠 **217**
长果木姜子 205
长果花楸 281,**282**
长果柄山蚂蝗 410
长果厚壳桂 217
长果桂 161
长波叶山蚂蝗 412,**413**
长荚山绿豆 413
长柄山蚂蝗属 389,**410**
长柄五味子 112,**113**
长柄油丹 **218**,219
长柱虎皮楠 613
长柱排钱树 **415**
长眉红豆 395
长圆叶虎皮楠 613
长圆叶新木姜 169,**171**
长脐红豆 392,**395**
长梗罗裙子 113

长梗荚蒾 563,**567**
长梗新木姜 170,**177**,179
长距忍冬 576,**582**
长萼棠叶悬钩子 **303**
长穗松 32
长瓣马蹄荷 587,**589**
长瓣毒鼠子 332,**333**
仁人木 384
仁仁树 384
仁昌木莲 79
仁昌南五味子 109,**110**,112
仁昌厚壳桂 167
化楠木 187
爪哇决明 347,**348**,349
公孙树 13
公鸡合藤 408
月月红 319
月季花 316,317,**319**
风吹楠 248,**249**,250
风吹楠属 247,**248**
风流草 414
风藤 110
乌心红豆 403
乌心楠 240,**243**
乌药 181,182,184,**189**
乌药公 190
乌爹泥 372
乌桑树 358
凤尾草 10,11
凤尾蕉 11
凤凰木 **343**
凤凰木属 335,**343**
凤凰花 343
六角树 512
六股筋 569
六道木属 562,**584**
文山润楠 221,225,**230**
火力楠 99
火红豆 397
火把果 264
火炬松 29,**34**,35
火树 343
火炭公 491
火索藤 137,139,359,**364**
火柴木 551
火棘 263,**264**
火棘属 262,**263**
火焰花 356
心叶青藤 245,246,**247**

巴东忍冬 577
巴东荚蒾 563,**565**
巴豆 425
巴豆藤 **425**
巴豆藤属 390,**425**
巴哈马加勒比松 **37**
双齿山茉莉 490,**491**
双荚决明 348,**349**,351
双盾木 **584**,585
双盾木属 562,**584**
双室木五加 544
双室树参 543,**544**
双楯 584
双翼豆 342
孔雀豆 376
孔雀松 41
水马桑 583
水车藤 252
水边青（北流） 609
水丝梨 **601**
水丝梨属 587,**600**
水亚木 468
水红木 564,566,**570**
水杉 45,46
水杉属 38,**45**
水忍冬 576,**580**
水松 **43**
水松属 38,**42**
水相思 455
水凉子 604
水粟木 395
水樟 152

五画

玉兰 84,**87**,88
玉枇杷 273
玉桂 160
甘檀 185
古巴松 36
节果决明 348
节梗大参 535
左氏黄檀 451
石山苏铁 9,**13**
石山杠 477
石山楠 240,**243**
石山蜡梅 334
石山樟 151
石龙花 341
石灰花楸 281,284,**285**

石连子 337
石密 **131**,132
石斑木 279,**280**
石斑木属 262,**279**
石楠 268,**270**
石楠属 262,**268**
龙牙花 **423**
龙爪槐 408
龙州鸭脚木 549
龙州鹅掌柴 549
龙柏 **54**
龙须藤 359,**363**
龙胜钓樟 182,183,**189**
龙藤 114
龙鳞草 416
平托桂 148,149,**156**,159
平伐含笑 92,**99**
平阳厚壳桂 167
平脉棋子豆 388
平滑琼楠 211
东兴润楠 223,224,**238**
东京四照花 **517**
东京安息香 481
东京鱼藤 438,**441**
东京油楠 **354**
东京野茉莉 481
东京紫玉盘 116
东南五味子 **113**
东南荚蒾 572
东南悬钩子 293,**297**
叶上果 520
叶上珠 520
电信草 414
田方骨 **126**
田菁属 390,**420**
叨里木 **525**
凹叶瓜馥木 136,**140**
凹叶红豆 393,**402**
凹叶厚朴 **87**
四川苏铁 8,10,**11**
四川溲疏 **460**
四川新木姜 170,174,**175**
四季青 570
四药门花 594,**595**
生姜材 196
仪花 **354**,355
仪花属 336,**354**
白玉兰 87
白叶瓜馥木 135,**137**

白叶安息香 481
白叶皂帽花 141
白叶莓 296,**312**
白叶柴 189
白兰 91,**92**,93
白兰花 92
白灰毛豆 435,**436**
白扣子 487
白合欢 374
白花龙 480,486,**488**
白花灰叶 436
白花合欢 379,**382**
白花羊蹄甲 359,360
白花含笑 92,**98**
白花刺 320
白花鱼藤 438,439,**441**
白花油麻藤 417,**418**
白花洋紫荆 **361**
白花洋蹄甲 361
白花悬钩子 296,**310**
白花鹅掌柴 546,**547**
白克木 587
白豆杉 **65**
白豆杉属 **64**
白吹风散 245
白辛树 **497**
白辛树属 479,**497**
白茎地骨 406
白刺花 405,**406**
白果 13
白果木 396
白药根 432
白面槁 164,204
白背安息香 481
白背树 189
白背厚壳桂 164,**165**,166
白背樟 172
白绒石楠 276
白格 379
白胶木 188
白烟筒 313
白野槁树 **197**
白楠 240,**242**
白檀 454,499,**510**,511
白簕 552,553
瓜子黄杨 607
瓜馥木 136,**139**
瓜馥木属 115,**135**
丛花山矾 499,**507**

丛花厚壳桂 **164**,165

丛花桂 164

印度鸡血藤 434

印度黄檀 448,**451**

印度崖豆 432,**434**

印度紫檀 455

印度檀 451

册亨润楠 222,223,**235**

冬牛 299

冬红果 568

鸟不企 560

鸟仔刺 264

包令豆 408

乐东光叶木兰 91

乐东拟单性木兰 90,**91**

乐昌含笑 92,**95**,96

半边月 **583**

半边枫 593

半枫荷 543

半枫荷 **592**

半枫荷属 587,**592**

头序楤木 557,560,**561**

头状四照花 512,518,**519**

宁明琼楠 210,**213**,214

奶近药 611

加勒比松 29,**36**

皮桂 191

边荚鱼藤 438,440,**442**

边缘罗裙子 113

圣诞树 371

台中荚蒾 565,**574**

台乌球 188

台东荚蒾 563,**568**

台湾二针松 32

台湾苏铁 9,**12**

台湾杉 **40**

台湾杉属 38,**39**

台湾林檎 290,**292**

台湾荚蒾 574

台湾相思 366,**367**

台湾悬钩子 294,**301**

六画

老人木 207

老人皮 129

老牛筋 457

老虎合藤 577

老虎刺 **341**

老虎刺属 335,**341**

老虎斑 593

老京藤 441

老荆藤 439

老崖豆藤 446

老鼠矢 499,**508**,509

老鼠刺 477

地王泡藤 308

地枫皮 104,**108**

地香根 419

地槐 406

耳叶相思 368

耳叶悬钩子 293,**299**

亚那藤 363

朴香果 181

西双版纳粗榧 63

西林苏铁 11

西南八角枫 529

西南四照花 517

西南忍冬 576,**581**

西南绣球 465,**468**

西南悬钩子 295,**305**

西南槐树 408

西洋苹果 291

西域青荚叶 520,**521**

西域旌节花 604,**605**

西畴油丹 218,**219**

西盟黄檀 452

西藏山茉莉 **490**,491

西藏柏 50,**52**

百日青 59,**60**

百劳舌 409

有翅决明 350

灰山泡 306

灰木莲 77,**78**

灰毛豆 435,**436**

灰毛豆属 391,**435**

灰毛鸡血藤 444,**446**

灰毛泡 295,**308**

灰叶 436

灰叶稠李 324,**325**

灰白毛莓 295,302,**306**

灰岩含笑 92,**97**

灰岩润楠 221,224,**227**

灰金合欢 366,**372**

灰毡毛忍冬 576,**579**

扣匹 **116**

托壳果 204

扫皮 456

过山风 114

过山龙 418

过江龙 377

尖叶木蓝 426,**427**

尖叶水丝梨 602

尖叶四照花 512,**518**,519

尖叶桂樱 322,**323**

尖叶黄杨 **608**

尖叶假蚊母树 601,**602**

尖叶樟 190

尖尾树 198

尖苞罗伞 539,**541**

尖苞掌叶树 541

尖顶红豆 400

尖脉木姜子 193,195,**205**

尖峰润楠 235

尖嘴林檎 291

光叶山矾 499,505,**506**

光叶木兰 90

光叶石楠 268,**270**

光叶合欢 378,**379**,380

光叶决明 347,**349**

光叶红豆 393,402,**403**

光叶拟单性木兰 **90**

光叶金合欢 367,**373**

光叶粉花绣线菊 258

光叶润楠 221,225,**227**

光叶绣线菊 **258**

光叶崖豆藤 446

光叶紫玉盘 115,**116**

光叶蔷薇 315,**317**

光叶蜡瓣花 597

光皮木瓜 287

光皮树 513

光皮梾木 512,**513**,514

光决明 349

光枝楠 239,**240**

光果石楠 276

光荚含羞草 375,**376**

光亮山矾 498,**500**

光萼石楠 **276**

光萼红果树 **268**

光萼荚蒾 **574**

光萼海棠 290,**291**

光滑悬钩子 296,**314**

光腺合欢 383

早禾树 565

早谷泡 312

早谷莓 312

吕宋荚蒾 565,**573**

吊杆泡 309

团叶舞草 414

团花鸭脚木 549

团花新木姜 170,**175**

刚毛三叶五加 552

刚毛白簕 **552**

肉豆蔻科 **247**

肉桂 148,149,**160**

网叶山胡椒 **187**

网脉琼楠 210,**211**

网络鸡血藤 444,**445**

朱果藤 256

朱果藤属 253,**255**

朱缨花 **389**

朱缨花属 366,**388**

朱藤 431

竹叶木姜子 193,195,**204**,206

竹叶松 60,204

竹叶楠 242

竹柏 57,**58**

竹柏属 56,**57**

伏毛八角枫 **527**

任木 352

任豆 **352**

华中木蓝 430

华中樱桃 326,**328**

华东楠 232

华北六条木 585

华瓜木 526

华西花楸 282,**286**

华空木 260,262

华南小叶崖豆 **434**

华南云实 337

华南木姜子 193,194,**203**,206

华南五针松 29,**30**

华南皂荚 **346**

华南忍冬 576,**579**

华南桂 148,149,**159**,160

华南桂樱 322,**323**

华南梾木 512,**516**

华南悬钩子 294,**300**

华南紫树 533

华南蓝果树 532,**533**

华南樟 159

华润楠 223,224,**237**,238

华密花豆 424

华幌伞枫 554,**555**

血人参　427
血风藤　446
血藤　418
向日樟　155
全缘火棘　263,**264**
全缘石楠　269,270,**273**
合欢　378,**381**
合欢属　365,**378**
合果木　**100**,101
合果木属　76,**100**
合果含笑　100
合轴荚蒾　565,**574**
伞花木姜子　192,195,**199**,
　207
伞房荚蒾　563,**567**
多叶鹅掌柴　546,**547**
多花山矾　499,**504**
多花山蚂蝗　413
多花木蓝　427,**429**
多花瓜馥木　138
多体蕊黄檀　449,**454**
多苞片悬钩子　307
多苞藤春　**131**
多香木　**479**
多香木属　474,**478**
多脉润楠　221,223,**228**,229
多核鸭脚木　550
多核鹅掌柴　547,**550**
多裂黄檀　449,**452**
交让木　611,**613**
交让木科　**611**
羊舌树　499,503,**505**
羊角豆　352
羊角菜　352
羊尿泡　303
羊胆木　396
羊蹄甲　359,360,**361**,362
羊蹄甲属　336,**358**
羊蹄藤　363
关桂　191
米打东　199
米老排　590
米过穴　459
米松京　23
米茶包　535
米得巴　379
米槁　147,150,**151**,152
灯台树　**512**,513
冲天子　435

冲天柏　50
兴山莸蒾　569
兴山绣球　569
兴安楠　242
江阴红豆　399
江南花楸　282,**285**
江南油杉　22
池杉　44,**45**
池柏　45
决明属　335,**347**
守宫槐　407
安顺木姜子　193,194,**205**,
　206
安顺润楠　222,224,**231**
安息香科　**479**
安息香属　**479**
异毛忍冬　**581**
异叶罗汉松　57
异叶南洋杉　15,**16**
异叶梁王茶　**536**
异形南五味子　109,**110**
异果山绿豆　412
异果鸡血藤　**448**
阴香　148,149,155,**156**
那大紫玉盘　118
那坡红豆　392,**396**
那坡鹅掌柴　547,**551**
观光木　**102**
观光木属　76,**101**
观音柴　609
买麻藤　**69**,70
买麻藤科　**69**
买麻藤属　**69**
羽叶红豆　402
羽叶金合欢　367,**373**
羽叶参属　534,**556**
羽脉新木姜　169,**170**,171
红子　265
红毛山楠　239,**241**
红毛羊蹄甲　359,**364**
红毛枝羊蹄甲　364
红毛悬钩子　296,310,**311**
红毛琼楠　210,**212**
红毛榴莲　142
红心楠　184
红叶藤　**254**,255
红叶藤属　253,**254**
红皮木姜子　192,194,**201**
红皮安息香　482

红皮象耳豆　378
红光树属　**247**
红血藤　**424**
红花八角　104,**105**,108
红花木莲　77,**78**
红花灰叶　436
红花羊蹄甲　359,**361**,362
红花青藤　245,**246**
红花果　291
红花荷属　586,**589**
红花悬钩子　296,**313**
红花紫荆　360
红花楹　343
红花檵木　**595**
红豆杉　65,**66**
红豆杉科　**64**
红豆杉属　64,**66**
红豆树　393,**399**,400
红豆树属　389,**391**
红刨楠　206
红苞木　589
红枝琼楠　210,**211**
红松　23
红枫子　267
红果山胡椒　182,183,**185**
红果钓樟　185
红果树　**267**,397
红果树属　262,**266**
红果黄肉楠　207,**208**
红果黄檀　448,**451**
红果楠　208
红果檀　451
红泡刺藤　296,**314**
红荚蒾　563,**567**
红茴　107
红茴香　104,**107**
红柄羊蹄甲　364
红相思　399
红绒毛羊蹄甲　364
红绒球　389
红润楠　226
红勒钩　310
红梅花　331
红萼白瓣鱼藤　441
红葱木　559
红棕悬钩子　307
红紫荆　360
红掌草　413
红楠　221,224,**226**,227

红楠刨　193,194,**204**,205
红腺忍冬　578
红腺悬钩子　296,310,**314**
纤毛萼鱼藤　442
纤尾桃叶珊瑚　522,**523**
纤齿罗伞　**539**,540

七画

麦桂　168
韧荚红豆　393,**402**
坛腺棋子豆　387,**388**
赤皮　482
赤杨叶　488,**489**
赤杨叶属　479,**488**
壳菜果　**590**
壳菜果属　587,**590**
花子藤　609
花红　289,**291**
花红茶　290
花枝杉　64
花梨木　398,452
花楸属　262,**281**
花桐木　392,**398**
芬芳安息香　480,**485**
苍叶红豆　399
芳槁润楠　230
苏门答腊金合欢　372
苏木　337,339,**340**
苏木科　**335**
苏方木　340
苏枋　340
苏铁　8,**10**
苏铁科　**8**
苏铁属　**8**
苏檀木　397
杏　330,**331**
杏属　322,**330**
杉木　38,**39**
杉木属　**38**
杉公子　66
杉科　**38**
巫山新木姜　169,**171**
杨栌　583
杨梅叶蚊母树　599,**600**
杨梅黄杨　606,607
李　**329**
李子树　329
李亚科　257,**321**
李属　321,**328**

豆梨 **288**
豆搭子 569
豆蓉 422
豆腐木 545
豆腐头 613
两广合欢 387
两广红豆 394
两广黄檀 449,**452**
两广悬钩子 299
两广檀 452
扭豆 422
扭黄檀 452
拟大花忍冬 579
拟赤杨 489
拟单性木兰属 76,**90**
拟覆盆子 296,**314**
坚荚树 568
旱连 530
吴茱萸五加 554
吴茱萸叶五加 554
围涎树 **385**
吹风散 245
利川香槐 404
秃杉 **40**,41
秃净木姜子 192,193,**195**
秃蜡瓣花 **597**
秀丽楤木 557,**559**
秀丽鼠刺 **475**
秀柱花 **598**
秀柱花属 587,**598**
何氏红豆 399
皂角 347
皂荚 346,**347**
皂荚属 335,**345**
皂帽花 **141**
皂帽花属 115,**141**
近轮叶木姜子 203,**206**
含笑 91,94,**95**
含笑属 76,**91**
含羞草 375,**376**
含羞草科 **365**
含羞草黄檀 450
含羞草属 365,**375**
肝心柴 601
卵叶桂 147,149,**154**
卵叶新木姜 169,**174**
卵果木莲 77,**83**
卵果松 29,**35**
卵果琼楠 211,**217**

角叶鞘柄木 **525**
角裂悬钩子 295,**307**
刨花 207,231
刨花润楠 222,223,**231**,232
刨花楠 231
饭香木 286
饭瓢豆 338
亨氏红豆 398
庐山石楠 276
辛夷 88
冷杉属 **17**
冷饭团 109
冷饭藤 **109**,110
沔茄 355
沙梨 **288**
沉水樟 147,150,151,**152**
尾叶山胡椒 181
尾叶悬钩子 294,**303**
尾叶樱 326
尾叶樱桃 **326**
陆均松 56,57
陆均松属 **56**
阿丁枫 593
阿里杉 64
阿勃勒 348
陈氏钓樟 188
陈氏荚蒾 568
陀螺果 **494**
陀螺果属 479,**494**
姊到羊 401
忍冬 575,**578**
忍冬科 **561**
忍冬属 562,**575**
劲直刺桐 **423**
鸡毛松 57
鸡毛松属 **56**
鸡爪风 123
鸡爪刺 338
鸡公树 423
鸡心树 385
鸡血藤 418,424
鸡血藤属 391,**443**
鸡骨头 584
鸡骨草 419
鸡骨常山 472
鸡胆豆 401
鸡冠刺桐 **423**
鸡桐木 423
鸡婆子 186

鸡嘴簕 336,**338**
纳槁 200
纳槁润楠 221,225,**230**,231
纸叶琼楠 210,**213**,214

八画

武威山新木姜 170,**176**
青山龙 418
青龙木 455
青叶烂麻藤 433
青皮木 394
青皮象耳豆 **377**
青皮婆 394
青吐木 202
青松 31
青荚叶 519,**520**
青荚叶属 511,**519**
青野槁 197
青椰槁木 197
青棉花 463
青凿木 275
青藤属 **244**
玫瑰 316,**320**
苦刺 406
苦参 405,**406**
苦柴枝 568
苦梓含笑 92,**96**
苦檀子 435
苹果 289,**291**
苹果亚科 257,**262**
苹果属 263,**289**
苗山桂 156
苗山润楠 222,225,**236**
英国梧桐 603
直角荚蒾 564,**569**
茅莓 296,**312**
枇杷 **277**,278
枇杷叶润楠 223,224,**239**
枇杷属 262,**277**
枇杷楠 184
板凳果 **611**
板凳果属 605,**610**
枞松 31
松科 **17**
松属 17,**28**
枫树 592
枫香 592
枫香树 591,**592**
枫香树属 587,**591**

枫荷桂 543
杭子梢 458,**459**
杭子梢属 391,**458**
杷叶山矾 506
卧子松 56
刺叶桂樱 322,**324**
刺叶楤木 558
刺茎楤木 559
刺果苏木 336,**337**
刺果紫玉盘 116,**117**
刺果番荔枝 142,**143**
刺柄苏铁 12
刺柏 53,54,**55**
刺柏属 47,**53**
刺桐 **423**
刺桐属 390,**422**
刺通草 **537**
刺通草属 534,**536**
刺桫椤 2
刺毡花 372
刺梨 316
刺笼桐 540
刺萼红花悬钩子 **313**
刺楸 537,**538**
刺楸属 534,**537**
刺槐 **426**
刺槐属 390,**425**
刺糖果 320
刺藤 379
顶果树 **343**
顶果树属 335,**343**
拦路蛇 302
披针叶南洋杉 15
披针叶楠 240,**244**
轮叶木姜子 192,193,**197**
轮伞五叶参 556
轮伞羽叶参 **556**
软皮桂 148,149,**155**
软条七蔷薇 315,**318**
软荚红豆 392,**399**
齿叶石斑木 **281**
齿叶安息香 480,**486**
齿叶枇杷 277,**278**,279
齿叶桃叶石楠 **273**
虎皮楠 611,612,**613**
虎皮楠属 **611**
虎耳草科 **473**
虎阳刺 560
虎刺楤木 557,**558**

虎泡　314
岩生厚壳桂　164,**166**
岩桂　154
岩樟　147,150,**151**,152
岩藤　430
罗汉松　23,59,**60**
罗汉松叶石楠　269,**276**
罗汉松科　**55**
罗汉松属　56,**59**
罗汉柏　**47**,48
罗汉柏属　**47**
罗伞　539,**541**
罗伞属　534,**539**
罗城石楠　268,**271**,274
罗望子　353
罗望子叶黄檀　450
罗裙子　113,114
罗蒙常山　473
岭南山茉莉　**492**
岭南罗汉松　57
岭南紫荆　357,358
钓樟　185
垂子买麻藤　69,**70**,72
垂枝侧柏　**49**
垂柏　50
垂珠花　480,487,**488**
侧柏　**48**
侧柏属　47,**48**
依兰　**132**,133
依兰香　132
依兰属　115,**132**
金凤花　337,340,**341**
金叶含笑　92,**98**,99
金合欢　366,371,**372**
金合欢属　365,**366**
金果瓜馥木　136,**138**
金钩花　**121**
金钩花属　115,**121**
金钱松　**27**
金钱松属　17,**26**
金球桧　**55**
金雀花　420
金银花　578
金缕梅　595,596
金缕梅科　**586**
金缕梅属　587,**595**
金腺荚蒾　564,**568**
金樱子　316,**320**
肿荚豆　**436**

肿荚豆属　391,**436**
胀荚合欢　387
肥皂荚　**345**
肥皂荚属　335,**345**
肥荚红豆　393,**401**
周毛悬钩子　293,**297**
鱼骨松　371
鱼藤　437,**439**
鱼藤属　391,**437**
鱼鳞木　607
狐狸射草　435
狗骨木　513
狗屎豆　352
变叶树参　543,**545**
夜合花　84
夜关门　360,457
夜香木兰　**84**,85
卷荚相思　366,**369**
卷瓣忍冬　576,**582**
单刀根　354
单叶红豆　392,**393**
单叶拿身草　412,**413**
单花山胡椒属　145,**180**
单果阿芳　132
单性木兰　**89**
单性木兰属　76,**89**
单室茱萸属　511,**524**
单根守　421
单瓣白木香　**320**
净土树　602
净花菰腺忍冬　**579**
浅裂锈毛莓　**302**
法国梧桐　602
法国蔷薇　316,**320**
河内钓樟　188
泪柏　56
油丹属　145,**218**
油杉　19,**21**
油杉属　17,**18**
油松　23
油果樟属　145,**217**
油梨　**220**
油梨属　145,**219**
油麻藤属　390,**417**
油楠　**354**
油楠属　336,**353**
油槁　197
泡吹叶花楸　281,**283**
波叶大参　535

波叶山蚂蝗　413
波叶红果树　**267**
波叶楤木　557
波叶新木姜　169,**172**
波斯皂荚　348
波缘大参　**535**
波缘楤木　**557**
宜山石楠　269,**271**
宜昌荚蒾　565,**573**
宜昌润楠　222,224,**233**
宜昌悬钩子　293,**298**,299
空心泡　296,299,**313**
建润楠　222,225,**235**,236
建楠　235
帚条　456
降香　452
降香黄檀　449,**452**
妹仔果　71
线叶黄杨　606,**608**
细长柄山蚂蝗　**410**
细叶云南松　**33**,34
细叶石斑木　279,**280**
细叶香桂　161
细苞忍冬　580
细苞金银花　580
细茄　355
细柄山绿豆　410
细柄买麻藤　69,**70**,71
细柄密榴木　122
细柱五加　**552**,553
细毡毛忍冬　576,**580**
细脉鼠刺　475,**476**
细圆齿火棘　263,264,**265**
细基丸　128,**129**
细梗山蚂蝗　410
细梗罗伞　539,**542**
细梗胡枝子　456,**458**
细梗树参　545
细梗掌叶树　542

九画

春花木　280
珍珠合欢　366,**368**
珍珠相思　368
珍珠菊　259
玲甲花　361
珊瑚刺桐　423
珊瑚树　563,**565**,566
毒鱼藤　435

毒鱼藤　439
毒鼠子　332,**333**
毒鼠子科　**332**
毒鼠子属　**332**
茸毛木蓝　426,**427**
茸荚红豆　392,**394**
荚蒾　565,**572**
荚蒾属　562,**563**
荜澄茄　196
草山杭子梢　458,**459**
草绣球　461,462
草绣球属　**461**
茶条树　585
茶荚蒾　564,**571**
茶胶树　207
茶檀　451
茶藨子属　**474**
茶蘼花　318
荡楠　239
胡豆　430
胡豆莲　443
胡枝子　**456**
胡枝子属　391,**456**
荔枝公　216
荔枝藤　439
南五味子　109,**111**
南五味子属　108,**109**
南方红豆杉　**66**
南方荚蒾　565,**572**,573
南方桂樱　322,**324**
南方铁杉　24
南宁红豆　392,**396**,397
南宁虎皮楠　613
南亚松　29,**32**
南亚新木姜　170,**177**,178
南国山矾　499,**509**,510
南岭山矾　498,**500**
南岭虎皮楠　612
南岭黄檀　449,**455**
南岭檀　455
南洋二针松　32
南洋杉　**15**,16
南洋杉科　**14**
南洋杉属　**14**
南洋楹　**384**
南洋楹属　365,**384**
南烛厚壳桂　164,**166**
南蛇簕　337
药王豆　338

相思子　399,**419**
相思子属　390,**419**
相思仔　367
相思红豆　397
相思柳　367
相思树　367,376
相思藤　419
柏木　**50**,51
柏木属　47,**49**
柏科　**46**
枸血子　613
枸色子　613
柳叶石斑木　279,**280**
柳叶石楠　269,**275**
柳叶闽粤石楠　275
柳叶润楠　223,225,**236**,237
柳叶锐齿石楠　269,**276**
柳叶樟　204
柳杉　**42**
柳杉属　38,**41**
柳橘　187
栎叶罗伞　539,**542**
栎叶掌叶树　542
柱南五味子　111
柿叶木姜子　200
树顶豆　343
树参　**543**,544
树参属　534,**542**
树蕨　2
咸鱼汁树　568
厚叶八角　106
厚叶山矾　500
厚叶石楠　269,**273**,274
厚叶悬钩子　294,**300**
厚叶琼楠　211,**216**
厚叶鼠刺　475,**477**
厚叶樟　197
厚皮灰木　500
厚朴　84,**86**,87
厚壳桂　164,**165**
厚壳桂属　145,**163**
厚齿石楠　269,**274**
厚果崖豆藤　432,**435**
厚荚红豆　393,400,**403**
厚荚相思　366,**368**
厚柄苏铁　11
厚绒荚蒾　564,**570**
砍头树　352
挺香　600

挤果树参　543,**544**
挪藤　116
临桂石楠　269,**272**,274
临桂钻地风　**464**
临桂绣球　466,**470**
显脉木兰　84,**85**
显脉虎皮楠　612
显脉罗伞　541
显脉荚蒾　565,**574**
显脉新木姜　170,**179**
星毛青棉花　463
星毛罗伞　**539**,540
星毛冠盖藤　462,**463**
星毛鸭脚木　551
星毛鹅掌柴　547,550,**551**
星花木五加　543
星柱树参　**543**
贵州木瓜红　495,496
贵州石楠　268,**271**
贵州瓜馥木　135,**136**
贵州苏铁　9,**13**
贵州杉　24
贵州忍冬　581
贵州青藤　246
贵州鱼藤　438
贵州黄肉楠　208
贵州琼楠　211,**215**
虾须草　430
思茅黄檀　454
咳嗽草　421
咪央　343
贴梗海棠　287
钝叶桂　148,149,**156**,157
钝叶黄檀　448,**451**
钟花樱　328
矩圆叶鹅掌柴　551
矩鳞油杉　19,**22**
香子含笑　92,**97**,98
香木莲　77,**82**,83
香水月季　316,**319**
香叶　190,195
香叶子　183,184,188,**191**
香叶树　190
香叶树　182,183,187,**188**
香皮树　226
香合欢　379,**382**
香花木　102
香花木姜子　192,194,198,
　　201

香花鸡血藤　444,**447**
香花枇杷　277,**278**
香花桂　165
香青藤　**245**,246
香果树　188
香油果　181
香茜藤　382
香面叶　**181**
香须树　382
香籽楠　97
香桂　148,149,**161**
香桂子　196
香桂皮　159
香胶　207
香胶木　229
香粉叶　183,184,**190**
香椒槁　204
香港木兰　84,**85**
香港玉兰　85
香港四照花　512,**517**
香港瓜馥木　135,**137**
香港黄檀　448,**449**,450
香港崖豆　**432**
香港崖豆藤　432
香港紫荆　361
香港新木姜　**172**
香港鹰爪　134
香港鹰爪花　**134**,135
香槐　403,**404**
香槐属　389,**403**
科楠　354
重瓣空心泡　**313**
信宜润楠　221,223,**228**,230
盾柱木　341,**342**
盾柱木属　335,**341**
剑叶木姜子　192,194,**198**
脉叶虎皮楠　611,**612**,613
脉叶罗汉松　60
匍地柏　55
狭叶山胡椒　182,183,**186**
狭叶四照花　518
狭叶阴香　148,149,**156**
狭叶杨梅黄杨　**606**
狭叶含笑　92,**96**
狭叶荚蒾　569
狭叶南五味子　109,**110**
狭叶桂　156
狭叶桃叶珊瑚　**522**
狭叶润楠　221,224,**227**

狭叶绣线菊　258
狭叶绣球　466,**469**
狭叶黄檀　448,**449**,450
狭翅云实　338
狭基润楠　222,224,**233**
独山石楠　269,**273**
独山瓜馥木　136,139,**140**
饶平石楠　269,**273**
弯叶苏铁　10
弯枝黄檀　448,**452**
亮毛红豆　392,**395**
亮叶中南鱼藤　439,**441**
亮叶围涎树　385
亮叶鸡血藤　444,**446**,447
亮叶猴耳环　**385**
亮叶蜡梅　334
庭藤　427,**430**
疣序润楠　223,225,**238**
疣果花楸　281,**283**,284
闽南苏铁　12
闽桂润楠　222,225,**233**,234
闽楠　240,**242**
阁力　198
美人豆　419
美木莲　78
美花兔尾草　411
美花狸尾豆　**411**
美花崖豆藤　434
美丽山扁豆　349
美丽决明　347,**349**
美丽红豆杉　66
美丽鸡血藤　443,**444**,445
美丽荚蒾　574
美丽胡枝子　456,**457**
美丽新木姜　170,**176**,178
美脉花楸　281,**282**
美脉琼楠　210,211,**213**
美蕊花　389
首冠藤　359,**362**
总序山矾　504
烂泥树　**525**
洪都拉斯加勒比松　**36**
活血丹　456
洛氏喜树　530,**531**
洋玉兰　86
洋金凤　341
洋紫荆　359,**360**,362
洋槐　426
宫粉紫荆　361

冠盖绣球 465,**466**
冠盖藤 462,**463**
冠盖藤属 461,**462**
扁果润楠 221,223,**230**
扁果楠 230
扁果新樟 163
扁柏属 47,**52**
神仙果 107
屏边红豆 393,**401**
屏边桂 148,149,**157**,158
柔毛红豆 392,**395**
柔毛油杉 19,**20**
柔毛胡枝子 457
柔毛钻地风 464,**465**
柔枝槐 405
柔弱润楠 221,225,**228**
绒毛山茉莉 490,**492**
绒毛山胡椒 182,183,**187**
绒毛山蚂蝗 412,**413**
绒毛山绿豆 413
绒毛石楠 269,**275**
绒毛叶杭子梢 **458**
绒毛胡枝子 456,**457**
绒毛鸭脚木 547
绒毛润楠 221,225,**229**,231
绒毛崖豆 432,**433**,434
绒毛崖豆藤 433
绒叶印度崖豆 **434**
绒花树 381
绒钓樟 187
绒楠 229
结青树 606,607
结脉黑桫椤 3
孩儿茶 372

十画

珠仔树 499,**504**,505
珠光绣球 466,**469**
栽秧泡 296,**312**
壶花荚蒾 565,**575**
莲叶桐科 **244**
荷花玉兰 84,**86**
桂北木姜子 193,194,202,**203**
桂北悬钩子 304
桂皮 160
桂林石楠 272
桂南木莲 77,**79**
桂楠 239,**240**

桂滇悬钩子 294,**304**
桂樱属 321,**322**
桢楠 237
桦果藤 453
桦叶荚蒾 564,**571**
栓叶安息香 480,**482**,483
桃 **330**
桃叶石楠 269,**272**
桃叶珊瑚 521,**522**
桃叶珊瑚属 511,**521**
桃属 322,**329**
栒子属 262,**263**
格木 **344**
格木属 335,**344**
格朗央 343
哥纳香 **126**
哥纳香属 115,**125**
翅荚木 352
翅荚木属 335,**352**
翅荚决明 348,**350**
翅荚香槐 403,**404**
较剪兰 459
柴油树 354
鸭公树 169,**173**
鸭皂树 372
鸭脚木 550
鸭脚罗伞 541
鸭麻木 551
鸭雄青 395
鸭腱藤 377
蚌壳千斤拔 421
蚌壳树 354
蚊母树属 587,**599**
峨眉鸡血藤 **447**
峨眉青荚叶 **520**
峨眉钓樟 182,183,**189**,190
峨眉鼠刺 475,**477**
圆子红豆 401
圆叶豺皮樟 192,194,**199**
圆叶舞草 **414**
圆尾槁 197
圆果花楸 281,**283**
圆柏 53,**54**
圆滑番荔枝 **142**,143
圆锥绣球 465,**468**,469
钻山风 139
钻地风 **464**
钻地风属 461,**464**
铁刀木 349,**350**

铁山矾 499,**502**
铁场豆 338
铁血藤 425
铁杉 **24**,25
铁杉属 17,**24**
铁坚杉 20
铁坚油杉 19,**20**,21
铁树 10
铁骨散 562
铁钻 71
铁梨木 344
铁藤 254,255,425
缺萼枫香树 **591**
特异荚蒾 570
秤锤子 277
秧青 449,**454**
倒爪刺 341
倒心叶珊瑚 522,**523**
倒钩藤 341
倒栽槐 408
倪藤 69
臭饭团 109
臭药 569
拿身草 410
豺皮木姜 199
豺皮樟 **199**
胭脂树 397
脂树 354
胶木 207
胶樟 197
狸尾豆属 390,**411**
狼牙草 429
皱叶忍冬 576,**580**
皱皮木瓜 286,**287**
皱面叶 422
饿蚂蝗 412,**413**
高砂悬钩子 295,**306**
高原黄檀 453
高粱泡 294,298,**299**
离柱鹅掌柴 546,**549**
粉叶羊蹄甲 359,363,**364**
粉叶决明 **351**
粉叶苏木 336,**338**,339
粉叶鱼藤 437,**441**
粉叶栒子 **263**,264
粉叶润楠 222,225,,**234**,235
粉团蔷薇 **316**,317

粉花山扁豆 348
粉背木莲 81
粉背鱼藤 441
粉绿栒子 263
粉绿钻地风 **464**
资源冷杉 17,**18**
酒饼叶 123
浙闽樱桃 326,**327**
消息花 372
海红 291
海红豆 **376**
海红豆属 365,**376**
海南木五加 545
海南木莲 **81**
海南五针松 29,30
海南风吹楠 248
海南红花荷 589
海南红豆 393,**402**
海南红苞木 589
海南阿芳 132
海南毒鼠子 333
海南荚蒾 564,**569**
海南树参 543,**545**
海南厚壳桂 164,**168**
海南野扇花 **609**,610
海南崖豆藤 **432**
海南粗榧 61,**63**
海南琼楠 210,**212**
海南新木姜 169,**174**,175
海南新樟 162,**163**
海南樟 155
海南黎豆 417,**418**
海南澄广花 120
海南霍而飞 248
海南藤春 131,**132**
海桐 423
海桐山矾 499,502,**503**
海铁鸥 12
海棠 291
海棠花 290,**291**
润楠属 145,**220**
宽叶苏铁 8,**10**
宽叶粗榧 61,62,**63**
宽花柱黄杨 606
宽序鸡血藤 443,**444**
宽序蛇藤 444
宽药青藤 **245**,246

宽昭桢楠 234
窄叶石楠 268,**271**,275
窄叶蚊母树 599,**600**
窄叶黄杨 606
窄瓣红花荷 **589**
容县瓜馥木 140
诺和克南洋杉 16
琼山鹅掌柴 547,**549**
陷脉石楠 269,**275**
娘娘袜 420
通条木 604
通草 546
通脱木 537,**546**
通脱木属 534,**546**
绢毛山梅花 **460**
绢毛油麻藤 417
绢毛相思 366,**369**
绢毛粗梗稠李 325
绢毛棋子豆 387,**388**
绢毛稠李 324,**325**
绣毛羽叶参 **556**
绣线菊亚科 257
绣线菊属 257,**258**
绣线梅 261
绣线梅属 257,**260**
绣球 465,**468**
绣球科 **461**
绣球绣线菊 258,**259**
绣球属 461,**465**
绣球蔷薇 315,**317**

十一画

球子买麻藤 69,**71**
球子崖豆藤 432,**433**
球花荚蒾 565
球序鹅掌柴 546,548,**549**
球桧 **55**
球核荚蒾 564,**569**
球穗千斤拔 **421**
基脉润楠 221,224,**226**,228
菁子 428
菱叶山绿豆 413
菱荚红豆 392,**397**
黄山松 29,31,**32**
黄牛奶树 **506**,507
黄牛筋 341
黄毛灰叶 435
黄毛合欢 379,**383**
黄毛掌叶树 540

黄毛榕木 557,**560**,561
黄丹木姜子 193,195,**206**,207
黄心木 203
黄心含笑 95
黄心夜合 92,**95**,96
黄心树 221,225,**230**
黄心楠 241
黄心槁 198
黄兰 91,**92**,93
黄灰毛豆 **435**
黄肉楠属 145,**206**
黄壳兰 206
黄志琼楠 212
黄花马尿藤 458
黄花子 196
黄花紫玉盘 116,**119**,120
黄杉 22,**23**
黄杉属 17,**22**
黄杨 606,**607**
黄杨科 **605**
黄杨属 **605**
黄豆树 378,**379**,380
黄肚槁 198
黄枝油杉 20,**21**
黄枝润楠 222,224,**235**
黄果厚壳桂 164,**167**
黄果桂 167
黄泡 312
黄泡子 298
黄泡刺 311
黄荚蒾 570
黄柏木 455
黄脉莓 295,**305**
黄帝杉 23
黄桂 205
黄常山 472
黄椿木姜子 192,194,**198**
黄槐 351
黄槐决明 350,**351**
黄槁 204
黄蜡梅 334
黄褐毛忍冬 575,**578**
黄樟 147,150,**153**
黄蝴蝶 341
黄檀 449,**454**
黄檀属 391,**448**
黄镶子 298
菲律宾合欢 379

萌芽松 29,**37**
黄叶五加 **554**
黄叶五加属 534,**553**
萍柴 600
菰腺忍冬 576,**578**
梅 329,**331**
梅子树 271
梅氏红豆 394
梅花钻 110
梅朗 22
梓木 146
梲树 537
桫椤 2,3
桫椤科 2
桫椤属 2
雪松 **28**
雪松属 17,**27**
雪果 583
雪莓 583
排钱草 416
排钱树 415,**416**
排钱树属 390,**415**
接骨木 562,609
接骨木属 **562**
接骨丹 562
接骨藤 69
救军粮 264
雀舌黄杨 606,**608**
雀蛋豆 417
常山 **472**
常山属 461,**471**
常春油麻藤 417,**418**
常春藤 538,**542**
常春藤属 534,**542**
常绿油麻藤 418
常绿荚蒾 564,**568**
匙叶黄杨 606,**608**
野八角 105
野山楂 265,**266**
野马蝗 416
野木兰 98
野火木 399
野花木 381
野花生 412
野花红 268
野含笑 91,**94**,95
野青树 426,**428**
野茉莉 480,**483**,484
野枇杷 279,534

野刺梨 316
野金银花 579
野独活 **122**
野独活属 155,**122**
野珠兰 **262**
野桂皮 159,178
野胶树 197
野扇花 **609**
野扇花属 605,**609**
野黄豆 417
野黄桂 147,149,**154**
野梨子 288
野番豆 **411**
野蓝 436
野蓝枝 429
野蓝枝子 429
野蓝靛 522
野蔷薇 315,**316**
悬钩子属 292,**293**
悬钩子蔷薇 315,317,**318**
悬铃木 603
悬铃木科 **602**
悬铃木属 **602**
晚松 29,**33**
蚰蛇利 341
蛇泡 298
蛇泡筋 310
蛇藤 373
鄂西云实 338
鄂西红豆 399
崖豆藤黄檀 449
崖豆藤属 391,**431**
崖婆勒 341
崖楠 240,241,**244**
铜钱树 189
铜锣桂 165
银叶安息香 **480**,481
银合欢 **374**,375
银合欢属 365,**374**
银杏 **13**,14
银杏科 **13**
银杏属 **13**
银杉 26
银杉属 17,**25**
银荆树 366,**371**
银钟花 **492**,493
银钟花属 479,**492**
银钩花属 115,**125**
银珠 341,**342**

甜茶 309,**310**
梨叶悬钩子 293,**298**
梨属 263,**288**
第伦桃 251
偃毛楤木 557,**559**,560
假大青蓝 426,**428**
假山枝子 606
假木豆 **416**
假木豆属 390,**416**
假牛角森 395
假乌豆草 422
假玉果 248
假鸟豆 435
假地豆 **412**
假地枫皮 **104**,105
假死柴 185
假肉桂 179
假沙梨 572
假南蛇藤 339
假柿木姜子 192,195,**200**,201
假柿树 200
假思桃 274
假桂 188
假桂皮 156,190
假桂钓樟 182,184,**188**,190
鼎湖钓樟 **601**
假通草 540
假绿豆 416
假蓝靛 428,436
假檬果树 202
假鹰爪 **123**
假鹰爪属 115,**123**
斜叶黄檀 448,**450**
斜叶澄广花 121
斜叶檀 450
斜脉暗罗 128,**130**
脱萝 537
象牙红 423
象耳豆 377,**378**
象耳豆属 365,**377**
象鼻藤 448,**450**
猪力子 445
猪牙皂 347
猪仔木 612
猪母楠 187
猪耳木 565
猪肝树 58
猪肚果 612

猪屎豆 **417**
猪屎豆属 390,**416**
猪屎青 417
猪腰豆 **442**
猪腰豆属 391,**442**
猫尿果 572
麻叶绣线菊 258,**259**
麻叶绣球 259
麻叶棣棠 292
麻梨 288,**289**
鹿角柏 **55**
鹿角桧 55
旌节花 604
旌节花科 **603**
旌节花属 **603**
望江南 350,**352**
望春花 87
盖阳树 587
粘身草 410
粗叶悬钩子 295,**307**
粗壮润楠 223,224,**238**
粗壮琼楠 210,**214**
粗枝绣球 465,**466**,467
粗齿桫椤 2,4,**5**
粗柄楠 239,**240**
粗脉桂 148,149,**155**,159
粗脉樟 155
粗梗木莲 77,**81**,82
粗梗桃叶珊瑚 522,**524**
粗梗稠李 324,**325**
粗榧 61,**62**,63
焕镛木 89
清香桂 609
渐尖叶粉花绣线菊 258
渐尖叶绣线菊 **258**,259
淡红忍冬 575,**577**
淡红荚蒾 567
淡黄荚蒾 564,567,**570**
深山含笑 92,**97**
深裂叶羊蹄甲 362
深裂锈毛莓 **302**
深紫木蓝 426,**428**
梁王茶属 534,**536**
密花山矾 499,**510**
密花木五加 544
密花火棘 263,**265**
密花豆 **424**
密花豆属 390,**424**
密花鱼藤 440

密花崖豆藤 432,**433**
密果木蓝 427,**429**
密脉杭子梢 458,**459**
密脉鸭脚木 549
密脉鹅掌柴 546,548,**549**
密锥花鱼藤 437,**440**
密榴木 122
随军茶 456
隐脉琼楠 210,**213**
续骨木 562
绿干柏 50,**51**
绿叶五味子 112,113,**114**
绿花鸡血藤 444,**445**
绿枝山矾 499,**503**
绿楠 81

十二画

琴叶悬钩子 294,**304**
琴叶楠 240
琼油麻藤 418
琼桂润楠 222,224,**234**
琼楠 211,**216**
琼楠属 145,**209**
斑叶珊瑚 522,**523**
斑鸠花 458
斑鸠拓 570
斑果厚壳桂 164,**168**
越南山矾 499,**506**,507
越南羊蹄甲 362
越南安息香 480,**481**
越南松 32
越南鱼藤 442
越南悬钩子 296,**310**
越南槐 **405**
喜马合欢 379
喜马拉雅珊瑚 521,**522**,523
喜马拉雅柏 52
喜树 **530**,531
喜树属 **530**
葫芦茶 **409**
葫芦茶属 389,**409**
落羽杉 44
落羽杉属 38,**44**
落羽松 44
棱枝五味子 112,**113**
棋子豆 387,**388**
棋子豆属 366,**386**
椒条 437
椤木石楠 271

棕木 340
棕毛含笑 97
棕红悬钩子 295,**307**
棕脉花楸 282,285,**286**
棣棠花 292
棣棠花属 **292**
椭圆叶木莲 77,**81**
椭圆豺皮木姜 199
棘茎楤木 557,558,**559**
酥醅绣球 466,**471**
硬毛常山 472,**473**
硬叶樟 151
硬壳 164,**167**
硬钉树 199
裂叶白辛树 497
裂叶海棠 290
裂叶悬钩子 307
揭阳鱼藤 440
紫玉兰 84,**88**
紫玉盘 116,**118**
紫玉盘属 114,**115**
紫羊蹄甲 361
紫花含笑 91,**93**,94
紫花黄檀 454
紫花槐 437
紫矿 **425**
紫矿属 390,**424**
紫荆 357,**358**,361
紫荆属 336,**357**
紫药淡红荚蒾 567
紫树 532
紫铆树 425
紫萼莓 304
紫楠 240,**241**,242
紫檀 **455**
紫檀属 391,**455**
紫穗槐 **437**
紫穗槐属 391,**436**
紫藤 **431**
紫藤属 391,**431**
凿木 270
棠叶悬钩子 294,299,**303**
棠梨 **289**
掌叶树 541
掌叶覆盆子 295,**309**
鼎湖合欢 387
鼎湖钓樟 182,184,**188**,190
景烈樟 156
蛱蝶花 341

喙顶红豆 393,399,**400**
喙果皂帽花 **141**
喙果鸡血藤 444,**446**
喙荚云实 336,**337**
黑儿茶 370
黑九牛 247
黑木相思 366,**369**
黑木姜子 192,194,**200**
黑风藤 136,**138**
黑心树 350,384
黑叶木蓝 427,**429**
黑叶琼楠 213
黑叶楠 239,**240**,241
黑老虎 **109**,110
黑壳楠 182,183,**184**
黑吹风 245
黑果果 256
黑荆树 366,**370**
黑追风藤 246
黑格 382
黑桫椤 2,**3**,5
铺地柏 53,**55**
锈毛五叶参 556
锈毛石斑木 279,**280**
锈毛忍冬 575,**577**
锈毛青藤 **246**
锈毛罗伞 539,**540**
锈毛金银花 577
锈毛鱼藤 437,**439**,440
锈毛莓 294,**301**,302
锈毛桂 159
锈毛崖豆藤 446
锈毛掌叶树 540
锈毛鹅掌柴 549
锈毛槐 405,407,**408**
锈叶新木姜 169,171,**172**
锈荚藤 359,**364**
短片花旗松 23
短水松 65
短叶白楠 **242**
短叶松 37
短叶罗汉松 59,60,**61**
短叶黄杉 22,**23**
短序荚蒾 563,**565**,566
短序桢楠 237
短序润楠 223,224,**237**
短序琼楠 210,**215**
短序鹅掌柴 547,550,**551**
短柄忍冬 576,**581**

短柄垂子买麻藤 70
短柄悬钩子 293,**297**
短柱八角 104,**107**,108
短球荚蒾 565
短梗八角 104,**106**
短梗大参 **535**,536
短梗幌伞枫 554,**556**
短梗新木姜 170,**176**,177
短萼仪花 354
短萼灰叶 436
短蕊槐 405,**408**
短穗旌节花 604
鹅掌柴 547,**550**
鹅掌柴属 534,**546**
鹅掌楸 **102**,103
鹅掌楸属 76,**102**
鹅掌藤 546,**548**
粤西绣球 466,**469**,470
番荔枝 142,**143**,144
番荔枝科 **114**
番荔枝属 115,**142**
番鬼榄 215
腊肠仔树 349
腊肠树 347,**348**
腊梅 334
猬莓 294,**300**
猴耳环 385
猴耳环属 366,**385**
猴香子 196
猴樟 147,**150**
阔叶八角枫 **529**
阔叶瓜馥木 135,136,**137**
阔叶金合欢 373
阔叶相思树 373
阔叶檵木 595
阔荚合欢 379,**382**,383
阔柱黄杨 **606**,607
阔裂叶羊蹄甲 359,**363**
阔瓣白兰花 100
阔瓣含笑 **100**
粪箕藤 569
港油麻藤 **417**
湖北海棠 289,**290**
湖北悬钩子 303
湖北紫荆 357,**358**
湖南红果树 268
湖南茶藨子 **474**
湖南悬钩子 294,**301**
湘桂新木姜 170,179,**180**

湿地松 29,35,**37**
滑叶润楠 222,**233**
溲疏属 **460**
割舌罗 526
寒莓 294,**301**
禄春安息香 480,**485**
疏叶崖豆 **434**
疏花草绣球 **461**
疏花臀果木 **332**
疏脉大参 **535**,536
缅甸合欢 382
缅茄 **355**,356
缅茄属 336,**355**

十三画

瑞木 512
瑞木 **596**,597
鹊不踏 560
蓝果树 **532**
蓝果树科 **530**
蓝果树属 530,**531**
蓝黑果荚蒾 564,**570**
蓝靛 428
蓝靛木 273
蓖齿苏铁 8,**11**
蒲桃叶红豆 393,**400**
蒙自合欢 379,**383**
蒙自青藤 245
蒙蒿子 **124**
蒙蒿子属 115,**124**
蒲梗花 586
楔叶豆梨 289
楠属 145,**239**
榄绿红豆 392,**397**,398
楸叶悬钩子 295,**305**
槐 405,**407**
槐叶决明 **352**
槐花木 407
槐花米 349
槐树 426
槐属 389,**405**
槐蓝 428
楤木 557,**560**,561
楤木属 534,**557**
椆树 378,**380**,381
雷公子 185,567
雷公树 280
雷公种 561
嗜喳木 199

暗罗 128,**129**
暗罗属 115,**128**
暗香 129
蜈蚣柏 47
蜂窝木姜子 192,195,**199**,200
幌伞枫 554,**555**
幌伞枫属 534,**554**
锡叶藤 **252**
锡叶藤属 250,**252**
锡兰肉桂 148,149,**157**
锥序荚蒾 563,**566**,567
锦鸡儿 **420**
锦鸡儿属 390,**420**
锦带花属 562,**582**
矮红果树 267
矮桧 55
稠李属 321,**324**
鼠刺 475,**477**
鼠刺科 **474**
鼠刺属 **474**
微毛山矾 498,**501**
腺毛莓 296,**311**
腺毛黄脉莓 306
腺叶山矾 499,**503**,504
腺叶桂樱 **322**
腺叶野樱 322
腺柄山矾 499,507,**508**
腺缘山矾 499,**508**
腺鼠刺 475,**478**
靖西大果山楂 292
靖西黄檀 449,**453**
新木姜 170,177,**178**
新木姜子属 145,**169**
新宁新木姜 170,**175**,176
新樟属 145,**162**
满山红 584
滇赤杨叶 488,**490**
滇毒鼠子 333
滇拜土密木 213
滇桂木莲 77,**80**
滇桂合欢 382
滇桂青藤 245,246
滇润楠 221,225,**226**
滇旌节花 604
滇琼楠 210,**213**
滇粤山胡椒 182,183,**186**
滇缅花楸 281,**284**
滇鼠刺 475

滇新樟　**162**,163
滇黔黄檀　449,**453**
福氏红豆　401
福建山樱花　326,**328**
福建柏　**53**,54
福建柏属　47,**53**
裸枝树　358

十四画

瑶山山矾　509
瑶山木姜子　193,194,**204**,205
瑶山荚蒾　564,**569**
瑶山常山　472,**473**
嘉氏鱼藤　438
截叶铁扫帚　456,**457**
蔷薇亚科　257,**292**
蔷薇科　**257**
蔷薇莓　313
蔷薇属　292,**315**
蔓茎葫芦茶　409,**410**
蔓性千斤拔　421
樧藤子　**377**
樧藤子属　365,**377**
槁木姜　197
槁树　197
榕叶罗伞　539,**540**
榕叶掌叶树　540
酸汤泡　572
酸豆　**353**
酸豆属　336,**353**
酸角　353
酸果　265
酸梅　353
碟腺棋子豆　387,**388**
蜡莲绣球　465,**467**
蜡梅　333,**334**
蜡梅科　**333**
蜡梅属　**333**
蜡瓣花　596,**597**
蜡瓣花属　587,**596**
舞草　**414**
舞草属　390,**414**
舞荻　414
算珠豆　**412**

算珠豆属　390,**412**
箬筐树　358
膜荚见血飞　337,**340**
赛山梅　480,**487**
赛短花润楠　223,225,**236**,237
褐毛四照花　**518**
褐毛羊蹄甲　359,**365**
褐毛秀柱花　598,**599**
熊巴树　490
翠柏　48,**49**
翠柏属　47,**49**
缫丝花　316,**319**

十五画

鞍叶羊蹄甲　359,**360**,361
蕈树　592,**593**
蕈树属　587,**593**
蕉木　**127**,128
蕉木属　115,**127**
蕊帽忍冬　575,**576**,577
横县琼楠　211,215,**217**
樱叶石楠　272
樱桃　326,**327**
樱属　321,**326**
樟　147,148,**152**,153
樟叶鸭脚木　551
樟叶鹅掌柴　547,**551**
樟科　**144**
樟属　145,**147**
醉鱼草状忍冬　576,**579**
醉香含笑　92,**99**
蝶形花科　**389**
蝶花荚蒾　564,**572**
蝴蝶凤　360
墨西哥柏　50,**51**
墨西哥落羽杉　44,**45**
德保苏铁　8,**9**
瘤果琼楠　210,**212**
糊溲疏　468
澳洲金合欢　370
澳洲南洋杉　15
潺槁木姜子　192,194,**197**,198

潺槁树　197
澄广花　**120**
澄广花属　115,**120**

十六画

氆毛八角枫　526,**529**
鞘柄木科　**524**
鞘柄木属　**525**
薄叶山矾　498,**500**,501
薄叶羊蹄甲　**364**
薄叶围涎树　385,**386**
薄叶润楠　222,223,**232**,233
薄叶猴耳环　386
橉木稠李　324,**325**
橉木樱　325
瓢柴　600
霍氏鱼藤　440
霍而飞　249
黔南木蓝　426,**427**
黔南润楠　222,223,**234**
黔桂鱼藤　437,**438**,439
黔桂润楠　221,224,**229**
黔桂黄肉楠　207,**208**,209
黔桂悬钩子　295,**306**
黔黄檀　449
黔滇木蓝　427
黔滇崖豆藤　446
篦子三尖杉　61,63,**64**
衡山荚蒾　564,**571**
懒狗舌　409
糖梨　288

十七画

藏柏　52
檬果樟　**161**
檬果樟属　145,**161**
檀木　454
檀树　454
螺丝木　491
穗花杉　**67**,68
穗花杉属　64,**67**
穗序鹅掌柴　546,**547**,548
簕仔刺　376
簕仔树　376

潺槁树　197
簇叶新木姜　169,**172**
簇序润楠　222,225,**234**
鳄梨　220
鳄梨属　145,**219**
襄阳山樱桃　326,**328**
糠秕琼楠　210,**214**
臀形果　332
臀果木　330,331,**332**
臀果木属　322,**331**
翼枝五味子　113
翼梗五味子　113

十八画

藜茶　352
藤山丝　379
藤金合欢　367,**374**
藤春　131,**132**,452
藤春属　115,**131**
藤黄檀　449,**453**
藤槐　**408**,409
藤槐属　389,**408**
藤檀　453
檫木属　145
檫树　**146**
檵木　**594**
檵木属　587,**593**
檵花　594
鹰爪　134
鹰爪花　**134**
鹰爪花属　115,**133**

十九画

蟛蜞藤　441

二十画

馨香玉兰　84,**86**
鳞毛荚蒾　568
鳞毛蚊母树　599,**600**
糯米条　585,586

二十二画

囊托羊蹄甲　359,**362**
囊萼羊蹄甲　362

拉丁学名索引

A

Abelia 562,**584**
Abelia chinensis **585**,586
Abelia uniflora 585,**586**
Abies **17**
Abies beshanzuensis var. ziyua-
 nensis 17,**18**
Abies yuanbaoshanensis **18**
Abrus 390,**419**
Abrus cantoniensis **419**
Abrus mollis 419,**420**
Abrus precatorius **419**
Acacia 365,**366**
Acacia auriculiformis 366,
 367,**368**
Acacia catechu 367,371,**372**
Acacia cincinata 366,**369**
Acacia confusa 366,**367**
Acacia crassicarpa 366,**368**
Acacia dealbata 366,**371**
Acacia delavayi 367,**373**
Acacia farnesiana 366,371,
 372
Acacia glauca 366,**372**
Acacia holosericea 366,**369**
Acacia mangium 366,**369**
Acacia mearnsii 366,**370**
Acacia melanoxylon 366,**369**
Acacia pennata 367,**373**
Acacia podalyriifolia 366,**368**
Acacia sinuata 367,**374**
Acrocarpus 335,**343**
Acrocarpus fraxinifolius **343**
Actinodaphne 145,**206**
Actinodaphne cupularis 207,
 208
Actinodaphne forrestii 207,
 209
Actinodaphne kweichowensis
 207,**208**,209
Actinodaphne pilosa 206,
 207,208
Actinodaphne tsaii 207,**208**
Adenanthera 365,**376**
Adenanthera microsperma **376**
Afgekia filipes **442**
Afgekia filipes var. tomentosa
 443
Afgekia 391,**442**

Afzelia 336,**355**
Afzelia xylocarpa **355**,356
Alangiaceae **525**
Alangium **525**
Alangium barbatum 526,**529**
Alangium chinense subsp.
 strigosum **527**
Alangium chinense 525,**526**,
 527
Alangium faberi var.
 platyphyllum **529**
Alangium faberi 526,**529**
Alangium kurzii var. handelii
 528
Alangium kurzii 526,**528**
Alangium kwangsiense 526,
 527,528
Alangium premnifolium 526,
 528
Alangium salviifolium 525,
 526
Albizia 365,**378**
Albizia bracteata 379,**383**
Albizia chinensis 378,**380**,
 381
Albizia corniculata 378,**379**
Albizia crassiramea 379,**382**
Albizia garrettii 379,**383**
Albizia julibrissin 378,**381**
Albizia kalkora 379,383,**384**
Albizia lebbeck 379,**382**,383
Albizia lucidior 378,**379**,380
Albizia odoratissima 379,**382**
Albizia procera 378,**379**,380
Alniphyllum 479,**488**
Alniphyllum eberhardtii 488,
 490
Alniphyllum fortunei 488,**489**
Alphonsea 115,**131**
Alphonsea hainanensis 131,
 132
Alphonsea mollis **131**,132
Alphonsea monogyna 131,**132**
Alphonsea squamosa **131**
Alseodaphne 145,**218**
Alseodaphne petiolaris **218**,
 219
Alseodaphne sichourensis 218,
 219
Alsophila **2**

Alsophila costularis 2,4,**3**
Alsophila denticulata 2,4,**5**
Alsophila gigantea 2,4,**5**
Alsophila metteniana 2,**5**
Alsophila podophylla 2,**3**,5
Alsophila spinulosa **2**,3
Altingia 587,**593**
Altingia chinensis 592,**593**
Amentotaxus 64,**67**
Amentotaxus argotaenia 67,68
Amentotaxus yunnanensis 67,
 68
Amorpha 391,**436**
Amorpha fruticosa **437**
Amygdalus 322,**329**
Amygdalus persica **330**
Anaxagorea 115,**124**
Anaxagorea luzonensis **124**
Annona 115,**142**
Annonaceae **114**
Annona glabra **142**,143
Annona muricata **142**,143
Annona reticulata 142,**143**
Annona squamosa 142,**143**,
 144
Antheroporum 391,**436**
Antheroporum harmandii **436**
Aralia 534,**557**
Aralia chinensis 557,**560**,561
Aralia dasyphylla 557,560,
 561
Aralia echinocaulis 557,**558**,
 559
Aralia elata 557,**560**,561
Aralia elegans 557,**559**
Aralia finlaysoniana 557,**558**
Aralia spinifolia 557,**558**
Aralia thomsonii 557,**559**
Aralia undulata **557**
Aralia vietnamensis 557,**559**,
 560
Araliaceae **533**
Araucaria **14**
Araucaria bidwillii **15**
Araucaria cunninghamii **15**,
 16
Araucaria heterophylla 15,**16**
Araucariaceae **14**
Armeniaca 322,**330**
Armeniaca mume 329,**331**

Armeniaca vulgaris 330,**331**
Artabotrys 115,**133**
Artabotrys hexapetalus **134**
Artabotrys hongkongensis
 134,135
Aucuba 511,**521**
Aucuba albopunctifolia 522,
 523
Aucuba chinensis var. angusta
 522
Aucuba chinensis 521,**522**
Aucuba filicauda 522,**523**
Aucuba himalaica var.
 dolichophylla **522**
Aucuba himalaica 521,**522**,
 523
Aucuba obcordata 522,**523**
Aucuba robusta 522,**524**

B

Bauhinia 336,**358**
Bauhinia acuminata **359**,360
Bauhinia apertilobata 359,
 363
Bauhinia aurea 359,**364**
Bauhinia brachycarpa 359,
 360,361
Bauhinia championii 359,**363**
Bauhinia corymbosa 359,**362**
Bauhinia erythropoda var.
 guangxiensis **364**
Bauhinia erythropoda 359,
 364
Bauhinia glauca subsp. tenui-
 flora **364**
Bauhinia glauca 359,363,**364**
Bauhinia ornata var. kerrii
 359,**365**
Bauhinia purpurea 359,**361**,
 362
Bauhinia pyrrhoclada 359,
 364
Bauhinia touranensis 359,**362**
Bauhinia variegata var. candida
 361
Bauhinia variegata 359,**360**,
 362
Bauhinia × blakeana 359,
 361,362
Beilschmiedia 145,**209**

Beilschmiedia brevipaniculata 210,**215**

Beilschmiedia delicata 210, 211,**213**

Beilschmiedia fordii 210,**215**

Beilschmiedia furfuracea 210, **214**

Beilschmiedia henghsienensis 211,215,**217**

Beilschmiedia intermedia 211,**216**

Beilschmiedia kweichowensis 211,**215**

Beilschmiedia laevis 210,**211**

Beilschmiedia muricata 210, **212**

Beilschmiedia ningmingensis 210,**213**,214

Beilschmiedia obscurinervia 210,**213**

Beilschmiedia ovoidea 211, **217**

Beilschmiedia percoriacea 211,**216**

Beilschmiedia pergamentacea 210,**213**,214

Beilschmiedia robusta 210, **214**

Beilschmiedia rufohirtella 210,**212**

Beilschmiedia shangsiensis 210,**212**

Beilschmiedia tsangii 210, **211**

Beilschmiedia wangii 210,**212**

Beilschmiedia yunnanensis 210,**213**

Bowringia 389,**408**

Bowringia callicarpa **408**.409

Brassaiopsis 534,**539**

Brassaiopsis ciliata **539**,540

Brassaiopsis ferruginea 539, **540**

Brassaiopsis ficifolia 539,**540**

Brassaiopsis glomerulata 539, **541**

Brassaiopsis gracilis 539,**542**

Brassaiopsis kwangsiensis 539,**541**

Brassaiopsis producta 539, **541**

Brassaiopsis quercifolia 539, **542**

Brassaiopsis stellata **539**,540

Brassaiopsis triloba 539,**540**

Brassaiopsis tripteris 539,**541**

Butea 390,**424**

Butea monosperma **425**

Buxaceae **605**

Buxus **605**

Buxus bodinieri 606,**608**

Buxus harlandii 606,**608**

Buxus latistyla **606**,607

Buxus linearifolia 606,**608**

Buxus megistophylla 606,**608**

Buxus myrica var. angustifolia **606**

Buxus myrica **606**,607

Buxus sinica var. aemulans **608**

Buxus sinica var. parvifolia **607**

Buxus sinica 606,**607**

C

Caesalpinia 335,**336**

Caesalpinia bonduc 336,**338**

Caesalpinia caesia 336,**338**, 339

Caesalpinia decapetala 336, **338**,340

Caesalpinia enneaphylla 336, **339**

Caesalpinia hymenocarpa 337,**340**

Caesalpinia magnifoliolata 336,**338**

Caesalpinia millettii 337,**339**

Caesalpinia minax 336,**337**

Caesalpinia pulcherrima 337, 340,**341**

Caesalpinia sappan 337, 339,**340**

Caesalpinia sinensis 336,**338**

Caesalpiniaceae **335**

Cajanus 390,**422**

Cajanus cajan **422**

Callerya 391,**443**

Callerya championii 444,**445**

Callerya cinerea 444,**446**

Callerya dielsiana var. herterocarpa **448**

Callerya dielsiana 444,**447**

Callerya eurybotrya 443,**444**

Callerya fordii 443,**445**

Callerya nitida var. hirsutissima **447**

Callerya nitida var. minor **447**

Callerya nitida 444,**446**,447

Callerya reticulata 444,**445**

Callerya speciosa 443,**444**, 445

Callerya tsui 444,**446**

Calliandra 366,**388**

Calliandra haematocephala **389**

Calocedrus macrolepis 48,**49**

Calocedrus 47,**49**

Calycanthaceae **333**

Camptotheca **530**

Camptotheca acuminata **530**, 531

Camptotheca lowreyana 530, **531**

Campylotropis 391,**458**

Campylotropis bonii 458,**459**

Campylotropis capillipes subsp. prainii 458,**459**

Campylotropis macrocarpa 458,**459**

Campylotropis pinetorum subsp. velutina **458**

Campylotropis trigonoclada **458**

Cananga 115,**132**

Cananga odorata **132**,133

Caprifoliaceae **561**

Caragana 390,**420**

Caragana sinica **420**

Cardiandra **461**

Cardiandra moellendorffii var. laxiflora **461**

Cardiandra moellendorffii **461**,462

Caryodaphnopsis 145,**161**

Caryodaphnopsis tonkinensis **161**

Cassia 335,**347**

Cassia bicapsularis 348,**349**, 351

Cassia fistula 347,**348**

Cassia floribunda 347,**349**

Cassia javanica 347,**348**,349

Cassia spectabilis 347,**349**

Cathaya 17,**25**

Cathaya argyrophylla **26**

Cedrus 17,**27**

Cedrus deodara **28**

Cephalotaxaceae **61**

Cephalotaxus **61**

Cephalotaxus fortunei 61,**62**

Cephalotaxus latifolia 61,62, **63**

Cephalotaxus mannii 61,**63**

Cephalotaxus oliveri 61,63, **64**

Cephalotaxus sinensis 61,**62**, 63

Cerasus 321,**326**

Cerasus campanulata 326,**328**

Cerasus conradinae 326,**328**

Cerasus cyclamina 326,**328**

Cerasus dielsiana **326**

Cerasus pseudocerasus 326, **327**

Cerasus schneideriana 326, **327**

Cerasus serrulata 326,**327**

Cerasus yunnanensis 326,**327**

Cercis 336,**357**

Cercis chinensis 357,**358**

Cercis chuniana 357,358

Cercis glabra 357,**358**

Chaenomeles 262,**286**

Chaenomeles cathayensis 286,287,**288**

Chaenomeles sinensis 286, **287**

Chaenomeles speciosa 286, **287**

Chamaecyparis 47,**52**

Chamaecyparis obtusa 51,**52**

Chamaecyparis pisifera 51,**52**

Chimonanthus **333**

Chimonanthus nitens 333,**334**

Chimonanthus praecox 333, **334**

Cinnamomum 145,**147**

Cinnamomum appelianum 148,149,153,**159**

Cinnamomum austrosinense 148,149,**159**,160

Cinnamomum bejolghota 148, 149,**156**,157

Cinnamomum bodinieri 147, **150**

Cinnamomum burmannii 148, 149,155,**156**

Cinnamomum camphora 147, 148,**152**,153

Cinnamomum cassia 148, 149,**160**

Cinnamomum heyneanum 148, 149,**156**

Cinnamomum ilicioides 147, **150**,151

Cinnamomum iners 148,149, 157,**158**

Cinnamomum jensenianum

147,149,**154**

Cinnamomum liangii 148, 149,**155**

Cinnamomum micranthum 147,150,151,**152**

Cinnamomum migao 147, 150,**151**,152

Cinnamomum parthenoxylon 147,150,**153**

Cinnamomum pauciflorum 147,149,**154**

Cinnamomum pingbienense 148,149,**157**,158

Cinnamomum rigidissimum 147,149,**154**

Cinnamomum saxatile 147, 150,**151**,152

Cinnamomum subavenium 148,149,**161**

Cinnamomum tsoi 148,149, **156**,159

Cinnamomum validinerve 148,149,**155**,159

Cinnamomum verum 148, 149,**157**

Cinnamomum wilsonii 148, 149,**158**,159

Cladrastis 389,**403**

Cladrastis delavayi 403,**405**

Cladrastis parvifolia 403,**404**

Cladrastis platycarpa 403,**404**

Cladrastis wilsonii 403,**404**

Codariocalyx gyroides **414**

Codariocalyx motorius **414**

Codariocalyx 390,**414**

Connaraceae **252**

Connarus **253**

Connarus paniculatus **253**

Connarus yunnanensis **253**

Coriaria **256**

Coriaria nepalensis **256**

Coriariaceae **256**

Cornaceae **511**

Cornus **512**

Cornus austrosinensis 512, **516**

Cornus capitata 512,518,**519**

Cornus controversa **512**

Cornus elliptica 512,**518**,519

Cornus hongkongensis subsp. ferruginea **518**

Cornus hongkongensis subsp. tonkinensis **517**

Cornus hongkongensis 512, **517**

Cornus parviflora 512,**515**, 516

Cornus quinquenervis 512, **514**

Cornus walteri 512,514,**515**

Cornus wilsoniana 512,**513**, 514

Corylopsis 587,**596**

Corylopsis multiflora **596**,597

Corylopsis sinensis var. calvescens **597**

Corylopsis sinensis 596,**597**

Cotoneaster 262,**263**

Cotoneaster glaucophyllus **263**,264

Craspedolobium 390,**425**

Craspedolobium unijugum **425**

Crataegus 262,**265**

Crataegus cuneata 265,**266**

Crataegus scabrifolia **265**,266

Crotalaria 390,**416**

Crotalaria pallida **417**

Cryptocarya 145,**163**

Cryptocarya calcicola 164, **166**

Cryptocarya chinensis 164, **165**

Cryptocarya chingii 164,**167**

Cryptocarya concinna 164, **167**

Cryptocarya densiflora **164**, 165

Cryptocarya hainanensis 164, **168**

Cryptocarya kwangtungensis 164,**166**

Cryptocarya lyoniifolia 164, **166**

Cryptocarya maclurei 164, **165**,166

Cryptocarya maculata 164, **168**

Cryptocarya metcalfiana 164, **168**

Cryptomeria 38,**41**

Cryptomeria japonica var. sinensis **42**

Cryptomeria japonica **41**,42

Cunninghamia **38**

Cunninghamia lanceolata 38, 39

Cupressaceae **46**

Cupressus 47,**49**

Cupressus arizonica 50,**51**

Cupressus duclouxiana **50**

Cupressus funebris **50**,51

Cupressus lusitanica 50,**51**

Cupressus torulosa 50,**52**

Cyatheaceae **2**

Cycadaceae **8**

Cycas **8**

Cycas balansae 8,**10**

Cycas debaoensis 8,**9**

Cycas guizhouensis 9,**13**

Cycas hainanensis 9,**12**

Cycas micholitzii 8,**9**

Cycas miquelii 9,**13**

Cycas pectinata 8,**11**

Cycas revoluta 8,**10**

Cycas segmentifida 8,**11**

Cycas szechuanensis 8,10,**11**

Cycas taiwaniana 9,**12**

Cylindrokelupha 366,**386**

Cylindrokelupha chevalieri 387,**388**

Cylindrokelupha eberhardtii 386,**387**

Cylindrokelupha kerrii 387, **388**

Cylindrokelupha robinsonii 387,**388**

Cylindrokelupha tonkinensis 387,**388**

Cylindrokelupha turgida 386, **387**

D

Dacrycarpus **56**

Dacrycarpus imbricatus **57**

Dacrydium **56**

Dacrydium pectinatum **56**,57

Dalbergia 391,**448**

Dalbergia assamica 449,**454**

Dalbergia balansae 449,**455**

Dalbergia benthamii 449,**452**

Dalbergia candenatensis 448, **452**

Dalbergia hancei 449,**453**

Dalbergia hupeana 449,**454**

Dalbergia jingxiensis 449,**453**

Dalbergia millettii 448,**449**, 450

Dalbergia mimosoides 448, **450**

Dalbergia obtusifolia 448,**451**

Dalbergia odorifera 449,**452**

Dalbergia pinnata 448,**450**

Dalbergia polyadelpha 449, **454**

Dalbergia rimosa 449,**452**

Dalbergia sissoo 448,**451**

Dalbergia stenophylla 448, **449**,450

Dalbergia tsoi 448,**451**

Dalbergia yunnanensis 449, **453**

Daphniphyllaceae **611**

Daphniphyllum **611**

Daphniphyllum calycinum 611,**612**

Daphniphyllum longeracemosum 611,**613**

Daphniphyllum macropodum 611,**613**

Daphniphyllum oldhamii 611, 612,**613**

Daphniphyllum paxianum 611,**612**,613

Dasymaschalon 115,**141**

Dasymaschalon rostratum 141

Dasymaschalon trichophorum **141**

Delonix 335,**343**

Delonix regia **343**

Dendrolobium 390,**416**

Dendrolobium triangulare **416**

Dendropanax 534,**542**

Dendropanax bilocularis 543, **544**

Dendropanax chevalieri **543**, 544

Dendropanax confertus 543, **544**

Dendropanax dentiger **543**, 544

Dendropanax hainanensis 543,**545**

Dendropanax kwangsiensis 543,**544**

Dendropanax proteus 543,**545**

Dendropanax stellatus **543**

Derris 391,**437**

Derris alborubra 438,439, **441**

Derris cavaleriei 437,**438**, 439

Derris eriocarpa 437,**438**

Derris ferruginea 437,**439**, 440

Derris fordii var. lucida 439, **441**

Derris fordii 437,439,**440**

Derris glauca 437,**441**

Derris latifolia 437,**439**,440

Derris marginata 438,440,

442
Derris thyrsiflora 437,**440**
Derris tonkinensis var.
　compacta **442**
Derris tonkinensis 438,**441**
Derris trifoliata 437,**439**
Derris yunnanensis 437,**438**
Desmodium 390,**412**
Desmodium heterocarpon **412**
Desmodium multiflorum 412,
　413
Desmodium sequax 412,**413**
Desmodium velutinum 412,
　413
Desmodium zonatum 412,
　413
Desmos 115,**123**
Desmos chinensis **123**
Desmos dumosus 123,**124**
Deutzia **460**
Deutzia setchuenensis **460**
Dichapetalaceae **332**
Dichapetalum **332**
Dichapetalum gelonioides
　332,**333**
Dichapetalum longipetalum
　332,**333**
Dichroa 461,**471**
Dichroa daimingshanensis **472**
Dichroa febrifuga **472**
Dichroa hirsuta 472,**473**
Dichroa yaoshanensis 472,
　473
Dillenia 250,**251**
Dillenia indica **251**
Dillenia turbinata **251**
Dilleniaceae **250**
Dipelta 562,**584**
Dipelta floribunda **584**,585
Diplopanax 533,**534**
Diplopanax stachyanthus **534**
Distyliopsis 587,**601**
Distyliopsis dunnii 601,**602**
Distylium 587,**599**
Distylium buxifolium 598,
　599,**600**
Distylium dunnianum 599,
　600
Distylium elaeagnoides 599,
　600
Distylium macrophyllum **599**
Distylium myricoides 599,**600**

E

Eleutherococcus 534,**552**

Eleutherococcus nodiflorus
　552,553
Eleutherococcus trifoliatus var.
　setosus **552**
Eleutherococcus trifoliatus
　552,553
Endiandra 145,**217**
Endiandra dolichocarpa **217**
Entada 365,**377**
Entada phaseoloides **377**
Enterolobium 365,**377**
Enterolobium contoritisiliquum
　377
Enterolobium cyclocarpum
　377,**378**
Eriobotrya 262,**277**
Eriobotrya cavaleriei 277,**279**
Eriobotrya fragrans 277,**278**
Eriobotrya japonica 277,278
Eriobotrya serrata 277,**278**,
　279
Erythrina 390,**422**
Erythrina corallodendron **423**
Erythrina crista – galli **423**
Erythrina stricta **423**
Erythrina variegata **423**
Erythrophleum 335,**344**
Erythrophleum fordii **344**
Escalloniaceae **474**
Euchresta 391,**443**
Euchresta japonica **443**
Eustigma 587,**598**
Eustigma balansae 598,**599**
Eustigma oblongifolium **598**
Exbucklandia 586,**587**
Exbucklandia longipetala
　587,**589**
Exbucklandia populnea 587,
　588
Exbucklandia tonkinensis
　587,**588**

F

Falcataria 365,**384**
Falcataria moluccana **384**
Fissistigma 115,**135**
Fissistigma cavaleriei 136,
　139,**140**
Fissistigma chloroneurum
　135,136,**137**
Fissistigma cupreonitens 136,
　138
Fissistigma glaucescens 135,
　137
Fissistigma kwangsiense 136,

139
Fissistigma oldhamii 136,**139**
Fissistigma polyanthum 136,
　138
Fissistigma retusum 136,**140**
Fissistigma shangtzeense 136,
　140
Fissistigma tientangense 136,
　138,**140**
Fissistigma uonicum 135,**137**
Fissistigma wallichii 135,**136**
Fissistigma xylopetalum 135,
　138
Flemingia 390,**421**
Flemingia macrophylla **422**
Flemingia prostrata **421**
Flemingia strobilifera **421**
Fokienia 47,**53**
Fokienia hodginsii **53**,54
Fordia 391,**430**
Fordia cauliflora **430**

G

Gamblea 534,**553**
Gamblea ciliata var. evodiifolia
　554
Gamblea pseudoevodiifolia
　554
Ginkgo **13**
Ginkgo biloba **13**,14
Ginkgoaceae **13**
Gleditsia 335,**345**
Gleditsia australis 346,**347**
Gleditsia fera **346**
Gleditsia sinensis 346,**347**
Glyptostrobus 38,**42**
Glyptostrobus pensilis **43**
Gnetaceae **69**
Gnetum **69**
Gnetum catasphaericum 69,
　71
Gnetum giganteum 69,**73**
Gnetum gracilipes 69,**70**,71
Gnetum hainanense 69,**72**,73
Gnetum montanum **69**,70
Gnetum parvifolium 69,**71**
Gnetum pendulum 69,**70**,72
Goniothalamus 115,**125**
Goniothalamus chinensis **126**
Goniothalamus donnaiensis
　126
Gymnocladus 335,**345**
Gymnocladus chinensis **345**

H

Halesia 479,**492**

Halesia macgregorii **492**,493
Hamamelidaceae **586**
Hamamelis 587,**595**
Hamamelis mollis **595**,596
Hedera 534,**542**
Hedera sinensis 538,**542**
Helwingia 511,**519**
Helwingia chinensis 520,**521**
Helwingia himalaica 520,**521**
Helwingia japonica 519,**520**
Helwingia omeiensis **520**
Hernandiaceae **244**
Heteropanax 534,**554**
Heteropanax brevipedicellatus
　554,**556**
Heteropanax chinensis 554,
　555
Heteropanax fragrans 554,**555**
Horsfieldia 247,**248**
Horsfieldia amygdalina 248,
　249,250
Horsfieldia kingii 248,**249**
Huodendron 479,**490**
Huodendron biaristatum var.
　parviflorum **492**
Huodendron biaristatum 490,
　491
Huodendron tibeticum 490,
　491
Huodendron tomentosum var.
　guangxiensis **492**
Huodendron tomentosum 490,
　492
Hydrangea 461,**465**
Hydrangea anomala 465,**466**
Hydrangea aspera 465,**467**
Hydrangea candida 466,**469**
Hydrangea chinensis 466,
　470,471
Hydrangea coenobialis 466,
　471
Hydrangea davidii 465,**468**
Hydrangea kwangsiensis 466,
　469,470
Hydrangea kwangtungensis
　466,**471**
Hydrangea lingii 466,**469**
Hydrangea linkweiensis 466,
　470
Hydrangea macrophylla 465,
　468
Hydrangea paniculata 465,
　468,469
Hydrangea robusta 465,**466**,
　467

Hydrangea strigosa 465,**467**
Hydrangeaceae **461**
Hylodesmum 389,**410**
Hylodesmum leptopus **410**

I

Illiciaceae **103**
Illicium **103**
Illicium brevistylum 104,**107**,108
Illicium difengpi 104,**108**
Illicium dunnianum 104,**105**,108
Illicium henryi 104,**107**
Illicium jiadifengpi **104**,105
Illicium majus 104,105,**107**
Illicium micranthum 104,**105**,106
Illicium oligandrum 104,**105**
Illicium pachyphyllum 104,**106**
Illicium verum 104,**106**
Illigera **244**
Illigera aromatica **245**,246
Illigera celebica **245**,246
Illigera cordata 245,246,**247**
Illigera henryi **245**,246
Illigera parviflora 245,246,**247**
Illigera rhodantha var. dunniana 245,**246**
Illigera rhodantha 245,**246**
Indigofera 391,**426**
Indigofera amblyantha 427,**429**
Indigofera atropurpurea 426,**428**
Indigofera decora 427,**430**
Indigofera densifructa 427,**429**
Indigofera esquirolii 426,**427**
Indigofera galegoides 426,**428**
Indigofera nigrescens 427,**429**
Indigofera pseudotinctoria 427,**429**
Indigofera stachyodes 426,**427**
Indigofera suffruticosa 426,**428**
Indigofera tinctoria 426,**428**
Indigofera zollingeriana 426,**427**
Itea **474**
Itea amoena **475**
Itea chinensis 475,**477**

Itea coriacea 475,**477**
Itea glutinosa 475,**478**
Itea indochinensis var. pubinervia **478**
Itea indochinensis 475,**478**
Itea kwangsiensis 475,**477**
Itea macrophylla 475,**476**
Itea omeiensis 475,**477**
Itea tenuinervia 475,**476**
Itea yunnanensis 475,**476**
Iteadaphne 145,**180**
Iteadaphne caudata **181**

J

Juniperus 47,**53**
Juniperus chinensis 'Aureoglobosa' **55**
Juniperus chinensis 'Globosa' **55**
Juniperus chinensis 'Kaizuka' **54**
Juniperus chinensis 'Pfitzeriana' **55**
Juniperus chinensis 53,**54**
Juniperus formosana 53,54,**55**
Juniperus procumbens 53,**55**

K

Kadsura 108,**109**
Kadsura angustifolia 109,**110**
Kadsura coccinea 109,110
Kadsura heteroclita 109,**110**
Kadsura induta 109,**111**,112
Kadsura longipedunculata 109,**111**
Kadsura oblongifolia 109,110
Kadsura renchangiana 109,**110**,112
Kalopanax 534,**537**
Kalopanax septemlobus **537**,538
Kerria **292**
Kerria japonica **292**
Keteleeria 17,**18**
Keteleeria davidiana var. calcarea 20,**21**
Keteleeria davidiana 19,**20**,21
Keteleeria evelyniana **19**
Keteleeria fortunei var. cyclolepis **22**
Keteleeria fortunei var. oblonga 19,**22**

Keteleeria fortunei 19,**21**
Keteleeria pubescens 19,**20**
Knema **247**
Knema globularia **248**

L

Lauraceae **144**
Laurocerasus 321,**322**
Laurocerasus australis 322,**324**
Laurocerasus fordiana 322,**323**
Laurocerasus hypotricha 322,**323**
Laurocerasus phaeosticta **322**
Laurocerasus spinulosa 322,**324**
Laurocerasus undulata 322,**323**
Laurocerasus zippeliana 322,**323**
Lespedeza 391,**456**
Lespedeza bicolor **456**
Lespedeza chinensis 456,**457**
Lespedeza cuneata 456,**457**
Lespedeza davidii **456**
Lespedeza thunbergii subsp. formosa 456,**457**
Lespedeza tomentosa 456,**457**
Lespedeza virgata 456,**458**
Leucaena 365,**374**
Leucaena leucocephala **374**,375
Lindera 145,**181**
Lindera aggregata var. playfairii **190**
Lindera aggregata 181,182,184,**189**
Lindera angustifolia 182,183,**186**
Lindera chunii 182,184,**188**,190
Lindera communis 182,183,187,**188**
Lindera erythrocarpa 182,183,**185**
Lindera fragrans 183,184,**191**
Lindera glauca 182,183,**185**,186
Lindera guangxiensis 182,183,**189**
Lindera kwangtungensis 182,183,186,**187**
Lindera lungshengensis 182,

183,**189**
Lindera megaphylla 182,183,**184**
Lindera metcalfiana var. dictyophylla **187**
Lindera metcalfiana 182,183,**186**
Lindera nacusua 182,183,**187**
Lindera prattii 182,183,**189**,190
Lindera pulcherrima var. attenuata 183,184,**190**
Lindera pulcherrima var. hemsleyana 183,184,**191**
Lindera reflexa 182,183,**185**
Lindera thomsonii 181,183,184,**190**
Lindera tonkinensis var. subsessilis **188**
Lindera tonkinensis 182,184,**188**,190
Liquidambar 587,**591**
Liquidambar acalycina **591**
Liquidambar formosana 591,**592**
Liriodendron 76,**102**
Liriodendron chinense **102**,103
Litsea 145,**191**
Litsea acutivena 193,195,**205**
Litsea baviensis 193,195,202,**204**
Litsea coreana var. lanuginosa 192,195,**199**,200
Litsea cubeba 192,193,**195**,196
Litsea dilleniifolia 192,194,**201**
Litsea elongata var. subverticillata 203,**206**
Litsea elongata 193,195,**206**,207
Litsea foveola 192,195,**199**,200
Litsea glutinosa var. brideliifolia **197**
Litsea glutinosa 192,194,**197**,198
Litsea greenmaniana 193,194,**203**,206
Litsea kingii 192,193,**195**
Litsea kobuskiana 193,194,**205**,206
Litsea kwangsiensis 193,194,

204,205
Litsea lancifolia 192,194,**198**
Litsea lancilimba 193,194,
202
Litsea mollis 192,193,**196**,
197
Litsea monopetala 192,195,
200,201
Litsea oligophlebia 193,195,
204
Litsea panamonja 192,194,
198,**201**
Litsea pedunculata 192,194,
201
Litsea pseudoelongata 193,
195,**204**,206
Litsea pungens 192,193,**196**
Litsea rotundifolia var.
oblongifolia **199**
Litsea rotundifolia 192,194,
199
Litsea salicifolia 192,194,**200**
Litsea subcoriacea 193,194,
202,**203**
Litsea umbellata 192,195,
199,207
Litsea variabilis var. oblonga
198
Litsea variabilis 192,194,**198**
Litsea verticillata 192,193,
197
Litsea yaoshanensis 193,195,
204,205
Litsea yunnanensis 193,195,
203
Lonicera 562,**575**
Lonicera acuminata 575,**577**
Lonicera bournei 576,**581**
Lonicera buddleioides 576,
579
Lonicera calcarata 576,**582**
Lonicera confusa 576,**579**
Lonicera dasystyla 576,**580**
Lonicera ferruginea 575,**577**
Lonicera fulvotomentosa 575,
578
Lonicera hildebrandiana 576,
582
Lonicera hypoglauca subsp.
nudiflora **579**
Lonicera hypoglauca 576,**578**
Lonicera japonica 575,**578**
Lonicera ligustrina 575,**577**
Lonicera longituba 576,**582**
Lonicera macrantha var.

heterotricha **581**
Lonicera macrantha 576,**581**
Lonicera macranthoides 576,
579
Lonicera nubium 576,**581**
Lonicera pampaninii 576,**581**
Lonicera pileata 575,**576**,577
Lonicera rhytidophylla 576,
580
Lonicera similis 576,**580**
Loropetalum 587,**593**
Loropetalum chinense var.
rubrum **595**
Loropetalum chinense **594**
Loropetalum lanceum 594,
595
Loropetalum subcordatum
594,**595**
Lysidice 336,**354**
Lysidice rhodostegia 354,355

M

Machilus 145,**220**
Machilus attenuata 222,224,
233
Machilus austroguizhouensis
222,224,**234**
Machilus bonii 223,224,**239**
Machilus breviflora 223,224,
237
Machilus calcicola 221,224,
227
Machilus cavaleriei 222,224,
231
Machilus chienkweiensis 221,
224,**229**
Machilus chinensis 223,224,
237,238
Machilus decursinervis 221,
224,**226**,228
Machilus fasciculata 222,
225,**234**
Machilus foonchewii 222,
224,**234**
Machilus gamblei 221,225,
230
Machilus glabrophylla 221,
225,**227**
Machilus glaucifolia 222,
225,**235**
Machilus gracillima 221,225,
228
Machilus grandibracteata
222,224,**234**
Machilus ichangensis var.

leiophylla **233**
Machilus ichangensis 222,
224,**233**
Machilus kwangtungensis
222,225,**231**,232
Machilus lenticellata 223,
225,**238**
Machilus leptophylla 222,
223,**232**,233
Machilus litseifolia 221,224,
227,228
Machilus miaoshanensis 222,
225,**236**
Machilus minkweiensis 222,
225,**233**,234
Machilus multinervia 221,
223,**228**,229
Machilus nakao 221,225,
230,231
Machilus oreophila 222,225,
235,236
Machilus parabreviflora 223,
225,**236**,237
Machilus pauhoi 222,223,
231,232
Machilus platycarpa 221,
223,**230**
Machilus rehderi 221,224,
227
Machilus robusta 223,224,
238
Machilus salicina 223,225,
236,237
Machilus shiwandashanica
222,225,**235**
Machilus submultinervia 222,
225,**235**
Machilus thunbergii 221,224,
226,227
Machilus velutina 221,225,
229,231
Machilus velutinoides 223,
224,**238**
Machilus versicolora 222,
224,**235**
Machilus wangchiana 221,
223,**228**,230
Machilus wenshanensis 221,
225,**230**
Machilus yunnanensis 221,
225,**226**
Macropanax 534,**535**
Macropanax paucinervis 535,
536
Macropanax rosthornii **535**,

536
Macropanax undulatus **535**
Magnolia 76,**83**
Magnolia championii 84,**85**
Magnolia coco 84,85
Magnolia denudata 84,**87**,88
Magnolia fistulosa 84,**85**
Magnolia grandiflora 84,**86**
Magnolia liliiflora 84,**88**
Magnolia mulunica 84,**85**
Magnolia odoratissima 84,**86**
Magnolia officinalis var. biloba
87
Magnolia officinalis 84,**86**,87
Magnolia sieboldii 84,**87**,88
Magnoliaceae **76**
Maloideae 257,**262**
Malus 263,**289**
Malus asiatica 289,**291**
Malus doumeri 290,**292**
Malus hupehensis 289,**290**
Malus leiocalyca 290,**291**
Malus pumila 289,**291**
Malus sieboldii 289,**290**
Malus spectabilis 290,**291**
Manglietia **76**
Manglietia aromatica 77,**82**,
83
Manglietia conifera 77,**79**
Manglietia crassipes 77,**81**,
82
Manglietia dandyi 77,**78**
Manglietia duclouxii 77,**83**
Manglietia fordiana var.
hainanesis **81**
Manglietia fordiana 77,**80**,81
Manglietia forrestii 77,**80**
Manglietia glauca 77,**78**
Manglietia grandis 77,**82**
Manglietia insignis 77,**78**
Manglietia kwangtungensis
77,**79**
Manglietia oblonga 77,**81**
Manglietia ovoidea 77,**83**
Mastixia 511,**524**
Mastixia trichophylla **524**
Melliodendron 479,**494**
Melliodendron xylocarpum
494
Metapanax 534,**536**
Metapanax davidii **536**
Metasequoia 38,**45**
Metasequoia glyptostroboides
45,46
Michelia 76,**91**

Michelia angustioblonga 92, **96**

Michelia balansae 92,**96**

Michelia cavaleriei var. platypetala **100**

Michelia cavaleriei 92,**99**

Michelia champaca 91,**92**,93

Michelia chapensis 92,**95**,96

Michelia crassipes 91,**93**,94

Michelia figo 91,**94**,95

Michelia foveolata 92,**98**,99

Michelia fulva 92,**97**

Michelia gioii 92,**97**,98

Michelia guangxiensis 92,**96**

Michelia macclurei 92,**99**

Michelia martinii 92,**95**,96

Michelia maudiae 92,**97**

Michelia mediocris 92,**98**

Michelia skinneriana 91,**94**, 95

Michelia × alba 91,**92**,93

Miliusa 155,**122**

Miliusa chunii **122**

Miliusa sinensis **122**

Millettia 391,**431**

Millettia congestiflora 432, **433**

Millettia oraria **432**

Millettia pachycarpa 432,**435**

Millettia pachyloba **432**

Millettia pulchra var. chinensis **434**

Millettia pulchra var. tomentosa **434**

Millettia pulchra var. laxior **434**

Millettia pulchra 432,**434**

Millettia sapindiifolia 432,**435**

Millettia sphaerosperma 432, **433**

Millettia velutina 432,**433**, 434

Mimosa 365,**375**

Mimosa bimucronata 375,**376**

Mimosa pudica 375,**376**

Mimosaceae **365**

Mitrephora 115,**125**

Mitrephora maingayi **125**

Mucuna 390,**417**

Mucuna birdwoodiana 417, **418**

Mucuna championii **417**

Mucuna hainanensis 417,**418**

Mucuna macrocarpa 417,**418**

Mucuna sempervirens 417,

418

Myristicaceae **247**

Mytilaria 587,**590**

Mytilaria laoensis **590**

N

Nageia 56,**57**

Nageia fleuryi **58**

Nageia nagi 57,**58**

Neillia 257,**260**

Neillia sinensis **261**

Neillia thyrsiflora var. tunkinensis **261**

Neocinnamomum 145,**162**

Neocinnamomum caudatum **162**,163

Neocinnamomum lecomtei 162,**163**

Neolitsea 145,**169**

Neolitsea alongensis 170, **177**,179

Neolitsea aurata var. paraciculata 177,**178**

Neolitsea aurata 170,177,**178**

Neolitsea brevipes 170,**176**, 177

Neolitsea buisanensis 170, **176**

Neolitsea cambodiana var. glabra **172**

Neolitsea cambodiana 169, 171,**172**

Neolitsea chuii 169,**173**

Neolitsea confertifolia 169, **172**

Neolitsea hainanensis 169, **174**,175

Neolitsea homilantha 170,**175**

Neolitsea hsiangkweiensis 170,179,**180**

Neolitsea kwangsiensis 169, **173**

Neolitsea levinei 170,**179**, 180

Neolitsea longipedicellata 170,**177**,179

Neolitsea oblongifolia 169, **171**

Neolitsea ovatifolia 169,**174**

Neolitsea phanerophlebia 170,**179**

Neolitsea pinninervis 169, **170**,171

Neolitsea pulchella 170,**176**, 178

Neolitsea shingningensis 170, **175**,176

Neolitsea sutchuanensis 170, 174,**175**

Neolitsea undulatifolia 169, **172**

Neolitsea velutina 170,**178**, 180

Neolitsea wushanica 169,**171**

Neolitsea zeylanica 170,**177**, 178

Nyssa 530,**531**

Nyssa javanica 532,**533**

Nyssa shangszeensis 532,**533**

Nyssa sinensis **532**

Nyssaceae **530**

O

Ohwia 389,**410**

Ohwia caudata **410**

Oncodostigma 115,**127**

Oncodostigma hainanense **127**,128

Ormosia 389,**391**

Ormosia apiculata 393,399, **400**

Ormosia balansae 392,**395**

Ormosia elliptica 393,400, **403**

Ormosia emarginata 393,**402**

Ormosia eugeniifolia 393,**400**

Ormosia fordiana 393,**401**

Ormosia glaberrima 393,402, **403**

Ormosia henryi 392,**398**

Ormosia hosiei 393,**399**,400

Ormosia indurata 393,**402**

Ormosia merrilliana 392,**394**

Ormosia microphylla 392,**397**

Ormosia nanningensis 392, **396**,397

Ormosia napoensis 392,**396**

Ormosia olivacea 392,**397**, 398

Ormosia pachycarpa 392,**394**

Ormosia pachyptera 392,**397**

Ormosia pingbianensis 393, **401**

Ormosia pinnata 393,**402**

Ormosia pubescens 392,**395**

Ormosia semicastrata f. pallida **399**

Ormosia semicastrata 392,**399**

Ormosia sericeolucida 392, **395**

Ormosia simplicifolia 392,**393**

Ormosia xylocarpa 392,**396**

Orophea 115,**120**

Orophea anceps 120,**121**

Orophea hainanensis **120**

P

Pachysandra 605,**610**

Pachysandra axillaris **611**

Padus 321,**324**

Padus buergeriana 324,**325**

Padus grayana 324,**325**

Padus napaulensis 324,**325**

Padus wilsonii 324,**325**

Papilionaceae **389**

Parakmeria 76,**90**

Parakmeria lotungensis 90,**91**

Parakmeria nitida **90**

Parakmeria yunnanensis **90**

Paramichelia 76,**100**

Paramichelia baillonii **100**, 101

Peltophorum 335,**341**

Peltophorum pterocarpum 341,**342**

Peltophorum tonkinense 341, **342**

Pentapanax 534,**556**

Pentapanax henryi **556**

Pentapanax verticillatus **556**

Persea 145,**219**

Persea americana **220**

Philadelphaceae **459**

Philadelphus **460**

Philadelphus sericanthus **460**

Phoebe 145,**239**

Phoebe bournei 240,**242**

Phoebe calcarea 240,**243**

Phoebe crassipedicella 239, **240**

Phoebe hungmoensis 239,**241**

Phoebe kwangsiensis 239,**240**

Phoebe lanceolata 240,**244**

Phoebe neurantha var. brevifolia **242**

Phoebe neurantha 240,**242**

Phoebe neuranthoides 239, **240**

Phoebe nigrifolia 239,**240**, 241

Phoebe sheareri 240,**241**,242

Phoebe tavoyana 240,**243**

Phoebe yaiensis 240,241,**244**

Photinia 262,**268**

Photinia arguta var. salicifolia

269,276
Photinia beauverdiana 269, 272,274
Photinia benthamiana var. salicifolia 269,275
Photinia bodinieri 268,271
Photinia callosa 269,274
Photinia chihsiniana 269, 272,274
Photinia chingiana 269,271
Photinia crassifolia 269,273, 274
Photinia glabra 268,270
Photinia impressivena var. urceolocarpa 275
Photinia impressivena 269, 275
Photinia integrifolia 269, 270,273
Photinia kwangsiensis 269, 271
Photinia lochengensis 268, 271,274
Photinia parvifolia 269,272, 277
Photinia podocarpifolia 269, 276
Photinia prunifolia var. denticulata 269,273
Photinia prunifolia 269,272
Photinia raupingensis 269, 273
Photinia schneideriana 269, 275
Photinia serratifolia 268,270
Photinia stenophylla 268,271
Photinia tushanensis 269,273
Photinia villosa var. glabricalcyina 276
Photinia villosa var. sinica 276
Photinia villosa 269,276
Phyllodium 390,415
Phyllodium elegans 415
Phyllodium kurzianum 415
Phyllodium longipes 415
Phyllodium pulchellum 415, 416
Pileostegia 461,462
Pileostegia tomentella 462, 463
Pileostegia viburnoides 462, 463
Pinaceae 17
Pinus 17,28

Pinus caribaea var. bahamensis 37
Pinus caribaea var. hondurensis 36
Pinus caribaea 29,36
Pinus echinata 29,37
Pinus elliottii 29,35,37
Pinus fenzeliana 29,30
Pinus kwangtungensis 29,30
Pinus latteri 29,32
Pinus massoniana 29,31
Pinus oocarpa 29,35
Pinus serotina 33
Pinus taeda 29,34,35
Pinus taiwanensis 29,31,32
Pinus yunnanensis var. tenuifolia 29,33,34
Pinus yunnanensis 29,33,34
Pithecellobium 366,385
Pithecellobium clypearia 385
Pithecellobium dulce 385,386
Pithecellobium lucidum 385
Pithecellobium utile 385,386
Platanaceae 602
Platanus 602
Platanus acerifolia 602,603
Platanus orientalis 602,603
Platycladus 47,48
Platycladus orientalis f. pendula 49
Platycladus orientalis 'Sieboldii' 49
Platycladus orientalis 48
Podocarpaceae 55
Podocarpus 56,59
Podocarpus macrophyllus var. maki 60,61
Podocarpus macrophyllus 59, 60
Podocarpus neriifolius 59,60
Podocarpus wangii 59
Polyalthia 115,128
Polyalthia cerasoides 128,129
Polyalthia petelotii 128,130
Polyalthia plagioneura 128, 130
Polyalthia suberosa 128,129
Polyosma 474,478
Polyosma cambodiana 479
Prunoideae 257,321
Prunus 321,328
Prunus salicina 329
Pseudolarix 17,26
Pseudolarix amabilis 27
Pseudotaxus 64

Pseudotaxus chienii 65
Pseudotsuga 17,22
Pseudotsuga brevifolia 22,23
Pseudotsuga sinensis 22,23
Pseuduvaria 115,121
Pseuduvaria indochinensis 121
Pterocarpus 391,455
Pterocarpus indicus 455
Pterolobium 335,341
Pterolobium punctatum 341
Pterostyrax 479,497
Pterostyrax psilophyllus 497
Pygeum 322,331
Pygeum laxiflorum 332
Pygeum topengii 330,331, 332
Pyracantha 262,263
Pyracantha atalantioides 263, 264
Pyracantha crenulata 263, 264,265
Pyracantha densiflora 263, 265
Pyracantha fortuneana 263, 264
Pyrus 263,288
Pyrus calleryana var. koehnei 289
Pyrus calleryana 288
Pyrus pyrifolia 288
Pyrus serrulata 288,289

R
Rehderodendron 479,495
Rehderodendron kwangtungense 495,496,497
Rehderodendron kweichowense 495,496
Rehderodendron macrocarpum 495,496
Rhaphiolepis 262,279
Rhaphiolepis ferruginea var. serrata 281
Rhaphiolepis ferruginea 279, 280
Rhaphiolepis indica 279,280
Rhaphiolepis lanceolata 279, 280
Rhaphiolepis salicifolia 279, 280
Rhodoleia 586,589
Rhodoleia parvipetala 589, 590
Rhodoleia stenopetala 589

Ribes 474
Ribes hunanense 474
Robinia 390,425
Robinia pseudoacacia 426
Rosa 292,315
Rosa banksiae var. normalis 320
Rosa banksiae 316,321
Rosa chinensis 316,317,319
Rosa cymosa 316,320
Rosa gallica 316,320
Rosa glomerata 315,317
Rosa henryi 315,318
Rosa kwangtungensis var. mollis 317
Rosa kwangtungensis 315,317
Rosa laevigata 316,320
Rosa lasiosepala 315,318
Rosa longicuspis 315,318
Rosa luciae 315,317
Rosa multiflora var. carnea 316
Rosa multiflora var. cathayensis 316,317
Rosa multiflora 315,316
Rosa odorata 316,319
Rosa roxburghii 316,319
Rosa rubus 315,317,318
Rosa rugosa 316,320
Rosaceae 257
Rosoideae 257,292
Rourea 253,254
Rourea caudata 254,255
Rourea microphylla 254,255
Rourea minor 254
Roureopsis 253,255
Roureopsis emarginata 256
Rubus 292,293
Rubus adenophorus 296,311
Rubus alceifolius 295,307
Rubus amphidasys 293,297
Rubus assamensis 295,305
Rubus brevipetiolatus 293, 297
Rubus buergeri 294,301
Rubus calycacanthus 294,300
Rubus caudifolius 294,303
Rubus chingii var. suavissimus 310
Rubus chingii 295,309
Rubus chroosepalus 294,304, 305
Rubus cochinchinensis 296, 310
Rubus columellaris 296,311

Rubus corchorifolius 295,**309**

Rubus crassifolius 294,**300**

Rubus dolichophyllus 294,**304**

Rubus ellipticus var. obcordatus 296,**312**

Rubus eustephanos 296,**313**

Rubus feddei 295,**306**

Rubus formosensis 294,**301**

Rubus grayanus 295,**308**

Rubus hanceanus 294,**300**

Rubus hunanensis 294,**301**

Rubus ichangensis 293,**298**,299

Rubus idaeopsis 296,**314**

Rubus innominatus var. kuntzeanus 296,**312**

Rubus innominatus 296,**312**

Rubus inopertus var. echinocalyx **313**

Rubus inopertus 296,**313**

Rubus irenaeus 295,**308**

Rubus kwangsiensis 295,**309**

Rubus lambertianus var. paykouangensis **300**

Rubus lambertianus 294,**298**,**299**

Rubus latoauriculatus 293,**299**

Rubus leucanthus 296,**310**

Rubus lobatus 293,**297**

Rubus lobophyllus 295,**307**

Rubus malifolius var. longisepalus **303**

Rubus malifolius 294,**299**,**303**

Rubus mallotifolius 295,**305**

Rubus nagasawanus 295,**306**

Rubus niveus 296,**314**

Rubus panduratus 294,**304**

Rubus parvifolius 296,**312**

Rubus paucidentatus var. guangxiensis **311**

Rubus paucidentatus 296,**311**

Rubus pirifolius 293,**298**

Rubus pluribracteatus 295,**307**

Rubus reflexus var. lanceolobus **302**

Rubus reflexus var. hui **302**

Rubus reflexus var. orogenes **302**

Rubus reflexus 294,**301**,**302**

Rubus rosifolius var. coronarius **313**

Rubus rosifolius 296,299,**313**

Rubus rufus 295,**307**

Rubus setchuenensis 295,**308**

Rubus shihae 294,**304**

Rubus stipulosus 294,**302**

Rubus sumatranus 296,**314**

Rubus swinhoei 294,**303**

Rubus tephrodes var. ampliflorus **306**

Rubus tephrodes 295,**302**,**306**

Rubus trianthus 295,**308**

Rubus tsangii 296,**314**

Rubus tsangorum 293,**297**

Rubus wallichianus 296,**310**,**311**

Rubus wangii 293,**299**

Rubus xanthoneurus var. glandulosus **306**

Rubus xanthoneurus 295,**305**

S

Sambucus **562**

Sambucus williamsii **562**

Saraca 336,**356**

Saraca dives **356**,357

Sarcococca 605,**609**

Sarcococca longifolia **609**

Sarcococca ruscifolia **609**

Sarcococca vagans **609**,610

Sassafras **145**

Sassafras tzumu **146**

Saxifragaceae **473**

Schefflera 534,**546**

Schefflera arboricola 546,**548**

Schefflera bodinieri 547,550,**551**

Schefflera brevipedicellata 547,**550**

Schefflera delavayi 546,**547**,548

Schefflera elliptica 546,548,**549**

Schefflera heptaphylla 547,**550**

Schefflera hypoleucoides 546,**549**

Schefflera leucantha 546,**547**

Schefflera lociana 547,**549**

Schefflera metcalfiana 546,**547**

Schefflera minutistellata 547,550,**551**

Schefflera napuoensis 547,**551**

Schefflera pauciflora 546,548,**549**

Schefflera pes-avis 547,**551**

Schisandra 108,**112**

Schisandra arisanensis subsp. viridis 112,113,**114**

Schisandra bicolor 112,**114**

Schisandra henryi subsp. marginalis **113**

Schisandra henryi 112,**113**

Schisandra longipes 112,**113**

Schisandraceae **108**

Schizophragma 461,**464**

Schizophragma choufenianum **464**

Schizophragma integrifolium var. glaucescens **464**

Schizophragma integrifolium **464**

Schizophragma molle 464,**465**

Semiliquidambar 587,**592**

Semiliquidambar cathayensis **592**

Senna 347,**350**

Senna alata 348,**350**

Senna occidentalis var. sophera **352**

Senna occidentalis 350,**352**

Senna siamea 348,**350**

Senna surattensis subsp. glauca **351**

Senna surattensis 350,**351**

Sesbania 390,**420**

Sesbania grandiflora **420**

Sindora 336,**353**

Sindora glabra **354**

Sindora tonkinensis **354**

Sophora 389,**405**

Sophora brachygyna 405,**408**

Sophora davidii 405,**406**

Sophora flavescens 405,**406**

Sophora japonica f. pendula **408**

Sophora japonica 405,**407**

Sophora prazeri 405,407,**408**

Sophora tonkinensis **405**

Sorbus 262,**281**

Sorbus aronioides 281,**284**

Sorbus caloneura 281,**282**

Sorbus corymbifera 281,**283**,284

Sorbus dunnii 282,285,**286**

Sorbus folgneri 281,284,**285**

Sorbus globosa 281,**283**

Sorbus hemsleyi 282,**285**

Sorbus keissleri 281,**284**,285

Sorbus megalocarpa 281,**282**

Sorbus meliosmifolia 281,**283**

Sorbus thomsonii 281,**284**

Sorbus wilsoniana 282,**286**

Sorbus zahlbruckneri 281,**282**

Spatholobus 390,**424**

Spatholobus sinensis **424**

Spatholobus suberectus **424**

Spiraea 257,**258**

Spiraea blumei 258,**259**

Spiraea cantoniensis 258,**259**

Spiraea chinensis 258,**260**

Spiraea japonica var. fortunei **258**

Spiraea japonica var. acuminata 258,259

Spiraea kwangsiensis 258,**260**

Spiraea martini 258,259,**260**

Spiraeoideae **257**

Stachyuraceae **603**

Stachyurus **603**

Stachyurus chinensis **604**

Stachyurus himalaicus 604,**605**

Stachyurus yunnanensis **604**

Stephanandra 257,**262**

Stephanandra chinensis **262**

Stranvaesia 262,**266**

Stranvaesia amphidoxa var. amphileia **268**

Stranvaesia amphidoxa 267,**268**

Stranvaesia davidiana var. undulata **267**

Stranvaesia davidiana **267**

Styracaceae **479**

Styrax **479**

Styrax argentifolius 480,**481**

Styrax chinensis 480,**482**,**483**

Styrax confusus 480,**487**

Styrax dasyanthus 480,487,**488**

Styrax faberi 480,486,**488**

Styrax grandiflorus 480,**484**

Styrax japonicus 480,**483**,484

Styrax macranthus 480,**485**

Styrax odoratissimus 480,**485**

Styrax serrulatus 480,**486**

Styrax suberifolius 480,**482**,483

Styrax tonkinensis 480,**481**

Sycopsis 587,**600**

Sycopsis sinensis **601**

Symphoricarpos 562,**583**

Symphoricarpos sinensis **583**, 584

Symplocaceae **498**

Symplocos **498**

Symplocos adenophylla 499, **503**,504

Symplocos adenopus 499, 507,**508**

Symplocos anomala 498,**500**, 501

Symplocos austrosinensis 499, **509**,510

Symplocos cochinchinensis var. laurina **506**,507

Symplocos cochinchinensis 499,**506**,507

Symplocos congesta 499,**510**

Symplocos dolichotricha 499, **508**,509

Symplocos glandulifera 499, **508**

Symplocos glauca 499,503, **505**

Symplocos groffii 498,**501**

Symplocos heishanensis 499, 502,**503**

Symplocos lancifolia 499, 505,**506**

Symplocos lucida 498,**500**

Symplocos paniculata 499, **510**,511

Symplocos paucinervia 499, **507**

Symplocos pendula var. hirtistylis 498,**500**

Symplocos poilanei 499,**507**

Symplocos pseudobarberina 499,**502**

Symplocos racemosa 499, **504**,505

Symplocos ramosissima 499, **504**

Symplocos stellaris 499,**508**, 509

Symplocos sumuntia 499,**502**

Symplocos viridissima 499, **503**

Symplocos wikstroemiifolia 498,**501**

Syndiclis 145,**217**

Syndiclis kwangsiensis **217**, 218

T

Tadehagi 389,**409**

Tadehagi pseudotriquetrum 409,**410**

Tadehagi triquetrum **409**

Taiwania 38,**39**

Taiwania cryptomerioides **40**

Taiwania flousiana **40**,41

Tamarindus 336,**353**

Tamarindus indica **353**

Taxaceae **64**

Taxodiaceae **38**

Taxodium 38,**44**

Taxodium distichum var. imbricatum 44,**45**

Taxodium distichum **44**

Taxodium mucronatum 44,**45**

Taxus 64,**66**

Taxus wallichiana var. mairei **66**

Taxus wallichiana var. chinensis 65,**66**

Tephrosia 391,**435**

Tephrosia candida 435,**436**

Tephrosia purpurea 435,**436**

Tephrosia vestita **435**

Tetracera 250,**252**

Tetracera asiatica **252**

Tetrapanax 534,**546**

Tetrapanax papyrifer 537,**546**

Thujopsis **47**

Thujopsis dolabrata **47**,48

Toricellia **525**

Toricellia angulata **525**

Toricelliaceae **524**

Trevesia 534,**536**

Trevesia palmata **537**

Tsoongiodendron 76,**101**

Tsoongiodendron odorum **102**

Tsuga 17,**24**

Tsuga chinensis 24,25

Tsuga longibracteata **24**,25

U

Uraria 390,**411**

Uraria clarkei **411**

Uraria picta **411**

Urariopsis 390,**412**

Urariopsis cordifolia **412**

Uvaria 114,**115**

Uvaria boniana 115,**116**

Uvaria calamistrata 116,**117**

Uvaria grandiflora 116,**118**, 119

Uvaria kurzii 116,**119**,120

Uvaria macrophylla 116,**118**

Uvaria tonkinensis **116**

V

Viburnum 562,**563**

Viburnum atrocyaneum 564, **570**

Viburnum betulifolium 564, **571**

Viburnum brachybotryum 563,**565**,566

Viburnum chunii 564,**568**

Viburnum corymbiflorum 563,**567**

Viburnum cylindricum 564, 566,**570**

Viburnum dilatatum 565,**572**

Viburnum erosum 565,**573**

Viburnum erubescens 563, **567**

Viburnum foetidum var. rectangulatum 564,**569**

Viburnum fordiae 565,**572**, 573

Viburnum formosanum subsp. leiogynum **574**

Viburnum formosanum 565, **574**

Viburnum hainanense 564, **569**

Viburnum hanceanum 564, **572**

Viburnum hengshanicum 564, 571

Viburnum henryi 563,**565**

Viburnum inopinatum 564, **570**

Viburnum longipedunculatum 563,**567**

Viburnum lutescens 564,567, **570**

Viburnum luzonicum 565,**573**

Viburnum nervosum 565,**574**

Viburnum odoratissimum 563, **565**,566

Viburnum propinquum 564, **569**

Viburnum punctatum var. lepidotulum 564,**568**

Viburnum pyramidatum 563, **566**,567

Viburnum sempervirens 564, **568**

Viburnum setigerum 564,**571**

Viburnum squamulosum 564, **569**

Viburnum sympodiale 565, **574**

Viburnum taitoense 563,**568**

Viburnum triplinerve 564,**571**

Viburnum urceolatum 565, **575**

W

Weigela 562,**582**

Weigela japonica **583**

Wisteria 391,**431**

Wisteria sinensis **431**

Woonyoungia 76,**89**

Woonyoungia septentrionalis **89**

X

Xylopia 115,**126**

Xylopia vielana **127**

Z

Zenia 335,**352**

Zenia insignis **352**